Nr. 24
S. 8497—8856

1962
13. Juni

Chemisches Zentralblatt

Vollständiges Repertorium für alle Zweige der reinen und angewandten Chemie

1830 gegründet. 1897—1945 von der Deutschen Chemischen Gesellschaft fortgeführt. Im Auftrage der Deutschen Akademie der Wissenschaften zu Berlin, der Chemischen Gesellschaft in der DDR, der Akademie der Wissenschaften zu Göttingen und der Gesellschaft Deutscher Chemiker (in der BRD)

herausgegeben von Prof. Dr. Heinrich Bertsch und Prof. Dr. Dr. h. c. Wilhelm Klemm

133. Jahrgang

1962

Chefredakteure: Dr. Eugen Klever und Dr. Willi Barz

Akademie-Verlag GmbH., Berlin — Verlag Chemie, GmbH., Weinheim/Bergstr.

Inhalt

CHEMISCHES ZENTRALBLATT

VOLLSTÄNDIGES REPERTORIUM
FÜR ALLE ZWEIGE DER REINEN UND ANGEWANDTEN CHEMIE

1830 gegründet
1897—1945 von der Deutschen Chemischen Gesellschaft fortgeführt

Im Auftrage der Deutschen Akademie der Wissenschaften zu Berlin,
der Chemischen Gesellschaft in der DDR,
der Akademie der Wissenschaften zu Göttingen
und der Gesellschaft Deutscher Chemiker (in der BRD)
herausgegeben von

Prof. Dr. Heinrich Bertsch und Prof. Dr. Dr. h. c. Wilhelm Klemm

133. JAHRGANG

1962

SEITE 7397—8856

Chefredakteure: Dr. Eugen Klever und Dr. Willi Barz

1962

AKADEMIE-VERLAG GMBH · BERLIN
VERLAG CHEMIE · GMBH · WEINHEIM/BERGSTR.

Heft-Nr.	Seitenzahl	Ausgabedatum
21	7397—7768	23. Mai 1962
22	7769—8132	30. Mai 1962
23	8133—8496	6. Juni 1962
24	8497—8856	13. Juni 1962

Herausgeber: Prof. Dr. Heinrich Bertsch, Berlin, u. Prof. Dr. Dr. h. c. Wilhelm Klemm, Münster. Chefredakteure und verantwortlich für den Inhalt: Dr. Eugen Klever, Berlin W 30, Geisbergstr. 39, Fernsprecher: 249541, und Dr. Willi Barz, Berlin N 4, Schiffbauerdamm 19, Fernsprecher: 425571.

©

Verlag: Akademie-Verlag GmbH, Berlin W 8, Leipziger Str. 3—4 (Fernsprecher: 220441, Telex-Nr. 011773, Postscheckkonto Berlin 35021), und Verlag Chemie, GmbH, Weinheim/Bergstr. (Fernsprecher: Weinheim 3635 [Sammelnummer]; Fernschreiber: 0465516 chemieverl wnh; Postscheckkonten: Frankfurt/M. 145314 u. Berlin [West] 7430). Bestellnummer: 1007/133. Das Chemische Zentralblatt erscheint wöchentlich. Preis des Jahrganges einschl. Autoren-, Patent-, Sach- u. Formelregister: DM 1200,—; einseitig bedruckte Ausgabe: DM 1350,—. Abgabe der Zeitschrift nur mit sämtlichen Registern. Abbestellungen nur bis spätestens 6 Wochen vor Ablauf des Kalenderjahres.

Satz und Druck: VEB Leipziger Druckhaus, Leipzig, III/18/203. 3/62.
Veröffentlicht unter der Lizenznummer ZLN 5002 des Ministeriums für Kultur, Hauptverwaltung Verlagswesen.
Printed in Germany.

Abkürzungsverzeichnis

A	Ampère
A.	Äthylalkohol
Å	Ångström
a	Jahr (nur für Dimensionen)
Abb.	Abbildung(en)
abs.	absolut(e)
Ae.	Diäthyläther
akt.	aktiv(e)
allg.	allgemein(e)
App.	Apparat(e), Apparatur(en)
asymm.	asymmetrisch(e)
at	Atmosphäre, technisch
atm	Atmosphäre, physikalisch
Atomgew.	Atomgewicht
ausg.	ausgegeben
AZ.	Acetylzahl
bar	Bar
bes.	besonders, besondere, insbesondere
Best.	Bestimmung(en)
Bibl.	Bibliographie(n)
bin.	binär
Bldg.	Bildung(en)
bzgl.	bezüglich
Bzl.	Benzol
Bzn.	Benzin
bzw.	beziehungsweise
C.	Chem. Zentralblatt (nur bei Zitaten)
c	Curie
ca.	zirka
cal	Calorie (Grammcalorie)
Chlf.	Chloroform
const	constans
cP	Centipoise
cSt	Centistokes
$D._4^{20}$	Dichte (bei 20° gemessen u. bezogen auf Wasser von 4°)
D	Debye
d	Tag (nur für Dimensionen)
DAB.	Deutsches Arzneibuch
dad. gek.	dadurch gekennzeichnet
Darst.	Darstellung(en)
Deriv.	Derivat
Derivv.	Derivate
Dest.	Destillation(en)
dest.	destillieren, destilliert(e)
d. h.	das heißt
DK	Dielektrizitätskonstante
DL	Dosis letalis
DTA	Differentielle Thermoanalyse
$E^{1\%}_{1\,cm}$	Extinktion (1 %ige Lsg.; 1 cm Schichtdicke)
Eig.	Eigenschaft
Eigg.	Eigenschaften
Einfl.	Einfluß, Einflüsse
Einw.	Einwirkung(en)
EMK	Elektromotorische Kraft
Entw.	Entwicklung(en)
Ep.	Erstarrungspunkt
Epp.	Erstarrungspunkte
eV	Elektronenvolt
evtl.	eventuell
EZ.	Esterzahl
°F	Grad Fahrenheit
F.	Schmelzpunkt
FF.	Schmelzpunkte
Fl.	Flüssigkeit
Fll.	Flüssigkeiten
fl.	flüssig(e)
g	Gramm
Geh.	Gehalt(e)
gek.	gekennzeichnet(e)
gesätt.	gesättigt(e)
Geschw.	Geschwindigkeit(en)
Gew.	Gewicht(e)
ggf.	gegebenenfalls
Ggw.	Gegenwart
h	Stunde (nur für Dimensionen)
Herst.	Herstellung(en)
Hz	Hertz
I.E.	Internationale Einheit
i.m.	intramuskulär(e)
inakt.	inaktiv(e)
I.P.	Isoelektrischer Punkt
IR	Infrarot (Ultrarot)
i.v.	intravenös(e)
J	Joule
JZ.	Jodzahl
°K	Grad Kelvin
kcal	Kilogrammcalorie
Koeff.	Koeffizient(en)
Koll.	Kolloid(e)
koll.	kolloid(e), kolloidal(e)
Kondens.	Kondensation(en)
Konst.	Konstante(n)
konst.	konstant(e)
Konstit.	Konstitution(en)
Konz.	Konzentration
Konzz.	Konzentrationen
konz.	konzentriert(e)
korr.	korrigiert(e)
Kp.	Siedepunkt
Kpp.	Siedepunkte
krist.	kristallisiert(e)
KW-Stoff	Kohlenwasserstoff
KW-Stoffe	Kohlenwasserstoffe
Labor.	Laboratorium, Laboratorien
l. c.	loco citato
Leg.	Legierung
Legg.	Legierungen
lösl.	löslich(e)
log	Logarithmus (allgemein)
Lsg.	Lösung
Lsgg.	Lösungen
Lsgm.	Lösungsmittel (Ein- u. Mehrzahl)
m	Meter
m	molar (Konzentrationsangabe)
Meth.	Methode(n)
Min.	Minute(n) (allgemein)
min	Minute (nur für Dimensionen)
Mitt.	Mitteilung(en)
mkr.	mikroskopisch(e)
ml	Milliliter
mμ	Millimikron
Mol	Grammolekül(e)
Mol.	Molekül
Moll.	Moleküle
mol.	molekular(e)
Molgew.	Molekulargewicht(e)
Mol.-Refr.	Molekularrefraktion(en)
n	normal (Konzentrationsangabe)
n-	normal (Isomerieangabe)
n_D^{20}	Brechungsindex (bei 20° u. D-Linie)
nachst.	nachstehend(e)
Nachw.	Nachweis(e)
Nd.	Niederschlag
Ndd.	Niederschläge
Oe	Oerstedt
opt.-akt.	optisch-aktiv(e)
p	Pond
PAe.	Petroläther
pH	Wasserstoffionenkonzentration (negativer dekad. Logarithmus)
pK	Dissoziationskonstante (negativer Logarithmus)
ppm	parts per million
Präp.	Präparat
Präpp.	Präparate
prim.	primär(e)
Prior.	Priorität(en), Unionspriorität(en)
Prod.	Produkt
Prodd.	Produkte
qual.	qualitativ(e)
quant.	quantitativ(e)

quart.	quartär(e) (Bindigkeit)
quatern.	quaternär(e)
°R	Grad Réaumur
r	Internationale Röntgeneinheit
rac.	racemisch(e)
rad	Einheit der absorbierten Strahlendosis
°Rank.	Grad Rankine
Red.	Reduktion
Redd.	Reduktionen
red.	reduziert(e)
Ref.	Referat
Reff.	Referate
rem	roentgen-equivalent-men
rep	roentgen-equivalent-physical
R_F	Retentionsfaktor (anteilmäßige Steighöhe)
RhZ.	Rhodanzahl
Rk.	Reaktion
Rkk.	Reaktionen
S	Sedimentationskonstante
s	Sekunde (nur für Dimensionen)
s.	siehe
schm.	schmelzend(e)
sd.	siedend(e)
Sek.	Sekunde(n), allgemein
sek.	sekundär(e)
sog.	sogenannt(e)
Spezif. Gew.	Spezifisches Gewicht
Std.	Stunde(n) (allgemein)
std.	stündig(e)
symm.	symmetrisch(e)
Synth.	Synthese(n)
Syst.	System(e)
SZ.	Säurezahl
t	Tonne, metrisch
Temp.	Temperatur(en)
tern.	ternär(e)
tert.	tertiär(e)
u.	und
u. a.	und andere, unter anderem
u. dgl.	und dergleichen
U/min	Umdrehungen pro Minute
ungesätt.	ungesättigt(e)
unlösl.	unlöslich(e)
unsymm.	unsymmetrisch(e)
Unters.	Untersuchung
Unterss.	Untersuchungen
USP.	United States Pharmacopeia
usw.	und so weiter
UV	Ultraviolett
V	Volt
Val	Grammäquivalent
Verb.	Verbindung
Verbb.	Verbindungen
verd.	verdünnt(e)
Verf.	Verfahren (Einzahl)
Verff.	Verfahren (Mehrzahl)
Verh.	Verhalten
Vers.	Versuch
Verss.	Versuche
Verw.	Verwendung(en)
Vf.	Verfasser(in) (Einzahl)
Vff.	Verfasser(innen) (Mehrzahl)
Vgl.	Vergleich(e)
vgl.	vergleiche
Vol.	Volumen, Volumina
Vork.	Vorkommen (Ein- u. Mehrzahl)
vorl. Mitt.	vorläufige Mitteilung(en)
Vorr.	Vorrichtung(en)
vorst.	vorstehend(e)
VZ.	Verseifungszahl
W	Watt
W.	Wasser
Wrkg.	Wirkung(en)
wss.	wässerig(e)
X	X-Einheit
z. B.	zum Beispiel
Zers.	Zersetzung(en)
z. T.	zum Teil
Zus.	Zusammensetzung(en)
♂	männlich (im biolog. Sinne)
♀	weiblich (im biolog. Sinne)
°	Grad Celsius
%ig.	prozentig
‰ig.	promillig
~	angenähert, etwa gleich mit, rund
≧	gleich oder größer als
≦	gleich oder kleiner als
>	größer als
<	kleiner als
≙	entspricht
∞	unendlich
∅	Durchmesser

Griech. Abkürzungen

$[\alpha]_D^{20}$	Opt. Drehung, spezifische (gemessen mit D-Linie bei 20°)
λ	Wellenlänge
λ_{max}	maximale Wellenlänge
λ_{min}	minimale Wellenlänge
μ	Mikrometer (auch Mikron genannt)
μg	Mikrogramm (auch Gamma genannt)
Ω	Ohm

Kurzzeichen der Vorsätze für Einheiten

T	Tera-	10^{12}	Einheiten
G	Giga-	10^{9}	Einheiten
M	Mega-	10^{6}	Einheiten
k	Kilo-	10^{3}	Einheiten
h	Hekto-	10^{2}	Einheiten
da	Deka-	10^{1}	Einheiten
d	Dezi-	10^{-1}	Einheiten
c	Zenti-	10^{-2}	Einheiten
m	Milli-	10^{-3}	Einheiten
μ	Mikro-	10^{-6}	Einheiten
n	Nano-	10^{-9}	Einheiten
p	Pico-	10^{-12}	Einheiten

Patent-Abkürzungen

D.A.S.	Deutsche Auslegeschrift
D.B.P.	Deutsches Bundes-Pat.
D.P. [DDR]	Deutsches [DDR] Patent
D.R.P.	Deutsches Reichs-Pat.
A.P.	Amerikanisches Patent
Aust.P.	Australisches Patent
Belg.P.	Belgisches Patent
Can.P.	Canadisches Patent
Dän.P.	Dänisches Patent
E.P.	Englisches Patent
Finn.P.	Finnisches Patent
F.P.	Französisches Patent
Holl.P.	Holländisches Patent
Ind.P.	Indisches Patent
It.P.	Italienisches Patent
Jap.A.S.	Japan. Auslegeschrift
Jug.P.	Jugoslawisches Patent
Norw.P.	Norwegisches Patent
Oe.P.	Österreichisch. Patent
Poln.P.	Polnisches Patent
Schwed.P.	Schwedisches Patent
Schwz.P.	Schweizer Patent
Tschech.P.	Tschechoslowakisches Patent
UdSSR.P.	Sowjetisches Patent
Ung.P.	Ungarisches Patent

Für die fachliche Rechtschreibung in den Referaten und Registern des Chemischen Zentralblattes ist die 2. Auflage (Verlag Chemie GmbH Weinheim/Bergstr. u. VDI-Verlag GmbH Düsseldorf; 1959) der „Rechtschreibung der technischen und chemischen Fremdwörter" von Jansen-Mackensen bestimmend.

Dr. Eugen Klever und Dr. Willi Barz, Chefredakteure

Chemisches Zentralblatt

1962 **Bibliographien** Nr. 24

Neue Fachzeitschriften

Holztechnologie. Wissenschaftlich-technische Zeitschrift. 3. Jahrgang. Herausgeg. vom Institut für Holztechnologie und Faserbaustoffe, Dresden. Leipzig: Fachbuchverlag. 1962. Erscheint dreimal jährlich. Einzelpreis DM 8,—.

Neue Bücher

A. Allgemeine, physikalische und anorganische Chemie

Hodgman, Handbook of chemistry and physics. Paris: Technique et Documentation. 1961. (3500 S.) 78 NF.

Laurence Mackenzie Miall, ed., A new dictionary of chemistry. 3rd edit. Longmans. 1961. (XI + 593 S. m. Diagr.) 84 s.

Linus Pauling, Chemie — eine Einführung. 4. Aufl. Weinheim/Bergstr.: Verl. Chemie. 1962. (XII + 630 S. m. 192 Abb. u. 39 Tab.) DM 32,—.

A_2. Optisches Verhalten der Materie

C. N. R. Rao, Ultra-violet and visible spectroscopy: chemical applications. London: Butterworths. 1961. (VIII + 164 S. m. Tab. u. Diagr.) 30 s.

A_4. Thermodynamik. Thermochemie

P. Fleury et **J.-P. Mathieu,** Chaleur — Thermodynamique. Etats de la matière. 3e édit. Paris: Eyrolles. 1961. (524 S. m. 496 Abb.) 34 NF.

J. Prigogine und **R. Defay,** Chemische Thermodynamik. Leipzig: Deutscher Verl. für Grundstoffindustrie. 1961. (Etwa 480 S. m. 153 Abb.) Etwa DM 48,—.

A_5. Kolloidchemie. Grenzschichtforschung

K. Edelmann, Lehrbuch der Kolloidchemie. Bd. I. Berlin: Deutscher Verl. der Wissenschaften. 1961. (Etwa 350 S. m. etwa 100 Abb.) 8°. Etwa DM 45,—.

G. D. Glebow, Absorption von Gasen durch aktive Metalle. Moskau-Leningrad: Gossenergoisdat. 1961. (184 S.) 63 Kop. [Russ.]

A_6. Strukturforschung

Charles Alfred Coulson, Valence. 2nd edit. London: Oxford U. P. 1961. (XIII + 404 S. m. Tab. u. Diagr.) 30 s.

A_7. Gleichgewichte. Kinetik

J. H. de Boer and others, eds., International Symposium on the Reactivity of Solids, 4th. Amsterdam, 1960. Reactivity of solids. Proceedings. Amsterdam: Elsevier; London: Van Nostrand. 1961. £ 7.

F. P. Bundy, W. R. Hibbard and **H. M. Strong,** eds., Progress in very high pressure research; proceedings of an international conference held at Bolton Landing, Lake George, New York one June 13-14, 1960. New York, London: Wiley. 1961. (XIX + 314 S. m. Abb., Tab. u. Diagr.) 96 s.

G. Porter, ed., Progress in reaction kinetics. Vol. 1. Oxford, London: Pergamon. 1961. (VIII + 276 S. m. Tab. u. Diagr.) 70 s.

Harald Schäfer, Chemische Transportreaktionen. Der Transport anorganischer Stoffe über die Gasphase und seine Anwendung. Weinheim/Bergstr.: Verl. Chemie. 1962. (142 S. m. 44 Abb.) = Monographie Nr. 76 zu „Angewandte Chemie“ und „Chemie-Ingenieur-Technik“. DM 16,80.

A_8. Präparative anorganische Chemie. Komplexverbindungen Metallorganische Verbindungen

W. A. Golownja und **I. A. Fedorow,** Grundbegriffe der Chemie der Komplexverbindungen. Moskau: Verl. der Akad. der Wiss. der UdSSR. 1961. (136 S.) 42 Kop. [Russ.]

Eugene Victor Kleber, ed., Rare earth research: based on a seminar at Lake Arrowhead, California, October. 1960. New York, London: Macmillan. 1961. (VI + 313 S. m. Tab. u. Diagr.) 68 s.

P. Pascal, Nouveau Traité de chimie minérale. Tome VI: Bore. Aluminium. Gallium. Indium. Thallium. Paris: Masson. 1961. (1040 S. m. 139 Abb. u. 27 Tab.) 172 NF.

G. W. Sacharowa u. a., Niob und seine Legierungen. Moskau: Metallurgisdat. 1961. (380 S.) 1 Rbl. 33 Kop. [Russ.]

M. Stacey, J. C. Tatlow and A. G. Sharpe, eds., Advances in fluorine chemistry. Vol. 2. London: Butterworths Scientific. 1961. (220 S. m. Taf., Tab. u. Diagr.) 45 s.

—, XVIe Congrès international de chimie pure et appliquée, Paris, 1957. Mémoires présentés à la Section de chimie minérale. Paris: Société d'édition d'enseignement supérieur. 1958. (893 S. m. Abb.) 8⁰.

C. Präperative organische Chemie. Naturstoffe

M. Ss. Malinowski, Olefinoxyde und ihre Derivate. Moskau: Gosschimisdat. 1961. (553 S.) 1 Rbl. 90 Kop. [Russ.]

Jiří Novák a Jiří Zemlička, Preparativni reakce v organické chemii VII. Kysele katalysované synthesy. Praha: Nakladatelství Československé akademie věd. 1961. (912 S.) Kčs 86,50.

Wilhelm Radmacher, Organische Chemie in Frage und Antwort. Essen: Girardet. 1961. (214 S.) 8⁰. DM 12,80.

G. Analyse. Laboratorium

William Thomas Elwell and Donald Francis Wood, The analysis of titanium, zirconium and their alloys. London: Imperial Chemical Industries; Wiley. 1961. (XI + 198 S. m. Abb., Tab. u. Diagr.) 53 s.

Jaroslav Heyrovský a Jaroslav Kůta, Zaklady polarografie. Praha: Nakladatelství Československé akademie věd. 1961. (384 S.) Kčs 42,—.

H VIII. Metallurgie. Korrosion

Ss. W. Basilewitsch u. a., Methoden der experimentellen Untersuchung des Hochofenprozesses. Moskau: Metallurgisdat. 1960. (256 S.) 97 Kop. [Russ.]

Ju. A. Geller, Die Werkzeugstähle. 2. überarb. Ausgabe. Moskau: Metallurgisdat. 1961. (510 S.) 1 Rbl. 84 Kop. [Russ.]

Je. G. Konowalow, Theorie und Praxis der neuen Metallbearbeitungsverfahren. Minsk: Verl. der Akad. der Wiss. der BelorussSSR. 1961. (297 S.) 1 Rbl. 15 Kop. [Russ.]

XI. a) Farben. Anstriche. Lacke. Naturharze

—, Physique des peintures vernis et pigments. Tome I. Paris: Dunod. 1961. (VIII + 411 S. m. 186 Abb.) 68 NF.

XI. b) Plaste (Kunstharze. Plastische Massen)

Georges Champetier, Les Macropolymères et leurs applications. Paris: Centre de documentation universitäre. 1960. (227 S. m. Abb.) 4⁰. 13,50 NF.

Phillip Morgan, ed., Plastics progress: papers and discussions at the International Plastics Convention. 1961, London. London: Iliffe. 1962. (XI + 181 S. m. Abb., Tab. u. Diagr.) 65 s.

XVIII. a) Holz. Cellulose. Zellstoff. Papier. Papierdruck. Celluloid. Linoleum

—, Industrial nitrocellulose. Revised edit. London: Imperial Chemical Industries. 1961. (VII + 126 S. m. Taf., Tab. u. Diagr.)

Ausgewertete Bibliographie-Fachzeitschriften

Belgien	Bibliographie de Belgique — Belgische Bibliographie	England	British Books (Incorporating the Publishers Circular & Bookseller Record)
ČSSR	Bulletin — Die Neuesten Forschungsergebnisse der Tschechoslowakischen Wissenschaft		British National Bibliography
	Nové Knihy (Neue Bücher)	Frankreich	Bibliographie de la France
	Novinky (Neuheiten)	Holland	Nieuwsblad voor de Boekhandel
Dänemark	Danske Bogmarked	Italien	Bibliografia Nazionale Italiana
Deutschland	Börsenblatt für den Deutschen Buchhandel — Frankfurter Ausgabe	Japan	Nōhon Shūhō (Current Publications)
	Börsenblatt für den Deutschen Buchhandel — Leipziger Ausgabe	Österreich	Österreichische Bibliographie
		Schweiz	Schweizer Buch. Serie A und Serie B
	Deutsche Bibliographie. Wöchentliches Verzeichnis. Ausgabe II. [Frankfurt/Main]	UdSSR	Bücherverzeichnis des Jahres (Книжная летопись)
	Deutsche Nationalbibliographie. Reihe A: Neuerscheinungen des Buchhandels [Leipzig]		Neue Bücher (Новые книги)
		USA	Publishers' Weekly

Namenregister

Patentregister

Chemisches Zentralblatt

1962 Nr. 24 13. Juni

A. Allgemeine, physikalische und anorganische Chemie

Eine neue Ableitung des Boltzmann-Verteilungsgesetzes. Reino W. Hakala. (J. chem. Educat. 38. 33–35. Jan. 1961. Washington, D.C., Howard Univ.) (Engl.) D. HOENE. 10□

Über die statistische Behandlung des Fermionengases. 2. Mitt. P. Szépfalusy. (Acta physica Acad. Sci. hung. 9. 335–42. 1959. Budapest, Univ. for Techn. Sci.) (Engl.) — 1. vgl. C. **1960.** 3.

Das für den eindimensionalen Fall abgeleitete statist. Modell wird auf den dreidimensionalen erweitert. Dabei wird das Syst. als aus Teilchen mit dem Spin 1/2 ohne Wechselwrkg. bestehend angesehen. Für die statist. Energie wird eine Formel abgeleitet, ebenso für die radiale Dichte. M. WIEDEMANN. 10□

Hodgman, Handbook of chemistry and physics. Paris: Technique et Documentation. 1961. (3500 S.) 78 NF.

Laurence Mackenzie Miall, ed., A new dictionary of chemistry. 3rd edit. Longmans. 1961. (XI + 593 S. m. Diagr.) 84 s.

Linus Pauling, Chemie — eine Einführung. 4. Aufl. Weinheim/Bergstr.: Verl. Chemie. 1962. (XII + 630 S. m. 192 Abb. u. 39 Tab.) DM 32,—.

A_1. Kernphysik und Kernchemie

Photostern-Querschnitt aus Coulomb-Zertrümmerungen energiereicher schwerer Primärteilchen. S. T. Butler und C. A. Pearson. (Nuovo Cimento [10] 19. 1266–68. 16/3. 1961. Sydney, N.S.W., Univ. of Sydney, School of Phys., Daily Telegraph Theoret. Dep.) (Engl.)

Theoret. Betrachtung zur Best. der Energieabhängigkeit des Photostern-Querschnittes oberhalb 1 GeV Photonenenergie durch Unters. der Spuren energiereicher schwerer prim. Höhenstrahlen in Emulsionen. Vor dem Auftreffen auf einen Emulsionskern können diese Primärteilchen eine beobachtbare Zertrümmerung erleiden, die der von Photosternen ähnlich ist. HERBERT WEBER. 85□

Untersuchung der Kernwechselwirkungen bei Energien zwischen 10 und 100 GeV. E. Fenyves, E. Gombosi und P. Surányi. (Nuovo Cimento [10] 11. 21–25. 1/1. 1959. Budapest, Central Res. Inst. of Phys.) (Engl.)

Bei 7 in der Höhenstrahlung ausgesetzten Emulsionen beobachteten Kernwechselwrkg. wurden Winkel- u. Energieverteilung der Schauerteilchen ermittelt. Es handelt sich meist um komplexe Stöße. Hieraus wurden der LORENTZ-Faktor für das Schwerpunkts-Syst. γ_{cm} u. der für das Symmetrie-Syst. γ_{sym} ermittelt. Das Verhältnis γ_{sym}/γ_{cm} = 0,92 ± 0,15 spricht für symm. Emission der Schauerteilchen im Schwerpunktsystem. Für dieses wurde auch die Energieverteilung sowie die Verteilung der transversalen Impulse berechnet. M. WIEDEMANN. 85□

Bemerkungen über die Energieverteilung von bei energiereichen Kernstößen erzeugten Mesonen. E. M. Friedländer. (Nuclear Physics [Amsterdam] 21. 220–24. Nov. 1960. Bucharest, Inst. of Atom. Phys., Cosmic Ray Labor.) (Engl.)

Es wird gezeigt, daß die Verteilung der Winkel u. Transversalimpulse im Schwerpunkts-Syst. dem aus der Theorie der multiplen Mesonenerzeugung von HEISENBERG abgeleiteten Energiespektrum der Sekundärteilchen aus energiereichen Mesonenjets widerspricht. Es wird eine Näherung des tatsächlichen Energiespektrums im Schwerpunkts-Syst. gegeben. M. WIEDEMANN. 90□

Ein Modell der Hyperfragmente. G. Bhamathi und S. Indumathi. (Nuovo Cimento [10] 19. 828–29. 16/2. 1961. Madras, Univ.) (Engl.)

Mögliche Hyperfragmente mit Σ- u. Ξ-Hyperonen werden diskutiert, die Bindungsenergien ermittelt, ebenso die Verteilung der Zerfallspionen. Ferner wird die Best. der Σ-N- u. Ξ-N-Potentiale theoret. erörtert. M. WIEDEMANN. 90□

Ein vereinheitlichtes Modell für Elementarteilchen. Ziro Maki, Masami Nakagawa, Yoshio Ohnuki und Shoichi Sakata. (Progr. theoret. Physics [Kyoto] 23. 1174–80. Juni 1960. Nagoya, Univ., Inst. for Theor.) (Engl.)

Das Sakata-Modell der Elementarteilchen wird erweitert, indem die Grundteilchen dieses Modells als aus dem Lepton u. dem B^+ zusammengesetzt angesehen werden, wobei B^+ als eine neue Art der Materie betrachtet wird. Die Symmetrie-Eigg. der schwachen Wechselwrkg. u. die volle Symmetrie unter den 3 Grundteilchen, Proten, Neutron, Λ ergeben sich von selbst. M. Wiedemann. 90□

Über die Struktur der Elementarteilchen. Ken-iti Matumoto und Masami Nakagawa. (Progr. theoret. Physics [Kyoto] **23.** 1181—88. Juni 1960.) (Engl.) — Vgl. vorst. Referat.

Auf Grund des Sakata-Modells wird für die zusammengesetzten Teilchen eine halbempir. Massenformel vorgeschlagen, die die Eigg. der Wechselwrkg. in der B-Materie stark widerspiegelt. Der B-Materie wird eine Ladung ähnlich der elektr. zugeschrieben ($e = -\bar{e}$). Die Dynamik der Grundbaryonen wird behandelt. Ferner wird über eine neue Boson–Baryon-Familie u. Photonen diskutiert. M. Wiedemann. 90□

Beziehung zwischen dem Isorotatormodell der heißen Teilchen und der Theorie von d'Espagnat-Prentki. G. Pócsik. (Acta physica Acad. Sci. hung. **10.** 121—23. 1959. Budapest, Univ Roland Eötvös, Inst. for Theoret. Phys.) (Engl.)

Die Beziehungen zwischen dem Schraubenmodell heißer Teilchen im Isobarenspinraum u. der Theorie von D'Espagnat-Prentki werden untersucht. Die Eigenfunktionen des Massenoperators bzgl. der Rotationen u. Inversionen im Isobarenspinraum transformieren wie die Feldgrößen der Theorie. M. Wiedemann. 90□

Die Hypothese der Erhaltung nur der kombinierten Parität bei starken, elektromagnetischen und schwachen Wechselwirkungen. V. G. Soloviev. (Nuclear Physics [Amsterdam] **6.** 618—24. April 1958. Dubna, Joint Inst. of Nucl. Res., Labor. of Theor. Phys.) (Engl.)

Es wird die Hypothese aufgestellt, daß nur die kombinierte Parität IC bei starken, elektromagnet. u. schwachen Wechselwrkg. erhalten bleibt u. gezeigt, daß sie den verfügbaren Daten nicht widerspricht. Diese reichen jedoch zu einem Beweis nicht aus. M. Wiedemann. 90□

Die Elektronenasymmetrie beim β-Zerfall polarisierter Neutronen. M. A. Clark und J. M. Robson. (Canad. J. Physics **39.** 13—21. Jan. 1961. AE of Canada Ltd., Phys. Div.) (Engl.)

Ein Bündel polarisierter Neutronen, 93% Polarisation u. $3{,}5 \cdot 10^7$/s, wurde durch Bragg-Diffraktion an einem magnetisierten Kristall einer Co–Fe-Leg. erhalten. Zwischen Zerfallselektronen u. Protonen wurden verzögerte Koinzidenzen registriert. Der Koeff. der Winkelkorrelation zwischen der Elektronenrichtung u. der Richtung des Neutronenspins ergab sich zu $-0{,}09 \pm 0{,}05$, woraus C_A/C_V, das Verhältnis der axial-vektoriellen zur vektoriellen Kopplungs-Konst., zu $-120 \pm 0{,}12$ folgt. M. Wiedemann. 90□

Polarisation der an mittleren und schweren Kernen gestreuten Neutronen. J. D. Clement, F. Boreli, S. E. Darden, W. Haeberli und H. R. Striebel. (Nuclear Physics [Amsterdam] **6.** 177—87. März 1958. Madison, Wis., Univ. of Wisconsin.) (Engl.)

Mittels der Rk. ^{7}Li (p, n)^{7}Be an metall. Li wurden polarisierte Neutronen erhalten, ihre Polarisation betrug je nach Energie $-0{,}38$ bis $-0{,}30$. Diese Neutronen mit Energien von 380 u. 980 keV wurden unter 55, 90 u. 130° an Kernen von *C* bzw. *V* bis *U* gestreut. Aus der Rechts-links-Asymmetrie wurde die Polarisation in Abhängigkeit von der Massenzahl (55—238) ermittelt. Die Polarisationen lagen zwischen $+0{,}20$ u. $-0{,}17$, sie variierten meist kontinuierlich mit A. M. Wiedemann. 90□

Polarisation der ^{7}Li(p, n)^{7}Be-Neutronen. H. R. Striebel, S. E. Darden und W. Haeberli. (Nuclear Physics [Amsterdam] **6.** 188—95. März 1958.) (Engl.) — Vgl. vorst. Referat.

Die Polarisation der unter 50° nach der Rk. ^{7}Li(p,n)^{7}Be emittierten Neutronen wurde für Energien von 0,7—1,5 MeV durch die Rechts-links-Asymmetrie bei der Streuung an fl. O_2 bestimmt. Sie ergab sich zu ca. $-0{,}3$, unabhängig von der Energie der beschießenden Protonen (2,2—3,0 MeV). Gegenüber einer Emission unter 30° bestand kaum ein Unterschied. Der totale Neutronenquerschnitt von *O* ergab zwischen 0,7 bis 1,4 MeV zwei Maxima bei 1,0 u. 1,3 MeV von ca. 8 bzw. 7 barn. M. Wiedemann. 90□

Polarisationsmessungen an durch energiearme Deuteronen nach D + D und T + D erzeugten Neutronen. P. J. Pasma. (Nuclear Physics [Amsterdam] **6.** 141—50. März 1958. Groningen, Rijksuniv. Natuurkund. Labor.) (Engl.)

Nach D + D u. T + D wurden Neutronen erzeugt u. elast. an einem He-Gasscintillator gestreut. Die gestreuten Neutronen wurden in Koinzidenz mit den ^{4}He-Rückstoßkernen nachgewiesen. Die Polarisation der D + D-Neutronen nahm von 6% bei einer Energie der Deuteronen von 200 keV auf 9,5% bei 500 keV zu, die der T+D-

Neutronen war für Deuteronenenergien unter 300 keV nahezu Null. Die Polarisation wurde aus der Links-rechts-Asymmetrie ermittelt. M. WIEDEMANN. 90□

Die Verteilung der thermischen Neutronen nach Ort und Energie in Reaktorgittern. 1. Mitt. **Theorie.** Henry C. Honeck. (Nuclear Sci. Engng. **8.** 193—202. Sept. 1960. Cambridge, Mass., MIT.) (Engl.)

Es wird eine Theorie der Verteilung der therm. Neutronen im Reaktorgitter nach Energie u. Ort unter der Voraussetzung isotroper Streuung mitgeteilt. W. REUSSE. 90□

Die Verteilung der thermischen Neutronen nach Ort und Energie in Reaktorgittern. 2. Mitt. **Vergleich zwischen Theorie und Experiment.** Henry C. Honeck und Irving Kaplan. (Nuclear Sci. Engng. **8.** 203—09. Sept. 1960.) (Engl.) — 1. vgl. vorst. Referat.

Die theoret. berechneten Werte für die Verteilung der therm. Neutronen nach Ort u. Energie im Reaktorgitter werden mit experimentell ermittelten Werten verglichen. Bei D_2O-moderierten Anlagen erhält man sehr gute Übereinstimmung, die räumliche Verteilung im Syst. angereicherte U-Stäbe/Leichtwasser weicht vom theoret. Wert um ca. 10% ab. Es wird gezeigt, daß für diese Abweichung die der Theorie zugrunde gelegte Voraussetzung des freien Gasmodells als Streuraum, die in diesem Fall nicht voll erfüllt ist, verantwortlich zu machen ist. W. REUSSE. 90□

Die Verteilung des thermischen Neutronenflusses in Metall–Wasserstoff-haltigen Abschirmungen. D. C. Anderson und K. Shure. (Nuclear Sci. Engng. **8.** 260—69. Sept. 1960. Pittsburgh, Pa., Westinghouse Electr. Co., Bettis Atom. Power Labor.) (Engl.)

Das Problem der räumlichen Verteilung der therm. Neutronen in der Reaktorabschirmung wird mathemat. behandelt u. die Übereinstimmung mit experimentellen Ergebnissen, die an einer mehrfachen Schichtung Fe/H_2O gewonnen wurden, gezeigt. W. REUSSE. 90□

Untersuchung des heterogenen subkritischen Systems SR-1. L. Pál, F. Szabó, Z. Gyimesi, L. Bata und L. Turi. (Acta physica Acad. Sci. hung. **12.** 205—19. 1960. Budapest, Zentralforschungsinst. für Phys. der Ung. Akad.) (Russ.)

Für eine heterogene, subkrit. Anordnung von zylindr. Brennelementen (^{235}U bis zu 10% angereichert) u. W. wurden die krit. Masse u. der Einfl. von Verzerrungen im Gitter bestimmt. Die asymptot. Verteilung der therm. Neutronen wurde auf relativ geringe Entfernung von der aktiven Zone ermittelt. M. WIEDEMANN. 90□

Abschätzung der Neutronenaufheizung in Be-Canning. Albert Müller. (Nukleonik **2.** 277. Dez. 1960. Erlangen, Siemens-Schuckert-Werke AG., Akt. Reaktor-Entw.) (Dt.) — Vgl. C. **1961.** 5677.

Der Brennstoff-Temp.-Koeff. der Reaktivität bei therm. Reaktoren mit U-Brennstoff u. Be-Canning wird mit wachsendem Abbrand positiv, während er bei Zr-Canning immer negativ bleibt. Es wird rechner. gezeigt, daß dieser experimentelle Befund durch das therm. Spektrum der im Brennstoff absorbierten Neutronen bedingt ist. Dieses Spektrum ist bei Verw. von Be stärker von der Brennstoff-Temp. beeinflußt als bei Zr-Canning. W. REUSSE. 90□

Vergleich der Theorie der nichtaxialen Kerne mit Experimenten. E. P. Grigoriev und M. P. Avotina. (Nuclear Physics [Amsterdam] **19.** 248—63. Okt. 1960. Leningrad, Univ., Physic. Res. Inst.) (Engl.) — Vgl. C. **1961.** 11964.

Daten über Energieniveaus u. relative γ-Übergangswahrscheinlichkeiten bei einer großen Anzahl von Kernen werden mit der Theorie der nichtaxialen Kerne verglichen, die sie innerhalb der Grenzen der Anwendbarkeit sämtlich zu deuten vermag. M. WIEDEMANN. 95□

Notiz über die kollektive Interpretation der beiden ersten 2^+-Niveaus der geraden Kerne. Maurice Jean. (Nuclear Physics [Amsterdam] **21.** 142—56. Nov. 1960. Orsay, Fac. des Sci., Labor. de Phys. Nucl.) (Franz.)

Das experimentell beobachtete Verhältnis der Wahrscheinlichkeiten der elektromagnet. Abklingprozesse der ersten 2^+-Ni-Niveaus der geraden Kerne kann nicht nur durch das Modell des *asymm.* Rotors nach DAVYDOV u. FILIPOV gedeutet werden, sondern auch durch ein mehr konventionelles Modell, das einen kontinuierlichen Übergang zwischen den Quadrupoloscillationen der sphär. u. den Schwingungen u. Rotationen der sphäroidalen Kerne annimmt. M. WIEDEMANN. 95□

Energieniveaus und Konfigurationswechselwirkung in ^{90}Zr und verwandten Kernen. I. Talmi und I. Unna. (Nuclear Physics [Amsterdam] 225—42. Okt. 1960. Rehovoth, Weizmann Inst. of Sci.) (Engl.)

Die Energieniveaus von ^{90}Zr u. benachbarten Kernen, bes. ^{86}Sr, werden analysiert u. daraus die Matrixelemente der effektiven Kernwechselwrkg. abgeleitet. Der Grundzustand von ^{90}Sr ergibt sich zu 75% in der $p_{1/2}^2$- u. zu 25% in der $g_{9/2}^2$-Konfiguration. Auch das niedrige $7/2^+$-Niveau in ^{85}Sr kann erklärt werden. M. Wiedemann. 95□

Der Kernspin von ^{115m}In. H. J. King, J. A. Cameron, H. K. Eastwood und R. G. Summers-Gill. (Canad. J. Physics **39.** 230—31. Jan. 1961. Hamilton, Ont., McMaster Univ., Dep. of Phys.) (Engl.)

Eine 2-g-Cd-Folie wurde eine Woche täglich 8 Std. lang mit 10^{13} Neutronen/cm^{2}s bestrahlt u. dann der metastabile Zustand (4,5 h) von ^{115}In abgetrennt. Hierzu wurde In-Träger zugesetzt, in HCl–HNO_3 gelöst, $In(OH)_3$ mit NH_3 im Überschuß gefällt, dann zu In-Metall reduziert. Dieses wurde in einem C-Tiegel im Ta-Ofen auf 1100° erhitzt, so daß ein Bündel In-Atome erhalten wurde. Nach einer magnet. Resonanz-Meth. wurde der Kernspin zu $I = 1/2$ für ^{115m}In bestimmt. M. Wiedemann. 95□

Coulomb-Schwelle in einem hochangeregten Kern. D. W. Lang. (Physic. Rev. [2] **123.** 265—66. 1/7. 1961. Canberra, Austral. Nat. Univ., Dep. of Theoret. Phys.) (Engl.)

Verss. unter Einschluß der α-Spektren von *Ni* u. *Rh*, die mit Protonen bis zu 23 MeV beschossen worden sind, werden unter Verw. des statist. Modells analysiert. Werden die von Igo (C. **1960.** 10825) berechneten Werte für den Querschnitt für α-Absorption benutzt, so zeigt sich, daß die experimentellen Daten mit einem konst. Wert für die Potentialschwelle im Einklang sind. Gerhard Schmidt. 103□

Protonen aus α-induzierten Reaktionen. Wayne Swenson und Nikola Cindro. (Physic. Rev. [2] **123.** 910—22. 1/8. 1961. Cambridge, Mass., MIT, Dep. of Phys. and Labor. for Nucl. Sci.) (Engl.)

Unter Verw. des statist. Modells analysieren Vff. die Ergebnisse der Protonenenergiespektren, die unter mehreren Winkeln aus Rkk. von 30,5-MeV-α-Teilchen mit ^{27}*Al*, ^{51}*V*, ^{59}*Co*, ^{75}*As*, ^{93}*Nb*, ^{103}*Rh*, ^{115}*In* u. ^{181}*Ta* gemessen worden sind. Die Querschnitte werden durch Vgl. der Ausbeute zu derjenigen der Grundzustands-Rkk. ^{12}C (α, p)^{15}N u. ^{27}Al (α, p) ^{30}Si erhalten. Die Analyse liefert den differentiellen Querschnitt u. die relative Niveaudichte des Restkerns als eine Funktion der Protonen- u. Anregungsenergien des Restkerns. Die Kern-Temp. u. der Niveaudichteparameter werden erhalten. Die Energie- u. Winkelabhängigkeit der Spektren werden hinreichend durch das statist. Modell bei Rückwärtswinkeln beschrieben mit dem Anzeichen eines Beitrages des Mechanismus der direkten Rk. bei Vorwärtswinkeln, der sich bis zu hohen Anregungsenergien erstreckt. Gerhard Schmidt. 103□

Winkelkorrelationsuntersuchungen der Reaktion ^{9}Be(α, nγ)^{12}C. J. B. Garg, J. M. Calvert und N. H. Gale. (Nuclear Physics [Amsterdam] **19.** 264—79. Okt. 1960. Manchester, Univ., Phys. Labor.) (Engl.)

^{9}Be wurde mit α-Teilchen von 3,35 u. 5,10 MeV beschossen u. die (α, n γ)-Rk. durchgeführt. Die Neutronen in Koinzidenz mit der 4,43-MeV-γ-Strahlung des angeregten ^{12}C-Niveaus wurden mit einem Flugzeitspektrometer untersucht. Die Hauptgruppe hatte 6,2 MeV. Die Winkelverteilung zeigte Bevorzugung der Vorwärtsrichtung. Die Winkelkorrelation zeigte eine Abhängigkeit vom Neutronenwinkel u. von der Energie der auftreffenden Teilchen. Nach den Daten scheint die direkte Wechselwrkg. eine vorherrschende Rolle zu spielen. M. Wiedemann. 103□

Über die Methode der verzögerten Koinzidenzen. Mittlere Lebensdauer des ersten angeregten Niveaus von ^{10}B. S. Gorodetzky und A. Knipper. (J. Physique Radium **19.** 83—85. Jan. 1958. Strasbourg, Inst. de Rech. nucl.) (Franz.)

Mit 0,94-MeV-Deuteronen wurde die Rk. ^{9}Be (d, n) ^{10}B durchgeführt. Emittiert werden 8 γ-Strahlen u. 5 Neutronengruppen. Ausgewählt wurden einerseits die γ-Strahlen von 1,43 u. 1,02 MeV u. andererseits von 0,72 MeV. Nach der Meth. der verzögerten Koinzidenzen wurde die mittlere Lebensdauer des ersten angeregten ^{10}B-Niveaus zu $(8 \pm 2) \cdot 10^{-10}$ s bestimmt. M. Wiedemann. 103□

Messungen der n-γ-Koinzidenzen bei der Reaktion ^{10}B(d, nγ)^{11}C. J. A. McDonell, D. G. Sargood, J. R. Moroney und J. R. Prescott. (Austral. J. Physics **13.** 99—115. Juni 1960. Melbourne, Univ., Phys. Dep.) (Engl.)

Mit Deuteronen von 580 u. 630 keV wurde ^{10}B (99%) beschossen u. die Rk. ^{10}B(d, nγ)·^{11}C durchgeführt. Die γ-Strahlung wurde mittels eines NaJ(Tl)-Kristalls nachgewiesen, die Neutronen mit einem von Pb u. Paraffin umgebenen Plaste-Scintillator. Aus den Neutronenenergien ergaben sich $4{,}3 \pm 0{,}3$ u. $6{,}53 \pm 0{,}02$ MeV für das zweite u. vierte angeregte Niveau. Das erste u. das dritte haben die Energien 2,01 bzw. 4,75 MeV. Die n–γ-Koinzidenzmessungen zeigten, daß die γ-Strahlen vom 2., 3. u. 4. Niveau zum Grundzustand führen u. auch als Kaskade vom 4. zum 3. u. zum 2. Niveau. Sämtliche Niveaus haben negative Parität. M. Wiedemann. 103□

Die inversen Reaktionen $^{11}B(p, \gamma)\,^{12}C$ und $^{12}C(\gamma, p)\,^{11}B$. Lennart Simons. (Soc. Sci. fenn., Comment. physico-math. **20.** 1—14. 1957. Helsingfors.) (Engl.)

Die beiden inversen Rkk. werden diskutiert. Aus experimentellen Daten über die erste wird der Wrkg.-Querschnitt der zweiten berechnet u. mit dem beobachteten Wert verglichen. Die Diskrepanz wird durch die große Protonenausbeute im Bereich der Riesenresonanz gedeutet, die auf Wechselwrkg. von Quanten mit einzelnen Protonen des ^{12}C-Kerns beruht. Das Termschema von ^{12}C wird diskutiert. Neben den Niveaus vom 2^+-Typ bei 16,10; 18,3 u. 19,2 MeV u. dem Niveau bei 17,22 MeV vom 1^--Typ muß noch ein weiteres vom 1^--Typ erwartet werden. M. Wiedemann. 103□

Die Lebensdauer des 3,85-MeV-Niveaus in ^{13}C. O. Dietzsch, M. Kuchnir, W. R. Phillips und Oscar Sala. (An. Acad. brasil. Ci. **31.** 523—28. 31/12. 1959. São Paulo, Univ. de São Paulo, Labor. de Acelerad. Electrost.) (Engl.)

Aus dem Fehlen der Doppler-Verschiebung der 170-keV-γ-Strahlung, die nach der Rk. $^{10}B(\alpha, p)\,^{13}C$ emittiert wird, wird gefolgert, daß die Lebensdauer des 3,85-MeV-Niveaus $> 1{,}5 \cdot 10^{-12}$ s ist. Bei einem Verzweigungsverhältnis von 0,31 sind die berechneten Grenzen an den $|M|^2$-Werten für die E1- u. M2-Übergänge $<$ 0,1 bzw. $<$ 5,0. J. M. Spaeth. 103□

Differentielle Wirkungsquerschnitte der Reaktion $^{12}C(d, p)^{13}C$ bei Deuteronenenergien von 15—20 MeV. Susumu Morita, Nawoyuki Kawai, Naoyuki Takano, Yorio Gotô, Reiko Hanada, Yutaka Nakajima, Shigeo Takemoto und Yûki Yaegashi. (J. physic. Soc. Japan **15.** 550—56. April 1960. Fukuoka, Kyushu Univ., Dep. of Phys.; Tokyo, Univ. of Tokyo, Dep. of Phys.; Sendai, Tôhoku Univ., Dep. of Phys.) (Engl.)

Die Winkelverteilungen der bei der Rk. $^{12}C(d, p)\,^{13}C$ auftretenden Protonen wurden bestimmt. Die Energien der eingeschossenen Deuteronen betrugen 14,9, 16,6, 18,1 bzw. 19,6 MeV. Es wurden nur die Protonengruppen der 4 niedrigsten Energieniveaus von ^{13}C gemessen. Die Messungen umfaßten den Winkelbereich von 15 bis 165° in Intervallen von 7,5°. Ein Vgl. der Ergebnisse mit der Strippingtheorie zeigt nur in der Vorwärtsrichtung eine qual. Übereinstimmung. Die Winkelverteilungen ändern sich proportional mit den Deuteronenenergien. Die Anregungsfunktion nimmt mit steigender Deuteronenenergie gleichförmig ab, wobei die Abnahme in der Rückwärtsrichtung geringer ist als in der Vorwärtsrichtung. H. Schroeder. 103□

Die $^{12}C(d, n)^{13}N$-Reaktion bis zu 1,35 MeV. A. N. James. (Nuclear Physics [Amsterdam] **23.** 648—56. März 1961. Cambridge, Cavendish Labor.) (Engl.)

Winkelverteilungen u. Anregungsfunktionen wurden für die Grundzustands-Neutronengruppe in $^{12}C(d, n)\,^{13}N$ im Energiebereich E_d = 0,7 bis 1,35 MeV gemessen. Die Ergebnisse werden in Termen einer Compoundkern-Bldg. interpretiert u. mit $^{12}C(d, p)\,^{13}C$ verglichen. Die Beobachtung eines kleinen a_4-Koeff. in der (d, n_0)-Winkelverteilung für die 1,19-MeV-Resonanz ist in Einklang mit einer Mischung von l_d-Werten. Herbert Weber. 103□

Eine Untersuchung der beim Beschuß von ^{12}C mit ^3He-Teilchen mit Energien zwischen 6 und 10 MeV eintretenden Reaktionen (^3He, p), (^3He, d) und (^3He, α). S. Hinds und R. Middleton. (Proc. physic. Soc. **75.** 745—53. 1/5. 1960. Aldermaston, Berks., Atom. Weapons Res. Establishm.) (Engl.)

Vff. bestrahlten ^{12}C mit ^3He-Teilchen der Energien 5,98, 8,83, 9,37 u. 10,14 MeV u. bestimmten die Winkelverteilungen der Protonen, Deuteronen u. α-Teilchen. Die Anregungsfunktionen wurden im Energiebereich von 5,7 bis 10,23 MeV bei einem Labor.-Winkel von 10° gemessen. Die in Diagrammen dargestellten Ergebnisse zeigen, daß bei den meisten Energien die (^3He, d)- u. (^3He, α)-Rkk. hauptsächlich über einen direkten Prozeß verlaufen, während dies für die (^3He, p)-Rk. nicht der Fall ist. H. Schroeder. 103□

Eine Untersuchung der Reaktionen $^9Be(^3He, p)^{11}B$ und $^9Be(^3He, d)^{10}B$ im Energiebereich von 5,7—10,2 MeV. S. Hinds und R. Middleton. (Proc. physic. Soc. **75.** 754—61. 1/5. 1960.) (Engl.) — 1. vgl. vorst. Referat.

Vff. beschossen ^9Be mit ^3He-Teilchen verschiedener Energien im Bereich von 5,7 bis 10,2 MeV u. bestimmten die Winkelverteilungen u. Anregungsfunktionen von 10 Protonen- u. 5 Deuteronengruppen. Die gemessenen Winkelverteilungen (in Diagrammen dargestellt) schließen eine Bevorzugung der Vorwärtsrichtung aus; dies weist auf einen überwiegend direkten Prozeß hin. Die erhaltenen Werte sind mit der Strippingtheorie vereinbar. H. Schroeder. 103□

Die Reaktion $^{14}C(d, n)^{15}N$. Ren Chiba. (Physic. Rev. [2] **123.** 1316—21. 15/8. 1961. Madison, Wis., Univ. of Wisconsin.) (Engl.)

Mit einem Neutronenspektrometer bestimmt Vf. die differentiellen Querschnitte für Grundzustandsneutronen aus der Rk. $^{14}C(d, n)^{15}N$ bei $E_d = 3{,}53$ MeV u. 2,786 MeV. Die Deuteronen werden in einem elektrostat. Generator beschleunigt. Das ^{14}C-Target ist zu 38% in ^{14}C angereichert. Es wird ein Stripping-Peak mit $l_p = 1$ beobachtet. Die Anregungsfunktion der Grundzustandsneutronen wird von $E_d = 1{,}2$ MeV bis $E_d = 3{,}53$ MeV gemessen. Es wird eine Anzahl von Resonanzen beobachtet, die virtuellen Zuständen von ^{16}N entsprechen. Die Winkelverteilung der Neutronen, die mit den 5,28-, 5,31-MeV-Dublett (unaufgelöst)- u. 6,33-MeV-Niveaus von ^{15}N assoziiert sind, werden mit der photograph. Emulsionstechnik erfaßt. Ein für $l_p = 0$ charakterst. Stripping-Peak entspricht dem unaufgelösten Dublett u. $l_p = 1$ dem 6,33-MeV-Zustand. Die Anregungsfunktion für sämtliche Neutronen aus der Rk. $^{14}C(d, n)^{15}N$ wird mit Zählern sowohl für langsame als auch für schnelle Neutronen gemessen. Mehrere mögliche Schwellenwerte mit langsamen Neutronen werden beobachtet, die angeregten Zuständen von ^{15}N entsprechen. Gerhard Schmidt. 103□

Totale Querschnitte von Be, ^{10}B, B, C und O für Neutronen. D. B. Fossan, R. L. Walter, W. E. Wilson und H. H. Barschall. (Physic. Rev. [2] **123.** 209—18. 1/7. 1961. Madison, Wis., Univ. of Wisconsin.) (Engl.)

Vff. bestimmen die totalen Querschnitte von Be, ^{10}B, B, C u. O für Neutronen mit Energien zwischen 3,4 u. 16 MeV. Neutronen mit Energiestreuung zwischen 15 u. 40 keV werden durch Beschuß von T-Targets mit Protonen oder D-Targets mit Deuteronen erzeugt, wobei die geladenen Teilchen in einem elektrostat. Tandembeschleuniger beschleunigt worden sind. Scharfe Peaks in den totalen Querschnitten von ^{11}B, C u. O liefern Informationen über die Energieniveaus in ^{12}B, ^{13}C u. ^{17}O. Keiner der totalen Querschnitte der 5 untersuchten Kerne zeigt scharfe Peaks oberhalb von Energien, die einer Anregungsenergie in der Größenordnung 12 MeV des diesbezüglichen Compoundkerns entsprechen. Der Übergang von scharfer Struktur zu einem sich langsam ändernden Querschnitt tritt völlig abrupt auf mit Ausnahme für den Compoundkern ^{11}B, der zu nahezu 12 MeV sogar durch langsame Neutronen angeregt wird.

Gerhard Schmidt. 103□

„Breaks" (Diskontinuitäten) in der Aktivierungskurve für die Reaktion $^{31}P(\gamma, n)^{30}P$. D. Sadeh. (Physic. Rev. [2] **123.** 855—58. 1/8. 1961. Ivry, Centre Nat. de la Rech. Scient., Labor. de Synth. Atom.) (Engl.)

Zylindr. Proben von rotem P werden in einer Entfernung von 25 cm von der Antikathode des Betatrons angeordnet. Nach der Bestrahlung wird die Probe zwischen 2 NaJ(Tl)-Kristalle von 5 in. Ø u. 4 in. Höhe gebracht. Mit einem Einkanalanalysator u. einem Koinzidenzkreis werden nur die beiden Vernichtungs-γ-Strahlen aus dem 2,5-min-β^+ von ^{30}P gezählt. Die beobachteten Diskontinuitäten im Verlauf der Aktivierungskurve $^{31}P(\gamma, n)^{30}P$ entsprechen Resonanzen, die bei der Rk. $^{30}Si(p, n)^{30}P$ beobachtet worden sind. Das Aufeinanderfallen von Diskontinuitäten u. bekannten Resonanzen in einigen leichten Kernen wird diskutiert. Ein solches Zusammentreffen besteht im Falle von ^{14}N, ^{19}F u. ^{31}P, im Falle von ^{12}C ist es zweifelhaft. Die Genauigkeit des Nachw.-Syst. reicht aus, um die Schwellenwerte der Rk. $^{31}P(\gamma, n)^{30}P$ zu $12{,}23 \pm 0{,}04$ MeV u. der Rk. $^{35}Cl(\gamma, n)^{34}Cl$ zu $12{,}66 \pm 0{,}04$ MeV zu bestimmen.

Gerhard Schmidt. 103□

Nuclearer elektrischer Monopolübergang in ^{42}Ca. N. Benczer-Koller, M. Nessin und T. H. Kruse. (Physic. Rev. [2] **123.** 262—65. 1/7. 1961. New York, N.Y., Columbia Univ.) (Engl.)

Vff. bestätigen die 0^+-Zuordnung zum zweiten angeregten Zustand (1,863 MeV) in ^{42}Ca durch Beobachtung der elektr. Monopol–Elektron–Positron-Paare u. der inneren Konversionselektronen, die dem cross–over-Übergang zum Grundzustand entsprechen. Der 1,836-MeV-Zustand von ^{42}Ca wird durch Beschuß von angereichertem $CaCO_3$ (82,5% ^{42}Ca) mit Protonen aus dem Van de Graaff angeregt. Elektronen- u. Positronenspektren werden im Zwischenbildspektrometer gemessen. Der Verlauf des kontinuierlichen Positronenspektrums aus den E 0-Paaren sowie das Verhältnis $R = 9{,}0 \pm 0{,}18$ von Paaren zu den E 0-Konversionselektronen ist mit theoret. Vorhersagen für einen E 0-Übergang im Einklang. Es werden innere Konversionselektronen mit 0,305 MeV beobachtet, die dem Übergang zwischen dem 1,836-MeV-Niveau u. dem ersten angeregten 2^+-Zustand bei 1,523 MeV entsprechen. Das Verhältnis der 1,836-MeV- zu den 0,305-MeV-Elektronen ergibt sich zu $1{,}03 \pm 0{,}10$. Aus diesen u. früheren Daten wird der Monopol-Stärkeparameter zu 0,41 bestimmt. Gerhard Schmidt. 103□

Anregungsfunktionen für α-induzierte Reaktionen an Mangan-55. Shigeo Tanaka, Michiaki Furukawa, Takashi Mikumo, Shiro Iwata, Masuo Yagi und Hiroshi Amano. (J. physic. Soc. Japan **15.** 545—50. April. Erratum: 1357. Juli 1960. Tanashi, Tokyo, Univ. of Tokyo, Inst. for Nucl. Study.) (Engl.)

Vff. untersuchten mit α-Teilchen mit Energien von 10—40 MeV unter Verw. der Folienstapel-Meth., bei der die Targetfolien zwischen Al-Absorber gepackt werden, die bei den Rkk. ^{55}Mn(α, n)^{58}Co, ^{55}Mn(α, 2n)^{57}Co, ^{55}Mn(α, 3n)^{56}Co, ^{55}Mn(α, α'n)^{54}Mn u. ^{55}Mn(α, 2pn)^{56}Mn auftretenden Anregungsfunktionen. Nach der Bestrahlung wurden die Aktivitäten chem. abgetrennt. Die Zerfallsraten der Nuclide ^{58}Co, ^{57}Co, ^{56}Co u. ^{54}Mn wurden durch γ-Spektrometrie erhalten, während ^{56}Mn mit geeichten GEIGER-MÜLLER-Zählern gemessen wurde. Der gemessene Rk.-Querschnitt steht in Übereinstimmung mit dem unter Verw. von $r_0 = 1{,}7 \cdot 10^{-13}$ cm berechneten Wert. Ein Vgl. verschiedener Rkk. wurde an Hand des statist. Modells der Kern-Rkk. unter Verw. einer Niveaudichte von $\omega = c \exp[2 (a E)^{1/2}]$ durchgeführt u. stimmt mit dem berechneten Wert von $a = 2$ MeV^{-1} überein. H. SCHROEDER. 103□

Wirkungsquerschnitte für die Wechselwirkung der 14,5-MeV-Neutronen mit Mangan und Kobalt. E. Weigold. (Austral. J. Physics **13.** 186—88. Juni 1960. Canberra, Austral. Nat. Univ., Dep. of Nucl. Phys.) (Engl.)

Neutronen von 14,5 ± 0,5 MeV wurden nach der Rk. ^{3}H(d, n)^{4}He erzeugt. Die Targets waren Kreisscheiben zwischen zwei Cu-Scheiben. Ihre Aktivität wurde mit einem NaJ(Tl)-Kristall gemessen. Als Standardwerte wurden für ^{63}Cu(n, 2n) ^{62}Cu 522 mbarn u. für ^{65}Cu(n, 2n)^{64}Cu 1030 mbarn angesetzt. Es wurden folgende Wrkg.-Querschnitte bestimmt: ^{55}Mn(n, 2n)^{54}Mn 825 mbarn, ^{55}Mn(n, α)^{52}V 27 mbarn, ^{59}Co(n, 2n) ^{58}Co 855 mbarn, ^{59}Co(n, p)^{59}Fe 80 mbarn u. ^{59}Co(n, α)^{56}Mn 29 mbarn. M. WIEDEMANN. 103□

Photo-α-Reaktion in ^{121}Sb. John H. Wolfe und John P. Hummel. (Physic. Rev. [2] **123.** 898—902. 1/8. 1961. Urbana, Ill., Univ. of Illinois, Dep. of Chem., Dep. of Phys., Chemic. Engng.) (Engl.)

Vff. untersuchen die Rk. ^{121}Sb(γ, α)$^{117, 117m}$*In* durch Best. der Radioaktivitäten der Produktkerne in Proben, die mit Bremsstrahlung maximaler Energie von 15,5 bis 24 MeV bestrahlt worden sind. Es werden Anregungsfunktionen für den totalen Querschnitt u. die Querschnitte für jedes Isomer erhalten. Der totale Querschnitt steigt stetig über den untersuchten Energiebereich an u. erreicht einen Wert von 360 μbarn bei 24 MeV. Das Verhältnis des Querschnitts für die Direkterzeugung des Grundzustandes zum Querschnitt für die Erzeugung des Isomers ist über den untersuchten Energiebereich bei einem Wert von 2,60 ± 40 konstant. Die totale Anregungsfunktion bis zu 18 MeV stimmt mit Querschnitten überein, die auf der Basis einer statist. Theorie für Compoundkernzerfall berechnet worden sind. Das beobachtete Grundzustand- zu Isomer-Querschnittsverhältnis ist mit dem erwarteten aus einem Compoundkernmechanismus im Einklang, jedoch wahrscheinlich im Widerspruch mit dem berechneten Verhältnis aus einem direkten Mechanismus. GERHARD SCHMIDT. 103□

Neue Daten über das γ-Spektrum von ^{124}Sb. B. Ss. Dshelepow, N. N. Shukowski und F. A. Predowski. (Известия Академии Наук СССР, Серия Физическая [Nachr. Akad. Wiss. UdSSR, physik. Ser.] **21.** 1614—18. Dez. 1957. Chlopin-Strahlungsinst. der Akad. der Wiss. der UdSSR.) (Russ.)

Ca. 1,5 g metall. Sb wurde mit Neutronen aktiviert u. an einem ^{124}Sb-Präp. von ca. 1,5 c das γ-Spektrum aufgenommen. Für die Linien 600, 644, 725, 967, 1048, 1330, 1370, 1450, 1505, 1540, 1700 u. 2090 keV sind relative Intensität, Konversion in der K-Schale, Multipolarität zusammengestellt. Das Termschema von ^{124}Te ist mit den Niveaus 0, 603, 1248, 1326, 1972, 2295 u. 2691 keV wiedergegeben, denen Spins u. Paritäten zugeordnet sind. Es wird eine Bilanz der Intensitäten der auf ein Niveau auftreffenden u. der von ihm ausgehenden Strahlung aufgestellt. M. WIEDEMANN. 103□

Angeregte Niveaus von ^{155}Gd. A. Bisi und L. Zappa. (Nuclear Physics [Amsterdam] **6.** 252—59. März 1958. Milano, Politecnico, Ist. di Fisica Sper.) (Engl.)

Sm_2O_3 wurde mit Neutronen bestrahlt u. als Tochterelement von ^{155}*Sm* das Nuclid ^{155}*Eu* erhalten, dessen γ- u. Röntgenstrahlung mit Einkristall-Scintillationsspektrometer u. Proportionalzähler untersucht wurden. Nachgewiesen wurden Strahlungen mit 42,9, 87, 105 keV u. L-Röntgenstrahlung mit den Intensitäten 100, 77, 46 u. 25 (relative Werte). Bei den Koinzidenzmessungen wurde schwache γ-Strahlung mit 30, 39 u. 60 keV erfaßt. Es wird ein Termschema von ^{155}Gd mit den Niveaus bei 0,060, 0,087, 0,105, 0,117 u. 0,144 MeV vorgeschlagen. M. WIEDEMANN. 103□

γ-Übergänge in ^{155}Gd. B. N. Subba Rao. (Nuovo Cimento [10] **16.** 283—91. 16/4. 1960. Bombay, Tata Inst. of Fundament. Res.) (Engl.)

Vf. bestimmte die Konversions-Koeff. der dem β-Zerfall von ^{155}Eu folgenden 86- u. 105-keV-Übergänge zu $\alpha_{86}^{K} = 0{,}49 \pm 0{,}075$ u. $\alpha_{105}^{K} = 0{,}29 \pm 0{,}054$. Für das Verhältnis $\delta^2 = M2/E1$ wurden folgende Werte gefunden: $\delta_{86}^2 < 0{,}04$ u. $\delta_{105}^2 < 0{,}07$.

H. SCHROEDER. 103

Spektren der inneren Konversionselektronen beim Einfang thermischer Neutronen durch Samarium-, Cadmium- und Gadoliniumkerne. L. W. Groschew, A. M. Demidow und W. A. Naidenow. (Известия Академии Наук СССР, Серия Физическая [Nachr. Akad. Wiss. UdSSR, physik. Ser.] **21.** 1619—23. Dez. 1957.) (Russ.)

Sm_2O_3, Cd u. Gd_2O_3 wurden mit therm. Neutronen bestrahlt u. mittels einer Koinzidenzanordnung mit einem magnet. Spektrometer die Spektren der Elektronen der inneren Konversion von ^{150}Sm, ^{114}Cd, ^{156}Gd u. ^{158}Gd aufgenommen. Intensitäten u. Energien der γ-Linien sind tabelliert, das Verhältnis α_K/α_L wurde bestimmt u. mit den theoret. Werten für die verschiedenen Multipolaritäten verglichen.

M. WIEDEMANN. 103 □

Zerfall von ^{172}Tm. R. G. Helmer und S. B. Burson. (Physic. Rev. [2] **123.** 978—91. 1/8. 1961. Argonne, Ill., Argonne Nat. Labor.) (Engl.)

Vff. erzeugen das Radionuclid ^{172}Tm durch aufeinanderfolgenden Einfang von 2 Neutronen in Er_2O_3, das zu 87% in ^{170}Er angereichert ist. Die Bestrahlungen erfolgen im Reaktor (MTR). Neben den 3 Tm-Aktivitäten enthalten die Proben 6 akt. Kontaminanten. Reine Tm-Quellen werden durch Verw. einer Ionenaustauschersäule erhalten. Die mit einem 256-Kanal–Koinzidenz-Scintillationsspektrometer durchgeführten Messungen zeigen die Ggw. von mindestens 17 γ- u. 5 β-Übergängen an. Das β-Spektrum wird mit einem 180°-Magnetspektrometer untersucht. Das für ^{172}Yb vorgeschlagene Niveauschema hat Zustände mit Energien, Spins u. Paritäten von 0,0 (0^+), 0,079 (2^+), 0,260 (4^+), 1,17 (3), 1,46 (2), 1,54 (3), 1,60 (1), 1,64 (?) u. 1,73 (3) MeV. Die totale Zerfallsenergie ergibt sich zu 1,88 MeV. Die experimentellen Daten sind mit der früher vorgeschlagenen Interpretation im Einklang, daß die beiden ersten angeregten Zustände Glieder einer K = 0-Rotationsbande sind. Die Zustände bei 1,46 u. 1,54 MeV werden als Glieder einer Rotationsbande mit K = 2 gedeutet. Die Zustände bei 1,60 u. 1,73 MeV werden versuchsweise als Glieder einer Rotationsbande mit K = 0 u. negativer Parität interpretiert. Es wird vermutet, daß der Zustand bei 1,17 MeV K = 3 hat. Aus der Analyse des β-Spektrums wird geschlossen, daß der Grundzustand von Tm I = K = 2 u. negative Parität hat. GERHARD SCHMIDT. 103 □

Energieniveaus in ^{172}Tm aus dem Zerfall von ^{172}Er. R. G. Helmer und S. B. Burson. (Physic. Rev. [2] **123.** 992—96. 1/8. 1961.) (Engl.) — Vgl. vorst. Referat.

Vff. erzeugen das Radionuclid ^{172}Er im Reaktor (MTR) durch aufeinanderfolgenden Einfang von 2 Neutronen in Er_2O_3, das zu 87% in ^{170}Er angereichert ist. Neben den 3 Er-Aktivitäten u. dem radioakt. Tochternuclid ^{172}Tm enthalten die Proben 6 akt. Kontaminanten, aus denen Er unter Verw. einer Ionenaustauschersäule abgetrennt wird. Mit einem 256-Kanal–Koinzidenz-Scintillationsspektrometer durchgeführte Unterss. zeigen die Ggw. von mindestens 8 γ-Übergängen an. Zwei dieser Übergänge sind entweder in K hochkonvertiert oder ihre Übergangsenergien sind angenähert 50 keV. Die Energie der anderen 6 Übergänge sind ca. 610, 450, 408, 200, 160 u. 125 keV. β-γ-Koinzidenz-Verss. zeigen die Ggw. von 2 β-Komponenten bei angenähert 310 keV (in Koinzidenz mit dem 610-keV-γ) u. 370 keV (in Koinzidenz mit dem 408-keV-γ) an. Das für ^{172}Tm abgeleitete Niveauschema hat angeregte Zustände bei 408, 450 (oder 160), 470 ± 15, 530 u. 610 keV. Aus den β-Intensitäten werden den Zuständen bei 530 u. 610 keV Spins von entweder 0 oder 1 mit positiver Parität zugeordnet.

GERHARD SCHMIDT. 103 □

Über die relative Intensität der γ-Quanten von ^{210}Po. W. W. Owetschkin. (Известия Академии Наук СССР, Серия Физическая [Nachr. Akad. Wiss. UdSSR, physik. Ser.] **21.** 1641—42. Dez. 1957.) (Russ.)

Aus einer HNO_3-Lsg. wurde eine ^{210}Po-Quelle hergestellt u. das Verhältnis N_γ/N_α gemessen. Zum Vgl. diente eine ^{60}Co-Quelle. Erhalten wurden für die relative Intensität der 803-keV-γ-Strahlung, die dem ersten angeregten Niveau von ^{206}Pb entspricht, $1{,}22 \pm 0{,}09 \cdot 10^{-5}$ Quanten/Zerfall. Hieraus werden Schlüsse auf die Intensität der einzelnen Gruppen des α-Spektrums von ^{210}Po gezogen. M. WIEDEMANN. 103 □

Der β-Zerfall von ^{234}Pa(UZ). P. W. De Lange, H. Schneider und J. W. L. De Villiers. (Nuovo Cimento [10] **14.** 681—703. 16/11. 1959. Pretoria, CSIRO.) (Engl.)

Aus 60 kg U_3O_8 wurde eine UZ-Quelle hergestellt. Mittels eines Spiegel-β-Spektrometers u. einer Scintillationseinheit mit einem Kanal für die γ-Messungen wurden β- u. γ-Spektren, Konversionslinien sowie β-γ- u. γ-γ-Koinzidenzen u. solche mit den Konversionselektronen gemessen. UZ stellt den Grundzustand von ^{234}Pa dar, dem ein Spin

von 6⁻ zugeordnet wird. UX_2 ist der um 22 ± 12 keV angeregte Zustand. Das Zerfallsschema u. das Termschema von ^{234}U sind wiedergegeben. Es umfaßt 6 β-Übergänge mit den Maximalenergien 141, 275, 363, 477, 576 u. 1042 keV u. 39 γ-Übergänge. Es enthält die Niveaus bei 0, 43, 76, 110, 143, 165, 400, 620, 915, 1135, 1335, 1815, 1895, 2020, 2110 u. 2255 keV, denen Spins u. Paritäten zugeordnet werden.
M. Wiedemann. 103□

Spezielle Kernreaktoren für Schiffe. W. Junkermann. (Atomkernenergie 2. 385—90. Okt. 1957. Oberhausen.) (Dt.)
Es wird erläutert, warum zur Zeit der Druckwasserreaktor als weitest entwickelter u. betriebssicherer Typ bevorzugt für den Schiffsantrieb in Betracht gezogen wird.
W. Reusse. 110□

Herstellung von Uranlegierungen. A. R. Kaufmann. (Proc. int. Conf. peaceful Uses Atomic Energy 9. 210—13. 1956. Cambridge, Mass., MIT, Inst. of Nucl. Metals.) (Engl.)
Konferenzbericht über die Herst. von U–Cr-, U–Zr-, U–Mo- u. U–Si-Legg. unter Wiedergabe der Phasendiagramme. Gerhard Schmidt. 110□

Herstellung, Eigenschaften und Umhüllung von Aluminium-Uran-Legierungen. H. A. Saller. (Proc. int. Conf. peaceful Uses Atomic Energy 9. 214—20. 1956. Columbus, Ohio, Battelle Memor. Inst.) (Engl.)
Konferenzbericht über Herst. u. physikal. Eigg. der Legg. u. des Hülsenmaterials aus Al. Gerhard Schmidt. 110□

Die Herstellung der Brennelemente für den BNL-Reaktor. D. H. Gurinsky, W. T. Warner, J. E. Atherton, C. Binge, H. C. Cook, L. McLean, R. J. Teitel und B. Turovlin. (Proc. int. Conf. peaceful Uses Atomic Energy 9. 221—30. 1956. Brookhaven Nat. Labor.) (Engl.)
Konferenzbericht über den Herst.-Prozeß für Natururanstäbe mit Al-Hülse u. über die erforderlichen Leckteste. Gerhard Schmidt. 110□

Arbeitsweise eines Protonen-Cyclotrons mit radialen Sektoren und fester Frequenz. F. A. Heyn und Khoe Kong Tat. (Rev. sci. Instruments 29. 662. Juli 1958. Delft, Technic. Univ.) (Engl.)
Es wird ein Cyclotron betrieben, daß mit einer Beschleunigungsspannung von nur 20 kV u. einem Dee Protonen auf 12 MeV bei konst. Radiofrequenz beschleunigen kann. Das magnet. Feld ist azimutal variabel. In den 8 Sektionen nimmt die Flußdichte abwechselnd mit dem Radius zu u. ab. M. Wiedemann. 112□

Kombiniertes Ionenkammer-Proportionalzähler-Dosimeter zur Messung der γ-Kontamination von Neutronenfeldern. M. Slater, G. B. Bunyard und M. L. Randolph. (Rev. sci. Instruments 29. 601—05. Juli 1958. Oak Ridge, Tenn., Oak Ridge Nat. Labor., Biol. Div.) (Engl.)
Um die Kontamination schneller Neutronen durch γ-Strahlen zu messen, wurde ein Instrument entwickelt, das abwechselnd als Ionisationskammer (Durchströmen von Äthylen) oder als Proportionalzähler dienen kann. Der verwendbare Spannungsbereich wurde ermittelt. Bei einer 5-c-Po–Be-Quelle wurde das Verhältnis γ-/Neutronen-Dosis zu 0,23 bestimmt, bei (d, t)-Neutronen mit 14 MeV wurde ebenfalls der γ-Anteil ermittelt. M. Wiedemann. 112□

Die selektive Messung von Neutronen- und Photonendosen mit einem Äthylen-Dosimeter. Franz Ph. Pott und Siegfried Wagner. (Nukleonik 2. 271—76. Dez. 1960. Braunschweig, Physik.-Techn. Bundesanstalt.) (Dt.)
Es wird eine Schaltung beschrieben, die die Zählung schneller Neutronen mit einem Proportionalzähler mit Polyäthylenwandung u. Äthylenfüllung erlaubt. Gleichzeitig durch Photonen ausgelöste Sekundärelektronenimpulse werden unterdrückt. Schaltet man das Zählrohr als Ionisationskammer mit Gasverstärkung, dann wird der gesamte durch Neutronen u. Photonen hervorgerufene Ionisationsstrom gemessen. Es wird eine Kombinationsschaltung angegeben, mit der die in gemischten Strahlungsfeldern auftretenden Dosen gemessen u. auf Gewebedosen umgerechnet werden können.
W. Reusse. 112□

Dreikanalzähleinheit mit niedrigem Background. D. Rowan und W. Stevenson. (Int. J. appl. Radiat. Isotopes 9. 120—22. Dez. 1960. Glasgow, West. Region. Hosp. Board, Region. Phys. Dep.) (Engl.)
Es wird eine β-Meßanordnung für schwach radioakt. $^{90}Sr/^{90}Y$-Proben beschrieben, bei der drei Endfensterzählrohre im Zentrum eines aus 26 umhüllenden Geiger-Zählern bestehenden Zylinders angeordnet sind. Die drei Meßzähler sind mit den umhüllenden Zählern in Antikoinzidenz geschaltet. Es können akt. Proben mit Aktivitäten der Größenordnung 0,01 mμc bestimmt werden. W. Reusse. 112□

Verfahren zur Messung von elastischen, nichtelastischen und Transport-Neutronenquerschnitten. R. F. Taschek. (Proc. int. Conf. peaceful Uses Atomic Energy **4.** 62—69. Aug. 1956. Los Alamos, Sci. Labor.) (Engl.)

Überblick über Methodik, Zähler, Vielfachstreukorrekturen, Streugeometrien u. Winkelanalysatoren. — 16 Literaturangaben. Herbert Weber. 112□

Verfahren zur Messung von Neutronenquerschnitten und Energiespektren für Quellen, die kontinuierlich bezüglich Energie und Zeit sind. L. Rosen. (Proc. int. Conf. peaceful Uses Atomic Energy **4.** 97—104. Aug. 1956. Los Alamos Sci. Labor.) (Engl.)

Zusammenfassender Bericht über die in Los Alamos, Argonne, im MIT u. bei Westinghouse angewandten Meth. (u. a. Ionisationskammern, Proportionalzähler, Emulsionen; Spaltungsquellen; Kollimatoren) u. die erhaltenen Ergebnisse. — 6 Literaturangaben. Herbert Weber. 112□

Germaniumkristall als Neutronenmonochromator und Bestimmung der Kontaminationen höherer Ordnung. John T. Wajima, Brice M. Rustad und Edward Melkonian. (J. physic. Soc. Japan **15.** 630—41. April 1960. Kokubunji, Tokyo, Hitachi Ltd., Central Res. Labor.; New York, N.Y., Columbia Univ.; Upton, N.Y., Brookhaven Nat. Labor.) (Engl.)

Es wurde versucht, Ge-Kristalle als Neutronenmonochromatoren zu verwenden. Ge hat eine Diamantstruktur, die Reflexion 2. Ordnung (222) ist theoret. verboten. Der Wert für das Intensitätsverhältnis der Neutronen 3. zu 1. Ordnung, $I_3/I_1 = 0{,}023 \pm 0{,}002$, wurde mit einem BF_3-Zähler unter Verw. einer Zweikristall-Meth. (2. Kristall: Si-Kristall) erhalten u. stimmt gut mit dem berechneten Wert von $I_3/I_1 = 0{,}0245$ überein. Die verwendete Meßtechnik u. die Berechnungen werden beschrieben. Für die Kontamination 2. Ordnung wurde ein Maximalwert von 0,2% in der gleichen Weise gemessen. Die gesamte Kontamination höherer Ordnung, die aus der Durchlässigkeit von Pyrexglasplatten zu $(4{,}5 \pm 0{,}5)$% bei therm. Energie bestimmt wurde, läßt nur die Annahme einer Kontamination 3. Ordnung zu. Ein Vgl. von Ge-, Si- u. NaCl-Kristallen als Monochromatoren wird durchgeführt (graph. Darst.)

H. Schroeder. 112□

Messung des Spektrums der langsamen Neutronen eines Neutronenbündels vom WWRS-Reaktor mittels eines Neutronen-Kristallspektrometers. D. A. O'Connor und J. Sosnowski. (Acta physica polon. **19.** 329—38. 1960. Warsaw, Pol. Acad. of Sci., Inst. of Nuclear Res.) (Engl.)

Das Spektrum der langsamen Neutronen im Bereich der Neutronenwellenlänge 0,5—2,5 Å vom WWSR-Reaktor wurde mittels eines Spektrometers aus 2 Cu-Einkristallen u. 2 Zählrohren, von denen eins mit BF_3 u. das andere mit angereichertem $^{10}BF_3$ gefüllt waren, untersucht. Der Wrkg.-Grad des Spektrometers wurde bestimmt, ebenso das Reflexionsvermögen des Kristalls in Abhängigkeit von der Wellenlänge.

M. Wiedemann. 112□

Mechanischer Selektor zur Entfernung der auf Streuung höherer Ordnung am Kristallspektrometer beruhenden Kontamination. P. Hubert, R. Joly und C. Signarbieux. (J. Physique Radium **19.** 79—81. Jan. 1958. Saclay, C.E.N., Serv. de Neutron. Exp.) (Franz.)

Es wurde ein mechan. Geschw.-Selektor für Neutronen konstruiert, der in Verbindung mit einem Kristallspektrometer die Neutronen, die kohärente Streuung höherer Ordnung erlitten haben, entfernt. Als undurchsichtiges Material diente Cd, die obere Grenze der Neutronenenergie liegt bei 0,03 eV. Es wurden damit die totalen Wrkg.-Querschnitte von *Nd*, *Ir* u. *Th* im Bereich niedriger Energien bestimmt. Bei Nd ergab sich $\sigma_0 \Gamma^2 = 415$ barn eV², bei Ir wurde eine Resonanz gefunden, bei Th ist σ (2200 m/s) = 7,60 barn. M. Wiedemann. 112□

Mechanischer Selektor für langsame Neutronen. B. Jacrot und G. Gobert. (J. Physique Radium **19.** 82. Jan. 1958. Saclay, C.E.N., Sect. des Réact. Nucl. à Basse Energie.) (Franz.)

Es wurde ein Selektor für Neutronen mit 0,01—0,0001 eV konstruiert, der eine Auswahl nach der Flugzeit zwischen zwei Rädern von 1 m ∅ trifft.

M. Wiedemann. 112□

Optische Beobachtungseinrichtungen für Arbeitsplätze mit Isotopen. László Tihanyi. (Energia és Atomtechn. **14.** 326—34. Juli 1961.) (Ung.)

Übersicht über die Glasarten zur Verw. für Schaufenster, mit Fl. gefüllte Fenster u. Periskope. J. Plank. 112

Nachweis eines Prozesses isotopischer Kontamination in den elektromagnetischen Isotopentrennanlagen. R. Bernas und C. Cassignol. (J. Physique Radium **21.** 566—68. Juni 1960. Orsay, Fac. des Sci., Labor. de Phys. Nucl.; Saclay, Comm. à l'Energie Atom.) (Franz.)

Beschreibung einer Trennanlage mit doppelter magnet. Ablenkung u. Mitt. der Ergebnisse an *Cd.* GERHARD SCHMIDT. 112□

Analytische Laboratorien für die Handhabung von Plutonium. Charles F. Metz und Glenn R. Waterbury. (Talanta [London] **6.** 149—53. 1960. Los Alamos, N.Mex., Univ. of California, Los Alamos Sci. Labor.) (Engl.)

Es wird über chem.-analyt. Arbeiten mit Pu berichtet u. die Einrichtung der entsprechenden Labor. für die Wägung, Auflösung, Fällung, Filterung, Verdampfung u. Zentrifugierung der akt. Präpp. beschrieben. — 20 Abbildungen. W. REUSSE. 112□

Die technische Bedeutung der Wasserdampfdurchlässigkeit der Handschuhstoffe für die Konstruktion von Schutzgehäusen. J. E. Ayer, R. M. Mayfield und D. R. Schmitt. (Nuclear Sci. Engng. **8.** 274—76. Sept. 1960. Argonne, Ill., Argonne Nat. Labor.) (Engl.) — Vgl. C. **1961.** 10968.

Ausgehend von tabellierten Werten über die Wasserdampfdurchlässigkeit verschiedener Kunststoffe, die als Material für Schutzhandschuhe zum Eingriff in Schutzgehäuse in Betracht kommen, wird für einen Spezialfall (Neopren, Stärke 30 mil) der Wasserdampfdurchtritt zu 2,81 g/Tag berechnet. Es werden Betrachtungen über die Bedeutung dieser Durchlässigkeit für die Konstruktion von Schutzgehäusen angestellt, in deren Innerem Prozesse in inerter Gasatmosphäre ablaufen.

W. REUSSE. 112□

Inventarisierte Lagerung einer großen Zahl von kleinen radioaktiven Proben. L. E. Preuss. (J. sci. Instruments **35.** 307. Aug. 1958. Detroit, Mich., Ford Inst. for Med. Res.) (Engl.)

Beschreibung einer Einlagerungs-Vorr. für radioakt. Proben von 1—100 mg Masse u. einer spezif. Aktivität von 10 mc/g bis 10 c/g, die es gestattet, eine große Zahl solcher Proben getrennt u. eindeutig registrierbar abgeschirmt aufzubewahren. Jede einzelne Probe kann separat bei niedriger Bestrahlungsdosis für den Benutzer entnommen werden. L. ROTH. 112□

A_2. Optisches Verhalten der Materie

Sterninhalt von Galaxien. Halton Arp. (Science [Washington] **134.** 810—19. 22/9. 1961.) (Engl.)

Vf. berichtet zusammenfassend über den gegenwärtigen Stand der Kenntnisse über den stellaren Inhalt der Milchstraße u. der extragalakt. MAGELLANschen Wolken. Als Parameter, die die Sterne beschreiben, werden das Alter u. die chem. Zus. betrachtet.

G. M. NEUMANN. 113□

Bemerkung über die Kernreaktionen in Sternen. Seitaro Nakamura, Takashi Ohmura und Mitsuo Taketani. (Progr. theoret. Physics [Kyoto] **21.** 18—28. Jan. 1959. Tokyo, Univ. of Tokyo; Rikkyo Univ., Dep. of Phys.) (Engl.)

Es wird der Aufbau der Elemente in Sternen durch He-, n- u. p-Einfang diskutiert. Für die Entstehung des Maximums bei *Fe* werden auch (γ, p)- u. (γ, n)-Rkk. betrachtet. Die Überlegungen führen zu der Annahme, daß schon im Urzustand des Universums einige schwere Elemente außer H vorhanden gewesen sein dürften. C. REUBER. 113□

Korrelationen und quantenmechanische Korrekturen beim Atommodell von Thomas-Fermi. Gene A. Baraff. (Physic. Rev. [2] **123.** 2087—2100. 15/9. 1961. New York, N.Y., New York Univ., Dep. of Phys.) (Engl.) — Vgl. C. **1961.** 14176.

Es wird eine neue Meth. beschrieben, um die Wrkg. von Korrelation, Inhomogenität u. Austausch auf das Atommodell von THOMAS-FERMI zu berechnen. Das Atom wird als Vielteilchenproblem behandelt, nicht als Syst. von unabhängigen Teilchen, wobei die Hierarchiegleichung benutzt wird, die die GREENschen Funktionen für n Teilchen verknüpft. Die Hierarchie wird durch eine Vorschrift abgeschnitten, die der GELL-MANN- u. BRUECKNER-Theorie für ein Elektronengas hoher Dichte äquivalent ist. Es wird so eine Beschreibung des Atoms gegeben, bei der die Austauschwechselwrkg. durch die effektive Wechselwrkg. ersetzt wird. Dann wird die GREENsche Funktion für dies Modell in Potenzen von $\hbar$ entwickelt. Das Glied niedrigster Ordnung beschreibt das THOMAS-FERMI-Modell. Aus dem nächsthöheren Glied wird eine Differentialgleichung für eine Korrektur des Potentials abgeleitet. Diese Gleichung enthält ein Glied, das Ausdruck der Inhomogenität ist, u. ein anderes, das von der Korrelation der Elektronen u. vom Austausch herrührt. Es zeigt sich, daß das Korrelationsglied von der Abtrennarbeit eines Elektrons von einem unendlichen Elektronengas abhängt. Vielleicht ließe sich deshalb die Meth. für die Außengebiete eines Atoms verallgemeinern, in denen die

Elektronendichte so gering ist, daß die Theorie von GELL-MANN u. BRUECKNER nicht mehr anwendbar ist. HANS LAUE. 114☐

Thomas-Fermi-Dirac-Theorie mit Wechselbeziehungskorrektur. Yasuo Tomishima. (Progr. theoret. Physics [Kyoto] **22.** 1—11. Juli 1959. Okayama, Univ., Fac. of Sci., Dep. of Phys.) (Engl.)

Um die Wechselbeziehung zwischen den einzelnen Elektronen zu berücksichtigen, führt Vf. in das allg. THOMAS-FERMI-DIRAC-Modell die Korrekturbeziehungen von PINES u. von FERMI-AMALDI für freie Atome oder Ionen ein. Dadurch wird es ermöglicht, die Elektronendichteverteilung durch einfache Interpolations-Meth. zu bestimmen. Es zeigt sich, daß nach diesem neuen Verf. die Elektronendichteverteilung näher an den Kern heranrückt, d. h. daß der Abschirmungseffekt der inneren Elektronen auf das elektrostat. Feld des Kerns für die äußeren Elektronen in der statist. Theorie ohne diese Korrekturen überschätzt wurde. An Hand dieses neuen Modells werden schließlich die Elektronendichteverteilungen für Rb^+, *Kr* u. Br^- berechnet u. die Ergebnisse graph. mitgeteilt. Ferner werden die Energiekomponenten der totalen Energie numer. berechnet u. angegeben. G. M. NEUMANN. 114☐

Einige Untersuchungen in der Theorie der Ionen mit „offenen Schalen". 3. Mitt. Die Berechnung der Matrix-Elemente. J. S. Griffith. (Molecular Physics **3.** 457—75. Sept. 1960. Cambridge, Univ., Chem. Labor., Dep. of Theoret. Chem.) (Engl.) — 2. vgl. C. **1961.** 18213.

Die Verw. von V-, W- u. X-Koeff. bei der Berechnung der Matrixelemente wird gezeigt. Allg. Formeln für alle Zweielektron–Spin–Bahn-Kopplungsmatrizen in einem Kopplungsschema der oktaedr. Gruppe bei starkem Feld werden abgeleitet. Die Parametrisierung der elektrostat. Energie in der Ligandenfeldtheorie wird diskutiert u. die erforderliche Parameterzahl in verschiedenen Fällen angegeben. Die f^2-Konfiguration wird im Detail behandelt u. Gründe für den anomal niedrigen Paramagnetismus von PuF_2 herausgestellt. Ausdrücke, die Rückkopplungsmatrixelemente einschließen (vgl. TANABE u. KAMIMURA, C. **1959.** 14343) sind proportional zu W- u. X-Koeffizienten. J. M. SPAETH. 114☐

Mittelungsregel für dreiatomige, nichtlineare Hydride und Deuteride. W. P. Morosow. (Оптика и Спектроскопия [Optik u. Spektroskopie] **5.** 699—702. Dez. 1958.) (Russ.) — Vgl. C. **1960.** 17347.

Auf Grund der Beziehungen zwischen den Nullfrequenzen bzw. Grundschwingungsfrequenzen nichtlinearer, dreiatomiger Hydride RH_2, ihrer Monodeutero-Derivv. RHD u. Dideutero-Derivv. RD_2 können die Grundschwingungsfrequenzen von Moll. des Typs RHD aus dem arithmet. wie geometr. Mittel der bekannten Werte von RH_2 u. RD_2 berechnet werden. Vf. überprüft die Darlegungen an den Null- u. Grundschwingungsfrequenzen von *HDO*, *HDS* u. *HDSe* u. erhält gute Übereinstimmung mit den bekannten Werten. U.-L. RAU. 114☐

Das K-Emissionsspektrum von metallischem Lithium. R. S. Crisp und S. E. Williams. (Philos. Mag. [8] **5.** 525—27. Mai 1960. Nedlands, West Australia, Univ. of Western Australia.) (Engl.)

Mit Hilfe eines Strichgitters (1 m ⌀, 576 Striche pro mm) bestimmen Vf. das K-Spektrum 3. Ordnung von Li, das in Form einer Aufdampfschicht auf Cu-Targets Verw. fand. Das Spektrum zeigt klar eine Kante hoher Energie, die für ein unaufgefülltes Band charakterist. ist u. 75% der Maximalintensität beträgt. Die Breite der Bande, ist 0,30 eV. Entsprechende Messungen der Spektren 1. Ordnung von *Na* (L-Serie) u. *K* (M) zeigen Bandenbreiten von 0,21 u. 0,19 eV. G. RUBAN. 118☐

Bestimmung von Oscillatorenstärken durch Lebensdauermessungen der ersten angeregten Niveaus für die Elemente Ga, Al, Tl, Mg und Na. B. Brehm, W. Demtröder und O. Osberghaus. (Z. Naturforsch. **16a.** 843. Aug. 1961. Bonn, Univ., Phys. Inst.) (Dt.)

Aus der Phasenverschiebung zwischen Primärlicht u. dem Resonanzfluorescenzlicht bei der Bestrahlung des Dampfes der betreffenden Elemente mit hochfrequent moduliertem Licht einer Hohlkathodenentladung wird die Lebensdauer eines angeregten Atomzustandes erhalten. Für die Übergänge $4P_{1/2}-5S_{1/2}$ bzw. $4P_{3/2}-5S_{1/2}$ von Ga sind die Lebensdauer $T_m = 0{,}988 \cdot 10^{-8}$ s u. die Oscillatorstärken f = 0,0878 bzw. 0,0854; für $3P_{1/2}-4S_{1/2}$ bzw. $3P_{3/2}-4S_{1/2}$ von Al $T_m = 0{,}643 \cdot 10^{-8}$ s u. f = 0,122 bzw. 0,121; für $6P_{1/2}-7S_{1/2}$ bzw. $6P_{3/2}-7S_{1/2}$ von Tl $T_m = 0{,}866 \cdot 10^{-8}$ s u. f = 0,128 bzw. 0,118; für $3S_0-3P_1$ von Mg $T_m = 0{,}329 \cdot 10^{-8}$ s u. für $3S_{1/2}-3P_{1/2}$ bzw. $3S_{1/2}-3P_{3/2}$ von Na $T_m = 1{,}59 \cdot 10^{-8}$s u. f = 0,328 bzw. 0,654. Bei Zusatz von 8 Torr N_2 wird T_m auf die Hälfte verkürzt, daraus folgt der Wrkg.-Querschnitt für die Auslöschung der Resonanzfluorescenz $Q = 43 \cdot 10^{-16}$ cm². HERBERT MÜLLER. 118☐

Angenäherte Beziehungen zwischen den Frequenzen isotopischer Moleküle der Form XY_4. A. Ss. Swerdlin. (Оптика и Спектроскопия [Optik u. Spektroskopie] **5.** 702—04. Dez. 1958.) (Russ.)

Es werden zwei tetraedr., isotop. Moll. XY_4 u. XY'_4 betrachtet. Für ihre Frequenzen ν_3, ν_4 bzw. ν'_3, ν'_4 der Symmetrie F_2 entwickelt Vf. Näherungsbeziehungen. Zur Überprüfung werden ν'_3 u. ν'_4 von CD_4, SiD_4 u. GeD_4 durch Einsetzen der experimentellen Werte ν_3 u. ν_4 von CeH_4, SiH_4 u. GeH_4 berechnet. Die Übereinstimmung mit den beobachteten Frequenzen bestätigt die Anwendbarkeit der erhaltenen Formeln.

U.-L. Rau. 118□

Rotationsstruktur des 4925-Å-Bandensystems des XeN-Moleküls. L. Herman und R. Herman. (Nature [London] **193.** 156—57. 13/1. 1962. Meudon, Observat. de Paris.) (Engl.)

Vff. berichten in einer vorl. Mitt. über die Rotationsstruktur des Banden-Syst. von XeN bei 4925 Å. Das Gas wurde in einer Gleichstromentladung angeregt u. das Emissionsspektrum mit einem Harrison-Spektrometer aufgenommen. Das Banden-Syst. ähnelt dem von XeO oder KrO u. scheint ebenfalls zum roten Gebiet hin verschoben zu sein, was aus der Dissoziationsenergie des oberen u. unteren Elektronenniveaus folgt; eine angemessene Rotationsanalyse ist jedoch bei dem erhaltenen Dispersionsgrad nicht möglich. Die beobachteten Rotationslinien sind komplexer Natur, haben aber zwischen 4760 u. 4890 Å einen regelmäßigen Abstand von 1,8—2,2 cm^{-1}. Weiterhin werden mögliche Elektronenstrukturen des XeN-Mol. diskutiert.

G. M. Neumann. 118□

Lösung des Problems über die Aufspaltung des Energieniveaus der Ionen Seltener Erden im Felde des Kristallgitters. N. W. Afanassjewa. (Оптика и Спектроскопия [Optik u. Spektroskopie] **5.** 629—33. Dez. 1958.) (Russ.)

Der Einfl. des Kristallfeldes verschiedener Symmetrie auf den Zustand der Ionen Seltener Erden wird untersucht. Es wird eine Meth. zum Auffinden der Operatoräquivalente für verschiedene Potentialfunktionen dargelegt. Die Verteilung der Energieniveaus der Ionen Seltener Erden im Feld kub. Symmetrie wird tabellar. angegeben. Die Parameter der Kristallgitter der *Doppelnitrate* von Sm^{3+}, Nd^{3+}, Pr^{3+} u. Ce^{3+} sowie des Kristallgitters von *Nd(III)-Äthylsulfat* werden bestimmt u. tabellar. angegeben.

U.-L. Rau. 118□

Taylor-Reihenentwicklung für die mittleren Niveaus der Kopplungsenergie von Nd^{3+} und Er^{3+}. Eugene Y. Wong. (J. chem. Physics **35.** 544—46. Aug. 1961. Los Angeles, Calif., Univ. of California, Dep. of Phys.) (Engl.)

Vf. gibt eine Taylor-Reihen-Entw. für die mittleren Kopplungsenergieniveaus von Nd^{3+} u. Er^{3+} u. stellt die experimentell gefundenen Niveaudaten den berechneten für $NdCl_3$ u. $Er(C_2H_5SO_4)_3 \cdot 9\,H_2O$ gegenüber. Die Ergebnisse dieser Meth. stimmen innerhalb der Fehlergrenzen mit den durch direkte Diagonilisierung der Matrix gefundenen u. mit den experimentell beobachteten Werten überein. G. M. Neumann. 118□

Spektrum und magnetische Eigenschaften von hexagonalem $DyCl_3$. H. M. Crosswhite und G. H. Dieke. (J. chem. Physics **35.** 1535—48. Nov. 1961. Baltimore, Md., Johns Hopkins Univ.) (Engl.)

Vff. berichten über Unterss. des Absorptions- u. des Fluorescenzspektrums von wasserfreiem $DyCl_3$. Die Energieniveaus bis zu 37000 cm^{-1} oberhalb des Grundzustandes wurden aufgestellt u. gezeigt, daß die Niveaus unterhalb 15000 cm^{-1} ^6H u. ^6F Multipletts zuzuordnen sind. Der beobachtete Zeeman-Effekt zeigt eine beträchtliche nichtlineare Wechselwrkg., die jedoch quant. der Theorie folgt. Die 12 niedrigsten Niveaus u. ihre elektr. u. magnet. Feldaufspaltungen werden durch eine vereinfachte Theorie mit L-S-Kopplung u. folgenden Kristallparametern $B_2^0 = A_2^0\langle\nu^2\rangle = 89{,}8\ cm^{-1}$, $B_4^0 = -40{,}0\ cm^{-1}$, $B_6^0 = -23{,}3\ cm^{-1}$ u. $B_6^6 = 253\ cm^{-1}$ gut beschrieben. Eine paramagnet. Resonanz wurde nicht beobachtet. G. M. Neumann. 118□

Elektronenübertragung und Elektronenanregungsbanden beim Peroxotitanperchlorat. C. C. Patel und V. Krishnan. (J. sci. ind. Res. [New Delhi], Sect. B **20B.** 604—05. Dez. 1961. Bangalore, Indian, Inst. of Sci., Dep. of Inorg. and Phys. Chem.) (Engl.)

Peroxotitanperchlorat, $TiO_2(ClO_4)_2$, gibt in wss. $HClO_4$ zwei Absorptionsmaxima bei 230 mμ u. bei 410 mμ. Die intensive Bande bei 230 mμ ($\varepsilon = 16670$) wird dem intermol. Ladungsübergang $TiO_2(ClO_4)_2 \overset{H_2O}{\rightleftharpoons} TiO_2^{2+}\cdot aq + 2\,ClO_4^-$ zugeschrieben. Die schwächere Bande bei 410 mμ ($\varepsilon = 652$) wird Übergängen der gebundenen Elektronen der unter Spannung stehenden O—O-Bindung in der Dreiringstruktur u. Beiträgen durch $n \rightarrow \sigma^*$-Übergänge der Elektronen des freien Elektronenpaares zugeschrieben.

G. Heller. 118□

Valenzband-Emissionsspektren von Eisen, Kobalt und Nickel. D. H. Tomboulian und D. E. Bedo. (Physic. Rev. [2] **121.** 146—51. 1/1. 1961. Ithaca, N.Y., Cornell Univ.) (Engl.)

Vff. berichten über die Form der (3p)-Valenzbandemissionsbanden $M_{2,3}$ von Fe, Co u. Ni. Die relative Intensitätsverteilung wurde durch Subtraktion des weichen Bremsstrahlungsuntergrundes erhalten. Der Peak der zusammengesetzten $M_{2,3}$-Bande liegt für die drei Metalle bei folgenden Energiewerten: Fe — 51,3 eV; Co — 57,8 eV; Ni — 64,8 eV. Die Grenze zu hohen Energien liegt bei den Energien Fe — 56,5 eV; Co — 61,4 eV u. Ni — 68,9 eV; die zugehörigen Bandbreiten sind: 14,5; 10,8 u. 9,3 eV. Die untersuchten Banden enthalten alle noch den Niederenergieanteil der M_3-Bande. Für Fe wurde der Vers. unternommen, die komplexe $M_{2,3}$-Bande in die einzelnen M_2- u. M_3-Anteile aufzulösen. Die inneren Energieniveaus wurden dabei als scharf angesehen u. nur der Einfl. der Auger-Umgruppierung auf die relativen Bandintensitäten berücksichtigt. Dieses Verf. liefert für Fe eine individuelle Bandbreite von 8,0 eV. Schließlich werden die Ergebnisse mit anderen Arbeiten über die Form der Emissionsbanden verglichen. Es zeigt sich, daß die verschiedenen Unterss. in bezug auf die Lage der einzelnen Peaks gut übereinstimmen aber Unterschiede in den Intensitätsprofilen u. in den Bandbreiten aufweisen. G. M. Neumann. 118□

Optische Messungen der Plasmafrequenz und $M_{2,3}$-Band von Chrom. Norman N. Axelrod und M. Parker Givens. (Physic. Rev. [2] **120.** 1205—07. 15/11. 1960. Rochester, N.Y., Univ. of Rochester, Inst. of Optics.) (Engl.)

Es wurde die Transmission von dünnen Cr-Filmen bis zum extremen UV-Gebiet gemessen. Der Beginn der Transmission bei 500 Å bzw. 24,8 eV stimmt ausgezeichnet mit der theoret. Vorhersage von Pines mit 25 eV überein. Die Messungen der Elektroneneigenverluste von Watanabe u. von Marton u. Leder mit 26 bzw. 22 eV liegen ebenfalls in dieser Größenordnung. Ferner wurde die $M_{2,3}$-Bande des Cr bestimmt. G. M. Neumann. 118□

Molare Extinktions-Koeffizienten von flüssigem O_3F_2, O_2F_2 und O_3 im sichtbaren Bereich. A. D. Kirshenbaum und A. G. Streng. (J. chem. Physics **35.** 1440—42. Okt. 1961. Philadelphia, Pa., Temple Univ., Res. Inst.) (Engl.)

Die molaren Extinktions-Koeff. im Bereich von 350—750 mμ bei 77° K von Lsgg. von O_3, O_2F_2 u. O_3F_2 in einer Mischung von 23 Vol.-% Freon 12 u. 77 Vol.-% Freon 13 u. von O_3 in fl. O_2 wurden bestimmt. Die Absorptionsspektren werden tabellar. u. graph. mitgeteilt. Für O_2F_2 wurde die Temp.-Abhängigkeit des Absorptions-Koeff. bestimmt. Das Absorptionsmaximum von O_3 liegt bei 600 mμ, von O_3F_2 zwischen 380 u. 430 mμ, von O_2F_2 bei 360 mμ. P. Sartori. 119□

Fluorescenz- und Reflexionsspektren von NaJ-Einkristallen. W. J. Van Sciver. (Physic. Rev. [2] **120.** 1193—1205. 15/11. 1960. Palo Alto, Calif., Levinthal Electron. Prod., Inc.) (Engl.)

Die Fluorescenzemission sowie die Anregungs-, Transmissions- u. Reflexionsspektren von NaJ-Kristallen, die teilweise mit überschüssigem Na oder J_2 sowie mit Tl dotiert waren, wurden im Energiebereich von 2,5—8 eV untersucht. Kristalle mit überschüssigem J_2 zeigten alle eine Emissionsbande bei 375 mμ bzw. 3,31 eV. Die mit Tl dotierten Kristalle zeigten alle eine starke Emission bei 425 μ bzw. 2,92 eV sowie bei einem Tl-Geh. von 0,1 Mol-% eine Bande bei 325 mμ bzw. 3,82 eV. Darüber hinaus zeigten alle Kristalle, mit Ausnahme der 0,1 Mol-% Tl enthaltenden, eine Emissionsbande bei 295 mμ bzw. 4,20 eV. Bei Anregungsenergien unterhalb 5,5 eV entstehen diese Emissionsbanden aus diskreten Anregungsbanden. Bei höheren Anregungsenergien fand die Emission hauptsächlich in der 295-mμ-Bande statt, während bei Tl-Konzz. von 0,05 Mol-% die Intensität der 425- u. der 295-mμ-Bande gleich wurden. Bei Anregungsenergien oberhalb 5,7 eV war die Luminescenzquantenausbeute bei einem Einfallswinkel der Anregungsstrahlung von 45° am größten, während bei kleineren Energien kein bevorzugter Winkel beobachtet wurde. Schließlich wurde die Natur der einzelnen Emissionszentren untersucht. Während die 295-mμ-Emissionsbande auf eine Versetzung zurückgeführt wird, geht die 375-mμ-Bande auf zwei Anregungszustände eines V-Zentrums zurück. Die 425- u. die 325-mμ-Bande dagegen sind reine Tl-Zentren. Der Energietransport vom Absorptionspunkt zum Luminescenzzentrum soll dabei über bewegliche Excitonen vom Wannier-Typ stattfinden. G. M. Neumann. 119□

Die Temperaturabhängigkeit des optischen Bleichens von KCl-Kristallen in der Nähe von 0° C. W. E. Bron und A. S. Nowick. (Physic. Rev. [2] **119.** 114—21. 1/7. 1960. Yorktown Heights, N.Y., IBM Res. Center.) (Engl.) — Vgl. C. **1961.** 8193.

Die Temp.-Abhängigkeit der Bleichkurven von KCl-Kristallen, die mit harten Röntgenstrahlen bestrahlt worden waren, wurde in der Nähe von 0° untersucht. Es zeigte sich, daß sich die Absorption an den Maxima der F-, M-, R_1- u. R_2-Banden während der Bestrahlung mit F-Licht änderte u. eine starke Temp.-Abhängigkeit zwischen —30 u. +10° zeigte, während die Absorption an der V_3-Bande unverändert blieb. Ein Vgl. der Unterss.-Ergebnisse mit den Daten von PETROFF ergibt eine Aktivierungsenergie von ca. 3,5 eV für die Defektstellenwanderung. Es scheint, daß sich die Bleichkurven von röntgenbestrahlten Proben aus einem temperaturunabhängigen u. einem temperaturabhängigen Anteil zusammensetzen. Der temperaturabhängige Anteil wird dabei demselben Mechanismus wie beim Bleichen zusätzlich gefärbter Kristalle zuzuordnen sein. Wahrscheinlich handelt es sich um den Einfang von Photoelektronen an Leerstellenanhäufungen, die während des Bleichprozesses durch Wanderung beweglicher Defektstellen entstehen. Diese Schlußfolgerung wird durch die Beobachtung bestätigt, daß die α-Bande während des Bleichens bei Zimmer-Temp. nicht auftritt.

G. M. NEUMANN. 119□

Die Diffusion von F-Zentren in Kaliumchlorid-Einkristallen. Hiroyuki Mizuno und Morio Inoue. (Physic. Rev. [2] **120.** 1226—29. 15/11. 1960. Takatsuki, Osaka, Matsushita Electron. Corp.) (Engl.) — Vgl. C. **1961.** **4619.**

Es wurde die Diffusion von F-Zentren in KCl-Kristallen während eines zusätzlichen Färbungsprozesses bei verschiedenen Temp. zwischen 450 u. 600° gemessen. Bei hohen Temp. scheint ein einfacher Vol.-Diffusionsprozeß vorzuherrschen. Bei niedrigen Temp. scheint dagegen eine ungeordnete Grenzflächendiffusion mit einer exponentiell abnehmenden F-Zentren-Konz. mit der Eindringtiefe stattzufinden.

G. M. NEUMANN. 119□

Durch zusätzliche Färbung in KCl herbeigeführte Härtung. Taira Suzuki und Masao Doyama. (Physics Chem. Solids **10.** 77—86. Juli 1959. Urbana, Ill., Univ., Dep. of Phys.) (Engl.)

An KCl-Kristallen wurde die krit. Scherspannung als Funktion der durch zusätzliche Färbung eingeführten F-Zentren n_F im Bereich $0 \leq n_F \leq 10^{18}$ cm^{-3} gemessen. Die Einführung der F-Zentren bewirkt eine merkliche Zunahme der krit. Scherspannung $\Delta\sigma\ C = (3{,}1 - 0{,}22\ T^{1/2})\ 10^{-16}\ n_F\ g/mm^2$, wobei T die Meß-Temp. in °K ist. Werden die gefärbten Kristalle in Dunkelheit unterhalb Raum-Temp. gehalten, so steigt die krit. Scherspannung mit der Zeit auf einen Sättigungswert an, der von n_F u. der Alterungs-Temp. abhängt. Die Härtung, die mit der Alterung verbunden ist, ist eine reversible Funktion der Alterungstemperatur. Der Einfl. der Koagulation der F-Zentren auf die mechan. Eigg. wird untersucht. Außerdem wird eine kurze qual. Deutung der beobachteten Erscheinungen gegeben. ERNST SCHULTE. 119□

Kritische Untersuchung der Änderung der optischen Konstanten dünner Halbleiterschichten als Funktion der Dicke. Guy Perny und Rémy Lorang. (C. R. hebd. Séances Acad. Sci. **252.** 4137—38. 26/6. 1961. Mulhouse, École Sup. de Chim., Labor. de Phys.) (Franz.)

Durch Abscheidung aus der Gasphase bzw. Rk. von J_2 mit Ag werden dünne γ-AgJ-Schichten hergestellt u. der Absorptions-Koeff. für λ = 4230 Å u. Schichtdicken x zwischen 500 u. 4000 Å bestimmt. Da die Abweichungen vom erwarteten Verlauf außerhalb der Meßgenauigkeit liegen, ist für die Anomalie bei x = 1000 Å ein Einfl. der Interferenzerscheinungen von Vielfachwellen in der Schicht anzunehmen. Eine λ/4-Reflexion tritt nicht auf, da das Absorptionsmaximum bei 1000 Å auch bei Verw. von Licht mit λ zwischen 4000 u. 6000 Å beobachtet wird. Die Anomalie hängt von der Art u. Struktur der Schichten ab u. gestattet, den Brechungsindex n nach $n = \lambda/4 \cdot x$ zu berechnen. HERBERT MÜLLER. 119□

Absorptionsspektrum und Zeeman-Effekt des Samarium-Magnesium-Nitrats. A. Friederich, K. H. Hellwege und H. Lämmermann. (Z. Physik **159.** 524—32. 1960. Darmstadt, TH, Inst. für Techn. Phys.) (Dt.)

Vff. untersuchen bei tiefen Temp. 5 Liniengruppen im Absorptionsspektrum des $Sm_2Mg_3(NO_3)_{12} \cdot 24\ H_2O$. Aus der Polarisation der Linien u. mit Hilfe des ZEEMAN-Effektes ergeben sich die Kristallquantenzahlen μ u. $\bar{\nu}$ der Kristallfeldkomponenten, die Drehimpulsquantenzahl J u. der g-Faktor der Terme, einige Kristallfeldmatrixelemente u. ein Teil der Eigenfunktionen im Kristall. Die auf Grund des ZEEMAN-Effektes in Frage kommenden RUSSELL-SAUNDERS-Terme werden diskutiert u. mit der Theorie verglichen. Mit den Kristallfeldkomponenten des Grundterms $^6H_{5/2}$ wird die magnet. spezif. Wärme zwischen 0 u. 150° K berechnet. G. RUBAN. 119□

Brechungsindex von Arsentrisulfid. William S. Rodney, Irving H. Malitson und Thomas A. King. (J. opt. Soc. America **48.** 633—36. Sept. 1958. Washington, D.C., Nat. Bur. of Stand.) (Engl.)

Der Brechungsindex einer As_2S_3-Probe wird bei 3 Temp. (ca. 19, 25 u. 31°) für ausgewählte Wellenlängen im Bereich von 0,57—11,8 μ bestimmt. Eine Dispersionsgleichung vom SELLMEIER-Typ mit 5 Gliedern wird auf die korr., auf 25° bezogenen Daten angewandt; 4 der Konst. werden so gewählt, daß eine Annäherung an das Absorptionskontinuum im UV u. Sichtbaren erreicht wird, die 5. wird willkürlich für das Gebiet jenseits der IR-Absorptionskante gewählt. Zum Vgl. werden die Brechungsindices im sichtbaren Bereich an 2 anderen Proben bestimmt. G. RUBAN. 119□

Eine ramanspektroskopische Untersuchung von Zink- und Cadmiumbromidlösungen. Wilbur Yellin und Robert A. Plane. (J. Amer. chem. Soc. **83.** 2448 bis bis 2452. 5/6. 1961. Ithaca, N.Y., Cornell Univ., Dep. of Chem.) (Engl.)

Vff. untersuchten mit Hilfe von RAMAN-Intensitätsmessungen die Komplex-Bldg. von $ZnBr_2$ bzw. $CdBr_2$ in wss. Lsgg., die verschiedene Konz.-Verhältnisse Metallion : Br^- enthielten. Aus dem Spektrum der $ZnBr_2$-Lsg. wurden für 3 polarisierte Banden folgende wahrscheinlichste Zuordnungen gemacht: $\nu = 172$ cm^{-1} ($\varrho = 0{,}06$) $ZnBr_4^{--}$; $\nu = 186$ cm^{-1} ($\varrho = 0{,}09$) $ZnBr_2$; $\nu = 205$ cm^{-1} ($\varrho = 0{,}13$) $ZnBr^+$. Depolarisierte Banden wurden nicht beobachtet. Vgl. mit $ZnBr_2$-Lsgg. in CH_3OH ($\nu = 211$ cm^{-1}, $\varrho = 0{,}03$) u. Aceton ($\nu = 209$ cm^{-1}, $\varrho = 0{,}01$) sprechen dafür, daß die Struktur des $ZnBr_2$-Mol. in W. anders ist, als die in nichtwss. Lsgm.; in W. liegt es möglicherweise als tetraedr. $Zn(H_2O)_2Br_2$ vor; ebenso kann für $ZnBr^+$ die tetraedr., hydratisierte Form $Zn(H_2O)_3Br^+$ diskutiert werden. Die relativen molaren Intensitäten wurden nach verschiedenen Meth. abgeschätzt u. daraus die stufenweisen Bldg.-Konst. für die 3 Komplexe abgeleitet: $(ZnBr^+)/(Zn^{2+})(Br^-) = 0{,}3$; $(ZnBr_2)/(ZnBr^+)(Br^-) = 1$; $(ZnBr_4^{2-})/(ZnBr_2)(Br^-)^2 = 0{,}2$. Falls $ZnBr_3^-$ ebenfalls in der Lsg. vorliegt, so muß die Hauptbande seines RAMAN-Spektrums genau mit der einer anderen Mol.-Art (evtl. $ZnBr_2$) zusammenfallen. In $CdBr_2$-Lsgg. wurde nur eine polarisierte Bande gefunden (166 cm^{-1}; $\varrho = 0{,}08$). Schwache depolarisierte Banden wurden bei ca. 56 cm^{-1} u. 187 cm^{-1} beobachtet. Die 166-cm^{-1}-Bande ist dem $CdBr_4^{2-}$ zuzuordnen; mit ihr fiel die Hauptbande einer oder mehrerer kleinerer Mol.-Arten zusammen, die weniger bedeutsam sind als die Analoga in der $ZnBr_2$-Lsg.: $(CdBr_4^{2-})/(Cd^{2+})(Br^-)^4 > 1$. F. HUBER. 120□

Elektronische Absorptionsbanden von ZnO und TiO_2 im infraroten Spektralgebiet. W. N. Filimonow. (Оптика и Спектроскопия [Optik u. Spektroskopie] **5.** 709—10. Dez. 1958.) (Russ.)

Pulverförmiges ZnO (I) zeigt im Vakuum noch UV-Bestrahlung im Frequenzbereich der Eigenabsorption (25000 cm^{-1}) eine starke Absorption im IR-Gebiet. Der Frequenzbereich dieser kontinuierlich nach der niederfrequenten Seite zunehmenden Absorption (ca. 2500—700 cm^{-1}) liegt oberhalb der Gitterschwingungen von I (650 cm^{-1}). Die Absorption bleibt im Vakuum auch nach Beendigung der UV-Bestrahlung erhalten. Zutritt von Luft oder O_2 führt zum Verschwinden der Absorption. Bei UV-Bestrahlung in Ggw. von O_2 ist die Intensität der IR-Absorption von I um so geringer, je höher der O_2-Dampfdruck ist. Die Absorption tritt auch bei Erwärmen einer I-Probe im Vakuum auf 350—300° ein. Vf. gibt folgende Erklärung: Die O_2-Desorption beim Abpumpen führt zu einer Erhöhung der Elektronen-Konz. in der Leitfähigkeitszone durch das Freiwerden der vom adsorbierten O_2 beanspruchten Elektronen. Durch die UV-Strahlung angeregte Elektronenübergänge innerhalb der Leitfähigkeitszone rufen die beobachtete IR-Absorption hervor. Einw. von NO-, CH_3NO_2- u. D_2O-Dämpfen auf vorher UV-bestrahlte I-Proben verringert die IR-Absorption von I. Feindisperse TiO_2-Proben zeigen im Vakuum bei UV-Bestrahlung im Frequenzbereich der Eigenabsorption oder beim Erwärmen eine Absorption im Gebiet ca. 5000—1000 cm^{-1}, die ebenfalls bei O_2-Zutritt verschwindet. U.-L. RAU. 120□

Über die C≡N-Valenzfrequenz in Koordinationsverbindungen von Metallhalogeniden mit Nitrilen. H. A. Brune und Werner Zeil. (Z. Naturforsch. **16a.** 1251. Nov. 1961. Karlsruhe, TH, Inst. für Phys. Chem. u. Elektrochem.) (Dt.)

RAMAN-Unterss. wurden an den Koordinations-Verbb. $SnCl_4 \cdot 1$ Nitril, $SnCl_4 \cdot 2$ Nitril, $ZnBr_2 \cdot 2$ Nitril u. $ZnJ_2 \cdot 2$ Nitril mit Aceto-, Propio- u. Butyronitril durchgeführt. Dabei wurde eine durchschnittliche Erhöhung der C≡N-Frequenz bei Ausbldg. der Donator–Acceptor-Bindung um 40—45 cm^{-1} beobachtet. Zur Interpretation der Ergebnisse wird gezeigt, daß im Fall der Ausbldg. einer Koordinationsbindung am N-Atom eine sp-Hybridisierung auftritt, wodurch 2 Elektronen für die koordinative Bindung zur Verfügung stehen. Aus quantenmechan. Überlegungen folgt, daß eine sp–sp-Bindung stärker ist als eine sp–p-Bindung, so daß dadurch eine Zunahme der Bindungsstärke innerhalb der C≡N-Gruppe beim Übergang vom freien Nitril zum koordinativ gebundenen Nitril bedingt wird. Diese Anschauung wird einerseits durch die geringe Donatorstärke der Nitrile u. andererseits durch die Tatsache gestützt, daß die UV-Spektren von Nitrilen keine $n \rightarrow \pi^*$-Übergänge zeigen.
G. M. NEUMANN. 120□

Lösungsmitteleffekte auf die Infrarotspektren anorganischer Hydridkomplexe. D. M. Adams. (Proc. chem. Soc. [London] **1961.** 431—32. Nov. Frythe, Welwyn, Herts., ICI Ltd., Heavy Org. Chem. Div., Akers Res. Labors.) (Engl.)
An den Komplexen wurde IR-spektroskop. die Lage der Metall-H-Valenzschwingung ν_{MH} in verschiedenen Lsgm. untersucht. Die niedrigsten ν_{MH}-Werte wurden in

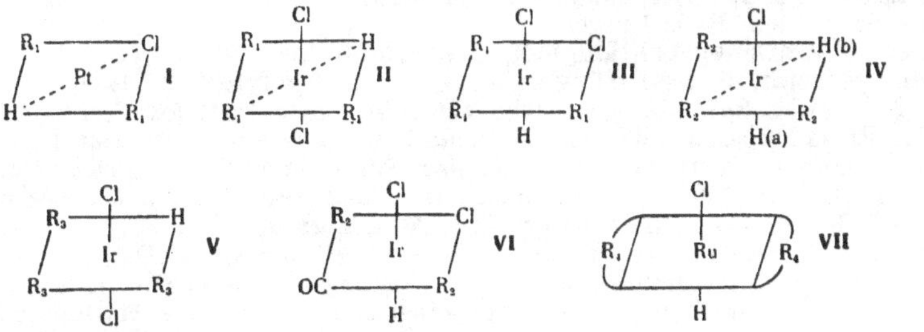

$R_1 = (C_2H_5)_3P$, $R_2 = C_6H_5(C_2H_5)_2P$, $R_3 = (C_2H_5)_3As$, $R_4 = [(CH_3)_2PCH_2]_2$

Hexan erhalten, Lsgm. größerer Polarität verschieben ν_{MH} zu höheren Frequenzen, zwischen $HCCl_3$ u. Hexan war $\Delta\nu$ am größten. Dieses wurde für **I** zu 30, **II** 7, **III** 35 (extrapoliert), **IV** a) 34, b) 0, **V** 0, **VI** 40 u. **VII** 40 cm^{-1} ermittelt. Große $\Delta\nu$ erhält man, wenn H transständig zu Cl, nicht aber zu R_{1-4} ist. In den **I, IV** u. **VIII** entsprechenden Jodiden ist $\Delta\nu$ 20—30% kleiner. Es besteht ein Zusammenhang zwischen $\Delta\nu$ u. der kernmagnet. Resonanzverschiebung σ des Hydridwasserstoffs, nicht aber zwischen σ u. der Intensität oder Frequenz der ν_{MH}-Bande. H. Bürger. 120□

Experimentelle Untersuchung der Lichtverstärkung an einem Element „Photoleiter–Seignetteelektrik-Elektroluminophor". I. N. Orlow und N. I. Taborko. (Оптика и Спектроскопия [Optik u. Spektroskopie] **9.** 626—30. Nov. 1960.) (Russ.)
Es wird gezeigt, daß der Verstärkungs-Koeff. von Lichtverstärkungszellen aus hintereinandergeschalteten Photowiderständen (PW) u. Elektroluminescenzzellen (EZ) durch Zuschalten eines seignetteelektr. Kondensators (SK) in Reihe zur EZ wesentlich erhöht werden kann. Der PW kann dann aus dem Wechselstromkreis der EZ herausgenommen werden u. dient lediglich in Parallelschaltung zu einer Gleichstromquelle mit Ballastwiderstand zur Steuerung einer am SK liegenden Gleichspannungskomponente, die dessen Kapazität u. damit die Wechselspannung an der EZ steuert. Die EZ leuchtet dann synchron zur Beleuchtung des PW. Eine Zusatzkapazität im Wechselstromkreis verhindert eine Beeinflussung des PW durch die Wechselspannung. Vff. beschreiben einen Lichtverstärker mit CdS-PW, Triglyciniumsulfat-SK u. ZnS-EZ mit einer Erregerfrequenz von 2—5 kHz, die bei geringen Beleuchtungsstärken einen Verstärkungs-Koeff. von 50000 besitzt. R. Gerbatsch. 125□

C. N. R. Rao, Ultra-violet and visible spectroscopy: chemical applications. London: Butterworths. 1961. (VIII + 164 S. m. Tab. u. Diagr.) 30 s.

A$_3$. Elektrizität. Magnetismus. Elektrochemie

Plasmaschwingungen in einem Magnetfeld. Ikuo Kaji und Masafumi Kito. (J. physic. Soc. Japan **15.** 1851—61. Okt. 1960. Hokkaido, Univ., Res. Inst. of Appl. Electr.; Tokyo, Electrotechn. Labor.) (Engl.)
Vff. behandeln theoret. das Anfangswertproblem einer longitudinalen Elektronenschwingung in einem voll ionisierten Plasma bei Anwesenheit eines äußeren homogenen Magnetfeldes; dabei werden Stöße vernachlässigt u. der Winkel Θ zwischen Wellenvektor u. Magnetfeld $\neq \pi/2$ sowie Re(s) $\neq 0$ in der komplexen s-Ebene vorausgesetzt. Es wird gezeigt, daß die Lsg. des Anfangswertproblems mit $\exp(ikr + \alpha t)$ variiert, wobei α eine komplexwertige Frequenz ist; für $\mathrm{Re}(\alpha) < 0$ (gedämpfte Schwingungen) ergibt sich dabei eine Unbestimmtheit in der Dispersionsgleichung des Potentials, während für $\mathrm{Re}(\alpha) > 0$ (verstärkte Schwingungen) jede Dispersionsgleichung mit geeigneten Plasmaschwingungen, die gestörte Geschw.-Verteilungsfunktion u. das Potential übereinstimmen. Als Beispiel wird der Fall einer Maxwellschen Geschw.-Verteilung behandelt. H. Schirrwitz. 131□

Strahlung von einer Plasmaschwingung. Shoji Kojima und Shigeo Hagiwara. (J. physic. Soc. Japan **15.** 1904. Okt. 1960. Otsuka, Tokyo, Univ. of Educat.) (Engl.)

Vff. messen die bei einer Plasmaschwingung ausgesandte Strahlung als Funktion des Entladungsstroms bei einer Frequenz von 9600 MHz u. einem Druck von $3 \cdot 10^{-3}$ Torr. Die Elektronen-Konz. wird mit Hilfe von Mikrowellenreflexionsmessungen bestimmt. Die Strahlung zeigt an der Stelle, an der die Reflexion einen Sättigungswert erreicht, ein Maximum; die Strahlungsleistung beträgt dabei ca. 10 $\mu\mu$W. Bei Zunahme des Druckes wird das Resonanzmaximum kleiner, u. bei Drücken von ca. 10^{-2} Torr sinkt es unter den Rauschpegel. H. Schirrwitz. 131 □

Über Mikrowellen-Leitfähigkeit, Rauschen und Schwingungen eines Gasentladungsplasmas. Paavo Jääskeläinen. (Acta polytechn. [Stockholm], Physics includ. Nucleonics Ser. **9.** 1—24. 1960. Helsinki, State Inst. for Techn. Res.) (Engl.)

Eine Entladungsröhre mit Glühkathode bzw. -anode u. einer Gasfüllung, die einer Fluorescenzlampe entspricht, wird von der Spule eines Schwingkreises umschlossen (25-cm-Band). Aus Dämpfungsmessungen der Elektronen-Temp. des Plasmas werden die Rausch-Temp. sowie die mittlere freie Weglänge der Elektronen unter Vernachlässigung der Quanteneffekte u. des Schroteffektes berechnet. Die gemessene Dämpfungskurve zeigt ein Maximum, das dem Entladungsplasma zuzuordnen ist. In einigen Fällen treten Plasmaschwingungen auf, wobei sich das Plasma bis hinter die Anode ausdehnt u. dadurch mit bloßem Auge zu beobachten ist. H. Schirrwitz. 131 □

Die sukzessive Schichtenbildung in einer Wasserstoff-Glimmentladung. Luděk Pekárek. (Czechoslov. J. Physics **8.** 699—703. 1958. Prag, Tschechoslow. Akad. der Wiss., Inst. für Physik.) (Engl.)

Experimentelle Unters. der sukzessiven Bldg. von Schichten, die sich in einer Wasserstoffglimmentladung von der Kathode zur Anode bewegen. Hierbei wird von einem künstlich hervorgerufenen Übergangsprozeß in der positiven Säule Gebrauch gemacht. Die Schichten-Bldg. beruht, ähnlich wie bei Edelgasentladungen, auf einer Schichten-Bldg.-Welle. Bei Wasserstoff bewegen sich diese Wellen aber im Gegensatz zu Edelgasen in derselben Richtung wie die sukzessive Schichten-Bldg., d. h. von der Kathode zur Anode. Die früher (Czechoslov. J. Physics **4.** [1954.] 231) entwickelte phänomenolog. Theorie der sukzessiven Bldg. beweglicher Schichten ist auch auf die Schichten-Bldg.-Welle in Wasserstoff anwendbar. Man muß dazu nur das Vorzeichen der Bewegungs-Geschw. der Schichten umkehren. F. Lenz. 131 □

Modulierte Bündel in einem Plasma mit einem Magnetfeld. E. Canobbio und R. Croci. (Z. Naturforsch. **16a.** 1313—19. Dez. 1961. München, MPI für Phys. u. Astrophys.) (Engl.)

Die Ionenbündel werden als gegebene Stromdichten, die mit dem Plasma in Wechselwrkg. treten, mittels eines nichthomogenen Syst. von Gleichungen beschrieben. Die von einem linear dichtemodulierten Bündel parallel zu einem äußeren Magnetfeld u. die von einem Bündel senkrecht zum Feld emittierte Strahlung wird behandelt. In beiden Fällen wird die Energieausbeute bei den „Ionen-“ u. „Elektronenresonanzfrequenzen“ unendlich. Aus den Formeln für die Strahlung des Bündels parallel zum Feld wird ferner der Energieverlust eines einzelnen Teilchens durch Čerenkov-Effekt abgeleitet. Herbert Weber. 131 □

Nichtgleichförmiger Gleichstrom-Elektronfluß in magnetisch fokussierten zylindrischen Bündeln. William G. Dow. (Advances Electronics Electron Physics **10.** 1—70. 1958. Ann Arbor, Mich., Univ. of Michigan, Dep. of Electr. Engng.) (Engl.)

Unters. von 3 verschiedenen Arten des Bündel-Verh., die vom axialen Brillouin-Fluß in der Weise abweichen, daß Elektronenfluß- u. Raumladungsdichte in Bündelrichtung räumlich nicht gleichförmig sind (axial period., radial invariante Lsg.; Bündel mit welliger Oberfläche kleiner Amplitude; „begrenzter“ Fluß aus einer Immersionskathode). Herbert Weber. 131 □

Über den Einfluß der Querschnittverteilung der Elektronendichte eines längsmagnetisierten Plasmas in einem metallischen Hohlleiter auf die Ausbreitung elektrischer Wellen. Winfried Otto Schumann. (Z. angew. Physik **12.** 442—46. Okt. 1960. München, TH, Elektrophys. Inst.) (Dt.)

Vf. behandelt theoret. die Ausbreitung elektr. Wellen längs der Achse des Plasmas, wobei ein vereinfachtes Plasmamodell ohne Stoßdämpfung in leitender Umhüllung, mit linear abfallender Elektronendichte von der Achse bis zum Rande des Plasmas u. bei aufgeprägtem unendlich starken Magnetfeld angenommen wird. Weiter wird der Fall diskutiert, daß sich zwischen Plasma u. Metallwand eine dielektr. Schicht befindet. H. Schirrwitz. 131 □

Konzentrierung von Elektronenstrahlen niedriger Spannung und hoher Stromstärke mit Hilfe eines elektrischen Feldes in Helium. Adolf Franz. (Acta physica austriaca **12.** 412—26. 1959. Graz, TH, Phys. Inst.) (Dt.)

Es werden Elektronenstrahlen mit einer Energie von 200—250 eV in eine mit He gefüllte Kammer (Druck 10^{-3}—10^{-2} Torr) geschossen. Durch ein elektr. Hilfsfeld, angelegt an ein Abschirmnetz u. einen Auffänger in der Kammer, wird eine konzentrierende Wrkg. auf den Strahl ausgeübt, wobei aus dem diffusen Bündel Knotenstrahlen entstehen. Die Knotenabstände von der Anode werden als Funktion der Feldspannung angegeben. Außerdem erfolgt eine theoret. Behandlung des Strahlverlaufs.

H. SCHIRRWITZ. 131 □

Ein möglicher Elektronenstrahl-Plasma-Verstärker mit geringem Rauschen. J. M. Anderson. (J. appl. Physics **30.** 1624—25. Okt. 1959. Schenectady, N.Y., Gen. Electr. Res. Labor.) (Engl.)

Es wird vorgeschlagen, zur Senkung des Rauschens in einem Elektronenstrahl-Plasma-Verstärker das Gebiet des negativen Glimmlichts einer Kaltkathoden-Entladung zur Wechselwrkg. mit dem Elektronenstrahl zu wählen. Die positive Säule läßt sich dabei durch näheres Heranführen der Anode an die Kathode unterdrücken. Für eine He-Füllung von 0,15 Torr wird z. B. ein Verstärkungsgrad von ca. 56 db/cm errechnet.

H. SCHIRRWITZ. 131 □

Raumladungsneutralisation durch Ionen in geradlinigen Elektronenstrahlen. N. C. Barford. (J. Electronics and Control [1] **3.** 63—86. Juli 1957. London, Univ., Imp. Coll. of Sci. and Technol.) (Engl.)

Für das Potential in einem geradlinigen Elektronenfluß bei Anwesenheit positiver Ionen wird eine Integral-Differential-Gleichung abgeleitet, wobei eine empir. Formel für den Wrkg.-Querschnitt der Ionen-Erzeugung benutzt wird. Der Einfl. der Ionen wird durch einen einzigen Parameter Φ ausgedrückt, der eine Funktion des Potentials, der Stromdichte u. des Gasdrucks ist. Die Lösungen der Gleichung werden für weite Bereiche von Φ ermittelt. Es zeigt sich, daß bei $\Phi > 0{,}1$ Ionen in solcher Anzahl erzeugt werden, daß sie die Raumladung der Elektronen selbst dann neutralisieren, wenn ablenkende Felder anwesend sind. Für $\Phi < 0{,}01$ wird eine Neutralisation nur dann eintreten, wenn die Ionen eingefangen werden. Die Theorie wird auf 2 prakt. Beispiele, das Reflex-Klystron u. das Mehrkammer-Klystron, angewendet.

P. BRUMM. 131 □

Untersuchung der hochfrequenten Entladung in der Protonenquelle. R. M. Komarow und W. I. Petrow. (Журнал Технической Физики [J. techn. Physik] **31.** 321—26. März 1961.) (Russ.)

Der Einfl. des Gasdrucks in einer hochfrequenten, von einem 25-MHz-Generator betriebenen Protonenquelle in einer Entladungskammer von 50 mm ∅ wurde nach einer opt. Meth. geprüft. Die Temp. der Elektronen, die im Bereich von 6000—8000° K liegt, stieg mit abnehmendem Druck an. Die Ionisationsdichte des atomaren H, die absorbierte Leistung u. der Ionenstrom aus der Quelle zeigten Maxima bei verschiedenen Drücken. Ein transversales Magnetfeld von ca. 30 Gauß senkte den optimalen Druck in der Quelle von ca. 23 μ Hg auf 12—14 μ, ein Längsfeld von ca. 85 Gauß war nahezu ohne Wirkung.

M. WIEDEMANN. 131 □

Einige Charakteristiken des Ionenstrahlbündels aus Hochfrequenzquellen. W. I. Petrow. (Журнал Технической Физики [J. techn. Physik] **31.** 348—51. März 1961). (Russ.)

Eine Wasserstoffentladung wurde bei 25 MHz u. 13—15 μ Druck betrieben, der Durchgang des Ionenbündels mit ca. 7 mA Stromstärke durch eine Sonde mit Kanallängen von 10 u. 15 mm untersucht u. die Divergenz bestimmt. Neben 86% H^+, 8% H_2^+ u. 6% H_3^+ enthielt der Strom zahlreiche schnelle neutrale Teilchen.

M. WIEDEMANN. 131 □

Energieverteilung von Elektronen aus ionisierenden Stößen schwerer Teilchen. H. W. Berry. (Physic. Rev. [2] **121.** 1714—19. 15/3. 1961. Syracuse, N.Y., Syracuse Univ.) (Engl.)

Die Energieverteilung von Elektronen, die in ionisierenden Stößen von Ionen u. schnellen Atomen mit in Ruhe befindlichen Atomen gebildet wurden, wurde für *Ar* u. *He* bestimmt. Die Energie der auftreffenden Teilchen lag zwischen 0,30 u. 3,0 keV. Die unter 90° zum einfallenden Ionen- oder Atombündel ausgelösten Elektronen wurden in einem elektrostat. Analysator untersucht. Durch Verw. eines Gitters im Ionisationsbereich war es möglich, zwischen den Ionisationselektronen u. den aus den Metalloberflächen ausgelösten Sekundärelektronen zu unterscheiden. Die Elektronenverteilungen für Ar-Ionen u. Atome in Ar sind ähnlich u. zeigen eine schnelle Abnahme in der Ausbeute, wenn die Energie von 0 bis ca. 4 eV zunimmt; dann folgen ein Plateau u. ein schwaches Maximum nahe 12 eV. Die Verteilungen für He zeigen ebenfalls anfangs eine starke Abnahme im Anschluß an ein kleines Maximum, das für Ionen bei ca. 16 eV liegt. Die Verteilungen sind angenähert von der Stoßenergie unabhängig.

H. LIEPACK. 131 □

Ionisierung und Beschleunigung kondensierter Molekularstrahlen. W. Henkes. (Z. Naturforsch. **16a.** 842. Aug. 1961. Karlsruhe, Kernforsch.-Zentrum; TH, Inst. für Kern-Verf.-Techn.) (Dt.)

Ein mit einer konvergenten Düse bei Raum-Temp. erzeugter „kondensierter" CO_2-Strahl wird mit einer Unterbrecherscheibe moduliert u. mit 175 eV-Elektronen beschossen. Die entstandenen Ionen werden massenspektrometr. untersucht. Maxima werden für die doppelte bis 7fache CO_2-Masse beobachtet. Offenbar werden die durch VAN DER WAALSsche Kräfte zusammenhängenden Strahlbereiche durch Beschuß mit Elektronen ionisiert u. lassen sich im Massenspektrometer auftrennen.

HERBERT MÜLLER. 131 □

Effekte des magnetischen Feldes auf den Scheitelabstand von Bug-Stoßwellen. Richard W. Ziemer und William B. Bush. (Physic. Rev. Letters **1.** 58—59. 15/7. 1958. Los Angeles, Calif., Ramo-Wooldridge Corp., Space Technolog. Labor., Phys. Res. Labor.) (Engl.)

Vff. beobachteten experimentell den Abstand $\Delta = (c - r_b)/r_b$, den eine um einen stumpfen Körper mit dem Randkrümmungsradius r_b fließende kugelförmige Stoßwelle (Radius c) einer ionisierten Strömung als Funktion eines angelegten Magnetfelds einnimmt. In Übereinstimmung mit der Theorie wurde eine Zunahme von Δ mit steigendem Magnetfeld gefunden.

D. JÖRCHEL. 131 □

Elektrische Gasaufzehrung durch Anregung metastabiler Zustände. R. Jaeckel und E. Teloy. (Z. Naturforsch. **15a.** 1009—10. Okt. 1960. Bonn, Univ., Phys. Inst.) (Dt.)

Bei der Messung des Druckverlaufes mit einem Ionisationsmanometer in einer ausgeheizten App. (10^{-7} Torr), in die bis 10^{-4} Torr N_2 eingelassen wird u. die zur Gasaufzehrung eine Elektronenstoßröhre (ESR) enthält, wird festgestellt, daß die Saug-Geschw. der ESR bereits bei einer Anodenspannung von 11 V stark ansteigt. Da die Ionisation von N_2 erst bei 15,7 V erfolgt, ist anzunehmen, daß der Anstieg der Saug-Geschw. auf die Anregung metastabiler Zustände von N_2 zurückzuführen ist. Die dazugehörigen Anregungsfunktionen sind unbekannt, so daß die Saug-Geschw. bisher nicht vorausberechnet werden kann.

HERBERT MÜLLER. 131 □

Ein neuer Versuch zur sichtbaren Darstellung magnetischer Feldlinien für Meßzwecke. Günter Petter. (Naturwissenschaften **48.** 398—99. 2. Mai-H. 1961. Dresden, VEB Vakutronik.) (Dt.)

Es wird ein Fadenstrahlrohr zur Sichtbarmachung magnet. Feldlinien bis herunter zu Feldstärken von $3 \cdot 10^4$ A/m beschrieben. Dabei wird die theoret. Forderung, daß der Elektronenstrahl eines Fadenstrahlrohres für niedrige Feldstärken einen möglichst kleinen Winkel mit den Feldlinien bilden muß u. mit einer niedrigen Spannung beschleunigt wird, verwirklicht. An Hand solcher Aufnahmen wurde der ionenopt. günstigste Ort einer Ionenquelle zur Erzeugung eines diskreten „Ionenstrahl-cross-over" bestimmt.

H. FAHLENBRACH. 131 □

Analyse von Kurven des Verlustfaktors gegen die reziproke Temperatur für dielektrische und dynamisch-mechanische Relaxationserscheinungen. B. E. Read und G. Williams. (Trans. Faraday Soc. **57.** 1979—87. Nov. 1961. Teddington, Nat. Phys. Labor., Basic. Phys. Div.) (Engl.)

Vff. entwickeln Beziehungen für die Flächen u. die Breiten der Kurven des dielektr. oder dynam.-mechan. Verlustfaktors gegen die reziproke Temp. bei konst. Frequenz. Es zeigt sich, daß in guter Annäherung die Flächen unter den Kurven durch eine Funktion des dielektr. Inkrementes u. einer mittleren Aktivierungsenergie für die Relaxationsprozesse dargestellt werden können; sie sind jedoch von der Verteilung der Relaxationszeiten u. der Meßfrequenz unabhängig. Die Breite der Kurven ist der Aktivierungsenergie u. einem Verteilungsparameter β, der ein empir. Maß für die Breite der Verteilung der Relaxationszeiten darstellt, umgekehrt proportional. Schließlich wird gezeigt, daß die aus den Flächen u. Breiten experimenteller Kurven berechneten Aktivierungsenergien mit den Daten aus der Temp.-Abhängigkeit der Frequenz des maximalen Verlustes gut übereinstimmen.

G. M. NEUMANN. 132 □

Einfluß der Feldemission auf die Verteilung starker Felder in festen Körpern. E. I. Adirowitsch. (Z. Physik **155.** 195—205. 1959.) (Dt.)

Ein im Kristall auftretendes Maximalfeldgebiet wandert auf die Kathode zu, ohne sie zu erreichen. Dieser u. der damit zusammenhängende Schwingungseffekt des Maximalfeldgebietes bei konst. Potential am Kristall werden diskutiert. Dabei wird gezeigt, daß neben der Störstellen-Emission die Feldemission aus der Kathode wichtig ist. Nichtstationäre Fälle werden qualitativ behandelt. Die stationäre Verteilung des starken elektr. Feldes — das Feld übertrifft therm. Effekte — wird berechnet.

C. REUBER. 132 □

Kontakt-Elektrisierung an Grenzschichten der Art Metall–Dielektrikum und Dielektrikum–Dielektrikum. G. S. Rose und S. G. Ward. (Brit. J. appl. Physics **8.** 121—26. März 1957. Birmingham, Univ., Dep. of Mining.) (Engl.)

Es wird eine App. beschrieben, mit der eine dielektr. Kugel unter verschiedenen Drücken gegen eine ebene Metall- oder Isolator-Platte gedrückt wird. Nach dem Trennen wird eine elektr. Aufladung der beiden Oberflächen beobachtet. Das Vorzeichen der Ladung hängt von der Stellung der beiden Materialien in einer elektrostat. Reihe ab. Dabei erhält eine Metalloberfläche nicht immer die positive Ladung wie es bei der Berührungselektrizität der Fall ist. Für zwei bestimmte Stoffe ist die Ladung proportional der Kontaktfläche. Ist der spezif. Widerstand eines Stoffes größer als der krit. Wert $5 \cdot 10^{11}\ \Omega$ cm, so ist die Ladungsdichte ungefähr proportional der niedrigeren DK in jeder Kombination. Diese Erscheinung wird auf eine Rückentladung beim Trennen der Oberflächen zurückgeführt. Es ist unwahrscheinlich, daß die Elektrisierung auf einer Differenz der Kontaktpotentiale der Oberflächen beruht. P. BRUMM. 132□

Über die Abhängigkeit der Durchbruchszeit und der Durchschlagsspannung von Dielektrika von der Dicke. A. A. Worobjew, G. A. Worobjew und W. A. Kosstrygin. (Известия Академии Наук СССР, Отделение Технических Наук, Энергетика и Автоматика [Nachr. Akad. Wiss. UdSSR, Abt. techn. Wiss., Energet. Automatisier.] **1961.** Nr. 2. 62—63. Tomsk.) (Russ.)

Vff. untersuchten die Abhängigkeit der Durchbruchszeit u. der Durchschlagsspannung von *NaCl*, *KCl*, *KBr* u. *KJ* von der Schichtdicke der Proben. Die untersuchten Schichtdicken betrugen 10^{-4} bis 1 cm. Die Meßergebnisse werden graph. dargestellt. Vff. deuten die Vers.-Ergebnisse durch das Vorliegen einer Stoßionisation. E. WINKLER. 132□

Beitrag zur dielektrischen Untersuchung des Festwerdens von Zementen. Jacques Le Bot. (C. R. hebd. Séances Acad. Sci. **250.** 1640—42. 29/2. 1960. Rennes, Fac. des Sci.) (Franz.) — Vgl. C. **1959.** 1015.

Vf. untersuchte 2 Banden der dipolaren DEBYE-Absorption von künstlichem Portlandzement im HERTZschen Gebiet, u. zwar eine bewegliche Bande M, die sich mit der Zeit verschiebt u. einer Aktivierungsenergie von 0,10—0,20 eV entspricht u. eine feste Bande F, deren Maximum zwischen 120 u. 160° K liegt bei von 0,1—100 KHz ansteigenden Frequenzen u. die einer Aktivierungsenergie von 0,28 eV entspricht. Aus den graph. wiedergegebenen Meßergebnissen wird geschlossen, daß die bewegliche Bande M dem im Moment des Anrührens auf dem Zement fixierten W. zuzuschreiben ist. Der bei Beginn der Behandlung relativ hohe Wert der Aktivierungsenergie charakterisiert die Affinität des wasserfreien Zements für das Wasser. Im Verlauf des Festwerdens wandelt sich das Anrührwasser partiell in Kristallisationswasser um; parallel hiermit nimmt der Wert der Aktivierungsenergie ab, da das überschüssige W. nur durch schwache Bindungen fixiert ist. Der Ursprung der festen Bande F steht in Zusammenhang mit der energischen Bindung des W. an die Prodd. der Verfestigung des Zements. C. GOTTFRIED. 132

Ferrielektrizität. Charles F. Pulvari. (Physic. Rev. [2] **120.** 1670—73. 1/12. 1960. Washington, D.C., Catholic Univ. of America, Solid State Res., Dep. of Electr. Engng.) (Engl.)

Vf. berichtet über eine neue Gruppe von Substanzen mit ferroelektr. Verhalten. Mischungen der antiferroelektr. Substanzen $NaNbO_3$, $NaVO_3$, u. $AgNbO_3$, zeigen bei niedrigen Feldstärken ferroelektr. Eigg. mit einem antiferroelektr. CURIE-Punkt von 375° u. einem ferroelektr. CURIE-Punkt von 225° für die Verb.-Gruppe $Na(V_xNb_{1-x})O_3$, sowie 240° für die Verb.-Gruppe $(Na_{1-x}Ag_x)NbO_3$. Die Umwandlungspunkte schwanken dabei etwas mit der Zus. während die Koerzivität u. die Polarisation streng von der Zus. abhängen. Das Auftreten des ferroelektr. Zustandes ist ferner eine Funktion der angewandten Feldstärke, die in einigen Fällen beträchtlich höher als das Koerzitiv-Feld ist. Als Ergebnis dieser Unterss. wird angenommen, daß die beschriebenen Substanzen aus 2 antiferroelektr. Verbb. zusammengesetzt sind, deren Dipolkräfte unterschiedlich groß sind u. daher eine starke diagonale Dipol–Dipol-Wechselwrkg. auftritt, so daß von einer bestimmten Feldstärke ab ferroelektr. Verh. auftritt. Aus Analogie zu den ferrimagnet. Verbb. wird vorgeschlagen, die beschriebenen Verbb. als ferrielektr. Substanzen zu bezeichnen. G. M. NEUMANN. 133□

Domänenprozesse in Bleititanatzirkonat- und Bariumtitanatkeramiken. Don Berlincourt und Helmut H. A. Krueger. (J. appl. Physics **30.** 1804—10. Nov. 1959. Cleveland, Ohio, Clevite Corp., Electron. Res. Div.) (Engl.)

Aus Messungen der Polarisation im elektr. Feld unter dem Einfl. mechan. Spannungen bis zu 60000 lbs./sq. bestimmen Vff. die Reorientierung in $BaTiO_3$ (I), $PbZr_{0,53}$·$Ti_{0,47}O_3$ (II) u. $PbZr_{0,52}Ti_{0,48}O_3$ mit 1 Gew.-% Nb_2O_5. Das tetragonale **II** zeigt unter dem Einfl. des Feldes 53% der möglichen Orientierung von 90°, nach Ausschalten des polarisierenden Feldes sinkt dieser Wert auf 44%. Bei **I** sind die entsprechenden Werte 17 bzw. 12%. Ein Vgl. der Polarisation von polarisiertem polykristallem **I** mit der von **I**-Einkristallen zeigt, daß die Reorientierung von 180° perfekt ist. Anlegen sehr hoher Schubspannungen parallel zur polaren Achse bewirkt Umklappen um 90° bei fast allen ausgerichteten Domänen u. läßt damit die gesamte Polarisation verschwinden. Der Kurvenverlauf der frei werdenden Ladung ist fast linear in Abhängigkeit von der mechan. Spannung, dagegen deutlich nichtlinear in Abhängigkeit vom Druck. — Anlegen hoher Schubspannungen senkrecht zur polaren Achse ruft ebenfalls eine Domänenreorientierung um 90° u. eine Red. der Gesamtpolarisation des keram. Körpers hervor. Vff. deuten diese Domänenreorientierung als eine Verschiebung der polaren Achsen einiger Domänen in eine Lage, die fast der Ebene der Querdehnung entspricht, u. das gesamte elektr. Moment wird in typ. Weise um weniger als 10% reduziert. Hohe elektr. Feldstärken verursachen Domänenreorientierungen sowohl um 180° als auch um 90°. Bei vorpolarisierten Proben rufen homogene elektr. Felder (Gleichspannung) parallel zum Polarisationsfeld Umklappen um 90°, antiparallele Felder dagegen Reorientierung um 90° u. 180° hervor, wobei letztere überwiegt. G. Ruban. 133 □

Bedeutung des Begriffes der Resonanzfrequenz des piezoelektrischen Schliffes. Karla Kratochvílová und Jan Tichý. (Pokroky Mat., Fysiky Astronomie **4.** 563—70. 1959. Liberec, Kat. matemat. a fys. Vys. školy strojní; Hradec Králové, Výzk. ústav elektrotechn. keramiky.) (Tschech.)

Vereinfachte mathemat. Ableitung des Ersatzschemas. J. Tůmová. 133 □

Untersuchung der Thermokraft von Pulvermischungen. C. El Baz, F. Savornin und M. J. Savornin. (J. Physique Radium **19.** 92 S—93 S. Dez. 1958. Fac. des Sci. d'Alger, Labor. de Phys. M.P.C.) (Franz.)

Die Thermokraft von Preßkörpern, die aus Pulvermischungen (*NiO*, *Ni* bzw. *Si*, *Sb*) unter einem Druck von 1 kg/mm² hergestellt worden waren, wurde untersucht. Für kleine Konzz. an Ni in NiO erhält man die Thermokraft des reinen NiO von 10^4 μV/Grad zwischen 0 u. 200°; der Widerstand ist entsprechend groß. Bei Geh. von mehr als 25 bis 30% Ni in NiO sinkt der Widerstand rasch, u. man mißt die Thermokraft des reinen Ni zu 30 μV/Grad. Bei Si, Sb-Mischungen (Korngröße der Pulver 80—100 μ) wird bis zu Geh. von 60% Si die Thermokraft des reinen Sb von 45 μV/Grad zwischen 0 u. 200° gemessen; bis zu 100% Si steigt der Wert auf 380 μV/Grad gleichmäßig an.

D. Papenfuss. 133 □

Messungen der anfänglichen thermoelektrischen Kraft an Thermozellen mit Jod-Jodid-Elektroden bei einer mittleren Temperatur von 30°. H. J. V. Tyrrell und P. J. Wilson. (J. chem. Soc. [London] **1961.** 5390—96. Dez. Edgbaston, Birmingham, Univ., Dep. of Chem.) (Engl.)

Vff. beschreiben ein modifiziertes Thermoelement mit J_2–J^--Elektrode u. erhalten gut reproduzierbare Werte der anfänglichen thermoelektr. Kraft ε_0. Es wird eine Gleichung für die Beziehung zwischen ε_0 u. der Konz. an J_2 u. J^- im Element sowie ein einfaches Extrapolations-Verf. zur Eliminierung der Überführungsentropie des komplexen Trijodids abgeleitet u. für eine Reihe von Jodiden einwertiger Kationen (NH_4^+, Li^+, Na^+, H^+, K^+) überprüft. Die Fehler der Extrapolation sind gering. Aus den erhaltenen Werten werden die Soret-Koeff. der Jodide bzgl. eines als Standard gewählten Jodids (NH_4J) in guter Übereinstimmung mit früheren direkten konduktometr. Messungen der Soret-Koeff. berechnet. Die Standardüberführungsentropie beträgt, abgesehen von einem niedrigen Korrekturterm, 27,4 cal/g-Ion·Grad in guter Übereinstimmung mit dem aus Messungen mit Ag-AgJ-Thermoelemtenten erhaltenen Wert. Soret-Koeff. u. Überführungswärmen der Salze für 0,5 m Jodid-Lsgg. werden mitgeteilt.

P. Frenzel. 133 □

Drift- und Hall-Beweglichkeiten von Elektronen in nichtentarteten unreinen Halbleitern. M. S. Sodha und P. C. Eastman. (Progr. theoret. Physics [Kyoto] **21.** 214—16. Jan. 1959. Kyoto, Kyoto Univ., Dep. of Phys.) (Engl.)

Theoret. Unters. zur Relaxationszeit von Trägern infolge Streuung an ionisierten Verunreinigungen. Herbert Weber. 135 □

Vorschlag für den Nachweis von Trägern negativer Masse durch Cyclotronresonanz. George C. Dousmanis. (Physic. Rev. Letters **1.** 55—56. 15/7. 1958. Princeton, N.J., RCA Labors.) (Engl.)

Vf. zeigt am Beispiel der transversalen negativen effektiven Masse schwerer Löcher in *Ge* u. *Si* (im Gleichgewicht beträgt die theoret. Besetzung mit negativer Masse in Ge bzw. in Si 3,5 bzw. 2,4% der Gesamtbesetzung an schweren Löchern), daß bei einem gewöhnlichen Cyclotronresonanz-Experiment die Träger negativer Masse bei ihrer Resonanzfrequenz einen größeren Effekt im Vgl. zum nichtresonanten Effekt der Träger positiver Masse bei derselben Frequenz ergeben sollten, als auf Grund der Gleichgewichtsbesetzungen zu erwarten ist, wenn die Absolutwerte von m* für Träger negativer u. positiver Masse sehr verschieden sind. Unter Umständen kann sich ein Effekt der negativen Masse auch als Verzerrung der von positiven Trägern herrührenden Absorptionslinien bemerkbar machen; möglicherweise stellen bereits beobachtete „Extralinien" einen solchen Effekt dar. Vorzug der Cyclotronresonanztechnik ist ihre hohe Empfindlichkeit, die noch 10^3-10^6 Träger pro cm^3 nachzuweisen erlaubt. D. JÖRCHEL. 135□

Wärmebehandlungszentren in Silicium. Yasuo Matukura. (J. physic. Soc. Japan **16.** 192—97. Febr. 1961. Tokyo, Electrochem. Labor.) (Engl.)

Bei der Wärmebehandlung von p-Si bei Temp. oberhalb 900° macht sich eine Abnahme der Loch-Konz. bemerkbar. Es zeigt sich, daß bei dieser Behandlung Defektstellenzentren von der Oberfläche wegdiffundieren. Diese Wärmebehandlungszentren haben Donator-Niveaus 0,4 eV oberhalb des Valenzbandes u. 0,51 eV oberhalb des Leitungsbandes, die durch Diffusion von der Oberfläche her mit Diffusions-Koeff. von ca. 10^{-5} cm^2/s u. einer Aktivierungsenergie von ca. 1,8 eV eingeführt werden. Gebildet werden diese Zentren durch Oberflächenverunreinigungen des Si, zum größten Teil Fe-Atome. G. M. NEUMANN. 135□

Die Abschätzung der Oberflächenbehandlung von Germanium. S. R. Morrison. (Physics Chem. Solids **14.** 214—19. Juli 1960. Hopkins, Minn., Honeywell Res. Center.) (Engl.)

Vf. berichtet über den Einfl. der verschiedenen Oberflächenbehandlungs-Meth. von Ge auf die physikal. Eigg., speziell auf die Oberflächenbeweglichkeit u. die Rekombination von Ladungsträgern. Es zeigt sich, daß schon geringste Verunreinigungen (0,5 ppm) an Cu, Sb oder Ag eine Änderung der Oberfläche vom normalen zum p-leitenden Zustand hervorrufen können. Ebenso zeigt sich eine starke Abhängigkeit von der Feuchtigkeit u. der Temp. bei der Ausbildung der Oberflächenzustände. Die Ergebnisse werden in Hinblick auf die Dichte der einzelnen Zustände u. auf Potentialbarrieren diskutiert u. mit der Analyse von WALLIS u. WANG (C. **1960.** 9796) verglichen. G. M. NEUMANN. 135□

Bedingungen für die doppelte Diffusion zur Herstellung von Germanium-Transistoren. René Deschamps. (C. R. hebd. Séances Acad. Sci. **250.** 3290—92. 16/5. 1960. Bellevue, Seine-et-Oise, Labor. de Magnét. et de Phys. du Solide du C.N.R.S.) (Franz.)

Es werden experimentelle Meth. beschrieben, die gestatten, die früher durch die Vff. gemachten Voraussagen bzgl. der Bedingungen zur Herst. von Ge-Transistoren durch doppelte Diffusion zu verifizieren u. npn-Strukturen zu erhalten. J.-M. SPAETH. 135□

Anisotropie der elektrischen Leitfähigkeit in Eisensulfid-Einkristallen. Miyuki Murakami. (J. physic. Soc. Japan **16.** 187—92. Febr. 1961. Tohoku Univ., Fac. of Sci., Dep. of Phys.) (Engl.)

Zur Unters. der Anisotropie der elektr. Leitfähigkeit in FeS-Einkristallen wurden gleichzeitige Messungen der elektr. Leitfähigkeit u. der therm. Ausdehnung durchgeführt. Es zeigt sich, daß die Leitfähigkeit eng mit den Gitterparametern verbunden ist, nicht aber von der Spin-Richtung beeinflußt wird. Es wird eine Substruktur des Gitters bei hohen Temp. modellmäßig formuliert u. die Anisotropie der elektr. Leitfähigkeit im Temp.-Bereich des α-Umwandlungspunktes qual. gedeutet. G. M. NEUMANN. 135□

Die elektrische Leitfähigkeit von Ferriten mit Fe^{2+}-Ionen. Nahonori Miyata. (J. physic. Soc. Japan **16.** 206—08. Febr. 1961. Yokohama, Yokohama Nat. Univ., Dep. of Phys.) (Engl.)

Die elektr. Leitfähigkeit von festen Lsgg. der Ferrite $(MeFe_2O_4)_{1-y}$ $(Fe_3O_4)_y$ mit Me = Mn, Ni, Mn–Ni u. Zn wurde im Temp.-Bereich 100—300° K durch Widerstandsmessungen ermittelt. Oberhalb von 120° K folgt die spezif. Leitfähigkeit folgender Temp.-Funktion: $\sigma = A. \exp(-E/kT)/T$ mit einer Aktivierungsenergie E von $5-8\cdot10^{-2}$ eV. Der präexponentielle Faktor A hängt dabei von der Fe_3O_4-Konz. nach $A = (6,5 \pm 2,5)$ $10^4 [y/(1-y)]$ Grad/$\Omega\cdot$cm ab. G. M. NEUMANN. 135□

Der Einfluß der ersten langen Periode auf den Widerstand von Kupfer und Aluminium. C. R. Vassel. (Physics Chem. Solids **7.** 90—93. Okt. 1958. Budapest, Inst. de Rech. des Métaux Non-Ferreux.) (Franz.)

Der Restwiderstand verschiedener Verunreinigungen der ersten Langperiode in 99,95% ig. Cu (K, Ca, Ti, V, Cr, Mn, Fe, Co, Ni, Zn, Ga, As u. Se) u. in 99,99% ig. Al (Ca, Ti, Cr, Mn, Fe, Cu, Zn) wurde in verschiedenen Zuständen (im Gußzustand, im gezogenen u./oder rekristallisierten Zustand) gemessen. Diskussion der Ergebnisse im Hinblick auf die theoret. Vorstellungen von MOTT u. FRIEDEL. H. HOCHSTEIN. 136 □

Der Einfluß des Druckes auf den elektrischen Widerstand von Kupfer bei tiefen Temperaturen. J. S. Dugdale und D. Gugan. (Proc. Roy. Soc. [London], Ser. A **241.** 397—407. 20/8. 1957. Ottawa, Canada, Nat. Res. Council, Div. of Pure Phys.) (Engl.)

Zwischen T=4 u. 300° K u. im Druckbereich p = 1 u. 3000 at wurde der elektr. Widerstand R von 3 *Cu*-Proben mit einem Fe-Geh. von < 0,01% (**Ia**) bzw. ca. 0,01% (**Ib**) bzw. 0,056% (Ic) gemessen. R ändert sich bei konst. T linear mit p. R von **Ia** u. **Ib** fallen mit sinkendem T ab, während R von Ic durch ein bei 26,5° K liegendes Minimum (= T_{min}) geht. Die Ergebnisse stehen im Einklang mit der GRÜNEISENschen Theorie, wonach $(d\varrho_i/dp)/\varrho_i = (dK/dp)/K - [(d \ln\Theta_R)/dp]\ (1 + d \ln \varrho_i/d \ln T)$, wo ϱ_i = spezif. elektr. Widerstand von ideal reinem Cu u. Θ_R = vom Widerstandsverhalten des Metalls abhängige Temperatur. Entgegen der Theorie ist jedoch der p-Einfl. bei T_{min} von **Ic** sehr klein u. von gleicher Größenordnung wie der p-Einfl. auf den Restwiderstand R_0 von **Ia** u. **Ib**. ϱ_0 u. $(d\varrho_0/dp)/\varrho_0$ von **Ic**, wo $\varrho_0 = \varrho_{gesamt} - \varrho_i$, sind stark von T abhängig. Aus den Messungen folgt, daß der p-Einfl. bes. auf die Änderung der Gitterschwingungen durch p bedingt ist. O. FUCHS. 136 □

Die magnetischen Zustände eines einachsigen Einkristalls mit positivem Koeffizient des Molekularfeldes. André J. P. Meyer. (C. R. hebd. Séances Acad. Sci. **250.** 3611—12. 30/5. 1960. Strasbourg, Inst. de Phys., Labor. Pierre Weiss.) (Franz.)

In Analogie zur NÉELschen Theorie des Antiferromagnetismus wird der Gleichgewichtszustand eines Kristalls mit einachsiger Anisotropie betrachtet, bei dem die Momentträger (Untergruppen) durch ferromagnet. Austausch-Wechselwrkg. (positive Molekularfelder) miteinander gekoppelt sind. Wie beim NÉELschen Antiferromagnetismus zeigt sich auch hierbei, daß die magnet. Zustände nicht allein vom Vorzeichen der Austausch-Wechselwrkg., sondern auch von der Größe dieser Energie im Verhältnis zu den Anisotropie-Energien bestimmt werden. H. FAHLENBRACH. 137 □

Spin-Elektron-Relaxation bei Antiferromagnetika. Ju. Sseidow und A. Berdyschew. (Физика Металлов и Металловедение [Physik Metalle Metallkunde] **8** 147—50. Juli 1959. Gorki-Univ. des Urals.) (Russ.) — Vgl. C. **1961.** 4978.

Der Mechanismus der Einstellung des Gleichgewichts in einem Syst. von Spinwellen (SW) in antiferromagnet. Metallen u. Legg. durch Wechselwrkg. der SW mit Leitfähigkeitselektronen wird in Gleichungen behandelt. R. K. MÜLLER. 137 □

Instabilität einer antiferromagnetischen Schraubenstruktur eines Elektronengases. Akio Yoshimori. (Physic. Rev. [2] **124.** 326—28. 15/10. 1961. Columbus, Ohio, Ohio State Univ., Dep. of Phys. and Astronomy.) (Engl.)

Es wird eine Analyse von antiferromagnet. Schraubenstrukturen in einem dreidimensionalen Elektronengas gegeben. Es wird ein Ansatz mit einem self-consistent-Feld gemacht. Ein Schraubenzustand scheint immer instabil zu sein. Der von WOLFF erhaltene Ausdruck für die Susceptibilität eines Elektrongases wird auch auf diesem Wege erhalten. H. LAUE. 137 □

Die Elementarbereiche in einem Einkristall aus Magnetoplumbit. Max Paulus. (C. R. hebd. Séances Acad. Sci. **250.** 2332—2334. 28/3. 1960. Bellevue, Seine-et-Oise, Labor. de Magnét. et de Phys. du Solide.) (Franz.)

An Einkristallen aus $PbO \cdot 6\,Fe_2O_3$ werden auf der Oberfläche senkrecht u. parallel zur hexagonalen Achse [0001] mit Magnetitaufschwemmungen BITTERsche Streifen-Aufnahmen gemacht, die zu sehr klaren Ergebnissen über die Elementarbereiche im pauschal unmagnetisierten Zustande u. bei der Magnetisierung mit verschiedenen magnet. Feldstärken führen. Die Elementarbereiche sind danach Zylinder mit sternförmigem Querschnitt, die sich parallel zur hexagonalen Achse erstrecken u. im pauschal unmagnet. Zustande in gleicher Größe abwechselnd antiparallel zueinander magnetisiert sind. Bei Anlegen von Magnetfeldern in Richtung der hexagonalen Achse werden die antiparallel zum Felde orientierten Bereiche schmaler u. verschwinden im Zustande der Sättigung bei H = 3000 Oe. Aber schon bei H = 230 Oe sind auf den Flächen parallel zur [0001]-Achse die antiparallel magnetisierten Bereiche verschwunden. Diese Flächen wirken scheinbar gesättigt magnetisiert. H. FAHLENBRACH. 137 □

Phänomenologische Diskussion der magnetischen Ordnung bei den schweren Lanthanidenmetallen. R. J. Elliott. (Physic. Rev. [2] **124.** 346—53. 15/10. 1961. Oak Ridge, Tenn., Oak Ridge Nat. Labor.) (Engl.)

Die Seltenen Erden Gd–Tm haben ähnliche Kristallstrukturen u. ihre magnet. Eigg. wurden teilweise mit einer Anzahl von Verff. berechnet. Die magnet. Ordnung ist kompliziert. In einigen Fällen zeigt sie mehrere Phasen u. ist von Element zu Element verschieden. Diese verschiedenen Ordnungen lassen sich durch ein Mol.-Feldmodell (BRAGG-WILLIAMS) erklären, wenn man berücksichtigt: a) Eine oscillierende Austausch-Wechselwrkg. langer Reichweite, deren FOURIER-Komponente J(q) minimal für q = 0 ist; b) kleine Quadrupol–Quadrupol-Wechselwrkg.; c) Anisotropie. Eine Berechnung des Kristallfeldes ergibt axiale u. hexagonale Anisotropien, die in einer der Struktur entsprechenden Weise variieren. In *Tb*, *Dy* u. *Ho* ist die Ordnung bei hohen Temp. eine Spirale. Diese Stoffe werden bei niedrigen Temp. ferromagnet. wegen der hexagonalen Anisotropie. In *Er* u. *Tm* wird das Moment in die c-Achse gedrückt u. mit sinusartiger Veränderung dieses Momentes findet man, daß die beobachtete Ordnung bei hohen Temp. die niedrigste freie Energie hat. Es wird vorausgesagt, daß, wenn man T erniedrigt, sich Übergänge zu einer Struktur mit Antiphasenbereichen u. dann zu Ferromagnetismus ereignen. H. LAUE. 137 □

Adiabatische Demagnetisierung bei Yttrium–Lanthaniden-Legierungen. David T. Nelson und Sam Legvold. (Physic. Rev. [2] **123.** 80—84. 1/7. 1961. Ames, Iowa, Iowa State Univ., Inst. for Atom. Res.) (Engl.)

Legg. aus 0,3 u. 1,0 Atom-% Gd, 1,0 Atom-% Dy u. 0,6 u. 1,0 Atom-% Ho sowie Einkristalle aus 0,6 u. 1,0 Atom-% Ho–Y-Legg. wurden als Werkstoff für adiabat. Demagnetisierung untersucht. Diese Legg., die im Temp.-Bereich 1,2—4,2° K ein paramagnet. Susceptibilitäts-Verh. aufweisen, wurden adiabat. bei ca. 11 kOe u. 1,25° K demagnetisiert. Die magnet. Messungen bei den Einkristallen im Temp.-Bereich 1,2 bis 4,2° K weisen auf strenge Anisotropie in der c-Achse als leichte Magnetisierungsachse hin. Hysterese wurde bei den 1,0 Atom-% Ho enthaltenden Einkristallen mit der a-Achse parallel zum Feld beobachtet. Die Entropieabnahme während der Magnetisierung wurde für Einkristalle berechnet, sie ist nur ca. 15% der für ideales paramagnet. Verh. erwarteten. H. NEWESELY. 137 □

Einfache Theorie der ferrimagnetischen Resonanzfrequenzen in Lanthaniden-Eisen-Granaten. J. H. Van Vleck. (Physic. Rev. [2] **123.** 58—62. 1/7. 1961.) (Engl.)

Der effektive g-Faktor für ferrimagnet. Resonanzfrequenzen in Seltene Erden-Eisen-Granaten wird direkt aus den Eigenwerten besser erfaßt als durch die Bewegungsgleichungen. Die Seltene Erden-Ionen werden als im Austauschfeld vom Eisen eingefangen behandelt, aber der Aufspaltung ihrer Energieniveaus durch kristalline Feld- bzw. Spin–Bahn-Wechselwrkg. unterworfen. Bei einem kristallinen Feld ist das Problem nur dann einfach lösbar, wenn diese Aufspaltungen groß oder klein sind im Vgl. mit jenen, welche durch das wirkende Austauschfeld allein erzeugt werden können. Es wird gezeigt, daß $g_{eff.} = 2 (M_{Fe} + M_{Selt.E.})/M_{Fe}$ annähernd gültig ist, wenn die meisten der magnet. Momente der Seltenen Erden von nichtdiagonalen Matrixelementen herrühren, zuzüglich ion. Energieniveaus. H. NEWESELY. 137 □

Über einen plötzlichen magnetischen Übergang bei $MnSn_2$. J. S. Kouvel und C. C. Hartelius. (Physic. Rev. [2] **123.** 124—25. 1/7. 1961. Schenectady, N.Y., Gen. Electr. Res. Labor.) (Engl.)

Die magnet. Susceptibilität u. der elektr. Widerstand der intermetall. Verb. $MnSn_2$ steigen bei 73° K steil an. Diese beiden sprunghaften Wechsel weisen eine geringe Temp.-Hysterese aus u. legen einen Übergang erster Ordnung nahe. Von 73° K bis 4,2° K ist die Susceptibilität nahezu konst., oberhalb 73° K steigt sie langsam bis zu einem Maximum bei 86° K u. fällt dann nach der CURIE-WEISSschen Beziehung ab. Es wird vorgeschlagen, den plötzlichen Übergang bei 73° K durch eine nur teilweise Unordnung eines antiferromagnet. Zustandes zu erklären. H. NEWESELY. 137 □

Magnetische und thermodynamische Eigenschaften von Kaliumhexacyanoferrat(III) bei niedrigen Temperaturen. L. V. Gregor und J. J. Fritz. (J. Amer. chem. Soc. **83.** 2832—35. 5/7. 1961. University Park, Pa., Pennsylvania State Univ., Cryogen. Labor.) (Engl.)

Vff. bestimmen die spezif. Wärme C_p u. die magnet. Susceptibilität χ von $K_3[Fe(CN)_6]$ zwischen 0,6 u. 20° K. C_p zeigt einen schwachen Peak $< 2°$ K mit einem Maximum bei 1,15° K; ein weiteres liegt möglicherweise $\leqq 0{,}6°$ K. Die Gitterwärmekapazität folgt der Gleichung $C_e = \alpha T^3$ (α = konst. = $5{,}9 \cdot 10^{-4}$ bei 20° bzw. $9{,}0 \cdot 10^{-4}$ bei 8° K). $C_p - C_e$ ist die magnet. Wärmekapazität, die durch $C_{magn.} = 0{,}18/T^2$ gegeben ist. Die mol. Susceptibilität χ_m folgt zwischen 2 u. 20° K dem CURIE-WEISSschen Gesetz: $\chi_m = 0{,}368/(T + 0{,}14)$; $\chi_m \cdot T$ fällt $< 2°$ stark ab. Bei ca. 0,7° K erreicht χ_m ein Maximum. Vff. untersuchen die Abhängigkeit von χ von der Frequenz (bis 400 Hz) u. erörtern die thermodynam. Größen bei der Magnetisierung. Durch Entmagnetisierung (7050 Oe) bei 1,248° K erreicht man 0,52° K; der Entropieverlust beträgt 0,122 Entropieeinheiten. Aus der Anomalie von C_p u. dem entsprechenden Abfall von $\chi_m \cdot T$ unterhalb 2° K schließen Vff. auf Wechselwrkg. zwischen dem magnet. Ion u. seiner Umgebung. Wahrscheinlich ist $< 1°$ K eine Relaxationszeit ($<$ 1 ms) von Bedeutung. P. FRENZEL. 137 □

Protonenmagnetische Resonanzuntersuchung des ferroelektrischen Kaliumhexacyanoferrat(III)-trihydrats. R. Blinc, M. Brenman und J. S. Waugh. (J. chem. Physics **35.** 1770—75. Nov. 1961. Cambridge, Mass., MIT, Res. Labor. of Electron.; Labor. of Chem. and Solid State Phys., Dep. of Chem.) (Engl.)

Vff. berichten über Messungen der protonenmagnet. Resonanz u. der Schwingungsspektren von $K_4[Fe(CN)_6] \cdot 3\,H_2O$ zwischen 77 u. 300° K. Aus den beobachteten OH-Valenzfrequenzen wurden die wahrscheinlichsten Lagen von 4 H_2O-Moll. in der Elementarzelle ermittelt. Änderungen der Schwingungsspektren u. des sek. Protonenresonanzmomentes in der Nähe des CURIE-Punktes zeigen, daß der Beginn des ferroelektr. Verh. mit einer dynam. Umordnung der über H-Brücken gebundenen H_2O-Moll. verbunden ist. Gleichzeitig scheint ein Teil der spontanen Polarisation u. des inneren Feldes durch Verschiebung u. Polarisierbarkeit der K^+- u. $[Fe(CN)_6]^{4-}$-Ionen zustande zu kommen. G. M. NEUMANN. 137 □

Die Leitfähigkeit wässeriger Lithiumchloratlösungen bei 25,00 und 131,8° C. A. N. Campbell und W. G. Paterson. (Canad. J. Chem. **36.** 1004—12. Juni 1958. Winnipeg, Manitoba, Univ. of Manitoba, Chem. Dep.) (Engl.)

Die Konz.-Abhängigkeit der spezif. u. der Äquivalentleitfähigkeit ($\varkappa$ bzw. Λ) sowie der Viscosität von $LiClO_3$-Lsgg. wurde bei 25,00 u. 131,8° im Konz.-Bereich 0 bis ca. 23 Mol/Liter untersucht. $\varkappa$ geht mit zunehmender Konz. nach steilem Anstieg durch ein Maximum, das unabhängig von der Temp. bei ca. 5 Mol/Liter liegt u. bei 25° einem Wert von ca. 0,15, bei 131,8° ca. 0,46 $\Omega^{-1}\,cm^{-1}$ entspricht; bei Annäherung an die Sättigungs-Konz. fällt $\varkappa$ auf fast Null (25°) bzw. 0,12 (131°) ab. Λ nähert sich mit zunehmender Konz. asymptot. dem Wert Null, ohne daß ein Minimum auftritt. Die relative Viscosität (W. = 1) steigt mit zunehmender Konz. an u. erreicht die Werte 334 (25°) bzw. 113 (131,8°). Die Ergebnisse werden mit den berechneten Werten verglichen, die bei Benutzung der Gleichungen von WISHAW-STOKES u. FALKENHAGEN gefunden wurden. Die theoret. Grundlagen dieser Gleichungen werden im Hinblick auf die experimentellen Ergebnisse diskutiert. W. BETCKE. 138 □

Die Grenzleitfähigkeit von Kaliumjodat und von Jodationen bei 25,00° C. A. N. Campbell und E. Bock. (Canad. J. Chem. **36.** 1277—79. Sept. 1958. Winnipeg, Manitoba, Univ. of Manitoba, Chem. Dep.) (Engl.)

Es wurden Messungen der spezif. Leitfähigkeit von KJO_3 im Konz.-Bereich $0{,}86 \cdot 10^{-4}$ bis $17 \cdot 10^{-4}$n bei 25,00° durchgeführt. Aus den gefundenen Werten ergeben sich Äquivalentleitfähigkeiten von 113,62—110,88 $\Omega^{-1}\,cm^{-1}$; durch Extrapolation auf die Konz. = 0 folgt die Grenzleitfähigkeit 114,41, wovon 40,91 auf das JO_3^--Ion u. 73,50 auf K^+ entfallen. W. BETCKE. 138 □

Geschmolzene Carbonatelektrolyte: physikalische Eigenschaften, Struktur und Mechanismen der elektrischen Leitfähigkeit. George J. Janz und Max R. Lorenz. (J. electrochem. Soc. **108.** 1052—58. Nov. 1961. Troy, N.Y., Rensselaer Polytechn. Inst., Dep. of Chem.) (Engl.)

Vff. untersuchen die therm. Stabilität, die Oberflächenspannung γ, die Dichte ϱ u. die elektr. Leitfähigkeit ($\varkappa$ u. Λ) von geschmolzenem Li_2CO_3 (I), Na_2CO_3 (II) u. K_2CO_3 (III) im Temp.-Bereich von 750—1000°. Die Verbb. sind unter trockenem CO_2 bei Drücken oberhalb ihrer Dissoziationspartialdrücke therm. stabil. Die Parameter der Beziehungen $\gamma = \gamma_0 - \alpha \cdot t$ (dyn·cm^{-1}), $\varrho = \varrho_0 \cdot e^{-\alpha T}$ (g·cm^{-3}), $\varkappa = A_\varkappa \cdot e^{-\Delta E/RT}$ u. $\Lambda = A_\Lambda \cdot e^{-\Delta E/RT}$ sind für den untersuchten Temp.-Bereich angegeben. Die γ-Werte der geschmolzenen Carbonate sind fast zweimal so groß wie die der entsprechenden Chloride. Die Oberflächenwärmen betragen 284,7 (I), 269,8 (II) u. 241,5 erg·cm^{-2} (III). Die Parachorwerte steigen geringfügig (2%/100°) mit der Temp. an. Die für äquimol. geschmolzene II—III-Mischungen bei 950° mit Hilfe der GUGGENHEIM-Gleichung zu 183 (dyn·cm^{-1}) berechnete Oberflächenspannung weicht um 3% von dem gemessenen Wert (178) ab, so daß für diese Größe ebenso wie auch für das Mol-Vol. eine geringe Abweichung von der thermodynam. Idealität vorliegt. Der Ausdehnungs-Koeff. α ist im untersuchten Temp.-Bereich für I, II u. III konstant. Die Dichten u. die elektr. Leitfähigkeit sind mit den entsprechenden Werten für die Chloride vergleichbar. Im einzelnen werden die Struktur der geschmolzenen Carbonate u. die Mechanismen der elektr. Leitfähigkeit diskutiert. U. SKURNIA. 138 □

Überführungszahlen in reinem, geschmolzenem Cäsiumchlorid. Edward D. Wolf. (J. electrochem. Soc. **108.** 811—12. Aug. 1961. Ames, Iowa, Iowa State Univ., Inst. for Atom. Res. and Dep. of Chem.) (Engl.)

Mit einer verfeinerten Unters.-Technik wird unter Verw. von ^{36}Cl die Überführungszahl $t_{Cl^-} = C_A \cdot E_A / C_K \cdot Z$ (E_A = Val CsCl im Anodenraum vor der Elektrolyse, C_A u. C_K = spezif. Aktivitäten von CsCl im Anoden- bzw. Kathodenraum nach der Elektrolyse, Z = Ladungszahl) neu zu 0,435 ± 0,008 bei 705° bestimmt. Der von DUKE u. BOWMAN (C. **1960.** 3779) mitgeteilte Wert beträgt 0,36 ± 0,04 bei 685°. Temp.-Abhängigkeit wurde nicht festgestellt. U. SKURNIA. 138□

Benzoylfluorid als ionisierendes Lösungsmittel. 1. Mitt. Gerhart Jander und Lothar Schwiegk. (Z. anorg. allg. Chem. **310.** 1—11. April 1961. Berlin-Charlottenburg, TU, Anorg.-chem. Inst.) (Dt.)

Vff. untersuchen Benzoylfluorid (I) als ionisierendes Lösungsmittel. I wird aus KF u. Benzoesäureanhydrid durch therm. Zers. dargestellt, durch Fraktionierung (teilweise über LiH) gereinigt (F. —28,5°, Kp.$_{12}$ 46°, D.$_4^{20}$ 1,1490) u. kann in Glasgefäßen aufbewahrt werden; der kleinste gemessene Wert der spezif. Leitfähigkeit beträgt $\varkappa_{20} = 1 \cdot 10^{-8}\ \Omega^{-1}\ cm^{-1}$, die DK ε_{20} = 22,7 u. das Mol-Vol. bei 20° 108,0 cm^3/Mol. I besitzt nur ein begrenztes Lösevermögen für heteropolare Stoffe; anorgan. homöopolare sowie organ. Stoffe lösen sich recht gut. Die spezif. u. mol. Leitfähigkeiten einiger solcher Verbb., wie $SbCl_5$, TiF_4, $TiCl_4$, BF_3 sowie der abgeleiteten Säureanalogen $(C_6H_5CO)(SbCl_6)$ (II), $(C_6H_5CO)(SbFCl_5)$ (III) u. $(C_6H_5CO)(TiCl_5)$, werden bestimmt; die geringe Eigenleitfähigkeit des reinen I wird auf eine schwache Dissoziation in $C_6H_5CO^+$ u. F^- zurückgeführt. Entsprechend diesem Schema werden die in I lösl. Verbb. in säuren-, basen- u. salzanaloge Substanzen eingeteilt; eine vierte Gruppe bilden Stoffe, die in das Solvosyst. des I nicht eingreifen. Die stärksten Säureanalogen sind $SbCl_5$, II u. III; basenanalog sind $[(C_2H_5)_4N]F$ (stark) u. $[(C_6H_5)_3C]F$ (sehr schwach); salzartig sind $[(C_6H_5)_3C][BF_4]$, $[(C_2H_5)_4N]BF_4$, $[(C_6H_5)_3C][SbF_xCl_{6-x}]$, $[(C_6H_5)_3C][C_6H_5CO](TiF_5)_2$ u. andere; ihre Leitfähigkeiten übersteigen teilweise diejenigen der säuren- u. basenanalogen Verbb. erheblich.

Versuche: *Tetraäthylammoniumfluoriddihydrat*, aus äquivalenten Mengen wss. Lsgg. von HF u. $[(C_2H_5)_4N]OH$ u. Einengen der konz. Lsg. im Vakuum über P_2O_5 bei 20°; gut lösl. in Bzl. u. nach Lösen in I unter LiH-Zusatz zu Titrationen verwendbar; wasserfrei nicht darstellbar. Beim Einengen der Lsg. bei 100° wurde $[(C_2H_5)_4N]F \cdot HF$ erhalten. — *Benzoylhexachloroantimonat(V)* $(C_6H_5CO)(SbCl_6)$, F. 107°, aus $SbCl_5$ u. C_6H_5COCl (1 : 1) in CCl_4 als Fällung. — *Benzoylfluoropentachloroantimonat(V)* $(C_6H_5CO)(SbCl_5F)$, aus $SbCl_5$ u. überschüssigem I als weißer Niederschlag. $TiCl_4 \cdot C_6H_5COCl$, F. 65—66°, aus den Komponenten in CCl_4. — *Benzoylperchlorat*-Lsg., aus benzol. Lsg. von $AgClO_4$ u. Benzoylperchlorat (1 : 1). Das Perchlorat konnte nicht in Substanz erhalten werden. H.-J. OSTMANN. 139□

Benzoylfluorid als ionisierendes Lösungsmittel. 2. Mitt. Gerhart Jander und Lothar Schwiegk. (Z. anorg. allg. Chem. **310.** 12—25. April 1961.) (Dt.) — 1. vgl. vorst. Referat.

Vff. berichten über neutralisationsanaloge Umsetzungen der im Solvosyst. Benzoylfluorid (I) aufgefundenen Säure- u. Basenanalogen. Die Rkk. werden konduktometr. u. potentiometr. verfolgt u. die gebildeten salzanalogen Verbb. teilweise isoliert. Dabei wird eine Solvolyse des Anions $[SbCl_6]^-$ zu Prodd. mit dem Anion vom Typ $[SbCl_{6-x}F_x]^-$ nachgewiesen, eine Verb. $[(C_6H_5)_3C][SbCl_{4,7}F_{1,3}]$ isoliert u. in ihr auf dem Wege einer Verdrängungstitration das schwache Basenanaloge $[(C_6H_5)_3C]F$ (II) durch das stärkere $[(C_2H_5)_4N]F$ (III) ersetzt. Amine, z. B. C_5H_5N u. $(C_2H_5)_3N$, verhalten sich wie potentielle Basen. Bei Titrationen vorgelegter Lsgg. von BF_3 in I mit II bzw. III werden die salzanalogen Verbb. $[(C_6H_5)_3C][BF_4]$ bzw. $[(C_2H_5)_4N][BF_4]$ erhalten. Aus Titrationen unter Verw. der Säureanalogen TiF_4 u. $TiCl_4$ geht hervor, daß die Additions-Verb. $TiCl_4$–C_6H_5COCl eine echte säureanalogen Verb. der Zus. $\{[(C_6H_5CO][TiCl_5]\}_2$ darstellt. Die beiden C_6H_5CO-Gruppen zeigen unterschiedliche Basizität. Analoge Schlüsse werden für das Syst. TiF_4–I gezogen. Aus der Gleichheit der aus $TiCl_4$ u. TiF_4 mit II erhaltenen Rk.-Prodd. {in beiden Fällen gelbe Kristalle der Zus. $[(C_6H_5)_3C][C_6H_5CO] \cdot (TiF_5)_2$} geht vollständige, durch das Lsgm. verursachte Solvolyse der Cl^--Ionen hervor. Aus $(C_6H_5CO)(ClO_4)$ u. II wird das Salzanaloge $[(C_6H_5)_3C](ClO_4)$ dargestellt; eine entsprechende Rk. gilt für III. Unter der Voraussetzung der Gültigkeit der NERNSTschen Gleichung im Solvosyst. I wird aus dem Verlauf der potentiometr. Titrationen die obere Grenze des Ionen-Prod. von I bei 20° zu $[(C_6H_5CO^+][F^-] < 10^{-19}$ abgeschätzt. H.-J. OSTMANN. 139□

Aktivitätskoeffizienten von Natriumsulfit in wässeriger Lösung bei 25° C. Robert S. Morgan. (J. chem. Engng. Data **6.** 21—23. Jan. 1961. Appleton, Wis., Inst. of Paper Chem.) (Engl.) — Vgl. C. **1961.** 14140.

Durch Vgl. der Dampfdrücke von Na_2SO_3-Lsgg. mit NaCl-Lsgg. bei verschiedenen Molalitäten wurden die isopiest. Verhältnisse bestimmt u. aus einer integrierten Form der Gibbs-Duhemschen sowie einer erweiterten Form der Debye-Hückelschen Gleichung die Aktivitäts-Koeff. bis zu einer Molalität von 2,0 berechnet. Ferner wird für die Molalitäten = 0,1, 0,4 u. 2,0 der Hydrolysegrad angegeben. Wolfgang Krüger. 139□

Washburn-Zahlen im System Methanol–Wasser–Chlorwasserstoffsäure bei 25°. D. Feakins. (J. chem. Soc. [London] **1961.** 5308—17. Dez. London, Birkbeck Coll., George Senter Labor.) (Engl.)

Vf. untersucht eine neue EMK-Meth. zur Best. der Washburn-Zahlen w_n im Syst. CH_3OH (I)–H_2O–HCl unter Verw. der Zellen Ag–AgCl|HCl (a_2)–H_2O|HCl (a_1)/I–H_2O |AgCl–Ag u. H_2|HCl (a_2)–H_2O|HCl (a_1)/[I–H_2O|H_2 (a_1, a_2 mittlere Ionenaktivitäten von HCl im Lsgm.-Gemisch u. in W.). Es werden Werte für w_n für verd. Lsgg. von HCl in 10, 20, 22 u. 43,12 Gew.-% ig. Mischungen von I mit W. zusammen mit Werten ΔE_m^0 erhalten, wenn man die unabhängig ermittelte Freie Energie der Überführung benutzt. ΔE_m^0 sind die Differenzen zwischen den Standard-EMK der Zellen H_2|HCl|AgCl–Ag u. H_2|HCl|Hg_2Cl_2–Hg in W. u. im Lsgm.-Gemisch. Die Ergebnisse u. die berechneten mittleren molalen Aktivitäts-Koeff. in der 43,12% ig. Mischung werden tabellar. mitgeteilt u. mit früheren Werten verglichen. P. Frenzel. 140□

Normalpotentiale der Ag–AgCl-Elektrode in Wasser–Aceton-Gemischen. Jean-Pierre Morel und Jean-Charles Pariaud. (C. R. hebd. Séances Acad. Sci. **253.** 1442—43. 2/10. 1961. Clermont-Ferrand, Puy-de-Dôme, Fac. des Sci., Labor. de Chim. Phys.) (Franz.)

Die Normalpotentiale der Ag–AgCl-Elektrode in salzsauren W.–Aceton-Gemischen bei 25° wurden für Geh. an Aceton zwischen 0 u. 90% bestimmt. Dies wurde wie bei der Best. der Potentiale in anderen organ.-wss. Gemischen dadurch möglich, daß an Stelle der H_2- eine Glaselektrode als Indicatorelektrode verwendet wurde. Die molaren Konzz. an HCl in den Lsgg. variierten zwischen 0,02 u. 0,002. Die Potentiale konnten mit einer Genauigkeit von 0,1 mV bestimmt werden u. wurden tabellar. für die verschiedenen Mischungsverhältnisse W.–Aceton angegeben. Sie stimmen weitgehend mit den bisher bekannten Potentialen überein. H. Fries. 140□

Ersatz einer Glaselektrode im organisch-wässerigen Medium durch die H_2-Elektrode in einem Element mit einer Ag–AgCl-Elektrode. Jean-Pierre Morel, Philippe Séguela und Jean-Charles Pariaud. (C. R. hebd. Séances Acad. Sci. **253.** 1326—27. 25/9. 1961. Clermont-Ferrand, Puy-de-Dôme, Fac. des Sci.) (Franz.)

Die Glaselektrode (GE) verhält sich in salzsauren organ.-wss. Lsgm. in Elementen, die als zweite Elektrode eine Ag–AgCl-Elektrode besitzen, fast wie eine H_2-Elektrode (HE). Vff. untersuchten den Zusammenhang der beiden EMK, wenn im gleichen Syst. bei 25° im einen Fall HE u. im anderen GE verwendet werden. Sie stellten fest, daß E, die EMK bei Verw. von HE u. E′, die EMK bei Verw. von GE, jeweils bezogen auf eine wss. 0,1 n HCl-Lsg., in organ.-wss. Lsgm. wie Gemischen mit A., Methanol oder Aceton, durch folgenden Ausdruck verbunden sind: $(E - 352{,}5)/(E' - E_R) = a$. Dabei ist 352,5 (mV) die EMK für HE u. E_R = EMK für GE in wss. 0,1 n HCl-Lösung. E_R ist vom Zustand der Elektrode abhängig. Der Quotient a wurde für die organ.-wss. Medien als Konst. mit dem Wert $a = -1{,}01 \pm 0{,}05$ bestimmt. H. Fries. 140□

Auflösung von Kupfer in angesäuerten Eisen(III)-sulfatlösungen. Tor Hurlen. (Acta chem. scand. **15.** 615—20. 1961. Blindern, Oslo, Central Inst. for Ind. Res.) (Engl.)

Vf. bestimmt die Geschw. der Auflösung i_c u. das Mischpotential E_c von Cu in nichtbewegten schwefelsauren $Fe_2(SO_4)_3$-Lsgg. bei 21° u. beschreibt eine Quarzspiralen-App. zur Best. der Gew.-Änderungen. i_c ist im wesentlichen unabhängig von der H_2SO_4-Konz. u. steigt angenähert linear mit der Konz. an $Fe_2(SO_4)_3$ gemäß $i_c = 0{,}011$ c A/cm² (c Molarität der Fe^{3+}-Ionen). $dE_c/d \log i_c$ beträgt 2,303 RT/2 F. E_c ist angenähert gleich dem reinen Potential der anod. Auflösung von Cu bei gleichen i_c. Die Proportionalität zwischen i_c u. Fe^{3+}-Konz. deutet auf eine Rk., deren Geschwindigkeit durch die Diffusion von Fe^{3+}-Ionen zur Metalloberfläche bestimmt wird. P. Frenzel. 140□

Aktivierungswärmen der $Cu/Cu^{2+}_{aq.}$-Elektrode. Tor Hurlen. (Acta chem. scand. **15.** 621—29. 1961.) (Engl.) — Vgl. vorst. Referat.

Aus Messungen der Temp.-Abhängigkeit (0—45°) der anod. Polarisation von Cu in 0,1 n H_2SO_4 u. aus bekannten Werten der Temp.-Koeff. des Normalpotentials von Cu berechnet Vf. für die $Cu/Cu^{2+}_{aq.}$-Elektrode die mittlere Standardaktivierungswärme ΔH_0^* zu 15,2 kcal. Unter Berücksichtigung der Kinetik u. Stöchiometrie der Elektroden-Rkk. u. der Rk.-Wärme beträgt ΔH_0^* 30,6 kcal für die anod. Rk. u. −0,2 kcal für die kathod. Rk. (bezogen auf die Normal-H_2-Elektrode). Weiterhin wird ein scheinbarer

ARRHENIUS-Faktor von angenähert A = 35 n FT/ν A/cm^2 erhalten. Vf. vergleicht die erhaltenen Werte mit den entsprechenden Werten der Fe/$Fe^{2+}_{aq.}$-Elektrode u. erörtert ihre Genauigkeit u. Bedeutung. Die Ergebnisse stützen frühere Unterss., die eine Neigung von 2,303 RT/2 F der TAFEL-Geraden für die anod. Auflösung von Cu unter Gleichgewichtsbedingungen ergeben. P. FRENZEL. 140 □

A$_4$. Thermodynamik. Thermochemie

Molvolumina und Brechungsindexinkremente von $BaCl_2$–HCl-Lösungen. Mischungsregeln. Richard M. Rush und George Scatchard. (J. physic. Chem. **65.** 2240—42. Dez. 1961. Oak Ridge, Tenn., Oak Ridge Nat. Labor., Chem. Div.) (Engl.)

Vff. leiten aus der Beziehung von SCATCHARD (C. **1962.** 26) für die freie Überschußenergie von Elektrolyt-Lsgg. eine Gleichung ab, die es gestattet, die scheinbaren Mol.-Vol. gemischter Elektrolyt-Lsgg. aus den Mol-Vol. der einzelnen Elektrolyte zu berechnen. Diese Gleichung gibt mit ausreichender Genauigkeit die spezif. Vol. von Lsgg. des 1-1-Elektrolyten HCl u. des 2-1-Elektrolyten $BaCl_2$ wieder. Ferner wird eine empir. Gleichung zur Berechnung der einzelnen Brechungsindexinkremente angegeben. G. M. NEUMANN. 148 □

Bemerkungen zu der Arbeit von Dr. Doremus. D. E. Swets, R. W. Lee und R. C. Frank. (J. chem. Physics **34.** 2187. Juni 1961. Warren, Mich., Gen. Motors Res. Labor.) (Engl.) — Vgl. C. **1962.** 3729.

Kurze Erwiderung auf die l. c. gemachten Ausführungen. Vff. sind der Ansicht, daß noch weitere Unterss. bei tieferen Temp. notwendig sind, um eine Entscheidung zwischen der Interpretation von DOREMUS oder von Vff. (C. **1961.** 8932) zu treffen. C. GOTTFRIED. 149

Diffusion von Neonisotopen in geschmolzenem Quarz. R. C. Frank, D. E. Swets und R. W. Lee. (J. chem. Physics **35.** 1451—59. Okt. 1961. Warren, Mich., Gen. Motors Corp., Res. Labor.) (Engl.)

Die Diffusion von ^{20}Ne u. ^{22}Ne durch die Gefäßwände von aus Quarzglas bestehenden Hohlzylindern wurde massenspektrometr. untersucht. Der Diffusionsvorgang ist relativ einfach u. läßt sich gut durch die FICKschen Gesetze beschreiben. Die Diffusions-Koeff. u. Durchlässigkeiten wurden für beide Isotope im Temp.-Bereich 440—985° gemessen: $D_0 = (2{,}21 \pm 0{,}12) \cdot 10^{-4}$ (cm^2/s) für ^{20}Ne u. $D_0 = (2{,}08 \pm 0{,}17) \cdot 10^{-4}$ für ^{22}Ne; $P_0 = (1{,}25 \pm 0{,}17) \cdot 10^{13}$ (Atome/cm·s) für ^{20}Ne u. $P_0 = (1{,}20 \pm 0{,}17) \cdot 10^{13}$ für ^{22}Ne. Die Aktivierungsenergien der Diffusion wurden für ^{20}Ne zu E = (11370 ± 80) (cal/g Atom) u. für ^{22}Ne zu E = (11340 ± 130) ermittelt. Die beste Best. des Verhältnisses der Diffusions-Koeff. ergab 1,05 ± 0,01. Die Löslichkeiten wurden durch Division der Durchlässigkeiten durch die Diffusions-Koeff. erhalten: $S_0 = (5{,}59 \pm 0{,}84) \cdot 10^{16}$ (Atom/cm^3) für ^{20}Ne, $S_0 = (5{,}75 \pm 0{,}92) \cdot 10^{16}$ für ^{22}Ne. Die Lsg.-Wärmen der beiden Isotope wurden zu H = –(1950 ± 150) (cal/g-Atom) bzw. H = –(1950 ± 170) ermittelt. Die Bedeutung des Isotopieeffektes für die Diffusion wird diskutiert. WOLFGANG KRÜGER. 149 □

Durchdringung von gasförmigem Sauerstoff durch Quarzglas. Francis J. Norton. (Nature [London] **191.** 701. 12/8. 1961. Schenectady, N.Y., Gen. Electr. Res. Labor.) (Engl.)

Vf. bestimmt mit einer geeigneten Permeationszelle das Durchdringungsvermögen von gasförmigem O_2 durch Quarzglas im Temp.-Bereich von 950—1080° u. bei O_2-Drücken von 300—800 Torr. Die Geschw. der Durchdringung P wird massenspektrometr. gemessen. Die Kurve der experimentellen Werte von P gegen 1/T ist eine Gerade. P beträgt bei 900° $9{,}00 \cdot 10^{-13}$ [cm^3 O_2 (unter Normalbedingungen)/s für 1 mm Schichtdicke/cm^2 Probenfläche pro Differenz des Gasdruckes in cm Hg]; $1{,}25 \cdot (10^{-12})$ bei 950°; 1,85 bei 1000°; 2,50 bei 1050° u. 3,50 bei 1100°. Aus der Neigung der ARRHENIUSschen Geraden ergibt sich eine Aktivierungsenergie der Durchdringung von 22000 cal/Mol. Mit Hilfe der Meth. von DAYNES u. BARRER zur Best. der Geschw. des Erreichens stationärer Strömung erhält man die Diffusions-Konst. zu $1{,}2 \cdot 10^{-8}$ (cm^2/s) bei 1078° u. $4{,}2 \cdot 10^{-9}$ bei 950° u. die Aktivierungsenergie der Diffusion von O_2 in Quarzglas zu 27000 cal. Die Verzögerungszeit bis zur Einstellung des Gleichgewichts beträgt bei 950° u. bei einer Probendicke von 0,27 mm etwas mehr als 8 Stunden. Die Löslichkeit beträgt $1{,}9 \cdot 10^{-3}$ bei 1078° bzw. $2{,}3 \cdot 10^{-3}$ cm^3 O_2 (unter Normalbedingungen)/cm^3 SiO_2 für einen Gasdruck von 76 Torr bei 950°. Aus der Feststellung, daß P proportional der ersten Potenz des Druckes ist, schließt Vf. auf die Diffusion von mol. O_2. P. FRENZEL. 149 □

Gitterverzerrung durch Isotope in festem Helium. P. G. Klemens und A. A. Maradudin. (Physic. Rev. [2] **123.** 804—06. 1/8. 1961. Pittsburgh, Pa., Westinghouse Res. Labor.) (Engl.)

Messungen des therm. Widerstandes von festem, ^{3}He-Isotope enthaltendem He zeigten an, daß der Phononstreuquerschnitt des Isotops 3mal größer ist als der nur die Massendifferenz berücksichtigende theoret. Wert. Bei Verw. eines Modells, bei dem ein He-Atom sich im Potentialfeld seiner Nachbarn befindet u. bei Inrechnungstellung der Nullpunktsenergie des Atoms u. der Verformungsenergie des umgebenden Festkörpers bei Ausdehnung der Atomzelle wird gezeigt, daß rings um ein ^{3}He-Isotop das Gitter eine Verzerrung nach außen um ca. 1—2% erleidet. Diese Verzerrung kann hinsichtlich des abweichenden Phononstreuquerschnittes in Betracht gezogen werden. H. Newesely. 149□

Über die Auslöschung eines Plasmons beim absoluten Nullpunkt. Ju. A. Romanow. (Журнал Экспериментальной и Теоретической Физики [J. exp. theoret. Physik] **39.** 662—65. Sept. 1960. Gorki, Phys.-techn. Inst.) (Russ.; Auszug: Engl.)

Theoret. Behandlung des Problems der Dämpfung von Plasmaschwingungen in einem isotropen festen Körper durch Wechselwrkg. zwischen Phononen u. Elektronen. G. Kirschstein. 149□

Einfluß struktureller Effekte auf die Dampfdrücke isotoper Moleküle. ^{18}O- und ^{15}N-Substitution in N_2O. Jacob Bigeleisen und Slobodan V. Ribnikar. (J. chem. Physics **35.** 1297—1305. Okt. 1961. Upton, Long Island, N.Y., Brookhaven Nat. Labor., Chem. Dep.) (Engl.)

Die relativen Dampfdruckverhältnisse isotoper N_2O-Moll. wurden durch Dest. in einer Kolonne mit ca. 100 theoret. Böden unter totalem Rückfluß bestimmt. Die Dampfdrücke nehmen in der Reihenfolge $^{14}N^{14}N^{16}O > {}^{14}N^{15}N^{16}O > {}^{15}N^{14}N^{16}O > {}^{14}N^{14}N^{18}O$ ab. Die abs. Dampfdruckverhältnisse wurden aus dem kinet. Verh. der Säule u. der Abnahme der Trennung während der Dest. ermittelt. Theoret. Berechnungen der relativen Dampfdruckverhältnisse wurden an Hand der Atommassen u. der regellosen Struktur des fl. N_2O durchgeführt. Die berechneten relativen Isotopeneffekte stimmen gut mit den experimentellen überein. Der abs. Wert von $\ln P_{^{14}N^{14}N^{16}O}/P_{^{14}N^{15}N^{16}O}$ wurde aus der spezif. Wärme des N_2O zu $8{,}2 \cdot 10^{-4}$ bei 184° K berechnet u. stimmt ebenfalls gut mit dem experimentellen Wert von $(7{,}8 \pm 1{,}4) \cdot 10^{-4}$ überein. Der Unterschied in den Dampfdrücken von $^{14}N \cdot {}^{15}N^{16}O$ u. $^{15}N^{14}N^{16}O$ wird der behinderten Rotation des Mol. in der fl. Phase zugeschrieben. Wolfgang Krüger. 150□

Untersuchung des Sättigungsdampfdruckes des Systems Se–Te. G. B. Abdullajew, M. G. Schachtachtinski und A. A. Kulijew. (Доклады Академии Наук Азербайджанской ССР [Ber. Akad. Wiss. AserbaidshanSSR] **16.** 219—22. 1960. Physik. Inst.) (Russ.; Auszug: Aserbaidshan.)

Unter Verw. von ^{75}Se untersuchen Vff. den Sättigungsdampfdruck von reinem Se u. Se–Te-Gemischen (feste Lsgg.). Die Proben wurden durch Erhitzen der beiden Elemente in Quarzampullen im entsprechenden Verhältnis hergestellt. Für reines Se ergibt sich $p = 8{,}479 - 50/T$; für die festen Lsgg. mit 94,5 (Atom-%) ist $p = 6{,}862 - 5031/T$; 85,2 $p = 6{,}426 - 5026/T$; 69,7 $p = 5{,}440 - 4816/T$; 49 $p = 5{,}254 - 4916/T$; 22 $p = 4{,}239 - 4852/T$. Der Partialdampfdruck (PD) des Se bei 200° in den festen Lsgg. wird in Abhängigkeit vom Te-Geh. graph. dargestellt u. dem für eine ideale Lösung nach Raoult gegenübergestellt. Schon bei geringen Te-Konz. liegt PD stark unter dem der idealen Lsg., ab 50% Te verändert er sich kaum noch u. hat nahezu den Wert des PD von Te. Ein ähnliches Verh. wurde bereits im Syst. Se–S beobachtet u. durch mol. Verknüpfung von Se u. S gedeutet. Die Aktivitäten des Se in den festen Lsgg. werden graph. dargestellt. Die Messungen erklären die Unmöglichkeit, Se u. Te durch Vakuum-Dest. zu trennen, was auf Grund der F. möglich sein sollte. Geringe Te-Geh. erniedrigen den PD von Se so stark, daß eine Trennung auf Grund der verschiedenen Dampfdrücke nicht möglich ist. D. Hoene. 150□

Dampfdrücke der festen Kupfer(I)-halogenide. R. A. J. Shelton. (Trans. Faraday Soc. **57.** 2113—18. Dez. 1961. Manchester, Univ., Dep. of Metallurgy.) (Engl.)

Aus Messungen der Effusions-Geschw. der Cu(I)-Halogenide im Druckbereich 10^{-4} bis 10^{-2} mm Hg wurden die Dampfdruckgleichungen berechnet. *CuJ* bildet im festen Zustand ebenso wie *CuBr* 3 Modifikationen, von *CuCl* existiert nur die Tieftemp.-Modifikation. Im Dampfzustand sind alle 3 Halogenide trimer. Für die Rk. $3\ CuX_{(fest)} \rightarrow Cu_3X_{3(gas)}$ wurden die mittleren Sublimationswärmen berechnet: γ-CuJ: $\log p$ (mm Hg) $= -9463/T + 11{,}141$, $\Delta H = 43{,}3 \pm 0{,}9$ (kcal/Mol); β-CuJ: $\log p = -8351/T + 9{,}409_5$, $\Delta H = 38{,}2 \pm 0{,}9$; α-CuJ: $\log p = -7853/T + 8{,}677_5$, $\Delta H = 35{,}9 \pm 0{,}9$; γ-CuBr: $\log p = -7674/T + 9{,}693$, $\Delta H = 35{,}1 \pm 0{,}9$; β-CuBr: $\log p = -6756/T + 8{,}298_5$, $\Delta H = 30{,}9 \pm 0{,}9$; α-CuBr: $\log p = -6309/T + 7{,}787$, $\Delta H = 28{,}8 \pm 0{,}9$; γ-CuCl: $\log p = -8156/T + 11{,}235$, $\Delta H = 37{,}3 \pm 0{,}9$. CuJ bildet ein flächenzentriertes kub. Gitter, in dem die Struktur des 6gliedrigen Ringes des Dampfzustandes bereits vorliegt. Ein unmittelbarer Übergang $CuJ_{(fest)} \rightarrow CuJ_{(gas,\ monomer)}$ ist daher nicht möglich. Wolfgang Krüger. 150□

Fest–Flüssig-Gleichgewicht. Die Systeme des Lithiumhydrids mit Lithiumoxid, Calciumhydrid, Titanhydrid und Zirkoniumhydrid. Charles E. Messer, John Mellor, John A. Krol und Ira S. Levy. (J. chem. Engng. Data **6**. 328—30. Juli 1961. Medford, Mass., Tufts Univ., Dep. of Chem.) (Engl.) — Vgl. C. **1961**. 5719.

In den Syst. LiH–Li_2O u. LiH–CaH_2 werden Eutektika bei 654,3 ± 0,3° u. 9,3 Mol-% Li_2O bzw. bei 614,0 ± 0,3° u. 18,3 Mol-% CaH_2 beobachtet. Die latente Schmelzwärme des LiH wird zu ΔH_f = 5095 ± 460 cal/Mol, die Schmelzentropie zu 5,3 ± 0,5 cal/Mol · Grad bestimmt. Unterschiede in den Liquidus-Temp. zwischen reinem LiH u. Mischungen mit Ti-Hydrid ($TiH_{1,97}$, $TiH_{1,98}$) oder Zr-Hydrid ($ZrH_{1,98}$) traten nicht auf. Die Möglichkeit der Existenz von Lsgg. des Li_2O bzw. CaH_2 in festem LiH wird diskutiert; auf Grund von Berechnungen ergaben sich folgende Löslichkeitswerte: 0,7 ± 0,4 Mol-% LiO_2 bei 654° bzw. 0,4 ± 0,4 Mol-% CaH_2 in LiH bei 614°.

F. HUBER. 150□

Gefrierpunktserniedrigungen in Natriumfluorid. Wirkung von Erdalkalifluoriden. Stanley Cantor. (J. physic. Chem. **65**. 2208—10. Dez. 1961. Oak Ridge, Tenn., Oak Ridge Nat. Labor.) (Engl.)

Die Abweichungen im Erstarrungs-Verh. von NaF-Schmelzen mit einem Geh. von 0—25 Mol-% Erdalkalifluoriden vom Verh. idealer Lsgg. wurden durch kryoskop. Messungen untersucht. Je leichter (kleiner) das Erdalkalikation ist, um so größer wird die Abweichung. Die überschüssige partielle molale Freie Energie der NaF-Lsg. $F - F^0$ wird empir. als Funktion von $U + n\,I_2$ gefunden (U = Gitterenergie des Erdalkalifluorids, I_2 = zweites Ionisationspotential des Erdalkalimetalls, n = willkürliche Konst.: Be = 4,00; Mg 5,04; Ca 6,14; Sr 6,62; Ba 7,38).

P. SARTORI. 150□

Hydrothermal-Synthese und Bestimmung des Gleichgewichts zwischen Mineralien im Subliquidus-Gebiet. W. S. Fyfe. (J. Geology **68**. 553—66. Sept. 1960. Berkeley, Calif., Univ. of California.) (Engl.)

Krit. Auseinandersetzung mit der Meth., allein durch Mineral-Synth. die Stabilität zu bestimmen. An Hand einiger Beispiele (Polymorphie von SiO_2; die Syst. MgO–H_2O, Al_2O_3–H_2O, $NaAlSi_3O_8 + SiO_2 + H_2O$, $CaAl_2Si_2O_8 + SiO_2 + H_2O$) wird die Bedeutung folgender anderer Verff. zur Ermittlung von Gleichgewichten gezeigt: 1. Dampfdruckmessung bei Rkk., an denen eine Gasphase beteiligt ist; 2. reversible Rkk. zwischen Mineralien u. Zerfall von Mineralien; 3. Messung der relativen Löslichkeit zweier Phasen ineinander bei verschiedenen Drücken bzw. Temp.; 4. DTA; 5. calorimetr. Messungen der Wärmekapazitäten u. Rk.-Wärmen.

H. MOENKE. 150□

Kernbeitrag zur Wärmekapazität von metallischem Terbium. E. C. Heltemes und C. A. Swenson. (J. chem. Physics **35**. 1264—65. Okt. 1961. Ames, Iowa, Iowa State Univ., Inst. for Atomic Res. and Dep. of Phys.) (Engl.)

Die Wärmekapazität von Tb wurde zwischen 0,25 u. 1,0° K gemessen. Durch Subtraktion der spezif. Wärme der verwendeten Hilfsstoffe u. der Werte des Spins u. der Elektronenterme wurde der Kernbeitrag zur spezif. Wärme des Tb unter Vernachlässigung des Gitteranteils erhalten. Für die höheren Temp. im untersuchten Gebiet läßt sich der Anteil des Kerns durch die Beziehung $C_N = (28 \pm 1)\,R \cdot 10^{-3}/T^2$ ausdrücken. Die Werte werden mit den aus einer SCHOTTKY-Formel erhaltenen Mol-Wärmen verglichen. Die Übereinstimmung ist unter Berücksichtigung der experimentellen Fehler mit Ausnahme der bei den tiefsten Temp. erhaltenen Ergebnisse gut. Das effektive magnet. Feld des Tb-Atomkerns wurde zu $H_{eff} = 4 \cdot 10^6$ Gauß berechnet.

WOLFGANG KRÜGER. 151□

Thermodynamische Funktionen des Nitrylchlorids. John P. Larmann, Daniel E. Martire und L. Z. Pollara. (J. chem. Engng. Data **6**. 330. Juli 1961. Hoboken, N.J., Stevens Inst. of Techn.) (Engl.)

Die für C_p^0, $(H^0 - E_0^0/T)$, $-(F^0 - E_0^0/T)$ u. S^0 errechneten Werte des NO_2Cl werden für den Temp.-Bereich 150—1500° K tabellar. mitgeteilt. F. HUBER. 155□

Thermodynamische Eigenschaften fester Lösungen. 4. Mitt. Kupferreiche feste Lösungen von Kupfer-Zink-Nickel. G. A. Chadwick und B. B. Argent. (Trans. Faraday Soc. **57**. 2138—42. Dez. 1961. Sheffield, Univ., Dep. of Metallurgy.) (Engl.) — 2. vgl. C. **1959**. 11153.

Durch Messung des Dampfdrucks von Zn in Cu-reichen festen Lsgg. des Syst. Cu—Zn—Ni wurden die partielle molare Enthalpie, partielle molare Freie Enthalpie u. partielle molare Entropie für Zn berechnet. Die partielle molare Freie Enthalpie steigt mit zunehmendem Ni-Geh., während die partielle molare Entropie nur kleine systemat. Änderungen zeigt, jedoch in der Nähe der Zus. Cu_2NiZn negative Werte annimmt. Paramagnet. Verh. der untersuchten Lsgg. konnte nicht festgestellt werden. Die zwischen den thermodynam. Eigg., den Gitterverzerrungen u. den Elektronen-Konzz. bestehenden Beziehungen wurden diskutiert.

WOLFGANG KRÜGER. 155□

Thermodynamische Analyse binärer flüssiger Legierungen von Metallen der Gruppe II B. 3. Mitt. **Die Lösungen von Zink, Cadmium, Indium, Zinn, Thallium, Blei und Wismut in Quecksilber.** O. J. Kleppa. (Acta metallurg. [New York] **8.** 435—45. Juli 1960. Chicago, Ill., Inst. for the Study of Metals.) (Engl.) — 2. vgl. C. **1959.** 6378.

Es wurden in einem großen Konz.-Bereich die Lsg.-Wärmen von Zn, Cd, In, Sn, Tl, Pb u. Bi in Hg bei 150° calorimetr. bestimmt. Aus den erhaltenen Daten wurden die relativen partiellen Enthalpien des Hg hergeleitet u. mit den Freien Überschußenergien aus der Literatur verglichen. Im Gegensatz zu den entsprechenden Legg. von Zn u. Cd zeigen die anderen Hg-Syst. keine Beziehung zwischen Überschußenthalpie, Überschußentropie u. der Wertigkeitsdifferenz zwischen Lsgm. u. gelöster Substanz. Ganz allg. ist aus den beobachteten Bldg.-Wärmen die Konkurrenz zwischen der „Elektronegativität", die einen negativen Beitrag zur Enthalpie liefert, u. dem Unterschied in den Atomradien („misfit-factor"), der zu positiven Beiträgen führt, erkennbar. In den Legg. mit Cd, In u. Tl ist der erste Fall vorherrschend, in den Legg. mit Zn, Sn, Pb u. Bi der zweite Fall. C. GOTTFRIED. 156

Gitterenergien und damit verbundene thermodynamische Eigenschaften einiger kristalliner Sulfate und von Silberselenat. M. F. C. Ladd und W. H. Lee. (J. inorg. Nuclear Chem. **21.** 216—20. Dez. 1961. London, Battersea Coll. of Technol., Chem. Dep. and X-Ray Crystallogr. Sect.) (Engl.)

Berechnungen der Gitterenergien mit der MADELUNG-Konst. für den NaCl-Strukturtyp liefern für einige Sulfate folgende Werte: *$SrSO_4$* —596 (kcal/Mol), *$BaSO_4$* —576, *$PbSO_4$* —590 u. *$CaSO_4$* —619. Aus diesen Gitterenergien ergibt sich nach dem BORN-HABERschen Kreisprozeß für die Bldg.-Enthalpie des gasförmigen SO_4^{2-}-Ions als Mittelwert —177 kcal/g-Ion. Die thermodynam. Größen $-U'_{(\nu_0)}$, ΔH_s, $\Sigma \bar{S}_i^0$, S_L, $T \Delta S_s$ u. ΔG_s werden für die Sulfate von Be, Mg, Ca, Sr, Ba, Ra, Ag u. Tl tabellar. mitgeteilt. Die mittlere Hydratationswärme des gasförmigen SO_4^{2-}-Ions ergibt sich zu —229 kcal/g-Ion. Eine Extrapolation von den Sulfaten zu den Selenaten ergibt für Ag_2SeO_4 eine empir. MADELUNG-Konst. von 5,52, eine Gitterenergie von —460 kcal/Mol u. eine Bldg.-Enthalpie des gasförmigen SeO_4^{2-}-Ions von —120 kcal/g-Ion. G. M. NEUMANN. 156□

Struktur und Ausbreitung laminarer Flammen in der Nähe einer Wärmesenke. Tze-Ning Chen und Tau-Yi Toong. (Combust. and Flame **4.** 313—23. Dez. 1960. Cambridge, Mass., MIT.) (Engl.)

Theoret. Behandlung der Ausbreitung laminarer Flammen unter Berücksichtigung von Wärmeverlusten. Die Differentialgleichungen der Flamme werden für die Randbedingungen gelöst, daß sich die Konzz. der reagierenden Stoffe in Strömungsrichtung am Anfang u. Ende der Flamme nicht ändern, ebenso die Temp. am Flammenanfang. Ferner wurde vorausgesetzt, daß die Rk.-Geschw. einer ARRHENIUS-Gleichung 1. Ordnung gehorcht. Das Ergebnis besteht aus 2 Anteilen. Der erste enthält die Abhängigkeit der Brenngeschw. S_u einer adiabat., laminaren Flamme von der Temp. der unverbrannten Mischung, der zweite enthält die Wrkg. auf die Struktur u. Brenngeschw. einer laminaren Flamme, wenn die Geschw. des Wärmeverlustes pro Vol.-Einheit innerhalb der Flamme senkrecht zur Strömungsrichtung u. des Wärmeverlustes pro Flächeneinheit an der Flammenoberfläche in Strömungsrichtung willkürliche Funktionen sind. In allen Fällen gilt: $S_u \sim \exp(-T_c/T_b)$, wobei T_b die Temp. des Verbrennungs-Prod. u. T_c eine vom speziellen Fall abhängende Konst. ist. Treten die Wärmeverluste nur an der heißen Grenzschicht der Flamme in Strömungsrichtung auf, so gibt es eine untere Grenz-Temp. für das Verbrennungs-Prod., unter der keine stationäre Lsg. für S_u existiert. Diese Grenze gilt zusätzlich zu der von Stabilitätsbetrachtungen abgeleiteten Begrenzung. Die Ergebnisse werden mit Messungen an Methan-Luft-Gemischen verglichen.

W. PENN. 157□

Einige Geschwindigkeitskonstanten für trimolekulare Anregungsreaktionen von Atomen in Flammen. L. F. Phillips und T. M. Sugden. (Trans. Faraday Soc. **57.** 2188—96. Dez. 1961. Cambridge, England, Univ., Dep. of Phys. Chem.) (Engl.)

Die Chemiluminescenz von Tl- u. Pb-Atomen in H_2—O_2—N_2-Flammen, die atomaren Sauerstoff u. OH-Radikale in Mengen enthielten, die die Gleichgewichts-Konzz. übertrafen u. denen kleine Mengen (ca. 1%) Cl_2 oder Br_2 zugesetzt wurden, wurde untersucht. Relative Werte wurden für die Geschw. folgender Rkk. erhalten: $Tl + H + H \rightarrow Tl^* + H_2$, $Tl + H + OH \rightarrow Tl^* + H_2O$, $Tl + H + Cl \rightarrow Tl^* + HCl$ u. $Tl + H + Br \rightarrow Tl^* + HBr$. Für die ersten 3 Rkk. wurden die Geschw. auch für Pb anstatt Tl ermittelt. Das Anregungsniveau entspricht in allen Fällen dem Resonanzniveau. Durch Zusammenstöße oder Strahlung werden die angeregten Atome wieder in den Grundzustand übergeführt. Aus den zugehörigen Auslöschungsdaten erfolgte die

Best. der abs. Geschw.-Konst. für die Tl-Rkk. im Temp.-Bereich 1500—2000° K. Die Geschw.-Konst. werden unter Berücksichtigung der einzelnen Anregungsprozesse diskutiert; als häufigste Anregungs-Rk. ist die Rk. H + X + Z → HX* + Z anzusehen, wobei X = H, OH, Cl oder Br sein kann u. Z eine dritte Substanz ist. Anschließend folgt dann Dissoziation oder Desaktivierung von HX* oder eine Rk. HX* + M → HX + M*, wobei M ein Metallatom ist. WOLFGANG KRÜGER. 157□

Der Einfluß sekundärer Luftfeuchtigkeit auf Kohlenmonoxidflammen. D. J. Seery und H. B. Palmer. (Combust. and Flame **4.** 289—92. Dez. 1960. University Park, Pa., Pennsylvania State Univ., Coll. of Mineral Ind., Dep. of Fuel Technol.) (Engl.)

Es wurde chem. reines CO, das einen H_2-Geh. von nur 45 ppm hatte, mit Luft, die kein H_2 u. maximal 11 ppm H_2O enthielt, gemischt u. die Flammen-Geschw. S_u nach der Kegelstumpf-Meth. am BUNSEN-Rohr gemessen. Hierbei zeigte es sich, daß S_u, im Gegensatz zu Messungen anderer Autoren mit handelsüblichem, H_2-haltigem CO, stark mit dem Wasser-Geh. der umgebenden Atmosphäre ansteigt. Wurde konzentr. um das Brennerrohr ein zweites Rohr angebracht, durch das trockne Luft, N_2 oder He geleitet wurde, so nahm S_u bei vollständiger Abschirmung der feuchten Raumluft so stark ab, daß die Flamme nicht mehr stabilisiert werden konnte. Verringerte man, ausgehend von feuchtem N_2, den H_2O-Geh. des Schutzgases stetig, so wurde die Flamme immer länger u. riß bei S_u ca. 5 cm/s ab. Es wird wahrscheinlich gemacht, daß die Brenngeschw. von reinen CO–Luft-Flammen in Abwesenheit von atmosphär. Feuchtigkeit, die in die Flamme diffundieren könnte, annähernd Null ist. CO, das durch Zers. von Ameisensäure mit konz. H_2SO_4 dargestellt wird, enthält ca. 0,25% H_2, durch dessen Verbrennung zu H_2O S_u auf 14,5 ± 1 cm/s erhöht wird. W. PENN. 157□

Untersuchung der Selbstzündungsreaktionen von Kohlenwasserstoff–Luft-Mischungen. W. Jost, A. Martinengo und H. Gg. Wagner. (Z. physik. Chem., Frankf. Ausg. [N. F.] **14.** 375—77. März 1958. Göttingen, Univ., Inst. für physikal. Chem.) (Dt.)

Vff. berichten über Stoßwellen-Unterss. des Einfl. der Gemisch-Zus. auf die Zündung von Isooctan–Luft-Gemischen. Es zeigt sich, daß die Gesamtinduktionszeit bei stöchiometr. Zus. ein Minimum durchläuft u. daß dieses Minimum sich bei Druckerhöhung, d. h. höherer End-Temp., zu kürzeren Zeiten verschiebt. Die beiden Teilinduktionszeiten der beiden Rk.-Stufen hängen dabei sehr stark von der Gemisch-Zus. ab. Die Induktionszeit der 1. Stufe wird mit steigendem Brennstoff-Geh. länger, während die der 2. Stufe stark abnimmt. G. M. NEUMANN. 157□

P. Fleury et J.-P. Mathieu, Chaleur — Thermodynamique. Etats de la matière. 3e édit. Paris: Eyrolles. 1961. (524 S. m. 496 Abb.) 34 NF.

J. Prigogine und R. Defay, Chemische Thermodynamik. Leipzig: Deutscher Verl. für Grundstoffindustrie. 1961. (Etwa 480 S. m. 153 Abb.) Etwa DM 48,—.

A₅. Kolloidchemie. Grenzschichtforschung

Fixierung des Gegenions in Alginaten. A. Katchalsky, R. E. Cooper, J. Upadhyay und A. Wassermann. (J. chem. Soc. [London] **1961.** 5198—5204. Dez. Rehovoth, Israel, Weizmann Inst. of Sci., Polymer Dep.; London, Univ. Coll., William Ramsay and Ralph Forster Labor.) (Engl.)

Vff. bestimmen die DONNANschen Gleichgewichte zwischen Alginatsolen oder stark gequollenen Gelen u. ein- oder zweiwertigen Gegenionen (GI: Na^+, K^+, NH_4^+, H^+, Ag^+, Äthylendiammonium⁺ [I], Mg^{2+}, Ca^{2+} u. Cu^{2+}) u. berechnen nach einem neuen Verf. aus den Ergebnissen den osmot. akt. Anteil Φ_p der freien GI u. die mittleren Aktivitätskoeffizienten. Zum Vgl. wird die Bindung der GI mit Hilfe einer osmot. Meth. unter Verw. von Polyäthylenglykolen ermittelt. Aus beiden Meth. ergeben sich relativ niedrige Werte von Φ_p der zweiwertigen bzw. komplexbildenden GI. 60—70% der Na^+-, K^+- u. NH_4^+-Ionen werden durch die Polyanionen abgefangen, während von den zweiwertigen u. komplexbildenden Ionen zwischen 85 u. >98% inaktiviert werden. Bei Mg^{2+}, I, Ca^{2+} u. Cu^{2+} spielen offensichtlich unbekannte Faktoren eine Rolle. Cu^{2+} u. wahrscheinlich auch Ag^+ bilden möglicherweise mit Alginat Komplexe. Vff. erörtern die Bedeutung früher mitgeteilter mechan.-chem. Effekte. P. FRENZEL. 162□

Das Liesegang-Phänomen. 2. Mitt. **Zusatz von Schutzmitteln.** A. Packter. (J. Colloid Sci. **11.** 96—106. Febr. 1956. London Colney, Herts., Berk & Co., Clay Dev. Labor.) (Engl.) — 1. vgl. C. **1958.** 938; 3. vgl. C. **1959.** 15915.

Vf. zeigt, daß die Ausbildung einer klar definierten Regelmäßigkeit des LIESEGANGschen Phänomens eng mit der Stabilität des Solzustandes vor der Ausfällung verbunden ist. Die verschiedenen Faktoren, die diese Stabilität beeinflussen, wurden analysiert u. ihr Einfl. auf die Periodizität der Erscheinung untersucht. Es zeigt sich, daß überschüssige Ag^+-Ionen eine schnelle Ausflockung u. verwischte Nd.-Zonen hervorrufen. Andererseits nimmt der Abstand der einzelnen Ndd. in Ggw. eines Peptisationsmittels für die ausgefällte Substanz zu. Wenn durch Zusatz eines Schutzmittels eine größere Solstabilität erreicht wird, ist schließlich eine wohldefinierte rhythm. Fällung zu beobachten. G. M. NEUMANN. 164□

Ausbildung einer Ladung in Flüssigkeiten mit niedriger spezifischer elektrischer Leitfähigkeit beim Fließen an Oberflächen: Eine Theorie der Erscheinung in Rohren. Jerome Gavis und Ihor Koszman. (J. Colloid Sci. **16.** 375—91. Aug. 1961. Baltimore, Md., Johns Hopkins Univ., Dep. of Chem. Engng.) (Engl.)

Vff. erörtern die Ladungserzeugung in Fll. mit niedriger spezif. elektr. Leitfähigkeit beim Entlangfließen an Oberflächen u. geben eine kurze Übersicht u. Kritik über früher vorgeschlagene Theorien. Für Ladungserzeugung in Rohren wird unter Berücksichtigung der Grenzflächenerscheinungen u. der Strömungsart eine neue allg. Formulierung abgeleitet, für den speziellen Fall eines einheitlichen Geschw.-Profils gelöst u. die Lösung mit den früheren Theorien verglichen. Es wird gezeigt, daß diese der Lösung für sehr niedrige Leitfähigkeit gleich ist u. daß sie mit früher mitgeteilten experimentellen Ergebnissen übereinstimmt. P. FRENZEL. 168□

Mechanismus des selektiven Salzflusses und der Wasserüberführung durch nichtwässerige, flüssige Membranen. Henri L. Rosano, Paul Duby und Jack H. Schulman. (J. physic. Chem. **65.** 1704—08. Okt. 1961. New York, N.Y., Columbia Univ., Henry Krumb School of Mines, Stanley-Thompson Labor.) (Engl.)

Vff. untersuchen die Wanderung von NaCl, KCl u. K_2SO_4 durch nichtwss., fl. Membranen aus 1-Butanol bzw. 2-Butanol bei verschiedenen Salz-Konzz. u. im Temp.-Intervall von 17—45°. Dabei ergibt sich, daß der geschwindigkeitsbestimmende Schritt nicht die Diffusion in die wss. oder organ. Phase, sondern die Wanderungs-Geschw. durch die Phasengrenzfläche ist. Die Aktivierungsenergie für die NaCl- bzw. KCl-Überführung durch 1-Butanol errechnet sich zu 6 bzw. 5,2 kcal. In Übereinstimmung mit diesen Werten zeigen elektr. Potentialmessungen durch den nichtwss. Fl.-Film, daß K^+-Ionen schneller als Na^+-Ionen durch die Phasengrenzflächen wandern. Abschließend wird kurz der Wassertransport durch den nichtwss. Fl.-Film betrachtet. W. HEIN. 171□

Bestimmung der Viscosität von Silicatschmelzen. I. A. Bulawin. (Доклады Академии Наук СССР [Ber. Akad. Wiss. UdSSR] **130.** 133—36. 1/1. 1960. Moskau, Chem.-technolog. Mendelejew-Inst.) (Russ.)

Vf. konstruierte ein Vakuum-Rotations-Viscosimeter für den Temp.-Bereich von 1250—2800° zur Unters. der Bldg. von hochviscosen Schmelzphasen während des Erhitzens von Al_2O_3-angereicherten Keramiken als Funktion von Temp. u. Al_2O_3-Zusatz. Mit dieser App. untersucht Vf. die Temp.-Abhängigkeit im Syst. $CaO-BaO-Al_2O_3-SiO_2$. Die Liquidus-Temp. der Schmelzen im Syst. $CaO-BaO-SiO_2$ mit 20% Al_2O_3 wurden bestimmt. Die Viscositäten dieser Schmelzen sind sehr niedrig (ca. 10 Poise) u. liegen weit unter der von Feldspatschmelzphasen im techn. Porzellan. Sie erreichen die Viscositäten des Syst. $CaO-Al_2O_3-SiO_2$ bei 1600°. Schmelzphasen mit hohem Al_2O_3-Geh. haben Viscositäten von annähernd 10 Poise, unterhalb des F. nimmt die Viscosität stark zu, wenn Kristallisation auftritt. D. HOENE. 172□

Kristallfeldstabilisierung als ein Faktor bei Oberflächenprozessen. J. Haber und F. S. Stone. (Proc. chem. Soc. [London] **1961.** 424—25. Nov. Bristol, Univ. of Bristol, Dep. of Phys. and Inorg. Chem.) (Engl.)

Es wurde der Einfl. von Licht auf die Adsorption von O_2 an NiO von 200 mμ bis zum nahen IR-Gebiet untersucht. Durch Verw. gefilterten Lichtes konnte gezeigt werden, daß die Aktivierung der beobachteten Desorption im Spektralbereich von 650—900 mμ stattfindet. Da die Absorptionsbanden in diesem Bereich nur d-d-Übergängen ($^3A_{2g} \rightarrow {}^3T_{1g}$ u. $^3A_{2g} \rightarrow {}^1E_g$) zuzuordnen sind, deuten die Ergebnisse auf eine enge Beziehung zwischen der Kristallfeldstabilisierung u. der Chemisorption. Durch die Chemisorption von O an NiO wird die Koordination des Ni^{2+} (d^8)-Ions voll aufgefüllt, was mit einem Energiegewinn von 27 kcal/Mol für die (1 1 0)-Fläche verbunden ist. Die Desorption findet dann durch Anregung des Ni^{2+}-Ions aus dem $^3A_{2g}$- zum $^3T_{1g}$-Zustand mit anschließendem Übergang zum tetraedr. $^3T_1$-Zustand, der durch Abgabe von O_2 erreicht wird, statt. G. M. NEUMANN. 176□

Absorption von Kohlendioxid an reduzierten Eisenkatalysatoren. J. Clarke, M. E. Dry, J. J. Montano und W. J. van Zyl. (Trans. Faraday Soc. **57.** 2239—46.

Dez. 1961. Sasolburg, South Africa, S. A. Coal, Oil and Gas Corp. Ltd., Main Labor.) (Engl.)

Die Meth. der Best. der Alkalibedeckung von Fe-Katalysatoren durch CO_2-Chemisorption wird unter besonderer Berücksichtigung des Einfl. der experimentellen Bedingungen auf die Adsorption untersucht. Die durch Adsorption an dem Katalysator (71% Fe, 0,8% Al_2O_3, 0,8% SiO_2, 0,3% K_2O) bei 0° erhaltenen Resultate waren den bei Trockeneis-Temp. (—80,5°) erhaltenen vergleichbar. Oberflächenoxide bewirken ein Ansteigen der CO_2-Chemisorption, während adsorbiertes N_2 diese herabsetzt. Es wird daher die Bldg. von CO_3^{2-}-Komplexen auf der Oberfläche der Katalysatoren angenommen. WOLFGANG KRÜGER. 176□

Ultrarot-Untersuchungen der NH_3-Adsorption an chloriertem porösem Vycor-Glas. M. Folman. (Trans. Faraday Soc. **57.** 2000—06. Nov. 1961. Haifa, Israel, Israel Inst. of Technol., Dep. of Chem., Technion.) (Engl.)

Vf. konnte durch Chlorierung von Vycor-Glasplättchen (0,025 × 2,5 × 1 cm) mit $SOCl_2$ (14 Tage beim Kp.) die oberflächlichen OH-Gruppen, die bei Adsorption von NH_3 im IR eine breite Störbande geben, so verdrängen, daß eine Unters. im Bereich der NH-Schwingungen möglich wurde. Hierbei konnten folgende Frequenzen zugeordnet werden: 3520 u. 3445 cm^{-1} (**A**) den nach $\equiv SiCl + NH_3 \rightarrow \equiv SiNH_2 + HCl$ (**I**) entstehenden NH_2-Gruppen, 3380 u. 3290 cm^{-1} (**B**) adsorbiertem NH_3, 3150, 3050 u. 2805 cm^{-1} (**C**) dem aus **I** u. NH_3 entstehenden NH_4Cl. **A** repräsentiert chem. adsorbiertes NH_3, dessen Anteile durch abwechselnde Ad- u. Desorption bei 450° immer größer werden. **B** verschwindet leicht beim Erhitzen im Vakuum, es entspricht mit geringer Verschiebung $\nu_{(NH_3\,gasf.)}$. **C** verschwindet beim Erhitzen auf 450° u. entspricht NH_4Cl-Filmen, für die kleine Kristalleinheiten diskutiert werden. H. BÜRGER. 176□

Die Ungleichförmigkeit der Vernetzung in Ionenaustauscherpolymeren. E. Glueckauf und R. E. Watts. (Nature [London] **191.** 904—05. 26/8. 1961. Harwell, AERE.) (Engl.)

Auf Grund einer experimentell ermittelten exponentiellen Abhängigkeit der NaCl-Aufnahme einer Anionenaustauschermembran auf Polystyrol–Divinylbenzol-Basis von der Ionenaktivität der Lsg. u. der Inkonstanz des wahren Diffusions-Koeff. ziehen Vff. den Schluß, daß die theoret. Betrachtung des Austauschermaterials als eine homogene Phase u. die Erklärung von Transporterscheinungen zwischen dem Austauscher u. den wss. Lsgg. auf der Grundlage eines Gleichgewichts zwischen 2 homogenen Phasen die Verhältnisse nicht richtig wiedergeben kann. Die Ladungsschwerpunkte, d. h. die akt. Gruppen, u. die Vernetzungsstellen sind vielmehr ungleich verteilt, so daß eine inhomogene Phase vorliegt. Der Grad der Ungleichförmigkeit läßt sich wahrscheinlich durch Variation der Bedingungen beim Polymerisationsprozeß beeinflussen, da im Anfangsstadium der Polymerisation vermutlich vorzugsweise Divinylbenzol-Moll. miteinander reagieren u. dadurch sehr lange Polystyrolketten mit sehr schwacher Vernetzung entstehen. W. HEIN. 177□

Zur Trennstufenzahl von Chromatographiesäulen. H. Hrapia und E. Leibnitz. (Z. physik. Chem. [Leipzig] **217.** 273—98. 1961. Leipzig, Dt. Akad. der Wiss., Inst. für Verf.-Techn. der organ. Chem.) (Dt.)

Unter Annahme einiger, in der chromatograph. Praxis meist ausreichend erfüllter Randbedingungen (z. B. gleichzeitiger Eintritt der Gesamtdosis in die Säule, konst. Linear-Geschw. der mobilen Phase, Fehlen von Diffusionserscheinungen usw.) wird ein Modell für die Beschreibung des Durchganges einer Komponente durch die Trennsäule aufgestellt. Danach ist die Berechnung des Konz.-Profils während des Durchlaufs durch die Säule u. die Best. des Konz.-Maximums möglich. Zur Berechnung der Zahl der theoret. Böden wird ein Ausdruck abgeleitet, der nur die aus dem Chromatogramm zu entnehmenden Meßgrößen enthält. Da die errechnete Bodenzahl von der Retentionszeit der Komponente unabhängig ist, stellt dieser Ausdruck ein von den Vers.-Bedingungen festgelegtes Säulencharakteristikum dar. E. MOISAR. 177□

Kinetik des Ionenaustausches in einem chelatbildenden Harz. Richard Turse und Wm. Rieman III. (J. physic. Chem. **65.** 1821—24. Okt. 1961. New Brunswick, N.J., State Univ., Ralph G. Wright Chem. Labor.) (Engl.)

Am Chelatkomplexe bildenden Kationenaustauscherharz Dowex A-1 ergab die Elution von $MgCl_2$ mit 1 m NaCl-Lsg. bei einer Durchfluß-Geschw. von ca. 0,3 cm/min ebenso wie die anderer Kationen, die mit den funktionellen Gruppen $-CH_2N(CH_2COOH)_2$ noch stärkere Chelatkomplexe bilden, völlig unbefriedigende Trennergebnisse. Wegen der daraus resultierenden Annahme abnorm langsamer Ionenaustausch-Geschw. führten Vff. kinet. Unterss. an diesem Syst. u. zum Vgl. mit Dowex 50-X 8 durch. Hierzu wurde das Verf. von KRESSMAN u. KITCHENER (Discuss. Faraday Soc. **7.** [1949.] 90) in einer modifizierten Form verwendet. Für Dowex-50 ergibt sich, daß die Austausch-Geschw. von der Diffusions-Geschw. im Harzbett bestimmt wird u. mit abnehmender Harzkorngröße zunimmt. Für die Rk. zwischen Dowex A-1 in der Na^+-Form u. NH_4^+-Ionen folgt der gleiche Mechanismus. Die Austausch-Rkk. von Dowex A-1 mit Mg^{2+}-, Ca^{2+}-, Co^{2+}-, Ni^{2+}-, Mn^{2+}- u. Cd^{2+}-Ionen lassen sich jedoch nicht mit einer Abhängigkeit von der Diffusions-Geschw. erklären. Da sich hier im log Z–t-Diagramm Geraden ergeben u. die Austausch-Geschw. unabhängig von der Harzkorngröße, aber abhängig von der Ionen-Konz. der Lsgg. ist, muß der Austausch von einer chem. Rk. 2. Ordnung bestimmt werden. W. HEIN. 177 □

Beobachtungen über komplexbildende Eigenschaften der Rhodizonsäure. A. A. K. Al-Mahdi und T. Schönfeld. (Mikrochim. Acta [Wien] **1962.** 254—64. Wien, Univ., Inst. für anorgan. Chem.) (Dt.)

Das Verh. der trägerfreien Nuclide ^{90}Sr u. ^{90}Y bei der Elution von Kationen- u. Anionenaustauschersäulen mit rhodizonathaltigen Lsgg. wurde durch Aktivitätsmessungen an Fraktionen des Eluats u., nach Beendigung der Elution, an Teilstücken der Austauschersäule untersucht. Nach den Ergebnissen werden anion. Y–Rhodizonat-Komplexe gebildet. Mischungen von Y- u. Rhodizonat-Lsgg. in verschiedenen Verhältnissen zeigten durch Farbänderung u. Nd.-Bldg. ebenfalls das Vorhandensein von Y–Rhodizonat-Komplexen an. Bei ähnlichen Verss. mit Al, Sc, Cr, La, Nd u. Yb deutet die Farbänderung der Lsgg. auch auf die Entstehung von Komplexen hin. Dagegen konnten keine Sr–Rhodizonat-Komplexe festgestellt werden. Die Verw. von Rhodizonat-Lsgg. als Elutionsmittel für eine radiochem. Trennung des ^{90}Sr von ^{90}Y ist aber nicht vorteilhaft, da Y sehr häufig in 2 Banden eluiert wird. HANSJOACHIM THIELE. 177 □

Die aus Chloridlösungen von Anionenaustauscherharzen adsorbierten Actiniden(IV)-chlorid-Teilchen. J. L. Ryan. (J. physic. Chem. **65.** 1856—59. Okt. 1961. Richland, Wash., Gen. Electric Co., Hanford Labor. Operat.) (Engl.)

Durch Vgl. der Absorptionsspektren der krist. Salze $[(C_2H_5)_4N]_2UCl_6$, $[(C_2H_5)_4N]_2 \cdot NpCl_6$, $[(C_2H_5)_4N]_2PuCl_6$, Cs_2UCl_6, $[(CH_3)_4N]_2UCl_6$, $[(C_3H_7)_4N]_2UCl_6$ u. $[(C_3H_7)_4N]_2PuCl_6$ u. der Absorptionsspektren einiger dieser Salze in nichtwss. Lsg. (Nitromethan) mit denen des mit den Actiniden in der Oxydationsstufe +4 beladenen Anionenaustauschers Dowex 1 X 1 ergibt, daß sowohl aus HCl als auch aus LiCl-Lsgg. diese als $[UCl_6]^{2-}$-, $[NpCl_6]^{2-}$- u. $[PuCl_6]^{2-}$-Ionen adsorbiert werden. Es wird der Vers. unternommen, aus den Absorptionsspektren Rückschlüsse auf die Menge des Hexachlorokomplexes in den wss. HCl-Lsgg. zu ziehen. Danach würden in 12m HCl maximal ca. 13% des U^{4+} als $[UCl_6]^{2-}$, ca. 10—15% des Np^{4+} als $[NpCl_6]^{2-}$ u. ca. 75% des Pu^{4+} als $[PuCl_6]^{2-}$, in 9m HCl aber nur 8% des Pu^{4+} als $[PuCl_6]^{2-}$ vorliegen. W. HEIN. 177 □

Aktivitätskoeffizienten von $LiNO_3$, HNO_3 und NH_4NO_3 im Anionenaustauscherharz Dowex-1. J. Danon. (J. physic. Chem. **65.** 2039—41. Nov. 1961. Rio de Janeiro, Centro Brasiliero de Pesquisas Fís.) (Engl.)

Vf. bestimmt am Anionenaustauscher Dowex 1-X 8 (50—100 mesh) die Aktivitäts-Koeff. von $LiNO_3$, HNO_3 u. NH_4NO_3 in der Harzphase. In dem Molalitätsbereich von 3—13 bleibt beim $LiNO_3$ das Verhältnis zwischen den Aktivitäts-Koeff. im Harz u. denen in den wss. Lsgg. konst. bei 0,7. Beim NH_4NO_3 steigt dieses Verhältnis zwar an, liegt aber bis zu hohen Konzz. der wss. Phase dicht bei 1. Im Molalitätsbereich von 1—23 stellt sich hier ein konst. Wert des mittleren Aktivitäts-Koeff. von ca. 0,29 ein. Aus diesen Ergebnissen resultiert, daß sich das im Austauscher befindliche Medium wie eine konz. wss. Lsg. verhält, d.h., es treten zwischen den verschiedenen ionogenen Bestandteilen (inhibierte Fremdelektrolyte u. „Harzelektrolyte") in der Harzphase keine Wechselwrkg. auf. Die Verhältniswerte der Aktivitäts-Koeff. liegen bei HNO_3 über einen Molalitätsbereich von 1—15 weit unter 1. Diese außerordentlich große Aufnahme von HNO_3 durch das Harz ist einer starken Wechselwrkg. zwischen der Säure u. dem Harz zuzuschreiben. W. HEIN. 177 □

K. Edelmann, Lehrbuch der Kolloidchemie. Bd. I. Berlin: Deutscher Verl. der Wissenschaften. 1961. (Etwa 350 S. m. etwa 100 Abb.) 8°. Etwa DM 45,—.

G. D. Glebow, Absorption von Gasen durch aktive Metalle. Moskau-Leningrad: Gossenergoisdat. 1961. (184 S.) 63 Kop. [Russ.]

A$_6$. Strukturforschung

Eine Erweiterung der kinematischen Theorie zur Beschreibung von Elektroneninterferenzen an Kristallen. H. Fengler. (Z. Naturforsch. **16a.** 1205—14. Nov. 1961. Berlin, Fritz-Haber-Inst. der Max-Planck-Ges.) (Dt.)

Eine Deutung des Vorganges, daß bei der Elektronenstreuung an Kristallen in eine feste Richtung Intensität nicht nur aus der Primärwelle, sondern auch aus anderen Streuwellen gelangt, wird durch Erweiterung der kinemat. Theorie versucht. Zunächst wird die 1. Näherung im BORNschen Verf. für einen Kristall von endlicher Ausdehnung behandelt u. dann zu höheren BORNschen Näherungen übergegangen. Dazu wird das 2. Näherungsglied für beliebige Kristallgestalt, für einen Kugelkristall u. für eine in 2 Dimensionen unendlich ausgedehnte Kristallplatte berechnet. Es zeigt sich, daß trotz der sehr verschiedenen geometr. Kristallformen die Funktionen der Anregungsfehler qual. übereinstimmen. G. M. NEUMANN. 181□

Zur theoretischen Beschreibung von Umweganregungen bei Elektroneninterferenzen an Kristallen. H. Fengler. (Z. Naturforsch. 16a. 1214—23. Nov. 1961. (Dt.) — Vgl. vorst. Referat.

Vf. diskutiert die physikal. Aussagen der vorst. abgeleiteten allg. Formeln für die Streuintensität in einer Interferenzrichtung bis zur 2. BORNschen Näherung. Die FRIEDELsche Regel verliert bereits in der 2. Näherung ihre Gültigkeit. Die Intensitätsformel der durch die 2. BORNsche Näherung erweiterten kinemat. Theorie geht für große Anregungsfehler der Umwegtripel u. kleine Kristalle in die aus dem Zweistrahlfall der dynam. Theorie folgende Formel über, wenn in dieser die BETHEschen Zusatzpotentiale berücksichtigt sind. Lagen- u. Intensitätsanomalien bei Interferenzen im konvergenten Bündel sowie das Auftreten verbotener Reflexe können damit erklärt werden. Als Beispiel wird die Intensität des (2 2 2)-Reflexes von Ge in Abhängigkeit vom Azimutwinkel berechnet. Ferner wird durch die Hinzunahme der 2. Näherung die durch das Quadrat des Vol. dividierte Intensität eine um einen konst. Wert gedämpft oscillierende Funktion der Kristallgröße. G. M. NEUMANN. 181□

Elektronendichteverteilung in Kristallen. H. J. Grenville-Wells. (Rev. mod. Physics **30.** 171—72. Jan. 1958. London, Univ. Coll., Dep. of Chem. Crystallograph.) (Engl.)

Zusammenfassende Betrachtung über die Möglichkeiten der Best. der Elektronendichteverteilung in Kristallen; bes. wird auf die Verwendbarkeit 2- u. 3-dimensionaler Daten, den Verfeinerungsvorgang sowie auf Vgl. mit MO-Berechnungen eingegangen. G. RUBAN. 181□

Wechselwirkung von Wellen in Kristallen. John C. Slater. (Rev. mod. Physics **30.** 197—222. Jan. 1958. Cambridge, Mass., MIT.) (Engl.)

Zusammenfassende Behandlung der Wellen in Kristallen u. ihrer Wechselwrkg. (Streuung einer Elektronenwelle bzw. einer elektromagnet. Welle durch eine sinusförmige Störung; Energiebänder u. Wärmewellen in Kristallen; Streuung von Röntgenstrahlen, Elektronen u. Neutronen durch therm. Schwingungen; COMPTON-Effekt u. a.). — 300 Literaturzitate (bis 1957). G. RUBAN. 181□

Inkohärente Röntgenstreufunktionen für nicht kugelförmige Ladungsverteilungen. 2. Mitt. Ti^{+}, V^{2+}, Mn^{2+}, Mn und Fe. A. J. Freeman. (Acta crystallogr. [Copenhagen] **13.** 618—23. 10/8. 1960. Watertown, Mass., Ordnance Materials Res. Office, Materials Res. Labor.; Cambridge, Mass., Inst. of Technol., Phys. Dep.) (Engl.) — 1. vgl. C. **1961.** 9679.

Mit Hilfe der l. c. beschriebenen Meth. berechnete Vf. die inkohärente COMPTON-Streuung für Ti^{+}, V^{2+}, Mn^{2+}, Mn^{+}, Mn u. Fe. Die erhaltenen Werte sind tabellar. wiedergegeben. C. GOTTFRIED. 181

Graphische Methode zur Bestimmung der Gitterkonstanten in tetragonalen und hexagonalen Systemen. L. Gatineau. (Bull. Soc. franç. Minéralog. Cristallogr. **83.** 146—47. April/Juni 1960. Paris, Inst. Nat. de Rech. Chim. Appl.) (Franz.)

Die neue Meth., die Vf. vorschlägt, ermöglicht eine schnelle Best. der Gitter-Konst. mit einer hinreichenden Genauigkeit. Sie wird am synthet. *Hämatit* demonstriert. Die Werte waren mit den von BERNAL u. Mitarbeitern (vgl. C. **1962.** **7436**) gefundenen Gitter-Konst. nahezu identisch. C. GOTTFRIED. 181

Elektronische Bildverstärkung von Röntgenbeugungsdiagrammen. R. E. Thun, John Johnson, B. H. Krause und E. A. Meredith. (Analytic. Chem. **32.** 939—41. Juli 1960. Kingston, N.Y., IBM Federal Syst. Div.; Fort Belvoir, Va., US. Army Engng. Res. and Dev. Labor.) (Engl.)

Beschreibung eines elektron. Bildverstärkers für Beugungsdiagramme in DEBYE-SCHERRER-Aufnahmen. Die Aufnahme des Beugungsdiagramms von *W*-Pulver wird gezeigt u. die erreichbare Aufnahme-Geschw. diskutiert. HERBERT MÜLLER. 181□

Einige Beobachtungen über die Entstehung des Bildes in der Elektronenmikroskopie. Monique Fagot, Jean Ferré und Charles Fert. (C. R. hebd. Séances Acad. Sci. **252.** 3766—68. 12/6. 1961.) (Franz.) — Vgl. C. **1961.** 1477.

An dem in Araldit eingebetteten *Myelin*-Schnitt wird die Entstehung des elektronenmkr. Bildes verfolgt. Die auftretenden Interferenzstreifen zeigen, daß die Kohärenz des

durch das Objekt tretenden Strahles weitgehend erhalten bleibt. Die interferenzelektronenmkr. Auflösungsgrenze kann den gleichen Wert wie bei der normalen Elektronenmikroskopie erreichen. Der Einfl. der Kondensoröffnung wird diskutiert.
HERBERT MÜLLER. 181 □

Der Einfluß der Überlappung in der Theorie der π-Elektronensysteme von Hückel und Hartmann. W. A. Bingel, H. Preuss und H.-H. Schmidtke. (Z. Naturforsch. **16 a.** 1328—33. Dez. 1961. München, MPI für Phys. u. Astrophys.) (Dt.)
Vff. untersuchen den Einfl. der in der von HARTMANN erweiterten HÜCKELschen Näherungs-Meth. zur Berechnung von π-Elektronen-Syst. getroffenen Vernachlässigungen. Bes. wird die Nichtberücksichtigung der Überlappung der Atomfunktionen untersucht. Es zeigt sich, daß sich die ursprüngliche E(ϱ)-Kurve von HARTMANN u. die die Überlappung berücksichtigende Kurve im Gebiet $-1 \leq \varrho \leq +1$ nicht wesentlich unterscheiden. Die Deutung des SCHEIBEschen Phänomens bleibt also erhalten. Für $\varrho < -1$ (höhere unbesetzte Zustände) treten dagegen physikal. sinnlose Singularitäten in der E(ϱ)-Kurve auf. G. M. NEUMANN. 182 □

Zum Verständnis der unendlichen Energieeigenwerte, die in der MO-LCAO-Methode mit teilweiser Überlappung auftreten. W. A. Bingel, H. Preuss, L. Hofacker und H.-H. Schmidtke. (Z. Naturforsch. **16 a.** 1334—38. Dez. 1961. München, MPI für Phys. u. Astrophys.; Göttingen, Univ., Inst. für Phys. Chem.; Cologny, Genf, Cyanamid European Res. Inst.) (Dt.) — Vgl. vorst. Referat.
Das Auftreten unendlicher Eigenwerte bei der MO—LCAO-Meth. bei Berücksichtigung der Überlappung der Atomfunktionen wird untersucht. Es wird gezeigt, daß diese physikal. sinnlosen Eigenwerte als Folge einer inkonsequenten Behandlung der Überlappung u. der Energiematrix zustande kommen. Weiterhin wird eine Meth. zur Vermeidung dieser Schwierigkeiten angegeben u. am Syst. des Allylradikals demonstriert.
G. M. NEUMANN. 182 □

Einige Molekularintegrale unter Beteiligung von 3d-, 4s- und 4p-Bahnen. Je. M. Schusstorowitsch und M. Je. Djatkina. (Журнал Физической Химии [J. physik. Chem.] **34.** 1843—46. Aug. 1960. Moskau, Lomonossow-Inst. für Feinchemie u. Technol.; Kurnakow-Inst. für allg. u. anorg. Chem. der Akad. der Wiss. der UdSSR.) (Russ.; Auszug: Engl.)
Es werden Formeln für die Berechnung einiger Molekularintegrale mit Teilnahme von (SLATER-) 3d-, 4s- u. 4p-Bahnen abgeleitet. Genau berechnet wurden Kernanziehungsintegrale u. monozentr. COULOMB-Integrale. Für bizentr. COULOMB-Integrale wird eine Näherung vorgeschlagen. G. EWALD. 182 □

Bemerkungen über die Schwingungen von zweiatomigen Gittern. A. A. Maradudin, P. Mazur, E. W. Montroll und G. H. Weiss. (Rev. mod. Physics **30.** 175—96. Jan. 1958. College Park, Md., Univ.) (Engl.) — Vgl. C. **1960.** 7094.
Überblick über die moderne Theorie der Gitterschwingungen, wobei Vff. bes. auf das Frequenzspektrum für ein einfaches kub. (zweiatomiges) Gitter, die lokalisierten Defektschwingungen u. die Schwingungen fehlgeordneter Gitter eingehen.
G. RUBAN. 182 □

Die Diskussion des tetragonalen Bors mit Hilfe der Resonanzvalenzbindungstheorie von Substanzen mit einem Elektronendefizit. Linus Pauling und Barclay Kamb. (Z. Kristallogr., Kristallgeometrie, Kristallphysik, Kristallchem. **112.** 472—78. 9/10. 1959. Pasadena, Calif., Inst. of Technol., Gates and Crellin Labor. of Chem.) (Engl.)
Vff. untersuchten die von HOARD u. Mitarbeitern (C. **1959.** 3728) bestimmte Struktur des tetragonalen B vom Standpunkt der Theorie der Resonanzvalenzbindung. Aus den beobachteten Atomabständen ergibt sich, daß jedes in den Ecken eines Ikosaeders liegende B-Atom 5 Bindungen mit den Bindungszahlen 0,41—0,55 längs der Ikosaederkanten u. eine Bindung aus dem Ikosaeder heraus mit einer mittleren Bindungszahl von 0,75 aufweist. Durch Elektronenaustausch kann die Valenz der zwischen Ikosaedern liegenden B-Atome auf 4 erhöht u. die räumlich bedingte Spannung herabgesetzt werden. Es wird eine einfache Theorie zur Erklärung der Beobachtung vorgeschlagen, daß die Bindung zwischen Atomen, die nicht dem gleichen Ikosaeder angehören, stärker ist als die Bindung innerhalb eines Ikosaeders. C. GOTTFRIED. 182

Die Konstitution des Phosphorperoxids. Peter W. Schenk und H. Vietzke. (Angew. Chem. **74.** 75. 21/1. 1962. Berlin, FU, Inst. für Anorg. Chem.) (Dt.)

I 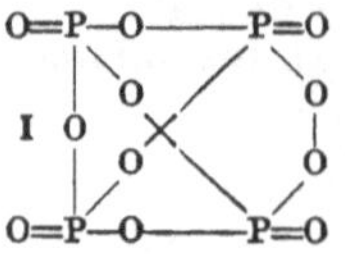

Das in der Glimmentladung dargestellte violette Phosphorperoxid (I) besteht aus einer violetten instabilen u. einer farblosen, bis 120° stabilen Form. Beide geben mit W. $H_4P_2O_8$ u. $H_4P_2O_7$.
CH. WEISKE. 182 □

Über die Natur des sogenannten Kristallwassers gewisser Sulfate. Nicole Lendormy. (C. R. hebd. Séances Acad. Sci. **253.** 1804—05. 23/10. 1961. Paris, Ecole Nat. Sup. de Chim.) (Franz.)

Mit Hilfe der Thermogravimetrie, DTA u. der IR-Spektrophotometrie u. unter Verw. von D stellten Vff. fest, daß die Monohydrate der Sulfate von Ni, Co, Mg, Cd, Zn, Mn, Cu u. Li der Metaschwefelsäure, H_2SO_4, vom Typ $MeSO_4 \cdot H_2O$, tatsächlich Salze der Mesoschwefelsäure H_4SO_5, sind, die kein Kristallwasser besitzen. Die sog. Monohydrate müssen also mit der Formel $Me_2H_2SO_5$ oder genauer $Me_2SO_3(OH)_2$ bezeichnet werden, wobei es sich jedoch nicht um bas. Salze handelt. Außerdem zeigte die Unters. des Schönits, $NiSO_4 \cdot K_2SO_4 \cdot 6\,H_2O$, daß es sich hier nicht um das Hexahydrat eines Doppelsulfats handelt, sondern um einen Komplex der Orthoschwefelsäure, H_6SO_6, mit zwei koordinativ gebundenen H_2O-Moll., der mit der Formel $K_2[Ni(H_4SO_6)_2 \cdot 2\,H_2O]$ zu bezeichnen wäre. H. FRIES. 182□

Koordination von regellos gepackten Kugeln. J. D. Bernal und J. Mason. (Nature [London] **188.** 910—11. 10/12. 1960. London, Birkbeck Coll.) (Engl.) — Vgl. SCOTT, C. **1962.** 5206.

Vff. untersuchten die Koordination der Kugeln bei regelloser Verteilung u. mehr oder minder dichter Packung (Modell von Fl.-Strukturen). C. GOTTFRIED. 186

Radiale Verteilungsfunktion von Atomen in einer Flüssigkeit. A. M. Jewssejew. (Журнал Физической Химии [J. physik. Chem.] **34.** 1847—50. Aug. 1960. Moskau, Lomonossow-Univ.) (Russ.; Auszug: Engl.)

Die Zellentheorie für Fll. besagt, daß die Atome nur um ihre Gleichgewichtslage schwingen. Im Rahmen dieser Theorie ist es möglich, die Verteilungsfunktion der Atome in Fll. zu berechnen. Die Aufgabe läuft auf die Lsg. einer Integralgleichung für die potentielle Energie der Atome im Zellbereich hinaus. Die Berechnungen wurden für die Funktion der atomaren Verteilung in fl. Hg angestellt u. mit einer empir. Funktion, die aus der Beugung von Röntgenstrahlen bestimmt wurde, verglichen. G. EWALD. 186□

Atomanordnung in festen amorphen Stoffen und in einatomigen Metallschmelzen. H. Richter. (Fortschr. Physik **8.** 493—527. 1960. Stuttgart, TH, Röntgeninst.) (Dt.)

Die Best. der Atomanordnung erfolgt durch FOURIER-Analyse der Streukurve. Nach einer Diskussion des Aufbaus fester amorpher Stoffe wird gezeigt, daß in den einatomigen Metallschmelzen, u. zwar auch in den Alkalischmelzen, die Atome mit den Abstandswerten der 12er-Koordination angeordnet sind. Vorherrschend ist eine kettenförmige Lagerung der Atome, also eine Atomketten-Struktur. In den Schmelzen von In, Sn, Ga, Ge, Sb, Bi u. a. sind daneben auch kleinste Gitterbereiche mit Flächengittercharakter vorhanden. Überträgt man das obige Auswertungs-Verf. auf Elektronenbeugungsaufnahmen von festem amorphem Ge, J, Bi u. Ga sowie von geschmolzenem Bi, Ga, Sn u. In, so zeigt sich, daß Ga u. Bi im festen amorphen Zustand Fl.-Struktur besitzen, d. h., sie sind „flüssigkeitsähnlich". Der feste amorphe Körper kann demnach sowohl gitterähnlich als auch flüssigkeitsähnlich sein. — 46 Literaturangaben (bis 1960). G. BAUER. 188□

Dampfphasenwachstum und Eigenschaften von Zinksulfideinkristallen. Harold Samelson. (J. appl. Physics **32.** 309—17. Febr. 1961. Bayside, N.Y., General Telephone and Electronics Labor., Bayside Labor.) (Engl.)

Vf. berichtet über das Wachstum von ZnS-Einkristallen aus der Dampfphase. Die untersuchten Parameter waren die Verdampfungs-Temp., der Temp.-Verlauf während eines Wachstums-Vers., der Temp.-Gradient entlang der Vers.-Probe u. der H_2S-Druck im Vers.-System. Es zeigt sich, daß die dominierende Kristalltracht von den Vers.-Bedingungen stark abhängt u. bes. im Vakuum von den normalen Wachstumsformen abweicht. Die Struktur der Kristalle variiert zwischen rein hexagonalen u. kub. Formen als Funktion der Wachstumstemperatur. Es werden mögliche Wachstumsmechanismen mit u. ohne Keim-Bldg. an den Oberflächen diskutiert. G. M. NEUMANN. 190□

Über das Kristallwachstum eines Zinksulfidphosphors. Yoshiro Otomo. (Bull. chem. Soc. Japan **32.** 804—08. Aug. 1959. Kokubunji, Tokyo, Hitachi Co. Ltd., Central Res. Labor.) (Engl.)

Vf. untersuchte elektronenmkr. mit Hilfe einer Abdrucktechnik das Wachsen von ZnS : Ag-Phosphoren beim Erhitzen auf Temp. bis zu 1100°. Ausgangsmaterial war mit H_2S ausgefälltes ZnS, das elektronenmkr. als ein Aggregat nadelähnlicher Kristalle erkannt wurde. Röntgenograph. wurde festgestellt, daß ca. 8% in der α-Form vorliegen. Der Durchmesser der Kristalle wurde aus der Linienbreite der (1 1 1)-Interferenz gemessen. Die Phosphore wurden ohne u. mit Zusatz von 2 Gew.-% NaCl als Flußmittel erhitzt. In beiden Fällen verlief der Kristallisationsprozeß bis zu 400° gleich; eine kleine

Änderung im kristallinen Zustand wurde bei 500° bei der Probe mit NaCl-Zusatz beobachtet. Bei 600° wuchsen die Kristallite beider Proben beträchtlich, u. bei 700° wurden bei den Proben mit NaCl vollkommene Kristallite gefunden. Ohne Flußmittel trat schnelles Wachstum erst zwischen 800 u. 900° ein. In einem Diagramm ist die Beziehung zwischen der Erhitzungs-Temp. u. dem Kristallitdurchmesser wiedergegeben. Der Übergang von der α- in die β-Form wurde an Proben untersucht, die 3 Std. auf 500 bis 1100° erhitzt wurden. Bei der Probe mit Flußmittel beginnt die Menge der α-Form bei ca. 700° abzunehmen; bei 800° ist die α-Form fast vollständig verschwunden. Mit steigender Temp. tritt die α-Form bei ca. 1000° wieder auf; bei 1100° enthielt die Probe mehr als 90% α-Form. Verwendet man kein Flußmittel, so nimmt die Menge der α-Form mit steigender Temp. ab. Ab ca. 900° nimmt diese Form wieder zu; bei 1000° liegen 18 (%) u. bei 1100° 73 vor. Untersucht wurde schließlich noch die Beziehung zwischen der Erhitzungszeit, den Kristallformen u. der Intensität der Luminescenz. Es ergab sich, daß die Umwandlung $\alpha \rightarrow \beta$ bei 1000° innerhalb 10 Min. beendet ist, bei 800° nach 30 Minuten. Die Intensität der Luminescenz zeigt eine ähnliche Tendenz u. erreicht ihren Grenzwert ebenfalls innerhalb von 30 Minuten. C. GOTTFRIED. 190

Beobachtungen von Versetzungsnetzwerk bei neutronenbestrahlten LiF-Kristallen. Kazuko Kubo und Yoshio Katano. (J. physic. Soc. Japan **16.** 347—48. Febr. 1961. Tokai-mura, Ibaraki-ken, Japan Atomic Energy Res. Inst.) (Engl.)

Vff. berichten über mkr. Beobachtungen von Versetzungen an LiF-Kristallen, die mit $2 \cdot 10^{17}$ Neutronen bestrahlt u. bei Temp. von 400—800° getempert worden sind. Es zeigt sich, daß Ätzgrübchen vorwiegend an Subkorngrenzen u. isolierten Versetzungslinien auftreten u. dabei teilweise ein dichtes Netzwerk irregulärer Polygone oder langer paralleler Linien bilden. G. M. NEUMANN. 190□

Reversible Phasenumwandlung von Phosphorpentoxid. I. B. Johns, H. E. Ulmer und J. W. Edwards. (J. chem. Physics **35.** 1271—72. Okt. 1961. Everett, Mass., Monsanto Chem. Co. and Monsanto Res. Corp.) (Engl.)

Messungen der Vol.-Änderung bei der Kompression von P_2O_5 zeigen eine reversible Phasenänderung. Druck-Vol.-Kurven, die durch eine Differenz-Meth. erhalten wurden, zeigen in Abhängigkeit von der Temp. eine bemerkenswerte Hysteresis, bei der die Umwandlung in der einen Richtung einen um 1600—2700 kg/cm² größeren Druck benötigt als die Rückumwandlung. Aus dem Kurvenverlauf ist ersichtlich, daß die Hysteresis bei ca. 500° verschwindet. Berechnungen ergaben, daß die neue Phase des P_2O_5 unter Normaldruck bei —80° als metastabile Phase existent sein müßte. Ihre Dichte wurde zu 2,53 g/cm³ berechnet. Röntgenstrukturunterss. bei 25° zeigten das Auftreten der neuen Phase bei 4700 (kg/cm²) an. Die Rückumwandlung wurde bei 1272 sichtbar. Die Struktur der neuen Phase konnte noch nicht aufgeklärt werden.

WOLFGANG KRÜGER. 190□

Umwandlungen in den Systemen Ta–H und Ta–D. W. E. Wallace, Per Kofstad und L. J. Hyvönen. (Pure appl. Chem. **2.** 281—85. 1961. Pittsburgh, Pa., Univ., Dep. of Chem.) (Engl.)

Neutronenbeugungs-Unterss. an Ta_2D bei 4,2, 78, 293 u. 326°K ergaben in Übereinstimmung mit den röntgenograph. Ergebnissen, daß sich bei 326°K in der Elementarzelle (EZ) 2 Atome Ta u. 1 Atom D befinden. Bei den anderen Temp. treten Gitter auf, die 16 Atome Ta u. 8 Atome D in der EZ bei einer Verdopplung der Gitter-Konst. enthalten. Bei den tieferen Temp. ist eine partielle Ordnung innerhalb der D-Atome eingetreten: Die D-Atome besetzen statist. die 16-zählige Punktlage (tetraedr. Koordination): $^1/_4$, $^1/_8$, 0; $^1/_8$, $^3/_4$, 0; $^3/_4$, $^7/_8$, 0; $^7/_8$, $^1/_4$, 0; $^3/_8$, 0, $^1/_4$; $^5/_8$, 0, $^1/_4$; 0, $^3/_8$, $^1/_4$; 0, $^5/_8$, $^1/_4$; $^3/_4$, $^5/_8$, $^1/_2$; $^5/_8$, $^1/_4$, $^1/_2$; $^1/_4$, $^3/_8$, $^1/_2$; $^3/_8$, $^3/_4$, $^1/_2$; $^7/_8$, $^1/_2$, $^3/_4$; $^1/_8$, $^1/_2$, $^3/_4$; $^1/_2$, $^7/_8$, $^3/_4$; $^1/_2$, $^1/_8$, $^3/_4$. Best. der Wärmekapazitäten von Ta_2H bei 1,4 bis 545°K zeigen die komplexe Natur der β—α-Umwandlung, so daß angenommen werden muß, daß β-Ta_2H in mindestens zwei Formen existiert: β_1 (<37°), β_2 (37—60°). Eine doppelte therm. Anomalie bei ca. 60° deutet auf eine 3. Form (β_3) hin. Aus Neutronenbeugungsmessungen von β_2-Ta_2D bei 53° folgt, daß das eine D-Atom statist. die 8zählige Punktlage (tetraedr. Koordination) $^1/_2$, $^1/_4$, 0; $^1/_2$, $^3/_4$, 0; $^1/_4$, $^1/_2$, 0; $^3/_4$, $^1/_2$, 0; 0, $^1/_4$, $^1/_2$; 0, $^3/_4$, $^1/_2$; $^1/_4$, 0, $^1/_2$; $^3/_4$, 0, $^1/_2$ besetzt.

G. GATTOW. 190□

Diffusion von Uran-233 in Urandioxid. Roland Lindner und Franz Schmitz. (Z. Naturforsch. **16 a.** 1373—78. Dez. 1961. Göteborg, TH, Kernchem. Inst.) (Dt.)

Die Selbstdiffusion von U in UO_2-Sinterkörpern wurde mit Hilfe der α-Strahlungsabsorption sowie durch direkte Messung der durch Diffusion sich einstellenden Konz.-Verteilung von ^{233}U bestimmt. Für die Temp.-Abhängigkeit der Selbstdiffusions-Konst. im Temp.-Gebiet 1300—1600° wurde bei H_2-Atmosphäre $D = 0{,}23 \exp(-104{,}6\ \mathrm{kcal}/RT)\ \mathrm{cm^2/s^{-1}}$ gefunden. Dieser hohen Aktivierungsenergie bei Verss. unter H_2 steht die

Aktivierungsenergie von 52 kcal/Mol in Ar gegenüber. Dies kann nur dadurch erklärt werden, daß in letzterem Fall eine gewisse O_2-Aufnahme der UO_2-Phase vorgelegen hat, was in allen bekannten Fällen zur Verringerung der Aktivierungsenergie für atomare Transportprozesse in UO_2 führt. G. M. NEUMANN. 190□

Experimentelle Untersuchung der anomalen Röntgenstreuung von Zinksulfid und Zinkoxid. J. R. Townsend, G. A. Jeffrey und G. N. Panagis. (Z. Kristallogr., Kristallgeometrie, Kristallphysik, Kristallchem. **112.** 150—60. 9/10. 1959. Pittsburgh, Pa., Univ., Crystallograph. Labor.) (Engl.) — Vgl. C. **1959.** 9821.

Vff. untersuchten die anomale Streuung von Zinkblende-Kristallen. Die experimentellen Ergebnisse stehen, im Gegensatz zu den l. c. an ZnO erhaltenen Daten, im wesentlichen mit der Annahme im Einklang, daß die Korrekturen der Atomformamplituden für anomale Streuung unabhängig vom Beugungswinkel sind. Eine klare Entscheidung zwischen Werten, die sich auf Grund der Theorie von PARRATT u. HEMPSTEAD (C. **1955.** 4515) oder der Theorie von HÖNL [1933] berechnen lassen, läßt sich nicht treffen. Die für die Zinkblende gefundene gute Übereinstimmung zwischen beobachteten u. berechneten Daten führt zu der Annahme, daß die l. c. beim ZnO auftretenden theoret. Schwierigkeiten auf der Abwesenheit zweier gleichartiger anomal-streuender Zentren je Zelle, nämlich der Zn-Atome, beruhen. C. GOTTFRIED. 195

Die Kristallstruktur von $CeCu_6$. Don T. Cromer, Allen C. Larson und R. B. Roof jun. (Acta crystallogr. [Copenhagen] **13.** 913—18. 10/11. 1960. Los Alamos, N.Mex., Univ. of California, Los Alamos Sci. Labor.) (Engl.)

$CeCu_6$ wurde dargestellt durch Schmelzen einer Ce–Cu-Leg. mit ca. 20 Atom-% Ce auf ca. 900° u. weitere 68std. Wärmebehandlung bei 765°. Aus Einkristallaufnahmen ergab sich rhomb. Symmetrie mit den Gitterdimensionen a = 8,112 ± 0,001 (Å); b = 5,102 ± 0,001; c = 10,162 ± 0,005; Raumgruppe ist P n m a; Z = 4. Die Struktur wurde mit Hilfe der trial-and-error-Meth. u. weiterer Verfeinerung mit der Meth. der kleinsten Quadrate bestimmt, wobei die anisotropen Temp.-Faktoren berücksichtigt wurden. Die folgenden Parameter wurden gefunden: $Cu_{(1)}$ (x =) 0,4354 ± 0,0002; (y =) 0,0042 ± 0,0003; (z =) 0,1908 ± 0,0001; $Cu_{(2)}$: 0,1467 ± 0,0003; 0,250; 0,1418 ± 0,0002; $Cu_{(3)}$: 0,1821 ± 0,0003; 0,750; 0,2450 ± 0,0002; $Cu_{(4)}$: 0,4381 ± 0,0003; 0,750; 0,4024 ± 0,0002; $Cu_{(5)}$: 0,0986 ± 0,0003; 0,750; 0,4846 ± 0,0002; Ce: 0,2602 ± 0,0001; 0,250; 0,4354 ± 0,0001. Die interatomaren Abstände sind tabellar. angegeben. Die Verb. scheint typ. intermetall. Bindungen zu haben; Kontakte zwischen Ce u. Ce bestehen nicht. Das Ce-Atom hat die ungewöhnliche Koordinationszahl 19 mit einem mittleren Ce—Cu-Abstand von 3,146 Å. 6 Cu-Atome sind in Form eines Sechsecks angeordnet, angenähert koplanar mit dem Ce-Atom. Weitere 6 Cu-Atome bilden ein Sechseck, das unter der obigen Ebene liegt u. 5 Cu-Atome besetzen die Ecken eines Fünfecks, das oberhalb der ersten Ebene liegt. Die restlichen 2 Cu-Atome liegen außerhalb der Zentren des Fünfecks u. des unteren Sechsecks u. sind nahezu kollinear mit dem Ce-Atom. $Cu_{(1)}$ u. $Cu_{(3)}$ haben je 3 angenähert koplanare Ce-Nachbarn u. 9 Cu-Nachbarn, die ein verzerrtes Ikosaeder um das Zentralatom bilden. $Cu_{(5)}$ hat ebenfalls 3 Ce- u. 9 Cu-Nachbarn; diese Koordination ist ähnlich der des zweizähligen Cu-Atoms in der $CaCu_5$-Struktur. $Cu_{(2)}$ hat 4 Ce- u. 10 Cu-Nachbarn. Die 4 Ce-Atome bilden ein Tetraeder; in 3 der Tetraederflächen befindet sich ein Dreieck von 3 Cu-Atomen, während das restliche Cu-Atom im Zentrum der vierten Tetraederfläche liegt. Das $Cu_{(4)}$-Atom schließlich hat 3 angenähert koplanare Ce-Nachbarn u. 10 Cu-Nachbarn. C. GOTTFRIED. 195

Die Kristallstruktur von Monothioharnstoffblei(II)-acetat. Mario Nardelli, Giovanna Fava und Germano Branchi. (Acta crystallogr. [Copenhagen] **13.** 898—904. 10/11. 1960. Parma, Univ., Inst. of Chem., Structural Chem. Labor.) (Engl.)

Die zur Unters. geeigneten Kristalle von Monothioharnstoffblei(II)-acetat, $Pb[SC \cdot (NH_2)_2](C_2H_3O_2)_2$, in Form nach [1 0 0] gestreckter Nadeln wurden aus wss. Lsg. erhalten. Die Verb. erwies sich als monoklin; die Gitterdimensionen sind a = 4,55 ± 0,01 (Å); b = 15,81 ± 0,03; c = 14,28 ± 0,07; β = 106,4° ± 0,1°; Raumgruppe ist C_{2h}^5 — P 2_1/c; Z = 4. Die Struktur wurde mit Hilfe von PATTERSON-Funktionen u. dreidimensionalen FOURIER-Synth. bestimmt. Es wurden die folgenden Parameter festgelegt ($O_{(1)}$, $O_{(2)}$, $C_{(2)}$ u. $C_{(3)}$ beziehen sich auf die eine, $O_{(3)}$, $O_{(4)}$, $C_{(4)}$ u. $C_{(5)}$ auf die andere Acetatgruppe): Pb (x =) 0,3855; (y =) 0,0972; (z =) 0,1294; S: 0,7488; 0,0930; —0,0239; $N_{(1)}$: 0,6739; 0,2533; —0,0713; $N_{(2)}$: 0,9241; 0,1697; —0,1639; $O_{(1)}$: 0,1632; 0,2272; 0,2009; $O_{(2)}$: 0,4098; 0,2460; 0,0878; $O_{(3)}$: 0,0202; 0,0311; 0,2236; $O_{(4)}$: —0,2732; 0,1158; 0,2872; $C_{(1)}$: 0,7915; 0,1768; —0,0908; $C_{(2)}$: 0,2330; 0,3662; 0,1531; $C_{(3)}$: 0,2655; 0,2722; 0,1467; $C_{(4)}$: 0,1970; 0,0580; 0,3933; $C_{(5)}$: —0,0223; 0,0689; 0,2950. In dem Gitter sind die 2 stöchiometr. Carboxylgruppen nicht äquivalent, da bei einer der Gruppen ($O_{(1)}$ $C_{(3)}$ $O_{(2)}$) die O-Atome an dasselbe Pb, die O-Atome der anderen Gruppe ($O_{(3)}$ $C_{(5)}$ $O_{(4)}$) an 2 verschiedene Pb-Atome gebunden sind. Die Struktur selbst besteht aus Ketten von Koordinationspolyedern, die durch S-Atome verknüpft sind; jedes S-Atom bildet mit 2 benachbarten P-Atomen koordinative Bindungen mit einem Abstand von 3,10 Å. Diese, parallel [1 0 0] verlaufenden Ketten sind zu Paaren durch schwächere Pb—S-Bindungen verknüpft. Man kann diese Koordinationspolyeder als verzerrte pentagonale Bipyramiden mit 3 S- u. 4 O-Atomen an den Ecken bezeichnen. C. GOTTFRIED. 195

Einige gemischte Metalloxide mit Perowskitstruktur. A. J. Smith und A. J. E. Welch. (Acta crystallogr. [Copenhagen] **13.** 653—56. 10/8. 1960. London, Imp. Coll., Inorg. Chem. Res. Labor.) (Engl.)

Die meisten der von den Vff. röntgenograph. untersuchten gemischten Metalloxide wurden durch Erhitzen von Gemischen der Carbonate der 4- u. 2wertigen Metalle bis zu 1500° erhalten. Einkristalle von $CaSnO_3$ wurden durch Verdampfung einer $CaCl_2$-Schmelze bei 800—900° erhalten, in der die Oxide gelöst waren. Analog wurde $SrSnO_3$ aus einer Schmelze von $SrCl_2$ dargestellt. In der idealen Perowskitstruktur krist. $BaCeO_3$ u. $BaSnO_3$; ihre Zelldimensionen sind a = 4,397 bzw. 4,117 ± 0,002 Å. In einer Perowskitzelle mit doppeltem a-Parameter krist. $SrSnO_3$ (a = 8,070 ± 0,002 Å); $BaThO_3$ (a = 8,985) u. $SrZrO_3$ (a = 8,218). Orthorhomb. verzerrte Perowskitstruktur haben $CaSnO_3$ u. $SrCeO_3$. Die Zelldimensionen der beiden Verbb. sind (a =) 5,519 (Å); (b =) 7,885; (c =) 5,668 bzw. 6,011; 8,588 u. 6,156. Rhomboedr. verzerrt krist. KJO_3 u. $TlJO_3$ mit a = 4,410 (Å), α = 89,41° bzw. a = 4,510; α = 89,34°. Außerdem wurden die festen Lsgg. $(Ca, Sr)SnO_3$; $(Sr, Ba)SnO_3$; $(Ca, Ba)SnO_3$; $(Ca, Sr, Ba)SnO_3$ u. $(Sr, Ba)CeO_3$ dargestellt u. ihre Gitter-Konst. aus Pulveraufnahmen bestimmt. Die Änderungen der Gitter-Konst. mit der Zus. sind graph. wiedergegeben. Die Reihen $(Ca, Sr)SnO_3$ u. $(Sr, Ba)CeO_3$ zeigten Übergänge von der orthorhomb. zu einer kub. Form u. die Reihe $(Sr, Ba)SnO_3$ einen Übergang von dieser kub. Form zur „idealen" Struktur. Obwohl in diesen 3 Reihen kein Zweiphasengebiet beobachtet werden konnte, zeigten $(Ca, Ba)SnO_3$-Proben eine große Mischungslücke. Löslichkeit im festen Zustand wurde an dem Ca-Ende der Reihe nicht festgestellt, die Ba-Verb. kann jedoch ca. 13 Mol-% $CaSnO_3$ in fester Lsg. aufnehmen. Von der tern. Reihe $(Ca, Sr, Ba)SnO_3$ wurde nur ein angenähertes Phasendiagramm erhalten. C. GOTTFRIED. 195

Hexahydroxostannate Fe, Mn, Co, Mg, Ca[Sn(OH)$_6$] und deren Kristallstruktur. H. Strunz und B. Contag. (Acta crystallogr. [Copenhagen] **13.** 601—03. 10/8. 1960. Berlin-Charlottenburg, TU, Inst. für Miner.) (Dt.)

Vff. untersuchten röntgenograph. die folgenden Verbb.: $Fe[Sn(OH)_6]$ (**I**), $Mn[Sn(OH)_6]$ (**II**), $Co[Sn(OH)_6]$ (**III**), $Mg[Sn(OH)_6]$ (**IV**) u. $Ca[Sn(OH)_6]$ (**V**). Die Darst. geschah durch Umsetzung von $K_2Sn(OH)_6$ mit den entsprechenden Metallchloriden in wss. alkal. Lösung. Sämtliche Stannate krist. kub. in der Raumgruppe O_h^4 — P n 3 m (Z = 4) mit den Gitter-Konst. a = 7,79 (Å) für **I**, 7,88 für **II**, 7,78 für **III**, 7,77 für **IV** u. $8,13_5$ für **V**. In dem Gitter liegen 4 Sn in 4 (b); 4 Me in 4 (c) u. 24 OH in 24 (k) mit den Parametern (x =) 0,0562 u. (z =) 0,248 für **I**, 0,0577 u. 0,244 für **II**, 0,0536 u. 0,250 für **III**, 0,0445 u. 0,254 für **IV** u. 0,0654 u. 0,232 für **V**. Alle Kationen sind an 6 (OH) in pseudooktaedr. Koordination gebunden. C. GOTTFRIED. 195

Die Kristallstruktur einer fehlgeordneten Form von Eisen(II)-fluoridtetrahydrat. Bruce R. Penfold und M. R. Taylor. (Acta crystallogr. [Copenhagen] **13.** 953—56. 10/11. 1960. Christchurch, New Zealand, Univ. of Canterbury, Chem. Dep.; Minneapolis, Minn., Univ., School of Chem.) (Engl.)

Beim Umkristallisieren aus wenig HF enthaltender wss. Lsg. wurden 2 Formen von $FeF_2 \cdot 4\,H_2O$ erhalten: Rhomboeder (Form A) u. nadelförmige hexagonale Prismen (Form B). Drehkristallaufnahmen von B um die hexagonale Achse ergaben für c einen angenäherten Parameter von 9,5 Å. Die Schichtlinien gerader Ordnung von A ergaben den gleichen Netzebenenabstand wie von B, anstelle der Schichtlinien ungerader Ordnung wurden schwache, diffuse Streifen beobachtet, was auf eine fehlgeordnete Struktur mit halber c-Achse hinweist. Aus Drehkristallaufnahmen ergab sich die folgende Beziehung zwischen A u. B: c(B) = 2 c(A) u. a(B) = a(A). Für A, dessen Struktur auch untersucht wurde, ergab sich für die hexagonale Zelle a = 9,50 ± 0,01 (Å) u. c = 4,82 ± 0,01 u. bei rhomboedr. Anordnung a = 5,71 ± 0,01 Å; α = 112° 45′ ± 15′. Raumgruppe R $\bar{3}$ m; Z = 3 (hexagonale Zelle). Aus PATTERSON- u. FOURIER-Projektionen wurde die Struktur bestimmt. Danach liegen 2 Arten von Fehlordnung vor: es treten diskrete oktaedr. Gruppen $Fe(H_2O)_4F_2$ in allen möglichen Orientierungen auf, so daß die mittlere Symmetrie des ganzen Kristalls $\bar{3}$ ist. Für jede solche Orientierung besteht eine zweite Orientierung, die durch Spiegelebenen parallel zu der dreizähligen Achse des Kristalls in Zusammenhang stehen. Die 6 F^--Ionen u. die 12 H_2O-Moll. in der Zelle besetzen daher eine Reihe 36zähliger Lagen, so daß jede Reihe im Mittel $^1/_6$F + $^1/_3$O (= X) enthält. Es wurden hierauf alle Stellungs- u. Wärmeparameter für Fe u. X mit Hilfe der Meth. der kleinsten Quadrate unter Berücksichtigung aller Interferenzen in der monoklinen Untergruppe C 2/m verfeinert. Danach gibt es 3 unabhängige Reihen monokliner Koordinaten für X, die ihrerseits 3 unabhängige Werte für die hexagonalen Koordinaten x, y u. z liefern: x = $0{,}185_5$; y = $0{,}044_5$ u. z = 0,235. Berücksichtigt man den größeren scheinbaren Temp.-Faktor von X mit dem des Fe, dann folgt, daß die $^1/_6$F- u. $^1/_3$O-Komponenten einen geringen Abstand voneinander haben. Eine angenäherte Analyse der Elektronenverteilungen zeigte, daß die maximalen Abstände der beiden Komponenten 0,35 u. 0,20 Å senkrecht u. parallel zur Richtung Fe—X sind. Die 2 möglichen Orientierungen benachbarter $Fe(H_2O)_4Fe_2$- oder $Fe(2X)_6$-Gruppen stehen durch eine Drehung von 33° 24′ um die c-Achse in Zusammenhang. Bezeichnet man die Orientierungen mit P u. Q, dann ergibt sich aus der Drehkristallaufnahme um die c-Achse, daß die ganze Struktur aus einer Folge PQPQ··· parallel c besteht. Der Abstand Fe—X beträgt damit 1,955 ± 0,007 A. Vorläufige Unterss. der Form B zeigten, daß die Raumgruppe ebenfalls R $\bar{3}$ m ist. Der Hauptunterschied zwischen den beiden Formen besteht in der Natur der Schichtenfolge P, Q. C. Gottfried. 195

Kristallstruktur von Tris-[äthylendiamin]-nickel(II)-nitrat, $Ni(NH_2-CH_2-CH_2-NH_2)_3(NO_3)_2$. Laurence N. Swink und Masao Atoji. (Acta crystallogr. [Copenhagen] **13.** 639—43. 10/8. 1960. Ames, Iowa, State Univ., Inst. for Atom. Res. and Dep. of Chem.) (Engl.)

Zur Darst. der Verb. wurde die stöchiometr. Menge Äthylendiamin langsam zu einer wss. Lsg. von $Ni(NO_3)_2$ gegeben. Durch langsames Eindunsten bei Zimmer-Temp. wurden Einkristalle in Form gestreckter hexagonaler Pyramiden erhalten. Beim Abkühlen der Kristalle von Zimmer-Temp. bis zur Temp. des fl. N_2 ändert sich die Farbe von tiefviolett zu hellviolett. Beim langsamen Erhitzen zersetzt sich die Verb. bei 270°, bei schnellem Erhitzen erfolgt die Zers. explosionsartig. Mkr. u. in Lsg. konnte eine opt. Drehung nicht festgestellt werden, die Kristalle sind demnach racemisch. Die hexagonale Zelle hat die Abmessungen a = 8,87 ± 0,01; c = 11,41 ± 0,02 Å; Raumgruppe D_6^6 — P 6_3 2 2; Z = 2. Unter der Annahme, daß die C- u. N-Atome tetraedr. an die H-Atome mit den Abständen C—H = 1,09 (Å) u. N—H = 1,01 gebunden sind, u. nach Verfeinerung mit Hilfe der Meth. der kleinsten Quadrate wurden die folgenden Parameter bestimmt: Ni (x =) $^2/_3$; (y =) $^1/_3$; (z =) $^1/_4$; N: 0,4588; 0,1402; 0,3507; C: 0,2911; 0,1290; 0,3140; N′ (aus NO_3): $^1/_3$; $^2/_3$; 0,1110; O: 0,2117; 0,5189; 0,1110. In dem Gitter sind 2 NO_3-Ionen derart übereinander angeordnet, daß sie mit den komplexen Ionen eine dichte Packung bilden. Obwohl diese Konfiguration anscheinend zu elektrostat. Instabilität führt, wird ein stabiles kristallines Feld erhalten, wahrscheinlich durch Wechselwrkg. mit Einschluß der H-Atome, von denen einige eine schwach gegabelte Bindung des Typs O···$(H—N)_2$ bilden. Die Konfiguration des $[Ni(en)_3]^{2+}$ ist vom Typ D — l l l oder L — d d d mit Ni—N = 2,12; N—C = 1,50 u. C—C = 1,50 Å; die oktaedr. Koordination in diesem Ion ist stark verzerrt. Das IR-Absorptionsspektrum wird kurz besprochen; es bestätigt die Annahme einer gegabelten H-Bindung.

C. Gottfried. 195

Kristallographische Untersuchung des Inyoits. W. W. Kondratjewa. (Вестник Ленинградского Университета, Серия Геология и География [Nachr. Leningrader Univ.] **15.** Nr. 6. [Ser. Geol. Geogr.] Nr. 1. 74—87. 1960.) (Russ.; Auszug: Engl.)

Opt., goniometr. u. röntgenograph. Unterss. des Inyoits führten zu folgenden Ergebnissen: Auf Grund der goniometr. Vermessungen konnte als neue Form {$\bar{1}$ 1 2} beobachtet werden. Brechungsindices: n_z = 1,516 ± 0,01, n_y = 1,506 ± 0,001, n_x = 1,493 ± 0,001; $n_z—n_x$ = 0,023. Achsenwinkel: 2 V = —80° 18′ ± 6′. Spaltbarkeit: mittel nach (0 0 1). Gitter-Konst.: a_0 = 10,63, b_0 = 12,03, c_0 = 8,38 ± 0,01 kX. β = 113° 54 ± 14′ (goniometr.: 114° 2′); V = 979,79 kX^3. Z = 2. $D_{pykn.}$ 1,883 ± 0,002; $D_{röntg.}$ 1,870 ± 0,007 $g \cdot cm^{-3}$. Die Raumgruppe wird entgegen früheren Angaben als P 2_1/m angenommen. M. Hähnert. 195□

Domänstruktur von Kobalt-Whiskern. Jan Kaczér, Richard Gemperle und Zdeněk Hauptman. (Czechoslov. J. Physics **9.** 606—12. 1959. Prag, Czechosl. Acad. Sci., Inst. of Phys.) (Engl.)

Vff. berichten über experimentelle Unterss. der Struktur von Co-Whiskern nach der Koll.-Technik. Es wurde eine neue Oberflächenstruktur gefunden, die eine große Regelmäßigkeit aufweist. Die Abhängigkeit dieser Struktur von der Kristalldicke wurde untersucht u. folgt einem Zweidrittel-Potenz-Gesetz im Gegensatz zur Theorie von Landau u. Lifšic, die ein Quadratwurzelgesetz fordert. Vff. entwickeln ferner ein Modell der Oberflächenstruktur u. leiten eine empir. Gleichung für die Energiedichte der Oberflächenstruktur ab. G. M. Neumann. 196□

Eisenwhisker-Oberflächenneuordnungen durch Wasserstoffreduktion des Oxids und durch thermisches Ätzen. J. V. Laukonis und R. V. Coleman. (J. appl. Physics **32.** 242—47. Febr. 1961. Warren, Mich., Gen. Motors Corp., Res. Labor.; Urbana, Ill., Univ. of Illinois.) (Engl.)

Fe_2O_3-Filme auf α-Fe-Whiskers wurden mit H_2 red. u. die entstehenden Oberflächen untersucht. Die beobachteten Topographien zeigten eine starke Abhängigkeit von der kristallograph. Orientierung der Oberflächen. Es konnte gezeigt werden, daß aus dem polykristallinen Fe_2O_3-Film durch räumliche Umordnung der Atome während der Red. Einkristalloberflächen entstehen, die beim Erhitzen über den Umwandlungspunkt bei 910° in polykristallines Material übergehen. Wird die Temp. der γ-Phase länger als 1 Std. aufrechterhalten, so werden die Fe-Oberflächen therm. geätzt u. es treten parallele Riffelungs- u. Dendritenstrukturen auf, die von der kristallograph. Orientierung der jeweiligen Oberflächen abhängig sind. G. M. NEUMANN. 196□

Durchsichtige Indiumkontakte auf CdS. Y. T. Sihvonen und D. R. Boyd. (Rev. sci. Instruments **31.** 992—94. Sept. 1960. Warren, Mich., Gen. Motors Corp., Res. Labor.) (Engl.)

Vff. beschreiben 2 Meth. zur Aufbringung von hochdurchsichtigen, antireflektierenden elektr. Kontakten mit niedrigem Widerstand auf CdS. Die 1. Meth. beruht auf einem Diffusionsprozeß, bei dem CdS in H_2-Atmosphäre in Ggw. von In-Dampf erhitzt wird. Während der Oberflächenwiderstand von reinem CdS die Größenordnung von 10^{10} Ω hat, kann er durch die obige Behandlung je nach der Temp. auf ca. 12 Ω red. werden. Durch die Aufbringung des In tritt keine Farbänderung des Kristalls ein, auch konnten keine Änderungen in den Durchlässigkeits-Eigg. des Kristalls von der Bandkante bis 20000 Å beobachtet werden. Die Eindringtiefe des In in das CdS nach einer Erhitzungsdauer von 10 Min. bei 575° ist von der Größenordnung 0,05 mm. Bei der 2. Meth. wird von einer In–Sn-Leg. mit 82% In ausgegangen, die in dem von BELSER u. HICKLIN (vgl. C. **1957.** 6838) beschriebenen App. in O_2-Atmosphäre auf den Kristall aufgestäubt wird. Es bildet sich hierbei ein In_2O_3-Film, der geringe Mengen Sn als Verunreinigung enthält. Für einen ca. $2 \cdot 10^{-6}$ cm dicken Film wurde ein Oberflächenwiderstand von ca. 100—150 Ω gemessen. Die Durchlässigkeit des Films erstreckt sich von 4600—20000 Å. C. GOTTFRIED. 196

Thermodynamik und Struktur metallischer Legierungen. A. M. Jewssejew. (Успехи Химии [Fortschr. Chem.] **29.** 669—85. Mai 1960. Moskau, Lomonossow-Univ., Chem. Fak.) (Russ.)

Übersicht über die Beziehungen zwischen der Struktur u. den thermodynam. Eigg. von Legg., die zur Aufklärung der chem. Bindungsverhältnisse dienen können. — 48 Literaturangaben. E. KLEVER. 197□

Ausscheidungen in homogenen Legierungen während des Sinterns. G. G. Kuczynski, G. Matusumura und B. D. Cullity. (Acta metallurg. [New York] **8.** 209—15. März 1960. Notre Dame, Ind., Univ., Dep. of Metallurgy.) (Engl.)

Auf Grund experimenteller Unterss. des Sintervorganges kommen Vff. zu dem Ergebnis, daß die starke Oberflächenkrümmung des Berührungsgebiets, in welchem zwei Teilchen zusammengesintert sind, einen Leerstellengradienten erzeugt, der unter günstigen Umständen eine starke Ausscheidung in einer vollkommen homogenen festen Lsg. zur Folge haben kann. Bei Ausscheidungen in Cu–In- u. Cu–Ag-Legg., die in dem genannten Berührungsgebiet bei Temp. oberhalb der Löslichkeitslinie u. unterhalb der Soliduslinie auftreten, wurde dieser Effekt beobachtet u. experimentell u. theoret. ausgewertet. G. BAUER. 197□

Über das Gefüge von elektrolytischen W-Co-Niederschlägen aus Tartratbädern. Hisashi Yamamoto. (Nippon Kinzoku Gakkai-Si [J. Japan Inst. Metals] **25.** 292—96. 1961.) (Jap.; Auszug: Engl.)

Auf Grund des Wasser-Geh., des Gefüges u. der Kristallstruktur von elektrolyt., aus Tartratbädern abgeschiedenen W–Co-Ndd. lassen sich diese in 3 Gruppen A, B u. C einteilen; A: 20—35 Gew.-% W, winkelförmiges Gefüge, bevorzugte Orientierung der hexagonalen α-Co-Mischkristalle mit parallel zur Oberfläche verlaufenden $(10\bar{1}0)$- oder $(10\bar{1}1)$-Flächen; B: 36—42% W, intermediäres Gefüge, von A abweichende bevorzugte Orientierung; C: 43—52% W, körniges Gefüge, diffuse Röntgenstrahlenbeugung im Bereich d = 2,25—1,89 Å. W. WESLY. 197□

Versetzungsätzgruben in schwach gedehntem, polykristallinem α-Messing. Kohei Kojima und Haruo Fujiwara. (Nippon Kinzoku Gakkai-Si [J. Japan Inst. Metals] **25.** 285—89. 1961.) (Jap.; Auszug: Engl.)

Bei Unterss. der Zugverformung bei schwacher Dehnung von polykristallinem α-Messing mit Hilfe des Ätzgruben-Verf. folgt aus der Anordnung der Ätzgruben im gleichen Korn bei verschiedenen Verformungsgraden, daß die Ordnung der Entstehung der Gleitversetzungen gut mit den Ergebnissen übereinstimmt, die man erwarten sollte, wenn man den Einfl. der benachbarten Körner außer Betracht läßt. Denn die Einw. von Nachbarkörnern zeigt sich in Konfigurationen von gehäuften Versetzungsreihen, die durch Hindernisse, wie Korngrenzen u. andere Versetzungen, begrenzt werden. Mit fortschreitender Verformung wächst die Zahl der blockierten Versetzungen, u. die mittlere freie Weglänge neuer Versetzungen nimmt ab. W. WESLY. 197□

Über das Verhalten von reinem und technischem Eisen beim Deformationsprozeß bei cyclischen Temperaturveränderungen. M. G. Losinski, I. Ss. Ssimeonowa und A. Je. Fedorowski. (Известия Академии Наук СССР, Отделение Технических Наук, Металлургия и Топливо [Nachr. Akad. Wiss. UdSSR, Abt. techn. Wiss., Metallurg. Brennstoffe] **1959.** Nr. 6. 24—36. Nov./Dez.) (Russ.)

Beschrieben wird eine Vorr. für die automat. Steuerung der Temp. bei der cycl. Erwärmung u. Abkühlung metall. Proben im Vakuum. Mitgeteilt werden die hiermit erhaltenen Ergebnisse bei Unterss. über die Verformungskinetik von Proben aus techn. Fe mit 0,03% C u. aus Fe hoher Reinheit mit 0,002% C, die im Vakuum bei cycl. Temp.-Schwankungen im Temp.-Bereich zwischen 800 u. 1000° einer Zugbeanspruchung unterworfen wurden. Es wurde der Einfl. geringer Beimengungen auf den Charakter der Verformung dieser beiden Fe-Sorten festgestellt. Die Verss. bestätigen die Ergebnisse von CIZERON u. LACOMBE (vgl. C. **1957.** 12393), wonach eine Erhöhung des Geh. an Beimengungen im Fe sich stark auf seine Festigkeit bei cycl. Temp.-Änderungen auswirkt. Außerdem erscheint es besonders wichtig, daß eine Erhöhung des Geh. an Beimengungen zu einer wesentlichen Abnahme der Temp. der geringsten Festigkeit führt, die bei den cycl. Änderungen zwischen 750 u. 850° liegt. Hierbei war im Probenmittelteil, in dem die Temp.-Schwankungen 800—1000° betrugen, die Verformung bei gleicher Beanspruchung der Probe durch Wärme u. Zugspannung etwa um das 4,5fache geringer als in der Bldg.-Zone der beiden Einschnürungen. Die auf der Oberfläche der Proben während der Prüfung gebildeten Ansätze sind polykristalline Gebilde.

H. HOCHSTEIN. 197□

Elektronenmikroskopische Beobachtungen der Versetzungsnetzwerke in einer Legierung mit einem kubisch-raumzentrierten Gitter. Soji Nenno, Toshio Saburi, Masayoshi Tagaya und Zenji Nishiyama. (J. physic. Soc. Japan **15.** 1409—12. Aug. 1960. Osaka, Univ., Fac. of Engng., Dep. of Metallurgy and Inst. of Sci. and Ind. Res.) (Engl.)

Unter Bezugnahme auf Beobachtungen von HIRSCH (vgl. C. **1960.** 16350) berichten Vff. über elektronenmkr. Beobachtungen von Versetzungsnetzwerken in dünnen Folien einer *Fe–Cr*-Leg. mit 55% Cr. Die Proben wurden zunächst durch Schmieden auf eine Dicke von 0,3 mm gebracht, hierauf bis zur beginnenden Riß-Bldg. weitergeschlagen u. dann 24 Std. lang bei 720° angelassen. Für die elektronenmkr. Beobachtung wurden sie zur Herst. dünner Folien elektrolyt. poliert mit einem Elektrolyt, der 200 cm^3/Liter $HClO_4$ u. 800 cm^3/Liter Eisessig enthielt. In den zahlreichen Mikrophotographien sind Versetzungsvernetzungen, hexagonale Netzwerke u. Netzwerke mit unregelmäßiger Form zu erkennen. Aus dem Auftreten 3facher Knoten wird angenommen, daß BURGERS-Vektoren vom Typ [1 0 0] sowie auch vom Typ ½ [1 1 1] stabil sein können.

C. GOTTFRIED. 197

Die Kristallstruktur ternärer Phasen in den Systemen Mo(W)–Fe(Co, Ni)–Si. Je. I. Gladyschewski und Ju. B. Kusma. (Журнал Структурной Химии [J. Strukturchem.] **1.** 66—71. Mai/Juni 1960. Lemberg, Staatl. Franko-Univ.) (Russ.)

Durch Röntgenstruktur-Unterss. wurden in den 6 Syst. Mo(W)–Fe(Co, Ni)–Si folgende tern. Phasen mit $MgZn_2$-Struktur vom $MgZn_2$-Typ festgestellt: *MoFeSi*: Gitter-Konst. a = 4,741 (kX), c = 7,647; *MoCoSi*: a = 4,735; c = 7,555; *MoNiSi*: a = 4,735; c = 7,563; *WFeSi*: a = 4,728; c = 7,651; *WCoSi*: a = 4,724; c = 7,706; *WNiSi*: a = 4,725; c = 7,563. U.-L. RAU. 197□

Über einige Besonderheiten des Sprödbruches metallischer Kristalle. Je. D. Schtschukin, L. A. Kotschanowa und W. I. Lichtman. (Доклады Академии Наук СССР [Ber. Akad. Wiss. UdSSR] **133.** 1064—66. 11/8. 1960. Inst. für physikal. Chem. der Akad. der Wiss. der UdSSR.) (Russ.)

Bei der Unters. des Mechanismus von Sprödbruch muß der Unterschied in der Bedeutung der Stufen- u. Schraubenversetzungen berücksichtigt werden. Es wird vorgeschlagen, eine Analyse des Verhältnisses der normalen u. der Abscherspannungen beim Zerreißen der Kristallite zur Klärung von Fragen vorzunehmen, die mit der Temp.-Geschw.-Abhängigkeit der Sprödbruchbedingungen zusammenhängen.

H. HOCHSTEIN. 200□

Verfestigung von Eisen-Polykristallen und Hypothesen über den Ursprung der Stufe der Zugkurven. B. Jaoul. (J. Mechan. Physics Solids **9.** 69—90. April 1961. Paris, École des Mines.) (Franz.)

Die Unters. der plast. Verformung von Polykristallen aus entkohltem Fe zeigt, daß nur wenige Gleitsyst. in jedem Korn auftreten u. daß die Verfestigung durch die Ggw. von Korngrenzen nicht beeinflußt wird. Diese Kennzeichen führen zu Hypothesen, die die Amplitude der Verformung entsprechend der Stufe der Zugkurven zu bestimmen gestatten. Die Entw. von PIOBERT-LÜDERSschen Linien wird auf eine begrenzte, durch Drehung der Kristalle im Verlauf der Verformung erzeugte Instabilität zurückgeführt. Eine gewisse Anzahl von Vers.-Ergebnissen bestätigt die Richtigkeit dieser Hypothesen. H. HOCHSTEIN. 200□

Die Sulfide, Selenide und Telluride von Titan, Zirkonium, Hafnium und Thorium. 4. Mitt. **Schmiereigenschaften der graphitähnlichen Chalkogenide.** F. K. McTaggart und A. Moore. (Austral. J. Chem. **11.** 481—84. Nov. 1958. Melbourne, C.S.I.R.O., Div. of Ind. Chem.) (Engl.) — 3. vgl. C. **1962.** 7046.

Vff. untersuchen einen großen Teil der Chalkogenide von Ti, Zr, Hf u. Th, die Schichtgitterstruktur bzw. graphitähnliche Eigg. aufweisen, auf ihre Schmierfähigkeit. Es wird gezeigt, daß die zum Gleiten der Schichten notwendigen Scherkräfte im allg. niedrig sind u. mit denen bei MoS_2 u. Graphit verglichen werden können. G. RUBAN. 200□

Über die Viscosität von Quarzglas. Jean Yovanovitch. (C. R. hebd. Séances Acad. Sci. **253.** 853—55. 31/7. 1961. Boulogne-sur-Seine, Seine, Labor.) (Franz.)

Vf. untersucht die Viscosität η von entwässertem u. wasserhaltigem (200 ppm) Quarzglas zwischen 1000 u. 1200° durch Messung der Dehnungs-Geschw. einer stabförmigen Probe. Der H_2O-Geh. folgt aus der IR-Absorption bei 2,7 μ. Sowohl der H_2O- als auch ein TiO_2-Zusatz (150 ppm) zeigen einen beträchtlichen Einfl. auf η. Für wasserfreies Quarzglas beginnt der Bereich der Erweichung bei 1000—1100° u. ist bei 1600° beendet. HERBERT MÜLLER. 200□

Charles Alfred Coulson, Valence. 2nd edit. London: Oxford U. P. 1961. (XIII + 404 S. m. Tab. u. Diagr.) 30 s.

A₇. Gleichgewichte. Kinetik

Unveränderlichkeit der a-Parameter bestimmter Salze bei der Änderung des Lösungsmittels. Y. Harry Inami, H. K. Bodenseh und J. B. Ramsey. (J. Amer. chem. Soc. **83.** 4745—48. 5/12. 1961. Los Angeles, Calif., Univ. of California, Dep. of Chem.) (Engl.)

Vff. ermitteln die Werte der Assoziations-Konst. K_A von $[(n\text{-}C_4H_9)_4N]ClO_4$ in CH_3CHCl_2, CH_2ClCH_2Cl (I), $CH_3CCl_2CH_3$, $CH_2ClCHClCH_3$ (II), $o\text{-}C_6H_4Cl_2$, $CH_3COC_2H_5$, u. C_6H_5CN. Die DK der Lsgm. liegen zwischen 9,9 u. 25,2 bei 25°. Es wird festgestellt, daß in allen Lsgm., die aus nur einer Mol.-Art bestehen (außer I u. II), zwischen log K_A u. 1/DK eine lineare Beziehung besteht, d. h. der Ionendurchmesser a („Berührungsabstand") des Salzes hat in den Lsgm. den gleichen Wert. Die merkliche Abweichung von der Linearität für I u. II, die aus je zwei Mol.-Arten bestehen, stimmt mit der Erwartung überein, daß die effektive DK des Lsgm. (die tatsächliche DK in der Nähe eines Ions) beträchtlich größer als der gemessene Wert des reinen Lsgm. ist. Die von anderen Autoren mitgeteilten K_A-Werte von Tetra-n-butylammoniumpikrat in Lsgm. mit der DK 5,04—34,69 ändern sich ebenfalls linear mit 1/DK, woraus auf die Konstanz des a-Parameters geschlossen wird. P. FRENZEL. 223□

Über die Auflösung fester Körper in Flüssigkeiten. 1. Mitt. **Die Auflösung von Zinkoxid in Natronlauge.** Rolf Landsberg, Helmut Fürtig und Lothar Müller. (Wiss. Z. Techn. Hochschule Chem. Leuna-Merseburg **2.** 453—58. 1959/60.) (Dt.)

ZnO-Tabletten, die durch Pressen u. Glühen hergestellt wurden, tauchten als rotierende Scheiben in NaOH- bzw. KOH-Lösungen. Die Auflösungs-Geschw. ist von der Glühtemp. abhängig. Im rührabhängigen kinet. Bereich konnte die von WILDERMANN angegebene Gleichung bestätigt werden, doch erwies sich auch die formale Geschw.-Konst. in dieser Gleichung als konzentrationsabhängig. H.-G. MOSLÉ. 224□

Über die Auflösung fester Körper in Flüssigkeiten. 2. Mitt. **Die Potentialabhängigkeit der Auflösung von ZnO in Natronlauge.** Rolf Landsberg und Helmut Fürtig. (Wiss. Z. Techn. Hochschule Chem. Leuna-Merseburg **2.** 459—60. 1959/60.) (Dt.) — 1. vgl. vorst. Referat.

Vff. konnten zeigen, daß die Auflösungs-Geschw. der ZnO-Tabletten im Bereich von —300 bis +850 mV potentialunabhängig ist. Aus dem Verhältnis der elektron.

Stromdichte zur Äquivalentstromdichte der Auflösung wurde die Abweichung von der Stöchiometrie ermittelt. Sie stimmt gut mit früheren Messungen von ENGELL überein.
H.-G. MOSLÉ. 224□

Kinetik der Auflösung von Indiumantimonid in Salpetersäure. R. L. Mjuller, G. M. Orlowa und Zsin-Chua Zui. (Журнал Общей Химии [J. allg. Chem.] **31** (93). 2457—61. Aug. 1961. Leningrad, Shdanow-Univ.) (Russ.)

Vff. untersuchen die Auflösung von n-InSb-Einkristallen ($10^{14}-10^{16}$ Atome/cm³ Verunreinigung) in HNO_3 in Abhängigkeit von der Säure-Konz. (0,97—12,37n), der Temp. (20—80°) u. der Durchmischung der HNO_3 (5—1000 U/min). Die Ergebnisse sind graph. dargestellt. In verd. Lsgg. (bis 2,5n HNO_3) wird die Auflösung von InSb durch autokatalyt. Oxydation bestimmt. In den Lsgg. von ca. 7—12n HNO_3 wird die Auflösungs-Geschw. durch die Diffusion des HNO_3 zur InSb-Oberfläche bestimmt. Die Auflösungs- bzw. Oxydations-Geschw. W läßt sich nach $\log W = -p_W = -A/T + \beta$ bzw. $W = C \cdot e^{-E_A/RT}$ darstellen (E_A = Aktivierungsenergie). Die A-, B-, E_A- u. C-Werte für den angegebenen Konz.-Bereich werden angegeben. D. HOENE. 224□

Kinetik der Auflösung von Indiumantimonid in salzsauren Eisen(III)-chlorid- und Jodlösungen. R. L. Mjuller, G. M. Orlowa und Zsin-chua Zui. (Журнал Общей Химии [J. allg. Chem.] **31** (93). 2461—65. Aug. 1961.) (Russ.) — Vgl. vorst. Referat.

Vff. untersuchen die Auflösung von n-InSb-Einkristallen in 0,02m salzsauren $FeCl_3$-Lsgg. in Abhängigkeit von der HCl-Konz. (0,25n u. 1,0n), der Temp. (20, 30, 40°) u. der Rührgeschw. (0—1000 U/min) sowie in 2n HCl-Lsgg. in Abhängigkeit von der Temp. (20, 30, 40°), der Rührgeschw. (0—1000 U/min) u. der J_2-Konz. [0,03(m), 0,15, 0,22]. Die Ergebnisse sind graph. wiedergegeben. Die Konst. A u. B der Gleichung für die Auflösung, die Aktivierungsenergie E_A u. der Faktor C werden für beide Syst. angegeben. Die niedrige Aktivierungsenergie legt einen Diffusionsmechanismus für die Auflösung nahe. Berechnung nach einem NERNSTschen Diffusionsprozeß für den Übergang von Fe^{3+} an die InSb-Oberfläche u. der experimentelle Wert bei 20° ohne Rührung stimmen überein. Für die Auflösung in J-haltiger HCl wird ebenfalls ein Diffusionsmechanismus angenommen. Als reagierende Komponente wird nicht J_2, sondern HJO angesehen. Diese Ergebnisse werden mit denen an Ge verglichen. D. HOENE. 224□

Die Kinetik chemischer Reaktionen. T. J. Harrington. (School Sci. Rev. **42**. 265—69. März 1961. Leicester, Ratcliffe Coll.) (Engl.)

Allg. Betrachtungen. M. STRASCHILL. 225□

Konjugation und bewegliche Bindungszustände bei Elektronenübergangsreaktionen. R. T. M. Fraser. (J. Amer. chem. Soc. **83**. 4920—22. 20/12. 1961. Ottawa, Univ. of Ottawa, Fac. of Pure and Appl. Sci., Dep. of Chem.) (Engl.)

Es wurden die Elektronenübergangs-Geschw. zwischen $Cr^{2+} \cdot aq.$ oder $V^{2+} \cdot aq.$ u. $[(NH_3)_5CoR]^{2+}$-Komplexen, bei denen R eine Benzol-, Biphenyl- oder Naphthalindicarbonsäure ist, gemessen u. die Ergebnisse mit Berechnungen aus der Theorie der Rk.-Geschw. mit beweglichen Bindungszuständen der Überbrückungswege verglichen. Die Rk.-Geschw. wurden aus der Geschw. der Abnahme des Absorptionsmaximums bei 500 mμ mit einem Spektralphotometer bestimmt. Es zeigt sich, daß das Geschw.-Gesetz für Komplexe mit kondensierten aromat. Syst. die allg. Form $-d[CoL^{2+}]/dt = (k_1 + k_2[H^+])[CoL^{2+}][Red^{2+}]$ besitzt u. keinen Term enthält, der einem Elektronenübergang über den Liganden auf einem $[H^+]$-unabhängigen Weg entspricht.
G. M. NEUMANN. 225□

Über den Morrisschen Mechanismus der Hydrolyse von Chlor. Eugene Shilov und S. Solodushenkov. (J. physic. Chem. **65**. 2112. Nov. 1961. Kiev, Acad. of Sci. of the Ukrainian SSR, Inst. of Org. Chem.) (Engl.)

Auf Grund einer Veröffentlichung von LIFSHITZ u. PERLMUTTER-HAYMAN (C. **1961**. 5713) weisen Vff. darauf hin, daß sie bereits 1947 den MORRISschen Rk.-Mechanismus der Hydrolyse von Cl_2 auf der Grundlage ihrer kinet. Messungen krit. diskutiert haben. Der Wert k der Hydrolysen-Geschw. wurde 1945 von Vff. zu 1,75 s^{-1} bei 0° u. zu 8,97 bei 17,6° bestimmt. J. KRAETSCH. 225□

Die Kinetik der Oxydation von Cr(III) zu Cr(IV) durch Wasserstoffperoxid. Michael R. Baloga und Joseph E. Earley. (J. Amer. chem. Soc. **83**. 4906—09. 20/12. 1961. Washington, D.C., Georgetown Univ., Dep. of Chem.) (Engl.)

Vff. berichten über Unterss. der Oxydations-Geschw. von Cr(III) zu Cr(IV) mit H_2O_2 in alkal. Medium. Die Messungen wurden mit einem BECKMANN-Spektralphotometer bei 594 mμ, einer Wellenlänge, bei der CrO_4^--Ionen nicht absorbieren, durchgeführt. Die Rk. verläuft in alkal. H_2O_2-Lsg. im untersuchten Konz.-Bereich (0,5—6,0m) nach der 1. Ordnung. Die Basenabhängigkeit läßt sich mit einer Aciditätsfunktion vom

HAMMETT-Typ interpretieren u. ist von der Ordnung ½ in bezug auf die effektive H^+-Aktivität. Durch Alterung des Cr(III) in alkal. Medium sowie durch CO_3^{2-}-Ionen wird die Rk.-Geschw. erniedrigt. Der Mechanismus der Oxydations-Rk. u. der die Rk. inhibierende Einfl. werden diskutiert. G. M. NEUMANN. 225□

Oxydation von geschmolzenem reinstem Aluminium in trockenem Sauerstoff. W. C. Sleppy. (J. electrochem. Soc. **108.** 1097—1102. Dez. 1961. New Kensington, Pa., Aluminium Co. of America, Phys. Chem. Div., Alcoa Res. Labor.) (Engl.)

Die Geschw. der Oxydation von hochreinem Al bei Temp. von 660—850° in trocknem O_2 wird stark von den ursprünglichen Oberflächen-Eigg. der festen Probe bestimmt. Die Oxydation von Al erfolgt bei Temp. ≤700° nach einem logarithm. Wachstumsgesetz, während bei Temp. um 750° ein modifiziertes parabol. Wachstumsgesetz beobachtet wird. Das logarithm. Oxidwachstum läßt sich nach der Unordnungstheorie von DAVIES, EVANS u. AGAR beschreiben. Die parabol. ablaufende Oxydation läßt sich durch Diffusion von Al-Ionen durch die η-Al_2O_3-Schicht zur Oxid–Gas-Grenzfläche beschreiben. Die Aktivierungsenergie für die diffusionsbestimmte Oxydations-Rkk. ergibt sich zu 99 kcal/Mol. Schließlich wird eine mögliche Beziehung zwischen der Morphologie u. der Kinetik des Oxidwachstums auf geschmolzenem Al entwickelt. G. M. NEUMANN. 225□

Die Oxydation von Niob im Temperaturbereich von 350—750°. D. W. Aylmore, S. J. Gregg und W. B. Jepson. (J. electrochem. Soc. **107.** 495—501. Juni 1960. Exeter, Univ. of Exeter, Dep. of Chem.) (Engl.)

Vff. untersuchen die Kinetik der Oxydation von Nb in trocknem O_2 bei 1 at Druck zwischen 350 u. 750° u. führen einige zusätzliche Messungen bei 0,1 at durch. Bei einer Vers.-Dauer von ca. 270 Std. wirkt bei 350° die oxydierte Oberfläche schützend gegen eine weitere Oxydation, während bei Temp. >400° das Metall, abgesehen von einer Anfangsperiode, mit konst. Geschw. oxydiert wird, wobei jedoch bei 450 u. 500°, aber nicht bei höheren Temp., eine weitere Änderung der Oxydations-Geschw. im Verlauf der Rk. eintritt. Zwischen 600 u. 650° nimmt die Oxydations-Geschw. mit zunehmender Temp. ab. Die spezif. Oberfläche des Zunders verringert sich mit Ausnahme bei der Temp. von 400° mit steigender Oxydations-Temp. infolge von Sinterungsvorgängen. Bei 400 u. 450° wird durch Einw. von Feuchtigkeit die Rk.-Geschw. vermindert, während sie bei 600° unverändert bleibt. Angenäherte Berechnungen der Größe der Kristallite des Zunders stehen in guter Übereinstimmung mit Resultaten von GOLDSCHMIDT. Bei der Unters. von 2 Proben erfolgten bei der reineren Nb-Probe die Änderungen der Oxydations-Geschw. sowie die Bldg. von pulverförmigem Oxid zu früheren Zeitpunkten als bei der weniger reinen Probe. Die Vers.-Ergebnisse werden bzgl. des Oxydationsmechanismus ausführlich unter Annahme der Bldg. eines als Schutzschicht wirkenden Oxidfilms diskutiert. J. KRAETSCH. 225□

Hochtemperatur-Oxydations- und Vakuum-Dissoziations-Untersuchungen der A{1 1 1}- und B{$\bar{1}\,\bar{1}\,\bar{1}$}-Oberflächen von Galliumarsenid. Donald P. Miller, James G. Harper und Thomas R. Perry. (J. electrochem. Soc. **108.** 1123—26. Dez. 1961. Dallas, Tex., Texas Instruments, Inc.) (Engl.)

Hochtemp.-Oxydations-Unterss. an GaAs wurden durchgeführt, um direkt die Oxydation der A {1 1 1}- u. B {$\bar{1}\,\bar{1}\,\bar{1}$}-Oberflächen beobachten zu können u. das von GATOS u. LAVINE vorgeschlagene Modell auf seine Brauchbarkeit zu prüfen. Die experimentellen Ergebnisse bestätigen das Modell, wonach an den B-Flächen ungebundene Elektronen auftreten, an den A-Flächen dagegen nicht. So reagieren B-Flächen schneller mit O_2 als A-Flächen. Ferner zeigen Verdampfungsmessungen im Vakuum, daß unterhalb einer Temp. von 770° Atome von den B-Flächen mit einer größeren Geschw. dissoziieren als von den A-Flächen. Oberhalb 800° sind die Dissoziations-Geschw. gleich, was auf eine Änderung des Mechanismus zu „mol." Verdampfung zurückzuführen ist. Die Hochtemp.-Dissoziationsenergie (>800°) von GaAs wurde dabei zu 112 kcal/Mol bestimmt. G. M. NEUMANN. 225□

Eine mikroskopische Untersuchung von Oxidfilmen auf Uran. L. Leibowitz, J. G. Schnizlein, L. W. Mishler und R. C. Vogel. (J. electrochem. Soc. **108.** 1153—55. Dez. 1961. Argonne, Ill., Argonne Nat. Labor., Chem. Engng. Div.) (Engl.)

Die mkr. Unterss. von U-Oberflächen während der Oxydation zeigen, daß die Oberfläche nicht mit einem gleichmäßigen Oxidfilm überzogen wird, sondern daß die Oxydation über einzelne, unregelmäßig verteilte Oxidaggregate verläuft. Deren Auftreten ist mit einer Erhöhung der Oxydations-Geschw. verbunden. Verschiedene Oxydationsmechanismen werden diskutiert, der Einfl. von Oberflächenänderungen u. des Aufbrechens des Oxidfilms wird untersucht. G. M. NEUMANN. 225□

Die Kinetik der Oxydation von Uran zwischen 125 und 250°. L. Leibowitz, J. G. Schnizlein, J. D. Bingle und R. C. Vogel. (J. electrochem. Soc. **108.** 1155—60. Dez. 1961.) (Engl.) — Vgl. vorst. Referat.

Die Oxydations-Geschw. von U wurde volumetr. bei konst. Druck im Temp.-Bereich von 125—250° u. bei O_2-Drücken von 20—800 Torr gemessen. Die Oxydation läßt sich am besten durch 2 lineare Geschw.-Gesetze beschreiben, einen langsamen Verlauf u. einen bedeutend schnelleren Verlauf nach einem Verbrauch von ca. 50 μg O_2/cm². Die 1. Rk.-Phase gehorcht dabei dem Geschw.-Gesetz $v = 1{,}48 \cdot 10^4\ P^{1/n} \exp(-E/RT)$ mit $E = 10700$ cal, $P = O_2$-Druck in Torr u. $^1/_n$ = temperaturabhängige Konstante. Die Gesamt-Rk. scheint dann von einem Prozeß an der Grenzfläche Gas–Oxid bestimmt zu werden. G. M. NEUMANN. 225□

Der Einfluß einer elektrischen Entladung auf die Oxydationskinetik von Uran. J. G. Schnizlein, J. D. Bingle und L. Leibowitz. (J. electrochem. Soc. **108.** 1166—67. Dez. 1961.) (Engl.) — Vgl. vorst. Referate.

Vff. berichten über die Oxydation von U unter dem Einfl. einer TESLA-Entladung. Es zeigt sich, daß durch die elektr. Entladung die Rk.-Geschw. wesentlich erhöht wird. Vff. vermuten, daß durch die Entladung gleichzeitig die Adsorption von O_2 u. damit auch die Oxydations-Geschw. erhöht wird. G. M. NEUMANN. 225□

Der Einfluß der chemischen Isomerie auf Szilard-Chalmers-Prozesse in Festkörpern. T. Costea und I. Dema. (Nature [London] **189.** 478—79. 11/2. 1961. Bucharest, Inst. of Atomic Phys., Labor. of Radiochem.) (Engl.)

Vff. untersuchen den Einfl. der chem. Isomerie auf SZILARD-CHALMERS-Prozesse in Festkörpern, bes. die Frage, ob bei 2 chem. isomeren Verbb. die Aufhebung der durch die Bestrahlung hervorgerufenen Störungen in gleicher Weise verläuft. Bei den Verss. wurden Co-Komplexe mit geometr. u. opt. Isomeren bzw. mit Bindungs-, Hydratations- u. Ionisationsisomerien 40 Std. lang mit therm. Neutronen bestrahlt. Allg. hatte die chem. Isomerie einen großen Einfl. auf die gleichzeitig mit der Bestrahlung verlaufenden Rekombinationsprozesse. Die größten Unterschiede wurden bei Vorliegen von Hydratationsisomeren beobachtet, bei denen die Wassermoll. eine red. Wrkg. auf das dem Rückstoß ausgesetzte Co hatten. Die geometr. Isomeren zeigten ebenfalls sehr verschiedene Retentionen; die Aufhebung der Störungen verlief hier für die trans-Formen infolge ster. Hinderung schlechter als für die cis-Formen. Bei Ionisations- u. Bindungsisomeren hatte die Art der chem. Bindungen einen gewissen Einfluß. Ebenso traten kleine Unterschiede bei l- u. d-Formen auf. J. KRAETSCH. 226□

Bestrahlungskontrolle des Oxydationszustandes in Samarium enthaltenden Fluoritkristallen. J. Konitzer, J. Longo, R. Jarka und H. N. Hersh. (Nature [London] **193.** 157—58. 13/1. 1962. Chicago, Ill., Zenith Radio Corp.) (Engl.)

Unterss. der paramagnet. Elektronenresonanz an CaF_2-Kristallen, die mit 0,05% Sm dotiert waren, zeigen, daß die Sm^{3+}-Konz. nach einer Bestrahlung mit Röntgenstrahlen abnimmt. Ein Vgl. der opt. Absorptionsspektren vor u. nach der Bestrahlung zeigt die gleiche Erscheinung. Durch $^1/_2$std. Bestrahlung läßt sich die anfängliche Sm^{2+}-Konz. verdoppeln. Es wird vorgeschlagen, auf diese Weise in opt. Masern die Konz. von Ionen der niedrigen Wertigkeitsstufe zu erhöhen. G. M. NEUMANN. 226□

J. H. de Boer and others, eds., International Symposium on the Reactivity of Solids, 4th, Amsterdam, 1960. Reactivity of solids. Proceedings. Amsterdam: Elsevier; London: Van Nostrand. 1961. £ 7.

F. P. Bundy, W. R. Hibbard and **H. M. Strong,** eds., Progress in very high pressure research; proceedings of an international conference held at Bolton Landing, Lake George, New York on June 13-14, 1960. New York, London: Wiley. 1961. (XIX + 314 S. m. Abb., Tab. u. Diagr.) 96 s.

G. Porter, ed., Progress in reaction kinetics. Vol. 1. Oxford, London: Pergamon. 1961. (VIII + 276 S. m. Tab. u. Diagr.) 70 s.

Harald Schäfer, Chemische Transportreaktionen. Der Transport anorganischer Stoffe über die Gasphase und seine Anwendung. Weinheim/Bergstr.: Verl. Chemie. 1962. (142 S. m. 44 Abb.) = Monographie Nr. 76 zu „Angewandte Chemie" und „Chemie-Ingenieur-Technik". DM 16,80.

A_8. Präparative anorganische Chemie. Komplexverbindungen. Metallorganische Verbindungen

Der Prozeß der Graphitierung. J. Mering und J. Maire. (J. Chim. physique Physico-Chim. biol. **57.** 803—14. Okt. 1960. Paris, Inst. Nat. de Recherche Chim. Appl., Société „Le Carbone-Lorraine".) (Franz.)

Unter „Graphitierung" ist nur der therm. Umwandlungsprozeß eines „amorphen" Kohlenstoffs in polykristallinen Graphit zu verstehen, wobei diese Umwandlung progressiv erfolgt u. erst $> 3000°$ beendet ist. Die Ausgangskohlenstoffe oder Kokse sind Prodd. der Pyrolyse in Abwesenheit oxydierender Substanzen. Unter „Kohlenstoffen" sollen nur die Pyrolyse-Prodd. verstanden werden, die > 1000° entstanden sind. Eine in der Dampfphase durchgeführte Pyrolyse führt zu der Gruppe der Ruße, die die Bezeichnung „Kohlenstoff" erst nach Behandlung bei 1000° verdienen, wodurch die Reste an H_2 bzw. sauren oder bas. Gruppen entfernt werden. Die in kondens. Phase durchgeführte Pyrolyse führt zu der Gruppe der kompakten Kohlenstoffe oder Kokse. Jede dieser Gruppen läßt sich in graphitisierbare oder nicht graphitisierbare Prodd. unterteilen. Die graphitisierbaren Kohlenstoffe sind weich u. wenig porös; sie reagieren mit dem BRODIEschen Reagens unter Bldg. von Graphitsäure u. bilden mit K, Rb u. Cs lamellare Verbindungen. Die nicht graphitisierbaren Kohlenstoffe sind hart u. sehr porös u. bilden weder Graphitsäure noch lamellare Verbindungen. Vff. besprechen hierauf die Struktur des Graphits u. eines nicht graphitisierten Kohlenstoffs, die Affinität zu Brom, die diamagnet. Susceptibilität sowie den Begriff des Graphitisierungsgrades. Zum Schluß wird auf die 2 Stufen der Graphitisierung eingegangen. C. GOTTFRIED. 260

Die Abscheidung von pyrolytischem Graphit. R. J. Diefendorf. (J. Chim. physique Physico-Chim. biol. **57.** 815—21. Okt. 1960. Schenectady, N.Y., Gen. Electr. Res. Labor.) (Engl.)

Vf. verfolgte den Prozeß der Abscheidung von pyrolyt. Graphit aus der Gasphase, wobei als Substrate natürlicher, pyrolyt. u. handelsüblicher Graphit verwendet wurde. Bei den Vers. wurden die Drücke u. Temp. in weiten Grenzen verändert. Ganz allg. ergab sich, daß die Struktur u. das Wachstum von pyrolyt. Graphit größtenteils durch die Gasphasen-Rkk. kontrolliert wird. Bei sehr niedrigen Drücken des Pyrolysegases scheint der Graphit mit relativ vollkommenen Basisebenen nur an den Kanten der Basisflächen zu wachsen. Bei Prodd., die etwas unvollkommen sind, wie z. B. einem nicht graphitisierten pyrolyt. Graphit, kann das Wachstum bei niedrigen Drücken an den Kanten u. auf der Oberfläche der Basisebenen vor sich gehen. Bei wenig höheren Drücken, bei denen die Gasphasen-Rk. wichtig wird, tritt Keim-Bldg. neuer Schichten auf dem Graphitsubstrat ein. So lange der Gasdruck relativ niedrig ist, wird das Wachstum der in der Gasphase suspendierten Teilchen langsam sein, u. daher ist die Struktur des Nd. sehr geordnet. Die Dichte des Nd. ist hoch, aber infolge der nicht kohärenden Keim-Bldg. hat die Struktur turbostrat. Charakter. Weitere Druckerhöhung führt zu in der Gasphase schlecht ausgebildeten Teilchen; der Nd. auf dem Substrat hat eine niedrige Dichte. Der genaue Wert der Dichte des für irgendeine Temp. oder irgendeinen Druck erhaltenen Nd. ist sehr stark abhängig von der experimentellen Anordnung. C. GOTTFRIED. 260

Polysilane. 6. Mitt. **Bildung von Polysilanen bei sterisch gehinderten Grignard-Reaktionen.** G. Schott und J. Meyer. (Z. anorg. allg. Chem. **313.** 107—16. 1961. Rostock, Univ., Inst. für Anorgan. Chem.) (Dt.) — 5. vgl. C. **1961.** 13113.

Die Rk. zwischen $SiBr_4$ u. n- oder Isobutyl-MgBr führte zu den drei letzten noch unbekannten Verbb. der Reihe (n- bzw. i-$C_4H_9)_nSiBr_{4-n}$ mit n = 1—3. Dagegen verläuft die Umsetzung von $SiBr_4$ mit sek.- bzw. tert.-Butyl-MgBr anomal: Butyltribromsilane werden nur in geringen Ausbeuten erhalten, während die Haupt-Rkk. unter Abspaltung von Buten zu Silanen mit SiH-Bindungen oder unter Einw. von Octan zu hochmol. Polysilanen mit SiSi-Bindungen in Form gelber bis brauner, zäher Harze führen. Vff. diskutieren eingehend die wahrscheinlichen Rk.-Mechanismen dieser ster. gehinderten GRIGNARD-Reaktionen.

Versuche: Es wurde (alle Operationen unter O_2- u. H_2O-freiem N_2) äther. GRIGNARD-Lsg. (1 : 6) filtriert, unter Rühren mit äther. $SiBr_4$-Lsg. (1 : 4) bis zu einem Verhältnis $SiBr_4 : C_4H_9MgBr$ = 1 : 2,1 versetzt, 2 Std. unter Rückfluß gekocht, die äther. Phase abgetrennt, Ae. abdest., filtriert, im Vakuum fraktioniert. *Bis-[n-butyl]-dibromsilan,* $C_8H_{18}Br_2Si$, Kp.$_{765}$ 240—241°; n_D^{20} 1,4813; 63,1% (Ausbeute). — *Isobutyltribromsilan,* $C_4H_9Br_3Si$, Kp.$_{740}$ 190°; n_D^{20} 1,5085; 19,4%. — *Bis-[isobutyl]-dibromsilan,* $C_8H_{18}Br_2Si$, Kp.$_{770}$ 227°; n_D^{20} 1,4815; 58,1%. — *sek.-Butyltribromsilan,* $C_4H_9Br_3Si$, Kp.$_{768}$ 192—193°; n_D^{20} 1,5108; 9,2%. — *tert.-Butyltribromsilan,* $C_4H_9Br_3Si$, Kp.$_{768}$ 179—181°, n_D^{20} 1,5034; 5,2%. — Das *Harz* aus $SiBr_4$ u. tert.-Butyl-MgBr enthielt pro Si-Atom ca. 2,2 SiSi, 0,4 SiO, 0,9 SiBr, 0,3 SiC u. 0,2 SiH-Bindungen. U. WANNAGAT. 261□

Dimere Phosphinoborin-Derivate. W. Gee, R. A. Shaw, B. C. Smith und G. J. Bullen. (Proc. chem. Soc. [London] **1961.** 432. Nov. London, Univ., Birkbeck Coll.) (Engl.)

Vff. gelang es, erstmalig dimere Phosphinoborine $(C_6H_5)_2PBX_2$ [X = Br (I), J (II)] aus den Addukten $(C_6H_5)_2PH \cdot BX_3$ u. Triäthylamin (III) darzustellen. I u. II sind isomorph, monoklin. Für Zellparameter u. Dichte wurden für I: a 12,16 ± 0,05, b 13,45 ± 0,1, c 17,4 ± 0,1 Å, β 111,0 ± 0,5°, D.$_{pykn.}$ 1,76 u. II: a 12,26 ± 0,05, b 13,80 ± 0,05, c 17,8 ± 0,1 Å, β 110,4 ± 0,5°, $D_{pykn.}$ 2,13 ermittelt; Raumgruppe $P\,2_1/c$; Z = 8. Die Kristalle sind verzwillingt nach (1 0 0). Auf Grund der Zellsymmetrie u. Molgew.-Best. sind **I** u. **II** eindeutig dimer.

Versuche: *$(C_6H_5)_2PH \cdot BBr_3$*, $C_{12}H_{11}BBr_3P$, F. 133—134°, farblose Kristalle, aus $(C_6H_5)_2PH$ u. BBr_3 in Pentan. — *B.B-Dibromo-P.P-diphenylphosphinoborin* (**I**), $C_{12}H_{10}BBr_2P$, F. 183—184°, aus vorst. Verb. u. **III** in Bzl., aus Bzl. farblose Stäbchen. — *$(C_6H_5)_2PH \cdot BJ_3$-Addukt*, $C_{12}H_{11}BJ_3P$, F. 137—139° (Zers.), farblose Kristalle. — *B.B-Dijodo-P.P-diphenylphosphinoborin* (**II**), $C_{12}H_{10}BJ_2P$, F. 194—195° (Zers.), farblose Kristalle, beide analog vorst. Verbindungen. H. BÜRGER. 264□

Untersuchungen über die Bildung von Solvaten im System Magnesiumhalogenid–Dimethylformamid–Wasser. Hans-Joachim Bittrich, Walter Gaube und Rolf Landsberg. (Wiss. Z. Techn. Hochschule Chem. Leuna-Merseburg **2.** 443—47. 1959/60.) (Dt.)

Inhaltlich ident. mit der C. **1961.** 8960 referierten Arbeit. H.-G. MOSLÉ. 282□

Untersuchungen über die Abscheidung von Magnesium aus Dimethylformamid und Pyridin. Hans-Joachim Bittrich, Rolf Landsberg und Walter Gaube. (Wiss. Z. Techn. Hochschule Chem. Leuna-Merseburg **2.** 449—51. 1959/60.) (Dt.) — Vgl. vorst. Referat.

Inhaltlich ident. mit der C. **1961.** 8959 ref. Arbeit. H.-G. MOSLÉ. 282□

Zeolithuntersuchungen. 2. Mitt. **Stabilität der Lithiumzeolithe.** C. Ruiz-Menacho und Rustum Roy. (Bull. geol. Soc. America **70.** 1666—67. Dez. 1959. University Park, Pa., State Univ., Dep. of Geophys. and Geochem.) (Engl.)

Von Gelen u. Gläsern ausgehend wurden in dem Syst. *Li_2O–Al_2O_3–SiO_2–H_2O* bei Temp. von 200—600° u. Wasserdampfdrücken bis zu 4000 bar 3, wahrscheinlich zeolith. Hydrate gefunden, u. zwar natürlich-vorkommenden *Bikitait*, $Li_2O \cdot Al_2O_3 \cdot 4\,SiO_2 \cdot 2\,H_2O$ (**I**), ein Li–Al-Silicathydrat der Zus. $Li_2O \cdot Al_2O_3 \cdot 2\,SiO_2 \cdot 8\,H_2O$ (?) (**II**) u. ein Li–Al-Silicathydrat der Zus. $Li_2O \cdot Al_2O_3 \cdot 8\,SiO_2 \cdot 10\,H_2O$ (**III**). Es treten die folgenden Rkk. auf: **II** 285°/1000 at → *α-Eukryptit* (+ *β-Eukryptit*) + H_2O; **I** 420°/1000 at → *β-Spodumen* + α-Eukryptit; **III** 465°/1000 at → *Petalit* + H_2O. C. GOTTFRIED. 294

Elektrolytische Herstellung von gesintertem Titan aus Titantetrachlorid an einer Kontaktkathode. R. B. Head. (J. electrochem. Soc. **108.** 806—09. Aug. 1961. Melbourne, Univ. of Melbourne, School of Metallurgy.) (Engl.)

Vf. scheidet an einer Kontaktelektrode, deren Spitze in eine Elektrolytschmelze von LiCl/NaCl/KCl eintaucht, in einer $TiCl_4/H_2$-Atmosphäre gesintertes Ti ab. Durch die verwendete hohe Stromdichte steigt die Temp. der Kathodenspitze bis auf ca. 1300° an, während die Temp. der Graphitzelle niedrig bleibt. Somit erfolgt Red. des $TiCl_4$ u. Abscheidung des gesinterten Ti an derselben Kathode. Die Ti-Abscheidungen sind hart u. bestehen aus festanhaftenden Säulen von Ti-Schwamm mit einer koksähnlichen Textur. Nach dem Auslaugen enthalten sie ca. 0,5% an eingeschlossenen Salzen. Die Unters. der Mikrostruktur des Schwammes zeigt, daß keine Dendriten auftreten u. daß eine beträchtliche Sinterung stattgefunden hat. Der Geh. an Verunreinigungen bei bes. günstigen Bedingungen beträgt 0,3% C; 0,2—0,6% O; 0,01% N u. Fe-, Mn-Spuren. Der Energieverbrauch liegt bei 77 kWh pro kg abgeschiedenes Metall.

U. SKURNIA. 321□

Untersuchung der Umsetzung von Zirkoniumchlorid mit organischen Verbindungen, die verschiedene funktionelle Gruppen enthalten. O. A. Ossipow und Ju. B. Kletenik. (Журнал Общей Химии [J. allg. Chem.] **31** (**93**). 2451—56. Aug. 1961.) (Russ.)

Vff. untersuchen die Umsetzung von $ZrCl_4$ mit Ae. (**I**), Aceton (**II**), Anilin (**III**), Acetonitril (**IV**) u. Thiophen (**V**) u. bestimmen die polaren Eigg. einiger gebildeter Komplexe. $ZrCl_4$ reagiert mit **I** beim Schütteln in geschlossenen Ampullen unter Bldg. eines farblosen, feinkristallinen Nd. (kub.), der in **I** unlösl. ist. Schneller geht die Ausfällung vor sich, wenn **I** Bzl. zugesetzt wird (1 Vol. Bzl.: 7 Vol. **I**). Der Nd. hat die Zus. *$ZrCl_4 \cdot 2\,(C_2H_5)_2O$* (**VI**) F. 95 ± 3°. Beim Schütteln von Bzl.-Lsg. von **I** u. $ZrCl_4$ im Verhältnis 1:1 bildet sich eine Verb., die in Bzl. unlösl. ist. Für **VI** betragen das Dipolmoment μ = 4,87 D_2 die Molrefraktion R = 83,6 cm³, die Polarisation P_∞ = 590 cm³. ε_{20}, D_4^{20} u. Polarisation P sind für Lsgg. von **VI** in Bzl. sowie in **I** u. Bzl. tabellar. angegeben. In **II** löst sich $ZrCl_4$ schnell; *$ZrCl_4 \cdot 2\,(CH_3)_2CO$* (**VII**) wurde durch mehrstd. Schütteln von CCl_4-Lsgg. von $ZrCl_4$ u. **II** im Verhältnis 1 : 4 erhalten. **VII** ist farblos, feinkristallin, F. 125°, P_∞ = 1304 cm³, R = 709 cm³, μ = 7,67 D. In Bzl. ist **VII** unlösl.; durch **II**-Zusatz kann Auflösung erreicht werden. Lsgg. von **VII** in Bzl. mit großem **II**-Überschuß zeigen elektr. Leitfähigkeit. Für Bzl.-Lsgg., die $ZrCl_4$ u. **II** im Verhältnis 1 : 15 enthielten, sind ε_{20}, D_4^{20} u. P tabellar. angegeben. Mit Dimethylanilin, Pyridin u. Chinolin reagiert

$ZrCl_4$ lebhaft unter Bldg. von in Bzl. unlösl. Produkten. Beim Einführen von $ZrCl_4$ in **III** verläuft die Rk. zunächst auch stürmisch, dann jedoch langsamer unter Bldg. einer homogenen Lösung. Aus Bzl.–**VI**-, $HCOOC_2H_5$–$ZrCl_4$- u. $CH_3COOC_2H_5$–$ZrCl_4$-Lsgg. fällen die 4 Basen $ZrCl_4$. Beim Rühren von Bzl.-Lsgg. von **III** u. $ZrCl_4$ im Verhältnis 2 : 1 fällt ein farbloser, flockiger Nd., der in Bzl. unlöslich ist. Bei weiterer Zugabe von **III** (1—2 Mol pro $ZrCl_4$) verbindet sich **III** mit dem Nd., ein weiterer Überschuß wird nicht mehr gebunden. Für Bzl.–$ZrCl_4$–**III**-Gemische u. Bzl.–$SnCl_4$–**III**-Gemische sind ε_{20}, $D._4^{20}$ u. P tabellar. angegeben. Für die in diesen Gemischen gebildeten Verbb. sind: $P_\infty = 870$ (430) cm³, R = 38,6 (36,2) cm³ u. μ = 6,30 (4,32) D. Aus Bzl.–$ZrCl_4$-Lsgg., die mehr als das Doppelte an **IV** zur Bldg. eines 1 : 2-Komplexes enthalten, fällt beim Rühren farbloses, feinkristallines, in Bzl. unlösl. $ZrCl_4 \cdot 2\ CH_3CN$. Beim Rühren von Bzl.-Lsgg. von **V** u. $ZrCl_4$ im Verhältnis 4 : 1 fällt amorphes $ZrCl_4 \cdot 2\ C_4H_4S$ aus, das in Bzl., CCl_4 u. Hexan unlösl. ist. Vff. vergleichen die Zunahme des Dipolmomentes bei der Komplexbildung von $ZrCl_4$ mit $HCOOC_2H_5$, $CH_3COOC_2H_5$, **II**, Dioxan u. **I** sowie für analoge Vorgänge an $SbCl_3$. D. HOENE. 322□

Maschinelle Berechnung der kleinsten Fehlerquadrate für die Komplexbildung zwischen Chlorid und Zinn(II), die Hydrolyse von Zinn(II) und die Gültigkeit der Methode des Mediums mit konstanter Ionenstärke. R. Stuart Tobias und Z. Z. Hugus jun. (J. physic. Chem. **65**. 2165—69. Dez. 1961. Minneapolis, Minn., Univ. of Minnesota, Dep. of Chem.) (Engl.)

Vff. bestimmen erneut mit Hilfe von EMK-Messungen die Stabilitäts-Konst. β_i der Sn(II)-Chlorokomplexe bei 25° im perchlorsauren Medium bei einer Ionenstärke von 3. Als Zelle dient die Anordnung Sn, Hg (gesätt.) | Sn(II)-Lsg. || 3,000 m $NaClO_4$-Lsg. || 0,010 m Ag^+-, 2,990 m Na^+-, 3,000 m ClO_4^--Lsg. | AgCl | Ag. Die Lsgg. sind N_2-gesättigt. Weiterhin wird die Programmierung für einen Digitalrechner, die die Zuordnung der Werte aller experimentell bestimmten Größen erlaubt, beschrieben u. diese auf die Berechnung der β_i-Werte angewendet. In Syst. mit $[Cl^-] \leq 0{,}4$ m u. $[H^+] \geq 0{,}05$ m sind nur die Mono-, Di- u. Trichlorokomplexe zu berücksichtigen. Die kumulativen β_i betragen $\beta_1 = 15{,}12 \pm 0{,}25\ Mol^{-1}$; $\beta_2 = 54{,}9 \pm 2{,}1\ Mol^{-2}$ u. $\beta_3 = 47{,}3 \pm 4{,}2\ Mol^{-3}$. Die Ergebnisse geben keinen Hinweis auf die Bldg. gemischter Chlorohydroxokomplexe für $[H^+] = 0{,}05$—$0{,}5$ m sowie mehrkerniger Komplexe mit Chlorbrücken.

P. FRENZEL. 327□

Natur der Einwirkung von Sulfiden in wässeriger Lösung auf Organozinnoxide und verwandte Substanzen. Walter T. Reichle. (J. org. Chemistry **26**. 4634—37. Nov. 1961. Bound Brook, N.J., Union Carbide Res. Labor.) (Engl.)

Polyorganozinnoxide reagieren mit wss. Lsgg. von Sulfiden nach Ansäuern zu Organozinnsulfiden: $[R_2SnO] + 2\ S^{2-} + 4\ H^+ \rightarrow R_2SnS$ (**I**) $+ H_2O + H_2S$ sowie $[(C_6H_5)_3Sn]_2O + 2\ Na_2S + 4\ H^+ \rightarrow [(C_6H_5)_3Sn]_2S$ (**II**) $+ H_2S + H_2O + 4\ Na^+$. Als Zwischenstufe bildet sich nach Zugabe von 2 H^+ $[R_2SnS_2]^{2-}$ (**III**), das mit ($R=CH_3$) Benzylchlorid in Dimethyldibenzylmercaptozinn übergeführt werden kann, mit weiteren 2 H^+ in nicht isolierbares $R_2Sn(SH)_2$ (**IV**) übergeht, welches unter H_2S-Abspaltung spontan zum cycl. Trimeren von **I** polymerisiert. Vf. erhielt keine Hinweise auf monomere Diorganozinnoxide bzw. Dihydroxide analog **IV**. In Seleniden u. Telluriden lösen sich Organozinnoxide ebenfalls, jedoch lassen sich an Stelle der erwarteten Se- u Te-Verbb. entsprechend **I** nur Se u. Te isolieren, weil Sn–Se–Sn-Bindungen hydrolyt. gespalten werden. Wie **I** u. **II** konnten auch Hexaphenylcyclotrigermoxan u. Polydiphenylbleioxid in die Sulfide übergeführt werden. Die Sulfide zeigen andere Eigg. als die Oxide: niedriges Molgew., lösl. in organ. Lsgm., niedrige FF., wahrscheinlich kovalente Sn–S-Bindungen.

Versuche: *Dialkylzinnsulfid-Trimere*: *-methyl-* $[C_2H_6SSn]_3$, F. 149,5—151°, aus 0,05 Mol Polydimethylzinnoxid u. 0,1 Mol Na_2S in 200 ml W. u. 5 ml A., 1 Std. lang rühren; 0,1 Mol Essigsäure fällen einen wieder verschwindenden Nd., weitere 0,1 Mol einen weißen Nd.; farblose Kristalle aus Cyclohexan; 98,7% (Ausbeute.) — *-n-butyl-*, $[C_8H_{18}SSn]_3$, F. 63—69°. — *-n-octyl-*, $[C_{16}H_{34}SSn]_3$, F. 25—30°, alle wie vorst. Verbindung. — *Diphenylzinnsulfid-Trimer*, F. 182—184°. — *Diphenylbleisulfid*, $C_{12}H_{10}PbS$, F. 112—115°, aus 1,3 g Na_2S u. 5 g Polydiphenylbleioxid (durch Hydrolyse des Nitrates); hellgelbe Kristalle aus (kaltem) Bzl.-Hexan; Zers. in sd. Benzol. — Analog: *Diphenylgermaniumsulfid*, $C_{12}H_{10}GeS$, F. 198—200°, aus 0,27 g Diphenylgermaniumoxid-Trimer u. Na_2S in W./A., aus Bzl.-Hexan farblose Kristalle; 0,1 g. — Bis-[triphenylzinn]-sulfid (**II**), $C_{36}H_{30}SSn_2$, F. 145,5—147°, 5 g $[(C_6H_5)_3Sn]_2O$ u. Na_2S, farblose Kristalle aus Acetonitril; ident. mit Prod. aus $(C_6H_5)_3SnCl$, H_2S u. $(C_2H_5)_3N$ in Bzl., F. 145,5—147°; 5 g. — Rk. von **III** (aus **I** u. 2 H^+, ohne H^+ bildet sich Dibenzylsulfid) mit Benzylchlorid gibt *Dimethyl-bis-[benzylmercapto]-zinn*, $C_{16}H_{20}S_2Sn$, Kp.$_{0,25}$ 175—85°, mit aus Benzylmercaptan u. $(CH_3)_2SnCl_2$ dargestelltem Präp. identisch. H. BÜRGER. 327□

Wechselwirkungen zwischen NO_2—N_2O_4 und Niobdioxid (NbO_2). Frederick Vratny. (Nature [London] **189.** 479—80. 11/2. 1961. West Lafayette, Ind., Purdue Univ., Chem. Dep.) (Engl.)

NbO_2 wird bei 100—500° durch NO_2 bei einem NO_2-Druck von 0,14—650 mm Hg zu Nb_2O_5 oxydiert, wobei bei hohen Temp. u. Drücken die Rk. sofort, bei niedrigen Temp. u. Drücken innerhalb einiger Min. abläuft. Außerdem ist in dem gebildeten Nb_2O_5 ein geringer N-Geh. festzustellen, wobei sich bei 265 mm Hg zwischen 100 u. 500° das stöchiometr. Verhältnis Nb : N linear mit steigender Temp. von 0,019 auf 0,043 ändert. Aus IR-Spektren des Rk.-Prod. folgt, daß eine Chemisorption von NO_2 sowie die Bldg. von NO_2^-- u. Nitrat-Ionen während der Rk. erfolgt. J. KRAETSCH. 331□

Weitere Untersuchungen der Reaktion von Hexaquochrom(III)-Ionen mit o-Phenanthrolin. R. G. Inskeep und Merrill Benson. (J. inorg. Nuclear Chem. **20.** 290—94. Dez. 1961. Burglington, Vt., Univ. of Vermont, Dep. of Chem.; Washington, D.C., Nat. Bur. of Stand.) (Engl.) — Vgl. C. **1961.** **16774.**

Bei der Rk. von Cr(III)-Nitrat mit o-Phenanthrolin (I) lassen sich aus der Rk.-Lsg. in Abhängigkeit vom pH 2 verschiedene, krist. Prodd. isolieren, bei pH 1,5—2,2 wird das bereits bekannte orangefarbene *Diaquo-bis-[o-phenanthrolin]-chrom(III)-nitrat* (II), bei pH 3,0—3,8 purpurfarbenes Hydrat von *Di-μ-hydroxo-tetrakis-[o-phenanthrolin]-dichrom(III)-nitrat* (III) gebildet. Das Verh. von III gegen starke Basen u. Säuren unterscheidet sich wesentlich von II. Eine wss. Lsg. von II wechselt ihre Farbe reversibel von Orangefarben nach Rot bei Zugabe von 5n NaOH, während die wss. Lsg. von III irreversibel nach Gelb umschlägt u. Nd.-Bldg. eintritt. III läßt sich potentiometr. titrieren u. gibt eine für eine einbasige, sehr schwache Säure charakterist. Kurve; ein definierter Endpunkt läßt sich nicht erhalten. III hat bei 530 mμ ein Absorptionsmaximum. In 0,1 n HNO_3 schlägt die Farbe von III bei 60° nach 24—48 Std. vollständig von Rot nach Orangefarben um; aus der Lsg. lassen sich orangefarbene Kristalle isolieren, deren potentiometr. Kurve einer zweibasigen Säure u. deren Zus. einem Hydrat von II entspricht. Die durch Hydrolyse von III entstehenden Kristalle müssen die Konstit. einer *cis-Diaquo-*, die bei pH 1,5 bis 2,2 erhaltenen die Konstit. einer *trans-Diaquo-*Verb. von II besitzen. Die Spektren der beiden orangefarbenen Verbb. haben ein ident. Absorptionsmaximum bei 497 mμ. Die IR-Spektren von I, II u. III wurden im Bereich von 5—40 μ gemessen. P. SCHARNER. 335□

Kinetische Messungen zur Synthese von Aromaten–Molybdäntricarbonyl-Komplexen. Walter Strohmeier. (Chem. Ber. **94.** 3337—41. 28/12. 1961. Würzburg, Univ., Inst. für Phys. Chem.) (Dt.)

Vf. übertrug seine für Cr beschriebene (C. **1962.** 2296) Darst. von Aromaten-Metalltricarbonylen (I) aus Aromaten u. $Me(CO)_6$ im offenen Syst. auf Mo u. bestimmte die Temp.-Abhängigkeit der nach $Ar + Mo(CO)_6 \rightarrow ArMo(CO)_3 + 3\,CO$ abgespaltenen CO-Menge. Sie steigt stark mit Zunahme der Rk.-Temp. an; bei gleicher Temp. ist der Einfl. der Elektronendonator-Eigg. der Aromaten auf die Rk.-Geschw. nur untergeordnet. Die therm. Stabilität von I nimmt in der Reihe $Ar = FC_6H_5 - C_6H_6 - CH_3C_6H_5 -$ p-$(CH_3)_2C_6H_4$ beträchtlich zu. Maximale Ausbeuten an reinem I erhält man nur unterhalb der Zers.-Temp., oberhalb bilden sich Öle. Sieden des Rk.-Gemisches erhöht wegen der schnelleren Ausgasung des CO die Rk.-Geschw.; Katalyse durch UV-Licht war nicht festzustellen.

Versuche: Die Ausbeute bezieht sich auf das nach 1 Std. abgespaltene, gasvolumetr. bestimmte CO; Einsatz jeweils 2 g $Mo(CO)_6$ in 43—50 ml/Lsgm. bzw. Aromat. *Tricarbonylfluorbenzolmolybdän*, $C_9H_5FMoO_3$, sublimiert bei 65° im Hochvakuum, gelbe Kristalle, luftempfindlich, unter Vakuum haltbar; bei 95° 95%; bei 105° 68%. — *Tricarbonylbenzolmolybdän*, blaßgelb, sublimiert bei 80° wie vorst., bei 95° 95%; bei 110° 63%; bei 120° (Decanzusatz) 42%. — *Tricarbonyltoluolmolybdän*, $C_{10}H_8MoO_3$, F. 127—28°, sublimiert bei 85° im Hochvakuum, luftbeständige, gelbe Kristalle, in Lsg. luftempfindlich; bei 125° 95%. — *Tricarbonyl-p-xylolmolybdän*, $C_{11}H_{10}MoO_3$, F. 139—40°, sublimiert bei 100° wie vorst., Eigg. wie vorst. Verb.; bei 125° 98%; bei 135° 95%; 150° 97% u. bei 125° ohne Sd. der Rk.-Mischung (20% Heptan) 95%. H. BÜRGER. 336□

Das System Mg_2SiO_4–Ni_2GeO_4 bei 600° und 0—90 Kilobar. A. E. Ringwood und Merren Seabrook. (Nature [London] **193.** 158—59. 13/1. 1962. Canberra, Australian Nat. Univ., Dep. of Geophys.) (Engl.)

Vff. berichten über Unterss. zum Phasendiagramm des Syst. Mg_2SiO_4–Ni_2GeO_4 bei 600° u. Drücken von 0—90 kbar. Es liegt ein pseudobin. Syst. vor mit Spinell- u.

Olivin-Mischkristallen als Phasen. Die Löslichkeit von Ni_2GeO_4 nimmt in der Spinellphase von 27 Mol.-% bei 0 kbar bis zu 70 Mol.-% bei 90 kbar zu, die Löslichkeit in der Olivinphase nimmt dagegen im gleichen Druckbereich von 12 Mol-% auf weniger als 5 Mol-% ab. Durch Extrapolation erhält man für den Umwandlungspunkt von Olivin zu Spinell bei 600° einen Druck von 155 kbar. Die Gitterparameter der einzelnen Proben nehmen mit steigendem Mg_2SiO_4-Geh. von 8,221 Å für reines Ni_2GeO_4 bis 8,152 Å für 70 Mol-% Mg_2SiO_4 ab mit einer allg. Tendenz zu positiven Abweichungen von der VEGARDschen Regel. Dieses Verh. wird durch ein druckabhängiges Ordnungs-Unordnungsgleichgewicht bestimmt, wobei die Mg- u. Ge-Ionen zwischen normalen u. inversen Gitterlagen des Spinellgitters verteilt sind. Das pseudobin. Syst. Ni_2GeO_4–Mg_2SiO_4 sollte besser unter Berücksichtigung aller Komponenten (Ni_2GeO_4–Ni_2SiO_4–Mg_2SiO_4–Mg_2GeO_4) betrachtet werden, wobei die ersten Spinelle normal sind u. Mg_2GeO_4 invers ist. Eine Extrapolation auf die Gitterparameter des reinen Mg_2SiO_4-Spinells ist nicht möglich, doch dürften sie nicht größer als 8,12 Å sein. Daraus ergibt sich eine minimale Dichtedifferenz zwischen der Spinell- u. der Olivinmodifikation von ca. 9%.

G. M. NEUMANN. 356□

Metallchelatkomplexe des Aluminons. Arun K. Dey und Anil K. Mukherji. (Proc. Sympos. Chem. Co-ordinat. Compounds, Agra [India] **1959.** Nr. 2. 149—51. 1960. Allahabad, Univ. of Allahabad, Chem. Labor.) (Engl.)

Aluminon (*NH_4-Aurintricarboxylat*) wird häufig zu colorimetr. Best. von Al verwendet, bildet aber auch mit einer Reihe weiterer Kationen, z. B. Be^{2+}, Cu^{2+}, UO_2^{2+}, Fe^{3+} u. Th^{4+}, gefärbte Komplexe. Physikochem. Unterss. mit diesem Farbstoff müssen wegen seines Verh. als koll. Elektrolyt in sehr verd. Lsgg. durchgeführt werden. Vff. ziehen aus den Ergebnissen von pH-Messungen Rückschlüsse auf die Struktur der Chelatkomplexe. Cu^{2+}- u. Be^{2+}-Ionen scheinen danach an das phenol. u. das O-Atom der benachbarten COOH-Gruppe, UO_2^{2+}-, Fe^{3+}- u. Th^{4+}-Ionen an das chinoide u. das O-Atom der benachbarten COOH-Gruppe gebunden zu sein. W. HEIN. 358□

Gold und Palladium: Ihre Diäthyldithiocarbaminatkomplexe. Zusammensetzung, Struktur und Analyse. M. Bobtelsky und J. Eisenstadter. (Analytica chim. Acta [Amsterdam] **16.** 479—87. Mai 1957. Jerusalem, Israel, Hebrew Univ., Dep. of Inorg. and Analyt. Chem.) (Engl.)

Die Zus. der Komplexe, die Au(III) u. Pd(II) mit Na-Diäthyldithiocarbaminat (**I**) bilden, wurde durch heterometr. Titration ermittelt. Bei der Titration von Au(III) in salzsauer oder salpetersaurer Lsg. gegen verd. **I**-Lsg. wird ein opt. Dichtemaximum bei einem Verhältnis Au : **I** = 1 : 1 erreicht. An diesem Punkt bildet sich ein gelber Nd., danach verläuft die Titrationskurve nahezu horizontal, bis das Verhältnis 1 : 1,5 erreicht ist, u. fällt dann steil ab. In alkal., Na_2HPO_4- oder CH_3COONa-gepufferter Lsg. tritt dagegen nur Gelbfärbung ohne Nd.-Bldg. auf. Eine Reihe von Titrationen wurde bei Anwesenheit von Au u. Pd nebeneinander unter wechselnden Bedingungen durchgeführt. Unabhängig vom pH fällt unmittelbar nach der Bldg. von Au_2-I_3 ein Nd. von Pd-I_2 quant. aus. Bis zum vollständigen Ausfall des Pd nimmt die opt. Dichte zu u. bleibt dann unverändert. Der Beginn der Pd-I_2-Nd.-Bldg. wurde als Indikation auf die Bldg. von Au_2-I_3 benutzt. Die Ergebnisse sind tabellar. aufgeführt u. die Titrationskurven wiedergegeben. Die Titration von Au in gepufferter Lsg. in Ggw. von $ZnSO_4$ als Indicator (Nd.-Bldg.) ergab für die gelben, lösl. Komplexe die Zus. Au-I_2, dessen Auftreten durch Titration in Ggw. von $PdCl_2$ in Na_2HPO_4-gepufferter Lsg. bestätigt werden konnte. Durch Abzentrifugieren wurde Au-**I** als hellgelbes Pulver, unlösl. in CCl_4 u. CS_2, leicht lösl. in Aceton, Chlf. u. A., Pd-I_2 als fleischfarbenes Pulver, unlösl. in CCl_4, leicht lösl. in Aceton, Chlf. u. Dioxan, erhalten. Die Möglichkeiten für die analyt. Best. von Au u. Pd durch heterometr. Titration in mineralsaurer, essigsaurer u. alkal., gepufferter Lsg. wurden untersucht. W. BETCKE. 365□

W. A. Golownja und **I. A. Fedorow,** Grundbegriffe der Chemie der Komplexverbindungen. Moskau: Verl. der Akad. der Wiss. der UdSSR. 1961. (136 S.) 42 Kop. [Russ.]

Eugene Victor Kleber, ed., Rare earth research: based on a seminar at Lake Arrowhead, California, October, 1960. New York, London: Macmillan. 1961. (VI + 313 S. m. Tab. u. Diagr.) 68 s.

P. Pascal, Nouveau Traité de chimie minérale. Tome VI: Bore. Aluminium. Gallium. Indium. Thallium. Paris: Masson. 1961. (1040 S. m. 139 Abb. u. 27 Tab.) 172 NF.

G. W. Sacharowa u. a., Niob und seine Legierungen. Moskau: Metallurgisdat. 1961. (380 S.) 1 Rbl. 33 Kop. [Russ.]

M. Stacey, J. C. Tatlow and **A. G. Sharpe,** eds., Advances in fluorine chemistry. Vol. 2. London: Butterworths Scientific. 1961. (220 S. m. Taf., Tab. u. Diagr.) 45 s.

—, XVIe Congrès international de chimie pure et appliquée, Paris, 1957. Mémoires présentés à la Section de chimie minérale. Paris: Société d'édition d'enseignement supérieur. 1958. (893 S. m. Abb.) 8°.

A_9. Mineralogische und geologische Chemie

Spaltbarkeit und die Identifizierung von Mineralien. G. A. Wolff und J. D. Broder. (Amer. Mineralogist **45.** 1230—42. Nov./Dez. 1960. Fort Monmouth, N.J., US Army Signal Res. and Dev. Labor.) (Engl.)

Oberflächen von Einkristallen zeigen Vertiefungen nach Behandlung mit groben Schleifmitteln. Diese „Mikrospaltbarkeit“ kann nach der Lichtfiguren-Meth. analysiert werden. Es ist möglich, synthet. u. natürliche Kristalle mit Hilfe dieses Verf. zu identifizieren u. Beiträge zum Problem der Spaltbarkeit zu liefern. Untersucht wurden u. a. Pyrit, Markasit, Zinkblende, Wurtzit, Schwerspat, Steinsalz, Olivin u. Diamant. H. MOENKE. 372☐

Altersbestimmungen in einem Teil des Brasilianischen Schildes. Norman Herz, P. M. Hurley, W. H. Pinson und H. W. Fairbairn. (Bull. geol. Soc. America **72.** 1111—19. Juli 1961. Belo Horizonte, Brazil, U.S. Geol. Surv.; Cambridge, Mass., Massachusetts Inst. of Technol., Dep. of Geol. and Geophys.) (Engl.)

K/Ar-Best. an Glimmern präkambr. granit. Gesteine aus der Provinz Minas Gerais (Quadrilatero Ferrifero) führten zur Entdeckung von 3 Hauptintrusionen: Gneise aus dem Bação komplex (I) entstanden vor 2400 Millionen Jahren, Granite im Norden des I u. in einem Bezirk 7 km nördlich der Vork. metasedimentärer Glieder der Minas-Serien vor 1350 u. 450—555 Millionen Jahren. Es konnten auch verschiedene metamorphe Vorgänge nachgewiesen werden. H. MOENKE. 378☐

Die geoenergetische Theorie von A. Je. Fersman und ihre Entwicklung im letzten Vierteljahrhundert. W. I. Lebedew. (Вестник Ленинградского Университета [Nachr. Leningrader Univ.] **15.** Nr. 6. [Ser. Geol. Geogr.] Nr. 1. 5—19. 1960.) (Russ.; Auszug: Engl.)

Kurzer Überblick über die Arbeiten von FERSMAN, der sich mit der thermodynam. Betrachtung geochem. Prozesse befaßt. — 59 Literaturhinweise. CH. WEISKE. 378☐

Teilnahme von Thiobacillus ferrooxydans an der Oxydation der Sulfiderze in den Kieslagerstätten des mittleren Urals. N. N. Ljalikowa. (Микробиология [Mikrobiologie] **29.** 382—87. Mai/Juni 1960. Moskau, Inst. für Mikrobiol. der Akad. der Wiss. der UdSSR.) (Russ.; Auszug: Engl.)

Aus allen 4 untersuchten Pyritlagerstätten wurde Thiobacillus ferrooxydans isoliert (bis zu 10000 Zellen/ml). Auch in den feuergefährdeten Gebieten von Krasnoural ist er vorhanden. Es ist möglich, daß er an der Selbsterhitzung der Erze beteiligt ist. Sein geringes Vork. in der Lagerstätte „3. Internationale“ u. sein völliges Fehlen in „Pyschma“ hängt mit der Geologie dieser Orte zusammen. Bedeutsam ist dabei die zerrissene Struktur des Erzkörpers. In allen Fällen eines ausgedehnten Vork. des Organismus spielt er eine große Rolle bei der Oxydation der S-Erze. K. SATTLER. 378☐

Genetische Zusammenhänge zwischen Erzlagerstätten und Ring- oder Polygonal-Strukturen im Präkambrium und Paläozoikum von Missouri (USA) und anderen Schildgebieten. G. C. Amstutz. (Z. Erzbergbau Metallhüttenwes. **13.** 430—34. Sept. 1960. Rolla, Mo., USA, Missouri School of Mines and Metallurgy.) (Dt.)

Im Präkambrium u. Paläozoikum von Missouri auftretende tekton. Ring- u. Polygonalstrukturen werden beschrieben u. mit anderen ähnlichen tekton. Erscheinungen auf der Erdkruste u. auf dem Mond verglichen. Für die mit diesen Strukturen verbundenen Erzlagerstätten wird eine genet. Beziehung zu diesen Strukturen vorgeschlagen. — 28 Literaturangaben. F. VIER. 380☐

Beiträge zur Mineralogie Norwegens. 3. Mitt. Bavenit von der Boksjøen Erzgrube bei Aspedammen in dem Østfoldland. Henrich Neumann und Thor L. Sverdrup. (Norsk geol. Tidsskr. **39.** 339—42. 1959. Oslo, Univ., Geol. Mus.) (Engl.) — 2. vgl. C. **1961.** 3945.

Die Grube fördert Feldspat u. Beryll. Der Bavenit kommt als radialstrahliges flaches Bündel von grauen Kristallen an der Oberfläche oder in Rissen von Beryll vor. Mit ihm zusammen tritt Muskovit in der gleichen Form auf. Die Lichtbrechung beträgt $n_\alpha = 1,580$, $n_\beta = 1,584$ u. $n_\gamma = 1,590$. Das Röntgendiagramm entspricht dem der Bavenite anderer Vorkommen. F. ENSSLIN. 380☐

Die Rotspat-Eisenglanzvererzung auf der Grube „Neue Haardt“ in Weidenau/Siegerland. Gerhard Stadler. (Z. Erzbergbau Metallhüttenwes. **12.** 603—08. Dez. 1959. Krefeld.) (Dt.)

In flach anfallende Querverwerfungen drangen hydrothermale Lsgg. in den Sideritgang ein u. führten zur Bldg. von Rotspat-Eisenglanz. Je nach der Menge der zugeführten heißen Lsgg. entstand neben kompaktem u. kavernösem Eisenglanz auch Rotspat. Aus Kupferkies bildete sich Bornit u. Kupferglanz; freiwerdendes Fe bildete mit zugeführtem Ni u. Co Linneit u. aus Pyrit entstand Brauneisen. Schiefer u. Grauwacken entstanden durch Umbildung von Chlorit. F. ENSSLIN. 380□

Der Ursprung der weichen Eisenerze aus dem Knob Lake Gebiet. John B. Stubbins, Roger A. Blais und I. Stephan Zajac. (Canad. Mining metallurg. Bull. **54.** 43—58. Jan. 1961.) (Engl.)

Die reichen u. ausgedehnten Erzlager mit mehr als 50% Fe u. weniger als 10% SiO_2 können im Tagebau ohne Aufbereitung gewonnen werden. Die Erze setzen sich in der gleichen Form in die Tiefe fort. Die blauen Erze bestehen aus *Haematit* u. *Martit*, die gelben aus *Goethit* u. *Limonit* u. die roten aus sandigem Haematit. Am häufigsten u. reichsten (54,5% Fe) sind die blauen Erze. Der P-Geh. schwankt zwischen 0,038 u. 0,123%, der des Mn zwischen 0,56 u. 2,41%. Der S-Geh. ist sehr niedrig (0,005%). Daneben treten noch Mn-reiche Erze mit 5,267% Mn auf. Beschreibung der Mineralien. F. ENSSLIN. 380□

Die hydrologischen Verhältnisse der Magnesitlagerstätten bei Košice. František Hercog. (Rudy **8.** 25—30. 1960. Praha, Ústav pro výzk. rud.) (Tschech.)

Die Magnesit-Vork. liegen im südöstlichen Teil des Zips-Gömörer Erzgebirges in der nordwestlichen Umgebung von Košice u. bilden Linsen mittelkarbon. Alters eingelagert in eine Serie von Phylliten u. phyllit. Schiefern. Die Lagerstätte wird durch streichende u. transversale tekton. Störungen durchsetzt u. hat das Aussehen von drei selbstständigen Linsen. — Vom hydrogeolog. Standpunkt unterscheiden sich die Magnesitlinsen nicht von ihrer Umgebung; der Wasser-Geh. ist sehr gering u. weist nur eine geringe Mineralisierung auf. Nur das Grundwasser besitzt eine erhöhte Gesamthärte; die Mineralisierung entspricht dem Chemismus der Gesteine des Lagerstättengebietes. J. TŮMOVÁ. 380□

Die Hydrogeologie verkarsteter Magnesitlagerstätten. Stanislav Klír. (Rudy **8.** 30—34. 1960. Praha, Ústav pro výzk. rud.) (Tschech.)

Die Verkarstung slowak. Magnesitlagerstätten ist mit deren tekton. Entw. bzw. mit der Entw. des spät-tertiären Deckgebirges verbunden u. von der Reinheit des Carbonats unabhängig (also unabhängig von $CaCO_3$, $MgCO_3$ oder Dolomit). Die Hohlräume u. Kavernen sind mit Ockern gefüllt. — Bei der Anlage von neuen Gruben muß mit gestautem, ockertragenden Karstwasserdurchbrüchen gerechnetwerden. Es wird empfohlen, die Grube in mehreren tekton. entsprechenden Grubenfeldern anzulegen, welche durch Dammtore voneinander abgeschlossen werden. J. TŮMOVÁ. 380□

Nickelvorkommen in Seifensteinlagerstätten von Saline County, Arkansas. Philip J. Sterling und Charles G. Stone. (Econ. Geol. **56.** 100—10. Jan./Febr. 1961. Littel Rock, Ark., Arkansas Geol. and Conservation Comm.) (Engl.)

Im Verlaufe einer Serpentinintrusion in Sedimente bildeten sich Talklagerstätten mit ca. 90% Talk; Seifensteine mit mehr als 50% Talk, Serpentin u. kleinen Mengen von Sulfiden. Der Serpentinit enthält mehr als 90% Serpentin u. das Dolomitgestein mehr als 75% Dolomit. Das Ni tritt als Sulfid in dem Seifenstein u. im unverwitterten Serpentin auf, sowie in den Fe- u. Mn-Oxiden der verwitterten Serpentinite. Der Ni-Geh. des Seifensteins schwankt zwischen Spuren u. 15%. F. ENSSLIN. 380□

Die Beziehung zwischen dem Quarzgefüge und Faltungsbewegungen in einem gefalteten Kalksilicatgestein von den Moines in Schottland. T. J. Dhonau. (Geol. Mag. **98.** 313—16. Juli/Aug. 1961. London, Imp. Coll., Dep. of Geol.) (Engl.)

Gefügekundliche Betrachtung. H. MOENKE. 380□

Während der Kaliumfeldspat-Metasomatose aus Plagioklas durch Albitneubildung entstandener Perthit. Forbes Robertson. (Amer. Mineralogist **44.** 603—19. Mai/Juni 1959. Salvador, Bahia, Brasil, Univ. da Bahia, Curso de Geol.) (Engl.)

Orthoklas-Mikroperthit entstand innerhalb des Quarz-Monzonits u. Alaskits des Boulder-Batholiths in Montana durch Plagioklasverdrängung. Der im magmat. Spätstadium gebildete Orthoklas ist nicht perthitisch. Folgender Kristallisationsablauf führte im Massiv zur Perthit-Bldg.: 1. Umwandlung von Andesin u. Albit im Kontakt mit eindringendem Kalifeldspat; 2. Ersatz von Albit durch perthit. Kalifeldspat. Ein intermediärer Na-reicher, K-haltiger Feldspat, der als Anorthoklas beschrieben wird, ist als intermediäre Phase zwischen Albit und Orthoklas gebildet worden. Ausführliche petrograph. Beschreibung der Tektosilicate. H. MOENKE. 380□

Die Verteilung der Uranerzlagerstätten in dem Elk-Ridge-Gebiet, San Juan County, Utah. Russell H. Campbell und Richard Q. Lewis. (Econ. Geol. **56.** 111—31. Jan./Febr. 1961. Menlo Park, Calif.; Columbia, Ky., U.S. Geol. Surv.) (Engl.)

Der Sandstein der Chinle Formation aus dem Trias liegt auf der Moenkapi Formation getrennt durch dünne Schichten grauen Schiefertons u. enthält in 2 Gebieten des Elk-Ridge-Gebiets flachliegende tafelförmige bis linsenförmige Erzkörper mit feinkörnigen, schwarzen U-Mineralien in Sandkörnern. Das Erz verdrängte C-haltiges Material. [Die

Erzkörper sind wechsellagernd mit oder überlagert von undurchlässigem Schieferton. Die Erz-Lsgg. drangen von unten in das Muttergestein ein u. wurden an der undurchlässigen Schicht wahrscheinlich durch H_2S aus organ. Verwitterung ausgefällt.

F. ENSSLIN. 380☐

Mineralogie und die Frage der Zonenbildung des nordwestlichen Zink-Blei-Gebiets von Illinois. James C. Bradbury. (Econ. Geol. **56**. 132—48. Jan./Febr. 1961. Urbana, Ill., Illinois State Geol. Surv.) (Engl.)

Durch mineralog. u. paragenet. Unterss. der Zink–Blei-Erzlagerstätten wurde festgestellt, daß die stratigraph. höher gelegenen Glanzlager auf die gleiche Weise entstanden sind, wie die tieferen geschichteten Lager. Der einzige Unterschied besteht darin, daß die ersteren mehr Bleiglanz enthalten. Mineralien, ihr Habitus u. ihr prozentuales Vork. sind gleich; außerdem enthalten sie dieselben Spurenelemente u. diese in der gleichen Größenordnung. Es handelt sich demnach um Erze gleicher Bldg.-Art.

F. ENSSLIN. 380☐

Vererzung und subsequente hypogene Tonmineralbildung in der Lost-River-Zinngrube in Alaska. C. L. Sainsbury. (Econ. Geol. **55**. 1478—1506. Nov. 1960. Menlo Park, Calif., U.S. Geol. Surv.) (Engl.)

Chem. u. mineralog. Charakterisierung der Sn- u. W-Lagerstätte von Lost River in Alaska. Vererzt sind ein Granit u. Rhyolithe, welche in paläozoischem Kalkstein bei Temp. zwischen 420 u. 740° intrudierten. Beschreibung der Greisen u. der kaolinisierten Partien.

H. MOENKE. 380☐

Entdolomitisierung in der Tansill-(Perm) Formation. F. J. Lucia. (Bull. geol. Soc. America **72**. 1107—09. 1 Tafel. Juli 1961. Houston, Tex., Shell Dev. Co., Explorat. and Prod. Res. Div.) (Engl.)

Petrograph. Studie über die Verdrängung von Dolomit durch Kalkspat in Gesteinen der Tansill-Formation (Perm).

H. MOENKE. 385☐

Der Doleritpfropf vom Tievebulliagh, bei Cushendall, Co. Antrim. S. O. Agrell und J. M. Langley. (Proc. Roy. Irish Acad., Sect. B **59**. 93—127. 1 Tafel. März 1958. Cambridge, Univ., Dep. of Mineral. and Petrology.) (Engl.)

An der Flanke des Tievebulliagh liegt ein Pfropf von Olivindolerit mit einer Grenzschicht von Pikrodolerit, der die Schichten des Unteren Basaltes durchschneidet. Unter dem Dolerit ist ein großer Block metamorphen *Steinmarkes* eingeschlossen, der wahrscheinlich aus dem früher überlagernden interbasalt. Haupthorizont stammt. Die Basalte u. die mit ihnen verbundenen *Bolustone* unterlagen einer Thermometamorphose u. die vorliegenden, ausführlich beschriebenen Prodd. der Metamorphose weisen auf ein Verwitterungsstadium des Basaltes, das vor der Kaolinisierung liegt u. in dem ein *Montmorillonit*-Mineral entstand. Die Prodd. der Metamorphose des Steinmarkes werden in 2 Gruppen eingeteilt: solche mit hohem u. solche mit niedrigem Fe_2O_3/FeO-Verhältnis. Die beiden Gruppen entsprechen einem Fe-haltigen *Bauxit* u. *Steinmark*, das hauptsächlich aus *Halloysit*, *Gibbsit* u. *Haematit* bestand. Letztere liegen in der Nachbarschaft des Kontaktes. Die Temp. der Metamorphose wird zwischen 900 u. 1150° angenommen.

J.-E. HILLER. 385☐

Gesteinsmagnetismus, angewandt auf einige geologische Probleme. D. J. Blundell. (Geol. Mag. **98**. 301—12. Juli/Aug. 1961. Birmingham, Univ., Dep. of Geol.) (Engl.)

Es werden Zusammenhänge zwischen Gesteinmagnetismus, -alter, -Bldg. u. -umwandlung aufgezeigt. Obwohl zunächst nur Eruptivgesteine in England untersucht wurden, ist das Verf. auch zur Charakterisierung von manchen Sedimentgesteinen u. Metamorphiten brauchbar.

H. MOENKE. 385☐

Zeolith-Zonen- und -Gangverteilung in Beziehung zur Struktur der Basalte auf Ost-Island. George P. L. Walker. (J. Geology **68**. 515—28. Sept. 1960. London, Imp. Coll.) (Engl.)

Regionalpetrograph. u. -geolog. Unterss. über die Verteilung der Tektosilicate Analcim, Chabasit, Epistilbit, Erionit, Gismondin, Heulandit, Laumontit, Levyn, Mesolith, Mordenit, Phillipsit, Skolezit, Stilbit u. Thomsonit zu Olivinbasalten u. Tholeiitlaven.

H. MOENKE. 385☐

Oolithischer Bahama-Sand. Norman D. Newell, Edward G. Purdy und John Imbrie. (J. Geology **68**. 481—97. Sept. 1960. 2 Tafeln. New York, N.Y., Columbia Univ.; Houston, Tex., Rice Inst.) (Engl.)

Ausführliche Unters. u. Beschreibung der Aragonitsedimente vor der Grenze der großen Bahama-Bank. Wassertiefe <6 ft. ist eine optimale Bedingung für Ooid-Bildung. Der größte %-Satz oolith. Körner u. Partikel mit der größten Lamellenanzahl wird in der Zwischengezeitenzone konz., in welcher sie sich in Berührung mit metastabilem übersättigtem Seewasser befinden. Der bzgl. der Aragonit-Konz. metastabile Zustand wird durch Einströmen von relativ kühlem CO_2-reichem Meerwasser in das Schelfgebiet über die Barrierengrenze gedeutet. Dieser Vorgang läuft so schnell ab, daß in der erhitzten, seichten, turbulenten Zone die organ. Ausfällung von $CaCO_3$ nicht Schritt hält mit dem Ansteigen der Carbonatsättigung, die entsprechend dem CO_2-Verlust eintritt. Beschreibung des Ooidaufbaus (Kernschalen). — In den Schalen wurden streng orientierte Aragonitkriställchen (c-Achsen tangential zur Schichtung) u. unorientierte, stark pigmentierte Aragonitanteile unterschieden. Der häufig erhebliche organ. Anteil der Ooide ist im nichtorientierten Bereich konzentriert.

H. MOENKE. 385 □

Tonsteine, eine mögliche zusätzliche Hilfe bei der Bestimmung der Beziehungen zwischen Kohlefeldern. Iain A. Williamson. (Mining Mag. **104.** 9—14. Jan. 1961. Wigan, Min. Coll., Dep. of Min. and Geol.) (Engl.)

Tonsteine kommen als dünne Kaolinitbänder in den Kohleschichten eingelagert vor. Sie können für die Einstufung u. Beurteilung der Kohlenschichten verwendet werden. Übersicht über kontinentale Vork. u. die Theorien der Entstehung.

F. ENSSLIN. 385 □

Petrographie und Ursprung der Albitophyre des Dôme de Remolon (Hautes Alpes). Claude Alsac. (C. R. hebd. Séances Acad. Sci. **250.** 1681—82. 29/2. 1960.) (Franz.)

In den triass. Laven des obigen Gebietes kann man 3 Gesteinstypen unterscheiden, u. zwar *Spilite, Keratophyre* u. *Orthoalbitophyre.* Mkr. ergab sich, daß die Spilite vor allem aus großen Streifen von Tieftemp.-Albit, chloritisiertem Olivin, Glimmer, Talk, Quarz, Calcit u. undurchsichtigen Mineralien bestehen. Die Keratophyre enthalten noch mehr Albit, aber weniger Fe–Mg-Mineralien. Noch seltener sind die Orthoalbitophyre; bei dem Feldspat handelt es sich vorwiegend um einen Kalifeldspat, der zuweilen durch Albit ersetzt ist. Die chem. Analysen bestätigten, daß die Spilite u. Keratophyre einen hohen Geh. an Na_2O haben, während in dem Orthoalbitophyr K_2O vorherrschend ist. CaO ist häufig u. tritt hauptsächlich als Calcit auf. Relativ hoch ist der Geh. an Ti. Charakterist. für alle Gesteine ist der hohe Geh. an Konstitutionswasser. Der Ursprung der Laven wird diskutiert. C. GOTTFRIED. 386

Die Geochemie der Athabasca-Petroleumlagerstätte. 1. Mitt. **Spektroskopische Analyse von Petroleumextrakten aus der Nähe von McMurray, Alberta.** Bartholomew Nagy und George C. Gagnon. (Geochim. cosmochim. Acta [London] **23.** 155—85. Mai 1961. New York, N.Y., Fordham Univ.) (Engl.)

Massen-, IR- u. UV-spektroskop. Analyse der Erdölimprägnationen sowie der organ. Substanz der größten bisher bekannten Lagerstätte der Welt. Sandsteine der Basis der Abasandgrube bei McMurray enthalten 16,5% organ. Substanz (I), die mit Methylenchlorid extrahiert werden konnte. I enthielt ca. 22% Asphalt, ferner größere Mengen eines Dest.-Rückstandes bei 350° u. Atmosphärendruck. Massenspektroskop. wurden in I bis 9% Paraffin- u. Naphthen-KW-Stoffe, ca. 18%, Alkylbenzole, Cycloalkylbenzole, Naphthaline, Phenanthrene u. mehrere S-haltige Verbb. nachgewiesen. Wegen der viscosen Natur der organ. Substanz, des hohen S-Geh. u. der enormen Ausdehnung, verkörpert die Athabascalagerstätte einen relativ seltenen Typus. Spektroskop. ließen sich sämtliche organ. Verbb. nachweisen, die auch in anderen Erdöl-Vork. anwesend sind. H. MOENKE. 390 □

Kohlensäurewässer im Tal des Flusses Kuban (Autonomes Karatschajewsk-Tscherkessk-Gebiet). M. I. Wrublewski. (Вестник Ленинградского Университета, Серия Геологии и Географии [Nachr. Leningrader Univ.] **14.** Nr. 12. [Ser. Geol. Geogr.] Nr. 2. 22—33. 1959.) (Russ.)

Es wird das Ergebnis hydrogeolog. Unterss. im artes. Bassin Belaya-Malka wiedergegeben. Das Bassin lagert im unter- u. mitteljurass. Sandstein–Schiefer-Komplex. Es heben sich zwei hydrodynam. Zonen hervor: eine obere intensiver Bewegung, schwach mineralisierend (HCO_3^-), u. eine untere Zone mit wesentlich geringerer Bewegung. In letzterer findet man eine gesetzmäßige Abhängigkeit der chem. Zus. u. der Teufe, wechselnd von Natriumhydrogencarbonat- bis Natriumchloridwässern bei vollständigem Fehlen von SO_4^{2-}. Im Gebiet von Tscherkessk wurden in bedeutenden Teufen (bis 1500 m) des unterjurass. Komplexes heiße CO_2-Wässer angetroffen.

M. HÄHNERT. 393 □

Chemische Untersuchungen über heiße Quellen in Japan. 51. Mitt. **Geochemische Untersuchungen über die heißen Quellen in der Präfektur Aomori.** Yasumitsu Uzumasa, Yoshikazu Nasu und Toshiko Seo. (J. chem. Soc. Japan, pure Chem. Sect. [Nippon Kagaku Zassi] **81.** 395—400. März 1960. Sapporo, Hokkaidô-Daigaku, Rigakubu.) (Jap.; Auszug: Engl. S. A28.) — 50. vgl. C. **1961.** 3946.

Analyt. Daten der heißen Quellen in der Präfektur Aomori sind angegeben. In dieser Gegend wird keine Quelle des HCO_3^--Typs gefunden: die Quellen gehören zum Cl^-- oder SO_4^{2-}-Typ. Das W. der Quellen des Cl-Typs enthält Na^+- u. Ca^{2+}-Ionen als Hauptkationen. E. MAEKAWA. 393□

Chemische Untersuchungen über heiße Quellen in Japan. 52. Mitt. **Vergleich der chemischen Bestandteile des Salzwassers aus den Petroleumfeldern in Hokkaidô mit den des Wassers der naheliegenden heißen Quellen.** Yasumitsu Uzumasa und Yoshikazu Nasu. (J. chem. Soc. Japan, pure Chem. Sect. [Nippon Kagaku Zassi] **81.** 401—04. März 1960.) (Jap.; Auszug: Engl. S. A28.) — 51. vgl. vorst. Referat.

Chem. Bestandteile des Salzwassers (25 Proben) aus den Petroleumfeldern in Hokkaido werden bestimmt: Eindampfrückstand >10 g/Liter; Molenbrüche: (Na + K)/gesamte Kationen 0,91—0,97, (Ca + Mg)/gesamte Kationen 0,03—0,09, Cl/gesamte Anionen 0,61—0,98, HCO_3/gesamte Anionen 0,02—0,39, SO_4/gesamte Anionen $<10^{-2}$; Gew.-Verhältnisse: K/Na $2-7\cdot10^{-3}$, Li/Na $<2\cdot10^{-4}$, Mg/Ca 0,3—0,6, Sr/Ca $1-6\cdot10^{-2}$, Br/Cl $2-8\cdot10^{-3}$, J/Cl $2-7\cdot10^{-3}$, Br/J <2, HBO_2/Cl $1,6-6\cdot10^{-2}$. Die gefundenen Daten werden mit den des W. aus den naheliegenden heißen Quellen sowie mit denen des Meerwassers verglichen. Das Salzwasser des Petroleumfeldes scheint in einigen Fällen als Urquelle der heißen Quellen eine große Rolle zu spielen. E. MAEKAWA. 393□

Chemische Untersuchungen über heiße Quellen in Japan. 53. Mitt. **Chlor, Brom und Jod im Wasser der heißen Quellen.** Yasumitsu Uzumasa und Yoshikazu Nasu. (J. chem. Soc. Japan, pure Chem. Sect. [Nippon Kagaku Zassi] **81.** 405—13. März 1960.) (Jap.; Auszug: Engl. S. A28.) — 52. vgl. vorst. Referat.

Geh. an Br, Cl, J im W. der heißen Quellen in Hokkaidô u. in der Präfektur Aomori werden bestimmt. Br u. J werden in allen heißen Quellen gefunden u. das Verhältnis Br/Cl bzw. J/Cl beträgt $1-4\cdot10^{-3}$ bzw. $1-10\cdot10^{-4}$. Vff. vergleichen die Daten mit den gefundenen Halogen-Geh. der anderen natürlichen Wässer u. schließen, daß Cl, Br u. J im W. der heißen Quellen in dieser Gegend zum größten Teil von den vulkan. Eruptions-Prodd. stammen. E. MAEKAWA. 393□

Chemische Untersuchungen über heiße Quellen in Japan. 54. Mitt. **Strontium im Wasser heißer Quellen.** Yasumitsu Uzumasa, Yoshikazu Nasu und Toshiko Seo. (J. chem. Soc. Japan, pure Chem. Sect. [Nippon Kagaku Zassi] **81.** 413—18. März 1960.) (Jap.; Auszug: Engl. S. A28.) — 53. vgl. vorst. Referat.

Sr im W. der heißen Quellen in Hokkaidô u. in der Präfektur Aomori wird flammenspektrophotometr. bestimmt: 0,05—27 mg/Liter. Bei den Quellen, deren Ca-Geh. >400 mg/Liter ist, besteht zwischen dem Ca-Geh. u. dem Sr-Geh. eine positive Korrelation. Andere Bestandteile zeigen keine Korrelation mit dem Sr-Gehalt.
E. MAEKAWA. 393□

Chemische Untersuchungen über heiße Quellen in Japan. 55. Mitt. **Bad Narugo in der Präfektur Miyagi.** Yasumitsu Uzumasa und Hideo Akaiwa. (J. chem. Soc. Japan, pure Chem. Sect. [Nippon Kagaku Zassi] **81.** 567—70. April 1960.) (Jap.; Auszug: Engl. S. A39.) — 54. vgl. vorst. Referat.

W. aus 7 Quellen in Bad Narugo in der Präfektur Miyagi wird analysiert. Vff. schließen aus den gefundenen Daten, daß heißes alkal. W. zwischen den tiefen Erdschichten u. kaltes stark saures W. zwischen den seichten Erdschichten in dieser Gegend vorhanden sind, u. daß beide Wasserarten vor dem Hervorquellen gemischt werden. Die physikal. Eigg. u. die Zus. des W. aus allen Quellen können unter dieser Voraussetzung erklärt werden. E. MAEKAWA. 393□

Über die chemische Zusammensetzung des Salzwassers der Salzseen im Koktschetaw-Gebiet. A. B. Bekturow, A. I. Mun und S. A. Basilewitsch. (Известия Академии Наук Казахской ССР, Серия Химическая [Nachr. Akad. Wiss. KasachSSR, chem. Ser.] **1961.** Nr. 1. 3—6.) (Russ.; Auszug: Kasach.)

Für 7 Salzseen des Koktschetaw-Gebietes werden die Ionen-Geh. an HCO_3^-, SO_4^{2-}, Cl^-, Br^-, Ca^{2+}, Mg^{2+}, K^+ sowie die Verhältnisse $MgCl_2/CaCl_2$, $MgSO_4/MgCl_2$, $K\cdot10^3/Cl$, $Br\cdot10^3/Cl$ bestimmt u. die industriellen Möglichkeiten erörtert.
H. NOACK. 393

Chemische Untersuchungen über die See. 70. Mitt. **Der Kobalt-Gehalt von Küstenablagerungen.** 1. Mitt. Masayoshi Ishibashi, Shunzo Ueda und Yoshikazu Yamamoto. (Bull. Inst. chem. Res., Kyoto Univ. [Kagaku Kenkyusho Hokoku] **37.** 26—30. Jan. 1959.) (Engl.) — 61. vgl. C. **1958.** 8281; vgl. auch C. **1960.** 1109.

Vff. sammelten ca. 140 Proben von Ablagerungen an den Küsten von Korea u. Honshu (Japan) u. bestimmten nach einer colorimetr. Meth. den Co-Gehalt. Von 81 Proben wird der Co-Geh. u. zum Vgl. der Ni-Geh. angegeben. E. FRITZSCHE. 393□

Die chemische Identifizierung von Silberjodid-Eiskeimen: eine Laboratoriums- und eine vorläufige Felduntersuchung. L. Randall Koenig. (J. Meteorol. **17.** 426—34. Aug. 1960. Chicago, Ill., Univ.) (Engl.)

Die zur chem. Identifizierung kleinster AgJ-Teilchen (C. **1960.** 3326) beschriebene Meth. wurde an Eiskriställchen angewandt, die mit AgJ zum Erstarren angeregt worden waren. Die gleichen Verss. wurden an atmosphär. Eiskristallen aus Wolkenimpf-Verss. im Freien angestellt. Nachgewiesen werden konnten AgJ-Teilchen mit einem Gew. von $3 \cdot 10^{-12}$ g. C. GOTTFRIED. 396

Gammaspektrometrische Untersuchungen atmosphärischer Niederschläge auf ihren Gehalt an Radionucliden. E. Schmid, F. Grass und F. Hecht. (Mikrochim. Acta [Wien] **1961.** 884—90. Wien, Univ., Analyt. Inst.) (Dt.)

Im Zusammenhang mit dem französ. Kernwaffen-Vers. am 27/12. 1960 in der Sahara wurden Eindampfrückstände von am 1/1. 1961 u. später gefallenen atmosphär. Ndd. γ-spektrometr. untersucht, um einen etwaigen Geh. an Spalt-Prodd. darin festzustellen. Es wurde darauf geachtet, daß das Regenwasser vom Erreichen des Erdbodens an bis zur Beendigung der Herst. der meßfertigen Probe mit nichts anderem als Polyäthylen in Berührung kam, da von allen geprüften Materialien sich bei Polyäthylen der weitaus geringste Verlust an trägerfreien, radioakt. Isotopen ergab. Zur Feststellung der Nuclide wurde auf einem 100-Kanal-γ-Spektrometer gemessen. Gegenüber Proben, die vor dem 1/1. 1961 gemessen wurden, zeigt sich ein Anstieg bei 360 keV, der ^{131}J entspricht. Maxima bei 132, 162, 320, 815 u. 1600 keV zeigen die Anwesenheit von ^{140}Ba u. ^{140}La an. Da in diesem Zeitraum nur die Explosion der französ. Atombombe stattfand, wird angenommen, daß es sich dabei um Spalt-Prodd. aus diesem nuclearen Prozeß handelt. Nach dem letzten französ. Kernwaffen-Vers. Ende April 1961 wurden Ndd. u. deren Eindampfrückstände auf gleiche Art untersucht. Es ließen sich jedoch selbst mit einem 200-Kanal-γ-Spektrometer u. starker Bleiabschirmung keine deutlichen Maxima u. damit keine akt. Isotope feststellen. Möglicherweise handelt es sich bei dieser Explosion um einen Sprengkörper geringerer Spaltausbeute. W. HEIN. 396 □

Niederschlagsmessungen in Rio de Janeiro 1956—1960. E. Meyer, A. Aron und I. Emygdio de Castro. (An. Acad. brasil. Ci. **33.** 35—40. 1961. Rio de Janeiro, Inst. Nacional de Tecnol.) (Engl.)

In den Jahren 1956—60 wurden Luftproben durch Filter gegeben u. nach 4—6 Tagen Wartezeit um β-Zähler gewickelt. Die täglichen Aktivitäten sind graph. dargestellt. Teilweise wurde auch der zeitliche Abfall der Aktivität gemessen.

M. WIEDEMANN. 396 □

B. Allgemeine und theoretische organische Chemie

Rotationsschwingungsenergie eines ebenen symmetrischen $X_2Y_2Z_2$-Moleküls. Olga Hálová. (Czechoslov. J. Physics **8.** 471—84. 1958. Prague, Inst. of Technol., Dep. of Math. and Phys.) (Engl.) — Vgl. C. **1959.** 8039.

Ein allg. Ausdruck für die Rotationsschwingungsenergie eines ebenen Mol. $X_2Y_2Z_2$ in trans-Form (z. B. $C_2H_2Cl_2$, $C_2Cl_2Br_2$) wird in zweiter Näherung abgeleitet; er enthält alle Wechselwrkg.-Terme zwischen Rotations- u. Schwingungsenergie sowie die anharmon. Potentialterme dritter u. vierter Ordnung. Die Normalkoordinaten u. effektiven Trägheitsmomente werden mit den geeigneten, von Null verschiedenen Koeff. ermittelt u. die endlichen Rotationsschwingungs-Konst. in expliziter Form dargestellt.

A. BLASCHETTE. B 114 □

Elektronenspektren von Chinolin und Isochinolin und der Mechanismus der Fluorescenzlöschung in diesen Molekülen. Noboru Mataga. (Bull. chem. Soc. Japan **31.** 459—62. Mai 1958. Osaka, Osaka City Univ., Inst. of Polytechn.) (Engl.)

Eine Störungs-Meth. auf der Grundlage der HARTREE-FOCK-SCF-Theorie unter Berücksichtigung einer begrenzten Zahl von Konfigurations-Wechselwrkg. wird zur Berechnung der Elektronenspektren von *Chinolin* (I) u. *Isochinolin* angewendet. Die Theorie erklärt in befriedigender Weise die Anregungsenergien u. Oszillatorstärken der ^1L_b-Banden. Die frühere Annahme (vgl. MATAGA u. TSUNO, C. **1960.** 1110) wird theoret. bestätigt, daß zumindest im Fall von I in der Nähe vorhandene Halogenatome den $^1L_b \rightarrow {}^3L_b$-Prozeß bei der Fluorescenzlöschung beschleunigen. G. PÖTZSCHER. B 114 □

Elektronenspektren von Acridin und Phenazin. Noboru Mataga. (Bull. chem. Soc. Japan **31.** 463—67. Mai 1958.) (Engl.) — Vgl. vorst. Referat.

Die Elektronenspektren von *Anthracen*, *Acridin* u. *Phenazin* werden nach einer Störungs-Meth. auf der Grundlage der HARTREE-FOCK-SCF-Theorie berechnet. Zwischen

beobachteten u. berechneten Anregungsenergien u. Oszillatorstärken besteht befriedigende Übereinstimmung. Die Mechanismen der Elektronenübergänge werden diskutiert.
G. PÖTZSCHER. B 114□

Innermolekulare Wasserstoffbindung und Absorptionsspektren im Ultraviolett. 5. Mitt. Einwirkung von Säuren auf die Elektronenspektren von Aminoacetophenonen und einigen Derivaten. A. Je. Lutzki und W. W. Dorofejew. (Журнал Общей Химии [J. allg. Chem.] **27** (**89**). 1303—11. Mai 1957. Charkow, Polytechn. Inst.) (Rum.) — 4. vgl. C. **1961.** 13480.

Es werden die UV-Spektren von *o-*, *m-* u. *p-Acetylaminoacetophenon* sowie *o-*, *m-* u. *p-Dimethylaminoacetophenon* in wss. HCl u. H_2SO_4 verschiedener Konz. sowie in konz. H_2SO_4 gemessen. Es wird festgestellt, daß in konz. H_2SO_4 die Verbb. mit H-Brückenbindung (o-Amino- u. o-Acetylaminoacetophenon) eine verringerte Tendenz zur Bldg. von Oxonium-Verbb. zeigen. Vff. nehmen an, daß die Salz-Bldg. an der Aminogruppe den opt. Effekt der H-Brückenbindung zwar schwächt, nicht jedoch unbedingt zu ihrer Lösung führt.
O. POLLAK V. EMHOFEN. B 118

Absorptionsspektren von 1.4-Diaminoanthrachinon in Lösungsmittelgemischen aus Kohlenstofftetrachlorid und Äthylalkohol. Yoshio Suda. (Bull. chem. Soc. Japan **32.** 1384—85. Dez. 1959. Yokohama, Japanese Government, Textile-Res. Inst.) (Engl.)

1.4-Diaminoanthrachinon (I) zeigt in unpolaren Lsgm. (n-C_6H_{14}, Cyclohexan, Bzl., CCl_4) im UV-Spektrum ein Maximum bei 535—545 (mμ) u. eine Schulter; in polaren Lsgm. (Methanol, A., Essigsäure, Glycerin, Pyridin) liegt das Maximum bei 550—560 u. die Schulter ist zu einem 2. Maximum ausgebildet, dessen ε-Wert dem des 1. fast gleich ist. Steigende Mengen von A.-Zusätzen zur I-Lsg. in CCl_4 verschieben das 1. Maximum anfangs nach längeren, dann wieder nach kürzeren Wellen zurück. Die Unterschiede der I-Spektren in den beiden Lsgm.-Gruppen u. in den CCl_4–A.-Gemischen werden auf spezif. Wechselwrkg.-Effekte zurückgeführt.
G. PÖTZSCHER. B 118□

Photochemische und stereochemische Eigenschaften von Carotinoiden bei tiefen Temperaturen. Lawrence Jurkowitz, John N. Loeb, Paul K. Brown und George Wald. (Nature [London] **184.** 614—24. 22/8. 1959. College Park, Md., Univ., Dep. of Botany.) (Engl.)

Die UV-Absorptionsspektren von Carotinoiden, *all-trans-* u. *11-cis-Vitamin A*, *all-trans-* u. *11-cis-Vitamin* A_2, *9-cis-*, *11-cis-*, *13-cis-*, *9.13-di-cis-*, *11.13-di-cis-* u. *all-trans-Retinen* (I), *all-trans-*, *15,15'-mono-cis-*, *11.11'-di-cis-Lycopin* oder *all-trans-*, *15,15'-mono-cis-*, *11.11'-di-cis-β-Carotin*, werden im Bereich von $\pm 25^0$ bis -196^0 untersucht. Es wird gezeigt, daß beim Abkühlen aller all-trans- u. ungehinderter cis-Verbb. eine geringe langwellige Verschiebung von λ_{max} u. Erhöhung von ε_{max} eintritt. Im Gegensatz dazu erfolgen bei den gehinderten 11-cis- u. 11.13 (bzw. 11')-Verbb. starke Änderungen im Spektrum u. eine Anpassung an die Spektren der ungehinderten Verbindungen. Das wird auf eine Abnahme der ster. Spannungen mit fallender Temp. zurückgeführt. Zum Beispiel ist das Verhältnis der Extinktionen für all-trans-I $\varepsilon\,(-185^0/+25^0) = 1{,}09$, für 11-cis-I $\varepsilon\,(-185^0/+26{,}5^0) = 1{,}62$. I ist noch bei -187^0 in fester Lsg. zur cis-trans-Isomerie befähigt. all-trans-I stellt einen neuen Fall reversibler Photobleichung bei tiefen Temp. in fester Lsg. dar. Es wird eine ausführliche Interpretation der Meßergebnisse gegeben. — 30 Zitate.
EBERHARD RIEDEL. B 118□

Einige Schwingungsrotationsbanden von deuterierten Methanen. Harry C. Allen jun. und Earle K. Plyler. (J. Res. nat. Bur. Standards, A **63 A.** 145—52. Sept./Okt. 1959. Washington, D.C.) (Engl.)

Eine Parallel- (ν_2 bei 2200 cm^{-1}) u. eine Senkrechtbande ($\nu_3 + \nu_5$ bei 2700) von CH_3D werden unter den Bedingungen hoher Auflösung beobachtet u. analysiert. Die Analyse der Senkrechtbande ergibt das Vorhandensein einer *l*-Typverdoppelung im doppeltentarteten angeregten Zustand. Im Spektrum von CD_3H beobachtet man eine Hybridbande bei 2600 (ν_5) mit akt. A- u. E-Komponenten. Aus ihrer Analyse wird ein B_0-Wert für den Grundzustand von 3278 in Übereinstimmung mit früheren Best. abgeleitet.
G. PÖTZSCHER. B 120□

Die Anwendung der vollständigen Isotopenregel auf gewisse ebene Moleküle. Svend Brodersen und A. Langseth. (J. molecular Spectroscopy **3.** 114—22. April 1959. Copenhagen, Denmark, Univ., Chem. Labor.) (Engl.)

Die Anwendung der vollständigen Isotopenregel (vgl. BRODERSEN u. LANGSETH, C. **1960.** 15991) auf ebene Moll. wird diskutiert u. die Genauigkeit der Meth. an *cis-* u. *trans-1.2-Dichloräthen*, *1.1-Dibrom-* u. *-Difluoräthen* sowie ihren D_1- u. D_2-Derivv. geprüft. Die Regel ist gut zur Prüfung der Schwingungszuordnungen geeignet.
G. PÖTZSCHER. B 120□

Der Dublettcharakter der OH-Absorption in gesättigten Alkoholen. R. Piccolini und S. Winstein. (Tetrahedron Letters [London] Nr. **13.** 4—10. Sept. 1959. Los Angeles, Calif., Univ. of California, Dep. of Chem.) (Engl.)

Die OH-Valenzschwingungen von ca. 70 gesätt. Alkoholen wurden in CCl_4-Lsg. im Bereich der 1. Oberschwingung (1,4 μ) gemessen. $D_{(OH)}$-Propanol-(2) ($D_{(OH)}$-I) lieferte eine Absorptionskurve analog der von I, jedoch bei 1,9 μ. Am Beispiel von I, *Pentanol-(3)* (II) u. *3-Phenylpropanol-(1)* wurde gezeigt, daß die relativen Intensitäten der jeweils erhaltenen beiden Banden ziemlich unabhängig von der Konz. sind. Im Falle von *A.*, *Butanol-(2)*, *Pentanol-(2)*, II u. *tert.-Butanol* (III) war die Kurve der OH-Absorption im Bereich der 2. Oberschwingung bei 0,9 μ der bei 1,4 μ analog. Vff. nehmen konformative Heterogenität als Hauptursache der Aufspaltung an [Rotation um die C—O-Bindung bei *CH_3OH* (IV), A., I u. III, wobei die beiden symm. Glieder III u. IV keine Aufspaltung liefern]. CF_3CH_2OH zeigt eine Aufspaltung wie A., nur ist das Verhältnis der Intensitäten umgekehrt. *Propanol-(1)*, *Isobutanol*, *Octanol-(1)* u. *Neopentylalkohol* zeigen ein dem A. analoges Verhalten; sek. Alkohole weisen im allg. Dublett-Absorption wie I auf. Das Auftreten einer Dublett-Absorption als Folge konformativer Heterogenität kann noch nicht sicher vorausgesagt werden. So zeigen zwar *Dimethylisopropylcarbinol*, *Methylisopropylcarbinol*, *Cyclohexanol* u. *Cyclodecanol* eine Dublett-Absorption, nicht jedoch *Methylcyclobutylcarbinol*, *Dimethyläthylcarbinol* u. *Cyclopentanol*. Bei den Cyclohexanolen zeigen die Moll., die eine äquatoriale OH-Gruppe besitzen, eine Aufspaltung, diejenigen mit einer axialen OH-Gruppe dagegen nicht: *trans-2-Methylcyclohexanol*, *trans-4-tert.-Butylcyclohexanol* (*trans*-V), *3β-Cholestanol* u. *Menthol* weisen Dublett-Absorption auf, nicht dagegen *cis-2-Cyclohexylhexanol*, *Neomenthol* u. *cis*-V. Bicycl. Verbb., die dem *exo-Norborneol-(2)* (exo-VI) eng verwandt sind [Stereoisomere von: *1.4; 5.8-Dimethanodekalol-(2)* (VII), *Δ^7-1.4; 5.8-Dimethano-2-hydroxyoktalin* (VIII), *2.2-Dimethylnorborneol-(5)*, *7.7-Dimethylnorborneol-(2)*, *Norborneol-(7)*, *3.6-Methanotetracyclo-[$6.2.1.0^{2.7}.0^{5.11}$]-undecanol-(10)*], zeigen keine Dublett-Absorption, während dem die *endo*-VI verwandten Moll. [Stereoisomere von: VII, VIII, *endo-Camphenilol*, *1.3.3-Trimethylnorborneol-(2)*, *Borneol*] Dublett-Absorption aufweisen. Diese Regeln gelten nicht ohne Ausnahme; bei höherem Raumbedarf bei axialen Cyclohexanolen (*cis-2-tert.-Butylcyclohexanol*) oder bei vicinaler Methylsubstitution an Verbb. vom Typ des exo-VI (z. B. *exo-Camphenilol*) tritt z. B. eine Aufspaltung ein. Das trans-Epimere von *Bicyclo-[3.2.0]-heptanol-(2)* zeigt im Gegensatz zum cis-Epimeren keine Dublett-Absorption. Bei *2.5; 7.10-Dimethanotricyclo-[$4.4.0.0^{3.9}$]-dodecanol-(4)* wird das Auftreten einer Dublett-Absorption durch die Störung der exo-VI-Struktur erklärt. Bei intramol. H-Bindung tritt oft eine 3. Bande bei höherer Wellenlänge auf, die im Falle von *Äthylenchlorhydrin* u. *2-Phenyläthanol* einer bestimmten Konformation zugeordnet werden. G. MEINHARDT. B 120□

Beitrag zur Untersuchung der Stereochemie α-halogenierter Carbonylverbindungen mittels Infrarotspektroskopie. Marie-Louise Josien und Colette Castinel. (Bull. Soc. chim. France **1958.** 801—06. Juni.) (Franz.) — Vgl. C. **1958.** 63.

Vff. untersuchen Lage u. Intensität der ν(C=O)-Bande nachst. Verbb. im Dampfzustand sowie in CCl_4-Lsg. (in Klammern Temp. für den Dampfzustand): *Essigsäure-* (VIII; 20°), *Monochlor-* (XII; 200—260°), *Dichlor-* (50—100°), *Trichlor-* (50—100°), *Monobromessigsäure-* (70°), *Propionsäuremethylester* (X; 100—160°), *Essigsäure-* (IX; 20°), *Monochlor-* (200—260°), *Trichlor-* (50—100°), *Monobrom-* (200—260°), *Dibromessigsäureäthylester* (100—160°), *Essigsäure-* (XI; 100—160°), *Monochlor-* (165—195°), *Dichlor-* (220 bis 230°), *Trichlor-* (100—160°), *Phenoxyessigsäureallylester* (I; 220—230°), *Acetophenon* (II; 200—260°), *ω-Chlor-* (III; 165—195°), *ω-Bromacetophenon* (IV; 165—195°), *ω.p-Dibromacetophenon* (V; 200—260°); bei folgenden Verbb. zusätzlich im fl. Zustand: *Aceton*, *Chloraceton* (VI; 28°), *Cyclohexanon* u. *α-Chlorcyclohexanon* (VII; 150°). Für die in Lsg. u. als Fl. untersuchten Verbb. ergibt sich folgendes Bild: Bei allen Estern, bei denen an $C_{(\alpha)}$ 3 ident. Atome (Acetate u. Trichloracetate) gebunden sind, ist die Bande schmal u. einfach. Dagegen ist sie bei den mono- u. dihalogenierten Verbb. sowie bei I aufgespalten; der Frequenzunterschied beträgt 18—25 cm^{-1}, wobei die höhere ungefähr mit der der Trichloracetate, die niedrige mit der der Acetate übereinstimmt. Für die Mono- u. Dichlor- sowie die Dibrom-Derivv. haben beide Banden die gleiche Intensität, für die Monobrom-Derivv. ist die Bande höherer Frequenz nur eine Schulter. Auch die Spektren von III—V zeigen eine Doppelbande mit einem Frequenzunterschied von ca. 20 cm^{-1}. Die niedrigere entspricht der des II, bei IV u. V ist die höhere Bande sehr schwach. Fl. VI zeigt eine Doppelbande gleicher Intensität, in Lsg. ist die Intensität der oberen Bande vermindert. VII besitzt sowohl als Fl. wie auch in Lsg. eine Doppelbande, die mit höherer Frequenz jedoch als Schulter der Hauptbande. Die Doppelbanden werden mit der Existenz zweier Rotationsisomerer erklärt. — Die Spektren der dampfförmigen Verbb. zeigen für die Moll. mit relativ geringer Masse (VIII—X) eine

Doppelbande, deren Maxima um 10—15 cm^{-1} auseinander liegen; diese Differenz ist um so größer, je kleiner die Mol.-Masse ist. Die Moll. mit größerer Masse (**XI** u. die Trichloracetate) haben dagegen eine einfache Bande. Diese Tatsachen werden damit erklärt, daß es sich bei den Doppelbanden um die P- u. R-Zweige des Rotationsschwingungsspektrums handelt. **I** u. die Dihalogenester haben auch im Dampfzustand eine Doppelbande, wobei der Unterschied zwischen den P- u. R-Zweigen mit 25 cm^{-1} trotz erheblich größerer Masse wesentlich größer als bei **VIII—X** u. unabhängig von der Temp. ist. Die beiden Isomeren existieren hier also sowohl in Lsg. als auch im Dampfzustand, jedoch neigt das Isomere mit der höheren Frequenz dazu, im Dampfzustand zu verschwinden, denn seine Bande ist von geringerer Intensität. Bei den Monohalogenacetaten u. **III—VII** beobachtet man im Dampfzustand — im Gegensatz zu den Lsgg. — immer nur 1 Bande, die oft sehr breit ist. Im Dampfzustand existiert demnach nur 1 Isomeres, das andere höchstens in zu geringer Menge, um eine Bande ausreichender Intensität zu geben. — Nach den spektroskop. Beobachtungen lassen sich die in untersuchten Verbb. in 2 Gruppen einteilen: 1. diejenigen, die in Lsg. u. im Dampfzustand die gleiche Anzahl Banden der ν(C=O) haben; 2. diejenigen, die in Lsg. 2, im Dampfzustand nur 1 Bande haben. Bei den zur 2. Gruppe gehörigen Halogenacetophenonen u. **VI** liegt ν_{gas} zwischen den beiden $\nu_{Lsg.}$ u. um 5—8 cm^{-1} niedriger als die höhere der beiden. Da bei Ketonen für die C=O-Schwingung ν_{gas} niedriger als $\nu_{Lsg.}$ beobachtet wurde u. auch bei den zur 1. Gruppe gehörigen Dihalogenacetaten jede ν_{gas} höher gefunden wird als die entsprechende $\nu_{Lsg.}$, kann — entgegen MIZUSHIMA u. Mitarbeitern (vgl. C. **1954.** 7835) — die einzelne ν_{gas}-Bande in **III—VI** nur der niedrigeren der beiden $\nu_{Lsg.}$-Banden entsprechen. In gleicher Weise entspricht die einzelne ν_{gas}-Bande der Monohalogenester u. von **VII** der niedrigeren der beiden $\nu_{Lsg.}$, obgleich jene mit der höheren $\nu_{Lsg.}$ im Spektrum zusammenfällt. So kann angenommen werden, daß z. B. bei **XII** das Isomere mit der niedrigeren $\nu_{Lsg.}$ im Gaszustand allein existiert u. ν_{gas} = 1774 (cm^{-1}) u. $\nu_{Lsg.}$ = 1749 demselben Isomeren zukommen; das Frequenzintervall der beiden Isomeren in Lsg. ist von gleicher Größenordnung wie die Frequenzverschiebung beim Übergang Lsg. → Gas. — Zufolge der Unterss. liegen **I** u. die Dihalogenacetate sowohl in Lsg. als auch im Dampf in Form zweier Rotationsisomerer vor, die Monohalogenacetate sowie **III—VII** dagegen nur in Lösung. Das thermodynam. weniger stabile, d. h. das bei hoher Temp. häufigere, hat in Lsg. die niedrigere der beiden ν(C=O). Dies stimmt damit überein, daß der Anteil der thermodynam. weniger stabilen Moll. mit Zunahme der Energie ansteigt. Für die thermodynam. instabileren Isomeren ändert sich die Frequenz bei Einführung eines Halogens im Vgl. zur halogenfreien Verb. nicht oder sinkt leicht ab, für das andere Isomere steigt sie deutlich an. In Verbindung mit den von KUMLER u. HUITRIC (vgl. C. **1957.** 1630) gefundenen Dipolmomenten nehmen Vff. an, daß dem instabileren **VII** die Sesselform mit äquatorialem Cl zukommt. Aus dem Vgl. mit Dipolmoments-Best. von ZAHN [1932] u. MIZUSHIMA (l. c.) schließen Vff., daß — elektrostat. Natur der atomaren Wechselwrkg. vorausgesetzt — das thermodynam. stabilere **VI** ein minimales Dipolmoment, d. h. cis-ständiges Cl bezogen auf die CH_3-Gruppe besitzen muß. Infolge der Identität der $\nu(C=O)_{gas}$ von **VI** u. **VII** sollte dann die stärker polare Form von **VI** koplanare sich addierende C=O- u. C—Cl-Momente besitzen, was aber der elektrostat. Abstoßung zwischen den elektronegativen Atomen widerspricht. Eine eindeutige Klärung der Struktur der Isomeren ist mit den vorliegenden Ergebnissen noch nicht möglich. J. RICHTER. B 120□

Carbonyl-Valenzschwingung cyclischer Verbindungen. Untersuchung einiger Cyclanone, α-Chlorcyclanone und Methylcyclanone mittels Infrarotspektroskopie. Colette Castinel, Grégoire Chiurdoglu, Marie-Louise Josien, Jean Lascombe und Eugène Vanlanduyt. (Bull. Soc. chim. France **1958.** 807—13. Juni. Bordeaux, Fac. des Sci., Centre de Phys.-chim. Struct.; Bruxelles, Univ. Libre, Fac. des Sci., Labor. de Chim. Gén. II.) (Franz.) — Vgl. vorst. Referat.

Es wird die ν(C=O)-Frequenz von *Cyclopentanon* (**I**; $Kp._{760}$ 130,6°, $D._4^{20}$ 0,9540, n_D^{20} 1,4634), *Cyclohexanon* (**II**; $Kp._{760}$ 150,7°, 0,9478, n_D^{20} 1,4509), *Cycloheptanon, Cyclooctanon, Cyclononanon, Cyclodecanon, 3-Methylcyclopentanon* (**III**), *2-, 3-* (**IV**), *4-Methylcyclohexanon* (**V**), *α-Chlorcyclopentanon* (**VI**; $Kp._{14,5}$ 78,5°, n_D^{20} $1,4757_0$), *-hexanon* (**VII**; $Kp._{17}$ 94—95°, n_D^{20} $1,4843_8$), *-heptanon* ($Kp._{10}$ 91—92°, $1,4871_8$), *-octanon* ($Kp._{10}$ 101 bis 104°, $1,4927_4$), *-nonanon* ($Kp._8$ 102,5—103,5°, n_D^{20} $1,4921_6$) u. *-dodecanon* (**VIII**; $Kp._2$ 101—101,5°, n_D^{20} $1,4999_4$) in gelöstem (CCl_4), gasförmigem u. mit Ausnahme des ersten u. letzten Chlorcyclanons in fl. Zustand untersucht. — Die Bande des gasförmigen **I** hat eine Struktur mit um 10 cm^{-1} auseinanderliegenden Nebenmaxima u. einem zentralen Maximum bei 1768 (cm^{-1}). Die gleiche Struktur wird von DEPIREUX (vgl. Bull. Soc. chim. belges **66.** [1957.] 218) angegeben. In Übereinstimmung mit den Beobachtungen von JONES (vgl. Chemical Applications of Spectroscopy, Intersci. Publishers, 1956) werden für gelöstes u. fl. **I** 2 Maxima bei 1730 u. 1750 gefunden, wobei ersteres für die Lsg. nur als Schulter auftritt. Die Multiplizität der Bande, wie sie von Gray (vgl. C. **1956.** 13075), Taboury (vgl. Cahiers de Physique **10.** [1956.] Nr. 73. 24) u. Depireux (l. c). beobachtet wurde, konnte nicht festgestellt werden. Nach Ansicht der Vff. entspricht die einzige CO-Bande für gasförmiges **I** einer einzigen ν(C=O)-Schwingung u. wird einer Rotations–Schwingungs-Struktur zugeschrieben. Die von verschiedenen Autoren früher aufgestellten Hypothesen, die die Existenz zweier Banden für gelöstes u. fl. **I** im IR- sowie im Raman-Spektrum mit elektrostat. Kopplung der C=O-Dipole, mit Enolisierung oder Fermi-Resonanz u. schließlich mit einer H-Brücke zwischen C=O u. >CH_2 zu erklären versuchen, werden von Vff. als nicht schlüssig angesehen. Sie nehmen vielmehr an, daß die Einzelbande für das Gas u. die Doppelbande für Lsg. u. Fl. auf ein Gleichgewicht zwischen 2 isomeren Formen zurückgeführt werden kann, wobei im Gaszustand allein das Isomere vorliegt, dem in Lsg. u. in der Fl. die höhere Frequenz zukommt. Diese Annahme erklärt sowohl die Kongruenz beider Frequenzen im IR- u. Raman-Spektrum als auch deren Intensitätsänderung beim Wechsel des Lösungsmittels. Wahrscheinlich handelt es sich um zwei verdrehte Formen, da Le Fèvre u. Mitarbeiter (vgl. C. **1956.** 2413) u. Erlandsson (vgl. C. **1954.** 9961) gezeigt haben, daß das Cyclopentan-Mol. nicht eben ist. Für **II** wird in jedem physikal. Zustand — in Übereinstimmung mit den meisten Literaturangaben — nur 1 Bande [1712 (fl.), 1717 (CCl_4), 1734 (gas)] beobachtet; lediglich Gray (l. c.), Taboury (l. c.) u. Depireux (l. c.) geben 2 Maxima an. Die im Zusammenhang mit der multiplen Raman-Bande wie bei **I** aufgestellten Hypothesen werden von Vff. ebenfalls nicht unterstützt, da von ihnen niemals eine Verdopplung der ν(C=O) in **II** beobachtet wurde. — Für die Cyclanone C_7—C_{10} wird ebenfalls in jedem physikal. Zustand nur eine ν(C=O)-Bande gefunden, was bes. mit den Angaben von Bürer u. Günthard (vgl. C. **1957.** 1630) gut übereinstimmt. Während für **I** die Frequenz der Hauptbande diejenige von **II** um mehr als 30 cm^{-1} übersteigt, liegt die Bande bei den Cyclanonen C_7—C_{10} im gasförmigen u. gelösten Zustand um 13 cm^{-1} niedriger u. die Differenz ν_{gas}—$\nu_{Lsg.}$ bleibt mit 15—18 cm^{-1} derjenigen von **II** sehr nahe. Vff. nehmen daher — gestützt auf Befunde von Romers (vgl. C. **1957.** 12413), Jones (l. c.), Halford (vgl. C. **1957.** 2151) u. Schubert u. Mitarbeitern (vgl. C. **1956.** 7752) — an, daß die Frequenzerniedrigung durch eine leichte Öffnung des Winkels der vom Carbonyl-C nach den beiden benachbarten C-Atomen ausgehenden Valenzen bewirkt wird. Diese Winkelspreizung, die durch die Abstoßung der sich im Innern des Ringes nähernden H-Atome verursacht wird, ruft einen dem bei **I** beobachteten entgegengesetzten Effekt hervor. — Die Methylcyclanone, auch **III**, zeigen in allen 3 Zuständen nur 1 Bande, deren Lage sich von der der Cyclanone nur wenig unterscheidet. Lediglich gelöstes **IV** weist eine Bande mit einer Schulter auf der Seite niederer Frequenz auf, u. die Abflachung zu beiden Seiten der Bande von fl. **IV** läßt 2 engbenachbarte Maxima gleicher Intensität vermuten. Anscheinend liegt **IV** sowohl in der Form mit axialer als auch in der mit äquatorialer CH_3-Gruppe vor, während **V** zufolge der Schärfe seiner Bande einerseits u. der Abstoßung zwischen den H-Atomen andererseits vermutlich nur in äquatorialer Form vorliegt. Für **III** bleibt trotz einheitlicher Struktur offen, ob der Ring eben ist oder nicht. — Gasförmiges u. gelöstes **VI** hat nur 1 Bande, auch hier bleibt die Frage nach der Ringstruktur ungeklärt. Die α-Chlorcyclanone C_7—C_9 haben in Lsg. eine Doppelbande, deren Maxima um 10 cm^{-1} getrennt u. von ungefähr gleicher Intensität sind. Die Banden der Fll. sind leicht unsymm., die der Dämpfe einfach, aber breit. Die Doppelbande wird mit der Existenz zweier Rotationsisomerer gedeutet u. wie bei **VII** (vgl. vorst. Ref.) entspricht die Bande des Gaszustandes der niedrigeren $\nu_{Lsg.}$. Die Bande von gelöstem **VIII** ist einfach, so daß nur 1 Mol.-Typ vorliegt.

Versuche: *Cycloheptanon*, Kp.$_{760}$ 180—180,5°, durch Ringerweiterung nach Kaarsemaker u. Coops (vgl. C. **1953.** 2587) mittels CH_2N_2; $D._4^{20}$ 0,9540, n_D^{20} 1,4605. — *Cyclooctanon*, F. 42°, Kp.$_{760}$ 198—199°, wie vorst. Verbindung. — *Cyclononanon*, F. 31,5°, Kp.$_{15}$ 95°, nach der von Blomquist u. Mitarbeitern (vgl. C. **1953.** 7074) modifizierten Acyloin-Meth. von Prelog u. Stoll. — *Cyclodecanon*, F. 25°, Kp.$_{12}$ 106°, wie vorstehend. — α-Chlorcyclanone, nach Corey u. Mitarbeitern (vgl. C. **1957.** 12410).

J. Richter. B 120 □

Banden, die durch Schwingungen der NH-Gruppe N.N'-disubstituierter Acetamidine verursacht werden. Dušan Prevoršek. (Bull. Soc. chim. France **1958.** 788—95. Juni. Labor. des Rech. Phys.) (Franz.)

Es werden die IR-Spektren folgender N.N'-disubstituierter Acetamidine in Chlf. u. in festem Zustand untersucht: *N.N'-Diphenyl-* (**III**), *N-Phenyl-N'-[p-chlorphenyl]-*, *N-Phenyl-N'-[p-isopropoxyphenyl]-*, *N-[p-Isopropoxyphenyl]-N'-[o-isopropoxyphenyl]-*, *N-[Isopropoxyphenyl]-N'-β-naphthyl-* (**I**) u. *N.N'-Di-β-naphthyl-* (**III**). Die Spektren dieser Verbb. werden ferner mit denen der entsprechenden D-Homologen verglichen. In verd. Lsg. (Chlf.) treten im allg. 2 ν(NH)-Banden um 3450 [cm^{-1}] bzw. 3380 auf, die der monomeren Form zukommen u. deren Intensität bei konst. Produkt aus Konz. u. Schichtdicke gleich bleibt. Im festen Zustand zeigen die Verbb. 2 Typen von Spektren: Die Naphthylamidine erzeugen nur 1 ν(NH)-Bande bei 3400, die bei Austausch von $H_{(N)}$ gegen D nach 2518 verschoben wird. Obgleich auch bei dickerer Schicht eine 2. Bande nicht beobachtet werden konnte, ist die Existenz einer solchen — allerdings sehr schwachen — nicht ausgeschlossen, denn die ν(ND)-Bande von $D_{(N)}$-II ist ein Dublett u. im Spektrum von $D_{(N)}$-I ist eine schwache 2. Bande bei 2457 vorhanden. Dagegen weisen die Spektren der Verbb. mit dem (substituierten) Phenylrest zwischen 3300 u. 3100 3—4 ν(NH)-Banden auf, die auf den Isotopenaustausch empfindlich reagieren u. dann als jeweils 1 ν(ND)-Bande in dem 2300-Gebiet auftreten. Offenbar stellen die Naphthylreste in **I** u. **II** ein ster. Hindernis für die Ausbildung einer H-Brücke dar, so daß die Wellenzahlen der ν(NH)-Bande für **I** u. **II** im gelösten wie festen Zustand nicht wesentlich verschieden sind. — Die starke u. breite, manchmal aufgespaltene ν(C=N)-Bande findet sich bei den festen Verbb. bei 1630 u. verschiebt sich für die gelösten Verbb. infolge Wegfalls der H-Brücke nach 1650. Diese Bande ist im allg. auch für verd. Lsg. asymm. u. hat oft auf der Seite kleinerer Wellenzahlen eine ausgeprägte Schulter. Die für eine Doppelbindung relativ niedrige Frequenz läßt vermuten, daß die C=N-Bindung in aromat. Amidinen etwas von ihrem Doppelbindungscharakter einbüßt. Da die ν(C=N)-Bande auch für gelöstes **II** nach höheren Wellenzahlen verschoben ist, ist die Polarisierung der Amidingruppierung zugunsten der homöopolaren Struktur beim Übergang vom festen in den gelösten Zustand bewiesen. Wahrscheinlich ist dieser Effekt auch bei den N.N'-Diphenylacetamidinen nicht zu vernachlässigen. Für die D-Homologen wird eine Verschiebung der ν(C=N)-Bande um 10—20 cm^{-1} nach kleineren Wellenzahlen beobachtet. — Im Gebiet der δ(N—H)-Frequenz zwischen 1600 u. 1200 werden für alle untersuchten Verbb. im festen Zustand 4 starke Banden bei 1540 (in Lsg. bei 1515), 1440, 1330 u. 1220 (in Lsg. 1210) gefunden, die für die gelösten Verbb. bei niedrigeren Wellenzahlen liegen. Nach Deuterierung tritt die 1540-Bande bei 1400 auf, während die 1440- sowie die 1330-Bande völlig verschwinden u. gleichzeitig sehr schwache Absorption bei 1080 erfolgt; die 1220-Bande wird geringfügig nach höheren Wellenzahlen verlagert. Diese Banden mit mehr oder minderen δ(N—H)-Charakter werden vom Vf. als gekoppelte Schwingungen gedeutet, u. zwar das Bandenpaar 1540/1330 als Kopplung der δ(N—H) mit der antisymm. Valenzschwingung der $-C\langle^{N}_{N}$-Gruppierung, das Bandenpaar 1440/1220 als Kopplung der δ(N—H) mit der ν(N—R). Damit erklärt sich einmal die Empfindlichkeit des Paares 1540/1330 gegenüber der Spaltung der H-Bindung u. dem Isotopenaustausch sowie das Verschwinden der 1330-Bande als Folge der Deuterierung — diese bedingt einen so großen Frequenzunterschied zwischen δ(N—D) u. ν(C—N), daß die Kopplungseffekte vernachlässigbar sind u. ν(C—N) ihren Eigenwert zurückgewinnt — zum anderen auch der Wegfall der 1440-Bande sowie der Platzwechsel der ν(=N—R)- u. ν(—ND—R)-Bande in den Spektren der deuterierten Verbindungen. Denn die unerwartete Verschiebung der 1220-Bande nach höheren Wellenzahlen bei den deuterierten Verbb. hielt der Nachprüfung an **III** mit verschiedenen D-Geh. stand. Das Spektrum von normalem **III** zeigt 2 Banden bei 1240 u. 1218, das von D-**III** bei 1248 u. 1221. Da diese beiden Banden reziproke Intensität besitzen u. die Spektren der deuterierten Homologen nie eine entsprechende neue Bande aufweisen, können die Banden bei 1218 (1248) u. 1240 (1221) nur der ν[—NH(D)—R] bzw. ν(=N—R) zugeordnet werden. Während die Bande der mit δ(N—H) gekoppelten ν(NH—R) anscheinend niedriger liegt als die von ν(=N—R) u. der Unterschied zwischen beiden Frequenzen durch Fermi-Resonanz noch verstärkt werden kann, liegt die Frequenz von ν(ND—R) infolge der durch Deuterierung aufgehobenen Kopplung höher als die von ν(=N—R), wobei auch in diesem Fall der Unterschied durch Fermi-Resonanz verstärkt zu werden scheint, allerdings im entgegengesetzten Sinn. — Auf Grund der spektroskop. Resultate wird die Mol.-Struktur der untersuchten Acetamidine mit folgendem Ergebnis diskutiert: Im gelösten Zustand besteht wahrscheinlich ein Gleichgewicht zwischen den Rotationsisomeren; die Möglichkeit, daß das H-Aceton im Monomeren 2 Lagen einnimmt, die den beiden zur Ebene zweier N-Valenzen symm. liegender Minima der potentiellen Energie entsprechen, kann nicht völlig ausgeschlossen werden. Für den festen Zustand kann die Multiplizität der N—H-Schwingung sowohl in dem Effekt der H-Bindung als auch in der Wanderung des Protons zwischen den beiden Energieminima gesehen werden. J. Richter. B 120□

Infrarotspektren der Carbonsäurehydrazide. Dušan Prevoršek. (Bull. Soc. chim. France **1958**. 795—801. Juni. Labor. des Rech. Phys.) (Franz.) — Vgl. vorst. Referat.

Es wurden die Spektren von *Ameisensäure-*, *Essigsäure-*, *Isovaleriansäure-*, *Undecansäure-*, *Benzoesäure-* (I), *Isonicotinsäure-* (II) u. *ω-Phenylcapronsäurehydrazid* (III) in

Chlf.-Lsg. u. in festem Zustand sowie der *N.N'.N'-trideuterierten Verbb.* aufgenommen u. die auf die Hydrazidgruppierung zurückzuführenden Banden untersucht. Die Spektren aller gelösten Verbb. zeigen für Konzz. $\leq$0,100 m 2 Banden bei 3448 [cm^{-1}] u. 3330, deren Lage unabhängig von der Konz. ist u. deren relative Intensitäten für $c \cdot l$ = const, sich nicht ändern. Beide Banden werden den Monomeren zugeordnet. Die Lage der 3448-Bande entspricht sowohl der der ν(N—H) der Amidgruppe als auch dem für die $\nu(NH_2)$ der Aminogruppe angegebenen, denn in diesem Gebiet wird mit der verwendeten Optik für die Hydrazide immer nur 1 Bande gefunden. Aus der bei prim. Aminen gefundenen Beziehung $\nu_{symm.} = 345{,}5 + 0{,}875\,\nu_{asymm.}$ für die beiden Frequenzen der NH_2-Gruppe ergibt sich im Gegensatz zu den beobachteten Werten ein solcher von 3360, so daß die symm. Valenzschwingung der NH_2-Gruppe wahrscheinlich infolge einer schwachen intramol. H-Bindung nach 3330 verschoben ist. Diese Zuordnung wird dadurch bestätigt, daß nach Deuterierung die beiden Banden verschwinden u. die den ν(N—D) entsprechenden Banden bei 2545 u. 2480 beobachtet werden. Für konz. Lsgg. (> ca. 0,1 m; ε = 40) wird der Absorptions-Koeff. ε der 3330-Bande stark konz.-abhängig, was auf Assoziation zurückgeführt wird. Offenbar unterscheidet sich die gebundene ν(N—H) der Assoziate nur so wenig von derselben der Monomeren, daß keine Verlagerung der Bande festgestellt werden konnte. Für die 3448-Bande dagegen ist ε innerhalb des Konz.-Bereiches von 0,276—0,045 m ziemlich konst. gleich 80 $\pm$ 2, so daß das H-Atom der Amidgruppe an der H-Bindung unter den gegebenen Bedingungen offenbar nicht beteiligt ist. Bei den festen Verbb. sind die Banden der ν(N—H) infolge intermol. H-Bindungen stark nach niedrigeren Wellenzahlen verschoben u. es werden 3—4 Maxima zwischen 3300 u. 3100 beobachtet. — Im 6 μ-Gebiet werden für die festen Verbb. 2 Spektrentypen beobachtet. Die aliphat. Hydrazide weisen nur eine starke u. breite Bande bei 1670—1620 auf, deren Maximum verwaschen ist. In der aromat. Reihe liegen in dem Gebiet 2 deutlich abgegrenzte Maxima verschiedener Intensität vor. Nach Lage u. Intensität sowie ihrer Verschiebung bei den gelösten Verbb. entspricht die starke Einzelbande der ν(C=O) sek. Amide. Nach Deuterierung sinkt die Intensität dieser Bande beträchtlich ab u. für die Lsgg. werden zwei Banden bei 1670 [ν(C=O)] bzw. 1625 [$\delta(NH_2)$] beobachtet, d. h. für die festen Verbb. unterscheiden sich beide Banden nur wenig. Dies stimmt mit der theoret. Annahme überein, daß sich beide Banden nach Dissoziation der H-Bindung in Lsg. in gegensätzlichem Sinn verschieben. Für die beiden Banden der aromat. Hydrazide wird die gleiche Zuordnung getroffen. Hier haben bei I [ν(C=O) 1666, $\delta(NH_2)$ 1623] u. II (1675; 1620) in Lsg. die Banden ihre Lage allerdings vertauscht. Außerdem besteht im festen Zustand zwischen der Lage der II-Banden [ν(C=O) 1665, $\delta(NH_2)$ 1633] einerseits u. denen von I (1612; 1658) u. III (1612; 1644) ein beachtlicher Unterschied. Eine weitere Analogie mit prim. Amiden besteht darin, daß die Intensität der $\delta(NH_2)$-Bande nur die Hälfte der CO-Absorption beträgt. — Die festen Verbb. zeigen ferner 2 starke Banden um 1540 u. 1330, die bei den Lsgg. um 1470 u. 1300 beobachtet werden. Nach Deuterierung verlagert sich erstere nach 1430, während die 1330-Bande verschwindet. Diese Effekte stehen in Einklang mit den bei sek. Amiden für die Amidbanden II u. III beobachteten; sie beruhen auf Kopplung der δ(N—H) mit ν(C—N). Bei Deuterierung der Amidgruppe wird der Frequenzunterschied beider Schwingungen für eine Kopplung zu groß, so daß — da schon die δ(N—H)-Bande im allg. sehr schwach ist u. daher für die δ(N—D)-Bande das gleiche angenommen wird — nur die ν(C—N)-Bande zu beobachten ist. J. RICHTER. B 120□

Infrarotabsorptionsspektren von α- und β-Monodeutero- und $\alpha.\alpha'$-Dideuterofuran-Dampf. Wärmeinhalt und Entropie von Furan. Børge Bak, Svend Brodersen und Lise Hansen. (Acta chem. scand. **9**. 749—62. 1955. Copenhagen, Denmark, Univ., Chem. Labor.) (Engl.)

Die IR-Spektren von *Furan* (I), $D_{(\alpha)}$-, $D_{(\beta)}$- u. $D_{2(\alpha,\alpha)}$-I als Gas im Gebiete von 400 bis 3300 cm^{-1} werden aufgenommen. Die Grundschwingungen werden ermittelt, u. es werden die Normalschwingungen zugeordnet. Die thermodynam. Eigg., C_p^0, S u. $-(G^0-H_0^0)/T$, werden berechnet u. den Werten von GUTHRIE jun. u. Mitarbeitern (vgl. C. **1953**. 7049) gegenübergestellt. G. PÖTZSCHER. B 120□

Infrarotabsorptionsspektren von einigen polycyclischen, vom Anthrachinon abgeleiteten Küpenfarbstoffen. T. Urbański, W. Hofman und M. Witanowski. (Bull. Acad. polon. Sci., Sér. Sci. chim., géol., géogr. **7**. 215—21. 1959. Polish Acad. of Sci., Labor. of Org. Synth.) (Engl.)

Von *Cibanongelb GK*, *Indanthrengoldorange G*, *Cibanondunkelblau BO*, *Sandothren GN*, *Indanthrenblau RS* (I) u. *Sandothrenbrillantorange NGK* (II) werden die IR-Spektren aufgenommen (Abb.). Die aromat. CH-Valenzschwingungen im Gebiet 3085 bis

3060 (cm^{-1}) aller Verbb. sind schwach. Die Zuordnung der Banden bei 1660—1635 zu Schwingungen der aromat. Ringe wird durch die starke CO-Valenzschwingung erschwert. I u. II weisen infolge H-Brückenbindung vom Typ —N—H···O=C- zwei CO-Banden bei 1655—1660 u. 1635 auf. Die Zuordnung anderer Banden wird diskutiert.
G. PÖTZSCHER. B 120□

Untersuchungen über die Synthese von Glucosiden. 6. Mitt. Über Infrarotspektren von Zuckern und Glucosiden. Mitsuo Takahashi. (J. pharmac. Soc. Japan [Yakugakuzasshi] **75.** 237—38. 25/2. 1955. Kyoto, Sakyo-ku, Univ. of Kyoto, Med. Fac., Pharmaceut. Inst.) (Jap.; Auszug: Engl.) — 5. vgl. J. pharmac. Soc. Japan [Yakugakuzasshi] **74.** [1954.] 704.

Vf. bestätigt die Angaben von BARKER u. Mitarbeitern (C. **1954.** 8310), daß die IR-Spektren der α- u. β-Reihen reduzierender Zucker u. Methylglucoside oder Polysaccharide die Möglichkeit zur Unterscheidung zwischen α- u. β-Verbb. geben, u. nimmt an, daß auch Strukturdifferenzen von cis- u. trans-Stellungen am asymm. $C_{(1)}$- u. $C_{(2)}$-Atom in Zuckern u. Glucosiden unterschieden werden können. Untersucht wurde dies an den IR-Absorptionen von α- u. *β-Pentaacetyl-D-glucose*, α- u. *β-Methyl-D-glucosid*, *β-D-Mannose* u. α- u. *β-Phenyl-D-glucosid.* F. MOSSNER. B 120

Stereochemie von primärem Kohlenstoff. 10. Mitt. Stereochemische Konfigurationen von einigen optisch-aktiven Deuterium-Verbindungen. A. Streitwieser jun., J. R. Wolfe jun. und W. D. Schaeffer. (Tetrahedron [London] **6.** 338—44. Juni 1959. Berkeley, Calif., Univ. of California, Chem. Dep.) (Engl.) — 9. vgl. C. **1962.** 2694.

$D_{(1)}$-Butanol-(1) (I) wurde durch Red. von undeuteriertem Butyraldehyd mit deuteriertem Isoborneol gewonnen (keine näheren Angaben). *$D_{(\alpha)}$-Benzylalkohol* (II) wurde durch Red. von $D_{(CHO)}$-Benzaldehyd (**VII**) mit Isobornyloxy-MgBr erhalten. I u. II gleichen Drehungssinnes haben die gleiche Konfiguration u. ungefähr die gleiche opt. Reinheit. II wurde unter Beibehaltung der Konfiguration mit Tosylchlorid (**VIII**) in Pyridin (Py) in das *Tosylat* übergeführt, das mit Na-Acetessigester (**IX**) in Bzl. unter vollständiger Konfigurationsumkehr zu *α-[$D_{(\alpha)}$-Benzyl]-acetessigsäureäthylester* (**III**) umgesetzt werden konnte. Hydrolyse von **III** liefert *$D_{(4)}$-4-Phenylbutanon-(2)* (**V**), das nach CLEMMENSEN ohne Änderung der Konfiguration zu *$D_{(1)}$-1-Phenylbutan* (**IV**) red. wurde. I wurde in das *Chlorsulfit* umgewandelt, das sich unter Bldg. von *$D_{(1)}$-1-Chlorbutan* (**VI**) mit 91 ± 2%ig. Konfigurationsumkehr therm. zersetzen ließ. **IV** wurde aus **VI** mit überschüssigem Phenyl-Li in Bzl. (LiCl unlösl., Ausschaltung des racemisierenden Einfl. des Cl-Ions) unter Konfigurationsumkehr hergestellt. Die kinet. Daten dieser Umsetzung sind tabelliert. Die relative Konfiguration von I u. II wurde somit durch Überführung von I sowie II in IV unter Anwendung von Rkk. bekannter Stereochemie bewiesen. Weiterhin konnte gezeigt werden, daß I u. II fast opt. rein sind. Nachst. Drehwerte $[\alpha]_D$ werden für die reinen, unverd. Fl. angegebener Konfiguration genannt: I + 0,185 ± 0,018°; II + 0,715 ± 0,002°; III —0,39 ± 0,01; IV —0,78 ± 0,04; V —0,44 ± 0,03; *$D_{(\alpha)}$-Benzylamin* (WOLFE JUN. unveröff.) +0,125 ± 0,015; *$D_{(\alpha)}$-Benzyläthyläther* (WOLFE JUN. unveröff.) +0,096 ± 0,003. Für *[$D_{(1)}$-n-Butyl]-hydrogenphthalat* wird $[\alpha]_D$ —0,38 ± 0,05 (Aceton; c = 28) angegeben (ANDREADES, unveröff.).

Versuche: *$D_{(\alpha)}$-Benzylalkohol* (II), aus **VII** [aus Benzonitril durch Red. nach STEPHEN mit wasserfreiem $SnCl_2$ u. DCl (aus Benzoylchlorid u. D_2O) in Ggw. von wenig D_2O in Ae., vgl. STREITWIESER JUN. u. WOLFE JUN. (C. **1959.** 13755); n_D^{20} 1,5383, $D._4^{25}$ 1,0509 (0,98 *D*-Atom/Mol.); 34% (Ausbeute). *p-Toluolsulfonat*, aus **II** u. **VIII** in trockenem Py bei —40°; 50—55%. — *α-[$D_{(\alpha)}$-Benzyl]-acetessigsäureäthylester* (**III**), $Kp._6$ 148—152°; aus **IX** u. vorst. Verb. in Bzl.; 45%. — *$D_{(4)}$-4-Phenylbutanon-(2)* (**V**), $Kp._{12-13}$ 115—118°, aus **III** durch Rühren mit 5%ig. NaOH. — *$D_{(1)}$-1-Phenylbutan* (**IV**), $Kp._{75}$ 106—107°, Kp. 180—185°, $Kp._{30}$ 78—82°, a) aus **V** durch Kochen mit HCl u. Zn-Amalgam, b) aus **VI** von Phenyl-Li in Bzl. unter N_2. G. MARQUARD. B 123

Stereochemie von primärem Kohlenstoff. 11. Mitt. Äthanolyse von optisch-aktivem [$D_{(\alpha)}$-Benzyl]-p-toluolsulfonat. A. Streitwieser jun. und J. R. Wolfe jun. (J. Amer. chem. Soc. **81.** 4912—14. 20/9. 1959.) (Engl.) — 10. vgl. vorst. Referat.

Opt.-akt. *[$D_{(\alpha)}$-Benzyl]-tosylat* (**I**) wurde aus opt.-akt. *$D_{(\alpha)}$*-Benzylalkohol (**II**) mit Tosylchlorid (**III**) in Pyridin (Py) bei —40° mit 50% Ausbeute gewonnen (vgl. vorst. Ref.). **I** war unbeständig u. mit etwas **III** verunreinigt, aber nicht racemisiert. Die Darst. von opt.-akt. *[$D_{(\alpha)}$-Benzyl]-äthyläther* (**IV**) durch Rk. von **II** mit Ag_2O u. sd. Äthyljodid (**V**) bzw. mit K-tert.-Butylat u. **V** bei Zimmer-Temp. erfolgte unter ca. 14%ig. bzw. geringer Racemisierung. Bei der Umsetzung von opt.-akt. **I** mit $NaOC_2H_5$ u. A. bei Zimmer-Temp. oder mit abs. A. bzw. mit 80%ig. A. bei 25° entsteht ebenfalls **IV**, jedoch unterliegt I bei der Solvolyse in abs. A. vollständiger Konfigurationsumkehr; bei Äthanolyse in 80%ig. A. tritt daneben Racemisierung von wenigen % ein, während bei dem gleichzeitig durch Hydrolyse entstandenen II keine Racemisierung festgestellt wurde. Ebenfalls vollständige Konfigurationsumkehr bet etwas stärkerer Racemisierung wurde bei der Äthanolyse von *Butyl-(2)-brosylat* in 80%ig. wss. A. beobachtet (STREITWIESER JUN. u. WAISS JUN., unveröffentlicht), woraus Vff. schließen, daß das Benzylkation etwas stabiler als ein sek. Alkylcarboniumion ist.

Versuche: (—)-$D_{(\alpha)}$-*Benzyläthyläther* [(—)-IV], $Kp._{25}$ 81—85°, $Kp._{23}$ 83,5—84,5°, a) aus 10 ml II mit insgesamt 72 g Ag_2O u. 300 ml V; 3,1 cm³ (Ausbeute); b) aus 10 ml II mit K-tert.-Butylat (aus 8 g K mit 350 ml tert.-Butanol unter N_2) mit 27 ml V; 7,5 cm³ (nach 1jähriger Aufbewahrung Absinken des Drehwertes um 7%). (+)-IV, $Kp._{27}$ 87—88°, $Kp._{23}$ 81—82°, a) aus insgesamt 15,4 g I mit $NaOC_2H_5$ (aus 23 g Na u. 400 ml A.); 1.0 ml; b) durch Erhitzen von 13.6 g I in 350 ml abs. A., daneben wird etwas opt.-akt. $D_{(\alpha)}$-*Benzylchlorid* erhalten, das mit $LiAlH_4$ zu II red. wurde, das als Hydrogenphthalat isoliert werden konnte; 3,1 ml; c) aus 23 g I in 1000 ml abs. A. u. 250 ml W.; 3,7 ml (roh). — $D_{(\alpha)}$-*Benzylhydrogenphthalat*, aus II u. Phthalsäureanhydrid.

G. MARQUARD. B 123□

Über die Molekülgeometrie von trans-Cycloocten. Norman L. Allinger. (J. Amer. chem. Soc. **80.** 1953—55. 20/4. 1958. Detroit, Mich., Wayne State Univ., Dep. of Chem.) (Engl.)

Die Dipolmomente μ von *cis-* (μ = 0,43 D) u. *trans-Cycloocten* (0,82) in n-Heptan wurden bestimmt. Der große Wert für die gespannte trans-Verb. u. die Unterschiede in den IR- (=C—H)-, -(C=C)-Valenz- u. nicht ebenen -(=C—H)-Deformationsschwingungen beider Verbb. lassen darauf schließen, daß die π-Bindung des trans-Isomeren einen beträchtlichen s-Charakter besitzt. Für die trans-Verb. wird deshalb eine Konformation angenommen in der alle C—C-Winkel etwas deformiert sind u. die C=C-Bindung „gebogen" ist.

Versuche: *Cyclooctanon*, $Kp_{1,2}$ 73—75°, aus Cycloheptanon mit CH_2N_2; 25% (Ausbeute). *Oxim*, F. 36—37° (Ae.-Pentan bei —20°). — *cis-* (n_D^{25} 1,4681) u. *trans-Cycloocten* (n_D^{25} 1,4741), aus vorst. Oxim durch Red. mit Na u. A. zum Amin, Überführung in die Trimethylammonium-Verb. u. deren Pyrolyse; trans-Verb. lösl. in wss. $AgNO_3$-Lsg.; 19 bzw. 36%. G. PÖTZSCHER. B 123□

Einige Untersuchungen über das Problem der inneren Umwandlung der Anregungsenergie von aromatischen Molekülen und Kristallen. J. Ferguson. (J. molecular Spectroscopy **3.** 177—84. April 1959. Vancouver, Brit. Columbia, Univ., Dep. of Chem.) (Engl.)

Die relativen Quantenausbeuten der Fluorescenz für *Anthracen, Pyren, Chrysen, 1.2-Benzanthracen, Azulen* u. *9,10-Dichloranthracen* (I) in A. u. PAe. sind unabhängig von der Wellenlänge des Anregungslichtes im Bereich von 220—360 mμ, woraus hervorgeht, daß innere Umwandlung der Anregungsenergie von den höher besetzten Zuständen zum Grundzustand sehr stark wirksam ist. Beim *9.10-Dibromanthracen* (II) bzw. *α-Jodnaphthalin*, bei denen sich die Quantenausbeuten der Fluorescenz bzw. Phosphorescenz mit der Wellenlänge des Erregerlichts ändern, scheinen neben der inneren Umwandlung andere strahlungslose Prozesse, wie Übergänge zwischen Zuständen verschiedener Multiplizität („intersystem crossing") bzw. Prädissoziation der C–J-Bindung um die Anregungsenergie zu konkurrieren. Messung der Temp.-Abhängigkeit der Fluorescenz von *Tetracen-* u. I-Kristallen zeigen, daß die Fluorescenzlöschung Aktivierungsenergien von der Größenordnung der Gitterschwingungsfrequenzen besitzt. *Anthracen*, II u. *9.10-Di-α-naphthylanthracen* zeigen keine Änderung der Intensität mit der Temp. (100—270° K).

G. PÖTZSCHER. B 125□

Chlorierung von Äthanol in der Dampfphase unter stiller elektrischer Entladung. 1. Mitt. **Qualitative Untersuchungen.** O. P. Malhotra. (J. Indian chem. Soc. **35.** 99—102. Febr. 1958. Varanasi, Banaras Hindu Univ., Dep. of Chem.) (Engl.) — 2. vgl. C. **1961.** 18652; vgl. auch C. **1957.** 6395.

Für die Chlorierung von 4 cm³ A./Std. in der Dampfphase bei 80° u. einer Cl_2-Gas-Strömungs-Geschw. von 6 cm³/s unter stiller elektr. Entladung (500 Perioden, 2.6 kV) wird eine App. beschrieben. Aus dem Rk.-Gemisch werden *Äthylacetat, Di-* u. *Trichloracetaldehyd, Trichloracetaldehydalkoholat, Paraldehyd, Mono-, Di-* u. *Trichloracetaldehydacetal, 1.2-Di-* u. *1.2.2-Trichlordiäthyläther, Hexachloräthan, HCl* u. einige *organ. Säuren* neben nicht umgesetztem A. isoliert. Die freie Acidität wird durch Best. von H^+ u. Cl^- untersucht. K. ZIELOFF. B 131

Einfluß der Substitution auf die Dipolmomente von Molekülen. Hayami Yoneda. (Bull. chem. Soc. Japan **31.** 708—14. Sept. 1958. Wakayama, Univ., Dep. of Chem.) (Engl.)

Beim Vgl. bekannter Dipolmomente μ der Hydride von O, N, S, P u. der Halogene sowie ihre Alkyl-Derivv., Alkohole, Äther, Mercaptane u. Sulfide, Amine, Phosphine u. Halogenide ergeben sich folgende Gesetzmäßigkeiten: Die μ-Werte der Alkyl-Derivv. von Elementen der 3. u. höheren Perioden steigen mit wachsender Alkylsubstitution als Folge der induktiven Effekte der Alkylgruppen. Bei Derivv. von Elementen der 2. Periode nehmen die μ-Werte mit steigender Alkylsubstitution ab, was auf s–p-Hybridisierung von nichtgebundenen Elektronen zurückgeführt wird. Je stärker der —I-Effekt eines Substituenten ist, um so mehr nimmt das Ausmaß der s–p-Hybridisierung u. damit der Beitrag eines Atomdipolmoments zum Gesamtmoment ab. G. PÖTZSCHER. B 132□

Dielektrisches Verhalten von Aceton, Methylalkohol und Anilin in Benzol bei 9516 MHz. Arvind Vyas und H. N. Srivastava. (J. sci. ind. Res. [New Delhi], Sect. B **17.** 377—79. Sept. 1958. Lucknow, Univ., Dep. of Phys.) (Engl.)

Durch Messung von ε' u. tan δ in verd. Benzol-Lsgg. bei 9514 MHz bestimmen Vff. die Dipolmomente μ (D), Relaxationszeiten τ (s) u. das Vol. V der sich orientierenden Moll. (ml) von *Aceton* (28°) μ 2,41; $\tau \cdot 10^{12}$ 2,5; $V \cdot 10^{24}$ 18,65; *Methanol* (25°) 1,63; 2,6; 17,66; *Anilin* (25°) 1,55; 4,5; 30,57. Die berechneten sind in guter Übereinstimmung mit Literaturwerten. G. PÖTZSCHER. B 132□

Änderung der Dielektrizitätskonstante von Phenol mit der Temperatur. K. M. Somasundaram und C. V. Suryanarayana. (Bull. chem. Soc. Japan **31.** 1001. Nov. 1958. Annamalainagar, South India, Annamalai Univ., Phys.-Chem. Labor.) (Engl.)

Die zwischen 41,5 u. 65,9° gemessene DK von *Phenol* (Kp. 181,75°) wird am besten durch die Gleichung $D = D_0^{-LT}$ mit $D_0 = 109{,}8$ u. $L = 0{,}007094$ wiedergegeben.
G. PÖTZSCHER. B 132□

Der Einfluß von Gasen auf den Oberflächenphotostrom von Anthracen. T. C. Waddington und W. G. Schneider. (Canad. J. Chem. **36.** 789—92. Mai 1958. Ottawa, Canada, Nat. Res. Council, Div. of Pure Chem.) (Engl.)

Der Einfl. von Gasen auf den Oberflächen-Photostrom i von *Anthracen* wurde untersucht. CO_2, N_2, Ar, CH_4, $C(CH_3)_4$, sind ohne Einfl. auf i. Gase mit Elektronenacceptor-Eigg., wie BF_3, HCl, O_2 u. NO erhöhen i beträchtlich; Gase mit Donator-Eigg., wie NH_3, $(CH_3)_3N$, $(CH_3)_2O$, Ae., A., W. u. Aceton erniedrigen i auf einen niedrigeren Wert als im Hochvakuum (i_v). Die Abhängigkeit vom Druck p hat bei O_2, HCl, BF_3 die Gestalt einer LANGMUIRschen Adsorptionsisotherme; $i_p - i_v$ gegen p u. $p/(i_p - i_v)$ gegen p aufgetragen, ergeben gerade Linien. Lineare Abhängigkeit von $p/(i_p - i_v)$ ergibt sich auch für NH_3 u. $(CH_3)_3N$, jedoch nicht für Aceton, dessen Kurvenbild mehr dem einer Vielschichtenadsorption entspricht. In den Fällen, in denen bei O_2 u. BF_3 p größer als der Sättigungsdruck p_s (für die LANGMUIR-Isotherme) ist, folgt die Temp.-Abhängigkeit von i der Beziehung $i = i_0 \exp(-E/RT)$ wie im Hochvakuum; für $p < p_s$ gilt die Beziehung dagegen nicht. Die Ergebnisse werden damit erklärt, daß die Energieniveaus der positiven Löcher an der Oberfläche niedriger sind als im Kristallinnern u. daß der Einfl. der Gase darin besteht, diese Energieniveaus zu heben (bei Donatorgasen) oder zu erniedrigen (bei Acceptorgasen). G. PÖTZSCHER. B 134□

Kleinringverbindungen. 33. Mitt. Eine kernmagnetische Resonanz-Untersuchung des Ausmaßes der Umlagerung der Isotopenstellung bei der Gasphasenphotochlorierung von ^{13}C-Methylcyclopropan. E. Renk, Paul R. Shafer, W. H. Graham, R. H. Mazur und John D. Roberts. (J. Amer. chem. Soc. **83.** 1987—89. 20/4. 1961. Pasadena, Calif., California Inst. of Technol., Gates and Crellin Labor. of Chem.; Cambridge Mass., MIT, Dep. of Chem.) (Engl.) — 32. vgl. C. **1962.** **8573.**

Wie früher (vgl. ROBERTS u. MAZUR, C. **1952.** 7646) chlorierten Vff. $^{13}C_{(\alpha)}$-*Methylcyclopropan* unter Steigerung der Temp. auf 50° zum Ende der Reaktion. Das komplexe Prod. wurde gaschromatograph. getrennt, die Stellung des ^{13}C wurde durch Aufnahme der Protonenspektren ermittelt. Neben ringchlorierten u. polychlorierten Prodd. wurden nur $^{13}C_{(\alpha)}$-*Cyclopropylcarbinylchlorid* u. $^{13}C_{(\gamma)}$-*Allylcarbinylchlorid* gefunden. Wegen des Ausbleibens einer Isotopenverschiebung u. der Bldg. von Cyclobutylchlorid wird angenommen, daß eine bicycl., brückenförmige Radikalzwischstufe nicht im Verlauf der Rk. auftritt.

Versuche: *Cyclopropylbromid*, Kp. 68—68,5°, durch Erhitzen von CBr_4 in abs. Chlorbenzol auf 130° u. Zugabe von Bis-[1-carboxycyclopropyl]-peroxid in Chlorbenzol; 43% (Ausbeute). — $^{13}C_{(CO)}$-*Cyclopropancarbonsäure*, $Kp._8$ 74—76°, durch Carbonisierung von Cyclopropyl-MgBr mit $^{13}CO_2$ im Vakuum-Syst. u. Zers. mit W.; 82% (bezogen auf $Ba^{13}CO_3$). — $^{13}C_{(CO)}$-*N.N-Dimethylcyclopropancarbonsäureamid*, $Kp._{35}$ 102—105°, durch Zugabe von Triäthylamin sowie von Chlorcarbonsäureäthylester zu einer eiskalten Lsg. vorst. Säure in abs. Chlf., 1½ std. Stehen bei Raum-Temp., Kühlen mit Eis, Einleiten von abs. Dimethylamin-Gas, 17 std. Stehen bei Raum-Temp., Eindampfen u. Zugabe von W.; 75%. — $^{13}C_{(\alpha)}$-*Methylcyclopropan*, durch Zugabe von Äthylacetat zu 1n $LiAlH_4$ in Ae. unter Eiskühlung, Zugabe zu vorst. Verb. in abs. Ae. bei 0°, ½ std. Rühren bei Raum-Temp., ½ std. Kochen, Zers. mit 2n H_2SO_4, Kühlen des Ae.-Extrakts mit Eis, Zugabe von Äthylenglykol u. 85%ig. Hydrazinhydrat, ¼ std. Stehen bei Raum-Temp., Zugabe von KOH in Äthylenglykol, Aufheizen auf 160° unter Abdest. u. weiteres Erhitzen auf 220° (30 Min. bei 220°) unter Auffangen des Destillats.

B. GNAUCK. B 137 □

Die Säurestärke von Triphenylsilanol. R. West und R. H. Baney. (J. inorg. Nuclear Chem. **7.** 297—98. Okt. 1958. Madison, Wis., Univ. of Wisconsin, Dep. of Chem.) (Engl.)

Die Halbneutralisationspotentiale der potentiometr. Titration von *Phenol* (0,68 V), *p-Methoxyphenol* (0,73), *Triphenylsilanol* (**I**; 0,80), *p-Nitroanilin* (0,90) mit $(C_4H_9)_4NOH$ in Bzl.–Methanol wurden bestimmt. **I** ist somit eine etwas schwächere Säure als die Phenole, jedoch wesentlich stärker als Trialkylsilanole. G. PÖTZSCHER. B 139 □

Elektrosynthese von o-Phenylendiamin. 2. Mitt. **Einfluß der Kathodenstromdichte auf die Elektroreduktion von o-Nitroanilin.** L. Je. Ter-Minassjan. (Известия Академии Наук Армянской ССР, Химические Науки [Nachr. Akad. Wiss. ArmenSSR, chem. Wiss.] **11.** 75—81. 1958. Inst. für organ. Feinchemie der Akad. der Wiss. der ArmenSSR.) (Russ.; Auszug: Armen.) — 1. vgl. Известия Академии Наук Армянской ССР, Химические Науки [Nachr. Akad. Wiss. ArmenSSR, chem. Wiss.] **10.** [1957.] **173.**

Es wird der Einfl. der Kathodenstromdichte auf den Verlauf der elektrochem. Red. von o-Nitroanilin (**I**) an Kathoden aus Cu, Zn, Hg, Al, Graphit, Sn, Pb, Fe, Ni u. Pt untersucht. Die besten Ausbeuten an *o-Phenylendiamin* (**II**), bezogen auf die eingesetzte Energie u. das eingesetzte **I**, werden bei einer Kathodenstromdichte von 14 A/dm² an Kathoden aus Cu (76,1 bzw. 88,5%), Hg (81,4 bzw. 87,9%) u. Pb (84,8 bzw. 91,7%) erhalten. Mit Erhöhung der Kathodenstromdichte ist eine Verbesserung der Ausbeute an **II** festzustellen, was offenbar auf die starke depolarisierende Wrkg. des **I** zurückzuführen ist. G. FROELICH. B 141

Elektrosynthese von o-Phenylendiamin. 3. Mitt. **Einfluß der Temperatur auf die Elektroreduktion von o-Nitroanilin.** L. Je. Ter-Minassjan. (Известия Академии Наук Армянской ССР, Химические Науки [Nachr. Akad. Wiss. ArmenSSR, chem. Wiss.] **11.** 221—32. 1958.) (Russ.; Auszug: Armen.) — 2. vgl. vorst. Referat.

Es wird der Einfl. der Temp. auf die elektrochem. Red. von o-Nitroanilin (**I**) an verschiedenen Kathoden bei Temp. zwischen 10 u. 70° untersucht. Die besten Ausbeuten an *o-Phenylendiamin* (**II**), bezogen auf eingesetzte Energie u. eingesetztes **I**, werden bei 70° an Kathoden aus Cu (75,4 bzw. 88,1%), Hg (80,8 bzw. 87,0%) u. Pb (83,9 bzw. 90,6%) erhalten. Bei Temp. über 70° sinkt die Ausbeute an **II** ab, da hierbei in stärkerem Maße Oxydation von **II** durch Luft–O_2 erfolgt. G. FROELICH. B 141

Über die elektrolytische Synthese von 2-Methyl-4-amino-5-aminomethylpyrimidin. 1. Mitt. **Ausführung unter Verwendung einer Silberelektrode.** Kyōji Sano. (Annu. Rep. Takamine Lab. **8.** 36—39. Dez. 1956. Tōkyō, Sankyō Kabushiki Kaisha, Takamine Kenkyusho.) (Jap.; Auszug: Engl.)

Vf. untersucht die Rk.-Bedingungen der Bldg. von *2-Methyl-4-amino-5-aminomethylpyrimidin* (**I**) durch elektrolyt. Red. von 2-Methyl-4-amino-5-cyanpyrimidin (**II**; F. 248 bis 249°). Es wurde gefunden, daß die Ausbeute durch die Wechselwrkg. von Rk.-Temp. u. Stromdichte u. auch durch die Rk.-Temp. selbst, aber kaum durch die Konz. des Lsgm., HCl, beeinflußt wird. Optimal reines **I** (ca. 6 g, 95—96% rein, mögliche Verunreinigungen durch eine Neben-Rk. zu 2-Methyl-4-amino-5-hydroxymethylpyrimidin über 2-Methyl-4-amino-5-formylpyrimidin) erhält man aus 5 g **II** in 160 cm³ 4—8%ig. HCl u. 2 cm³ 5%ig. $PdCl_2$-Lsg. bei Benutzung einer Silberkathode, Stromdichte: 4 A/Stunde.

F. MOSSNER. B 141

Polarographie einiger Phenylmercuriamide und -imide. Sister M. Lawrence O'Donnell und Cornelius W. Kreke. (J. Amer. pharmac. Assoc., sci. Edit. **48.** 268—71. Mai 1959. Pittsburgh, Pa., Mount Mercy Coll., Dep. of Chem.) (Engl.)

Die Stabilität von *N-Phenylmercuriacetamid* (F. 160—162°), *-propionamid* (F. 95 bis 96°), *-butyramid* (F. 66—67°), *-valeramid* (F. 74,5—75,5°), *-isobutyramid* (F. 69—70°), *-isovaleramid* (F. 78—81°), *-hexansäureamid* (F. 60—62°), *-nonansäureamid* (F, 72,5 bis 73,5°), *-benzamid* (F. 172—173°), *-succinimid* (F. 195—196,3°), *-phthalimid* (F. 212,5 bis 213,5°) sowie von *Phenylmercuriacetat* (F. 147—150°) u. *-hydroxid* (**I**; F. 224—227°) wurde polarograph. untersucht. Die Halbstufenpotentiale $E_{1/2}$ aller Verbb. sind innerhalb der experimentellen Fehler ident. mit dem Zers.-Potential von I. Daraus folgt, daß alle Verbb. nach rascher Hydrolyse in zwei Stufen nach $I + H^+ + e^- \rightarrow \dot{R}Hg + H_2O$ ($E^1/_2 = -0{,}21$ V gegen SCE) u. $\dot{R}Hg + H^+ + e^- \rightarrow RH + Hg$ ($\pi^1/_2 = -1{,}14$ V gegen SCE) red. werden, ohne daß sich Konst.-Einfl. geltend machen. H. BERG. 142□

Polarographische Bestimmung von „Tetracen". A. M. Wild. (Chem. and Ind. **1957**. 1543. 23/11. Swynnerton, Staffs., Ministry of Supply, Armament Res. and Dev. Establishment.) (Engl.)

In HCl-saurer Lsg. gibt „*Tetracen*" (*1-Guanyl-4-*[*tetrazolyl-*(*5*)]*-tetracenhydrat*, vgl. PATINKIN u. Mitarbeiter, C. **1955**. 8377) bei der Red. an der Hg-Tropfelektrode eine definierte Stufe. Da der Diffussionsstrom stark mit der Säure-Konz. variiert, verwendet Vf. zur Best. eine mit Na-Tartrat gepufferte HCl-Lsg., in der er eine Proportionalität von Stufenhöhe u. Konz. im Bereich von $1{,}0 \cdot 10^{-3}$m bis $1{,}4 \cdot 10^{-4}$m findet. Die Halbstufenpotentiale gegen das Boden-Hg liegen zwischen $-0{,}34$ u. $-0{,}37$ Volt. Eine genaue Vers.-Vorschrift wird gegeben. H. MARSEN. B 142□

Polarographische Untersuchung über die interfazielle Aktivität einiger curarewirksamer, in der Medizin benützter Substanzen. Xenia Mămăligă und Mihail Şerban. (Rev. Chim. [Bucarest] **2.** 325—28. 1957. Akademie der RVR, Inst. für Biochem.) (Dt.)

Die relativen Grenzflächenaktivitäten (σ) von verschiedenen curarewirksamen Verbb. wurden durch Messung der durch die Substanzen hervorgerufenen Erniedrigung des polarograph. O_2-Maximums bestimmt. Es besteht — bes. innerhalb einer Gruppe von Verbb. mit ähnlicher Struktur — eine gewisse Parallele zwischen σ u. der Curarewirkung. Folgende Verbb. wurden untersucht (geordnet nach zunehmendem σ): *Äthylen-bis-*[*trimethylammoniumhydroxid*] (Anion nicht angegeben), *Pentamethylen-bis-*[*trimethylammoniumhydroxid*], *Hexamethylen-bis-*[*trimethylammoniumhydroxid*], „*Succinylcholin*" (*Bis-*[*cholin*]*-succinat*), *Dekamethylen-bis-*[*trimethylammoniumhydroxid*], „*C 100*" (MERCK-Darmstadt), *D-Tubocurarinhydrochlorid* u. *Flaxedil*. E. MOISAR. B 166□

Viscosität von Stickstoff, Methan, Äthan und Propan bei höheren Temperaturen und Drücken. J. D. Baron, J. G. Roof und F. W. Wells. (J. chem. Soc. Engng. Data **4.** 283—88. Juni 1959. Houston, Tex., Shell Developm. Co.) (Engl.)

Quant. Messungen über den Viscositäts-Koeff. von N_2, *Methan*, *Äthan* u. *Propan* bei höheren Temp. (125—275° F) u. Drucken (100—8000 p/sq.in.) wurden mit einem modifizierten RANKINE-Viscosimeter durchgeführt. Die Ergebnisse werden mit bereits veröffentlichten Daten verglichen. R. SCHÄFF. B 172□

Viscositäten von Benzol–Methyläthylketon-Systemen. A. J. Teller und T. J. Walsh. (J. chem. Engng. Data **4.** 279—83. Juni 1959. Gainesville, Fla., Univ.; Cleveland, Ohio, Case Inst. of Technol.) (Engl.)

Im Bereich von $-34{,}4$ bis 26,0° wurden die Viscositäten von Gemischen aus *Bzl.* ($Kp._{760}$ 80,1°, n_D^{20} 1,5011) u. *Methyläthylketon* in bezug auf entsalztes W., redest. Methanol u. Ae. mittels eines FENSKE-Capillarviscosimeters ermittelt. Ein Nomogramm u. eine Gleichung für die Viscosität des Gemisches verschiedener Zus. werden angegeben. R. SCHÄFF. B 172□

Chemisorption aus Alkohol–Wasser-Systemen an amorphem Siliciumdioxid. G. Bauer und W. Stöber. (Kolloid-Z. **160.** 142—46. Okt. 1958. Göttingen, Max-Planck-Ges. zur Förder. der Wiss., Med. Forschungsanstalt.) (Dt.)

Der Einfl. von W. auf die Chemisorption (Oberflächenveresterung) von *Methanol*, *A.*, *n-Propanol* u. *n-Butanol* an amorphem, porenfreiem SiO_2 bei 250° wurde untersucht unter gleichzeitiger Berücksichtigung der während der Rk. auftretenden Änderungen der spezif. Oberfläche des Adsorbens. Bei geringen Wasser-Konzz. im Alkohol–W.-Gemisch tritt eine erhebliche Verminderung der Oberflächenveresterung ein. Hochbelegte Oberflächen weisen eine relative große Hydrolysenbeständigkeit auf. Für diese Befunde wird eine theoret. Deutung gegeben, die zusammen mit der graph. Auswertung der Ergebnisse die früher entwickelten Vorstellungen (vgl. STÖBER u. Mitarbeiter, C. **1957.** 12972) über die Oberflächen-Eigg. des SiO_2 bestätigt. G. PÖTZSCHER. B 176□

Einige die R_F-Werte von Streifenchromatogrammen beeinflussende Effekte. Tohru Furukawa. (J. Sci. Hiroshima Univ., Ser. A **21.** 285—93. Jan. 1958. Hiroshima, Univ., Fukuyama Branch, Chem. Labor.) (Engl.)

Es wird die chromatograph. Trennung verschiedener Terpene u. verwandter Verbb. auf Streifen von SiO_2 mit Gips als Bindemittel auf Glasträger beschrieben. Folgende Verbb. wurden untersucht: α- u. *β-Pinen*, *Camphen*, *Limonen*, *p-Cymol*, *Safrol*, *1.8-Cineol*, *Terpinylacetat*, *Linalylacetat*, *Citronellal*, *Carvon*, *Perillaaldehyd*, *Campher*, *Citral*, *Fenchon*, *Eugenol*, *Campherchinon*, *Menthol*, *α-Terpinol* u. *Citronellol*. Der Einfl. verschiedener Vers.-Bedingungen auf die R_F-Werte, wie z. B. Wahl des Lsgm., Wasser-Geh. der Schicht,

Teilchengröße des Adsorbens, Temp. u. die Verteilung des Lsgm. auf dem Streifenchromatogramm, wurde näher untersucht. E. MOISAR. B 177□

Einige Untersuchungen des induktiven Effektes. Shiro Maeda. (Bull. chem. Soc. Japan **31.** 260—67. April 1958. Yokosuka, Nat. Defence Acad., Dep. of Chem.) (Engl.)

Es wird eine LCAO-MO-Näherungs-Meth. (ohne Berücksichtigung der Polarisation der Atombahnen) entwickelt zur Best. der induzierten elektr. Momente in nichtkonjugierten Moll. u. auf Halogenalkane, wie CH_3Cl, CH_3Br, CH_2Cl_2, CH_2Br_2, $CHCl_3$, $CHBr_3$, C_2H_5Cl, C_2H_5Br, *iso*-C_3H_7Cl u. *n*-C_3H_7Cl angewendet. Die Übereinstimmung zwischen berechnetem u. beobachtetem Moment ist gut, wenn das Verhältnis möglicher Rotationsisomerer mit berücksichtigt wird. G. PÖTZSCHER. B 182□

Normalschwingungen und innere Rotation von Molekülen vom Äthantyp. Eizi Hirota. (Bull. chem. Soc. Japan **31.** 296—303. April 1958. Hongo, Tokyo, Univ., Fac. of Sci., Dep. of Chem.) (Engl.)

Mit Hilfe eines UREY-BRADLEY-Kraftfeldes berechnet Vf. unter Berücksichtigung der Wechselwrkg. zwischen Atomen, die die innere Rotation behindern, die Normalschwingungen von Moll. vom C_2H_6-Typ, bes. von C_2Cl_6. Die Übereinstimmung mit den beobachteten Werten ist gut. Die der inneren Rotation von C_2Cl_6 entgegenstehende Potentialschwelle wird zu 10,8 kcal/Mol bestimmt. G. PÖTZSCHER. B 182□

NMR-chemische Verschiebungen, Kern-Quadrupol-Kopplungskonstanten und Bindungsabstände: Der C—Cl-Abstand in Vinylchlorid. C. N. R. Rao. (J. sci. ind. Res. [New Delhi], Sect. B **20.** 605—06. Dez. 1961. Bangalore, Indian Inst. of Sci., Dep. of Inorgan. and Physical Chem.) (Engl.)

Vf. fand, daß sich in halogensubstituierten Alkanen u. Alkenen die chem. Verschiebungen δ_H, die Kern-Quadrupol-Kopplungs-Konst. $|eQq|$ u. die C—Halogenabstände in gleichen Richtungen ändern, da alle drei Parameter von der Elektronenverteilung im Mol. abhängen; während beispielsweise in chlorierten Methanen δ u. $|eQq|_{35Cl}$ mit zunehmender Zahl der Cl-Atome zunehmen, nimmt der C—Cl-Abstand ab. Die ursprüngliche Erklärung der C—Cl-Abstände in Chloräthenen mit Mesomerie (PAULING [1944]) sollte revidiert werden; der C—Cl-Abstand in *Dichloräthylenen* ist kleiner als in *Vinylchlorid*, während $|eQq|_{35Cl}$ größer ist. — Weitere genannte Verbb. (Literaturwerte): CH_3Br, CH_2Br_2, $CHBr_3$, CF_3Br, $SiHCl_3$, $SiCl_4$, SiH_3Cl, SiF_3Cl, CH_3Cl, CF_3Cl, CCl_4, CH_3F, CF_4, CH_2Cl_2, $CHCl_3$. J. ROTHE. B 182□

Zur Frage der Konjugation in Butadien. M. I. Batujew. (Доклады Академии Наук СССР [Ber. Akad. Wiss. UdSSR] **115.** 291—94. 11/7. 1957. Inst. für fossile Brennstoffe der Akad. der Wiss. der UdSSR.) (Russ.)

Die Anschauungen über die Verwirklichung des (stat.) mesomeren u. des (dynam.) elektromeren Effektes in Moll. mit konjugiertem Syst. werden am *Butadien* krit. diskutiert u. den experimentell ermittelten Daten der zwischenatomaren C-Abstände von Ein-, Zwei- u. Dreifachbindungen entsprechender Verbb. gegenübergestellt. Vf. ist der Ansicht, daß die Annahme eines lokalisierten π-Elektronenpaares im Bereich der $C_{(1)}$–$C_{(2)}$- bzw. $C_{(3)}$–$C_{(4)}$-Atome den experimentellen Tatsachen am besten entspricht. Die Addition von X_2 (X = H, Cl, Br) an das konjugierte Syst. erfolgt danach so, daß zunächst X^+ in 1 (oder 4)-Stellung angreift (Ort größter Elektronendichte) u. seine Ladung auf das benachbarte C-Atom überträgt. Dadurch ist eine Verschiebung des zweiten π-Elektronenpaares in den Bereich der $C_{(2)}$–$C_{(3)}$-Atome begünstigt, u. es kann sich eine elektromere Grenzform des Carbeniumions mit der Ladung in 4-Stellung ausbilden. H. KÜHNE. B 182

Über die Konjugation in Butadien und seine doppelte Reaktionsfähigkeit. M. I. Batujew. (Журнал Общей Химии [J. allg. Chem.] **28** (**90**). 2903—07. Okt. 1958. Inst. für Kohle u. Erdöl der Akad. der Wiss. der UdSSR.) (Russ.)

Die Annahme einer doppelten Rk.-Fähigkeit eines konjugierten π-Elektronen-Syst. infolge eines Mesomerieeffektes im Mol. u. eines Hyperkonjugationseffektes 1. Grades im intermediär gebildeten Carboniumion trifft auf die vom Vf. untersuchten Syst. [*Butadien-(1.3)* (I), *Diacetylen* u. *Hexachlorbutadien*] nicht zu. Diese Verbb. besitzen nicht den von der Theorie geforderten Bindungsausgleich zwischen Einzel- u. Mehrfachbindung im Mol (Verlängerung des Atomabstandes der Mehrfachbindung). Nach Ansicht des Vf. besteht die 1. Rk.-Stufe bei Rk. dieser Verbb. in der Polarisation des Rk.-Partners u. der Addition des entstehenden Kations an das Molekülende. Dadurch wird die Elektronenaffinität der entstandenen Methylgruppe im Zwischenprod. erhöht u. die Ausbldg. in ihrer Konfiguartion verschiedener, räumlich voneinander getrennter Ionen, die im Tautomerie-Gleichgew. miteinander stehen ($XCH_2-\overset{+}{C}H-CH{=}CH_2 \rightleftarrows XCH_2-CH{=}CH-\overset{+}{C}H_2$), ermöglicht. Die doppelte Rk.-Fähigkeit verwirlkicht sich demnach erst in der 2. Rk.-Stufe mit der Ausbldg. des Tautomeriegleichgewichts. H. KÜHNE. B 182□

Elektronentheorie der Rangordnung der Benzolsubstituenten. Fritz Ender. (Chemiker-Ztg. **81.** 589—603. 25/9. 1957. Heidelberg, Univ., Physikal.-Chem. Inst.) (Dt.)

Vf. bespricht zunächst die elektron. Substituenteneffekte (Feld- u. elektromere Effekte) u. ihre theoret. Deutung u. zeigt dann, daß sowohl der negativierende Feldeffekt als auch der negativierende Elektromerieeffekt zu einer Delokalisierung der negativen Ladungen der akt. Grenzstrukturen des Benzolkerns in 2-, 4- u. 6-Stellung führen. Hieraus folgt eine Lenkung elektrophiler Kernsubstituenten in die o- u. p-Stellung. Dagegen führen der positivierende Feldeffekt sowie der positivierende Elektromerieeffekt zu einer Delokalisierung der (+)-Ladungen der akt. Grenzstrukturen des aromat. Ringes. Diese lassen nur insoweit elektrophile Kernsubstitutionen zu, als sich „doppelt aktivierte" Grenzstrukturen bilden, die infolge des charakterist. Ladungsverteilungszustands in die m-Stellung dirigieren müssen. Die geringe thermodynam. Wahrscheinlichkeit einer Anregung doppelt aktivierter Strukturen drückt sich im Absinken der Substitutions-Geschw. aus. An Hand der chem. Konstit. der Substituenten werden Angaben über Art u. Größe der elektron. Effekte gewonnen. Aus der Wechselwrkg. zwischen Substituent u. Benzolkern folgt, daß sich der Ladungsverteilungszustand der aktivierten Grenzstrukturen danach richtet, ob Substituenten mit einsamem Elektronenpaar, mit negativierendem oder positivierendem Feldeffekt, mit echten Doppelbindungen, semipolaren oder Mehrfachbindungen oder mit aromat. Charakter vorliegen. Die Beteiligung der akt. Grenzstrukturen am Grundzustand entspricht dem statist. Gew. der elektron. Valenzeffekte. Dieses nimmt ab in der Folge: Elektromerie durch Verschiebung eines π-Elektronenpaares > Elektromerie durch Verschiebung eines einsamen Elektronenpaares > Feldeffekt. Das Verh. zusammengesetzter Substituenten erklärt sich durch Überlagerung mehrerer elektron. Effekte, deren Einfl. auf die Beteiligung der akt. Grenzstrukturen am Grundzustand an Beispielen erläutert wird. Vf. erhält so Folgen von Substituenten analoger chem. Konstit., deren Glieder eine gleichsinnige Abstufung entsprechend dem Ladungsverteilungszustand, der Größe der dirigierenden Kraft u. der Substitutions-Geschw. erkennen lassen. Aus diesen Folgen ergibt sich nachst. durch zunehmende Desaktivierung gek. Rangordnung der Substituenten am Benzolring: $-NR_2 > NH_2 > OC_2H_5 > OCH_3 > OCOCH_3 > J > Cl, Br, F > CH_3 > C_2H_5 > CH(CH_3)_2 > C_6H_5 > CH_2Cl > CHCl_2 > C(CH_3)_3 > H > CCl_3 > COO^- > CONH_2 > COOR > COOH > COOCOCH_3 > COJ > COCl, COBr, COF > COCH_3 > CHO > SO_3H > CN > NO_2 > N^+R_3$. Vf. zeigt, daß diese theoret. Annahmen mit den experimentellen Literaturdaten in vollständiger Übereinstimmung sind. B. GNAUCK. B 182□

Über die Elektronenstruktur von Thiophen. Die Ermittlung der Parameter für das Coulomb- und das Austauschintegral. Kôgoro Maeda. (Sci. Rep. Tôhoku Univ., Ser. I **43.** 203—06. Dez. 1959.) (Engl.)

Berechnungen der Säkulargleichungen für *Thiophen* unter Verw. verschiedener Parameterwerte einer einfachen LCAO-MO-Meth. werden durchgeführt, wobei das Austauschintegral zwischen zwei hybridisierten Mol.-Bahnen als ein Parameter eingesetzt wird. Als Ergebnis wird gefunden, daß die früher (KIKUCHI, Sci. Rep. Tôhoku Univ., Ser. I **41.** [1957.] 35) zugeordneten Parameterwerte auch auf dieser Grundlage zur Behandlung der Elektronenstruktur des Mol. weiterhin geeignet sind.

G. PÖTZSCHER. B 182□

Elektronenstruktur und Spektren von symm.-Tetrazin. Noboru Mataga. (Bull. chem. Soc. Japan **31.** 453—58. Mai 1958. Osaka, Univ., Inst. of Polytechn.) (Engl.)

Nach einer halbempir. LCAO-MO-Meth. werden die π-Elektronenstruktur u. die Elektronenübergänge von *symm.-Tetrazin* (I) berechnet. Die Übereinstimmung zwischen berechneten u. beobachteten Werten für die Anregungsenergie des niedrigsten angeregten Zustands ist befriedigend. Die spektrale Ähnlichkeit der N-Heterocyclen (Pyridin, Pyrazin u. I) mit Bzl. wird darauf zurückgeführt, daß ihre Mol.-Zustände weitgehend übereinstimmen u. die Störung durch die N-Atome nur von geringem Einfl. auf die Oscillatorstärke ist. Die Konfigurations-Wechselwrkg. dagegen spielt eine sehr große Rolle.

G. PÖTZSCHER. B 182□

Gaschromatographischer Nachweis der intramolekularen Wasserstoffbrückenbindung an Doppelbindungen. C. H. DePuy und P. R. Story. (Tetrahedron Letters [London] **1959.** Nr. 6. 20—21. Juni. Ames, Iowa, Iowa State Coll., Dep. of Chem.) (Engl.)

endo bzw. *exo-Norborneol* haben etwa die gleichen relativen Retentionszeiten R_t (104 bzw. 96 Min. bei 160°) an Celite. Für *endo-Δ^5-Dehydronorborneol* (79) wird infolge intramol. H-Bindung im Gegensatz zur *exo-Verb.* (94) R_t stark herabgesetzt. Das gleiche gilt für *exo-7-Isopropyliden-Δ^5-dehydronorborneol* (33) u. die *endo-Verb.* (30), bei denen ebenfalls intramol. H-Bindungen möglich sind. Red. der letzten Verbb. zum *exo-* bzw. *endo-7-Isopropylidennorborneol* vermindert R_t auf 28 für die exo- u. erhöht R_t auf 38 für die endo-Verbindung. G. v. WALDEYER-HARTZ. B 223□

Adduktbildung zwischen Chloraceton und N'-alkylsubstituierten Pyridinbasen und ihre biologische Bedeutung. J. M. Akagi und D. Paretsky. (J. org. Chemistry **24.** 1526—29. Okt. 1959. Lawrence, Kans., Univ. of Kansas, Dep. of Bacteriol.) (Engl.)

Nicotinsäureamidmethojodid (**I**) reagiert mit *Chloraceton* (**II**) in bas. Lsgg. unter Addukt-Bldg., was am Auftreten eines neuen Maximums bei 360 mμ zu beobachten ist. *Pyridin-3-aldehydmethojodid* (**III**) bildet das Addukt mit **II** ca. 2,03mal so schnell wie **I**, während die Reaktivität von *3-Acetylpyridinmethojodid* ($C_8H_{10}JNO$, F. 160—163°, gelb) zwischen der von **I** u. **II** liegt. Durch höhere Alkylgruppen am Pyridin-N-Atom, wie in den Verbb. *Nicotinsäureamidätho-* u. *-isopropojodid* ($C_9H_{13}JN_2O$, F. 185—186°, gelb) u. *Pyridin-3-aldehyd-tert.-butojodid* ($C_{10}H_{14}JNO$, F. 192°, gelb, flockig), wird die Geschw. der Addukt-Bldg. herabgesetzt. Der Mechanismus der Addukt-Bldg. wird diskutiert u. Schlüsse auf die Oxydation von A. zum Aldehyd bzw. von Aldehyden zu den Säuren durch oxydiertes Pyridinnucleotid werden gezogen. R. MAYER-MADER. B 223 □

Isomerisierung von α-Hydroxysilanen zu Silyläthern. 3. Mitt. **Triphenylsilylcarbinol.** A. G. Brook und Bruno Iachia. (J. Amer. chem. Soc. **83.** 827—31. 20/2. 1961. Toronto, Canada, Univ. of Toronto, Dep. of Chem.) (Engl.) — 2. vgl. J. Amer. chem. Soc. **81.** [1959.] 981; vgl C. **1959. 5784.**

Bei der Einw. von 0,1 Val (oder weniger) von NaK-Leg. auf Triphenylsilylcarbinol (**I**) in Ae. bei Raum-Temp. entstehen in einigen Std. neben einer kleinen Menge Gas (1,5% des gesamten akt. H) Kristalle von *Bis-[triphenylsilylmethoxy]-diphenylsilan* [**IV**; 25—40% (Ausbeute)]; ferner konnten aus dem gebildeten Öl 15—20% *Triphenylmethoxysilan* (**II**; $Kp._{0,35}$ 125—130°) u. 10—20% *Triphenylsiloxytriphenylsilylmethan* (**III**) isoliert werden, ferner 0,2% *Diphenylsilandiol* [**VII**; F. 162—166° (Bzl.)] u. 8% *Hexaphenyldisiloxan* (F. 220—223°). Die Struktur von **III** u. **IV** konnte durch Abbau u. Synth. nachgeprüft werden. So entstehen durch Einw. von kalter 1,5% ig. KOH auf **III** in A./Pyridin/W. 5% *Triphenylsilanol* (**V**; F. 150—152°) u. 35,5% **I. IV** liefert unter analogen Bedingungen 59% **VII** sowie 61% **I.** Beim Kochen (5 Min.) von **III** im obigen Medium entstehen nur 71% **V. IV** liefert 46% **V** u. 35% **VII**, da bei höheren Temp. **I** hauptsächlich zu **V** hydrolysiert wird. Für die Isomerisierung von **I** wird folgendes Rk.-Schema angenommen: **I** → $(C_6H_5)_3SiCH_2O^-$ (**A**) + ½ H_2, **A** → $(C_6H_5)_3SiOCH_2^-$ $\xrightarrow{\text{I}}$ **II** + **A**, **A** + **I** → **III** + : CH_2OH^-, : CH_2OH^- + **I** → **A** + CH_3OH, **A** + **I** → $(C_6H_5)_3Si\text{-}CH_2OSi(C_6H_5)_2 \cdot CH_2OH$ (**VI**) + $C_6H_5^-$, $C_6H_5^-$ + **I** → **A** + C_6H_6, **VI** + **A** → **IV** + : CH_2OH^-. Die Bldg. von **III** u. **IV** erfolgt also durch nucleophilen Angriff eines Alkylations am Si-Atom unter Verdrängung entweder eines CH_2OH- oder C_6H_5-Anions. In Übereinstimmung hiermit liefert **I** mit heißem verd. Alkali (2% KOH in 93% ig. A.) **V** u. etwas **VII.** Ähnlich ergibt **II** mit $C_2H_5O^-$ nur *Triphenyläthoxysilan* (**VIII**; F. 63—65°), **I** dagegen neben **VIII** wenig *Diphenyldiäthoxysilan.* Es ergibt sich also, daß unter diesen Bedingungen eine Phenylgruppe durch Alkylat aus einem Alkoxysilan nicht verdrängt wird. Während die Verdrängung von Phenyl aus einem Tetraalkyl- bzw. -arylsilan auftritt, erfolgt bei den untersuchten Verbb. bevorzugt die Abspaltung einer CH_2OH-Gruppe durch Alkylat. 90—95% der abgespaltenen Phenylgruppen konnten als Bzl. gaschromatograph. isoliert werden, ebenso 70% der CH_2OH-Gruppen als Methanol. Die Bldg. von Toluol konnte dagegen nicht beobachtet werden. Bei der Darst. von **I** aus Triphenylsilyl-Li (**IX**) unter schneller Zugabe von HCHO [aus Paraformaldehyd (**X**) bei 180—200°] entstehen 20% *Triphenylsilylmethylformiat* [$C_{20}H_{18}O_2Si$, F. 121,5—122,5° (PAe.)] sowie 18% **I.** Das Formiat wird vermutlich nach Art der TISCHTSCHENKO-Rk. gebildet u. liefert durch alkal. Hydrolyse **I** u. Na-Formiat. **I** läßt sich durch Wärme-Einw. nicht umlagern.

Versuche: *Bis-[triphenylsilylmethoxy]-diphenylsilan* (**IV**), $C_{50}H_{44}O_2Si_3$, F. 202 bis 203,5° (PAe./A./Bzl./Chlf.), durch Zugabe von Diphenyldichlorsilan zu **I** in abs. Bzl., ½ std. Rühren unter Einleiten von NH_3 unter Eiskühlung u. Gießen in verd. Säure; 15% (Ausbeute); daneben 5% **VII.** — *Triphenylsiloxytriphenylsilylmethan* (**III**), $C_{37}H_{32} \cdot OSi_2$, F. 130,5—131° (PAe.), durch Zugabe von Triphenylchlorsilan zu **I** in Bzl. analog **IV**; 65%. — *Triphenylsilylcarbinol* (**I**), $C_{19}H_{18}OSi$, F. 119—121° (A.-PAe., 1:10), nach GILMAN u. WU (C. **1955.** 798) aus **IX** u. **X** in Tetrahydrofuran bei 160—170°; 83% (roh).
B. GNAUCK. B 225 □

Kinetik der Oxydation von Kohlenwasserstoffen. 3. Mitt. **Der Einfluß von Wasser und Jod auf die Oxydation von Äthan.** Z. G. Szabó und D. Gál. (Acta chim. Acad., Sci. hung. **11.** 205—19. 1957. Szeged, Univ., Inst. of Inorg. and Anal. Chem.) (Engl.) — 2. vgl. C. **1961.** 13863.

In C_2H_6-Gemischen mit weniger als 30% O_2 verändert zugesetztes W. die kinet. Größen der Oxydation von C_2H_6 kaum, verringert aber den Gesamtumsatz. Bei mehr als 30% O_2 wird eine geringe positive Katalyse beobachtet mit steigendem Kettenverzweigungsfaktor r, sinkender Aktivierungsenergie, aber konst. Gesamtumsatz. Es wird angenommen, daß die erste Stufe der Rk. mit wenig O_2 zu Äthylen, mit viel O_2 zu C_2H_5-Radikalen führt, die das Kettenwachstum hervorrufen. Zugesetztes Jod katalysiert die Rk. positiv. Da der Kettenverzweigungsfaktor konst. bleibt, ist die Wrkg. auf die Start-Rk. beschränkt, in der eine Dehydrierung stattfindet.

J. WINKLER. B 225□

Kinetik der Oxydation von Kohlenwasserstoffen. 4. Mitt. **Der Einfluß von Methylamin und Stickstoffdioxid auf die Oxydation von Äthan.** Z. G. Szabó und D. Gál. (Acta chim. Acad. Sci. hung. **11.** 221—37. 1957.) (Engl.) — 3. vgl. vorst. Referat.

Im Gegensatz zu Unterss. von DOBRINSKAJA u. Mitarbeitern (vgl. C. **1956.** 11154) finden Vff. eine positive Katalyse der Oxydation von C_2H_6 durch Methylamin (I). Sie nehmen eine Oxydation von I zu CO_2, NO_2 u. H_2O an. Die beiden letzten Verbb. sind dann die eigentlich katalyt. wirksamen Stoffe. NO_2 wirkt in Form des im Gleichgewicht stehenden NO. Es hat in geringer Konz. eine verzögernde, in größerer Konz. eine beschleunigende Wrkg., deren Erklärung vorläufig unsicher ist. J. WINKLER. B 225□

Kinetik der Oxydation von Kohlenwasserstoffen. 5. Mitt. **Die nichtkatalysierte Oxydation von Äthylen.** Z. G. Szabó und D. Gál. (Acta chim. Acad. Sci. hung. **11.** 239—50. 1957.) (Engl.) — 4. vgl. vorst. Referat.

Im Gegensatz zur Oxydation von C_2H_6 (vgl. 2. Mitt.) ist die Änderung der kinet. Parameter der Oxydation von C_2H_4 (Aktivierungsenergie $E_{eff.}$ 31204 cal) von niedrigen zu höheren O_2-Konzz. kontinuierlich. Die Druckabhängigkeit des Kettenverzweigungsfaktors ist der bei C_2H_6 ähnlich, was die Annahme unterstützt, daß die Oxydation von C_2H_6 über C_2H_4 als Zwischenprod. verläuft. J. WINKLER. B 225□

Kinetik der Oxydation von Kohlenwasserstoffen. 6. Mitt. **Der Einfluß homogener Katalysatoren auf die Oxydation von Äthylen.** Z. G. Szabó und D. Gál. (Acta chim. Acad. Sci. hung. **11.** 251—62. 1957.) (Engl.) — 5. vgl. vorst. Referat.

W. hat keine, Jod eine positive katalyt. Wrkg. auf die Oxydation von C_2H_4, im Gegensatz zur Oxydation von C_2H_6 aber nicht auf die Anfangsperiode, sondern auf die Kettenverzweigung. Methylamin wirkt in Form seines Oxydations-Prod. NO_2. Kleine Mengen verzögern, größere beschleunigen die Reaktion. Ebenso wirkt reines NO_2. Es wird der Ablauf zweier Parallel-Rkk. vermutet. J. WINKLER. B 225□

Kinetik der Oxydation von Kohlenwasserstoffen. 7. Mitt. **Die Oxydation von Acetylen und der Einfluß homogener Katalysatoren auf diese Oxydation.** Z. G. Szabó und D. Gál. (Acta chim. Acad. Sci. hung. **11.** 263—70. 1957.) (Engl.) — 6. vgl. vorst. Ref.; 8. vgl. C. **1958.** 10892.

Die Ergebnisse der Oxydation von C_2H_2 hängen stark von äußeren Vers.-Bedingungen ab; Wand-Einfl. spielen eine wesentliche Rolle. Zur Vermeidung von Explosionen wurden die Wände des Rk.-Gefäßes mit Na_3PO_4 überzogen. Die Rk.-Geschw. steigt stark mit steigendem Druck. W. verzögert die Rk., während NO_2 dieselbe Wrkg. wie bei der Oxydation von Äthan u. Äthylen hat. J. WINKLER. B 225□

Die oxydative Umlagerung von Ketonen zu Carbonsäuren. H. M. Hellman und A. Rosegay. (Tetrahedron Letters [London] **1959.** Nr. 13. 1—3. Sept. New York, N.Y., New York Univ., Wm. H. Nichols Chem. Labor.) (Engl.)

Die Rk. von H_2O_2 u. SeO_2 mit aliphat. Ketonen liefert unter Umlagerung Carbonsäuren. So z. B. aus Aceton (I) *Propionsäure* (II), aus Phenylaceton *Hydratropasäure* (III) u. wenig *Hydrozimtsäure.* Ersatz des SeO_2 durch Selensäure u. Pyridin (Py) steigert die Ausbeute an Prodd. einer Ringverengerung. Aus Cyclohexanon wird *Cyclopentancarbonsäure* mit 64% (Ausbeute), daneben mit 10—30% *6-Hydroxycapronsäureäthylester* erhalten.

Versuche: *Propionsäure* (II), aus 29 g I, 150 ml tert.-Butylalkohol (IV), 100 ml 30%ig. H_2O_2 u. 4 ml Selensäure (spezif. Gew. 1,4) durch 6std. Kochen unter Rückfluß, Zugabe von 40%ig. NaOH-Lsg. bis zur stark alkal. Rk. u. 1std. Erhitzen unter Rückfluß, Entfernung von IV durch Wasserdampfdestillation [39% (Ausbeute), bezogen auf I] u. Identifizierung von II als *Äthylester*; *p-Toluidid*, F. 125—126°. — *Hydratropasäure* (III), aus 34 g Phenylaceton, 150 ml IV, 50 ml 30%ig. H_2O_2, 4 ml Selensäure (spezif. Gew. 1,4) u. 4 ml Py durch 21std. Erhitzen unter Rückfluß, Zugabe von 100 ml 30%ig. K_2CO_3-Lsg. u. weiteres 1std. Kochen; 11% (Ausbeute); daneben 5,1% *Hydrozimtsäure*, 6,6% *Benzoesäure* u. 1,3% *Phenylessigsäure*, sämtlich als *Methylester* identifiziert. *Benzylamid-Deriv.* von III, $C_{16}H_{17}NO$, F. 78.5—79,5.

G. MEINHARDT. B 225□

Luftoxydation von Toluol in flüssiger Phase unter Druck (Darstellung von Benzoesäure). Nobuto Ohta und Takashi Tezuka. (Rep. Government chem. ind. Res. Inst., Tokyo **51.** 189—98. Mai 1956.) (Jap.; Auszug: Engl. S. 16—17.) — Vgl. C. **1960.** 4164.

Toluol (I) wird in fl. Phase bei 120—170° u. 1,6—11,5 at (auf 0° korr.) mit Luft zu Benzaldehyd (**II**), Benzylalkohol (**III**), Benzoesäure (**IV**) u. Benzylbenzoat oxydiert. Bei Oxydation ohne Katalysator [Co- (**V**) oder Mn-Naphthenat (**VI**)] kommt die Rk. bei 150° zum Stillstand, wobei nach einem anfänglichen scharfen Maximum die O_2-Absorption fast auf Null absinkt u. unmittelbar nach dem Maximum starke Zers. des Hydroperoxids beobachtet wird. Durch **V** u. (schwächer) **VI** wird die Induktionsperiode abgekürzt. Cu hemmt die Reaktion. Dabei bilden sich aus der Zers. von Hydroperoxiden aktivierte —OH-Radikale, die hemmend wirken. Die Maximal-Geschw. der O_2-Aufnahme in der Kettenwachstumsperiode ist unabhängig von der Menge **V** bzw. **VI**. In Ggw. von **VI**, bei 150° u. 3,14 at verläuft die Rk. nacheinander u. gleichzeitig nach: I → **II** (Geschw.-Konst. k_1) u. **III** → **IV** (k_2), wobei k_1/k_2 ca. 25. Bei 30—40% Oxydation erreicht die **IV**-Ausbeute ca. 80%. Bei Temp. >130° ist die scheinbare Aktivierungsenergie (AE) 5 kcal/Mol; die Geschw. des O_2-Verbrauchs (AG) ist dabei 1. Ordnung bzgl. des O_2-Druckes; es wird daher angenommen, daß der Lsg.-Vorgang des O_2 in der Rk.-Fl. der geschwindigkeitsbestimmende Rk.-Schritt ist. Bei Temp. <130° ist die AE 45 kcal/Mol, die AG ist unabhängig vom O_2-Druck. Hier schreitet die Ketten-Rk. fort nach $C_6H_5 \cdot CH_2OO \cdot + I \rightarrow C_6H_5CH_2OOH + C_6H_5CH_2 \cdot$. Bei Rk. >130° führt steigender O_2-Druck (der über einer gewissen Grenze liegt; diese ist höher bei größerer Menge **V** bzw. **VI**) zu früherem Kettenabbruch. Mit zu geringer Menge **V** oder **VI** oder zu hohem O_2-Druck werden die Hydroperoxide therm. zersetzt nach $ROOH \rightarrow RO \cdot + \cdot OH$, worauf ·OH mit dem aromat. Ring zu Phenol reagiert, das die Autoxydation hemmt u. einen früheren Kettenabbruch bedingt. L. SCHULER. B 225□

Eine Untersuchung bestimmter physikalischer und ^{131}J-Austauscheigenschaften von Jodpropylidenglycerin. George F. Hoffnagle und Arthur Osol. (J. Amer. pharmac. Assoc., sci. Edit. **47.** 303—06. April 1958. Philadelphia, Pa., Coll. of Pharm. and Sci., Dep. of Chem.) (Engl.) — Vgl. C. **1960.** 12105.

Das techn. „Jodpropylidenglycerin" enthält *2-[1-Jodäthyl]-* (**I**) neben etwas *2-[2-Jodäthyl]-4-hydroxymethyl-1.3-dioxolan* (**II**) u. 25—30% jodfreien Verbindungen. **II** kann durch partielle Alkalihydrolyse abgetrennt werden, durch Verteilung zwischen $CHCl_3$ u. H_2O läßt sich **I** auf 92,5% anreichern. Die Reinheitskontrolle kann an Hand der UV- u. IR-Spektren erfolgen (4 Abb.). Durch Austausch mit $^{131}J_2$ in schwach saurem Medium läßt sich **I** radioakt. markieren. Die Bedingungen des Austausches wurden untersucht. H.-G. FLOSS. B 225□

Sekundäre Isotopeneffekte und Wasserstoffaustausch bei Aromaten. A. J. Kresge und D. P. N. Satchell. (Tetrahedron Letters [London] **1959.** Nr. 13. 20—23. Sept. Upton, Long Island, N.Y., Brookhaven Nat. Labor., Chem. Dep.) (Engl.)

Der Austausch von T bei 25° zwischen 9,58m H_2SO_4 u. *Toluol* (I) bzw. $D_{3(CH_3)}$-I wurde untersucht. Das T war in der H_2SO_4 enthalten. Zwischen leichtem u. schwerem **I** war kein Unterschied in den Rk.-Geschw. zu beobachten [k_H 0,936 (cpm/min); k_D 0,935], es trat also kein sek. Isotopeneffekt auf, was Vff. bewogen hat, vor einer voreiligen Identifizierung von sek. Isotopeneffekten mit Hyperkonjugation zu warnen.
G. MEINHARDT. B 225□

Ein neues Verfahren zur Synthese von sekundären Aminen. 7. Mitt. **Über den Reaktionsmechanismus des Saccharinverfahrens.** Kyūji Abe. (J. pharmac. Soc. Japan [Yakugakuzasshi] **75.** 168—71. 25/2. 1955. Tokyo, Gohei Tanabe & Co., Tokyo Res. Labor.) (Jap.; Auszug: Engl.) — 6. vgl. C. **1962.** 1588.

Die Möglichkeit, sek.-Amine aus N-Alkylsaccharinen leichter zu gewinnen als aus Arylsulfonamiden, beruht auf der Abnahme der Elektronendichte des S-Atoms durch den +E- u. Orthoeffekt der Carboxylgruppe (hierdurch leichtere Angriffsbasis für das Wasser-Mol.) u. der Erhöhung seiner Löslichkeit in W. durch Ggw. eines Hydroxylrestes im Molekül. Bei 10std. Kochen von N-Methyl-N-benzyl-o-methoxycarbonylbenzolsulfonamid in 10fachem Überschuß konz. HCl bei 130—140° (Ölbad) fand keine Rk. statt, dagegen im Bombenrohr bei Temp. über 150°, wobei *Methylbenzylamin* erhalten wurde. F. MOSSNER. B 225□

Basenkatalyse der Reaktion von N-Methylanilin mit 2.4-Dinitrofluorbenzol. Beweis für einen Mechanismus mit einem Übergangskomplex bei der nucleophilen aromatischen Substitution. J. F. Bunnett und John J. Randall. (J. Amer. chem. Soc. **80.** 6020—30. 20/11. 1958. Chapel Hill, N.C., Univ. of North Carolina, Venable Chem. Labor.) (Engl.)

Die Geschw.-Konst. k_2 (Liter/Mol·s) der Rk. von *N-Methylanilin* (**I**; Kp.$_4$ 57°) mit *2.4-Dinitrofluor-* (**II**; F. 27,5°, Kp.$_{2,5}$ 118—118,5°), *-chlor-* (**III**) u. *-brombenzol* (**IV**) in abs. A. bei 67,2° wurden spektrophotometr. bestimmt: **II** $k \cdot 10^5$ = 7,3; **III** 7,3; **IV** 20,3;

in Ggw. von K-Acetat (0,104m) 110; 9,1; 23,2; in Ggw. von $NaClO_4$ (0,104m) 10,2; 10,3; 24,9. Daraus geht hervor, daß die Rk. von **II** der Basenkatalyse unterliegt, die von **III** u. **IV** jedoch nicht. Die Geschw. der Rk. von **II** in A. ist linear von der K-Acetat-Konz. abhängig u. wird nicht durch Zusätze von Essigsäure herabgesetzt. Es liegt also allg. Basenkatalyse vor. Im Gemisch 60% Dioxan–40% W. ist die Geschw. der durch OH^- katalysierten Rk. von **II** bes. bei hohen Konzz. an Base niedriger als auf Grund einer linearen Beziehung zu erwarten. Diese Beobachtungen sind nicht mit einem 1-Schritt-Mechanismus bei der nucleophilen Substitution zu vereinbaren, sondern lassen sich nur mit einem Mechanismus erklären, bei dem im 1. Schritt in reversibler Rk. ein polarer Übergangskomplex gebildet wird. — *N-Methyl-2.4-dinitrodiphenylamin*, F. 169—170° (A.–Aceton), durch Erhitzen von **I** mit **II** (2:1); orangefarbene Kristalle. — *2.4-Dinitrophenylacetat*, F. 71,5—72°. G. Pötzscher. B 225□

Kleinringverbindungen. 32. Mitt. **Die Reaktion von $^{14}C_{(\alpha)}$-Allylcarbinylamin [$^{14}C_{(1)}$-Buten-(3)-ylamin] mit salpetriger Säure.** E. Renk und John D. Roberts. (J. Amer. chem. Soc. **83.** 878—81. 20/2. 1961. Pasadena, Calif., California Inst. of Technol., Gates and Crellin Labor. of Chem.) (Engl.) — 31. vgl. C. **1962. 8233.**

Wie früher (vgl. Roberts u. Mazur, C. **1952. 7646**) kochten Vff. $^{14}C_{(\alpha)}$-Allylcarbinylamin (**I**) in wss. $HClO_4$ mit $NaNO_2$ u. arbeiteten das Destillat auf gaschromatograph. Wege auf. Hierbei wurden 22% *^{14}C-α-Methylallylalkohol*, 42% *^{14}C-Allylcarbinol* (**IV**), 7,5% *^{14}C-Crotylalkohol*, 15,5% *^{14}C-Cyclopropylcarbinol* (**II**) u. 13,5% *^{14}C-Cyclobutanol* (**III**) isoliert. Das **II**/**III**-Verhältnis beträgt bei der Umsetzung von **I** also 1,39, während es bei der Rk. der Cyclobutyl- u. Allylcarbinylamine 1,16 bzw. 1,17 lautet. Vff. nehmen an, daß die beobachteten Umlagerungen über gemeinsame Zwischenstufen verlaufen. Aus der Best. des ^{14}C in den Prodd. **II** u. **III** ergibt sich, daß sämtliche möglichen Isotopisomeren gebildet werden, wenn auch nicht in dem Ausmaß, wie es das statist. Gleichgewicht erfordert. Die Ergebnisse sind in Übereinstimmung mit der Annahme von Mazur u. Mitarbeitern (J. Amer. chem. Soc. **81.** [1959.] 4390), daß bei den Rkk. sich schnell, aber nicht sofort einstellende Gleichgewichte zwischen unsymm., nichtklass. Kationen (Bi- oder Tricyclobutoniumionen) beteiligt sind. Beim Vers. zur Darst. von **I** aus Allylbromid u. $Cu^{14}CN$ über $^{14}C_{(1)}$-Buten-(3)-säurenitril verlief die Red. dieser Verb. mit $LiAlH_4$ unbefriedigend. Die Darst. von **I** gelang dagegen durch $LiAlH_4$-Red. von $^{14}C_{(1)}$-Buten-(3)-säure, Umsetzung von **IV** mit $C_6H_5SO_2Cl$ u. mit NaN_3 u. Red. des $^{14}C_{(\alpha)}$-Allylcarbinylazids mit $LiAlH_4$.

Versuche: *^{14}C-Cu(I)-Cyanid*, durch Zugabe von 127,5 g NaCN in wss. Lsg. zu 325 g $CuSO_4$ in W., 5 Min. Kochen, Zugabe von ^{14}C–KCN in W. zum feuchten Prod., 7tägiges Einwirken bei Raum-Temp., Erhitzen des Filtrats auf 80°, Zugabe von festem NaCN, dann von 163 g $CuSO_4$ in konz. wss. Lsg. u. erneut von NaCN in konz. Lsg. (Gesamtmenge 64 g) u. kurzes Aufkochen (10 Min.); 140 g (Ausbeute). — *$^{14}C_{(1)}$-Buten-(3)-säure*, $Kp._6$ 60—64° (95% rein), durch Hydrolyse von 93 g $^{14}C_{(1)}$-Buten-(3)-säurenitril (aus 190 g Allylbromid u. 140 g $Cu^{14}CN$; 93,2 g) mit konz. HCl; 88,1 g. — *$^{14}C_{(\alpha)}$-Allylcarbinol* (**IV**), Kp. 110—111°, durch Zugabe von 40,0 g vorst. Säure in abs. Ae. zu $LiAlH_4$ in Ae., 2½ std. Einw. bei Raum-Temp., ½ std. Kochen, Kühlen mit Eis u. Zers. mit wss. H_2SO_4; 43,0 g (95% rein). — *$^{14}C_{(\alpha)}$-Allylcarbinylbenzolsulfonat*, $Kp._3$ 132°, aus 43,0 g **IV** nach Bergstrom u. Siegel (C. **1952. 6033** u. früher); 102,7 g. — *$^{14}C_{(\alpha)}$-Allylcarbinylamin* (**I**), Kp. 75—77°, durch 22std. Rühren von 53,0 g vorst. Verb. u. 27,0 g NaN_3 in wss. Methanol bei 70°, Lösen des Azids in Ae., Zugabe von $LiAlH_4$ in Ae. (1std. Einw.) u. Zugabe von W.; 10,9 g (über 98% rein).
B. Gnauck. B 225□

Nitramine und Nitramide. 12. Mitt. **Die basenkatalysierte Zersetzung einiger O.N-Dialkylnitramine und der Beweis für das Auftreten von geometrischen Isomeren.** Alex H. Lamberton und G. Newton. (J. chem. Soc. [London] **1961.** 1797—1805. April. Sheffield, Univ., Staveley Chem. Labor.) (Engl.) — 11. vgl. C. **1958. 7424.**

Vff. untersuchten die durch KOH katalysierte Zers. von O.N-Dialkylnitraminen RN=NOOR', die nur dann leicht verläuft, wenn im Mol. 2 α-ständige H-Atome vorhanden sind. Die Rk. verläuft dann meist weitgehend gemäß $RCH_2N{=}NOOR' \rightarrow RCHO + N_2 + R'OH$. Während bei 70° O-Alkyl-N-methylnitramine durch 0,1m KOH in wenigen Std. vollständig zersetzt sind, besitzen die O-Methyl-Derivv. von Äthyl- u. n-Propylnitramin eine 10mal so große Stabilität. Die O-Methyl-Derivv. von Isopropyl- u. tert.-Butylnitramin setzen sich zwar unter Gas-Bldg. um, doch hat die KOH-Konz. keinen Einfl. auf die Rk.-Geschwindigkeit. Die Zers. folgender Nitramine wurde manometr. verfolgt u. die Parameter A u. E der Gleichung $k = A \exp(-E/RT)$ bestimmt: *O.N-Dimethyl-* (**I**; zwischen 70 u. 80°) [log A in Liter/Mol·s] 9, [E in kcal/Mol] 18; *O-Äthyl-N-methyl-* (**II**; 50—70°) 11, 21; *O-Isopropyl-N-methyl-* (**III**; 51—70°) 10,

19; *O-Methyl-N-äthyl-* (**IV**; 70—80°) 9, 20; *O-Methyl-N-n-propyl-* (**V**; 10—80°) **11**, 22; *O-Methyl-N-isopropyl-* [**VI**; 10^3 k in min^{-1}] 0,2—0,4 sowie *O-Methyl-N-tert.-butyl-* (**VII**) 24,5—29,0 (bei 70° in 25% ig. wss. Methanol). Die meisten der nach BRUCK u. LAMBERTON (C. **1958.** 7424 u. früher) dargestellten O.N-Dialkylnitramine (Einw. von Alkylhalogenid R'X auf das Ag-Salz von $RNHNO_2$) erwiesen sich bei der kinet. Unters. als unrein, d. h. die dargestellten Verbb. enthielten zwei geometr. Isomere, von denen der Hauptbestandteil mit KOH HCHO, N_2 u. A. liefert u. das in geringeren Mengen vorhandene, weniger stabile Isomere teils mit W., Methanol, N_2O u. A. (?), teils mit KOH A. u. das stabile Nitraminsalz $CH_3N{=}NOOK$ ergibt. Die Reinigung des Roh-Prod. wurde daher durch kurzzeitiges Erwärmen mit wss. Alkali, Ae.-Extraktion u. erneute Dest. vorgenommen. Nach der UV-spektroskop. Unters. nehmen Vff. an, daß das stabilere Isomere trans-Konfiguration besitzt. Die Prozentanteile an weniger stabilen Isomeren betrugen in den Roh-Prodd.: bei **II** u. **III** 15—20%, bei **IV** 30%, bei **V** 10% u. bei **VI** 20%. **I** u. **VII** waren anscheinend isomerenfrei. Aus dem Verh. von rohem **III** wird geschlossen, daß sich das weniger stabile Isomere ohne Gas-Bldg. nur gemäß **III** + KOH → $CH_3N{=}NOOK$ + Isopropanol umsetzt. Nach der Reinigung verlaufen die Zers. nur unter Bldg. von Aldehyd, N_2 u. A. (als Neben-Rk. tritt offenbar die CANNIZZAROsche Rk. auf), u. bei **V** tritt Bldg. gefärbter Aldehydharze ein. An den gereinigten Proben wurde ferner die Kinetik der durch Säure (HCl) katalysierten Zers. bei 45° untersucht; folgende 10^3 k-Werte (in min^{-1}) u. Katalysen-Konst. (k_{H^+} in Liter/Mol·min) wurden in guter Übereinstimmung mit früheren Daten (vgl. l. c.) erhalten: **II** [10^3 k] 19,5—20,7, [k_{H^+}] 0,039—0,042; **III** 22,0, 0,044; **IV** 19,9, 0,40; **V** 11,7—25,0, 0,47—0,50; **VI** 13,9—15,5, 3,1—3,5. Hieraus ergibt sich, daß die l. c. untersuchten Verbb. offenbar rein waren u. die damals gezogenen Schlüsse richtig sind. Die Rk.-Fähigkeit der N-Alkyl-O-methylnitramine nimmt in folgender Reihenfolge zu: $CH_3 < C_2H_5 <$ n-$C_3H_7 <$ Neopentyl $<$ Isopropyl $\ll$ tert.-Butyl. Angegeben sind die IR-Hauptbanden im Bereich von 2000 u. 1000 cm^{-1} sowie die UV-Maxima (in W.) für **I**—**VII**. — *O-Methyl-N-n-propylnitramin* (**V**), $C_4H_{10}N_2O_2$, Kp.$_{35}$ 71—83° (enthält ca. 10% *cis*-Isomeres), durch 6std. Kochen des Ag-Salzes von n-Propylnitramin mit CH_3J in abs. Ae.; n_D^{25} 1,4300 (rein). — *N-Äthyl-N-methylnitramin*, $C_3H_8N_2O_2$, Kp.$_{30}$ 100—102°, durch Einw. von CH_3J u. KOH auf Äthylnitramin in A. u. 1std. Schütteln mit 20% ig. H_2SO_4 bei Raum-Tep.; die Verb. erwies sich gegenüber Alkali als viel stabiler als **I**.

B. GNAUCK. B 225□

Geschwindigkeit der Reaktion zwischen Epoxyverbindungen und Aminen. Toshio Kakurai und Tatsuya Noguchi. (J. Soc. org. synth. Chem., Japan **18.** 485—95. Juli 1960. Tôkyô, Tôkyô-Kôgyô-Daigaku.) (Jap.; Auszug: Engl.)

Die Rk. zwischen Epoxy-Verbb. u. Aminen wurde unter verschiedenen Bedingungen kinet. untersucht. Im allg. verlief die Rk. in den polaren Lsgm., bes. in Alkoholen, schneller als in den nichtpolaren. Alkohole bilden wahrscheinlich mit dem Zwischenprod. einen durch Solvatation durch die alkohol. Hydroxylgruppe stabilisierten Komplex. Stärker ster. behinderte Aminogruppen reagierten langsamer; die 1. Stufe der Rk. zwischen *Phenylglycidyläther* (**I**; Kp.$_8$ 107—108°) u. *n-Butylamin* (Kp. 88,4—89,5°) verlief 2—2½mal so schnell wie die zweite, die Rk. zwischen **I** u. *Phenyl-[2-hydroxy-3-n-butylaminopropyl]-äther* (**II**; F. 77,5—79°). **I** u. *Isopropylglycidyläther* (**II**) zeigten größere Geschw.-Konst. als *Styroloxid* (**III**; Kp.$_{12}$ 77—78°) u. *Propylenoxid* (Kp. 73°). Die Aktivierungsenergie der Rk. betrug ca. 13—14 kcal/Mol, unabhängig von den Arten der Lsgm. u. der Amine. Geschw.-Konst. der Rkk. bei 50° k (Liter/Mol·min), Aktivierungsenergien E (kcal/Mol) u. Häufigkeitsfaktor A (Liter/Mol·min) sind für folgende Rkk. in A. tabelliert: **I** + *Di-n-butylamin* (**IV**; Kp. 159°) k^{50} 0,030, E = 14,4, A = 1,7·10^8; **I** + **II** 0,023, 13,0, 1,5·10^7; **I** + *Phenyl-[2-hydroxy-3-isobutylaminopropyl]-äther* (F. 53—54°) 0,014, 13,6, 2,3·10^2; **I** + *Phenyl-[2-hydroxy-3-tert.-butylaminopropyl]-äther* (F. 95,5—95,7°) 0,0012, 14,3, 5,8·10^6; **I** + *Phenyl-[2-hydroxy-3-isopropylaminopropyl]-äther* (F. 92—94°) 0,0060, 13,6, 9,8·10^6; **I** + *β-[n-Butylamino]-propionitril* (Kp.$_{37}$ 123 bis 124°) 0,050, 13,6, 8,2·10^6; **I** + *Diisopropylamin* (Kp. 83,5°) 0,0013, 14,3, 6,3·10^6; **II** + **IV** 0,029, 14,3, 1,4·10^8; **III** + **IV** 0,0066, 14,8, 7,0·10^7; **I** + n-Butylamin 1. Stufe 0,048, 13,1, 2,9·10^7; 2. Stufe 0,021, 13,6, 3,4·10^7 u. **I** + **IV** in Acetonitril 0,0008, 15,0, 1,1·10^7.

E. MAEKAWA. B 225□

Die von Quecksilber photosensibilisierte Zersetzung von Benzaldehyd, Acrolein und Crotonaldehyd. A. G. Harrison und F. P. Lossing. (Canad. J. Chem. **37.** 1696—1702. Okt. 1959. Ottawa, Canada, Nat. Res. Council, Div. of Pure Chem.) (Engl.)

Die durch Hg($^3P_1$)-Atome photosensibilisierte Zers. von *Benzaldehyd* (u. D_6-Verb.) liefert im wesentlichen polymere Prodd., an identifizierbaren Prodd. entstehen Bzl. u. CO in zwei prim. Prozessen, einer Mol.-Umlagerung u. einer zu 33% anteiligen Rk.

über C_6H_5 u. CHO-Radikale. Eine Bldg. von C_6H_5CO- u. H-Radikalen wurde nicht beobachtet. Unter denselben Bedingungen laufen bei der Zers. von *Acrolein* u. *Crotonaldehyd* drei Primärprozesse ab: RCHO + Hg* → RH + CO (Haupt-Rk.); → R· + HCO· u. nur zu einem sehr geringen Anteil → RCO· + H·. G. PÖTZSCHER. B 225□

Die thermische Zersetzung und elektrophile Arylierungen mit Aryldiazoniumtetrachloroboraten und -tetrabromoboraten. Bemerkungen zum Mechanismus der Schiemann-Reaktion. G. A. Olah und W. S. Tolgyesi. (J. org. Chemistry 26. 2053—55. 13/6. 1961. Sarnia, Ontario, Dow Chem. of Canada, Exploratory Res. Labor.) (Engl.)

Feste Aryldiazoniumtetrachloro- (**A**) u. -tetrabromoborate (**B**) zersetzen sich sehr heftig (manchmal explosionsartig), in Ggw. eines inerten Lsgm. (hochsd. aliphat. KW-Stoff) in gemäßigter Rk. zum entsprechenden Chlor- bzw. Bromaromaten, N_2 u. BCl_3 bzw. BBr_3. An Nebenprodd. werden dabei <5% Polyphenyle gebildet. Ergebnisse: **A**: Phenyl- (**I**, Zers. bei 85—87°) → 79% *Chlorbenzol*; o-Tolyl- (35—37°) → 77,6% *o-Chlortoluol*; p-Tolyl- (87°) → 48,1% *p-Chlortoluol*; p-Nitrophenyl- (101°) → 66,5% *p-Nitrochlorbenzol*; o-Nitrophenyl- (90—92°, explosiv) → 59,2% *o-Nitrochlorbenzol* u. 2% *o-Dichlorbenzol* u. NO_2; m-Bromphenyl- (33—35°) → 75,4% *m-Bromchlorbenzol*; p-Fluorphenyldiazoniumtetrachloroborat (**IV**) (106°) → 81,0% *p-Fluorchlorbenzol*. **B**: Phenyl- (**II**, 82°) → 71% *Brombenzol*; p-Tolyl- (90—91°) → 80,0% *p-Bromtoluol*; o-Nitrophenyl- (100°) → 51,5% *o-Bromnitrobenzol*; p-Fluorphenyldiazoniumtetrabromoborat (128—134°) → 96,5% *p-Bromfluorbenzol*. Die gaschromatograph. ermittelte Isomerenverteilung an gebildetem o-, m- u. p-Fluorbiphenyl (in %) bei der Zers. von Aryldiazoniumsalzen in Fluorbenzol beträgt bei der Zers. von *Phenyldiazoniumchlorid* (**III**, 8 Std. bei 25°) 26,2; 46,7; 27,1; *-tetrafluoborat* (48 Std. bei 85°) 45,0; —; 55,0; **I** (6 Std. bei 70—75°) 42,3; 1,1; 56,6; **II** (16 Std. bei 85°) 61,6; —; 38,4; **IV** (48 Std. bei 85°) 51,6; —; 48,6. Während bei **III** die Zers. radikal. verläuft, wird wegen der fast ausschließlichen Bldg. an o- u. p-Derivv. für die Zers. von **I** u. **II** (u. damit der **A** u. **B**) unter den angegebenen Bedingungen eine elektrophile Arylierung angenommen.
G. PÖTZSCHER. B 225□

Azoverbindungen. 28. Mitt. **Untersuchungen über die Zersetzung von 2-[α-Methyl-α-isobutylbenzylazo]-4-methylpentan.** C. G. Overberger und A. V. Di Giulio. (J. Amer. chem. Soc. **81.** 1194—97. 5/3. 1959. Brooklyn, N.Y., Polytechn. Inst. of Brooklyn, Dep. of Chem.) (Engl.) — 27. vgl. C. **1961.** 3303; 33. vgl. C. **1961.** 8616.

2-[α-Methyl-α-isobutylbenzylazo]-4-methylpentan (**I**) zersetzt sich in einer 30%ig. bzw. 12%ig. Lsg. in Toluol bei 110° zu einem Gemisch an Prodd., die durch Kombination u. Disproportionierung der prim. gebildeten α-Methyl-α-isobutylbenzyl- u. Methylisobutylcarbinylradikale sowie deren Rk. mit dem Lsgm. gebildet werden. Prodd. sind: 1. Fraktion: 2-Methylpentan u. zwei Methylpentene; 2. Fraktion: 2-Methyl-4-phenylpentan, α-Methyl-β-isopropyl- (**II**) u. α-Isobutylstyrol (**III**); 3. Fraktion: 2.4.5.7-Tetramethyl-4-phenyloctan u. andere Prodd., die durch Angriff der Carbinylradikale auf **III** entstehen; 4. Fraktion: Prodd., die durch Rk. mit dem Lsgm. entstehen u. deren Struktur nicht genau bestimmt wurde. Die mäßige Ausbeute an unsymm. Kopplungs-Prodd. wird auf ster. Faktoren zurückgeführt.

Versuche: *Methylisobutylphenylcarbinol* (**IV**), $Kp._2$ 76°, aus Methylisobutylketon mit Phenyl-MgBr; n_D^{24} 1,5057; verunreinigt mit **II**. — *2-Chlor-2-phenyl-4-methylpentan*, aus vorst. Verb. in Ae. mit HCl-Gas bei —8 bis 0°; Verss., daraus durch Rk. mit Li in Ae. 2.4.5.7-Tetramethyl-4.5-diphenyloctan darzustellen, schlugen fehl. — *α-Methyl-β-isopropylstyrol* (**II**), Kp. 210—212°, durch Dest. von vorst. Verb.; $n_D^{20,2}$ 1,5167; UV-Maxima; 54%. — *2-Methyl-4-phenylpentan*, Kp. 198—200°, durch Hydrierung von vorst. Verb. in Äthylacetat an Pd-Kohle; n_D^{18} 1,4858; UV-Maxima. — *2-Brom-4-methylpentan*, $Kp._{35}$ 46—47°, aus Methylisobutylcarbinol u. 48%ig. HBr; n_D^{24} 1,4406; 38% (Ausbeute). — *2.4.5.7-Tetramethyl-4-phenyloctan*, aus der GRIGNARD-Verb. von vorst. Verb. durch Rk. mit 2-Brom-2-phenyl-4-methylpentan (aus **IV** mit HBr-Gas bei —5 bis —20° in Ae.), mäßiges Kochen, Zers. mit NH_4Cl–Eis, Dest., Bromierung der ungesätt. Nebenprodd. in Chlf. u. Chromatographie; 0,5 g. G. v. WALDEYER-HARTZ. B 225□

Der Mechanismus der Photooxydation von Acetaldehyd bei Zimmertemperatur. Jack G. Calvert und Philip L. Hanst. (Canad. J. Chem. **37.** 1671—79. Okt. 1959. Columbus, Ohio, Ohio State Univ., McPherson Chem. Labor.) (Engl.)

Die Anfangs-Bldg.-Geschw. der Prodd. der *Acetaldehyd* (**I**)-Photooxydation (3000 bis 3300 A) bei Zimmer-Temp. in Abhängigkeit des **I**- u. O_2-Druckes u. des Zusatzes von Gasen (N_2, O_3, Tetramethyläthylen u. CH_3CO_3H) wurde IR-spektroskop. verfolgt. Prodd. sind CO, CO_2, HCO_2H, CH_3CO_2H, CH_3CO_3H u. CH_3OH; jedoch ließen sich CH_3OOH u. $(CH_3CO)_2O_2$ nicht nachweisen. Daraus u. aus dem Auftreten von nur relativ kurzen Rk.-Kettenlängen wird geschlossen, daß der von McDOWELL u. SHARPLES (Canad. J. Chem. **36.** [1958.] 251) vorgeschlagene Mechanismus insofern korr. werden muß, als 1. Kettenstart-Rkk. durch Peroxyradikale u. damit die Rk. $RO_2 + I \rightarrow RO_2H + CH_3CO$ eine relativ geringe Rolle spielen, 2. die Kettenabbruch-Rk. $2\ CH_3CO_3 \rightarrow (CH_3 \cdot CO)_2O_2 + O_2$ ebenfalls nur von untergeordneter Bedeutung ist u. 3. am Kettenstart wahrscheinlich CH_3O- u. HCO_2-Radikale beteiligt sind. Die Mechanismen der Bldg. der Prodd. werden im einzelnen diskutiert. G. PÖTZSCHER. B 226 □

Die Reaktion zwischen Diphenylamin und Nitraten im ultravioletten Licht. B. B. Coldwell und S. R. McLean. (Canad. J. Chem. **37.** 1637—43. Okt. 1959. Ottawa, Canada, Royal Canad. Mounted Police, Crime Detect. Labor.) (Engl.)

Unter dem Einfl. von kurzwelligem UV-Licht reagieren *Diphenylamin* (I) u. Nitrate (Ca, Na) in Lsgg. in A. oder auf Filterpapier unter Bldg. gelber Prodd., die im pH-Bereich 4—10 im wesentlichen aus 2- (II) u. 4-Nitrodiphenylamin (III, F. 136—137°) bestehen. Die UV-Absorption bei 405 mμ (des gebildeten II–III-Gemisches) bestrahlter I–NO_3^--Lsgg. erreicht bei pH 4 ein Maximum, fällt bei pH 7 auf ein Minimum u. steigt bei pH >·7 wieder stark an. Die Rk.-Geschw. wird durch Erniedrigung der I-Konz. von 0,38 auf 0,038% nicht beeinflußt, jedoch bei gleicher Änderung der NO_3^--Konz. um das 5,4fache herabgesetzt. Die Bldg. einer Nitroso-Verb. wird nicht beobachtet, während bei Bestrahlung einer I–$NaNO_2$-Lsg. das I-N-Nitroso-Deriv. gebildet wird. Zwei mögliche Mechanismen der Bldg. von II u. III werden diskutiert. G. PÖTZSCHER. B 226 □

Irreversible Photobleichung der Lösungen fluorescierender Farbstoffe. 5. Mitt. **Photobleichung von Erythrosin.** Masashi Imamura. (Bull. chem. Soc. Japan **31.** 62—66. Jan. 1958. Osaka, Osaka City Univ., Inst. of Polytechn.) (Engl.) — 4. vgl. Bull. chem. Soc. Japan **30.** [1957.] 249; 6. vgl. C. **1961.** 18277.

Methanol, A. u. Isopropanol verzögern die aerobe Photobleichung von wss. *Erythrosin* (I)-Lsgg., die Quantenausbeuten $k \cdot 10^4$ (bei 27°) fallen von 5,0 bei 0% auf 0,4 bei 50% Alkohol. Selbst in abs. A. fällt die Geschw. der Rk. nicht auf Null. Im Vakuum wird bei kleinen Alkohol-Konzz. I zum Uranin (II) gebleicht, bei größeren Alkohol-Konzz. wird keine II-Bldg. beobachtet. In abs. A. beträgt die Aktivierungsenergie der Bleichung 8 ± 1 kcal/Mol. Im allg. zeigt also I ein dem Eosin (III; l. c.) ähnliches Verh., das an den Primärprozessen beteiligte angeregte Mol. besitzt eine Lebensdauer von ca. 10^{-7} (s). Für den Primärprozeß in aeroben Lsgg. wird die Rk. $I + O_2 \rightarrow I \cdots O_2$ angenommen. Angeregtes I ist gegen gelösten O_2 reaktiver, gegen Alkohole weniger reaktiv als III. G. PÖTZSCHER. B 226 □

Tritiummarkierung deuterierter Verbindungen nach der Rückstoß-Methode. W. G. Brown und J. L. Garnett. (Int. J. appl. Radiat. Isotopes **5.** 114—20. März 1959. Chicago, Ill., Univ., Dep. of Chem. and Argonne Cancer Res. Hosp.) (Engl.)

Vff. markierten *Isopropylbenzoat* (Kp. 217—218°; n_D^{20} 1,4949), [$D_{6(1.1.1.3.3.3)}$-*Isopropyl*]-*benzoat* (n_D^{20} 1,4950) u. *Isopropyl*-[D_5-*benzoat*] (n_D^{20} 1,4946) nach der Rückstoß-Meth. mit T (Neutronenbestrahlung der Probe im Gemisch mit Li-Myristat) u. bestimmten den dabei auftretenden H/D-Isotopeneffekt. Er beträgt 1,41 für die Tritierung einer CH_3-Gruppe u. 1,16 für die Ringtritierung. Bei der Tritierung in der Alkylgruppe erfolgt z. T. eine Polymerisation; deshalb ist die Ausbeute an ringtritierten Moll. höher. H.-G. FLOSS. B 226 □

Die Bestrahlungschemie verdünnter wässeriger Lösungen von Cyclohexanon. William F. Serat und James F. Mead. (Radiation Res. **11.** 370—82. Sept. 1959. Los Angeles, Calif., Univ. of California, School of Med., Dep. and Labor. of Nucl. Med. and Radiation Biol.) (Engl.)

Proben einer wss. $3,86 \cdot 10^{-2}$m-Lsg. von *Cyclohexanon* (I, Kp. 153—154°) wurden mit $1,7 \cdot 10^6$ r einer ^{60}Co-γ-Strahlquelle bestrahlt, chromatograph. analysiert u. die UV-Absorption der Prodd. geprüft. Danach entstehen bei der Bestrahlung die gleichen Prodd., wie bei der Bestrahlung von *Cyclohexanol*. Bei der Bestrahlung von I werden Cyclohexandion-(1.2) ($Kp._{7,0-7,5}$ 56—59°) u. -(1.3) (II, F. 93—95°), Adipinsäure u. möglicherweise ε-Hydroxycapronsäure, durch strahlenbedingte Oxydation bzw. durch Ringspaltung erzeugt. Für die II-Bldg. wird nachgewiesen, daß die gebildete Menge bei Anfangs-Konz. von I von $3,86 \cdot 10^{-2}$ bis $1,93 \cdot 10^{-3}$m im wesentlichen linear mit der Bestrahlungsdosis ansteigt, sie wächst ebenfalls mit dem O_2-Druck, ist aber unabhängig von der Dosisleistung. Bei pH 2 liegt die II-Bldg. höher als bei pH 6. Die Identifizierung der einzelnen Prodd. wird eingehend beschrieben. W. REUSSE. B 226 □

Dehydrierungswirkung von schwammigem Silber. Bildung von Formaldehyd durch Dehydrierung von Methanol. Kazuo Nemoto und Tatsuo Yamanaka. (Rep. sci. Res. Inst. [Kagaku-Kenkyujo-Hokoku] **33.** 234—37. Juli 1957.) (Jap.)

Durch therm. Zers. bei 300—400°, dann 500° von Ag-Salzen von Phthalsäure, Weinsäure, Fumarsäure, Bernsteinsäure u. Glykolsäure wird Schwammsilber (**A**) mit folgenden Porenanteilen der Oberfläche in % u. scheinbarer Dichte erhalten: 92,0, 0,84; 90,8, 0,97; 86,0, 1,47; 86,0, 1,47 u. 77,2, 2,39. Bei der katalyt. Dehydrierung von CH_3OH zu HCHO in Ggw. von Luft zeigt **A** höhere Aktivität als Ag-Drahtnetz (**B**). Außerdem zeigt **A** keinerlei Veränderungen oder Schwächung der Brauchbarkeit bei längerer Verw., während **B** dabei versprödet u. zum Zerfallen neigt. — App.-Skizze.

L. SCHULER. B 227

Hydroperoxydation von p-Cymol. 1. Mitt. Optimale Bedingungen von Temperatur und Katalysatorkonzentration bei der Herstellung von α.α-Dimethyl-p-methylbenzylhydroperoxid. J. Alemán, J. L. Ynfiesta und C. García Blairzy. (An. Real Soc. españ. Física Quím., Ser. B **53.** 453—60. Juni 1957. Inst. de Quím. del Patronato „Juan de la Cierva", Dep. de Plásticos.) (Span.)

Vff. untersuchten die homogene katalyt. Oxydation von p-Cymol (**I**) in fl. Phase mittels Luft in Ggw. von 2% Benzoylperoxid als Initiator; als Katalysator wurde Mn-Naphthenat verwendet. Ergebnisse: Die Bldg.-Geschw. von *α.α-Dimethyl-p-methylbenzylhydroperoxid* (**II**) ist bei Raum-Temp. u. ohne Katalysator techn. nicht annehmbar. Die Aktivierung der Rk.-Geschw. mittels Katalysatoren begünstigt auch die Zers. von **II**; die Aktivierung mittels Temp.-Erhöhung ergibt gute Bldg.-Geschw.: Bei 120° erfolgt die Bldg. von **II** fast quant. in den ersten 2 Std. (16% Ausbeute bei 18% Gesamtoxydation) u. erreicht nach 3½ Std. mit 21% ein abs. Maximum. Als Grenzwerte werden empfohlen: Für die Temp. 90—130°, für die Mn^{2+}-Konz. 0,0 bis 0,05% (bezogen auf eingesetztes **I**). Die Rk.-Zeit muß infolge fortschreitender Zers. von **II** unter allen Bedingungen auf einem Minimum gehalten werden. Bei 120° ohne Katalysator u. einer Rk.-Dauer von 2 Std. erhält man stündliche Ausbeuten von 8% fast reinem **II**.

J. RICHTER. B 227□

Hochdruckhydrierung organischer Substanzen an Molybdänsulfid. 6. Mitt. **Reduktion von Dithiodiglykolsäure.** Kunio Itabashi. (J. Soc. org. synth. Chem., Japan **18.** 347—51. Mai 1960. Tôkyô-Tiyoda, Nihon-Daigaku, Rikôgakubu.) (Jap.; Auszug: Engl.) — 5. vgl. C. **1960.** 16726.

Katalyt. Hydrierung von *Dithiodiglykolsäure* (**I**) in Ggw. von Molybdänsulfid (Zus. ungefähr MoS_3) verlief oberhalb 100° mit einem H_2-Anfangsdruck von 50 atü im Autoklaven u. ergab Thioglykolsäure als Hauptprodukt. Eine maximale Ausbeute von 64,3% wurde bei 130° u. durch 110 Min. lange Red. erreicht, allerdings noch stark verunreinigt durch das nichtumgesetzte Ausgangsprodukt. Bei erhöhter Temp. bildete sich daneben Essigsäure, deren Ausbeute bei einer Rk. bei 180° 74,5% betrug. Ein Vgl. mit der Red. von *β.β'-Dithiodipropionsäure* unter ähnlichen Bedingungen (97,8% Ausbeute an β-Mercaptopropionsäure) zeigt, daß der Verlauf der Red. von **I** eine Folge des Einfl. der α-ständigen Carboxylgruppe ist.

E. MAEKAWA. B 227□

Katalytische Umwandlungen von Äthan unter Beteiligung von Wasserdämpfen. 2. Mitt. **Abhängigkeit der Geschwindigkeit der verschiedenen Reaktionen des Äthans in Gegenwart von Wasser von der Volumengeschwindigkeit und Temperatur.** T. A. Slowochotowa, A. A. Balandin und D. W. Nasarowa. (Вестник Московского Университета, Серия Математики, Механики, Астрономии, Физики, Химии [Nachr. Moskauer Univ., Ser. Math., Mechan. Astronom., Physik, Chem.] **13.** Nr. 1. 193—201. 1958. Moskau, Univ., Lehrstuhl für org. Katalyse.) (Russ.) — 1. vgl. C. **1960.** 781.

Es wurde die Abhängigkeit der katalyt. Umwandlungen von *Äthan* an Ni-Kieselgur in Ggw. von Wasserdampf von der Temp. (320—440°) bei verschiedenen Vol.-Geschw. untersucht. Der Umwandlungsgrad des Äthans, die Geschw. der Gas-Bldg. u. der Geh. an CO_2, H_2 u. Methan im Rk.-Gas werden graph. u. tabellar. angegeben. Die Aktivierungsenergie für die Rk. von Äthan mit W. an einem eingearbeiteten Katalysator beträgt bei einer Vol.-Geschw. von 6—12 Litern Äthan/Liter Katalysator je Std. u. einem Verhältnis von W.:Äthan von 16,6 u. 29,6 ca. 15 kcal, am frischen Katalysator ca. 23,6 kcal.

HELMUT SCHÄFER. B 227□

Untersuchungen zum Seide-Palladium-Katalysator. 1. Mitt. **Darstellung und Haltbarkeit.** Yoshiharu Izumi. (Bull. chem. Soc. Japan **32.** 932—36. Sept. 1959. Osaka, Univ., Inst. of Protein Res., Div. of Org. Chem.) (Engl.)

Die größte Aktivität entfaltet ein Pd-Seidekatalysator, wenn er durch Kochen (8 Min.) von 350 mg Seidefasern u. 100 mg $PdCl_2$ in 100 ml 0,1n Essigsäure u. anschließende Hydrierung in Methanol im Autoklaven oder durch Kochen in 2%ig. Ameisensäure hergestellt wird. Die an der Druckhydrierung von *Nitrobenzol* zu Anilin (Aktivierungsenergie ca. 14,5 kcal/Mol bei dem Anfangsdruck H_2: 90 kg/cm²) gemessene Aktivität ist nach 30 Tagen trocknen Aufbewahrens unverändert. Statt Seide kann Nylon verwendet werden. Der Katalysator ist nicht zu asymm. Hydrierungen befähigt wie der früher von Akabori u. Mitarbeitern (vgl. J. chem. Soc. Japan, pure Chem. Sect. [Nippon Kagaku Zassi] **78.** [1957.] 168) hergestellte Katalysator. Ch. Schlage. B 227 □

Untersuchungen zum Seide–Palladium-Katalysator. 2. Mitt. **Allgemeine Eigenschaften.** Yoshiharu Izumi. (Bull. chem. Soc. Japan **32.** 936—42. Sept. 1959.) (Engl.) — 1. vgl. vorst. Referat.

Der Seide-Pd-Katalysator katalysiert die Hydrierung von aliphat. Doppelbindungen, aromat. Aldehyden, Nitrilen u. Nitro-Verbb., Azobenzol u. einigen Oximen. Er ist bei der Red. aliphat. Nitro-Verbb. wenig wirksam u. ist inakt. gegenüber aromat. Doppelbindungen, aliphat. Carbonyl-Verbb., Nitrilen u. verschiedenen Oximen. Die Aktivität nimmt zu bei wiederholtem Gebrauch. Als Katalysatorgift wirken C_2H_5SH, Fe^{3+} u. Cu^{2+}. Durch Behandeln mit EDTA wird die Vergiftung durch Metallionen aufgehoben. Acetylierung des Katalysators vermindert seine Aktivität, Acetylierung der Seide vor Darst. des Katalysators erhöht sie.

Versuche: Mesityloxid → (30°, Rk.-Zeit für 100% Umsatz 60 Min.) 86% *Methylisobutylketon* ($Kp._{760}$ 113—117°). — Crotonaldehyd (in Ae., 20°; 102 Min.) → 70% *Butyraldehyd* (Kp. 75°). — Acrolein (in Ae.; 20°; 36 Min.) → 100% *Propionaldehyd* (*2.4-Dinitrophenylhydrazon*, $C_9H_{10}N_4O_4$, F. 126°). — Acrylnitril (6°; 71 Min.) → 79% *Äthylcyanid* (Kp. 96—98°). — Fumarsäure (in NaOH, 53°; 28 Min.) → 88% *Bernsteinsäure* (F. 184°). — Phenol, Aceton u. Butanon zeigen keine Reaktion. — Benzaldehyd (**I**; in Methanol, 27°; 426 Min.) → 46% *Toluol.* — **I** (in Methanol/wss. NH_3, 80°; 220 Min.) → 65% *Dibenzylamin* ($C_{14}H_{15}N$, $Kp._{11}$ 156°). — Benzylcyanid (in Essigsäure/-anhydrid, 75°; 276 Min.) → 79% *Acetyl-[β-phenyläthyl]-amin* ($C_{10}H_{13}NO$, $Kp._5$ 145°). — α-Ketoglutarsäure (in Methanol/NH_4OH, 60°; 60 Min.) → 50% *Glutaminsäure.* — Nitrobenzol (in Methanol, 20°; 23 Min.) → 90% *Anilin.* — ω-Nitrostyrol (in Methanol, 20°; 23 Min.) → 35% *Phenylacetaldoxim* (C_8H_9NO, F. 102°). — 5-Methyl-3-dimethylaminohexyl-(2)-p-nitrobenzoat, Hydrochlorid (in Methanol, 60°; 90 Min.) → 80% des entsprechenden *p-Aminobenzoats* (*Hydrochlorid*, F. 217°). — Diäthylnitromalonat (in Essigsäure/-anhydrid, 100°; 90 Min.) → 36% *Diäthylacetamidomalonat* ($C_9H_{15}NO_5$, F. 89°). — Azobenzol (**II**; in Methanol, 20°; 185 Min.) → 58 *Hydrazobenzol* (F. 288°). — **II** (in Methanol, 70°; 125 Min.) → 88% *Anilin.* Dimethylglyoxim u. Acetophenonoxim reagieren nicht. Ch. Schlage. B 227 □

Untersuchungen zum Seide–Palladium-Katalysator. 3. Mitt. **Physikochemische Charakterisierung.** Yoshiharu Izumi. (Bull. chem. Soc. Japan **32.** 942—45. Sept. 1959.) (Engl.) — 2. vgl. vorst. Referat.

Auf Grund von Röntgen- u. IR-Messungen schließt Vf., daß Seide bzw. Nylon mit $PdCl_2$ einen Komplex bilden, an dem —OH, —NH, —COOH u. —CONH-Gruppen der Faser beteiligt sind. Nach Red. des Pd^{2+} wird die ursprüngliche Faser wieder gebildet. Ein Teil des Pd scheint dann in mikrokristallinen Teilchen, ein anderer in fast atomarem Zustand in der Micellenstruktur der Faser eingeschlossen vorzuliegen. Nur ein Teil des Pd kann mit p-Nitrosodiäthylanilin vom Seide (Nylon)–Pd-Komplex entfernt werden. Ch. Schlage. B 227 □

Katalyse der cis–trans-Isomerisierung von Azobenzol durch Säuren und Kupfer(II)-Salze. Stefania Ciccone und J. Halpern. (Canad. J. Chem. **37.** 1903—10. Nov. 1959. Vancouver, B.C., Canada, Univ. of Brit. Columbia, Dep. of Chem.) (Engl.)

Mittels der früher beschriebenen Meth. (vgl. Halpern u. Mitarbeiter, C. **1952.** 2813) wird die cis–trans-Umlagerung von *cis-* (F. 70°) u. *trans-Azobenzol* in wss. A. im Dunkeln untersucht. Für die Katalyse durch $HClO_4$ gilt $k_{Kat.} = k_{H^+}[HClO_4]$ mit $k_{H^+} \cdot 10^5$ 7,4; 5,1; 6,5 (Liter/Mol·s) in 25; 50; 75 Mol-%ig. A. bei 60°. Die Katalyse von $HClO_4$ wird durch H_3O^+ bewirkt, u. es wird angenommen, daß die Isomerisierung über die konjugierte Säure der Azoverb. erfolgt. HCl weist eine viel größere katalyt. Wirksamkeit als $HClO_4$ auf. Als Ursache dafür wird neben der Katalyse durch H_3O^+ auch die undissoziierte HCl angesehen. Essigsäure ist als Katalysator unwirksam; dagegen zeigen Cu^{2+}-Salze eine ausgeprägte Aktivität, die auf Koordination mit der Azogruppe zurückgeführt wird. In Cu^{2+}-Salz–Säure-Gemischen sind die katalyt. H_3O^+- u. Cu^{2+}-Effekte gleichzeitig wirksam. G. Pötzscher. B 227 □

C. Präparative organische Chemie. Naturstoffe

Markierung von Fettsäuren durch Einwirkung von gasförmigem Tritium. 2. Mitt. **Ölsäure- und Linolsäuremethylester.** E. P. Jones, L. H. Mason, H. J. Dutton und R. F. Nystrom. (J. org. Chemistry **25.** 1413—17. Aug. 1960. Peoria, Ill., Northern Reg. Res. Labor.; Urbana, Radiocarbon Labor.) (Engl.) — 1. vgl. C. **1960.** 4063.

Einw. von T_2-Gas auf Ölsäuremethylester (I) u. Linolsäuremethylester (II) führt nicht zur Substitution, sondern zur Addition von T_2 an die C—C-Doppelbindung. Wie sich aus Bestrahlungs-Verss. von I u. II mit einer T_2-Quelle von ca. 1 c (bezogen auf g-Mengen I u. II) ergibt, nehmen I u. II im Verlaufe von 18 Tagen 8 bzw. 14 mc T_2 auf, von denen 76 bzw. 82% der Radioaktivität in den gereinigten Rk.-Prodd. wiedergefunden werden. In II wird jeweils nur an einer Doppelbindung T_2 addiert, u. zwar wird die 12.13- gegenüber der 9.10-Doppelbindung bevorzugt tritiiert. Die Stelle der T_2-Aufnahme wird aus der Radioaktivität der monobas. u. dibas. Säuren ermittelt, die bei der $KMnO_4/KJO_4$-Oxydation (vgl. C. **1959.** 1642) der durch Verseifung erhaltenen tritiummarkierten Fettsäuren als Spaltstücke entstehen. Aus bestrahltem I erhaltene tritiummarkierte Säure liefert *inakt. Pelargonsäure* u. *inakt. Azelainsäure*, womit die Lokalisierung von T_2 an der $C_9.C_{10}$-Doppelbindung bewiesen ist. Die Auswertung der Markierungs-Verss. erfolgt durch Verteilungs- (vgl. NIJKAMP, C. **1950/54.** 4905 S) u. Gaschromatographie sowohl der T_2-markierten I u. II, als auch ihrer Abbauprodukte. Die Befunde sind z. T. graph. dargestellt.

Versuche: *Tritiierung* von *Ölsäuremethylester* (I), durch 18tägige Einw. von T_2 (1 c) auf 1 g I in dünner Schicht, Abziehen des labilen T_2, 1std. Kochen des Rk.-Prod. mit äthanol. NaOH, Zugabe von W., Auswaschen von Unverseifbarem mit Ae., Ansäuern der alkal. wss. Lsg. mit 1n HCl, wiederholte Extraktion der T_2-markierten Säure mit A. u. Veresterung mit CH_2N_2. MARION WOLFF. 480□

Die Verwendung von radioaktiven Elementen. 2. Mitt. Die Zersetzung von 1.4-Dibenzoylthiosemicarbazid und 1.4-Dibenzoylsemicarbazid mit Alkali. Risaburo Nakai, Michiyasu Sugii und Hideo Nakao. (Pharmac. Bull. [Tokyo] **5.** 576—79. Dez. 1957. Kyoto, Univ., Inst. for Chem. Res.; Osaka, Sankyo Co. Ltd., Takomine Res. Labor.) (Engl.) — 1. vgl. C. **1960.** 6108; 3. vgl. C. **1961. 14614.**

1.4-Dibenzoylthiosemicarbazid (I) gibt mit sd. 10%ig. NaOH *Benzoesäure* (II), wenig NH_3 u. *3-Phenyl-5-mercapto-1.2.4-triazol* (III). Unter Verw. von $^{14}C_{(1-CO)}$-I wird festgestellt, daß aus I zunächst die 4-Benzoylgruppe abgespalten wird u. das intermediäre *1-$^{14}C_{(CO)}$-Benzoylthiosemicarbazid* zum größten Teil zu $^{14}C_{(3)}$-III cyclisiert wird, während ein kleiner Teil hydrolyt. in $^{14}C_{(CO)}$-II u. NH_3 gespalten wird. 1.4-Dibenzoylsemicarbazid (IV) gibt mit sd. 10%ig. NaOH II u. *1-Benzoylsemicarbazid* (V), das mit sd. 20%ig. NaOH 41% NH_3, 30% II u. 33% *3-Phenyl-5-hydroxy-1.2.4-triazol* (VI) liefert. Beim Kochen von $^{14}C_{(1-CO)}$-IV mit 20%ig. NaOH werden 36% NH_3, 144% $^{14}C_{(CO)}$-II u. 16,8% $^{14}C_{(3)}$-VI erhalten. Die spezif. Aktivität der $^{14}C_{(CO)}$-II beweist, daß im Falle der Zers. von IV der Anteil der Neben-Rk. wesentlich größer als bei I ist.

Versuche: *$^{14}C_{(CO)}$-Benzhydrazid*, F. 112°, durch Verestern von $^{14}C_{(CO)}$-II (4 μc/mMol) mit abs. A./konz. H_2SO_4 u. Rk. des *$^{14}C_{(1-CO)}$-II-Äthylesters* (75% Ausbeute) mit 84%ig. $N_2H_4 \cdot H_2O$; aus Bzl./A. Nadeln; 90%; 4,05 ± 0,04 μc/mMol. — *$^{14}C_{(1-CO)}$-1.4-Dibenzoylthiosemicarbazid* ($^{14}C_{(1-CO)}$-I), F. 173°, durch Zutropfen von Benzoylisothiocyanat zu vorst. Verb. in abs. A. u. 1std. Stehen bei Raum-Temp.; aus A. quadrat. Platten; 82%; 4,08 ± 0,11 μc/mMol. — *3-Phenyl-5-mercapto-1.2.4-triazol* (III), F. 255—256°, neben 2,3% NH_3 u. 1,3% II (F. 120°) durch 3std. Kochen von 1-Benzoylthiosemicarbazid mit 10%ig. NaOH unter N_2; aus 50%ig. A. Nadeln; 44%. Analog liefert $^{14}C_{(1-CO)}$-I 2,3% NH_3, 78% $^{14}C_{(CO)}$-II (F. 121°; 0,08 ± 0,01 μc/mMol) u. 62% $^{14}C_{(3)}$-III (4,08 ± 0,12 μc/mMol). — *$^{14}C_{(1-CO)}$-1.4-Dibenzoylsemicarbazid* ($^{14}C_{(1-CO)}$-IV), $C_{15}H_{13}N_3O_3$, F. 216—218°, wie vorvorst. Verb. mit Benzoylisocyanat in Dioxan; aus A./Dioxan (10:1) Platten; 79%; 4,09 ± 0,08 μc/mMol. — *1-Benzoylsemicarbazid* (V), F. 220—222°, durch 3std. Kochen von IV mit 10%ig. NaOH neben 109% II; aus A. Nadeln; 32%. — *3-Phenyl-5-hydroxy-1.2.4-triazol* (VI), durch 3std. Kochen von V mit 20%ig. NaOH unter N_2 neben 41% NH_3 u. 30%ig. II; 33%. Analog gibt $^{14}C_{(1-CO)}$-IV 36% NH_3, 144% $^{14}C_{(CO)}$-II (1,76 ± 0,04 μc/mMol) u. 16,8% *$^{14}C_{(3)}$-3-Phenyl-5-hydroxy-1.2.4-triazol* ($^{14}C_{(3)}$-VI; $C_8H_7N_3O$, F. 315 bis 317°, aus A. Nadeln; 4,06 ± 0,07 μc/mMol). F. HELLER. 480□

Oxetane in Grignard-Reaktionen als Lösungs- und als Reaktionsmittel. Thérèse Cuvigny und Henri Normant. (C. R. hebd. Séances Acad. Sci. **254.** 316—18. 8/1. 1962. Sorbonne, Labor. de Synthèse organ.) (Franz.)

Bei der Rk. von Halogen-Verbb. mit Mg in Oxetanen als Lsgm. bilden sich zunächst die normalen GRIGNARD-Verbb., die dann rasch mit dem Oxetan zu Alkoholen weiter reagieren, die man auch aus der GRIGNARD-Verb. in Ae. u. dem Oxetan erhält. Die Ausbeuten sind nur mit Aryl-Mg-Halogeniden befriedigend. Aus den Alkoholen mit einem Acetylenrest wurden durch Kondens. mit Aceton die entsprechenden Glykole gebildet. — Aus Oxetan bzw. 2-Methyloxetan wurden erhalten: *Hexen-(4)-ol-(1)*, $C_6H_{12}O$, Kp.$_{16}$ 71°, $D._4^{18}$ 0,863, n_D^{18} 1,4489. — *4-Methylpenten-(4)-ol-(1)*, Kp.$_{15}$ 63°, $D._4^{18}$ 0,855, n_D^{18} 1,4425. — *Hexen-(5)-ol-(1)*, Kp.$_{15}$ 64°, $D._4^{18}$ 0,855, n_D^{18} 1,4366. — *Heptandiol-(1.7)*, $C_7H_{16}O_2$, Kp.$_{13}$

150°, D.$_4^{16}$ 0,971, n_D^{16} 1,4580. — *7-Methoxyheptanol-(1)*, $C_8H_{18}O_2$, Kp.$_{13}$ 110°, D.$_4^{19}$ 0,909, n_D^{19} 1,4369. — *7.7-Äthylendioxyoctanol-(1)*, $C_{10}H_{20}O_3$, Kp.$_{14}$ 150°, D.$_4^{18}$ 1,010, n_D^{18} 1,4550. — *1-[Cyclohexen-(1)-yl]-propanol-(3)*, $C_9H_{16}O$, Kp.$_{14}$ 111°, D.$_4^{18}$ 0,954, n_D^{18} 1,4991. — *1.1.1-Triphenylbutanol-(4)*, $C_{22}H_{22}O$, F. 240°. — *Hepten-(5)-ol-(2)*, $C_7H_{14}O$, Kp.$_{15}$ 62°, D.$_4^{18}$ 0,848, n_D^{18} 1,4430. — *5-Methylhexen-(5)-ol-(2)*, Kp.$_{16}$ 61°, D.$_4^{18}$ 0,853, n_D^{18} 1,4414. — *6-Methylhepten-(5)-ol-(1)*, $C_8H_{16}O$, Kp.$_{15}$ 75°, D.$_4^{18}$ 0,851, n_D^{18} 1,4509. — *Hepten-(6)-ol-(2)*, Kp.$_{16}$ 63°, D.$_4^{18}$ 0,846, n_D^{18} 1,4372. — *Heptanol-(2)*, $C_7H_{16}O$, Kp.$_{12}$ 64°, D.$_4^{20}$ 0,823, n_D^{20} 1,4240. — *4-Phenylbutanol-(2)*, $C_{10}H_{14}O$, Kp.$_{14}$ 122°, D.$_4^{21}$ 0,983, n_D^{21} 1,5184. — *5-Phenylpentanol-(2)*, $C_{11}H_{16}O$, Kp.$_{14}$ 129°, D.$_4^{18}$ 0,971, n_D^{18} 1,5217. — *4-Brombutanol-(2)*, C_4H_9BrO, Kp.$_{12}$ 74°, D.$_4^{18}$ 1,468, n_D^{18} 1,4790. — *6-Methylheptin-(4)-diol-(1.6)*, $C_8H_{14}O_2$, Kp.$_{0,05}$ 104°, D.$_4^{21}$ 0,992, n_D^{21} 1,4712. — *7-Methyloctin-(5)-diol-(1.7)*, $C_9H_{16}O_2$, Kp.$_{0,01}$ 110°, D.$_4^{20}$ 0,977, n_D^{20} 1,4749. EBERHARD RIEDEL. 560□

Konstitution und physikalische Eigenschaften von Äthern. 3. Mitt. **Über Äther vom Typ n-C_4H_9—(O—CH_2CH_2)$_n$—OR und iso-C_4H_9—(O—CH_2CH_2)$_n$—OR.** R. Riemschneider und P. Groß. (Mh. Chem. **90.** 783—86. 28/12. 1959. Berlin-Dahlem, FU.) (Dt.) — 2. vgl. C. **1960.** 12988.

Vff. synthetisierten die *Äthylenglykol-* u. *Diäthylenglykol-n-* u. *-isobutylalkyläther* (Alkyl = *n-Heptyl-* bis *n-Dodecyl-*) aus den Alkoholaten der entsprechenden Butylmonoäther u. Alkylbromiden u. untersuchten das Temp.-Verh. ihrer Viscosität (Tabellen).

Versuche: *Äthylenglykolmono-n-butyläther* (**I**), Kp. 171°, Kp.$_4$ 50°, durch 5std. Kochen von Na in Äthylenglykol u. n-Butylbromid, Wasserzusatz bis zur Auflsg. des NaBr u. Ausäthern; 85% (Ausbeute). — *Diäthylenglykolmono-n-butyläther* (**II**), Kp.$_{1,2}$ 94°, Kp.$_{11}$ 112—114°, analog **I** aus Diäthylenglykol; 85%. — *Äthylenglykolmonoisobutyläther* (**III**), Kp.$_{13}$ 61°, Kp.$_{20}$ 67°, durch Erwärmen von Na in Isobutanol mit Äthylenchlorhydrin, Absaugen des NaCl u. Dest.; 21%. Daneben *Diäthylenglykolmonoisobutyläther* (**IV**), Kp.$_{1,2}$ 81°, Kp.$_{13}$ 111—114°; 18%. — Durch Zusatz des entsprechenden Alkylbromids zu **I, II, III** bzw. **IV** u. Na-Staub in Ae., Einengen u. 3std. Erhitzen auf dem sd. Wasserbad: Alkyl-n-butyläthylenglykoläther, aus **I**: *n-Heptyl-*, Kp.$_{1,8}$ 104°, n_D^{20} 1,4253; 58%. — *n-Octyl-*, Kp.$_{1,6}$ 115°, n_D^{20} 1,4279; 52%. — *n-Nonyl-*, Kp.$_{1,6}$ 127°, n_D^{20} 1,4307; 53%. — *n-Decyl-*, Kp.$_{1,9}$ 141°, n_D^{20} 1,4332; 60%. — *n-Undecyl-*, Kp.$_{1,4}$ 151°, n_D^{20} 1,4354; 59%. — *n-Dodecyl-*, Kp.$_{1,9}$ 164°, n_D^{20} 1,4370; 63%. — Alkylisobutyläthylenglykoläther, aus **II**: *n-Heptyl-*, Kp.$_{1,8}$ 99°, n_D^{20} 1,4228; 60%. — *n-Octyl-*, Kp.$_{1,5}$ 111°, n_D^{20} 1,4253; 61%. — *n-Nonyl-*, Kp.$_{1,3}$ 120°, n_D^{20} 1,4285; 62%. — *n-Decyl-*, Kp.$_{1,8}$ 134°, n_D^{20} 1,4307; 56%. — *n-Undecyl-*, Kp.$_{1,8}$ 146°, n_D^{20} 1,4332; 63%. — *n-Dodecyl-*, Kp.$_{1,5}$ 154°, n_D^{20} 1,4351; 59%. — Alkyl-n-butyldiäthylenglykoläther, aus **III**: *n-Heptyl-*, Kp.$_{0,9}$ 132°, n_D^{20} 1,4318; 48%. — *n-Octyl-*, Kp.$_{0,9}$ 143°, n_D^{20} 1,4339; 62%. — *n-Nonyl-*, Kp.$_{0,9}$ 153°, n_D^{20} 1,4360; 45%. — *n-Decyl-*, Kp.$_{0,9}$ 160°, n_D^{20} 1,4377; 40%. — *n-Undecyl-*, Kp.$_{0,9}$ 170°, n_D^{20} 1,4394; 45%. — *n-Dodecyl-*, Kp.$_{0,9}$ 181°; 42%. — Alkylisobutyldiäthylenglykoläther, aus **IV**: *n-Octyl-*, Kp.$_{2,5}$ 150°, n_D^{20} 1,4319; 51%. — *n-Nonyl-*, Kp.$_{2,5}$ 160°, n_D^{20} 1,4339; 47%. — *n-Decyl-*, Kp.$_{1,5}$ 164°, n_D^{20} 1,4360; 53%. — *n-Undecyl-*, Kp.$_{2,3}$ 175°, n_D^{20} 1,4378; 49%. — *n-Dodecyl-*, Kp.$_{1,2}$ 181°, n_D^{20} 1,4390; 50%. H.-J. KÖTZSCH. 570□

Konstitution und physikalische Eigenschaften von Äthern. 4. Mitt. **Synthese einiger Allylglykoläther.** R. Riemschneider und H. J. Kötzsch. (Mh. Chem. **90.** 787—91. 28/12. 1959.) (Dt.) — 3. vgl. vorst. Referat.

Diallyläther entsteht aus Allylalkohol (**I**) u. Allylbromid (**II**) in Ggw. von K_2CO_3. Die *Monoallyläther* des *Mono-* (**III**), *Di-* (**IV**), *Tri-* (**V**) u. *Tetraäthylenglykols* (**VI**) bilden sich aus den Na-Glykolaten u. **II**, die *Diallyläther* von **III, IV** u. **VI** durch Rk. der entsprechenden K-Alkoholate mit **II** oder 2.2′-Dichlordiäthyläther (**VII**). **II** neigt dabei etwas zur HBr-Abspaltung unter Bldg. von *Propin*, das als *1.1.2.2-Tetrabrompropan* identifiziert wurde.

Versuche: *Diallyläther*, $C_6H_{10}O$, Kp. 94°, durch Zutropfen von **II** zu einem sd. Gemisch von **I** u. K_2CO_3 in Aceton u. 36std. Kochen unter Rühren; n_D^{20} 1,4240; 94% (Ausbeute). — Äthylenglykolmonoallyläther: *Mono-* (**VIII**), $C_5H_{10}O_2$, Kp. 159°, durch portionsweises Auflösen von Na in mit Toluol überschichtetem **III** (Kp.$_{10}$ 92°, n_D^{20} 1,4312) in 2 Std. bei langsamer Temp.-Steigerung auf 80°, Waschen mit abs. Ae., 3std. Zutropfen von **II** bei 71—72°, 1std. Erwärmen auf 110° u. Dest.; n_D^{20} 1,4358; 100%. — *Di-* (**IX**), $C_7H_{14}O_3$, Kp.$_{10}$ 106°, analog **VIII** aus **IV** (Kp.$_{10}$ 147°, n_D^{20} 1,4460); n_D^{20} 1,4446; 88%. — *Tri-*, $C_9H_{18}O_4$, Kp.$_{0,4}$ 92—93°, analog **VIII** aus **V** (Kp.$_{0,2}$ 118°, n_D^{20} 1,4548); n_D^{20} 1,4524; 60—74%. Daneben *Propin* (nachgewiesen als *1.1.2.2-Tetrabrompropan*, Kp.$_{18}$ 116—117°, n_D^{20} 1,6166). — *Tetra-*, $C_{11}H_{22}O_5$, Kp.$_{0,2}$ 99—101°, analog **VIII** aus 6 g Na, 200 g **VI** (Kp.$_{0,2}$ 132°, n_D^{20} 1,4568) u. 32 g **II**; n_D^{20} 1,4538; 24% (daneben 19 g **IX**). — Äthylenglykoldiallyläther: *Mono-*, $C_8H_{14}O_2$, Kp.$_{110}$ 104°, durch Zutropfen von **VIII** zu K-Staub in abs. Ae. bei 0°, Zusatz von **II**, 2std. Kochen u. Dest.; n_D^{20} 1,4329; 89%. — *Tetra-*, $C_{14}H_{26}O_5$, Kp.$_{0,8}$ 138—139°, analog vorst. Verb. aus K, **VIII** u. **VII** in Ggw. von KJ; n_D^{20} 1,4520; 6%. — *Di-*, $C_{10}H_{18}O_3$, Kp.$_{10}$ 99—101°, aus K, **I** u. **VII** analog vorst. Verb.; n_D^{20} 1,4431; 67%. H.-J. KÖTZSCH. 570□

Die Claisen-Umlagerung von Allylestern der Thiophosphorsäure. A. N. Pudowik und I. M. Aladshewa. (Журнал Общей Химии [J. allg. Chem.] **30** (**92**). 2617—24. Aug. 1960. Kasan, Univ.) (Russ.)

Durch Rk. von Dimethyl- (**I**), Diäthyl- (**II**) u. Di-n-butylthiophosphorsäurechlorid (**III**) mit Na-Allylat (**IV**) werden *O.O-Dimethyl-O-allyl-* (**VI**), *O.O-Diäthyl-O-allyl-* u. *O.O-Di-n-butyl-O-allylthiophosphat* dargestellt, die beim Erhitzen unter CLAISEN-Umlagerung die entsprechenden *O.O-Dialkyl-S-allylthiophosphate* liefern. Analog werden aus **I** u. **II** mit Na-Crotylat (**V**) sowie durch Rk. von Crotylchlorid mit den Na-Salzen der Thiophosphorsäuredialkylester die entsprechenden *O.O-Dialkyl-O-crotylphosphorsäureester* erhalten, bei deren CLAISEN-Umlagerung *O.O-Diäthyl-* bzw. *O.O-Dimethyl-S-[α-methylallyl]-thiophosphat* entstehen. Aus **I** u. **II** werden durch Rk. mit Na-Methylvinylcarbinolat neben *O.O.O-Trimethyl-* bzw. *O.O.O-Triäthylthiophosphat* auch die entsprechenden *O.O-Dialkyl-S-[γ-methylallyl]-thiophosphate* erhalten, die sich nicht weiter therm. isomerisieren lassen. Damit wird bewiesen, daß Dialkylallylester der Thiophosphorsäure, die in der Allylgruppe eine CH_3-Gruppe in α- oder γ-Stellung besitzen, neben der CLAISEN-Umlagerung auch noch eine α.γ-Inversion der CH_3-Gruppe erfahren.

Versuche: Thiophosphate: *O.O-Dimethyl-O-allyl-* (**VI**), Kp.$_{10}$ 88°, aus **I** u. **IV** durch 2—3std. Erhitzen auf 100° u. Extraktion mit Bzl.; n_D^{20} 1,4683; $D._4^{20}$ 1,1451; 44,3% (Ausbeute). — *O.O-Diäthyl-O-allyl-*, Kp.$_4$ 82°, aus **II** u. **IV**; n_D^{20} 1,4605; $D._4^{20}$ 1,0773; 43,0%. — *O.O-Di-n-butyl-O-allyl-*, Kp.$_1$ 106—107°, aus **III** u. **IV**; n_D^{20} 1,4635; $D._4^{20}$ 1,0208; 13%. — *O.O-Dimethyl-O-crotyl-*, Kp.$_3$ 82—83°, aus **I** u. **V**; n_D^{20} 1,4706; $D._4^{20}$ 1,1325; 36%. — *O.O-Diäthyl-O-crotyl-*, Kp.$_2$ 99—100°; n_D^{20} 1,4672; $D._4^{20}$ 1,0643; 45%. — *O.O-Dimethyl-S-allyl-*, Kp.$_{2,5}$ 90—91°, aus **VI** durch 3—6std. Erhitzen auf 120—140° im Rohr; n_D^{20} 1,4798; $D._4^{20}$ 1,1848; 27%. — *O.O-Diäthyl-S-allyl-*, Kp.$_5$ 107 bis 108°; n_D^{20} 1,4710; $D._4^{20}$ 1,1067; 30,1%. — *O.O-Di-n-butyl-S-allyl-*, Kp.$_2$ 138—140°; n_D^{20} 1,4673; $D._4^{20}$ 1,0349; 20%. — *O.O-Dimethyl-S-[α-methylallyl]-*, Kp.$_3$ 95—96°; n_D^{20} 1,4770; $D._4^{20}$ 1,1402; 37%. — *O.O-Diäthyl-S-[α-methylallyl]-*, Kp.$_2$ 110—112°; n_D^{20} 1,4730; $D._4^{20}$ 1,0807; 51%. — *O.O-Dimethyl-S-[γ-methylallyl]-* (**VII**), Kp.$_3$ 110°, aus 25 g Methylvinylcarbinol in 150 ml Bzl. u. 5,5 g Na u. Zugabe von 45 g **I**; n_D^{20} 1,4835; $D._4^{20}$ 1,1538; 26,7%. — *O.O-Dimethyl-S-methyl-*, Kp.$_{2,5}$ 77—78°, analog vorst. Verb.; n_D^{20} 1,4649; $D._4^{20}$ 1,2128. — *O.O-Diäthyl-S-[γ-methylallyl]-*, Kp.$_5$ 124—125°, analog **VII**, mit 45 g **II**; n_D^{20} 1,4750; $D._4^{20}$ 1,0886; 23,5%. — *O.O.S-Triäthyl-*, Kp.$_5$ 106—107°; n_D^{20} 1,4587; $D._0^{0}$ 1,1228. G. HEY. 590□

Über die Autoxydation des N.N-Bis-[β-chloräthyl]-hydrazins unter Bildung von Glyoxal-bis-[bis-(β-chloräthyl)-hydrazon]. Werner Schulze und Gerhard Letsch. (Chem. Ber. **94**. 2755—57. 1961. Jena, DAW, Inst. für Mikrobiol. u. exp. Therapie.) (Dt.) — Vgl. C. **1962**. 1205.

In wss., acetatgepufferter Lsg. wird *N.N-Bis-[β-chloräthyl]-hydrazinhydrochlorid* (**II**) von Luft-O_2 zu *Glyoxal-bis-[bis-(β-chloräthyl)-hydrazon]* (**I**; $C_{10}H_{18}Cl_4N_4$, aus 20 g **II** in 3—4 Wochen; 1,5—2 g Ausbeute) oxydiert. Die verbrauchte O_2-Menge ist nicht reproduzierbar u. wird durch Zusatz von Komplexon III gehemmt. **I** bildet mit 2.4-Dinitrophenylhydrazin *Glyoxal-1-[bis-(β-chloräthyl)-hydrazon]-2-[2.4-dinitrophenylhydrazon* bzw. *Glyoxal-bis-[2.4-dinitrophenylhydrazon]*. Die Rk. wird in äthanol. Lsg. UV-spektroskop. verfolgt u. mögliche Rk.-Mechanismen werden erörtert. H. KRAUSE. 680□

Anlagerung von Äthylenchlorhydrin an α-Methylvinylphenyläther. A. K. Gorban. (Известия Академии Наук СССР, Отделение Химических Наук [Nachr. Akad. Wiss. UdSSR, Abt. chem. Wiss.] **1960**. 759—60. April. Zelinsky-Inst. für org. Chem. der Akad. der Wiss. der UdSSR.) (Russ.)

Bei der Anlagerung von Äthylenchlorhydrin (**I**) an Phenyl-α-methylvinyläther (**II**) entsteht *Acetonphenyl-β-chloräthylketal* (**III**), das leicht zu einem Gemisch aus *Aceton-bis-[β-chloräthylketal]* (**IV**) u. *Acetondiphenylketal* symmetrisiert wird.

Versuche: *Acetondiphenylketal*, $C_{15}H_{16}O_2$, Kp.$_4$ 130°, man gibt in 2 Min. zu 10 g **I** 16,8 g **II**, rührt 1 Std. u. dest.; $D._4^{20}$ 1,0705; n_D^{20} 1,5500; 22% Ausbeute. Daneben ein Gemisch aus **II–IV**. HELMUT SCHÄFER. 710□

Darstellung γ-ungesättigter Nitrile. Henri Cottin. (C. R. hebd. Séances Acad. Sci. **253**. 1808—09. 23/10. 1961. Angers, École Nat. de Méd. et de Pharm., Labor. de Chim. organ.) (Franz.) — Vgl. C. **1959**. 9195.

Nach der Meth. von GAGNON u. Mitarbeitern (Canad. J. Res., Ser. B **26**. [1948.] 503) wurden *2-Alkylpenten-(4)-säurenitrile* auf folgendem Wege dargestellt: Durch Einw. von

Alkylhalogenid auf Na-Cyanessigsäureäthylester in A. wurden *α-alkylierte Prodd.* erhalten, deren Na-Verbb. mit Allylchlorid umgesetzt wurden. In 80%ig. Ausbeute erhielt man *α-Alkyl-α-allylcyanessigsäureäthylester*; bei dem Butyl-Deriv. war jedoch die Bldg. von 25% *Di-α-butylcyanessigsäureäthylester* nicht zu vermeiden. Zur Darst. der *Nitrile* wurden die Ester mit 10%ig. NaOH verseift u. decarboxyliert. Für die Allylbutyl- u. -isopropylester war dazu eine leichte Erwärmung erforderlich, wodurch die Ausbeuten infolge Bldg. teerartiger Stoffe vermindert wurden. Bei der Pyrolyse der trockenen, schmierigen Säuren war eine HCN-Abspaltung zu beobachten; die Ausbeuten betrugen nur ca. 40%. α-Allylcyanessigsäureäthylester: *α-Methyl-*, $C_9H_{13}NO_2$, Kp.$_{25}$ 118°, D.$_4^{19}$ 0,972, n_D^{19} 1,4362. — *α-Äthyl-*, $C_{10}H_{15}NO_2$, Kp.$_{22}$ 120°, D.$_4^{19}$ 0,957, n_D^{19} 1,4351. — *α-n-Propyl-*, $C_{11}H_{17}NO_2$, Kp.$_{28}$ 132°, D.$_4^{21}$ 0,949, n_D^{21} 1,4377. — *α-Isopropyl-*, $C_{11}H_{17}NO_2$, Kp.$_{28}$ 130°, D.$_4^{20}$ 0,956, n_D^{20} 1,4423. — *α-Butyl-*, $C_{12}H_{19}NO_2$, Kp.$_{28}$ 143°, D.$_4^{21}$ 0,936, n_D^{21} 1,4400. — Penten-(4)-säurenitrile: *2-Methyl-*, C_6H_9N, Kp.$_{760}$ 148°, D.$_4^{17}$ 0,832, n_D^{17} 1,4204. — *2-Äthyl-*, $C_7H_{11}N$, Kp.$_{760}$ 157°, D.$_4^{18}$ 0,822, n_D^{18} 1,4232. — *2-n-Propyl-*, $C_8H_{13}N$, Kp.$_{28}$ 95°, D.$_4^{19}$ 0,836, n_D^{19} 1,4318. — *2-Isopropyl-*, $C_8H_{13}N$, Kp.$_{28}$ 88°, D.$_4^{19}$ 0,834, n_D^{19} 1,4323. — *2-Butyl-*, $C_9H_{15}N$, Kp.$_{30}$ 102°, D.$_4^{20}$ 0,838, n_D^{20} 1,4360.

B. GNAUCK. 810□

Einige Eigenschaften N-benzylierter Peptide. 3. Mitt. L. N. Akimowa. (Журнал Общей Химии [J. allg. Chem.] **30** (**92**). 1143—48. April 1960. Moskau, Univ.) (Russ.) — 2. vgl. C. **1959**. **5454**.

Es werden *N-Benzylphenylalanin* (**I**), *-valin* (**II**) u. *-leucin* (**III**) synthetisiert u. mit Chlorkohlensäureäthylester (**IV**) in Ggw. von NaOH oder Triäthylamin (**V**) in *N-Benzyl-N-carbäthoxyphenylalanin, -valin* (**VI**) u. *-leucin* übergeführt, aus denen durch Verseifung die *N-Benzyl-N-carboxy-Verbb.* erhalten werden. **VI** liefert nach Rk. mit **IV** u. Glycylglycinäthylesterhydrochlorid (**VII**) [*N-Benzyl-N-carbäthoxyvalyl*]*-glycylglycinäthylester*. Aus [N-Benzylglycyl]-alanylphenylalanin (**VIII**) wird durch Rk. mit **IV** [*N-Benzyl-N-carbäthoxyglycyl*]*-alanylphenylalanin* erhalten.

Versuche: *N-Benzylphenylalanin* (**I**), $C_{16}H_{17}NO_2$, F. 226,5° (Zers.; Nitrobenzol, Glykol), man läßt 30 g α-Bromhydrozimtsäure in 250 ml abs. Ae. u. 55 g Benzylamin 4 Std. lang bei 20° stehen, löst den Nd. in n-NaOH u. fällt mit Essigsäure aus; 63% (Ausbeute). — *N-Benzylvalin* (**II**), $C_{12}H_{17}NO_2$, F. 235°, analog vorst. Verb.; 51%. — *N-Benzylleucin* (**III**), $C_{13}H_{19}NO_2$, F. 223°, analog; 52%. — *N-Benzyl-N-carbäthoxyphenylalanin*, $C_{19}H_{21}NO_4$, man gibt zu 0,5 g **I** in 5 ml n-NaOH 0,19 ml **IV**, rührt 1 Std., säuert gegen Kongo an u. extrahiert das Filtrat mit Äther. — *N-Benzyl-N-carbäthoxyvalin* (**VI**), $C_{15}H_{21}NO_4$, man gibt zur Suspension von 2 g **II** in 40 ml Chlf. 1,4 ml **V** u. unter Kühlen 0,95 ml **IV**, läßt über Nacht stehen, filtriert, extrahiert mit 2n HCl u. dampft die Chlf.-Lsg. ein. — *N-Benzyl-N-carboxyvalin*, $C_{13}H_{17}NO_4$, F. 88—92° (W.), man gibt zu vorst. erhaltenem **VI** 40 ml n-NaOH, erhitzt 22 Std. auf dem Wasserbad u. säuert mit n-HCl an. — *N-Benzyl-N-carbäthoxyleucin*, $C_{16}H_{23}NO_4$, man rührt 1 g **III** in 12 ml n-NaOH u. 0,55 ml **IV** ½ Std. u. säuert an; Öl; 90%. — *N-Benzyl-N-carboxyleucin*, $C_{14}H_{19}NO_4$, man erhitzt 0,5 g vorst. Verb. in 30 ml n-NaOH 17 Std. auf dem Wasserbad u. säuert an; Öl. — [*N-Benzyl-N-carbäthoxyvalyl*]*-glycylcinäthylester*, $C_{21}H_{31}N_3O_6$, man gibt zu 0,4 g **VI** in 15 ml Chlf. u. 0,2 ml **V** unter Eis–NaCl-Kühlung 0,14 ml **IV**, rührt $^1/_4$ Std., versetzt mit 0,23 g **VII** in Chlf. u. 0,2 ml **V**, läßt $^1/_4$ Std. in der Kälte u. über Nacht bei 20° stehen, extrahiert mit 2n HCl u. dampft die Chlf.-Lsg. im Vakuum ein; Öl; 80%. — [*N-Benzyl-N-carbäthoxyglycyl*]*-alanylphenylalanin*, $C_{24}H_{29}N_3O_6$, F. 106°, a) man läßt 0,38 g **VIII** in 20 ml Chlf., 1,4 ml **V** u. 0,09 ml **IV** über Nacht bei 20° stehen, verd. mit W., löst das ausgefallene Öl in verd. Essigsäure u. läßt 1 Woche lang stehen; b) man versetzt 1 g **VIII** in 3,4 ml n-NaOH unter Kühlen mit 0,25 ml **IV**, rührt ½ Std., säuert mit HCl an, extrahiert das Öl mit Ae., dampft ein u. verreibt mit PAe.; 80%.

HELMUT SCHÄFER. 950□

Einige Eigenschaften N-benzylierter Peptide. 4. Mitt. L. N. Akimowa. (Журнал Общей Химии [J. allg. Chem.] **30** (**92**). 1148—53. April 1960.) (Russ.) — **3.** vgl. vorst. Referat.

Durch Rk. von N-Benzylaminosäuren u. N-Benzyltripeptiden mit Chlorkohlensäurebenzylester (**I**) werden *N-Benzyl-N-cbo-leucin* (**II**), *-phenylalanin* (**III**), *-glycylanylphenylalanin, -leucylalanylphenylalanin* (**IV**), *-leucylglycylglycin* u. *-valylglycylglycin* dargestellt. **II** u. **III** werden nach Rk. mit Chlorkohlensäureäthylester (**V**) in NaOH oder in Ggw. von Triäthylamin (**VI**) mit Alanylphenylalaninäthylesterhydrochlorid (**VII**) in *N-Benzyl-N-cbo-leucylalanylphenylalaninäthylester* u. *-phenylalanylalanylphenylalaninäthylester* übergeführt. **IV** liefert nach Rk. mit **V**, dann mit Glycinäthylesterhydrochlorid (**VIII**) [*N-Benzyl-N-cbo-leucyl*]*-alanylphenylalanylglycinäthylester*.

Versuche: N-Benzyl-N-cbo-aminosäuren: *-leucin* (**II**), man gibt zu 2 g N-Benzylleucin in 18 ml n-NaOH unter Kühlen 1,56 g **I**, rührt $1^1/_2$ Std., läßt über Nacht bei 20° stehen, säuert an, extrahiert mit Ae. u. dampft ein; Öl. — *-leucylalanylphenylalaninäthylester*, $C_{35}H_{43}N_3O_6$, man gibt zur gekühlten Lsg. von 1,8 g **II** in 20 ml Chlf. u. 0,83 ml **VI** 0,6 g **V**, rührt ¼ Std., versetzt mit 1,5 g **VII** in Chlf. u. 0,75 ml **VI**, läßt 20 Min. in der Kälte u. dann über Nacht bei 20° stehen u. dampft die Chlf.-Lsg. nach Extrahieren mit 2n HCl im Vakuum ein; Öl. — *-phenylalanin* (**III**), aus 1 g N-Benzylphenylalanin u. 0,85 ml **I** in 10 ml n-NaOH; Öl. — *-phenylalanylalanylphenylalaninäthylester*, $C_{38}H_{41}N_3O_6$, aus 1,2 g **III**, 0,35 g **V** u. 0,95 g **VII** in Chlf. in Ggw. von 0,86 ml **VI**; 91%. — *-glycylalanylphenylalanin*, $C_{29}H_{31}N_3O_6$, F. 94°, man gibt zu 1 g N-Benzylglycylalanylphenylalanin in 3,4 ml n-NaOH 0,45 ml **I**, säuert nach 40 Min. mit HCl an, extrahiert mit Ae., dampft ein u. läßt unter PAe. stehen; 84%. — *-leucylalanylphenylalanin* (**IV**), $C_{33}H_{39}N_3O_6$, F. 69—70°, aus 1 g N-Benzylleucylalanylphenylalanin u. 0,73 ml **I** in 7,5 ml n-NaOH; 70%. — *-leucylglycylglycin*, aus 1 g N-Benzylleucylglycylglycin u. 0,96 ml **I** in 9 ml n. NaOH; Öl; 92%. — *-valylglycylglycin*, aus 0,5 g N-Benzylvalylglycylglycin u. 0,5 ml **I** in 4,5 ml n-NaOH; Öl; 56%. — *-leucylalanylphenylalanylglycinäthylester*, $C_{37}H_{46}N_4O_7$, man gibt zu 0,56 g **IV** in Chlf. u. 0,2 ml **VI** bei 0° 0,13 ml **V** u. nach 10 Min. 0,13 g **VIII** in Chlf. u. 0,2 ml **VI**, läßt 1 Std. in der Kälte, dann über Nacht bei 20° stehen, extrahiert mit n-HCl, 3%ig. $NaHCO_3$ u. W. u. dampft die Chlf.-Lsg. im Vakuum ein; Öl; 85%. HELMUT SCHÄFER. 950□

Thermische Telomerisation von Olefinen mit Silanen. R. Ch. Freidlina, Je. Z. Tschukowskaja, Sch. A. Karapetjan und A. N. Nessmejanow. (Известия Академии Наук СССР, Отделение Химических Наук [Nachr. Akad. Wiss. UdSSR, Abt. chem. Wiss.] **1960**. 662—68. April. Inst. für metallorg. Verbb. der Akad. der Wiss. der UdSSR.) (Russ.)

Durch Telomerisation von Äthylen mit Methyldichlorsilan (**I**) werden *Methyläthyl*(**II**)- u. *Methyl-n-butyldichlorsilan* (**III**), mit Triphenylsilan (**IV**) *Äthyl-* u. *n-Butyltriphenylsilan* erhalten. Propylen wird an **I** unter Bldg. von *Methyl-n-propyldichlorsilan* (**V**) addiert. Bei den Rkk. entstehen daneben höhere Polymere. Die Struktur der Verbb. wird durch ihre RAMAN-Spektren bestätigt. — Die Telomerisation läuft in Glas- u. Stahlgefäßen in gleicher Weise ab u. wird somit nicht durch die Gefäßwände katalysiert. Es wird der Einfl. von Druck, Temp. u. Komponentenverhältnis auf die Umwandlung von **I** bei der Rk. mit C_2H_4 u. auf die Ausbeuten an Verbb. der Formel $CH_3SiCl_2(CH_2CH_2)_nH$ untersucht. Die Änderung des Druckes von 50 auf 150 at beeinflußt die Zus. des Rk.-Gemisches prakt. nicht. Mit zunehmendem Verhältnis C_2H_4 : **I** fällt die Ausbeute an der Verb. mit n = 1 stark ab, steigt die an Verbb. mit n > 3 an, während die Ausbeute an Verbb. mit n = 2 u. n = 3 bei einem Verhältnis C_2H_4 : **I** = 2 maximal ist u. bis zum Verhältnis von 10 nur schwach abfällt. Bei Erhöhung der Temp. von 285 auf 350° kann die Rk.-Dauer erheblich verkürzt werden (von 120 auf 5 Min.), die Ausbeute an den Verbb. mit n = 1 steigt an, die an Verbb. mit n = 2 u. n = 3 bleibt fast konst., u. die Ausbeute an Verbb. mit n > 3 fällt hierbei stark ab.

Versuche: *Rk. von C_2H_4 mit* **I**: Man füllt 11,5 g **I** u. 4 Liter C_2H_4 unter N_2-Kühlung in ein Glasrohr, schmilzt ab, bringt in einen Autoklaven u. erhitzt bei einem Anfangsdruck von 14 at im Autoklaven 3 Std. auf 320—240°; oder man erhitzt 1 Mol **I** u. 2,7 Mol C_2H_4 ohne Rohr direkt im Autoklaven 40 Min. auf 340°; die **I**-Umwandlung beträgt im Rohr (Autoklaven) 46% (46%); die Rk.-Prodd. bestehen aus 80% (42%) **II** u. 17% (28%) **III**. — *Rk. von C_2H_4 mit* **IV**: Man erhitzt 32 g **IV** u. 25 g C_2H_4 im Autoklaven 12 Std. auf 290—300° u. trennt durch Dest.: *Äthyltriphenylsilan*, $C_{20}H_{20}Si$, F. 68—70° (A.), u. *n-Butyltriphenylsilan*, $C_{22}H_{24}Si$, F. 81—82°. Aus dem Rückstand *Hexaphenyldisiloxan*, $C_{36}H_{30}OSi_2$, F. 224° (Bzl. u. Sublimation). — *Rk. von Propylen mit* **I**: a) Man füllt bei tiefer Temp. 65 g **I**, 50 ml Propylen u. 8,6 mg H_2PtCl_6 in Isopropanol in einen Autoklaven, läßt auf 20° erwärmen u. dest.: *Methyl-n-propyldichlorsilan* (**V**), $C_4H_{10}Cl_2Si$, Kp. 123—124°; $D.^{20}{}_4$ 1,0432; n_D^{20} 1,4320; 77 g; b) man erhitzt **I** u. Propylen u. trennt durch Dest.; es entsteht hauptsächlich **V**. Daraus mit Methylmagnesiumhalogenid *Trimethyl-n-propylsilan*, Kp. 88,5—89°; $D._4^{20}$ 0,7020; n_D^{20} 1,3925. HELMUT SCHÄFER. 980□

Dehydrokondensation von Trialkyl(aryl)silanen mit hydroxylhaltigen organischen Verbindungen. Ju. I. Chudobin, B. N. Dolgow und N. P. Charitonow. (Химия и Практическое Применение Кремнеорганических Соединений, Труды Конференции, Ленинград 1958 [Chem. prakt. Anwend. siliciumorg. Verbind., Konferenzber., Leningrad **1958**] Nr. 1. 220—23. Leningrad, Inst. für Silicatchem. der Akad. der Wiss. der UdSSR.) (Russ.)

Kurze Zusammenfassung von Arbeiten, bes. der Vff., auf dem Gebiet der Dehydrokondens. von Trialkyl(aryl)silanen mit Alkoholen, Phenolen, Carbonsäuren [Bldg. von *Alkoxy-*, *Phenoxy-*, *Acyloxytrialkyl*(*aryl*)*silanen*]. — 15 Literaturangaben. G. FROELICH. 980

Synthese von siliciumorganischen Vinyläthern. Ss. I. Ssadych-Sade und A. D. Petrow. (Химия и Практическое Применение Кремнеорганических Соединений, Труды Конференции, Ленинград 1958 [Chem. prakt. Anwend. siliciumorg. Verbind., Konferenzber., Leningrad **1958**] Nr. 1. 212—17. Moskau, Inst. für org. Chem. der Akad. der Wiss. der UdSSR.) (Russ.)

Triäthylsilan reagiert mit Acrolein in Ggw. von H_2PtCl_6 unter Bldg. von *Propenyltriäthylsilyläther* [$C_9H_{20}OSi$, $Kp._6$ 49—50°; $D._4^{20}$ 0,8363; n_D^{20} 1,4320; 70% (Ausbeute)]. Analog werden aus den entsprechenden Trialkylsilanen u. Acrolein oder Zimtaldehyd oder Citral erhalten: *Propenyl-[methyldiäthylsilyl]-äther*, $Kp._{15}$ 49,0°; $D._4^{20}$ 0,8241; n_D^{20} 1,4248; 74%. — *γ-Phenylpropenyl-[triäthylsilyl]-äther*, $Kp._2$ 119—120°; $D._4^{20}$ 0,9267; n_D^{20} 1,4960; 90%. — *γ-Phenylpropenyl-[methyldiäthylsilyl]-äther*, $Kp._2$ 103—104°; $D._4^{20}$ 0,9278; n_D^{20} 1,4950; 75%. — *[3.7-Dimethyloctadien-(1.6)-yl-(1)]-triäthylsilyläther*, $Kp._1$ 103 bis 103,5°; $D._4^{20}$ 0,8481; n_D^{20} 1,4560; 58%. — *[3.7-Dimethyloctadien-(1.6)-yl-(1)]-methyldiäthylsilyläther*, $Kp._1$ 88—89°; $D._4^{20}$ 0,8456; n_D^{20} 1,4530; 50%. — In gleicher Weise reagieren Ketone wie Methylvinylketon, Mesityloxid u. 2-Methylcyclohexen-(2)-on mit Trialkylsilanen: *[α.γ.γ-Trimethylpropenyl]-triäthylsilyläther*, $Kp._4$ 71—72°; $D._4^{20}$ 0,8333; n_D^{20} 1,4375; 93%. — *[α.γ.γ-Trimethylpropenyl]-methyldiäthylsilyläther*, $Kp._6$ 65—65,5°; $D._4^{20}$ 0,8229; n_D^{20} 1,4300; 90%. — *[2-Methylcyclohexen-(1)-yl-(1)]-triäthylsilyläther* (I), $Kp._2$ 82—83°; $D._4^{20}$ 0,8323; n_D^{20} 1,4568; 90%. — Äthyldimethoxysilan reagiert mit Mesityloxid oder Acrolein in Ggw. von H_2PtCl_6 unter Bldg. von *Äthyldimethoxysilyl-[α.γ.γ-trimethylpropenyl]-äther* ($Kp._4$ 59—60°; $D._4^{20}$ 0,9224; n_D^{20} 1,4210; 35%) bzw. *Äthyldimethoxysilylpropenyläther* ($Kp._1$ 133°; $D._4^{20}$ 0,9224; n_D^{20} 1,4210; 30%). — Bei der Rk. von symm.-Tetraäthyldisiloxan mit Acrolein bzw. Mesityloxid werden *Bis-[propenyloxydiäthylsilyl]-äther* ($Kp._2$ 94—96°; $D._4^{20}$ 0,9154; n_D^{20} 1,4352; 60%) bzw. *Bis-[α.γ.γ-trimethylpropenyloxydiäthylsilyl]-äther* erhalten. In gleicher Weise wird Äthyldichlorsilan an Acrolein u. Mesityloxid angelagert, doch werden die entstehenden Verbb. unter den Rk.-Bedingungen sogleich polymerisiert. — Durch Hydrolyse von I wird *2-Methylcyclohexanon* erhalten (→ *Hydrazon*, F. 136—137°). — Analog α.β-ungesätt. Ketonen u. Aldehyden reagieren auch α.β-ungesätt. Carbonsäuren bzw. -ester mit Trialkylsilanen: So gibt Triäthylsilan mit Acrylsäuremethylester *[α-Methoxypropenyloxy]-triäthylsilan* ($Kp._5$ 70,0°; $D._4^{20}$ 0,8923; n_D^{20} 1,4390; 90%), das durch H_2SO_4 zu *Triäthylsilanol* u. *Propionsäuremethylester* ($Kp._{742}$ 76—76,5°) hydrolysiert wird.

G. FROELICH. 980

Teilnahme von Schwefelkohlenstoff an der Friedel-Crafts-Reaktion. Philip D. George. (J. org. Chemistry **26.** 4235—38. Nov. 1961. Schenectady, N.Y., Gen. Electr. Co., Res. Labor.) (Engl.)

Beim Erhitzen äquimol. Mengen $ClCH_2Si(CH_3)_3$ (I), Bzl. u. $AlCl_3$ in CS_2 wird ein rotes Öl, das *Trimethylsilylmethyldithiobenzoat* (II) angereichert enthält, erhalten. Ähnlich bildet Chlorbenzol (an Stelle von Bzl.) *Trimethylsilylmethyldithiochlorbenzoat* (III), $ClCH_2SiCH_3Cl_2$ nach anschließender Hydrolyse ein Polymeres mit der $[-SiCH_3(C_6H_5\cdot CS_2CH_2)O-]$-Gruppe. Äthylmethyldichlor-, Trimethylchlor- u. Diäthyldichlorsilan reagieren nicht wie **I**, n-Amylchlorid gibt im Gegensatz zu **I** unter gleichen Rk.-Bedingungen *Amylbenzole*. Die qual. Befunde bei der Rk. von **I** u. $AlCl_3$ in CS_2 mit Octen-(1), 1.4.4-Trimethylpentan u. n-Octan werden beschrieben, die IR-Spektren (Abb.) von **II** u. **III** mitgeteilt.

Versuche: *Trimethylsilylmethyldithiobenzoat* (II), $C_{11}H_{16}S_2Si$, $Kp._{0,1}$ 95°, n_D^{20} 1,5941—1,6033, aus I, $AlCl_3$ u. Bzl. in CS_2 durch mehrstd. Kochen u. Aufarbeiten der roten organ. Phase; rotes Öl, nicht rein; 43—58% Ausbeute; chromatograph. Reinigungs-Vers. waren erfolglos. — *Trimethylsilylmethyldithiochlorbenzoat* (III), $C_{11}H_{15}ClS_2Si$, $Kp._{0,1}$ 115—141°, n_D^{20} 1,5521—1,5613, rotes Öl, konnte analog angereichert werden.

H. BÜRGER. 980 □

Reaktion der Allylhalogenide mit Trichlorgerman. W. F. Mironow, N. G. Dshurinskaja und A. D. Petrow. (Известия Академии Наук СССР, Отделение Химических Наук [Nachr. Akad. Wiss. UdSSR, Abt. chem. Wiss.] **1960.** 2066. Nov. Zelinsky-Inst. für organ. Chem. der Akad. der Wiss. der UdSSR.) (Russ.)

Bei Zugabe von Trichlorgerman zu Allylbromid oder -chlorid (I) (bei I in Ae.) bei Zimmer-Temp. entsteht in 37 bzw. 17%ig. Ausbeute *Allyltrichlorgerman*, $Kp._{756}$ 155,5°; D_4^{20} 1,5480; n_D^{20} 1,4938. Die entsprechende Rk. von Trichlorsilan mit I erfolgt erst bei 600° in der Gasphase.

RENATE RICHTER. 980 □

Fortschritte in der organischen Synthese. 6. Mitt. Cyril Párkányi. (Chemie [Praha] **10.** 207—08. März 1958. Praha, Chem. ústav ČSAV.) (Tschech.) — 5. vgl. Chemie [Praha] **10.** [1958.] 47.

Vf. berichtet über das von BERGMANN u. Mitarbeitern (vgl. C. **1957.** 4079) modifizierte Verf. zur Darst. organ. Fluor-Verbb. durch SCHIEMANN-Reaktion. — 6 Literaturangaben. H.-W. WACHE. 1000□

Die Synthese einiger Fluor enthaltender Trinitrobenzole. G. C. Shaw III und D. L. Seaton. (J. org. Chemistry **26.** 5227—28. Dez. 1961. Livermore, Calif., Univ., Lawrence Radiation Labor.) (Engl.)

Durch Nitrierung der entsprechenden F-substituierten 2.4-Dinitrobenzole synthetisierten Vff. *1-Fluor-, 1.3-Difluor-* u. *1.3.5-Trifluor-2.4.6-trinitrobenzol* (I). Die F-Atome in diesen Verbb. sind sehr locker gebunden; z. B. gibt I beim Umkristallisieren aus wasserhaltigen Lsgm. *Trinitrophloroglucin.* Die IR-Spektren der dargestellten Verbb. sind tabellar. angegeben.

Versuche: *1.3.5-Trifluor-2-nitrobenzol* (II), Kp.$_{20}$ 70—85° [azeotropes Gemisch von II mit Nebenprodd. (III)], aus 1.3.5-Trichlornitrobenzol u. KF in Dimethylsulfoxid nach FINGER u. KRUSE (C. **1957.** 4080); gaschromatograph. ermittelte Zus. von **III**: 52% **II**, 29% *Trichlorfluorbenzol*, 8% *Dichlorfluorbenzol*, 3% *Chlordifluornitrobenzol*, 3% *2.4-Dithiapentan* u. 17 weitere Verbindungen. — *1.3.5-Trifluor-2.4-dinitrobenzol*, F. 57—58°, Nadeln aus Cyclohexan/PAe., aus **III** u. rauchender HNO_3/rauchender H_2SO_4 (langsames Erhitzen auf 75°, dann auf 100°, dann 2 Std. bei 100°); daneben *1.3.5-Trichlor-2-fluor-4.6-dinitrobenzol* (F. 146—147°, aus A. Platten). — *1.3.5-Trifluor-2.4.6-trinitrobenzol* (I), F. 87° (Nadeln aus CCl_4), aus vorst. Verb. u. KNO_3 in rauchender H_2SO_4 (21—24 Std. bei 163°); 43% (Ausbeute). RÖNTGEN-Analyse: rhomboedr. mit A = 16,8 Å., α = 118° 18′; hexagonale Indices a = 29,14 Å; c = 6,575 Å; die Elementarzelle enthielt 21 Formeleinheiten. — *1-Fluor-2.4.6-trinitrobenzol*, Doppel-F. 122—123° u. 131 bis 132° (CCl_4), aus 1-Fluor-2.4-dinitrobenzol u. KNO_3 in rauchender H_2SO_4 (30—35 Std. bei 120°), 70%. — *1.3-Difluor-2.4.6-trinitrobenzol*, F. 147—148° (CCl_4), aus 1.3-Difluor-4.6-dinitrobenzol wie vorst. (35 Std. bei 140°); 41%. — *Trinitrophloroglycin*, F. 166,5 bis 167°, aus I u. Wasser. — *1-Fluor-3.5-diäthoxy-2.4.6-trinitrobenzol*, durch Umkristallisation von I aus Äthanol. J. ROTHE. 1010□

Über die Chlormethylierung von Alkyläthern des o-Thiokresols und die Umsetzung der Chlormethylverbindungen mit cyclischen Dicarbonsäureimiden. Elmar Profft und Lothar Lemke. (Wiss. Z. Techn. Hochschule Chem. Leuna-Merseburg **3.** 177—80. 1960/61. Leuna-Merseburg, TH für Chem., Inst. für Organ. Chem.) (Dt.)

Ident. mit der C. **1961.** 18667 referierten Arbeit. P. GOLINSKE. 1090□

Reaktion von Isothiocyanaten mit Jodpentafluorid. Travis E. Stevens. (Tetrahedron Letters [London] **1959.** Nr. 17. 16—18. Nov. Huntsville, Ala., Rohm & Haas Co., Redstone Arsenal Res. Div.) (Engl.)

Vf. setzt JF_5 in Pyridin bei 75—90° mit Isothiocyanaten zu folgenden Bis-[N-trifluormethylarylamino]-sulfiden um (Umkristallisation aus A. oder PAe.): *-phenyl-*, F. 53—54°; 19% (Ausbeute), daneben nachst. Verbindung. — *-p-jodphenyl-*, F. 103 bis 104°; 47%. — *-p-fluorphenyl-*, F. 32—33°; 43%. — *-m-bromphenyl-*, Kp.$_{0,5}$ 125°; 90%. — *-p-tolyl-*, F. 58—59°; 40%. — *-äthyl-*, Kp.$_{30}$ 44°; 33%. — *-n-butyl-*, Kp.$_{12}$ 80°; 32%; auch aus JF_5, S u. N-n-Butylformamid; 21%. — *p-bromphenyl-*, $C_{14}H_8Br_2F_6N_2S$, F. 70—71°; 69%; auch durch JF_5-p-Bromphenylisonitril-S-Rk.; 18% (4std. Spaltung mit 75% ig. äthanol. NaOH bei Raum-Temp. oder Hydrolyse mit wss.-äthanol. HCl) → *p-Bromanilin* (53%) u. *p-Bromphenylurethan* (33%). — *-p-chlorphenyl-*, F. 55—56°; 59%; → *p-Chloranilin* (51%) u. *p-Chlorphenylurethan* (23%). — Kein Prod. gaben p-Nitro-, p-Acetyl- u. p-Dimethylaminophenylisothiocyanat. Vf. diskutierte die Kernresonanz-Spektren des F der CF_3-Gruppen. H.-J. KÖTZSCH. 1090□

Alkylaminoäthylester von α-substituierten Tropasäuren. Alberto Vecchi und Gaetano Melone. (Ann. Chimica **49.** 1192—1206. Juli/Aug. 1959. Milano, Lepetit S.p.A., Labor. Ric.) (Ital.)

Die von Vff. zwecks Prüfung auf pharmakolog. Wrkg. synthetisierten *β-Dialkylaminoäthylester* von *α-Alkyl(Aryl)-tropasäuren* lassen sich leicht erhalten, indem man entweder die substituierte Tropasäure mit einem β-Dialkylaminoäthylchlorid oder das Säurechlorid der substituierten Tropasäure mit dem entsprechenden β-Dialkylaminoäthanol umsetzt. Die zur Rk. benötigten Tropasäure-Derivv. werden z. T. erstmalig gewonnen.

Versuche: *Phenylpropylmalonsäurediäthylester*, Kp.$_{10}$ 166—168°, durch 1½ std. Kochen von Phenylmalonsäurediäthylester u. C_3H_7Br mit der äquimol. Menge C_2H_5ONa in A. unter Rühren, Abfiltrieren von NaBr, Einengen des Filtrates, wiederholte Ae.-Extraktion des Rückstandes u. fraktionierte Dest.; 69% (Ausbeute). — *Phenylpropylmalonsäuremonoäthylester*, aus 170 g vorst. Verb. durch 5tägiges Aufbewahren mit äthanol. KOH, Neutralisation mit HCl, Einstellen der filtrierten, eingeengten Lsg. mit

KOH auf pH 9, Ae.-Extraktion der mit W. verd. Lsg., Ansäuern der alkal. wss. Phase mit HCl bis zum pH 3—3,5, Extraktion des ausgeschiedenen Öls mit Ae. u. Eindampfen; 60 g (im Gemisch mit ca. 20% *Phenylpropylmalonsäure*). — *Phenylpropylmalonsäuremonochloridmonoäthylester*, durch 2std. Kochen von 49 g vorst. Verb. (Rohprod.) mit $SOCl_2$, fraktionierte Dest. u. Isolierung der Fraktionen vom Kp.$_5$ 100—115° u. Kp.$_5$ 135—140°; 42 g (im Gemisch mit unterschiedlichen Mengen *Phenylpropylmalonsäuredichlorid*). — *α-Propyl-α-phenyl-β-hydroxypropionsäureäthylester*, durch 2½ std. Kochen von 42 g vorst. Verb. (Rohprod.) mit $NaBH_4$ in abs. Dioxan unter Rühren, Zers. nach dem Abkühlen mit Eis, Ansäuern mit HCl, Ae.-Extraktion u. Einengen der neutral gewaschenen Ae.-Lsg.; 30 g [im Gemisch mit *2-Phenyl-2-propylpropandiol-(1.3)*]. — *α-Propyl-α-phenyl-β-hydroxypropionsäure* (*α-Propyltropasäure*), F. 104—107°, durch 5 std. Kochen von 30 g vorst. Verb. (Rohprod.) mit 10% ig. NaOH, Entfernen des Diols durch Ae.-Extraktion, Ansäuern der alkal. Lsg. mit HCl, Ae.-Extraktion, Lösen des Ae.-Rückstandes in Bzl., Eingießen in PAe. u. Aufbewahren zur Kristallisation in der Kälte; 11 g. — *α-Benzyl-α-hydroxybutyronitril*, $C_{11}H_{13}NO$, Kp.$_5$ 134—135°, durch Einrühren von 20 g Benzyläthylketon in A. zu wss. KCN-Lsg. bei 15°, Eintropfen von HCl bei +10° bis zur kongosauren Rk., 8 std. Rühren bei Raum-Temp., Zugabe von A., Filtrieren, Ae.-Extraktion des Filtrates u. Einengen; 18,5 g. — *α-Benzyl-α-hydroxybuttersäure* (**IX**), F. 98—99° (PAe.), durch 3std. Kochen von 10 g vorst. Verb. mit 46% ig. HBr, Alkalisieren in der Kälte mit Na_2CO_3, Ae.-Extraktion, Ansäuern der alkal. wss. Lsg. mit HCl u. Ae.-Extraktion; 1,2 g. — *α-Phenyl-α-methyl-β-acetoxypropionsäure* (**I**), F. 73—75°, durch 1½ std. Erwärmen von α-Methyltropasäure (**VIII**) mit Acetanhydrid auf 115°, Eingießen in W. von 70—80°, ½ std. Rühren, Ae.-Extraktion, Einengen der mit W. gewaschenen Ae.-Lsg., Suspendieren des Ae.-Rückstandes in W., Alkalisieren mit Na_2CO_3 u. Ansäuern der mit Ae. gewaschenen alkal. wss. Lsg. mit HCl; 74%. *Chlorid* (**II**), $C_{12}H_{13}ClO_3$, F. 67—69° (PAe.), Kp.$_{0,5}$ 101—103°, aus 5 g **I** u. $SOCl_2$; 3,5 g. *β-Diäthylaminoäthylester, Hydrochlorid* (**VI**), $C_{18}H_{27}NO_4 \cdot HCl$, F. 64—66°, durch Einrühren von **I** in die Lsg. der äquimol. Menge $(CH_3)_2CHONa$ in Isopropanol bei 60—70°, Eintropfen der berechneten Menge β-Diäthylaminoäthylchlorid (**III**), 1 std. Rühren bei 60—70°, Eindampfen der filtrierten Lsg., Lösen des öligen Rückstandes in 10% ig. HCl, Alkalisieren der mit Ae. gewaschenen sauren Lsg. mit Na_2CO_3, Ae.-Extraktion, Einengen, Zugabe von äther. HCl u. 48std. Aufbewahren bei 0°; 71%; *Brommethylat*, $C_{19}H_{30}BrNO_4$, durch Umsetzung von 5 g der Base mit CH_3Br in abs. CH_3OH bei —5°, 24std. Stehen bei Raum-Temp. u. Abdest. von CH_3OH; Öl; 6,3 g. *β-[4-Methylpiperazino]-äthylester, Dihydrochlorid*, $C_{19}H_{28}N_2O_4 \cdot 2\,HCl$, F. 203—205° (A.), durch $^1/_4$std. Erhitzen von **II** mit β-[4-Methylpiperazino]-äthanol u. $(C_2H_5)_3N$ auf dem Wasserbad, Anreiben mit W., Ae.-Extraktion u. Zugabe von äther. HCl bis zur kongosauren Rk.; 51%. *β-Diisopropylaminoäthylester, Hydrochlorid*, $C_{20}H_{31}NO_4 \cdot HCl$, F. 112—144°, aus **II** u. β-Diisopropylaminoäthanol (**IV**); *Brommethylat*, $C_{21}H_{34}BrNO_4$, aus der Base u. CH_3Br in CH_3OH; Öl; *Jodmethylat*, $C_{21}H_{34}JNO_4$, F. 55—65°, aus 2 g Base durch 8std. Erhitzen mit CH_3J auf 70—80° im verschlossenen Gefäß; 1,5 g. — *β-Diisopropylaminoäthylchlorid* (**V**), *Hydrochlorid*, F. 134—136°, durch Zugabe von $SOCl_2$ in Bzl. zu 50 g **IV** in Bzl. bei +15° unter Rühren, $^3/_4$std. Erhitzen auf dem Wasserbad, Eindampfen u. Anreiben des Rückstandes mit Bzl.; 60,5 g. **V**, $C_8H_{18}ClN$, Kp.$_1$ 48—50°, aus dem Hydrochlorid u. Na_2CO_3 bei 0° u. Ae.-Extraktion; 72%. — *α-Hydroxymethyl-α-phenylpropionsäure-β-diisopropylaminoäthylester, Hydrochlorid*, $C_{18}H_{29}NO_3 \cdot HCl$, F. 128—130° (Essigester), aus **VIII** u. **V** analog **VI**; 86%. *Brommethylat*, $C_{19}H_{32}BrNO_3$, F. 126—128° (A. + Ae.), aus 2 g Base u. CH_3Br durch 7std. Erwärmen auf dem Wasserbad; 1 g. *Jodmethylat*, $C_{19}H_{32}JNO_3$, F. 86—88° (Aceton + Ae.), analog aus 2 g Base u. CH_3J; 2,3 g. — *α-Hydroxymethyl-α-phenylbuttersäure-β-diäthylaminoäthylester, Hydrochlorid*, $C_{17}H_{27}NO_3 \cdot HCl$, F. 82 bis 85°, aus α-Äthyltropasäure (**VII**; vgl. Fusco u. Testa, C. **1959**. 8850) u. **III** analog **VI**; 65%. — *α-Benzoyloxmethyl-α-phenylbuttersäure*, durch Zutropfen von C_6H_5COCl zu 5 g **VII** in Pyridin bei +10°, später 2std. Aufbewahren bei Raum-Temp., Suspendieren des Rk.-Gemisches in W., Einstellen mit HCl auf pH 2, Ausäthern, Aufnehmen des Ae.-Rückstandes in NaOH, Ansäuern der mit Ae. gewaschenen Lsg. mit HCl u. Ae.-Extraktion; 5,7 g. *β-Diäthylaminoäthylester, Hydrochlorid*, $C_{24}H_{31}NO_4 \cdot HCl$, aus vorst. Verb. u. **III** analog **VI**; Öl. — *α-Phenylacetoxymethyl-α-phenylbuttersäure*, F. 85—90°, durch 1 std. Erwärmen von 5 g **VII** mit Phenylacetylchlorid auf 70—80° unter Rühren, Aufnehmen des Rk.-Gemisches in Ae., Einengen, Lösen des Rückstandes in 2% ig. NaOH u. Ansäuern der mit Ae. gewaschenen alkal. Lsg. mit 10% ig. HCl; 6,6 g. *β-Diäthylaminoäthylester, Hydrochlorid*, $C_{25}H_{33}NO_4 \cdot HCl$, aus vorst. Säure u. **III** analog **VI**; Öl. — *p-Cyancinnamoylchlorid*, F. 97—100°, aus p-Cyanzimtsäure u. $SOCl_2$ in Bzl.; 94,7%. — *α-Phenyl-α-[p-cyancinnamoyloxymethyl]-buttersäure*, $C_{21}H_{19}NO_4$, F. 138—141° (A. + PAe.), aus **VII** u. vorst. Verb. in Pyridin. *β-Diisopropylaminoäthylester, Hydrochlorid*, $C_{29}H_{36}N_2O_4 \cdot$

HCl, F. 96—99°, aus vorst. Säure u. **V** analog **VI**. — *α-Acetoxymethyl-α-phenylvaleriansäure-β-diäthylaminoäthylester, Hydrochlorid*, $C_{20}H_{31}NO_4 \cdot HCl$, aus α-Propyl-α-phenyl-β-acetoxypropionsäure u. **III** analog **VI**; Öl. — *α.α-Diphenyl-β-acetoxypropionsäure*, F. 146—147°, aus α-Phenyltropasäure u. Acetanhydrid; 98%. *β-Diäthylaminoäthylester, Hydrochlorid*, $C_{23}H_{29}NO_4 \cdot HCl$, F. 94—97°, aus vorst. Säure u. **III** analog **VI**. — *α-Benzyl-α-acetoxybuttersäure-β-diäthylaminoäthylester, Hydrochlorid*, $C_{19}H_{29}NO_4 \cdot HCl$, F. 78—80°, aus der aus **IX** u. Acetanhydrid dargestellten *Acetyl-Verb.* (Öl) u. **III** analog **VI**. — *α-Benzyl-α-benzoyloxybuttersäure-β-diäthylaminoäthylester, Hydrochlorid*, $C_{24}H_{31}NO_4 \cdot HCl$, aus der aus **IX** dargestellten *Benzoyl-Verb.* (Öl) u. **III** anlog **VI**; Öl. — *α-Phenyl-α-cyanbuttersäureäthylester*, Kp.$_3$ 127—130°, durch Einrühren von Phenylcyanessigsäureäthylester zu C_2H_5ONa in A. bei 40°, Zugabe von C_2H_5J zu der auf 10° abgekühlten Lsg., 1½std. Kochen, Einengen, Aufnehmen in abs. Ae. u. Einengen der filtrierten Lsg.; 92,3%. — *α-Phenyl-α-aminomethylbuttersäureäthylester*, Kp.$_2$ 126—131°, durch 4std. Hydrierung vorst. Verb. in A. bei 80—90° u. 75 at an RANEY-Ni, Einengen der filtrierten Lsg. im Vakuum, Aufnehmen des Rückstandes in 10%ig. HCl, Alkalisieren der mit Ae. gewaschenen sauren Lsg. mit Na_2CO_3 u. Ae.-Extraktion; 72%. — *α-Phenyl-α-aminomethylbuttersäure*, $C_{11}H_{15}NO_2$, F. 272—274°, durch 10std. Kochen vorst. Esters mit konz. HCl, Eindampfen im Vakuum, Aufnehmen in W. u. Einstellen der filtrierten Lsg. mit 10%ig. NaOH auf pH 5,8—6,0; 63%. — *α-Phenyl-α-acetamidomethylbuttersäure*, F. 134—136°, durch kurzes Erwärmen von 13,5 g vorst. Säure mit Acetanhydrid auf dem Wasserbad, weiteres Erhitzen nach Zugabe von W., Eindampfen der über Kohle filtrierten Lsg. im Vakuum, Lösen des Rückstandes in A. u. Zugabe von W.; 10,2 g. *β-Diäthylaminoäthylester, Hydrochlorid*, $C_{19}H_{30}N_2O_3 \cdot HCl$, F. 123—125°, aus vorst. Säure u. **III** analog **VI**. — *α-Amino-α-hydroxymethylpropionsäure-β-diäthylaminoäthylester, Dihydrochlorid*, $C_{10}H_{22}N_2O_3 \cdot 2\,HCl$, F. 70—72°, aus 2-Methylserin (vgl. BILLMANN u. PARKER, J. Amer. chem. Soc. **67**. [1945.] 1069) u. **III** analog **VI**.

M. MENGELBERG. 1250□

Reaktionen von Amidhomologen. 1. Mitt. **Reaktion zwischen Azomethinen und Amiden.** Minoru Sekiya und Toshio Oishi. (Chem. pharmac. Bull. [Tokyo] **7**. 468—71. Juni 1959. Shizurka, Oshika, Shizurka Coll. of Pharm.) (Engl.)

Bei der Rk. von Formamid (**I**) oder Acetamid (**IV**) mit N-Benzylidenmethylamin (**II**), N-Benzylidenäthylamin (**VII**), N-[p-Chlorbenzyliden]-methylamin (**VI**) u. N-[p-Methoxybenzyliden]-methylamin (**V**) < 100° werden als Hauptprod. die entsprechenden *N-Arylmethylen-α-acylamino-α-arylmethylamine* erhalten. **II** gibt mit **I** im Mol.-Verhältnis 3:1 *N-Benzyliden-α-formamidobenzylamin* (**III**) neben *N-Benzylidenbenzamidin* u. *2.4.6-Triphenyl-1.3.5-triazin*. Durch Hochdruckhydrierung von **III** entsteht unter Aufnahme von 2 Mol H_2 *Dibenzylamin*, durch Hydrierung bei normalem Druck unter Aufnahme von 1 Mol H_2 *N-Benzylidenbenzylamin*.

Versuche: *N-Benzyliden-α-formamidobenzylamin* (**III**), $C_{15}H_{14}N_2O$, F. 123—125°, a) durch 3std. Erhitzen von **I** mit **II** auf 100° u. Einengen im Vakuum; aus A. Platten; 59% (Ausbeute); b) durch 15std. Erhitzen von **I** mit **II** auf 100°, Einengen u. fraktionierte Kristallisation aus A. neben *N-Benzylidenbenzamidin* [$C_{14}H_{12}N_2$, F. 173°. *Hydrochlorid*, F. 275°; gibt bei Hydrolyse mit verd. H_2SO_4 *Benzaldehyd* (**VIII**), *Benzoesäure* u. *NH_3*] u. *2.4.6-Triphenyl-1.3.5-triazin* ($C_{21}H_{15}N_3$, F. 235°; aus Bzl. Nadeln); c) durch 3std. Erhitzen von **I** mit **VII** auf 100°; 43%; gibt durch ½std. Kochen mit 10%ig. H_3PO_4, Wasserdampf-Dest., Neutralisation mit verd. NaOH, Dest. u. Rk. des Destillats mit Phenylhydrazin in Ggw. von Essigsäure 84% *Benzaldehydphenylhydrazon* neben *Ameisensäure-p-phenylphenacylester* ($C_{15}H_{12}O_3$, F. 73—74°, durch Behandeln der aus dem neutralisierten Rückstand erhaltenen Kristalle in W. mit p-Phenylphenacylbromid). — *Dibenzylamin*, Kp.$_{2-3}$ 100—113°, durch ¾std. Hydrieren von **III** in A. in Ggw. von RANEY-Ni bei 100 at u. 80°, Eindampfen, Zugabe von W. u. Extrahieren mit Bzl.; 79% neben 84% *Formamid* (**I**; Kp.$_5$ 84—88°). — *N-Benzylidenbenzylamin*, Kp.$_4$ 147—150°, durch 12 Min. langes Hydrieren von 6 g **III** in A. in Ggw. von Pd/Kohle bei normalem Druck u. Raum-Temp., Eindampfen, Zugabe von W. u. Extrahieren mit Bzl.; 4 g; daneben **I**; gibt durch Hydrolyse mit 5%ig. HCl *Benzylaminhydrochlorid* u. **VIII**. *Dibromid*, F. 139—140°, aus dem Amin in A. u. Br_2; orangefarbene Kristalle. — *N-Benzyliden-α-acetamidobenzylamin*, $C_{16}H_{16}N_2O$, F. 133—134°, a) durch 3std. Erhitzen von **II** mit Acetamid (**IV**) auf 100°; aus A. Prismen; 32%; b) durch 10std. Erhitzen von **II** mit **IV**; 57%. — *N-[p-Chlorbenzyliden]-α-formamido-p-chlorbenzylamin*, $C_{15}H_{12}Cl_2N_2O$, F. 150—151°, durch 3std. Erhitzen von **I** mit **VI** auf 100°; aus A. Nadeln; 54%. — *N-[p-Methoxybenzyliden]-α-formamido-p-methoxybenzylamin*, $C_{17}H_{18}N_2O_3$, F. 154—155°, a) durch 3std. Erhitzen von **I** mit **V** auf 100°, Einengen im Vakuum, Kristallisation des erhaltenen Sirups aus Bzl., Chromatographie an Al_2O_3 u. Eluieren mit Bzl.; Platten; 49% neben *p-Methoxybenzyliden-bis-*

formamid ($C_{10}H_{12}N_2O_2$, F. 170—171°, durch Eluieren mit A.); b) analog durch 10std. Erhitzen von I mit V; 77%. W. LIEBSCHER. 1310

Synthese von γ[-2-n-Butyl-4.5-dimethoxyphenyl]-n-propylamin. H. N. Sharma und C. N. Kachru. (Current Sci. **28.** 327—28. Aug. 1959. Ujjain, M. P., Vikram Univ., School of Studies Chem.) (Engl.)

3.4-Dimethoxy-n-butylbenzol wird mit Bernsteinsäureanhydrid in Nitrobenzol in Ggw. von $AlCl_3$ zu *β-[2-n-Butyl-4.5-dimethoxybenzoyl]-propionsäure* [$C_{16}H_{22}O_5$, F. 100° (verd. A.)] kondensiert. Analog werden *β-[2-n-Amyl-4.5-dimethoxybenzoyl]-* (F. 98°) u. *β-[2-n-Hexyl-4.5-dimethoxybenzoyl]-propionsäure* (F. 92°) erhalten. Daraus werden durch CLEMMENSEN-Red. in Toluol *γ-[2-n-Butyl-4.5-dimethoxyphenyl]-* [I, $C_{16}H_{24}O_4$, Kp.$_{1}$ 218°, F. 66°], *γ-[2-n-Amyl-4.5-dimethoxyphenyl]-* (II, F. 81°) bzw. *γ-[2-n-Hexyl-4.5-dimethoxyphenyl]-n-buttersäure* (III, F. 83°) gebildet, von denen nur I das *Säureamid* (IV, $C_{16}H_{25}\cdot NO_3$, F. 103°) gibt, während II u. III bei der Überführung in die Säurechloride verharzen. IV liefert durch HOFMANN-Rk. mit NaOCl *γ-[2-n-Butyl-4.5-dimethoxyphenyl]-n-propylamin* [*Hydrochlorid*, $C_{15}H_{26}ClNO_2$, F. 202° (Zers.; Essigester); *Pikrat*, F. 137°]. II u. III konnten weder durch CURTIUS- noch durch SCHMIDT-Rk. in die entsprechenden Amine übergeführt werden. EBERHARD RIEDEL. 1320

Eine neue Methode zur Synthese aromatischer Germaniumverbindungen. L. I. Jemeljanowa und L. G. Makarowa. (Известия Академии Наук СССР, Отделение Химических Наук [Nachr. Akad. Wiss. UdSSR, Abt. chem. Wiss.] **1960.** 2067. Nov. Inst. für metallorgan. Verbb. der Akad. der Wiss. der UdSSR.) (Russ.)

Durch 15 Min. langes Kochen äquimol. Mengen Diaryl-Hg u. GeJ_2 in Toluol entstehen *Di-* u. *Triarylgermaniumjodide.* — Germaniumjodide: *Triphenyl-*, F. 152 bis 154°; 25,7% (Ausbeute). — *Tri-m-tolyl-*, F. 76—77,5°; 60%. — *Tris-[p-chlorphenyl]-*, F. 133—134°; 7%. — *Tris-[p-bromphenyl]-*, F. 170—171°; 28%. — *Tris-[p-methoxyphenyl]-*, F. 114—115°; 53,5%. — *Tris-[p-äthoxyphenyl]-*, F. 95,5—97°; 62%. — *Tri-β-naphthyl-*, F. 174—176°; 14,7%. — Germaniumdijodide, *Diphenyl-*, F. 62—64°; 69%. — *Di-o-tolyl-*, F. 85—86,5°; 45,7%. — *Bis-[p-chlorphenyl]-*, F. 67,5—69°; 74%. — *Bis-[o-chlorphenyl]-*, F. 124—125,5°; 33,7%. — *Bis-[m-chlorphenyl]-*, F. 61—63°; 73%. — *Bis-[o-bromphenyl]-*, F. 155,5—157,5°; 68%. — *Bis-[o-äthoxyphenyl]-*, F. 137—138°; 50%. — Germaniumoxide: *Di-p-tolyl-*, F. 221,5—222,5°; 63,7%. — *Bis-[p-bromphenyl]-*, 80%. — *Di-β-naphthyl-*, F. 211—212,5°. RENATE RICHTER. 1380

Acyldiäthylentriamide der Phosphorsäure. L. D. Protzenko und K. A. Kornew. (Украинский Химический Журнал [Ukrain. chem. J.] **24.** 636—38. 1958. Ukrain. Sanitär-chem. Inst.) (Russ.)

Aus Acylamiden u. $POCl_3$ werden *Acylamidophosphorsäuredichloride* dargestellt u. durch Rk. mit Äthylenimin in *N-Acyl-N'.N';N''.N''-diäthylenphosphorsäuretriamide* (*Acyl = Benzoyl, p-Brom-, p-Nitro-, p-Chlor-, p-Jod-, p-Fluor-, p-Methylbenzoyl* u. *Cinnamoyl*) übergeführt.

Versuche: Aus den entsprechenden Säureamiden u. $POCl_3$ folgende Acylamidophosphorsäuredichloride: *Benzoyl-*, F. 94—94°. — *p-Brombenzoyl-*, $C_7H_5BrCl_2\cdot NO_2P$, F. 109—111°. — *p-Nitrobenzoyl-*, F. 129—130°. — *p-Jodbenzoyl-*, $C_7H_5Cl_2JNO_2P$, F. 112—114°. — *p-Chlorbenzoyl-*, F. 106—107°. — *p-Fluorbenzoyl-*, $C_7H_5Cl_2FNO_2P$, F. 103—104°. — *p-Methylbenzoyl-*, $C_8H_8Cl_2NO_2P$, F. 116—118°. — *Cinnamoyl-*, $C_9H_8\cdot Cl_2NO_2P$, vaselineartig. — N-Acyl-N'.N'; N''.N''-diäthylenphosphorsäuretriamide: *N-Benzoyl-*, $C_{11}H_{14}N_3O_2P$, Zers. bei 130—210° (Bzl.), man gibt zu dem Gemisch aus 7,4 g Äthylenimin, 8,7 g Triäthylamin u. 20 ml Bzl. die Lsg. von 6 g Benzoylamidophosphorsäuredichlorid in 700 ml Bzl. bei 20—25°, rührt 3 Std., dampft nach dem Filtrieren Bzl. im Vakuum bei 40—50° ab u. krist. aus Bzl. u. Aceton um; 61,9% (Ausbeute). Analog werden erhalten: *N-p-Brombenzoyl-*, $C_{11}H_{13}BrN_3O_2P$, Zers. bei 220°; 42,1%. — *N-p-Nitrobenzoyl-*, $C_{11}H_{13}N_4O_4P$, Zers. bei 230°, fällt zusammen mit Triäthylaminhydrochlorid aus u. wird von diesem durch Waschen mit W., A. u. Ae. befreit; 70%. — *N-p-Jodbenzoyl-*, $C_{11}H_{13}JN_3O_2P$, Zers. bei 208°; 62,6%. — *N-p-Chlorbenzoyl-*, $C_{11}H_{13}\cdot ClN_3O_2P$, Zers. bei 230°; 51,5%. — *N-p-Fluorbenzoyl-*, $C_{11}H_{13}FN_3O_2P$, Zers. bei 240°; 50%. — *N-p-Methylbenzoyl-*, $C_{12}H_{16}N_3O_2P$, F. 126—128°; 47%. — *N-Cinnamoyl-*, $C_{13}H_{16}N_3O_2P$, Zers. bei 230°; 42%. HELMUT SCHÄFER. 1380

Einige N-substituierte Aminodiphenylphosphine. Harry H. Sisler und Nathan L. Smith. (J. org. Chemistry **26.** 611—13. Febr. 1961. Gainesville, Fla., Univ., Dep. of Chem.) (Engl.) — Vgl. C. **1960.** 16736.

Einige *N-substituierte Aminodiphenylphosphine* werden aus Diphenylchlorphosphin (I) durch Rk. mit den entsprechenden Aminen bzw. Na-Amid-Derivv. synthetisiert u. mit S in CS_2 in ihre *S-Derivv.* übergeführt. Die Maxima der IR-Spektren dieser Verbb. werden angegeben.

Versuche: Aminodiphenylphosphine: *N-tert.-Butyl-* (**II**), F. 38—40°, durch Zutropfen von **I** zu tert.-Butylamin (**III**) in Bzl. bei 0—5°, ½std. Rühren, Abfiltrieren von **III**·HCl u. Dest. des Filtrates: 65% (Ausbeute). *Methojodid*, F. 198,5—200°, aus Bzl. Nadeln. *Sulfid*, F. 120,5—121,5°, durch 10std. Erwärmen von **II** mit S in CS_2 auf 35° u. Einengen; Prismen; 84%. HCl spaltet **II** in äther. Lsg. in **III**·HCl u. **I**. — Analog **II**: *N-[2.6-Diäthylphenyl]-*, F. 88—89°; 46%. *Sulfid*, F. 135—136°; 57%. — *N.N-[Pentamethylen]-*, $Kp._{0,5}$ 160—164°; 57%. *Sulfid*, F. 101—102°; 91%. — *N.N-Diallyl-*, $Kp._{0,5}$ 141—143°; 50%. — *N.N-Diphenyl-*, F. 130—132° (A.), durch Zugabe erst von Diphenylamin in Diäthylenglykoldimethyläther zu NaH in Diglyme u. nach Beendigung der H_2-Entw. Zugabe von **I**, 1,5std. Erhitzen auf 110°, Filtrieren u. Einengen; 23%. Alkal. Hydrolyse → *Diphenylphosphinsäure* u. *Diphenylamin*. W. HAMPEL. 1380□

Dialkylaminoalkyldiphenylphosphinoxide. Alfred Burger und William H. Shelver. (J. med. pharmac. Chem. **4**. 225—30. 8/9. 1961. Charlottesville, Va., Univ., Dep. of Chem.) (Engl.)

Einige *Dialkylaminoäthyl-* u. *Dialkylaminomethyldiphenylphosphinoxide* werden dargestellt. Sie zeigen keine analget. Wrkg., die *Morpholino-* u. *Pyrrolidino-*Verbb. haben zentraldämpfende Wrkg. ab 250 bzw. 500 mg/kg Maus.

Versuche (FF. korr.): 2-Dialkylaminoäthylphosphonsäurediäthylester, aus 0,1 (Mol) Vinylphosphonsäurediäthylester u. 0,1 Amin unter Kühlung, Stehen über Nacht u. Dest.: *2-Dimethylamino-*, $Kp._1$ 100°, n_D^{25} 1,4329, n_D^{20} 1,4300. — *2-Pyrrolidino-*, $Kp._2$ 120°, n_D^{25} 1,4509, n_D^{20} 1,4341. — *2-Piperidino-*, $Kp._2$ 120°, n_D^{25} 1,4529, n_D^{20} 1,4363. — *2-Morpholino-*, $Kp._1$ 137°, n_D^{25} 1,4590, n_D^{20} 1,4367. — 2-Dialkylaminoäthyldiphenylphosphinoxide, durch 3std. Kochen von 10 g des entsprechenden Phosphonsäureesters mit 0,3 Mol C_6H_5Li in 300 ml Ae. u. Gießen auf Eis; Nadeln aus Methylcyclohexan. *2-Dimethylamino-*, F. 111,5—112,5°. — *2-Pyrrolidino-*, F. 83 bis 85° *Sulfat*, F. 206—208°. — *2-Piperidino-*, F. 111°. *Hydrochlorid*, F. 248—250° (Zers.). — *2-Morpholino-*, F. 120—122°. *Hydrochlorid*, F. 220° (Zers.). — Dialkylaminomethylphosphonsäurediäthylester, aus Phosphorigsäurediäthylester, dem entsprechenden Amin u. CH_2O nach FIELDS (C. **1955**. 8362): *Dimethylamino-*, $Kp._{0,5}$ 83 bis 85°, n_D^{25} 1,4281. — *Pyrrolidino-*, $Kp_{0,1}$ 110°, n_D^{25} 1,4471. — *Piperidino-*, $Kp._{0,1}$ 128 bis 131°, n_D^{25} 1,4541. — *4-Methylpiperazino-*, $Kp._{0,5}$ 110°, n_D^{25} 1,4595. — *Morpholino-*, $Kp._1$ 124°, n_D^{25} 1,4549. — Dialkylaminomethyldiphenylphosphinoxide: *Dimethylamino-*, F. 189—190°. *Hydrobromid*, F. 237—238° (Zers.). — *Piperidino-*, *Hydrobromid*, F. 245—247°. — *4-Methylpiperazino-*, F. 165—166°. — *Morpholino-*, F. 163 bis 165°. W. HOLLAND. 1380□

Hydroxyferrocen. A. N. Nesmeyanov, V. A. Sazonova und V. N. Drozd. (Tetrahedron Letters [London] **1959**. Nr. 17. 13—15. Nov. Moskau, USSR Acad. of Sci.) (Engl.)

Vff. oxydierten Ferrocenylboronsäure mit 2 Cu(II)-Acetat bzw. -Propionat zu *Ferrocenylacetat* [**I**, $C_{12}H_{12}FeO_2$, F. 64,5—66°; 59% (Ausbeute), daneben *Biferrocenyl* (21%)] bzw. *Ferrocenylpropionat* ($C_{13}H_{14}FeO_2$, F. 30—31°) u. erhielten daraus *Ferrocenol* [$C_{10}H_{10}FeO$, F. 166—170° (unter N_2, gelb); *Methyläther*, $C_{11}H_{12}FeO$, F. 39,5—40,5°; *Benzoat*, $C_{17}H_{14}FeO_2$, F. 108,5—109,5°; *Benzolsulfonat*, $C_{16}H_{14}FeO_3S$, F. 90—90,5°] durch alkohol.-alkal. Verseifung oder Rk. mit Phenyl–MgBr u. Isolierung aus alkal. Lsg. mit CO_2. H.-J. KÖTZSCH. 1860□

Reaktion von β-Chlorvinylketonen mit β-Dicarbonylverbindungen. 11. Mitt. **Ketovinylierung von Methylacetylaceton und 2-Methyldihydroresorcin. Synthese ungesättigter δ-Diketone.** N. K. Kotschetkow und B. P. Gottich. (Журнал Обшей Химии [J. allg. Chem.] **30** (**92**). 948—53. März 1960. Inst. für Pharmakol. u. Chemotherapie der Akad. der med. Wiss. der UdSSR.) (Russ.) — 10. vgl. C. **1961**. 13526.

Durch Rk. von α-Methyl-α-acetylaceton [**I**; 3-Methylpentandion-(2.4)] mit Methyl- (**II**), Äthyl- (**III**) u. n-Propyl-β-chlorvinylketon (**IV**) werden *trans-3-[Buten-(1)-on-(3)-yl-(1)]-* (**V**), *trans-3-[Penten-(1)-on-(3)-yl-(1)]-* (**VI**) u. *trans-3-[Hexen-(1)-on-(3)-yl-(1)]-3-methylpentandion-(2.4)* (**VII**) in Ausbeuten von 44—59% erhalten. **V** wird zu *3-[Butanon-(3)-yl-(1)]-3-methylpentandion-(2.4)* hydriert. Die Ketovinylierung von 2-Methyldihydroresorcin (**VIII**) mit **II** liefert in 26%ig. Ausbeute *2-Methyl-2-[buten-(1)-on-(3)-yl-(1)]-dihydroresorcin*, das zu *2-Methyl-2-[butanon-(3)-yl-(1)]-dihydroresorcin* hydriert wird. Die Ausbeute bei der Ketovinylierung von β-Dicarbonyl-Verbb. ist um so kleiner, je stärker die β-Dicarbonyl-Verbb. enolisiert sind. — Durch Behandeln von **V**, **VI** u. **VII** mit NaOH-Lsg werden durch Säurespaltung in Ausbeuten von 75—80% *3-Methylhepten-(4)-dion-(2.6)* (**IX**), *-octen-(4)-dion-(2.6)* u. *-nonen-(4)-dion-(2.6)* erhalten, **IX** liefert bei der Hydrierung *3-Methylheptandion-(2.6)*, das in NaOH-Lsg. zu *1.4-Dimethylcyclohexen-(1)-on-(3)* cyclisiert wird. Letzteres geht bei der Hydrierung in *1.4-Dimethylcyclohexanon-(2)* über.

Versuche: *trans-3-[Buten-(1)-on-(3)-yl-(1)]-3-methylpentandion-(2.4)* (V), $C_{10}H_{14}O_3$, Kp.$_1$ 100—101°, man gibt zu 6,6 g Na unter 100 ml Bzl. in 1 Std. 35,7 g I, kocht 6—7 Std., tropft unter Kühlen in 15—20 Min. 30 g II in 30 ml Bzl. zu u. kocht 2—2½ Std.; gelbes Öl; D.$_4^{20}$ 1,0609; n_D^{20} 1,4860; 59% (Ausbeute). — *trans-3-[Penten-(1)-on-(3)-yl-(1)]-3-methylpentandion-(2.4)* (VI), $C_{11}H_{16}O_3$, Kp.$_1$ 106—107,5°, aus 19 g I, 2,2 g Na u. 11 g III in 170 ml Bzl.; D.$_4^{20}$ 1,0400; n_D^{20} 1,4822; 44%. — *trans-3-[Hexen-(1)-on-(3)-yl-(1)]-3-methylpentandion-(2.4)* (VII), $C_{12}H_{18}O_3$, Kp.$_1$ 116—118° aus 28,5 g I, 5,3 g Na u. 0,5 g IV in 380 ml Bzl.; D.$_4^{20}$ 1,0215; n_D^{20} 1,4795; 59%. — *3-[Butanon-(3)-yl-(1)]-3-methylpentandion-(2.4)*, $C_{10}H_{16}O_3$, Kp.$_1$ 99—102°, durch Hydrierung von 5,9 g V in 60 ml Aceton an 5%ig. Pd/$BaSO_4$; D.$_4^{20}$ 1,0424; n_D^{20} 1,4595; 94%. — *2-Methyl-2-[buten-(1)-on-(3)-yl-(1)]-dihydroresorcin*, $C_{11}H_{14}O_3$, Kp.$_4$ 147—154°, F. 61—63,5° (Ae.), man gibt zu Na-Methylat (4,2 g Na, 80 ml Methanol) 22,6 g VIII in 50 ml Methanol, dest. ca. 80 ml Methanol ab, gibt 150 ml Dioxan zu, dest. bis 95° u. versetzt mit 37,4 g II in 30 ml Dioxan; man kocht dann 4 Std., filtriert, wäscht den Nd. mit Ae., dampft die Filtrate ein u. extrahiert den Rückstand mit Ae.; zersetzt sich beim Aufbewahren; 26%. — *2-Methyl-2-[butanon-(3)-yl-(1)]-dihydroresorcin*, $C_{11}H_{16}O_3$, Kp.$_{0,5-1}$ 120—123,5°, durch Hydrierung von 4,2 g vorst. Verb. in 30 ml Aceton an 5%ig. Pd/$BaSO_4$; n_D^{20} 1,4865; 92,5%. — *3-Methylhepten-(4)-dion-(2.6)* (IX), $C_8H_{12}O_2$, Kp.$_1$ 74—75,5°, man tropft zu 65 ml 10%ig. NaOH bei 10—12° in 10 Min. 11 g V zu, rührt 15—20 Min. u. säuert an; D.$_4^{20}$ 0,9979; n_D^{20} 1,4756; gelbes Öl, das langsam verharzt; 76,5%. — *3-Methylocten-(4)-dion-(2.6)*, $C_9H_{14}O_2$, Kp.$_1$ 82—83°, analog vorst. Verb. aus 7,1 g VI in 40 ml 10%ig. NaOH; D.$_4^{20}$ 0,9809; n_D^{20} 1,4743; 76,5%. — *3-Methylnonen-(4)-dion-(2,6)*, $C_{10}H_{16}O_2$, Kp.$_1$ 87—88,5°, aus 10 g VII in 55 ml 10%ig. NaOH; D.$_4^{20}$ 0,9648; n_D^{20} 1,4725; 81,5%. — *3-Methylheptandion-(2.6)*, $C_8H_{14}O_2$, Kp.$_5$ 79—80,5°, durch Hydrierung von 9,5 g IX in 10 ml Aceton an Pd/$BaSO_4$; D.$_4^{20}$ 0,9497; n_D^{20} 1,4353; 94%. *Disemicarbazon*, $C_{10}H_{20}N_6O_2$, F. 175—176° (30%ig. A.). — *1.4-Dimethylcyclohexen-(1)-on-(3)*, $C_8H_{12}O$, Kp.$_8$ 76—78°, man rührt 3,6 g vorst. Verb. u. 18 ml 10%ig. NaOH 11 Min. bei 30°; D.$_4^{20}$ 0,9521; n_D^{20} 1,4867; 70%. — *1.4-Dimethylcyclohexanon-(2)*, Kp.$_{15}$ 65—68°, Kp.$_{745}$ 167—177°, durch Hydrierung von 1,9 g vorst. Verb. in 95 ml Aceton an Pd/$BaSO_4$; n_D^{20} 1,4460. *Semicarbazon*, $C_9H_{17}N_3O$, F. 166—166,5° (30%ig. A.). HELMUT SCHÄFER. 1970□

Untersuchung einiger Reaktionen der α-Ketole. J. C. Dubin. (Chim. mod. 5. 223—29. Sept./Okt. 1960.) (Franz.)

Ohne experimentelle Einzelheiten u. ohne Angabe der chem. u. physikal. Eigg. der Verbb. gibt Vf. einen Überblick über die Darst. *α-ungesätt. Ketone* u. die Bldg. einiger *γ-Lactone* mit komplexen Funktionen aus α-Ketolen. — 11 Literaturangaben.

W. RITTLER. 1980□

Zur Chemie des Benzolglykols. 8. Mitt. Synthese der Inosamine. Minoru Nakajima, Norio Kurihara und Akira Hasegawa. (Chem. Ber. **95.** 141—46. 25/1. 1962. Kyoto, Univ., Agrikulturchem. Inst.) (Dt.) — 7. vgl. C. **1961.** 17913.

Ausgehend von 5 stereoisomeren Conduritepoxiden werden 8 isomere Inosamine (**A**) synthetisiert. 2 opt. Isomere sind bekannt, 5 sind neue Stereoisomere, deren Konfigurationen aus dem Rk.-Verlauf usw. erschlossen u. diskutiert werden. Die charakterist. IR-Frequenzen der entsprechenden Hexaacetyl-Derivv. (**B**) sind angegeben. Die **B** werden mit 5 n HCl hydrolysiert, die erhaltenen **A** werden papierchromatograph. untersucht.

Versuche: *Hexaacetyl-rac.-inosamin-(5)*, $C_{18}H_{25}NO_{11}$, F. 189—191°, a) durch 5std. Erhitzen von Condurit-A-epoxid (F. 111—112°) in NH_3-gesätt. abs. Methanol im Rohr auf 85—95°, Eindampfen u. mehrtägiges Stehen des trockenen Rückstandes in Pyridin/Acetanhydrid; aus A. u. W. Tafeln; 77,5% (Ausbeute); b) durch 2tägiges Stehen von rac.-Inosamin-(5) mit Acetanhydrid/Pyridin bei Raumtemperatur. — *Hexaacetylscylloinosamin*, $C_{18}H_{25}NO_{11}$, F. 275—276°, analog vorst. Verb. aus Condurit-B-epoxid (F. 153 bis 154°); aus A. Nadeln; 7%. — *Hexaacetyl-rac.-inosamin-(2)*, $C_{18}H_{25}NO_{11}$, F. 156—157° neben vorst. Verb.; aus A. Prismen; 67%. — *N-Salicylidenscylloinosamin, Hydrat.* $C_{13}H_{17}NO_6 \cdot H_2O$, F. ~240° (Zers.), durch 24std. Erhitzen eines Gemisches aus Scylloinosamin u. rac.-Inosamin-(2) in abs. A. mit Salicylaldehyd auf 90°; gelbe Tafeln; 5,4%; daneben *N-Salicyliden-rac.-inosamin-(2)* (I), $C_{13}H_{17}NO_6$, F. 224—225°; gelbe Nadeln; 51%. — *N-[O-Acetylsalicyliden]-penta-O-acetyl-rac.-inosamin-(2)*, $C_{25}H_{29}NO_{12}$, F. 175 bis 177°, durch mehrstd. Stehen von I in Acetanhydrid/Pyridin bei Raum-Temp.; aus A. Nadeln; 95%. — *N-Salicylidenpenta-O-acetyl-rac.-inosamin-(2)*, $C_{23}H_{27}NO_{11}$, F. 193 bis 194°, durch 1std. Einleiten von HCl in eine Lsg. vorst. Verb. in Dioxan, Einengen nach 2 Std. u. Stehen; aus A. Nadeln, die eine positive $FeCl_3$-Rk. geben; 63%. — *Hexaacetylmyoinosamin-(5)*, $C_{18}H_{25}BO_{11}$, F. 271—273°, a) durch 7std. Erhitzen von 1.2-Anhydroneoinosit (Condurit-C-epoxid, F. 140,5°) in NH_3-gesätt. abs. A. im Rohr auf

90—100°, Stehen u. Acetylieren des entstandenen *Myoinosamins-(2)* [II; F. 175—195° (Zers.); Nadeln); aus A. Prismen; 10,5%; b) durch 3½ std. Einblasen von Luft in eine Suspension von Neoinosit in W. bei 65° in Ggw. eines Pt-Katalysators, Einengen, Versetzen mit $NH_2OH \cdot HCl$ u. Na-Acetat, 1 std. Erwärmen auf 50°, Versetzen mit 3%ig. Na-Amalgam bei Raum-Temp. (pH 6,0—6,5). Abtrennen des Hg. Versetzen mit konz. HCl, Eindampfen u. 1 std. Erhitzen mit Acetanhydrid/Pyridin auf 130°. — *Hexaacetylalloinosamin-(1)*, $C_{18}H_{25}NO_{11}$. F. 231—233°, durch Acetylieren des aus der Mutterlauge von II erhaltenen Sirups; Tafeln; 30%. — *rac.-Inosamin-(5)*, F. 180—183°, durch 6 std. Erhitzen von Condurit-E-epoxid mit NH_3-gesätt. abs. Methanol im Rohr auf 100—105° u. mehrstd. Stehen bei Raum-Temp.; hygroskop.; 75%. — *Neoinosamin-(1)*, F. 240° (Zers., Methanol), neben vorst. Verb.; 21%. *Hexaacetyl-Deriv.*, $C_{18}H_{25}NO_{11}$, F. 241—242°, durch 1 std. Erhitzen mit Acetanhydrid/Pyridin auf 100°; aus A. Nadeln; 91%. *N-Salicyliden-Deriv.*, $C_{13}H_{17}NO_6$, F. 239° (Zers.), durch 25 std. Erhitzen mit Salicylaldehyd in A. auf 80—90°; aus Methanol gelbe Kristalle. — *N-Salicyliden-rac.-inosamin*, F. 228—230° (Zers.), durch 25 std. Erhitzen von rac.-Inosamin in A. mit Salicylaldehyd auf 80—90°; aus Methanol gelbe Kristalle; 74%. — *Hexaacetylmucoinosamin*, $C_{18}H_{25}$·NO_{11}, F. 177—178°, durch 5½ std. Erhitzen von Condurit-F-epoxid (2.3-Anhydroepiinosit) mit NH_3-gesätt. abs. Methanol auf 90°, Eindampfen u. Erhitzen mit Acetanhydrid/Pyridin; aus A. Tafeln; 52%; daneben *Hexaacetylmyoinosamin-(4)*, $C_{18}H_{25}NO_{11}$, F. 236°; 1%. P. GOLINSKE. 2120□

Die Struktur von Hypoglycin-A. S. Wilkinson. (Chem. and Ind. **1958.** 17—18. 4/1. Beckenham, Kent, Langley Court, The Wellcome Res. Labor., Chem. Res. Labor.) (Engl.)

Hypoglycin-A [$C_7H_{11}NO_2$, R_F 0,57 (Papier: Whatman Nr. 1; Butanol/Essigsäure/Wasser 4:1:5)] aus den Früchten von ***Blighia sapida*** erhält auf Grund nachst. Rkk. die Struktur **A**. Bei der Hydrierung an Pt in Eisessig entstehen *Dihydro-* ($C_7H_{13}NO_2$, R_F 0,60) u. *Tetrahydrohypoglycin-A* (*DL-α-Amino-γ-methyl-n-capronsäure*, C_7H_{15}·NO_2, R_F 0,69), die an Cellulose getrennt werden. Ozonolyse von Acetylhypoglycin-A gibt *Formaldehyd* u. ein Prod., das beim Ansäuern in *Aceton* u. *Asparaginsäure* zerfällt. Die Bldg. dieser Verbb. wird durch Verschiebung der Doppelbindung in den Cyclopropanring während der Ozonolyse erklärt.

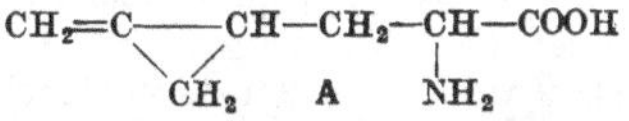

A

G. TEEGE. 2150□

Polyenverbindungen. 12. Mitt. **Kondensation von 5-Phenylpentadien-(2.4)-al mit Arylessigsäuren.** B. M. Michailow und G. Ss. Ter-Ssarkissjan. (Журнал Общей Химии [J. allg. Chem.] **30 (92)**. 2521—24. Aug. 1960.) (Russ.) — 11. vgl. C. **1962.** 2719.

5-Phenylpentadien-(2.4)-al (I) läßt sich in Ggw. von PbO mit einer Reihe von Arylessigsäuren glatt zu *6-Aryl-1-phenylhexatrienen-(1.3.5)* umsetzen. Bei 2.4.6-Trimethylphenyl- u. 2-Methylnaphthyl-(1)-essigsäure gelingt die Kondens. jedoch wegen ster. Hinderung durch die o-Substituenten nicht, u. es fallen allein die Pb-Salze der Säuren an. *6-[2.4.6-Trimethylphenyl]-1-phenylhexatrien-(1.3.5)* konnte aus **I** u. 2.4.6-Trimethylbenzyl-MgCl über *6-[2.4.6-Trimethylphenyl]-1-phenylhexadien-(1.3)-ol-(5)* (**II**) dargestellt werden. Die neuen Diarylhexatriene besitzen luminescierende Eigenschaften.

Versuche: *6-[2.4.6-Trimethylphenyl]-1-phenylhexadien-(1.3)-ol-(5)* (**II**), $C_{21}H_{24}O$, F. 107—109° (A.), durch Zutropfen von 7,6 g **I** zur GRIGNARD-Lsg. aus 13 g 2.4.6-Trimethylbenzylchlorid u. Stehen über Nacht; 2,8 g (Ausbeute); daneben 1,9 g *1.2-Bis-[2.4.6-trimethylphenyl]-äthan*, F. 117—118° (A.). — 6-Aryl-1-phenylhexatriene-(1.3.5), durch 5 std. Kochen von **I** mit der entsprechenden Arylessigsäure in Essigsäureanhydrid in Ggw. von PbO unter N_2: *6-[2.4-Dimethylphenyl]-*, F. 107—108° (A.); 10,2%. — *6-[3.5-Dimethylphenyl]-*, F. 129—129,5° (A.); 39%. — *6-[p-Methoxyphenyl]-*, F. 185,5—187° (Bzl.); 22,1%. — *6-[p-Nitrophenyl]-*, F. 194—196° (Dioxan); 30,5%. — *6-[4-Methylnaphthyl-(1)]-*, F. 169—170° (Bzl.); 19,2%. — *6-[2.4.6-Trimethylphenyl]-*, $C_{21}H_{22}$, F. 131,5—132,5° (Aceton), durch 10 Min. langes Kochen von **II** mit konz. HBr in Aceton; 22%. — *2.4.6-Trimethylphenylessigsäure, Pb-Salz*, $C_{22}H_{26}O_4Pb$, F. 232—234° (Xylol), beim Vers. der Umsetzung von **I** mit der Säure in Ggw. von PbO in sd. Essigsäureanhydrid. — *2-Methylnaphthyl-(1)-essigsäure, Pb-Salz*, $C_{26}H_{22}O_4Pb$, F. 234—236°, analog; aus Dioxan Blättchen; 20%. H.-E. TOUSSAINT. 2210□

Über die Dehydratation von 1.3-Bis- und 1.2.3.4-Tetrakis-[α-hydroxydiphenylmethyl]-cyclobutan. G. W. Griffin und A. F. Vellturo. (J. org. Chemistry **26.** 5183—85. Dez. 1961. New Haven, Conn., Yale Univ., Dep. of Chem.) (Engl.)

Behandlung von 1.2.3.4-Tetrakis-[α-hydroxydiphenylmethyl]-cyclobutan (**I**; vgl. C. **1962.** 5249) mit J_2 in Xylol bei 140° liefert an Stelle des erwarteten 1.2.3.4-Tetrakis-[diphenylmethylen]-cyclobutans neben *Benzophenon* einen gelbgrün fluorescierenden

KW-Stoff $C_{30}H_{24}$, bei dem es sich, wie aus Vgl. mit einem authent. Präp., aus den UV- u. IR-Spektren u. aus dem Verh. bei der katalyt. Hydrierung hervorgeht, vermutlich um *1.1.6.6-Tetraphenylhexatrien-(1.3.5)* handelt. Nimmt man die Dehydratisierung von I mit Säure vor, so erhält man eine *Verb.* $C_{56}H_{44}O_2$, in der möglicherweise *1.3;2.4-Bis-[tetraphenylmethanoxymethano]-cyclobutan* vorliegt. Im Gegensatz zu I läßt sich das aus cis-1.3-Dicarbomethoxycyclobutan (III) u. C_6H_5MgBr dargestellte *1.3-Bis-[α-hydroxy-diphenylmethyl]-cyclobutan* (II) leicht unter Bldg. von *1.3-Bis-[diphenylmethylen]-cyclobutan* dehydratisieren, dessen UV-Spektrum u. kernmagnet. Resonanzspektrum diskutiert werden.

Versuche: *Verb.* $C_{30}H_{24}$, F. 196—199° (Sublimation bei 175°/0,05 mm; A.), durch 48std. Kochen von I mit überschüssigem J_2 in Xylol, Waschen der gelbgrün fluorescierenden Lsg. mit $Na_2S_2O_3$-Lsg. u. W., Einengen, Extraktion des Rückstandes mit n-Pentan u. Abdest. des Pentans; 50% (Ausbeute). — *Verb.* $C_{56}H_{44}O_2$, F. >330° (Bzl. + Methylcyclohexan), durch 1std. Erhitzen von I mit 10% HCl enthaltendem Eisessig auf 120°. — *1.3-Bis-[α-hydroxydiphenylmethyl]-cyclobutan* (II), $C_{30}H_{28}O_2$, F. 230—231° (A.; Nadeln), durch Eintropfen von III in Ae. zu überschüssigem C_6H_5MgBr in Ae., 1std. Kochen u. Zers. in der Kälte mit NH_4Cl u. Eis; 67%. — *1.3-Bis-[diphenylmethylen]-cyclobutan*, $C_{30}H_{24}$, F. 251—252° (Methylcyclohexan), aus II durch 1std. Kochen mit Eisessig-HCl. M. Mengelberg. 2250□

Östrogene Biphenyle. 8. Mitt. Darstellung und östrogene Aktivität von 4'-[1-Hydroxyalkyl]-4-methoxybiphenylen. Takeo Sato. (Bull. chem. Soc. Japan **33.** 5—7. Jan. 1960. Setagaya-ku, Tokyo, Metropolitan Univ., Fac. of Sci., Dep. of Chem.) (Engl.) — 7. vgl. C. **1962.** 1971.

Durch Red. von 4-Methoxybiphenyl-4'-carbonsäuremethylester (I) mit $LiAlH_4$ entsteht *4'-Hydroxymethyl-4-methoxybiphenyl* (II). Analog wird durch Red. von 4'-Acetyl- (III) bzw. 4'-Propionyl-4-methoxybiphenyl (IV) mit $NaBH_4$ *4'-[1-Hydroxyäthyl]-* (V) bzw. *4'-[1-Hydroxypropyl]-4-methoxybiphenyl* (VI) synthetisiert. Die UV-Spektren von II, V u. VI werden diskutiert. Die Verbb. zeigen bei der Maus eine östrogene Wirkung.

Versuche: 4-Methoxybiphenyle: *-4'-carbonsäuremethylester* (I), F. 172—173°; Blättchen. — *4'-Hydroxymethyl-* (II), $C_{14}H_{14}O_2$, F. 158—159° (Bzl.), durch 1std. Kochen von 240 mg I mit $LiAlH_4$ in Ae.; Blättchen; 0,1 g. *Phenylurethan*, $C_{21}H_{19}NO_3$, F. 140 bis 141° (CCl_4); Blättchen. — *4'-Acetyl-* (III), F. 152—153° (Isopropanol), aus 4-Methoxybiphenyl (VII), Acetylchlorid u. $AlCl_3$ in CS_2. — *4'-Propionyl-* (IV), $C_{16}H_{16}O_2$, F. 146 bis 147° (A.), aus VII, Propionylchlorid u. $AlCl_3$ in CS_2; Blättchen; 56%; mit $KMnO_4$ → *4-Methoxybiphenyl-4'-carbonsäure*, F. 248—249°. *2.4-Dinitrophenylhydrazon*, $C_{22}H_{20}N_4O_5$, F. 201—202°, rote Blättchen aus Essigester. — *4'-[1-Hydroxyäthyl]-* (V), $C_{15}H_{16}O_2$, F. 122—123° (wss. A.), durch 2std. Erwärmen von III mit $NaBH_4$ in Methanol auf 60°; Blättchen; 68%. *Phenylurethan*, $C_{22}H_{21}NO_3$, F. 162—163°, Blättchen aus CCl_4. — *4'-[1-Hydroxypropyl]-* (VI), $C_{16}H_{18}O_2$, F. 91—92° (wss. A.), aus IV analog V; Blättchen; 74%. *Phenylurethan*, $C_{23}H_{23}NO_3$, F. 165—166°, Blättchen aus CCl_4.

E. Schröder. 2270□

Kondensationen von Dialkali-β-diketonen mit Ketonen oder Aldehyden unter Bildung von Hydroxy-β-diketonen. Dehydratisierungsprodukte. Gleichgewichtsfaktoren. Robley J. Light und Charles R. Hauser. (J. org. Chemistry **26.** 1716 bis 1724. 13/6. 1961. Durham, N.C., Duke Univ., Dep. of Chem.) (Engl.) — Vgl. C. **1959.** 10209.

Das aus Benzoylaceton mit 2 Mol KNH_2 in fl. NH_3 dargestellte *Di-K-Benzoylaceton* (I) wird mit p-Methoxybenzaldehyd, Benzophenon (XIV) u. p-Chlorbenzophenon (XV) zu *1-Hydroxy-1-[p-methoxyphenyl]-5-phenylpentandion-(3.5)* (II), *1-Hydroxy-1.1.5-triphenylpentandion-(3.5)* (III) bzw. *1-Hydroxy-1-[p-chlorphenyl]-1.5-diphenylpentandion-(3.5)* kondensiert. Analog entstehen aus Di-K-Acetylaceton mit XIV u. XV *1.1-Diphenyl-1-hydroxyhexandion-(3.5)* (IV) u. *1-[p-Chlorphenyl]-1-hydroxy-1-phenylhexandion-(3.5)*, wobei das letztere in 2 verschiedenen Modifikationen auftritt. Die Kondens. mit Acetophenon (XVI) gelingt bei Verw. mit I nicht, wohl aber mit *Di-Li-Benzoylaceton*, das entweder direkt mit $LiNH_2$ oder aus I mit LiCl hergestellt wird, u. führt zu *2.6-Diphenyl-2-hydroxyhexandion-(4.6)* (V). Analog liefert Cyclohexanon mit dem Di-Li-Salz des Benzoylacetons *1-Hydroxy-1.1-pentamethylen-5-phenylpentandion-(3.5)*. Durch Säuren können die Hydroxy-β-diketone II, III, IV u. V in die ungesätt. *Endione p-Methoxycinnamoyl-, β-Phenylcinnamoylacetophenon* (VI), *β-Phenylcinnamoylaceton* (VII) u. *β-Methylcinnamoylacetophenon* (VIII) übergeführt werden. Dabei entstehen gleichzeitig, je nach den Rk.-Bedingungen, die ausführlich untersucht u. diskutiert werden, offensichtlich über eine Halbacetalstruktur *Dihydropyrone*, z. B. neben VI *2.3-Dihydro-2.2.6-triphenyl-4H-pyranon-(4)* (IX), neben VII *2.3-Dihydro-2.2-diphenyl-6-methyl-4H-pyranon-(4)* (X) u. neben VIII *2.3-Dihydro-2.6-diphenyl-2-methyl-4H-pyranon-(4)* (XI). Vorst. Dihydropyrone, deren Struktur aus dem Fehlen eines positiven Enoltests u. der Auswertung der IR-Spektren folgt. stehen mit den offenkettigen *Endionen* im Gleichgewicht u. können auch z. T. in diese übergeführt werden. Umsetzung von **III** bzw. **VI** mit N_2H_4 gibt *3-[2.2-Diphenyl-2-hydroxyäthyl]-5-phenylpyrazol* (**XII**) bzw. *3-[2.2-Diphenylvinyl]-5-phenylpyrazol* (**XIII**). Dehydratisierung von **XII** führt zu **XIII**. Aus **III** entstehen bei der Einw. von Alkalien die Ausgangs-Prodd. zurück, die energet. stabiler sind. Für die Rückspaltungs-Rk. wird ein Mechanismus diskutiert. Die dargestellten Hydroxy-β-diketone geben Rotfärbung mit Fe(III)-Salzen u. lassen sich in Cu-Chelatkomplexe überführen. Die Werte der IR-Spektren der Cu-Chelate, Hydroxy-β-diketone u. weiterer Umwandlungs-Prodd. sind angegeben.

Versuche: *1-Hydroxy-1-[p-methoxyphenyl]-5-phenylpentandion-(3.5)* (**II**), $C_{18}H_{18}O_4$, F. 103—105° (CH_3OH), aus dem durch ½std. Rühren von 2 Mol KNH_2 u. 1 Mol Benzoylaceton in fl. NH_3 u. Ae. erhaltenen **I** durch Zugabe von 1 Mol p-Methoxybenzaldehyd, 1std. Rühren, Zers. mit NH_4Cl, Verdampfen des NH_3 u. Aufnehmen in Ae.; 49% (Ausbeute). *Cu-Chelat*, $C_{34}H_{34}CuO_8$, F. 185—187°/Dioxan–W.), aus **II** u. wss. Cu-Acetat in Methanol. — *1-Hydroxy-1.1.5-triphenylpentandion-(3.5)* (**III**), $C_{23}H_{20}O_3$, F. 115—116° (CH_3OH), analog **II** mit **XIV**; 73%. *Cu-Chelat*, $C_{46}H_{38}CuO_6$, F. 196—199° (Dioxan–W.). — *1-Hydroxy-1-[p-chlorphenyl]-1.5-diphenylpentandion-(3.5)*, $C_{23}H_{19}ClO_3$, F. 116—118° (95%ig. A.), analog **II** mit **XV**; 69%. *Cu-Chelat*, $C_{46}H_{36}Cl_2CuO_6$, F. 194—196° (Dioxan–W.). — *1.1-Diphenyl-1-hydroxyhexandion-(3.5)* (**IV**), $C_{18}H_{18}O_3$, F. 133—135° (CH_3OH), analog **II** mit dem entsprechend **I** dargestellten *Di-K-Acetylaceton* u. **XIV**; 73%. *Cu-Chelat*, $C_{36}H_{34}CuO_6$, F. 178—179,5° (Bzl.–CH_3OH). — *1-[p-Chlorphenyl]-1-hydroxy-1-phenylhexandion-(3.5)*, $C_{18}H_{17}ClO_3$, F. 101—102,5° (A.–W.) bzw. F. 80—81,5° (PAe.), wie vorst. mit **XV**; 52%. *Cu-Chelat*, $C_{36}H_{32}Cl_2CuO_6$, F. 161,5—163° (95%ig. A.). — *2.6-Diphenyl-2-hydroxyhexandion-(4.6)* (**V**), $C_{18}H_{18}O_3$, F. 85—87° (A.–W.), a) durch Umsetzung des analog **I** aus $LiNH_2$ u. Benzoylaceton gebildeten *Di-Li-Benzoylacetons* mit **XVI** analog **II**; 40%. b) aus **I** u. LiCl in fl. NH_3 u. Zugabe von **XVI**; 45%. *Cu-Chelat*, $C_{36}H_{34}CuO_6$, F. 166—167,5° (CH_3OH–W.). — *1-Hydroxy-1.1-pentamethylen-5-phenylpentandion-(3.5)*, $C_{16}H_{20}O_3$, F. 68—69° (PAe.), aus Di-Li-Benzoylaceton u. Cyclohexanon; 34%. *Cu-Chelat*, $C_{32}H_{38}CuO_6$, F. 207—209° (Dioxan–W.). — *p-Methoxycinnamoylacetophenon*, $C_{18}H_{16}O_3$, F. 129—130,5° (Bzl.–A.), aus **II** durch 1std. Kochen mit konz. HCl in Methanol u. Abkühlen; 96%. *Cu-Chelat*, $C_{36}H_{30}CuO_6$, F. 226—229° (Dioxan–W.). — *β-Phenylcinnamoylacetophenon* (**VI**), $C_{23}H_{18}O_2$, F. 96—98° (CH_3OH; gelbe Nadeln), a) aus 1.1-Diphenyläthylen u. Oxalylchlorid über *β-Phenylzimtsäure* (F. 161—163°), Überführen mit $SOCl_2$ in das *Säurechlorid* ($Kp._2$ 152°), Umsetzen mit **XVI**-Na-Salz in Ae. bei 0°, ¼std. Rühren bei Raum-Temp. u. Zers. mit Eiswasser; 39%; b) aus **III** durch 14std. Kochen mit methanol. HCl; 79%; c) aus **III** u. konz. H_2SO_4 durch ¼std. Stehen bei 0°, Gießen in Eis u. Reinigen über den Cu-Komplex; 58%; daneben **IX**; 15%; d) aus **IX** mit kalter konz. H_2SO_4; 9% (als Cu-Komplex); e) aus **IX** durch 17std. Kochen mit methanol. HCl; 86%; f) aus **IX** durch 2tägiges Stehen mit äthanol. KOH; 80%. *Cu-Chelat*, $C_{46}H_{34}CuO_4$, F. 223—227° (Bzl.–A.). — *β-Phenylcinnamoylaceton* (**VII**), a) aus **IV** durch Kochen mit methanol. HCl u. Isolierung als Cu-Komplex; 36%; b) aus **IV** mit konz. H_2SO_4; 11% (als Cu-Komplex); daneben **X**; 21%; c) aus **X** mit konz. H_2SO_4 bzw. alkohol. KOH wie vorst.; 18 bzw. 54% (als Cu-Komplex). *Cu-Chelat*, $C_{36}H_{30}CuO_4$, F. 161,5—163° (CH_3OH). — *β-Methylcinnamoylacetophenon* (**VIII**), aus **V** mit sd. methanol. HCl; 13% (als Cu-Komplex); daneben **XI**; 66%. *Cu-Chelat*, $C_{36}H_{30}CuO_4$, F. 206,6—208,5° (Bzl.–A.). — *2.3-Dihydro-2.2.6-triphenyl-4H-pyranon-(4)* (**IX**), $C_{23}H_{18}O_2$, F. 147—148° (CH_3OH), a) als Nebenprod. von **VI** nach c; 15%; b) aus **VI** in kalter konz. H_2SO_4; 28%. — *2.3-Dihydro-2.2-diphenyl-6-methyl-4 H-pyranon-(4)* (**X**), $C_{18}H_{16}O_2$, F. 119—120,5° (A.–W.), a) als Nebenprod. von **VII** nach b); 21%; b) aus **VII** mit kalter konz. H_2SO_4; 48%. — *2.3-Dihydro-2.6-diphenyl-2-methyl-4 H-pyranon-(4)* (**XI**), $C_{18}H_{16}O_2$, F. 108—110° (Hexan), als Nebenprod. von **VIII**; 66%. — *3-[2.2-Diphenyl-2-hydroxyäthyl]-5-phenylpyrazol* (**XII**), $C_{23}H_{20}N_2O$, F. 182—184° (A.–W.), durch 1std. Erhitzen von **III** in 95%ig. A. mit N_2H_4 auf dem Wasserbad u. Zugabe von W.; 100%. — *3-[2.2-Diphenylvinyl]-5-phenylpyrazol* (**XIII**), $C_{23}H_{18}N_2$, F. 160—162° (Hexan), a) aus **VI** wie vorst.; 96%; b) aus **XII** durch 7std. Kochen mit methanol. HCl, Stehenlassen bei Raum-Temp. u. Zugabe von W.; 21%. — *Benzoylaceton*, F. 58—61° (CH_3OH), aus **III** durch 2std. Kochen mit tert.-Butanol in Ggw. von K-tert.-Butylat; 80%; daneben *Benzophenon* [F. 49—50° (PAe.)]; 68%.

H. GLEINIG. 2380 □

Über die Darstellung von 2-Nitroindandion-(1.3). G. Ja. Wanag und E. A. Baumaniss. (Известия Академии Наук Латвийской ССР [Nachr. Akad. Wiss. Lett. SSR] **1958.** Nr. 5. 101—06. Inst. für org. Synth. der Akad. der Wiss. der LettSSR.) (Russ.; Auszug: Lett.)

2-Nitroindandion-(1.3) (**I**) wird in befriedigender Ausbeute durch Rk. von Indandion-(1.3)-carbonsäure-(2)-äthylester-Na-Salz (**II**) mit HNO_3–$NaNO_2$ oder HNO_3-Stickoxiden oder Stickoxiden erhalten. Die Oxydation von 2-Nitrosoindandion-(1.3) (**III**) mit HNO_3 liefert ebenfalls in guter Ausbeute **I**. Es wird angenommen, daß sich aus **II** prim. mit HONO **III** bildet, das durch HNO_3 zu **I** oxydiert wird. Durch die dabei entstehende HONO wird **III** laufend nachgeliefert. — Wie auch bei verschiedenen anderen Rkk. verhalten sich techn., nicht mit W. behandeltes **II** u. aus W. umkrist. **II** bei der Zers. mit verd. HNO_3 verschieden: Techn. **II** liefert **I** u. *Phthalsäure*, umkrist. **II** *Indandion-(1.3)*. Vermutlich enthält techn. **II** von der Darst. her (Phthalat u. Äthylacetat nach CLAISEN) noch überschüssiges Äthylacetat.

Versuche: *2-Nitroindandion-(1.3)* (**I**), *Dihydrat*, $C_9H_5NO_4 \cdot 2\,H_2O$, F. 125° (W.–konz. HCl), a) man gibt zu 5 g **II**-Hydrat in 25 ml 80% ig. Essigsäure 5 ml HNO_3 (D. 1,38), läßt 24 Std. stehen, gibt unter Eiskühlung portionsweise 5 g $NaNO_2$ zu, läßt ½ Std. stehen, löst den Nd. in W. u. fällt mit konz. HCl; 54,5% (Ausbeute); b) man läßt 5 g **II**, 25 ml 80% ig. Essigsäure u. 5 ml HNO_3 (D. 1,38) 24 Std. stehen u. leitet unter Eiskühlung 15—20 Min. lang Stickoxide ein; 56,8%; c) man löst 5 g **II** in 25 ml 80% ig. Essigsäure u. leitet bei 20° 45—50 Min. lang Stickoxide ein; nach mehrtägigem Stehen löst man den Nd. in W. u. fällt mit konz. HCl; 43,2%; d) man tropft zu 2 g **III** in 30—40 ml Eisessig unter Eiskühlung 4 ml konz. HNO_3 zu; 79,2%. — *Zers. von* **II** *mit verd.* HNO_3: a) man erhitzt 5 g aus W. umkrist. **II** u. 60 ml W. zum Kochen, tropft 15 ml konz. HNO_3 (D. 1,38) zu, kocht 2 Min. u. läßt einige Std. stehen: 2 g *Indandion-(1.3)*, F. 129—130°; glänzende, graue Kristalle; 71,4%; b) analog aus 5 g techn. **II**; mit konz. HCl fällt man nacheinander aus: 1,1 g **I** (F. 114—115°; 25%) u. 1,1 g *Phthalsäure* (F. 180—185°).

HELMUT SCHÄFER. 2650□

Eine neue alkalische Umlagerung in der Naphthalinreihe. D. C. Morrison. (J. org. Chemistry **27**. 296—97. Jan. 1962. Berkeley, Calif., Hyman Labor., Inc.) (Engl.)

Behandeln von 2.3-Dinitronaphthalin (**I**) mit einem Überschuß von CH_3ONa in CH_3OH gibt unter Umlagerung *3-Nitro-1-methoxynaphthalin* (**II**). Unter milderen Bedingungen entsteht neben **II** das erwartete *3-Nitro-2-methoxynaphthalin* (**III**), das (nach Reinigung) mit methanol. CH_3ONa-Lsg. nicht umgelagert wurde.

Versuche: *3-Nitro-1-methoxynaphthalin* (**II**), F. 103—104° (wss. CH_3OH), aus **I** a) mit der 4fachen Menge CH_3ONa in CH_3OH [4 Std. langes Rühren bei 40—45°; 96,8% (Ausbeute)]; b) ebenso in 11 Std. (94,6%); c) mit methanol. KOH (1—2 Tage < Raum-Temp.); d) auch in Ggw. von Wasser. — *3-Nitronaphthol-(1)*, aus **II** u. sd. 48% ig. HBr (48 Std.; 87,2%) oder mit sd. 60% ig. H_2SO_4. — *3-Nitro-2-methoxynaphthalin* (**III**), F. 81 bis 82° (wss. Aceton), aus 10 g **I** u. 4 g CH_3ONa in sd. CH_3OH (75 Std.); 8,9 g roh, bestehend aus 70% **III** u. 30% **II**. — *3-Nitronaphthol-(2)*, F. 102,5—104°, aus **III** u. sd. 60% ig. H_2SO_4 (4½ Std.; 89,6%), mit sd. HBr erfolgt gleichzeitige Bromierung. — *3-Aminonaphthol-(2)*, aus vorst. Verb. u. H_2/Pd-Kohle in CH_3OH. J. ROTHE. 2700□

Untersuchungen über die Friedel-Crafts-Reaktion. 4. Mitt. **Synthese von 7-Isopropyl-3-keto-6-methoxy-1.2.3.9.10.10a-hexahydrophenanthren.** Sisir Kumar Sengupta, Rabindra Nath Biswas und Bidyut Kamal Bhattacharyya. (J. Indian chem. Soc. **36**. 659—68. Sept. 1959. Calcutta, Jadavpur Univ., Organ. Chem. Labor.) (Engl.) — 3. vgl. J. Indian chem. Soc. **31**. [1954.] 351.

Durch Umsetzung von 2-Methoxybenzoesäureäthylester (**I**) mit CH_3MgJ, Dehydratisierung u. anschließende Hydrierung erhält man *2-Isopropylanisol*, das mit Succinanhydrid zu *β-[4-Hydroxy-3-isopropylbenzoyl]-propionsäure* (**II**) kondensiert wurde. Hieraus wurde durch Methylierung *β-[4-Methoxy-3-isopropylbenzoyl]-propionsäure* (**III**) dargestellt. Durch Oxydation mit Na-Hypochlorit geht **III** in *3-Isopropyl-4-methoxybenzoesäure* über, die auch durch Überführung von 3-Acetyl-4-hydroxybenzoesäure (**IV**) in *3-Acetyl-4-methoxybenzoesäuremethylester*, Umsetzung mit CH_3MgJ zu *3-Isopropenyl-4-methoxybenzoesäuremethylester*, Hydrierung u. Verseifung erhalten wurde. **II** wurde mit Zn-Amalgam u. HCl red. u. das Red.-Prod. mit Dimethylsulfat u. Alkali zu *γ-[3-Isopropyl-4-methoxyphenyl]-buttersäure* (**V**) methyliert. Durch Cyclisierung von **V**, die sich am besten durch Überführung in das Säurechlorid u. Einw. von $SnCl_4$ in benzol. Lsg. herbeiführen läßt, entsteht *6-Isopropyl-7-methoxytetralon-(1)* (**VI**), was durch nachst. Umsetzungen bewiesen wird. **VI** wurde mit $LiAlH_4$ zu *1-Hydroxy-6-isopropyl-7-methoxytetralin* red., das durch Einw. von $KHSO_4$ unter Wasserabspaltung in *7-Isopropyl-6-methoxy-1.2-dihydronaphthalin* (**VII**) übergeht. Durch Dehydrierung von **VII** mit S erhält man *2-Isopropyl-3-methoxynaphthalin* als Öl, aus dem durch Entmethylierung das krist. *2-Isopropyl-3-hydroxynaphthalin* entsteht. Diese Verb. wurde auch durch Umsetzung von 3-Methoxynaphthoesäure-(2)-äthylester (**VIII**) mit CH_3MgJ, anschließende Wasserabspaltung unter Bldg. von *2-Isopropenyl-3-methoxynaphthalin*, Hydrierung zu

2-Isopropyl-3-methoxynaphthalin u. Entmethylierung durch Einw. von HBr/Eisessig dargestellt. Die Kondens. der aus **VI** durch Einw. von Ameisensäureäthylester u. Na-Methylat erhaltenen Hydroxymethylen-Verb. mit 4-Diäthylaminobutanon-(2)-jodmethylat erfolgt leicht, u. das dabei erhaltene Rohprod. geht durch Behandlung mit Alkali in das krist. *7-Isopropyl-3-keto-6-methoxy-1.2 3.9.10.10a-hexahydrophenanthren* über. Durch Red. dieser Verb. entsteht die entsprechende *3-Hydroxy-Verb.*, die durch Dehydrierung mit Se in *2-Isopropyl-3-methoxyphenanthren* übergeht.

Versuche: *2-Isopropenylanisol*, Kp. 195—200°, durch Zugeben von 36 g **I** in abs. Ae. unter Schütteln zu einer gut gekühlten Lsg. der aus 54 cm³ CH_3J u. 20 g Mg in abs. Ae./Bzl. erhaltenen GRIGNARD-Verb., 12std. Stehen bei Raum-Temp., 6std. Erwärmen unter Rückfluß u. Zersetzen des abgeschiedenen Nd. mit Eis/HCl; 23,9 g (Ausbeute). — *2-Isopropylanisol*, $C_{10}H_{14}O$, Kp. 193—195°, durch Hydrieren von 23 g vorst Verb. in 95%ig. A. in Ggw. von PtO_2; n_D^{26} 1,5071; 23 g. — *β-[4-Hydroxy-3-isopropylbenzoyl]-propionsäure* (**II**), $C_{13}H_{16}O_4$, F. 134—135° (Bzl.), a) durch Zugeben von 120 g wasserfreies $AlCl_3$ innerhalb ½ Std. unter Schütteln zu einer eisgekühlten Lsg. von 45 g vorst. Verb. u. 30 g Succinanhydrid in Nitrobenzol u. 48 std. Stehen bei Raum-Temp.; 65 g; b) durch langsames Zugeben von 1,33 g Succinanhydrid unter Schütteln zu einem gekühlten Gemisch aus 4 g $AlCl_3$, 2 g vorst. Verb. u. Nitrobenzol (oder Tetrachloräthan/Nitrobenzol, 4 : 1) u. 24std. Stehen bei Raum-Temp.; 3,1 g. *Methyläther* (**III**), $C_{14}H_{18}O_4$, F. 135—136° (Bzl.), durch Zutropfen von 10 cm³ Dimethylsulfat unter Schütteln bei 40° zu 3,25 g **II** in 10%ig. KOH, 1std. Erwärmen auf 40—50°, Zugeben von 10 cm³ 45%ig. KOH u. ³/₄std. Erhitzen auf dem Wasserbad; 3 g. — *3-Acetyl-4-hydroxybenzoesäuremethylester*, F. 98—99° (Bzl.), durch 16std. Erhitzen von 9,5 g **IV** mit Methanol/konz. H_2SO_4 unter Rückfluß; 7,5 g (roh). *Methyläther*, F. 100—101°, $Kp._1$ 140—145°, durch Zugeben von 7,5 g des Esters in Methanol unter Rühren u. Kühlen zu 1,78 g Na in Methanol, 12std. Stehen, Zugeben von 15 cm³ CH_3J u. 4std. Erhitzen unter Rückfluß; 4,5 g. — *3-Isopropenyl-4-methoxybenzoesäuremethylester*, $C_{12}H_{14}O_3$, $Kp._8$ 160—165°, durch Zutropfen einer aus 0,21 g Mg u. 1 cm³ CH_3J in abs. Ae. erhaltenen GRIGNARD-Lsg. unter Rühren u. Eiskühlung zu 1,7 g vorst. Äthers, 12std. Stehen bei Raum-Temp. u. 2std. Erwärmen unter Rückfluß, Zers. mit kalter NH_4Cl-Lsg. u. danach mit etwas verd. HCl u. ½ std. Erhitzen des Rohprod. (1,5 g) mit geschmolzenem $KHSO_4$ auf 70—80°; 1,2 g. — *3-Isopropyl-4-methoxybenzoesäure*, $C_{11}H_{14}O_3$, F. 165—166° (50%ig. A.), a) durch 4std. Erhitzen des Methylesters (0,5 g) mit 10%ig. methanol. KOH unter Rückfluß; 0,3 g; b) durch Zugeben von 1,25 g **III** unter Rühren bei 55° zu NaOCl-Lsg. (exotherme Rk.), Belassen der Temp. zwischen 60 u. 70° unter Kühlen mit Eis u. 1½ std. Stehen bei dieser Temp.; 0,8 g. *Methylester*, $C_{12}H_{16}O_3$, $Kp._6$ 143—145°, durch Hydrieren von 1 g vorst. Esters in 95%ig. A. an 10%ig. Pd/Kohle; 0,96 g. — *γ-[3-Isopropyl-4-methoxyphenyl]-buttersäure* (**V**)-*Methylester*, $C_{15}H_{22}O_3$, $Kp._{1,5}$ 140°, durch 48std. Erhitzen eines Gemisches aus 75 g **II**, amalgamiertem Zink, 200 cm³ konz. HCl u. Toluol unter Rückfluß, wobei alle 3 Std. 15 cm³ konz. HCl zugegeben werden, Abtrennen der organ. Phase, Ausschütteln der wss. Lsg. mit Bzl., Eindampfen der vereinigten Toluol/Bzl.-Lsg., Methylieren des Rückstandes mit Dimethylsulfat 10%ig. KOH u. 16std. Erhitzen von 30 g der erhaltenen rohen **V** (60 g) mit Methanol/konz. H_2SO_4 unter Rückfluß; n_D^{80} 1,4955; 27,4 g. — *6-Isopropyl-7-methoxytetralon-(1)* (**VI**), $C_{14}H_{18}O_2$, $Kp._{0,5}$ 130°, $Kp._{1,5}$ 150—152°, a) durch langsames Zugeben von PCl_5 zu rohem **V** in thiophenfreiem, abs. Bzl. bei 5—10°, 1 std. Stehen bei Raum-Temp., allmähliches Erwärmen auf 50° bis zur Beendigung der HCl-Entw., rasches Zugeben von $SnCl_4$ zum eiskalten *Säurechlorid* u. ¹/₄std. Rühren; n_D^{25} 1,5551; b) durch 4std. Erhitzen des **V**-Methylesters mit methanol. KOH, Versetzen der rohen Säure in abs. Bzl. mit $SOCl_2$ u. 1 Tropfen Pyridin, 14std. Stehen, Eindampfen im Vakuum, Lösen des Rückstandes in abs. Bzl., portionsweises Zugeben von wasserfreiem $AlCl_3$ unter Kühlen (Kältemischung), 2std. Rühren in der Kälte u. 2 Std. bei Raumtemperatur. *Semicarbazon*, $C_{15}H_{21}N_3O_2$, F. 203—204° (Methanol). — *1-Hydroxy-6-isopropyl-7-methoxytetralin*, $C_{14}H_{20}O_2$, $Kp._1$ 140°, durch Zugeben von **VI** in abs. Ae. zu einer Suspension von $LiAlH_4$ in abs. Ae. unter Eiskühlung u. 24std. Stehen bei Raum-Temp.; 100%. — *7-Isopropyl-6-methoxy-1.2-dihydronaphthalin* (**VII**), $C_{14}H_{18}O$, $Kp._{0,1}$ 80°, durch ³/₄std. Erhitzen von 4,2 g vorst. Verb. u. 8 g geschmolzenem $KHSO_4$ im Ölbad auf 180°; 1,4 g. — *2-Isopropenyl-3-methoxynaphthalin*, $C_{14}H_{14}O$, $Kp._{0,6}$ 126°, durch Umsetzung von 11,5 g des aus 3-Hydroxynaphthoesäure-(2) durch Methylierung u. anschließende Veresterung erhaltenen **VIII** (82% Gesamtausbeute) mit einer aus 17 cm³ CH_3J u. 6 g Mg in abs. Ae. erhaltenen GRIGNARD-Lsg., 6std. Erwärmen unter Rückfluß, 4std. Erhitzen des erhaltenen Rohprod. (10 g) mit 10%ig. NaOH, Verdünnen mit W., Aufnehmen der Neutralstoffe in Ae./Bzl., Entfernen der Lsgm. u. Erhitzen von 5 g des erhaltenen viscosen Rückstandes (9 g) mit 10 g $KHSO_4$; 3,3 g. — *2-Isopropyl-3-hydroxynaphthalin*, $C_{13}H_{14}O$, F. 83—84°, a) durch 2std. Erhitzen von 0,5 g des Methyläthers unter N_2 mit 6 cm^3 Eisessig u. 2 cm^3 48%ig. HBr unter Rückfluß; aus PAe. Nadeln; 0,24 g (roh); b) durch Zugeben des Äthers zu einer aus CH_3J u. Mg in abs. Ae. erhaltenen Grignard-Lsg., Abdestillieren des Ae. u. 1½ std. Erhitzen des Rückstandes auf 170 bis 180°; aus n-Hexan Nadeln. *Methyläther*, $C_{14}H_{16}O$, Kp.$_{0,1}$ 80°, Kp.$_{0,4}$ 95—100°, Kp.$_{0,6}$ 117°, a) durch katalyt. Hydrierung von 3,3 g vorst. Verb. in 95%ig. A. an 10%ig. Pd/Kohle; 3,05 g; b) durch ½ std. Erhitzen von 1,3 g **VII** mit der berechneten Menge S auf 190—200°; 1 g; *Pikrat*, $C_{20}H_{19}N_3O_8$, F. 128—129°, aus 95%ig. A. rote Kristalle. — *7-Isopropyl-3-keto-6-methoxy-1.2.3.9.10.10a-hexahydrophenanthren*, $C_{18}H_{22}O_2$, F. 125 bis 126°, durch Zutropfen von 6,7 g **VI** u. 2,4 g Ameisensäureäthylester in abs. Bzl. innerhalb 1 Std. bei 0° unter N_2 zu einer Suspension von Na-Methylat (aus 0,8 g Na) in abs. Bzl., 24std. Stehen bei Raum-Temp., Behandeln des Rückstandes mit kalter verd. HCl, Extrahieren des ausgefällten Öls mit Ae., tropfenweises Versetzen des Gemisches aus dem erhaltenen rohen Formyl-Deriv. (7,3 g; mit alkohol. $FeCl_3$ Violettfärbung) in abs. Methanol u. abs. Bzl. u. dem aus 5 g 4-Diäthylaminobutanon-(2) u. 5 g CH_3J erhaltenen Jodmethylat bei 0° unter N_2 innerhalb ½ Std. mit einer aus 1,3 g K erhaltenen K-tert.-Butylat-Lsg. in tert.-Butanol, 1½ std. Rühren, 16std. Stehen, Zugeben von W., Einengen im Vakuum, Extrahieren dererhaltenen öligen Suspension mit Bzl./Ae., Eindampfen, Lösen von 4,1 g des erhaltenen Rückstandes (5,2 g) u. 20 g KOH in Methanol/W. (12,5 :1) u. langsame Dest. im N_2-Strom in schwachem Vakuum; aus wss. Methanol seidenartige Nadeln; 0,92 g. *Semicarbazon*, $C_{19}H_{25}N_3O_2$, F. 209—210° (Methanol). — *3-Hydroxy-7-isopropyl-6-methoxy-1.2.3.9.10.10a-hexahydrophenanthren*, $C_{18}H_{24}O_2$, F. 141—142° (A./Ae. u. 95%ig. A.), durch Red. von 0,7 g vorst. Verb. mit 150 mg $LiAlH_4$ in Ae.; 0,7 g (roh). — *2-Isopropyl-3-methoxyphenanthren*, $C_{18}H_{18}O$, Kp.$_{0,2}$ 135—140°, durch 30std. Erhitzen von 0,7 g vorst. Verb. u. 1 g Se auf 280—300° (Bad-Temp.); Öl; $n_D^{34,6}$ 1,6430; 400 mg (roh). *Pikrat*, $C_{24}H_{21}N_3O_8$, F. 179—180°, aus 95%ig. A. orangefarbene Kristalle. D. Holzner. 2850 □

Neue Synthesen von trans-syn-cis- und trans-anti-trans-9-Ketoperhydrophenanthrenen. Ramesh Chandra Chatterjee und Bidyut Kamal Bhattacharyya. (J. Indian chem. Soc. **35.** 19—27. Jan. 1958. Calcutta, Jadavpur Univ., Div. of Organ. Chem.) (Engl.)

Aus 2-Carbäthoxycyclohexyl-(1)-cyanessigsäureäthylester wird durch Cyanäthylierung, Hydrolyse, Veresterung, anschließende Dieckmann-Cyclisierung zu *trans-Dekalon-(1)-dicarbonsäure-(2.4)-dimethylester* (**I**), Mannich-Robinson-Rk. mit 1-Diäthylaminobutanon-(3) (**II**) zu *2-[γ-Ketobutyl]-2.4-dicarbomethoxy-trans-dekalon-(1)*, Cyclisierung u. Veresterung *9-Carbomethoxy-Δ⁴-dodekahydrophenanthron-(3)* (**III**) dargestellt. **III** gibt durch Red. mit $LiAlH_4$ u. folgende Dehydrierung *9-Methylphenanthren*. Durch Hydrierung von **III** u. Red. der *gesätt. Ketoester* nach Huang-Minlon wird ein Gemisch aus *trans-syn-cis-* u. *trans-anti-trans-9-Carboxyperhydrophenanthren* erhalten, das nach Barbier-Wieland *trans-syn-cis-* u. *trans-anti-trans-9-Ketoperhydrophenanthren* gibt.

Versuche: *2-Carbäthoxycyclohexyl-(1)-cyanessigsäureäthylester*, $C_{14}H_{21}NO_4$, Kp.$_{0,7}$ 135—140°, durch Hydrieren von 53 g 2-Carbäthoxycyclohexylidencyanessigsäureäthylester in A. an Pd–Kohle bei 28°; 52 g (Ausbeute). — *γ-Cyan-γ-carbäthoxy-γ-[2-carbäthoxycyclohexyl]-butyronitril*, $C_{17}H_{24}N_2O_4$, Kp.$_{0,7}$ 185—190°, durch ½ std. Kühlen von 13,4 g vorst. Verb. u. 3,18 g Acrylonitril in Dioxan auf 0—10°, Zutropfen von Triton B, 1std. Rk. bei 0—10° u. 48std. Rk. bei Raum-Temp.; $n_D^{21,5}$ 1,4842; 15,0 g. — *γ-Carbomethoxy-γ-[2-carbomethoxycyclohexyl]-buttersäuremethylester* (**IV**), $C_{15}H_{24}O_6$, Kp.$_2$ 174—176°, durch 50std. Kochen von 34 g vorst. Verb. mit konz. HCl, Einengen, 50std. Kochen der erhaltenen *Tricarbonsäure* [$C_{12}H_{18}O_6$, F. 171° (Ae./PAe.)] mit Methanol/H_2SO_4 (D. 1,84), Gießen auf Eis u. Extrahieren mit Ae./Bzl.; $n_D^{21,5}$ 1,465; 22,7 g. — *trans-Dekalon-(1)-dicarbonsäure-(2.4)-dimethylester* (**I**), $C_{14}H_{20}O_5$, Kp.$_{1,5}$ 155—160°, durch Zugabe von 15 g **IV** in abs. Bzl./wenig abs. Methanol zu Na in abs. Bzl., 5std. Kochen unter N_2, Ansäuern des Na-Enolats mit verd. HCl u. Dest. der organ. Phase; $n_D^{21,5}$ 1,4958; 9,2 g. — *trans-Dekalon-(1)-carbonsäure-(4)*, $C_{11}H_{16}O_3$, F. 156,5—157° (Ae./PAe.), durch 16std. Kochen von 1,2 g **I** mit konz. HCl, Verdünnen mit W., Sättigen mit NH_4Cl u. Ausäthern; 0,8 g. *Semicarbazon*, $C_{12}H_{19}N_3O_3$, F. 215—216° (Zers.; verd. Methanol). *2.4-Dinitrophenylhydrazon*, F. 215° (Zers.), durch Kochen des Semicarbazons mit 2.4-Dinitrophenylhydrazin in A. in Ggw. von konz. HCl; aus A./Essigester orangefarbene Nadeln. — *2-Methyl-trans-dekalon-(1)-dicarbonsäure-(2.4)-dimethylester*, $C_{15}H_{22}O_5$, Kp.$_{1,5}$ 160°, a) durch Zutropfen von 8,7 g **I** in abs. Bzl. zu Na in abs. Bzl. unter N_2 in der Kälte, 20std. Rk. bei Raum-Temp. u. 5std. Kochen des Na-Enolats mit Methyljodid (**V**); n_D^{23} 1,483; 6,3 g; b) durch 5std. Kochen des aus 11,5 g **IV** u. Na in Bzl./wenig Methanol erhaltenen Enolacetats mit **V**; 7,3 g. — *2-Methyl-trans-dekalon-(1)-carbonsäure-(4)*, $C_{12}H_{18}O_3$, F. 183 bis 184° (Ae./PAe.), durch 16std. Kochen von 2,7 g vorst. Verb. mit konz. HCl; 2 g. —

2-[γ-Ketobutyl]-2.4-dicarbomethoxy-trans-dekalon-(1), $C_{18}H_{26}O_6$, $Kp._{1,2}$ 200—205°, durch Zugabe von 5,3 g I in abs. Bzl. zu Na-Methylat (durch Kochen von Na mit abs. Methanol in abs. Bzl.) unter N_2, 20std. Rk. bei Raum-Temp., 1std. Kühlen des Na-Enolats, Zugabe von II-Methojodid (aus V u. II in abs. Methanol), 24std. Stehen bei Raum-Temp., Verdünnen mit W. u. Extrahieren mit Bzl.; n_D^{23} 1,4960; 4,35 g. — *9-Carbomethoxy-Δ⁴-dodekahydrophenanthron-(3)* (III), $C_{16}H_{22}O_3$, $Kp._{0,8-1,0}$ 140—145°, durch 14std. Kochen von 2 g vorst. Verb. in konz. HCl/Eisessig unter N_2, Einengen im Vakuum, Verdünnen mit Eis/W., Ausäthern, Eindampfen u. Verestern der rohen Säure mit Diazomethan (VI) in Ae.; 1,0 g. *Semicarbazon*, $C_{17}H_{25}N_3O_3$, F. 215° (Zers.; verd. Methanol); lichtempfindliche Kristalle, verfärben sich nach Gelb. — *9-Methylphenanthren*, F. 91° (A.) Sublimation bei 100—105°/0,15—0,2 Torr, durch 1std. Kochen von 1,26 g III in abs. Ae. mit $LiAlH_4$ in Ae., 48std. stehen bei Raum-Temp., Zers. mit W. u. 10%ig. H_2SO_4, Eindampfen der äther. Lsg., 24std. Erhitzen des erhaltenen *Diols* (0,45 g) mit Se auf 320—340°, Extrahieren mit Bzl., Eindampfen, Lösen in heißem A., Rk. mit gesätt. alkohol. Pikrinsäure u. Zers. des *Pikrats* ($C_{21}H_{15}N_3O_7$, F. 151°, aus A. orangefarbene Nadeln), durch Chromatographie in Bzl. an Al_2O_3; 0,07 g. — *trans-anti-trans-9-Carboxyperhydrophenanthren*, $C_{15}H_{24}O_2$, F. 192—193° (Ae./PAe.), durch Hydrieren von 4,5 g III in A. über Pd–Kohle, 1std. Kochen des erhaltenen *gesätt. Ketoesters* ($C_{16}H_{24}O_3$, $Kp._{0,8}$ 160—165°, n_D^{33} 1,4922; 4,1 g) in Diäthylenglykol mit 85%ig. Hydrazinhydrat, 1std. Kochen mit gesätt. KOH, Dest. bis zu einer Innentemp. von 200°, 1½std. Erhitzen, Gießen in kalte HCl, Sättigen mit $(NH_4)_2SO_4$, Ausäthern, Eindampfen u. 20std. Stehen in Ae./PAe. bei Raum-Temp.; 50 mg; daneben aus der Mutterlauge 450 mg der *trans-syn-cis-Verb.* ($C_{15}H_{24}O_2$, $Kp._{0,3}$ 140—145°. *Methylester*, $C_{16}H_{26}O_2$, $Kp._{0,2}$ 105—110°, aus 2,5 g Säure u. VI in Ae.; 2,5 g). *Methylester*, $C_{16}H_{26}O_2$, $Kp._{0,2}$ 100°, aus 1,5 g Säure; 1,5 g. — *trans-syn-cis-9-Ketoperhydrophenanthren*, $C_{14}H_{22}O$, F. 56—57°, $Kp._2$ 90—95°, durch Zugabe von 2 g vorst. trans-syn-cis-Esters in Bzl. zu Phenyl-MgBr (VII) in abs. Ae., 16std. Rk. bei Raum-Temp., 4std. Kochen, Zers. des Komplexes mit 25%ig. NH_4Cl, Extrahieren mit Ae./Bzl., Eindampfen, 2std. Kochen mit 10%ig. wss. NaOH, Verdünnen mit W., Extrahieren mit Ae./Bzl., Zugabe von CrO_3 in W./Eisessig zu 1,47 g des erhaltenen *Diphenylperhydrophenanthryl-(9)-carbinols* ($C_{27}H_{34}O$, $Kp._{0,2}$ 140—145°, 1,7 g; 0,5 g geben durch Dehydratisierung unter 20 Min. langem Erhitzen mit $KHSO_4$ auf 180° unter N_2 0,3 g des *9-Benzhydryliden-Deriv.* vom $Kp._{0,2}$ 130—135°) in Eisessig bei 80° während 20 Min., 4std. Rk. bei 75—80°, Verdünnen mit W., Ausäthern, Umsetzen des rohen Ketons mit 2.4-Dinitrophenylhydrazin u. 4std. Erwärmen des *2.4-Dinitrophenylhydrazons* [$C_{20}H_{26}N_4O_4$, F. 236—237° (Bzl./A.); 0,3 g] mit Chlf., Brenztraubensäure u. 4n wasserfreie HBr in Essigsäure auf 50—60°; 0,1 g. — *trans-anti-trans-9-Ketoperhydrophenanthren*, F. 49°, $Kp._2$ 90°, aus 1,5 g vorvorst. trans-anti-trans-Esters in Bzl. u. VII in abs. Ae., Dehydratisieren des erhaltenen *Carbinols* ($Kp._{0,2}$ 140—145°; 1,5 g) mit $KHSO_4$, Ozonisieren des entstandenen *9-Benzhydryliden-Deriv.* ($Kp._{0,2}$ 130°; 1,1 g) in kaltem Chlf., 2std. Kochen des rohen Ketons (0,2 g) mit Hydroxylaminhydrochlorid in Pyridin u. Methanol, 6std. Kochen des *Oxims* ($C_{14}H_{23}NO$, F. 226°, aus A. Nädelchen) mit 5%ig. H_2SO_4 u. Ausäthern; aus PAe. Nadeln. *2.4-Dinitrophenylhydrazon*, F. 198 bis 205°. W. LIEBSCHER. 2850

Synthese von 2.3.6.11-Tetramethoxy-12H-naphthacenon-(5) als Analogon des Tetracyclins. John B. Data und Raymond D. Bennett. (J. med. pharmac. Chem. 4. 327—33. 8/9. 1961. Lafayette, Ind., Purdue Univ., School of Pharm.) (Engl.)

Aus 2-Brom-1.4-dimethoxynaphthalin (I) u. 6-Bromveratrumaldehyd (VI) wird durch GRIGNARD-Rk. *6-Brom-α-[1.4-dimethoxynaphthyl-(2)]-veratrylalkohol* (II) erhalten. II wird mit Butyl-Li metalliert u. mit CO_2 umgesetzt; Ringschluß ergibt *5.6-Dimethoxy-3-[1.4-dimethoxynaphthyl-(2)]-phthalid* (III). Alkal. Zn-Staub-Red. führt zur entsprechenden Toluylsäure (IV), die mit Polyphosphorsäure (PPS) in Eisessig zu *2.3.6.11-Tetramethoxy-12 H-naphthacenon-(5)* (V) cyclisiert wird. Die Entmethylierung von V mit HBr führt nur zu harzigen Produkten. V zeigt gegen Mikroorganismen eine sehr geringe Aktivität (ca. $^1/_{1000}$ der des Chlortetracyclins).

Versuche (FF. korr.): *2-Brom-1.4-dimethoxynaphthalin* (I), F. 58—59°, durch Bromierung von 1.4-Dimethoxynaphthalin in Chlf. in Ggw. von Eisenspänen unter N_2; Nadeln aus Methanol; 72% (Ausbeute). — *6-Brom-α-[1.4-dimethoxynaphthyl-(2)]-veratrylalkohol* (II), $C_{21}H_{21}BrO_5$, F. 164—165°, durch GRIGNARD-Rk. von I u. Äthylbromid mit Mg in Ae./Bzl. u. Rk. mit VI unter N_2; hellgelbe Nadeln aus Toluol; 62%. — *5.6-Dimethoxy-3-[1.4-dimethoxynaphthyl-(2)]-phthalid* (III), $C_{22}H_{20}O_6$, F. 198—199,5° (Bzl./PAe.), durch Zugabe von Butyl-Li in Ae. zu II in Ae. u. Toluol bei 0° unter N_2; Tropfen der Rk.-Lsg. auf Trockeneis, Extraktion mit NaOH u. Ansäuern; 57%. — *4.5-Dimethoxy-α-[1.4-dimethoxynaphthyl-(2)]-o-toluylsäure* (IV), $C_{22}H_{22}O_6$, F. 177—179°, durch Lösen von **III** in sd. NaOH, Zugabe von Zn-Staub in 3 Std. u. weiteres 14std. Kochen; hellgelbes Kristallpulver aus CCl_4; 52%. — *2.3.6.11-Tetramethoxy-12 H-naphthacenon-(5)* (**V**), $C_{22}H_{20}O_5$, F. 169—171°, durch Zugabe von **IV** zu PPS in Eisessig, Erwärmen auf 50° u. Gießen in Eiswasser; orangefarbene Nadeln aus Methanol; 33%. W. HOLLAND. 2950 □

Polycyclische Verbindungen. 9. Mitt. **20-Methylcholanthren und Cholanthren.** Emil Buchta und Karlheinz Meyer. (Chem. Ber. **95.** 213—21. 25/1. 1962. Erlangen, Univ., Inst. für Organ. Chem.) (Dt.) — 8. vgl. C. **1960.** 119.

Es wird über eine Abwandlung der in der 8. Mitt. beschriebenen 20-Methylcholanthren-Synth. berichtet. An das 8-Methyl-3-[β-bromäthyl]-acenaphthen, das eine Struktur besitzt, wie sie im Teilbezirk C, D, E von 20-Methylcholanthren (3-Methylcholanthren) vorliegt, werden die beiden fehlenden Ringe in der Reihenfolge B, A angegliedert. In analoger Weise wird *3-[Bromäthyl]-acenaphthen*, dargestellt aus Naphthalin-1.2-dicarbonsäureanhydrid in einer 8stufigen Rk.-Folge, in *Cholanthren* übergeführt.

Versuche: *γ-[8-Methylacenaphthenyl-(3)]-buttersäure*, $C_{17}H_{18}O_2$, F. 116—117°, durch 1std. Kochen von Malonsäurediäthylester mit K in abs. Toluol, ½std. Zutropfen von 3-[β-Bromäthyl]-8-methylacenaphthen in Toluol, 40std. Kochen, Verseifen u. Decarboxylieren bei 180°; aus Ligroin gelbe Kristalle; 72% (Ausbeute). — *3-Methyl-7-oxo-7.8.9.10-tetrahydroaceanthren*, $C_{17}H_{16}O$, F. 118°, durch 2tägiges Stehen vorst. Verb. mit wasserfreier HF bei Raum-Temp., Eindampfen, Neutralisieren mit 30%ig. K_2CO_3, Extrahieren mit Bzl., Eindampfen u. Sublimieren bei 180—190°/0,2 Torr; aus A. hellgelbe Kristalle; 81%. — *3-Methyl-7-oxo-8-hydroxymethylen-7.8.9.10-tetrahydroaceanthren*, $C_{18}H_{16}O_2$, F. 127—128°, durch ¼std. Zugabe von Ameisensäureäthylester in abs. Bzl. zu Na-Methylat in abs. Bzl., ¾std. Zugabe vorst. Verb. unter N_2 bei Kühlung, 5std. Rühren u. Ansäuern; aus A. gelbe Nadeln; 94%. — *3-Methyl-7-oxo-8-formyl-8-[3-oxobutyl]-7.8.9.10-tetrahydroaceanthren*, $C_{22}H_{22}O_3$, F. 123—124°, durch 5tägiges Stehen vorst. Verb. mit Methylvinylketon in abs. Bzl. in Ggw. von Triäthylamin u. Chromatographie an saurem Al_2O_3; aus A. gelbe Kristalle; 50%. — *3-Methyl-8-oxo-8.9.10.10a.11.12-hexahydrocholanthren*, $C_{21}H_{20}O$, F. 174—175°, durch 3std. Kochen vorst. Verb. in Dioxan mit 3%ig. wss. KOH u. Gießen in W.; aus A. gelbe Kristalle; 88%. — *3-Methylcholanthren*, $C_{21}H_{16}$, F. 175—176,5°, durch ½std. Zutropfen vorst. Verb. in abs. Tetrahydrofuran (THF) zu $LiAlH_4$ in THF, 2std. Erhitzen, Zers. mit H_2SO_4, Eindampfen, 3std. Erhitzen mit 30%ig. Pd/Kohle unter N_2 auf 300—320° u. Sublimieren bei 180—200°/0,01 Torr; aus n-Propanol blaßgelbe Kristalle; 2%. — *1.2-Bis-[hydroxymethyl]-naphthalin*, $C_{12}H_{12}O_2$, F. 122 bis 123° (Essigester), durch 1std. Zutropfen von Naphthalin-1.2-dicarbonsäureanhydrid in abs. THF zu einer sd. Lsg. von $LiAlH_4$ in abs. THF, 1½std. Erhitzen u. Zers. mit verd. H_2SO_4; 69%. — *1.2-Bis-[brommethyl]-naphthalin*, $C_{12}H_{10}Br_2$, F. 148,5—149,5°, durch 2std. Rühren vorst. Verb. in Bzl./Toluol (1:1) mit PBr_3 u. 2std. Rühren bei 50°; aus Chlf. Blättchen; 82%. — *1.2-Bis-[cyanmethyl]-naphthalin*, $C_{14}H_{10}N_2$, F. 188°, durch 1std. Zugabe vorst. Verb. zu KCN in W./96%ig. A., 3std. Rühren u. 1std. Kochen; aus Essigester Nadeln; 79,5%. — *1.2-Bis-[carboxymethyl]-naphthalin*, $C_{14}H_{12}O_4$, F. 214° (30%ig. Essigsäure), durch 2std. Kochen vorst. Verb. mit 40%ig. H_2SO_4 u. Eisessig (10:1); Nadeln; 66,5%. — *3-Carboxymethyl-1-oxoacenaphthen*, $C_{14}H_{10}O_3$, F. 168°, durch ½std. Stehen vorst. Verb. mit $SOCl_2$ in abs. Ae. in Ggw. von Pyridin bei Raum-Temp., Einengen, Zugabe von CS_2, 1std. portionsweise Zugabe von $AlCl_3$ unter Kühlung u. 3std. Rühren; aus W. Blättchen; 53,5% — *3-Carboxymethylacenaphthen*, $C_{14}H_{12}O_2$, F. 164°, durch 34std. Kochen vorst. Verb. mit amalgamiertem Zn in W./konz. HCl/Toluol (50:75:40); aus Ligroin Blättchen; 54%. — *3-[β-Hydroxyäthyl]-acenaphthen*, $C_{14}H_{14}O$, F. 96°, durch ½std. Zutropfen vorst. Verb. in TFH zu einer sd. Lsg. von $LiAlH_4$ in abs. THF, 2std. Kochen u. Zers. mit W. u. verd. H_2SO_4; aus Ligroin Nadeln; 85,5%. — *3-[β-Bromäthyl]-acenaphthen*, $C_{14}H_{13}Br$, F. 66°, $Kp._{0,3}$ 161°, durch ½std. Zutropfen von PBr_3 in CCl_4 zu vorst. Verb. in CCl_4, ½std. Erhitzen auf 70° u. Gießen in Eiswasser; aus Ligroin Blättchen; 53%. — *{β-[Acenaphthenyl-(3)]-äthyl}-malonsäurediäthylester*, $C_{21}H_{24}O_4$, $Kp._{0,03}$ 180°, durch 1std. Kochen von Na u. Malonsäurediäthylester in abs. Toluol, ½std. Zutropfen vorst. Verb. in abs. Toluol bei 50° u. 36std. Kochen; gelbes Öl; 73%. — *{β-[Acenaphthenyl-(3)]-äthyl}-malonsäure*, $C_{17}H_{16}O_4$, F. 180° (Decarboxylierung), durch 3std. Kochen vorst. Verb. mit methanol. KOH; aus Essigester Blättchen; 96%. — *γ-[Acenaphthenyl-(3)]-buttersäure*, $C_{16}H_{16}O_2$. F. 154°, $Kp._{0,1}$ 212°, durch 1½std. Erhitzen vorst. Verb. auf 180—190°; aus Ligroin Blättchen; 88%. — *7-Oxo-7.8.9.10-tetrahydroaceanthren*, $C_{16}H_{14}O$, F. 145°, aus vorst. Verb. mit wasserfreier HF (36 Std.); aus A. Nadeln; 83%. — *Aceanthren*, $C_{16}H_{12}$, F. 117°, durch $LiAlH_4$-Red. vorst. Verb. in abs. THF u. Dehydrieren an 10%ig. Pd/Kohle bei 320—330°; nach Sublimation bei 120°/0,2 Torr u. Umkristallisation aus abs. A. schwach gelbe Blättchen; 52,5%. — *7-Oxo-8-hydroxymethylen-7.8.9.10-tetrahydroaceanthren*, $C_{17}H_{14}O_2$, F. 120°, durch ¼std. Zutropfen von Ameisensäureäthylester zu Na-Methylat in abs. Bzl. u. ¾std. Zutropfen vorst. Verb. in abs. Bzl.; aus A. gelbe Nadeln; 96%. — *7-Oxo-8-formyl-8-[3-oxobutyl]-7.8.9.10-tetrahydroaceanthren*, $C_{21}H_{20}O_3$, F. 146—147°, durch 4tägige Rk. vorst. Verb. mit Methylvinylketon in abs. Bzl. in Ggw. von Triäthylamin; aus A. Nadeln; 52%. — *8-Oxo-8.9.10.10a.11.12-hexahydrocholanthren*, $C_{20}H_{18}O$, F. 180°, durch 2std. Kochen vorst. Verb. in Dioxan mit 2%ig. wss. KOH; aus A. gelbe Blättchen; 90%. — *Cholanthren*, $C_{20}H_{14}$, F. 169—170°, durch $LiAlH_4$-Red. u. anschließende Dehydrierung an 10%ig. Pd/Kohle bei 320—330° (5 Std.); nach Sublimation u. aus n-Propanol schwach gelbe Blättchen; 7,5%. — *Methyl-β-phenäthylmalonsäurediäthylester*, $C_{16}H_{22}O_4$, Kp.$_{10}$ 176 bis 179°, durch Zutropfen von Methylmalonsäurediäthylester in abs. Toluol zu Na, 1std. Kochen, Zutropfen von β-Phenäthylbromid u. 7std. Kochen; 67%. — *Methyl-β-phenäthylmalonsäure*, $C_{12}H_{14}O_4$, F. 166—167° (Decarboxylierung; Toluol), durch 4std. Kochen vorst. Verb. mit methanol. KOH; 98%. — *α-Methyl-γ-phenylbuttersäure*, $C_{11}H_{14}O_2$, Kp.$_9$ 161—164°, durch $^1/_2$std. Erhitzen vorst. Verb. auf 180—190°; 76,5%. — *1.2-Dimethyl-3.4-dihydronaphthalin*, $C_{12}H_{14}$, Kp.$_{12}$ 123—126°, durch Cyclisieren vorst. Verb. nach ALEXANDER u. MUDRAK (C. **1953**. 9119), Zutropfen des entstandenen *2-Methyltetralons-(1)* (Kp.$_9$ 126—127°) zu CH_3MgJ in Ae., 1std. Kochen u. $^1/_2$std. Erhitzen des *1.2-Dimethyltetralols-(1)* mit Acetylchlorid; 74%. — *1.2-Dimethylnaphthalin*, $C_{12}H_{12}$, Kp.$_{12}$ 132—133°, durch $^1/_2$std. Erhitzen vorst. Verb. mit S auf 180°, $^1/_4$std. Erhitzen auf 220—230° u. Dest. im Vakuum; 90%. P. GOLINSKE. 2950□

Einige neue Derivate von 2.6-Xylidin. Angelo Larizza und Adriano Pellegrino. (Gazz. chim. ital. **89**. 2018—26. Sept. 1959. Napoli, Farmochim. Cutolo-Calosi S.p.A.) (Ital.)

Eine Reihe neuer Derivv. von 2.6-Xylidin mit mono- u. disubstituierten Amin- u. Amidresten sowie mit Carbäthoxygruppen am N wird dargestellt. Die Maxima u. Minima der UV-Absorptionsspektren sind angegeben.

Versuche: 2.6-Xylidine: *N-[Dimethylaminocarbonylmethyl]-*, $C_{12}H_{18}N_2O$, F. 50 bis 51° (Ligroin), Kp.$_{0,2}$ 148—150°, durch 24std. Erhitzen von 2.6-Xylidin mit dem entsprechenden Chlorcarbonsäureamid auf 100° u. Extrahieren mit Bzl. (Meth. **A**). *Pikrat*, $C_{18}H_{21}N_5O_8$, F. 170—171°. — *N-[Diäthylaminocarbonylmethyl]-*, $C_{14}H_{22}N_2O$, Kp.$_{0,03}$ 122 bis 125°, nach **A**; n_D^{19} 1,5339. *Pikrat*, $C_{20}H_{25}N_5O_8$, F. 155—156°. — *N-[Pyrrolidinocarbonylmethyl]-*, $C_{14}H_{20}N_2O$, F. 47—48° (Ligroin), Kp.$_{0,15}$ 150—155°, nach **A**. *Pikrat*, $C_{20}H_{23}N_5O_8$, F. 156—158°. — *N-[Morpholinocarbonylmethyl]-*, $C_{14}H_{20}N_2O_2$, F. 107—109° (Ligroin), Kp.$_{0,05}$ 160—162°, nach **A**. *Pikrat*, $C_{20}H_{23}N_5O_9$, F. 180—181°. — *N-[Piperidinocarbonylmethyl]-*, $C_{15}H_{22}N_2O$, F. 72—74° (Ligroin), Kp.$_{0,01}$ 156—158°, nach **A**. *Pikrat*, $C_{21}H_{25}N_5O_8$, F. 165—166°. — *N-[β-(Diäthylaminocarbonyl)-äthyl]-*, $C_{15}H_{24}N_2O$, Kp.$_{0,35}$ 155 bis 160°, nach **A**; n_D^{19} 1,5324. *Pikrat*, $C_{21}H_{27}N_5O_8$, F. 160—162°. — *N-[α-(diäthylaminocarbonyl)-äthyl]-*, $C_{15}H_{24}N_2O$, Kp.$_{0,12}$ 105—110°, nach **A**; n_D^{29} 1,5188. *Pikrat*, $C_{21}H_{27}N_5O_8$, F. 113—114°. — *N-[α-(Diäthylaminocarbonyl)-propyl]-*, $C_{16}H_{26}N_2O$, Kp.$_{0,5}$ 125—128°, nach **A**; n_D^{30} 1,5159. *Pikrat*, $C_{22}H_{29}N_5O_8$, F. 102—103°. — *N.N-Bis-[Diäthylaminocarbonylmethyl]-*, $C_{20}H_{33}N_3O_2$, Kp.$_{0,02}$ 195—198°, nach **A**. — *N-[β-(Dimethylamino)-äthyl]-*, $C_{12}H_{20}N_2$, Kp.$_{0,25}$ 80—82°, analog Meth. **A** durch Rk. von 2.6-Xylidin mit dem entsprechenden Alkylamin (Meth. **B**); n_D^{18} 1,5221. *Dipikrat*, $C_{24}H_{26}N_8O_{14}$, F. 160—162°. — *N-[β-Pyrrolidinoäthyl]-*, $C_{14}H_{22}N_2$, Kp.$_{0,2}$ 115—120°, nach **B**; n_D^{18} 1,5375. *Dipikrat*, $C_{26}H_{28}N_8O_{14}$, F. 160—161°. — *N-[β-Morpholinoäthyl]-*, $C_{14}H_{22}N_2O$, Kp.$_{0,2}$ 125—126°, nach **B**; n_D^{19} 1,5397. *Dipikrat*, $C_{26}H_{28}N_8O_{15}$, F. 142—144°. — *N-[β-(Diäthylamino)-äthyl]-*, $C_{14}H_{24}N_2$, Kp.$_{0,15}$ 85—90°, nach **B**; n_D^{25} 1,5133. *Dipikrat*, $C_{26}H_{30}N_8O_{14}$, F. 151—153°. — *N-[β-Piperidinoäthyl]-*, $C_{15}H_{24}N_2$, Kp.$_{0,2}$ 120—122°, nach **B**; n_D^{18} 1,5364. *Dipikrat*, $C_{27}H_{30}N_8O_{14}$, F. 143—144°. — *N-[1-(Diäthylamino)-propyl-(2)]-*, $C_{15}H_{26}N_2$, Kp.$_{0,12}$ 90—95°, nach **B**; n_D^{25} 1,5085. *Pikrat*, $C_{21}H_{29}N_5O_7$, F. 129—130°. — *N-[γ-(Diäthylamino)-propyl]-*, $C_{15}H_{26}N_2$, Kp.$_{0,12}$ 110—115°, nach **B**; n_D^{18} 1,5160. *Dipikrat*, $C_{27}H_{32}N_8O_{14}$, F. 137—138°. — *N-[1-(Diäthylamino)-n-butyl-(2)]-*, $C_{16}H_{28}N_2$, Kp.$_{0,12}$ 95—98°, nach **B**; n_D^{18} 1,5124. *Pikrat*, $C_{22}H_{31}N_5O_7$, F. 153—154°. — *N.N-Bis-[β-(diäthylamino)-äthyl]-*, $C_{20}H_{37}N_3$, Kp.$_{0,12}$ 120 bis 130°, nach **B**; n_D^{18} 1,5037. *Dipikrat*, $C_{32}H_{43}N_9O_{14}$, F. 166—168°. — *N-[Dimethylaminocarbonylmethyl]-N-carbäthoxy-*, $C_{15}H_{22}N_2O_3$, Kp.$_{0,05}$ 130—132°, durch 12std. Erhitzen der entsprechenden nach Meth. **A** oder **B** dargestellten Verbb. mit Chlorameisensäureäthylester auf 100° u. Extrahieren mit Bzl. (Meth. **C**); n_D^{18} 1,5190. — *N-[Diäthylaminocarbonylmethyl]-N-carbäthoxy-*, $C_{17}H_{26}N_2O_3$, Kp.$_{0,05}$ 142—145°, nach **C**; n_D^{18} 1,5290. — *N-[β-(Diäthylaminocarbonyl)-äthyl]-N-carbäthoxy-*, $C_{18}H_{28}N_2O_3$, Kp.$_{0,06}$ 170—172°, nach **C**; n_D^{18} 1,5158. — *N-[β-(Diäthylamino)-äthyl]-N-carbäthoxy-*, $C_{17}H_{28}N_2O_2$, Kp.$_{0,32}$ 122 bis 125°, nach **C**; n_D^{18} 1,5020. *Pikrat*, $C_{23}H_{31}N_5O_9$, F. 102—105°. P. GOLINSKE. 3000□

Abfangen von Sulfenen durch Cycloaddition an Enamine. G. Opitz und H. Adolph. (Angew. Chem. **74**. 77. 21/1. 1962. Tübingen, Univ., Chem. Inst.) (Dt.)

Vff. fanden, daß die aus aliphat. Sulfochloriden R_2CHSO_2Cl u. $(C_2H_5)_3N$ prim. entstehenden *Sulfene* R_2CSO_2 mit Enaminen durch Cycloaddition substituierte *3-Amino-*

rimethylensulfone bilden. Die analyt., spektroskop. u. chem. Befunde, z. B. die Übereinstimmung der aus 1-Piperidinopenten u. Propansulfochlorid entstehenden Base mit der Base aus 1-Piperidinobuten u. Butansulfochlorid, sind im Einklang mit der cycl. β-Aminosulfon-Struktur. Die isomere cycl. 2-Aminosulfon-Struktur u. die vinyloge Sulfonsäureamid-Struktur scheiden auf Grund der Auswertung des IR-Spektrums aus. Nur in einem Falle, nämlich bei der Umsetzung von 1-Piperidinopropen mit Benzolsulfochlorid, wird unter gleichen Bedingungen mit 66%ig. Ausbeute das entsprechende vinyloge Sulfonsäureamid, *2-Benzolsulfonyl-1-piperidinopropen-(1)* (F. 107°), erhalten.

Versuche: *2.2-Dimethyl-3-pyrrolidinotrimethylensulfon*, F. 68°, durch Zutropfen von Mesylchlorid in Ae. zu 1-Pyrrolidinobuten u. $(C_2H_5)_3N$, Abfiltrieren von $(C_2H_5)_3N \cdot HCl$ u. Aufarbeitung des Filtrats; 80% (Ausbeute). — Analog aus 1-Pyrrolidinoisobuten, 1-Piperidinopropen, 1-Morpholinobuten bzw. 1-Piperidinopenten u. Methan-, Propan- bzw. Toluol-ω-sulfochlorid *2.2-Dimethyl-3-pyrrolidino-4-phenyltrimethylensulfon*, F. 161°; 70%. — *2-Methyl-3-piperidinotrimethylensulfon*, $Kp._{0,001}$ 121°; 90%. *Hydrochlorid*, F. 210°; *Pikrat*, F. 190°. *Methojodid*, F. 164°. — *2-Äthyl-3-morpholinotrimethylensulfon*, F. 114°; 83%. — *2-Äthyl-3-morpholino-4-phenyltrimethylensulfon*, F. 170°; 65%. — *2-Propyl-3-piperidino-4-äthyltrimethylensulfon*; 88%. G. HELLER. 3040□

Nitrierung von 1.1.1-Trichlor-2.2-bis-[thienyl-(2)]-äthan. Price Truitt. (J. org. Chemistry **26.** 5250—51. Dez. 1961. Denton, Tex., North Texas State Univ., Chem. Labor.) (Engl.)

Nitrierung von 29,8 g 1.1.1-Trichlor-2.2-bis-[thienyl-(2)]-äthan (**I**) mit 90%ig. HNO_3 in CH_3COOH/Acetanhydrid <10° gab 14 g (Ausbeute) *1.1.1-Trichlor-2.2-bis-[5-nitrothienyl-(2)]-äthan* (**II**), $C_{10}H_5Cl_3N_2O_4S_2$, F. 110—110,5° (Essigester u. A.). — Nitrierung von **I** wie vorst., aber bei 20—30° u. nachfolgendes Stehen über Nacht lieferten 13 g gelbes *1.1-Dichlor-2.2-bis-[5-nitrothienyl-(2)]-äthen* (**III**), $C_{10}H_4Cl_2N_2O_4S_2$, F. 130—131° (Essigester). — **III** (0,6 g) wurde auch erhalten durch 1 std. Kochen von 1,25 g **II** mit $KMnO_4$ in Aceton. — *Bis-[5-nitrothienyl-(2)]-keton*, $C_9H_4N_2O_5S_2$, F. 152—154°, blaßgelbe Nadeln aus CH_3COOH, aus 3,51 g **III** u. CrO_3 in sd. wss. CH_3COOH (6 Std.); 1,2 g. *2.4-Dinitrophenylhydrazon*, $C_{15}H_8N_6O_8S_2$, F. 222—223°. J. ROTHE. 3071□

Alkylperoxide. 30. Mitt. **Peroxide von Diketonen.** 1. Mitt. **Peroxide des Acetylacetons.** Alfred Rieche und Christian Bischoff. (Chem. Ber. **95.** 77—82. 25/1. 1962. Berlin, DAW, Inst. für Organ. Chem.) (Dt.) — 29. vgl. C. **1962.** 5996.

Bei der Umsetzung von Acetylaceton (**I**) mit H_2O_2 entstehen cycl. *Peroxide*. Beim Molverhältnis 1 : 1 wird *3.5-Dihydroxy-3.5-dimethyl-1.2-dioxolan* erhalten, dessen Hydroxylgruppen gegen Hydroperoxy- oder tert.-Butylperoxy-Gruppen ausgetauscht werden können. Unter geeigneten Bedingungen kann sowohl die Verknüpfung zweier Dioxolanringe durch eine Peroxygruppe als auch die intramol. Rk. unter Bldg. von *3.6-Dimethyl-3.6-endomethylen-1.2.4.5-tetroxan* erreicht werden. Auch Benzalacetylaceton bildet ein cycl. Peroxid.

Versuche: 3.5-Dimethyl-1.2-dioxolane: *3.5-Dihydroxy-* (**II**), *Hydrat*, $C_5H_{10}O_4 \cdot H_2O$, F. 52°, durch Schütteln von **I** u. 1 Mol Perhydrol u. Einengen bei 25—30°/12 Torr (Bad); 92% (Ausbeute). *Freie Verb.*, $C_5H_{10}O_4$, F. 80—82°, aus dem Hydrat durch Umkristallisieren aus Propanol-(2) oder Propanol-(2)/Eisessig (1 : 1). — *3.5-Di-tert.-butylperoxy-*, $C_{13}H_{26}O_6$, $Kp._{0,1}$ 63—64°, durch 1 std. Erwärmen von **II** mit tert.-Butylperoxid in Ggw. von 0,1n H_2SO_4 u. ³/₄std. Erhitzen auf 70°; n_D^{20} 1,4338; 31%. — *3-Hydroxy-5-hydroperoxy-*, $C_5H_{10}O_5$, F. 112—113° (Eisessig), a) aus **I** u. 2 Mol Perhydrol durch Erwärmen u. Einengen bei 30—45°/12 Torr (Bad); 97%; b) analog a) aus **II**; 75%. — *3.5-Bis-[hydroperoxy]-*, $C_5H_{10}O_6$, F. 109—111°, a) aus **I** u. Perhydrol (3 Mol); aus Chlf.-Blättchen; 90%; b) analog aus **II**; 16%; c) analog aus vorst. Verbindung. — *3.6-Dimethyl-3.6-endomethylen-1.2.4.5-tetroxan*, $C_5H_8O_4$, F. 123°, durch Erhitzen vorvorst. Verb. in Eisessig auf 60° bis zur klaren Lsg. u. 5—10 Min. langes Erhitzen auf 75—80° (Bad); aus Eisessig Stäbchen. — *Bis-[5-hydroxy-3.5-dimethyl-1.2-dioxolanyl-(3)]-peroxid*, $C_{10}H_{18}O_8$, F. 136—137° (Essigester), analog der Darst. von **II** durch Verw. von stark saurem Perhydrol u. mehrwöchiges Stehen des Hydrats von **II**. — *3.5-Dihydroxy-3.5-dimethyl-4-benzal-1.2-dioxolan*, $C_{12}H_{14}O_4$, F. 91—92°, durch Lösen von Benzalacetylaceton in einer äther. Lsg. von H_2O_2 (3 Mol), Einengen im Vakuum u. Versetzen mit W.; aus Bzl. Nadeln; 81%. P. GOLINSKE. 3102□

Untersuchung in der Isoxazolreihe. 8. Mitt. **Elektrophile Substitution am Isoxazol.** N. K. Kotschetkow und Je. D. Chomutowa. (Журнал Общей Химии [J. allg. Chem.] **29**(**91**). 535—39. Febr. 1959. Moskau, Univ.) (Russ.) — 7. vgl. C. **1960.** 3869.

Bei der Nitrierung, Bromierung u. Sulfonierung von Isoxazol (**I**) erfolgt Substitution in 4-Stellung. Die Ausbeuten sind gering. **I** ist gegenüber elektrophilen Substitutionen wesentlich reaktionsträger als Benzol.

Versuche: *4-Nitroisoxazol*, $C_3H_2N_2O_3$, F. 46—47° (PAe.), man gibt zu 26 ml konz. H_2SO_4 bei 0° 8 g I, dann 10 ml HNO_3 (Dichte 1,5) + 16 ml konz. H_2SO_4, rührt 1 Std. bei 20° u. $^1/_2$ Std. bei 35—40°; glänzende Plättchen; 3,5% (Ausbeute). Liefert mit Anilin beim Kochen in abs. A. *Nitroacetaldehydanil*, F. 214,5—215,5° (Eisessig); gelb. — *4-Bromisoxazol*, C_4H_2BrNO, F. 43—44°, man tropft zu 10 g I in Ggw. von 0,2 g Fe-Pulver 7,4 ml Br_2 zu u. erhitzt 12 Std. auf dem sd. Wasserbad; sehr flüchtig; 4,5 g. Liefert mit Na-Äthylat in abs. A. *Na-Bromcyanacetaldehyd* (*Bromcyanacetaldehyd-Na-Enolat*), $C_3H \cdot BrNNaO$. — *Isoxazol-4-sulfonsäure, Ba-Salz*, $C_6H_4BaN_2O_8S_2$, man erhitzt 6,7 g I in 10 ml 20% ig. Oleum 7 Std. auf dem sd. Wasserbad u. isoliert als Ba-Salz; 17%. *S-Benzylisothiuroniumsalz*, $C_{11}H_{13}N_3O_4S_2$, F. 136,5—137,5° (W.); glänzende Kristalle.

HELMUT SCHÄFER. 3132□

Untersuchung in der Isoxazolreihe. 9. Mitt. **Synthese 3-substituierter Isoxazole. Abbau von Isoxazolen mit Natriumamid.** N. K. Kotschetkow und Je. D. Chomutowa. (Журнал Общей Химии [J. allg. Chem.] **30**(**92**). 954—58. März 1960.) (Russ.) — 8. vgl. vorst. Referat.

Durch Kondens. der entsprechenden β-Ketoaldehydäthylenacetale (2-Acylmethyldioxolane) mit Hydroxylamin werden *3-Phenyl-* (**I**), *3-Propyl-* (**II**) u. *3-Isobutylisoxazol* dargestellt. Beim Erhitzen mit $NaNH_2$ werden diese unter Bldg. von *Na-Acetat* u. den entsprechenden *Säurenitrilen* aufgespalten. Die Rk. kann zum Nachw. der Struktur u. zur Identifizierung 3 substituierter Isoxazole dienen.

Versuche: *2-[Benzoylmethyl]-dioxolan* (**III**), *Oxim*, $C_{11}H_{13}NO_3$, F. 110—111° (W.-A.), man gibt zu 17,7 g **III** in 75 ml Dioxan die wss. Lsg. von 10,6 g mit K_2CO_3 neutralisiertem Hydroxylaminhydrochlorid (**IV**) u. erhitzt 7 Std. auf dem Wasserbad; 63% (Ausbeute). — *3-Phenylisoxazol* (**I**), C_9H_7NO, Kp.$_2$ 89—90°, a) man gibt zu 10 g **III** in 50 ml Dioxan die mit K_2CO_3 neutralisierte wss. Lsg. von 5,4 g **IV**, läßt 2 Tage stehen u. erhitzt 20 Std. auf dem sd. Wasserbad; $D._4^{20}$ 1,1408; n_D^{20} 1,5735; 65%; b) man kocht 7 g **III**-Oxim in W.-Dioxan 12 Std.; 60%; c) man erhitzt **III**-Oxim in W.-Dioxan nach dem Ansäuern mit HCl 1 Std. auf dem Wasserbad; 63%. — *3-Phenyl-2-methylisoxazoliumchloroferrat*(**III**), $C_{10}H_{10}Cl_4FNO$, F. 77—78° (Eisessig), man erhitzt 0,5 g **I** u. 1,5 ml Dimethylsulfat 3 Std. auf dem Wasserbad, gibt 5 ml verd. HCl (1 : 1) u. nach $^1/_2$ Std. 5 ml konz. $FeCl_3$-Lsg. zu; gelbe Kristalle; 85%. — *3-Propylisoxazol* (**II**), Kp.$_{40}$ 74—75°, aus 7,2 g 2-[Propionylmethyl]-dioxolan in 30 ml Dioxan u. 3,2 g mit K_2CO_3 neutralisiertem wss. **IV**; n_D^{20} 1,4435; 67%. — *3-Isobutylisoxazol*, Kp.$_{30}$ 81—82°, analog aus 10 g 2-[Isobutyrylmethyl]-dioxolan u. 6 g **IV** in 50 ml Methanol; n_D^{20} 1,4443; 77%. — *Spaltung von* **I** *mit* $NaNH_2$: Man erhitzt 3 g **I** u. 0,85 g $NaNH_2$ in 7 ml Xylol 2 Std. auf dem Wasserbad: *Na-Acetat* (94%; *p-Bromphenacylester*, F. 84—85°) u. *Benzonitril* (Kp.$_{40}$ 100 bis 105°; gibt mit NaOH *Benzoesäure*, F. 121—121,5°). Analog erhält man aus **II** 95% *Na-Acetat* u. *Butyronitril*, das durch Rk. mit Phloroglucin (**V**) zu *Phlorobutyrophenon* (F. 180—181° aus W.) identifiziert wird. Aus dem Rk.-Gemisch von 3-Methylisoxazol mit $NaNH_2$ werden *Na-Acetat* u. nach Rk. des Filtrates mit **V** *Phloroacetophenon* (F. 218 bis 220° aus W.) erhalten. Aus $NaNH_2$ u. 5-Phenylisoxazol wird dagegen *ω-Cyanacetophenon* (F. 80—81°) erhalten.

HELMUT SCHÄFER. 3132□

Untersuchung in der Isoxazolreihe. 10. Mitt. **Mercurierung von Isoxazolen.** N. K. Kotschetkow und Je. D. Chomutowa. (Журнал Общей Химии [J. allg. Chem.] **30**(**92**). 1269—71. April 1960.) (Russ.) — 9. vgl. vorst. Referat.

Die Mercurierung von 3-Phenyl- (**I**), 5-Methyl- (**II**), 3-Methyl- (**III**) u. 3.5-Dimethylisoxazol (**IV**) mit Hg-Acetat erfolgt in 4-Stellung. Die Struktur wird durch Überführung in die entsprechenden Brom-Derivv. bewiesen.

Versuche: Isoxazole: *3-Phenyl-4-acetoxymercuri-*, man erwärmt 8,55 g **I** u. 18,5 g Hg-Acetat auf dem Wasserbad bis zur Bldg. eines farblosen Öls; 99% (Ausbeute). — *3-Phenyl-4-brommercuri-*, $C_9H_6BrHgNO$, F. 217—219° (W.), man versetzt vorst. Verb. in Dioxan mit 7 g KBr in W.-Dioxan; 80%. — *4-Brom-3-phenyl-*, C_9H_6BrNO, F. 50—51° (PAe.), a) man kocht 12,2 g vorst. Verb. u. 4,6 g Br_2 in Dichloräthan bis zur Entfärbung; 70%; b) man erhitzt 8 g **I**, 9,4 g Br_2 u. 0,1 g Fe-Pulver bei 110—130°, bis kein HBr mehr entweicht; 80%. — *5-Methyl-4-acetoxymercuri-*, $C_6H_7HgNO_3$, F. 124 bis 124,5° (W.), aus 0,5 g **II** u. 1,9 g Hg-Acetat; glänzende Plättchen; 97%. — *4-Brom-5-methyl-*, C_4H_4BrNO, Kp. 147—148°, man behandelt 15 g vorst. Verb. mit 5,3 g KBr, löst das Mercuribromid in Dichloräthan u. versetzt mit der berechneten Menge Br_2; n_D^{20} 1,4915; 60%. — *3-Methyl-4-acetoxymercuri-*, $C_6H_7HgNO_3$, F. 154—155° (W.), aus **III** mit Hg-Acetat; 100%. — *3-Methyl-4-brommercuri-*, F. 151—154°, aus vorst. Verb. mit KBr in W.; 80%. — *3-Methyl-4-brom-*, Kp. 143—145°, durch Bromieren vorst. Verb. mit 3,7 g Br_2 in Dichloräthan; n_D^{20} 1,4742; 1,4 g. — *3.5-Dimethyl-4-acetoxymercuri-*. $C\,H_9HgNO_3$, F. 104—105° (W.), man erhitzt 3 g **IV** u. 9,8 g Hg-Acetat auf dem Wasserbad; 10 g. — *3.5-Dimethyl-4-brommercuri-*, F. 171—172° (W.), man gibt zu 6,1 g vorst. Verb. in W. 2 04 g KBr; 6,3 g. Helmut Schäfer. 3132□

Untersuchungen an Isoxazolderivaten. 11. Mitt. **Synthese von 4-Äthoxycarbonyl- und 4-Cyan-5-aminoisoxazolen und ihre Ringspaltung.** Hideo Kanō, Yasuo Makisumi und Kazuko Ogata. (Chem. pharmac. Bull. [Tokyo] **6.** 105—07. Febr. 1958. Imafuku, Amagasaki, Shionogi & Co. Ltd., Res. Labor.) (Engl.) — 10. vgl. C. **1961.** 14269.

4-Äthoxycarbonyl- u. *4-Cyan-5-aminoisoxazol* werden durch Rk. von $NH_2OH \cdot HCl$ u. *α-Äthoxymethylencyanessigsäureäthylester* (**I**) bzw. *α-Äthoxymethylenmalonsäuredinitril* (**II**) hergestellt. Sie sind im Gegensatz zu *3-Methyl-4-äthoxycarbonyl-5-aminoisoxazol* instabil gegenüber Basen. Die Ringspaltung erfolgt an der N—O-Bindung mit nachfolgender Isomerisierung zu den entsprechenden Nitrilen. Die Maxima der IR-Spektren sind angegeben.

Versuche: *4-Äthoxycarbonyl-5-aminoisoxazol* (**III**), $C_6H_8N_2O_3$, F. 73—74,5°, durch Zugeben von 17 g **I** zu einer Lsg. von 7 g $NH_2OH \cdot HCl$ in 10%ig. NaOH bei <50°; aus 50%ig. A. Nadeln; 12 g (Ausbeute). — *4-Cyan-5-aminoisoxazol* (**IV**), $C_4H_3N_3O$, F. 146 bis 147°, aus 3,5 g $NH_2OH \cdot HCl$, 10%ig. NaOH u. **II** analog **III**; aus W. Nadeln; 3,3 g. — *α-Äthoxycarbonylcyanessigsäure, Amid*, $C_6H_8N_2O_3$, F. 162—163°, a) aus **III** durch Lösen in 1n NaOH u. Ansäuern mit HCl nach 20 Min.; b) analog a) mit heißer 10%ig. $Ba(OH)_2$. *Ammoniumsalz*, F. 191—191,5° (A./Ae.), durch Erwärmen von **III** mit konz. NH_4OH. — *Cyanmalonsäuredianilid*, F. 195—196° (A.), durch Erwärmen von **III** mit Anilin u. Zugabe von HCl nach wenigen Minuten. — *Ammoniumaminocarbonylmalonsäuredinitril*, $C_4H_6N_4O$, F. 208—209°, durch 10—15 Min. langes Erwärmen von **IV** in konz. NH_4OH; aus W. Nadeln, die mit $FeCl_3$ in A. rotbraune Färbung ergeben. — *Hydraziniumaminocarbonylmalonsäuredinitril*, $C_4H_7N_5O$, F. 133—135° (A.), durch Eintragen von **IV** in $NH_2NH_2 \cdot H_2O$ u. Ausfällen mit A. — *Diphenylharnstoff*, $C_{13}H_{12}N_2O$, F. 235—236°, durch Erwärmen von **IV** mit Anilin u. Zugabe von HCl nach Abkühlung.

H. Krause. 3132□

Thiazolidone. 1. Mitt. M. L. Vasa, J. J. Trivedi und K. C. Kshatriya. (J. Indian chem. Soc. **36.** 648—50. Sept. 1959. Ahmedabad, M. G., Science Inst., Chem. Dep.) (Engl.)

Unter Hinweis auf die in vielen Fällen nachgewiesene physiolog. Wirksamkeit von substituierten Thiazolidonen synthetisierten Vff. einige *2-Benzyliminothiazolidone-(4)* (**A**) mit verschiedenen Substituenten am Phenylkern, u. zwar durch Umsetzung der entsprechenden Benzylthioharnstoffe mit Chloressigsäure in Ggw. von wasserfreiem Na-Acetat in abs. A. (Ausbeute 70%). Die erhaltenen **A** wurden mit einer Reihe von aromat. Aldehyden in Eisessig in Ggw. von wasserfreiem Na-Acetat kondensiert, wobei *5-Benzyliden-2-benzyliminothiazolidone-(4)* in quant. Ausbeute entstanden.

Versuche: 2-X-Benzyliminothiazolidone-(4): *Unsubstituiert*, $C_{10}H_{10}N_2OS$, F. 212°. — (*X* =) *o-Chlor-*, $C_{10}H_9ClN_2OS$, F. 212°. — *p-Chlor-*, $C_{10}H_9ClN_2OS$, F. 215°. — *p-Brom-*, $C_{10}H_9BrN_2OS$, F. 208° (vorst. Verbb. sind in den gebräuchlichen Lsgm. kaum lösl. u. wurden daher mehrfach mit heißem W. gewaschen). — *m-Jod-*, $C_{10}H_9JN_2OS$, F. 163°, aus W. Nadeln. — 5-Aryliden-2-benzyliminothiazolidone-(4): *5-Benzyliden-*, $C_{17}H_{14}N_2OS$, F. 176°, aus A. gelbe Nadeln. — *5-[4-Methoxybenzyliden]-*, $C_{18}H_{16} \cdot N_2O_2S$, F. 160°, aus A. hellgelbe Nadeln. — *5-[2-Hydroxybenzyliden]-*, $C_{17}H_{14}N_2O_2S$, F. 218°, aus A. Nadeln. — *5-[2.4-Dihydroxybenzyliden]-*, $C_{17}H_{14}N_2O_3S$, F. 235°, aus A. rote, körnige Kristalle. — *5-[2-Methoxymenaphthyliden-(1)]-*, $C_{22}H_{18}N_2O_2S$, F. 45°, aus A. braune Plättchen. — *5-Cinnamyliden-*, $C_{19}H_{16}N_2OS$, F. 96°, aus A. hellgelbe Nadeln. — *5-Furfuryliden-*, $C_{15}H_{12}N_2O_2S$, F. 180°, aus A. braune, körnige Kristalle. — 5-Aryliden-2-[o-chlorbenzylimino]-thiozolidone-(4): *5-Benzyliden-*, $C_{17}H_{13}ClN_2OS$, F. 162°, aus A. hellgelbe Nadeln. — *5-[4-Methoxybenzyliden]-*, $C_{18}H_{15}ClN_2O_2S$, F. 182°, aus A. Nadeln. — *5-[2-Hydroxybenzyliden]-*, $C_{17}H_{13}ClN_2O_2S$, F. 160°, aus A. gelbe, körnige Kristalle. — *5-[2.4-Dihydroxybenzyliden]-*, $C_{17}H_{13}ClN_2O_3S$, F. 143°, aus A. rote Nadeln. — *5-[2-Methoxymenaphthyliden-(1)]-*, $C_{22}H_{17}ClN_2O_2S$, F. 46°, aus A. Plättchen. — *5-Cinnamyliden-*, $C_{19}H_{15}ClN_2OS$, F. 187°, aus A. körnige Kristalle. — *5-Furfuryliden-*, $C_{15}H_{11} \cdot ClN_2O_2S$, F. 170°, aus A. braune Nadeln. — 5-Aryliden-2-[p-chlorbenzylimino]-thiazolidone-(4): *5-Benzyliden-*, $C_{17}H_{13}ClN_2OS$, F. 242°, aus A. hellgelbe Nadeln. — *5-[4-Methoxybenzyliden]-*, $C_{18}H_{15}ClN_2O_2S$, F. 202°, aus A. körnige Kristalle. — *5-[2-Hydroxybenzyliden]-*, $C_{17}H_{13}ClN_2O_2S$, F. 170°, aus A. gelbe Nadeln. — *5-[2.4-Dihydroxybenzyliden]-*, $C_{17}H_{13}ClN_2O_3S$, F. 168°, aus Essigester rote Nadeln. — *5-[2-Methoxymenaphthyliden-(1)]-*, $C_{22}H_{17}ClN_2O_2S$, F. 138°, aus Essigester braune, körnige Kristalle. — *5-Cinnamyliden-*, $C_{19}H_{15}ClN_2OS$, F. 105°, aus A. gelbe Nadeln. — *5-Furfuryliden-*, $C_{15}H_{11} \cdot ClN_2O_2S$, F. 138°, aus A. dunkelrote, körnige Kristalle. — 5-Aryliden-2-[p-brombenzylimino]-thiazolidone-(4): *5-Benzyliden-*, $C_{17}H_{13}BrN_2OS$, F. 165°, aus A. gelbe

Nadeln. — *5-[4-Methoxybenzyliden]-*, $C_{18}H_{15}BrN_2O_2S$, F. 170°, aus A. körnige Kristalle. — *5-[2-Hydroxybenzyliden]-*, $C_{17}H_{13}BrN_2O_2S$, F. 116°, aus A. hellgelbe, körnige Kristalle. — *5-[2.4-Dihydroxybenzyliden]-*, $C_{17}H_{13}BrN_2O_3S$, F. 168°, aus A. orangefarbene Plättchen. — *5-[2-Methoxymenaphthyliden-(1)]-*, $C_{22}H_{17}BrN_2O_2S$, F. 65°, aus A. rote Plättchen. — *5-Cinnamyliden-*, $C_{19}H_{15}BrN_2OS$, F. 176°, aus A. körnige Kristalle. — *5-Furfuryliden-*, $C_{15}H_{11}\cdot BrN_2O_2S$, F. 120°, rotbraune, körnige Kristalle. — 5-Aryliden-2-[m-jodbenzylimino]-thiazolidone-(4): *5-Benzyliden-*, $C_{17}H_{13}JN_2OS$, F. 228°, aus Essigester körnige Kristalle. — *5-[4-Methoxybenzyliden]-*, $C_{18}H_{15}JN_2O_2S$, F. 156°, aus A. gelbe Nadeln. — *5-[2-Hydroxybenzyliden]-*, $C_{17}H_{13}JN_2O_2S$, F. 158°, aus A. gelbe, körnige Kristalle. — *5-[2.4-Dihydroxybenzyliden]-*, $C_{17}H_{13}JN_2O_3S$, F. 120°, aus A. rote Nadeln. — *5-[2-Methoxymenaphthyliden-(1)]-*, $C_{22}H_{17}JN_2O_2S$, F. 172°, aus A. hellgelbe körnige Kristalle. — *5-Cinnamyliden-*, $C_{19}H_{15}JN_2OS$, F. 165°, aus A. hellgelbe, körnige Kristalle. — *5-Furfuryliden-*, $C_{15}H_{11}JN_2O_2S$, F. 126°, aus A. braune, körnige Kristalle.

D. HOLZNER. 3142 □

Untersuchungen über 3-o-Tolyl-2-[o-tolylimino]-thiazolidon-(4). Prithwi Nath Bhargava und Chuni Lal Kaul. (J. Indian chem. Soc. **32.** 49—51. Jan. 1955. Banaras, Hindu Univ., Organ. Chem. Labor.) (Engl.)

Durch Kondens. von symm.-Di-o-tolylthioharnstoff (**II**) mit Monochloressigsäure (**III**) in geringem Überschuß in Ggw. von Na-Acetat entsteht *3-o-Tolyl-2-[o-tolylimino]-thiazolidon-(4)* (**I**), dessen akt. Methylengruppe sich mit Aldehyden u. Ketonen kondensieren läßt. Durch alkohol. NaOH wird **I** zu **II** u. *Thiolessigsäure* zers., Hydrolyse mit Säuren liefert *o-Toluidin* u. *3-o-Tolylthiazolidindion-(2.4)*. Mit CrO_3 läßt sich **I** zum entsprechenden *Sulfon* oxydieren.

Versuche: *3-o-Tolyl-2-[o-tolylimino]-thiazolidon-(4)* (**I**), $C_{17}H_{16}N_2OS$, F. 152° (aus A. gelbe Blättchen), durch 3std. Kochen von **II**, **III** u. wasserfreiem Na-Acetat in abs. A., Abdestillieren von A. u. Gießen in W.; 91,2% (Ausbeute). 3std. Kochen mit 1n alkohol. NaOH u. Gießen in W. → 94% **II** (F. 250°). — *3-o-Tolylthiazolidindion-(2.4)*, $C_{10}H_9NO_2S$, F. 154° (gelb, amorph aus Bzl.), durch 4std. Kochen von **I** mit verd. HCl in A. u. Gießen in W.; im Filtrat wurde *o-Toluidinhydrochlorid* nachgewiesen. — 3-o-Tolyl-2-[o-tolylimino]-thiazolidone-(4): *5-Benzal-*, $C_{24}H_{20}N_2OS$, F. 95° (braunes amorphes Pulver), durch 4std. Erhitzen von **I** u. Benzaldehyd in Bzl. in Ggw. von Pyridin auf 150—160°, Entfernung des Bzl. u. A.-Extraktion. — *5-[p-Dimethylaminobenzal]-*, F. 65°, analog aus p-Dimethylaminobenzaldehyd. — *5-[p-Methoxybenzal]-*, F. 131°, analog oder in Ggw. von Piperidin aus Anisaldehyd. — *5-Isopropyliden-*, F. 141°, mit Aceton auch als Lösungsmittel. — *5-[α-(p-Chlorphenyläthyliden]-*, F. 147°, aus p-Chloracetophenon. — *3-o-Tolyl-2-[o-tolylimino]-thiazolidon-(4)-1.1-dioxid*, $C_{17}H_{16}N_2O_3S$, F. 134° (Bzl.), durch portionsweise Zugabe von CrO_3 zu **I** in Aceton, 1std. Erwärmen auf dem Wasserbad, Abdestillieren von Aceton u. Gießen in Eiswasser. I. SPAETH. 3142 □

Thiazolderivate als mögliche Fungicide. 1. Mitt. **N-substituierte 2-Amino-4.5-dimethylthiazole.** Nabin Kishore Das, G. N. Mohapatra und M. K. Rout. (J. Indian chem. Soc. **32.** 55—57. Jan. 1955. Cuttack, Ravenshaw Coll., Dep. of Chem.) (Engl.)

13 *2-Arylamino-4.5-dimethylthiazole* wurden nach der früher (vgl. C. **1954.** 7643) beschriebenen Meth. dargestellt u. in ihre *Acetoxymercuri-Derivv.* übergeführt, für welche wie früher (vgl. C. **1950/54** 886 S) p- bzw. o-Substitution angenommen wird. Bei der Prüfung auf bactericide (*E. coli*, *Staphylococcus aureus*) u. fungicide (*Alternaria Polanduii*) Aktivität erwiesen sich die Mg-Derivv. als wesentlich wirksamer als die Stammkörper.

Versuche: 2-Arylamino-4.5-dimethylthiazole: *2-Phenylamino-*, F. 165°, durch 24std. Kochen von Phenylthioharnstoff, Äthylmethylketon u. J_2, 6—8std. Erhitzen ohne Kühler, 48std. Stehen mit Ae., Abgießen des Ae., Zugabe von verd. $Na_2S_2O_3$-Lsg., Kochen mit W. u. Reinigung über das *Pikrat* (F. 180°); 65% (Ausbeute). *Acetoxymercuri-Deriv.*, F. 175°; 75%. — *2-[o-Tolylamino]-*, F. 168°, analog vorst. Verb.; 51%. *Pikrat*, F. 178°. *Acetoxymercuri-Deriv.*, F. 230°; 69%. — *2-[p-Tolylamino]-*, F. 167°; 50%. *Pikrat*, F. 195°. *Acetoxymercuri-Deriv.*, F. 210°; 67%. — *2-[o-Chlorphenylamino]-*, F. 120°; 50%. *Pikrat*, F. 115°. *Acetoxymercuri-Deriv.*, F. 165°; 73%. — *2-[m-Chlorphenylamino]-*, F. 176°; 56%. *Pikrat*, F. 212°. *Acetoxymercuri-Deriv.*, F. 135°; 71%. — *2-[p-Chlorphenylamino]-*, F. 104°; 53%. *Pikrat*, F. 108°. *Acetoxymercuri-Deriv.*, F. 145°; 74%. — *2-[o-Carboxyphenylamino]-*, F. 215°, sehr gering. *Pikrat*, F. 235°. *Acetoxymercuri-Deriv.*, F. 245°; 65%. — *2-[m-Carboxyphenylamino]-*, F. 175°; 44%. *Pikrat*, F. 250°. *Acetoxymercuri-Deriv.*, F. 225°; 63%. — *2-[p-Carboxyphenylamino]-*, F. 225°; 43%. *Pikrat*, F. 224°. *Acetoxymercuri-Deriv.*, F. 240°; 60%. — *2-[α-Naphthylamino]-*, F. 85°; 65%. *Pikrat*, F. 196°. *Acetoxymercuri-Deriv.*, F. 260°; 80%. — *2-[β-Naphthylamino]-*, F. 150°; 65%. *Pikrat*, F. 264°. *Acetoxymercuri-Deriv.*, F. 257°; 82%. — *2-[m-*

Nitrophenylamino]-, F. 182°; 55%. *Pikrat*, F. 185°. *Acetoxymercuri-Deriv.*, F. 215°; 75%. — *2-[p-Nitrophenylamino*]-, F. 180°; 58%. *Pikrat*, F. 176°. *Acetoxymercuri-Deriv.*, F. >300°; 73%. I. SPAETH. 3142 □

Direkte Aminierung von Benzthiazolderivaten. 2. Mitt. **Aminierung von Nitrobenzthiazolen.** R. P. Weltman. (Журнал Общей Химии [J. allg. Chem.] **30**(92). 1363—66. April 1960. Ukrain. Wiss. Tuberkulose-Forschungsinst.) (Russ.) — 1. vgl. C. **1958.** 3881.

Die Nitrierung von Benzthiazol (**I**) mit Nitriergemisch liefert 50% *6-Nitro-* (**II**), 13% *4-Nitro-* (**III**) u. 7% *7-Nitrobenzthiazol* (**IV**). Die Stellung der Nitrogruppen wird durch Vgl. der IR-Spektren mit den Spektren der entsprechenden 2-Methylnitrobenzthiazole bestimmt. Durch Einw. von Hydroxylamin (**V**) lassen sich **II**, **III** u. 5-Nitrobenzthiazol (**VI**) direkt in 2-Stellung aminieren, wobei die Aminierung bei **II** am leichtesten u. mit höchster Ausbeute verläuft. **IV** läßt sich nicht mit **V** aminieren.

Versuche: Nitrierung von **I**: Man löst 78 g **I** unter Kühlen in 156 ml konz. H_2SO_4, tropft in 2 Std. 78 ml HNO_3 (D. 1,5) bei 5—8° zu, rührt 2 Std. u. gießt auf Eiswasser; die Isomeren trennt man durch Kristallisation aus Methanol, A. u. W.: *6-Nitrobenzthiazol* (**II**), F. 174° (Methanol); 50% (Ausbeute). — *4-Nitrobenzthiazol* (**III**), $C_7H_4 \cdot N_2O_2S$, F. 105—106° (W.); hellgelbe Nadeln; 13%. — *7-Nitrobenzthiazol* (**IV**), $C_7H_4 \cdot N_2O_2S$, F. 153—154° (W., A.); gelbe Nadeln; 7%. — *4-Aminobenzthiazol*, F. 122° (W.), aus **III** mit $SnCl_2$ in HCl; Nadeln. *Acetyl-Deriv.*, F. 158—160° (W.); Nadeln. — *7-Aminobenzthiazol*, F. 123° (W.), aus **IV** mit $SnCl_2$ in HCl; Nadeln. *Acetyl-Deriv.*, F. 178° (W.); Nadeln. — *2-Amino-6-nitrobenzthiazol*, F. 250—251°, man erhitzt 1 g **II**, 5 g **V**-Hydrochlorid u. 50 ml A. auf 50°, tropft in 35 Min. 5 g KOH in 35 ml A. zu u. erhitzt noch 2 Std. auf 50°; citronengelbe Nadeln; 91%. — *2-Amino-4-nitrobenzthiazol*, $C_7H_5N_3O_2S$, F. 234—235° (n-Butanol), man tropft zu 0,8 g **III** u. 4 g **V**-Hydrochlorid in 30 ml A. in 25 Min. 4 g KOH in 40 ml A. zu u. erwärmt 3 Std. auf 50—60°; gelbe Nadeln; 23%. — *2-Amino-5-nitrobenzthiazol*, $C_7H_5N_3O_2S$, Zers. bei 308—309° (W.-Pyridin), analog vorst. Verb. aus **VI** u. **V**-Hydrochlorid; citronengelbe Nadeln; 54%.

HELMUT SCHÄFER. 3142 □

Strukturen der Addukte aus N-Phenylhydroxylamin mit Acetylendicarbonsäuredimethylester. William C. Agosta. (J. org. Chemistry **26.** 1724—28. 13/6. 1961. Berkeley, Calif., Univ., Dep. of Chem.) (Engl.)

Bei der Umsetzung von N-Phenylhydroxylamin (**I**) mit Acetylendicarbonsäuredimethylester (**II**) entsteht ein dimeres, instabiles *2 : 2-Addukt, 2.4-Diphenyl-3.5-bis-[methoxycarbonyl]-3-[α-hydroxy-α-methoxycarbonylmethyl]-5-[methoxycarbonylmethyl]-tetrahydro-1.2.4-oxadiazol* (**III**). **III** liefert bei längerem Stehen oder beim Erhitzen unter Abspaltung von **I** das stabile *1 : 2-Addukt N-[α.β-Bis-(methoxycarbonyl)-vinyl]-N-[α.β-bis-(methoxycarbonyl)-β-hydroxyvinyl]-anilin* (**IV**). **IV** wird mit sauren oder bas. Katalysatoren in *N-Phenylpyrrol-2.3.4.5-tetracarbonsäuretetramethylester* übergeführt. Katalyt. Hydrierung von **III** liefert ein Gemisch von *Hydroxybernsteinsäuredimethylester, Anilin* (**V**) u. *N-Phenylasparaginsäuredimethylester*. Zwischenstufen der Hydrierung werden diskutiert. Umsetzung von **II** mit **V** gibt *N-Phenylaminomaleinsäuredimethylester*. Da **IV** nach HANTZSCH aus **V**, Oxalessigsäuredimethylester u. α-Bromoxalessigsäuredimethylester erhältlich ist, wird eine Diskussion der Zwischenprodd. der HANTZSCHschen Synth. durchgeführt. Die Strukturen von **III** u. **IV** werden durch spektroskop. Befunde gestützt.

Versuche: *2.4-Diphenyl-3.5-bis-[methoxycarbonyl]-3-[α-hydroxy-α-methoxycarbonylmethyl]-5-[methoxycarbonylmethyl]-tetrahydro-1.2.4-oxadiazol* (**III**), $C_{24}H_{26}N_2O_{10}$, F. 91 bis 93° (Zers.; CH_2Cl_2 + Ae.), aus **I** u. **II** nach HUNTRESS u. Mitarbeitern (vgl. C. **1956.** 6390). — *N-[α.β-Bis-(methoxycarbonyl)-vinyl]-N-[α.β-bis-(methoxycarbonyl)-β-hydroxyvinyl]-anilin* (**IV**), F. 153—154°, a) aus **I** u. **II** (vgl. l. c.); b) aus **III** durch 2tägiges Aufbewahren bei 35°. — *N-Phenylpyrrol-2.3.4.5-tetracarbonsäuretetramethylester*, a) aus **IV** mit $NaBH_4$ in sd. Tetrahydrofuran; 59% (Ausbeute); b) aus **IV** u. Isopropenylacetat in Ggw. von p-Toluolsulfonsäure. — *N-Phenylasparaginsäuredimethylester*, $C_{12}H_{15}NO_4$, $Kp._{0,2}$ 125°, a) aus dem Säurehydrochlorid mit methanol. HCl; gelbes Öl; b) aus **III** durch Hydrierung in Methanol an 5% ig. Pd-Kohle, Einengen der abfiltrierten Lsg., Aufnehmen in Ae., Ausschütteln mit HCl u. daraus mit $KHCO_3$-Lsg. aus der neutralen Phase; daneben *Hydroxybernsteinsäuredimethylester* u. aus der sauren Lsg. *Anilin*. — *N-Phenylaminomaleinsäuredimethylester*, $C_{12}H_{13}NO_4$, $Kp._{0,2}$ 125°, aus **II** u. **V** in CH_2Cl_2 bei Raum-Temp. u. Einengen nach ½ Std. als gelbes Öl. H. GLEINIG. 3163 □

Die Umsetzung von arylsubstituierten Thiureten mit aromatischen Aminen. Die sogenannten Guanidinothioharnstoffe und ihre Anhydroacyl-Derivate. S. N. Dixit. (J. Indian chem. Soc. **37.** 151—58. März 1960. Varanasi, Banaras Hindu Univ., Organ. Chem. Res. Sect.) (Engl.)

Bei der Umsetzung von Arylthiureten mit aromat. Aminen unter den von Fromm [1907] angegebenen Bedingungen entstehen überwiegend *3.5-Bis-arylimino-1.2.4-thiadiazolidine* (**A**) neben wenig *N¹-[N-Arylguanyl]-N²-arylthioharnstoffen* (**B**). Man erhält jedoch **B** unter milderen Rk.-Bedingungen als Hauptprod.; seine Struktur wird durch Synth. aus Arylguanidinen + Arylsenfölen bewiesen. Durch J_2, Br_2 u. S wird **B** zu **A** oxydiert. Die bei der Acetylierung der Frommschen „Arylguanidinoarylthioharnstoffe" (**B**) entstehenden Verbb. sind demnach **A**-*Acetyl*-Derivv., die bei der Behandlung mit alkohol. KOH keine „Anhydroacylguanidinoarylthioharnstoffe" geben, sondern unter Abspaltung des Acetylrestes **A** zurückbilden. Das Rk.-Prod. von Phenylthiuret (**I**) mit p-Phenetidin (**II**) ist kein Di-p-phenetylguanylthioharnstoff (vgl. l. c.), sondern als *N¹-[N-p-Phenetylguanyl]-N²-[p-phenetyl]-thioharnstoff* anzusprechen. UV-Spektren vgl. Original.

Versuche: *N¹-[N-(p-Tolyl)-guanyl]-N²-[p-tolyl]-thioharnstoff* (**III**), $C_{16}H_{18}N_4S$, F. 166°, a) aus p-Tolylguanidin u. p-Tolylsenföl (**V**) in A. durch ³/₄std. Kochen; b) aus p-Tolylthiuret (**VII**), p-Toluidin (**VIII**) u. A. durch ¹/₄—¹/₂std. Kochen. *Pikrat*, F. 174°. *Acetyl-Deriv.*, F. 192°. — *3.5-Bis-[p-tolylimino]-1.2.4-thiadiazolidin* (**IV**), $C_{16}H_{16}N_4S$, F. 206° (A.), a) aus 11,25 g **VII** u. 10,9 g **VIII** in A. durch 1½std. Kochen; 3,5 g (Ausbeute); b) aus **III** in mit konz. HCl angesäuertem A. durch allmähliches Zufügen einer wss. J_2/KJ-Lsg.; c) aus **III** durch Oxydation mit J_2 in A.; d) durch Oxydation von **III** mit Br_2 in Chlf.; d) aus **III** in A. durch Kochen mit S. *Pikrat*, F. 182°. *Acetyl-Deriv.*, F. 209°; gibt durch 2std. Kochen mit 4n alkohol. KOH **IV**. — *N¹-[N-Phenylguanyl]-N²-[p-tolyl]-thioharnstoff* (**XVI**), $C_{15}H_{16}N_4S$, F. 137—138° (A.), a) aus Phenylguanidin (**IX**) u. **V** analog **III**; b) aus **VII** u. Anilin (**X**) analog **III**. — *3-Phenylimino-5-[p-tolylimino]-1.2.4-thiadiazolidin*, F. 185° (A.), a) aus 11,25 g **VII** u. 9,5 cm³ **X** in A. analog **IV**; 3 g; b) aus vorst. Verb. durch Oxydation mit J_2/KJ analog **IV**. *Pikrat*, F. 181°. *Acetyl-Deriv.*, F. 227° (verd. Essigsäure); gibt durch Kochen mit alkohol. KOH **XVI**. — *p-Phenetylsenföl* (**XI**), F. 61°, a) durch Zugabe von 15 cm³ **II** zum kalten Gemisch aus 11 cm³ CS_2 u. 23 cm³ konz. NH_4OH, Behandlung des ausgefallenen *Ammoniumsalzes* der *p-Phenetyldithiocarbaminsäure* mit 75 g Bleinitrat in 250 cm³ W. u. Wasserdampf-Dest.; 5,5 g. — *p-Phenetylthioharnstoff*, F. 174° (A.), a) aus **XI** durch Behandlung mit konz. NH_4OH; b) aus NH_4SCN u. p-Phenetidinhydrochlorid durch Erhitzen in Wasser. — *N¹-[N-Phenylguanyl]-N²-[p-phenetyl]-thioharnstoff* (**VI**), $C_{16}H_{18}N_4OS$, F. 124° (A.), a) aus 5 g **IX** u. 4 g **XI** analog **III**; 3,5 g; b) aus p-Phenetylthiuret (**XII**) u. **X** in A. durch kurzes Kochen. — *3-Phenylimino-5-[p-phenetylimino]-1.2.4-thiadiazolidin* (**XIII**), F. 185° (A.), a) aus **VI** durch Oxydation mit Jod in A. analog **IV**; b) aus 12,75 g **XII** u. 9,5 cm³ **X** analog **IV**; 3,5 g. *Pikrat*, F. 182°. *Acetyl-Deriv.*, F. 139° (verd. Essigsäure); gibt durch Kochen mit 4n alkohol. KOH **XIII**. — *N¹-[N-p-Phenetylguanyl]-N²-phenylthioharnstoff*, F. 130° (A.), a) aus p-Phenetylguanidincarbonat u. Phenylsenföl analog **III**; b) aus **I** u. **II** in A. durch ¹/₄std. Kochen. — *3-[p-Phenetylimino]-5-phenylimino-1.2.4-thiadiazolidin* (**XIV**), $C_{16}H_{16}N_4OS$, F. 181° (A.), a) aus vorst. Verb. durch Oxydation mit J_2; b) aus 10,5 g **I** u. 13,9 cm³ **II** analog **IV**; 3,5 g. *Pikrat*, F. 199°. *Acetyl-Deriv.*, F. 185° (verd. Essigsäure); gibt durch Kochen mit 4n alkohol. KOH **XIV**. — *Acetyl-3.5-bis-phenylimino-1.2.4-thiadiazolidin*, F. 236° (verd. Essigsäure), aus 3.5-Bis-phenylimino-1.2.4-thiadiazolidin (**XV**) durch Erwärmen mit Acetanhydrid; gibt durch Kochen mit 4n alkohol. KOH **XV** [F. 202° (A.)].

B. Föhlisch. 3173 □

Über 6.6'-Bis-pyrone-(4). H.-D. Stachel. (Angew. Chem. **73**. 736. 21/11. 1961. Marburg/Lahn, Univ., Pharmakolog.-chem. Inst.) (Dt.)

Durch Rk. von Bis-[2.2-dimethyl-1.3-dioxenon-(4)-yl-(6)] (**I**) (vgl. C. **1958**. 9496) mit β-Piperidinocrotonsäureäthylester wird *Bis-[2-methyl-3-carbäthoxypyron-(4)-yl-(6)]* gebildet, dessen Struktur sich u. a. aus der Überführbarkeit in *Bis-[2-methyl-3-carbäthoxythiopyran-(4)-yl-(6)]* ergibt. Entsprechend geben **I** u. 1-Piperidinocyclohexen *Bis-[5.6.7.8-tetrahydrochromonyl-(2)]*. Nebenprodd. sind *Aceton*, *Piperidin* u. *3.4-Diketoadipinsäure-bis-piperidid*. Im UV-Spektrum äußert sich die Verknüpfung zweier Pyron-(4)-Reste im Vgl. zum einfachen Pyron in einer langwelligen Verschiebung des Maximums um ca. 25 mμ.

Ch. Zechel. 3211 □

Substitutionen am 5-n-Pentadecylresorcin. Sindhu Parkhi und Suresh Sethna. (J. Indian chem. Soc. **37**. 159—62. März 1960. Baroda, Maharaja Sayajirao Univ. of Baroda, Organ. Chem. Labor.) (Engl.)

5-n-Pentadecylresorcin (**I**) kondensiert mit Acetessigsäureäthylester (**II**) u. Äpfelsäure (**VI**) zu *5-Hydroxycumarinderivaten*. Die Carboxylierung von **I** führt zu *2.6-Dihydroxy-4-n-pentadecylbenzoesäure* (**III**), die sich mit **II** zur *7-Hydroxy-4-methyl-5-n-pentadecylcumarincarbonsäure-(8)* umsetzen läßt. **I** liefert bei der Formylierung nach Gattermann *2.6-Dihydroxy-4-n-pentadecylbenzaldehyd* (**IV**), der mit **II** zu *5-Hydroxy-7-n-penta-*

decyl-3-acetylcumarin, mit **VI** zu *5-Hydroxy-7-n-pentadecylcumarin* kondensiert. Auch die FRIEDEL-CRAFTS-Acetylierung erfolgt in 2-Stellung.

Versuche: *5-Hydroxy-4-methyl-7-n-pentadecylcumarin*, $C_{25}H_{38}O_3$, F. 142—143°, a) aus **I** u. **II** mit konz. H_2SO_4 durch 12std. Stehen bei Raum-Temp.; aus A. gelbliche Nadeln; 1,3 g (Ausbeute); b) durch 3std. Rk. von **I** u. **II** in Ggw. von P_2O_5. *Acetyl-Deriv.*, $C_{27}H_{40}O_4$, F. 89—91°; aus A. Nadeln. *Methyläther*, $C_{26}H_{40}O_3$, F. 85—86°; aus A. Nadeln. — *2.6-Dihydroxy-4-n-pentadecylbenzoesäure* (**III**), $C_{22}H_{36}O_4$, F. 136—138°, aus 10 g **I**, 20 g $KHCO_3$ u. 20 g wasserfreiem Glycerin durch 5std. Erhitzen auf 115—120° im CO_2-Strom u. Ansäuern; aus verd. A. Nadeln; 6 g. *Dimethylläthermethylester*, $C_{25}H_{42}O_4$, F. 42—43°, aus **III** mit Dimethylsulfat/K_2CO_3 in Aceton durch 15std. Kochen; aus A. Nadeln. *Dimethyläther* (**VII**), $C_{24}H_{40}O_4$, F. 88—89°, durch Kochen des Esters mit 10%ig. alkohol. KOH; aus A. Nadeln. — *7-Hydroxy-5-n-pentadecyl-4-methylcumarincarbonsäure-(8)*, $C_{26}H_{38}O_5$, F. 180°, aus **III**, **II** u. konz. H_2SO_4 durch 12std. Stehen u. anschließendes 4std. Erhitzen auf 60—70°; aus A. Nadeln. — *7-Hydroxy-5-n-pentadecyl-4-methylcumarin*, $C_{25}H_{38}O_3$, F. 127—128°, aus vorst. Verb. durch $^1/_4$std. Erhitzen mit Cu/Chinolin auf 180°; aus A. Nadeln. — *2.6-Dihydroxy-4-n-pentadecylbenzaldehyd* (**IV**), $C_{22}H_{36}O_3$, F. 95—96°, aus 10 g **I** u. 20 g $Zn(CN)_2$ in abs. Ae. durch 5std. Einleiten von HCl unter Kühlung, 12std. Stehen, Eindampfen u. 1std. Kochen des Rückstandes mit W.; aus A. Nadeln; 4 g. *Dimethyläther*, $C_{24}H_{40}O_3$, F. 66°; aus verd. A. Nadeln; gibt durch $KMnO_4$-Oxydation **VII**. — *5-Hydroxy-7-n-pentadecyl-3-acetylcumarin*, $C_{26}H_{38}O_4$, F. 150 bis 152°, aus 0,5 g **IV**, 0,7 g **II** u. wenig Piperidin durch 12std. Stehen u. Ansäuern; aus A. gelbliche Nadeln; 0,3 g. — *5-Hydroxy-7-n-pentadecylcumarin*, $C_{24}H_{36}O_3$, F. 125 bis 127° aus **I**, **VI** u. konz. H_2SO_4 durch 3std. Erhitzen auf 70—80°; aus A. Nadeln; b) aus **IV**, Acetanhydrid (**VIII**) u. Natriumacetat durch 8std. Erhitzen auf 180°. — *2.6-Dihydroxy-4-n-pentadecylacetophenon* (**V**), $C_{23}H_{38}O_3$, F. 74—76°, aus 16 g **I**, 13,3 g $AlCl_3$ in Nitrobenzol u. 3,95 g Acetylchlorid durch 24std. Stehen u. Zers. mit kalter HCl; aus Eisessig Nadeln; 4 g. *Dimethyläther*, $C_{25}H_{42}O_3$, $Kp._{10}$ 260°; gibt durch $KMnO_4$-Oxydation **VII**. — *2.4-Diacetyl-5-n-pentadecylresorcin*, $C_{25}H_{40}O_4$, F. 60—62°, a) aus 8 g **I**, 5,1 g **VIII** u. 10 g $AlCl_3$ in Nitrobenzol durch 12std. Stehen; aus Essigsäure Nadeln; 1,5 g; b) aus **V** durch 6std. Erhitzen mit **VIII** u. $AlCl_3$ in Nitrobenzol auf 100°; c) aus I-Diacetat durch 20std. Stehen mit $AlCl_3$ in Nitrobenzol. B. FÖHLISCH. 3211 □

Synthese von kristallinen, mit Guibourtacacidin verwandten Leucoanthocyanidinen. D. M. Phatak und A. B. Kulkarni. (Current Sci. **28**. 328—29. Aug. 1959. Bombay, Inst. of Sci., Chem. Dep.) (Engl.)

Red. von 7.4'-Dimethoxy-2.3-dihydroflavonol-(3) (**I**) mit $LiAlH_4$ liefert ein Flavandiolgemisch (F. 113—121°), aus dem nach Acetylierung *2.3-trans-3.4-cis-7.4'-Dimethoxyflavandiol-(3.4)-diacetat* [**II**, $C_{21}H_{22}O_7$, F. 132°] abgetrennt wird. Aus den Mutterlaugen wird nach Hydrolyse *2.3-trans-3.4-trans-7.4'-Dimethoxyflavandiol-(3.4)* [$C_{17}H_{18}O_5$, F. 136° (A.); *Dibenzoat*, $C_{31}H_{26}O_7$, F. 159°] isoliert. **II** wird durch Hydrolyse in alkohol. Na_2CO_3 in das *freie Diol* ($C_{17}H_{18}O_5$, F. 114—115°) übergeführt, das auch durch stereospezif. Red. von **I** mit $NaBH_4$ gewonnen wird u. vermutlich mit *Guibourtacacidindimethyläther* (vgl. ROUX, C. **1959**. 15725) ident. ist. EBERHARD RIEDEL. 3211 □

Kernmethylierung von Flavonen und verwandten Verbindungen. A. C. Jain und T. R. Seshadri. (Quart. Rev. [chem. Soc., London] **10**. 169—84. 1956. Delhi, Univ., Dep. of Chem.) (Engl.)

Übersicht über die Methylierung von Amino- u. Hydroxylgruppen von Chromonen, Flavonolen, Flavanonen, Hydroxyflavanonen von Anhydrobasen von Flavyliumsalzen u. verwandten Verbindungen. — 75 Literaturangaben. P. GOLINSKE. 3211 □

Die absolute Konfiguration der optisch-aktiven Flavanone. Hisao Arakawa und Masao Nakazaki. (Liebigs Ann. Chem. **636**. 111—17. 18/10. 1960. Osaka Kitaku, Osaka City Univ., Inst. of Polytechn., Organ. Chem. Labor.) (Dt.)

Für die Flavanone mit ihrem asymm. $C_{(2)}$-Atom wird an den Beispielen (—)-Hesperitin (**I**), (—)-Liquiritigenin (**II**) u. (+)-Sakuranetin (**III**) die abs. Konfiguration bestimmt. **I** u. **II** werden ozonisiert u. dann mit Peressigsäure zu *L-Äpfelsäure* oxydiert, während aus **III** entsprechend *rechtsdrehendes Äpfelsäurediamid* erhalten wird. Daraus wird für **I** u. **II** auf 2 S- u. für **III** auf 2 R-Konfiguration geschlossen. Bei Annahme der Nichtbeeinflussung des Drehungssinnes bei Veränderung der Substituenten an beiden Benzolkernen müssen die in der Natur gefundenen linksdrehenden Flavanone ebenso 2 S-Konfiguration besitzen.

Versuche: *Hesperidin*, $C_{28}H_{34}O_{15} \cdot H_2O$, F. 243—245°, durch 7maliges 3std. Auskochen von 50 g Rohhesperidin mit Methanol; aus Methanol Nadeln; 15,6 g (Gesamtausbeute). — *(—)-Hesperitin* (**I**), $C_{16}H_{14}O_6$, F. 223—225° (Methanol/W.), durch 10std. Kochen von a) 3,9 g, b) 6,7 g, c) 4,7 g vorst. Verb. in Methanol mit konz. H_2SO_4 als

Katalysator; a) $[\alpha]_D$ −10,6° (c = 2,74; Methanol); 0,8 g; b) $[\alpha]_D$ −12,2° (c = 2,37; Methanol); 2,1 g u. c) $[\alpha]_D$ −18,8° (c = 1,91; Methanol); 1,4 g. — *Liquiritin*, $C_{21}H_{22}O_9 \cdot H_2O$, F. 199—201°, durch 3malige 2tägige Extraktion von 4 kg pulverisierter Wurzeln von Glycyrrhiza glabra Linn. < 30° mit 8 Litern Methanol; aus verd. A. Nadeln; $[\alpha]_D^{26}$ −67,6° (c = 1,43; Methanol); 8 g. — (−)-*Liquiritigenin* (II), $C_{15}H_{27}O_4 \cdot H_2O$, F. 193 bis 195°, durch Hydrolyse von 8 g vorst. Verb. mit 1,6 g Emulsin in 1 Liter W. u. 2 Tropfen Essigsäure bei 30°; aus Methanol/W. Nadeln; $[\alpha]_D^{24}$ −36,2° (c = 1,46; Methanol); 3,2 g. — *Sakuranin*, $C_{22}H_{24}O_{10}$, F. 198—200° (99%ig. A.), durch 3malige Extraktion von 24 kg frischen Rinden von Prunus yedoensis < 30° mit 40 Litern 80%ig. Methanol; $[\alpha]_D^{16}$ −97,4° (c = 1,58; 75%ig. Aceton); 7,9 g. — (+)-*Sakuranetin* (III), $C_{16}H_{14}O_5 \cdot 2\,H_2O$, F. 131—133°, durch ½std. Kochen von 7,9 g vorst. Verb. in 700 ml Methanol u. 3,5 ml konz. H_2SO_4 u. Weiterbehandlung analog I; $[\alpha]_D^{16}$ +8,0° (c = 7,92; Aceton); $[\alpha]_D^{12}$ +8,4° (c = 6,28; Methanol); 4,5 g. — *L-Äpfelsäure*, a) durch 24std. Ozonisieren von 3,9 g I in 100 ml 95%ig. Methanol bei ca. 31°, Zusetzen von je 10 ml Eisessig u. Perhydrol (30%ig), Behandeln mit Pd/Kohle, Ca-Acetat u. Ionenaustauscher; b) analog aus 3,4 g II. *Dimethylester*, Kp.$_9$ 115—117°, a) durch Verestern der Säure aus I mit Diazomethan; $[\alpha]_D^{28}$ −3,3° (c = 9,04; Methanol); 380 mg; b) analog aus der aus II erhaltenen Säure; $[\alpha]_D^{26}$ −4,1° (c = 11,75; Methanol); 550 mg. *Diamid*, $C_4H_8N_2O_3$, F. 154—156°, a) durch Ammonolyse des Esters aus I mit fl. NH_3; aus Methanol Prismen; $[\alpha]_D^{28}$ −56,6° (c = 0,9; Methanol); 19 mg; b) analog aus dem aus II erhaltenen Ester; $[\alpha]_D^{21}$ −57,4° (c = 1,01; Methanol); 24 mg. — *D-Äpfelsäure*, analog der L-Verb. aus III. *Dimethylester*, $C_6H_{10}O_5$, Kp.$_7$ 109—111°; $[\alpha]_D^{16}$ +1,4° (c = 13,1; Methanol). *Diamid*, F. 155—157°; sechseckige Täfelchen aus Methanol; $[\alpha]_D^{14}$ +5,7° (c = 1,12; Methanol). K. HARTMANN. 3211 □

Der sumpfkatalytische Effekt. 3. Mitt. Die Halogenierung von Pyridin und Picolin. D. E. Pearson, W. W. Hargrove, Judith K. T. Chow und B. R. Suthers. (J. org. Chemistry **26**. 789—92. März 1961. Nashville, Tenn., Vanderbilt Univ., Dep. of Chem.) (Engl.) — 2. vgl. J. org. Chemistry **23**. [1958.] 1412; 1. vgl. **1956**. 11154.

Durch Halogenierung von Pyridin bzw. von Picolinen unter sumpfkatalyt. Bedingungen werden in 30—40%ig. Ausbeute *3-Chlorpyridin*, *3-Chlor-* u. *3-Brom-γ-picolin* dargestellt. *3.5-Dichlor-γ-picolin* u. *5-Brom-α-picolin* entstehen in geringerer Ausbeute. Die obige Meth. ist die günstigste zur Darst. der *3-Halogenpyridine* u. *-γ-picoline* im Laboratorium. Die maximale Ausbeute an halogeniertem Pyridin beträgt 50%. $AlCl_3$ ist als Sumpfkatalysator für die Halogenierung am besten geeignet, während $FeCl_3$ u. BF_3 unwirksam sind.

Versuche: *3-Chlorpyridin*, Kp. 148°; n_D^{25} 1,5309, a) durch 13std. Einleiten von Cl_2 in abs. Pyridin bei 80° in Ggw. von $AlCl_3$, Zers. mit Eis, Alkalisieren mit NaOH, Ae.-Extraktion u. fraktionierte Dest.; 33% (Ausbeute); b) analog bei 130° in 5 Std.; 35%; c) analog a) in Ggw. von $(C_2H_5)_3N$; 32%. — *3-Chlor-γ-picolin*, C_6H_6ClN, Kp.$_{74}$ 101°, durch 5std. Einleiten von Cl_2 bei 92° in γ-Picolin in Ggw. von $AlCl_3$; n_D^{25} 1,5279; 40%; daneben *3.5-Dichlor-γ-picolin*, $C_6H_5Cl_2N$, F. 48—49°, Kp.$_{74}$ 125—127°; 15%. — *3-Brom-γ-picolin*, C_6H_6BrN, Kp.$_{0,6}$ 47—48°, aus γ-Picolin u. Br_2 in Ggw. von $AlCl_3$ bei 95° in 4 Std.; n_D^{25} 1,5613; 32%. — *5-Brom-α-picolin*, C_6H_6BrN, Kp. 79—83° (unrein), aus α-Picolin u. Br_2 in Ggw. von $AlCl_3$ bei 100° in 5 Std.; n_D^{25} 1,5493—1,5561; 40% im Gemisch mit 3-Brom-α-picolin; daneben als 2. Fraktion *5-Brom-α-picolin*, F. 36,5—37° (Hexan); 6,5%; liefert bei der Oxydation *5-Brompicolinsäure*, F. 176,5—178,5° (W.). U. WOLLNIK. 3231 □

Von heterocyclischen Ketonen abgeleitete Isonicotinoylhydrazone und Nicotinoylhydrazone. N. P. Buu-Hoï und Nguyen Dat Xuong. (Bull. Soc. chim. France **1961**. 1377—79. Juli. Gif-sur-Yvette, Seine-et-Oise, C.N.R.S., Inst. de Chim. des Substances naturelles.) (Franz.)

Zur Prüfung auf ihre tuberkulostat. Wrkg. stellen Vff. eine Anzahl von *Isonicotinoyl-* u. *Nicotinoylhydrazonen* dar, die sich von Aldehyden oder Ketonen des Furans, Thiophens u. Pyridins ableiten. Die Kondens. von Isonicotinoylhydrazin (I) bzw. Nicotinoylhydrazin (II) mit den Carbonyl-Verbb. erfolgt in sd. A. in Ggw. von wenig Essigsäure. Die Ausbeuten sind durchweg gut.

Versuche: Isonicotinoylhydrazone: *2-Acetylpyridin-*, $C_{13}H_{12}N_4O$, F. 180° (Bzl. + A. 1 : 1; Blättchen), durch 6std. Kochen von 13,7 g I u. 13,3 g 2-Acetylpyridin (III) in mit wenig Essigsäure versetztem A., Einstellen der Lsg. mit NH_4OH auf pH 7,5 u. Einengen; 18 g (Ausbeute). — *6-Methyl-2-acetylpyridin-*, $C_{14}H_{14}N_4O$, F. 156° (Bzl. + A.; Blättchen), analog aus I u. 6-Methyl-2-acetylpyridin (IV); 100%. — *3-Acetylpyridin-*, $C_{13}H_{12}N_4O$, F. 176° (Bzl. + A.; Nadeln). — *4-Acetylpyridin-*, F. 151° (Bzl. + A.; Prismen). — *2-Benzoylpyridin-*, $C_{18}H_{14}N_4O$, F. 204° (Bzl. + A.; Nadeln). — *5-Methyl-2-formylfuran-*, $C_{12}H_{11}N_3O_2$, F. 234° (Essigsäure; Nadeln), durch ½std. Kochen von I

u. 5-Methyl-2-formylfuran in A.; 100%. — *2-Acetylthiophen-*, $C_{12}H_{11}N_3OS$, F. 224° (A.), durch 10std. Kochen von **I** u. 2-Acetylthiophen in A. in Ggw. von Essigsäure; 98%. — *5-Methyl-2-acetylthiophen-*, $C_{13}H_{13}N_3OS$, F. 214° (Essigsäure; Blättchen), aus **I** u. 5-Methyl-2-acetylthiophen; 100%. — *5-Chlor-2-acetylthiophen-*, $C_{12}H_{10}ClN_3OS$, F. 244° (Essigsäure; Blättchen). — *5-Brom-2-acetylthiophen-*, $C_{12}H_{10}BrN_3OS$, F. 256° (Aceton; Blättchen). — *2-Propionylthiophen-*, $C_{13}H_{13}N_3OS$, F. 210° (Bzl.; Nadeln). — *5-Methyl-2-propionylthiophen-*, $C_{14}H_{15}N_3OS$, F. 195° (Bzl.; Nadeln). — *2-Önanthoylthiophen-*, $C_{17}H_{21}N_3OS$, F. 145° (Bzl.; Blättchen). — *N-Isonicotinoyl-N'-[furoyl-(2)]-hydrazin*, $C_{11}H_9N_3O_3$, F. 223° (Essigsäure; Prismen), durch Rühren von **I** mit Furoylchlorid in Pyridin u. Verdünnen mit W.; 100%. — *N-Isonicotinoyl-N'-[thenoyl-(2)]-hydrazin*, $C_{11}H_9N_3O_2S$, F. 244° (Essigsäure), analog. — Nicotinoylhydrazone: *2-Acetylpyridin-*, $C_{13}H_{12}N_4O$, F. 185° (Bzl. + A.; Nadeln), aus **II** u. **III** durch Kochen in A. u. Essigsäure; 95%. — *6-Methyl-2-acetylpyridin-*, $C_{14}H_{14}N_4O$, F. 165° (Bzl. + A.; Blättchen), analog aus **II** u. **IV**. — *3-Acetylpyridin-*, $C_{13}H_{12}N_4O$, F. 171° (Bzl. + A.; Blättchen); 100%. — *2-Propionylthiophen-*, $C_{13}H_{13}N_3OS$, F. 160° (Bzl.; Blättchen). — *5-Methyl-2-propionylthiophen-*, $C_{14}H_{15}N_3OS$, F. 167° (Bzl.; Nadeln). — *2-Önanthoylthiophen-*, $C_{17}H_{21}N_3OS$, F. 130° (Cyclohexan; Nadeln). M. MENGELBERG. 3231 □

Arylpyridine. 1. Mitt. **Orientierung bei der Reaktion von Phenyllithium mit einigen 3-substituierten Pyridinen.** R. A. Abramovitch, Giam Choo Seng und A. D. Notation. (Canad. J. Chem. **38.** 761—71. Juni 1960. Saskatoon, Saskatchewan, Univ., Dep. of Chem.) (Engl.)

Phenylierung von 3-Picolin (**I**) mit Phenyl-Li in Toluol bei 110° liefert ein Gemisch von *3-Methyl-2-phenylpyridin* (**II**) mit *5-Methyl-2-phenylpyridin* (**III**) im Verhältnis 19:1. **II** wird u. a. durch $KMnO_4$-Oxydation zur *2-Phenylpyridincarbonsäure-(3)* (**IV**), die in das Säurechlorid u. anschließend durch Rk. mit $AlCl_3$ in Bzl. in *3-Benzoyl-2-phenylpyridin* bzw. durch Rk. mit $AlCl_3$ in Bzn. in *4-Azafluorenon* übergeführt wird, identifiziert. Analoge Oxydation von **III** liefert *2-Phenylpyridincarbonsäure-(5)* (**VII**). Neben **II** u. **III** entsteht in geringer Menge eine *Verb.* $C_{12}H_{12}N_2$, die mit *3.3'-Dimethyl-* oder *5.5'-Dimethyl-2.2'-dipyridyl* oder *3.3'-Dimethyl-4.4'-dipyridyl* nicht ident. ist. Die Trennung u. Reinigung von **II**, **III** u. *Verb.* $C_{12}H_{12}N_2$ erfolgt durch Gaschromatographie. Ster. Substitutions-Einfl. werden an der Rk. von Nicotin mit Phenyl-Li unter Bldg. von *2-Phenylnicotin* (**V**) neben *6-Phenylnicotin* (**VI**) im Verhältnis 1 : 1 demonstriert. **VI** wird durch Oxydation zu **VII** identifiziert. UV-, IR- u. kernmagnet. Resonanzspektren sind z. T. angegeben.

Versuche: 2-Phenylpyridine: *3-Methyl-* (**II**), $C_{12}H_{11}N$, Kp.$_{31}$ 159—160°, durch Eintropfen von **I** in Ae. in eine Lsg. von Brombenzol u. Li in Ae., Eindampfen, Aufnehmen in Toluol, 7½std. Kochen unter N_2 u. fraktionierte Dest. des Rk.-Prod.; 42% (Ausbeute) [*Pikrat*, $C_{12}H_{11}N \cdot C_6H_3N_3O_7$, F. 164—166° (A.)]; daneben *5-Methyl-* (**III**), Kp.$_{16}$ 164 bis 166° [*Pikrat*, F. 182—183° (A.)]; daneben *Verb.* $C_{12}H_{12}N_2$, Kp.$_9$ 155—180° [*Dipikrat*, $C_{12}H_2N_2 \cdot 2\ C_6H_3N_3O_7$, F. 204—206° (Zers.; A.)]. — *3-Carboxy-* (**IV**), F. 167—169°, aus 6 g **II** in W. durch Kochen mit $KMnO_4$ u. Reinigung der durch Aufarbeitung in der üblichen Weise erhaltenen **IV** über das *Cu-Salz*; 2,85 g. — *5-Carboxy-* (**VII**), $C_{12}H_9NO_2$, F. 232° (wss. A.), aus **III** oder **VI** analog **IV**. — *3-Benzoyl-*, $C_{18}H_{13}NO$, Kp.$_{0,45}$ 167°, aus 1 g **IV** durch 1½std. Rk. mit $SOCl_2$ bei Raum-Temp. u. ¾std. Umsetzung des Rk.-Prod. mit $AlCl_3$ in Bzl.; 1,03 g. *Pikrat*, $C_{18}H_{13}NO \cdot C_6H_3N_3O_7$, F. 137,5—138,5° (A.). — *4-Azafluorenon*, $C_{12}H_7NO$, F. 139,5—141,5° (A.), aus 0,1 g **IV** wie vorst. mit PAe. an Stelle von Bzl.; 0,086 g. — 2.2'-Dipyridyle: *3.3'-Dimethyl-*, aus 2-Brom-3-methylpyridin (vgl. CASE, J. Amer. chem. Soc. **78.** [1946.] 2574). *Dipikrat*, F. 191—192,5° (A.). — *5.5'-Dimethyl-*, aus 2-Brom-5-methylpyridin u. Cu-Pulver durch allmähliches Erhitzen auf 240°, Extraktion des Rk.-Prod. mit HCl, Alkalisieren, Ae.-Extraktion u. Einengen. *Monopikrat*, $C_{12}H_{12}N_2 \cdot C_6H_3N_3O_7$, F. 175,5—176,4° (A.). — *3.3'-Dimethyl-4.4'-dipyridyl*, Kp.$_{720}$ 300°, aus **I** u. Na; 20%. *Pikrat*, F. 231°. — Nicotine: *2-Phenyl-* (**V**), $C_{16}H_{18}N_2$, Kp.$_{0,5}$ 145°, aus Nicotin analog **II**, fraktionierte Dest. des Rk.-Prod. u. Aufarbeitung des Destillats vom Kp.$_{0,09}$ 120—200°, durch Gaschromatographie als 1. Fraktion; 24%. *Dipikrat*, $C_{16}H_{18}N_2 \cdot 2\ C_6H_3N_3O_7$, F. 211—213°. — *6-Phenyl-* (**VI**), Kp.$_{0,6}$ 165°, neben **V** als 2. Fraktion der Gaschromatographie; 24%. *Pikrat*, F. 166—167°.

EBERHARD RIEDEL. 3231 □

Die Synthese einiger Glycidsäureester als potentielle Antispasmodica. Gary Omodt und Ole Gisvold. (J. Amer. pharmac. Assoc., sci. Edit. **49.** 153—58. März 1960. Minneapolis, Minn., Univ. of Minnesota, Coll. of Pharm.) (Engl.)

Durch DARZENS-Kondens. von Tropinon sowie 1-Methylpiperidon-(4) (**I**) mit Chloressigsäureäthylester (**II**) unter Verw. einer Suspension von NaH in Mineralöl als Kondens.-Mittel wurden *5.8-Methylimino-1-oxaspiro-*[*2.6*]*-nonan-2-carbonsäure* (**III**)- bzw. *6-Methyl-1-oxa-6-azaspiro-*[*2.5*]*-octan-2-carbonsäure* (**IV**)*-äthylester* dargestellt. Durch 20std. Erhitzen der Äthylester mit Benzhydrol, Dicyclohexylcarbinol (V), Cyclohexanol bzw. 1-Methylpiperidinol-(4) (VI) in Skellysolve C in Ggw. einer katalyt. Menge NaH läßt sich Umesterung zu den entsprechenden III- bzw. IV-Estern herbeiführen. V wurde unter Verw. der Darst.-Meth. von Coleman u. Craig [1935] für Di-n-butylcarbinol dargestellt. VI erhält man in ausgezeichneter Ausbeute durch Red. von I mit $NaBH_4$. Die Hydrochloride der Benzhydrylester von III u. IV sind außerordentlich hydrolysenempfindlich, was auf die Stabilität des entstehenden Benzhydrylcarboniumions zurückgeführt wird. Pharmakolog. Verss. mit den Hydrochloriden des III- u. IV-Benzhydrylesters zeigten, daß diese Verbb. antispasmod. Aktivität besitzen.

Versuche: *Dicyclohexylcarbinol* (V), $Kp._{4,5}$ 125—128°, nach Coleman u. Craig (l. c.); 60,8% (Ausbeute). — *1-Methylpiperidinol-(4)* (VI), $Kp._6$ 85—88°, durch langsames Zugeben einer wss. Lsg. von I unter Rühren u. Eiskühlung zu einer wss. $NaBH_4$ Lsg. u. Stehen über Nacht bei Raum-Temp.; n_D^{25} 1,4770; 70,4%. — 6-Methyl-1-oxa-6-azaspiro-[2.5]-octan-2-carbonsäure (IV)-ester: *Äthylester*, $Kp._{0,35}$ 85 bis 100°, durch Kühlen einer Lsg. äquimol. Mengen I u. II in abs. Toluol unter trokkenem N_2 auf 5°, rasches Zugeben einer 53,7%ig. Suspension von NaH in Mineralöl bei 5°, Zutropfen von wenig 99%ig. A. bei 5°, Erwärmenlassen auf Raum-Temp. u. Rühren über Nacht; n_D^{25} 1,4650; gelb; 72,3%. *Pikrat*, $C_{10}H_{17}NO_3 \cdot C_6H_3N_3O_7$, F. 174 bis 175° (50%ig. A.). — *Benzhydrylester*, $Kp._{0,4}$ 200—205°, durch Lösen von Benzhydrol u. des IV-Äthylesters in dest. abs. Skellysolve C, Erhitzen in einer mit Dean-Stark-Abscheider versehenen App. unter Rühren auf Rückfluß-Temp., Zugeben einer katalyt. Menge der Mineralölsuspension von NaH, 20std. Erhitzen unter Rühren, Abdestillieren des Lsgm. im Vakuum, Versetzen des Rückstandes mit Ae. u. Dest. des Rückstandes im Vakuum; gelb; n_D^{25} 1,5525; 46,7%. *Hydrochlorid*, $C_{21}H_{23}NO_3 \cdot HCl$, F. 173—175° (Zers.; nach Trocknen im Hochvakuum bei 100°). *Pikrat*, $C_{21}H_{23}NO_3 \cdot C_6H_3N_3O_7$, F. 189 bis 190° (A./W., 3 : 1). — *Dicyclohexylmethylester*, $Kp._{0,4}$ 170—188°, analog aus wasserfreiem V u. dem IV-Äthylester (mit Glaswolle u. Ca-Hydrid im Dean-Stark-Abscheider); gelb; n_D^{25} 1,4923; 68,8%. *p-Toluolsulfonat*, $C_{21}H_{35}NO_3 \cdot C_7H_8O_3S$, F. 175—176° (Aceton/Isopropanol/Ae.). *Pikrat*, $C_{21}H_{35}NO_3 \cdot C_6H_3N_3O_7$, F. 191—192° (Zers.; 99%ig. A.). — *Cyclohexylester*, $Kp._{0,2}$ 145—155°, durch Umesterung mit abs. Cyclohexanol; gelb; n_D^{25} 1,4828; 37,2%. *p-Toluolsulfonat*, $C_{14}H_{23}NO_3 \cdot C_7H_8O_3S$, F. 132—133° (Aceton/Isopropanol/Ae.). *Pikrat*, $C_{14}H_{23}NO_3 \cdot C_6H_3N_3O_7$, F. 139—140° (Methanol). — *[1-Methylpiperidyl-(4)]-ester*, $Kp._1$ 145—155°, durch Umesterung mit abs. VI (Rk.-Zeit 18 Std.); n_D^{25} 1,4876; 50%. *Bis-brommethylat, Hemihydrat*, $C_{14}H_{24}N_2O_3 \cdot 2\,CH_3Br \cdot ½\,H_2O$, Zers. zwischen 189 u. 270° (Methanol/Diisopropyläther), durch 3tägiges Stehen mit überschüssigem CH_3Br bei Raum-Temp. in einer Druckbirne; hygroskopisch. *Dipikrat*, $C_{14}H_{24}N_2O_3 \cdot 2\,C_6H_3N_3O_7$, F. 203—204° (Zers.; Aceton/A.). — 5.8-Methylimino-1-oxaspiro-[2.6]-nonan-2-carbonsäure (III)-ester: *Äthylester*, $Kp._{0,3}$ 110—130°, durch Kühlen einer Lsg. äquimol. Mengen Tropinon u. II in abs. Toluol auf —10°, Zugeben von NaH, hiernach Zutropfen von wenig 99%ig. A. bei —10°, allmähliches Erwärmenlassen u. 18std. Rühren bei Raum-Temp.; n_D^{25} 1,4850; gelb; 46,5%. *Pikrat*, $C_{12}H_{19}NO_3 \cdot C_6H_3N_3O_7$, F. 154—155° (A.). — *Benzhydrylester*, $Kp._{0,1}$ 220—235°, durch Umesterung vorst. Äthylesters mit Benzhydrol; n_D^{25} 1,5572; gelb; 80,6%. *Hydrochlorid*, $C_{23}H_{25}NO_3 \cdot HCl$, F. 165—166° (Zers.; Aceton/Diisopropyläther). *Pikrat*, $C_{23}H_{25}NO_3 \cdot C_6H_3N_3O_7$, F. 184—185° (Zers.; A./Aceton). — *Dicyclohexylmethylester*, $Kp._1$ 185—200°; n_D^{25} 1,5001; gelb; 69,5%. *Hydrochloridhydrat*, $C_{23}H_{37}NO_3 \cdot HCl \cdot H_2O$, F. 235—236° (Zers. bei 190°; Aceton/Diisopropyläther). *Pikrat*, $C_{23}H_{37}NO_3 \cdot C_6H_3N_3O_7$, F. 189—190° (abs. A.). — *Cyclohexylester*, $Kp._{0,5}$ 165—175°; n_D^{25} 1,4961; gelb; 69,3%. *p-Toluolsulfonat*, $C_{16}H_{25}NO_3 \cdot C_7H_8O_3S$, F. 134—135° (Aceton/Diisopropyläther). *Pikrat*, $C_{16}H_{25}NO_3 \cdot C_6H_3N_3O_7$, F. 205—206° (Zers.; abs. A.). — *[1-Methylpiperidyl-(4)]-ester*, $Kp._{0,45}$ 155 bis 175°; n_D^{25} 1,4962; gelb; 36,9%. *Bis-brommethylat, Dihydrat*, $C_{16}H_{26}N_2O_3 \cdot 2\,CH_3Br \cdot 2\,H_2O$, Zers. zwischen 230 u. 265° (Methanol/Diisopropyläther). *Dipikrat*, $C_{16}H_{26}N_2O_3 \cdot 2\,C_6H_3N_3O_7$, F. 227—228° (Zers.; Aceton/A.). D. Holzner. 3231 □

Antispasmodische Verbindungen. 4. Mitt. B. Sahoo, P. B. Tripathy und M. K. Rout. (J. Indian chem. Soc. **36**. 421—24. Juni 1959. Cuttack, Ravenshaw Coll., Mayurbhanj Chem. Labor.) (Engl.) — 3 vgl. **C. 1961.** 1557.

Zwecks Unters. der Beziehung zwischen antispasmod. Wirksamkeit u. der Natur des Heterocyclus werden *Thiazolino-[4'.5':2.3]-chinoline, Imidazolino-[4'.5':2.3]-chinoline* u. *2-[Chinolinyl-(7)-methylamino]-thiazole* dargestellt. Die meisten Verbb. besitzen musculotrope Aktivität.

Versuche: Rhodanine: *3-[p-Tolyl]-*, F. 158—159°, durch Rk. von Na-Monochloracetat mit Ammonium-p-tolyldithiocarbamat; 63% (Ausbeute). — *3-[m-Tolyl]-*, F. 149°; 65%. — *3-[o-Tolyl]-*, F. 105°; 60%. — *3-[p-Chlorphenyl]-*, F. 155—156°; 62%. — *3-[m-Chlorphenyl]-*, F. 165°; 54%. — 5-[o-Nitrobenzyliden]-rhodanine: *3-Phenyl-*

(I), $C_{16}H_{10}N_2O_3S_2$, F. 238—240° (A.), durch $2^1/_2$std. Kochen von o-Nitrobenzaldehyd (**IV**) u. N-Phenylrhodanin in Eisessig mit Na-Acetat, Gießen in W. u. mehrstd. Stehen; 80%. — *3-[p-Tolyl]-*, F. 180°; 70%. — *3-[m-Tolyl]-*, F. 175—176°; 82,0%. — *3-[o-Tolyl]-*, F. 168—170°; 85,5%. — *3-[p-Chlorphenyl]-*, F. 198—199°; 85,0%. — *3-[m-Chlorphenyl]-*, F. 180—181°; 73,0%. — 2'-Thionothiazolino-[4'.5':2.3]-chinoline: *3'-Phenyl-*, $C_{16}H_{10}N_2S_2$, F. 108—110° (A.), durch 19std. Kochen von I in Eisessig mit Zn, Verdünnen mit viel W., Filtrieren, Waschen des Nd. mit verd. HCl u. Extrahieren mit sd. A.; 40%. — *3'-[p-Tolyl]-*, F. 120—122°; 35%. — *3'-[m-Tolyl]-*, F. 255° (Zers.); 32%. — *3'-[o-Tolyl]-*, F. 138—140°; 30%. — *3'-[p-Chlorphenyl]-*, F. 245° (Zers.); 33%. — *3'-[m-Chlorphenyl]-*, F. 108—110°; 32%. — 2'-Thiono-4-hydroxythiazolino-[4'.5':2.3]-chinoline: *3'-Phenyl-*, $C_{16}H_{10}N_2OS_2$, F. 280°, durch 1std. Zugabe von Na-Acetat zu 3-Phenylrhodanin u. Anthranilsäure (**II**) bei 150° u. 5std. Erhitzen auf 130—140°; aus A. gelbe Kristalle; 56%. — *3'-[p-Tolyl]-*, F. 280°; 54%. — *3'-[m-Tolyl]-*, F. 300°; 56%. — *3'-[o-Tolyl]-*, F. 250°; 57,5%. — *3'-[p-Chlorphenyl]-*, F. 250°; 53,0%. — *3'-[m-Chlorphenyl]-*, F. 298°; 56,0%. — *3-[p-Tolyl]-5-[o-nitrobenzyliden]-2-thiohydantoin*, $C_{17}H_{13}$·N_3O_3S, F. 195°, durch Kochen von **IV** u. 3-[p-Tolyl]-2-thiohydantoin (**III**) in Eisessig in Ggw. von Na-Acetat; 50%. — *2'-Thiono-3'-[p-tolyl]-imidazolino-[4'.5':2.3]-chinolin*, $C_{17}H_{13}N_3S$, F. 223°, durch 10std. Kochen vorst. Verb. in Eisessig in Ggw. von Zn; 42%. *4-Hydroxy-Deriv.*, $C_{17}H_{13}N_3OS$, F. 232° (Zers.), durch 1std. Zugabe von Na-Acetat zu **II** u. **III** bei 150° u. 5std. Erhitzen auf 130—140°; 55%. — 2-[8-Hydroxychinolinyl-(7)-methylamino]-thiazole: *4-[p-Hydroxyphenyl]-*, $C_{19}H_{15}N_3O_2S$, F. 152° (Zers.; A.), durch 8std. Kochen von 8-Hydroxychinolin, Paraformaldehyd u. 4-[p-Hydroxyphenyl]-2-aminothiazol in alkohol. HCl; 65%. — *4-[3-Methoxy-4-hydroxyphenyl]-*, F. 135°; 68%. — *4-[β-Naphthyl]-* (?), F. 128°; 70%. W. LIEBSCHER. 3231 □

Die Synthese von β-Carbolinderivaten. 1. Mitt. **Eine Synthese einiger 12H-Indolo-[2.3:a]-pyridocoliniumsalze, einschließlich des Flavopereirins.** Yoshio Ban und Masako Seo. (Tetrahedron [London] **16.** 5—10. Dez. 1961. Sapparo, Hokkaido Univ., Fac. of Pharmac. Sci., School of Med.) (Engl.)

3-[2-Bromäthyl]-indol (**I**) u. 2-Halogenpyridine werden glatt zu *6.7-Dihydro-12H-indolo-[2.3:a]-pyridocoliniumhalogeniden* kondensiert. Die Ausbeuten nehmen mit steigender Basizität des Pyridins (J > Br > Cl) u. in Ggw. von $AlCl_3$ zu, während sie bei Einführung der elektrophilen Carbomethoxygruppe [5-Carbomethoxy-2-chlorpyridin (**II**)] abnehmen, so daß die Quaternisierung zu den 3-Halogenpyridinioäthylindolen offenbar den Primärschritt der Rk. darstellt. Es konnten allerdings keine Zwischenstufen isoliert werden. *Flavopereirin* wird durch Kondens. von 2-Chlor-5-äthylpyridin mit **I** zu *3-Äthyl-6.7-dihydro-12H-indolo-[2.3:a]-pyridocoliniumbromid* u. dessen Dehydrierung als Perchlorat erhalten. UV- u. IR-Maxima der Verbb. sind angegeben.

Versuche: *6.7-Dihydro-12H-indolo-[2.3:a]-pyridocoliniumhydroxid, Bromid*, $C_{15}H_{13}$·BrN_2, F. 325—330°, a) durch 10std. Erhitzen von **I** u. 2-Chlorpyridin auf 100°, Kühlen, Waschen mit abs. Ae., Lösen in A., Filtrieren über Kohle u. Eindampfen; gelbe Nadeln aus A. oder CH_3OH–Ae.); 31,2% (Ausbeute); b) analog a) mit 2-Brompyridin (**III**); 40%. *Chlorid*, F. 305° (Zers.), durch Zugabe von $AlCl_3$ zu **I** u. **III** in abs. Bzl., 5std. Kochen, Zugabe von wenig W., Abfiltrieren, Waschen des Filtrats mit Bzl., Lösen des Rückstandes in warmem W., Zugabe zum Filtrat, Sättigen mit KJ, Abfiltrieren u. Überführen des *Jodids* ins Chlorid; orangegelbe Nadeln aus A.; 60%. — *1.2.3.4.6.7.12.12b-Oktahydro-12H-indolo-[2.3:a]-pyridocolin*, $C_{15}H_{18}N_2$, F. 152—153°, durch $2^1/_2$std. Hydrieren vorst. Bromids in 50%ig. A. bei Raum-Temp. u. 1 atm in Ggw. von ADAMS-Katalysator, Filtrieren, Eindampfen im Vakuum, Lösen in W., Alkalisieren mit 10%ig. Soda-Lsg. u. Abfiltrieren; Säulen aus n-Hexan; 68,1%. — *3-Carbomethoxy-6.7-dihydro-12H-indolo-[2.3:a]-pyridocoliniumbromid*, $C_{17}H_{15}BrN_2O_2$, F. 269—270°, durch 20std. Kochen von **I** u. **II** in Toluol im H_2-Strom, Kühlen, Zugabe von Ae. u. Abfiltrieren; orangefarbene Nadeln aus CH_3OH; 11,1%. — *2-Chlor-5-äthylpyridin*, C_7H_8ClN, $Kp._{35}$ 115°, durch Zugabe von PCl_5 zu 1-Methyl-3-äthyl-1H-pyridon-(6) (nach SUGASAWA u. KIRISAWA, C. **1958.** 5073) u. $POCl_3$, 10std. Erhitzen auf 160—170°, Kühlen, Abdampfen des $POCl_3$ im Vakuum, Zugabe von W., Alkalisieren mit NaOH, Dest. mit Dampf, Sättigen des Destillats mit NaCl, Extraktion mit Ae., Trocknen mit Na_2SO_4 u. Eindampfen; 64,7%. — *3-Äthyl-6.7-dihydro-12H-indolo-[2.3:a]-pyridocoliniumbromid*, $C_{17}H_{17}$·BrN_2, F. 320° (Zers.), durch 13std. Erhitzen von **I** u. vorst. Verb. auf 100°, Kühlen, Zugabe von abs. Ae. u. Abfiltrieren; gelbe Nadeln aus A.; 31%. — *3-Äthyl-12H-indolo-[2.3:a]-pyridocoliniumperchlorat (Flavopereirinperchlorat)*, $C_{17}H_{15}ClN_2O_4$, F. 308°, durch Dehydrieren vorst. Verb. nach PRASAD u. SWAN (C. **1959.** 133) mit Tetrachlor-o-benzochinon; hellgelbe Nadeln. H. PAGEL. 3231 □·

Die Synthese von β-Carbolinderivaten. 2. Mitt. **Eine Synthese einiger Benzindolo-[2.3:a]-pyridocoliniumsalze, einschließlich des Sempervirins.** Yoshio Ban und

Masako Seo. (Tetrahedron [London] **16.** 11—15. Dez. 1961.) (Engl.) — 1. vgl. vorst. Referat.

Durch Kondens. von 3-[2-Bromäthyl]-indol (**I**) mit 2-Chlorchinolin (**II**) bzw. 1-Chlorisochinolin (**III**) werden *6.7-Dihydro-12H-benzo-[f]-* bzw. *8.9-Dihydro-14H-benzo-[h]-indolo-[2.3:a]-pyridocoliniumbromid* dargestellt. Die Rk. von **I** u. 3-Chlor-5.6.7.8-tetrahydroisochinolin (**IV**) dagegen führt nur bis zum *2-[2-Indolyl-(3)-äthyl]-3-chlor-5.6.7.8-tetrahydroisochinoliniumbromid,* das durch $POCl_3$, $AlCl_3$ oder $SnCl_4$ zu *1.2.3.4.7.8-Hexahydro-13H-benzo-[g]-indolo-[2.3:a]-pyridocoliniumchlorid* cyclisiert wird. Die Dehydrierung dieser Verb. mit Tetrachlor-o-benzochinon nach SWAN (C. **1959.** 136) liefert *Sempervirin,* das als *Nitrat* isoliert wird. UV- u. IR-Maxima sind angegeben.

Versuche: *6.7-Dihydro-12H-benzo-[f]-indolo-[2.3:a]-pyridocoliniumhydroxid, Bromid,* F. 308—311° (Zers.), durch 17std. Erhitzen von **I** u. **II** auf 100—105° im N_2-Strom, Pulvern des Prod., Waschen mit abs. Ae., Lösen in W., Waschen mit Ae., Zugabe von wenig 48%ig. HBr, Eindampfen im Vakuum u. Chromatographie an Kohle; orangerote Nadeln aus A.; 57% (Ausbeute). *Chlorid,* $C_{19}H_{15}ClN_2$, F. 270—271° (Zers.), aus dem Bromid; orangefarbene Nadeln. — *8.9-Dihydro-14H-benzo-[h]-indolo-[2.3:a]-pyridocoliniumbromid,* F. 318—320° (Zers.), durch 18std. Erhitzen von **I** u. **III** im H_2-Strom auf 105—110°, Filtrieren (**III**-Hydrochlorid), Zugabe von abs. Ae., Abfiltrieren u. Chromatographie an Kohle (A.); orangefarbene Nadeln aus A.; 24,7%. — *2-[2-Indolyl-(3)-äthyl]-3-chlor-5.6.7.8-tetrahydroisochinoliniumbromid, Hemihydrat,* $C_{19}H_{20}BrClN_2 \cdot {}^1/_2\,H_2O$, F. 199—200°, durch 18std. Kochen von **I** u. **IV** in wenig abs. Bzl., Kühlen, Zugabe von abs. Ae., Filtrieren u. Waschen mit Ae.; orangegelbe Blättchen aus A.; 82%. — *1.2.3.4.7.8-Hexahydro-13H-benzo-[g]-indolo-[2.3:a]-pyridocoliniumchlorid, Hemihydrat,* $C_{19}H_{19}ClN_2 \cdot {}^1/_2\,H_2O$, F. 324° (Zers.), a) durch Zugabe von $POCl_3$ zu vorst. Verb. in Xylol, 5std. Kochen, Eindampfen im Vakuum, Lösen in A. u. Filtrieren mit Kohle; gelbe Nadeln aus A.; b) durch 5std. Kochen von vorst. Verb. u. $AlCl_3$ in abs. Xylol unter Rühren, Kühlen, Zugabe von W., Sättigen mit KJ, Abfiltrieren des *Jodids,* Waschen mit A. u. Rk. mit frisch gefälltem AgCl in CH_3OH; 18,01%; c) analog b) mit $SnCl_4$ statt $AlCl_3$; 12,34%. — *1.2.3.4-Tetrahydro-13H-benzo-[g]-indolo-[2.3:a]-pyridocoliniumnitrat (Sempervirinnitrat), Hemihydrat,* $C_{19}H_{17}N_3O_3 \cdot {}^1/_2\,H_2O$, F. 267°, durch Dehydrieren von 90,7 mg vorst. Verb. mit Tetrachlor-o-benzochinon nach SWAN (l. c.); hellgelbe Nadeln; 38,3 mg. H. PAGEL. 3231 □

Neue Derivate des Pyridazins. Uberto M. Teotino und Giorgio Cignarella. (Gazz. chim. ital. **89.** 1200—11. April 1959. Milano, Lepetit, S. p. A., Labor. di Ric.) (Ital.)

Vff. beschreiben *4.5-Dihydropyridazinone-(3)* (**A**) u. *Pyridazinone-(3)* (**B**). *6-Methoxycarbonyl-4.5-dihydro-2H-pyridazinon-(3)* (**I**), durch Veresterung der 6-Carboxy-Verb. zugänglich, reagiert mit CH_3J unter Bldg. von *6-Methoxycarbonyl-2-methyl-4.5-dihydropyridazinon-(3)* (**II**), das man in das *6-Carboxy-* u. in das *6-Aminocarbonyl-Deriv.* umwandeln kann. **I** gibt mit n-Butylbromid *6-Methoxycarbonyl-2-butyl-4.5-dihydropyridazinon-(3),* das ebenfalls zur *6-Carboxy-Verb.* verseift bzw. in die *6-Aminocarbonyl-Verb.* übergeführt werden kann. Die **A** sind gegen Säuren relativ beständig, werden aber von Alkali angegriffen; sie können durch Br_2 in Essigsäure zu entsprechenden **B** dehydriert werden. 6-Methoxycarbonyl-2H-pyridazinon-(3) kann mit entsprechenden Alkylierungsmitteln ebenfalls in *2-Alkyl-Derivv.* übergeführt werden. *6-Carboxy-2-methylpyridazinon-(3)* läßt sich mit $SOCl_2$ in das *Säurechlorid* (**III**) umwandeln. Ausgehend von **III** können mehrere substituierte *Säureamide* synthetisiert werden. Vff. beschreiben ferner eine Reihe von in 2-Stellung bas. substituierten **B**.

Versuche: 4.5-Dihydro-2H-pyridazinone-(3) (**A**): *6-Methoxycarbonyl-* (**I**), $C_6H_8N_2O_3$, F. 136—137° (A.), durch 6std. Kochen von 6-Carboxy-4.5-dihydro-2H-pyridazinon-(3) (vgl. DRUEY, C. **1958.** 8640) mit 2% HCl enthaltendem abs. CH_3OH; 85% (Ausbeute). — *6-Äthoxycarbonyl-,* F. 135°, wie vorst. mit A.; 85%. — *6-Methoxycarbonyl-2-methyl-* (**II**), $C_7H_{10}N_2O_3$, F. 90—92° (CH_3OH), durch Rühren von 10 g **I** mit 10 g CH_3J in 1,5%ig. CH_3ONa–CH_3OH-Lsg. bei Raum-Temp., später bei 50—60°, Abfiltrieren in der Kälte von durch Alkali entstandenen Spaltprodd., Eindampfen des Filtrats u. Behandeln des Rückstandes mit Chlf.; 4,5 g. — *6-Carboxy-2-methyl-,* $C_6H_8N_2O_3$, F. 159—160° (Sublimation bei 100—110°/0,1 mm), durch 1std. Erhitzen von 1 g **II** mit HCl auf 50—60°, Eindampfen u. Abfiltrieren in der Kälte; durch Chlf.-Extraktion des Filtrats erhält man eine 2. Fraktion; 0,81 g. — *6-Aminocarbonyl-2-methyl-,* $C_6H_9N_3O_2$, F. 170—172° (A.), aus 2 g **II** mit konz. NH_4OH u. Abfiltrieren nach 2 Std.; 1,2 g. — *6-Methoxycarbonyl-2-n-butyl-,* $C_{10}H_{16}N_2O_3$, F. 38° (PAe.), $Kp._{0,05}$ 125°, durch Rühren von 10 g **I** mit 8,8 g n-C_4H_9Br analog **II**, Aufnahme des Rk.-Prod. in Ae., fraktionierte Dest. u. Aufbewahren in der Kälte; 1,9 g. — *6-Carboxy-2-n-butyl-,* $C_9H_{14}N_2O_3$, F. 72° (PAe. + Ae.), durch Kochen von 1,7 g vorst. Verb. mit HCl, Konz. u. Ae.-Extraktion;

1 g. — *6-Aminocarbonyl-2-n-butyl-*, $C_9H_{15}N_3O_2$, F. 91—92° (wss. A.), aus 2 g vorvorst. Verb. u. konz. NH_4OH; 1,8 g. — *6-Cyan-3-chlorpyridazin*, $C_5H_2ClN_3$, F. 90—91,5° (A.), durch exotherme Umsetzung von 3 g 6-Aminocarbonyl-2H-pyridazinon-(3) (**IV**; vgl. HOMER u. Mitarbeiter, J. chem. Soc. [London] **1948**. 2195) mit 10 cm³ $POCl_3$ u. 4,6 g PCl_5, später ½std. Kochen, Abdestillieren von $POCl_3$, Gießen auf Eis, 24std. Aufbewahren u. Extraktion des abgesaugten Nd. mit sd. Ae.; 1 g. — Pyridazinone-(3) (**B**): *6-Aminocarbonyl-2-methyl-*, $C_6H_7N_3O_2$, F. 198—200° (A.), a) aus 1,39 g **IV** u. CH_3J in CH_3ONa–CH_3OH analog **II**; 0,6 g; b) aus 6-Methoxycarbonyl-2-methylpyridazinon-(3) u. konz. NH_4OH; 85%. — *6-Cyan-2-methyl-*, $C_6H_5N_3O$, F. 110—111° (W.), durch 1std. Erhitzen von 2,6 g vorst. Verb. mit 12,5 g P_2O_5, Zugabe von Eis, Chlf.-Extraktion nach 24std. Aufbewahren, Einengen der Chlf.-Lsg., Aufnehmen in A. u. Einengen der abfiltrierten Lsg.; 0,45 g. — *6-Chlorcarbonyl-2-methyl-* (**III**), $C_6H_5ClN_2O_2$, F. 116°, durch 3std. Kochen von 4 g 6-Carboxy-2-methylpyridazinon-(3) (vgl. HOMER u. Mitarbeiter, l. c.) mit 16 g $SOCl_2$ u. Dest.; 4,2 g. — *6-Methylaminocarbonyl-2-methyl-*, $C_7H_9N_3O_2$, F. 155—157° (Propanol), durch Einrühren von 25%ig. wss. CH_3NH_2 in 1,5 g **III** in Chlf. u. Einengen der Chlf.-Phase; 1,11 g. — *6-Diäthylaminocarbonyl-2-methyl-*, $C_{10}H_{15}N_3O_2$, F. 73—75° (Isopropanol), durch Einrühren von $(C_2H_5)_2NH$ in Ae. in 1,5 g **III** in Ae., Abfiltrieren von $(C_2H_5)_2NH \cdot HCl$ u. Einengen des Filtrats; 1 g. — *6-[β-Diäthylaminoäthoxycarbonyl]-2-methyl-, Hydrochlorid*, $C_{12}H_{19}N_3O_3 \cdot HCl$, F. 183—185° (A.), aus 0,7 g **III** u. Diäthylaminoäthanol durch kurzes Aufkochen; 0,9 g. — *6-Methoxy-2-n-butyl-*, $C_{10}H_{14}N_2O_3$, F. 45—47°, $Kp._{0,1}$ 85—90°, aus 6 g 6-Methoxycarbonyl-2H-pyridazinon-(3) u. CH_3ONa–CH_3OH durch Einrühren von n-C_4H_9Br, Aufkochen, Filtrieren, Einengen, Aufnehmen in Chlf., Einengen der filtrierten Lsg., Aufnehmen des Rückstandes in Ae. u. Einengen; 2,7 g. — *6-Carboxy-2-n-butyl-*, $C_9H_{12}N_2O_3$, F. 119—121°, aus 1,2 g vorst. Verb. durch Kochen mit NaOH u. Ansäuern mit HCl in der Kälte; 0,9 g. — *6-Äthoxycarbonyl-2-hydroxymethyl-*, $C_8H_{10}N_2O_4$, F. 106—107°, durch 3std. Kochen von 0.8 g 6-Äthoxycarbonyl-2H-pyridazinon-(3) (**VI**) mit Formaldehyd, Aufbewahren im H_2SO_4-Exsiccator, Lösen in A. u. Fällen mit Ae.; 0,7 g. — *6-Äthoxycarbonyl-2-[β-dimethylaminoäthyl]-* (**VII**), *Oxalat*, $C_{11}H_{17}N_3O_3 \cdot C_2H_2O_4$, F. 169—171° (A.), durch Zugabe von β-Dimethylaminoäthylchlorid (**V**) zu der Lsg. von **VI** u. $(CH_3)_2CHONa$ in Isopropanol bei 60°, 2std. Rühren, weitere Zugabe von **V**, 2std. Rühren bei 60—65°, Filtrieren, Einengen des Filtrats im Vakuum, Aufnehmen in Ae. u. Zugabe von Oxalsäure in Ae.; 1,9 g. *Hydrochlorid*, $C_{11}H_{17}N_3O_3 \cdot HCl$, F. 155—156°, aus 1 g Oxalat durch Freisetzen der Base mit K_2CO_3, Aufnehmen in Methyläthylketon, Zugabe von verd. HCl bis zu pH 6, Einengen im Vakuum, Aufnehmen des Rückstandes in abs. A. u. Zugabe von Ae.; 0,7 g. *Jodmethylat*, $C_{11}H_{17}N_3O_3 \cdot CH_3J$, F. 233—234° (A.), aus 0,9 g **VII** u. CH_3J in abs. Ae.; 0,9 g. M. MENGELBERG. 3272 □

Synthese einiger Chloralkylamine der Pyrimidinreihe. K. A. Kornew und K. K. Chomenkowa. (Украинский Химический Журнал [Ukrain. chem. J.] **26**. 347—50. 1960. Ukrain. Med.-Chem. Forschungsinst.) (Russ.)

Durch Rk. von 2.4.6-Trichlorpyrimidin (**I**) mit Diäthanolamin entsteht *4.6-Dichlor-2-[bis-(β-hydroxyäthyl)-amino]-pyrimidin* (**II**). Während durch Einw. von $SOCl_2$ auf **II** *4.6-Dichlor-2-[bis-(β-chloräthyl)-amino]-pyrimidin* (**IV**) nur in schlechter Ausbeute erhalten wird, kann **IV** aus **I** durch Rk. mit β.β'-Dichlordiäthylamin in Ggw. von Triäthylamin in befriedigender Ausbeute erhalten werden. *4.6-Dihydroxy-2-[bis-(β-chloräthyl)-amino]-pyrimidin* wird durch Behandeln von **IV** mit W. erhalten. Bei der Substitution der restlichen 2 Cl-Atome am Pyrimidinkern von **II** und **IV** durch OH-Gruppen wird die Basizität der Kerne stark erhöht, so daß die Bldg. von *Hydrochloriden* ermöglicht wird. Aus 2.4.5.6-Tetrachlorpyrimidin entsteht mit β.β'-Dichlordiäthylamin in Ggw. von Triäthylamin *2.5.6-Trichlor-4-[bis-(β-chloräthyl)-amino]-pyrimidin*, das beim Erhitzen auf 80° Cyclisierung vermutlich unter Bldg. von *1-[β-Chloräthyl]-2.5'-dichlorpyrimidino-[6'.1':2.3]-imidazoliumchlorid* erleidet. 2.4.6-Trichlor-5-nitropyrimidin (**V**) reagiert mit 2 Mol β.β'-Dichlordiäthylamin unter Bldg. von *2.6-Dichlor-5-nitro-4-[bis-(β-chloräthyl)-amino]-pyrimidin*.

Versuche: *4.6-Dichlor-2-[bis-(β-hydroxyäthyl)-amino]-pyrimidin* (**II**), $C_8H_{11}Cl_2N_3O_2$, F. 137,5—139°, aus 12 g Diäthanolamin u. 9 g **I** in Chlf. unter Kühlung mit W., 12std. Stehen u. Zusatz von W. zum Rk.-Gemisch; 11 g (Ausbeute). — *4.6-Dihydroxy-2-[bis-(β-hydroxyäthyl)-amino]-pyrimidinhydrochlorid* (**III**), $C_8H_{13}N_3O_4 \cdot HCl$, F. 213° (Zers.), aus **II** u. konz. HCl durch zweimaliges Eindampfen zur Trockne u. Kristallisieren aus A.; 75%. — *4.6-Dichlor-2-[bis-(β-chloräthyl)-amino]-pyrimidin* (**IV**), $C_8H_9Cl_4N_3$, F. 98—99°, aus 8 g β.β'-Dichlordiäthylamin u. 10 g **I** in Bzl. in Ggw. von 7,83 ml Triäthylamin; 8,5 g. — *4.6-Dihydroxy-2-[bis-(β-chloräthyl)-amino]-pyrimidinhydrochlorid*, $C_8H_{11}Cl_2N_3O_2 \cdot HCl$, F. 200° (Zers.), aus **IV** analog **III**. — *4.6-Dihydroxy-2-[bis-(β-hydroxyäthyl)-amino]-pyrimidin*, F. 185—186° (Aceton) durch Einw. von Alkali auf **III**. — *4.6-Dihydroxy-*

2-[bis-(β-chloräthyl)-amino]-pyrimidin, F. 189° (A.), aus 2 g **IV** u. 3 ml $SOCl_2$, nach $^1/_2$std. Rühren, Abdestillieren des $SOCl_2$, Zusatz von W. u. NaOH-Lsg. bis zur alkal. Rk.; 1 g. — *2.5.6-Trichlor-4-[bis-(β-chloräthyl)-amino]-pyrimidin*, $C_8H_8Cl_5N_3$, F. 67—68°, aus 3 g 2.4.5.6-Tetrachlorpyrimidin analog **IV**; 60%. — *1-[β-Chloräthyl]-2'.5'-dichlorpyrimidino-[6'.1':2.3]-imidazoliumchlorid* (*D*), F. 168°, aus vorst. Verb. durch Erhitzen auf 80°. — *2.6-Dichlor-5-nitro-4-[bis-(β-chloräthyl)-amino]-pyrimidin*, $C_8H_8Cl_4N_4O_2$, F. 97 bis 98°, aus 1 g **V** u. 1,2 g *β.β'*-Dichlordiäthylamin in Ae.; 47%. G. HEY. 3272□

Synthese von 2-Amino-4-[p-chloranilino]-pteridinen und die Art ihrer wachstumshemmenden Wirkung gegenüber Mikroorganismen. Dolly Roy, S. Ghosh und B. C. Guha. (J. Indian chem. Soc. **36.** 651—58. Sept. 1959. Calcutta, Univ. Coll. of Sci. and Technol., Dep. of Appl. Chem.) (Engl.)

Während zahlreiche Arbeiten über die biolog. Aktivität von 6.7-disubstituierten 2.4-Diamino- u. 2-Amino-4-alkylaminopteridinen vorliegen, sind die entsprechenden 2-Amino-4-arylaminopteridine bisher nicht in die Unterss. einbezogen worden. Deshalb stellten Vff. durch Kondens. von 2.4.5-Triamino-6-[p-chloranilino]-pyrimidin (**III**) mit Diacetyl u. Benzil in wss. Medium *2-Amino-4-[p-chloranilino]-6.7-dimethyl-* (**I**) bzw. *-6.7-diphenylpteridin* (**II**) dar. **III** wurde durch Nitrosieren von 2.4-Diamino-6-[p-chloranilino]-pyrimidin (**IV**) u. anschließende Red. der erhaltenen *5-Nitroso-Verb.* mit Na-Hydrosulfit erhalten. Die UV-Spektren von **I** u. **II** sind abgebildet. Die wachstumshemmende Wirksamkeit von **I** u. **II** im Vgl. zu 2.4-Diamino-6.7-dimethyl- (**V**) u. -6.7-diphenylpteridin (**VI**) wurde gegenüber Streptococcus faecalis, Lactobacillus arabinosus 17-5 u. Escherichia coli bestimmt, wobei sich zeigte, daß **I** u. **II** starke Inhibitoren für das Bakterienwachstum sind. Für S. faecalis gilt, daß bei Verw. eines Folsäurenährbodens **V** u. **VI** wirksamere Inhibitoren als **I** u. **II** sind. Setzt man dem Nährboden von S. faecalis jedoch Adenin u. Thymin zu, so sind **I** u. **II** nunmehr aktiver als **V** u. **VI**. Bezüglich des Wachstums von L. arabinosus zeigen **I** u. **II** einen ähnlichen Inhibitonseffekt wie **V** u. **VI**. Bei E. coli dagegen ergab sich für **I** u. **II** eine wesentlich größere Wirksamkeit als für **V** u. **VI**. Es wurde gezeigt, daß sich **I** u. **II** nicht als kompetitive Antagonisten der Folsäure verhalten, wie es **V** u. **VI** tun. Während Adenin u. Guanin sowie Adenosin u. Guanosin in der Lage sind, den wachstumshemmenden Effekt von **I** u. **II** gegenüber S. faecalis u. E. coli aufzuheben, falls niedrige Inhibitor-Konzz. vorliegen, sind Uracil, Cytosin, Thymin u. deren Riboside hierzu nicht befähigt.

Versuche: *2.4-Diamino-5-nitroso-6-[p-chloranilino]-pyrimidin*, $C_{10}H_9ClN_6O$, F. 270 bis 271°, durch Zutropfen einer wss. Lsg. von 0,57 g $NaNO_2$ unter Rühren zu einer Lsg. von 3 g **IV** in stark verd. HCl; aus 50%ig. A. gelblichrote Nadeln; 2,5 g (Ausbeute). — *2.4.5-Triamino-6-[p-chloranilino]-pyrimidin* (**III**)*-Sulfat*, $C_{10}H_{11}ClN_6O_4S$, Zers. > 200°, durch Erwärmen einer wss. Suspension von 2,5 g vorst. Verb. auf 80°, allmähliches Zugeben von Na-Hydrosulfit unter Rühren bis zur schwachen Färbung (Abscheidung einer gelblichen Substanz), ca. $^1/_4$std. Erhitzen zum Sieden u. Kühlen der wss. Lsg.; cremefarbene Nadeln; 2,7 g. — *2-Amino-4-[p-chloranilino]-6.7-dimethylpteridin* (**I**), $C_{14}H_{13}ClN_6$, Zers. > 300° (ohne zu schmelzen), durch 10 Min. langes Erwärmen von 1 g **III**-Sulfat (u. einer Spur Na-Hydrosulfit) mit 0,64 g $BaCl_2$ in W. auf 50°, Zutropfen von 0,22 g Diacetyl in W. bei 50° zur wss. Lsg., 3—4std. Stehen der Rk.-Mischung bei 28—30° u. Stehen über Nacht in der Kälte; aus Dimethylformamid blaßgelbe Nadeln; 750 mg. — *2-Amino-4-[p-chloranilino]-6.7-diphenylpteridin* (**II**), $C_{24}H_{17}ClN_6$, F. 290°, durch Umsetzung von 1 g **III**-Sulfat mit $BaCl_2$ wie vorst., Versetzen des erhaltenen **III**-*Hydrochlorids* mit 0,54 g Benzil in heißem A. u. 4std. Erhitzen unter Rückfluß; aus wss. Dimethylformamid glänzende gelbe Nadeln; 900 mg. D. HOLZNER. 3272□

Phenoxazine. 5. Mitt. **Neue Synthese für 7-Aminophenoxazone-(2).** Hans Musso und Peter Wager. (Chem. Ber. **94.** 2551—61. 22/9. 1961. Göttingen, Univ., Organ.-Chem. Inst.) (Dt.) — 4. vgl. C. **1961.** 13186.

Bei der Kondens. von Benzochinondichlordiimid (**I**) mit Resorcin (**II**) entstehen *7-Aminophenoxazon-(2)* (**IV**) u. *3-Chlor-7-aminophenoxazon-(2)* (**VI**) nebeneinander, die sich chromatograph. trennen lassen. Bei der Verw. von **I** u. **II** in äquimol. Mengen sind die Mengen an **IV** u. **VI** etwa gleich, mit einem Überschuß an **I** überwiegt **VI**, mit mehr **II** entsteht mehr **IV**. Analog **II** verhält sich Orcin (**III**) u. liefert *4-Methyl-7-amino-* (**V**) u. *3-Chlor-4-methyl-7-aminophenoxazon-(2)* (**VII**). **IV** wird ferner durch Hydrolyse seines Oxims (**VIII**) erhalten, muß aber auch bei dieser Darst. chromatograph. gereinigt werden. Bei der Kondens. von Toluchinondichlordiimid (**IX**) mit **III** entsteht neben den **IV** u. **VI** entsprechenden *4.6-Dimethyl-Verbb.* (**X** u. **XI**) ein unreines Prod. mit mehr als einem Cl-Atom. **XI** entsteht auch durch Kondens. von **IX** mit 2-Chlororcin, ferner werden **VI, VII** u. **XI** aus **IV, V** bzw. **X** durch Kochen mit **IX** erhalten u. katalyt. wieder zu **IV, V** bzw. **X** enthalogeniert. Zur Darst. von *7-Amino-4.5-dimethylphenoxazon-(2)* (**XII**) wird 2-Chlor-3.5-dinitrotoluol (**XV**) mit 2-Amino-3-hydroxytoluol (**XVI**) zu *2-Nitro-*

4.5-dimethylphenoxazin (**XVII**) kondensiert, **XVII** mit $FeCl_3$ zu *7-Nitro-4.5-dimethylphenoxazon-(2)* (**XVIII**) oxydiert, dieses zu *7-Amino-2-hydroxy-4.5-dimethylphenoxazin* red., welches nicht isoliert zu werden braucht, sondern direkt zu **XII** oxydiert werden kann. **XVIII** wird ferner durch Kondens. von **XV** mit 2-Amino-3-hydroxy-5-methoxytoluol (**XX**) zu *7-Nitro-2-methoxy-4.5-dimethylphenoxazin*, Ätherspaltung u. Oxydation erhalten. **X** entsteht durch Kondens. von 2-Nitro-5-amino-4-methoxytoluol (**XIX**) mit 2-Jod-3.5-dimethoxytoluol (**XIV**) in Ggw. von Cu-Pulver zu *4-Nitro-2.2'.4'-trimethoxy-5.6'-dimethyldiphenylamin*, Red. der NO_2- zur NH_2-Gruppe, Ätherspaltung u. Luftoxydation. Die dargestellten 7-Aminophenoxazone-(2) lösen sich in CH_3OH mit rotvioletter Farbe u. roter Fluorescenz, in verd. Säure wird ihr längstwelliges UV-Maximum von 560 nach 515 mμ verschoben; sie werden am besten durch ihre IR-Spektren oder DEBYE-SCHERRER-Diagramme charakterisiert.

Versuche (FF. korr.): *7-Aminophenoxazon-(2)* (**IV**), $C_{12}H_8N_2O_2$, Zers. bei 290°, a) durch Verdünnen einer Lsg. von **VIII**-Hydrochlorid in konz. H_2SO_4 mit W., 1std. Erwärmen auf 120°, Gießen in W., Extraktion mit Butanol, Eindampfen, Chromatographie mit CH_3OH an Kieselgel, Eindampfen des Eluats u. Sublimation im Hochvakuum bei 140°; schwarzbraune Kristalle mit grünlichem Glanz; 10,5% (Ausbeute) an 15,3% SiO_2 enthaltendem Roh-Prod.; b) wie a) mit 60%ig. $HClO_4$; c) durch Zugabe von **II** in A. zu **I** in A. bei 75°, 4std. Erwärmen auf 72—75°, Verdünnen mit W. u. NH_4OH, Extraktion mit Butanol, Extraktion des Butanolrückstands mit der Oberphase des Syst. Aceton/Dibutyläther/Butanol/Eisessig/W. (9:5:2:2:5), Chromatographie an Cellulosepulver, Elution der langsamer wandernden Zone mit Butanol, Eindampfen, Lösen in sd. 2n HCl u. Neutralisieren mit verd. NH_4OH; 1,6%. — *7-Acetamidophenoxazon-(2)*, $C_{14}H_{10}N_2O_3$, Sublimation ab 300°, Zers. bei 345°, aus rohem **IV** nach a) in Pyridin mit Acetanhydrid u. Chromatographie mit Essigester an Kieselgel; dunkelrote Kristalle; 47%. — *7-Amino-3-chlorphenoxazon-(2)* (**VI**), $C_{12}H_7ClN_2O_2$, neben **IV** nach c) aus der schneller wandernden Zone; blauschwarze Kristallaggregate; 6,1%. — *7-Amino-4-methylphenoxazon-(2)* (**V**), $C_{13}H_{10}N_2O_2$, aus **I** u. **III**-Hydrat analog **IV** nach c); feine braunviolette Nadeln; 13,5%. — *7-Amino-3-chlor-4-methylphenoxazon-(2)* (**VII**), $C_{13}H_9ClN_2O_2$, neben **V** analog **VI**; violette Nadeln mit grünlichem Glanz; 4,7%. — *7-Acetamido-4-methylphenoxazon-(2)*, $C_{15}H_{12}N_2O_3$, aus **V** in Pyridin mit Acetanhydrid; kurze rotbraune Nadeln; 37,5%. — *7-Acetamido-3-chlor-4-methylphenoxazon-(2)*, $C_{15}H_{11}ClN_2O_3$, analog vorst. Verb. aus **VII**; rotbraune, hantelförmige Kristalle; 37%. — *7-Amino-4.6-dimethylphenoxazon-(2)* (**X**), $C_{14}H_{12}N_2O_2$, a) aus **IX** u. **III**-Hydrat analog **IV** nach c); braunviolette Kristalle; 8,9%; b) durch ½std. Erhitzen von **XIII** mit Pyridiniumchlorid unter N_2 auf 180 u. dann 200°, Aufnehmen in W., ½std. Durchsaugen von Luft, Alkalisieren mit konz. NH_4OH, Extraktion mit Butanol, Eindampfen, Lösen in heißer, 20% CH_3OH enthaltender 2n HCl, Abdampfen von CH_3OH u. Neutralisation mit NH_4OH; 47,2%. — *7-Amino-3-chlor-4.6-dimethylphenoxazon-(2)* (**XI**), $C_{14}H_{11}ClN_2O_2$, neben **X** nach a); 9,7%. — *7-Acetamido-4.6-dimethylphenoxazon-(2)*, $C_{16}H_{14}N_2O_3$, aus **X**; kleine rotbraune Kristalle, Dunkelfärbung ab 320°; 15,5%. — *7-Acetamido-3-chlor-4.6-dimethylphenoxazon-(2)*, $C_{16}H_{13}ClN_2O_3$, Zers. ab 280°, aus **XI**; feine rotbraune Nadeln; 12,8%. — *2-Amino-3-hydroxytoluol* (**XVI**), F. 151° (Bzl.), durch Nitrierung von m-Kresol nach HODGSON u. BEARD [1925], Wasserdampf-Dest., Fraktionierung des Destillats u. Hydrierung der Hauptfraktion (Kp.$_{12}$ 113—114°; 35%) in CH_3OH an RANEY-Ni; 76%. — *2-Nitro-4.5-dimethylphenoxazin* (**XVII**), $C_{14}H_{12}N_2O_3$, F. 184—185° (Zers.), durch 5std. Kochen von **XVI** mit **XV** u. 2n CH_3COONa in A., ½std. Kochen nach Zusatz von 2n NaOH, Abdestillieren von A. u. Chromatographie mit Bzl. an Kieselgel; aus Bzl. dunkelrote Kristalle; 18,6%. — *2-Nitro-4.6-dimethylphenoxazin*, F. 263—265° (Zers.), aus **XV** u. 3-Amino-4-hydroxytoluol; aus Bzl. dunkelbraune Kristalle; 23%. — *2-Nitro-4.7-dimethylphenoxazin*, F. 242—243° (Zers.), aus **XV** u. 4-Amino-3-hydroxytoluol; aus Bzl. dunkelrote, flache Stäbchen; 19%. — *2-Nitro-4.8-dimethylphenoxazin*, F. 250° (Zers.), aus **XV** u. 3-Amino-2-hydroxytoluol; aus Bzl. dunkelbraune Kristalle; 16,3%. — *7-Nitro-2-methoxy-4.5-dimethylphenoxazin*, $C_{15}H_{14}N_2O_4$, F. 218—223° (Zers.), aus **XV** u. **XX**; aus Bzl. braune Nadeln; 8,6%. — *7-Nitro-4.5-dimethylphenoxazon-(2)* (**XVIII**), $C_{14}H_{10}N_2O_4$, F. 247—248° (Zers.), a) durch Zugabe von $FeCl_3 \cdot 6\,H_2O$ in Eisessig zu **XVII** in warmem Eisessig, ¼std. Erwärmen auf dem Wasserbad, Gießen in sd. W., Absaugen, Chromatographie aus Bzl. an Kieselgel u. Elution mit Bzl.-Chlf. (2:1); orangebraune Nadeln nach Sublimation im Hochvakuum bei 150°; 74%; b) durch ¼std. Erhitzen von 2,8 mg vorst. Verb. mit 250 mg Pyridiniumchlorid auf 170°, Aufnehmen in W., Bzl.-Extraktion u. Chromatographie an Kieselgel; 0,3 mg. — *7-Amino-4.5-dimethylphenoxazon-(2)* (**XII**), $C_{14}H_{12}N_2O_2$, durch Versetzen von **XVIII** in sd. Eisessig mit Zn-Staub bis zur Entfärbung, 15 Min. langes Kochen, Heißfiltration, Oxydation mit $FeCl_3 \cdot 6\,H_2O$ in W., Lösen des Nd. in heißem Methanol/2n HCl (1:2) u. Neutralisation

in der Hitze mit 2n NH_4OH; feine violettschwarze Nadeln; 86%. — *7-Acetamido-4.5-dimethylphenoxazon-(2)*, $C_{16}H_{14}N_2O_3$, aus **XII**; kleine rotbraune Kristalle; 85%. — *2.4-Dinitro-2'-hydroxy-5.6'-dimethyldiphenylamin*, $C_{14}H_{13}N_3O_5$, F. 181—183°, aus 2.4-Dinitro-5-chlortoluol u. **XVI** analog **XVII**, Extraktion mit Bzl. u. Ae., Eindampfen, Chromatographie mit Bzl. an Kieselgel, Eindampfen des Eluats u. fraktionierte Kristallisation aus Bzl. u. CH_3OH; tiefgelbe derbe Kristalle; 9,7%. — *3-Amino-4.5-dimethylphenoxazon-(2)*, $C_{14}H_{12}N_2O_2$, F. 235°, neben vorst. Verb.; violettbraune flache Nadeln; 10,6%. — *N-Acetyl-2.4-dinitro-2'-acetoxy-5.6'-dimethyldiphenylamin*, $C_{18}H_{17}N_3O_7$, F. 154°, aus vorvorst. Verb. mit Pyridin–Acetanhydrid; aus Bzl.–Cyclohexan hellgelbe Nadeln; 75%. — *4-Nitro-2.2'.4'-trimethoxy-5.6'-dimethyldiphenylamin*, $C_{17}H_{20}N_2O_5$, F. 177° (Bzl.–Cyclohexan u. Sublimation im Hochvakuum bei 140—150°), durch $1^3/_4$std. Kochen von **XIX** u. **XIV** mit K_2CO_3, akt. Cu-Pulver, Cu_2Cl_2, HgJ_2 u. KJ in Nitrobenzol unter N_2, Abtreiben des Nitrobenzols mit Wasserdampf, Extraktion von überschüssigem **XIX** mit heißem W. u. Chromatographie des Rückstands mit Bzl. an Kieselgel; 74,6%. — *4-Amino-2.2'.4'-trimethoxy-5.6'-dimethyldiphenylamin* (**XIII**), $C_{17}H_{22}N_2O_3$, F. 157—160° (Bzl. u. Sublimation im Hochvakuum bei 140°), durch ½std. Hydrierung vorst. Verb. in CH_3OH an RANEY-Ni u. Eindampfen; 100% (roh). — *N-Acetyl-4-acetamido-2.2'.4'-trimethoxy-5.6'-dimethyldiphenylamin*, $C_{21}H_{26}N_2O_5$, F. 138—141° (Bzl.–Cyclohexan u. Sublimation im Hochvakuum bei 120°), aus rohem **XIII** durch $^3/_4$std. Kochen mit Na-Acetat u. Acetanhydrid, Abdampfen u. Chromatographie mit Bzl. an Kieselgel; 50%.
I. SPAETH. 3282 □

Phenthiazone. 4. Mitt. Bromphenthiazinsulfoxide und Bromdiphenylaminsulfone. C. Bodea und M. Răileanu. (Журнал Общей Химии [J. allg. Chem.] **30** (**92**). 1131—35. April 1960. Cluj, Chem. Inst. der Akad. der Rumän. Volksrepublik.) (Russ.) — 3. vgl. C. **1960. 14702.**

Durch Oxydation von 3.7-Dibrom-(I) u. 1.3.7.9-Tetrabromphenthiazin (**II**) mit $K_2Cr_2O_7$ werden *3.7-Dibrom-*(**III**) u. *1.3.7.9-Tetrabromphenthiazin-S-oxid* (**IV**) erhalten. Die weitere Oxydation von **III** u. **IV** mit $K_2Cr_2O_7$ liefert *4.7-Dibrom-* (**V**) bzw. *1.4.7.9-Tetrabromphenthiazon-(3)* (**VI**). Die Oxydation von **I–IV** mit H_2O_2 gibt dagegen *3.7-Dibrom-* (aus **I** oder **III**) bzw. *1.3.7.9-Tetrabromphenthiazin-S.S-dioxid* (**VII**). Intermediär bilden sich wahrscheinlich bei der Oxydation von **III** u. **IV** zu **V** bzw. **VI** die entsprechenden, zu **III** u. **IV** isomeren *Phenazthioniumhydroxide*. — Die 1- u. 9ständigen Br-Atome sind in den Phenthiazinen, -S-oxiden u. -S.S-dioxiden der untersuchten Verbb. recht beweglich u. lassen sich leicht durch H-Atome ersetzen.

Versuche: *3.7-Dibromphenthiazin-S-oxid* (**III**), $C_{12}H_7Br_2NOS$, Zers. bei 256—257° (A.), man kocht je 4 g **I** u. $K_2Cr_2O_7$ in 600 ml 80%ig. Essigsäure $^1/_4$ Std. lang; glänzende Kristalle; 64% (Ausbeute). — *1.3.7.9-Tetrabromphenthiazin-S-oxid* (**IV**), $C_{12}H_5Br_4NOS$, Zers. bei 238—239° (Dioxan), man kocht je 7 g **II** u. $K_2Cr_2O_7$ 35 Min. lang in 2100 ml 95%ig. Essigsäure; Nadeln; ca. 56%. — *4.7-Dibromphenthiazon-(3)* (**V**), $C_{12}H_5Br_2NOS$, F. 239—240° (Dioxan), a) man kocht 5 g **III** u. 15 g $K_2Cr_2O_7$ in 250 ml Eisessig $^1/_4$ Std., verd. mit W. bis zur beginnenden Krist. u. läßt 20 Std. lang stehen; glänzende, kupferfarbige Nadeln; 33%; b) analog aus **I**. — *1.4.7.9-Tetrabromphenthiazon-(3)* (**VI**), $C_{12}H_3Br_4NOS$, F. 263—264° (Toluol), a) aus **IV** analog vorst. Verb. nach a); rote Nadeln; 35%; b) analog aus **II**. — *3.7-Dibromphenthiazin-S.S-dioxid* (*4.4'-Dibromdiphenylamin-2.2'-sulfon*), $C_{12}H_7Br_2NO_2S$, F. 340—341° (Essigsäure), a) man tropft zu 2 g **I** oder **III** in 200 ml Eisessig in 2 Std. 45 ml Perhydrol zu u. gießt in W.; 63%; b) durch 3std. Kochen von **VII** in Eisessig mit Zn-Staub; 71%. — *1.3.7.9-Tetrabromphenthiazin-S.S-dioxid* (**VII**), $C_{12}H_5Br_4NO_2S$, F. 252—253° (Toluol), analog vorst. Verb. aus **II** oder **IV**; 75%. — *3.7-Dibromphenthiazin* (**I**), $C_{12}H_7Br_2NS$, Zers. bei 210—211° (Essigsäure), a) durch $^1/_2$std. Kochen von 2 g **III** in 200 ml Essigsäure mit Zn-Staub; 70%; b) durch 4std. Kochen von **IV** in Eisessig mit Zn-Staub; silbrige Blätter; 66%; c) analog aus 2 g **II** in 500 ml Eisessig (5std. Kochen); 64%. HELMUT SCHÄFER. 3292 □

Neue heteroaromatische Verbindungen. 12. Mitt. Weitere Beweise für den aromatischen Charakter von Borazaroverbindungen. M. J. S. Dewar und R. Dietz. (Tetrahedron [London] **15.** 26—34. Dez. 1961. Chicago, Ill., Univ., George Herbert Jones Labor.) (Engl.) — 11. vgl. C. **1962. 475.**

Die Aciditäten sowie die Fähigkeit zur Komplex-Bldg. mit Polyolen, bes. Mannit, unter gleichzeitigem pH-Abfall in der Lsg. werden bei 10-Hydroxy-10.9-borazaro- u. -10.9-boroxarophenanthren u. 2-Hydroxy-2.1-borazaronaphthalin untersucht u. mit denen von Phenyl- u. Biphenylyl-(2)-boronsäure verglichen. Bis-[2.1-borazaronaphthyl-(2)]-äther (**I**) wird mit Na in n-Butanol zu *Bis-[3.4-dihydro-2.1-borazaronaphthyl-(2)]-äther* (**II**) reduziert, der mit Acetanhydrid (**III**) *Bis-[1-acetyl-3.4-dihydro-2.1-borazaronaphthyl-(2)]-äther* (**IV**) liefert, während **I** nicht acetyliert werden kann. In wss. saurer Lsg. werden **II** u. **IV** reversibel hydrolysiert, wie u. a. UV-spektrophotometr. Messungen zeigen, während I unverändert bleibt. Diese Unterss. dienen zum Beweis des aromat. Charakters heteroaromat. B-Verbindungen.

Versuche: *Bis-[3.4-dihydro-2.1-borazaronaphthyl-(2)]-äther* (II), $C_{16}H_{18}B_2N_2O$, F. 87,5—89° (Pentan), aus I durch Kochen mit Na in n-Butanol; 91% (Ausbeute). — *Bis-[1-acetyl-3.4-dihydro-2.1-borazaronaphthyl-(2)]-äther* (IV), $C_{20}H_{22}B_2N_2O_3$, F. 280—282° (Chlf./Leichtbenzin), aus II durch Erwärmen mit III; Nadeln. — *2-Acetamidophenäthylboronsäure*, $C_{10}H_{14}BNO_3$, F. ca. 127°, aus IV durch Kristallisieren aus W.; Prismen. — *2-Aminophenäthylboronsäure, Hydrochlorid*, $C_8H_{13}BClNO_2$, F. 190—192°, aus II durch Umlösen aus 2 n HCl; Nadeln. EBERHARD RIEDEL. 3292 □

Neue heteroaromatische Verbindungen. 13. Mitt. **Reaktionen 10-substituierter 9-Äthoxycarbonyl-10.9-borazarophenanthrene.** M. J. S. Dewar und P. M. Maitlis. (Tetrahedron [London] 15. 35—45. Dez. 1961.) (Engl.) — 12. vgl. vorst. Referat.

10-Methyl-(I) u. 10-Phenyl-10.9-borazarophenanthren (II) werden über ihre 9-Li-Verbb. durch Rk. mit Chlorameisensäureäthylester (III) in die entsprechenden *9-Äthoxycarbonyl-Verbb.* (VIII bzw. IX) übergeführt, die in Alkalien leicht wieder unter Rückbildung von I bzw. II zerfallen. VIII u. IX werden an der Luft leicht oxydiert, vermutlich unter Bldg. von *[2'-Äthoxycarbonylaminobiphenylyl-(2)]-boronsäureanhydrid* (IV), das mit o-Phenylendiamin (V) ein *Benzodiazborol-Deriv.* bildet. Beim Erhitzen unter Wasserausschluß cyclisiert sich IV zu *Bis-[9-äthoxycarbonyl-10.9-borazarophenanthryl-(10)]-äther*. IV entsteht auch bei sukzessiver Umsetzung von 10-Hydroxy-10.9-borazarophenanthren (VI) mit Phenyl-Li u. III. Bei der Rk. der 9-Li-Derivv. von I u. II mit Benzoylchlorid (VII) entsteht in beiden Fällen, vermutlich infolge sofortiger Luftoxydation der intermediär gebildeten 9-Benzoyl-Derivv. von I bzw. II, *[2'-Benzoylaminobiphenylyl-(2)]-boronsäureanhydrid*. Der aromat. Charakter der heteroaromat. B-Verbb. wird im Zusammenhang mit ihren Stabilitäten u. ihren UV-Spektren diskutiert.

Versuche: 10.9-Borazarophenanthrene: *10-Methyl-9-äthoxyacrbonyl-* (VIII), $C_{16}H_{16}BNO_2$, Kp.$_{0,3}$ 160°, aus I in Bzl. durch Umsetzung mit CH_3Li in Ae. unter N_2, 1std. Kochen mit III u. Hydrolyse mit verd. HCl; $n_D^{21,5}$ 1,6188; 80% (Ausbeute). — *10-Methyl-* (I), F. 99—100°, aus VIII durch Kochen über Nacht in wss.-alkohol. NaOH; 88%. — *10-Phenyl-9-äthoxycarbonyl-* (IX), $C_{21}H_{18}BNO_2$, F. 116—117° (Ae./Leichtbenzin), aus II u. Phenyl-Li analog VIII; 51%. — *10-Phenyl-* (II), F. 106—107°, aus IX analog I; 39%. — *10-Hydroxy-* (VI), aus IV durch alkal. Hydrolyse; 88%. — Biphenylyl-(2)-boronsäureanhydride: *2'-Äthoxycarbonylamino-* (IV), $(C_{15}H_{14}BNO_3)_3$, F. 215 bis 220° (Bzl./Leichtbenzin), a) aus VI analog IX; 51%; b) aus VIII oder IX in Ae. durch 48std. Stehen an der Luft; 85 bzw. 20%. — *2'-Benzoylamino-*, F. > 300°, aus II u. VII analog IX; 96%. — *2-[2'-Äthoxycarbonylaminobiphenylyl-(2)]-1.3.2-benzodiazborol*, $C_{21}H_{20}BN_3O_2$, F. 156—157°, aus IV u. V in Bzl.; 46%. EBERHARD RIEDEL. 3292 □

Neue heteroaromatische Verbindungen. 14. Mitt. **Borhaltige Purin-, Chinazolin- und Perimidinanaloga.** S. S. Chissick, M. J. S. Dewar und P. M. Maitlis. (J. Amer. chem. Soc. 83. 2708—11. 20/6. 1961. London, Univ., Queen Mary Coll.) (Engl.) — 13. vgl. vorst. Referat.

Aus o-Aminobenzamid (I) entsteht mit $C_6H_5BCl_2$ oder Phenylboronsäuredibutylester (II) oder Phenylboronsäureanhydrid (III) *2-Phenyl-2-bora-4-ketotetrahydrochinazolin*, das nicht O-methyliert u. nicht chloriert werden kann. 4-Amino-1-methylimidazolcarbonsäure-(5)-amid (IV) gibt mit II oder III in A. *2-Phenyl-6-hydroxy-7-methyl-2-boradihydropurin*. 3-Amino-1-phenyl-1.2.5-triazolcarbonsäure-(4)-amid (V) liefert mit II *2.8-Diphenyl-6-hydroxy-2-bora-8-azadihydropurin*. Aus 1.8-Diaminonaphthalin (VI) entsteht mit $C_6H_5BCl_2$ oder mit III *2-Phenyl-2-boradihydroperimidin*. Die Verbb. sind nur wenig stabil u. werden in A. leicht solvolysiert. Der Vers. einer Synth. von 2-Borachinazolin aus o-Aminobenzonitril u. Diboran lieferte nur ein Polymerisat.

Versuche: *o-Aminobenzamid* (I), F. 111—112° (Bzl.), aus o-Nitrobenzamid (F. 174—175°) durch Red. mit Hydrazinhydrat in A.; 95% (Ausbeute). — *2-Phenyl-2-bora-4-ketotetrahydrochinazolin*, $C_{13}H_{11}BN_2O$, F. 210—211° (Bzl.), a) aus I durch 24std. Kochen mit $C_6H_5BCl_2$ in Bzl.; 20%; b) aus I durch 12std. Erhitzen mit II auf 150°; 63%; c) aus I durch Kochen mit III in A. oder in Bzl.; 82 bzw. 91%. — 6-Hydroxy-2-boradihydropurine: *2-Phenyl-7-methyl-*, $C_{11}H_{11}BN_4O$, sublimiert bei 300°, a) aus IV mit II; 63%; b) aus IV mit III; 97%. — *2.8-Diphenyl-8-aza-*, $C_{15}H_{12}BN_5O$, F. 300°, sublimiert bei 240°/2 mm, aus V durch 3std. Erhitzen mit II auf 190°; 23%. — *2-Phenyl-2-boradihydroperimidin*, $C_{16}H_{13}BN_2$, F. 95—96°, sublimiert bei 180°/1 mm, aus VI durch 1std. Verschmelzen mit III im Vakuum bei 100° u. Erhitzen auf 140°; gelbe Nadeln; 71%. EBERHARD RIEDEL. 3292 □

Neue heteroaromatische Verbindungen. 15. Mitt. **Halogenierung von 2-Methyl-2.1-borazaronaphthalin.** Michael J. S. Dewar und Roy Dietz. (J. org. Chemistry **26.** 3253—56. 12/9. 1961. Chicago, Ill., Univ., George Herbert Jones Labor.) (Engl.) — 14. vgl. vorst. Referat.

Die Chlorierung bzw. Bromierung von 2-Methyl-2.1-borazaronaphthalin (I) in Eisessig oder CCl_4 erfolgt in 3-Stellung. *3-Chlor-2-methyl-2.1-borazaronaphthalin* (II) wird unabhängig davon aus ω-Chlor-2-aminostyrol synthetisiert, das mit BCl_3 umgesetzt u. hydrolyt. in *Bis-[3-chlor-2.1-borazaronaphthyl-(2)]-äther* übergeführt wird, der in CH_3OH *2-Methoxy-3-chlor-2.1-borazaronaphthalin* bildet, das mit CH_3MgJ II liefert. Der Substitutionsmechanismus wird diskutiert.

Versuche: *ω-Chlor-2-aminostyrol*, F. 54—55,5°, aus 2-Nitrozimtsäure durch Umsetzung mit HOCl zu *ω-Chlor-2-nitrostyrol* [F. 55,5—56,5°; 7% (Ausbeute)] u. Red. mit $SnCl_2$ in wss.-alkohol. HCl; 61%. — Analog: *ω-Brom-2-aminostyrol*, C_8H_8BrN, F. 78,5—79,5°. — *Bis-[3-chlor-2.1-borazaronaphthyl-(2)]-äther*, $C_{16}H_{12}B_2Cl_2N_2O$, F. 240 bis 241,5° (Bzl./PAe.), aus vorvorst. Verb. u. BCl_3 in CH_2Cl_2 bei —70°, Einengen bei 20°/0,5 mm, Aufnehmen in Bzl., 4std. Kochen unter N_2, Versetzen mit Ae. u. W. u. Isolierung aus den organ. Phasen; 97%. — 2.1-Borazaronaphthaline: *2-Methoxy-3-chlor-*, C_9H_9BClNO, F. 88—89,5° (CH_3OH), aus vorst. Verb. durch Umlösen aus $CH_3 \cdot OH$. — *2-Methyl-3-chlor-* (II), C_9H_9BClN, F. 119—120,5° (PAe.), a) aus vorst. Verb. in Ae. durch 3std. Kochen mit CH_3MgJ u. anschließende Hydrolyse mit 2 n HCl; 90%; b) aus I in Essigsäure bzw. CCl_4 durch 2std. Behandeln mit Cl_2 bei 18°; 25 bzw. 8%. — Analog: *2-Methyl-3-brom-*, C_9H_9BBrN, F. 128—129,5°.

EBERHARD RIEDEL. 3292□

Aminderivate von Cyanurchlorid. 4. Mitt. **Katalytische Hydrogenolyse von aromatisch gebundenem Chlor.** William O. Foye und Melvin H. Weinswig. (J. Amer. pharmac. Assoc., sci. Edit. **48.** 327—29. Juni 1959. Boston, Mass., Massachusetts Coll. of Pharmacy.) (Engl.) — 3. vgl. C. **1959.** 9579.

Durch Verw. von 10%ig. Pd/Kohle als Katalysator gelang es Vff., das Cl aus Monoaminodichlor- sowie Diaminomonochlor-symm.-triazinen hydrogenolyt. zu entfernen u. die entsprechenden *Mono-* u. *Diamino-symm.-triazine* in Ausbeuten von 28—82% zu erhalten. Zur Durchführung der Rkk. wurde H_2 bei Atmosphären-Druck u. 60—80° durch eine Suspension des Katalysators u. des betreffenden Chlor-symm.-triazins geleitet. Ein Teil des gebildeten HCl wird von dem entstandenen *Amino-symm.-triazin* gebunden, der andere Teil tritt mit dem durchgeleiteten Gas aus. Bei vorst. Meth. werden auch diejenigen Cl-Atome durch H ersetzt, die an Benzolkerne gebunden sind, wie sich bei Ausgangssubstanzen mit p-Chloranilino-Gruppen zeigte. Die nachst. drei Verbb. wurden auf ihre diuret. Wrkg. u. auf ihren Einfl. auf den Blutzuckerspiegel geprüft: *2.4-Bis-[β-carbäthoxyaminoäthylamino]-* (I), *2.4-Bis-[1-carbäthoxypiperazinyl-(4)]-symm.-triazinhydrochlorid* (II) sowie *2.4-Dianilino-symm.-triazindihydrochlorid* (III) zeigten prakt. keine diuret. Aktivität bei Hunden bei oraler Gabe von 5—20 mg/kg. II u. III rufen bei Ratten eine Senkung des Blutzuckerspiegels hervor, während I hierauf keinen Einfl. hat.

Versuche: *2-Chlor-4.6-bis-[p-chloranilino]-symm.-triazin* (IV), $C_{15}H_{10}Cl_3N_5$, F. 243 bis 245°, nach THURSTON u. Mitarbeitern (C. **1952.** 6526); 92% (Ausbeute). — *2-Amino-4-[p-chloranilino]-6-chlor-symm.-triazin* (V), $C_9H_7Cl_2N_5$, F. 200° (Zers.), durch langsames Zugeben einer Lsg. von p-Chloranilin in Dioxan zu einer Aufschlämmung von Cyanurchlorid in W./Dioxan (1 : 1) bei —5°, allmähliches Zugeben eines Überschusses von wss. $NaHCO_3$-Lsg., 2std. Rühren der Rk.-Mischung bei 0—5°, Zugeben von NH_4OH, Erwärmen auf 40—50° u. 2std. Rühren; 78%. — symm.-Triazinhydrochloride: *2-Anilino-*, $C_9H_9ClN_4$, F. 250—252°, aus 2.4-Dichlor-6-[p-chloranilino]-symm.-triazin; 30%. — *2-[Pyridyl-(2)-amino]-*, *Dihydrochlorid*, *Tetrahydrat*, $C_8H_9Cl_2N_5 \cdot 4\,H_2O$, F. 238—241°; 35%. — *2-[Thiazolyl-(2)-amino]-*, $C_6H_6ClN_5S$, F. > 300°; 47%. — *2-[1-Carbäthoxy-piperazinyl-(4)]-*, $C_{10}H_{16}ClN_5O_2$, F. 220—222°; 77%. — *2.4-Diamino-*, $C_3H_6ClN_5$, F. > 300°, durch Lösen von 0,04 Mol des entsprechenden Monoaminodichlor- bzw. Diaminomono)-chlor-symm.-triazins in 95%ig. A. unter Erwärmen, Zugeben von 10%ig. Pd/Kohle, Halten der Temp. zwischen 70 u. 78° während der Rk., 4std. Einleiten von H_2, Filtrieren der noch warmen Rk.-Mischung, Eindampfen des Filtrats im Vakuum u. Umkristallisieren des Rückstandes aus Alkoholen oder PAe./A.; 44%. — *2.4-Bis-[β-carbäthoxyaminoäthylamino]-* (I), *Dihydrat*, $C_{13}H_{24}ClN_7O_4 \cdot 2\,H_2O$, F. 143—146°; 82%. — *2.4-Dianilino-*, *Dihydrochlorid* (III), $C_{15}H_{15}Cl_2N_5$, F. > 300°, aus IV; 28%. — *2-Amino-4-anilino-*, *Dihydrochlorid*, $C_9H_{11}Cl_2N_5$, F. 170—173°, aus V; 74%. — *2.4-Bis-[pyridyl-(2)-amino]-*, *Tetrahydrat*, $C_{13}H_{12}ClN_7 \cdot 4\,H_2O$, F. 219—220°; 32%. — *2.4-Bis-[thiazolyl-(2)-amino]-*, $C_9H_8ClN_7S_2$, F. > 300°; 33%. — *2.4-Bis-[1-carbäthoxypiperazinyl-(4)]-* (II), $C_{17}H_{28}ClN_7O_4$, F. 294—295°; 30%.

D. HOLZNER. 3313□

Darstellung von 8-Bora-7.9-diazaroperinaphthen und Derivaten. Frederick F. Caserio jun., John J. Cavallo und Ross I. Wagner. (J. org. Chemistry **26.** 157—58. 13/6. 1961. Whittier, Calif.) (Engl.) — Vgl. C. **1960.** 7519.

8-Bora-7.9-diazaroperinaphthen (I) wird aus 1.8-Diaminonaphthalin (**II**) durch Kondens. mit BCl_3 u. anschließende Red. mit $LiAlH_4$ gewonnen. Methanolyse von **I** iefert das *8-Methoxyderivat*. Das *8-Phenyl-Deriv.* wird aus **II** u. Phenyldichlorboran (**III**) erhalten. Die UV-Spektren werden diskutiert.

Versuche: 8-Bora-7.9-diazaroperinaphthene: *unsubstituiert* (**I**), $C_{10}H_9BN_2$, F. 97—99° (n-Hexan), aus BCl_3 u. **II** in Bzl. unter N_2, Kochen über Nacht, Einengen, Versetzen mit $LiAlH_4$ in Ae., 1std. Kochen, Stehen über Nacht u. Hydrolyse mit 6 n HCl; hellrosafarbene Kristalle; 60,7% (Ausbeute). — *8-Methoxy-*, $C_{11}H_{11}BN_2O$, F. 115,2 bis 120,6° (CH_3OH), aus **I** durch 2 Tage langes Stehen in CH_3OH u. 1std. Erhitzen im Rohr auf 100°; Nadeln; 34,1%. — *8-Phenyl-*, $C_{16}H_{13}BN_2$, F. 92,5—93,5° (Cyclohexan/n-Hexan), aus **III** in Bzl. durch Rk. mit **II** unter Ar bei Raum-Temp. u. 3std. Kochen; hellgelbe Kristalle; 64%. Hydrolyse erfolgt in NaOH in W./A. (1 : 1) zu 83%, u. HCl in W./A. (1 : 1) zu 66% unter Bldg. von **II**. EBERHARD RIEDEL. 3354□

Derivate von Hexamethylenimin. 5. Mitt. **Ester des β-N-Hexamethylenaminoäthylalkohols.** G. Ss. Kolessnikow und A. G. Smirnowa. (Журнал Общей Химии [J. allg. Chem.] **30** (**92**). 1153—55. April 1960. Inst. für metallorg. Verbb. der Akad. der Wiss. der UdSSR.) (Russ.) — 3. vgl. C. **1961.** 7582.

Durch Rk. von Hexamethylenimin (I) mit Carbonsäure-β-chloräthylestern werden *Ester* des *N.N-Hexamethylen-β-aminoäthanols* erhalten. Einige der Verbb. besitzen lokalanästhesierende Wirkung.

Versuche: Man tropft zur Lsg. von I in Bzl. oder Toluol den entsprechenden β-Chloräthylester zu, erhitzt 2—3 Std. lang auf dem sd. Wasserbad, läßt über Nacht stehen, filtriert I-*Hydrochlorid* ab u. dest. das Filtrat im Vakuum: N.N-Hexamethylen-β-aminoäthylester der nachst. Säuren: *Ameisensäure-*, $C_9H_{17}NO_2$, Kp.$_6$ 120—122°, aus 165 g **I** u. 80 g β-Chloräthylformiat in 250 ml Toluol; $D._{20}^{20}$ 1,0320; n_D^{20} 1,4214; 35%. *Pikrat,* $C_{15}H_{20}N_4O_9$, F. 123—124° (A.). — *Essigsäure,* Kp.$_6$ 164—166°, aus 140 g **I** u. 80 g β-Chloräthylacetat in 250 ml Toluol; $D._{20}^{20}$ 1,0102; n_D^{20} 1,4812; 44%. *Pikrat,* $C_{16}H_{22}N_4O_9$, F. 163—164° (A.). — *Buttersäure-*, Kp.$_8$ 143—144°, aus 56 g **I** u. 36 g β-Chloräthyl-n-butyrat in 100 ml Toluol; $D._{20}^{20}$ 1,0072; n_D^{20} 1,4432; 67%. *Pikrat,* $C_{18}H_{26}N_4O_9$, F. 156—157° (A.). — *Methacrylsäure-*, Kp.$_7$ 99—101°, aus 230 g **I** u. 175 g β-Chloräthylmethacrylat in 250 ml Bzl.; $D._{20}^{20}$ 0,9843; n_D^{20} 1,3949; 45%. — *Phenylessigsäure-*, Kp.$_3$ 240—242°, aus 56 g **I** u. 53 g β-Chloräthylphenylacetat in 100 ml Toluol; $D._{20}^{20}$ 1,1456; n_D^{20} 1,6451; 45%. *Pikrat,* $C_{22}H_{26}N_4O_9$, F. 172° (A.). — *Benzoesäure-*, Kp.$_6$ 210—211°, aus 112 g **I** u. 65 g β-Chloräthylbenzoat in 250 ml Toluol; $D._{20}^{20}$ 1,0014; n_D^{20} 1,4641; 49%. *Pikrat,* $C_{21}H_{24}N_4O_9$, F. 139° (A.). — *Salicylsäure-*, Kp.$_2$ 184—186°, aus 65 g **I** u. 64 g β-Chloräthylsalicylat in 100 ml Bzl.; $D._{20}^{20}$ 1,0251; n_D^{20} 1,5771; 16,7%. *Pikrat,* $C_{21}H_{24}N_4O_{10}$, F. 176° (A.). — *4-Methoxybenzoesäure-*, Kp.$_7$ 143—144°, aus 20 g **I** u. 22 g β-Chloräthyl-p-methoxybenzoat in 50 ml Toluol; $D._{20}^{20}$ 1,0710; n_D^{20} 1,3940; 48%. *Pikrat,* $C_{22}H_{26}N_4O_{10}$, F. 123—124° (A.). — *2.4-Dichlorbenzoesäure-*, Kp.$_4$ 173—174°, aus 54 g **I** u. 45 g β-Chloräthyl-2.4-dichlorbenzoat in 100 ml Toluol; $D._{20}^{20}$ 1,1401; n_D^{20} 1,4932; 43%. *Pikrat,* $C_{21}H_{22}Cl_2N_4O_9$, F. 154° (A.). HELMUT SCHÄFER. 3370□

Über Derivate des Iminodibenzyls. Iminostilben-Derivate. W. Schindler und H. Blattner. (Helv. chim. Acta **44.** 753—62. 2/5. 1961. Basel, J. R. Geigy AG, Wiss. Labor.) (Dt.)

Aus 5-Acetyliminodibenzyl (I) wird durch Bromieren mit N-Bromsuccinimid (**V**) zu *10-Brom-5-acetyliminodibenzyl* u. Dehydrobromieren *5-Acetyliminostilben* (**III**; *5-Acetyl-5 H-dibenz-*[*b*; *f*]*-azepin*) dargestellt. Bei längerer Rk. mit alkohol. KOH erfolgt unter gleichzeitiger Hydrolyse Bldg. von *Iminostilben* (**IV**). Bei Einw. von HBr auf **III** wird infolge Verseifung u. Ringverengung *9-Methylacridin* erhalten. Analog **IV** wird aus 3.7-Dichlor-5-acetyliminodibenzyl (**II**) *3.7-Dichloriminostilben* dargestellt. Durch FRIEDEL-CRAFTS-Acetylierung gibt **I** *3.5-Diacetyliminodibenzyl*, aus dem durch Hydrolyse *3-Acetyliminodibenzyl* u. anschließende Red. nach HUANG-MINLON *3-Äthyliminodibenzyl* (**VI**) erhalten wird. **VI** gibt über das *5-Acetyl-Deriv.* → *3-Äthyliminostilben* durch Kochen mit HBr *9-Methyl-3-äthylacridin*. Die Iminostilbene lassen sich durch $NaNH_2$ oder $LiNH_2$ leicht am N metallieren. UV- u. IR-Spektren s. Original.

Versuche: *5-Acetyliminodibenzyl* (I), $C_{16}H_{15}NO$, F. 96—97° (A.), a) durch 1/2std. Zutropfen von Acetylchlorid (**VII**) zu Iminodibenzyl (**VIII**) in sd. abs. Bzl. u. 4std. Kochen; 90% (Ausbeute); b) durch Hydrieren von **III** in abs. A. in Ggw. von Pd/Kohle. *3.7-Dichlor-Deriv.* (**II**), $C_{16}H_{13}Cl_2NO$, F. 148—149° (A.). *10-Brom-Deriv.*, $C_{16}H_{14}BrNO$, F. 118 bis 119° (A.), durch 1 1/2std. Erwärmen von **I** u. **V** in CCl_4 unter Licht-Einw. auf 60°,

20—25 Min. lange Rk. bei 62—68°, Absaugen u. Eindampfen des Filtrates. — *5-Acetyliminostilben* (III), $C_{16}H_{13}NO$, F. 121—122° (Ae.), durch 1std. Rk. vorst. Brom-Verb. mit 50%ig. KOH in A. < 60° u. Verdünnen mit W.; 80%. — *5-Acetyl-10.11-dibromiminodibenzyl*, $C_{16}H_{13}Br_2NO$, F. 136—138° (Zers.; Ae.), durch Bromieren von III in Chlf. mit Br_2. — *Iminostilben* (IV), $C_{14}H_{11}N$, F. 204—206°, durch 18std. Kochen von III mit alkohol. KOH; aus A. oder Bzl. orangefarbene Nadeln; 90%. — *Iminodibenzyl* (VIII), F. 108° (Bzn.), a) durch Kochen von 1 g IV mit 3 g Na in abs. A.; 0,8 g; b) durch Hydrieren von 1 g IV in abs. A. in Ggw. von Pd/Kohle; 0,86 g. *5-Carbonsäureäthylester*, $C_{17}H_{17}\cdot NO_2$, F. 95° (Ae./PAe.), durch 2std. Kochen von VIII mit $NaNH_2$ in abs. Bzl./Toluol unter N_2, 4std. Kochen mit Chlorkohlensäureäthylester u. Zers. mit W.; 85%. — *Iminostilben-5-carbonsäureäthylester* (V), $C_{17}H_{15}NO_2$, F. 126—128° (Ae.), durch 4std. Kochen vorst. Esters mit V in CCl_4 unter Belichtung, Kühlen, Absaugen, Einengen der Lsg. im Vakuum, Lösen in A., Zugabe von 50%ig. KOH, 2std. Stehen bei Raum-Temp. u. Kühlen auf —5°; 60%; gibt bei 20std. Kochen mit alkohol. KOH 50% IV. — *9-Methylacridin*, $C_{14}H_{11}N$, F. 117—118°, durch $^1/_2$std. Kochen von 5 g III mit 48%ig. HBr, Verdünnen mit W., Alkalisieren mit konz. NaOH u. Extraktion mit Ae.; 3 g. *Hydrochlorid*, $C_{14}H_{12}ClN$, F. 274—280° (Zers.). *Pikrat*, $C_{20}H_{14}N_4O_7$, F. 218—220°. — *5-Acetyl-3.7-dichlor-10-bromiminodibenzyl*, $C_{16}H_{12}BrCl_2NO$, F. 154—156°, durch $1^1/_2$std. Erwärmen von II u. V in CCl_4 unter Licht-Einw. auf 60°, $^1/_2$std. Rk. bei 62—64°, Kühlen, Absaugen u. Eindampfen im Vakuum; 90%.—*5-Acetyl-3.7-dichloriminostilben*, $C_{16}H_{11}Cl_2NO$, F. 184—185°, durch Versetzen vorst. Verb. in A. mit 50%ig. KOH, $^1/_2$std. Rk. bei 60° u. Zugabe von W.; 90%. — *3.7-Dichloriminostilben*, $C_{14}H_9Cl_2N$, F. 282°, $Kp._{0,001}$ 190 bis 200°, durch 4std. Kochen vorst. Verb. mit alkohol. KOH u. Kühlen auf 0°; aus Aceton orangefarbene Blättchen; 95%. — *3.5-Diacetyliminodibenzyl*, $C_{18}H_{17}NO_2$, F. 143—144° (Ae.), durch 1std. Rühren von I in CS_2 mit VII u. $AlCl_3$, 16std. Kochen, Kühlen, Dekantieren u. Zers. des Rückstandes mit Eis/HCl; 50%. *Phenylhydrazon*, $C_{24}H_{23}N_3O$, F. 170—171° (A.); 87%. — *3-Acetyliminodibenzyl*, $C_{16}H_{15}NO$, F. 156—157° (A.), durch 12std. Kochen vorst. Verb. mit KOH in A., Verdünnen mit W. u. Ausäthern; 90%. — *3-Äthyliminodibenzyl* (VI), $C_{16}H_{17}N$, F. 90—92°, $Kp._{0,005}$ 120—130°, durch Red. vorst. Verb. nach HUANG-MINLON; 60%. *5-Acetyl-Deriv.*, $C_{18}H_{19}NO$, F. 84—85° (PAe.), $Kp._{0,006}$ 165—167°, durch Zutropfen von VII zu VI in sd. Bzl. u. $3^1/_2$std. Kochen; 76%. — *3-Äthyliminostilben*, $C_{16}H_{15}N$, F. 186° (Bzl.), durch 1std. Erwärmen vorst. Acetyl-Deriv. mit V in CCl_4 unter Licht-Einw. auf 60°, $1^1/_2$std. Rk. bei 60—63°, Eindampfen der Lsg. im Vakuum, 1std. Rk. mit alkohol. KOH, Verdünnen mit W., Ausäthern, Chromatographie an Alox u. 24std. Kochen mit alkohol. KOH; 40%. — *9-Methyl-3-äthylacridin, Hydrochlorid*, $C_{16}H_{16}ClN$, F. 241—245° (A./Ae.), durch $^3/_4$std. Kochen vorst. Verb. mit 48%ig. HBr, Verdünnen mit W., Alkalisieren mit NaOH, Ausäthern, Eindampfen u. Zugabe von alkohol. HCl. W. HAMPEL. 3370□

D-Xylothiapyranose: Ein Zucker mit Schwefel im Ring. J. C. P. Schwarz und K. C. Yule. (Proc. chem. Soc. [London] **1961.** 417. Nov. Edinburgh, Univ., Dep. of Chem.) (Engl.)

Vff. beschreiben die Darst. von *D-Xylothiapyranose* (I) u. die Überführung in die anomeren Tetraacetate, von denen die rechtsdrehende Verb. α-Konfiguration, die linksdrehende Verb. β-Konfiguration besitzt.

Versuche: *5-Desoxy-1.2-O-isopropyliden-5-mercapto-D-xylofuranose*, F. 85—87°, a) durch Erhitzen von 1.2-O-Isopropyliden-5-O-tosyl-D-xylofuranose (II) mit KSCN, anschließend Umsetzung mit wss. Na_2S-Lsg.; b) durch Erhitzen von II mit $Na_2S_2O_3$ in wss. Dimethylformamid, anschließend Red. des BUNTEschen Salzes mit KBH_4; $[\alpha]_D^{20}$ —52° (c = 1,99; Chlf.). — *D-Xylothiapyranose* (I), F. 122—123°, durch schwach saure Hydrolyse aus vorst. Verb.; $[\alpha]_D^{20}$ +202° → +178° (c = 2; W.). — *D-gulo-2.3.4.5-Tetraacetoxythian*, F. 99—100°, aus I u. Acetanhydrid in Pyridin; $[\alpha]_D^{20}$ +219° (c = 2,2; Chlf.). — *D-ido-2.3.4.5-Tetraacetoxythian*, F. 157—158,5°, aus I u. Acetanhydrid in Ggw. von Na-Acetat; $[\alpha]_D^{21}$ —49° (c = 2,3; Chlf.). Dabei entsteht überwiegend das α-Anomere. A. TREDE. 3400□

Thiozucker mit Schwefel im Ring. T. J. Adley und L. N. Owen. (Proc. chem. Soc. [London] **1961.** 418. Nov. London, Imperial Coll., Dep. of Chem.) (Engl.) — Vgl. vorst. Referat.

Die Darst. von 2 Thiapyranosen mit S an Stelle von O im Ring-Syst. wird beschrieben.

Versuche: *5-Desoxy-1.2-O-isopropyliden-5-mercapto-D-xylose*, F. 80—82°, aus 1.2-O-Isopropyliden-5-O-tosyl-D-xylose u. K-Thioacetat in sd. Dimethylformamid, anschließend Desacetylierung mit Na-Methylat in Methanol. — *α-D-Xylothiapyranose*, F. 122

bis 123°, durch Hydrolyse vorst. Verb. mit wss. Säure; $[\alpha]_D^{25}$ +202° → 173° (c = 1,6; W.). *Tetra-O-acetyl-Verb.*, F. 98—100°, mit Acetanhydrid–H_2SO_4; $[\alpha]_D^{21}$ +210° (c = 2,8; Chlf.). — *3.6-Di-O-acetyl-5-acetylmercapto-5-desoxy-1.2-O-isopropyliden-L-idofuranose*, F. 69—70°, aus 5.6-Didesoxy-5.6-epithio-1.2-O-isopropyliden-L-idofuranose u. Acetanhydrid/K-Acetat bei 130°; $[\alpha]_D^{23}$ +10° (c = 0,6; Chlf.). — *Penta-O-acetyl-L-idothiapyranose*, F. 90—92°, aus vorst. Verb. durch Hydrolyse mit wss. Säure u. anschließende Acetylierung; $[\alpha]_D^{23}$ +41° (c = 1; Chlf.). A. TREDE. 3400 □

Die Epoxid-Episulfid-Umwandlung. L. D. Hall, L. Hough und R. A. Pritchard. (J. chem. Soc. [London] **1961**. 1537—45. April. Bristol, Univ., Dep. of Chem.) (Engl.)

5.6-Didesoxy-5.6-epithio-1.2-O-isopropyliden-α-D-glucofuranose (**IV**) wird durch Rk. von 5.6-Anhydro-1.2-O-isopropyliden-α-L-idofuranose (**III**) mit Thioharnstoff (**X**) erhalten; auf gleiche Weise wird aus 5.6-Anhydro-1.2-O-isopropyliden-α-D-glucofuranose (**I**) das *α-L-Ido-Isomere* (**II**) dargestellt. Die Cyclisierung von 6-Acetylmercapto-6-desoxy-1.2-O-isopropyliden-5-O-tosyl-α-D-glucofuranose (**XI**) mit Na-Methylat ergibt **II**. Diese Rkk. beweisen, daß die Epoxid-Episulfid-Umwandlung mit Inversion am $C_{(5)}$ verbunden ist. Die Entschwefelung der 5.6-Episulfide u. ihrer 5.6-Trithiocarbonate ergibt *5.6-Didesoxy-1.2-O-isopropyliden-α-D-xylohexofuranose*, welche mit dem durch Hydrierung von 5.6-Didehydro-5.6-didesoxy-1.2-O-isopropyliden-α-D-xylohexofuranose (**VII**) erhaltenen Prod. ident. ist. Die Öffnung des 5.6-Episulfidringes durch Säure u. Alkali wird diskutiert. Die Red. des aus 1.2-O-Isopropyliden-D-glucofuranurono-(6→3)-lacton (**XII**) dargestellten 5-O-Tosyl- sowie 5-O-Methansulfonyl-Deriv. gelang nicht.

Versuche: *5.6-Didesoxy-5.6-epithio-1.2-O-isopropyliden-α-L-idofuranose* (**II**), $C_9H_{14}O_4S$, F. 169—170°, sublimiert bei 80—130°/5·10^{-3} Torr, a) durch 24std. Stehen von **I** u. **X** in Methanol bei Raum-Temp., Verdünnen mit Eiswasser, Abdunsten des Methanols bei Raum-Temp. u. Extrahieren mit Chlf.; $[\alpha]_D^{25}$ −17,5° (c = 3,1; Chlf.); R_F 0,85 [Butanol-(1), Pyridin, W.; 10 : 3 : 3]; aus PAe. Nadeln; 75% (Ausbeute); b) durch $^1/_2$std. Schütteln von **XI** in Chlf. mit methanol. Na-Methylat-Lsg. bei −10°, Verdünnen mit W. u. Extrahieren mit Chlf.; 89%; *3-O-Acetyl-Verb.*, $C_{11}H_{16}O_5S$, F. 77—78°, aus **II** mit Acetanhydrid/Pyridin; durch Sublimation Nadeln. — *1.2-O-Isopropyliden-5.6-di-O-tosyl-α-D-glucofuranose* (**IX**), $C_{23}H_{28}O_{10}S_2$, F. 161—162°, durch Zugabe von p-Toluolsulfonylchlorid (**XIII**) in Chlf. zu 1.2-O-Isopropyliden-α-D-glucofuranose in Bzl./Pyridin bei 0°, 24std. Stehen bei Raum-Temp., Verdünnen mit W. bei 0°, $^1/_2$std. Stehen, Zugabe von 2 n HCl u. Extrahieren mit Chlf.; $[\alpha]_D^{25}$ −6,85° (c = 2,7; Chlf.); aus A. Nadeln; 40%. — *6-Acetylmercapto-6-desoxy-1.2-O-isopropyliden-5-O-tosyl-α-D-glucofuranose* (**XI**), $C_{18}H_{24}O_8S_2$, F. 139—140°, durch 1std. Kochen von **IX** mit K-Thioacetat in Methyläthylketon, Eindampfen, Verteilen zwischen W. u. Chlf. u. Eindampfen der chloroform. Schicht; $[\alpha]_D^{22}$ +4,32° (c = 1,5; Chlf.); aus Methanol Nadeln; 60%. — *6-O-Benzoyl-1.2-O-isopropyliden-5-O-tosyl-α-D-glucofuranose*, $C_{23}H_{26}O_9S$, F. 143—144° (A.), durch Einw. von festem **XIII** auf 6-O-Benzoyl-1.2-O-isopropyliden-α-D-glucofuranose in Pyridin bei 0°, 24std. Stehen bei Raum-Temp., Eindampfen u. Lösen in Ae./W.; 20%. — *5.6-Didesoxy-5.6-epithio-1.2-O-isopropyliden-α-D-glucofuranose* (**IV**), $C_9H_{14}O_4S$, F. 139 bis 142°, sublimiert bei 80—130°/5·10^{-3} Torr, aus **III** analog nach **II**; $[\alpha]_D^{25}$ −76,2° (c = 1,9; Chlf.); Nadeln; 78,5%. — *5.6-Didesoxy-1.2-O-isopropyliden-5.6-dimercapto α-L-idofuranose-5.6-trithiocarbonat* (**VI**), $C_{10}H_{14}O_4S_3$, F. 177—178° (verd. A.), a) durch 2std. Kochen von **I**, KOH u. CS_2 in Methanol, Verdünnen mit W.; $[\alpha]_D^{22}$ +2° (c = 1,08; Chlf.); 70%; b) durch 24std. Stehen von **II**, KOH, CS_2 u. Methanol bei Raum-Temp. u. Verdünnen mit W.; 75%. — *5.6-Didesoxy-1.2-O-isopropyliden-5.6-dimercapto-α-D-glucofuranose-5.6-trithiocarbonat* (**V**), aus **III** oder **IV** analog vorst. Verb. als unreines Prod.; $[\alpha]_D$ −100 bis −250°. — *5.6-Didesoxy-1.2-O-isopropyliden-α-D-xylohexofuranose* (**XIV**), $C_9H_{16}O_4$, F. 77—78°, durch 3std. Kochen von **II** mit RANEY-Ni in A.; $[\alpha]_D^{25}$ −26,3° (c = 3,08; Chlf.); aus PAe. Nadeln; 72%; b) analog aus **IV**; c) analog aus **V**; d) analog aus **VI**; e) durch Hydrieren von **VII** in A. in Ggw. von Pd/Tierkohle; 99,5%. — *5.6-Didesoxy-D-xylohexofuranose* (**VIII**), durch $^1/_2$std. Erwärmen vorst. Verb. mit 0,1 n HCl auf 95—100°, Neutralisieren mit Amberlite IR-4 B (OH-Form) u. Eindampfen. — *5.6-Didehydro-5.6-didesoxy-1.2-O-isopropyliden-α-D-xylohexofuranose* (**VII**), $C_9H_{14}O_4$, F. 61 bis 65°, durch $^1/_2$std. Kochen von **IX** u. NaJ in abs. Methyläthylketon, Absaugen von Na-p-Toluolsulfonat, Eindampfen, Verteilen zwischen 10%ig. $Na_2S_2O_3$-Lsg. u. Chlf. u. Eindampfen der Chlf.-Lsg.; $[\alpha]_D^{22}$ −51,5° (c = 1,1; Chlf.); durch Sublimation bei 70°/10^{-3} Torr Nadeln; 85%. — *Propionaldehyd-2.4-dinitrophenylhydrazon*, F. 154°, durch Lösen von **VIII** in 0,09 m $NaJO_4$-Lsg., Zugabe von Phosphatpuffer (pH 6,9) u. 20%ig. NaJ-Lsg., Titrieren mit 1 n $Na_2S_2O_3$-Lsg., Zugabe von Ameisensäure u. Äthylenglykol, potentiometr. Titration bei pH 6,28, Extrahieren mit Ae., Zugabe von BRADYs Reagenz zur äther. Lsg., Eindampfen, Lösen in Chlf., Chromatographie an Bentonite/Kieselgur u. Eluieren mit A./Chlf. (1 : 5). — *5.6-Didesoxy-D-threo-hexosazon*, F. 163—165°, durch $^3/_4$std. Erwärmen von 50 mg **VIII** mit verd. Essigsäure u. Phenylhydrazin auf 95—100°; 55 mg. — *Mesoxaldialdehyd-1.2-bisphenylhydrazon*, F. 195—196° (verd. A.), durch 2std. Stehen von vorst. Verb. mit $NaJO_4$ in 70% ig. A. bei Raum-Temperatur. — *1.2-O-Isopropyliden-5-O-tosyl-α-D-glucofuranurono-(6→3)-lacton*, $C_{16}H_{18}O_8S$, F. 185—193° (Methanol), durch 24std. Stehen von **XII** u. **XIII** in Pyridin bei Raum-Temp.; $[\alpha]_D^{25}$ +80° (c = 1,03; Aceton); 74%. — *1.2-O-Isopropyliden-5-O-methansulfonyl-α-D-glucofuranurono-(6→3)-lacton*, $C_{10}H_{14}O_8S$, F. 155—157°, analog vorst. Verb. mit Methansulfonylchlorid, aus Methanol Nadeln; $[\alpha]_D^{25}$ +65,5° (c = 2,02; Aceton); 75%. — *5.6-Didesoxy-1.2-O-isopropyliden-α-D-xylohexofuranose* (**XIV**), F. 75—77°, durch 24std. Stehen von **II** u. 0,1 n methanol. NaOH-Lsg., Neutralisieren mit verd. H_2SO_4, Eindampfen unter N_2 u. Entschwefeln mit RANEY-Ni; b) analog a) aus **IV**. — *5.6-Didesoxy-D-xylohexit*, durch Säurehydrolyse von **II** mit 2 n H_2SO_4 in Dioxan, Neutralisieren mit $BaCO_3$, Einengen zu einem braunen Sirup (gibt bei 48std. Schütteln in abs. Aceton mit $CuSO_4$ in Ggw. von konz. H_2SO_4 bei Raum-Temp. **II**.), 1std. Kochen mit RANEY-Ni in 70% ig. A.; $[\alpha]_D$ 0 ± 3° (c = 0,72; W.). W. HAMPEL. 3400□

Über S-Oxide der Zuckermercaptale und eine neue Glykosidsynthese. Richard Kuhn und Waltraut Baschang-Bister (unter Mitarbeit von Werner Dafeldecker). (Liebigs Ann. Chem. **641.** 160—76. März 1961. Heidelberg, MPI für Med. Forsch., Inst. für Chem.) (Dt.)

Im Gegensatz zu den Mercaptalen u. Bisulfonen sind die *Mercaptal-S-oxide* (Monosulfoxide) sehr säureempfindlich. Mit verd. Mineralsäuren zerfallen sie in wss. Lsg. schon bei Raum-Temp. in Zucker (Glucose, Mannose, Galaktose) u. Disulfid, in methanol. Lsg. werden in hohen Ausbeuten Methylglykoside der genannten Zucker erhalten. Zur Darst. der Monosulfoxide sind H_2O_2 u. Perpropionsäure (I) geeignet. Die *Mercaptal-bis-S-oxide* (Disulfoxide) zeigen diese Säureempfindlichkeit nicht. Dafür sind sie alkalilabil u. werden durch verd. NH_3 nach Art der Disulfone zu dem nächst niedrigeren Zucker abgebaut. Läßt man Mercaptale mit Br_2 in methanol. Lsg. reagieren, so werden unmittelbar *Methylglykoside* erhalten. Reaktionskinet. Beobachtungen sprechen dafür, daß diese Glykosid-Synth. nicht über die Monosulfoxide verläuft.

Versuche: *D-Galaktosedibenzylmercaptal, Bis-S-oxid* (**V**), $C_{20}H_{26}O_7S_2$, F. 181—186° (Zers.; Isopropanol/abs. A.), durch 2—12std. Rk. von D-Galaktosedibenzylmercaptal (**XII**) in Eisessig mit 5 oder 10 ml 30% ig. H_2O_2 bei 20° u. Fällen mit Ae.; $[\alpha]_D^{25}$ —82° (c = 1,0; Pyridin) bis $[\alpha]_D^{19}$ +37° (c = 0,5; Pyridin); 8—24% (Ausbeute). *Bis-S-dioxid*, $C_{20}H_{26}O_9S_2$, F. 142—144°, bei einer Wiederholung der Oxydation von **XII**; $[\alpha]_D^{21}$ +71°, (c = 0,8; Dimethylformamid); 15%; daneben **V**. — *D-Mannosediäthylmercaptal, S-Oxid* (**II**), $C_{10}H_{22}O_6S_2$, F. 178—180° (A.), durch Oxydation von 4 g D-Mannosediäthylmercaptal (**VI**) in Dimethylformamid (DMF)/Dioxan mit 5,2 m **I** bei 0°, Chromatographie an LINTERS-Papierpulver u. Eluieren mit Essigester/Eisessig/W. (9 : 2 : 2); $[\alpha]_D^{24}$ —20° (c = 2,2; W.); 3,6 g (roh); *Pentaacetyl-Deriv.*, $C_{20}H_{32}O_{11}S_2$, F. 78 bis 79° (verd. CH_3OH), durch Zugabe von Acetanhydrid in Pyridin bei 0°, 20std. Stehen bei 20°, Zugabe von abs. CH_3OH u. abs. A., Eindampfen u. Versetzen mit wenig W.; Prismen; $[\alpha]_D^{23}$ 0° (c = 1,11; Chlf.); 49%, dazu durch Extrahieren der wss. Mutterlauge mit Chlf. 29%. *Bis-S-oxid*, $C_{10}H_{22}O_7S_2$, F. 163—167° (Zers.; A.), a) durch Oxydation von **VI** mit **I** in Dioxan bei Raum-Temp. u. Chromatographie; $[\alpha]_D^{23}$ +84° (5 Min.) → +70° (7 Std.) → +54° (4 Tage, Endwert; c = 0,93; W.); b) analog mit 30% ig. H_2O_2 bei 60°. — *D-Glucosedibenzylmercaptal, S-Oxid* (**III**), $C_{20}H_{26}O_6S_2$, F. 201—202° (CH_3OH), durch Oxydation von D-Glucosedibenzylmercaptal mit **I** in DMF/Dioxan; $[\alpha]^{23}$ +103° (c = 0,29; DMF); 33%; daneben ein *Diastereomeres* (**IV**), F. 150—151° (CH_3OH), aus der Mutterlauge durch Fällen mit Ae.; $[\alpha]_D^{23}$ —76° (c = 0,62; DMF); 47%. *Bis-S-oxid*, $C_{20}H_{26}O_7S_2$, F. 184—185°, durch Oxydation von D-Glucosedibenzylmercaptal mit 2,7 m **I** in Dioxan, Absaugen von ausfallenden Monosulfoxiden, Fällen mit Bzn. u. Trocknen bei 105° u. 10^{-3} Torr; $[\alpha]_D^{23}$ —155° (c = 0,44; DMF); 2%; *Monohydrat*, $C_{20}H_{26}O_7S_2 \cdot H_2O$, F. 158—166°; *Hemihydrat*, $C_{20}H_{26}O_7S_2 \cdot {}^1/_2 H_2O$, F. 162 bis 168°. — *D-Galaktosediäthylmercaptal-bis-S-oxid* (**I**), F. 180—183°, nach ZINNER u. FALK (C. **1955.** 8623); $[\alpha]_D$ —68° (W.). — *Pentaacetyl-D-glucoseäthylenmercaptal-S-oxid*, F. 152—153°, nach GAUTHIER u. VANISCOTTE (C. **1956.** 11999); $[\alpha]_D$ —7° (Chlf.). — *D-Mannosephenylhydrazon*, $C_{12}H_{18}N_2O_5$, F. 198—200° (W./Carboraffin), a) durch 5tägiges Stehen von **II** u. 1 n HCl bei Raum-Temp., Neutralisieren mit Na_2CO_3, Einengen u. Versetzen mit Phenylhydrazin in verd. Essigsäure; 39%; b) analog a) in 1 n 70% ig. methanol. HCl; 48%; c) durch 4std. Erwärmen von **II** in 1 n HCl auf 50° u. Neutralisieren mit NaOH; 86%. — *Methyl-α-D-mannopyranosid* (**XIII**), $C_7H_{14}O_6$, F. 194—196° (abs. A.),

a) durch 2std. Erwärmen von 2,8 g **II** mit CH_3OH u. 5%ig. methanol. HCl auf 22°, Neutralisation mit Ag_2CO_3, Einengen u. Zugabe von abs. A. oder Propanol; $[\alpha]_D^{20}$ +78° (c = 1,16; W.); 215 mg; daneben 43% des *α-D-Furanosids* [**XIV**, $C_7H_{14}O_6$, F. 117—119° (A.), durch Animpfen aus der Mutterlauge; $[\alpha]_D^{20}$ + 103° (c = 1,2 ; W.)] u. 6% *Methyl-β-D-mannofuranosid–CaCl₂-Komplex* [**VII**; $C_7H_{14}O_6 \cdot CaCl_2 \cdot 3\ H_2O$, aus den Mutterlaugen mit $CaCl_2$-Lsg. u. Propanol u. Kristallisation aus Methanol/A./Propanol; $[\alpha]_D^{23}$ —60° (c = 1,1; W.)]; b) durch 3std. Kochen von **II** analog a) unter Feuchtigkeitsausschluß; 75%. — *Dibenzyldisulfid*, $C_{14}H_{14}S_2$, F. 70—71° (A.), a) durch 3std. Rühren von **III** in abs. CH_3OH mit 5% ig. methanol. HCl bei 20°, Neutralisation mit Ag_2CO_3 u. Einengen; 84% ; daneben 100% *Methyl-α.β-furanosid-Gemisch* (**X**; durch Einengen der Mutterlaugen als Sirup); b) analog a) durch 11std. Kochen; 85%; daneben 54% *Methyl-α-D-glucopyranosid* [**IX**; $C_7H_{14}O_6$, F. 165—167° (A.), aus den Mutterlaugen; $[\alpha]_D^{21}$ +159° (c = 1,1; W.)] u. 26% *α.β-Pyranosid-Gemisch* [F. 93—103°, $[\alpha]_D^{23}$ +44° (c = 1,35; W.)]; c) aus **IV** analog a); 88% ; daneben 66% **IX** (aus der Mutterlauge durch 10std. Kochen mit 2,5% ig. methanol. HCl) u. 5% **X** [F. 85—87°; $[\alpha]_D^{21}$ —1° (c = 0,86, W.)]. — *Methylen-bis-benzylsulfoxid*, $C_{15}H_{16}O_2S_2$, F. 220° (Zers.), a) durch Einstellen einer wss. **V**-Lsg. mit konz. NH_4OH auf pH 9,7 u. 21std. Rk.; aus Methanol/A. oder Eisessig Blättchen; $[\alpha]_D$ 0 ± 2° (Dimethylsulfoxid); 76%, u. aus der Mutterlauge 15%; daneben *D-Lyxose-p-bromphenylhydrazon* [$C_{11}H_{15}BrN_2O_4$, F. 156—157°, durch Eindampfen der Mutterlauge, Lösen in A. u. ¼std. Kochen mit p-Bromphenylhydrazin; 40%]; b) aus **V** [vom $[\alpha]_D^{19}$ + 37° (Pyridin)] analog a); 33%. — *Methyl-α-D-mannofuranosid* (**XIV**), $C_7H_{10}O_6$, F. 118—119° (A.), durch Zugabe von 2,2 Mol Br_2 zu **VI** in Methanol bei 0° u. nach 3 Min. Neutralisieren mit Ag_2CO_3; $[\alpha]_D$ + 100° (W.); 33%; daneben 27% **VII**; b) durch Zugabe von 1,05 Mol Br_2 zu **VI**, 3½std. Rk. bei 22° u. Neutralisieren; 35% ; daneben 14% *α-Furanosid/α-Pyranosid-Gemisch* (**VIII**); c) durch Zugabe von 2,5 Mol Br_2 zu **VI**, 1½std. Rk. bei 22° u. Neutralisieren; 35%; daneben 6% **VIII**. — *Methyl-α-D-mannopyranosid* (**XIII**), F. 193° (A.), durch 2½std. Kochen von **VI** nach Zugabe von 2,5 Mol Br_2; $[\alpha]_D$ + 81° (W.); 89%.— *Methyl-α-D-galaktopyranosid*, F. 115—117° (A.), durch 2½std. Erwärmen von D-Galaktosediäthylmercaptal mit 2,5 Mol Br_2 auf 25°, 1 std. Kochen u. Neutralisieren; $[\alpha]_D$ + 195°; 33%; daneben 12% *Methyl-β-D-galaktopyranosid* [F. 178—179° (A.); $[\alpha]_D$ ± 0° (W.)] u. 35% *α.β-Furanosidgemisch*. — *Methyl-β-D-glucopyranosid*, F. 105°, durch 2std. Erwärmen von D-Glucosediäthylmercaptal mit 2,5 Mol Br_2 in Methanol auf 25°, 1std. Kochen u. Neutralisieren; $[\alpha]_D$ —31° (W.); 8%; daneben 50% **IX** u. **X** (als Sirup). *N-Acetyl-methyl-α.β-D-glucosaminofuranosid-Gemisch*, $C_9H_{17}NO_6$, durch 4 Min. lange Rk. von 2,5 Mol Br_2 auf N-Acetyl-D-glucosamindiäthylmercaptal (**XI**) bei 0° in Methanol u. Neutralisieren. — *Methyl-N-acetyl-β-D-glucosaminopyranosid*, F. 196—197°, durch 1,3std. Erwärmen von **XI** u. 2,5 Mol Br_2 auf 22° 4std. Kochen u. Neutralisation; $[\alpha]_D$ —44° (W.); 68%; daneben 41% *Methyl-N-acetyl-α-D-glucosaminopyranosid* [F. 192—194°; $[\alpha]_D$ +111° (W.)]. W. HAMPEL. 3400

Eine Synthese der Anomeren des Methyl-4.6-benzyliden-D-glucosaminids über Derivate des N-Formyl-D-glucosamins. Wolfgang Meyer zu Reckendorf und William A. Bonner. (Chem. Ber. **94.** 3293—97. 28/12. 1961. Stanford, Calif., Stanford Univ., Dep. of Chem.) (Dt.)

Die Synth. der Anomeren von Methyl-4.6-benzyliden-D-glucosaminid erfolgte durch Benzylidierung u. Glykosidierung von N-Formyl-D-glucosamin u. alkal. Hydrolyse der N-Formylgruppe.

Versuche (FF. korr.): *N-Formyl-α-D-glucosamin*, F. 156—158° (Methanol), durch 10 Min. langes Schütteln von D-Glucosaminhydrochlorid mit Na in Methanol u. 4std. Stehen mit Ameisensäuremethylester bei Raum-Temp. u. dann im Eisschrank; $[\alpha]_D^{25}$ + 59,6° (c = 1,31; W.); 86% (Ausbeute). — *N-Formyl-4.6-benzyliden-β-D-glucosamin*, $C_{14}H_{17}NO_6$, F. 239—240° (Zers.; A.), durch mehrstd. Rühren vorst. Verb. mit $ZnCl_2$ in Benzaldehyd; $[\alpha]_D^{25}$ + 30,1° → + 44,2° (c = 1,13; Pyridin); 46%. — *Methyl-N-formyl-4.6-benzyliden-β-D-glucosaminid*, $C_{15}H_{19}NO_6$, F. 264—265° (90%ig. A.), durch 10 Min. langes Schütteln vorst. Verb. mit wss. NaOH in der Kälte, Versetzen mit $(CH_3)_2SO_4$, 1std. Stehen u. 2std. Stehen im Eisschrank; $[\alpha]_D^{25}$ —79,0° (c = 0,63; Dimethylsulfoxid); 39%. — *Methyl-N-formyl-4.6-benzyliden-α-D-glucosaminid*, $C_{15}H_{19}NO_6$, F. 243—244° (abs. A.), neben vorst. Verb. aus den alkohol. Mutterlaugen; $[\alpha]_D^{25}$ + 75,4° (c = 0,78; Dimethylsulfoxid); ca. 5%. — *Methyl-4.6-benzyliden-β-D-glucosaminidhydrochlorid*, F. 207 bis 208° (Zers.), durch 3tägiges Stehen vorvorst. Verb. in wss.-methanol. NaOH bei Raum-Temp., Lösen des Prod. in abs. A., Versetzen mit äthanol. HCl u. Fällen mit abs. Ae.; Nadeln; $[\alpha]_D^{25}$ —60,0° (c = 0,71; W.); 68%. — *Methyl-4.6-benzyliden-α-D-glucosaminidhydrochlorid*, $C_{14}H_{19}NO_5 \cdot HCl$, F. 215—216° (Zers.), analog vorst. Verb. aus vorvorst. Verb.; $[\alpha]_D^{25}$ + 91,4° (c = 0,3; W.); 74%. — *Methyl-3-O-acetyl-N-acetyl-4.6-ben zyliden-β-D-glucosaminid*, $C_{18}H_{23}NO_7$, F. 300—301°, durch Rk. vorvorst. Verb. mit Acetanhydrid/Pyridin; aus A. Nadeln; $[\alpha]_D^{25}$ —95,1° (c = 0,48; Chlf.); 61%. — *Methyl-3-O-acetyl-N-acetyl-4.6-benzyliden-α-D-glucosaminid*, F. 210—211° (A./Ae./PAe.), aus vorvorst. Verb. analog vorst. Verb.; $[\alpha]_D^{25}$ +37,8° (c = 0,06; Chlf.); 63%. — *Methyl-3.4.6-tri-O-acetyl-N-acetyl-β-D-glucosaminid*, F. 157—159° (Aceton/PAe.), durch ³/₄std. Erhitzen mit 60%ig. Essigsäure auf 100°, Eindampfen im Vakuum u. mehrstd. Stehen mit Acetanhydrid/Pyridin; $[\alpha]_D^{25}$ —21,4° (c = 0,33; Methanol); 63%.

P. GOLINSKE. 3400□

Charakterisierung von Zuckern als p-[p-Nitrophenylazo]-benzoyl-Derivate. El S. Amin. (J. chem. Soc. [London] **1961**. 5544—45. Dez. Alexandria, Univ.) (Engl.) — Vgl. J. chem. Soc. [London] **1960**. 1953.

Mit p-[p-Nitrophenylazo]-benzoylchlorid wurden die Polyacyl-Derivv. von *D-Arabinose* ($C_{57}H_{38}N_{12}O_{17}$, F. 176°, $[\alpha]_D^{25}$ —30°), *D-Xylose* ($C_{57}H_{38}N_{12}O_{17}$, F. 174°, $[\alpha]_D^{25}$ + 280°), *α-D-Glucose* ($C_{71}H_{47}N_{15}O_{21}$, F. 264°, $[\alpha]_D^{25}$ +285°), *α-D-Fructose* ($C_{71}H_{47}N_{15}O_{21}$, F. 150°, $[\alpha]_D^{25}$ —130°), *α-D-Galaktose* ($C_{71}H_{47}N_{15}O_{21}$, F. 254°, $[\alpha]_D^{25}$ + 510°), *α-Lactose* ($C_{116}H_{78}N_{24}O_{35}$, F. 238°, $[\alpha]_D^{25}$ +350°), *α-Maltose* ($C_{116}H_{78}N_{24}O_{35}$, F. 272°, $[\alpha]_D^{25}$ +35°) u. *Saccharose* ($C_{116}H_{78}N_{24}O_{35}$, F. 155°, $[\alpha]_D^{25}$ +40°) in Pyridin bei 0° mit ziemlich guten Ausbeuten dargestellt. Die Derivv. schmelzen scharf u. viel höher als andere Derivate. Sie sind in W. unlösl. u. von verschiedener Löslichkeit in organ. Lösungsmitteln. Die FF. unterscheiden sich genügend, um als Kriterien dienen zu können. Die Zucker können quant. durch Hydrolyse der Ester wiedergewonnen werden. P. KURZMANN. 3400□

Hederacosid A, ein neues, aus Efeu (Hedera helix L.) erhaltenes Heterosid. J. J. Scheidegger und Emile Cherbuliez. (Helv. chim. Acta **38**. 547—56. 15/3. 1955. Genève, Univ., Labor. de chim. organ. et pharmac.) (Franz.)

Durch Extrahieren des Holzes von *Hedera helix* L. mit 80%ig. A. wird ein neues Heterosid, *Hederacosid A* (I) isoliert, dessen Homogenität papierchromatograph. bewiesen wird. **I** gibt bei der Hydrolyse in alkohol. H_2SO_4 *Hederagenin* (II), *Arabinose* u. *Glucose*; die Konstit. von I als *2-[Glucosido-5-arabinosido]-hederagenin* wird durch Hydrolyse von permethyliertem **I** (**I a**) zu *23-O-Methylhederageninmethylester* (**III**), *2.3.4.6-Tetramethylglucose* u. *2.3-Dimethylarabinose* festgestellt. Das von VAN DER HAAR [1922] beschriebene α-Hederin konnte nicht gefunden werden.

Versuche: *Hederacosid A* (I), $C_{41}H_{66}O_{13}$, F. 257—260° (korr.), aus trockenen Splintholzspänen von Efeu aus Landes (Frankreich) durch Stehen mit 80%ig. A. (3 Wochen), Eindampfen des Extraktes, Zugeben von W., Lösen des Nd. in 10%ig. Na_2CO_3-Lsg., Entfernen von Harzen mit Ae., Ansäuern, Lösen des Nd. in W. u. Fällen mit A.; aus A./Aceton Nadeln; 0,001% (Ausbeute); opt. inakt.; gibt mit Acetanhydrid/Pyridin ein amorphes Acetat; R_F 0,91 (Propanol/Bzl.; 1 : 1), 0,00 (Cellosolve/Dibutyläther/Toluol; 1 : 2 : 10), 0,25 (Toluol/Butanol; 3 : 1), 0,79 (Bzl./Butanol; 2 : 1). *Oktamethyl-Deriv.* (**I a**), aus **I**, CH_3J u. Ag_2O in sd. CH_3OH; amorph. — *Hederagenin* (II), $C_{30}H_{48}O_4$, F. 334° (abs. A.), neben *Glucose* u. *Arabinose* durch 15std. Kochen von 267 mg **I** mit 5%ig. H_2SO_4 in A.; R_F 1,0; 0,83; 1,0; 0,95. *Methylester*, $C_{31}H_{50}O_4$, F. 238—240° (W./Aceton), a) aus 50 mg **I a** wie **II**; 26 mg; b) aus 100 mg **II** u. CH_3J u. CH_3ONa in sd. CH_3OH (2 Std.); 75 mg; c) durch 8std. Kochen von 33 mg **III** mit 5%ig. H_2SO_4 in A.; 29 mg. — *23-O-Methylhederageninmethylester* (**III**), $C_{32}H_{52}O_4$, F. 223—229° (verd. A.), a) durch 4std. Kochen von 48 mg **I a** mit methanol. HCl u. mehrstd. Stehen bei Raum-Temp.; 35 mg; b) durch 3std. Kochen von 220 mg **II** mit CH_3J u. Ag_2O in Aceton u. 24std. Stehen; 210 mg; c) durch Hydrolyse des Glucosidoarabinosids. *2-Glucosidoarabinosid*, $C_{43}H_{70}O_{13}$, F. 208°, durch 24std. Kochen von **I** mit CH_3J u. Ag_2O in CH_3OH u. 48std. Stehen; aus CH_3OH Nadeln; 74%. — *Hederagonsäuremethylester*, F. 186° (CH_3OH), a) durch 6std. Kochen von 20 mg 23-O-Methyl-Deriv. mit 5%ig. H_2SO_4 in Aceton; 15 mg; b) aus 100 mg **II**-Methylester u. $KMnO_4$ in Aceton nach JACOBS [1925]; 25 mg. *23-O-Methyl-Deriv.*, $C_{32}H_{50}O_4$, F. 178—180° (verd. A.), durch Zugeben von $KMnO_4$ zu 100 mg **III** in Aceton u. 2tägiges Stehen; 50 mg. F. HELLER. 3450□

Synthese von Nicotin, Myosmin und Pyridylprolin. 13. Mitt. über unsymmetrische Dreikohlenstoff-Kondensationen. H. Hellmann und Dieter Dieterich. (Angew. Chem. **74**. 78. 21/1. 1962. Tübingen, Univ., Chem. Inst.) (Dt.) — 7. vgl. C. **1961**. 15367.

Bei der Hydrolyse des aus Nicotinoylessigester, Paraformaldehyd u. Acetamidomalonester durch unsymm. Dreikohlenstoff-Kondens. erhaltenen Prod. entsteht *2-[β-Pyridyl]-Δ²-pyrrolin-5-carbonsäure*, die durch Decarboxylierung in das Tabakrauch-Alkaloid *Myosmin* u. durch katalyt. Hydrierung in *5-[β-Pyridyl]-prolin* übergeführt wird. Letzteres läßt sich mit Formaldehyd/Ameisensäure zu *5-[β-Pyridyl]-hygrinsäure* methylieren, welche beim Erhitzen CO_2 abspaltet unter Bldg. von *Nicotin*. Gesamtausbeute 20%, bezogen auf Nicotinoylessigester. *5-[γ-Pyridyl]-prolin* läßt sich analog mit 60% Gesamtausbeute gewinnen. G. HELLER. 3500□

Alkaloide aus Balfourodendron riedelianum. Das $O_{(4)}$-Äthylanalogon von Balfourolon. Henry Rapoport und Kenneth G. Holden. (J. org. Chemistry **26**. 3585—87. 12/9. 1961. Berkeley, Calif., Univ. of California, Dep. of Chem.) (Engl.) — Vgl. J. Amer. chem. Soc. **82**. [1960.] 4395.

Durch wiederholtes Kristallisieren von rohem Balfourolon (**I**) aus *Balfourodendron riedelianum* (**A**) wird das $O_{(4)}$-Äthylanaloge *N-Methyl-2-oxo-3-[3-methyl-2.3-dihydroxybutyl-(1)]-4-äthoxy-8-methoxy-1.2-dihydrochinolin* (**II**) isoliert. Bei der Oxydation von **II** mit Perjodat entstehen *N-Methyl-2-oxo-3-[β-oxoäthyl]-4-äthoxy-8-methoxy-1.2-dihydrochinolin* (**III**) u. *Aceton*. $NaBH_4$-Red. von **III** gibt *N-Methyl-2-oxo-3-[β-hydroxyäthyl]-4-äthoxy-8-methoxy-1.2-dihydrochinolin*, dessen *Acetat* beim Kochen mit wss. HCl *6-Methoxy-5-methyl-4-oxo-2.3.4.5-tetrahydrofuro-[3.2:c]-chinolin* u. *8-Methoxy-9-methyl-4-oxo-2.3.4.9-tetrahydrofuro-[2.3:b]-chinolin* liefert. Beide Furochinoline wurden schon früher auf gleichem Wege aus **I** erhalten. **II** kann synthet. aus Balfourodin dargestellt werden.

Versuche: *N-Methyl-2-oxo-3-[3-methyl-2.3-dihydroxybutyl-(1)]-4-äthoxy-8-methoxy-1.2-dihydrochinolin* (**II**), $C_{18}H_{25}NO_5$, F. 137° (Hexan/Aceton), a) aus der Balfourolon-Fraktion von **A**; b) durch 48std. Stehen von 370 mg Balfourodin mit Äthyljodid in abs. A. bei Raum-Temp., Lösen von 88 mg des entstandenen *$O_{(4)}$-Äthylbalfourodiniumjodids* (190 mg) in 0,5m wss. NaOH, 24std. Stehen bei Raum-Temp. u. Extrahieren mit Ae.; 55 mg. — *N-Methyl-2-oxo-3-[β-oxoäthyl]-4-äthoxy-8-methoxy-1.2-dihydrochinolin* (**III**), durch Perjodatoxydation von 1 g **II**; 800 mg; daneben *Aceton* (*p-Nitrophenylhydrazon*, F. 149°; 370 mg). — *N-Methyl-2-oxo-3-[β-hydroxyäthyl]-4-äthoxy-8-methoxy-1.2-dihydrochinolin*, $C_{15}H_{19}NO_4$, durch $NaBH_4$-Red. von **III**, Al_2O_3-Chromatographie, Eluieren mit Bzl./Chlf. (1 : 1) u. Molekular-Dest. bei 150°/50 μ. *Acetyl-Deriv.*, $C_{17}H_{21}NO_5$, F. 101 bis 102°. — *6-Methoxy-5-methyl-4-oxo-2.3.4.5-tetrahydrofuro-[3.2:c]-chinolin*, F. 142° (Bzl./Hexan), durch 18std. Kochen vorst. Acetyl-Deriv. in 6n HCl, Verdünnen mit W., Extrahieren mit Chlf., Al_2O_3-Chromatographie u. Eluieren mit Bzl. u. Bzl./Chlf. (3 : 1); 9%; daneben *8-Methoxy-9-methyl-4-oxo-2.3.4.9-tetrahydrofuro-[2.3:b]-chinolin*, F. 171° (Aceton/Hexan u. CH_3OH/W.), durch Neutralisieren vorst. saurer wss. Phase u. Extrahieren mit Chlf.; 58%. G. TEEGE. 3500□

Struktur von Criwellin. H. M. Fales, D. H. S. Horn und W. C. Wildman. (Chem. and Ind. **1959**. 1415. 7/11. Bethesda, Md., Nat. Inst. of Health, Nat. Heart Inst., Labor. of Chem. of Natural Prod.) (Engl.)

Aus mehreren *Crinum*-Spezies wird neben *Crinamin* u. *Lycorin* *6-Hydroxycrinamin* [**I**; $C_{17}H_{19}NO_5$, FF. 135—140° u. 210°; $[\alpha]_D^{25}$ + 46° (Chlf.); ca. 0,26% (Ausbeute)] isoliert, das durch katalyt. Hydrierung ein *Dihydro-Deriv.* [$C_{17}H_{21}NO_5$, F. 251—252° (Zers.)] liefert. Die Überführung von **I** in *Apohämanthidin* [**II**; F. 195—197°; $[\alpha]_D^{24}$ + 121° (Chlf.)] entsprechend den Bedingungen der Umwandlung von Hämanthidin (**III**) in **II** (UYEO u. Mitarbeiter, J. Amer. chem. Soc. **80**. [1958.] 2590) beweist, daß sich **I** u. **III** nur in der Konfiguration der Methoxylgruppe an $C_{(3)}$ unterscheiden. *Criwellin* kann auf einem ähnlichen Weg dargestellt werden wie *Tazettin* aus **III**. **I** liefert ein *Methojodid*, daß mit kaltem verd. Alkali in *Criwellin* [**IV**; $C_{18}H_{21}NO_5$, F. 211—212°; $[\alpha]_D^{23}$ + 277° (Chlf.)] umgelagert werden kann. **IV** liefert bei der Methylierung mit K u. p-Toluolsulfonsäuremethylester *O-Methylcriwellin* [**V**; $C_{19}H_{23}NO_5$, F. 127—128°; $[\alpha]_D^{25}$ + 214° (A.)]. Das *Methojodid* [$C_{20}H_{26}JNO_5$, F. 271—273° (Zers.); $[\alpha]_D^{24}$ + 137° (A.)] u. das *Methopikrat* ($C_{26}H_{28}N_4O_{12}$, F. 211—212°) von **V** sind mit den entsprechenden Derivv. von O-Methylisotazettin ident., dessen Struktur bekannt ist. P. GOLINSKE. 3500□

Die Position der aromatischen Methoxylgruppe in Falcatin. Kurt Torssell. (Acta chem. scand. **15**. 947—49. 1961. Stockholm, Sweden, Univ., Inst. of Org. Chem. and Biochem.) (Engl.)

I

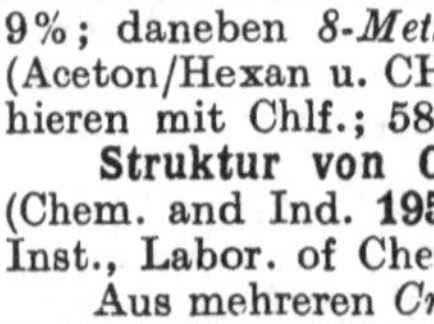

Um die Position der aromat. OCH_3-Gruppe in *Falcatin* (**I**) festzulegen, werden die beiden möglichen Abbau-Prodd. von **I**, *7-Oxo-9.10-Methylendioxy-8-methoxy-* (**II**) bzw. *-11-methoxy-4.5-dihydropyrrolo-[3.2.1:d.e]-phenanthridin* (**III**) synthet. dargestellt. Als Ausgangs-Prodd. werden *3.4-Methylendioxy-5-methoxy-* (**IV**) bzw. *2-Methoxy-3.4-methylendioxy-6-nitrobenzoesäure* (**V**) eingesetzt. Das Abbau-Prod. aus **I** ist ident. mit **III**. **I** erhält demnach nebenst. Struktur.

Versuche: *2-Methoxy-3.4-methylendioxy-6-nitrobenzoesäure* (**V**), F. 190—193° [W./CH_3OH (10 : 1)], durch Lösen von 2,8 g 2-Hydroxy-3.4-methylendioxybenzoesäuremethylester in sd. 6%ig. NaOH, Abkühlen, langsame Zugabe von Dimethylsulfat, Ansäuern mit konz. HCl, Abfiltrieren, Eintragen in konz. HNO_3 bei 5—10°, Eingießen in Eiswasser u. Abfiltrieren; 1,2 g (Ausbeute). — *2.3-Dihydro-1-[2-methoxy-3.4-methylendioxy-6-nitrobenzoyl]-indol*, $C_{17}H_{14}N_2O_6$, F. 156—158° (A.), durch Lösen von 1,35 g vorst. Verb. in

SO_2Cl_2, Eindampfen im Vakuum, Lösen in Chlf., Zugabe von Indolin in Ggw. von Pyridin, $^1/_4$std. Stehen, Zugabe von W., Ansäuern u. Abtrennen der organ. Phase; 1,2 g. — *2.3-Dihydro-1-[2-methoxy-3.4-methylendioxy-6-aminobenzoyl]-indol*, $C_{17}H_{16}N_2O_4$, F. 190—191° (A.), durch katalyt. Hydrierung von 0,38 g vorst. Verb. an RANEY-Ni in Äthylacetat; 0,35 g. — *1-[2-Methoxy-3.4-methylendioxybenzoyl]-indol*, $C_{17}H_{13}NO_4$, F. 133°, durch PSCHORR-Cyclisierung vorst. Verb. nach der Meth. von HUMBER u. Mitarbeitern (C. **1950/54.** 7401 S), Al_2O_3-Chromatographie u. Eluieren mit Bzl.; aus A. hellgelbe Kristalle; daneben *7-Oxo-9.10-methylendioxy-8-methoxy-4.5-dihydropyrrolo-[3.2.1: d.e]-phenanthridin* (II), $C_{17}H_{13}NO_4$, F. 272—274°, durch Eluieren mit Bzl./Chlf. (1 : 1); aus Nitromethan hellgelbe Prismen. — *7-Oxo-9.10-methylendioxy-11-methoxy-4.5-dihydro-pyrrolo-[3.2.1: d.e]-phenanthridin* (III), $C_{17}H_{13}NO_4$, F. 196—199° (A./W.), aus **IV** auf analogem Wege wie **III** aus **V**. G. TEEGE. 3500□

Totalsynthese von dl-Eburnamonin. M. F. Bartlett und W. I. Taylor. (Tetrahedron Letters [London] **1959.** Nr. 20. 20—22. Dez. Summit, N.J., CIBA Pharmac. Prod., Inc., Res. Dep.) (Engl.)

dl-Eburnamonin (I; $C_{19}H_{22}N_2O$, F. 203—204°) läßt sich folgendermaßen synthetisieren: p-Äthylphenol wird der REIMER-TIEMANN-Synth. unterworfen u. liefert *4-Dichlormethyl-4-äthylcyclohexadien-(2.5)-on* ($C_9H_{10}Cl_2O$, F. 61—62°) das an Pd/Kohle in A. zu *4-Dichlormethyl-4-äthylcyclohexanon* (**II**; $C_9H_{14}Cl_2O$, F. 58°) hydriert wird. **II** liefert bei der Oxydation mit konz. HNO_3 *β-Dichlormethyl-β-äthyladipinsäure* ($C_9H_{14}Cl_2O_4$, F. 126°), die beim Erhitzen in W. im verschlossenen Rohr auf 200° in *β-Formyl-β-äthyladipinsäure* u. weiter in *2-Hydroxy-3-äthyl-3-[β-carboxyäthyl]-5-oxotetrahydrofuran* (**III**; $C_9H_{14}O_5$, F. 102—103°) übergeht. **III** liefert beim Erhitzen mit Tryptamin in verd. wss. HCl *Eburnamoninlactam* (**IV**, $C_{19}H_{20}N_2O_2$, F. 217°; 5—10% Ausbeute), **IV** wird mit $LiAlH_4$ in Ae. quant. zu einem Gemisch von *Eburnamin* u. *Isoeburnamin* red., das direkt mit CrO_3 in Pyridin in sehr hoher Ausbeute zu I oxydiert wird. P. GOLINSKE. 3500□

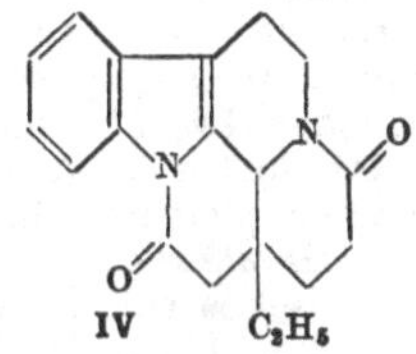

IV

Experimente zur Synthese von Hexadehydroyohimbanen. C. Ribbens und W. Th. Nauta. (Recueil Trav. chim. Pays-Bas **79.** 854—65. Aug. **1960.** Amsterdam, Vrije Univ., Chem. Labor.; N. V. Koninklijke Pharmac. Fabrieken v/h Brocades-Stheeman and Pharmac., Res. Dep.) (Engl.)

Die Rk. von Tryptamin (I) mit einigen Isocumarinen wird untersucht. Aus den Rk.-Prod. können *Hexadehydroyohimban* u. ein neues *Dimethoxy-Deriv.* synthetisiert werden. UV-Absorptionsspektren vgl. Original.

Versuche: *7.8-Dimethoxyisocumarin-3-carbonsäure, Tryptaminsalz*, $C_{22}H_{22}N_2O_6$, F. 195—196,5°, durch 3std. Stehen von I u. 7.8-Dimethoxyisocumarin-3-carbonsäure in einer Puffer-Lsg. vom pH 6,6 bei Raum-Temp.; 85% (Ausbeute). — *N-{β-[Indolyl-(3)]-äthyl}-7.8-dimethoxyisocarbostyril-3-carbonsäure*, $C_{22}H_{20}N_2O_5$, F. 249,5—250°, durch 3std. Kochen vorst. Verb. in Pyridin; Nadeln; 84%. — *N-{β-[Indolyl-(3)]-äthyl}-7.8-dimethoxy-isocarbostyril*, $C_{21}H_{20}N_2O_3$, F. 226—228°, a) durch 10 Min. langes Erhitzen vorst. Verb. mit Cu-Pulver auf 230° unter N_2; aus Methanol Nadeln; 50%; b) durch 3std. Kochen von I u. 7.8-Dimethoxyisocumarin in Dimethylformamid; 30%. — *N-{β-[Indolyl-(3)]-äthyl}-isocarbostyril-3-carbonsäure*, $C_{20}H_{16}N_2O_3$, F. 206—207°, durch 6std. Kochen von I u. Isocumarin-3-carbonsäure in Pyridin; aus Methanol gelbe Prismen; 57%. — *N-{β-[Indolyl-(3)]-äthyl}-isocarbostyril*, $C_{19}H_{16}N_2O$, F. 151—153° (Bzl.), durch $^1/_4$std. Kochen vorst. Verb. mit Cu-Pulver auf 245° unter N_2, Extrahieren mit Bzl., Fällen mit Ae. u. Eindampfen der Mutterlaugen; 22%. — *21-Oxo-15.16.17.18.19.20-hexadehydro-yohimban*, $C_{19}H_{16}N_2O$, F. 245—246°, a) neben vorst. Verb.; 11%; b) durch $^1/_2$std. Kochen vorst. Verb. in Methanol mit 10n H_2SO_4; 86%. — *15.16.17.18.19.20-Hexadehydro-yohimban*, $C_{19}H_{18}N_2$, F. 194—195° (wss. Methanol oder wss. Aceton), a) durch 3std. Kochen vorst. Verb. in Tetrahydrofuran mit $LiAlH_4$ in Ae. unter N_2 u. Isolieren über das Hydrochlorid; 88%; b) analog a) aus vorvorst. Verb.; 85%. — *18.19-Dimethoxy-15.16.17.18.19.20-hexadehydroyohimban*, $C_{21}H_{22}N_2O_2$, F. 174—175°, durch 3std. Kochen von N-{β-[Indolyl-(3)]-äthyl}-7.8-dimethoxyisocarbostyril in Tetrahydrofuran mit $LiAlH_4$ in Ae. unter N_2, Zers. mit 2n HCl u. Reinigen über das Hydrochlorid; aus wss. Aceton Nadeln; 47%. P. GOLINSKE. 3500□

Dehydroyohimbin. H. Auterhoff und F. Moll. (Arch. Pharmaz. Ber. dtsch. pharmaz. Ges. **292/64.** 540—44. Okt. 1959. Braunschweig, TH, Inst. für Pharmazeut. Chem. u. Lebensmittelchem.; Tübingen, Univ., Pharmazeut. chem. Inst.) (Dt.)

Yohimbin (I) reagiert nicht mit Formaldehyd zu einer entsprechenden Methylolverbindung. Vff. finden jedoch bei der Prüfung der nach Behandlung von I mit CH_2O

zurückgewonnenen Substanz, die hierbei mit verd. H_2SO_4 erhitzt wurde, eine fluorescierende Substanz. Die Fluorescenz wird in Ggw. von H_2O_2 intensiver. Diese Rk. von I wird zu einer quant. Best. von geringen Mengen I ausgebaut. Die fluorescierende Substanz wird als *3.4-Dehydroyohimbin* (**II**) erkannt. IR-Spektren von **I** u. **II** s. Original.

Versuche (FF. auf Kofler-Mikroheiztisch): *Yohimbin* (I), F. 234—235°, aus dem Hydrochlorid u. K_2CO_3 u. Extraktion mit Äther. — *3.4-Dehydroyohimbin* (**II**), $C_{21}H_{24}N_2O_3$, durch Zugabe von Perhydrol zu der Lsg. von I-Hydrochlorid in 30%ig. Essigsäure, 12std. Stehen bei Raum-Temp., 5std. Erhitzen auf 100°, Alkalisieren mit NaOH u. Extrahieren mit Ae./CH_3OH (95 : 5); gelbbraun. *Perchlorat*, F. 182—189°.

G. Teege. 3500 □

Carotinoide und verwandte Verbindungen. 9. Mitt. **Die Strukturen von Capsanthin und Capsorubin.** M. S. Barber, L. M. Jackman, C. K. Warren und B. C. L. Weedon. (J. chem. Soc. [London] **1961.** 4019—24. Sept. London, Imp. Coll. of Sci. and Technol., Dep. of Chem.) (Engl.) — 8. vgl. C. **1961.** 142.

Die aus dem roten Pfeffer (*Capsicum annuum*) isolierten Carotinoide *Capsanthin* (**I**) u. *Capsorubin* (**II**) werden als *4.8.13.17-Tetramethyl-1-[1.2.2-trimethyl-4-hydroxycyclopentyl-(1)]-19-[2.6.6-trimethyl-4-hydroxycyclohexen-(1)-yl]-nonadecanonaen-(2.4.6.8.10.12-14.16.18)-on-(1)* bzw. als *4.8.13.17-Tetramethyl-1.20-bis-[1.2.2-trimethyl-4-hydroxycyclopentyl]-eikosanonaen-(2.4.6.8.10.12.14.16.18)-dion-(1.20)* identifiziert. **I** wird durch Oppenauer-Oxydation mit Al-tert.-Butylat (**III**)/Aceton in das Hydroxydiketon *Capsanthon* (**IV**) übergeführt, das ein *Monoacetat* liefert u. durch alkohol. $NaOC_2H_5$ nicht verändert wird. Aus **II** steht unter gleichen Bedingungen eine kleine Menge *Capsorubon*, das bei gleicher Rk. aus Zeaxanthin nicht gebildet wird. Red. von **IV** mit $LiAlH_4$ liefert ein *Dekaentriolgemisch*, das mit Chloranil (**V**) selektiv oxydiert wird unter Bldg. eines Gemisches von **I** mit vermutlich einem Epimeren. Die kernmagnet. Resonanzspektren von **I** u. **II** werden diskutiert. Zum Vgl. mit **I** u. **II** werden aus 1.2.2-Trimethylcyclopentancarbonsäure-(1) (**VI**) über die durch Umsetzung mit $LiCH_3$ erhaltene *1-Acetyl-Verb.* (**IX**) durch Kondens. mit β-Apocarotinaldehyd-(2) (**VII**) (vgl. Ruegg u. Mitarbeiter, C. **1960.** 1862) bzw. Crocetindialdehyd (**VIII**) (vgl. Isler u. Mitarbeiter, C. **1956.** 10012) *Deshydroxycapsanthin* bzw. *Deshydroxycapsorubin* hergestellt. Werte für die IR-Spektren sind angegeben.

Versuche: *Capsanthon* (**IV**), $C_{40}H_{54}O_3$, F. 167° (wss. CH_3OH), durch 36std. Kochen von 200 mg **I** u. **III** in Aceton/Bzl., Zusatz von 1n H_2SO_4, Aufarbeitung der organ. Phase u. Reinigen durch Chromatographie an Al_2O_3; rote Rhomben; 40 mg (Ausbeute). *Acetat*, $C_{42}H_{56}O_4$, F. 152° (wss. CH_3OH), durch 1std. Erwärmen von 25 mg **IV** mit Acetanhydrid u. Pyridin; rote Rhomben; 14 mg. — *Capsorubon*, analog **IV** aus 51 mg **II**; 5 mg. — *Capsanthin* (**I**), aus **IV** durch 1/2std. Rühren mit $LiAlH_4$ in Tetrahydrofuran oder durch 14std. Rk. mit KBH_4 in CH_3OH bei 20°, 24std. Umsetzung des rohen *Dekaentriolgemisches* mit **V** in Bzl. bei 20° u. Chromatographie. — *1-Acetyl-1.2.2-trimethylcyclopentan* (**IX**), $C_{10}H_{18}O$, F. 50°, Kp.$_{12}$ 78°, aus 8 g **VI** u. $LiCH_3$ in Ae. durch 4std. Rühren bei 20° u. 12std. Kochen; 4,6 g. *2.4-Dinitrophenylhydrazon*, $C_{16}H_{22}N_4O_4$, F. 141° (Chlf./CH_3OH; Platten). *Semicarbazon*, F. 205—206° (wss. A.; Nadeln). — *4.8.13.17-Tetramethyl-1.20-bis-[1.2.2-trimethylcyclopentyl-(1)]-eikosanonaen-(2.4.6.8.10.12-14.16.18)-dion-(1.20)* (*Deshydroxycapsorubin*), $C_{40}H_{56}O_2$, F. 205° (Bzl./CH_3OH), aus **IX** u. **VIII** durch 2tägige Rk. in Ggw. von 5%ig. alkohol. KOH u. 1/2std. Kochen; purpurfarbene Kristalle; 65%. — *4.8.13.17-Tetramethyl-1-[1.2.2-trimethylcyclopentyl-(1)]-19-[2.6.6-trimethylcyclohexen-(1)-yl]-nonadecanonaen-(2.4.6.8.10.12.14.16.18)-on-(1)* (*Deshydroxycapsanthin*), $C_{40}H_{56}O$, F. 164—165° (Bzl./CH_3OH), aus **IX** u. **VII** analog vorst. Verb.; Nadeln.

Eberhard Riedel. 3550 □

Vergleich der Xanthophylle aus Blättern und Orangensaft. A. Laurence Curl und Glen F. Bailey. (Food Res. **22.** 323—29. Mai/Juni 1957. Albany, Calif., U.S. Dep. of Agricult., Agricult. Res. Serv., Western Utiliz. Res. Branch.) (Franz.)

Zum Vgl. mit früheren Unterss. der Verff. über die Xanthophylle des Orangensaftes werden aus frischen Blättern von *Ulmus hollandica* Mill. mit Aceton/PAe. die *Carotinoide* extrahiert u. durch Gegenstromverteilung u. Chromatographie folgende Verbb. (in % des Xanthophyll-Gemisches) nachgewiesen: 29 *β-Carotin*, 0,5 *Hydroxy-α-carotin*, 41 *Lutein*, 2,4 *cis-Lutein* (?), 0,9 *Zeaxanthin*, 0,1 *Lutein-5.6-epoxid*, 0,1 *Antheraxanthin*, 0,2 *Flavoxanthin*, 0,2 *Mutatoxanthin*, 2,0 *Violaxanthin*, 1,1 *cis-Violaxanthin*, 1,5 *Luteoxanthin a*, 2,2 *Luteoxanthin b*, 0,5 *cis-Luteoxanthin a*, 0,4 *cis-Luteoxanthin b*, 0,2 *cis-Auroxanthin*, 1,0 *Auroxanthin a*, 1,6 *Auroxanthin b*, 0,7 *Auroxanthin c*, 6,7 *Neoxanthin a*, 1,4 *Neoxanthin b*, 2,0 *Neoneoxanthin a*, 2,1 *Neoneoxanthin b*. Die Identifizierung erfolgte mittels der UV-Spektren (Werte vgl. Original). die Geh.-Best. spektrophotometrisch. Für Neoxanthin wird auf Grund der Veränderung der UV-Spektren nach Behandlung mit methanol. HCl sowie des Verh. bei der Gegenstromverteilung eine Trihydroxy-

5.6-epoxid-Struktur mit einer cis-Doppelbindung wahrscheinlich gemacht. Für die aus den beiden Neoxanthinen gebildeten 5.8-Epoxide wird die Bezeichnung Neoneoxanthin a bzw. b vorgeschlagen. F. HELLER. 3550 □

Phthalocyanine in wässeriger Lösung. 1. Mitt. Klaus Bernauer und S. Fallab. (Helv. chim. Acta **44.** 1287—92. 1/8. 1961. Basel, Univ., Inst. für anorg. Chem.) (Dt.)

Phthalocyanintetrasulfonsäure (H_2PTS), *Tetra-Na-Salz* (I), $C_{32}H_{14}N_8Na_4O_{12}S_4$, aus 4-Sulfophthalsäuretriammoniumsalz u. Harnstoff durch mehrstd. Erhitzen mit feinverteiltem Sb auf 195—210°, Extraktion des Rk.-Prod. mit W., Einengen der wss. Phasen, Versetzen mit $BaCl_2$, Überführen des erhaltenen Ba-Salzes mittels Dowex-50-Kationenaustauschers in freies H_2PTS, Neutralisieren mit NaOH u. Fällen mit $NaClO_4$; 2,5% (Ausbeute). **I**, sowie auch die Co-, Cu- u. Zn-Komplexe, die aus H_2PTS-Lsg. u. dem entsprechenden Metallsalz bei 45° dargestellt werden, dimerisieren sich in verd. wss. Lösung. Die Dimerisierungs-Konst. lg K werden spektrophotometr. bestimmt u. betragen für H_2PTS 7 ± 0,2 (bei 62°), CoPTS 5,3 ± 0,05 (58°), CuPTS 7,2 ± 0,2 (61°) u. ZnPTS 6 ± 0,05 (58°). Die zugehörigen Spektren der Komplexe (in W. u. in 50%ig. A.) sind graph. dargestellt u. werden diskutiert. EBERHARD RIEDEL. 3550 □

Untersuchung der durch Ionen katalysierten Telomerisation. 3. Mitt. Über eine neue Methode der Isolierung primärer Allylhalogenderivate aus Isomerengemischen. Geranylchlorid. Sesquiterpenchloride. K. W. Leets. (Журнал Общей Химии [J. allg. Chem.] **31** (**93**). 1869—76. Juni 1961. Allunions-Forschungsinst. für synthet. u. natürl. Riechstoffe.) (Russ.) — 2. vgl. C. **1962.** 3103.

Aus der C_{10}-Fraktion der Telomerisation von Isopren mit 1-Chlor-3-methylbuten-(2) läßt sich *Geranylchlorid* (**I**) vorteilhaft durch Umsetzen mit Dimethylanilin (15—20 Tage bei 20—30°) zu *Geranyldimethylphenylammoniumchlorid* abtrennen, das mit Dichloräthan/Toluol ausgezogen u. bei 110—120°/2 mm zu reinem **I** ($C_{10}H_{17}Cl$, Kp.$_4$ 76—79°, n_D^{20} 1,4790, D.$_4^{20}$ 0,9195) zersetzt wird. Auf gleiche Weise gelingt die Abtrennung von prim. höheren Allylchloriden aus der C_{15}-Telomerenfraktion (vermutlich *Farnesylchlorid*; $C_{15}H_{25}Cl$, n_D^{20} 1,491, D.$_4^{20}$ 0,920) u. den höheren Fraktionen sowie von **I** aus dem Prod. der Hydrochlorierung von Linalool. Die Umwandlung von **I** aus den Telomerenfraktionen in einen Aldehyd über eine SOMMELET-Rk. gelingt nicht. H.-E. TOUSSAINT. 3600 □

Ätherisches Öl und gesättigter Kohlenwasserstoff aus Peucedanum cervaria Lap. (Umbellifere). René Salgues. (C. R. hebd. Séances Acad. Sci. **242.** 2853—54. 11/6. 1956.) (Franz.)

Durch Dampf-Dest. der oberird. Teile von *Peucedanum cervaria Lap.* wird ein *äther. Öl* (D.^{15} 0,896; $[\alpha]_D^{17}$ %28°; SZ. 3; VZ. 34; Acetylzahl 61; Ätherzahl 31; 0,24% Ausbeute) erhalten. Es enthält 60% *α-Pinen* (Kp. 152°; $[\alpha]_D$ —48,4°. *Dibromid*, F. 168°. *Nitrosochlorid*, F. 107°) u. *p-Menthadien-(1.5)* (Kp. 174°. *Nitrit*, F. 112°) sowie 24% *d-Linalool* (*Phenylurethan*, F. 64,5°. *α-Naphthylurethan*, F. 54°). Durch Extrahieren der Wurzeln mit sd. A. u. Verseifen des Extraktes wird ein gesätt. *KW-Stoff* $C_{27}H_{56}$ (F. 58°) isoliert. F. HELLER. 3600 □

Die Struktur des kristallinen Cadinols aus Citronellöl. M. D. Soffer, Marlene Brey und Jane Fournier. (Chem. and Ind. **1958.** 19—20. 4/1. Northampton, Mass., Smith Coll., Chem. Dep.) (Engl.)

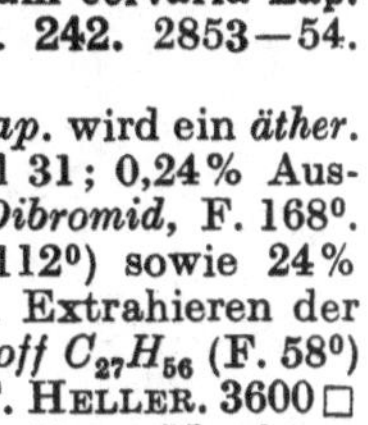

Cadinol (**I**; F. 72°. *p-Nitrobenzoat*, $C_{22}H_{29}NO_4$, F. 135,5—136°), ein tert. Alkohol aus Citronellöl liefert nach Epoxydierung mit Benzopersäure bei Rk. mit CH_3J *Dihydroxytetrahydromethylcadinen* (**II**; $C_{16}H_{30}O_2$, F. 211—212,5°). **II** gibt bei Dehydratisierung u. Dehydrierung an Pd-Kohle bei 300—330° *1.2.5-Trimethylnaphthalin* ($C_{13}H_{14}$. *Pikrat*, F. 139 bis 140°. *Trinitrobenzolat*, $C_{19}H_{17}N_3O_6$, F. 160—160,5°). I erhält deshalb nebenst. Struktur. G. TEEGE. 3600 □

Die Struktur von Cedrolsäure. Jarl Runeberg. (Acta chem. scand. **15.** 945—46. 1961. Stockholm, Schweden, Kungl. Tekniska Högskolan, Organ. kem. Inst.) (Engl.)

Cedrolsäure (**I**; $C_{15}H_{24}O_3$, F. 181—187°; $[\alpha]_D$ —47°) aus dem Kernholz von *Juniperus utahensis* LEMM. erhält auf Grund früherer u. nachst. Unterss. folgende Struktur. Der Methylester (**II**) von **I** wird zu einem *Diol* **III** red., u. dieser wird mit CrO_3 zu einem *Hydroxyaldehyd* **IV** oxydiert. Bei der Red. von **IV** nach HUANG-MINLON entsteht *Cedrol*. Das Kernresonanzspektrum von **II** ist mit der angegebenen Struktur vereinbar.

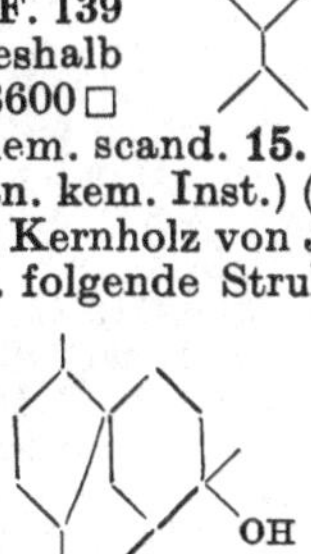

I R = COOH
III R = CH_2OH
IV R = CHO

Versuche: *Hydroxyaldehyd* **IV**, $C_{15}H_{24}O_2$, F. 62—64° (PAe. u. CH_3OH/W.), durch 11 std. Stehen von 0,5 g **III** mit CrO_3 in Pyridin bei Raum-Temp., Zugabe von CH_3OH, 1 std. Stehen, Verdünnen mit wss. NaOH u. Extrahieren mit Ae.; $[\alpha]_D$ —77° (c = 2,2; Chlf.); 401 mg [Ausbeute (roh)]. *2.4-Di-*

nitrophenylhydrazon, $C_{21}H_{28}N_4O_5$, F. 172—174°. — *Cedrol*, F. 85—86° (95% ig. A.), durch 1std. Erhitzen von 102 mg **IV** mit KOH/Hydrazinhydrat in Äthylenglykol auf 200°, 4std. Erhitzen auf 230°, Verdünnen mit W., Extrahieren mit PAe., Chromatographie an bas. Al_2O_3 (Aktivitätsstufe II) u. Eluieren mit Ae.; $[\alpha]_D$ +10° (c = 3,1); 74 mg.

G. TEEGE. 3600□

Stereochemie von Aromadendren, Alloaromadendren, Globulol, Ledol und Viridiflorol. L. Dolejš und F. Šorm. (Tetrahedron Letters [London] **1959**. Nr. 17. 1—6. Nov. Prag, Czechoslovak. Acad. of Sci., Inst. of Chem., Dep. of Natural Prodd.) (Engl.)

Aromadendren (**I**), Alloaromadendren (**II**), Globulol (**III**), Ledol (**IV**) u. Viridiflorol (**V**) besitzen die angegebenen Konfigurationen. Apoaromadendron liefert mit Perphthalsäure ein Lacton u. dessen Verseifung *1α-[2β-Hydroxy-5β-methylcyclopentyl]-2α-[2-carboxyäthyl]-3.3-dimethylcyclopropan* (**VI**). Die entsprechende Ketosäure ergab bei der katalyt. Hydrierung oder Red. mit Li[AlH(tert.-$OC_4H_9)_3$] das *2α-Hydroxyisomere*

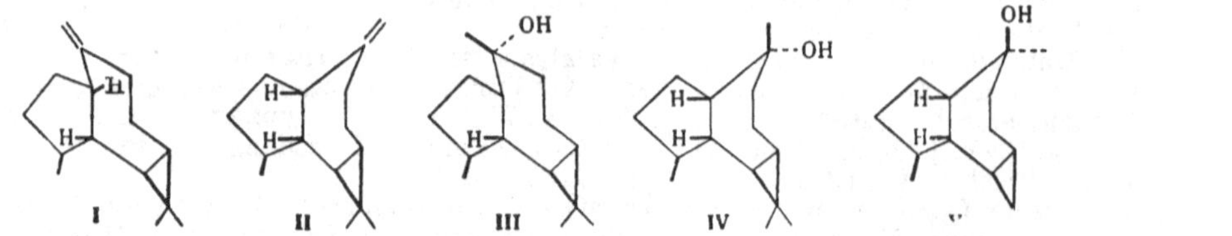

I II III IV V

[F. 143,5°, $[\alpha]_D^{20}$ +19,4° (c = 5,35; CH_3OH)] von **VI**, das durch Al-Triisopropylat zu **VI** epimerisiert wurde; **VI** ist unter den gleichen Bedingungen nicht epimerisierbar. **III** liefert mit $SOCl_2$ in Pyridin 60% semicycl. Olefin u. **IV** vorwiegend ein Olefin mit quaternärer Δ-Bindung.

H.-J. KÖTZSCH. 3600□

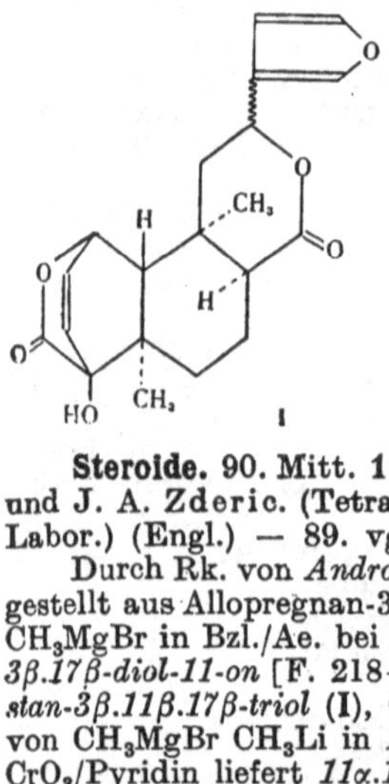

I

Über die Stereochemie von Columbin. M. P. Cava, B. Weinstein und S. S. Malhotra. (Tetrahedron Letters [London] **1959**. Nr. 15. 1—4. Okt. Columbus, Ohio, State Univ., Mc Pherson Chem. Labor.) (Engl.)

An Hand der beobachteten Rotationsdispersionskurve von *Oktahydrodecarboxycolumbinsäure* wird die Stereochemie von *Columbin* (I) diskutiert.

W. HAMPEL. 3600□

Steroide. 90. Mitt. **11α-Methyl-11β-hydroxysteroide.** H. J. Ringold, E. Batres und J. A. Zderic. (Tetrahedron [London] **2**. 164—65. 1958. Mexico, Syntex S. A., Res. Labor.) (Engl.) — 89. vgl. C. **1959**. 489.

Durch Rk. von *Androstan-3β-ol-11.17-dion* [$C_{19}H_{28}O_3$, F. 169—171°, $[\alpha]_D$ +125°, hergestellt aus Allopregnan-3β.17.21-triol-11.20-dion durch Spaltung mit Na-Wismutat] mit CH_3MgBr in Bzl./Ae. bei 25° entsteht neben dem zu erwartenden *17α-Methylandrostan-3β.17β-diol-11-on* [F. 218—221°, $[\alpha]_D$ ±0°] in 30% ig. Ausbeute *11α.17α-Dimethylandrostan-3β.11β.17β-triol* (I), $C_{21}H_{36}O_3$, F. 164—166°, $[\alpha]_D$ —5°. Verwendet man an Stelle von CH_3MgBr CH_3Li in Ae., so entsteht I in 80% ig. Ausbeute. Oxydation von I mit CrO_3/Pyridin liefert *11α.17α-Dimethylandrostan-11β.17β-diol-3-on*, $C_{21}H_{34}O_3$, F. 202 bis 205°, $[\alpha]_D$ +6°. In analoger Weise wird *11α-Methylallopregnan-11β-ol*, $C_{22}H_{38}O$, F. 112 bis 113°, $[\alpha]_D$ +23°, erhalten. — Adrenosteron-3.17-bis-[cycloäthylenketal] wird durch Rk. mit CH_3Li in Ae./Tetrahydrofuran in *11α-Methyl-3.3;17.17-bis-[äthylendioxy]-Δ^5-androsten-11β-ol* (II), $C_{24}H_{36}O_5$, F. 192—194°, $[\alpha]_D$ —94° (Pyridin) übergeführt; bei der Hydrolyse von II mit 70% ig. Essigsäure entsteht *11α-Methyl-Δ^4-androsten-11β-ol-3.17-dion* (III), $C_{20}H_{28}O_3$, F. 151—152°, $[\alpha]_D$ +162°, aus dem durch selektive Red. mit $NaBH_4$ in CH_3OH bei 0° *Testosteron*, $C_{20}H_{30}O_3$, F. 255—256°, $[\alpha]_D$ +111°, erhalten wird. Dagegen führt die Rk. von III mit Pyrrolidin in CH_3OH zu *11α-Methyl-3-pyrrolidino-$\Delta^{3.5}$-androstadien-11β-ol-17-on*, $C_{24}H_{35}NO_2$, F. 249—250°, $[\alpha]_D$ —140° (Pyridin), das durch Red. mit $LiAlH_4$ u. anschließende Hydrolyse in *11α-Methyl-11β-hydroxytestosteron* übergeht. Einige opt. Daten sind angegeben.

WALTER SIMON. 3700

Steroide. 91. Mitt. **Mikrobiologische Oxydationen von 19-Norprogesteron.** A. Bowers, C. Casas-Campillo und Carl Djerassi. (Tetrahedron [London] **2**. 165—66. 1958.) (Engl.) — 90. vgl. vorst. Referat; vgl. auch C. **1962**. 7535.

Durch Inkubation von 19-Norprogesteron (I) mit *Rhizopus nigricans* (*ATCC Nr. 6227b*), 24 Std. bei 28°, entsteht in ca. 70% ig. Ausbeute *11α-Hydroxy-19-norprogesteron*, $C_{20}H_{28}O_3$, F. 171—173°, $[\alpha]_D$ +62° (Chlf.). Die gleiche Behandlung mit *Curvularia lunata* führt zu *11β-Hydroxy-19-norprogesteron*, $C_{20}H_{28}O_3$, F. 215—217°, $[\alpha]_D$ +158° (Chlf.). Andere Mikroorganismen bewirken keine Monohydroxylierung von I. Beide 11-Hydroxy-19-norprogesterone geben bei der Oxydation mit CrO_3 *11-Keto-19-norprogesteron*, $C_{20}H_{26}O_3$, F. 175—176°, $[\alpha]_D$ +284° (Chlf.). Bei der Inkubation von I mit *Corynebakterium simplex* findet Aromatisierung statt u. es entsteht in über 40% ig. Ausbeute *3-Hydroxy-17β-acetyl-$\Delta^{1.3.5,10}$-östratrien*, F. 238—240°, $[\alpha]_D$ +164° (Chlf.). Die Befunde werden durch Messung der UV- u. IR-Spektren gesichert.

WALTER SIMON. 3700

Synthese von 12α-Fluor-21-acetoxyhydrocortison und 12α-Chlorhydrocortison. Patrick A. Diassi, Josef Fried, Raymond M. Palmere und Emily F. Sabo. (J. Amer. chem. Soc. **83.** 4249—56. 6/11. 1961. New Brunswick, N.J., Squibb Inst. for Med. Res.) (Engl.)

Die Synth. von *12α-Fluorhydrocortisonacetat* u. *12α-Chlorhydrocortison* werden beschrieben. Das wichtigste Zwischenprod. dieser Synth. ist *11β.12β-Oxidoprogesteron* (I), das sowohl aus 12α-Brom-3α-acetoxy-5β-pregnan-11.20-dion (II) als auch aus Δ^{11}-5β-Pregnen-3.20-dion dargestellt werden kann. Ein Vers., 12α-Fluorhydrocortison aus 12α-Fluor-11β-hydroxyprogesteron darzustellen, mißlang. Die Maxima der UV- u. IR-Spektren sind angegeben.

Versuche: *12α-Brom-5β-pregnan-3α-ol-11.20-dion* (V), $C_{21}H_{31}BrO_3$, F. 158—160° (Aceton/Hexan), durch 63 std. Rühren von 10 g II in 0,275n $HClO_4$ in Methanol bei Raum-Temp.; $[\alpha]_D^{26}$ +9,4° (Chlf.); 7,19 g (Ausbeute). — *11β.12β-Oxido-5β-pregnan-3α.20β-diol*, $C_{21}H_{34}O_3$, F. 195—196° (Aceton/Hexan), a) durch Zutropfen von 486 mg II in abs. Tetrahydrofuran (THF) zu $LiBH_4$ in abs. THF bei 0°, 5 std. Rühren bei 0°, Zers. mit 10% ig. Essigsäure, Extrahieren mit Chlf., Eindampfen im Vakuum, Lösen in Methanol u. Zutropfen von 10% ig. K_2CO_3; $[\alpha]_D^{28}$ +36,7° (A.); 298 mg; daneben *11β.12β-Oxido-5β-pregnan-3α.20α-diol* (IV), $C_{21}H_{34}O_3$, F. 218—220°, aus den Mutterlaugen; $[\alpha]_D^{22}$ +47,1° (Methanol); 8 mg; b) durch 5 std. Stehen von 605 mg V mit $LiBH_4$ in THF/W. (5 : 1) bei Raum-Temp., weitere $LiBH_4$-Red. des entstandenen *12α-Brom-5β-pregnan-3α.20β-diol-11-ons* [$C_{21}H_{33}BrO_3$, F. 237—237,5° (wss. Methanol); $[\alpha]_D^{25}$ —33,0° (A.); 300 mg] u. Epoxid-Bldg. mit K_2CO_3. — *11β.12β-Oxido-5β-pregnan-3.20-dion*, F. 143—144°, a) durch Zutropfen von CrO_3 in H_2SO_4 zu 1 g vorst. Verb. in Aceton bei 0° (20 Min.); aus Aceton/Hexan Platten; 583 mg; b) analog a) aus IV. — *12α-Brom-5β-pregnan-11β-ol-3.20-dion*, F. 231—233°, durch ½ std. Stehen von 100 g Δ^{11} 5β-Pregnen-3.20-dion in Dioxan/0,167n $HClO_4$ mit N-Bromacetamid im Dunkeln; $[\alpha]_D^{23}$ +76° (Dioxan); 84,2%; daneben aus dem Filtrat *$\Delta^{9,11}$-5β-Pregnen-12α-ol-3.20-dion*, F. 174—175°; 10 g. — *4β.12α-Dibrom-5β-pregnan-11β-ol-3.20-dion* (III), $C_{21}H_{30}Br_2O_3$, F. 217—219° (Aceton/Hexan), a) durch 10 Min. langes Zutropfen von Br_2 in Eisessig zu 213 mg vorvorst. Verb. in Eisessig; $[\alpha]_D^{24}$ +80° (Chlf.); 218 mg; b) durch Zugabe von Br_2 u. Na-Acetat in Eisessig zu 86,2 g vorst. Verb. in Chlf. (1 Std.); 67,3 g. — *4β.12α-Dibrom-5β-pregnan-3.11.20-trion*, $C_{21}H_{28}Br_2O_3$, F. 164 bis 165° (A.), durch Zutropfen von Br_2 in Eisessig zu 199 mg *12α-Brom-5β-pregnan-3.11.20-trion* (durch CrO_3-Oxydation von V) in Eisessig; 200 mg. — *12α-Brom-11-oxoprogesteron*, F. 165—167°, durch 3 std. Erhitzen von 5,80 g vorst. Verb. u. LiCl in Dimethylformamid (DMF) auf 100°; Nadeln; $[\alpha]_D^{24}$ +82,4° (Chlf.); 2,59 g. *3.20-Bis-semicarbazon*, $C_{23}H_{33}BrN_6O_3$, F. 279°, mit Semicarbazinhydrochlorid in Methanol/W. (4 : 1). — *12α-Brom-11β-hydroxyprogesteron*, F. 216—219°, a) durch 4 std. Erhitzen von 67,3 g III mit LiBr in DMF unter N_2 auf 100°; $[\alpha]_D^{23}$ +128°; 35 g; b) durch 3 std. Rühren von 164 g vorst. Semicarbazons mit $LiBH_4$ in THF; 10 mg. — *12α-Chlor-11β-hydroxyprogesteron*, $C_{21}H_{29}ClO_3$, F. 231—232° (Aceton/Hexan), a) durch 2 std. Erhitzen von 35 mg III u. LiCl in DMF auf 100°; 15 mg; b) analog a) aus 33 mg I; 33 mg. — *11β.12β-Oxidoprogesteron* (I), F. 171—173° (Aceton/Hexan), a) durch 20 Min. langes Zutropfen von 10% ig. K_2CO_3 zu 35 g vorvorst. Verb. in Methanol; $[\alpha]_D$ +203° (Chlf.); 17,4 g; b) durch 3 std. Stehen von 13 mg vorst. Verb. in 0,13n methanol. KOH bei Raum-Temp.; 5,5 mg. — *12α-Fluor-11β-hydroxyprogesteron*, F. 182—183° (Aceton/Hexan), durch 10 Min. langes Zutropfen von HF zu 4 g I in Chlf./THF bei —60° u. 4 std. Stehen bei 0°; $[\alpha]_D^{23}$ + 193°; 2,8 g. — *2.21-Bis-[äthyloxalyl]-12α-fluor-11β-hydroxyprogesteron*, $C_{29}H_{37}FO_9$, durch Zugabe von Oxalsäurediäthylester u. 1,25n methanol. Na-Methylat zu vorst. Verb. in abs. tert.-Butanol bei 50° u. 3 std. Rühren bei Raum-Temp.; 60%. — *12α-Fluor-$\Delta^{4.17,20}$-pregnadien-11β-ol-3-on-21-säuremethylester*, $C_{22}H_{29}FO_4$, F. 248—250° (Essigester/Hexan), durch Zugabe von Br_2 in Methanol zu 102 mg vorst. Verb. u. K-Acetat in Methanol bei 0°, 5 std. Rühren des entstandenen *2.21.21-Tribrom-Deriv.* mit Na-Methylat in Methanol

(1,72 n) unter N_2 bei Raum-Temp., Versetzen mit W., Extrahieren mit Chlf., Eindampfen im Vakuum, Aufnehmen in Bzl./Methanol/Eisessig (4 : 2 : 1), Zugabe von Zn-Pulver u. 3std. Rühren bei Raum-Temp.; $[\alpha]_D^{25}$ +185°; 14 mg. — *3 Pyrrolidino-12α-fluor-$\Delta^{3.5.17,20}$-pregnatrien-11β-ol-21-säuremethylester*, $C_{26}H_{36}FNO_3$, F. 235—242°, durch 5 Min. langes Erwärmen von 131 mg vorst. Verb. u. Pyrrolidin in Methanol unter N_2 auf 100°; 124 mg. — *12α-Fluor-$\Delta^{4.17,20}$-pregnadien-11β.21-diol-3-on*, $C_{21}H_{29}FO_3$, F. 199—200° (Aceton/Hexan), durch Zutropfen von 66,4 mg vorst. Verb. in abs. THF zu $LiAlH_4$ in abs. THF u. 1std. Rühren bei Raum-Temp.; $[\alpha]_D^{23}$ +154° (Chlf.); 34 mg. —*12α-Fluor-21-acetoxy-$\Delta^{4.17,20}$-pregnadien-11β-ol-3-on*, $C_{23}H_{31}FO_4$, F. 227—230° (Aceton/Hexan), durch mehrstd. Stehen von 47,8 mg vorst. Verb. in Acetanhydrid/Pyridin bei Raum-Temp.; $[\alpha]_D^{23}$ +199° (Chlf.); 25 mg. — *2.21-Bis-[äthyloxalyl]-11β.12β-oxidoprogesteron, Dinatrium-enolat*, durch Zugabe von Oxalsäurediäthylester zu 2 g I in abs. Bzl., Versetzen mit Na-Methylat in Methanol (2,04n) u. mehrstd. Rühren bei Raum-Temp.; 3,42 g. —*11β.12β-Oxido-$\Delta^{4.17,20}$-pregnadien-3-on-21-säuremethylester*, $C_{22}H_{28}O_4$, F. 169—171° (Aceton/Hexan), durch Zugabe von Eisessig u. Na-Acetat zu 9,11 g vorst. Verb. in Methanol, Titrieren mit Br_2 bei 0 °bis zum Bestehenbleiben der braunen Farbe, 2½std. Rühren mit 1,89n Na-Methylat in Methanol unter N_2 bei Raum-Temp., Zugabe von Essigsäure u. Zn-Staub, 40 Min. langes Rühren, Filtrieren, Eindampfen, Verteilen zwischen Chlf./W. u. Chromatographie an Al_2O_3; $[\alpha]_D^{23}$ +184° (Chlf.); 1,87 g; daneben *Verb. $C_{23}H_{30}O_5$*, F. 180—183°; $[\alpha]_D^{22}$ +201° (Chlf.). — *3-Pyrrolidino-11β-12β-oxido-$\Delta^{3.5.17,20}$-pregnatrien-21-säuremethylester*, $C_{26}H_{35}NO_3$, F. 165—167°, durch 5 Min. langes Erwärmen vorst. Verb. in Methanol mit Pyrrolidin unter N_2. — *11β.12β.Oxido-21-acetoxy-$\Delta^{4.17,20}$-pregnadien-3-on*, $C_{23}H_{30}O_4$, F. 190—191° (Aceton/Hexan), durch 1std. Stehen von 1,78 g vorst. Verb. in THF mit $LiAlH_4$ bei Raum-Temp., Zugabe von Essigsäure/Na-Acetat-Puffer in Methanol/W. (5 : 1), 2std. Kochen, Verdünnen mit Chlf./W., Ansäuern mit 2n HCl, Eindampfen der Chlf.-Schicht u. mehrstd. Stehen des Rückstandes mit Acetanhydrid/Pyridin; $[\alpha]_D^{23}$ +148° (Chlf.); 800 mg. — *11β.12β-Oxido-21-acetoxy-Δ^4-pregnen-17α-ol-3.20-dion* (**VI**), $C_{23}H_{30}O_6$, F. 245—247° (Hexan/Aceton), durch Zugabe von OsO_4 in tert.-Butanol zu 298 mg vorst. Verb. in abs. tert.-Butanol, 10 Min. langes Zutropfen von 0,875n H_2O_2 in tert.-Butanol, 4std. Stehen, Zugabe von Na_2SO_3 unter N_2, Neutralisieren mit 10%ig. Essigsäure, Verdünnen mit W., Extrahieren mit Chlf., Eindampfen u. mehrstd. Stehen mit Acetanhydrid/Pyridin; 150 mg. — *11β.12β-Oxido-Δ^4-pregnen-17α.21-diol-3.20-dion* (**VII**), $C_{21}H_{28}O_5$, F. 232—234° (Aceton/Hexan), a) durch Kochen von 100mg **VI** in Methanol, Kühlen unter N_2 u. 1std. Rühren mit 10%ig. K_2CO_3; $[\alpha]_D^{22}$ +155° (Dioxan); 65 mg; b) durch Zugabe von 35 mg 12α-Chlorcortisonacetat zu Semicarbazid-hydrochlorid/Pyridin in W./Methanol (1 : 4), 16std. Kochen, Eindampfen, Lösen des entstandenen *3.20-Bis-semicarbazons* (60 mg) in THF/W., Versetzen mit $LiBH_4$, 8std. Rühren bei Raum-Temp., Neutralisieren mit 10%ig. Essigsäure, Einengen im Vakuum, Lösen des entstandenen *11β.12β-Oxido-Δ^4-pregnen-17α.21-diol-3.20-dion-bis-semicarbazons* in 2,5 n HCl, Zugabe von 10%ig. $NaNO_2$-Lsg. bei 5° (¼ Std.), ½std. Stehen, Zugabe einer 60%ig. wss. Harnstoff-Lsg., Neutralisieren u. Extrahieren mit Essigester; 33 mg; gibt beim Acetylieren **VI**. — *12α-Fluorhydrocortisonacetat* (*12α-Fluor-21-acetoxy-Δ^4-pregnen-11β.17α-diol-3.20-dion*), $C_{23}H_{31}FO_6$, F. 228—229° (Aceton/Hexan), durch Zugabe von HF zu 50 mg **VI** in Chlf./THF (2 : 1) bei —80°, 10 Min. langes Stehen bei —80°, 6std. Stehen bei —10°, Neutralisieren u. Eindampfen der Chlf.-Lsg.; $[\alpha]_D^{22}$ +106° (Chlf.); 17 mg. — *12α-Chlor-21-acetoxy-Δ^4-pregnen-11β.17α-diol-3.20-dion* (*12α-Chlor-hydrocortison-21-acetat*), $C_{23}H_{31}ClO_6$, F. 255—256° (Aceton/Hexan), analog vorst. Verb. aus 200 mg **VI** mit HCl in Chlf. bei 0°; $[\alpha]_D^{23}$ +120° (95%ig. A.); 82 mg. — *12α-Chlor-hydrocortison* (*12α-Chlor-Δ^4-pregnen-11β.17α.21-triol-3.20-dion*), $C_{21}H_{29}ClO_5$, F. 210—212° (Aceton/Hexan), a) durch 17std. Rühren von 50 mg vorst. Verb. mit 70%ig. $HClO_4$ in Methanol bei Raum-Temp.; $[\alpha]_D^{23}$ +86° (Dioxan); 30 mg; b) durch 1std. Stehen von 70 mg **VII** in Dioxan mit 2,5n HCl bei Raum-Temp.; 30 mg. P. GOLINSKE. 3750□

Zur Chemie der „energiereichen Phosphate". 8. Mitt. Carbamylphosphate. Friedrich Cramer und Manfred Winter. (Chem. Ber. **92.** 2761—67. 10/11. 1959. Heidelberg, Univ., Chem. Inst.) (Dt.) — 7. vgl. C. **1960.** 8831.

Aus einfach gelandenen Anionen der Phosphorsäure bzw. ihrer Monoester (**M**) entstehen mit Isocyanaten *Phosphorsäurecarbaminsäureanhydride* (**PCA**): *Carbamoylphosphat* (**I**), *[N-n-Butylcarbamoyl]-* (**II**), *[N-p-Methoxyphenylcarbamoyl]-* (**III**), *[N-p-Äthoxyphenylcarbamoyl]-* (**IV**), *[N-Phenylcarbamoyl]-* (**V**), *[N-p-Nitrophenylcarbamoyl]-O-phenylphosphat* (**VI**), *[N-n-Butylcarbamoyl]-O-p-chlorphenylphosphat* (**VII**), *[N-n-Butylcarbamoyl]-O-[2-methoxyäthyl]-phosphat* (**VIII**), *N-Phenylcarbamoylphosphat* (**IX**), *N-p-Äthoxyphenylcarbamoylphosphat* (**X**) u. *N-n-Butylcarbamoylphosphat* (**XI**) wurden als *Triäthylammoniumsalze* (**TAS**), **II** außerdem als *K-Salz* hergestellt. **I**—**VIII** sind krist., unter Wasserausschluß haltbare Verbb., die in wss. Lsg. langsam hydrolysiert, in saurer Lsg.

zersetzt u. in alkal. Lsg. u. bei 80—100° unter Umkehr der Bldg.-Rk. gespalten werden. Oberhalb 150° findet Zers. unter Abspaltung von CO_2 u. teilweiser Bldg. von *Diphenylpyrophosphat* (**XII**) statt. Mit Aminen entstehen — auch in wss. Lsg. — *Harnstoffe*, mit Alkoholen im allg. *Urethane*, unter bestimmten Voraussetzungen auch *Phosphorsäurediester*. **IX**—**XI** zersetzen sich in einigen Tagen. Mit einem zweiten Mol. Isocyanat bilden sie *Bis-carbamoylphosphate*. Mit **M** entstehen aus den **PCA** *Pyrophosphate*, von denen **XII**, *Bis-[p-chlorphenyl]-*, *Phenyl-p-chlorphenyl-* (**XIII**), *Phenyl-[2-methoxyäthyl]-* (**XIV**) u. *Monophenylpyrophosphat* (**XV**) in Pyridin synthetisiert u. als *Li-Salze* isoliert werden. Als Nebenprodd. bei der Darst. von **XIII**, **XIV** u. **XV** entstehen stets *symm.-Pyrophosphate*. Aus **XI** u. Adenosinmonophosphat läßt sich *Adenosindiphosphat* darstellen.

Versuche: *Phosphorsäure-[p-chlorphenylester]-dichlorid*, $C_6H_4Cl_3O_2P$, Kp.$_{12}$ 140°, durch 12std. Kochen von $POCl_3$ u. p-Chlorphenol; 45% (Ausbeute). — *Mono-[p-chlorphenyl]-phosphat* (**XVI**), $C_6H_6ClO_4P$, F. 125° (Bzl.), durch Eintragen vorst. Verb. in W. u. Einengen bei 40°; 90%. — *Phosphorsäure-[2-methoxyäthylester]-dichlorid*, $C_3H_7Cl_2O_3P$, Kp.$_{12}$ 98°, durch Eintropfen von Äthylenglykolmonomethyläther in $POCl_3$ unter Wasserausschluß u. Rühren u. Vakuum-Dest. unter N_2; 38,5%. — *Mono-[2-methoxyäthyl]-phosphat* (**XVII**), $C_3H_9O_5P$, durch langsames Versetzen von frisch gefälltem, mit W. u. Acetonitril (**XVIII**) gewaschenem u. dann in **XVIII** suspendiertem Ag_2O mit vorst. Verb. unter Rühren u. Kühlung, Eindampfen u. Trocknen; 95%. — *[N-n-Butylcarbamoyl]-O-phenylphosphat* (**II**). **TAS**, $C_6H_{16}N]C_{11}H_{15}NO_5P$, durch Lösen von Monophenylphosphat (**XIX**) in **XVIII**, Versetzen mit Triäthylamin (**TA**), ½ std. Rk. mit n-Butylisocyanat (**XX**) u. Kühlen u. Absaugen des Nd.; 89,3%. *K-Salz*, $K]C_{11}H_{15}NO_5P$, analog in Ggw. von K_2CO_3 statt **TA**; 32%. — Analog die **TAS** folgender Verbb.: *[N-p-Methoxyphenylcarbamoyl]-O-phenylphosphat* (**III**), $C_6H_{16}N]C_{14}H_{13}NO_6P$, aus **XIX** u. p-Methoxyphenylisocyanat in 8 Std.; 60%. — *[N-p-Äthoxyphenylcarbamoyl]-O-phenylphosphat* (**IV**), $C_6H_{16}N]\cdot C_{15}H_{15}NO_6P$, aus **XIX** u. p-Äthoxyphenylisocyanat (**XXI**) in 6 Std.; 81%. — *[N-Phenylcarbamoyl]-O-phenylphosphat* (**V**), $C_6H_{16}N]C_{13}H_{11}NO_5P$, aus **XIX** u. Phenylisocyanat (**XXII**) in ½ Std.; 74%. — *[N-p-Nitrophenylcarbamoyl]-O-phenylphosphat* (**VI**), $C_6H_{16}N]\cdot C_{13}H_{10}N_2O_7P$, aus **XIX** u. p-Nitrophenylisocyanat in 2 Std.; 56%. — *[N-n-Butylcarbamoyl]-O-p-chlorphenylphosphat* (**VII**), $C_6H_{16}N]C_{11}H_{14}ClNO_5P$, F. 93° (Bzl.), aus **XVI** u. **XX** in 20 Min.; 75%. — *[N-n-Butylcarbamoyl]-O-[2-methoxyäthyl]-phosphat* (**VIII**), $C_6H_{16}N]\cdot C_8H_{17}NO_6P$, aus **XVII** u. **XX** in 2 Std.; 85%. — *N-Phenylcarbamoylphosphat* (**IX**), $C_6H_{16}N]C_7N_7HO_5P$, aus H_3PO_4 u. **XXII** in 1 Std.; 57%. — *N-p-Äthoxyphenylcarbamoylphosphat* (**X**), $C_6H_{16}N]C_9H_{11}NO_6P$, aus H_3PO_4 u. **XXI** in 30 Min.; 75,4%. — *N-n-Butylcarbamoylphosphat* (**XI**), $C_6H_{16}N]C_5H_{11}NO_5P$, aus H_3PO_4 u. **XX** in 20 Min.; 37%. — *Triäthylammonium-bis-[N-n-butylcarbamoyl]-phosphat*, $C_6H_{16}N]C_{10}H_{20}N_2O_6P$, durch 24std. Stehen von **XI** u. **XX** in **XVIII**; 69%. — *Symm.-Diphenylpyrophosphat* (**XII**), *Di-Li-Salz*, $Li_2]C_{12}H_{10}O_7P_2\cdot H_2O$, durch 20std. Stehen von **II** u. **XIX** in **XVIII** u. Pyridin bei 40° u. Zugabe von LiCl-Lsg.; 80%. *Bis-[cyclohexylammonium]-salz*, $C_{12}H_{28}N_2]C_{12}H_{10}O_7P_2$, F. 253° (Zers.), durch Lösen des Li-Salzes in W. u. Zugabe von Cyclohexylamin; 95,7%. *Ba-Salz*, $Ba]C_{12}H_{10}O_7P_2\cdot 2\ H_2O$, aus vorst. Li-Salz u. Ba-Acetat; 95,5%. — Analog die Li-Salze folgender Pyrophosphate: *Bis-[p-chlorphenyl]-*, $Li_2]C_{12}H_8Cl_2O_7P_2\cdot H_2O$, aus **VII** u. **XVI**; 49%. — *Phenyl-p-chlorphenyl-* (**XIII**), $Li_2]C_{12}H_9ClO_7P_2\cdot H_2O$, aus **II** u. **XVI**; 78%. — *Phenyl-2-methoxyäthyl-* (**XIV**), $Li_2]C_9H_{12}O_8\cdot P_2\cdot H_2O$, aus **II** u. **XVII**; 39%. — *Phenyl-* (**XV**), $Li_3]C_6H_5O_7P_2H_2\cdot O$, aus **XI** u. **XIX**; 62,5%. — *N-n-Butyl-N'-phenylharnstoff*, F. 129° (W.), durch 1 std. Zutropfen von Anilin zu **II** in W.; 40%. — *N-n-Butyl-N'-cyclohexylharnstoff*, F. 105°, analog vorst. Verb. aus **II** u. Cyclohexylamin; 82%. — *symm.-Di-n-butylharnstoff*, F. 73°, analog vorst. Verb. aus **II** u. n-Butylamin; 86%. S. DITTMANN-MITZSCHERLICH. 3850

Zur Chemie der „energiereichen Phosphate". 9. Mitt. Die Reaktionen von Triestern der Pyrophosphorsäure. Friedrich Cramer und Rolf Wittmann. (Chem. Ber. **94**. 322—28.) (Dt.) — 8. vgl. vorst. Referat.

Bei Veresterungen mit *Na-Tribenzylpyrophosphat* (**I**) wird stets die Monoesterhälfte des Mol. übertragen, was mit einem größeren inneren COULOMB-Effekt an dem betreffenden P-Atom erklärt wird. In neutraler, saurer u. alkal. wss. Lsg. wird **I** unter Bldg. von *Mono-* (**II**) u. *Dibenzylphosphat* gespalten; außerdem entsteht durch Acidolyse von **I** mit **II** *symm.-Dibenzylpyrophosphat* in wechselnden Mengen. Bei Aminolyse von **I** in Bzl., Dimethylformamid (DMF), Pyridin (Py) oder W. entsteht fast quant. *Phosphorsäuremonobenzylesteramid*, das wegen leichter saurer Hydrolyse nur bei tiefer Temp. isolierbar ist. Die Rk. von **I** mit Alkoholen bei Zimmer-Temp. in DMF verläuft wesentlich langsamer u. führt in ca. 80%ig. Ausbeute zu den entsprechenden *Phosphorsäurealkylestermonobenzylestern*. Phosphorsäuremonoester setzen sich mit **I** zu *asymm. Diestern* um. Aus **I** u. Phosphorsäure-p-chlorphenylester (**III**) entsteht *P¹-p-Chlorphenyl-P²-benzyl-*

pyrophosphat, das als schwerlösl. *Bis-[cyclohexylammonium]-salz* gefällt, an saurem Amberlite IR 120 zerlegt u. wieder mit Cyclohexylamin (**IV**) gefällt wird, wobei weder Disproportionierung noch Austausch eintritt. Mit **I** reagiert Triäthylammoniumbenzoat in 35%ig. Ausbeute zu *Phosphorsäuremonobenzylesterbenzoesäureanhydrid*, woraus mit Anilin *Benzanilid* entsteht.

Versuche: *Na-Tribenzylpyrophosphat* (**I**), $C_{21}H_{21}NaO_7P_2$, F. 192—194°, Zers. bei 220—226° (Acetonitril) nach ZERVAS u. DILARIS (vgl. C. **1957.** 653). Ansäuern der wss. Lsg. → *Tribenzylpyrophosphorsäure*, F. 65—67°. — *Phosphorsäuremonobenzylestercyclohexylamid* (**V**), $C_{13}H_{20}NO_3P$, F. 98—100° (Essigester), durch Mischen von **I, IV**, DMF u. Py, 12std. Stehen, Lösen des Nd. in NaOH u. Fällen mit H_2SO_4; 81,7% (Ausbeute). Daneben 83% *Phosphorsäuredibenzylester*. — *Phosphorsäuremonobenzylesterbenzylamid*, $C_{14}H_{16}NO_3P$, F. 98—100°, analog **V** aus Benzylamin; 87,7%. — *Phosphorsäuremonobenzylester-p-phenetidid*, $C_{15}H_{18}NO_4P$, F. 101—103° (Bzl.-Cyclohexan), analog **V** aus p-Phenetidin (Kp.$_{17}$ 134°); 66,4%. — *Phosphorsäuremethylesterbenzylester, Cyclohexylammoniumsalz* (**CS**), $C_6H_{11}NH_2 \cdot C_8H_{11}O_4P$, F. 103—105°, analog **V** in Methanol in Ggw. von $Mg(ClO_4)_2$ in 48 Std. u. Rk. mit **IV**; Nadeln aus Bzl. oder Cyclohexan; 70,7%. — *P¹-p-Chlorphenyl-P²-benzylpyrophosphat*, **CS**, 2 $C_6H_{11}NH_2 \cdot C_{13}H_{13}ClO_7P_2$, F. 238—240°, analog **V** aus **III** in 4 Std. u. Rk. mit **IV**; 73%. — Angegeben sind die R_F-Werte aller vorst. P-Verbb. sowie die von anorgan. Phosphat, Mono-, Di- u. Tribenzylphosphat u. die folgender analog **V** dargestellter, nicht isolierter Verbb.: *Phosphorsäuremonobenzylesteranilid* u. *-amid*, *symm.-P¹P²-Dibenzylpyrophosphat-bis-***CS** u. *Monobenzylpyrophosphat*.

S. DITTMANN-MITZSCHERLICH. 3850 □

Zur Chemie der „energiereichen Phosphate". 10. Mitt. Die Darstellung von Triestern der Pyrophosphorsäure und ihre Verwendung zur Synthese von Nucleotidderivaten. Friedrich Cramer und Rolf Wittmann. (Chem. Ber. **94.** 328—37. Heidelberg, Univ. Chem. Inst.; Darmstadt, TH, Inst. für Organ. Chem.) (Dt.) — 9. vgl. vorst. Referat.

Aus *Phosphorsäure-[α-äthoxy-β-carbäthoxyvinylester]-diäthylester* (**I**; vgl. 1. Mitt., C. **1960.** 9185) bilden sich mit Phosphorsäuremonoestern (**M**) die entsprechenden *Pyrophosphorsäuretriester* (**T**). Als einziges Nebenprod. entsteht *Malonester*. Die Rk. gelingt in Ggw. von Base wie auch mit den freien Säuren; in letzterem Falle kann sie stark exotherm sein u. zu Nebenprodd. führen. Zur Verhinderung einer Weiter-Rk. der **T** zu den symm. Diestern wird **I** im Überschuß verwendet. Die **T** reagieren allg. unter Übertragung der Monoesterhälfte des Mol. (vgl. vorst. Ref.). Die *P¹-Diäthyl-P²-monoalkyl-*(oder *-aryl-*) *ester* der *Pyrophosphorsäure* sind wesentlich reaktionsfähiger als die entsprechenden *Benzylester*. Deshalb werden sie ohne vorherige Isolierung weiter umgesetzt. Mit schwachen u. starken Aminen entstehen in guter Ausbeute *Phosphorsäuremonoesteramide*, mit Alkoholen die entsprechenden *gemischten Diester*. *Isopropylidenadenosin* (**II**) z. B. reagiert mit **I** u. *Phosphorsäuremonophenylester* (**III**) zu *Isopropylidenadenosin-5'-monophosphorsäurephenylester*. Aus **I** u. H_3PO_4 bildet sich intermediär *P¹-Diäthylpyrophosphat*, das sich mit Alkoholen in Ggw. von Base zu *Orthophosphorsäuremonoestern*, in Abwesenheit von Base zu *-diestern* umsetzt. Aus **T** u. **M** bilden sich *P¹.P²-disubstituierte Pyrophosphate*, aus **T** u. Benzoat die entsprechenden *Phosphorsäurebenzoesäureanhydride*. Aus *Adenosin-5'-phosphorsäure* (**IV**) u. **I** entsteht in 90%ig. Ausbeute *P¹-[Adenosyl-(5')]-P²diäthylpyrophosphat*, das als **T** in Form seines *Na-Salzes* (**V**) mit Alkoholen *Adenosin-5'-phosphorsäureester*, mit Aminen *Adenosin-5'-phosphorsäureamide*, mit **M** *Ester des Adenosindiphosphats*, mit Carbonsäuren *Adenosin-5'-phosphorsäurecarbonsäureanhydride*, mit Flavinmononucleotid *Flavinadenindinucleotid* u. mit sich selbst *Polynucleotide* liefert.

Versuche (R_F-Werte aller dargestellten P-Verbb. sind angegeben): *Phosphorsäuremonophenylestercyclohexylamid* (**VIII**), *Cyclohexylammoniumsalz* (**CS**), $C_6H_{11}NH_2 \cdot C_{12}H_{18} \cdot NO_3P$, F. 192—193° (Chlf.-PAe.), durch 1std. Stehen von **I** u. **III** in Ae. bei 20°, Zugabe von Chlf. u. Cyclohexylamin (**VII**), Filtrieren u. Einengen; 73,3% (Ausbeute). Daneben wenig *Diphenylpyrophosphat-bis-[cyclohexylammonium]-salz*. — *Phosphorsäuremonophenylesteramid*, **CS**, $C_6H_{11}NH_2 \cdot C_6H_8NO_3P$, F. 237—240° (A.-Methanol-Ae.), analog **VIII** u. Zerlegung von **T** durch 1std. Einleiten von NH_3 unter Eiskühlung; 43,6%. — Analog: *Phosphorsäuremonophenylesteranilid*, *-p-nitranilid* u. *-benzylamid*. — *Phosphorsäurephenylesterbenzylester*, **CS**, $C_6H_{11}NH_2 \cdot C_{13}H_{13}O_4P$, F. 147—149° (Chlf.-Aceton-PAe.), analog **VIII** aus **III, I**, Benzylalkohol (**VI**) u. Pyridin (Py) u. Zugabe von **VII**; 78,5%. — *Phosphorsäure-n-butylesterphenylester*, **CS**, $C_6H_{11}NH_2 \cdot C_{10}H_{15}O_4P$, F. 110—111° (Aceton-Chlf.-PAe.), analog vorst. Verb. aus n-Butanol; 77,35%. — Analog: *Phosphorsäureisopropylesterphenylester* u. *-p-nitrobenzylesterphenylester*. — *Isopropylidenadenosin-5'-phosphorsäurephenylester*, **CS**, $C_6H_{11}NH_2 \cdot C_{19}H_{22}N_5O_7P$, F. 210—212° (Aceton-Chlf.-PAe.), analog **VIII** aus **III, I, II** u. Py u. Fällen mit **VII**; 52,5%. — *Phosphorsäuremonobenzylester*, **CS**, F. 232—235°, durch 48std. Stehen von H_3PO_4, Triäthylamin, **VI** u. **I** bei 40°,

Extrahieren mit verd. NH_4OH, Filtrieren über Amberlite IR 120 u. Fällen mit **VII** aus äther. Lsg.; 43,6%. — *Phosphorsäuredibenzylester*, F. 78°, durch 72std. Stehen von H_3PO_4, **VI** u. **I** bei 40°, Zusatz von Ae., Extrahieren mit NH_4OH u. Ansäuern; 48%. — *$P^1.P^2$-Diphenylpyrophosphat, Bis-***CS**, $2 C_6H_{11}NH_2 \cdot C_{12}H_{12}O_7P_2$, F. 255—258°, durch 48std. Stehen von **I** u. **III** in Py bei 40°, Zusatz von W. u. von **VII**; 72%. — Analog: *Bis-[p-chlorphenyl]-pyrophosphat, Bis-***CS**, $2 C_6H_{11}NH_2 \cdot C_{12}H_{10}Cl_2O_7P_2$, F. 276—279°; 73,8%. — *Bis-[p-tolyl]-pyrophosphat, Bis-***CS**, $2 C_6H_{11}NH_2 \cdot C_{14}H_{16}O_7P_2$, F. 270—273°; 78,4%. — *P^1-Phenyl-P^2-p-chlorphenylpyrophosphat, Bis-***CS**, $2 C_6H_{11}NH_2 \cdot C_{12}H_{11}ClO_7P_2$, F. 262° (A.–Py), durch 1std. Stehen von **I** u. **III** in Py, Zusatz von Ae. u. 2.6-Lutidin, Abgießen der Ae.-Phase, 6std. Stehen des Restes mit Phosphorsäure-p-chlorphenylester, Eindampfen, Aufnehmen in W. u. Eintropfen über Amberlite IR 120 in wss. **VII**; 36,9%. — Analog: *Monophenylpyrophosphat*, aus P^1-Diäthyl-P^2-phenylpyrophosphat u. H_3PO_4. *P^1-[Adenosyl-(5')]-P^2-diäthylpyrophosphorsaures Na, Hydrat* (**V**), $C_{14}H_{22}N_5NaO_{10}P_2 \cdot 1 H_2O$, durch 3tägiges Rühren von **IV**, **I** u. Tri-n-butylamin in Dimethylformamid (DMF) bei 20°, Zusatz von Aceton u. Fällen mit NaJ; 87%. Daneben *Diadenosylpyrophosphat*. — *Adenosin-5'-phosphorsäuremethylester, Ammoniumsalzmonohydrat*, $C_{11}H_{19}N_6O_7P \cdot 1 H_2O$, durch 3std. Stehen von **V** in Methanol u. Py bei 50°, Einengen u. papierchromatograph. Isolierung; 79,2%. — *Adenosin-5'-phosphorsäurecyclohexylamid, Ammoniumsalztetrahydrat*, $C_{16}H_{28}N_7O_6P \cdot 4 H_2O$, durch 12std. Stehen von **V** u. **VII** in DMF, Einengen u. papierchromatograph. Isolierung; 79,8%. — *P^1-[Adenosyl-(5')]-P^2-phenylpyrophosphat, Diammoniumsalzpentahydrat*, $C_{16}H_{25}N_7O_{10}P_2 \cdot 5 H_2O$, durch 48std. Stehen von **V** u. **III** in DMF–Py, Einengen, Zusatz von W. u. **VII** u. papierchromatograph. Isolierung; 77,3%.

S. DITTMANN-MITZSCHERLICH. 3850 □

Zur Chemie der „energiereichen Phosphate". 11. Mitt. Darstellung von Imidazoliden der Phosphorsäure. Friedrich Cramer, Heinz Schaller und Heinz A. Staab. (Chem. Ber. **94**. 1612—21. 1/6. 1961.) (Dt.) — 10. vgl. vorst. Referat.

N.N'-Carbonyldiimidazol (I) reagiert mit H_3PO_4 oder Monoesterphosphaten zur *Diimidazolylphosphinsäure* bzw. zum entsprechenden *Monoestermonoimidazolylphosphonat* (**MM**). Die Rkk. verlaufen, selbst in Ggw. starker Basen wie Triäthylamin (**II**), quant.; die *Imidazolide* lassen sich mit Cyclohexylamin (**III**) bzw. NaJ als *Cyclohexylammonium-* (**CS**) bzw. *Na-Salz* fällen. Zur weiteren Phosphorylierung werden die Lsgg. der Imidazolium- bzw. Triäthylammoniumsalze benutzt. Ohne Zusatz von Base entsteht als Nebenprod. *Pyrophosphat*. Ein Mechanismus mit reversibler Addition des Anions an das positivierte Carbonyl-C-Atom von **I** u. irreversiblen Folge-Rkk. wird diskutiert. Das Ausbleiben einer entsprechenden Rk. von **I** mit Diesterphosphat, an einer Reihe fehlgeschlagener Verss. nachgewiesen, wird mit dessen zu geringer Nucleophilie erklärt. *Monoesterdiimidazolylphosphinate*, z. B. die *O-Phenyl-* (**VI**) oder *O-Thymyl-Verb.* (**VII**), entstehen quant. durch Rk. von Imidazol (**IV**) mit den entsprechenden Dichlorphosphaten; sie lassen sich durch vorsichtige alkal. Hydrolyse in die entsprechenden **MM** überführen. Eine analoge Rk. führt von $POCl_3$ zum *Triimidazolylphosphinoxyd*, das sich stufenweise zum *Di-* u. zum *Monoimidazolid* der H_3PO_4 hydrolysieren läßt.

Versuche: *O-[Phenyl]-imidazolyl-(1)-phosphonat* (**V**), *Imidazoliumsalz* (**IS**), durch kurzes Mischen von 1,74 g Monophenylphosphat, 680 mg **IV** u. 9 ml Aceton, Versetzen des Nd. mit 1,68 g Vervollständigung der Auflösung unter CO_2-Entw. durch kurzes Aufkochen u. Einengen der Lsg. (**L**); zähes Öl; 310 mg. *Na-Salz*, $C_9H_8N_2NaO_3P$, F. oberhalb 250°, durch Zugabe der **L** zu NaJ in Aceton; 97%. **CS**, $C_6H_{11}NH_2 \cdot C_9H_9N_2O_3P$, F. 111 bis 112°, a) durch 2std. Stehen der **L** u. **III** in Ae. (Aceton; 100%; b) durch Lösen von **VI** u. **II** in W.–Aceton u. Zusatz von **III**; 93%. — Analog **V**: *O-[4-Chlorphenyl]-imidazolyl-(1)-phosphonat, Na-Salz*, $C_9H_7ClN_2NaO_3P$, F. oberhalb 250° aus Mono-[4-chlorphenyl]-phosphat in Ggw. von **II**; 94%. — *O-[β-Naphthyl]-imidazolyl-(1)-phosphonat, Na-Salz*, $C_{13}H_{10}N_2NaO_3P$, F. oberhalb 250°, aus Mono-[β-naphthyl]-phosphat; 94%. **CS**, $C_{19}H_{24} \cdot N_3O_3P$, F. 110°; 95%. — *O-[Thymyl]-imidazolyl-(1)-phosphonat, Na-Salz*, $C_{13}H_{16}N_2Na \cdot O_3P$, F. oberhalb 250°, aus Monothymylphosphat in Ggw. von **II**; 81%. **IS**, $C_{16}H_{21}N_4O_3P$, F. 93°, a) analog **V**; 75%; b) durch Versetzen einer benzol. **VII**-Lsg. mit W.–Aceton; 92%. — *O-[Benzyl]-imidazolyl-(1)-phosphonat, Na-Salz*, $C_{10}H_{10}N_2NaO_3P$, F. oberhalb 250°, aus Monobenzylphosphat in Ggw. von **IV**; 96%. — *O-[β-Methoxyäthyl]-imidazolyl-(1)-phosphonat, Na-Salz*, $C_6H_{10}N_2NaO_4P$, F. oberhalb 250°, aus Mono-[β-methoxyäthyl]-phosphat (wasserhaltig) in Ggw. von **II**; 70%. — *Monoimidazolyl-(1)-phosphonsäure*, **IS**, $C_3H_4N_2 \cdot C_3H_5N_2O_3P$, F. 135—160°, durch 1std. Rühren von **I** u. H_3PO_4 in Dimethylformamid (DMF)-Acetonitril bei 100° u. 1 monatiges Stehen bei Zimmer-Temp.; 72%. *Di-Na-Salz*, $C_3H_3N_2Na_2O_3P$, F. oberhalb 250°, durch 3std. Rühren von **I** u. H_3PO_4 in Acetonitril in Ggw. von **II** bei Zimmer-Temp. u. Zugabe von NaJ in Aceton; 92%. — *Bis-[imidazolyl-(1)]-phosphinsäure, Na-Salz*. F. oberhalb 250°, analog vorst. Verb. mit überschüssigem **II** in 1 Std.; 75%. — *Adenosyl-(5')-imidazolyl-(1)-phosphonat, Na-Salz*, $C_{13}H_{15}N_7NaO_6P$, durch kurzes Erhitzen von Adenosin-5'-phosphorsäure mit Tri-n-octylamin u. DMF auf 100°, Abkühlen, Zusatz von **I** in DMF, Einengen, papierchromatograph. Isolierung u. Fällung mit $NaClO_4$ in Aceton; 67%. — *Tris-[imidazolyl-(1)]-phosphinoxid*, $C_9H_9N_6OP$, F. 135—137°, durch Rk. von **IV** u. $POCl_3$ in Tetrahydrofuran (THF), Filtrieren, Einengen, Zusatz von Ae. u. 24 std. Stehen bei 20°; 65%. — *Bis-[imidazolyl-(1)]-phosphinsäure*, **IS**, $C_3H_4N_2 \cdot C_6H_7N_4O_2P$, F. 185—195°, analog vorst. Verb. in Aceton u. Wasserzusatz; 88%. *Na-Salz*, $C_6H_6N_4NaO_2P$, analog vorst. Verb., jedoch in Ggw. von **II** u. Zusatz von W. u. NaJ in Aceton; 74%. — *O.O-Diphenylimidazolyl-(1)-phosphonat*, $C_{15}H_{13}N_2O_3P$, F. 73—80°, durch Rk. von Diphenylchlorphosphat u. **IV** in THF, Filtrieren u. Einengen; 97%. — *O-Phenyl-bis-[imidazolyl-(1)]-phosphinat* (**VI**), $C_{12}H_{11}N_4O_2P$, F. 90—92°, durch Rk. von Phenyldichlorphosphat u. **IV** in Bzl. bei 60°, Filtrieren u. Stehen bei 0°; 81%. — *O-Thymyl-bis-[imidazolyl-(1)]-phosphinat* (**VII**), $C_{16}H_{19}N_4O_2P$, F. 70—73°, analog **VI** aus Thymyldichlorphosphat; 95%.

S. DITTMANN-MITZSCHERLICH. 3850 □

Zur Chemie der „energiereichen Phosphate“. 12. Mitt. **Phosphorylierungsreaktionen mit Salzen der Imidazolylphosphonate und Diimidazolylphosphinate.** Heinz Schaller, Heinz A. Staab und Friedrich Cramer. (Chem. Ber. **94.** 1621—33. 1/6. 1961.) (Dt.) — 11. vgl. vorst. Referat.

Die Salze der *Imidazolyl-(1)-phosphonate* (**P**, vgl. l. c.) sind Phosphorylierungsmittel; sie wurden meist in Form ihrer gut lösl. *Imidazoliumsalze* (**IS**) eingesetzt. Ihre Reaktivität ist in starkem Maße abhängig von der H^+-Konzentration. Die **P**-Salze bilden mit Aminen bei Zimmer-Temp. nur langsam *Phosphorsäureesteramide*. Die Aminolyse der Bis-[imidazolyl-(1)]-phosphinsäure (**I**) wurde nur chromatograph. verfolgt u. führt zu *N-substituierten Phosphorsäureamiden* u. *-diamiden*. Die Rk. der **P** mit Alkoholen zu *Phosphorsäurediestern* wird durch starke Basen gehemmt, durch Protonendonatoren, wie Imidazolium- oder Pyridiniumchlorid, beschleunigt. Die Rk. zwischen **P** u. Phosphorsäuremonoestern (**M**) führt in abs. Lsgm. quant. zu *unsymm. substituierten Diphosphaten*; tritt Hydrolyse der **P** ein, entstehen daneben *symm. Diphosphate*. So wurden dargestellt: *$P^1.P^2$-Diphenyl-, $P^1.P^2$-Bis-[4-chlorphenyl]-, $P^1.P^2$-Dimethyl-, P^1-Phenyl-P^2-thymyl-, P^1-Phenyl-P^2-naphthyl-(2)-, P^1-Phenyl-P^2-[4-chlorphenyl]-, P^1-Thymyl-P^2-naphthyl-(2)-* u. *P^1-Thymyl-P^2-[4-chlorphenyl]-diphosphat*. Bei Verw. von H_3PO_4 statt **M** bilden sich *Monoesterdiphosphate*. **I** reagiert mit **M** zu schwer trennbaren *Polyphosphat*-Gemischen; *$P^1.P^3$-Diphenyltriphosphat* konnte in 65%ig. Ausbeute isoliert werden. Orientierende Verss. zeigten, daß sich die **P** mit Benzoesäure über die entsprechenden *Anhydride* zu *Benzoylimidazol* umsetzen; nach der Aufarbeitung mit Anilin ließ sich *Benzanilid* fassen. Die Hydrolyse-Geschw. der **P** u. **I** ist stark pH-abhängig, sie wächst mit abnehmendem pH-Wert. Dadurch ist die Imidazolylgruppe als Schutzgruppe für H_3PO_4 beim Aufbau komplizierterer Derivv. geeignet, wie gegenwärtig untersucht wird. Die verschiedenen Rk.-Arten wurden auch auf das *Imidazolid* der *Adenosin-5'-phosphorsäure* angewendet.

Versuche: *Phosphorsäuremonophenylesteramid, Cyclohexylammoniumsalz* (**CS**), $C_6H_{11}NH_2 \cdot C_6H_8NO_3P$, F. 186—188°, durch 10 Min. langes Verrühren von Monophenylphosphat (**II**) u. N.N'-Carbamyldiimidazol (**III**) in Acetonitril (AN), Zusatz von konz. NH_4OH, 5tägiges Erwärmen auf 70° u. Zusatz von Cyclohexylamin (**IV**); 68% (Ausbeute). — *Phosphorsäuremonothymylesteramid, Ammoniumsalz* $NH_3 \cdot C_{10}H_{16}NO_3P$, F. 140°, durch 7tägiges Stehen von O-[Thymyl]-imidazolyl-(1)-phosphonat (**V**) u. konz. NH_4OH bei 20°; 93%. — *Phosphorsäure-[4-chlorphenyl]-estercyclohexylamid*, **CS**, $C_6H_{11}N \cdot H_2C_{12}H_{17}ClNO_3P$, F. 195—198°, durch 1/4 std. Rk. von *Mono-[4-chlorphenyl]-phosphat* (**VI**) u. **III** in AN in Ggw. von Triäthylamin (TA) bei Zimmer-Temp., Zusatz von **IV**, 12 std. Erwärmen auf 70° u. Einengen; 93%. — *Phosphorsäuremonophenylesteranilid*, F. 190 bis 195°, durch 15 std. Erwärmen von O-[Phenyl]-imidazolyl-(1)-phosphonat (**VII**)-**IS** u. Anilin in (Aceton AC) auf 65°, Zusatz von **IV** in AC–Ae. u. Abfiltrieren; 95%. — *Adenosin-5'-phosphorsäurecyclohexylamid, Na-Salz*, F. 185—215°, durch 1 Woche langes Stehen einer Lsg. von Adenosin-5'-monophosphatimidazolid (**VIII**) u. **IV** in AC–Dimethylformamid bei 40° u. Fällen mit NaJ in AC; 95%. 3tägiges Erwärmen in konz. NH_4OH auf 50° → *Adenosin-5'-phosphorsäureamid*. — *Methylphenylphosphat* (**IX**), *Na-Salz*, $C_7H_8NaO_4P$, F. 215°, aus **VII** a) durch 10 std. Rk. des **IS** mit Methanol in AC bei 50° u. Fällen mit NaF; 95%; b) durch 3 std. Rk. des Na-Salzes mit Methanol; 92%. **CS**, F. 154°, a) aus dem **VII-CS** in 4 Std. bei 65°; 74%; b) aus dem **VII-IS** in 10 Std. bei 60°; 75%. — Analog **IX**: *Isopropylphenylphosphat*, CS, $C_{15}H_{26}NO_4P$, F. 114°, aus **VII-IS** u. Isopropanol in 15 Std. bei 60°; 80%. — *Octyl-(2)-phenylphosphat*, aus Octanol-(2) in 15 Std. bei 60° (nur chromatograph. nachgewiesen). — *Äthylphenylphosphat*, **CS**, aus **VII-IS** u. A. in 10 Std. bei 60°; 75%. — *n-Butylphenylphosphat*, **CS**, F. 110°, a) aus

VII-IS u. n-Butanol in 10 Std. bei 60°; 79%; b) analog a) aus **VII-CS**; 85%. — *n-Amylphenylphosphat,* aus **VII-IS** u. n-Amylalkohol; über 85%. — *Benzylphenylphosphat,* **CS**, F. 147°, aus **VII-IS** u. Benzylalkohol; 73%. — *Methylthymylphosphat,* aus **V-IS** u. Methanol; über 85%. — *Äthylthymylphosphat,* aus **V-IS** u. A.; über 85%. — *Methylbenzylphosphat,* **CS**, F. 107°, aus O-[Benzyl]-imidazolyl-(1)-phosphonat u. Methanol; 74%. — *Dimethylphosphat,* **IS**, $C_3H_4N_2 \cdot C_2H_7O_4P$, F. 123°, durch 15std. Erwärmen von **I** u. Methanol auf 60°; 98%. — *Adenosin-5'-phosphorsäuremethylester* bei der Rk. von **VIII** mit Methanol u. Zugabe von Benzimidazoliumchlorid bei Zimmer-Temp. (nur chromatograph. nachgewiesen). — *P¹.P²-Dithymyldiphosphat, Bis-***IS**, $(C_3H_4 \cdot N_2)_2 \cdot C_{20}H_{28}O_7P_2$, F. 161°, durch Lösen von **V** u. Monothymylphosphat (**X**) in Tetrahydrofuran (THF) u. Pyridin (Py), Aufkochen, kurzes Stehen u. Zusatz von AC; 100%. *Bis-***CS**, $(C_6H_{11}NH_2)_2 \cdot C_{20}H_{28}O_7P_2$, F. 203—205°, aus vorst. **IS** u. **IV** in W.-Methanol; 89%. — *P¹.P²-Diphenyldiphosphat, Bis-***IS**, $(C_3H_4N_2)_2 \cdot C_{12}H_{12}O_7P_2$, F. 127—128°, aus **II** u. **III** in THF in 2 Tagen; 97%. — *P¹-Phenyl-P²-thymyldiphosphat, Bis-***CS**, $C_{28}H_{46}N_2O_7P_2$, F. 215 bis 220° a) durch 1tägige Rk. von **V-IS** u. **II** in Py–AN bei Zimmer-Temp. u. Zusatz von **IV** (Meth. **A**); 94%; b) durch Zusammengeben u. 15 Min. langes Rühren von **II**, AN, TA u. **III**, Py-Zusatz, Erhitzen auf 60°, Zusatz von Methanol u. **X**, 2tägiges Rühren bei Zimmer-Temp. u. **IV**-Zugabe (Meth. **B**); 96%; c) nach **B** unter Vertauschung von **II** u. **X** in Imidazol; 87%. *Na-Salz,* $C_{16}H_{18}Na_2O_7P_2$, F. 280°, nach **A**; 94%. — Analog: *Monothymyldiphosphat, Tris-***CS**, $C_{28}H_{55}N_3O_7P_2$, F. 145—148°, durch 5std. Kochen von H_3PO_4, AN, TA u. **V-IS** u. Rk. mit **IV**; 53,4%. — *P¹.P³-Diphenyltriphosphat, Tris-***CS**, $(C_6H_{11} \cdot NH_2)_3 \cdot C_{12}H_{13}O_{10}P_3$, F. 245°, durch 3tägiges Rühren von **I** u. **II** in Py u. TA u. Rk. mit **IV**; 27%. — *P¹.P³-Dithymyltriphosphat,* analog vorst. Verb. aus **X**; 91%. — *P¹-β-Naphthyl-P²-phenyldiphosphat, Bis-***CS**, $C_{28}H_{40}N_2O_7P_2$, F. 224—225°, aus β-Naphthylphosphat u. **II** nach **B**; 87%. — *P¹-Phenyl-P²-[p-chlorphenyl]-diphosphat, Bis-***CS**, $C_{24}H_{37}ClN_2O_7P_2$, F. 253 bis 255°, aus **II** u. **VI** nach **B**; 84%. — *P¹-Thymyl-P²-[4-chlorphenyl]-diphosphat, Bis-***CS**, $C_{28}H_{45}ClN_2O_7P_2$, F. 225—226°, aus **V-IS** u. **VI** nach **A**; 57%. — *P¹-Thymyl-P²-[adenosyl-(5')]-diphosphat,* a) aus **V-IS** u. Adenosin-5'-phosphat nach **A** in 24 Std. bei 50°; b) aus **VIII**-Na-Salz u. **X** nach **A** in 72 Std. bei 20° (nur papierchromatograph. nachgewiesen). — Die R_F-Werte aller angeführten u. die der folgenden P-Verbb. sind angegeben: *Orthophosphat, β-Methoxyäthyl-, Methyl-, Diphenyl-, Dibenzyl-, Phenylisopropylidenadenosyl-, Tribenzyl-, Trimethyl-, Dimethylphenylphosphat, Phosphorsäurephenylesterdi-n-butylamid, -phenylesterdianilid, -tri-n-butylamid, -monothymylestercyclohexylamid, -monophenylestercyclohexylamid, -monobenzylestercyclohexylamid, -monophenylesterphenylamid, -monothymylesterphenylamid, Imidazol, O-[Methyl]-, O-[β-Methoxyäthyl]-, O-[4-Chlorphenyl]-, O-[β-Naphthyl]-imidazolyl-(1)-phosphonat, Imidazolyl-(1)-phosphonsäure, anorgan. Diphosphat, P¹.P²-Di-β-naphthyl-, P¹.P²-Dibenzyl-, P¹.P²-Bis-[β-methoxyäthyl]-, P¹-Phenyl-P²-[β-methoxyäthyl]-, P¹-Thymyl-P²-β-naphthyl-, P¹-Thymyl-P²-[β-methoxyäthyl]-diphosphat, P¹.P³-Dimethyltriphosphat, Adenosin-3'-* u. *-5'-phosphat, Adenosin-2'.3'-cyclophosphat, Diadenosyldiphosphat, P¹-Phenyl-P²-[adenosyl-(5')]-diphosphat* u. *Adenosin-5'-monophosphorsäureimidazolid.*

S. DITTMANN-MITZSCHERLICH. 3850 □

Zur Chemie der „energiereichen Phosphate". 13. Mitt. Phosphorylierungsreaktionen mit Diestern der Imidazolylphosphonsäure und Monoestern der Diimidazolylphosphinsäure. Friedrich Cramer und Heinz Schaller. (Chem. Ber. **94.** 1634—40. 1/6. 1961.) (Dt.) — 12. vgl. vorst. Referat.

Imidazolyl-(1)-phosphonsäurediester (**D**), *Bis-[imidazolyl-(1)]-phosphinsäuremonoester* (**M**) u. *Tris-[imidazolyl-(1)]-phosphinoxid* (**I**) sind wirksame Phosphorylierungsmittel Die Rkk. von **D** u. **M** führen meist zu denselben Prodd. wie die der entsprechenden Säurechloride. In **M** können ein oder beide Imidazolyl-(1)-Reste durch Alkoxy- oder Aminogruppen ersetzt werden; die *Monosubstitutions-Prodd.* lassen sich nach der Rk. mit Alkohol oder Amin durch schnelle Hydrolyse der zweiten Imidazolidgruppe in 60—90%ig. Ausbeute fassen. Mit Carbonsäuren bilden sich, vermutlich über ein Anhydrid, *Carbonsäureimidazolide* (CI); daneben entsteht *Diphosphat,* das sich in unpolaren Lsgm. als Salz ausscheidet u. dadurch das Gleichgewicht auf die Seite der CI verschiebt. Diese zur Peptid-Synth. verwendbare Rk. wird auf die Darst. von *Carbobenzoxyalanylalanin* in 85%ig. Ausbeute angewandt. Die Rk. von **M** mit Phosphorsäureestern führt zu *Diesterdi-* u. *Triestertriphosphaten.* O-[Thymyl]-bis-[imidazolyl-(1)]-phosphinat setzt sich mit 2 Mol Monophenylphosphat (**II**) zu *P¹.P²-Diphenyl-, P¹-Phenyl-P²-thymyl-* u. *P¹.P²-Dithymylpyrophosphat* um. **I** ist eine sehr reaktionsfähige Verb.; die folgenden Rkk. wurden, wie auch einige der vorst., z. T. nur papierchromatograph. verfolgt. Mit *n-Butylamin* reagiert **I** zu *Phosphorsäuretributylamid,* mit Methanol zu *Dimethylphosphatimidazoliumsalz* [F. 122°; 74% (Ausbeute)], *Trimethylphosphat, O-[Methyl]-*

imidazolyl-(1)-phosphonat u. *Bis-[imidazolyl-(1)]-phosphinsäure*, mit Phenylphosphat in Pyridin (Py) zu *Diphenylpyrophosphat* (30%) u. *P¹.P³-Diphenyltriphosphat.*

Versuche: *Phosphorsäurephenylestercyclohexylamid, Cyclohexylammoniumsalz* (**CS**), $C_6H_{11}NH_2 \cdot C_{12}H_{18}NO_3P$, F. 190—192°, durch Mischen von Phosphorsäuremonophenylesterchlorid, Acetonitril (**III**) u. Imidazol, Filtrieren, Zusatz von Cyclohexylamin (**IV**) u. 12std. Erwärmen auf 60°; Nadeln; 74% (Ausbeute). — *[4-Nitrobenzyl]-phenylphosphat*, **CS**, F. 182—185°, durch 15std. Rk. von p-Nitrobenzylalkohol u. O-Monophenyl-bis-[imidazolyl-(1)]-phosphinat (**V**) bei 85° u. Zusatz von **IV**; 91%. — *2'.3'-Isopropylidenadenosinphenylphosphat*, F. 207—211°, analog vorst. Verb. aus Isopropylidenadenosin u. **V**; 53,3%. — *Imidazolyl-(1)-phosphonsäurethymylester* (**VI**), $C_{13}H_{17}N_2O_3P$, F. 70—73°, durch Rk. von O-[Thymyl]-bis-[imidazolyl-(1)]-phosphinat mit Benzoesäure in Ae.; 102% (enthält vermutlich Folge-Prodd.). Rk. mit **II** → 78% *P¹-Phenyl-P²-thymylpyrophosphat*-**CS**. Rk. mit Anilin → *Phosphorsäurethymylesteranilid.* Neben **VI** aus dem Filtrat *Benzoylimidazol* (100%; Rk. mit Anilin → 93% *Benzanilid*, F. 161°, u. 76% *Imidazol*, F. 88—90°). — *P¹.P²-Dithymyl-P¹-imidazolyl-(1)-diphosphat, Imidazoliumsalz*, $C_3H_4N_2 \cdot C_{23}H_{30}N_2O_6P_2$, F. 79°, durch Rk. von Imidazoliumimidazolyl-(1)-phosphonat mit konz. HCl unter Eiskühlung; 46%. — *Carbobenzoxyalaninanilid*, $C_{17}H_{18}N_2O_3$, F. 148°, durch 12std. Rk. von O-[Phenyl]-bis-[imidazolyl-(1)]-phosphinat (**V**) mit Carbobenzoxyalanin in **III** bei 45°, Zusatz von Triäthylamin u. Einfließen des Öls (**S**) in Anilin; 92%. — *Carbobenzoxyalanylalanin*, $C_{14}H_{18}N_2O_5$, F. 136—140°, durch Zugabe von Alanin zu **S** bei pH 8—9 in ¼ Std.; 75%. S. DITTMANN-MITZSCHERLICH. 3850□

Chemie von Micrococcin P. 6. Mitt. Racemisierung von 2-[1-Amino-2-methylpropyl]-thiazolcarbonsäure-(4) und verwandte Untersuchungen. B. M. Dean, M. P. V. Mijović und James Walker. (J. chem. Soc. [London] **1961.** 3394—3400. Aug. London, Nat. Inst. for Med. Res.) (Engl.) — 5. vgl. J. chem. Soc. [London] **1961.** 3381; 4. vgl. C. **1961.** 2631.

Opt.-akt. *2-[1-Amino-2-methylpropyl]-* (**I**) u. *2-[1-Aminoäthyl]-thiazolcarbonsäure-(4)* (**II**), hergestellt aus L-Valin über *L-α-Benzamido-β-methylbutyramid* u. *L-α-Benzamido-β-methylthiobutyramid* (L-**III**) durch anschließende Kondens. mit Brombrenztraubensäureäthylester (**IV**) u. Verseifung, bzw. analog aus L-Alanin, racemisieren sich in saurer Lsg. leicht, während die entsprechenden *4-Phenylthiazol-Derivv.*, hergestellt analog **I** u. **II** mit ω-Bromacetophenon (**V**) statt **IV** in Ggw. von $CaCO_3$ (in Ggw. von Pyridin entstehen die Racemate) opt. stabil sind. Die Racemisierung der **I** u. **II** in saurer Lsg. wird durch die Ausbildung einer opt. labilen Betainstruktur gedeutet. Die aus *Micrococcin P* isolierte **I** besitzt möglicherweise D-Konfiguration.

Versuche: *L-α-Benzamido-β-methylbuttersäure, Amid*, $C_{12}H_{16}N_2O_2$, F. 242—244° (CH_3OH, sublimiert bei 205°/15 mm), aus L-N-Benzoylvalin [**VI**, F. 113—115°, aus L-Valin; $[\alpha]_D^{20}$ + 22° (c = 4,9; A.)] durch Verestern mit Diazomethan zu **VI**-Methylester [F. 113—114° (wss. CH_3OH), Nadeln, $[\alpha]_D^{21}$ —8,0 (c = 5; CH_3OH)] u. 8std. Erhitzen in bei 0° mit NH_3 gesätt. CH_3OH im Rohr auf 110°; prismat. Nadeln, $[\alpha]_D^{21}$ + 50,3 (c = 2,5; Dimethylformamid); 58% (Ausbeute). *Nitril*, F. 118—120° (Bzl.), aus dem Amid mit $POCl_3$ in Pyridin; Prismen, $[\alpha]_D^{21}$ —52,0° (c = 1,25; 95%ig. A.); 72%. — *L-α-Benzamido-β-methylthiobuttersäureamid* (L-**III**), $C_{12}H_{16}N_2OS$, F. 178—185° (A.), aus vorst. Nitril durch Vermischen mit fl. H_2S, Versetzen mit A. u. Triäthylamin u. 8std. Erhitzen auf 55°; Nadeln, $[\alpha]_D^{24}$ + 86,6° (c = 2,5; Dimethylformamid); 89%. — *L-α-Benzamidopropionsäure*, F. 145—147° (wss. CH_3OH), aus L-Alanin; $[\alpha]_D^{26}$ + 36,6° (c = 2,5; 1,5n KOH). *Amid*, F. 238—242° (wss. CH_3OH), analog vorvorst. Amid; Nadeln, $[\alpha]_D^{20}$ + 43,1° (c = 2,5; 98%ig. HCOOH). *Nitril*, $C_{10}H_{10}N_2O$, F. 125—127° (Bzl.), analog vorvorst. Nitril; Prismen, $[\alpha]_D^{22}$ —49,3° (c = 2,5; 95%ig. A.). — *L-α-Benzamidothiopropionsäureamid* (**VII**), $C_{10}H_{12}N_2OS$, F. 155—156° (W.), aus vorst. Nitril analog L-**III**; Prismen, $[\alpha]_D^{20}$ + 126,5° (c = 1,25; Dimethylformamid). — Thiazolcarbonsäuren-(4): *L-2-[1-Benzamido-2-methylpropyl]-, Äthylester*, $C_{17}H_{20}N_2O_3S$, F. 119 bis 120° (wss. A.), aus L-**III** u. **IV** durch 2std. Kochen in A.; Nadeln, $[\alpha]_D^{20}$ —3,7° (c = 2,5; 95%ig. A.); 96%. — *L-2-[1-Amino-2-methylpropyl]-* (**I**), *Hydrochlorid*, $C_8H_{12}N_2O_2S \cdot HCl$, F. 268—270° (Zers.; CH_3OH/Essigester), aus vorst. Verb. durch 4std. Kochen in 20%ig. HCl; prismat. Nadeln; $[\alpha]_D^{21}$ + 2,1° (c = 2,5; W.), $[\alpha]_D^{25}$ + 5,2° (c = 0,5; W.), $[\alpha]_D^{22}$ 0° (c = 2,0; W.); 75%. Aus Micrococcin P isolierte Prodd. zeigten Werte von $[\alpha]_D$ —20,8° (c = 0,5; W.) bis 0° (c = 2,5; W.). — *L-2-[1-Benzamidoäthyl]-, Äthylester*, $C_{15}H_{16}N_2O_3S$, F. 124° (wss. A.), aus **VII** u. **IV**; Nadeln, $[\alpha]_D^{21}$ + 9,4° (c = 2,5, CH_3OH). — *2-α-Aminoäthyl-* (**II**), *Hydrochlorid*, aus vorst. Verb. analog **I**; zeigt keine opt. Aktivität. — 4-Phenylthiazole: *D-2-[1-Benzamido-2-methylpropyl]-*, $C_{20}H_{20}N_2OS$, F. 126° (wss. CH_3OH), aus 470 (mg) D-**III** u. 400 **V** durch 2½std. Kochen in CH_3OH in Ggw. von $CaCO_3$; Nadeln; $[\alpha]_D^{22}$ —35,5° (c = 2,5; Dimethylformamid), 350 mg. — *D-2-[1-Amino-2-methylpropyl]-, Hydrochlorid*, $C_{13}H_{16}N_2S \cdot HCl$, F. 201—202° ($CH_3OH$/Essigester), aus

350 vorst. Verb. durch 3½std. Kochen in 20%ig. HCl; Plättchen, $[\alpha]_D^{22}$ −7,7° (c = 2,14; W.), blieb über 72 Std. konst.; 190 mg. — *2-α-Benzamidoäthyl-*, *Racemat*, $C_{18}H_{16}N_2OS$, F. 162—164° (wss. CH_3OH), aus 300 **VII** u. 280 **V** durch 2std. Kochen in CH_3OH in Ggw. von Pyridin; Nadeln, $[\alpha]_D^{25}$ 0° (c = 1,25; Chlf.), 0,29 g. *L-Verb.*, $C_{18}H_{16}N_2OS$, F. 136—138° (wss. CH_3OH), aus 300 **VII** u. 280 **V** durch 2std. Kochen in CH_3OH in Ggw. von $CaCO_3$; Nadeln, $[\alpha]_D^{22}$ +38,7° (c = 2,5; Dimethylformamid); 0,46 g; ein analog aus z. T. rac. **VII** hergestelltes Prod. konnte durch fraktionierte Kristallisation aus wss. CH_3OH in rac. u. L-Verb. getrennt werden. — *L-2-α-Aminoäthyl-*, *Hydrochlorid*, $C_{11}H_{12}N_2S \cdot HCl$, F. 225—226° ($CH_3OH$/Essigester), aus 300 vorst. L-Verb. durch 4½std. Kochen in 20%ig. HCl; Nadeln, $[\alpha]_D^{25}$ +11,4° (c = 2,0; W.); 120 mg.

EBERHARD RIEDEL. 3900□

Chemie der höheren Pilze. 12. Mitt. **Die enzymatische Decarboxylierung einer α,β-Acetylensäure.** J. N. Gardner, G. Lowe und G. Read. (J. chem. Soc. [London] **1961.** 1532—33. April. Oxford, Dyson Perrins Labor.) (Engl.) — 11. vgl. C. **1961.** 10577.

Ein zellfreier Extrakt der Basidiomycete *Coprinus quadrifidus* wandelt 8-Hydroxy-trans-octen-(6)-diin-(2.4)-säure (I) bei pH 7 in *trans-Hepten-(2)-diin-(4.6)-ol-(1)* um, dessen Struktur chem. [Hydrierung zu *Heptanol-(1)*; Oxydation mit MnO_2 in ein Diinal] u. IR-spektroskop. nachgeprüft wurde. Analog **I** gibt Decatriin-(2.4.6)-disäure-(1.10) (aus *Merulius lacrymans*) in 6 Tagen bei 22° (bei pH 5,9) *Nonatriin-(4.6.8)-säure.* Vff. nehmen nun an, daß die Stoffwechsel-Prodd. von Pilzen, die freie Äthinylgruppen besitzen, durch Abspaltung des endständigen C-Atoms von α,β-Acetylengruppen enthaltenden Stoffwechsel-Prodd. entstehen, u. somit Polyacetylene mit einer ungeraden Zahl von C-Atomen entstehen. Als Mechanismus der Abspaltung des C-Atoms wird eine Decarboxylierung für wahrscheinlich gehalten. Wegen der schonenden Wrkg. des benutzten Enzyms auf α,β-Acetylensäuren wird es als geeignetes Enzym-Syst. für die Synth. natürlich auftretender Polyacetylene (wie Mycomycin) angesehen.

Versuche: *8-Hydroxy-trans-octen-(6)-diin-(2.4)-säure* (I), $C_8H_6O_3$, Zers. ab 147° (Ae.-PAe.), durch Zugabe von 90%ig. Propiolsäure in wss. Lsg. zu CuCl in 33%ig. wss. Äthylamin, Zugabe von 5-Brom-trans-penten-(2)-in-(4)-ol-(1) [aus trans-Penten-(2)-in-(4)-ol-(1) nach CHODKIEWICZ (Ann. chim. France **2.** [1957.] 852)] unter N_2 bei 15°, Zugabe von $NH_2OH \cdot HCl$ (zur Red. von Cu^{2+}) u. Einw. von wss. KCN; 67% (Ausbeute). — *trans-Hepten-(2)-diin-(4.6)-ol-(1)*, C_7H_6O, F. 48—49° (Hexan bei −40°), durch Zugabe von **I** in W. zu dem zellfreien Extrakt bei pH 7,0 (gesätt. $NaHCO_3$-Lsg.), 48std. Einw. bei 25° unter Lichtausschluß u. Reinigen an saurem Al_2O_3; wird unter Licht-Einw. braun. — Von vorst. Verbb. sind die UV-Absorptionen u. einige IR-Hauptbanden angegeben.

B. GNAUCK. 3950□

Oligonucleotid-Synthese mit Trichloracetonitril. F. Cramer, H. J. Baldauf und H. Küntzel. (Angew. Chem. **74.** 77—78. 21/1. 1962. Darmstadt, TH, Inst. für organ. Chem.) (Dt.)

Trichloracetonitril (**III**) als Reagens zur Veresterung von Phosphorsäuren kann zur Darst. von *Oligonucleotiden* der *Thymidylsäure* (**I**) verwendet werden. Bei der direkten Polykondens. von **I**, bei der man 0,025m Mol **I** als Pyridiniumsalz mit 0,5m Mol **III** in Dimethylformamid 72 Std. auf 50° erhitzt, erhalten Vff. ein Gemisch, aus dem sich chromatograph. ca. 40% *Oligomere* abtrennen lassen. Zwischenprod. bei der Polykondens. ist *Bis-[thymidyl-(3')]-pyrophosphat*; daneben entstehen *Thymidin-3'.5'-cyclophosphat* u. *dimeres Cyclonucleotid.* Eine schrittweise Synth. mit 40%ig. Ausbeute gelingt durch 24std. Erhitzen von 0,5m Mol 5'-O-Tritylthymidin-3'-phosphorsäure (Na-Salz) mit 0,5 mMol Thymidin-3'-β-cyanäthylphosphorsäure in Ggw. von 10 mMol **III** in abs. Pyridin auf 75°, wobei *Trityl-Tp.Tp-cyanäthyl* (**II**) erhalten wird, das man durch 20 Min. langes Erhitzen mit 80%ig. Essigsäure auf 100° detrityliert u. durch nachfolgende Abspaltung der β-Cyanäthylgruppe mit 9n NH_4OH (1 Std.; 60°) in das freie *Dinucleotid* umwandelt. **II** ermöglicht die weitere schrittweise Synth.: Essigsäure spaltet die Tritylgruppe ab u. legt das alkohol. OH frei, Alkali entfernt die β-Cyanäthylgruppe, so daß eine erneute Kondens. am Phosphatende möglich wird.

G. HELLER. 3950□

Die Alkalihydrolyse von Sulfonium-Nucleosiden. W. Frank, J. Wieczorkowski, N. A. Hughes und J. Baddiley. (Proc. chem. Soc. [London] **1961.** 449—50. Dez. Newcastle-upon-Tyne, Univ. of Durham, King's Coll., Dep. of Chem.) (Engl.)

Vff. bestätigten die Alkaliempfindlichkeit von „akt. Methionin" u. von S-[5'-Desoxyadenosyl-(5')]-dimethylsulfoniumjodid (vgl. PARKS u. SCHLENK, C. **1959.** 8506) u. fanden, daß auch *5'-Dimethylsulfonium-Derivv.* von *Uridin* u. *Inosin* empfindlich gegen Alkali sind. Der folgende allg. Mechanismus wird für diesen Typ von Hydrolyse vorgeschlagen. Anwendung von methanol. CH_3ONa als Base lieferte *Adenin* u. (vermutlich) ein Gemisch von Methylglykosiden, das durch Behandeln mit n-C_4H_9ONa in n-C_4H_9OH

in ein Gemisch von Sulfonium-n-butylglykosiden überging. Bei diesem Mechanismus wird das $C_{(4)}$ durch die Bldg. der Doppelbindung racemisiert; beim erneuten Ringschluß können Derivv. der D-Ribose u. der L-Lyxose entstehen. Rk. von Methyl-2.3-O-isopropyliden-5-O-p-toluolsulfonyl-β-D-ribofuranosid mit CH_3SNa gab die entsprechende *5-Methylmercapto-Verb.*, die durch Entfernung der Acetonidgruppe u. Rk. mit CH_3J in das *Sulfonium-Deriv.* I umgewandelt wurde. Oxydation von I mit Perjodat, Red. des Prod. mit $NaBH_4$ u. saure Hydrolyse gab ein Gemisch, aus dem *1-Desoxy-1-dimethylsulfonio-L-gly-*

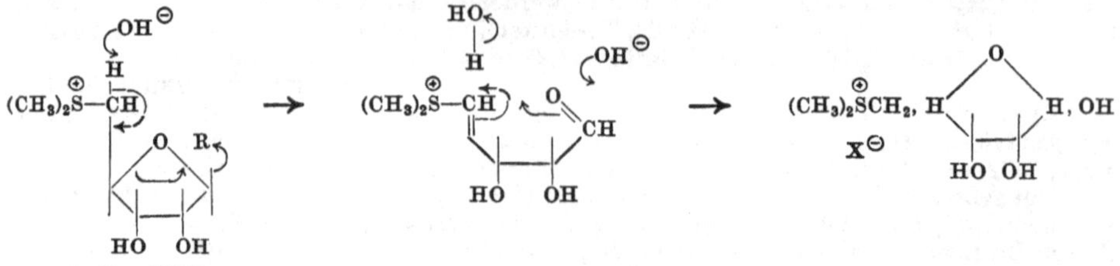

I : R = OCH_3

cerin (II) als *Reineckat* isoliert wurde; *Acetat*, $[\alpha]_D^{20}$ + 38°; *Jodid*, $[\alpha]_D^{20}$ + 27°. Die opt. Antipoden dieser Salze, *1-Desoxy-1-dimethylsulfonio-D-glycerinacetat* ($[\alpha]_D^{20}$ −38°) bzw. *-jodid* ($[\alpha]_D^{20}$ −27°) wurden erhalten aus 2.3-O-Isopropyliden-1-O-p-toluolsulfonyl-D-glycerin. — Behandeln von I mit CH_3ONa in CH_3OH, Perjodatoxydation, $NaBH_4$-Red. u. Hydrolyse gab prakt. racemisierte Prodd. (*Acetat*, $[\alpha]_D^{20}$ + 0,5°; *Jodid*, $[\alpha]_D^{20}$ + 0,2°). II wurde unter den alkal. Bedingungen dieser Rkk. nicht racemisiert. Vff. nehmen an, daß die Abspaltung von Adenin aus Vitamin-B_{12}-Coenzym in schwach alkal. KCN-Lsg. nach einem analogen Mechanismus erfolgt. J. ROTHE. 3950□

Lignane des Lärchen- und Erlenholzes (Larix decidua und Alnus glutinosa). K. Freudenberg und K. Weinges. (Tetrahedron Letters [London] **1959**. Nr. 17. 19—22. Nov. Heidelberg, Univ., Chem. Inst.; Forschungsinst. für die Chemie des Holzes u. der Polysaccharide.) (Dt.)

Vff. isolierten aus dem Ae.-Extrakt von *Larix decidua* durch Gegenstromverteilung 70% *Dihydroquercetin* u. *Aromadendrin*, daneben *Liovil* ($C_{20}H_{24}O_7$) u. *Secoisolariciresinol* [$C_{20}H_{26}O_6$, F. 113°, $[\alpha]_D^{25}$ −35° (c = 2, Aceton)] u. aus dem Essigesterextrakt von *Alnus glutinosa Lignanglykosid* $C_{27}H_{36}O_{12}$ [I, F. 122—124°, $[\alpha]_D^{25}$ + 38° (c = 2; Aceton-W., 1:1); 0,01% Ausbeute, bezogen auf das Holzmehl] u. *zwei Glykoside*, von denen eines durch Emulsin in *Glucose* u. *Aglykon* $C_{24}H_{28}O_5$ [F. 126—128° (W.), isoliert durch Ausschütteln mit CH_2Cl_2] gespalten wurde. I lieferte beim Kochen mit 1%ig. H_2SO_4 *Xylose* u. *Dimethoxyisolariciresinol* [II, $C_{22}H_{28}O_8$, F. 165—167, $[\alpha]_D^{25}$ + 52° (c = 2, Aceton); *Dimethyl*-II, F. 152°; Behandlung mit $KHSO_4$ bei 180° → *Anhydrodimethyl*-II; *Dimethyldiacetyl*-II, F. 88—89°; *Tetraacetyl*-II, F. 157—159°]. H.-J. KÖTZSCH. 3950□

M. Ss. Malinowski, Olefinoxide und ihre Derivate. Moskau: Gosschimisdat. 1961. (553 S.) 1 Rbl. 90 Kop. [Russ.]

Jiří Novák a Jiří Zemlička, Preparativni reakce v organické chemii VII. Kysele katalysované synthesy. Praha: Nakladatelství Československé akademie věd. 1961. (912 S.) Kčs 86,50.

Wilhelm Radmacher, Organische Chemie in Frage und Antwort. Essen: Girardet. 1961. (214 S.) 8°. DM 12,80.

D. Makromolekulare Chemie

Einige Lichtstreuungsuntersuchungen über die Textur von kristallinen Polymeren. Richard S. Stein, John J. Keane, Forrest H. Norris, Frederick A. Bettelheim und Philip R. Wilson. (Ann. New York Acad. Sci. **83**. 37—59. 28/10. 1959. Amherst, Mass., Univ., Dep. of Chem.) (Engl.)

Zusammenfassende, krit. Übersicht an Hand der vorliegenden Literatur. — 24 Literaturangaben. C. GOTTFRIED. 4000

Kernresonanzuntersuchungen der Bewegung und der Konfiguration in glasigen Polymeren. W. P. Slichter. (Ann. New York Acad. Sci. **83**. 60—75. 28/10. 1959. Murray Hill, N.J., Bell Telephone Labor., Inc.) (Engl.)

Zusammenfassende Übersicht an Hand der Literatur. — 48 Literaturangaben. C. GOTTFRIED. 4000

Untersuchung der Elektronenrelaxation von einigen halbleitenden Polymeren. H. A. Pohl und J. A. Bornmann. (Z. Elektrochem., Ber. Bunsenges. physik. Chem. **65**. 649. Sept. 1961. Princeton, N.J.) (Engl.)

Durch Pyrolyse wurden n- u. p-halbleitende Polymere (spezif. Widerstand $\varrho = 10^3\,M\Omega\,cm^{-1}$ u. höher) hergestellt mit $d\varrho/dT$ gleich, größer u. kleiner als Null; die Beweglichkeit der Ladungsträger liegt im Bereich 10^{-6} bis 100 $cm^2\,V^{-1}\,s^{-1}$. Die Relaxationsprozesse der Elektronenwanderung wurde eingehend untersucht (ohne nähere Angaben). O. FUCHS. 4000□

Über den zweiten Virialkoeffizienten von ungeladenen sphärischen Makromolekülen. Andrew G. De Rocco. (J. physic. Chem. **65.** 2277. Dez. 1961.) (Engl.)
Berichtigung von Zahlenwerten der in C. **1962.** 2008 referierten Arbeiten.
CH. WEISKE. 4000

Verhalten von Elastomeren. 3. Mitt. Biaxiale Kraft–Dehnungs-Beziehungen. L. C. Case und R. V. Wargin. (Makromolekulare Chem. **48.** 195—204. Aug. 1961. Lafayette, Ind., Purdue Univ., Dep. of Chem. Engng.) (Engl.) — 2. vgl. C. **1961.** 4019.
Unter Zugrundelegung des l. c. beschriebenen Modells werden Gleichungen für die zweidimensionale Dehnung eines Elastomeren unter der Einw. von ungleichen, senkrecht zueinander stehenden Kräften abgeleitet. Hiernach ist die Dehnung von der Kraft senkrecht zur Dehnungsrichtung abhängig; die Annahme einer affinen Deformation scheint nicht erlaubt zu sein. Die theoret. Ergebnisse stehen z. T. in qual. Übereinstimmung mit experimentellen Daten. O. FUCHS. 4000□

Relaxationsuntersuchungen zum Studium der molekularen Vorgänge in Hochpolymeren. K. A. Wolf. (Z. Elektrochem., Ber. Bunsenges. physik. Chem. **65.** 604—15. Sept. 1961. Ludwigshafen/Rh., BASF, Anwendungstechn. Abt., Meß- u. Prüflabor.) (Dt.)
Zusammenfassende Übersicht, in der an Hand zahlreicher Literaturdaten, bes. experimenteller Art, behandelt werden: Allg. Bemerkungen zum Relaxationsspektrum, Temp.-Abhängigkeit u. Verteilung der Relaxationszeiten; mol. Deutung der mechan. u. dielektr. Verlustmaxima; Hauptmaxima amorpher Polymerer u. Glasumwandlung; Nebenmaxima u. Bewegung von Mol.-Gruppen; Einfl. der Kristallinität auf die Relaxationsprozesse. O. FUCHS. 4000□

Molekularkinetische Theorie der Volumenrelaxation von amorphen Hochpolymeren. G. Adam. (Z. Elektrochem., Ber. Bunsenges. physik. Chem. **65.** 652. Sept. 1961. Marburg/Lahn.) (Dt.)
Die isotherme Nachwrkg. des Vol. V von amorphen Vinylpolymeren ergibt sich unter Verw. der kinet. Gleichung von KRONIG aus der Zeitabhängigkeit der Besetzungszahlen der Niveaus der zwischen- u. intramol. Wechselwrkg.-Energie. Der zeitliche Verlauf von V ist nicht linear im Sinne des BOLTZMANNschen Superpositionsprinzips. Die theoret. Ergebnisse stehen im Einklang mit experimentellen Literaturdaten (ohne nähere Angaben). O. FUCHS. 4000□

Wachstum und Bau von Sphärolithen Hochpolymerer. Fraser P. Price. (Ann. New York Acad. Sci. **83.** 20—26. 28/10. 1959. Schenectady, N.Y., General Electric Res. Labor.) (Engl.)
Zusammenfassender Überblick an Hand der Literatur. Behandelt wird der intrasphärolith. Kristallbau, das Wachstum der Sphärolithe sowie der Mechanismus der Sphärolithentwicklung. C. GOTTFRIED. 4000

Gleichgewichtskristallisationsgrade auf Grund der Kristallitmodelle für einmaligen Durchgang und für die gefaltete Kette. R.-J. Roe, K. J. Smith jun. und W. R. Krigbaum. (J. chem. Physics **35.** 1306—11. Okt. 1961. Durham, N.C., Duke Univ., Dep. of Chem.) (Engl.)
Theoret. Arbeit. Die Änderung der freien Energie bei der Kristallisation eines Polymeren setzt sich aus 2 Anteilen zusammen, von denen sich der eine auf den Einkristall, wie er auch bei niedermol. Verbb. vorkommt, bezieht, während der 2. von der Deformation der amorphen Bereiche bei der Kristallisation herrührt. Letzterer bestimmt den maximal erreichbaren Kristallisationsgrad α. Die Kristallisation wird für 2 Modelle berechnet: Im 1. Falle wird angenommen, daß die Polymerkette den Kristall nur einmal durchsetzt, während im 2. Falle eine Kettenfaltung vorliegen soll, wodurch die Kette den Kristall mehrmals schneidet. Nach dem 2. Modell wird ein höherer α-Wert erhalten als nach dem ersten. Die Theorie stimmt für das 2. Modell über einen größeren Temp.-Bereich gut mit dem Vers. (Polyäthylen, Literaturdaten) überein. Schließlich wird noch der Einfl. des Molgew. auf α bei konst. Temp. näherungsweise rechner. behandelt.
O. FUCHS. 4000□

Bestimmung der Molekulargewichte von geladenen Polymeren mit der Gleichgewichtszentrifuge. Stig R. Erlander. (J. physic. Chem. **65.** 2033—39. Nov. 1961. Peoria, Ill., Northern Regional Res. Labor.) (Engl.)
In Fortführung früherer Betrachtungen (vgl. z. B. C. **1960.** 6520) werden Gleichungen für die Best. der Menge u. des Z-Mittels des Molgew. sowie der Ladung Z von

heterogenen Polyelektrolyten mit der Gleichgewichtszentrifuge nach der Schlieren- u. Interferenz-Meth. abgeleitet. Es werden so eine Reihe von Beziehungen erhalten, die den Zusammenhang zwischen M_w, M_Z, der Konz., Z u. anderen charakterist. Größen beschreiben. O. FUCHS. 4000□

Äthylenpolymerisation als Quelle organischer Zwischenprodukte. Stanisław Malinowski. (Wiadomości chem. **15.** 199—214. April 1960.) (Pol.)

Übersicht. — 45 Literaturangaben. P. GREGORZEWSKI. 4010□

Bestimmung des Maßes der Verzweigung von Polyäthylen nach dem Infrarotspektrum. Štefan Varga. (Chem. Zvesti **13.** 272—80. Mai 1959. Bratislava, Slowak. TH, Lehrstuhl für physikal. Chem.) (Slowak.)

Das Ausmaß der Verzweigung verschiedener *Polyäthylene* (I) in Form von Filmen wurde durch die Meth. der IR-Spektrographie bestimmt. Für die Unterss. wurden folgende Polymeren herangezogen: *Alkathene F 7, Alkathene 7 Natural 99, Alkathene 20, Lupolen H, Ferthene QF.* Für die Herst. von I-Filmen wurde eine geeignete Preß-Meth. ausgearbeitet. Danach bestimmte Vf. die Absorptionsbanden für die Methyl- u. Methylengruppen, welche für den Verzweigungsgrad VG charakterist. sind. Der VG wurde aus den Extinktionen der Absorptionsbanden durch Berechnung ermittelt. C. KOZÁK. 4010□

Bestimmung des Kristallinitätsgrads und der langen Periode von Polypropylen-Fasern mittels Röntgenzählrohr. Ichiro Sakurada und Yasuhiko Nukushina. (Chem. High Polymers [Tokyo] **16.** 673—77. 1959. Kyoto, Univ., Dep. Textile Chem.) (Jap.; Auszug: Engl.) — Vgl. C. **1957.** 11601.

Nach dem l. c. beschriebenen Verf. wird der Kristallinitätsgrad von *Polypropylen*-Fasern (erhalten bei 260° nach dem Schmelzspinn-Verf. aus dem handelsüblichen Pulver) vor (a) u. nach (b) der Streckung bei 100° auf das 4,7fache mittels Röntgenzählrohr zu 0,39 bzw. 0,52 bestimmt. Die Intensität der Kleinwinkelstreuung im Meridian zeigt bei (a) einen deutlichen Gipfel, bei (b) einen weniger deutlichen entsprechend einer Periode von 160 bzw. 151 Å. Daraus wird nach dem Vorschlag von KRATKY [1949] als wahrscheinlichster Abstand der Kristallite bei (a) 80, bei (b) 76 u. 55 Å errechnet. L. SCHULER. 4010□

Polymerisation von Isopren mit Styrol. M. P. Swerew und M. F. Margaritowa. (Украинский Химический Журнал [Ukrain. chem. J.] **24.** 626—28. 1958. Dnepropetrowsk, Chem.-Technol. Dsershinski-Inst.; Moskau, Lomonossow-Inst. für chem. Feintechnol.) (Russ.)

Isopren (I) u. *Styrol* werden im Verhältnis 9:1 bis ca. 2:8 der gemeinsamen Polymerisation unterworfen. Es wird im Block in Ggw. von 2% Dibenzoylperoxid oder in Emulsion in Ggw. von 150 Teilen (pro 100 Teile KW-Stoffe) W., 1 Teil $K_2S_2O_8$ u. 4 Teilen Na-Dibutylnaphthalinmonosulfonat bei 50° polymerisiert. In den Copolymeren ist I gegenüber dem Ausgangsgemisch stets angereichert. Die Copolymerisations-Konst. sind für die Block- u. Emulsionspolymerisation fast gleich u. betragen α = ca. 2,0, β = ca. 0,43. Die Copolymerisate u. ihre Vulkanisate haben gute physikal.-mechan. Eigenschaften. HELMUT SCHÄFER. 4010□

Abbau von Polytetrafluoräthylen durch γ-Bestrahlung. Atsuo Nishioka. (Chem. High Polymers [Tokyo] **16.** 337—39. 1959. Tokyo, Elektr. Fernmelde-Labor.) (Jap.; Auszug: Engl.)

Die Best. der Schmelzviscosität η von *Polytetrafluoräthylen* bei verschiedenen γ-Bestrahlungsdosen ergibt eine empir. Beziehung, die sich theoret. am besten durch eine Verknüpfung der bekannten Beziehung zwischen η u. dem Gew.-Mittel-Molgew. u. der Abbautheorie von CHARLESBY [1954] erklären läßt. L. SCHULER. 4010□

Blaue Lösungen von Kalium in Äthern als Initiatoren der anionischen Polymerisation. F. S. Dainton, D. M. Wiles und A. N. Wright. (J. Polymer Sci. **45.** 111—18. Juli 1960. Leeds, England, Univ., Dep. of Phys. Chem.) (Engl.)

Mit den von Vff. früher (vgl. C. **1961.** 17504) beschriebenen blauen, frisch hergestellten Lsgg. von K in 1.2-Dimethoxyäthan (I) bzw. in Tetrahydrofuran (II) findet bei Zugabe von *Styrol* (III) eine sofortige Polymerisation statt, die nach 3—4 Sek. beendet ist; die Verss. wurden zwischen —78 u. 25° ausgeführt. Die Ausbeuten an *Polystyrol* (**IV**) betragen bis zu 100%. Dabei werden in I fast nur „lebende" Polymere erhalten, in II auch ein größerer Anteil an inaktivem **IV**. Die Molgew. von **IV** liegen zwischen 10^5 u. $8 \cdot 10^6$. Mit *Acrylonitril* an Stelle von III werden in I nur 4% Polymeres erhalten; Acrylamid u. Methylmethacrylat polymerisieren mit K + I nicht. Die Geschw.-Konst. des anion. Kettenwachstums betragen mindestens (in Einheiten von 10^3 Liter $Mol^{-1}s^{-1}$): 0,86 für K + I + III bei —78°, 1,1 (K + I + III bei 0 u. 25°), 0,8 (II + K-Naphthalin + III bei 0°). Vff. nehmen an, daß die Polymerisation durch ein solvatisiertes Elektronenpaar mit gekoppeltem Spin ausgelöst wird. O. FUCHS. 4010□

Ultraschallabsorptionsmessungen in verdünnten Lösungen von Hochpolymeren. R. Cerf, S. Candau und R. Zana. (Z. Elektrochem., Ber. Bunsenges. physik. Chem. **65.** 687—89. Sept. 1961. Strasbourg, Centre de Recherches sur les Macromol.) (Dt.)

Im Frequenzbereich f = 0,8—20 MHz wurde die spezif. Ultraschallabsorption $\alpha_{sp} = (\alpha - \alpha_0)/\alpha_0$ (α bzw. α_0 = Absorptions-Koeff. der Lsg. bzw. des Lsgm.) von benzol. Lsgg. von *Polystyrol* (**I**), *Polymethylmethacrylat* (**II**), *Polymethylacrylat* (**III**) u. *n-Octakosan* (**IV**) gemessen. α_{sp} ist bei wachsendem f zunächst gleich 0, fällt bei einem bestimmten f (= f') ab u. bleibt dann weiter konstant. f' von **I** beträgt 3,1 MHz; f' ist abhängig vom Molgew. (ohne nähere Angaben). Bei **II** liegen 2 Stufen vor, eine steile wie bei **I** u. eine 2. flacher verlaufende (= f''). f' von **III** ist etwa ident. mit f'' von **II**. α_{sp} von **IV** ist unabhängig von f. f' ist unabhängig von der Polymerkonzentration. Die Ergebnisse lassen sich durch die Annahme deuten, daß die Größen $\partial A_{12}/\partial F$ u. $\partial A_{21}/\partial F$ (A_{12} u. A_{21} = Übergangswahrscheinlichkeiten in den Richtungen 12 bzw. 21, F = Stärke des akust. Feldes) von f abhängen. O. Fuchs. 4010□

Probleme der Kristallinität von Hochpolymeren. H. A. Stuart. (Ann. New York Acad. Sci. **83.** 3—19. 28/10. 1959. Mainz, Univ., Physikal.-chem. Inst., Labor. für Physik der Hochpolymeren.) (Engl.)

Zusammenfassender Überblick an Hand der vorliegenden Literatur. Besprochen werden einige noch nicht veröffentlichte Unterss. von Schmidt, u. zwar die mit Hilfe von Kleinwinkel-Röntgenstrahlung erhaltenen Perioden von kristallinen u. regellosen Bereichen von *Terylen* u. *Marlex 50* (**I**) nach verschiedenen Anlaß-Temp. sowie die Intensitätsänderungen u. Verschiebungen der Interferenzmaxima von (1 1 0) u. (2 0 0) von **I** bei Temp. zwischen 20 u. 130°. — 34 Literaturhinweise. C. Gottfried. 4010

Über Polyacenaphthylensulfonsäure-Austauschharze. Georg Manecke und Justus Danhäuser. (Makromolekulare Chem. **48.** 117—26. Aug. 1961. Berlin-Dahlem, Max-Planck-Ges., Fritz-Haber-Inst.) (Dt.)

Acenaphthylen (**I**) u. *Divinylbenzol* (**II**) wurden in Ggw. von Dibenzoylperoxid (**III**) durch Erhitzen bis 120° copolymerisiert; durch Extraktion des erhaltenen Harzes mit Bzl. wurde vernetztes unlösl. *Copolymeres* (**IV**) aus **I** u. **II** als Rückstand isoliert. Der **II**-Anteil in **IV** wurde von 10—25% variiert. **IV** wurde ferner durch Perlpolymerisation hergestellt, wobei in eine sd. 1%ig. wss. Lsg. von Polyvinylalkohol die geschmolzene Mischung aus **I**, **II** u. **III** einlief; Extraktion des Harzes mit Benzol. Zur Sulfonierung von **IV** wurden 19 g **IV** 24 Std. in Trichloräthylen gequollen, kurz abgesaugt u. dann mit 100 cm³ Chlorsulfonsäure 8 Std. lang auf 80° erhitzt; Eingießen des sulfonierten Harzes (**V**) in Eiswasser u. Waschen mit W.; Ausbeute 26 g trockenes **V**. Zur Best. der Austauschkapazität von **V** dienten wss. KCl enthaltende Lsgg. von KOH. Das Gleichgewicht stellt sich nach 2 Std. ein. Für den Austausch NH_4:H, Mg:H, Cu:H u. Ca:H wurden die Austauschgleichgewichte u. Trennfaktoren bestimmt. Die Affinitäten fallen in der Reihenfolge Ca, Cu, Mg ab. Der **II**-Geh. ist prakt. ohne Einfl. auf die Selektivität. Die Stabilität von **V** ist geringer als die der entsprechenden Styrolharze (Dowex); die Austauscher-Eigg. beider Harze sind etwa dieselben. O. Fuchs. 4010□

Quellung von Polyvinylalkohol-Filmen nach Behandlung mit Perjodatlösung. 2. Mitt. **Einfluß der filmbildenden Bedingungen und des Polymerisationstyps auf die Quellung.** Saburo Imoto und Junji Ukida. (Chem. High Polymers [Tokyo] **16.** 340—43. 1959. Okayama, Kurashiki Reyon Co.) (Jap.; Auszug: Engl.) — 1. vgl. C. **1961.** 16123.

Aus 1,7%ig. wss. Lsgg. von *Polyvinylalkohol* (**I**), der unter verschiedenen Polymerisationsbedingungen in Ggw. von 2.2'-Azo-bis-isobutyronitril (**II**) oder Dibenzoylperoxid (**III**) als Initiator hergestellt worden war, werden bei 20 u. 50° Filme erzeugt, diese ½ Std. lang auf 150° erhitzt u. nach Behandlung mit $NaJO_4$-Lsg. bei 30° in W. gequollen. Der Quellungsgrad (QG) variiert mit den Filmbildungsbedingungen, so daß die Verschiedenheiten auf unterschiedliche Feintextur zurückgeführt werden. Bei den wärmebehandelten Filmen ist der QG von **I**, der in CH_3OH-Lsg. polymerisiert wurde, geringer als der in Substanz polymerisierte **I**. Der QG von **I**, der in Ggw. von viel (0,1%) **III** gewonnen wurde, ist größer (maximal 1,14) als der (0,82—0,91) in Ggw. von 0,02% **II** polymerisierte **I**. L. Schuler. 4010□

Eigenschaften der Lösungen von fadenförmigen Copolyelektrolyten aus Vinylalkohol und Acrylsäure-Einheiten. Ichirō Sakurada, Akio Nakajima und Hideto Sotobayashi. (Chem. High Polymers [Tokyo] **16.** 363—67. 1959. Ibaragi, Hitachi-Werke.) (Jap.; Auszug: Engl.) — Vgl. C. **1961.** 17218.

Durch Verseifung des Copolymeren (**I**) aus Vinylacetat u. Methylacrylat (**II**) in CH_3OH-Lsg. mit 40%ig. NaOH bei 40—50° wird das *Copolymere* aus *Vinylalkohol* u. *Acrylsäure* bzw. dessen *Na-Salz* (III) erhalten. Zur Gewinnung von I-Proben, die hinsichtlich ihrer Zus. u. ihres Polymerisationsgrads einheitlich sind, wird die Copolymerisation aus Monomerengemischen mit geringem II-Geh. u. mit niedrigem Umsetzungsgrad durchgeführt. Bestimmt werden Viscosität, osmot. Druck, elektr. Leitfähigveit u. pH der wss. III-Lösungen. Die räumliche Anordnung der Polymerketten u. die Zahl der wirksamen Ladungen/III-Mol. als Funktionen der Zus. von III u. der Konz. der Lsgg. werden erörtert. L. SCHULER. 4010□

Allylpolymerisation. 5. Mitt. **Effektive Kettenübertragung bei der Polymerisation von Buten-(3)-yl-(2)-acetat. Polymerisation von Buten-(3)-ol-(2).** Norman G. Gaylord und Francis M. Kujawa. (J. Polymer Sci. **41.** 495—506. Dez. 1959. Buffalo, N.Y., Canisius Coll., Dep. of Chem.) (Engl.) — 4. vgl. C. **1957.** 7372.

Beim Erhitzen eines Gemisches aus *Buten-(3)-yl-(2)-acetat* (I) u. Dibenzoylperoxid (II) auf 80° findet eine Polymerisation von I statt, deren zeitlicher Verlauf gemessen wurde. Die Größe d[I]/d[II] ist für eine gegebene Anfangs-Konz. von II konst., fällt mit steigendem [II] linear ab u. ergibt sich durch Extrapolation auf [II] = 0 zu 38,1. Der Polymerisationsgrad beträgt nur 2,8, unabhängig von [II]. Charakterist. ist das Auftreten einer abbauenden u. einer effektiven Kettenübertragung, wobei letztere 86% der Gesamtübertragungs-Rkk. ausmacht (vgl. l. c.). d[I]/d[II] u. die Ausbeute an Polymerisat sind bei I größer als bei Allylacetat (vgl. l. c.). Das I-Polymere enthält eine Doppelbindung pro 3 Monomereinheiten für [II] = 2%. Die therm. Zers. von II verläuft in I schneller als in Allylacetat (vgl. l. c.). Beim Erhitzen eines Gemisches aus *Buten-(3)-ol-(2)* (III) u. II auf 80° erfolgt zwar eine sehr rasche Zers. von II, doch wird fast kein Polymerisat gebildet. III, Kp. 96—97°, wurde aus Acrolein u. Methyl-MgJ bei —10 bis —20° hergestellt; Hydrolyse des Rk.-Prod. mit wss. NH_4Cl-Lsg., Extraktion mit Ae.; n_D^{25} 1,4137. Zur Darst. von I, Kp. 110—110,7°, wurden 1 Mol III u. 2 Mol Eisessig mit p-Toluolsulfonsäure 2 Std. lang am Rückfluß erhitzt; Eingießen in W., Lösen der organ. Schicht in Bzl., Waschen mit wss. K_2CO_3 u. dann mit W.; n_D^{25} 1,4046. O. FUCHS. 4010□

Untersuchungen über die Dipolmomente von Polyäthylen- und Polypropylenglykolen mit niedrigem Molekulargewicht. G. D. Loveluck. (J. chem. Soc. [London] **1961.** 4729—32. Nov. Providence, R.I., Brown Univ., Metcalf Res. Labor.; Cardiff, Wales, Welsh Coll. of Advanced Technol., Dep. of Chem. and Biol.) (Engl.)

Vff. messen die DK u. Refraktionen von Polyäthylenglykolen (I) (Molgew. 62—1500) u. Polypropylenglykolen (II) (Molgew. 400—4000) in Substanz u. in Benzollösung. Die Anwendung der Gleichung von KIRKWOOD (J. chem. Physics **7.** [1939.] 911) auf die aus den unverd. Polymerisaten erhaltenen Meßwerte ergab $g\mu^2$ (μ = Dipolmoment; g = Korrelationsfaktor für die Wechselwrkg. der Dipole in dem statist. orientierten Makromol.). Aus den Meßdaten der Benzol-Lsgg. wurde μ nach der Meth. von GUGGENHEIM (C. **1952.** 1446) erhalten; für die angegebenen Molgew.-Grenzen wurden erhalten: für I 2,0 D bis 6,4 D, für II 3,6 D bis 8,5 D. Ein Vgl. von μ^2/n (n = Polymerisationsgrad) von II mit den nach der Gleichung von MARCHAL u. BENOIT (C. **1958.** 2746) berechneten Werten ergab eine sehr gute Übereinstimmung, während die nach UCHIDA, KURITA, KOIZUMA u. KUBO (C. **1957. 4346**) berechneten Werte für μ^2/n mit den gemessenen nicht übereinstimmen. Der bei der Berechnung nach MARCHAL u. BENOIT berücksichtigte Faktor für die ster. Hinderung beträgt für II 0,33. Die Werte für g wurden nach OSTER u. KIRKWOOD [1943] berechnet; die hieraus folgenden Dipolmomente der unverd. Polymeren betragen für die angegebenen Molgew.-Grenzen: für I 3,2 D bis 6,4 D, für II 3,5 bis 7,3 D. W. WALTER. 4010□

Über das dielektrische Verhalten von Epoxidharzen. M. Kobale und H. Löbl. (Z. Elektrochem., Ber. Bunsenges. physik. Chem. **65.** 662—69. Sept. 1961. München, Siemens & Halske.) (Dt.)

Das untersuchte *Epoxidharz* (I) wurde aus *Bis-phenol-A-Glycidäther* (II; Molgew. ca. 410, Epoxidzahl ca. 0,53) u. *Tetrahydrophthalsäureanhydrid* (III) als Härter hergestellt. Gemessen wurde die Abhängigkeit der DK ε u. des Verlustfaktors tgδ von der Frequenz f ($30-10^{10}$ Hz) u. von der Temp. t (20—140°). ε fällt mit steigendem f schwach ab, während tgδ durch ein Maximum geht, das bei 20° bei 10^7 Hz liegt u. sich bei t-Erhöhung nach höherem f verschiebt. Bei 100° tritt ferner bei 10^3 Hz ein Minimum von tgδ auf. tgδ geht mit steigendem t durch ein Minimum, das um so stärker ausgeprägt ist, je höher die Temp der Rk. zwischen II u. III u. je höher die Rk.-Zeit; durch den Zusatz eines Amins als Katalysator bei der Härtung läßt sich die Rk.-Zeit wesentlich verkürzen. t_{min} ist charakterist. für den Vernetzungsgrad in I u. damit für dessen Festigkeit. Verss. an I mit verschiedenem III-Geh. zeigen, daß bei einer Rk.-Temp. von 90° nur ein Teil von III chem. in I eingebaut ist. Enthält I Polyglykole als Weichmacher, so werden tgδ erhöht u. $(tg\delta)_{max}$ nach kleinem t verschoben; bei höherem t steigt tgδ nochmals an (Zunahme der Leitfähigkeit). Weiter wurden ε u. tgδ im Laufe des Härtungsvorganges gemessen (Härturgs-Temp. 130°); dabei verschiebt sich das Hochtemp.-Dispersionsgebiet unter gleichzeitiger Verbreiterung nach kleinerem f u. der spezif. Widerstand ρ steigt an, wobei in beiden Fällen nach ca. 20 Std. ein Grenzwert erreicht wird. Die Rk. zwischen II u. *p.p'-Diaminodiphenylmethan* erfolgt bei wesentlich tieferem t als die zwischen II u. III; die Änderung von ε u. tgδ im Laufe der Rk. ist qual. die gleiche wie bei II/III. Die Umwandlung vom glasigfesten in den elast. Zustand von I läßt sich durch Messen der t-Abhängigkeit von ρ bestimmen. Die aus den Messungen berechneten Werte der Aktivierungsenthalpie u. -entropie gehen bei wachsender III-Konz. bei ca. 30% III durch ein Minimum u. bei 65% III durch ein Maximum. Der Anstieg nach dem Minimum ist durch die zunehmende Behinderung der Dipolbeweglichkeit bedingt; das Maximum zeigt den Einbau der stöchiometr. III-Menge an. Oberhalb des Maximums liegt eine Beweglichkeit nur teilweise gebundener III-Moll. vor. Insgesamt zeigen diese Verss., daß sich der Rk.-Verlauf zwischen II u. III beim Härten durch dielektr. Messungen sehr gut verfolgen läßt. O. FUCHS. 4010□

Darstellung und Untersuchung eines Copolymeren aus Methylacrylat und Methacrylsäure. A. Ja. Drinberg, B. M. Fundyler und Je. A. Wolynskaja. (Журнал Прикладной Химии [J. angew. Chem.] **32.** 2075—80. Sept. 1959.) (Russ.)

Die Copolymerisation von *Methylacrylat* (I) mit *Methacrylsäure* (II) im Verhältnis 9:1 bei 80 u. 90° in Aceton bzw. Cyclohexanon mit Dibenzoylperoxid als Initiator verläuft mit einer Induktionsperiode von 1,5 bzw. ½ Std. u. führt bei 80° zur Bldg. von *Copolymeren,* deren Geh. an COOH-Gruppen stark variiert, während bei 90° Copolymere entstehen, die in der Zus. dem Ausgangsgemisch entsprechen. Bei den bei 80° erhaltenen Copolymeren nimmt die relative Viscosität im Laufe der Rk. ab, bes. in den ersten Stadien. Bei 70° copolymerisiert II mit I in der doppelten Menge des Ausgangsverhältnisses. Überzüge aus dem mit Hexamethylendiamin gehärteten I–II-Copolymeren zeigen gute Adhäsion an Stahl, hohe Biege- u. Schlagfestigkeit u. große Härte; die physikal.-mechan. Eigg. ändern sich bei 150° in 160 Std. nicht. R. K. MÜLLER. 4010□

Zur Theorie des dielektrischen Verhaltens von polaren Hochpolymeren in Lösungen. Siegfried Kästner. (Z. Elektrochem., Ber. Bunsenges. physik. Chem. **65.** 669—71. Sept. 1961. Berlin, Dtsch. Akad. der Wiss., Inst. für Kunststoffe.) (Dt.)

Zunächst wird gezeigt, daß die verschiedenen Theorien der dielektr. Relaxationen mit den von BROUCKÈRE u. Mitarbeitern (vgl. C. **1957.** 4996; C. **1958.** 2156) für *Polymethylmethacrylat* u. *Polyvinylacetat* mitgeteilten experimentellen Daten in wenig guter Übereinstimmung stehen. Vf. gibt ein neues statist. Segmentmodell an, das mit den Meßwerten besser übereinstimmt. Das Modell besteht aus einer Segmentkette mit Kugeln vom Radius r u. aus seitenständigen, die Seitengruppen darstellenden Kugeln vom Radius R. Die Relaxationsfrequenz f_m ergibt sich so zu $f_m = (kT/4\pi^2\eta_0 B^2)(1/r + 1/R)$ (B = Länge der Seitengruppen, η_0 = Viscosität des Lsgm.). Die Größe $r/(r + R)$ ist unabhängig von der Temperatur. O. FUCHS. 4010□

Eine weitere einfach gewinnbare Information aus dielektrischen Untersuchungen. F. H. Müller. (Z. Elektrochem., Ber. Bunsenges. physik. Chem. **65.** 658—62. Sept. 1961. Marburg/L., Univ., Inst. für Polymere.) (Dt.)

Der durch $\Delta\varepsilon = (2/\pi \int \varepsilon'' d \ln \omega)/2$ (ω = Frequenz, ε'' = Imaginärteil der DK) an der Dispersionsstelle definierte DK-Sprung läßt sich nach verschiedenen Theorien darstellen. Dabei geht als wesentliche Größe das Prod. $n\mu^2$ (n = Zahl der an der Dispersion beteiligten polaren Gruppen pro cm^3, μ = Dipolmoment) ein. Der Vgl. mit experimentellen Daten (ISHIDA, Kollo d-Z. **177.** [1961.] 97) ergibt, daß $n\mu^2$ bei steigender Temp. T bei *Polymethylmethacrylat* durch ein Minimum geht, während bei *Polymethylacrylat* ein monotoner Abfall vorliegt. Die Theorien von MOSOTTI u. von ONSAGER können diesen Effekt nicht beschreiben, da $n\mu^2$ als unabhängig von T angenommen wurde. Der Anstieg von $n\mu^2$ nach dem Minimum wird auf das Auftauen von bei tieferem T noch festliegenden Atomgruppen zurückgeführt (d. h. Anstieg von n bei T-unabhängigem μ). Für die Abnahme von $n\mu^2$ mit wachsendem T wird angenommen, daß innerhalb des beteiligten Komplexes Möglichkeiten zu Relativbewegungen ins Spiel kommen, wodurch die bei tieferem T große platzwechselnde Gruppe in kleinere Gruppen mit anderem μ u. anderer Frequenzlage der Dispersion zerfällt. O. FUCHS. 4010□

Über den Einfluß der inneren Beweglichkeit und des Lösungsmittels auf die Gestalt von Fadenmolekülen in Lösung (Versuche an Polymethylmethacrylat). G. V. Schulz und R. Kirste. (Z. physik. Chem. [Frankfurt/M.] [N. F.] **30.** 171—200. Nov. 1961. Mainz, Univ., Inst. für Phys. Chem.) (Dt.)

An Lsgg. von *Polymethylmethacrylat* (I; $M_w = 0{,}03 \cdot 10^6 - 4{,}6 \cdot 10^6$) in Butylchlorid wurden bei mehreren Temp. Lichtstreuungs- u. Viscositätsmessungen ausgeführt; Einzeldaten wurden von Vff. bereits früher (Z. physik. Chem. [Frankfurt/M.] [N. F.] [1961.] 301) mitgeteilt. Die Θ-Temp. ergibt sich daraus für die in () genannten M_w-Werte (in Einheiten von 10^6) zu 32,6° (4,6), 35,4° (1,1 u. 0,21), 31,8° (0,03). Für den Trägheitsradius am Θ-Punkt gilt die Beziehung $\bar{r}_\Theta = (M_w[\eta]_\Theta/4,17)^{1/3} \cdot 10^{-8}$ cm. Bei anderen Temp. ist der Zusammenhang zwischen $\bar{r}$ u. $[\eta]$ komplizierter. Für den Expansions-Koeff. $\alpha = \bar{r}/\bar{r}_\Theta$ wurde $[\eta] \sim \alpha^{2,43}$ gefunden. Weitere Messungen wurden an Lsgg. von I mit $M_w = 210000$ in verschiedenen Lsgm. bei mehreren Temp. ausgeführt; die Θ-Temp. betragen: Isoamylacetat 57,5°, Heptanon-(4) 40,4°, Butylacetat ca. −20°, Methylisovalerianat ca. −37°, 2-Methylpentanon-(4) ca. −42°, 58,2% Butanon (II) + 41,8% Isopropanol (III) 4,0°, 55% II + 45% III 12,8°, 50% II + 50% III 22,8°, 46,8% II + 53,2% III 28,5°. Die zu diesen Θ-Werten gehörigen Werte von $[\eta]_\Theta$ u. r_Θ steigen mit wachsendem Θ an; das I-Makromol. scheint also mit zunehmendem Θ steifer zu werden. Als Ursachen werden in Betracht gezogen: Eine bes. Form des Drehbehinderungspotentials, die zu einer statist. Bevorzugung helixartiger Strukturen führt, oder eine Konkurrenz zwischen den Rotationsfreiheitsgraden der Substituenten u. der Hauptkette (wachsende Platzbeanspruchung der rotierenden Seitengruppen bei steigender Temp.). Am Θ-Punkt liegen Knäuel vor, die von der Natur des Lsgm. nicht beeinflußt werden. $[\eta]/[\eta]_\Theta$ der verschiedenen Lsgm. steigt mit wachsendem 2. Virial-Koeff. A_2 an; die Größe des Anstieges nimmt mit wachsendem M_w stark zu. Zusätzliche individuelle Einfl. der Lsgm. sind nicht feststellbar. Die Persistenzlänge von I wurde aus r_Θ zu 6 ± 1 Å berechnet. O. FUCHS. 4010 □

Wachstumsfähige polymere Anionen: Die Initiierung der Polymerisation von einigen polaren Monomeren. Roger K. Graham, John R. Panchak und Mary J. Kampf. (J. Polymer Sci. **44.** 411—19. Juni 1960. Bristol, Pa., Rohm & Haas Comp., Res. Division.) (Engl.)

Fortführung der von GRAHAM u. Mitarbeitern früher (vgl. C. **1960.** 17131; C. **1961.** 11350) beschriebenen Versuche. Zuerst wurde aus dem Monomeren A in Tetrahydrofuran (I) unter Verw. von Na-Naphthalin (II) bei −78° ein langlebiges Polymeranion von A hergestellt. Sodann wurde zu der Lsg. bei −78° das Monomere B zugesetzt, wobei B auf das polymere A-Anion aufpfropfte. Das so erhaltene Blockcopolymere (III) aus A u. B wurde mit Methanol oder PAe. gefällt. Folgende **III**-Polymere wurden so aus A bzw. B hergestellt: *Methylmethacrylat* (**IV**)/*Hexylmethacrylat* (**V**), **IV**/*Butylmethacrylat*, **V**/**IV**, *Styrol* (**VII**)/**V**, **IV**/*Isopropylacrylat* (**VIII**), **VIII**/**VIII**, **VII**/**VIII**, **VIII**/**VII**, **VIII**/**IV**, **VIII**/*Acrylonitril* (**IX**), **IV**/**IX**, **VII**/**IX**, **VII**/*Methacrylonitril* (**X**), **VII**/**IX**, (**IV**/**VII**)/**IX**. Beispiel für **III** aus **IV**/**VIII**: 5 g **IV** wurden bei −78° in ein Gemisch aus 90 cm³ **I** u. 2 cm³ einer 0,1 mol. Lsg. von **II** in **I** gegeben. Nach 10 Min. war die Lsg. dickfl.; im Laufe von 5 Min. Zugabe von 5,7 g **VIII**. Nach 1 Std. Abstoppen der Polymerisation mit 2 cm³ Methanol, Erwärmen des Gemisches auf 20°, Fällen von **III** mit PAe.; Ausbeute 76%. **III** aus **VII**/**VIII** wurde mit Mischungen aus Methanol u. Bzl. verschiedener Zus. extrahiert, wobei sowohl **VIII**-Homopolymerisat als auch Blockcopolymere mit verschiedenem **VIII**-Geh. isoliert wurden. Homopolymere der 1. Komponente wurden durch Extraktion auch bei **VIII**/**IX** (41%), **IV**/**IX** (42%) u. **VII**/**X** (20%) festgestellt. Für **VIII**/**VII** u. **VIII**/**IV** erfolgte kein Einbau der 2. Komponente. **III** aus **VIII**/**VIII** besteht aus 2 Anteilen mit M_n = 67400 u. 105000 (M_n osmot. bestimmt). Wird die Polymerisation von **VIII** mit CH_3COOT (**VI**) unterbrochen, so sind 10% des erhaltenen *Polyisopropylacrylats* akt. (die Möglichkeit des Auftretens von Neben-Rkk. wird diskutiert). Wird die Polymerisation von **VII**/**X** mit **VI** abgestoppt, so wird kein akt. Polymeres erhalten.

O. FUCHS. 4010 □

Lösliche Homopolymere und Copolymere aus 2.6-disubstituierten Heptadienen-(1.6). G. N. Milford. (J. Polymer Sci. **41.** 295—305. Dez. 1959. Waynesboro, Va., du Pont de Nemours & Comp., Benger Labor., Orlon Techn. Division.) (Engl.)

2.6-Dicarbomethoxy- (**I**) u. *2.6-Dicyanheptadien-(1.6)* (**II**) wurden unter Verw. verschiedener Initiatoren (Azodiisobutyronitril, Dibenzoylperoxid, Rk.-Temp. 65—75°) in Lsg. (Verw. mehrerer Lsgm.) bzw. mit Bisulfit/Persulfat in wss. Emulsion bei 55° bzw. unter der Einw. von UV-Licht in Ggw. von Benzoin in Lsg. polymerisiert, wobei lösl. Polymere erhalten wurden. Die Intrinsicviscositäten waren am höchsten bei den UV-Polymerisaten ($[\eta]$ der Größenordnung 1,0, entsprechend einem osmot. bestimmten M_n von 67000), wobei die höchsten $[\eta]$-Werte bei Verw. von Tetramethylensulfon als Lsgm. erhalten wurden ($[\eta]$ ca. 2,0, entsprechend M_n = 160000). Beide Polymerisate enthalten nach IR-Analyse keine ungesätt. Bindungen. Aus den Lsgg. der Polymeren in Dimethylformamid lassen sich Filme herstellen, die gut dehnbar sind u. hohe therm. Stabilität besitzen. Gereckte Filme aus dem **II**-Polymeren sind amorph. Ferner wurden lösl. *Copolymere* aus *Acrylonitril* (**III**) einerseits u. **I** bzw. **II** bzw. *2.6-Dicarboxy-* bzw. *2.6-Dicarbamoylheptadien-(1.6)* andererseits sowie aus **II** einerseits u. *Vinylidenchlorid*, *Styrol*, *Acryl-*

amid, *Isopren* bzw. *Methacrylat* andererseits hergestellt. Hierbei ist es zur Vermeidung der Bldg. unlösl. Prodd. notwendig, daß die Monomer-Konz. höchstens 10% beträgt u. daß die Rk.-Geschw. nicht zu hoch ist. Löslichkeits-Verss. u. Röntgenaufnahmen zeigen, daß es sich um echte Copolymere u. nicht um Gemische aus Homopolymeren handelt. Gereckte Filme aus dem Copolymeren aus **III** u. 12,5 Mol-% **II** sind z. T. kristallin, mit 25% **II** aber amorph. Die Copolymeren mit **II** bleiben auch nach mehrstd. Erhitzen auf 100° löslich. Zur Deutung der Bldg. lösl. Homo- u. Copolymerer wird angenommen, daß die disubstituierten Heptadiene nach einem intramol. Mechanismus auch in Ggw. anderer Monomerer polymerisieren. O. Fuchs. 4010□

Dielektrische Messungen zum Relaxationsverhalten von feuchtem und verstrecktem Polyamid. W. v. Dahl und F. H. Müller. (Z. Elektrochem., Ber. Bunsenges. physik. Chem. **65.** 652—55. Sept. 1961. Marburg/L., Univ., Inst. für Polymere.) (Dt.)

Von *Nylon-6* (**I**; Verw. von *Durethan*) mit einem Wasser-Geh. $\beta = 0-3{,}6\%$ wurde zwischen $t = -180$ u. 50° der dielektr. Verlustfaktor $\mathrm{tg}\delta$ für 0,1—10 kHz gemessen. Das Maximum bei —100° erniedrigt sich mit zunehmendem β u. wird dabei nach tieferem t verschoben; für $\beta = 3{,}6\%$ ist es nicht mehr zu erkennen. Das Maximum bei —35° wird bei steigendem β stärker ausgeprägt u. verschiebt sich ebenfalls nach kleinerem t. In dem Maße, wie sich letzteres Maximum durch die Wasseraufnahme ausbildet, wird das erstgenannte Maximum abgebaut (Einfl. von H-Brücken auf die zugrunde liegenden Bewegungsmechanismen). Der Anstieg zum Hauptmaximum oberhalb 50° verschiebt sich bei wachsendem β nach tieferem t (Weichmacher-Wrkg. des W.). Trockenes unverstrecktes **I** zeigt kein Maximum bei —35°; durch ein Verstrecken um 200% tritt bei —35° ein starkes Maximum auf, gleichzeitig fällt die Temp.-Lage des Maximums bei —100° ab. Bei steigendem β wird die scheinbare Aktivierungsenergie E der Maxima bei —35° u. 50° erniedrigt, während E des Maximums bei —100° kaum geändert wird. — Vgl. auch nachst. Referat. O. Fuchs. 4010□

Vorschlag einer neuartigen Deutung des Relaxationsverhaltens, behandelt am Beispiel des 6-Nylon. F. H. Müller und E. Hellmuth. (Z. Elektrochem., Ber. Bunsenges. physik. Chem. **65.** 655—58. Sept. 1961. Marburg/L., Univ., Inst. für Polymere.) (Dt.)

Mit Hilfe der von Holzmüller (vgl. C. **1955.** 8798; C. **1956.** 1234) angestellten Betrachtungen (formelmäßige Darst. der Ergebnisse von Relaxationsmessungen auf Grund von im Material laufenden Wärmewellen) können die im vorst. Ref. beschriebenen Ergebnisse für die 3 an *Nylon-6* (**I**) beobachteten Dispersionsgebiete u. deren Abhängigkeit vom Wasser-Geh. einheitlich dargestellt werden. Hiernach beruht der Einfl. des W. u. der Verstreckung auf der Ausbldg. längerer Wärmewellen. Die gefundenen Aktivierungsenergien (90 kcal/Mol für das Maximum oberhalb 50°, 20 bei —35° u. 10 bei —100°) lassen sich auf die gleiche Höhe von 1,5 kcal/Mol der zu überwindenden Potentialschwelle der Wärmewellen zurückführen (d. h. Vorliegen desselben Elementaraktes für alle 3 Dispersionsmechanismen). Der Einfl. des W. besteht hauptsächlich in der Sprengung von H-Brücken im festen **I.** Die Zahl der mit einem Teilchen in Wechselwrkg. stehenden Wärmewellen beträgt in trockenem **I** ca. 130 oberhalb 50°, 14 bei —35° u. 8 bei —100°; die Werte fallen mit steigendem Wasser-Geh. auf einen Grenzwert ab. Auch Quellungs-Verss. mit **I** in W. stehen hiermit in Einklang. O. Fuchs. 4010□

Aus dem Gebiet der Polyamide mit ungleichartiger Kette. 14. Mitt. **Über amorphe Strukturen bei Polyamiden.** T. M. Frunse, W. W. Korschak und W. A. Makarkin. (Высокомолекулярные Соединения [Hochmolekulare Verbind.] **1.** 342—48. März 1959. Inst. für Metallorgan. Verbb. der Akad. der Wiss. der UdSSR.) (Russ.; Auszug: Engl.) — 13. vgl. Высокомолекулярные Соединения [Hochmolekulare Verbind.] **1.** [1959.] 293; 9. vgl. C. **1962.** 6053.

Die Neigung von Polyamiden, bei rascher Abkühlung in den amorphen Zustand überzugehen, hängt von ihrer Struktur ab. Polymere mit regulären Strukturen werden nicht amorph, aber Copolymere mit zwei-u. drei Komponenten bilden leicht amorphe Strukturen, bes. wenn ihre Zus. etwa gleich ist. Dicarbonsäuren u. Aminosäuren mit ungerader Anzahl Methylengruppen geben Polykondensate, die stärker zur Bldg. amorpher Strukturen befähigt sind als solche mit gerader Anzahl. Alle amorphen Polyamide sind unbeständig u. gehen mit der Zeit in den kristallinen Zustand über. Feuchtigkeit begünstigt diesen Übergang. J. v. Schroeder. 4010□

Aus dem Gebiet der Polyamide mit ungleichartiger Kette. 15. Mitt. **Polyamide hydroaromatischer Säuren.** T. M. Frunse, W. W. Korschak und W. F. Petrowa. (Высокомолекулярные Соединения [Hochmolekulare Verbind.] **1.** 349—56. März 1959.) (Russ.; Auszug: Engl.) — 14. vgl. vorst. Referat.

Ausgehend von den Dimethylphthalaten wurden durch Hydrierung in Methanol an Ni u. RuO_2 u. anschließende Verseifung mit 10% ig. HCl *Hexahydrophthalsäure* (**I**), *Hexahydroisophthalsäure* (**II**) u. *Hexahydroterephthalsäure* (**III**) dargestellt. Die Trennung der cis- u. trans-Formen erfolgte über die schwer lösl. Ca-Salze der cis-Form. trans-**I** u. -**II** wurden durch Isomerisation der cis-Form bei 180° in Ggw. von HCl erhalten. Durch Zugabe von **I**, **II** u. **III** zu einer Lsg. von *Hexamethylendiamin* (**IV**) in A.-W. wurden die entsprechenden *Salze* dargestellt: *cis*-**I**—**IV**-*Salz*, *Äthanolat*, $C_{14}H_{28}N_2O_4 \cdot C_2H_5OH$, F. 173 bis 174°. — *trans*-**I**—**IV**-*Salz*, *Äthanolat*, $C_{14}H_{28}N_2O_4 \cdot C_2H_5OH$, F. 177—179°. — *cis*-**II**/**IV**-*Salz*, *Hydrat*, F. 177—178°. *Dihydrat*, F. 124—125°. — *trans*-**II**—**IV**-*Salz*, *Hydrat*, F. 172—173°. *Äthanolat*, F. 175—176°. — *cis*-**III**—**IV**-*Salz*, F. 222,5—223°. — *trans*-**III**/**IV**-*Salz*, F. 245—246°. — Durch Polykondens. dieser Salze nach einer früher beschriebenen Meth. (KORSCHAK u. FRUNSE, Известия Академии Наук, Отделение Химических Наук [Nachr. Akad. Wiss. UdSSR, Abt. chem. Wiss.] **1955**. 163 u. vorst. Ref.) wurden die entsprechenden *Polyamide* dargestellt. Hierbei entstehen nur Polyamide der trans-Formen (auch aus den cis-Formen). Die Isomerisation erfolgt während der Polykondensation. J. v. SCHROEDER. 4010□

Gerichtete „Kristallisation" von Polymeren. W. O. Statton. (Ann. New York Acad. Sci. **83**. 27—36. 28/10. 1959. Wilmington, Del., E. I. du Pont de Nemours & Co., Inc., Textile Fibers Dep., Pioneering Res. Div.) (Engl.)

Vf. bespricht zunächst, hauptsächlich an Hand der Literatur, die röntgenograph. Unters. u. Herst. der gerichteten Gitterordnung, d. h. der longitudinalen u. lateralen Gitterordnung hochpolymerer Verbindungen. Nur longitudinale Gitterordnung zeigen die folgenden Verbb.: *Poly-N.N'-trimethylen-*, *Poly-N.N'-pentamethylen-*, *Poly-N.N'-heptamethylen-*, *Poly-N.N'-[4-methylheptamethylen]-*, *Poly-N.N'-[4-oxaheptamethylen]-terephthaldiamid*, *Poly-N.N'-[4.4'-methylendiphenyl]-sebacindiamid*, *Poly-N.N'-[4.4'-methylendiphenyl]-hexahydroterephthaldiamid*, *Poly-N.N'-[4.4'-methylendicyclohexyl]-biphenyl-4.4'-disulfonamid*, *Poly-N.N'-[4.4'-methylendicyclohexyl]-sebacindiamid*, *Poly-4.4'-bibenz-bis-[2.5-dimethylpiperazid]*, *Poly-4.4'-äthylendibenz-bis-[2.5-dimethylpiperazid]*, *Poly-4.4'-[äthylendioxy]-dibenzoesäureäthylenglykolester*, *Poly-4.4'-[tetramethylendioxy]-dibenzoesäureäthylenglykolester*, *Poly-4.4'-dibenzoesäurediäthylenglykolester* u. *Poly-N.N'-tetramethylen-4.4'-oxy-bis-benzamid*. Nur seitliche Gitterordnung zeigen die folgenden Verbb.: *Polyacrylonitril*, *Poly-γ-[p-carboxyphenoxy]-valeriansäureäthylenglykolester* u. *Poly-ω-[p-carboxyphenoxy]-undecansäureäthylenglykolester*. Bei einem anderen Teil von Hochpolymeren schließlich bildet sich je nach der therm. oder mechan. Vorbehandlung eine gemischte oder eine variable Gitterordnung: *Poly-N.N'-[4.7-dioxanonamethylen]-*, *Poly-N.N'-[4-oxaheptamethylen]-terephthaldiamid*, *Poly-N.N'-[4.6-dimethyl-m-phenylen]-sebacindiamid*, *Poly-4.4'-[tetramethylendioxy]-dibenz-bis-[2.5-dimethylpiperazid]*, *Poly-N.N'-[3-methylhexamethylen]-oxaldiamid*, *Poly-N.N'-äthylennaphthalin-2.6-dicarbonamid*, *Poly-N.N'-hexamethylenhexahydroterephthaldiamid*, *Poly-δ-[p-carboxyphenoxy]-valeriansäure-*, *Poly-ε-[p-carboxyphenoxy]-capronsäure-* u. *Poly-ω-[p-carboxyphenoxy]-heptansäureäthylenglykolester*. C. GOTTFRIED. 4010

Homopolymerisation von p-Trimethylsilylstyrol. Ronald M. Pike. (J. Polymer Sci. **40**. 577—78. Nov. 1959. Lowell, Mass., Lowell Technol. Inst., Technol. Inst. Res. Foundation, Division of Chem.) (Engl.)

p-Trimethylsilylstyrol, $C_{11}H_{16}Si$, $Kp._{10}$ 91°, n_D^{25} 1,5212 (Darst. nach LEEBRICK u. RAMSDEN, C. **1959**. 3456) wurde in Ggw. von Dimethylphthalat als Lsgm. u. Diacetylperoxid 10 Std. lang auf 90° erhitzt, wobei *Poly-p-trimethylsilylstyrol* (**I**) erhalten wurde. **I** ist ein klares hartes Harz, lösl. in Bzl., unlösl. in Alkoholen, Erweichungspunkt 170—180°, [η] 0,305 cm^3 g^{-1} in Toluol. O. FUCHS. 4010□

Reaktion von Organozinndihydriden mit Divinylsulfon. Eli M. Pearce. (J. Polymer Sci. **40**. 273—74. Okt. 1959. Wilmington, Del., du Pont de Nemours & Comp., Textile Fibres Dep., Carothers Res. Labor.) (Engl.)

Beim Erhitzen (4 Std., 60°, unter N_2) eines Gemisches aus 15 g *Diphenylzinndihydrid* u. 6,4 g *Divinylsulfon* (**I**) wird ein gelbes *Polymeres* (**II**) vom F. 145—150° u. Molgew. 6500 erhalten, lösl. in Toluol, unlösl. in Methanol. Die benzol. Lsg. von **II** ist bei Raum-Temp. leicht durch Luft oxydabel unter Bldg. eines weißen Nd. vom F. >300° u. 44,89% Sn. 17,3 g *Dibutylzinndihydrid* u. 8,94 g **I** geben in 18 Std. bei 80° 4 g eines in Bzl. unlösl. u. 14 g eines in Bzl. lösl. *Polymeren* (**IIIa** bzw. **IIIb**). F. von **IIIa** 220°. **IIIb** ist gelbbraun, Molgew. 675. In den erhaltenen Polymeren liegen vermutlich Sn–Sn-Bindungen vor. O. FUCHS. 4010□

Beziehung zwischen dem physikalischen Verhalten und der molekularen Packung in vernetztem Gummi. P. Mason. (J. chem. Physics **35**. 1523—24. Okt. 1961. Welwyn Garden City, Nat. Rubber Prod. Res. Assoc.) (Engl.)

Gereinigter *Naturgummi* wurde mit Dicumylperoxid 1 Std. lang auf 140° erhitzt; nach Extraktion u. Trocknen des Vulkanisats (I) wurde die Vernetzungsdichte X durch Quellungsmessungen in n-Decan bestimmt; ferner wurden bei 20° das spezif. Vol. v u. über einen größeren Temp.-Bereich dv/dt u. die mechan. Verluste gemessen (t = Temp.). Es gilt $v_x = v_0 - 0{,}0113 \cdot 10^{-20}$ X, wobei $v_0 = 1{,}1038$ u. X Zahl der Vernetzungen pro 1 g I. Daraus folgt, daß eine Vernetzungsstelle die Hälfte des von einem Monomeren in der Umgebung von 3—4 Monomeren beanspruchten Vol. beseitigt. Die Umwandlungs-Temp. T_g (aus dv/dt bestimmt) u. die Temp. des Verlustmaximums nehmen linear mit X zu (je Zunahme von ca. 6° pro $\Delta X = 10^{20}$/g). O. FUCHS. 4030□

Untersuchung des Einflusses von Beschleunigerkombinationen auf die Vulkanisation des Kautschuks. 1. Mitt. **Der Einfluß von Diphenylguanidin auf die Vulkanisation der Mischungen mit Mercaptobenzthiazol.** J. Beniska und P. Rosner. (Chem. Zvesti **13.** 304—12. Mai 1959. Bratislava, Slowak. TH, Lehrstuhl für organ. Technologie.) (Slowak.)

Vff. befaßten sich mit der Lösung der Frage, warum bei der Vulkanisation (VU) von *Naturkautschuk* (I) mit Kombinationen von Beschleunigern (BS) bessere Ergebnisse erzielt werden können als mit einzelnen BS. Daher wurde der Einfl. von Diphenylguanidin (Denax) auf den VU-Prozeß in Gemischen mit u. ohne Mercaptobenzthiazol (Kaptax) untersucht. Außerdem wurde der Einfl. der Konz. von ZnO auf den VU-Prozeß u. die Vernetzungs-Geschw. von I durch Schwefelbrücken u. ZnS-Bldg. untersucht. Es wurde festgestellt, daß sich in Gemischen mit Denax mehr Querbindungen bilden u. daß höhere Reißfestigkeiten erzielt werden als in ähnlichen Gemischen mit Kaptax. Das Optimum der Vernetzungs-Geschw. von I wird später erreicht als mit Kaptax. Die optimale ZnO-Konz. bei Anwendung von Denax beträgt 3 Gew.-Teile ZnO auf 100 Gew.-Teile I. Die VU von Gemischen aus Kaptax u. Denax hat gegenüber einer VU mit einzelnen BS folgende Vorteile: schnellere Bindung des Schwefels an I, größere Geschw. des VU-Prozesses u. bessere mechan. Eigg. der Vulkanisate. C. KOZÁK. 4030□

Zur Diskussion über den Phasenzustand der Cellulose. N. W. Michailow und E. S. Fainberg. (Высокомолекулярные Соединения [Hochmolekulare Verbind.] **3.** 1430—32. Sept. 1961. Allunions-Forsch.-Inst. für Kunstfasern.) (Russ.)

Nicht von röntgenograph. Unterss. erwarten Vff. eine Entscheidung in der Frage der kristallin-amorphen Struktur der *Cellulose,* sondern von thermodynam. Methoden. Danach ist der Phasenzustand von *Hydratcellulosefasern* (I) stets ein amorpher, unabhängig von der Art der Bldg. u. dem Orientierungsgrad. Der Hauptfaktor der physikal.-chem. u. physikal.-mechan. Eigg. verschiedener Typen von I ist ihre übermol. Struktur. Die Ansichten von ROGOWIN (vgl. C. **1960.** 5508) u. SCHARKOW (vgl. C. **1960.** 8201 u. 8202) zum Problem des Phasenzustandes werden abgelehnt. M. ULMANN. 4050□

Über den Quellungsprozeß und die Packungsdichte natürlicher Baumwollcellulose. Ch. U. Ussmanow, A. A. Jultschibajew und Sch. Nadshimutdinow. (Высокомолекулярные Соединения [Hochmolekulare Verbind.] **3.** 1217—19. Aug. 1961. Taschkent, Lenin-Univ.) (Russ.; Auszug: Engl.)

Die Unters. von bis zu 30 Std. mit 18%ig. NaOH mercerisierter *Baumwollcellulose* (I) ergab, daß ihre Dichte mit steigender Dauer der NaOH-Einw. abnimmt u. schließlich konst. bleibt, die Sorptionsfähigkeit u. die Benetzungswärme hingegen zunehmen. Bemerkenswert ist, daß die Änderungen der letzten beiden Eigg. viel früher zum Stillstand kommen als der Abfall der Dichte. Man hat es augenscheinlich beim Quellungsprozeß mit 2 Arten von Änderungen der I zu tun. Die beobachteten Erscheinungen bestätigen die Heterogenität des Aufbaues von I. Diese besitzt eine amorphe Struktur mit Anteilen verschiedener mol. Packungsdichte. Zu Beginn der Mercerisation werden nur die weniger dichten Anteile angegriffen. In die dichteren Anteile vermag die NaOH nicht einzudringen; der Quellungsdruck kann die zwischenmol. Kräfte nicht überwinden. M. ULMANN. 4050□

Dielektrisches Relaxationszeitspektrum von Methylcellulose in Wasser. W. Kuhn und P. Moser. (Z. Elektrochem., Ber. Bunsenges. physik. Chem. **65.** 649—51. Sept. 1961. Basel, Univ., Inst. für Physikal. Chem.) (Dt.)

Von den wss. Lsgg. von *Methylcellulose* (I; Polymerisationsgrad 890) wurde bei 20° die Frequenzabhängigkeit (f = 1—500 kHz) des dielektr. Inkrementes $\beta = d\varepsilon/dc$ gemessen. β fällt mit steigendem f sehr stark ab. Die Ergebnisse lassen sich gut nach der von KUHN (vgl. C. **1951.** I. 3192) angegebenen Beziehung wiedergeben. Daraus folgt, daß die I-Lsg. ein dielektr. Relaxationszeitspektrum von 10^{-4} bis 10^{-6} s umfaßt. O. FUCHS. 4050□

Chemische und phsysikalische Natur von Unlöslichem: Acetonlösungen von Celluloseacetat. L. H. Sperling und Marie Easterwood. (J. appl. Polymer Sci. **4.** 25—33. Juli-Aug. 1960. Memphis, Tenn., Buckeye Cell. Corp.) (Engl.)

Lsgg. von *Celluloseacetat* (**I**; Substitutionsgrad 2,5) verschiedener Herkunft in Aceton (**II**) enthalten meistens geringe Mengen an unlösl. Anteilen. Zur Isolierung dieses Gels wurde entweder eine 12,5%ig. Lsg. von **I** in **II**/W. (361 : 7,3 Vol.-Teile) zentrifugiert (21500 g) oder eine 1%ig. Lsg. in trockenem **II** wurde durch eine Glasfritte (15 μ) filtriert u. dann zentrifugiert (30000 g) oder die Lsg. wurde dialysiert. Das Gel wurde analyt., elektronenmkr. u. mit Hilfe der Lichtstreuung untersucht. Zum Beispiel enthält eine **I**-Probe aus Holz 0,059% Gel, in dem 6,8% Xylose enthalten sind; für eine **I**-Probe aus Linters lauten die entsprechenden Daten 1,13% u. 30,0%. Diese Gele sind monodispers u. von kugel- oder kartoffelähnlicher Gestalt; ihr Durchmesser beträgt 0,2—0,5μ, aus Linters lauten die entsprechenden Daten 1,13% u. 30,0%. Diese Gele sind mono- Molgew. der Größenordnung 10^8—10^9. Daneben wurden auch größere Gelteilchen isoliert, die teils faserförmig sind u. aus Cellulose I bestehen, teils als Plättchen aus Cellulosetriacetat vorliegen. Ein aus Holz nach dem Sulfatprozeß gewonnenes **I** besitzt den gleichen Gel-Geh. wie ein nach dem Sulfitprozeß erhaltenes, doch ist der Xylan-Geh. im ersten Falle ca. doppelt so groß wie im letzteren. Der Einfl. der Art u. Menge des Gels auf die Filtrierbarkeit der **I**-Lsgg. wird an Hand einiger Filtrations-Verss. demonstriert. O. FUCHS. 4050□

Einige Gesetzmäßigkeiten der Plastizierung von Filmen aus Cellulosetriacetat. L. W. Rosental. (Высокомолекулярные Соединения [Hochmolekulare Verbind.] **3.** 1406—09. Sept. 1961. Allunions-Kino-Photo-Forsch.-Inst.) (Russ.; Auszug: Engl.)

Die Verträglichkeit mit teilweise verseiftem *Cellulosetriacetat* (**I**) nimmt bei den untersuchten Plastifikatoren in nachst. Reihenfolge ab: *α-Phenyl-α-phenoläthan* (**II**), *Trichlorhydringlycerinäther*, *Benzolsulfonmethylamid*, *Adipinsäureditetrahydrofurfurylester*, *Thiodiglykolsäuredibutylester*, *Sebacinsäuredihexylester* (**III**). Aber **III** gibt Filme von hoher Schlag- u. Falzfestigkeit bei geringer Sprödigkeit, während mit besserer Mischbarkeit mit **I** die Eigg. der Filme schlechter werden. Ein entsprechendes Verh. beobachtet man bei *Estern* von *n-Alkoholen mit höheren Fettsäuren* von C_{10}—C_{13}. Je länger die unpolare aliphat. Kette der Ester ist, desto schlechter ist die Verträglichkeit der Ester mit **I**, während ihre plastifizierende Wrkg. ansteigt. Filme mit **II** zeigen nach Wasserbehandlung u. Trocknung eine 2—3mal geringere Schrumpfung als Filme mit **III**. Vf. nimmt an, daß in Ggw. von mit **I** nur begrenzt verträglichen Plastifikatoren eine weniger dichte Packung der gebildeten Sekundärstrukturen in den Filmen vorliegt, was zu den beobachteten verschiedenen Eigg. führt. M. ULMANN. 4050□

Zur Isolierung und Charakterisierung von Chondroitinschwefelsäuren. 3. Mitt. Jörg Köhler und Monika Schwabe. (Z. Naturforsch. **16 b.** 492—96. Aug. 1961. München, TH, Inst. für chem. Technol.) (Dt.) — 2. vgl. C. **1961.** 863.

Vff. bestimmen Molgew., Diffusions- u. Sedimentations-Konst. sowie die Grenzviscosität u. den Aminosäure (**I**)-Geh. von nach verschiedenen Verff. fraktionierten u. hydrolysierten *Chondroitinschwefelsäure* (**II**)-Präpp. aus Knorpel. Aus dem **I**-Verteilungsspektrum geht hervor, daß die in sämtlichen Präpp. den Anteil mit dem höchsten Molgew. darstellende Komponente kein Kollagen ist. Die **I**-Analysen zeigen ferner, daß weder die durch milde Extraktions-Verff. (z. B. mit 10%ig. bzw. 30%ig. $CaCl_2$-Lsg. u. zusätzliche Fraktionierung) noch die durch Abbau mit Trypsin, Papain oder 0,15 mol. NaOH erhaltenen **II** einheitliche Substanzen sind, sondern niedrigmol. Syst. enthalten, deren Komponenten nicht Glieder einer polymerhomologen Reihe sind. Die Viscosität–**I**-Beziehung zeigt neben dem makromol. proteinhaltigen Bestandteil noch einen kleineren Mol.-Baustein mit einem Polymerisationsgrad 32 an, der wahrscheinlich mit *Serin* (**III**) verknüpft ist. Aus den physikal.-chem. Unters.-Ergebnissen läßt sich die Struktur der *Mucoproteine* in der Weise deuten, daß einige höhermol. **II** durch echte chem. Bindungen mit dem Komplexprotein gekoppelt sind u. ein niedrigmol. Mucoprotein bilden, das — wiederum über H-Brückenbindungen — mit den Proteinkomplexen verknüpft ist u. dadurch das hochmol. native Mucoprotein bildet, letzteres enthält also mindestens 4 verschiedene Bindungstypen, u. zwar H-Brücken-, Peptid-, Ester (oder Äther)-Bindungen der **III**-Moll. sowie glykosid. Bindungen, die bei den verschiedenen Extraktions- u. Hydrolysen-Verff. mit unterschiedlicher Geschw. gespalten werden. Chem.-physikal. Unters.-Meth. sind jedoch zur Charakterisierung derartiger **II**-Präpp. geeignet.
P. FAHRNLAENDER. 4050□

Die nichtstatistische Ordnung in Aminosäure-„Allelen". Richard V. Eck. (Nature [London] **191.** 1284—85. 23/9. 1961. Bethesda, Md., Nat. Inst. of Health, Nat. Cancer Inst., Labor. of Biol.) (Engl.)

Vf. teilt das Ergebnis von im einzelnen nicht aufgeführten Berechnungen an „Allelen" mit, die hier definiert sind als Proteine, in denen eine Aminosäure (AS) gegen eine andere ausgetauscht ist, u. wobei dieser Unterschied mit der Variation in einem einzigen Gen korrespondiert. 2 verschiedene AS an der gleichen Stelle des Proteins werden als 1 Allenpaar gezählt, wenn sie in beiden Proteinen von den gleichen AS flankiert werden. Es werden aus dem vorliegenden experimentellen Material 74 Allelpaare registriert, von denen eines (Alanin : Serin) 8mal, zwei 4mal, sechs 3mal, fünf 2mal u. die restlichen dreißig 1mal auftreten. Die Rechnungen zeigen, daß diese Allelpaare keine statist. Auswahl aus den in den betrachteten Proteinen insgesamt vorhandenen Aminosäuren darstellen können. W. WALTER. 4090□

E. Biologische Chemie. Physiologie. Medizin

E_1. Allgemeine Biologie und Biochemie

Induktion von Mutationen durch Desoxyribonucleinsäure bei Drosophila melanogaster. O. G. Fahmy und Myrtle J. Fahmy. (Nature [London] **191.** 776—79. 19/8. 1961. London, Royal Cancer Hosp., Chester Beatty Res. Inst., Inst. of Cancer Res.) (Engl.)

Mit *Desoxyribonucleinsäure* (DNS) von Drosophila-Embryos u. von Rattenleber sowie mit zellfreiem Embryonalgewebeextrakt, gelöst in 0,4% NaCl, kann durch Injektionen in das Hämocölom bei *Drosophila melanogaster*-Männchen (Oregon-K-Wildstamm) in Konzz. von 0,1—1% eine Häufung von Spontanmutationen ausgelöst werden. Die Mutationen betreffen immer nur geringe Chromosomenveränderungen, sog. „Minutes", wie sie auch von selbst zu entstehen pflegen. Die Wrkg. der DNS ist schwer erklärbar. Jedenfalls scheint es sich nicht um eine direkte Beeinflussung durch Induzierung von Chromosomenbrüchen zu handeln. Vermutlich kommt die Wrkg. durch indirekte Einw. auf die Chromosomenentfaltung oder -reifung zustande. U. TAUSENDFREUND. 4130□

Anwendung von Hyaluronidasepräparaten bei der Herstellung von einschichtigen Gewebekulturen. A. A. Wolkow. (Вопросы Вирусологии [Fragen d. Virusforsch.] **6.** 493—94. Juli/Aug. 1961.) (Russ.)

Durch Zusatz von ca. 2% *Hyaluronidase* neben 0,2% *Pankreatin* konnte bei Kulturen aus menschlichen Embryonen die Zahl der isolierten Zellen auf das 2,3fache erhöht werden. M. WIEDEMANN. 4150□

Veränderungen der Menge der Nucleinsäuren und der freien Nucleotide während der ersten Entwicklung von Seeigel-Embryonen. Ivar Agrell und Henry Persson. (Nature [London] **178.** 1398—99. 22/12. 1956. Lund, Zoophysiol. Inst.)

Der Geh. von *Ribonucleinsäure, Desoxyribonucleinsäure* u. freien *Nucleotiden* wurde im Anfangsstadium der Embryonal-Entw. von *Paracentrotus lividus, Psammechinus miliaris* u. *Echinus esculentus* untersucht u. ist — pro Embryo bezogen — in Kurvenform angegeben. Der Einfl. der Zugabe von *Testosteronpropionat* wurde ebenfalls untersucht. S. DITTMANN-MITZSCHERLICH. 4150□

Beziehungen zwischen der Menge der DNS und dem Ausmaß der potentiellen Oberflächenentfaltung von Riesenchromosomenloci. F. Mechelke. (Naturwissenschaften **46.** 609. 1. Nov.-H. 1959. Gatersleben, Krs. Aschersleben, Dtsch. Akad. der Wiss. zu Berlin, Inst. für Kulturpflanzenforsch.) (Dt.)

Aus dem morpholog. Vgl. aktivierter Riesenchromosomenloci aus der Speicheldrüse der Chironomide *Acricotopus lucidus* mit homologen, nichtaktivierten geht hervor, daß die Menge der in einer Querscheibe (Q) oder Q-Gruppe lokalisierten *Desoxyribonucleinsäure* (I), gemessen an der Menge des FEULGEN-positiven Materials, das Ausmaß der möglichen Oberflächenentfaltung des betreffenden Locus begrenzt. So können im Fall der Aktivierung I-arme Q maximal nur kleine Puffs, I-reiche Q dagegen große BALBIANI-Ringe entstehen lassen. Wenn die Oberflächenentfaltung eines Locus als Maß für seine katalyt. Wirksamkeit dienen kann, so ist die für einen Locus typ. I-Menge ein Maß für die potentielle Intensität seines Eingreifens in den Stoffwechsel. H.-J. KOCH/Berlin. 4150□

Übertragung löslicher Polynucleotide in Mikrosomen-Ribonucleinsäure. H. Bloemendal, U. Z. Littauer und V. Daniel. (Biochim. biophysica Acta [Amsterdam] **51.** 66—72. 22/7. 1961. Rehovoth, Israel, Weizmann Inst. of Sci.) (Engl.)

Aus Rattenleber wurden Mikrosomen isoliert u. mit folgenden Detergentien behandelt: *Lubrol W, Triton X-100, Lissapol NX* u. *Desoxycholat* (*Na-Salz*). Die so behandelten Mikrosomen bauen in ihre *Ribonucleinsäure* (RNS) lösl. Polynucleotide ein. Die Rk. erfordert Ggw. von *Adenosintriphosphat* mit einem energieübertragenden System. Das

Ausmaß der Übertragung von ^{32}P aus mit ^{32}P markierter lösl. RNS, die von anhaftenden Aminosäuren befreit wurde, in mikrosomale RNS wird durch Zugabe lösl. Enzyme oder einer Aminosäuremischung nicht beeinflußt. Übertragung der Radioaktivität in mikrosomale RNS wurde auch bei Verw. von lösl. RNS, die in den Endgruppen mit *^{14}C-Adenosinmonophosphat* (^{14}C-AMP) markiert war, festgestellt. Wenn die aus dem Rk.-Gemisch isolierte markierte mikrosomale RNS mit Alkali hydrolysiert wurde, wurden 63% der Radioaktivität in ^{14}C-AMP, der Rest in der Adenosin-Fraktion gefunden. Bei alkal. Hydrolyse terminal mit ^{14}C-AMP markierter lösl. RNS wurden dagegen 93% der Radioaktivität im Adenosin wiedergefunden. S. DITTMANN-MITZSCHERLICH. 4150 □

Instabile Ribonucleinsäure, entdeckt durch „Stoß"-Markierung von Escherichia coli. Francois Gros, H. Hiatt, Walter Gilbert, C. G. Kurland, R. W. Risebrough und J. D. Watson. (Nature [London] **190.** 581—85. 13/5. 1961. Paris, Inst. Pasteur; Harvard Univ., Dep. of Phys. and Biol. Labor.) (Engl.)

Durch „Stoß"-Markierung von *Escherichia coli*-Zellen (Zusatz von ^{32}P oder *^{14}C-Uracil* bei 25° zur Kultur u. schnelle Abtötung der Zellen nach 10—20 Sek.), Gewinnung der *RNS* u. Unters. durch Saccharose-Gradientzentrifugieren konnte festgestellt werden, daß die Bakterien eine instabile, sich schnell umwandelnde RNS-Komponente enthalten, die sich physikal. von der Ribosomen- u. der Überträger-RNS (lösl. RNS) unterscheidet. Sie zeigt die gleichen Peaks im Sedimentationsdiagramm u. die gleiche Verknüpfung mit den *Ribosomen* bei hoher *Mg^{2+}*-Konz. wie phagenspezif. RNS nach Infektion von *E. coli* mit *T2-Phagen*. Außerdem ist sie mit den akt. *70s*-Ribosomen, dem Sitz der *Protein*-Synth., verbunden. E. LODEMANN. 4150 □

Nucleotidpeptide in Escherichia coli. J. Černá, D. Grünberger und F. Šorm. (Collect. czechoslov. chem. Commun. **26.** 1212—14. April 1961.) (Engl.)

Die Isolierung einiger *Nucleotidpeptide*, die möglicherweise Zwischenprodd. der Protein-Synth. sein könnten, aus Kulturen von *E. coli* wird mitgeteilt. Die Fraktionen enthalten neben 1—2 Basen bis zu 8 Aminosäuren. Die Prodd. wurden chromatograph. getrennt, es wurde auch ein Vers. unter Anwendung von ^{14}C-Lysin ausgeführt, der die oben angeführte Hypothese unterstützt. V. KNESSLOVÁ/Prag. 4150

Einfluß von alkalischem pH auf das Ultraviolettspektrum einer „löslichen" Ribonucleinsäure. Roger Monier und Francis Reynier. (C. R. hebd. Séances Acad. Sci. **252.** 2622—24. 24/4. 1961. Marseille, Fac. des Sci., Labor. de Chim. Biol.) (Franz.)

Der Einfl. der pH-Wertänderung von 7 nach 14 auf die opt. Dichte bei 260 mμ *„lösl." RNS* aus Bäckerhefe u. Rattenleber wurde untersucht. Der festgestellte erhebliche hypochrome Effekt wird als Beweis dafür gewertet, daß die RNS in Lsg., wenigstens in bestimmtenMol.-Bereichen, in einer Sekundärstruktur (unvollständige Doppelhelix) vorliegt. E. LODEMANN. 4150 □

Über die elektrischen Eigenschaften des Natriumsalzes der Desoxyribonucleinsäure. Pierre Douzou, Jean-Claude Francq, Joseph Polonsky und Charles Sadron. (C. R. hebd. Séances Acad. Sci. **251.** 976—78. 17/8. 1960.) (Franz.)

Fasern des Na-Salzes der *Desoxyribonucleinsäure* (DNS) wurden gepreßt u. elektr. Wechselspannungen (50 c/s bis einige 1000 c/s) unterworfen. Völlig entwässert verhält sich die Na-DNS wie ein normaler Isolator. Bei bestimmtem W-Geh., am stärksten dem, bei dem Kristallisation im monoklinen Syst. eintritt, wird Hysterese beobachtet, diese tritt nur bei niederen Frequenzen u. mit einer gewissen Verzögerung auf. Die Dielektrizitäts-Konst. bei niederen Frequenzen scheint das Resultat dielektr. Effekte u. der Ionenleitung zu sein. M. WIEDEMANN. 4150 □

Spektrophotometrische Untersuchung der Reaktion zwischen Desoxyribonucleinsäure und Mercurichlorid. Pierre May. (C. R. hebd. Séances Acad. Sci. **249.** 2128—30. 16/11. 1959. Villejuif, Seine, Centre de Rech. de Biochim. et Physiol. cellulaires.) (Franz.)

Das UV-Spektrum von *Desoxyribonucleinsäure* (I) ändert sich in Ggw. von $HgCl_2$, wobei das Maximum von 260 nach 280 mμ wandert. Die Unters. der Hg^{2+}-Bindung mittels dieses Verf. ergab, daß **I** maximal 1 Mol Hg^{2+}/Mol Nucleotid binden kann. An der Bindung **I**–Hg^{2+} scheinen N-Basen beteiligt zu sein. K. MAIER. 4150 □

Der thermische Abbau von Nucleinsäuren. Joseph Eigner, Helga Boedtker und George Michaels. (Biochim. biophysica Acta [Amsterdam] **51.** 165—68. 22/7. 1961. Cambridge, Mass., Harvard Univ., Dep. of Chem.) (Engl.)

Verwendet wurden bei den Verss. *Ribonucleinsäure* (RNS) aus Tabakmosaikvirus, *Desoxyribonucleinsäure* (DNS) aus *Diplococcus pneumoniae, Escherichia coli* u. *Pseudomonas aeruginosa*. Die Zeitabhängigkeit der Verkleinerung des Molgew. bei verschiedenen pH-Werten u. Temp. wurde untersucht. Aus den Ergebnissen wird gefolgert, daß die Hydrolyse der Phosphat—Diester-Bindung entscheidende Bedeutung für die Geschw.

des Abbaus der Nucleinsäuren besitzt. Die Aktivierungsenergie für den Abbau von RNS beträgt 19±2 kcal, für den Abbau von DNS beträgt sie 25±2 kcal. Die Zeiten, in denen das Molgew. von RNS bzw. von DNS bei verschiedenen Temp. halbiert wird, wurden aus den Ergebnissen berechnet u. sind tabellar. angegeben.
S. DITTMANN-MITZSCHERLICH. 4150□

Untersuchungen über die Synthese von Serumalbumin durch isolierte Ribonucleoproteinpartikel aus Rattenleber. Alexandra von der Decken und P. N. Campbell. (Biochem. J. **80**. 39 P. Sept. 1961. London, Middlesex, Hosp. Med. School, Courtauld Inst. of Biochem.) (Engl.)

Ribonucleoproteinpartikel, gewonnen aus den Lebern junger Ratten, wurden in *^{14}C-Leucin* (I)-haltigem Medium (*ATP*, *Phosphoenolbrenztraubensäure*, *Pyruvatkinase*, *Zellsaft*) inkubiert. I wurde in das *Serumalbumin* eingebaut. E. LODEMANN. 4150□

Regulierung der Ribonucleinsäurebiosynthese. Wirkung von Nicotinamid. M. Revel, L. Mandel, M. Wintzerith, N. Klein und P. Mandel. (Bull. Soc. chim. Biol. **43**. 91–101. 1961. Strasbourg, Dép. des Applicat. Biol., Fac. de Méd., et Centre de Rech. Nucl., Inst. Chim. Biol.) (Franz.)

Unterss. über die Wrkg. von *Nicotinamid* (I) auf die *^{32}P*-Inkorporierung in die *RNS* von Leber (A), normaler (B) u. sich hypertrophierender Niere (C), von NOVIKOFFschem (D) u. ZAJDELAschem Hepatom (E) ergaben, daß I bei B, C u. D starke, bei A schwächere u. bei E keine Hemmung der RNS-Synth. bewirkt. Auf Grund der induzierenden Wrkg. von I auf die *DPN*-Synth. wird eine kompetitive Hemmung der *RNS*-Synth. durch den Verbrauch von *ATP* für die konkurrierende Rk. angenommen.
E. LODEMANN. 4160□

Wirkungen von 4-Aminopyrazolo-[3.4-d]-pyrimidin und 1-Methyl-4-aminopyrazolo-[3.4-d]-pyrimidin auf den Nucleinsäure-Purin-Stoffwechsel in Ascitestumoren. J. Frank Henderson und Irene G. Junga. (Cancer Res. **21**. 173–77. Febr. 1961. Menlo Park, Calif., Stanford Res. Inst., Dep. of Biol. Sci.) (Engl.)

Es wurde die Wrkg. einer einmaligen therapeut. Dosis von *4-Aminopyrazolo-[3.4-d]-pyrimidin* (I) bzw. *1-Methyl-4-aminopyrazolo-[3.4-d]-pyrimidin* (II) auf die Inkorporation von *^{14}C-Glycin*, *^{14}C-Adenin* oder *^{14}C-Guanin* in RNS- u. DNS-Adenin u. Guanin 12 Std. nach Applikation am EHRLICH-Ascitescarcinom u. an dem für I u. II resistenten Sarkom 180 untersucht. W. GUTSCHE. 4160□

Vergleichende Untersuchung der antigenen Struktur der Geschwülste und des homologen normalen Gewebes. 3. Mitt. Immunbiologische Charakteristik der aus dem Guérin-Carcinom und aus der normalen Gebärmutter der Ratte isolierten Desoxyribonucleoproteide. M. Ss. Lomakin und Ju. F. Malina. (Бюллетень Экспериментальной Биологии и Медицины [Bull. exp. Biol. Med.] **51** (**26**). Nr. 3. 88–93. März 1961. Moskau, Inst. für exp. Biol. der Akad. der med. Wiss. der UdSSR, Biochem. Labor. u. Labor. für Nichtinfektions-Immunol.) (Russ.; Auszug: Engl.) — 2. vgl. Бюллетень Экспериментальной Биологии и Медицины [Bull. exp. Biol. Med.] **49**. [1959.] 85.

Serum von Kaninchen, welche mit *Desoxyribonucleinsäure* (I) aus GUÉRIN-Carcinom-Gewebe der Ratte immunisiert wurden, ist deutlich stärker carcinolyt. wirksam, als Serum von Kaninchen, welche mit I aus normalem Uterusgewebe der Ratte immunisiert wurden. Während Seren des ersten Typs das Wachstum von explantiertem Tumorgewebe völlig hemmen, wird das Wachstum von homologem normalem Gewebe unter den gleichen Bedingungen wesentlich weniger beeinflußt. E. RENTZ. 4160□

Antigenität von Desoxyribonucleinsäuren aus Mäuseleber und aus Ehrlich-Ascitestumoren. J. S. Colter und K. A. O. Ellem. (Nature [London] **190**. 550–51. 6/5. 1961. Philadelphia, Pa., Wistar Inst.) (Engl.)

Unterss. mit Antiseren, erhalten durch Immunisierung von Kaninchen mit *DNS*-Präpp. aus Mäuseleber u. EHRLICH-Ascitestumorzellen ergaben, daß Antitumorzellen-DNS-Serum in vivo das Wachstum des Tumors hemmt. E. LODEMANN. 4160□

Vergleich von reduzierten alkylierten Derivaten einiger Myelom-Globuline und Bence-Jones-Proteine. M. D. Poulik und G. M. Edelman. (Nature [London] **191**. 1274–76. 23/9. 1961. Washington, D.C., American Nat. Red Cross; New York, N.Y., Rockefeller Inst.) (Engl.)

Durch Red. mit Mercaptoäthanol u. Alkylierung mit Jodacetamid entstehen aus *Myelomglobulinen* (I) u. BENCE-JONES-*Proteinen* (II) Bruchstücke, die sich durch Stärkegel-Elektrophorese in 8 m Harnstoff auftrennen lassen. Es wird an einem Beispiel gezeigt, daß diese Bruchstücke durch Chromatographie an Carboxymethylcellulose teilweise getrennt werden können (Gesamteluat von der Säule 32%). In I u. II aus dem gleichen Patienten konnten nach Red. u. Alkylierung auf Harnstoff–Format-Gel korrespondierende Banden nachgewiesen werden, auch wenn **I** u. **II** verschiedene elektrophoret. Eigg. aufwiesen. W. WALTER. 4160□

Die Erzeugung melanotischer Tumoren mit Ähnlichkeit zu den blauen Naevi beim syrischen weißen Hamster durch kutane Applikation von 7.12-Dimethylbenz-[α]-anthracen. Henry Rappaport, Giuseppe Pietra und Philippe Shubik. (Cancer Res. **21.** 661—66. Juni 1961. Chicago, Ill., Chicago Med. School, Div. of Onkol.) (Engl.)

Mittels ein- u. mehrmaliger cutaner Injektionen von *7.12-Dimethylbenz-[α]-anthracen* wurden beim weißen syr. Hamster melanot. Tumoren erzeugt, die den blauen Naevi des Menschen ähnelten. Der Pigment-Geh. dieser Tumoren war sehr unterschiedlich. Keiner der induzierten Tumoren bildete Metastasen. W. GUTSCHE. 4160□

Biologische Umwandlung von 4-Nitrobiphenyl in ein aktives Carcinogen. Souheil Laham. (Canad. J. Biochem. Physiol. **38.** 1383—85. Nov. 1960. Ottawa, Dep. of Nat. Health and Welfare, Environmental Health Centre, Biol. Unit of Occupat. Health Div.) (Engl.)

Nach oraler Verabreichung von *4-Nitrobiphenyl* an Ratten konnte Vf. im Urin papierchromatograph. *4-Aminobiphenyl* u. *Na-4-Aminobiphenylyl-(3)-hydrogensulfat* nachweisen. P. GREGORZEWSKI. 4160□

Cancerogene Substanzen in verunreinigter atmosphärischer Luft. Halina Wyszyńska. (Roczniki państwowego zakładu Hig. **11.** 541—49. 1960. PZH., Zakł. Hig. komun.) (Pol.)

Zu krebserregenden Stoffen mit aromat. Struktur zählen vor allem *Methylcholanthren* (**I**) u. *3,4-Benzpyren* (**II**). **I** ist allerdings in der Luft noch niemals gefunden worden. Weitere cancerogene Stoffe sind Abkömmlinge des Thiophenanthrens (*4.9-Dimethyl-5.6-benzothiophenanthren*), des Acridins (*1.2;5.6-Dibenzacridin*) u. des Carbazols (*1.2;5.6-Dibenzcarbazol*). Die biolog. Aktivität aromat. Substanzen scheint mit der Größe u. Form der Moll. zusammenzuhängen. Zu nicht aromat. Stoffen, die Krebs verursachen, zählen Alkylenoxyde. **II** kann als Indicator für den Verunreinigungsgrad der Luft angesehen werden. Das cancerogene Potential der Luft wird durch Phenole u. Chinone erniedrigt. — 17 Literaturangaben. F. URBAN. 4160□

Die Wirkung wiederholten chirurgischen Traumas auf die chemische Carcinogenese. Bernard Gottfried, Norman Molomut und Joseph Patti. (Cancer Res. **21.** 658—60. Juni 1961. Port Washington, N.Y., Waldemar Med. Res. Foundat.) (Engl.)

Bei C 57 Bl/6-Mäusen wurden durch subkutane Injektionen von *3.4;9.10-Dibenzpyren* Tumoren induziert. Während der Latenzperiode wurde chirurg. unter *Nembutal*-Narkose u. *Hyamin*-Desinfektion durch Hautschnitte oder Laparotomie Wunden erzeugt. Es ergab sich bei den verwundeten Tieren eine etwas kürzere Latenzperiode u. schnelleres Tumorwachstum. W. GUTSCHE. 4160□

Östrogen-Exkretion bei Patienten mit Brustcarcinom vor und nach Bestrahlung des Eierstocks und Oophorektomie. E. Diczfalusy, G. Notter, F. Edsmyr und A. Westman. (J. clin. Endocrinol. Metabolism **19.** 1230—44. Okt. 1959. Stockholm, Sweden, Karolinska sjukhuset, Dep. of Women's Dis., Hormone Labor. and Radiumhemmet.) (Engl.)

Vff. bestimmten an 17 prämenopausalen Brustcarcinom-Patienten die Exkretion von *Östron* (**I**), *17β-Östradiol* (**II**) u. *Östriol* (**III**) in dem Harn (96-Std.-Proben) während der folliculären Phase, der lutealen Phase, 2 u. 4 Monate nach Eierstock-Bestrahlung u. 2 Monate nach beidseitiger Oophorektomie. Die größte Abweichung in der Menge an ausgeschiedenen Östrogenen schien von der Ovulation u. Corpus luteum-Bldg. abhängig zu sein. Eierstock-Bestrahlung reduzierte deutlich die Gesamt-Östrogen-Ausscheidung in dem Harn unter den Geh. in der folliculären Phase u. resultierte in einer markanten Abnahme im Verhältnis **III** : **I** + **II**. Beidseitige Oophorektomie 5 Monate nach der Eierstock-Bestrahlung hatte keine weitere Abnahme der Östrogen-Exkretion zur Folge. G. BRATFISCH. 4160□

Vorübergehende wiederkehrende Gynäkomastie nach Entfernung eines Östrogen ausscheidenden interstitiellen Zellentumors der Hoden. M. Lawrence Heideman jun. (J. clin. Endocrinol. Metabolism **19.** 1331—43. Okt. 1959. Seattle, Wash., Veterans Administr. Hosp., Univ. of Washington, Dep. of Med.) (Engl.)

Klin. Bericht über einen jungen Mann mit einem interstitiellen Zellentumor an der linken Hode u. zweiseitiger Gynäkomastie, Athrophie der rechten Hode, Veränderungen an der Haut, Bart u. einer Stimme, die auf abnehmende androgene Wrkg. schließen ließ. Die Exkretion von *Östrogen* (**I**) war erhöht, von *Gonadotropin* (**II**) herabgesetzt, die der *17-Ketosteroide* (**III**) normal. In der extratumoralen Zone der linken Hode war die

Spermatogenese vermindert, eine mäßige Hypoplasie der Keimzellen zu beobachten, die interstitiellen Zellen waren zerstreut. Diese Befunde waren der Sekretion geringer Mengen an I durch den Tumor u. der resultierenden Unterdrückung der Hypophysen-II-Sekretion zuzuschreiben. Nach linksseitiger Orchiektomie verschwanden Gynäkomastie u. hypoandrogene Wrkg. schnell u. vollständig. 1 Woche nach der Operation verdoppelte sich die III-Exkretion. Die rechte Hode vergrößerte sich zur normalen Größe. 4 Monate nach der Operation kehrte die Gynäkomastie einseitig wieder, nochmals nach 11 u. 22 Monaten, verschwand aber immer wieder. Die II-Exkretion lag an der oberen normalen Grenze über viele Monate, die III-Exkretion blieb normal, die I-Exkretion nahm langsam zum normalen Spiegel ab. G. BRATFISCH. 4160□

Der Einbau radioaktiver Substanz als Anzeige für Stoffwechseländerungen der Leber, insbesondere nach Anwendung von Cytostaticis. H. Wrba und E. Boquoi. (Z. ges. exp. Med. **135.** 79—82. 1961. München, Univ., Pathol. Inst.) (Dt.)

Behandlung mit den Cytostaticis *Dichloren, Endoxan, Mitomen* u. *Triäthylenmelamin* verursachen bei Ratten eine der Dosierung proportionale Steigerung des Phosphat-Einbaus in die Leber nach intraperitonealer ^{32}P-Injektion, ohne histolog. faßbare Veränderungen zu verursachen. P. GREGORZEWSKI. 4160□

Die Lokalisation von ^{131}J-Octojodfluorescein in Gehirntumoren bei Mäusen. Edward C. Tocus und George T. Okita. (Cancer Res. **21.** 201—05. Febr. 1961. Chicago, Ill., Univ., Argonne Cancer Res. Hosp., Dep. of Pharmacol.) (Engl.)

^{131}*J-Octojodfluorescein* (I) wurde an einem Hirntumor u. vergleichend an einem Mammaadenocarcinom sowie an normalem Gewebe bei Mäusen auf Brauchbarkeit als Hirntumor-lokalisierendes Agens geprüft. Das Verhältnis der I-Konz. von Hirntumor zu normalem Hirngewebe schwankte zwischen 3,15 u. 32,8. W. GUTSCHE. 4160□

Über den Einfluß des N-Acetylsarkolysinthiazolyl-(2)-amids (Asazol) auf das Wachstum der transplantierten Geschwülste. L. F. Larionow und G. N. Platonowa. (Бюллетень Экспериментальной Биологии и Медицины [Bull. exp. Biol. Med.] **51 (26).** Nr. 3. 94—96. März 1961. Moskau, Inst. für exp. u. klin. Onkol. der Akad. der med. Wiss. der UdSSR, Labor. für exp. Chemotherap.) (Russ.; Auszug: Engl.)

Verss. an Mäusen, Ratten u. Katzen, welche verschiedene Dosen von *N-Acetylsarkolysinthiazolyl-(2)-amid* (I; *Asazol*; in W. unlösl., gut lösl. in Chlf. u. A.) intraperitoneal u. per os erhielten, ergaben eine antiblast. Wrkg. von I auf Impftumoren verschiedener Art (völlige Rückbildung von Rattensarkom 45 in 60% u. von Mäusesarkom 298 in 50% der Fälle). Zum Unterschied von *Sarkolysin* bewirkt I keine Hemmung des Lymphosarkoms LIO-1 u. stimuliert sogar das Wachstum des CROKER-Sarkoms der Maus. Die tox. Wrkg. von I ist gering: die DL_{100} für die Ratte beträgt 1 g/kg, die DL_{25} 0,5 g/kg intraperitoneal. Therapeut. Dosen von I führten in Verss. an Ratten (65 mg/kg alle 72 Std.) u. Katzen (30—40 mg/kg) zu einer mäßigen Leukopenie. Die Zahl der Erythrocyten wurde nicht beeinflußt. E. RENTZ. 4160□

Verhütung des Wachstums und der Ausbreitung maligner Zellen durch lokale Vorbehandlung mit radioaktivem Chrom(III)-phosphat. Horace Goldie, Matthew Walker, Robert E. Agee und Michel W. Kildare. (Proc. Soc. exp. Biol. Med. **104.** 676—80. Aug.-Sept. 1960. Nashville, Tenn., Meharry Med. Coll., Dep. of Exp. Oncol. and Surg.) (Engl.)

Die Verringerung des Wachstums maligner Tumoren bei der Maus nach lokaler Vorbehandlung mit $Cr^{32}PO_4$ an allen Stellen (Bauchhöhle, Kopfhaut, Pleurahöhle u. Bauchwand) ist direkt proportional der Dosis der Radioaktivität u. umgekehrt proportional der Zeit zwischen der Isotopeninjektion u. der Tumoreinimpfung; das gleiche gilt für die Ausbreitung maligner Zellen in der Kopfhaut u. Pleurahöhle.
K. ZINGRAF. 4160□

Wirkung von Testosteron auf HeLa- und KB-Tumorzellen. H. Planel, J. F. David und J. P. Soleilhavoup. (C. R. Seances Soc. Biol. Filiales **155.** 1585—88. 1961. Toulouse, Fac. de Méd., Labor. d'Histol.) (Franz.)

Vff. stellten fest, daß *Testosteron* (I), ebenso wie *Östradiol* (II) u. *Progesteron*, auf HeLa- u. KB-Tumorzellen hemmend wirken; I ist etwas weniger wirksam als II. HeLa-Zellen sind empfindlicher als KB-Zellen. — Die histolog. Befunde werden ausführlich beschrieben u. diskutiert. H. KOCKERT. 4160□

Experimentelle Ergebnisse zur Frage des Wirkungsmechanismus ionisierender Strahlen. Ewald Fleischmann, Karl Karrer und Hermann Werkgartner. (Strahlentherapie **112.** 287—92. 1960. Wien, Univ., Zentrale Röntgen-Inst. u. Österr. Krebsforschungs-Inst.) (Dt.)

Bei mit dem WALKER-Carcinosarkom subkutan geimpften Ratten erzielt man durch 0,45% ig. H_2O_2 als Trinkwasser keine signifikante Tumorhemmung. Auch in Verbindung mit einer Röntgenbestrahlung ist nur eine unbedeutende Steigerung der Tumorhemmung feststellbar. Intraperitoneal injiziertes 2% ig. H_2O_2 wirkt nicht nur selektiv auf YOSHIDA-Sarkomasciteszellen, sondern auch auf eosinophile und neutrophile Leukocyten.
R. SAUERBREY. 4160□

E$_2$. Enzymologie. Gärung

Wirkung von Cytochrom c an isolierten Herzen. M. Lamarche, R. Royer und J. B. Milavanovich. (C. R. Séances Soc. Biol. Filiales **155.** 1526—27. 1961. Nancy, Fac. de Méd., Labor. de Pharmacol.) (Franz.)

Vff. stellten nach Zugabe von *Cytochrom c* (**I**; Dosis: 10—50 mg/Liter) zur Perfusions-Fl. des isolierten Meerschweinchenherzens keine signifikanten Veränderungen des Herzrhythmus, der Amplitude usw. fest; wohl aber macht sich nach Durchströmen mit einer 30 mg I/Liter enthaltenden Perfusions-Fl. eine Veränderung im Elektrocardiogramm bemerkbar, die sich bes. in einer Verbesserung der Repolarisation des Myocards ausdrückt. H. KOCKERT. 4210□

Der Elektronentransport und die Cytochrome der subcellulären Teilchen von Blumenkohlknospen. Frederick L. Crane. (Plant Physiol. **32.** 619—25. Nov. 1957. Madison, Wis., Univ. of Wisconsin, Inst. for Enzyme Res.) (Engl.)

Blumenkohlknospen wurden homogenisiert u. durch fraktioniertes Zentrifugieren in verschiedene Teilchenfraktionen aufgetrennt. Die *DPNH-Oxydase* (**I**)-Aktivität war in den mittleren Fraktionen konz., während die *DPNH-Cytochrom c-Reduktase* (**II**) vorwiegend in den leichten Fraktionen enthalten war. **II** wurde nicht durch *Antimycin* (**III**) gehemmt. Die Aktivität an *Diaphorase* war in den Fraktionen der Summe von **I** u. **II** etwa gleich. Die Fähigkeit, *Succinat* durch O_2 oder *Cytochrom c* (**IV**) zu oxydieren, war auf die mittleren Fraktionen beschränkt, wobei der Zusatz von **IV** die Rk. stimulierte. Die **I**- sowie die *Succinoxydase*-Aktivität ging bei Lagerung allmählich verloren; die **I**-Aktivität konnte anfangs durch dialysiertes Serumalbumin teilweise wiederhergestellt werden. Die Entw. der Partikelfraktionen mit 0,1m Phosphatpuffer u. 10% A. führte zu einer Verdopplung der **II**- u. der *Succincytochrom-c-Reduktase*-Aktivität der Partikel, wobei die neue **II**-Aktivität teilweise durch **III** gehemmt wurde. J. BOELTER. 4210□

Die Rolle der Lipide im Elektronentransportsystem der Mitochondrien. D. E. Green und R. L. Lester. (Federat. Proc. **18.** 987—1000. Dez. 1959. Madison, Wis., Univ. of Wisconsin, Inst. for Enzym Res.) (Engl.)

Übersicht über Form der Mitochondrienlipide, Coenzym Q, Extraktion der Partikel mit organ. Lsgm., Bedeutung von Vitamin K_1 im Elektronentransport, Struktur u. Sequenz der Elektronentransportkette, polymol. Struktur der Komponenten der Elektronentransportkette. — 67 Literaturangaben. P. GREGORZEWSKI. 4210□

Enzymatische Sulfitoxydation in Mitochondrienpräparaten aus Erbsen. O. Arrigoni. (Ital. J. Biochem. **8.** 181—86. Mai/Juni 1959. Mailand, Univ., Ist. Bot.; Centro di studi per le ossido-riduzioni nei vegetali del C.N.R.) (Engl.) — Vgl. C. **1962.** **4574.**

Vf. konnte zeigen, daß *Sulfit* enzymat. durch Erbsenmitochondrien-Präpp. zu *Sulfat* oxydiert wird, u. zwar wird 1 Mol O_2 pro Mol Sulfit verbraucht. Die Oxydation wird durch *Adenosindiphosphat* u. Mg^{2+} stark beschleunigt. In Abwesenheit von O_2 katalysiert das Enzym die Red. von *Cytochrom* c durch Sulfit. P. GREGORZEWSKI. 4210□

Ein Inhibitor der Leberdehydrogenase in Präparaten von reduziertem Diphosphopyridinnucleotid. Keith Dalziel. (Nature [London] **191.** 1098—99. 9/9. 1961. Sheffield, Univ., Dep. of Biochem.) (Engl.)

Verschiedene Muster von käuflichem red. *Diphosphopyridinnucleotid* (β-DPNH der SIGMA CHEMICAL Co.) führen bei der Red. von *Acetaldehyd* (**II**) mittels krist. *Alkoholdehydrogenase* (**I**; C. **1962.** **3846**) der Pferdeleber zu erheblich verschiedenen Rk.-Geschwindigkeiten. Dies konnte auf Ggw. einer Substanz in den β-DPNH-Präpp. zurückgeführt werden, welche dem DPNH hinsichtlich Lichtabsorption u. Fluorescenz sehr ähnlich ist, jedoch keine Coenzym-Wrkg. hat. — Ähnliche Befunde wurden mit *Butyraldehyd* als Substrat erhalten. — Es wurde nachgewiesen, daß folgende Substanzen nicht als Inhibitoren (**III**) der **I** in Frage kommen: Nicotinamid u. sein oxydiertes u. sein reduziertes N-Methyl-Deriv., Adenosin, Adenosindiphosphat, Adenosintriphosphat, Adenylsäure (Hefe), α-DPN, β-DPN, ferner Prodd. der Einw. von Nucleotidpyrophosphatase auf DPN bzw. DPNH (wobei Adenosinmonophosphat u. Nicotinamidmononucleotid entstehen). Behandlung von DPNH mit 0,1n HCl oder DPN mit 0,1n NaOH führt zur Bldg. von sehr wirksamen **III**; dabei wurde aus dem sauren Ansatz von DPNH oder aus den Einw.-Prodd. von Nucleotidase (aus *Neurospora crassa*) auf DPN *Adenosindiphosphatribose* (**IV**) isoliert, welche bei pH 6 die Red. von **II** um 40% hemmt, jedoch bei pH 10 nicht hemmt. Behandlung von **III** mit Nucleotidpyrophosphatase zerstört die Wrkg. als Inhibitor. In den DPNH-Präpp. konnte aber **IV** bei Elektrophorese nicht nachgewiesen werden, wobei nicht sicher ist, ob die verwendeten Substanzmengen zum Nachw. ausreichten. A. HESSE. 4210□

Der Stoffwechsel von C_2-Verbindungen in Mikroorganismen. 7. Mitt. Herstellung und Eigenschaften kristallisierter Tartronaldehydsäurereduktase. A. M. Gotto und H. L. Kornberg. (Biochem. J. **81.** 273—84. Nov. 1961. Oxford, Univ., Dep. of Biochem.) (Engl.) — 6. vgl. Biochem. J. **78.** [1961.] 69; 5. vgl. C. **1961.** 12134.

Tartronaldehydsäurereduktase (**I**) wurde aus Ultraschallextrakt in Ggw. von Glykolat gezüchteter *Pseudomonas ovalis* (*Chester*)-Zellen durch Behandeln mit Protaminsulfat, $Al(OH)_3$-Gel, $(NH_4)_2SO_4$-Fraktionierung u. Säulenchromatographie an Diäthylaminoäthylcellulose 200fach gereinigt u. krist. erhalten. **I** katalysiert die Red. von *Tartronaldehydsäure* (**II**) zu Glycerinsäure mit Di- oder Triphosphopyridinnucleotid (**III**; **IV**) als Elektronendonator. K_m für **II** bei pH 8,5 $2 \cdot 10^{-4}$m, für **III** $2 \cdot 10^{-5}$m, für $\mathbf{IV}_{red}$ $5 \cdot 10^{-5}$m. Krist. **I** oxydierte 160 μMol $\mathbf{III}_{red}$/Min./mg Protein bei pH 8,5, 23° in Ggw. von **II**, woraus sich auf Grund eines durchschnittlichen Molgew. von 91000 eine Umsatzzahl von 14600 Mol/oxydiertes $\mathbf{III}_{red}$/Min./Mol **I** berechnete. **I** katalysiert auch die Glycerat(**V**)-Oxydation unter gleichzeitiger Red. von $\mathbf{III}_{oxyd}$; K bei 23° u. pH 7,5 $2 \cdot 10^{-6}$m, bei pH 8,5 $1{,}6 \cdot 10^{-5}$m; K_H $5{,}1 \cdot 10^{-4}$m. Aus diesen Daten ergibt sich $\Delta G'$ bei pH 7 u. 25° zu 8,5 kcal/Mol u. ΔG^0 zu 18 kcal/Mol. Das Redoxpotential E_0 der Rk. $\mathbf{V}^- \rightleftharpoons \mathbf{II}^- + 2H + 2e$ ist $-0{,}092$ V (25°, pH 7). Die enzymat. **V**-Oxydation zu **II** wurde auch durch Kopplung mit der Pyruvat-Lactat-Red. in Ggw. von $\mathbf{III}_{oxyd}$ u. mit der Red. von 2.6-Dichlorphenolindophenol in Ggw. von $\mathbf{III}_{oxyd}$ u. red. **III**-Dehydrogenase nachgewiesen. Das letztgenannte Syst. eignet sich zur **I**-Bestimmung. **I** katalysiert nur die Red. von C_3-Verbb. der Konst. $CHO \cdot R \cdot CO_2H$, wobei R CHOH, CH_2 oder CO ist. **II** reagiert 5fach rascher als die anderen Substrate. **I** katalysiert nur die Oxydation von Glycerinsäure u. Hydroxypyruvat. K. MAIER. 4210□

Das Sedimentationsverhalten des Enzyms. A. Rodgers. (Biochem. J. **81.** 285. Nov. 1961. Oxford, Univ., Dep. of Biochem., M. R. C. Cell Metabolism Res. Unit.) (Engl.) — Vgl. auch vorst. Referat.

Krist. *Tartronaldehydsäurereduktase* verhielt sich in der Ultrazentrifuge einheitlich, $S_{20,w}$ $6{,}14 \cdot 10^{-13}$s (Protein-Konz. 0,765 g/100 ml Lsg.); durchschnittliches Molgew. M_W 90800 ± 1300; scheinbarer Diffusions-Koeff. D_{app} $6{,}3 \cdot 10^{-7} cm^2/s^{-1}$ (nicht korr.) (0,096 g Protein/100 ml). Bei höheren Protein-Konzz. nahm D rasch mit der Zeit ab, dann wieder zu. In der Asche waren flammenphotometr. keine signifikanten Mengen Zn, Ca, Mn, Fe, Cu u. Mg nachweisbar. K. MAIER. 4210□

D-Aminosäureoxydase-Hemmung durch Thiamin und Thiamindiphosphat. Toru Nakamura. (J. Vitaminol. [Kyoto] **6.** 103—08. 10/6. 1960. Sakyo, Kyoto, Kyoto Univ., Fac. of Med., Dep. of Internat. Med.) (Engl.)

D-Aminosäureoxydase aus Schweinenieren wird in vitro durch *Thiamin* (**I**) u. *Thiamindiphosphat* (**II**) gehemmt. **I** hemmt stärker als **II**. Die Hemmung ist teilweise kompetitiv. P. GREGORZEWSKI. 4210□

Oxydation von reduzierten Pyridinnucleotiden und von Sulfit durch Erbsenwurzelmitochondrien. R. G. Stickland. (Nature [London] **190.** 648—49. 13/5. 1961. Bayfordbury, Hertford, John Innes Inst., Dep. of Cell Biol.) (Engl.)

Frisch isolierte Erbsenwurzelmitochondrien (EM) wurden auf ihr Oxydationsvermögen (OV) gegen *α-Ketoglutarsäure* untersucht. In ruhender Lsg. wurde auch bei *DPN*-Zusatz keine O_2-Aufnahme festgestellt, was nach Schütteln der EM bei 25° 30 Min. jedoch der Fall war. *DPNH* (10^{-4} m) wird nur von geschüttelten EM (gEM) oxydiert, bei einer Konz. von $5 \cdot 10^{-3}$ m auch von ungeschüttelten EM (uEM). *TPNH* wird bei beiden Konzz. von gEM u. von uEM oxydiert. Bei hohen Konzz. ($5 \cdot 10^{-3}$ m) zeigen gEM ein geringeres OV als uEM, sowohl gegen DPNH wie gegen TPNH. OV gegen *Sulfit* besteht nur bei gEM, *ADP* wirkt hierbei im Gegensatz zu DPN stimulierend. E. LODEMANN. 4210□

Untersuchungen über die industrielle Produktion von Flavinadenindinucleotid. 3. Mitt. Reinigung von Flavinadenindinucleotid mit Aktivkohle und durch Metallsalzbildung. Masakazu Izumiya. (J. Vitaminol. [Kyoto] **6.** 87—93. 10/6. 1960. Tokyo, Wakamoto Pharmaceutical Co.) (Engl.) — 2. vgl. C. **1959.** 13824.

Die Absorption u. nachfolgende Elution von *Flavinadenosindinucleotid* (*FAD*) an Aktivkohle führte zu keiner Erhöhung der Reinheit, dagegen konnte FAD mit 90%ig. Reinheit über die Ba- u. Ag-Salze dargestellt werden.

Versuche: Rohes FAD wurde in wenig W. gelöst, Ba-Acetat zugegeben, Nd. durch 5%ig. Essigsäure in Lsg. gebracht, Ae. hinzugefügt, gelber Ba-FAD-Nd., Nd. aus W. umkrist., mit A. u. Ae. gewaschen, über P_2O_5 getrocknet, Pulver in 0,01n HNO_3 gelöst, $AgNO_3$ addiert, Ag-FAD mit 0,01n HNO_3 gewaschen, Überschuß von NaCl u. $(NH_4)_2SO_4$ hinzugefügt u. FAD mit Phenol extrahiert. Zum Extrakt wird Ae. gegeben, Ae.-Phase mit W. extrahiert, FAD mit A. gefällt u. im Vakuum über P_2O_5 getrocknet. Ausbeute 70%. P. GREGORZEWSKI. 4210□

Zur Kinetik der Hydrolase- und Transglykosidase-Wirkung der DPN-Nucleosidase. Eberhard Hofmann und Horst Güntherberg. (Acta biol. med. german. Berlin 7. 126—38. 1961. Berlin, Humboldt-Univ., Physiol. Chem. Inst.) (Dt.)

Die Hemmung der *Hydrolase-* u. der *Transglykosidaseaktivität* der *DPN-Nucleosidasen* verschiedener Gewebe (Erythrocyten, Gehirn, Milz) durch Nicotinsäureamid nimmt mit steigender Temp. ab. Die *Isonicotinsäurehydrazid*-Hemmung zeigt bei der *Gehirnnucleosidase* das gleiche Verh., bei dem Erythrocytenenzym dagegen wurde keine Temp.-Abhängigkeit der Hemmung gefunden. Für die Hydrolase-Rk. wurde die Aktivierungsenergie mit 8700, für die Transglykosidase-Rk. mit 9200 cal bestimmt. Q_{10} beträgt zwischen 20 u. 30° 1,65. Die MICHAELIS-Konst. für DPN ist bei 38° $4{,}7 \pm 0{,}4 \cdot 10^{-4}$, bei 23° $1{,}4 \cdot 10^{-4}$ Mol/Liter. Hohe *DPN*-Konzz. führen zur Inaktivierung des Enzyms. Es reagiert nur ein Substrat-Mol. mit dem Enzym-Mol. gleichzeitig. Die Nicotinsäureamidhemmung ist bei 38° unkompetitiv, Hemm-Konst. $8 \cdot 10^{-4}$ Mol/Liter. Bei 23° wird die Hemmung kompetitiv, Hemm-Konst. $1{,}9 \cdot 10^{-4}$. D. SCHEUCH. 4210□

Über eine Nucleosidkinase in Erythrocyten. H. Banaschak. (Acta biol. med. german. [Berlin] 7. 216—18. 1961. Berlin, Humboldt-Univ., Pharmakol. Inst.) (Dt.)

Inkubation von Kaninchenerythrocyten mit *Jodessigsäure* ($5 \cdot 10^{-3}$ m/Liter) führte zu einem Abfall des *ATP*. *Inosinzusatz* (10^{-2} m) beschleunigte den *ATP*-Abfall bedeutend, wobei etwa äquimolare Mengen an *Inosinmonophosphat* (I) entstanden. Die I-Bldg. aus *Inosin* ist von der ATP-Konz. abhängig. Sie ist auch im stromafreien Hämolysat von Kaninchen u. Mensch nachweisbar. Für die Bldg. des I ist die Anwesenheit von Mg^{2+} notwendig. *Jodessigsäure, Fluorid, p-Chlormercuribenzoat, N-Äthylmaleinimid* u. *2.4-Dinitrophenol* wirken nicht hemmend. Aus den Unterss. wird auf das Vorhandensein einer *Nucleosidkinase* geschlossen. D. SCHEUCH. 4210□

Der Phosphorylierungsgrad der Nucleotide in Beziehung zum Einbau von $^{14}C_{(6)}$-Orotsäure in Ribonucleinsäure durch Rattenleberhomogenate. John H. Schneider. (Biochim. biophysica Acta [Amsterdam] 51. 60—65. 22/7. 1961. Madison, Wis., Univ. of Wisconsin, Med. School, McArdle Mem. Labor.) (Engl.)

Der Geh. folgender Verbb. in Rattenleberhomogenaten wurde in Ggw. u. Abwesenheit von *Adenosintriphosphat* (*ATP*) untersucht: *Orotsäure* (I), *Uridinmono-, -di-* u. *-triphosphat, Cytidinmonophosphat*, ein zuckerhaltiges, noch nicht identifiziertes Deriv. von Uridindiphosphat sowie eine weitere, noch nicht identifizierte Verb., aus der bei milder Säurehydrolyse ebenfalls *Uridindiphosphat* gebildet wird. Diese letzte Verb. wird nicht in allen Ansätzen gefunden, sie kann jedoch mitunter in relativ hoher Konz. auftreten. Aus den Ergebnissen von Verss. mit radioakt. markierten Verbb. wird gefolgert, daß ATP den Einbau von radioakt. Uridinnucleotiden in *Ribonucleinsäure* (*RNS*) hemmt. Erhöhung der *$MgCl_2$*-Konz. von 0,003 m auf 0,006 m kehrt die ATP-Wrkg. teilweise um, höhere Mg^{2+}-Konzz. hemmen den Einbau unabhängig von der ATP-Konzentration. 20 Min. nach Zugabe von ATP, Adenosindiphosphat oder einer Mischung von Adenosinmonophosphat + ATP stellt sich zwischen den Mono-, Di- u. Triphosphaten ein Gleichgewicht ein, das ca. 2,2—2,8 Mol Phosphat pro Mol. Adenosin entspricht. Nur unmittelbar nach rascher Entphosphorylierung der Nucleotide findet Einbau von I in RNS statt. Wenn die Entphosphorylierung der Adeninnucleotide fast vollständig ist, erreicht die spezif. Aktivität der RNS ein Maximum. Anschließend nimmt sie wieder ab. Daraus wird gefolgert, daß radioakt. Nucleotide aus RNS rascher durch Hydrolyse abgespalten werden als nicht radioaktive.
S. DITTMANN-MITZSCHERLICH. 4210□

Eigenschaften der Natrium-stimulierten Adenosintriphosphatase in Mikrosomen aus Rattengehirn. J. Järnefelt. (Exp. Cell Res. 21. 214—16. Okt. 1960. Helsinki, Res. Labor. of State Alcohol Monopoly.) (Engl.)

Aus Homogenaten von Rattengehirn in isoton. Rohrzucker-Lsg. wurden Mikrosomen isoliert. Sie enthalten eine *Adenosintriphosphatase*, die durch 0,1m Na^+ um ca. 20% aktiviert wird, gehemmt wird sie u. a. durch Pyridinaldoximdodecyljodid, durch Natriumdodecylsulfat, durch A., Ae. u. Chloroform. M. WIEDEMANN. 4210□

Die Phosphatase-, Cholinesterase- und Cytochromoxydase-Aktivität der intracellulären Gebilde des Gehirns von Ratten in verschiedenen funktionellen Zuständen.

E. Macovschi, C. Şelariu, S. Mihăescu und S. Vasu. (Studii Cercetări Biochim. **1.** 9—18. 1958. Acad. R.P.R., Inst. de biochim.) (Rum.)

Nach der Meth. der fraktionierten Zentrifugierung unter Verw. von isoton. 0,25 m Saccharose-Lsg. wird in den intracellulären Gebilden des Gehirns der Ratte im Erregungs- u. im Hemmungszustand die Aktivität der *sauren* u. *alkal. Phosphatase* (I_s, I_a), der *Cholinesterase* (**II**) u. der *Cytochromoxydase* (**III**) bestimmt. Die Aktivität der I_s u. der I_a ist in der überstehenden Fl. größer als in den übrigen Fraktionen u. ist in allen Fällen bei Erregung erhöht. Eine Änderung der **II**-Aktivität durch den funktionellen Zustand ist kaum erkennbar. Bzgl. **III** sind die Ergebnisse nicht eindeutig. Der Zustand des Nerven-Syst. wirkt sich also nicht auf die Aktivität aller Fermente aus, sicher aber auf den von I_s bzw. I_a. R. K. MÜLLER. 4210□

Biochemie des Gehirns. 11. Mitt. Der funktionelle Zustand des Zentralnervensystems als modifizierender Faktor biochemischer Prozesse. Übersicht. Simion Oeriu. (Studii Cercetări Biochim. **1.** 23—36. 1958. Bucureşti, Acad. R. P. R., Colect. de chimioterap.; I.M.F., Cat. de biochim.) (Rum.) — 10. vgl. Rev. Chim. [Bucarest] **3.** [1958.] 213.

In Verss. an Ratten werden bei medikamentöser Hemmung u. Erregung der Gehirnrinde die Veränderungen des Redox-Syst., die Transaminierungs-Rkk. u. die Veränderungen der *Thioaminosäuren*, der *cycl.* u. *heterocycl. Aminosäuren*, der Säuren des KREBSschen *Citronensäurecyclus*, der *Nucleinsäuren* (**I**), des *Serins* (bei der **I**-Synth.) u. des *Arginins* (bei der Ureogenese) u. einiger Enzymsyst. (bei Eiweiß- u. **I**-Stoffwechsel, Transaminierung u. Ureogenese) untersucht. Die Unters. des Mechanismus der Veränderungen des biochem. Substrats unter diesen Bedingungen der Behandlung mit Drogen (Luminal, Benzedrin) in Zusammenhang mit den Stoffwechselprozessen kann zur Aufdeckung neuer Wege des Stoffwechsels führen, wie sie unter normalen physiolog. Bedingungen nicht beobachtet werden. R. K. MÜLLER. 4210□

Die oxydative Phosphorylierung isolierter Mitochondrien und ihre Abhängigkeit von strukturgebundenen Faktoren. G. Laudahn. (Experientia [Basel] **15.** 71. 15/2. 1959. Berlin-Wilmersdorf, Städt. Krankenhaus, Innere Abt.) (Dt.; Auszug: Engl.) — C. **1960.** 12028. A. HESSE. 4210□

Progressive Muskeldystrophie. 1. Mitt. Die Heterogenität der Serum-Lactat-Dehydrogenase. R. Richterich, E. Gautier, W. Egli, K. Zuppinger und E. Rossi. (Klin. Wschr. **39.** 346—58. 1/4. 1961. Bern, Univ., Kinderklinik u. Med.-Chem. Inst.) (Dt.)

Das Serum von gesunden Personen u. Patienten mit progressiver Muskeldystrophie wird mit Hilfe der Stärkeblock-Elektrophorese fraktioniert u. die Verteilung der *Lactatdehydrogenase* (**I**) auf die einzelnen Fraktionen bestimmt. Beim Gesunden ist **I** im α_1-, α_2-, β- u. γ-Bereich nachweisbar. Bei Muskeldystrophikern steigt die Aktivität in α_1- u. α_2-Bereich auf sehr hohe Werte an, während diejenige der β- u. γ-Globulinfraktion nahezu unverändert bleibt. Bei spinalen Atrophien ist sowohl die Gesamtaktivität von **I** als auch die Verteilung auf die einzelnen Fraktionen unverändert. Jede **I** wird also an einer anderen Stelle synthetisiert. — 62 Literaturangaben. G. KIMMERLE. 4210

Über den Lymphtransport der sauren Phosphate. J. Biró und F. Rényi-Vámos. (Acta physiol. Acad. Sci. hung. **20.** 23—26. 1961. Budapest, Med. Univ., Urolog. Klinik.) (Dt.)

Bei Unters. der Aktivität der *sauren Phosphatase* in Lymphgefäßen u. im Venenblut war die Aktivität in Hals- u. Darmlymphen des Hundes niedriger als im Serum, was der Auffassung von der Herkunft der Lymphe aus dem interstitiellen Plasmafiltrat entspricht. Im Gegensatz dazu u. unerwarteterweise zeigte die Extremitätenlymphe jedoch, obwohl sie den geringsten Eiweiß-Geh. aufzuweisen hat u. die Extremitäten außerdem nicht bes. viel saure Phosphatase enthalten sollen, höhere Aktivität als die Lymphe anderer Körperregionen oder als das Serum im allgemeinen.
U. TAUSENDFREUND. 4210□

Studien über die Inaktivierung der anorganischen Pyrophosphatase von roten Blutzellen durch oxydiertes Glutathion. D. Scheuch und S. Rapoport (unter Mitarbeit von I. Barthel). (Acta biol. med. german. Berlin **7.** 113—21. 1961. Berlin, Humboldt-Univ., Physiol. Chem. Inst.) (Dt.)

Oxydiertes Glutathion (**I**) inaktiviert die *anorgan. Pyrophosphatase* im Kaninchenhämolysat. Die Inaktivierung ist nicht sauerstoffabhängig, sie ist durch *Cystein* rückgängig zu machen. Mit zunehmender Einw.-Zeit des *Glutathion* (**II**) nimmt die Reversibilität durch *Cystein* ab. Die Inaktivierung durch **I** folgt der Kinetik einer Rk. 1. Ordnung. Sie ist bei $+4^0$ sehr gering. Erhöhung der **II**-Konz. führt zu verstärkter Inaktivierung. Mögliche Mechanismen der Inaktivierung der SH-Enzyme durch **I** werden diskutiert. In Frage kommt die Bldg. gemischter **II**-*Enzymdisulfide*. D. SCHEUCH. 4210□

Nachweis der alkalischen Phosphatase in der Rattenprostata mit Hilfe der Kobaltsulfid-Methode. W. Halliant. (Acta biol. med. german. Berlin **7**. 161—71. 1961. Berlin, Humboldt-Univ., Anat. Inst.) (Dt.)

Die *Phosphatase*-Aktivität ist an der Basalmembran u. im subepithelialen Bindegewebe aller 4 Prostatalappen, im apikalen Bereich der Epithelien des Seiten- u. Vorderlappens, in den Drüsenlumina des Seitenlappens, im Sekret des Vorderlappens sowie in Gefäßendothelien nachweisbar. Im Kern wurde keine Aktivität gefunden. Möglichkeiten von Diffusionsartefakten der Meth. werden diskutiert. D. SCHEUCH. 4210□

Kristallisation von Phosphotransacetylase aus Clostridium kluyveri. H.-U. Bergmeyer, H. Klotzsch und G. Lang. (Angew. Chem. **73**. 807—08. 21/12. 1961. Mannheim, Fa. C. F. Boehringer & Söhne G.m.b.H., Biochem. Abt. Tutzing.) (Dt.)

Phosphotransacetylase (I) wurde in krist. Form erhalten: *Clostridium kluyveri* wurde nach Züchtung in einem Crotonsäure-haltigen Medium mit Phosphatpuffer extrahiert u. mit A. u. Ammoniumsulfat (II) fraktioniert. Nach Dialyse u. Chromatographie an DEAE-Cellulose krist. I aus der II-Lösung. Vff. messen die Aktivität der I bei 233 mμ an der Extinktion des gebildeten *S-Acetyl-CoA* (III). Das krist. Enzym katalysiert die Bldg. von 1900 μMol III/min/mg bei pH 7,1 u. 25°. S. VIERKÖTTER. 4210□

Die Beziehung der Reaktionskinetik und der Substratbindung zum Mechanismus der Pyruvatkinase. A. M. Reynard, L. F. Hass, D. D. Jacobsen und P. D. Boyer. (J. biol. Chemistry **236**. 2277—83. Aug. 1961. Minneapolis, Minn., Univ. of Minnesota, Dep. of Physiol. Chem.) (Engl.)

Der Einfl. von *ADP* auf die Geschw. der *Pyruvatkinase* (I)-Rk. bei verschiedenen *Phosphoenolpyruvat* (II)-Konzz. wurde bei 0° in einem Gesamt-Vol. von 3 ml bei pH 8,5 gemessen. Der Einfl. von II auf die Geschw. der I-Rk. bei verschiedenen ADP-Konzz. wurde unter denselben Bedingungen gemessen. Die Ergebnisse zeigen, daß die K_m-Werte für ADP u. II unter den angewendeten Bedingungen unabhängig sind von der Konz. an II u. ADP ($Km_{ADP} = 2{,}1 \cdot 10^{-4}$ m, $Km_{II} = 3{,}2 \cdot 10^{-5}$ m). Relativ geringe Mengen an *ATP* hemmen beträchtlich die Rk.-Geschw. von II mit ADP. Die ATP-Hemmung wird überwunden durch steigende Konzz. an II oder ADP. Es wurden zwei Bindungszentren pro Mol Enzym mit einem Wert für die Dissoziations-Konst. $K_D = 7{,}5 \cdot 10^{-5}$ m festgestellt. Weitere Bindungsmessungen zeigen, daß *Pyruvat* (III) u. ADP mit dem Enzym eine Bindung eingehen unabhängig von der Ggw. anderer Substrate, daß jedoch ATP die Bindungstendenz sowohl des II als auch des ADP herabsetzt. Die Ergebnisse bieten eine starke Stütze für einen Mechanismus der I-Rk. mit folgenden Charakteristiken: 1. Direkte Übertragung der Phosphorylgruppen vom Donator zum Acceptor. 2. Beteiligung zweier Bindungszentren, von denen das eine ADP oder ATP, das zweite III oder II bindet. 3. Konkurrenz zwischen II u. ATP bzgl. der Bindung am Enzym wegen der Überlappung ihrer transferablen Phosphorylgruppen. S. VIERKÖTTER. 4210□

Nachweis und Charakterisierung von α-Lactyl-Thiaminpyrophosphat („aktives Pyruvat") und α-Hydroxyäthyl-Thiaminpyrophosphat („aktiver Acetaldehyd") als Zwischenprodukte der Decarboxylierung von Pyruvat mit Pyruvatdecarboxylase aus Bierhefe. H. Holzer und K. Beaucamp. (Biochim. biophysica Acta [Amsterdam] **46**. 225—43. 15/1. 1961. Freiburg i. Br., Univ., Physiolog.-Chem. Inst.) (Dt.)

Aus Bierhefe gereinigte *Brenztraubensäuredecarboxylase* wurde 5—10 Sek. mit ^{14}*C-Pyruvat* inkubiert. Nach Extraktion mit heißem Methanol konnten durch Radiopapierchromatographie Verbb. von Thiaminpyrophosphat mit Acetaldehyd u. Pyruvat isoliert werden, die als *α-Hydroxyäthyl-2-thiaminpyrophosphat* („akt. Acetaldehyd") u. *α-Lactyl-2-thiaminpyrophosphat* („akt. Pyruvat") identifiziert wurden. Aus dem „akt. Acetaldehyd" konnte durch Apocarboxylase Acetaldehyd nur nach Zusatz von Pyruvat freigesetzt werden, d. h. durch Austauschreaktion. Bei Inkubation von ^{14}C-markiertem „akt. Acetaldehyd" u. freiem Acetaldehyd mit Apocarboxylase wurde markiertes *Acetoin* erhalten. H.-G. TRÜPER. 4210□

Die Bedeutung des Glyoxylat-Cyclus bei der Glykoneogenese in Protozoen. J. F. Hogg und H. L. Kornberg. (Biochem. J. **81**. 17P—18P. Okt. 1961. Oxford, Univ., Dep. of Biochem., Cell Metabol. Res. Unit, Med. Res. Counc.) (Engl.)

Vff. kultivierten *Tetrahymena pyriformis* E. auf Peptonsubstraten mit geringen Geh. an Ketokörpern bildenden Aminosäuren u. stellten während des Zellenwachstums nur in Ggw. von *Acetat* (I) u. Abwesenheit von *Glucose* (II) die Bldg. von *Isocitratase* (III) u. *Malatsynthetase* (IV) fest, deren Mengen auf I-haltigen Nährböden fortlaufend zunehmen. II hemmt die Bldg. von **IV**. Die spezif. Aktivitäten von **III** u. **IV** betragen in Zellen, die keine Glykoneogenese aufweisen, 0,6 bzw. 0,9 μMol/h/mg Protein u. steigen bei II-Synth. aus Fetten auf Werte von 2,0 bzw. 4,7 an. Beide Enzyme sind in II-bildenden Zellen in einer der beiden Makrogranulafraktionen lokalisiert, während nicht II synthetisierende Mikroorganismen die geringen III- u. IV-Mengen auch in den übrigen Zellenfraktionen u. im Plasma gelöst enthalten. Aus den Ergebnissen geht hervor, daß die Umwandlung von Fetten über II in *Glykogen* durch die Zellen an hohe Geh. von Enzymen des Glyoxylatcyclus u. an deren bestimmte Lokalisierung in der Zellenstruktur gebunden ist. P. FAHRNLAENDER. 4210□

Transglykosidierung durch Escherichia coli in Beziehung zu Riboflavin. 7. Mitt. **Charakteristika der Transfructosidase.** Hideo Katagiri, Hideaki Yamada und Kazutami Imai. (J. Vitaminol. [Kyoto] **6.** 94—97. 10/6. 1960. Sakyo, Kyoto, Kyoto Univ., Fac. of Agricult., Dep. of Agricult. Chem.) (Engl.) — Vgl. C. **1957.** 11909 u. C. **1959.** 7863.

Aus *Escherichia coli*-Extrakt durch $(NH_4)_2SO_4$-Fällung u. Dialyse gewonnene *Transfructosidase* überführt aus Rohrzucker den Fructoserest auf Vitamin B_2. Das Aktivitätsmaximum liegt bei pH 7,4 u. 37° in Glycinpuffer. P. GREGORZEWSKI. 4210□

Transglykosidierung durch Escherichia coli in Beziehung zu Riboflavin. 8. Mitt. **Photochemische Glykosidierung des Riboflavins.** Hideo Katagiri, Hideaki Yamada und Kazutami Imai. (J. Vitaminol. [Kyoto] **6.** 98—102. 10/6. 1960. Sakyo, Kyoto, Kyoto Univ., Fac. of Agricult., Dep. of Agricult. Chem.) (Engl.) — 7. vgl. vorst. Referat.

Die durch *Transglykosidase* katalysierte Bldg. von *Vitamin-B_2-Glucosid* wird durch UV-Bestrahlung um 20% erhöht. Bestrahlung einer Lsg. von Vitamin B_2 u. Glucose, Fructose u. Galaktose führt zur Bldg. von *B_2-Glucosid, B_2-Fructosid* u. *B_2-Galaktosid*; das pH-Optimum dieser Rk. liegt bei 4,2, außerdem ist diese Photo-Rk. wellenlängenabhängig. Die Wrkg.-Maxima fallen mit den Absorptionsmaxima des Riboflavins zusammen. P. GREGORZEWSKI. 4210□

Transglykosidierung durch Escherichia coli in Beziehung zu Riboflavin. 9. Mitt. **Vorkommen der Transglykosidase in Mikroorganismen.** Hideo Katagiri, Hideaki Yamada und Kazutami Imai. (J. Vitaminol. [Kyoto] **6.** 139—44. 10/6. 1960. Sakyo, Kyoto, Kyoto Univ., Fac. of Agricult., Dep. of Agricult. Chem.) (Engl.) — 8. vgl. vorst. Referat.

Vff. fanden in einer Reihe von Mikroorganismen eine *Transglykosidase* (**I**), die den Glucosylrest von der Maltose auf Vitamin B_2 überträgt. Bei *Aspergillus niger* u. *Mucor javanicus* beträgt die Glucosidierung 30—50% unter optimalen Bedingungen. Die höchste *Transgalaktosidase*-Aktivität (Überführung des Galaktosylrestes von Lactose auf B_2) zeigen *Escherichia coli, Aspergillus awamori* u. *Penicillium Chrysogenum.* Die *Transfructosidase*-Aktivität ist am höchsten bei *Saccharomyces cerevisiae.* Die optimalen Bedingungen sind sehr unterschiedlich (pH 4,2—7,4, Temp. 30—45°).
P. GREGORZEWSKI. 4210□

Untersuchungen über den Fructosestoffwechsel in tierischen Geweben. Yoshito Hara. (Acta med. Okayama **13.** 169—74. Okt. 1959. Okayama, Okayama Univ., Med. School, Dep. of Biochem.) (Engl.)

Es wurde versucht, mit der von HARA in J. Biochemistry [Tokyo] **46.** [1959.] 571 erläuterten Meth. (gleichzeitige chromatograph. Trennung u. Best. von *Nucleotiden* u. *Zuckerphosphaten* einschließlich Fructose-1-phosphat) bei Rk.-Prodd. einiger Gewebehexokinasen Einzelheiten über die frühen Stadien des *Fructose*-Stoffwechsels in tier. Geweben (Rattenleber, Rattenmuskulatur, Hundehirn) zu erkennen. Die Meth. ist sehr gut zur schnellen u. exakten Analyse früher Zuckerabbaustadien geeignet. In den Chromatogrammen waren außer dem freien Zucker erkennbar: *Glucose-1-phosphat, Glucose-6-phosphat, Fructose-1-phosphat, Fructose-6-phosphat, Fructose-1.6-diphosphat, Adenosintriphosphat, Adenosindiphosphat, Adenosinmonophosphat, Adenosin.*
U. TAUSENDFREUND. 4210□

Spezifität der Lävansaccharase-Wirkung von B. subtilis. Georges Rapoport und Raymond Dedonder. (C. R. hebd. Séances Acad. Sci. **252.** 2774—76. 3/5. 1961.) (Franz.)

Die Gewinnung einer *Lävansaccharase* (LS) aus *B. subtilis*, die die *β-D-Fructofuranosyl*-Gruppe (FG) der *Saccharose* (**I**) auf eine *Lävan*-Kette überträgt, u. ihre Einw. auf enzymat. synthetisierte Analoga der **I** wird beschrieben. Es gelang auf diese Weise, eine Anzahl neuer *Sorbose-* u. *Xylulose*-haltiger *Oligosaccharide* zu erhalten. Die LS besitzt also keine strenge Spezifität für die FG. E. LODEMANN. 4210□

Enzymatische Eigenschaften einer β-Glucanase von Bacillus subtilis. Ezio A. Moscatelli, Edward A. Ham und Edward L. Rickes. (J. biol. Chemistry **236.** 2858—62. Nov. 1961. Rahway, N.J., Merck & Co., Inc., Merck, Sharp and Dohme Res. Labor.) (Engl.)

Vff. isolierten aus einem im Handel erhältlichen, aus *Bacillus subtilis* gewonnenen Amylasekonzentrat (Novo TERAPEUTISH LABOR., Copenhagen) eine *β-Glucanase* (**I**), die die partielle Hydrolyse von *β-Glucan* (**II**) aus Gerste katalysiert, wobei vorwiegend *3-O-β-D-Cellobiosyl-D-glucose* u. *3-O-β-D-Cellotriosyl-D-glucose* neben geringen Mengen *Laminaribiose, Laminaritriose* u. *D-Glucose* gebildet werden. Das hochgereinigte (2600fach) I-Präp. ist relativ hitzestabil, wirkt spezif. u. schnell. **I** bewirkt weder Hydrolyse von Methylcellulose, lösl. Stärke, Laminaran, Casein, Cellobiose noch der oben angeführten Hydrolysenbruchstücke von **II**. Bei einer Inkubationszeit von 5 Min. u. 45° liegt das Maximum der Hydrolyse bei pH 6,6. G. Wurm. 4210□

Untersuchung über den enzymatischen Angriff von Kohlenhydraten durch einen Holzkäfer der Gattung Coleopter: Ips typographus L. Jean Emile Courtois, Constantin Chararas und Marie-Madeleine Debris. (C. R. hebd. Séances Acad. Sci. **252.** 2608—09. 24/4. 1961. Paris, Fac. de Pharm. et de Zool. de l'Inst. Nat. Agronom., Labor de Chim. Biol.) (Franz.)

Ips typographus L., ein holzfressendes Insekt, wurde auf seinen Geh. an *Carbohydrasen* untersucht. Man bediente sich hierzu der geschlechtsreifen Insekten, die im Juni/Juli eingesammelt wurden. Es wurden folgende Fermente bestimmt: *Invertase*, α- u. *β-Galaktosidasen, Glucosidasen* u. *Mannosidasen*, außerdem an Polysaccharid-spaltenden Fermenten *Amylase, Hemicellulasen* u. *Pektinasen*. Cellulaseaktivität wurde nicht festgestellt. E. Lodemann. 4210□

In vitro-Synthese von induzierter β-Galaktosidase in einer Subcellularfraktion von Escherichia coli. Bention Nisman, Alain Kayser, Josette Demailly und Colette Genin. (C. R. hebd. Séances Acad. Sci. **252.** 2619—21. 24/4. 1961.) (Franz.)

Es gelang, in einer Subcellularfraktion von *Escherichia coli* in Ggw. von *Isopropylthiogalaktosid* (**I**) als Induktor *β-Galaktosidase* (**II**) in vitro zu synthetisieren. Der Einbau radioakt. ^{35}*S-Methionins* unter verschiedenen Bedingungen wurde verfolgt. Die induktive Wrkg. von **I** wird durch *Saccharose* kompetitiv aufgehoben. *Ribo-* u. *Desoxyribonuclease* (30 bzw. 15 γ/ml) hemmen ebenfalls die **II**-Synthese. E. Lodemann. 4210□

Die α-Galaktosidase aus keimenden Fenugrec-Samen. Jean Emile Courtois und François Percheron. (Bull. Soc. Chim. biol. **43.** 167—75. 1961. Paris, Fac. de Pharm., Labor. de Chim. Biol.; Brévannes, Centre Hospitalier E. Roux, Labor. de Pharm.) (Franz.)

Aus keimenden Fenugrec (F)-Samen wurde eine *α-Galaktosidase* mit dem pH-Optimum 4,6 gewonnen, die *α-Galaktoside* (z. T. auch das *Galaktomannan* von F) hydrolysiert u. außerdem *α-D-Galaktopyranosyl-Transferase*-Aktivität besitzt. E. Lodemann. 4210□

Untersuchung über die Osidasen der Auster. J. E. Courtois, F. Petek und To Dong. (C. R. Séances Soc. Biol. Filiales **155.** 1462—63. 1961. Paris, Fac. de Pharmacie, Labor. de Chim. biol.) (Franz.)

Das aus der Auster gewonnene Enzym-Präp. enthält folgende Enzymaktivitäten: *α-D-Glucosidase* (**I**), *β-D-Glucosidase* (**II**), *α-D-Galaktosidase* (**III**), *β-D-Galaktosidase* (**IV**), *α-D-Mannosidase* (**V**) u. *β-D-Mannosidase* (**VI**). Die pH-Optima (von **I**—**VI**) betragen: 3,7, 2,9, 6,1, 3,7, 4,7, 4,1; die Michaelis-Konst. K_s bei pH 4,5 betragen: $5 \cdot 10^{-3}$ (m), $4 \cdot 10^{-3}$, $16 \cdot 10^{-4}$, $5 \cdot 10^{-3}$, $16 \cdot 10^{-3}$, $8 \cdot 10^{-3}$; die Thermolabilität bzw. -stabilität (in % Restaktivität nach 15 Min. langem Erwärmen auf 60° bei pH 4,53) beträgt: 7,0, 20,0, 8,6, 11,2, 64,0 u. 0,0. — **I** katalysiert bes. ausgeprägt die Hydrolyse von *α-Methylglucosid, Maltose, Melizitose* u. *Trehalose*. **II** hydrolysiert *Cellobiose* u. katalysiert gleichzeitig die Synth. von *Oligosacchariden*. **III** spaltet *α-Methylgalaktosid, Melibiose, Floridosid, Planteose* u. *Storchyose* u. ist ohne Wrkg. auf das Galaktomannan der Luzerne. **IV** hydrolysiert leicht *Lactose*. **V** katalysiert die Hydrolyse von *α-Methylmannosid*; außerdem wird das *Glucomannan* aus *Salep* in *Glucose, Mannose* u. *Oligosaccharide* gespalten, u. aus dem *Mannan* von *Phoenix canariensis* werden langsam Mannose u. Oligosaccharide freigesetzt. H. Kockert. 4210□

Über Mesoinositmonophosphate, die durch chemische oder enzymatische Hydrolyse der Phytinsäure erhalten wurden. Paul Fleury, André Desjobert und Jean Lecocq. (Bull. Soc. Chim. biol. **42.** 159—60. 30/4. 1960. Paris, Faculté de Pharmacie, Labor. de Chimie biologique.) (Franz.)

Synthet. *Inosit-2-monophosphat* (**I**) u. durch enzymat. bzw. chem. Hydrolyse aus *Phytinsäure* erhaltene *Mesoinositmonophosphate* (**II** + **III**) wurden IR- u. röntgenspektroskop. untersucht. Identität von **I** u. **II** (enzymat.) wurde bestätigt, während zwischen **II** u. **III** von den Kristallisationsbedingungen abhängige Unterschiede bestehen. S. Groitzsch. 4210□

Neueste Fortschritte in der Biochemie von Glykogen und Stärke. W. J. Whelan. (Nature [London] **190.** 954—57. 10/6. 1961. London, Lister Inst.) (Engl.)

Vf. berichtet über Biosynth. u. enzymat. Abbau von *Stärke* (**I**) u. *Glykogen* (**II**) sowie über die prakt. Anwendung der bisherigen Forschungsergebnisse bei der Auf-

lärung von II-Speicherkrankheiten. Die Bldg. von I u. II in vivo verläuft über *Uridindiphosphatglucose* unter Mitwirkung tier. oder pflanzlicher *Synthetase* u. wird nicht durch *Phosphorylase*, die als hydrolysierend wirkendes Ferment anzusehen ist, eingeleitet. So ist z. B. im Kaninchenmuskel nicht *Phosphorylase a* das II-synthetisierende Enzym, sondern die durch Einw. von *PR-Enzym* in Ggw. von *Adenosintriphosphat* gebildete *Phosphorylase b*. Das pflanzliche *R-Enzym* bzw. die tier. *Amylo-1.6-glucosidase* spalten die Zweigbindungen von *Amylopektin* (III) u. II. *Transglykosylasen* (z. B. *D-Enzym* in Kartoffelknollen) liefern α-1.4-Bindungen in I-artigen Polymeren; *T-Enzym* (im tier. Muskelgewebe) überträgt Glucosylreste aus Maltose-Moll. unter Bldg. von *Panose*; es gleicht dem pflanzlichen *Q-Enzym*, das die Verzweigungen von Polysaccharid-Moll. hervorruft. Pflanzen- u. Tierphosphorylasen sind Exoenzyme u. phosphorylieren II u. III bis zum Mol.-Verzweigungspunkt. Muskelphosphorylasen ergeben ein II-Grenzdextrin (*φ-Dextrin*), bei dem die A-Seitenketten bis auf einen einzigen α-1.6-gebundenen Glucoserest abgebaut worden sind. α- u. *β-Amylasen* hydrolysieren nur α-1.4-glykosid. Bindungen, die aber auch durch β-1.3-Glucosidasen angegriffen werden. Das kleinste Polysaccharid-Mol., das durch Amylasen hydrolysiert wird, ist *Maltotriose*, während das durch *Malz-α-amylase* gebildete *α-Grenzdextrin* mit dem kleinsten Molgew. *Panose* (*4-α-Isomaltosylglucose*) darstellt. Menschliche Speichel- u. Schweinepankreasamylase liefern das Tetrasaccharid *4-α-Panosylglucose*. Die Kenntnis der II-Synth. ist für das Zustandekommen von II-Speicherkrankheiten, bei denen bestimmte Enzyme fehlen, von besonderer Bedeutung. Verschiedene Amylasen u. Phosphorylasen konnten in krist. Form dargestellt werden. Die ersten enthalten 1 Atomeinheit Ca, das die Wirksamkeit bedingt u. Proteolyse verhindert; in den letzten wurden 4 Moll. *Pyridoxalphosphat* als Wirkgruppe gefunden. Eine schemat. Darst. gibt Aufschluß über den Abbau u. die Synth. von I, II, Saccharose u. die Wrkg.-Mechanismen der verschiedenen Enzyme, die stets in einen spezif. Stoffwechselkreislauf eingebaut sind. — 58 Literaturangaben.
P. FAHRNLAENDER. 4210□

Pektolytische Enzyme bei Ceratocystis fimbriata. I. Uritani und M. A. Stahmann. (Phytopathology **51.** 277—85. Mai 1961. Madison, Wis., Univ. of Wisconsin, Dep. of Biochem.) (Engl.)

Im Kulturmedium u. Extrakt von *Ceratocystis fimbriata* sowie in Extrakten infizierter Süßkartoffeln sind zwei Pektindepolymerasen enthalten: *Depolymerase A*, eine Endopolygalakturonase, pH-Optimum 5,8, baut Polypektat schneller ab als Pektin. *Depolymerase B*, eine Endopolymethylgalakturonase, pH-Optimum 8,1, baut Pektin ab. *C. fimbriata* bildet keine *Pektinmethylesterase*; einen hohen Enzym-Geh. zeigt das Kulturmedium von *Fusarium oxysporum* f. *lycopersici*. Infizierte Gewebe der Süßkartoffel bilden *Cellulase*, die Carboxymethylcellulose abbaut. Hemm-Verss. im Gewebe kranker Süßkartoffeln mit *Chorogensäure*, *Umbelliferon* u. *Ipomeamaron* zeigen keine signifikante Hemmung von Depolymerase A u. B. Dagegen ist im Süßkartoffelextrakt ein nichtdialysierbarer, hitzelabiler, hochmol. Hemmstoff, evtl. ein Protein, enthalten, der spezif. zu 80—85% die Depolymerasen von *C. fimbriata* hemmt. D. GROSS. 4210□

Die Bildung pektinolytischer und cellulolytischer Enzyme bei Pythium aphanidermatum. N. N. Winstead und C. L. McCombs. (Phytopathology **51.** 270—73. Mai 1961. Raleigh, N.C., North Carolina State Coll., Dep. of Plant Patholog. and Horticulture.) (Engl.)

Vff. untersuchen pektinolyt. u. cellulolyt. Enzyme, die in vitro u. in vivo von *Pythium aphanidermatum* gebildet werden. Die Enzym-Verss. werden mit dem Kulturfiltrat von *Pythium* u. mit Extrakten von *Cumcumis sativus* L. durchgeführt. *Pektinmethylesterase*, *Polygalakturonase* u. *Cellulase* (Typ x) werden in ihrer spezif. Aktivität bestimmt. D. GROSS. 4210□

Studium des pektolytischen Enzymsystems bei Rhizoctonia solani Kühn. 3. Mitt. **Eigenschaften der Protopektinase.** K. B. Deshpande. (Biol. Plantarum [Praha] 2. 139—51. 1960. London, Imper. Coll.) (Engl.) — 4. vgl. C. **1961.** 18728.

In *Protopektinase*-Präpp. (I) aus *Rhizoctonia solani* wurde ein Enzym mit mazerierenden Eigg. u. mit Toxinen nichtenzymat. Charakters festgestellt. Die Aktivität von I verschwindet vollkommen nach 5 Min. langer Erwärmung über 60° u. zu 80% nach 15 Tagen langer Aufbewahrung bei 25°. I wies maximale Aktivität bei pH 3—4 u. 7,4 u. nach der Dialyse einer I-Lsg. bei pH 6,8 u. 3,5 auf. Hohe Konzz. (um 0,1 m) von mono- u. bivalenten Salzen setzten die Aktivität von I in der Lsg. herab, nicht aber im lebenden Gewebe. I wird besser mit Aceton als mit A. gefällt. Z. ŠESTÁK. 4210□

Eine Methode zur Bestimmung der Substratkonstante K_s der Serumcholinesterase. A. R. Main. (Biochem. J. **79.** 246—52. 1961. Ottawa, Ontario, Canada, Dep. of Nat. Health and Welfare, Occupational Health Div.) (Engl.)

Die Hydrolyse von *o-Nitrophenylbutyrat* (I) durch menschliche *Serumcholinesterase* (II) wurde durch Alkohole u. *Aceton* aktiviert. Die nach LINEWEAVER u. BURKE (vgl. J. Amer. chem. Soc. **56.** [1934.] 658) aufgetragenen reziproken II-Aktivitäten gegenüber I bei verschiedenen *Butanol-(1)* (III)-Konzz. ergaben bei entsprechender Extrapolation der Linien einen wahrscheinlich für die k_3-Aktivierung typ. Schnittpunkt, der auch zur Best. der Substrat-Konst. K_s sowie von k_2 u. k_1 entsprechend den Beziehungen: $K_m = (k_2 + k_3)/k_1 = K_s + k_3/k_1$ u. $E + S \underset{k_2}{\overset{k_1}{\rightleftharpoons}} ES \overset{k_3}{\rightarrow} E +$ Prodd. verwendet werden könnte. Umgekehrt zur Aktivierung der I-Hydrolyse hemmte III die Hydrolyse von *o-* u. *p-Nitrophenylbutyrat*, wobei wie bei der I-Hydrolyse k_3 beeinflußt, in diesem Falle gehemmt, wurde. Ähnliche Ergebnisse wurden auch mit den entsprechenden *Nitrophenylacetaten* erhalten. Eine Aktivierung der I-Hydrolyse durch II in Ggw. der Alkohole (entsprechend ihrer Wirksamkeit angeordnet): *Methanol* $<$ *A.* $<$ *Propanol-(1)* $<$ III wurde gefunden. Die Isomeren von III zeigten eine schwächere Aktivierung. *Buttersäure* war unwirksam. *Pentanol-(1)* zeigte bei gleichen Konzz. eine höhere Aktivierung als III.

J. BOELTER. 4210□

Über das Vorkommen von an der Carboxyl-Gruppe aktivierten Peptiden in verschiedenen Mikroorganismen und in Geweben höherer Tiere. Guy Dirheimer, Jacques-Henry Weil und Jean-Pierre Ebel. (C. R. hebd. Séances Acad. Sci. **246.** 3384—85. 16/6. 1958. Strasbourg, Fac. de Pharmacie, Labor. de Chim. biol.) (Franz.)

Die Annahme, daß der erste Schritt des Einbaues von Aminosäuren in Proteine eine Aktivierung der Carboxylgruppe der Aminosäuren unter Bldg. von Adenylaminosäuren (Enzym + ATP + R—$CHNH_2COOH \rightleftharpoons$ Enzym—AMP—CO—$CHNH_2$—R + Pyrophosphat) ist, wurde von Vff. insofern bestätigt, als die von ihnen durchgeführten Verss. das Vorkommen dieser Adenylaminosäuren nicht nur, wie schon früher festgestellt, in der Ribonucleoproteinfraktion von Bäckerhefe, sondern auch in verschiedenen Mikroorganismen (*Bacillus mesentericus, Proteus vulgaris*), Pilzen (Myrothecium verrucaria, Fusarium coerulum) u. in Leber- u. Muskelgewebe des Kaninchens vermuten lassen.

F. KRUSEN. 4210□

Die Transaminierung anaerober Mikroben. Eugenia Soru. (Studii Cercetări Biochim. **1.** 49—54. 1 Tafel. 1958. Bucureşti, I.M.F., Inst. Dr. Cantacuzino, Labor. de enzimol., Cat. de biochim.) (Rum.)

Mittels Verteilungspapierchromatographie auf Rundfilter wird die Transaminierung durch *Clostridium perfringens* (CP), *Cl. tetani* (CT), *Cl. oedematiens* (COe) u. *Vibrio septicus* (VS) unter Verw. von 16 verschiedenen Aminosäuren, *α-Ketoglutarsäure* (I), *Oxalessigsäure* u. *Brenztraubensäure* bestimmt. Dabei zeigen CT u. VS keine Transaminierung, COe nur schwache Transaminaseaktivität gegenüber *Glutaminsäure* (II) u. I. CP katalysiert mit verschiedener Intensität die Transaminierung. Am leichtesten erfolgt der Übergang der NH_2-Gruppe bei II u. *L-Asparaginsäure*, schwächer bei *L-Histidin, L-Phenylalanin, L-Valin, L-Glycin, L-Ornithin, L-Arginin, L-Threonin, L-Serin, L-Leucin* u. *L-Alanin*, keine Transaminierung erfolgt bei L-Prolin L-Tyrosin u. L-Lysin.

R. K. MÜLLER. 4210□

Stoffwechsel von Rindersperma. 9. Mitt. **Glutaminsäure–Oxalessigsäure- und Glutaminsäure–Brenztraubensäure-Transaminaseaktivität.** R. J. Flipse. (J. Dairy Sci. **43.** 773—76. Juni 1960. University Park, Pa., Pennsylvania State Univ., Dep. of Dairy Sci., Dairy Breeding Res. Center.) (Engl.) — 4. vgl. C. **1961.** 13948.

Die Unters. von 63 Rinderspermaproben ergab pro ml Samenplasma einen Durchschnitt von 623 Einheiten *Glutaminsäure–Oxalessigsäure-Transaminase* (I) u. 15 Einheiten *Glutaminsäure–Brenztrauben-Transaminase* (II). Nach Trennung der Spermien vom Samenplasma waren die Enzymaktivitäten von I u. II stärker in den Spermien lokalisiert, erreichten jedoch die für Rinderherz, -leber u. -skelettmuskel beschriebenen Werte nicht.

H.-G. TRÜPER. 4210□

Stoffwechsel von Rindersperma. 10. Mitt. **Die Oxydation von $^{14}C_{(COOH)}$-Fettsäuren durch Rinderspermatozoen.** R. J. Flipse. (J. Dairy Sci. **43.** 777—81. Juni 1960.) (Engl.) — 9. vgl. vorst. Referat.

Gewaschene Rinderspermatozoen oxydierten ^{14}C-markiertes *Acetat, Octanat, Butyrat* merklich, *Myristat, Stearat, Palmitat* u. *Formiat* wurden langsamer in $^{14}CO_2$ umgewandelt. Die CO_2-Bldg. aus Octanat war sauerstoffabhängig u. durch Azid, Cyanid u. Malonat hemmbar, wurde aber durch 2.4-Dinitrophenol u. Coenzym A stimuliert. Als kompetitiv zu ^{14}C-Octanat erwiesen sich unmarkiertes Acetat, Propionat u. Butyrat, nicht aber Glucose u. Glycerin.

H.-G. TRÜPER. 4210□

Verteilung der Glutaminsäure–Glyoxylsäure- und der Glutamin–Glyoxylsäure-Transaminasen in tierischen Geweben. F. D'Abramo und E. Tomasos. (Ital.

J. Biochem. **8.** 173—80. Mai/Juni 1959. Neapel, Ist. dei Tumori Fondazione Pascale, Labor. di Biochim.) (Engl.)

Vff. untersuchten die Aktivitäten der *Glutaminsäure–Glyoxylsäure-Transaminase* (I) u. der *Glutamin–Glyoxylsäure-Transaminase* (II) in Leber-, Nieren-, Hirn-, Herz- u. Muskelhomogenaten von Ratten, Kaninchen u. Tauben. Sie fanden in allen Geweben eine höhere II-Aktivität mit Ausnahme des Taubenbrustmuskels, in dem *Glycin* ausschließlich unter dem Einfl. von I gebildet wird. P. GREGORZEWSKI. 4210□

Toxopyrimidin-Wirkung auf Glutaminsäuredecarboxylase und einige andere Transaminasen der Rattengewebe. G. Rindi, V. Perri und U. Ventura. (Ital. J. Biochem. **8.** 149—63. Mai/Juni 1959. Pavia, Univ., Ist. di Fisiol. umana.) (Engl.) — Vgl. C. **1960.** 14063.

Im Ratten-Vers. konnte gezeigt werden, daß *Toxopyrimidin* (I; *4-Amino-5-hydroxymethyl-2-methylpyrimidin*) 122 µg/g i.v. starke Konvulsionen erzeugt u. *Glutaminsäuredecarboxylase* im Hirn, *Glutaminsäure–Brenztraubensäure-* u. *Glutaminsäure–Oxalessigsäure-Transaminase* in der Leber inhibiert, letztere aber nicht in Hirn u. Muskel. *Pyridoxamin*-Injektion normalisiert bei an Konvulsionen infolge I-Injektion leidenden Tieren die Decarboxylase- u. Transaminaseaktivität. In vitro konnte keine enzymhemmende Wrkg. von I nachgewiesen werden. *4-Amino-5-brommethyl-2-methylpyrimidindihydrochlorid* rief in ähnlicher Weise wie I Konvulsionen hervor, nicht jedoch *4-Amino-5-aminomethyl-2-methylpyrimidin* u. *4-Amino-5-methyl-2-methylpyrimidinsulfonsäure.* P. GREGORZEWSKI. 4210□

Folsäure und die Synthese von Methionin durch Extrakte von Escherichia coli. K. M. Jones, J. R. Guest und D. D. Woods. (Biochem. J. **79.** 566—74. 1961. Oxford, Univ., Dep. of Biochem., Microbiol. Unit.) (Engl.)

Tetrahydropteroylglutaminsäure (I) wirkte nur in Ggw. von *Cobalamin* (II) als Cofaktor bei der *Methionin* (III)-Synth. durch Ultraschallextrakte von *Escherichia coli PA 15.* Dagegen waren *Tetrahydropteroyltriglutamat* (IV) sowie N^5- u. *N^{10}-Formyltetrahydropteroyltriglutamat* (V u. VI) auch in Abwesenheit von II als Cofaktoren wirksam. Die Aktivität der Cofaktoren **IV, V** u. **VI,** bei der III-Synth. wurde durch I gehemmt, z. T. kompetitiv. Die Hemmung konnte durch Zusatz von II überwunden werden; der Mechanismus der Enthemmung ist noch unbekannt. Die Formylgruppe von **V** u. **VI** konnte in Abwesenheit von *Serin* nicht als Ursprung der C_1-Einheit bei der III-Synth. dienen. *Tetrahydropteroylheptaglutamat* zeigte eine dem **IV** äquivalente Aktivität, während *Pteroylglutamat* u. *N^{10}-Formylpteroylglutamat* unwirksam waren. Die III-Synth. durch Extrakte von Acetontrockenpulver von E. coli PA 15 wurde durch I nur aktiviert, wenn der Organismus in Ggw. von II gewachsen war, während die III-Synth. durch **IV, V** u. **VI** davon nicht beeinflußt wurde. Die III-Synth. durch *E. coli 121/176* in Ggw. von erhitzten E. coli-Extrakten, I oder **IV** wurde durch II gesteigert. J. BOELTER. 4210□

Unterdrückung der Synthese der bei der Bildung des Tryptophans durch Escherichia coli mitwirkenden Enzyme. Georges Cohen und François Jacob. (C. R. hebd. Séances Acad. Sci. **248.** 3490—92. 15/6. 1959. Paris, Inst. Pasteur.) (Franz.)

Zusatz von *Tryptophan* (I) zu Kulturen von *E. coli* (K 12) hemmt die Synth. mehrerer bei der Bldg. von I (Shikimisäure–Anthranilsäure–Indol–Tryptophan) mitwirkenden Enzyme zu 74—85%. Diese Unterdrückung wird durch die Mutation eines Gens ausgelöst, das die Umwandlung von I in ein oder mehrere spezif. Hemmstoffe bewirkt. B. GÖRLICH. 4210□

Vitamin-B_{12}-Wirkung auf die Papain-Aktivierung. Akio Maekawa, Takao Suzuki und Yoshikazu Sahashi. (J. Vitaminol. [Kyoto] **6.** 124—26. 10/6. 1960. Setagaya, Chitose, Tokyo, Tokyo Agric. Univ., Dep. of Agric. Chem., Labor. of Biochem. and Nutrition.) (Engl.)

Zugabe von *Vitamin B_{12}* oder *Glutathion* verursacht eine geringe, Zugabe beider zusammen verursacht eine starke *Papain*-Aktivierung. P. GREGORZEWSKI. 4210□

Über das Vorkommen verschiedener Esterasen in Pflanzensamen. M. Rothe. (Fette, Seifen, Anstrichmittel **62.** 1031—34. Nov. 1960. Potsdam-Rehbrücke, Dtsch. Akad. der Wiss., Inst. für Ernähr.) (Dt.)

Zum Nachw. verschiedener Esterasen in Pflanzensamen werden vergleichende Aktivitäts-Best. mit 2 Substraten, dem Ölsäuremethylester zur Ermittlung der *Lipase*-Aktivität u. dem Monoacetin zur Aktivitäts-Best. einer möglicherweise daneben vorhandenen Acetylesterase durchgeführt. Nach den Vers.-Ergebnissen wird in allen Getreidearten sowie den Ölsaaten Mohn, Raps u. Soja neben der Lipase eine *Acetylesterase* gefunden, die sich von der eigentlichen Lipase durch größere Thermostabilität, geringere Aktivitätssteigerung während der Keimung, anderer Verteilung im Getreidekorn u. geringere sortenbedingte Aktivitätsschwankungen unterscheidet. H.-P. PIETSCH. 4210□

Ein Methyl-übertragendes Enzymsystem in Mikrosomen bei der Biosynthese von Lecithin (Phosphatidylcholin). Jon Bremer und David M. Greenberg. (Biochim. biophysica Acta [Amsterdam] **46.** 205—16. 15/1. 1961. San Francisco, Calif., Univ., School of Med., Dep. of Biochem.) (Engl.)

Unterss. der *Cholin*-Bldg. aus *S-$^{14}C_{(CH_3)}$-Adenosylmethionin* (I) an isolierten Mikrosomen aus verschiedenen Geweben der Ratte u. 8 anderer Tierarten. Das Enzym-Syst. war durch Hg-Verbb. hemmbar, es benötigte also freie SH-Gruppen. Die Cholin-Bldg. wurde durch *Dimercaptopropanol* (II) u. *Mercaptoäthanol* (III) gehemmt, was auf der Anwesenheit eines Enzym-Syst. beruhte, das eine Transmethylierung von I auf die unphysiolog. Verbb. II u. III katalysierte. S-Adenosyläthionin wirkte als kompetitiver Hemmstoff von I. Die Cholin-Bldg. wurde durch Zugabe von dl-[N.N-Dimethyl]-distearyl-α-cephalin in vitro gefördert, nicht durch Dipalmitoyl-α-cephalin. Der Einbau der ersten Methylgruppe wurde als begrenzender Faktor der Biosynth. des Cholins gefunden. Die Ergebnisse werden mit den entsprechenden in vivo-Verhältnissen vergleichend diskutiert.
H.-G. TRÜPER. 4210□

Die enzymatische Methylierung gewebefremder Sulfhydrylverbindungen. Jon Bremer und David M. Greenberg. (Biochim. biophysica Acta [Amsterdam] **46.** 217—24. 15/1. 1961. San Francisco, Calif., Univ., School of Med., Dep. of Biochem.) (Engl.) — Vgl. auch vorst. Referat.

Ein neues Methyl-übertragendes Enzym-Syst. wurde in der Mikrosomenfraktion verschiedener Gewebe von Ratten sowie den Lebern 6 anderer Säugetiere gefunden u. untersucht. Es katalysierte die CH_3-Übertragung von S-Adenosylmethionin auf die unphysiolog. Sulfhydryl-Verbb. *2.3-Dimercaptopropanol* (*BAL*), *Mercaptoäthanol, O-Methylmercaptoäthanol, Mercaptoessigsäure, β-Mercaptopropionsäure, Methylmercaptan* u. *H_2S*, hingegen nicht auf die physiolog. Sulfhydryl-Verbb. *Homocystein, Cystein* u. *Glutathion.* Mit S-Adenosyläthionin konnte eine Transäthylierung beobachtet werden.
H.-G. TRÜPER. 4210□

Die Biosynthese der Fettsäuren und des Cholesterins als chemischer Prozeß betrachtet. J. W. Cornforth. (J. Lipid Res. **1.** 3—28. Okt. 1959. London, Nat. Inst. for Med. Res.) (Engl.)

Übersicht. — 120 Literaturangaben. P. GREGORZEWSKI. 4210□

Enzymatische Oxydation pharmakologisch aktiver Amine. Paul Hagen und Norman Weiner. (Federat. Proc. **18.** 1005—12. Dez. 1959. Boston, Mass., Harvard Med. School, Dep. of Pharmacol.) (Engl.)

Übersicht über Aminoxydase u. deren biolog. Bedeutung, Histaminase u. deren biolog. Funktionen, Mescalinoxydase, Benzylaminoxydase. — 40 Literaturangaben.
P. GREGORZEWSKI. 4210□

Jodtyrosindeshalogenase-Aktivität in normalen und kranken menschlichen Schilddrüsen. Edward A. Carr jun., William H. Beierwaltes, Norma R. Spafford, Lawrence L. Duncan und Roy A. Stambaugh. (J. clin. Endocrinol. Metabolism **19.** 1282—91. Okt. 1959. Ann Arbor, Mich., Univ., Dep. of Internal Med., Pharmacol. and Pathol.) (Engl.)

An 40 Proben aus 39 menschlichen Schilddrüsen bestimmten Vff. die *Jodtyrosindeshalogenase* (I)-Aktivität. Als Kontrollen diente normales Schilddrüsengewebe von 8 Patienten mit Schilddrüsencarcinom. Die I-Aktivität des Schilddrüsengewebes von Patienten mit koll. adenomatösem Kropf u. 5 Patienten mit HASHIMOTO-Kropf lag im Bereich der im normalen Gewebe gefundenen I-Aktivität. Bei 2 Patienten mit nicht spezif. Thyreoiditis lag die I-Aktivität deutlich tiefer als die im normalen Gewebe. Die MICHAELIS-MENTEN-Konst. für I in den Schilddrüsen dieser thyreotox. Patienten unterschied sich nur unmerklich von der der Normalen: $2{,}3 \cdot 10^{-5}$m u. $1{,}8 \cdot 10^{-5}$m. Die mittlere I-Aktivität in carcinomatösem Schilddrüsengewebe von 8 Patienten war geringer als die I-Aktivität im normalen Schilddrüsengewebe. G. BRATFISCH. 4210□

Die Rolle von Glutathion und einer sich selbststabilisierenden Kette von SH-Enzymen und Substraten bei der Stoffwechselregulierung von Erythrocyten. D. Scheuch, C. Kahrig, E. Ockel, C. Wagenknecht und S. M. Rapoport. (Nature [London] **190.** 631—32. 13/5. 1961. Berlin, Humboldt-Univ., Physiol.-Chem. Inst.) (Engl.)

Phenylhydrazin (I) setzt die Aktivität der SH-Enzyme (E) *Hexokinase* (II), *Glutathionreduktase* (III) u. *Glucose-6-phosphatdehydrogenase* (IV) unter Bedingungen, bei denen *Glutathion* (GSH) oxydiert wird, stark herab. Zusatz von *Glucose* hebt die Hemmwrkg. (HW) auf II auf u. setzt die HW auf III u. IV herab. Es wird vermutet, daß das durch die *Hämin*-katalysierte Oxydation von GSH durch I gebildete *Glutathiondisulfid* (GSSG) möglicherweise durch Bldg. gemischter Disulfide die Inaktivierung der SH-E bewirkt. Eine Beziehung zwischen dem Syst. GSH ⇌ GSSG u. den SH-E ist schemat. dargestellt.
E. LODEMANN. 4210□

Über das Vorkommen eines Eigelb lysierenden Enzyms in Staphylococcus-Kulturfiltraten. Rémy Richou, Claude Quinchon und Jean Pantaléon. (C. R. hebd. Séances Acad. Sci. **249.** 2131—33. 16/11. 1959.) (Franz.)

Von mehreren Staphylokokkenstämmen bildeten D, U u. W *hämolyt.* u. *gelatinolyt. Toxine*, jedoch kein Eigelb lysierendes Enzym (I), die Stämme B, P, S u. H jedoch letzteres zusätzlich. Schwache Hämolysinbildner bildeten auch nur wenig I.
K. MAIER. 4210☐

Transaminasen, Aldolasen und Dehydrogenasen aus Serum, Leber und Herz von Ratten nach längerem Hungern. J. Warter, P. Métais und M. Keckhut. (C. R. Séances Soc. Biol. Filiales **155.** 108—11. 1961. Strasbourg, Fac. de Méd., Labor. de la Clinique Méd.) (Franz.)

Der Geh. an *Glutaminsäure* (I)–*Oxalessigsäure-* u. I–*Brenztraubensäure-Transaminasen*, an *Diphosphofructoaldolase*, an *Äpfelsäure-* u. *Milchsäuredehydrogenase* in Serum, Leber u. Herz weißer Ratten nach einer längeren *Protein*-Mangeldiät (45 Tage) wurde untersucht. Während in dem ohnehin enzymarmen Serum prakt. keine Veränderung festzustellen war, sinkt in der Leber die enzymat. Aktivität beträchtlich ab. Im Herz bleiben die Dehydrogenasen bis zum 45. Tag unverändert, während die anderen Enzyme vom 35. Tag an stärker absinken. E. LODEMANN. 4210☐

Über Eiweißstoffe. 64. Mitt. **Struktur der aus peptischem Hydrolysat des Diisopropylphosphoryltrypsins isolierten Peptide.** O. Mikeš, V. Holeyšovský, V. Tomášek und F. Šorm. (Collect. czechoslov. chem. Commun. **26.** 1048—64. April 1961. Prague, Czechoslov. Acad. of Sci., Inst. of Organ. Chem. and Biochem.) (Engl.) — 63. vgl. Collect. czechoslov. chem. Commun. **26.** [1961.] 531; 62. vgl. C. **1961.** 15431.

Eine Reihe von *Peptiden* (I), welche in früheren Experimenten aus pept. Hydrolysat von *Diisopropylphosphoryltrypsin* (II) mittels Chromatographie an einem Ionenaustauscher u. auf Papier u. mittels Hochspannungselektrophorese isoliert wurden, wurde der Strukturanalyse unterzogen. Einheitliche I wurden weiter in niedrige Fragmente entweder unter Verw. von proteolyt. Fermenten (Trypsin, Chymotrypsin, Subtilisin) oder mit Hilfe einer neuen Meth., der sog. „*kombinierten sauren Partialhydrolyse*", gespalten u. die isolierten Abbau-Prodd. durch Analyse der endständigen Gruppen u. der Aminosäuren-Zus. charakterisiert. In einigen Fällen wurde die Folge der Aminosäuren auch mit Hilfe des allmählichen Abbaus mittels Leucinaminopeptidase ermittelt. Es wurde die vollständige Reihenfolge der Aminosäuren in folgenden Peptiden festgestellt: *Val·gluNH₂·gluNH₂·gluNH₂·gly·aspNH₂*; *Ileu·aspNH₂·ser·gluNH₂*; *AspNH₂·ileu·aspNH₂*; *AspNH₂·ser·arg·val ala·ser*; *Val·arg·leu·gly·gluNH₂·asp*; *Arg·val·ala·ser*; *Ileu·ser·gly·try·gly·aspNH₂·thr·lys*. Außerdem wurde tweilweise die Struktur folgender Peptide bestimmt: *Lys·(ser, ala, ser, ala)·leu·aspNH₂·ser*; *Ileu·(ser, gly, try)·(gly, asp, thr, lys)·ser·(asp, gly, pro, ser₁₋₂, thr, tyr, val)*; *Ileu·ser·ala·ser·lys·ser·(pro, his)·ser·tyr*; *Lys·leu·lys·ser·ala·(ala, ser)·leu*. Auf Grund dieser Ergebnisse u. weiterer Angaben, welche durch Unters. des trypt. Hydrolysats von II erhalten wurden, schließen Vff., daß im Mol. des Trypsins wahrscheinlich folgende längere Reihenfolgen der Aminosäuren angenommen werden können: *Lys·leu·lys·ser·ala·(ala, ser)·leu·aspNH₂·ser·arg·val·ala·ser*; *Ser·(gly, ileu, gluNH₂)·val·arg·leu·gly·gluNH₂·asp·[(i)leu, aspNH₂]*; *Ileu·ser·gly·try·gly·aspNH₂·thr·lys·ser·(asp, gly, pro, ser₂, thr, tyr, val)*; *Val·gluNH₂·gluNH₂·gluNH₂·gly·aspNH₂·phe*; *Ileu·aspNH₂·ser·gluNH₂·try*. Die Gesamtzahl der Aminosäurenreste in den untersuchten I ist 60, was 26% der Gesamtanzahl der Aminosäurenreste im II entspricht. V. KOSTKA/Prag. 4210

Über Eiweißstoffe. 65. Mitt. **Einige Regelmäßigkeiten in der Struktur der Ribonuclease.** F. Šorm. (Collect. czechoslov. chem. Commun. **26.** 1174—79. April 1961. Prague, Czechoslov. Acad. of Sci., Inst. of Org. Chem. and Biochem.) (Engl.) — 64. vgl. vorst. Referat.

Die Verkettung der *Aminosäuren* (I) der *Ribonuclease* (II) wurde vom Vf. einer theoret. Analyse unterworfen. Es werden Di- u. Tripeptide angeführt, die sich in der Peptidkette der II zweimal oder sogar dreimal wiederholen. Weiter werden die dipeptid. Strukturen gezeigt, die in normaler u. „inverser" Richtung vorkommen, z. B. *gly·thr* u. *thr·gly*. Es wurde schon früher angeführt (vgl. Collect. czechoslov. chem. Commun. **24.** [1959.] 3161), daß sich manche I in den Eiweißketten vertauschen. Diese Vertauschung kommt bei den I, deren chem. Struktur ähnlich ist (*ala/thr, cys/ser, gluNH₂/lys, glu/asp, his/tyr, cys/met*) oder auf Grund biogenet. Beziehung (*gly/ser*) vor. In einer Tabelle sind die analogen Tripeptide mit den „erlaubten" Vertauschungen der I in normaler u. in einer weiteren Tabelle die analogen Tripeptide mit erlaubten I-Vertauschungen in normaler u. inverser Reihenfolge angeführt. Aus diesen zwei Tabellen folgt, daß in den tripeptid. Einheiten bei 82 dipeptid. Verkettungen (66%) eine gewisse Regelmäßigkeit im Aufbau der **II** vorkommt. In einer Tabelle sind Analogien angeführt, die in höheren Strukturen der Peptidkette der **II** sowohl in normaler als auch in inverser Reihenfolge der **I** vorkommen. Ferner wird auf sog. symm. Strukturen hingewiesen, wo in der Peptidkette von einer **I** auf beide Seiten dieselben bzw. vertauschbare **I** vorkommen. Die Bereiche, in denen das Mol. der **II** analog. gebaut ist, sind in der vollen Reihenfolge der **I** der **II**, die in einer Tabelle angeführt ist, bezeichnet. Es zeigt sich, daß große Bereiche der Peptidkette auch in anderen Gebieten der Kette strukturell ähnlich aufgebaut sind. Dieser Befund wird vom Standpunkt der Proteinsynth. diskutiert. V. TOMÁŠEK/Prag. 4210

Über Eiweißstoffe. 66. Mitt. Ähnlichkeiten in der Primärstruktur der Eiweißstoffe. F. Šorm. (Collect. czechoslov. chem. Commun. **26.** 1180—86. April 1961. Prague, Czechoslov. Acad. of Sci., Inst. of Organ. Chem. and Biochem.) (Engl.) — 65. vgl. vorst. Referat.

Vom selben Standpunkt wie im vorst. Ref. wurde die *Primärstruktur* einiger Eiweißstoffe (**III**) bes. der *Ribonuclease* (**IV**), des *Insulins* (**I**) u. des *Glucagons* (**II**) einer theoret. Analyse unterworfen. Vf. legt die Hypothese vor, daß die Entw. des Lebens auf der Erde mit der Differenzierung der Struktur der **III** u. der *Nucleinsäuren* verbunden ist u. daß sich die phylogenet. Gesetze im chem. Bau der **III** u. der Nucleinsäuren geltend machen. Durch Vgl. der Tripeptidstrukturen auch mit gleichzeitiger Vertauschung gewisser *Aminosäuren* (**V**) (*Glykokoll/Serin, Leucin/Isoleucin, Leucin/Valin, Glutaminsäure/Asparaginsäure, Histidin/Tyrosin* u. *Glykokoll/Alanin*) wurden weitere Ähnlichkeiten in der inneren Eiweißstruktur des **I** u. **II** gefunden. Die Bereiche der analogen Strukturen befinden sich beim **I** in der ganzen A-Kette, in der B-Kette nur in dem Bereich, der in der Anzahl der **V** genau mit der Länge der A-Kette übereinstimmt. Es wurden auch mehrere Ähnlichkeiten in der Verkettung der **V** der A-Kette des **I** u. des *Oxytocins* gefunden. Auch im Mol. des **II** befinden sich gewisse Strukturregelmäßigkeiten bes. Bereiche der symm. Strukturen (vgl. vorst. Referat). Die strukturellen Analogien befinden sich nicht nur in der Kette eines **III**, sondern man kann sie auch in verschiedenen Arten von **III** finden. Vf. zeigt diese Strukturähnlichkeiten an den Hormonen des Hypophysenvorder- u. -hinterlappens, des **I** u. **II** einerseits u. der **IV** andererseits. Ident. Tripeptidstrukturen des **I** u. der **IV** sind in Tabellen angeführt. Daraus folgt, daß im **I** 57% der **V**-Verkettungen analog, wie in der **IV** aufgebaut sind, obzwar nur 3 Vertauschungen der **V** (*Glykokoll/Serin, Valin/Leucin* u. *Asparaginsäure/Glutaminsäure*) angenommen werden. Auch der Vgl. der Struktur des **II** u. der **IV** zeigt eine weitgehende Analogie im Bau der Peptidkette. Bereiche der ident. oder analogen **V**-Verkettungen sind in Tabellen angeführt. Zwischen **I** u. **II** kann man dagegen keine engeren strukturellen Beziehungen finden. — Diese Befunde werden vom Standpunkt der Proteinsynth. u. der phylogenet. Entw. diskutiert. V. TOMÁŠEK/Prag. 4210

Reinigung von Hefecarboxylase durch Chromatographie an Cellulosesäulen. V. Boffi, A. Lucarelli und S. Mancinelli. (Ital. J. Biochem. **8.** 164—68. Mai/Juni 1959. Rom, Univ., Ist. di Chim. Biol.; Centro Studi di Enzimolog. del C.N.R.) (Engl.)

Durch Chromatographie an Carboxylmethylcellulosesäulen gelang Vff. eine 50fache Aktivitätssteigerung bei Extrakten aus Brauereihefe. P. GREGORZEWSKI. 4270 □

E₃. Mikrobiologie. Bakteriologie. Immunologie

Die Wirkung von γ-Strahlen auf in Deuteriumoxid haltigem Medium gewachsene Escherichia coli. Ernest Pollard. (Nature [London] **192.** 177—78. 14/10. 1961. Yale Univ., Dep. of Biophys.) (Engl.)

Escherichia coli-Kulturen von einem normalen Nährmedium in ein gleiches mit 99,5%ig. D_2O bereitetes überführt, wuchsen nach einer langen Verzögerungsperiode mit einer Generationszeit von 4 Std., dem 5fachen des normalen Wertes weiter. Die Bestrahlung dieser Kulturen mit ^{60}Co ergab keinen signifikanten Unterschied der Strahlenempfindlichkeit gegenüber in H_2O gewachsenen Kulturen. Die *Desoxyribonucleinsäuren* von in D_2O gewachsenen Bakterien waren nicht wesentlich von der in H_2O gewachsener Bakterien verschieden (bei Verw. der Strahlenempfindlichkeit als Indicator). J. BOELTER. 4300 □

Die Wirkung von Sauerstoff auf die Stickstoff-Fixierung bei Azotobacter. C. A. Parker und P. B. Scutt. (Biochim. biophysica Acta [Amsterdam] **38.** 230—38. 26/2. 1960. Nedlands, Australia, Univ. of Western Australia, Inst. of Agric.) (Engl.)

Die N_2-Bldg. von *Azotobacter vinelandii* wird bei O_2-Konz. von 10—20% gehemmt. Bei höheren O_2-Konzz. werden darüber hinaus die Respiration u. das Wachstum gehemmt. Da O_2 u. N_2 sich als H_2-Acceptoren wechselseitig ausschließen können, ist die N_2-Bindung eine gewisse Form der Respiration. W. HIRTE. 4320 □

Die Rolle des anorganischen Phosphats im Thiosulfatstoffwechsel von Thiobacillus thioparus. Melvin Santer, Maurice Margulies, Norman Klinman und Ronald Kaback. (J. Bacteriol. **79.** 313—20. März 1960. Haverford, Pa., Haverford Coll., Dep. of Biol.) (Engl.)

In Ggw. von anorgan. Phosphat, ersatzweise auch Arsenat, oxydiert *Thiobacillus thioparus* Thiosulfat vollständig zu SO_4^{2-}, in PO_4^{3-}-freiem Medium wird *Tetrathionat* angereichert u. nur teilweise SO_4^{2-} gebildet. Vff. folgern, daß Tetrathionat ein Intermediär-Prod. der Oxydation ist u. Phosphat katalyt. wirkt. P. GREGORZEWSKI. 4320 □

Bildung von Pentosezwischenprodukten während des Wachstums von Nocardia opaca und anderen saprophytischen Bodennocardien und -Mycobakterien. R. B. Duff und D. M. Webley. (Biochim. biophysica Acta [Amsterdam] **34.** 398—406. Aug. 1959. Aberdeen, Great Britain, The Macaulay Inst. for Soil Res., Dep. of Biochem. and Sect. of Microbiol.) (Engl.)

Nocardien u. Mycobakterien bilden während ihres Wachstums größere Mengen von *Sedoheptulose* u. *Ribulose* sowie ein weiteres pentuloseähnliches Produkt. Die Prodd. des Pentosecyclus werden dann in größerer Menge gebildet, wenn der pH-Wert über 7,0 liegt. Hierbei ist es unwesentlich, ob dies durch Zugabe von $CaCO_3$ oder in einem phosphatgepuffertem Medium erreicht wird. Dihydroxyaceton wird auf Glucose- u. Fructosenährböden gebildet, auf Na-Gluconat nicht. Da außerdem in Zellextrakten eine hohe Aldolaseaktivität nachgewiesen wurde, dürfte das Dihydroxaaceton auf dem EMDEN-MEYERHOF-Stoffwechselweg gebildet werden. W. HIRTE. 4320 □

Die Wirkung von 11-Desoxycorticosteron auf den Kohlenhydratstoffwechsel in Trichophyton rubrum. J. D. Townley, F. W. Chattaway und A. J. E. Barlow. (Biochem. J. **81.** 14P. Okt. 1961. Huddersfield, Dep. of Dermatol., Royal Infirmary; Leeds, Univ., Dep. of Biochem.) (Engl.)

In Mycelien von *Trichophyton rubrum* wird innerhalb von 3 Min. ^{14}C aus *^{14}C-Glucose* in 40 Verbb. (Aminosäuren) eingebaut, von denen 8 phosphoryliert werden. 16,3% ^{14}C lassen sich nach 30 Min. in diesen phosphorylierten Verbb. nachweisen; die restliche Aktivität findet sich in *Fructose* (I; 67,7%), *Alanin* (II; 13,1%) u. einer nicht identifizierten Verb. (III; 1%). In Ggw. von *11-Desoxycorticosteron* (IV) wird die Anzahl der phosphorylierten Verbb. auf 3 reduziert, die nach gleicher Vers.-Dauer nur 3,6% ^{14}C aufgenommen haben, I, II u. III enthalten dagegen z. T. wesentlich höhere ^{14}C-Anteile (51,4, 27,0 u. 16,9%). Die Ergebnisse zeigen, daß IV durch Bindung univalenter Ionen die oxydative Phosphorylierung hemmt u. nicht auf den akt. Ionentransport durch die Zellmembran einwirkt. P. FAHRNLAENDER. 4320 □

Die Notwendigkeit des Spurenelements Zink für die Synthese der Nucleinsäuren bei Aspergillus niger. Didier Bertrand und André de Wolf. (C. R. hebd. Séances Acad. Sci. **252.** 2613—15. 24/4. 1961. Paris, Inst. Pasteur, Labor. de Chim. Biol.) (Franz.)

Für die *Nucleinsäure*-Synth. bei *Aspergillus niger* ist, wie die Unterss. ergeben haben, die Ggw. von *Zn* als Spurenelement notwendig. Bei einigen Zwischenstufen der Synth. kann Zn durch *Cd* ersetzt werden. E. LODEMANN. 4320 □

Untersuchung des Nucleinsäurestoffwechsels bei einem gegen Sulfanilamid resistenten Stamm von Escherichia coli. F. Kayser und M. Pierfitte. (Bull. Soc. Chim. biol. **43.** 143—52. 1961. Nancy, Fac. de Pharm., Labor. de Chim.) (Franz.)

Vergleichende Unterss. an einem Stamm von *Escherichia coli* u. zwei *Sulfanilamid*-resistenten Mutanten ergaben keinen Anhalt für einen Unterschied im Nucleinsäurestoffwechsel. Die *RNS*- u. *DNS*-Biosynth. ist bei den drei Stämmen prakt. gleich.
E. LODEMANN. 4330 □

Antibakterielle Wirkung von Flechtenstoffen und verwandten Verbindungen. 5. Mitt. **Dibenzofuranverbindungen.** Shinsaku Natori. (Pharmac. Bull. [Tokyo] **5.** 539—47. Dez. 1957. Tokyo, Univ., Pharm. Inst.) (Engl.) — 4. vgl. SHIBATA, Pharmac. Bull. [Tokyo] **2.** [1954.] 45.

69 Dibenzofuran-Verbb. wurden in ihrer bakteriostat. Wrkg. gegenüber *Staph. aureus*, *E. coli* u. *Mycobact. tuberculosis* geprüft. Keine der untersuchten Verbb. erreichte die antibakterielle Wrkg. der Flechtenstoffe (z. B. Decarboxynordidymsäure), jedoch waren einige Verbb., bes. mit NH_2-oder OH-Substitution in 3-Stellung, wie z. B. *3-Aminodibenzofuran* (I), wirksam. Die Einführung weiterer Substituenten bewirkte stets eine Verminderung der bakteriostat. Aktivität. Nachst. Verbb. wurden synthetisiert: *3-Dibenzofuranamidinhydrochlorid*, $C_{13}H_{10}N_2O \cdot HCl \cdot H_2O$, F. 296—298°, aus 3-Cyanodibenzofuran u. HCl-Gas in A. u. mehrtägigem Stehen des Imidoäthers mit alkohol. NH_3; Nadeln aus Wasser. — *3-Dimethylaminodibenzofuranmethyljodid*, $C_{15}H_{16}JNO$, F. 189—190° (Zers.), Schuppen aus Methanol (II). — *3-Tosylaminodibenzofuran*, $C_{19}H_{15}NO_3S$, F. 142°. — *N-Methyltosylaminodibenzofuran*, $C_{20}H_{17}NO_3S$, F. 114—115°, aus vorst. Verb. u.

Dimethylsulfat; Nadeln aus II. — *3-Methylaminodibenzofuran*, $C_{13}H_{11}NO$, F. 48—49°, durch Hydrolyse vorst. Verb. mit Essigsäure u. H_2SO_4; Nadeln aus wss. II. — *3-Dibenzofurylaminomethansulfonsaures Na*, $C_{13}H_{10}NNaO_4S$, F. 263—266° (Zers.), aus I u. Hydroxymethansulfonsaurem Na unter Rückfluß in W./A., kleine Nadeln aus Butanol. — *2-Acetyldibenzofuran*, $C_{14}H_{10}O_2$, F. 71—72°, als Hauptprod. der Acetylierung von Dibenzofuran in CS_2 mit Acetylchlorid u. $AlCl_3$ u. chromatograph. Trennung an Al_2O_3 mit Bzl. als Lsgm. nach vorheriger Dest.; Nadeln aus II. *Oxim*, $C_{14}H_{11}NO_2$, F. 132—133°, Prismen aus Alkohol. — *2.8-Diacetyldibenzofuran*, $C_{16}H_{12}O_3$, F. 162—163°, neben vorst. Verb.; Nadeln. — *4-Dibenzofurancarbonsäure*, $C_{13}H_8O_3$, F. 203—205°, durch Diazotierung von 2,5 g 3-Amino-2-phenoxybenzoesäure u. anschließender Zers. in sd. 50%ig. H_2SO_4; Nadeln aus Xylol oder Essigsäure (III); 0,9 g Ausbeute. *Methylester*, F. 88—90°. — *2.3-Diacetaminodibenzofuran*, $C_{16}H_{14}N_2O_3$, F. 267—271°, durch Acetylierung von 2.3-Diaminobenzofuran; Nadeln aus III. — *2-Hydroxy-3-nitrodibenzofuran* (IV), $C_{12}H_7NO_4$, F. 207—209°, aus 2-Hydroxybenzofuran durch Nitrierung in III u. chromatograph. Trennung mit Bzl./Chlf.; gelbe Nadeln aus Aceton. Als Nebenprod. fiel ein vermutlich *2-Hydroxydinitrofuran* an, $C_{12}H_6N_2O_6$, F. 242—243°, gelbe Schuppen aus III. — *2-Hydroxy-3-aminodibenzofuran*, $C_{12}H_9NO_2$, F. 204—207° (Zers.), durch Red. von IV mit $SnCl_2$; Schuppen aus wss. Alkohol. — *2-Äthyl-3-nitrodibenzofuran* (V), $C_{14}H_{11}NO_3$, F. 102 bis 104°, aus 2-Äthylbenzofuran durch Nitrierung in III u. chromatograph.Reinigung; hellgelbe Nadeln aus II. — *3-Nitrodibenzofuran-2-carbonsäure*, F. 180—182°, aus vorst. Verb. durch Oxydation mit $KMnO_4$ in wss. Pyridin. — *2-Äthyl-3-aminodibenzofuran*, $C_{14}H_{13}NO$, F. 68—70°, durch Red. von V mit $SnCl_2$; Prismen aus wss. II

E. MOISAR. 4330 □

Antibakterielle Wirkung von Flechtenstoffen und verwandten Verbindungen. 6. Mitt. Dibenzothiophen-, Fluoren- und Carbazolderivate. Shinsaku Natori, Masao Ito und Takenari Nakagome. (Pharmac. Bull. [Tokyo] **5**. 548—52. Dez. 1957. Tokyo, Univ., Pharm. Inst.) (Engl.) — 5. vgl. vorst. Referat.

Ausgehend von der l. c. beobachteten antibakteriellen Wrkg. von 3-Aminodibenzofuran (I) wurden durch Ersatz des O durch S, CH_2 oder NH 40 isoster. u. ähnliche Verbb. der *Dibenzothiophen-*, *Fluoren-* u. *Carbazol*-Reihe untersucht. Die Wrkg. war jedoch stets weit geringer als die von I oder blieb völlig aus. Nachst. Verbb. wurden synthetisiert: *2-Aminodibenzothiophen-5-dioxid*, $C_{12}H_9NO_2S$, F. 269—270°, durch Erhitzen von 2-Bromdibenzothiophen-5-dioxid mit Cu u. NH_4OH im Autoklaven; gelbe Nadeln aus Butanol. — *5-Nitro-1.2.3.4-tetrahydrocarbazol*, $C_{12}H_{12}N_2O_2$, F. 153°, durch Kondensation von m-Nitrophenylhydrazin mit Cyclohexanon in Ggw. von HCl; rote Nadeln aus Methanol; dimorphe Form mit F. 116° (gelbe Nadeln) beim langsamen Abkühlen der heißen Lsg. in Benzol. — *2-Nitrocarbazol*, $C_{12}H_8N_2O_2$, F. 174—175°, aus 2-Nitrotetrahydrocarbazol durch Dehydrierung mit Chloranil; gelbe Nadeln aus Benzol. — *4-Aminocarbazol*, aus vorst. Verb. u. $SnCl_2$; instabil. *Hydrochlorid*, F. > 300°. *Trinitrobenzolkomplex*, $C_{12}H_{10}N_2 \cdot C_6H_3N_3O_6$, F. 216—220°, dunkelviolette Krist. aus Äthanol. — *2-Aminocarbazol*, aus 2-Nitrocarbazol durch katalyt. Red. in Ggw. von Pd; instabil. *Trinitrobenzolkomplex*, $C_{12}H_{10}N_2 \cdot C_6H_3N_3O_6$, F. 186—188°; dunkelviolette Nadeln aus Äthanol.

E. MOISAR. 4330 □

Antibakterielle Wirkung von Flechtenstoffen und verwandten Verbindungen. 7. Mitt. Die Beziehung zwischen Struktur und Aktivität von Verbindungen, die dem Dibenzofuran verwandt sind, und ein Versuch zur Klärung des Wirkungsmechanismus. Shinsaku Natori. (Pharmac. Bull. [Tokyo] **5**. 553—60. Dez. 1957. Tokyo, Univ., Pharm. Inst.) (Engl.) — 6. vgl. vorst. Referat.

Die in früheren Arbeiten beobachteten Zusammenhänge zwischen der Struktur von *Dibenzofuran*-Verbb. u. der bakteriostat. Aktivität werden zusammengefaßt. Ferner wird über die Beeinflussung der antibakteriellen Wrkg. durch den *Substrat*-pH, durch *Metallionen* u. über den Einfl. *oberflächenakt. Verbb.* berichtet. Die antibakterielle Wrkg. der Verbb. tritt gegen *Mycobact. tuberculosis* nur in synthet. Medien auf, während in Ggw. von Serum die Aktivität stark vermindert ist. E. MOISAR. 4330 □

Über den Einfluß eines nichtionogenen Netzmittels auf einige gebräuchliche Antibiotica (in vitro-Teste). H. Olberg. (Zbl. Bakteriol., Parasitenkunde, Infektionskrankh. Hyg., I. Abt., Orig. **173**. 141—50. Nov. 1958. Wiesbaden, Lyssia-Werke.) (Dt.)

Beschrieben wirkt der Einfl. von polyoxyäthylierten Rizinusöl auf Antibiotica in vitro. Es wirkt ohne beobachtete Gesetzmäßigkeiten indifferent, hemmend oder aktivierend, abhängig von der Konz. vom Antibioticum u. der Keimart.

S. GROITZSCH. 4340 □

Verlauf der Biosynthese von 7-Chlor-6-desmethyltetracyclin. D. Perlman, L. J. Heuser, Joan B. Semar, W. R. Frazier und J. A. Boska. (J. Amer. chem. Soc. **83**. 4481. 5/11. 1961. New Brunswick, N.J., Sqibb Inst. for Med. Res.) (Engl.)

Vff. stellten fest, daß „normale" Stämme von *Streptococcus auriofaciens* (NRRL B-2209, NRRL B-1286, NRRL B-1287, NRRL B-1288, ATCC 12416a, ATCC 12416b, ATCC 12416c) *7-Chlor-6-desmethyltetracyclin* (I), *7-Chlortetracyclin* sowie Spuren von *6-Desmethyltetracyclin* u. *Tetracyclin* nach Sulfonamidzusatz (*Sulfaguanidin, Sulfanilamid, Sulfadiazin, Sulfathiazol, Sulfapyridin, Sulfasuccidin, Sulfamerizin, Sulfisoxazol*) in Konzz. von 1 g/Liter Nährmedium produzierten. Das isolierte I war mit einer authent. Substanz identisch. — Es konnte gezeigt werden, daß beschriebener Effekt unter Zusatz von Methionin teilweise reversibel ist, wodurch die Hypothese gestützt wird, daß Sulfonamide den Methioninstoffwechsel von S. auriofaciens stören. G. WURM. 4340□

Die Natur der Colicin-Receptoren. Anna Mayr-Harting. (Nature [London] **192.** 191. 14/10. 1961. Bristol, Univ., Dep. of Bacteriol.) (Engl.)

Die Receptorstellen (R) von *Colicin* (I)-sensitiven Stämmen von *Escherichia coli* (C 6) wurden durch 30 Min. langes Erhitzen auf 65° oder Einw. von 0,3% *Formalin* oder 2%ig. *Phenol* nicht beeinflußt. Dagegen fand Zerstörung durch 1std. Erhitzen auf 100° oder Einw. von 80%ig. *A.* statt. Inokulierte I-sensitive E. coli-Kulturen wurden durch abgetötete E. coli-Kulturen, deren R nicht zerstört waren, nicht beeinflußt. Dagegen reduzierten abgetötete Kulturen mit intakten R die I-Hemmzonen erheblich. Es wird angenommen, daß die R zumindest für I einem flagellaren oder in geringerem Maße einem fimbrialen Antigen ähnlich sind. J. BOELTER. 4340□

Der Mechanismus der Hemmung bei Pilzen durch Filipin. David Gottlieb, H. E. Carter, J. H. Sloneker, Lung Chi Wu und Elizabeth Gaudy. (Phytopathology **51.** 321—30. Mai 1961. Urbana, Ill., Univ. of Illinois, Dep. of Plant Pathol.) (Engl.)

Verss. mit *Saccharomyces cerevisiae Meyen* in Ggw. von *Filipin* (I) im Kulturmedium ergeben, daß I in Zellwand u. Cytoplasma eintritt. Bei intakten Hefezellen hemmt I die aerobe u. anaerobe Atmung. Die Hemmung ist von der I-Konz. abhängig. Bei zellfreien Hefeextrakten tritt durch I unter aeroben Bedingungen keine Atmungshemmung auf. Als Substrate werden verwendet: *Glucose, α-Ketoglutarat, Na-Acetat, Na-Citrat, Na-Succinat, Fumarsäure, Glycerinaldehyd, Äpfelsäure, Trinatrium-cis-aconitat, Na-Isocitrat, Oxalbernsteinsäure, Na-Oxalacetat.* Verss. mit tier. zellfreien Extrakten führen zu gleichen Ergebnissen. Die tox. Wrkg. von I kann durch Cholesterin oder Ergosterin aufgehoben werden. Vergleichende UV-Absorptions-Unterss. von I in Ggw. von *Cholesterin, Ergosterin, Cholestenon, Androstandiol-(3β.17β), Cholsäure, Cholestadienon-(3)* u. *Δ^4-Cholestenol-(6β)-on-(3)* zeigen, daß I mit einigen Steroiden in wss. Lsg. einen locker gebundenen Komplex bildet, der durch Zugabe organ. Lsgm. zerstört wird. Die Bldg. einer stabilen Bindung zwischen I u. Cholesterin oder Ergosterin in methanol. Lsg. ist nach Adsorptions- u. chromatograph. Unterss., durch Digitoninfällung u. durch Trennung mittels Gegenstromverteilung ausgeschlossen; es wird keine 3. Verb. gefunden.
D. GROSS. 4340□

Isolierung und Charakterisierung eines neuen Antibioticums: Etruscomycin. Federico Arcamone und Mariantonia Perego. (Ann. Chimica **49.** 345—51. Febr. 1959. Milano, Farmitalia, Lab. Ric. Microbiologia e Chemioterapia.) (Ital.)

Das Antibioticum *Etruscomycin* (I) wurde durch Extraktion mit n-Butanol oder anderen Lsgm. aus dem Filtrat der Kulturen u. dem Mycel von *Streptomyces lucensis* isoliert. Man verdampft den Butanol-Extrakt im Vakuum, konz. den Rückstand, fällt mit Ae. u. erhält Eiweißkörper enthaltendes rohes I (0,5—2 g/Liter Fermentations-Lsg.), das eine antifungicide Wirksamkeit von 5—30 Einheiten/mg aufweist. Dieses Rohprod. zeigt ein starkes chromatograph. Adsorptionsvermögen gegenüber Al_2O_3, Florisil, saurem IRC-50 u. Duolit S-30 u. ein mäßiges gegenüber Bentonit, Celit u. $CaCO_3$. Die Reinigung erfolgt durch Extraktion mit Lsgm. (Aceton, wss. Isopropanol), Fällen mit W. aus $CaCl_2$ enthaltenden methanol. Lsgg., Verteilungschromatographie an Silicagel u. Umkristallisation aus mit n-Butanol gesätt. Wasser. Krist. I, $C_{36}H_{57}NO_{14}$, F. 150° (Zers.), $[\alpha]_D^{20}$ $+50°$ in 0,1 n HCl u. $+296°$ in Pyridin, ist unbeständig in Lsg. außer bei pH 6,0—8,0, beim Erhitzen, bei Licht oder Luftzutritt, akt. mit 164 Einheiten/mg, ungesätt., zeigt das UV-Absorptionsspektr. eines Tetraens, $E_{1cm}^{1\%}$ 1390 bei 304—305 mμ u. IR-Spektr. eine scharfe OH-Bande bei 3350 cm^{-1}, CH- u. CH_2-, CO- u. COO-Banden bei 2940, 1715 u. 1585 cm^{-1}; I mit $KMnO_4$ bzw. Br in CCl_4 gibt Entfärbung, die MOLISCH-Rk. eine schwache Braunfärbung u. mit $FeCl_3$ negativ. G. PLATZER. 4340□

Über antibiotisch wirksame Substanzen im Makroorganismus. H. Haenel und W. Goldbach. (Ernährungsforschung **6.** 341—42. 1961. Potsdam-Rehbrücke, Inst. für Ernährung.) (Dt.)

In auxanograph. Unterss. von tier. Organen u. Inhaltsstoffen gelang es, ein Syst. von Hemmstoffen sichtbar zu machen, die auf verschiedene Testkeime in unterschiedlicher Weise wirken. Bes. der Darm mit Anhangsorganen u. Inhalt erwies sich als stark aktiv. In 13 Auxanogrammen aus Verss. mit Rhodeländer-Küken bringen Vff. die mit *Bact. cereus, Escherichia coli, Micrococcus aureus, Micrococcus lysodeicticus, Lactobac. casi, Streptococcus faecalis, Neurospora crassa, Candida albicans* u. *Saccaromyces carlsbergensis* als Testkeime gewonnenen Ergebnisse. M. Ulmann. 4340 □

Experimentelle Pathogenität und Katalaseaktivität von Shigella. Szymona Szturm-Rubinstein. (Ann. Inst. Pasteur **99.** 305—09. Aug. 1960. CNRS et Inst. Pasteur, Serv. de Microbie gener.) (Franz.)

Stämme von *Shigella dysenteriae, Sh. flexneri, Sh. boydii* u. *Sh. sonnei* wurden auf *Katalase* (**I**)-Geh. untersucht. Zwischen diesem, der unter den einzelnen Serotypen verschieden ausfiel, u. der Pathogenität, getestet am Meerschweinchenauge, besteht keine Beziehung; I-reiche Stämme ergaben früher auftretende u. stärkere Augenreaktion. I-ärmere Stämme müssen in der Kultur häufiger überimpft werden als I-reichere. B. v. Kerékjártó. 4350 □

Untersuchungen über die Hemmwirkungen von Endotoxin auf die Leukocytenwanderung. Tadashi Watanabe und Fumio Tanaka. (Jap. J. exp. Med. **30.** 449—74. Dez. 1960. Univ. of Tokyo, The Inst. for Infectious Diseases, Third Bacteriol. Dep.) (Engl.)

Mit Hilfe der Capillarrohr-Meth. wurde die Hemmung der Leukocyten-Wanderung beim Kaninchen untersucht. Beim Vgl. von in vivo- u. in vitro-Verss. wurde gefunden, daß der Hemmeffekt des Toxins in vivo ein sek. Effekt sein muß. Unter einer Reihe von getesteten Polysacchariden, teilweise aus Bakterien-Kulturen gewonnen, erwiesen sich *Tuberkulin-Polysaccharid* u. ein Polasaccharid aus Ehrlich-Ascites-Tumorzellen als toxisch. Durch Behandlung mit NaOH u. $NaJO_4$ wird die Toxin-Aktivität wesentlich vermindert. Eine Reihe von Endotoxin-Antagonisten wurde getestet (u. a. *Cortison, Chlorpromazin, Atropin, Epinephrin, Norepinephrin, Serotonin, Reserpin*), sie hatten keinen Einfl. auf die Hemm-Wrkg. des Toxins. U. Mothes. 4370 □

Hemmung des lokalen Shwartzman-Phänomens durch Verabreichung von ε-Aminocapronsäure. Armando O. Ramos, Loring F. Chapman, Alexandre P. Corrado, Virgílio A. Fortes und Adhemar M. Fiorillo. (Arch. int. Pharmacodynam. Thérap. **132.** 270—73. 1/7. 1961. Ribeirão Prêto, Brazil, Fac. of Med., Dep. of Pharmacol.) (Engl.)

Durch intraperitoneale Injektion von 3 mal 0,3 g *ε-Aminocapronsäure*/kg innerhalb 24 Std. konnte bei Mäusen die durch *Salmonella typhi*-Endotoxin Injektionen hervorgerufene Shwartzman-Rk. (lokale hämorrhag. Nekrose) gehemmt werden. Der Wrkg.-Mechanismus ist noch unbekannt u. steht vermutlich nicht mit der bekannten Fähigkeit zur Hemmung der Plasminogen-Aktivierung in Beziehung. Es könnte möglich sein, auf diese Weise eine Beeinflussung einiger biochem. Faktoren der Antigen–Antikörper-Rkk. u. vielleicht auch andere Entzündungszustände, bei denen Proteasen-Aktivierungen vorkommen, zu erreichen. U. Tausendfreund. 4370 □

Immunologisches Verhalten von Nucleinsäuren aus E. coli. 1. Mitt. **Versuche über die Antigenität.** R. Herrmann. (Zbl. Bakteriol., Parasitenkunde, Infektionskrankh. Hyg., I. Abt., Orig. **179.** 86—92. Mai 1960. Berlin, Robert-Koch-Inst.) (Dt.)

Es wurden Gemische von *Desoxyribonucleinsäure* u. *Ribonucleinsäure* aus *Escherichia coli* unter Verw. verschiedener Meth. in weitgehend proteinfreier Form isoliert. Die Präpp. dienten entweder allein oder in Mischung mit Albuminen oder nach chem Bindung an Eiweiß zur Immunisierung von Kaninchen. Es konnte im halbquant. Mikropräzipitations-Verf. nach Stöss nachgewiesen werden, daß Nucleinsäure aus E. coli wahrscheinlich keine antigenen Eigg. besitzt u. erst dann zum Antigen wird, wenn sie chem. an Protein gebunden ist. S. Groitzsch. 4370 □

Einige Bemerkungen über die Struktur der aus Tabakmosaikvirus extrahierten infektiösen Ribonucleinsäure. Paul Horn, Léon Hirth und Gaston Scheibling. (C. R. hebd. Séances Acad. Sci. **252.** 2625—27. 24/4. 1961. Strasbourg, Centre de Rech. sur les Macromoll. et Inst. de Botan.) (Franz.)

Es wird ein Verf. beschrieben, das es erlaubt, durch viscosimetr. Messungen u. Unterss. der Lichtstreuung Rückschlüsse auf die Form u. Größe der aus *Tabakmosaikvirus* extrahierten *Ribonucleinsäure-Partikel* (RP) zu ziehen. Auf Grund der Ergebnisse vermuten die Vff., daß es sich bei den RP um starre, stabförmige Gebilde mit einer Länge von 1500 Å handelt. E. Lodemann. 4374 □

Charakteristische polarographische Aktivität des Tabakmosaikvirus. 1. Mitt. **Unterschied im polarographischen Effekt des Virus und der Nicht-Viruseiweißstoffe.** G. Ruttkay-Nedecký. (Collect. czechoslov. chem. Commun. **25.** 3363—79. Dez. 1960. Bratislava, Tschechosl. Akad. Wiss., Virolog. Inst.) (Dt.)

Tabakmosaikvirus (**I**) liefert in ammoniakal. Lsgg. des Co(III) eine katalyt. Stufe der H-Abscheidung. Diese katalyt. Stufe unterscheidet sich von den Effekten der anderen

Eiweißstoffe, die neben I im infizierten Material vorhanden sind. Polarograph. können kleine Mengen verunreinigender Eiweißstoffe im Virus-Purifikat nachgewiesen werden. P. ZUMAN/Prag. 4374

Wirkung des β-Propiolactons auf das Virus der durch Zecken übertragenen Encephalitis. B. F. Ssemenow und A. I. Resepowa. (Вопросы Вирусологии [Fragen d. Virusforsch.] **6.** 432—34. Juli/Aug. 1961.) (Russ.; Auszug: Engl.)

Bei 2 Stämmen des durch Zecken übertragbaren Encephalitis-Virus (aus Mäusegehirn u. aus Gewebekultur) wirkte *β-Propiolacton* in einer Konz. von 1/1000—1/3000 bei 2—6 std. Einw. inaktivierend. Die Hämagglutinationsfähigkeit bleibt bei den Stämmen nach Verlust der Infektiosität erhalten. M. WIEDEMANN. 4374□

E$_4$. Pflanzenchemie. Pflanzenphysiologie. Pflanzenpathologie

Ein endogener Rhythmus in der Abgabegeschwindigkeit von Kohlendioxid bei Bryophyllum. 1. Mitt. **Einige vorbereitende Experimente.** M. B. Wilkins. (J. exp. Botany **10.** 377—90. Okt. 1959. London, King's Coll., Dep. of Botany.) (Engl.) — 2. vgl. C. **1961.** 17627.

Es wurden isolierte Blätter von 16 Arten sukkulenter Pflanzen untersucht. Nur bei *Bryophyllum fedtschenkoi, Br. daigremontianum* u. *Br. calycinum* (*pinnatum*) wurde im Dunkeln ein Rhythmus bei der CO_2-Abgabe (in CO_2-freier Atmosphäre) gefunden. Die Tageslänge hat keinen Einfl. auf die Periode des Rhythmus, der sofort nach Einsetzen der Dunkelheit beginnt. Der erste Gipfel der Kurve erscheint um so eher, je länger die Lichtbehandlung dauerte. Normale Luft unterdrückt den Rhythmus. Durch Beleuchtung mit 3000 Lux wird der Rhythmus unterbrochen, er beginnt bei Abdunkelung neu. Wird die Epidermis der Blätter entfernt u. das Mesophyll in kleine Stücke zerschnitten, so verändert sich weder Phase noch Periode des Rhythmus. Eine besondere Vers.-Technik zur Unters. von CO_2-Abgabe u. -Adsorption durch Pflanzenmaterial wird beschrieben. U. MOTHES. 4404□

Identifizierung von Zuckern im Manna des nördlichen Iraks. Zakaria I. Sabry und Nicola A. Atallah. (Nature [London] **190.** 915—16. 3/6. 1961. Beirut, Amer. Univ., Dep. of Food Technol.) (Engl.)

Vff. extrahieren aus Manna (Exsudat aus Fraxinus Ornus L.) des nördlichen Iraks (Zus.: 5,9% W., 0,2% Fett, 2,8% Protein, 5,2% Asche, 6,7% Fasern, 79,2% *Kohlenhydrate* (I)) durch Behandlung mit sd. 80%ig. A. u. Amberlit IR-120 u. IRA-410 I, die durch Kohlesäulenchromatographie (Elution mit W., 5,15 u. 30%ig. A.) in Mono-, Di-, Tri- u. Polysaccharide getrennt u. papierchromatograph. vor u. nach Hydrolyse mit nH_2SO_4 (6 Std.) untersucht werden. Die Ergebnisse zeigen die Ggw. von *Glucose* (II), *Fructose* (III), *Saccharose, Trehalose, Raffinose* u. *Melezitose.* Die Polysaccharidfraktion liefert bei der Hydrolyse nur II u. besitzt kein Red.-Vermögen. Mit Ausnahme von II u. III, die ca. 10% der Manna-I ausmachen, sind sämtliche übrigen Zucker nicht reduzierend. P. FAHRNLAENDER. 4420□

Isolierung und Identifizierung eines Steringlucosids aus Erdnußmehl. Nelle J. Morris und Louise S. Lee. (J. agric. Food Chem. **9.** 401—03. Sept./Okt. 1961. New Orleans, La., South. Reg. Res. Labor.) (Engl.)

Aus fettfreiem Erdnußmehl wird *β-Sitosterin-d-glucosid,* F. 285—289° (Zers.), isoliert (Arbeitsschema) u. durch Elementaranalyse, F., IR-Absorption u. Glaspapierchromatographie im Vgl. mit einer authent. Probe nachgewiesen. Die Verb. macht ca. 0,09% des hautfreien Erdnußkernes aus. W. WESLY. 4420□

Die Flavonolglykoside der Hamamelidaceen. Kurt Egger und Hans Reznik. (Planta **57.** 239—49. 1961. Heidelberg, Univ., Bot. Inst.) (Dt.)

Aus den Laubblättern von 16 Arten der Hamamelidaceen isolierten Vff. folgende Flavonolglykoside: papierchromatograph.: *Myricetin-3-glucosid, Myricetin-3-rhamnosid* F. 197,5° (*Myricitrin*), *Quercetin-3-glucosid* (*Isoquercetrin*), *Quercetin-3-rhamnosid,* F. 175° (*Quercitrin*), *Kämpferol-3-glucosid,* F. 177° (*Astragalin*) u. *Kämpferol-3-rhamnosid* F. 167° (*Afzelin*). In den Laubblättern von *Fothergilla monticola* tritt außerdem noch *Rutin,* in den Blüten der *Hamamelis*-Arten *Quercetin-4'-glucosid* (*Spiraeosid*) auf. Einige IR-Spektren werden gegeben. P. GREGORZEWSKI. 4420□

Eugenollignin: Chemische Eigenschaften und Bedeutung. D. E. Bland. (Biochem. J. **81.** 23—28. Okt. 1961. Melbourne, Div. of Forest Prod., C.S.I.R.O.) (Engl.)

Vf. behandelt Gewebe von Hafercoleoptilen (a) u. Parenchym aus Kartoffelknollen (b) mit gepufferten *Eugenol*-(I)-Lsgg. in Ggw. von wss. H_2O_2 u. bestimmt den *Lignin* (II)-Geh. nach RITTER, SEBORG u. MITCHELL nach Aufschluß mit 72%ig. u. 3%ig. H_2SO_4 (je 2 Std. Zimmer-Temp. bzw. 100°); im unlösl. Rückstand werden OCH_3

u. N ermittelt. Die **II**-Menge läßt sich in dem mit 80% ig. H_3PO_4 behandelten Gewebe auch nach der UV-Absorptions-Meth. erhalten; nicht lignifiziertes Material ergibt eine niedrige Extinktion zwischen 240—400 mμ, während **II**-haltiges ein **II**-Spektrum liefert, von dem die Maximalabsorption bei 280 mμ gemessen wird. Die Isolierung von **II** bzw. verschiedener **II**-Fraktionen aus a u. b erfolgt durch Vermahlung des Gewebes mit einem Gemisch aus konz. HCl u. 90% ig. H_3PO_4 (nach URBAN; = **II a**) oder Toluol [**II b**], 16 std. Erhitzen mit Methanol bei 150° (methanollösl. **II** [**IIc**]), Einw. von 0,5 n NaOH (1 Std., 100°; alkalilösl. **II**) u. Behandlung mit 3% HCl enthaltendem A. (**IId**, 48 Std., Rückfluß); außerdem wird aus den Rückständen der Methanolextraktion ein KLASON-**II** [**IIe**] erhalten. Zur Identifizierung von **II** wird lignifiziertes Gewebe mit 2 n NaOH in Nitrobenzol behandelt (3 Std., 160°) u. das gebildete *Vanillin* nach BLAND u. STAMP chromatograph. bestimmt. Handels-**I** liefert eine positive Phloroglucin–HCl-Rk. u. enthält Coniferylalkohol (**III**, 0,2%), der sich durch Waschen mit 20% ig. $NaHSO_3$-Lsg. u. W. mit anschließender Dest. entfernen läßt. Auch das durch Einw. von **I** u. H_2O_2 erhaltene lignifizierte Gewebe ergibt eine Farb-Rk. mit Phloroglucin-HCl u. enthält 12—14% **II** (nach KLASON), das einen N-Geh. von 1,66—3,88% aufweist u. nur einen niedrigen Prozentsatz an OCH_3-Gruppen (a: 8,36%; b: 12,27—13,79%) besitzt. Aus dem korrigierten KLASON-**II**-Wert (bezogen auf 16% OCH_3) geht hervor, daß b nur eine 39% des zugeführten **I** entsprechende **II**-Menge enthält; **II** wird also aus **I** u. nicht aus Verunreinigungen, z. B. **III**, gebildet, das jedoch als Zwischenprod. auftreten kann. Sämtliche aus b isolierten **II**-Fraktionen enthalten N(0,86—3,84%); der niedrige C- (53,54%) u. OCH_3-Geh. (7,99% bzw. 9,28% Korr.) von **IIa** ist wahrscheinlich auf eine Vermischung mit Kohlenhydratmaterial zurückzuführen. **IIc** wird nur in geringer Ausbeute erhalten, während die methanolunlösl. **IIe**-Fraktion 8,7% ausmacht. Ein hoher **II**-Anteil ist also gegen Methanol beständig. **IIb** (0,6% Ausbeute) mit 61,6% C; 11,1% OCH_3 u. 1,64% N stellt ein ziemlich reines **II** dar, dessen IR-Absorptionsspektrum dem **II** aus *Pinus radiata* gleicht. Auch **IId** (0,9%) weist niedrige N- (0,86%) u. hohe OCH_3-Geh. (13,04%) auf. Im Gegensatz zu natürlichem **II** enthält aus **I** gebildetes **II** keine äthylierbaren Arylcarbinolgruppen u. liefert bei Nitrobenzoloxydation nur 5% *Vanillin* u. 0,7—1,1% *Dihydrovanillin*. Aus den Ergebnissen wird geschlossen, daß das **I**-*Lignin* eine **II**-ähnliche Substanz darstellt, die sich aber trotz gleicher IR- u. UV-Spektren erheblich vom natürlichen **II** unterscheidet. P. FAHRNLAENDER. 4420□

Serologische Untersuchungen der taxonischen Spezifität der Proteine in verschiedenen Pflanzenorganen bei einigen Taxonen der Familie Viciaceae. Josef Kloz, Věra Turková und Eva Klozová. (Biol. Plantarum [Praha] **2**. 126—38. 1960. Praha, Czechosl. Acad. Sci., Inst. Biol., Dep. Plant Physiol. and Physiol. Gen.) (Engl.)

Durch serolog. Meth. wurde die Art- u. Organspezifität der *Proteine* aus den Keimblättern, Blättern und den Teilen unterhalb der Keimblätter bei 2 Phaseolusarten, *Glycine soja*, *Vicia faba* u. *Ricinus communis* festgestellt. Z. ŠESTÁK. 4420□

Transport von radioaktivem Phosphat in wurzelechten und gepfropften Obstbäumen nach Einführung von ³²P in das Wurzelxylem. L. Chvojka und A. Babický. (Biol. Plantarum [Praha] **2**. 98—106. 1960. Praha, Czech. Acad. Sci., Inst. Biol., Dep. Plant. Phys.) (Russ.; Auszug: Engl.)

^{32}P wurde in die Gefäßbündel der Wurzeln von wurzelechten oder aufgepfropften 4 bis 6 jährigen Apfel-, Pflaumen- u. Aprikosenbäumen eingeführt u. seine Verlagerung im Baum verfolgt. ^{32}P gelangte nach 2—3 Monaten in alle Zweige der Krone u. in die gegenüberliegenden Wurzeln, hierbei war aber seine Verlagerung nicht ausgeglichen. Es traten keine Unterschiede zwischen wurzelechten u. gepfropften Bäumen auf.

K. STRNADOVÁ. 4450□

Aufklatschchromatographie der Zucker der durch Humussäure beeinflußten Weizenpflanzen. Alena Činčerová. (Biol. Plantarum [Praha] **2**. 165—68. 1960. Praha, Karls-Univ., Naturwiss. Fak., Lehrstuhl für Pflanzenphysiol. u. Bodenbiol.) (Dt.)

Wurzelspitzen von Weizenpflanzen wurden auf Whatmanpapier Nr. 4 zerdrückt u. getrocknet. Nach Feststellen der aufgetragenen Trockensubstanz wurden die Proben am Start des chromatograph. Papiers befestigt. Die Chromatogramme waren auf Überfließen eingerichtet u. wurden in Butanol–Essigsäure–Wasser (4:1:5) entwickelt. Die Zuckermenge wurde densitometr. durch Vgl. mit dem Standard bestimmt. Bei Verss. mit Weizenpflanzen in Wasserkultur mit 0,01% *K-Huminat* (**I**) wurde mit dieser Meth. bewiesen, daß bei niedriger relativer Luftfeuchtigkeit der *Glucosespiegel* in den Wurzelspitzen mit dem Alter der Pflanzen absinkt. In der Phase des 2. Blattes setzte **I** den Glucose-Geh. um 30% herab. Z. ŠESTÁK. 4450□

Der Einfluß von Humussäuren auf die Atmung von Pflanzenwurzeln. Miroslava Šmídová. (Biol. Plantarum [Praha] **2**. 152—64. 1960. Praha, Charles Univ., Fac. of Natur. Sci., Dep. of Plant Phys. and Soil Biol.) (Engl.)

Humussäure (I; RIEDEL DE HAEN AG), in Konz. von 0,01% zur Wasserkultur gegeben, erhöht Länge u. Gew. der Wurzel-Trockensubstanz bei Winterweizen, Mais u. Kürbis, sowie das Gew. der oberird. Organe bei Mais u. Kürbis. Mittel WARBURG-App. wurde nachgewiesen, daß I auch die Atmungsintensität (sowohl nach O_2 als auch nach CO_2) der Wurzelpartien aller Vers.-Pflanzen erhöht. K. STRNADOVÁ. 4450□

Wurzeltemperatur und symbiotische Stickstoff-Fixierung. A. H. Gibson. (Nature [London] **191.** 1080—81. 9/9. 1961. Canberra, Commonwealth Sci. and Industr. Res. Organiz., Div. of Plant Industry.) (Engl.)

Die Unterss. zeigen, daß die verschiedenen Stämme von Rhizobium ein unterschiedliches Temp.-Optimum für die N_2-Fixierung besitzen. Gleichzeitig besteht noch eine Abhängigkeit von der Pflanzensorte, die ebenfalls das Optimum der Stickstoffaufnahme bzw. der N_2-Fixierung beeinflussen kann. Um besonders günstige N_2-Fixierung zu erlangen, müssen folgende Wechselbeziehungen berücksichtigt werden: 1. Temp.-Bakterienstamm, 2. Pflanzenwirt-Bakterienstamm. W. HIRTE. 4450□

Freiland-Apparatur zur Bestimmung der Photosyntheseintensität. J. Čatský und B. Slavík. (Biol. Plantarum [Praha] **2.** 107—12. 1960. Praha, Czech. Acad. Sci., Inst. Biol., Dep. Plant Physiol.) (Russ.)

Es wird eine neue Anordnung des App. zur Best. der Photosynth. im Freien beschrieben. Das Prinzip besteht im visuellen colorimetr. Vgl. der CO_2-Konz. der die Pflanze resp. das Blatt umströmenden Luft u. der Kontrolluft. Es wird eine Bicarbonat-Lsg. nach KAUKO (Acta chem. fennica **5.** 1932), die durch ein Gemisch von Kresolrot u. Thymolblau gefärbt wird, benutzt. Aus den pH-Werten der Lsg. u. den Werten der Luftströmung wird die Intensität der Photosynth. berechnet. Z. ŠESTÁK. 4460□

Photosynthese unter der Einwirkung der Schumann-Strahlung. N. Ja. Dodonowa, A. I. Ssidorowa und A. N. Terenin. (Известия Ленинградского Университета, Серия Физики и Химии [Nachr. Leningrader Univ.], **14.** Nr. 16. [Ser. Physik Chem.] Nr. 3. 33—38. 1959.) (Russ.; Auszug: Engl.)

Ein Gasgemisch aus 100 (mm Hg) Wasserdampf, 500 CH_4 u. 100 NH_3 (in einem 2. Vers. dazu 100 *CO*) wird 24—26 Std. der SCHUMANN-Strahlung einer H_2-Lampe (1 kW) ausgesetzt, die durch ein 1 mm dickes Quarzfenster durchgeht. In absteigender Papierchromatographie (Lsgm. n-Butanol + W. + Essigsäure, 4:1:1) werden in den Prodd. *α-Alanin, α-Aminobuttersäure, Valin* u. *Norleucin* nachgewiesen (Entw. mit einer Lsg. von Ninhydrin in n-Butanol oder Aceton). Man kann daher annehmen, daß in der prim. Atmosphäre der Erde durch die kurze UV-Strahlung der Sonne eine Photosynth. von *Aldehyden* u. *Aminosäuren* stattfindet. R. K. MÜLLER. 4460□

Der Einfluß von Eisen- und Manganzufuhr auf die Gewebekonzentration der Hauptnährstoffe und der Spurenelemente bei in Sandkultur gezogener Gerste. S. C. Agarwala und C. P. Sharma. (Naturwissenschaften **48.** 506—07. 2. Juli-H. 1961. Lucknow, Univ., Dep. of Botany.) (Engl.)

Vff. untersuchen an auf Sandkultur gewachsener Gerste (*Hordeum vulgare* var. K 12), ob die *Mn*-Anreicherung bei *Fe*-Mangel u. die Erniedrigung des Mn-Geh. bei verstärkter Fe-Zufuhr dem Mn eigentümliche Effekte sind oder auch durch andere Elemente hervorgerufen werden können. Nach Zugabe von Fe u. Mn in verschiedenen Konzz. wurde bei 24,52 u. 80 Tage alten Pflanzen (Stengel u. Blätter wurden bei den beiden letzteren getrennt analysiert) der Geh. an K, Ca, Mg, P, S, Gesamt-N, Fe, Mn, Cu, Zn u. Mo bestimmt. War die Fe-Zufuhr geringer als für normales Wachstum erforderlich, erhöhte sich die Konz. des Fe u. der anderen Nährstoffe wesentlich, bei Cu, Mo, Mn u. Zn auf das 2- bis 5fache, während sich bei verstärkter Fe-Zufuhr nur der P-Geh. deutlich erniedrigte u. die Konz. der anderen Elemente unverändert blieb. Im Gegensatz dazu führt erhöhte Mn-Zufuhr zu höherer Mn-Konz. im Gewebe. Der Einfl. des Mn auf die anderen Elemente entspricht im wesentlichen dem des Fe. Vff. kommen im Gegensatz zu SOMERS u. SHIVE (vgl. Plant Physiol. **17.** [1942] 582) zu der Ansicht, daß das Fehlen eines der beiden Elemente nicht einen Überschuß an dem anderen bedingt.
GOTTFRIED SCHREIBER. 4470□

Einfluß der Humussäuren auf den Wachstumsprozeß. Jiří Řeřábek. (Biol. Plantarum [Praha] **2.** 88—97. Juni 1960. Praha, Charles Univ., Fac. of Natur. Sci., Dep. Plant Phys. and Soil. Biol.) (Engl.)

Kaliumhumat (I) in einer Konz. von 10^{-1}—10^{-7} g/Liter hatte keinen Einfl. auf das Wachstum der Segmente aus Koleoptilen von Weizen u. Hypokotylen von Flachs. Zugabe von I in einer Konz. von 10^{-1} g/Liter zu einer *Auxin* (II)-Lsg., deren Konz. 20—50 mg/Liter betrug, war unwirksam. Erst bei höheren ungünstigen II-Konz. äußerte sich die stimulierende Wrkg. des I. Die physiolog. Wrkg. des I hat sichtlich keinen Auxincharakter. Es handelt sich nicht um kompetitiven Antagonismus der Huminverbindungen mit den Auxinen. Z. ŠESTÁK. 4480□

Untersuchungen über die Wirkung einiger 1.2.4-Triazolderivate auf das Wachstum der Keimlinge von Sinapis alba L. O. Makovcová und P. Vaculík. (Biol. Plantarum [Praha] **3.** 89—98. 1961. Praha, Biol. Inst. Tschech. Akad. Wiss., Phytopathol. Abt.) (Dt.)

Zum Unterschied vom herbicid wirksamen *3-Amino-1.2.4-triazol* (I) weisen folgende 9 Derivv. des *1.2.4-Triazols*: *4-Amino-*, *4-Amino-3.5-dimethyl-*, *4-Amino-3.5-diäthyl-*, *4-Amino-3.5-dihydroxy-*, *4-Amino-3.5-bis-[hydroxymethyl]-*, *4-Amino-3.5-bis-[α-hydroxyäthyl]-*, *4-Amino-3.5-bis-(β-hydroxyäthyl)-*, *3.5-Dihydroxy-* u. *5-Sulfhydro-3-hydroxy-* sowie auch *2-[Pyridyl-(4')]-1.3.4-oxadiazol*, *Pentamethylentetrazol* u. *N-[Thiazolyl-(2)]-nicotinsäureamid* keine herbicide Wrkg. auf. Dies bewiesen cytolog. Teste mit der Epidermis von *Allium cepa L.* u. Wachstumsteste mit Keimlingen von *Sinapis alba* L. Die Resultate scheinen zu begründen, daß die herbicide Wrkg. von I mit der Ggw. einer Aminogruppe an $C_{(3)}$ u. mit der Komplex-Bldg.-Fähigkeit seines Mol. verbunden ist.

Z. ŠESTÁK. 4480 □

Die Wirksamkeit verschiedener Wuchs- und Hemmstoffe in gepufferten Lanolinpasten verschiedener Wasserstoffionenkonzentration. Hans Linser und Oswald Kiermayer. (Protoplasma **51.** 112—22. 1959. Linz, Biol. Forsch.-Abt. der Österreich. Stickstoffwerke A.G.) (Dt.)

Vff. untersuchen den Einfl. von *2.4-Dichlor-* (I), *2.4.5-Trichlor-* (II), *2.4.6-Trichlorphenoxyessigsäure* (**III**, Na-Salze) u. *Eosin* (**IV**) auf den Zellstreckungseffekt von Hafercoleoptilen mit gepufferten u. ungepufferten Lanolinpasten. Die stärkste zellstreckungsfördernde Wrkg. von **I** u. **II** (bzw. -hemmende von **III** u. **IV**) tritt bei einem pH-Wert von 3,4—3,9 u. einer Konz. von 10^{-2}% auf. Zunahme des pH-Wertes verursacht starken Wirksamkeitsverlust. Ungepufferte Pasten hatten gegenüber gepufferten bei stärkeren Konzz. stark verminderte Wirkung. Bei Eosin hatten ungepufferte Pasten die gleiche Wrkg. wie sauer gepufferte. Aus den Ergebnissen wird geschlossen, daß die dem Dissoziationsgrad des betreffenden Wirkstoffes entsprechende pH-abhängige Wirksamkeitsveränderung auf Unterschiede im Permeabilitätsverhalten der Verbb. beruht.

P. FAHRNLAENDER. 4485 □

Beeinflussung der Poinsettia-Nachkommenschaft durch Behandlung junger Früchte der Elternpflanzen mit 4-Chlorphenoxyessigsäure. Robert N. Stewart. (Bot. Gaz. **123.** 43—46. Sept. 1961. Beltsville, Md., Crops. Res. Div. ARS, USDA.) (Engl.)

Durch Besprühen halbausgewachsener Früchte von *Euphorbia pulcherrima* mit einer 30 ppm wss. *4-Chlorphenoxyessigsäure*-Lsg. wird die Anzahl der Samen vergrößert, deren Keimfähigkeit dagegen verringert u. die Entw. der Sämlinge verlangsamt. Das Wurzelwachstum der Sämlinge ist verändert. P. GREGORZEWSKI. 4485 □

Wachstumsregulatoren des Tabaks in Beziehung zu den Symptomen der physiologischen Krankheit „Frenching". N. P. Kefford. (J. exp. Botany **10.** 462—67. Okt. 1959. Canberra, Australia, C.S.I.R.O., Div. of Plant Ind.) (Engl.)

Extrakte der Sproßspitzen von gesunden u. anormalen Tabakpflanzen wurden in saure, neutrale u. bas., Ae.-lösl. Fraktionen aufgetrennt. Es wurden verschiedene Auxine u. Wuchshemmstoffe gefunden, die nach chromatograph. Reinigung an Haferkoleoptilen getestet wurden. Unterschiede zwischen den Tabakformen wurden nur bei einem Auxin mit einem R_F-Wert wie *Indolyl-(3)-essigsäure* gefunden. Es kommt bei kranken Pflanzen in 4 mal stärkerer Konz. vor. U. MOTHES. 4485 □

Der Stoffwechsel von Indolyl-(3)-essigsäure in Pflanzengeweben. T. A. Bennet-Clark und A. W. Wheeler. (J. exp. Botany **10.** 468—79. Okt. 1959. London, King's Coll., Dep. of Botany.) (Engl.)

Aus einer Nähr-Lsg. aufgenommene *Indolyl-(3)-essigsäure* (**I**) wird von Kartoffelscheiben vor allem in 2 Verbb. umgewandelt, von denen eine als *Indolyl-(3)-acetylasparaginsäure* (**II**) identifiziert werden konnte. Für kurze Zeit enthält das Gewebe **I** in hoher Konz., dann wird **I** wieder in die Lsg. abgeschieden. Durch 10^{-3}m Cyanid kann die **I**-Aufnahme, nicht aber die **I**-Ausscheidung gehemmt werden. Die **I**-Aufnahme wird außerdem von *Indolylacetonitril* gehemmt u. von *Aspartat* gefördert, ohne daß deswegen mehr **II** entsteht. **II** scheint vor allem aus gebundener **I** gebildet zu werden.

U. MOTHES. 4485 □

Wachstumsinduktion und Wuchsstoffmetabolismus im Weizenkoleoptilzylinder. 3. Mitt. **Stoffwechselprodukte der Naphthyl-(1)-essigsäure und 2.4-Dichlorphenoxyessigsäure und der Vergleich mit jenen der Indolyl-(3)-essigsäure und Benzoesäure.** Hans-Dieter Klämbt. (Planta **57.** 339—53. 1961. Bonn, Univ., Bot. Inst.) (Dt.) — 2. vgl. Planta **56.** [1961] 618; 1. vgl. C. **1962.** 3863.

Stoffwechsel-Prodd. der $^{14}C_{(COOH)}$-*Naphthyl-(1)-essigsäure* (**I**) u. der $^{14}C_{(CH_2)}$-*2.4-Dichlorphenoxyessigsäure* (**II**) wurden nach Inkubation in Weizenkoleoptilzylindern autoradiograph. nach zweidimensionaler papierchromatograph. Trennung untersucht u. mit jenen der *Indolyl-(3)-essigsäure* u. der *Benzoesäure* verglichen. I lieferte bis zu 13 Rk. Prod., von denen aber nur *Naphthyl-(1)-acetylasparaginsäure* u. I-*Glucoseester* identifiziert wurden. Als Rk.-Prodd. von II konnten 8 Substanzen nachgewiesen u. eine als *2.4-Dichlorphenoxyacetylasparaginsäure* erkannt werden. P. GREGORZEWSKI. 4485□

Das Verhalten der Rhizobien-Stämme gegen Gibberellsäure. E. Manninger. (Naturwissenschaften **48.** 508—09. 2. Juli-H. 1961. Budapest, Ung. Akad. der Wiss., Forsch.-Inst. für Bodenkunde u. Agrikulturchemie.) (Dt.)

Vf. untersucht die Einw. der *Gibberellsäure* (I) auf 16 Rhizobienstämme, die aus Wurzelknöllchen von Leguminosen (*Medicago sativa, Vicia villosa, Trifolium pratense*) verschiedener Standorte isoliert wurden. Da I das Wachstum der Bakterien nur in wenigen Fällen hemmte u. wahrscheinlich im Boden abgebaut wird, ist Vf. der Ansicht, daß die Verw. von I in der landwirtschaftlichen Praxis keinen schädlichen Einfl. auf die nützlichen Rhizobienbakterien ausübt. GOTTFRIED SCHREIBER. 4485□

Über antiphytotische Stoffe im Schnittholz der Weinrebe (Vitis vinifera L.). E. Sievers. (Naturwissenschaften **48.** 508. 2. Juli-H. 1961. Geisenheim/Rhg., Inst. für Weinbau u. Kellerwirtschaft der Lehr- u. Forschungsanstalt für Wein-, Obst- u. Gartenbau.) (Dt.)

Vf. stellt Kaltwasserextrakte von zerkleinertem Rebenschnittholz der Sorte Riesling u. der Sorte Ruländer her u. untersucht ihre Wrkg. auf die Keimung, Anfangs-Entw. u. Wurzel-Bldg. anderer Pflanzen (Gartenkresse *Lepidium sativum* L., Weizen, Hafer, Mohn u. Tomate), wobei bes. bei stärkeren Konzz. deutliche Hemmung auftritt. Bes. stark hemmen die antiphytot. Stoffe (I) die Wurzel-Entw. von abgeschnittenen Tomatenpflanzen. Da I auch nach Filtration durch 10 u. 20 cm hohe Bodensäulen eines lufttrockenen Lößlehms nicht an Wirksamkeit einbüßen, hält Vf. bei jahrelangem Einbringen des Schnittholzes in den Boden zwecks Humusanreicherung u. bei evtl. gehemmten mikrobiellem Abbau eine Anreicherung im Unterboden für möglich. Auf Grund von Vorverss. scheinen sich I nachteilig auf die Kallus-Bldg. auszuwirken. Die einzelnen Unterlagssorten scheinen verschieden auf I anzusprechen. GOTTFRIED SCHREIBER. 4485□

Vergleichende Wachstumshemmung von Pflanzen durch AMO-1618, Phosfon und CCC. Henry M. Cathey und Neil W. Stuart. (Bot. Gaz. **123.** 51—57. Sept. 1961. Beltsville, Md., Crops. Res. Div. ARS, USDA.) (Engl.)

Durch Behandeln der Erden oder Blätter von 55 verschiedenen Zier- u. Nutzpflanzen mit *AMO-1618* (*Piperidin-1-carbonsäure-2-isopropyl-4-trimethylammonio-5-methylphenylesterchlorid*, PESTICIDES SYNTHESIS LABOR., Beltsville, Md.). *Phosfon* (*2.4-Dichlorbenzyltributylphosphoniumchlorid*, VIRGINIA CAROLINA CHEMICAL CORPORATION, Richmond, Va.) u. *CCC* (*2-Chloräthyltrimethylammoniumchlorid*, AMERICAN CYANAMID COMPANY, Stamford, Conn.) wurde von Vff. festgestellt, daß deren Hauptwrkg. in einer Hemmung des Längenwachstums besteht, die Wrkg. ist von Art zu Art verschieden. P. GREGORZEWSKI. 4485□

Untersuchungen über die Beziehung zwischen chemischer Struktur und Pflanzenwachstumsregulierung an der Ananaspflanze. 4. Mitt. Hydrazinderivate, Verbindungen mit ungesättigter aliphatischer Komponente und verschiedene Chemikalien. Donald P. Gowing und Robert W. Leeper. (Bot. Gaz. **123.** 34—43. Sept. 1961. Honolulu, Hawai, Pineapple Res. Inst.) (Engl.) — 3. vgl. Bot. Gaz. **122.** [1961.] 179.

Vff. untersuchten 39 Hydrazin-Derivv., 30 Verbb. mit ungesätt. aliphat. Komponente u. 117 andere Verbb. auf ihre Wirksamkeit gegenüber Ananaspflanzen. *Äthylhydrazin, symm.-Diäthylhydrazin, β-Hydroxyäthylhydrazin, unsymm.-Bis-[β-hydroxyäthyl]-hydrazin, β-Hydroxyäthylhydrazincarbonsäure-β-hydroxyäthylester* u. *2-[2-Hydroxyäthyl]-semicarbazid* sind die einzigen Hydrazin-Derivv., die das Blühen der Ananas beschleunigen. Von den ungesätt. aliphat. Verbb. wirken Acetylen, Äthylen u. Propylen beschleunigend. Unter den getesteten Verbb. konnte keine nichttox. Substanz gefunden werden, die das Blühen verzögert. P. GREGORZEWSKI. 4485□

Untersuchungen zum Phosphatstoffwechsel von Weizenkeimpflanzen nach Infektion mit Puccinia graminis tritici. R. Heitefuss und W. H. Fuchs. (Naturwissenschaften **48.** 505—06. 2. Juli-H. 1961. Göttingen, Univ., Inst. für Pflanzenpathol. u. Pflanzenschutz.) (Dt.)

Vff. zeigen an Unterss. von Weizenkeimpflanzen mit ^{32}P, daß im Verlauf der Infektion mit *Puccinia graminis tritici* im Phosphatstoffwechsel des Wirtes bzw. des Wirt-Parasit-Komplexes erhebliche Veränderungen auftreten, ohne daß vorerst geklärt werden kann, welcher der beiden Partner den entscheidenden Anteil dazu beiträgt. Die spezif. Aktivität der in A./W. lösl. Fraktion in infizierten Pflanzen ist nur wenig gegenüber gesunden Pflanzen verändert, während sie bei der u. a. auch die Nucleinsäuren enthaltenden Trichloressigsäure/NaOH lösl. Fraktion am 4. Tag nach der Infektion ca. 135%, am 7. Tag ca. 110% der gesunden Pflanzen beträgt. Bes. Interesse dürfte eine noch nicht definierte Fraktion finden, deren Aktivität am 7. Tag auf 260% angestiegen war; P-Glycerinsäure erreicht ca. 35% des Wertes gesunder Pflanzen.

GOTTFRIED SCHREIBER. 4490□

Die Wirkung der Beringung von Baumwollstaudenstämmen auf den Gehalt an reduzierenden Zuckern, unlöslichen Stickstoffverbindungen und den Infektionsgrad mit Xanthomonas malvacearum (E.F.S.) Dowson. K. A. Sabet und H. M. Hassan. (Nature [London] **190.** 934—35. 3/6. 1961. Khartoum, Univ., Dep. of Agricult. Bot.) (Engl.)

Vff. inokulieren 5 Monate alte Baumwollpflanzen mit einer Suspension von *Xanthomonas malvacearum* nach vorangegangener Beringung der Stämme u. bestimmen vor u. nach derselben die Geh. an reduzierenden Zuckern, unlösl. N-Verbb. sowie das Ausmaß der durch die künstliche Infektion hervorgerufenen Blattfleckenkrankheit. Es wird festgestellt, daß eine 10—15 Tage vor der Inokulation durchgeführte Beringung die Widerstandsfähigkeit der Pflanzen gegen die Erkrankung erhöht, während eine gleichzeitig mit der Infektion vorgenommene Beringung wirkungslos ist. Durch den Eingriff wird ein Anstieg der Geh. an reduzierenden Zuckern in den Blättern hervorgerufen; die Konzz. an N-Verbb. zeigen dagegen keine Veränderung oder einen geringen Rückgang. Aus den Ergebnissen geht hervor, daß die Blattfleckenkrankheit durch hohe Kohlenhydrat-Geh. inhibiert wird. P. FAHRNLAENDER. 4490□

Eine schnelle gaschromatographische Bestimmungsmethode für Fumarsäure in Pilzkulturen und krankem Pflanzengewebe. C. J. Mirocha und J. E. De Vay. (Phytopathology **51.** 274—76. Mai 1961. Davis, Calif., Univ. of California, Dep. of Plant Pathol.) (Engl.)

Fumarsäure-, *Bernsteinsäure-*, *Malonsäure-*, *Maleinsäure-* u. *Äpfelsäurediäthylester* können gut gaschromatograph. getrennt werden. Die quant. gaschromatograph. Best.-Meth. für *Fumarsäurediäthylester* wird beschrieben. Die Meth. wird angewendet zur Best. von *Fumarsäure* in biolog. Material. D. GROSS. 4490□

Über die Beeinflussung der Formbildung von Acetabularia durch Selenat. Günther Werz. (Planta **57.** 250—57. 1961. Wilhelmshaven, Max Planck-Inst. für Meeresbiol., Abt. Hämmerling.) (Dt.)

Belichtete kernhaltige u. kernlose *Acetabularia mediterranea* u. *Acetabularia crenulata* wurden in einem Medium gehalten, in dem SO_4^{2-} ganz oder teilweise durch SeO_4^{2-} ersetzt wurde. Selenat blockiert das Längenwachstum u. die Hutbildung. Nach Übertragung in Normalmedium wurde bei kernhaltigen Zellen die Blockierung wieder aufgehoben, bei kernlosen war die Schädigung irreversibel. P. GREGORZEWSKI. 4495□

Blütenmißbildungen an Stiefmütterchen durch Phenylborsäure. Hans-Otfried Leh. (Planta **57.** 354—56. 1961. Berlin, TU, Inst. für Pflanzenernährung, Bodenchem. u. Bodenbiol.) (Dt.)

Stiefmütterchen wurden mit wss. *Phenylborsäure*-Lsgg. (100 u. 1000 ppm) 4 Wochen lang einmal wöchentlich besprüht. 5 Wochen nach der letzten Behandlung traten Blütenmißbldg. auf. P. GREGORZEWSKI. 4495□

E₅. Tierchemie. Tierphysiologie. Tierpathologie

Untersuchungen zum Stoffwechsel der Lungenschnecken. 3. Mitt. **Das Galaktogen der Eier von Lymnaea stagnalis L.** H. J. Horstmann und M. Geldmacher-Mallinckrodt. (Hoppe Seyler's Z. physiol. Chem. **325.** 251—59. 20/9. 1961. Erlangen, Univ., Physiol.-Chem. Inst.) (Dt.)

Vff. isolieren aus Eiern von *Lymnaea stagnalis* durch Hydrolyse (20%ig. KOH, 100°, 1 Std.) u. Umfällung aus alkal., schwach HCl-saurer u. neutraler Lsg. *Polysaccharide* (I), die mit Kupferlauge fraktioniert u. durch wiederholtes Umfällen aus saurer Lsg. vom Cu befreit werden (Fraktionen A u. C). Die klaren Filtrate der Kupferlaugenfällung liefern lösl. I, die über saure alkohol. Fällungen darstellbar sind (Fraktionen B u. D). Sämtliche I-Fraktionen werden papierelektrophoret. u. -chromatograph., in der Ultrazentrifuge u. fermentchem. (Verh. gegenüber *β-Galaktosidasen*) untersucht. Die verschiedenen I-Präpp. besitzen folgende Eigg.: A: 0,007% P; 0,07% N; $[\alpha]_D^{20}$ + 22,9°; B: 0,156% P; 0,58% N; $[\alpha]_D^{20}$ 21,3°; C: 0,019% P; —; $[\alpha]_D^{20}$ + 23,3°; D: 0,67%; 1,2% N; $[\alpha]_D^{20}$ + 51,7°. Im Gegensatz zum Helix-I verhält sich Limnaea-I elektroneutral bis schwach positiv u. zeigt eine weitgehende Homogenität. Hydrolyse von I (0,1 n H_2SO_4, 100°) ergibt nur *D-Galaktose* (II) als einziges Monosaccharid; Fraktion D enthält auch etwas *Glucose*; beim partiellen Abbau läßt sich *3-β-D-* u. *6-β-D-Galaktosido-D-galaktose* nachweisen.

Sämtliche I-Präpp. sind polymol.; Fraktion B ist kein von A u. C verschiedenes I, sondern enthält nur eine N- u. P-reiche Beimengung. Von *Pektinase* werden die Fraktionen A u. B innerhalb von 20 Min. zu 98% unter Bldg. von II abgebaut; Helix-I wird nach 2 Tagen nur zu 3% hydrolysiert. Lymnaea-I unterscheidet sich vom Helix-I durch das Fehlen von L-II u. P, ähnelt jedoch dem Galaktogen der Rinderlunge. P. FAHRNLAENDER. 4520 □

Elastingehalt der Lunge in Beziehung zum Alter. V. Scarselli und M. Repetto. (Ital. J. Biochem. 8. 169—72. Mai/Juni 1959. Mailand, Univ., Ist. di Fisiol. Umana.) (Engl.)

Durch Unterss. über den *Elastin*-Geh. der Lunge an 44 Personen im Alter von 0—94 Jahren wurde festgestellt, daß der *Elastin*-Geh. mit dem Alter linear ansteigt. P. GREGORZEWSKI. 4520 □

Carboanhydrasehemmung und Veränderungen der Permeabilität der Blut-Hirn-Cerebrospinalflüssigkeit-Kammerwasserschranke. 7. Mitt. **Untersuchungen über die Blut-Hirn-Schranke.** B. Kelentey, I. Földes, J. Lipák, L. Kocsár und J. Csongor. (Acta physiol. Acad. Sci. hung. 20. 81—88. 1961. Debrecen, Med. Univ., Inst. of Pharmacol.; Inst. of Anat., Histol. and Embryol.; Inst. of Pathophysiol.) (Engl.)

Nach *Carboanhydrase*-Hemmung mittels *Acetazolamid* (I) stieg bei Kaninchen der Geh. von Gehirn, Cerebrospinal-Fl., Kammerwasser, Galle, Niere u. des Harns an *Penicillin* (II) nach einer, ½ Std. nach I erfolgten i.v. Verabreichung von II gegenüber der Norm an. In Blut, Leber u. Dünndarm konnte ein Rückgang der II-Konz. beobachtet werden, während in anderen Organen keine Veränderungen stattfanden. Der ^{32}P-Geh. von Hirn, Galle, Harn, Nebennieren, Ovarien u. Cerebrospinal-Fl. (nach 50 μc ^{32}P in Form von $KH_2{}^{32}PO_4$/kg i.v.) stieg unter I-Einfl. gegenüber der Norm an, während der ^{32}P-Geh. in Hypophyse, Kammerwasser u. den Eingeweiden um 20—40% absank. Demnach (u. nach Verss. mit ^{60}Co) beeinflußt I die Blut–Cerebrospinal-Fl.-Schranke u., in stärkerem Ausmaß, die Blut–Hirn-Schranke im Sinne gesteigerter Durchlässigkeit. Die Blut–Kammerwasser-Schranke reagiert auf I mit erhöhter Durchlässigkeit für II, mit verringerter Durchlässigkeit für ^{32}P. U. TAUSENDFREUND. 4550 □

Zur Analyse der anaphylaktoiden Reaktion. 5. Mitt. **Anaphylaktischer Schock und anaphylaktoide Reaktion.** Gerhard Hildebrand. (Arzneimittel-Forsch. 8. 656—62. Okt. 1958. Karlsruhe, Dr. Willmar Schwabe GmbH.) (Dt.) — 4. vgl. Arzneimittel-Forsch. 8. [1958] 36.

Einander sich widersprechende Vers.-Ergebnisse werfen die Frage auf, ob die unter dem Begriff anaphylaktoide Rk. zusammengefaßten biolog. Phänomene wirklich miteinander vergleichbar sind, oder ob ihre Zusammenfassung unter einem einheitlichen Begriff lediglich auf Grund oberflächlicher Ähnlichkeiten geschieht u. damit geeignet ist, Forschung u. Therapie in falsche Bahnen zu lenken. So unterscheidet sich der anaphylakt. Schock grundsätzlich von einer durch *Gerbstoff* u. *Xylanester* ausgelösten sog. *anaphylaktoiden Rk.*; es spielt bei letzterer ein prim. Versagen des Herzens unbekannter Ätiologie die beherrschende Rolle, was sich therapeut. am besten mit direkt am Herzmuskel angreifenden Substanzen aus der *Adrenalin*-Reihe (unmittelbar positiv inotrope Wrkg., leichte spasmolyt. Wrkg., möglichst jedoch keine periphere Vasokonstriktion mit Belastungsgefahr des rechten Herzens) angehen läßt; auch *Coffein* hat sich bewährt, *Digitalis*-Körper erfahren hingegen eine Toxizitätssteigerung; auf die durch kleine Dosen von anaphylaktoid wirkenden Substanzen hervorgerufene Tachyphylaxie, die auch gegenüber anderen, zur anaphylaktoiden Rk. führenden Substanzen wirksam ist, wird hingewiesen; *Ca-Salze, Flavone, Antihistaminica* u. sonstige, beim anaphylakt. Schock u. bei Allergien verwendete Substanzen sind wirkungslos. Diese Herz-Wrkg. kann leicht durch äußerlich eindrucksvolle, pathogenet. aber weniger wichtige Symptome verdeckt werden. Es ist demnach ersichtlich, daß eine derartige prim. Herzmuskelschädigung unbekannter Genese bei den tox. Wrkg. mancher i.v. injizierter Substanzen eine dominierende Rolle spielen kann (sicherste Maßnahme zur Vermeidung akuten Herzversagens ist langsame Injektion). Im Gegensatz dazu sind die anaphylaktoiden Rkk. beim *Pepton*-Schock sowie nach Histaminfreisetzer *48/80* u. *Histamin* sowie der anaphylakt. Schock durch die führende pathogenet. Rolle der Bronchokonstriktion gekennzeichnet. Diese alle haben untereinander u. mit der anaphylaktoiden Rk. nach Gerbstoffen u. Xylanestern außer der Bronchokonstriktion (bei letzten nicht obligator.) Kumulation u. Tachyphylaxie gemeinsam; Unterschiede zeigen sich beim Blutdruck, der beim anaphylakt. Schock lang anhaltend steigt, nach Pepton, 48/80 u. Histamin biphas. verläuft u. nach Gerbstoffen u. Xylanestern lang anhaltend absinkt. Demnach können auf Grund eindrucksvoller Symptome wie der Bronchokonstriktion biolog. Vorgänge unter einem einheitlichen Begriff zusammengefaßt werden, die an sich heterogen sind. U. TAUSENDFREUND. 4551 □

Wie spezifisch kann Immunität sein? Hubert Bloch. (Experientia [Basel] **16.** 255—58. 15/6. 1960. Pittsburgh, Pa., Univ. of Pittsburgh, School of Med., Dep. of Microbiol.) (Engl.)

Allg. Diskussion über die Grenzen der Spezifität, die der erworbenen Resistenz gegen Infektionskrankheiten zugrunde liegt. Spezif. Mechanismen sind vermutlich von größerer Bedeutung als häufig angenommen wird, sog. unspezif. Abwehrkräfte lassen sich in vielen Fällen wahrscheinlich nicht von echten Antikörpern unterscheiden. — 11 Literaturangaben. U. TAUSENDFREUND. 4551 □

Die Spezifität des Unspezifischen. William C. Boyd. (J. Immunology **85.** 221—29. Sept. 1960. Boston, Mass., Univ., School of Med.) (Engl.)

Vortrag. — *Lectine* (I), Natur der *Pflanzenagglutinine* (II), Bedeutung der I-Unterss., Erythrocytenreceptoren, Rk.-Receptoren. Einige II weisen eine scharfe Blutgruppenspezifität auf. *Dolichos biflorus-* u. *Ulex curopeus*-I haben in der Blutgruppenmethodik prakt. Verw. gefunden. Einige Pflanzenextrakte, die alle Humanerythrocyten agglutinieren, weisen wahrscheinlich eine gewisse Spezifität auf, da sie durch gewisse Kohlenhydrate spezif. hemmbar sind. — 38 Literaturangaben. K. MAIER. 4551 □

Über die Struktur und Bildung von Antikörpern. E. Sorkin. (Experientia [Basel] **16.** 249—55. 15/6. 1960. Copenhagen, Statens Serum Inst., Tuberculosis Immunisation Res. Centre.) (Engl.)

Übersicht u. Zusammenfassung neuerer Ergebnisse u. Theorien über Struktur u. Biosynth. von *Antikörpern* mit Besprechung folgender Punkte: Rolle der Antikörper, Fakten über die Antikörperstruktur, enzymat. Abbau von Antikörpern, Immunspezifität, akt. Zentren (Frage nach der Aminosäurenreihenfolge), biochem. Einfl. des Antigens auf Zelldifferenzierung u. Faltung der Polypeptidketten, Notwendigkeit zellfreier Antikörper-Synth., definitive Neuinduktion der Antikörper-Bldg. in vitro, Entscheid über die Fähigkeit individueller Zellen zur mono- oder multospezif. Reaktion. — 42 Literaturangaben. U. TAUSENDFREUND. 4551 □

Vergleich der Wirkungen von Pregnenolon und Progesteron bei der weißen Vitamin-A-Mangelratte: Quantitative Untersuchung. René Grangaud, Thérèse Conquy und Marc Nicol. (C. R. Séances Soc. Biol. Filiales **155.** 1273—76. 1961. Alger, Fac. de Méd. et Pharmacie., Labor. de Chim. biol.) (Franz.)

Vff. stellten fest, daß *Pregnenolon* (I) nicht in der Lage ist, die Entw. eines *Vitamin-A* (II)-Mangels bei der weißen Ratte (WISTAR-Stamm) zu verlangsamen. *Progesteron* hingegen verlangsamt schon in 25- bis 40fach geringeren Dosen als I die Entw. des II-Mangelzustandes, verursacht einen merklichen Gew.-Anstieg u. vermindert die Intensität der Augenerkrankung (Xerophthalmie). H. KOCKERT. 4558 □

Analyse der Wirkung wiederholter Östroninjektionen auf die mitotische Aktivität des Gebärmutterepithels von Mäusen. O. I. Jepifanowa. (Бюллетень Экспериментальной Биологии и Медицины [Bull. exp. Biol. Med.] **51 (26).** Nr. 3. 102—05. März 1961. Moskau, Inst. für experimentelle Biol. der Akad. der med. Wiss. der UdSSR, Histophysiol. Labor.) (Russ.; Auszug: Engl.)

Verss. an 200 kastrierten geschlechtsreifen weißen Mäusen, welche täglich 2,5 γ *Östron* (I) in 0,1 ml Aprikosenöl subkutan erhielten, ergaben, daß weder *Folsäure* (II; wiederholte Injektionen von 0,2 ml 0,03%ig. Lsg.) noch *Adenosintriphosphorsäure* (III; 0,2 ml 1%ig. Lsg.) die Zellteilung des Uterusepithels unter der Wrkg. von I (Stimulierung, dann Hemmung der Mitosen; vgl. C. **1960.** 11004) beeinflussen, während die Unterbrechung der I-Zufuhr zu einer deutlichen Steigerung der mitot. Aktivität unter II u. III führt. Die Ursachen dieser Erscheinung werden diskutiert. E. RENTZ. 4559 □

Einfluß von Östradiol und Progesteron auf den Nucleotid- und Phosphokreatingehalt im Rattenuterus. Pierre Volfin, Hubert Clauser, Danièle Gautheron und Dominique Eboué. (Bull. Soc. Chim. biol. **43.** 107—19. 1961. Paris, Fac. de Sci., Labor. de Chim. Biol.) (Franz.)

Der Einfl. von *Östradiol* (I) u. *Progesteron* (II) auf den Geh. des Uterus infantiler (iR) oder ovariektomierter Ratten (oR) an *Nucleotiden* u. *Phosphokreatin* (III) wurde untersucht. I bewirkt bei iR u. oR Steigerung des *Adenosintriphosphat* (*ATP*)- u. *Guanosin-* u. *Uridinphosphat*-Geh., Zusatz von II zu I ändert den ATP-Geh. nicht, hebt den Geh. an *Guanosindi-* u. *-triphosphat* sowie an *Uridinphosphoacetylglucosamin* u. senkt den *Uridindi-* u. *-triphosphat*-Gehalt. Ein Einfl. auf III wurde nicht festgestellt. E. LODEMANN. 4559 □

Die Ausscheidung der Östrogene bei der Frau nach der Menopause. S. Carcatzoulis. (Presse méd. **69.** 2375—78. 2/12. 1961. Athénes.) (Franz.)

Durch Sichtung der einschlägigen Literatur stellt Vf. fest, daß 95% aller Frauen nach der Menopause ca. $^1/_3$ der normalen Östrogenmenge ausscheiden, wobei ein Rhythmus nicht erkennbar ist. Etwas mehr als die Hälfte wird von der Fraktion E 3 bestritten.
S. GROITZSCH. 4559□

Hydrolyse von Östrogenkonjugaten im diabetischen Schwangerenharnen. R. Hobkirk, A. Alfheim und S. Bugge. (J. clin. Endocrinol. Metabolism **19.** 1352—56. Okt. 1959. Montreal, Canada, Montreal Gen. Hosp., Dep. of Metabolism and McGill Univ. Clin. and McGill Univ., Dep. of Invest. Med.) (Engl.)

Vff. fanden, daß *Glucose* (I) *Östrogene* (II) während der sauren Hydrolyse von Harnen zerstören muß, da bes. nach saurer Hydrolyse von diabet. Schwangerenharnen tiefe II-Werte gefunden wurden. Zur Unters. der Hydrolysebedingungen führten Vff. eine Verdünnungsreihe von diabet. Schwangerenharn durch u. verglichen die erhaltenen Werte mit denen aus der enzymat. Hydrolyse der II-Konjugate durch *β-Glucuronidase* (III). Es zeigte sich, daß zur sauren Hydrolyse von II-Konjugaten (*Östriol, Östron* u. *Östradiol*) eine 1:10-Verdünnung des Harns vorgenommen werden muß oder Inkubation des Harns mit III. Es bestätigte sich, daß der Verlust an II während der sauren Hydrolyse von unverd. diabet. Harn auf I zurückzuführen war.
G. BRATFISCH. 4559□

Anregung der Respiration von menschlichen Adenohypophysenschnitten in vitro durch Östradiol-17β. Gerald Gaull und Claude A. Villee. (J. clin. Endocrinol. Metabolism **19.** 1357—59. Okt. 1959. Boston, Mass., Harvard Med. School, Dep. of Biol. Chem. and Boston Lying-in Hosp., Res. Labor.) (Engl.)

In vitro Zugabe von *Östradiol-17β* (I) zu menschlichem Endometrium, Placenta u. Milchdrüse, aber nicht zur Leber oder Niere hatte einen Anstieg des O_2-Verbrauches zur Folge. An der menschlichen Placenta zeigten Vff., daß die erhöhte Respiration einer I-sensitiven *Transhydrogenase* zuzuschreiben war. Vff. untersuchten nun das Verh. in vitro von menschlicher Adenohypophyse. Das Gewebe wurde von Patienten mit fortgeschrittenem Brustcarcinom erhalten. Adenohypophysenschnitte verhielten sich nach in vitro Zugabe von I ähnlich u. stimulierten die Respiration. G. BRATFISCH. 4559□

Wirkung von gonadotropen Hormonen beim Befall der hypophysektomierten Ratte durch Trichomonas vaginalis und Paracercobodo hominis. Ch. Combescot, J. Demaret und C. Delcroix. (C. R. Séances Soc. Biol. Filiales **153.** 829—31. 30/9. 1959. Centre de Recherches de l'Ecole Nat. de Méd. et de Pharmac.) (Franz.)

Bei der hypophysektomierten Ratte löst das *seröse gonadotrope Hormon* (I) einen kurzfristigen Oestrus aus u. schützt die Ratte gegen die Infestation von *Trichomonas vaginalis* (T.v.) u. *Paracercobodo hominis*, einem von Vff. isoliertem Parasiten. Das *gonadotrope Chorinhormon* (II) bewirkt einen später eintretenden, jedoch länger anhaltenden Oestrus u. schützt die Ratte nicht gegen eine Parasitose durch T.v. Eine Mischung von I u. II führt zu einem 5-Tage-Oestrus u. zeigt gegen die genannten Parasiten die gleiche Wrkg. wie II allein. B. GÖRLICH. 4560□

Nichtsteroide Hemmsubstanzen der Gonadotropin-Funktion der Hypophyse. G. E. Paget, A. L. Walpole und D. N. Richardson. (Nature [London] **192.** 1191—92. 23/12. 1961. Macclesfield, Cheshire, Alderley Park, Imperial Chem. Ind. Ltd., Pharmac. Div.) (Engl.)

Vff. stellten fest, daß an ♂ u. ♀ Ratten verabfolgtes *1-[α-Methylallyl]-thiocarbamoyl-2-methylthiocarbamoylhydrazin* (I; *Verb. 33828*) eine selektive u. reversible Hemmung der gonadotropen Funktion der Hypophyse verursacht. Eine ähnliche Wrkg. wurde bei Hunden u. Affen, nicht jedoch bei Mäusen, Meerschweinchen, Kaninchen u. Pferden beobachtet. Entweder bewirkt I eine direkte Störung der *Gonadotropin*-Bldg. der Hypophyse oder die Substanz beeinflußt die hypothalam. Kontrolle dieser Funktion.
H. KOCKERT. 4560□

Subcorticale Reizung des Hirns und Freisetzung von antidiuretischem Hormon beim Mann. Joseph F. Dingman und Eduardo Gaitan. (J. clin. Endocrinol. Metabolism **19.** 1346—49. Okt. 1959. New Orleans, La., Tulane Univ., School of Med., Endocrine Unit, Dep. of Med. and Charity Hosp., Tulane Endocrine Clin.) (Engl.)

Vff. untersuchten an einem 28 Jahre alten Mann subcorticale Reizungen des Hirns durch elektr. Stromstöße u. die darauf folgende Freisetzung von *antidiuret. Hormon* (I). Die I-Freisetzung wurde an akuten Veränderungen in der Harn-Gesamtlsg.-Konz. (U_{Osm}) u. W.-Clearanee (C_{H_2O}) erkannt. Folgende subcorticalen Zonen wurden durch elektr. Stromstöße gereizt: Septale Region, C_{H_2O} [ml/Min.] vor Reizung +16,1, nach Reizung −0,4; U_{Osm} [mOsm/kg] 46 u. 318; Dauer der Antidiurese 90 Minuten. Nochmals Septale Region, C_{H_2O} +18,8 u. +0,2; U_{Osm} 45 u. 254; 80. Linker amygdaloider u. hinterer Hippocampus: C_{H_2O} +10,2 u. +9,0; U_{Osm} 79 u. 87; 30. Rechter amygdaloider u. hinterer

Hippocampus: C_{H_2O} +16,9 u. −2,5; U_{Osm} 58 u. 557; 110. Die I-Gegenwrkg. waren vergleichbar mit denen hervorgerufen durch Reizung der Neurohypophyse mit *Nicotin* oder durch i. v. Verabreichung physiolog. Dosen an *Pitressin*. Auf Grund der Ergebnisse sind Vff. der Ansicht, daß bestimmte subcorticale Zentren des Hirns eine bedeutende selektive Rolle bei der Nervenkontrolle über Freisetzung von I spielen.

G. BRATFISCH. 4560 □

Corticosteroidgehalt der Extrakte dialysierter Leberhomogenate. Á. Gy. Fazekas, J. Sebök und I. Gy. Fazekas. (Acta physiol. Acad. Sci. hung. **20.** 1—6. 1961. Szeged, Med. Univ., Dep. of Forensic Med.) (Engl.)

In bei 3° homogenisierter u. gegen isoton. NaCl-Lsg. durch eine artifizielle semipermeable Membran dialysierter *Schweineleber* konnten chem. u. im Biovers. (an adrenalektomierten Mäusen) in der krist. u. der koll. Fraktion *Nebennierenrindensteroide* nachgewiesen werden; die koll. Fraktion enthielt mehr Hormone. Die Nebennierenrindenhormone scheinen in der Leber, u. wahrscheinlich auch in anderen Organen, Steroid–Lipoprotein-Komplexe zu bilden. U. TAUSENDFREUND. 4561 □

Die Wirkung der Carboanhydrasehemmung auf die in-vitro-Corticoidsynthese der Nebennierenrinde. Gy. Telegdy. (Acta physiol. Acad. Sci. hung. **20.** 7—10. 1961. Pécs, Med. Univ., Inst of Physiol.) (Engl.)

Durch *Carboanhydrasehemmung* (mittels *Acetazolamid*; I; *Fonurit*, CHINOIN, Budapest) in der Nebenniere in vitro kann die Synth. von *Corticosteroiden* aus *Progesteron* als Vorläufer gesteigert werden, wobei der maximale Effekt bei 10 mg/100 ml liegt. Konzz. von 1 mg I/100 ml steigerten die Synth. von *Hydrocortison* u. *Cortison* (II) um 66%, die Synth. von *Corticosteron* (III) um 74% u. die Synth. von *11-Dehydroxycorticosteron* (IV) um 140%. Durch 10 mg I/100 ml kam eine Steigerung der Synth. um nur noch 60% von II zustande, dagegen um 306% von III u. 320% von IV. Durch eine Konz. von 100 mg I pro 100 ml wurde die Synth., außer derjenigen von IV, die noch um 140% erhöht war, vermindert (II noch 20% Steigerung, III unterschreitet den Ausgangswert).

U. TAUSENDFREUND. 4561 □

Die Aldosteron-antagonistischen Spirolactone. 2. Mitt. **Klinik.** R. Hild und F. Krück. (Klin. Wschr. **39.** 178—81. 15/2. 1961. Heidelberg Univ., Med. Klinik; Med. Poliklinik.) (Dt.)

In 16 von 23 Fällen mit hepatogenem Ascites u. 1 von 2 nephrot. Syndromen konnte mit 200—600 mg *Spirolacton* (*3-[3-Oxo-7-thioacetyl-17β-hydroxy-Δ⁴-androsten-17α-yl]-propionsäure-γ-lacton*; *SC-9420*, SEARLE & Co.; BOEHRINGER & SÖHNE)/Tag peroral eine völlige Entwässerung erzielt werden. Bei 4 weiteren Fällen trat Erfolg erst durch Kombination mit *Hydrochlorothiazid* bzw. *Triamcinolon* u. isoton. *Humanalbumin*-Infusion ein. 3 Ascitesfälle u. 1 nephrot. Syndrom blieben unbeeinflußbar.

U. TAUSENDFREUND. 4561 □

Chemische Bestimmung von Aldosteron im Harn. Charles Sobel, Richard J. Henry, Orville J. Golub und Morris Rudy. (J. clin. Endocrinol. Metabolism **19.** 1302—11. Okt. 1959. Los Angeles, Calif., Bio-Sci. Labor.) (Engl.)

Vff. berichten über folgende Meth. zur Best. von *Aldosteron* im Harn: Säurehydrolyse u. Extraktion, Säulenchromatographie an Silicagel mit Chlf., Elution mit Aceton–Chlf. (1 + 1), 2 Papierchromatographie-Syst., Acetylierung in Pyridin mit Essigsäureanhydrid ein 3. Papierchromatographie-Syst., Fluorometrie direkt auf dem Papier mittels alkal. Fluorescenz. Weiter berichten Vff. über die Genauigkeit der Meth. Wiederfinden von Substanzen, Dauer der Säurehydrolyse im Vgl. zur enzymat. Hydrolyse, Stabilität von Harnproben u. Normalwerten. G. BRATFISCH. 4561 □

Bestimmung der $\Delta^{3,4}$-Ketosteroide mit 21 C-Atomen im menschlichen Urin. A. Brancaccio, B. D'Alessandro, R. De Luca und G. Jacono. (Ital. J. Biochem. **8.** 143—48. Mai/Juni 1959. Neapel, Univ., Ist. di Semeiotica Med., Centro per lo Studio delle Malattie Endrocrine.) (Engl.)

Zur Best. von $\Delta^{3,4}$-Ketosteroiden mit 21 C-Atomen wird vor u. nach Inkubation mit *Helix pomatia* Saft mit Chlf. extrahiert, mit n NaOH gewaschen u. an Florisil chromatographiert. Elution mit Chlf. u. Chlf. + 25% Methanol. Die letzte Fraktion wird mit A. aufgefüllt, *Isonicotinhydrazid* hinzugegeben u. kolorimetr. gemessen. Die Meth. wurde mit *Hydrocortison* getestet u. mit der PORTER- u. SILBER- sowie der Tetrazoliumblau-Best.-Meth. verglichen. P. GREGORZEWSKI. 4561 □

Säulenchromatographische Trennung der freien von den konjugierten 17-Hydroxysteroiden. A. Brancaccio, B. D'Alessandro, F. Galdiero und G. Jacono. (Ital. J. Biochem. **8.** 139—42. Mai/Juni 1959. Neapel, Univ., Ist. di Semeiotica Med.; Centro per lo studio delle Malattie Endrocrine.) (Engl.)

Vff. trennen die freien *17-Hydroxysteroide* von den konjugierten im Urin nach folgendem Schema: Extraktion mit Butanol bei pH 2,5. Extraktion des trockenen Rückstandes mit Chlf. u. Chromatographie: freie Steroide. Inkubation des Rückstandes mit Saft von *Helix pomatia* (Sulfatase- u. Glucuronidase-haltig) u. Chromatographie. Zur Säulenfüllung dient Florisil, Elutionsmittel Methanol verschiedener Konzentration.

P. GREGORZEWSKI. 4561 □

Unechte erhöhte Werte für Harn-17-Ketosteroide und 17-Hydroxycorticoide in Verbindung mit einer Verabfolgung von Triacetyloleandomycin. Marvin Numeroff, Martin Perlmutter und Stanley Slater. (J. clin. Endocrinol. Metabolism **19.** 1350—51. Okt. 1959. Brooklyn, N.Y., Maimonides Hosp. of Brooklyn, Dep. of Med.; State Univ. of New York, Downstate Med. Center, Dep. of Med.) (Engl.)

Bei einem jungen Mädchen mit Akne, aber ohne weitere Merkmale einer adrenocorticalen Überfunktion wurden nach Applikation von *Triacetyloleandomycin* (I) erhöhte Harnexkretion von *17-Ketosteroiden* (II) u. *17-Hydroxycorticoiden* (III) festgestellt. Durch Verss. mit I an gesunden Personen fanden Vff., daß es sich um eine unechte Erhöhung der II- u. III-Werte handelt. I wirkt nämlich als Chromogen mit den Reagentien, die zur Messung der II- u. III-Werte erforderlich sind u. gibt so einen falschen Eindruck von einer verstärkten adrenocorticalen Aktivität. G. BRATFISCH. 4561 □

Veränderungen des Gehalts des Rattenuterus an Adenosinnucleotiden unter dem Einfluß von Adrenalin. Hubert Clauser, Danièle Gautheron und Pierre Volfin. (Bull. Soc. Chim. biol. **43.** 103—05. 1961. Paris, Fac. des Sci., Labor. de Chim. Biol.) (Franz.)

Injektion von *l-Adrenalin* (I) in den Uterusmuskel von Ratten führt zu einer Abnahme des *ADP*- u. *ATP*-Geh., wodurch die Stoffwechselhemmung dieses Muskels durch I erklärt wird. E. LODEMANN. 4561 □

Untersuchung über die Ausscheidung von Brenzcatechinaminen im Rattenurin während einer durch Äthylalkohol verursachten Diurese. Geneviève Masse, R. Herbeuval und Marie-Louise Chollot. (C. R. Séances Soc. Biol. Filiales **155.** 1528—29. 1961. Nancy, Fac. de Méd., Labor. de Pathol. méd.) (Franz.)

Vff. stellten fest, daß bei einer durch *A.*-Verabreichung (1%ig. alkohol. Lsg. ad libitum) um 50% gesteigerten Diurese bei der Ratte auch die Ausscheidung von *Brenzcatechinaminen* (I) im Urin erhöht ist; es werden innerhalb von 24 Std. 2,71 γ I im Vgl. zu 1,56 γ bei Kontrollen ausgeschieden. H. KOCKERT. 4561 □

Jahreszeitliche Schwankungen im Noradrenalingehalt des Rattenhirns. M. Beauvallet, J. Fugazza und M. Solier. (C. R. Séances Soc. Biol. Filiales **155.** 1465—66. 1961. Paris, Fac. de Méd, Inst. de Pharmacol.) (Franz.)

Vff. stellten fest, daß der *Noradrenalin*-Spiegel des Gehirns von ♂ WISTAR-Ratten im Winter höher liegt als im Frühling. Diese jahreszeitlichen Schwankungen scheinen bei ganz jungen Tieren nicht aufzutreten. H. KOCKERT. 4561 □

Intrauteriner Jodstoffwechsel. L. Lampé, L. Kertész, F. Péter und L. Medveczky. (Acta physiol. Acad. Sci. hung. **20.** 11—22. 1961. Debrecen, Med. Univ., Dep. of Gyn. and Obstetr.; Dep. of Ped.; Hung. Acad. of Sci., Nuclear Res. Inst.) (Engl.) — Vgl. C. **1961.** 18750.

Die mit Hilfe i. v. Injektion von 10 μc trägerfreiem ^{131}J untersuchte *J*-Schilddrüsenaufnahme mütterlicher u. fötaler Ratten zeigt, daß die fötale J-Aufnahme vom 18./19. Tag der Gravidität an beginnt u. am 21. Tag 15—16% der verabreichten Menge erreicht. Durch Verfütterung von 0,4% *Methylthiouracil* vom 8. Tag der Schwangerschaft an verringert sich die J-Aufnahme der mütterlichen u. der fötalen Schilddrüse. Durch partielle Thyreoidektomie der Muttertiere wird die fötale J-Aufnahme gesteigert u. beginnt früher als normal. U. TAUSENDFREUND. 4562 □

Klinische und experimentelle Untersuchungen über den Fructosestoffwechsel. 1. Mitt. Intravenöse Fructosetoleranzteste bei normalen Personen und bei Patienten mit Schilddrüsenerkrankungen. Syohei Hashimoto. (Jap. Arch. intern. Med. **6.** 993—1001. 1959. Kyoto, Kyoto Univ., Fac. of Med., Dep. of Int. Med., Ist. Div.) (Jap.; Auszug: Engl.)

Bei i. v. *Fructose* (I)-Toleranztesten an Patienten mit Hyperthyreose, einfachem Kropf u. Hypothyreose sowie bei normalen Personen zeigte sich, daß bei Hyperthyreose die I-Assimilations-Geschw. größer als normal ist, ohne daß eine abs. Beziehung zwischen Grundumsatzsteigerung u. I-Assimilation erkannt werden konnte; es fand sich auch keine Beziehung zwischen Beschleunigung der I-Assimilation u. den Werten für proteingebundenes J u. ^{131}J-Aufnahme (nur bei der Hälfte der Fälle ist der normal zu verzeichnende epigastr. Schmerz nach der Injektion zu beobachten). Bei einfachem Kropf wurde I normal verwertet. Bei Hypothyreose war der I-Stoffwechsel gestört. Demnach kann der i. v. I-Toleranztest als wertvolles Hilfsmittel zur Unters. des Kohlenhydratstoffwechsels bei Schilddrüsenerkrankungen angesehen werden.

U. TAUSENDFREUND. 4562 □

Wirkung einer Schilddrüseninsuffizienz auf die Konzentration des Rattenuterus an Harnstoff, Natrium und Kalium. F. Stephan, H. Jahn, P. Réville und M. Urban. (C. R. Séances Soc. Biol. Filiales **155.** 1555—60. 1961. Strasbourg, Fac. de Méd., Labor. de la Clin., Méd. B u. Chaire de Pathol. générale et exp.) (Franz.)

Vff. stellen fest, daß bei Ratten mit Hypothyreoidismus das tägliche Harn-Vol. als Ausdruck eines herabgesetzten Konzentrierungsvermögens der Nieren größer ist als bei euthyreot. Ratten. Die Erhöhung des Harn-Vol. geht mit einem Absinken der Konzz. an *Harnstoff* (I), K^+ u. Na^+ im Urin u. einem Anstieg des Blut-I-Spiegels einher.

H. Kockert. 4562 □

Keine Beeinflussung der thyreoidalen Akkumulation und Nierenclearance von ^{131}J durch Diäthylstilböstrol. J. Thomas Dowling, Sidney H. Ingbar und Norbert Freinkel. (J. clin. Endocrinol. Metabolism **19.** 1245—51. Okt. 1959. Boston, Mass., Boston City Hosp., Thorndike Memorial Labor. and Second and Fourth (Harvard) Med. Services and Harvard Med. School; Los Angeles, Calif., Howard Hughes Med. Inst., Veterans Administrat. Center and Univ. of Calif.) (Engl.)

Vff. bestimmten die thyreoidale 24-Std.-Aufnahme von ^{131}*J* an 9 euthyreoiden erwachsenen Personen (5 ♀ u. 4 ♂) vor u. während einer täglichen oralen Verabreichung von 30 mg *Diäthylstilböstrol* (I) über 4—7 Wochen. Hierzu wurden vor u. während der östrogenen Therapie 50—200 μc Na^{131}J verabreicht. Die I-Verabreichung war ohne Wrkg. auf die thyreoidale Akkumulation, Drüsenumsatz u. Nierenexkretion von ^{131}J.

G. Bratfisch. 4562 □

Erfahrungen mit der in vitro-Aufnahme von mit ^{131}J markiertem L-Trijodthyronin in Erythrocyten in einem Routine-Klinik-Laboratorium. Leonard R. Robbins. (J. clin. Endocrinol. Metabolism **19.** 1292—1301. Okt. 1959. Houston, Tex., Levy Clin., Radioisotope Dep.) (Engl.)

Vf. berichtet über die Durchführung von 424 Routine-Best. an 348 Personen über die in vitro-Aufnahme von mit ^{131}*J*-markiertem *L-Trijodthyronin* (I) in Erythrocyten (E). Die I-Aufnahme der E war bei euthyreoiden Frauen deutlich geringer als bei euthyreoiden Männern. Hyperthyreoidismus verursachte eine deutliche Erhöhung, wogegen Hypothyreoidismus, Menstruation, Schwangerschaft u. Leberkrankheit eine deutliche Verringerung der I-Aufnahme der E zur Folge hatten. Die Verabreichung von J-haltigen Verbb. war von einer Zunahme der I-Aufnahme der E begleitet. G. Bratfisch. 4562 □

Die Wirkung von dl-3.3'.5'-Trijodthyronin bei der Basedowschen Krankheit. Richard S. Benua, Soichi Kumaoka, Robert D. Leeper und Rulon W. Rawson. (J. clin. Endocrinol. Metabolism **19.** 1344—46. Okt. 1959. New York, N.Y., Memorial Center, Sloan-Kettering-Inst. for Cancer Res., Div. of Clin. Invest.) (Engl.)

Klin. Bericht über die Verabreichung von *dl-3.3'.5'-Trijodthyronin* (I) bei der Basedowschen Krankheit. Dem Patienten, einem 53 Jahre alten Mann mit Basedowscher Krankheit, wurden alle 6 Std. am Tage 10 mg I oral verabreicht. Die I-Dosis wurde auf 40 mg alle 8 Std. erhöht. Am 4. Tage der I-Verabreichung betrug die Aufnahme an *Radio-J* in der Schilddrüse 28,9%. Der Spiegel an Serumprotein gebundenem J (SPJ) wurde in einer Std. auf 11,8 μg u. der Gesamt-J-Geh. (GJ) auf 14,4 μg/100 ml erhöht. Nach weiteren 24 Std. ohne I-Verabreichung sank der SPJ ab auf 10,3 μg u. der GJ auf 12 μg/100 ml. Die angewandte I-Dosis rief deutlich eine Abnahme im Grundumsatz (von 48% auf 13%) u. im Pulsschlag hervor. Vff. sind der Ansicht, daß die angewandte I-Dosis gut vertragen wurde. G. Bratfisch. 4562 □

Wirkung des thyreotropen Hormons auf die Kumulation von radioaktivem Jod bei Thyreotoxikose. A. W. G. Goolden. (J. clin. Endocrinol. Metabolism **19.** 1252—57. Okt. 1959. London, England, Hammersmith Hosp., Med. Res. Council Radiotherapeutic Res. Unit.) (Engl.)

Vf. untersuchte an 12 Patienten mit Thyreotoxikose die Wrkg. von 5 U.S.P.-Einheiten *thyreotropen Hormons* (I) auf die Kumulation von ^{131}*J* in der Schilddrüse. Alle Patienten zeigten einen Anstieg im Grad der thyreoidalen Clearance nach I-Verabreichung. Der Durchschnittsanstieg betrug 30% des Anfangswertes. Die Veränderung in der Kumulation von ^{131}J machte sich in einer verminderten Harnausscheidung von ^{131}J in der 0—8-Std.-Periode bemerkbar. In der 24 Std.-^{131}J-Aufnahme gab es keine nennenswerte Veränderung. G. Bratfisch. 4562 □

Wirkung von 1-Methyl-2-mercaptoimidazol (Basolan) auf das Knochenwachstum des Hühnerembryos. J. P. Zahnd und Y. Rumpler. (C. R. Séances Soc. Biol. Filiales **155.** 1566—69. 1961. Strasbourg, Fac. de Méd., Inst. d'Embryol.) (Franz.)

Vff. stellten fest, daß nach Blockierung der Schilddrüse durch *1-Methyl-2-mercaptoimidazol* (*Basolan*) das Knochenwachstum von Hühnerembryos verlangsamt ist;

darüber hinaus sind die Gew.-Zunahmen des Embryos u. die Knochenreifung ebenfalls verlangsamt. H. KOCKERT. 4562□

Amylaseverteilung in anderem als Pankreas- und Speicheldrüsengewebe. Robert L. Mc Geachin, John R. Gleason und Morgan R. Adams. (Arch. Biochem. Biophysics **75.** 403—11. Juni 1958. Louisville, Ky., Univ. of Louisville, School of Med., Dep. of Biochem.) (Engl.)

Werden die beiden bekannten Quellen der *Amylase* (I)-Bldg., das Pankreas u. die Speicheldrüsen operativ entfernt, so verschwinden bei Ratten weder Serum-I- noch Gewebe-I-Gehalt. Es konnte bei derartigen Tieren postoperativ, außer im Magendarmtrakt, der gleiche I-Geh. in Serum u. Geweben nachgewiesen werden; aus dem Gewebe-I/Serum-I-Quotienten u. dem Geh. der Extracellulär-Fl. an I war erkennbar, daß die Leber bei Ratte, Maus, Meerschweinchen u. Hund u. daß die Muskulatur bei Maus u. Meerschweinchen intracellulär I aufweisen. In dem die Lungen des Hundes durchströmenden Blut läßt sich keine Erhöhung des I-Geh. während der Passage feststellen. U. TAUSENDFREUND. 4564□

Wirkung von Cobalt(II)-chlorid auf den Blutzuckerspiegel und die Inselzellen der Ratte. Gösta T. Hultquist. (Experientia [Basel] **15.** 340—42. 15/9. 1959. Uppsala, Univ. of Uppsala, Dep. of Pathol.) (Engl.)

Nach subkutaner Injektion von 35—45 mg $CoCl_2$/kg ist bei Ratten eine *Blutzucker*-Erhöhung nachweisbar; 6—12 Std. nach der Injektion von 45 mg/kg (auch von 20 mg/kg) ist bei ♂ (nicht bei ♀) Tieren dann eine Hypoglykämie zu beobachten. Da bei karyometr. Unterss. an den Kernen der α-Inselzellen keine u. an den Kernen der β-Zellen nur geringe Größenverminderungen nach 24 Std. erkennbar sind, muß angenommen werden, daß die Hyperglykämie eine extrainsuläre Ursache hat (möglicherweise im Zusammenhang mit den Nebennieren. U. TAUSENDFREUND. 4564□

Glykogenolytische Wirkung von Glukagon auf die isolierte und durchströmte Kaninchenleber. M. Dorner, L. Fincker und J. Stahl. (C. R. Séances Soc. Biol. Filiales **155.** 1081—83. 1961. Strasbourg, Fac. de Méd., Clin. Méd. B.) (Franz.)

Vff. stellten fest, daß der Perfusions-Fl. (O_2-haltiges Kaninchenblut) zugesetztes *Glukagon* (I) eine dosisabhängige Erhöhung des *Blutzucker* (II)-Spiegels des die isolierte Kaninchenleber verlassenden Blutes verursacht. Hohe I-Dosen (1—100 γ) bewirken einen starken Anstieg des II-Spiegels (1,58—5,16 g ‰), schwache Dosen (0,01—0,5 γ) eine weniger ausgeprägte Hyperglykämie (0,18—2,52 g ‰). Die II-Werte kehren in ca. 1—4 Std. nach den verschieden hohen I-Gaben wieder zur Norm zurück. H. KOCKERT. 4564□

Paradoxe blutzuckersenkende Reaktionen auf Glukagon während der Perfusion der isolierten Kaninchenleber. L. Fincker, M. Dorner und J. Stahl. (C. R. Séances Soc. Biol. Filiales **155.** 1572—74. 1961. Strasbourg, Fac. de Méd., Clin. Méd. B.) (Franz.) — Vgl. vorst. Referat.

Vff. stellten nach Injektion von hohen *Glukagon* (I)-Dosen (100 γ) ein sofortiges Absinken des *Glucose* (II)-Spiegels im Perfusionsblut der isolierten Kaninchenleber fest. Nach Gaben von 1 γ macht sich zunächst die eigentlich charakterist. Hyperglykämie bemerkbar, der aber sofort eine progressive Abnahme des II-Blutspiegels bis zu extrem niedrigen Werten folgt. Eine Erklärung für diese paradoxe Rk. auf I können Vff. nicht geben. H. KOCKERT. 4564□

Weitere Untersuchungen über die Nierenwirkung von Glukagon. Harold Elrick, N. Whipple, Y. Arai und C. J. Hlad jun. (J. clin. Endrocrinol. Metabolism **19.** 1274 bis 1281. Okt. 1959. Denver, Colo., Veterans Administr. Hosp., Res. Labor., Univ., School of Med.) (Engl.)

Vff. berichten über die Wrkg. von *Glukagon* (I) auf die Nierenausscheidung von *Harnsäure* (II), Gesamt-*N* u. *Harnstoff* (III)-N. Hierzu wurde I in einer einzigen Dosis an 14 gesunde Personen u. 4 Patienten mit Gicht verabreicht. Zusätzlich wurde an 2 Patienten mit Gicht bei konst. Diät 3mal täglich I über mehrere Tage verabreicht. 7 Personen, die *Glucose*-Infusionen erhielten, dienten als Kontrollen. Die I-Verabreichung hatte einen unmittelbaren Anstieg in der II-Exkretion über 1 Std. zur Folge. Der unmittelbare Anstieg der II-Exkretion konnte jedoch bei den Patienten, die täglich 3 I-Injektionen erhielten, nicht beobachtet werden. Vff. glauben, daß der II-Effekt nicht sek. zu der hyperglykäm. Wrkg. von I ist; der II-Effekt ist wahrscheinlich einer Wrkg. auf die Nierentubuli zuzuschreiben. Die I-Verabreichung resultierte in einem deutlichen aber kleinen Anstieg von Gesamt-N u. III-N-Exkretion. G. BRATFISCH. 4564□

Weitere Untersuchungen über die Kinetik der Glucoseverwertung. 1. Mitt. Eine neue Methode der Analysenauswertung. Charles J. Hlad jun. und Harold Elrick. (J. clin. Endocrinol. Metabolism **19.** 1258—73. Okt. 1959. Denver, Colo., Veterans Administr. Hosp., Res. Labor. and Radioisotope Serv.; Univ., School of Med.) (Engl.) — 2. vgl. C. **1961.** 13240.

Extreme Schwankungen in der Angabe der Konst. für Verschwinden von *Glucose* (I) aus dem Blut durch verschiedene Labor. sind nach Ansicht von Vff. auf die Anwendung einer fehlerhaften Gleichung u./oder auf fehlerhafte Analysenangaben zurückzuführen. Die richtige Gleichung ist eine Exponentialgleichung mit einer zusätzlichen Konstanten. Vff. beschreiben eine neue Meth., nach der unabhängig von der angewandten Gleichung die gleiche spezif. Konst. K erhalten wird. Die Auswertung erfolgt mit dem Derivimeter (GERBER SCIENTIFIC INSTRUMENT CO.), einem Instrument zum Ablesen der Neigung der Kurve. G. BRATFISCH. 4564 □

Die Wirkung von Khellin und Natriumsalicylat auf den Blutzucker normaler und alloxandiabetischer Ratten. L. Schmidt, H. D. Söling und W. Jarre. (Z. ges. exp. Med. **135.** 58—65. 1961. Freiburg im Br., Univ., Pharmakol. Inst.) (Dt.)

500 mg *Na-Salicylat* (I)/kg steigern bei normalen Ratten u. senken bei alloxandiabet. Ratten den Blutzucker (BZ)-Geh., 7—34 mg *Khellin* mit I als Lsg.-Vermittler steigern bei normalen Ratten den BZ stärker u. senken bei diabet. Tieren den BZ weniger als I allein in entsprechenden Dosen; *Khellincarbonsäure* ist wirkungslos. P. GREGORZEWSKI. 4564 □

Ein Beitrag zur Wirkungsweise von D 860. T. Braun, B. Mosinger und V. Kujalová. (Experientia [Basel] **15.** 190—91. 15/5. 1959. Prague, Physiol. Dep., Inst. of Human Nutr.) (Engl.)

Bei Ratten läßt sich nach vorheriger *Glucose*-Belastung (subkutan 180 mg/100 g, in 3 fraktionierten Dosen über einen Zeitraum von 20 Min.), die zu einer Hyperglykämie führt, im Gegensatz zu *Insulin* durch *D 860* (*Artosin*, BOEHRINGER) keine hypoglykämisierende Wrkg. hervorrufen. D 860 potenziert unter diesen Bedingungen die Insulin-Wrkg. nicht. Der Mechanismus der paradoxen D 860-Wrkg. ist noch ungeklärt, die Hyperglykämie an sich scheint eine wichtige Rolle zu spielen. U. TAUSENDFREUND. 4564 □

Ein neuer Typ von Diabetes insipidus infolge erhöhter Hormoninaktivierung: Seine Häufigkeit im klinischen Material. J. Hankiss, M. Keszthelyi und B. Siro. (Amer. J. med. Sci. **242.** Nr. 5. 605—11. Nov. 1961. Debrecen, Hungary, Univ., School of Med., Dep. of Med.) (Engl.)

Als prim. Ursache für die meisten „idiopath." Fälle von Diabetes insipidus wird eine erhöhte Inaktivierung von *antidiuret. Hormon* in Leber u. Niere angesehen; die Erschöpfung des Hypothalamus–Hypophysen-Syst. tritt erst in einem späteren Stadium ein. K. ZINGRAF. 4564 □

Wirkung von rohem Sojabohnenmehl und Aminosäuren auf die Pankreashypertrophie bei der Ratte. A. N. Booth, D. J. Robbins, Wm. E. Ribelin F. DeEds. (Proc. Soc. exp. Biol. Med. **104.** 681—83. Aug./Sept. 1960. Albany, Calif., Western Reg. Res. Labor.) (Engl.)

Verfütterung von rohem, nicht jedoch von erhitztem Sojabohnenmehl als einziger Eiweißquelle bewirkt bei Ratten Pankreashypertrophie u. Verringerung des Wachstums u. der Futterverwertung. Zusatz von *L-Tyrosin*, *DL-Methionin*, *DL-Threonin* u. *DL-Valin* hebt die Wachstumshemmung auf u. erhöht die Futterverwertung, beseitigt aber nicht die Pankreashypertrophie. K. ZINGRAF. 4564 □

Acetylcholinstoffwechsel in normalem und epileptogenem Hirngewebe. Unmöglichkeit der Wiederholung früherer Befunde. Hanna M. Pappius und K. A. C. Elliott. (J. appl. Physiol. **12.** 319—23. März 1958. Montreal, Quebec, Canada, Montreal Neurol. Inst., Donner Labor. of Exper. Neurochem.; Mc Gill Univ., Dep. of Neurol. and Neurosurg.) (Engl.)

Trotz weitestgehender Nachahmung der Hauptverss. aus der Arbeit von TOWER u. ELLIOTT (J. appl. Physiol. **4.** [1952.] 669 u. C. **1954.** 11232) war es nicht möglich, nochmals die Ergebnisse zu erzielen, die gezeigt hatten, daß fokales epileptogenes Hirngewebe freies *Acetylcholin* (I) zwar in gleichem Maße wie normales menschliches Hirngewebe bildet, daß aber sein Geh. an gebundenem I während der Inkubation nicht ansteigt; bei den jetzigen Verss. zeigte sich nun, daß die Bldg. von gebundenem I durch menschliche epileptogene Hirnrinde in vitro nur wenig unter derjenigen durch normale menschliche Hirnrinde liegt, während die Bldg. von freiem I deutlich niedriger war. Die Zugabe von *Glutamin* (II; 20 mm) wirkte bei beiden Gewebearten gleichermaßen leicht steigernd auf I. Im Gegensatz zu den Verss. von TOWER u. ELLIOTT war auch die Bldg. von gebundenem I durch die Hirnrinde von Katzen mit durch *Methioninsulfoximin* hervorgerufenen Krämpfen normal. Vermindert war zwar die Bldg. von gebundenem I in Hirnrindenschnitten von Katzen u. Ratten bei Erniedrigung der O_2-Spannung (von 95 auf 10% O_2) wie in den vorerwähnten Verss., zugleich jedoch auch die Bldg. von freiem I, was in den Vorverss. nicht beobachtet werden konnte; diese Verminderung konnte nicht, wie in den Vorverss., durch **II**-Ggw. aufgehoben werden. Schließlich konnte auch nicht die Wrkg. von Narkose, welche die Bldg. von gebundenem **I** während der Inkubation der Hirnrindenschnitte steigern sollte, bestätigt werden. — Niedrige **II**-Konzz. führten am *Eserin*-vorbehandelten Blutegelmuskel zu Kontraktionen, die einer Vermehrung von **I** entsprechen, womit die Beeinflussung von **I** durch **II** als bewiesen angesehen wird. U. Tausendfreund. 4569☐

Über die Freisetzung von 5-Hydroxytryptamin (Serotonin) aus Geweben durch Nicotin. H. Schievelbein, E. Werle und W. Jacoby. (Naturwissenschaften **48.** 602—03. 2. Sept.-H. 1961. München, Chirurg. Univ.-Klinik, Klin.-Chem. u. Neurochirurg. Inst.) (Dt.)

Vff. inkubierten isolierte Dünndarmstücke von Meerschweinchen u. Ratten mit *Nicotin* (**I**) u. stellten fest, daß ihr *Serotonin* (**II**)-Geh. gegenüber den Kontrollen merklich gesunken ist (um 16—50%, abhängig von der Vers.-Anordnung). Dieselbe Senkung wurde bei einer, mit 2,4 mg **I** i. v. behandelten Ratte ebenfalls beobachtet (Dünndarm-**II**-Geh. 1,7 γ/g, Kontrolltier 2,2 γ/g). Die Freisetzung von **II** durch **I** konnte von Vff. im Großhirn von Hunden auch festgestellt werden. P. Hajdú. 4569☐

Hormonale Beeinflussung des Stoffwechsels bei Carcinus maenas. G. Altmann. (Experientia [Basel] **15.** 191—92. 15/5. 1959. Saarbrücken, Univ., Zool. Inst.; Monaco, Ozeanograph. Inst.) (Dt.)

Durch Injektionen von Augenstielextrakten (aus den exstirpierten Augenstielen von *Carcinus maenas*-Krebsen) konnte bei Carcinus maenas der O_2-Bedarf vermindert werden, während nach Augenstielexstirpation der O_2-Verbrauch anstieg, obwohl die Bewegungsaktivität nach der Ablation wesentlich herabgesetzt war. Möglicherweise ist der Faktor, der die Häutung verhindert, mit demjenigen, der den O_2-Verbrauch herabsetzt, identisch. U. Tausendfreund. 4569☐

Einfluß verschiedener Temperaturen auf die Methämoglobinreduktion. E. Malz. (Acta biol. med. german. [Berlin] **7.** 219—21. 1961. Berlin, Dtsch. Akad. Wiss., Inst. für Med. u. Biol., Arbeitsber. Pharmakol. u. Humboldt-Univ., Pharmakol. Inst.) (Dt.)

Es wurde die *Methämoglobin*-Rückbldg. der Erythrocyten verschiedener Tiere ohne Substratzusatz, mit *Lactat, Glucose* u. *Glucose* + *Methylenblau* gemessen. Erhöhung der Temp. steigerte die Geschw. der Rückbldg. der Erythrocyten von Karpfen, Enten u. Kaninchen. Auffallend war die geringe Steigerung bei Hühnererythrocyten. Unerwartet war, daß die Red.-Geschw. durch Lactat bei 42° bei Kaninchen bedeutend höher liegt als bei Glucose + Methylenblau-Zusatz. Bei 37° sind beide Werte etwa gleich. D. Scheuch. 4572☐

Spaltung der Häm-Protein-Bindung durch saures Methyläthylketon. F. W. J. Teale. (Biochim. biophysica Acta [Amsterdam] **35.** 543. Okt. 1959. Sheffield, Univ., Dep. of Biochem.) (Engl.)

Nach Ersatz des Acetons bei der bisher üblichen Abtrennungs-Meth. der Proteinkomponente von der prosthet. Gruppe durch ***Methyläthylketon*** wird eine schonendere Abtrennung des Proteins erreicht. Vorteile der Meth. sind Schnelligkeit u. quant. Ausbeute des Proteins. Präpariert wurden mit Erfolg ***Myoglobin, Hämoglobin*** (nur als Hb-3), ***Meerrettichperoxydase*** u. ***Katalase.*** Das hierbei gewonnene Protein konnte vollständig mit der prosthet. Gruppe rekombiniert werden. K. Ruckpaul. 4572☐

Abnorme Hämoglobine, eine Übersicht. K. Ruckpaul. (Dtsch. Gesundheitswes. **16.** 2120—25. 9/11. 1961. Berlin-Buch, D.A.d.W., Inst. für Med. u. Biol.) (Dt.)

Übersicht über Strukturanomalien an Hand von 24 verschiedenen *abnormen Hämoglobinen.* Es werden die Sequenzunterschiede mitgeteilt u. bes. die mit patholog. Erscheinungen verbundenen Anomalien in ihren genet. Konsequenzen dargestellt. Schließlich wird die geograph. Verbreitung der einzelnen Anomalien geschildert. — 42 Literaturangaben (bis 1960). K. Ruckpaul. 4572☐

Einfluß der Phosphatide auf die Hämopoese. A. A. Rakitjanskaja und Ss. Ss. Charamonenko. (Проблемы Гематологии и Переливания Крови [Probleme Hämatol. Blutübertrag.] **5.** Nr. 11. 21—26. Nov. 1960. Weißruss. Forschungsinst. für Bluttransfusion.) (Russ.)

Bei Hunden führte i.v. Injektion von *Hetero-* bzw. *Isophosphatiden* (**I**), isoliert aus Erythrocyten, zur Leukocytose. Dosen von 0,17—0,5 cm^3 **I**/kg zeigten eine stimulierende Wrkg.: Erhöhung des *Hämoglobins* (**II**) um 5—12%, der Erythrocyten (E) um 0,5—1,5 Millionen. Dosen von 0,8—3,1 cm^3 **I**/kg zeigten eine hemmende Wrkg. (Senkung des **II** um 12—20%, Verringerung der E bis zu 2,4 Millionen) auf die Hämopoese. Bei chron. Blutverlust u. Dosen von 0,17—1,2 cm^3 **I**/kg regenerierte sich das Blutbild

bereits nach 14—23 Tagen gegenüber 35—40 Tagen in der Kontrolle. Konservierungsdauer u. Zeitabstände zwischen den Transfusionen spielen therapeut. eine Rolle.
I. v. KLOCH-KORNITZ. 4573 □

Über den Einfluß des pH auf K^+- und Na^+-Austausch bei Kaninchen-Erythrocyten und -Retikulocyten. I. Kaludin und L. Ababei. (Acta biol. med. german. [Berlin] **7.** 122—25. 1961. Berlin, Humboldt-Univ., Physiol.-Chem. Inst.) (Dt.)

Nach 3std. Inkubation von Kaninchenerythrocyten u. -retikulocyten findet man stark pH-abhängige *K*-Verluste der Zellen, die z. T. durch den Eintritt von *Na* ersetzt werden. Die Veränderungen sind bei pH 7,6 gering, sie nehmen bis pH 6,2 u. 9,5 stark zu. Retikulocyten sind im alkal. Bereich widerstandsfähiger gegen K-Verluste, sie zeigen geringere Hämolyseneigung. D. SCHEUCH. 4573 □

Die Hämolyse bei hypochromen Anämien. R. A. Kaganowitsch. (Проблемы Гематологии и Переливания Крови [Probleme Hämatol. Blutübertrag.] **5.** Nr. 11. 33—37. Nov. 1960. Strashessko-Inst. für klin. Med., Abt. für klin. Hämatol.) (Russ.)

Die Intensität der hämolyt. Prozesse war bei Kranken mit hypochromer Anämie (Hämoglobin-Geh. 36—67%, Färbeindex 0,4—0,8) normal oder verringert. Die *Stercobilin*-Ausscheidung war stark vermindert, der *Bilirubin*-Geh. im Blut normal, der Zerfallsindex der Erythrocyten (E; Verhältnis des *Hämoglobins* zur *Urobilinogen*-Ausscheidung) erniedrigt. Die osmot. Resistenz der E war normal oder erhöht. Das E-Vol. u. der E-Durchmesser waren teilweise vermindert. I. v. KLOCH-KORNITZ. 4573 □

Extraktion eines kontraktilen Proteins aus normalen menschlichen Thrombocyten. M. Bettex-Galland und E. F. Lüscher. (Helv. physiol. pharmacol. Acta **17.** Nr. 3. C14—C16. Okt. 1959. Berne, Univ., Inst. Théodor Kocher, et Service de Transfusion Sanguine de la Croix Rouge Suisse.) (Franz.)

Ident. mit der C. **1960.** 6902 referierten Arbeit. K. MAIER. 4573 □

Proteinwechselwirkungen. 26. Mitt. **Die Abgrenzung des Aggregationsgebietes des wärmedenaturierten menschlichen Serumalbumins.** P. Kratochvíl, P. Munk und P. Bartl. (Collect. czechoslov. chem. Commun. **26.** 945—53. April 1961. Prague, Czechoslov. Acad. of Sci., Inst. of Macromol. Chem.; Inst. of Organ. Chem. and Biochem.) (Engl.) — 25. vgl. Collect. czechoslov. chem. Commun. **26.** [1961.] 352.)

Die die Aggregation wärmedenaturierten menschlichen Serumalbumins hervorrufenden Bedingungen wurden mittels einer vereinfachten Lichtstreu-Meth. (Meßwinkel 90° bei einer einzigen Konz.) für 0,5%ig. *Albumin*-Lsgg. in verschiedenen Puffern untersucht. Die Veränderlichen waren: Temp., pH-Wert, Ionenstärke u. Pufferqualität. Die maßgebende Rolle spielt bei der Aggregation die Ladung des Albuminmoleküls. In der Umgebung des isoelektr. Punktes geht die Aggregation bei den relativ niedrigsten Temp. vor sich; die zur merkbaren Aggregation notwendige Temp. steigt mit wachsender Mol.-Ladung (positiv sowie negativ). Die Temp.-Abhängigkeit der Aggregations-Geschw. weist ein Maximum in der Umgebung des isoelektr. Punktes auf, wo eine Temp.-Erhöhung von 2° eine 10fache oder noch größere Beschleunigung der Aggregation hervorruft. Bei den hohen Ionenstärken ($\mu = 1$) ist das Bild grundsätzlich verschieden: Im sauren Milieu werden die Proben auch bei Zimmer-Temp. gefällt, während bei pH > 6 die Aggregationsstufe bei gegebener Temp. vom pH unabhängig ist. Mit der Ausnahme von Citrationen, die eine spezif. Einw. auf die Aggregation ausüben, ist die Pufferqualität von minderer Bedeutung. Es wurden 3 Gebiete gefunden, die sich durch Bldg. bes. charakterist. Aggregate auszeichnen: 1. Die Umgebung des isoelektr. Punktes ist durch Bldg. großer, nicht kompakter, annähernd kugelförmiger Aggregate charakterisiert, die später unregelmäßige Büschel bilden. 2. Bei $\mu = 1$ u. pH 5,9—6,1 werden kompakte, scharf abgegrenzte, verhältnismäßig monodisperse Kugeln gebildet. 3. Bei $\mu = 1$ u. pH > 6 wurde bei genügend hohen Temp. die Bldg. von Gelen beobachtet. Einige der charakterist. Aggregate wurden im Elektronenmikroskop untersucht. I. FRIČ/Prag. 4574

Beziehung zwischen Alter und Rasse und Zusammensetzung der Cholesterinester-Fettsäuren. Leon Swell, Henry Field jun. und C. R. Treadwell. (Proc. Soc. exp. Biol. Med. **105.** 129—31. Okt. 1960. Washington, D.C., George Washington Univ., School of Med., Dep. Biochem.; Martinsburg, W.Va., Vet. Admin. Center.) (Engl.)

Die Cholesterinesterfettsäurefraktion des Serums enthält bei weißen u. negroiden Kindern signifikant weniger *Ölsäure* u. mehr *Linolensäure* als bei Erwachsenen. Zwischen Weißen u. Negern einer Altersstufe besteht kein Unterschied. Der *Cholesterin*-Spiegel des Gesamtblutes ist bei Kindern niedriger als bei älteren Personen.
P. GREGORZEWSKI. 4574 □

Qualitative Mikroanalyse und Bestimmung der Sphingolipidbasen. C. C. Sweeley und E. A. Moscatelli. (J. Lipid Res. **1.** 40—47. Okt. 1959. Bethesda, Md., Nat. Inst. of Health, Nat. Heart Inst., Labor. of Chem. of Nat. Prod.) (Engl.)

Aus *Sphingolipiden* durch Hydrolyse gewonnenes Basengemisch wird mit Na-Metaperjodat oxydiert u. die resultierenden Fettaldehyde werden durch Gas–Fl.-Verteilungschromatographie analysiert. Im menschlichen Plasmalipid wurde eine unbekannte, mit Sphingomyelin vergesellschaftete langkettige Base aufgefunden.

P. GREGORZEWSKI. 4574□

Quantitative Glaspapierchromatographie: Phosphatidylcholin und Sphingomyelin. James E. Muldrey, O. Neal Miller und James G. Hamilton. (J. Lipid Res. **1.** 48—52. Okt. 1959. New Orleans, La., Tulane Univ., School of Med., Dep. of Biochem.; Dep. of Med., Nutrit. and Metabol. Res. Labor.) (Engl.)

Es wird die chromatograph. Trennung von *Sphingomyelin*, *Phosphatidylcholin*, *Phosphatidyläthanolamin*, *Phosphatidylserin*, *Phosphatidylinosit* u. freien Fettsäuren mit Hilfe eines mit Na-Silicat überzogenen Glasfaserpapiers beschrieben.

P. GREGORZEWSKI. 4574□

Die Stabilität von Dextran bei längerer Lagerung. W. d'A. Maycock und C. R. Ricketts. (Nature [London] **192.** 174. 14/10. 1961. Birmingham, Accident Hosp., Burns Res. Unit and Med. Res. Council Ind. Injuries; Elstree, Lister Inst.) (Engl.)

2 *Dextran* (I)-Lsgg. aus den USA (A u. B) sowie 2 aus Großbritannien (C u. D) wurden 1954 u. 1959 untersucht. Mit Ausnahme von D waren die Änderungen der Viscosität gering. I, Kaninchen injiziert, wurde zum größten Teil bereits am 1. Tage renal ausgeschieden, weniger als 3% am 2. u. 1% am 3. Tage. Die Retention von I im Plasma wurde durch die Lagerung kaum oder gar nicht beeinflußt. A u. B besaßen ein geringeres Molgew., verbunden mit einer geringeren Retention im Plasma u. größerer renaler Ausscheidung als C u. D. Die durch die Lagerung bedingten Änderungen konnten für den klin. Gebrauch als unbedeutend angesehen werden. J. BOELTER. 4576□

Fertilizin der Säugetiereier. David W. Bishop und Albert Tyler. (J. exp. Zoology **132.** 575—601. Aug. 1956. Pasadena, Calif., California Inst. of Technol., Kerckhoff Labor. of Biol.) (Engl.)

Auch bei Säugetiereiern (Kaninchen, Maus, Kuh) konnte eine dem *Fertilizin* bei niederen Tieren (vgl. LILLIE [1913] sowie TYLER [1948] u. BIELIG u. VON MEDEM [1949]) entsprechende Substanz nachgewiesen werden, die von noch im Ovar befindlichen Eiern u. solchen aus verschiedenen Postovulationsstadien, nicht jedoch von Eiern mit Eiweißhülle, an Lsgg. mit niedrigem pH-Wert oder hyperton. Salz-Lsgg. abgegeben wird (speciesspezif. Wrkg.). Durch Behandlung mit Perjodat wird die agglutinierende Fähigkeit dieser Substanz gegenüber den Spermien zerstört. Als Herkunftsort dieser Substanz ist die Zone pellucida zu nennen. Über die mögliche Rolle der Substanz bei Befruchtung der Säugetiereier kann noch nichts ausgesagt werden; unter Umständen übt sie die gleiche Funktion wie bei den niederen Tieren aus (anfängliche spezif. Anheftung der Spermien an das Ei). U. TAUSENDFREUND. 4582□

Inhalt und Grenzen der Ernährungswissenschaft. K. Täufel. (Ernährungsforschung **6.** 386—92. 1961. Potsdam-Rehbrücke, Inst. für Ernährung.) (Dt.)

Vortrag. Kurze Behandlung der Chemie, Technologie, Vorratshaltung u. Wirtschaft der Lebensmittel u. der Soziologie u. Physiologie der Ernährung.

M. ULMANN. 4585□

Ernährungssoziologische Untersuchung über den effektiven Lebensmittelverzehr von Werktätigen aus 5 großen Industriebetrieben. 3. Mitt. Zur Ernährungssituation der Produktionsarbeiter in einer Jutespinnerei (Bezirk Potsdam). H.-K. Gräfe und I. Räke. (Ernährungsforschung **6.** 311—22. 1961. Potsdam-Rehbrücke, Inst. für Ernährung.) (Dt.) — 1. vgl. C. **1961.** 15457.

Unters. der Ernährungssituation in einem Betrieb, in dem größtenteils Frauen arbeiteten, ergab im Durchschnitt keine generellen Unterschiede gegenüber einem Männerbetrieb. Der Calorienverbrauch lag bei den Frauen bei 2428 kcal. Die *Eiweißversorgung* war teilweise zu gering, während der *Fettverzehr* das Soll erheblich überstieg. In der Mineralstoffbilanz fällt das bes. hohe *Ca*-Defizit auf, die Werte für *P* u. *Fe* lagen niedriger als bei den Männern. Die Versorgung mit Vitaminen befriedigt nicht voll.

M. ULMANN. 4585□

Ernährung und Caries der Zähne. A. Szczgieł und M. Kossakowska. (Roczniki państwowego zakładu Hig. **11.** 505—14. 1960. Warszawa.) (Pol.)

Durch Fütterung mit eiweiß-, vitamin- u. mineralsalzarmer Kost, wie sie oft falsch ernährte Kinder erhalten, wurde bei Ratten Caries hervorgerufen. — 15 Literaturangaben. F. URBAN. 4585□

Neuere Ergebnisse der hygienischen Bedeutung der Fette in der Ernährung. K. Ss. Petrowski. (Hyg. u. Sanitätswes. **25.** Nr. 6. 67—73. Juni 1960. Moskau, Med. Ssetschenow-Inst., Lehrstuhl für Ernährungshygiene.) (Russ.)

Allg. Übersicht über die ernährungsphysiol. Bedeutung tier. u. pflanzlicher Fette, der essentiellen Fettsäuren, der Tocopherole u. der Vitamine A u. D sowie Vorschlag zur zweckmäßigen Zusammenstellung der täglichen Fettration. Diese soll aus 70—80% tier. Fett, möglichst Milchfett, u. 20—30% pflanzlichem Fett bestehen. Bei erwachsenen u. älteren Personen soll der Anteil der pflanzlichen Fette erhöht werden.
H.-D. BOCK. 4585□

Abfall der Apoenzym-Aktivitäten bei Vitamin-Mangeltieren. 1. Mitt. **Abfall der Pyruvat-Apooxydase-Aktivität bei Vitamin-B_1-Mangelratten.** Takeichi Oshima, Junzo Hayashi, Akio Maekawa, Kimiko Ito, Takao Suzuki und Yoshikazu Sahashi. (J. Vitaminol. [Kyoto] **6.** 117—23. 10/6. 1960. Setagaya, Chitose, Tokyo, Tokyo Agric. Univ., Labor. of Biochem. and Nutrit.) (Engl.)
Leberhomogenate von *Vitamin-B_1*-Mangelratten zeigen verringerte *Pyruvatoxydase* (I)-Aktivität, während sie bei den mit Vitamin B_1 gefütterten Kontrollen hoch ist. Vitamin B_1 scheint zur Bldg. u. Aktivierung von I beizutragen.
P. GREGORZEWSKI. 4587□

Celluloseeinfluß auf das Wachstum von Riboflavin-Mangelratten. Sada Ohguri. (J. Vitaminol. [Kyoto] **6.** 127—31. 10/6. 1960. Tokyo, Inst. of Public Health.) (Engl.)
Mit *Cellulose* (I) gefütterte *Vitamin-B_2*-Mangelratten zeigen in Blut u. Leber etwas erhöhten Geh. an Vitamin B_2 gegenüber Mangeltieren, die keine I erhielten, das Wachstum wurde nicht beeinflußt. P. GREGORZEWSKI. 4587□

Riboflavin-Aktivität des Dimethylribolumazins und des 6-Methyl-7-hydroxyribolumazins. Ziro Suzuoki, Kouji Furuno und Minoru Kawashima. (J. Vitaminol. [Kyoto] **6.** 145—50. 10/6. 1960. Inso, Osaka, Taheda Pharm. Ind. Ltd.) (Engl.)
Im mikrobiolog. Test an *Lactobacillus casei* zeigt *Dimethylribolumazin* (I) $^1/_{1500}$ der Riboflavinaktivität, während *6-Methyl-7-hydroxyribolumazin* (II) keinerlei Aktivität zeigt. 2,5 μMol I oder II/Tag oral oder intraperitoneal an Riboflavin-Mangelratten verabreicht, haben keine Wirkung. P. GREGORZEWSKI. 4587□

Untersuchungen über den Lipämia-Clearing-Faktor in Beziehung zu Pyridoxalphosphat. Kozo Yamada, Humio Kuzuya und Masatoshi Noda. (J. Vitaminol. [Kyoto] **6.** 151—54. 10/6. 1960. Showa, Nagoya, Univ., School of Med., 3rd Dep. of Internal Med.) (Engl.)
Vff. isolierten den *Clearing-Faktor* (I) nach der Meth. von NIKKILÄ u. nahmen das Absorptionsspektrum auf (Maxima 270—280 u. 410—420 mμ). Durch Dialyse wird die enzymat. Aktivität verringert, durch *Pyridoxalphosphat* (II)-Zusatz, nicht aber durch *Heparin* wiederhergestellt. Wahrscheinlich ist II eine notwendige Komponente des I. Das pH-Optimum liegt bei 8,0. Durch *Protaminsulfat, Chininsulfat, p-Chlormercuribenzoat* u. Heparin wird I gehemmt. P. GREGORZEWSKI. 4587□

Läsionen des Samenganges und der interstitiellen Drüsen bei der Pyridoxin-Mangelratte. P. Delost und T. Terroine. (C. R. Séances Soc. Biol. Filiales **155.** 1513—16. 1961. Clermont-Ferrand, Fac. des Sci., Labor. de Physiol.; Bellevue, Seine-et-Oise, Centre de Rech. du C.N.R.S. sur la Nutrit.) (Franz.)
Vff. stellten fest, daß ein *Pyridoxin*-Mangel bei der Ratte zu Läsionen der Hoden im Verlauf der postnatalen Entw. führt, deren Grad je nach Ausmaß des Mangels variiert. Es gelangen Wachstumshemmungen der Hoden, Hemmungen der Spermatogenese u. andere Phänomene zur Beobachtung. Die Befunde werden ausführlich dargelegt. H. KOCKERT. 4587□

Hautsteroide bei Pantothensäuremangelratten. C. A. Rossi, F. Sanguinetti und A. M. Sechi. (Ital. J. Biochem. **8.** 187—92. Mai/Juni 1959. Pisa, Univ., Ist. di Chim. Biol.) (Engl.)
Parallel mit der Abnahme des *Lipid*-Geh. in der Haut tritt bei *Pantothensäure*-Mangelratten (SPRAGUE-DAWLEY-Stamm) eine Verringerung der unverseifbaren, bes. der *Cholesterin*- u. der „schnell reagierenden" (‚fast acting') Verbb. ein. Vff. folgern daraus, daß Δ^7-Sterine Intermediärverbb. der Cholesterin-Biosynth. sind.
P. GREGORZEWSKI. 4587□

Untersuchungen über Intrinsic factor-aktive Mucoide. H. Faillard, W. Pribilla und H. E. Posth. (Int. Z. Vitaminforsch. **31.** 377—78. 1961. Köln, Medizin. Klinik, Physiolog.-chem. Inst.) (Dt.)
Schweinemagenschleimhäute werden mit Aceton u. Ae. extrahiert u. aus dem Pylorusstiel mit NaCl hochakt. *Intrinsic factor* (I)-Präpp. extrahiert, die durch Ammoniumsulfat (II)-Fällung u. Ultrazentrifugieren fraktioniert werden. Ebenso werden I aus Corpus-, Fundus- u. Antrumbereich menschlicher Magenschleimhäute gewonnen. Die bei perniciöser Anämie oder totaler Gastrektomie wirksamsten I werden bei 46% II-

Sättigung erhalten. Sie weisen vor den Fraktionen bei 36, 56 oder 69% **II**-Sättigung den höchsten Geh. an Neutralzucker (**III**) u. *Neuraminsäure* (**IV**) auf. Der **III**- u. **IV**-Geh. in **I** vom Schwein ist jedoch noch höher. Werden aus den so gewonnenen **I** mit *Neuraminidase* 65—76% **IV** herausgespalten, so erfährt **I** einen 80—90% ig. Aktivitätsverlust. **IV** aus Schweine-**I** besteht zu 60% aus *N-Glykolylneuraminsäure* u. zu 40% aus *N-Acetylneuraminsäure* (**V**), während **IV** aus menschlichem **I** reine **V** ist. Die *Mucoide* weisen neben der **I**-Aktivität noch Hemmwrkg. gegenüber der durch Myxoviren hervorgerufenen Hämagglutination auf. **I** aus Schwein läßt sich durch Behandlung mit *Papain* (zur Abschwächung der Erythrocytenreceptoren) u. nachfolgender Trennung mit Phenol/W. in zwei Substanzen auftrennen mit unterschiedlichem **III**- u. **IV**-Geh., von denen jede nur eine der beiden biolog. Eigg. zeigt: unverändert hohe **I**-Aktivität in der **III**- u. **IV**-reicheren Fraktion, gesteigerte Virushämagglutinationshemmung in der **III**- u. **IV**-ärmeren Fraktion. L. TRÄGER. 4587 □

Experimente über die Natur der den Intrinsic factor hemmenden Substanz im Serum von Patienten mit perniciöser Anämie. J. Abels, A. Jansz, M. G. Woldring, A. Bakker, A. Arends und H. O. Nieweg. (Int. Z. Vitaminforsch. **31.** 418—20. 1961. Groningen, Univ., Radioisotope Labor., Dep. of Med., Bacteriol. and Serol.) (Engl.)

Um zu untersuchen, ob die perniciöse Anämie eine Antiimmunisierungskrankheit (durch die Bldg. eines Antikörpers gegen den *Intrinsic factor*, **I**) ist, werden die Seren von 22 Patienten auf ihre Hemmwrkg. geprüft. 25 ml Serum von 9 Patienten verhinderten die im SCHILLING-Test meßbare *Vitamin-*B_{12} (**II**)-Resorption durch 25 ml menschlichen Magensaft. Der Hemmstoff ist stabil gegenüber 30 Min. langem Erwärmen auf 56°, wird aber durch 1 Min. langes Erhitzen auf 90° zerstört. Der passive Hämagglutinationstest dieser Seren ist positiv. Im immunolog. Test nach SCHULTZ-DALE werden Uterusstreifen vom Meerschweinchen 30—60 Min. mit normalem menschlichem Magensaft inkubiert u. dann mit Seren von Perniciosa-Kranken. Der Test ist bei 19 von 20 Seren negativ. Wird normaler menschlicher Magensaft zusammen mit radioakt. **II** mit entweder normalem oder hemmendem Serum inkubiert u. anschließend fraktioniert mit Ammoniumsulfat (**III**) gefällt, so fällt in allen Fällen der **I**–**II**-Komplex bei 50—68% ig. **III**-Sättigung aus. L. TRÄGER. 4587 □

Der Einfluß von Sialidase auf das Vitamin-B_{12}-bindende Protein in menschlichem und Kükenplasma. A. Miller und J. F. Sullivan. (Int. Z. Vitaminforsch. **31.** 395—97. 1961. Boston, Mass., Boston Vet. Admin. Hosp., Radioisotope Serv.) (Engl.) — Vgl. C. **1961.** 4069.

Das *Vitamin-*B_{12} (**I**)-bindende *Protein* (**II**) im Plasma normaler Probanden oder bei chron. myelogen. Leukämie weist mit pH 4,5 einen sehr sauren I.P. auf. **II** aus gesunden Personen wird durch kleine **I**-Mengen gesätt., während das aus leukäm. Patienten wesentlich größere **I**-Mengen bindet. Der Hauptbestandteil der Serummucoide *Orosomucoid* (**III**; *saures* α_1*-Glykoprotein* SCHMID) weist die gleiche elektrophoret. Beweglichkeit wie **II** auf. Wird **III** mit *Sialidase* (*Neuraminidase*, **IV**) inkubiert, so spaltet es 15—17 terminale *Neuraminsäure* (**V**)-Reste ab. Wird **II** mit **IV** aus *Cholera vibrio* in Ggw. von 0,05m $CaCl_2$ inkubiert, so wird ebenfalls **V** frei, jedoch wird die **I**-Bindefähigkeit von **II** dadurch nur wenig verringert. Ebenfalls verringert sich diese Aktivität nur wenig durch 10 Min. langes Kochen bei 100°. Durch den Verlust der **V**-Gruppen wandert **IV**-behandeltes **II** bei der Elektrophorese nicht mehr anod., sondern zur Kathode. L. TRÄGER. 4587 □

Die Rolle des Calciums bei der Darmresorption von Vitamin B_{12} bei tropischer Sprue. A. L. Rodriguez-Rosado und T. W. Sheehy. (Amer. J. med. Sci. **242.** Nr. 5. 548—50. Nov. 1961. San Juan, Puerto Rico, San Juan City Hosp., Dep. of Med.; Puerto Rico, Nuclear Center, Clin. Applic. Div.; Army Med. Trop. Res. Labor.) (Engl.)

Bei trop. Sprue ist die Resorption von *Vitamin* B_{12} im Darm wesentlich verringert u. kann weder durch Intrinsic factor noch durch Calciumlactat gesteigert werden.
K. ZINGRAF. 4587 □

Vorkommen eines Vitamin-B_{12}-Mucoprotein-Komplexes in Kaninchenfäces. Tadashi Hirabayashi, Takao Suzuki, Akio Maekawa und Yoshikazu Sahashi. (J. Vitaminol. [Kyoto] **6.** 109—13. 10/6. 1960. Setagaya, Chitose, Tokyo, Tokyo Agric. Univ., Dep. of Zootechn. Sci., Labor. of Biochem. and Nutrit.) (Engl.)

Vff. untersuchten den Schleim, in den die Kaninchenfäces, die nachts ausgeschieden werden, gehüllt sind u. fanden, daß er aus einem *Vitamin-*B_{12}*-Mucoprotein-Komplex* besteht. Er enthält 3,4 mμg Vitamin B_{12}/g u. ist dem „*Intrinsic factor*" sehr ähnlich.
P. GREGORZEWSKI. 4587 □

Freie und gebundene Formen des Serum-Vitamins B_{12} in verschiedenen Tierarten. Nobuo Kato. (J. Vitaminol. [Kyoto] **6.** 132—38. 10/6. 1960. Showa, Nagoya, Univ., School of Med., Dep. of Bact.) (Engl.)

Vf. bestimmte den Serum-Geh. an freiem u. gebundenem *Vitamin B_{12}* bei Maus, Ratte, Kaninchen, Meerschweinchen, Hund, Pferd, Kuh, Kalb u. Mensch, letzterer zeigt den niedrigsten (0,42 mμg/ml total), das Kaninchenserum den höchsten Geh. (47,7). In der Leber sind die Unterschiede geringer. P. GREGORZEWSKI. 4587 □

Die wachstumsfördernde Wirkung von Vitamin B_{12} bei Ratten in Beziehung zur Zusammensetzung einer Vitamin-B_{12}-Mangeldiät. G. Bertazzoli, T. Chieli und E. Turolla. (Ital. J. Biochem. **8.** 193—201. Mai/Juni 1959. Mailand, Labor. Ric. Farmitalia.) (Engl.)

Vff. stellen im Albinorattenfütterungs-Vers. fest, daß die Wachstums-Wrkg. von *Vitamin B_{12}* auf Vitamin-B_{12}-Mangeltiere vom Verhältnis der *Proteine* zu den *Kohlenhydraten* abhängt. Proteine können nur bei gleichzeitiger ausreichender Versorgung mit Kohlenhydraten vollständig ausgenutzt werden. P. GREGORZEWSKI. 4587 □

Vitamin-B_{12}-Beitrag zur Aktivierung des Apoenzyms bei der Bildung des α-Ketoglutarsäureoxydase-Systems bei Ratten. Junzo Hayashi, Takao Suzuki, Akio Maekawa, Takeichi Oshima, Kimiko Ito, Kiichi Iwamoto und Yoshikazu Sahashi. (J. Vitaminol. [Kyoto] **6.** 114—16. 10/6. 1960. Setagaya, Chitose, Tokyo, Tokyo Agric. Univ., Dep. of Agric. Chem., Labor. of Biochem. and Nutrit.; Tokyo, Kyoritsu Women's Univ.; Mie, Univ., Fac. of Agric., Dep. of Agric. Chem.) (Engl.)

Vff. untersuchten die Aktivität des *α-Ketoglutaroxydase* (**I**)-Syst. an Leberhomogenaten von *Vitamin-B_{12}* (**II**)-Mangelratten nach Zugabe von **II**, *Citochrom, Nicotinsäureamid, Diphosphopyridinnucleotid, Diphosphothiamin, Liposäure, CoA, Adenosintriphosphat, Flavinadenindinucleotid* u. *Glutathion*. Bei **II**-Mangelratten ist die **I**-Aktivität geringer; **II** zum Homogenat wie auch an die Mangeltiere per os für längere Zeitverabreicht, erhöht die **I**-Aktivität. P. GREGORZEWSKI. 4587 □

Colorimetrische Bestimmung des Vitamins A und β-Carotins mit $SbCl_5$. Toshiro Murata und Junko Nagashima. (J. Vitaminol. [Kyoto] **6.** 158—62. 10/6. 1960. Kumamoto, Univ., Pharm. Fac.) (Engl.)

Vitamin A u. *β-Carotin* bilden mit *$SbCl_5$* eine Färbung mit einem Absorptionsmaximum bei 620 mμ. Zu 3,5 ml Chlf.-Lsg. der Probe gibt man 0,01 ml einer $SbCl_5$-Lsg., die 468 mg $SbCl_5$/ml enthält. P. GREGORZEWSKI. 4587 □

Bestimmung von Vitamin D in Öllösungen. Janina Piekarska und Jerzy Kowalski. (Roczniki państwowego Zakładu Hig. **11.** 515—22. 1960. Warszawa, Akad. Med., Zakł. Hig. Żyw.) (Pol.)

Das *Vitamin-D* (**I**)-Präp. in Öl wird mit alkohol. KOH heiß verseift u. die Lsg. mit Ae. ausgeschüttelt. Der Extrakt wird mit wss. KOH gewaschen, mit wasserfreiem Na_2SO_4 getrocknet u. eingedampft. Der Rückstand wird in Chlf. gelöst u. die Zers.-Prodd. von **I** sowie Phytosterine u. andere unverseifbare Substanzen an akt. Talk gebunden. Die gereinigte Chlf.-Lsg. wird nach Zusatz von $SbCl_3$ colorimetriert. — 15 Literaturangaben. F. URBAN. 4587 □

Mathematische Beziehung zwischen der log-Dosis des α-Tocopherylacetats und dem Plasma-Tocopherol der Ratte. D. E. Gray. (J. Vitaminol. [Kyoto] **6.** 155—57. 10/6. 1960. Hong Kong, Univ. of Hong Kong, Dep. of Physiol.) (Engl.)

An Ratten wurde *α-Tocopherylacetat* verfüttert u. der *Tocopherol* (**I**)-Geh. des Plasmas bestimmt. Vf. fand folgenden Zusammenhang zwischen dem **I**-Geh. des Plasmas u. der täglichen verfütterten log-Dosis: $y^2 - 29{,}1\,xy + 6{,}77\,x^2 + 150{,}98\,y - 36{,}1\,x = 0$. P. GREGORZEWSKI. 4587 □

Zum Tocopherolgehalt von einigen Fetten und Ölen. K. Täufel und R. Serzisko. (Ernährungsforschung **6.** 323—30. 1961. Potsdam-Rehbrücke, Inst. für Ernährung.) (Dt.)

Auf papierchromatograph. Wege untersuchen Vff. den Geh. an *Tocopherolen* (**I**) in *Fetten* u. *Ölen* pflanzlicher u. tier. Herkunft. Für die mehr **I** aufweisenden pflanzlichen Prodd. ist das Auftreten mehrerer Vertreter der **I**-Gruppe charakteristisch. Das γ-**I** bildet hier mengenmäßig oft den Hauptanteil. Bei tier. Fetten ist prakt. nur α-**I** nachweisbar. M. ULMANN. 4587 □

Die Bestimmung von α-Tocopherol in tierischem Gewebe durch Säulenchromatographie. J. G. Bieri, C. J. Pollard, I. Prange und H. Dam. (Acta chem. scand. **15.** 783—90. 1961. Copenhagen, Polytechn. Inst., Dep. of Biochem. and Nutrit.; Bethesda, Md., Nat. Inst. of Health.) (Engl.)

Beschreibung einer Schnellmeth. zur chromatograph. Trennung u. quant. Best. kleiner Mengen *α-Tocopherol* (**I**) im Unverseifbaren aus tier. Gewebe. Das Unverseifbare aus 0,5—1,5 g Gewebe mit 1—20 μg **I** wird auf eine Säule mit einem Gemisch aus Al_2O_3, $ZnCO_3$ u. Celit gebracht. Man eluiert **I** mit einer Mischung von Cyclohexan mit 20% Bzl.

u. fängt 8 Fraktionen von je 1 ml auf. I tritt in 3—4 dieser Fraktionen auf, die frei von anderen reduzierenden Substanzen sind. Die colorimetr. Best. erfolgt bei 520 mμ mit der EMMERIE-ENGEL-Reaktion. PH. FRESENIUS. 4587 □

Beitrag zur Untersuchung der ^{35}S-Aufnahme durch verschiedene Organe von Tieren bei seiner Einführung in Form von Methionin und Vitamin B_1 nach den Resultaten der Kontaktradiographie. N. D. Perumowa und S. P. Shemkowa. (Доклады Академии Наук СССР [Ber. Akad. Wiss. UdSSR] **131.** 705—08. 1960. Moskau, Inst. für Onkolog. der Akad. der Med. Wiss. der UdSSR.) (Russ.)

Verss. an Albinoratten, Meerschweinchen, Kaninchen, Katzen u. Hunden ergaben, daß der Grad der ^{35}S-Aufnahme durch die inneren Organe von der Art der chem. Verb., in der das Isotop verabreicht wird, von der Tierart u. vom Alter des Tieres abhängt. Die Aufnahme von *^{35}S-Vitamin B_1* ist geringer als die von *^{35}S-Methionin.* Die höchste Isotopenaufnahme wurde in Organen der Ratte, die geringste in Organen von Kaninchen festgestellt. Jüngere Tiere nahmen mehr ^{35}S auf als ausgewachsene. Nieren, Leber u. Placenta nahmen am meisten Isotope auf. H.-D. BOCK. 4594 □

Faktoren, die die Ca-Resorption beeinflussen. Harold E. Harrison. (Federat. Proc. **18.** 1085—92. Dez. 1959. Baltimore, Md., Johns Hopkins Univ., School of Med.; Baltimore City Hosp.) (Engl.)

Übersicht. — 25 Literaturangaben. P. GREGORZEWSKI. 4594 □

Einfluß hoher Ca-Aufnahme auf die Resorption anderer Nährstoffe. George K. Davis. (Federat. Proc. **18.** 1119—23. Dez. 1959. Gainesville, Fla., Florida Agric. Exp. Stat.) (Engl.)

Übersicht. — 63 Literaturangaben. P. GREGORZEWSKI. 4594 □

Fettsäurebestandteile von Faeces und Kotsteinen. John A. Williams, Akhila Sharma, Lindsay J. Morris und Ralph T. Holman. (Proc. Soc. exp. Biol. Med. **105.** 192—95. Okt. 1960. Austin, Minn., Univ. of Minnesota, Med. School and Hormel Inst., Dep. of Surg.) (Engl.)

Vff. untersuchten Faeces u. Kotsteine auf ihren *Fettsäure*-Geh. u. fanden, daß Kotsteine im Gegensatz zu Faeces wenig *Ölsäure* u. keine Linolensäure, weniger Triglyceride u. mehr freie Fettsäuren enthalten. P. GREGORZEWSKI. 4594 □

Stoffwechselstabilität von Körperbestandteilen. A. N. Davison und J. Dobbing. (Nature [London] **191.** 844—48. 26/8. 1961. London, Guy's Hosp., Med. School, Dep. of Biochem.; London Hosp. Med. Coll., Dep. of Physiol.) (Engl.)

Um die komplexen Vorgänge des Stoffwechselgeschehens dem Verständnis näherzubringen, wird eine Hypothese der stoffwechselmäßigen Heterogenität aufgestellt: Das stoffwechselmäßige Verh. aller Gewebebestandteile kann in 2 Haupttypen unterteilt werden, die in verschiedenen Proportionen zueinander vorliegen. Es handelt sich dabei um die nichtstrukturellen, mit dem Stoffwechsel verknüpften Komponenten u. die strukturellen Komponenten. Die 1. Gruppe ist bzgl. ihrer Stoffwechselaktivität heterogen; es liegt ein weiter Rahmen der verschiedenen Stoffwechsel-Geschw. vor. Es gibt Fälle, in denen die gleiche Substanz zu beiden Gruppen des gleichen Gewebes gehören kann. Die chem. Eigg. einer Substanz spielen bei der Verteilung auf die Hauptkomponenten eine untergeordnete Rolle. Die relativen Proportionen der Verteilung werden entschieden durch Art u. Funktion des Gewebes, Reifestadium u. Stoffwechselzustand, der selbst bei Erwachsenen von Zeit zu Zeit wechseln kann. Es werden die sich aus dieser Hypothese ergebenden Konsequenzen besprochen. U. TAUSENDFREUND. 4596 □

Die Bildung von 3.4-Dihydroxyphenyläthanol und 3-Methoxy-4-hydroxyphenyläthanol aus 3.4-Dihydroxyphenyläthylamin in der Ratte. M. Goldstein, A. J. Friedhoff, S. Pomerantz und J. F. Contrera. (J. biol. Chemistry **236.** 1816—21. Juni 1961. New York, N.Y., New York Univ., Coll. of Med., Dep. of Psychiatry and Neurol., Neurochem. Labor.) (Engl.) — Vorl. Mitt. vgl. C. **1961.** 5160.

Dopamin, 3.4-Dihydroxyphenyläthylamin (**I**), wird in vivo u. in vitro (Hirn- u. Leberhomogenat) in *3.4-Dihydroxyphenyläthanol* (**II**) u. *3-Methoxy-4-hydroxyphenyläthanol* (**III**) umgewandelt. **III** wurde aus Harn mit **I** u. *Ca-Carbimid* (**IV**) behandelter Ratte durch Silicagelsäulen- u. Papierchromatographie isoliert u. identifiziert. In normalem Humanurin wurde **III** nachgewiesen. Aus Harn *^{14}C*-**I**-behandelter Ratten war *^{14}C*-**III**, aber kein *^{14}C*-**II**, isolierbar. Im Harn mit Pyrogallol oder **IV** behandelter Tiere fand sich **II.** Aus Leberhomogenaten wurden ^{14}C-**III** u. $^{14}C^4$-**II**, aus Hirnhomogenat nur ^{14}C-**II** isoliert. K. MAIER. 4596 □

Hirnstoffwechsel markierter Lipid- und Proteinderivate bei normalen Personen. William Sacks. (J. appl. Physiol. **12.** 311—18. März 1958. Philadelphia, Pa., Albert Einstein Med. Center, Southern Div., Res. Dep.) (Engl.)

Um den Anteil an CO_2, der bei Hirnstoffwechsel-Unterss. nicht aus *Glucose* (I) gebildet wird, näher definieren zu können, wurde (unter Anwendung der Meth. von

Sacks, J. appl. Physiol. **9.** [1956.] 43) die $^{14}CO_2$-Bldg. aus $^{14}C_{(1)}$-*DL-Glutamat*, $^{14}C_{(5)}$-*L-Glutamat*, $^{14}C_{(2)}$-*DL-Glutamat*, $^{14}C_{(6)}$-*L-Lysin*, $^{14}C_{(1)}$-*Octanat*, $^{14}C_{(4)}$-*L-Asparaginat*, $^{14}C_{(4)}$-*DL-Asparaginat*, ^{14}C-*Harnstoff*, $^{14}C_{(1)}$-*Butyrat*, $^{14}C_{(1)}$-*Glycerin*, $^{14}C_{(3)}$-*Glycerin* u. $^{14}C_{(2)}$-*Glycerin*, in Mengen von 90 μc in 5 ml W. i.v. injiziert, in vivo registriert. Dabei zeigte sich, daß im Gehirn nur markiertes Asparaginat, Butyrat u. Glycerin zu $^{14}CO_2$ in vivo oxydiert werden; ca. 9,8% des durch das Gehirn gebildeten CO_2 stammen von Butyrat, ca. 2,3% von Glycerin. Bei Verw. von $^{14}C_{(4)}$-L-Asparaginat werden innerhalb von 90 Min. 1,7% des injizierten ^{14}C zu $^{14}CO_2$ umgewandelt; der gleiche %-Satz im gleichen Zeitraum beträgt bei Verw. von $^{14}C_{(1)}$-Butyrat 3,9%, bei Verw. von $^{14}C_{(1)}$-Glycerin 4,4%, bei Verw. von $^{14}C_{(2)}$-Glycerin 7,2%, bei Verw. von $^{14}C_{(3)}$-Glycerin 9,9%; bei den Verss. unter Verw. von Glycerin ist allerdings zu bedenken, daß der größte Teil des gebildeten $^{14}CO_2$ durch Oxydation der durch den Organismus aus dem injizierten Glycerin synthetisierten ^{14}C-I stammt; die aus Asparaginat u. Butyrat gebildete I dürfte nicht ins Gew. fallen. U. Tausendfreund. 4596 □

$^{14}CO_2$-Exkretion der intakten Ratte nach intravenöser Applikation albumingebundenen $^{14}C_{(1)}$-Palmitats. Charles McCalla, Herbert S. Gates jun. und Robert S. Gordon jun. (Arch. Biochem. Biophysics **71.** 346—51. Okt. 1957. Bethesda, Md., Nat. Inst. of Health, Nat. Heart Inst., Labor of Cellular Physiol. and Metabolism.) (Engl.)

Fastende Ratten scheiden ^{14}C aus $^{14}C_{(1)}$-*Palmitat* (I) innerhalb kurzer Zeit größtenteils als $^{14}CO_2$ aus, während Tiere, die vor der i.v. Applikation von I mit Glucose gefüttert wurden, nur minimale Mengen $^{14}CO_2$ ausscheiden. H.-G. Floss. 4596 □

Physiologische Faktoren, die die Konzentrationen der Hautsterine beeinflussen: Δ^7-Cholestenol als ein Indicator der Talgdrüsenaktivität. A. A. Kandutsch. (Arch. Biochem. Biophysics **75.** 148—62. Mai 1958. Bar Harbor, Maine, Roscoe B. Jackson Memorial Labor.) (Engl.)

An Mäusen wurde der Einfl. der Exstirpation der endokrinen Drüsen u. der Behandlung mit Hormonen u. ungesätt. Lipiden auf die *Hautsterine* untersucht. Nach Kastration u. nach Hypophysenentfernung war bei Männchen das in den Talgdrüsen (TD) vorkommende Sterin *Δ^7-Cholestenol* (I) gesenkt, dagegen bewirkte bei kastrierten Tieren Injektion von *Östradiolbenzoat* in Sesamöl u. *Testosteron* (II), *Progesteron* oder *Cortisonacetat* in wss. Suspension eine Erhöhung von I. Nichtkastrierte Mäuse reagieren nach Behandlung mit *Rinderwachstumshormon* mit einem Anstieg von I. Nach örtlicher Anwendung der Steroidhormone in Aceton-Lsg. wird I nur durch II erhöht. Eine Steigerung von I kann ebenfalls, wenn auch in geringerem Grade, durch Injektion von *Sesamöl*, *Squalen* (III) oder *Methyllinoleat* (IV) bewirkt werden. Direkte Applikation von III, IV oder *Methyloleat* auf die Haut verstärkt die Wirkung. Natürliches III, das nur chromatograph. gereinigt war, zeigte eine größere Aktivität als ein durch Dest. oder über ein Deriv. gereinigtes Prod.; es ist ebenfalls wirksamer als *Fettsäureester*. — Konz.-Änderungen von I waren unabhängig von Konz.-Änderungen des *Cholesterins* bzw. des gesamten acetonlösl. Materials sowie von Änderungen des Epidermal- u. Dermalgewichts. Dagegen bewirken Faktoren, die das Präputialdrüsen-Gew. beeinflussen, einen Konz.-Wechsel von I, während umgekehrt ein Konz.-Wechsel von I nicht immer die Präputialdrüsengröße verändert. Das Verhältnis der schnellwirkenden Sterine in der Sterinmischung dieser Organe wurde durch Faktoren, die die Größe der Drüse verändern, wenig beeinflußt. Die Unterss. deuten darauf hin, daß Veränderungen der TD-Größe u. TD-Aktivität der Variationen in der I-Konz. zur Folge haben. I steigt auch durch Vorgänge an, die keine Vergrößerung der TD oder ihrer Exkretionsrate bewirken. Aus den Verss. geht hervor, daß das in relativ großen Mengen in der Haut vorkommende III keine hochspezif. Funktion ausübt. Sie sprechen aber doch dafür, daß die *ungesätt. Lipide* einschließlich III eine wichtige Rolle bei der Regulation der TD-Aktivität spielen. H. Zöllner. 4597 □

Regulierung der Glucoseaufnahme im Muskel. 5. Mitt. **Die Wirkung von Wachstumshormon auf den Glucosetransport im isolierten, durchströmten Rattenherz.** M. J. Henderson, H. E. Morgan und C. R. Park. (J. biol. Chemistry **236.** 2157—61. Aug. 1961. Nashville, Tenn., Vanderbilt Univ. School of Med., Dep. of Physiol.) (Engl.) — 4. vgl. C. **1961.** 9858.

Bei der Unters. der Wrkg. von *Wachstumshormon* (I) auf den *Glucose* (II)-Transport durch die Zellmembran beim durchströmten Herz hypophysektomierter Ratten zeigte I eine stimulierende Wrkg., die nicht auf Freisetzung von *Insulin* (III) beruht. Der Effekt wurde 1 Std. nach I-Gabe in vivo auch bei normalen Ratten beobachtet. I u. *Hydrocortison* verminderten die Wrkg. von III auf den II-Transport. H. Lohschelder. 4597 □

Regulierung der Glucoseaufnahme im Muskel. 6. Mitt. **Wirkung von Hypophysektomie, Adrenalektomie, Wachstumshormon, Hydrocortison und Insulin auf Glu-**

cosetransport und Phosphorylierung im durchströmten Rattenherz. H. E. Morgan, D. M. Regen, M. J. Henderson, T. K. Sawyer und C. R. Park. (J. biol. Chemistry **236.** 2162—68. Aug. 1961.) (Engl.) — 5. vgl. vorst. Referat.

Hypophysektomie oder Adrenalektomie änderte nicht die *Glucose* (I)-Aufnahme durch das Herz von Ratten, denen durch Alloxan Diabetes gesetzt worden war. *Insulin* (II) steigerte hier die I-Aufnahme u. die I-Phosphorylierung erreichte normale Werte. *Wachstumshormon* u. *Hydrocortison* erniedrigten bei hypophysektomierten diabet. Ratten additiv die I-Phosphorylierung, die durch II in vitro nicht normalisiert wurde. 4 Std. nach II-Gabe in vivo war die Phosphorylierung im Herz diabet. Ratten normal. Vff. entwickeln Vorstellungen über die Kontrolle des peripheren I-Verbrauches durch II u. andere Hormone. H. LOHSCHELDER. 4597 □

Die Bindung von Adenosintriphosphat durch native und veränderte Proteine. W. Drabikowski. (Acta biochim. polon. **7.** 127—35. 1960. Warsaw, Nencki Inst. of Exp. Biol., Dep. of Biochem.) (Engl.)

Die Bindung von *Adenosintriphosphat* (ATP), gewonnen aus Kaninchenmuskel, an Humanserumalbumin wurde ermittelt, indem das im Überstand nach Präcipitation durch Erhitzen oder A. verbleibende ATP spektrophotometr. gemessen wurde. Bei pH 3,6 bzw. 4,7 wurden 35 bzw. 13 ATP-Moll. je Mol. gefälltes Serumalbumin gebunden. Das Verhältnis zwischen freiem u. gebundenem ATP entspricht einer Adsorptionsisotherme. Acetylierung (mit Essigsäureanhydrid) setzte die Bindung auf 25—30% herab, Desaminierung auf 50%, Blockierung der Guanidylgruppen durch Formaldehyd auf 35—40%; Veresterung erhöhte die Bindung. *Inosintriphosphat* verhielt sich wie ATP. In den Komplexen ist vermutlich ATP über die Phosphatgruppen an die kation. Gruppen des Proteins gebunden. M. WIEDEMANN. 4597 □

Parallele Beeinflussung der mechanischen Spannungsentwicklung und der Spaltung von energiereichem Phosphat bei der Kaliumkontraktur des Froschrectus in Lösungen mit variiertem K^+- und Ca^{2+}-Gehalt. A. Fleckenstein, W. Schwoerer und J. Janke. (Pflügers Arch. ges. Physiol. Menschen Tiere **273.** 483—98. 1961. Freiburg/Br., Univ., Physiolog. Inst.) (Dt.)

Die vorgelegten Ergebnisse zeigen, daß im Verlaufe der *K^+*-Kontraktur (Froschrectus) eine enge Beziehung zwischen dem Grad der mechan. Spannung des Muskels u. der Abnahme an *energiereichem Phosphat* besteht. Im Gegensatz dazu scheint zwischen der Membrandepolarisierung in Ggw. von reichlich K^+ u. der Stoffwechselaktivität keine direkte Beziehung zu bestehen, da bei Fehlen von Ca^{2+} die K^+-Depolarisation nicht nur keine Verkürzung hervorzurufen braucht, sondern auch noch die Fähigkeit der Hervorrufung eines Abbaus energiereicher Phosphate einbüßen kann. Die Membrandepolarisation scheint vielmehr erst indirekt (durch Vermittlung von Ca^{2+}) die für die K^+-Kontraktur charakterist. mechan. u. biochem. Rkk. in den Muskelfasern auszulösen. Ca^{2+} wird demnach, abgesehen von der Funktion bei der Kopplung zwischen Depolarisation u. Kontraktion, eine bedeutsame Rolle als Bindeglied zwischen den bioelektr. Phänomenen an der Membran u. dem Stoffwechsel energiereichen Phosphats in den Muskelzellen zugeschrieben. Im einzelnen betrug der Abbau von *Kreatinphosphat* (I) bei einer durch 30mm K^+ für 3 Min. hervorgerufenen Kontraktur 3,3μMol I/g Frischgewebe, bei 50- oder 100mm K^+ jedoch 6,0- u. 8,3μMol I/g; der Quotient *Adenosintriphosphat/Adenosindiphosphat* änderte sich kaum. Ca^{2+}-Mangel verminderte die Spannungs-Entw. durch K^+ weitgehend, der I-Abbau wurde geringfügig (bei 100mm K^+ für 5 Min. nur noch 2,4μMol I/g; in Ggw. einer Ca^{2+}-reichen RINGER-Lsg. (7,2 statt 1,8mm Ca^{2+}) kam es zu einer stärkeren Spannung u. zu stärkerem I-Abbau, der bei 100mm K^+ 12,2μMol I/g in 5 Min. betrug. U. TAUSENDFREUND. 4597 □

Erneuerung des Phosphors der Phosphoproteine in funktionell verschiedenen Muskeln. Ss. F. Epstein, R. I. Sserkowa und A. Motilowa. (Український Біохімічний Журнал [Ukrain. biochem. J.] **33.** 823—32. 1961. Kiew, Inst. für Biochem. der Akad. der Wiss. der UkrainSSR.) (Ukrain.; Auszug: Engl.)

In den denervierten Muskeln der Taube ist der Geh. an *Phosphoproteinen* (I) gegenüber der Norm vermindert, die Intensität der I-Erneuerung dagegen um 25—30% erhöht. Nahrungsentzug führt zu einer starken Abnahme der I-Erneuerung, nicht jedoch zu einer Veränderung des I-Gehalts. Im Herzmuskel der Taube ist der I-Geh. geringer als im Brustmuskel, dagegen ist die Intensität der I-Erneuerung verdoppelt. Bei Nahrungsentzug wird die Intensität der I-Erneuerung im Herzmuskel stark gesenkt. Bei Kaninchen ist der I-Geh. in den weißen Skelettmuskeln höher als in den roten. Die Intensität der I-Erneuerung ist in den roten Muskeln viel höher als in den weißen. Die Aktivität der *Phosphoproteinphosphatase* ist in den denervierten Muskeln wesentlich geringer als in der Norm. Bei Nahrungsentzug ist sie im Herz- u. Skelettmuskel erhöht.

O. LEBTAG. 4597 □

Einfluß der Muskeltätigkeit von trainierten Tieren auf den Ketonkörpergehalt von Muskel, Leber und Blut. L. G. Leschkewitsch. (Український Біохімічний Журнал [Ukrain. biochem. J.] **33.** 864—70. 1961. Leningrad, Forschungsinst. für Körperkultur, Sektor Biochem.) (Ukrain.; Auszug: Engl.) — Vgl. C. **1961.** 9495.

In Verss. mit weißen Ratten, die im Laufe von 1½ Monaten im Schwimmen trainiert u. hiernach im Ruhezustand (Kontrolle) belassen oder in W. von 28—30° 15 Min. bzw. 1½ oder 10 Std. schwimmen mußten, war der Geh. an *Ketonkörpern* (I) im Blut, Muskel oder in der Leber im Ruhezustand bei den trainierten Tieren der gleiche wie bei den nichttrainierten. Auch der Geh. an *Milchsäure* (II) war unverändert. 15 Min. lange Muskeltätigkeit der trainierten Tiere bewirkte keine Veränderung der I-Geh. in Muskel, Leber u. Blut. Bei längerer Muskeltätigkeit nahm der I-Geh. bei den trainierten Tieren viel stärker zu als bei den untrainierten. Der II-Geh. ist bei den trainierten Tieren nach 15 Min. langem Schwimmen weniger erhöht als bei den nichttrainierten. Der erhöhte I-Geh. bei den trainierten Tieren erklärt sich daraus, daß durch das Training die Ausnutzung der Fettsäuren als Energiequelle bei der Muskeltätigkeit intensiviert wird.

O. LEBTAG. 4597 □

Speciesdifferenzierung von Fischen durch elektrophoretische Analyse der Skelettmuskelproteine. H. A. Lillevik und C. L. Schloemer. (Science [Washington] **134.** 2042—43. 22/12. 1961. East Lansing, Mich., Michigan State Univ., Dep. of Chem., Kedzie Chem. Labor. and Dep. of Natural Sci.) (Engl.)

Die elektrophoret. Unters. der Skelettmuskelproteinextrakte von 10 Species der Familie *Centrarchidae* (*Huro salmoides*, *Lepomis m. macrochirus*, *L. gibbosus*, *L. cyanellus*, *L. megalotis peltastes*, *Micropterus d. dolomieu*, *Ambloplites r. rupestris*, *Pomoxis nigromaculatus*, *P. annularis* u. *Chaenobryttus coronarius*) ergab ein jeweils für jede Species charakterist. elektrophoret. Muster. Allg. wurden 3 Hauptkomponenten mit größerer elektrophoret. Beweglichkeit u. 2 Komponenten mit geringerer Beweglichkeit festgestellt. — Die außerordentliche Spezifität der elektrophoret. Muster macht eine eindeutige Differenzierung der Species möglich. H. KOCKERT. 4597 □

Einfluß von γ-Aminobuttersäure auf die Acetylcholinreaktion denervierter Rattenzwerchfellpräparate. R. S. Watson. (Nature [London] **190.** 724—25. 20/5. 1961. Ceylon, Univ., Fac. of Med., Dep. of Physiol.) (Engl.)

Vf. untersucht das Verh. des isolierten Rattenzwerchfells gegenüber *Acetylcholin* (I) unter dem Einfl. von *γ-Aminobuttersäure* (II) zu verschiedenen Zeiten nach der Denervierung. Die Muskel-Präpp. wurden in KREBS-HENSELEIT-Lsg. von 37° aerob (95% O_2 + 5% CO_2) untersucht. II (1000 μg) änderte die Rk. des Zwerchfells gegenüber I (50 μg) insofern, als 7 Tage nach Denervierung die Kontraktion verstärkt, 8 Tage nach Denervierung jedoch abgeschwächt war; in beiden Fällen war die Relaxation vollständiger. Nach 9 Tagen war der I-Einfl. variabel u. nach 10 Tagen fehlte er ganz. Werden die Verss. in KREBS-HENSELEIT-Lsg. mit nur ¼ der normalen KCl-Konz. durchgeführt, so verhindern 500 μg II das Auftreten der 2. Kontraktion nach Reizung mit 100 μg I. II (1000 μg) hat keinen Einfl. auf die durch *Adrenalin* (50 μg) am denervierten Rattenzwerchfell hervorgerufene Kontraktion. P. SCHWERDTFEGER. 4597 □

Die Wirkung des Fastens sowie von Epinephrin, Glucose und Insulin auf die Aufnahme nicht veresterter Fettsäuren durch die Leber. Melwyn B. Fine und Robert H. Williams. (Amer. J. Physiol. **199.** 403—06. Sept. 1960. Seattle, Wash., Univ. of Washington, School of Med., Dep. of Med.) (Engl.)

An Hunden, die mit Kathetern in Pfortader u. Lebervene versehen waren, wurde die Aufnahme *nichtveresterter Fettsäuren* (I) an Hand der unterschiedlichen I-Niveaus in beiden Venen bestimmt. Die Aufnahme von I durch die Leber stieg bei Fasten u. *Epinephrin*-Gaben an, fiel bei Gaben von *Glucose* u. *Insulin* ab. H.-G. TRÜPER. 4597 □

Die renale Regulation des Säuren–Basen-Gleichgewichtes. S. Giovannetti, A. Bigalli, M. Della Santa und A. Zampieri. (Minerva nefrol. [Torino] **7.** 73—77. Juli/Sept. 1960. Suppl. zu: Minerva med. [Torino]. Pisa, Univ., Clin. Med. Gen.) (Ital.)

Übersicht über die verschiedenen an der Regulation des Säuren–Basen-Gleichgewichts beteiligten renalen Mechanismen u. ihre Rk. auf respirator. oder stoffwechselbedingte Alkalose bzw. Acidose. — 20 Literaturangaben. K. ZINGRAF. 4597 □

Nierentubulustransport von anorganischem Sulfat. David L. Globus, E. Lovell Becker und David D. Thompson. (Amer. J. Physiol. **200.** 1105—10. Mai 1961. New York, N.Y., New York Hosp., Cornell Med. Center, Dep. of Med.) (Engl.)

Nach rascher Injektion von $Na_2{}^{35}SO_4$ (50 μc) in eine Nierenarterie erscheint beim Hund ^{35}S noch vor dem gleichzeitig injizierten *Kreatinin* (I; 20 mg) im Harn. Es muß also wohl ein transtubulärer Zufluß von Sulfat vorliegen. Das Vorprellen der Sulfatausscheidung über die I-Ausscheidung verschwindet mit Anhebung des Plasmasulfatspiegels; dabei bleibt der Zufluß von Sulfat offenbar unverändert, trägt jedoch in geringerem Ausmaß zur Gesamtsulfatausscheidung bei. Durch Infusion von Glucose, welche in Wettstreit mit der Sulfatrückresorption tritt, wird das Vorprellen der Sulfatausscheidung verringert, durch Phlorrhizin, welches den Glucosetransport blockiert, wird es vergrößert; im ersten Falle wird ein größerer Teil des filtrierten Sulfats ausgeschieden, im zweiten Falle ein größerer Teil des filtrierten Sulfats rückresorbiert. Beim Huhn wurde ebenfalls ein Vorprellen der Sulfatausscheidung gesehen, der Sulfatzufluß stieg nach der Belastung, ohne daß eine feste Beziehung zwischen Zufluß u. Anstieg der Sulfat-Konz. im Plasma bestand. Der Anteil des ausgeschiedenen Sulfats, welches den Harn über transtubulären Strom erreicht, nimmt mit Vermehrung der Plasmasulfat-Konz. ab. — Ob die Sulfatströmungen, die hier bestimmt wurden, einer Diffusion, Austauschdiffusion oder akt. Transport zugeschrieben werden können, ließ sich nicht klar festlegen. U. TAUSENDFREUND. 4597 □

Calciumclearance als Funktion der Natriumclearance beim Hund. Mackenzie Walser. (Amer. J. Physiol. **200.** 1099—1104. Mai 1961. Baltimore, Md., Johns Hopkins Univ., School of Med., Dep. of Pharmacol. and Exp. Therap.) (Engl.)

Beim Hund erwies sich im Verlaufe einer durch W., NaCl, $NaHCO_3$, Mannit, Glucose oder Saccharose induzierten Diurese die Plasma-*Ca*-Clearance als etwa halb so groß wie die *Na*-Clearance. Die Clearance von freiem Ca^{2+} gleicht demnach der Na-Clearance. Diese Relation wird auch nicht durch Verminderung der Ca- oder Na-Aufnahme mit der Kost oder durch Veränderungen des Harnstroms, der Ionen-Konz. des Harns oder der Cl-Ausscheidung (unabhängig von der Na-Ausscheidung) verändert. Einen geringen Einfl. übt lediglich der pH-Wert des Harns aus, da durch Acidose die Ca-Ausscheidung, vorwiegend infolge der Beeinflussung der Na-Ausscheidung durch die pH-Verschiebung, gesteigert wird. K-Infusionen üben keinen Einfl. aus. Na^+ u. Ca^{2+} werden demnach in den Proportionen rückresorbiert, in denen sie im Plasma vorliegen. Gemäß früherer Ergebnisse (bei Sulfatdiurese mit Bindung der Hälfte des Ca in komplexer Form) ist zu vermuten, daß die Tubuluszellen mehr bestrebt sind, konst. Verhältnis zwischen Na^+ u. freiem Ca^{2+} in der Tubulus-Fl. zu erhalten, als proportionale Mengen von jedem rückzuresorbieren, was mit einer kompetitiven Bindung von Ca u. Na an der Zellmembran zusammenhängen könnte. U. TAUSENDFREUND. 4597 □

Die Funktion des Nierentubulus untersucht nach der „stop flow"-Methode (Harnflußunterbrechung). Verhalten von Na, K und ^{131}J. A. Fabbrini, G. F. Mazzuoli, G. A. Cinotti, L. Luzietti, G. Coen und R. Celentano. (Minerva nefrol. [Torino] **7.** 77—79. Juli/Sept. 1960. Suppl. zu: Minerva med. [Torino]. Roma, Univ., Ist. di Patol. Speciale Med. e Metodol. Clin.) (Ital.)

Das Verh. von *K^+*, *Na^+* u. i.v. injiziertem *^{131}J* in den Tubuli des Hundes wurde mit der Meth. der Harnflußunterbrechung untersucht. Die Konz. von Na^+ nahm in den Proben, die dem distalen Teil des Nephrons entsprachen, allmählich ab u. stieg dann über den Ausgangswert an. Das Verh. von K^+ war weniger konstant. Die Rückresorption von ^{131}J erfolgte im distalen Tubulus in demselben Bereich wie die von Na^+.

K. ZINGRAF. 4597 □

Wirkung von Substraten auf die Kaliumakkumulierung durch die Kaninchennierenrinde. William O. Berndt und Dean A. Lesher. (Amer. J. Physiol. **200.** 1111—15. Mai 1961. Buffalo, N.Y., Univ. of Buffalo, School of Med., Dep. of Pharmacol.) (Engl.)

An Kaninchennierenrindenschnitten, aus welchen *K* durch Einlegen in 0,15m NaCl-Lsg. für 30 Min. herausgewaschen worden war, wurde der Einfl. verschiedener Substrate auf die Reakkumulierung von K untersucht. Bei 37° ermöglichen 0,01m *Glutamat*, *Glutaminat* u. *α-Ketoglutarat* (I) die beste K-Aufnahme aus einem K-reichen Medium von 37,5°, wobei nach 40 Min. langer Inkubation die K-Konz. des Frischgewebes erreicht ist. Auch *Glucose* gestattet eine Wiedererreichung des Frischgewebe-Geh. an K nach 40 Min., die Initialaufnahme von K ist jedoch geringer als bei den erstgenannten Substraten. Unter Verw. von *Citrat* u. *Asparaginat* als Substrat ist die K-Aufnahme schlechter, jedoch immer noch besser als ohne Substrat. Keine Verbesserung der K-Aufnahme gegenüber Leerkontrollen erbringen *Fumarat, Oxalacetat, Malat* u. *Succinat.* Bei Verw. von I als Substrat kann durch *Mg* (1,0 mVal/Liter) eine weitere Verbesserung der K-Aufnahme erzielt werden. — Der normale *Na*-Geh. der Gewebe wurde trotz Normalisierung des K-Geh. mit den besseren Substraten nie wieder erreicht.

U. TAUSENDFREUND. 4597 □

Transtubulärer renaler Elektrolytstrom bei Hunden unter besonderer Berücksichtigung von Calcium. F. Bronner und D. D. Thompson. (J. Physiology **157.** 232—50. Juli 1961. New York, N.Y., Cornell Univ., Med. Coll., Hosp. for Special Surg.; Dep. of Med.) (Engl.)

Es wurden *Kreatinin* (I) u. ^{45}Ca, ^{85}Sr, ^{28}Mg, ^{32}P, ^{42}K, ^{24}Na u. ^{23}Na in die Nierenarterie narkotisierter Hunde unter Mannitdiurese injiziert. Bei Beobachtung der Ausscheidung erscheinen K, Na, Ca u. Sr in dieser Reihenfolge vor I; ein Teil dieser Ionen hat den Harn offenbar auf dem Wege des transtubulären Zuflusses erreicht. Die Ausscheidung von Mg u. P ist der von I so ähnlich, daß höchstens kleine Mengen durch transtubulären Zufluß in den Harn gelangen. Es werden Vorschläge zur schemat. Einordnung der Beziehungen zwischen Ausscheidungsmuster u. transtubulärem Zufluß gemacht. Von den untersuchten Ionen zeichnet sich bes. K aus, da seine Aufnahme durch das Nierengewebe groß u. sein Umsatz schnell u. anhaltend ist. Auch Ca wird rasch aufgenommen u. zeigt raschen Umsatz, jedoch ohne anhaltenden Zufluß wie K. Mg wird rasch aufgenommen, die Abgabe ist gering. U. TAUSENDFREUND. 4597 □

Über die Wirkung der Harnsäure auf die Phenolrotakkumulation in Schnitten von Vogel- und Säugernieren. Walter Braun. (Arch. int. Pharmacodynam. Thérap. **133.** 365—78. 1/10. 1961. Hamburg, Univ., Pharmakolog. Inst.) (Dt.)

Durch Verss. an Taubennierenschnitten konnte gezeigt werden, daß die *Phenolrot* (II)-Aufnahme durch *p-Aminohippursäure* (III) kompetitiv, durch *Probenecid* nichtkompetitiv gehemmt wird. Die Aufnahme von II in vitro wird an der Taubenniere durch *Harnsäure* (I) nichtkompetitiv gehemmt. Schnitte von Meerschweinchennieren nahmen keine I auf. Die Ergebnisse der Unterss. lassen sich am besten so deuten, daß in der Vogelniere ein eigenes Transport-Syst. für Harnsäure als vorhanden anzunehmen ist, welches in engen energet. Beziehungen zu dem II u. III sezernierenden Syst. steht. Ein derartiges Syst. ist zwar auch noch beim Säugetier vorhanden, aber unter normalen Bedingungen ohne physiolog. Funktion u. weitgehend atrophiert. P. GREGORZEWSKI. 4597

Der Austausch von Natriumionen im Zentralnervensystem eines Insektes (Periplaneta americana L.). J. E. Treherne. (Nature [London] **191.** 1223—24. 16/9. 1961. Cambridge, Univ., Dep. of Zool., Unit of Insect Physiol., Agric. Res. Council.) (Engl.)

Mit ^{24}Na präparierte isolierte Abdominalnervenstränge sowie Ganglien von *Periplaneta americana L.* wurden der Einw. einer physiolog. Lsg. ausgesetzt u. der Verlust an Radioaktivität entsprechend einem Austausch von Na-Ionen bestimmt. Für die Nervenstränge wie auch für die Fragmente wurde über einen größeren Bereich eine exponentielle Abnahme der Aktivität gefunden. Zusatz von *2.4-Dinitrophenol* oder von *KCN* red. den Na-Verlust, ebenso die Einw. einer K-freien Lösung. Eine Na-freie Lsg. beeinflußte den Na-Verlust der Nerven nicht. Der Na-Austausch der endständigen Abdominalganglien wurde durch die Entfernung wesentlicher Teile des Perilemms kaum beeinflußt, so daß der Na-Austausch keinesfalls durch den Durchtritt durch das celluläre Perineurium geschwindigkeitsbegrenzt sein dürfte. J. BOELTER. 4598 □

Der intracelluläre Calciumgehalt einiger Invertebratennerven. R. D. Keynes und P. R. Lewis. (J. Physiology **134.** 399—407. 28/11. 1956. Univ. of Cambridge, Physiol. Labor.; Plymouth, Labor. of the Marine Biol. Assoc.) (Engl.)

Die *Ca*-Konz. in Nervenfasern von Carcinus u. Axoplasma von *Loligo forbesi* liegt bei 0,5 mMol/kg. Die Best. erfolgt komplexometr. (Murexid) bei Beobachtung des Titrationsverlaufs durch ein geeignetes Blaufilter in einer Mikrocolorimeterzelle. Die Veraschung der Proben wird bei 600—620° in kleinen Pt-Tiegeln oder Quarzröhrchen vorgenommen. PH. FRESENIUS. 4598 □

Effekte einer elektrischen Stimulierung der Formatio reticularis auf den Milchsäuregehalt des Rattenhirns. Lj. Mihailović, Lj. Kržalić und D. Cvetković. (Nature [London] **192.** 1166—68. 23/12. 1961. Belgrad, Univ., Med. School, Inst. of Pathol. Physiol.) (Engl.)

Vff. stellten fest, daß eine elektr. Stimulierung der *Formatio reticularis* (Hirnstamm) von Ratten einen schnellen u. signifikanten Anstieg des *Milchsäure* (I)-Geh. des Gehirns verursacht. Der Anstieg des I-Geh. ist jedoch nur von kurzer Dauer. Nach fokaler Stimulierung der Hirnrinde unter ident. Bedingungen werden keine so hohen I-Werte wie nach der Stimulierung der Formatio reticularis beobachtet. H. KOCKERT. 4598 □

Nucleotide und andere phosphorhaltige Verbindungen in Küchenschabennerven. J. P. Heslop und J. W. Ray. (Nature [London] **190.** 1192—93. 24/6. 1961. Slough, Buckinghamshire, Agric. Res. Council, Pest Infest. Labor.) (Engl.)

Durch Injektion von *^{32}P-Orthophosphat* in Küchenschaben, Entnahme eines Teils des Abdominalnervenstranges nach 7 Tagen, Aufarbeitung u. chromatograph. Trennung, wurde der Geh. folgender *P*-haltiger *Verbb.* bestimmt: *Adenosin-5'-phosphat* (30 μg/g Gewebe, Naßgew.), *-5'-diphosphat* (180), *-5'-triphosphat* (I; 850), *Cytidin-5'-phosphat* (20), *-5'-diphosphat* (+?, < 120), *-5'-triphosphat* (100), *Guanosin-5'-diphosphat* (70), *-5'-triphosphat* (90), *Uridin-5'-diphosphat* (80), *-diphosphoglucose* (90), *-5'-triphosphat* (150), *Coenzym 1* (210), *Coenzym 2* (+?, < 30), *Orthophosphat* (660), *Glucose-6-phosphat* (80),

Argininphosphat (540), *α-Glycerophosphat* (+ ?, < 170). Mit einem Anteil von 18,5% lag I bei weitem an der Spitze der P-haltigen Verbindungen. E. LODEMANN. 4598□

Die Ribonucleinsäure im Gehirn von Tieren bei Elektrokonvulsions-Anfällen. N. F. Turowa. (Український Біохімічний Журнал [Ukrain. biochem. J.] **33.** 805—10. 1961. Moskau, Inst. für höhere Nerventätigkeit u. Neurophysiol. der Akad. der Wiss. der UdSSR.) (Ukrain.; Auszug: Engl.)

In Verss. mit Fröschen, Karpfen u. Ratten wurde der *Ribonucleinsäure* (I)-Geh. in den großen Pyramiden des Gehirns von dekapitierten Tieren untersucht, die in Abständen von 7 Min. 4- bzw. 7mal (a bzw. b) elektr. Konvulsionen unterworfen oder einer wiederholten Behandlung (c; Status epilepticus) bis zum Eintritt des Todes unterworfen wurden. Hierbei zeigte sich bei c eine deutliche I-Abnahme gegenüber der Kontrolle, während bei a u. b ein sicherer Unterschied nicht nachweisbar war. In der a-Reihe zeigte sich in den Zellen von Primordium hippocampi des Frosches eine I-Abnahme, nicht jedoch in den gleichen Zellen von Ratte u. Karpfen. Bei b nahm der I-Geh. in den Zellen von Corpus striatum des Karpfens u. in den Zellen des Lateralkörpers des Frosches ab. Bei c-Ratten blieb der I-Geh. in den großen Pyramiden unverändert. O. LEBTAG. 4598□

E₆. Pharmakologie. Therapie. Toxikologie. Hygiene

Die Rolle der Metallbindung bei der biologischen Aktivität von Heilmitteln. William O. Foye. (J. pharmac. Sci. **50.** 93—108. Febr. 1961. Boston, Mass., Massachusetts Coll. of Pharm., Dep. of Chem.) (Engl.)

Übersicht. Antibakterielle Prodd., Tuberculostatica, diabetogene u. antidiabet. Prodd., Salicylate, Carcinogene, Carcinostatica, Fungicide u. andere Verbindungen. — 190 Literaturangaben. W. HOLLAND. 4600□

Über die biologische Wirkung der Strahlung. A. W. Lebedinski. (Атомная Энергия [Atomenergie] **6.** 187—99. Febr. 1959.) (Russ.)

Übersicht über diesbzgl. Themen auf dem 2. Genfer Atomkongreß 1958 (vgl. C. **1960.** 2607). M. WIEDEMANN. 4601□

Physikalische und chemische Mechanismen der Zellschädigung durch ionisierende Strahlung. Paul Howard-Flanders. (Advances biol. med. Physics **6.** 553—603. 1958. Berkeley, Calif., Univ. of California, Donner Labor. of Biophys. and Med. Phys.) (Engl.)

Übersicht. Strahlungs-Wrkg. auf Zellpopulationen: Deutung von Überlebenskurven, Überlebenskurven verschiedener Organismen, Dosis-Überlebensrate-Wrkg. in Pflanzen- u. Säugerzellen, Wrkg. der Bestrahlungsbedingungen auf Überlebenskurven; Steigerung der Strahlungsschädigung durch O_2; NO u. Zellstoffwechsel, andere, die Strahlungsschädigung steigernde Substanzen; für Bakterienschädigung erforderliche Ionenzahl: Mechanismen der Strahlungsschädigung, Kinetik des O_2-Effekts, Hypothese der O_2-Wrkg. als Ergebnis der Rk. zwischen O_2 u. einem C-Radikal, Schädigung durch mehrfache Ionisation; die Spuren-Meth. zur Deutung der relativen biolog. Wirksamkeit verschiedener Strahlenarten; Anwendung der Meth. zur Erklärung der relativen biolog. Strahlenwirksamkeit (Viren, Bakterien, Hefe, höhere Organismen). — 158 Literaturangaben. K. MAIER. 4601□

Freie Nucleotide in den roten Blutkörperchen nach Röntgenbestrahlung. P. Chambon, H. Karon und P. Mandel. (Bull. Soc. Chim. biol. **43.** 127—41. 1961. Strasbourg, Fac. de Méd., Inst. de Chim. Biol.; Poznan, Pologne, Zaklad Chem. Fizjologicznej.) (Franz.)

Ratten wurden einer Bestrahlung (B) des gesamten Körpers mit Röntgenstrahlen (700 r) ausgesetzt. Nach 7 Tagen wurde in den Erythrocyten (E) eine leichte Abnahme des Geh. an *Adenosintriphosphat* u. eine starke des Geh. an *Guanosindi-* u. *-triphosphat* sowie an den *Uridindiphosphatcoenzymen* festgestellt. Zwischen dem 4. u. 7. Tag zeigt sich bereits eine leichte Abnahme des *Adenin-* u. eine starke des *Guaninnucleotid*-Gehalts. Vom 21. Tag an nimmt der Nucleotid-Geh. der E wieder zu. Ein besonders starkes Ansteigen der höherphosphorylierten Verbb. wird auf das Ansteigen des Geh. an Reticulocyten (R) zurückgeführt. Es wurde festgestellt, daß der Geh. an R 21 Tage nach der B dem bei Tieren 5 Tage nach einer *Phenylhydrazin*-Behandlung entspricht. E. LODEMANN. 4601□

Untersuchungen zum Knochencalciumstoffwechsel in der Epi- und Metaphyse nach lokaler Röntgenbestrahlung. 2. Mitt. Arnost Babicky und Jaromír Kolár. (Strahlentherapie **114.** 270—73. Febr. 1961. Prag, Univ., Radiolog. Klinik; Tschechoslowak. Akad. der Wiss., Biolog. Inst.) (Dt.) — 1. vgl. C. **1960.** 1578.

Es wird über den ^{45}Ca-Stoffwechsel in der lokal bestrahlten oberen Epi- u. Metaphyse der Tibia u. der Zähne bei weißen Ratten nach Bestrahlung mit 750, 1500, 3000 u. 5000 r nach einer Beobachtungszeit von 110 Tagen berichtet. Bei unbestrahlten Tieren nimmt die spezif. Aktivität des oberen Tibiaendes während der ersten 3 Wochen steil, dann bis zum 60. Tag langsamer u. schließlich kaum noch ab. In den Zähnen wird nach stetigem Anstieg in der 2. Woche ein Maximum erreicht u. anschließend ein stetiger langsamer Abfall gefunden. Die spezif. Aktivität im bestrahlten Knochen ist stets höher als im unbestrahlten, lediglich nach Bestrahlung mit 750 r wird nach 110 Tagen der Wert unbestrahlter Knochen erreicht, so daß eine Erholung des Epiphysenknorpels von Strahlenschäden angenommen werden kann. Bestrahlung mit 750 r verändert die spezif. Aktivitäten der Zähne wie bei unbestrahlten Tieren, während nach höheren Bestrahlungsdosen die Kulminationspunkte erst nach 30—35 Tagen bei sonst sehr ähnlichem Kurvenverlauf erreicht werden. G. FAUST. 4601 □

Einfluß des Naftalan-Erdölextraktes auf die Veränderung der Epidermis bei lokaler α-Bestrahlung. F. L. Leitess und L. W. Funstein. (Бюллетень Экспериментальной Биологии и Медицины [Bull. exp. Biol. Med.] **51(26)**. Nr. 3. 121—25. März 1961. Moskau, Forsch.-Inst. für Balneologie u. Physiother.; Moskau, Zentr. Forsch.-Inst. für med. Radiol.) (Russ.; Auszug: Engl.)

Verss. an 21 Kaninchen ergaben, daß das Auftragen einiger Tropfen von *Naftalan-Erdölextrakt* (**I**) auf die rasierte Haut unmittelbar oder bis zu 2 Tagen nach der Bestrahlung mit *α-Teilchen* (Thorium B, C, C′ u. C″) zu einer Beschleunigung u. Verstärkung der Rk. der Epidermis u. zu einer beschleunigten Reparation der Veränderungen führt. Erfolgt die Bestrahlung frühestens 2,5 Tage nach der I-Applikation, so schützt die eingetretene Verdickung der Epidermis die empfindliche Hautschicht vor den α-Teilchen; die Strahlen-Rk. bleibt prakt. aus. E. RENTZ. 4601 □

Stoffwechsel des Cysteamins. Richard A. Salvador, Clarke Davison und Paul K. Smith. (J. Pharmacol. exp. Therapeut. **121.** 258—65. Okt. 1957. Washington, D.C., The George Washington Univ. School of Med., Dep. of Pharmacol.) (Engl.)

Vff. untersuchten den Stoffwechel von *Cysteamin* (**I**), das als terminale Gruppe des Coenzym A bes. Bedeutung besitzt u. dem gewisse Strahlenschutz-Wrkg. zugeschrieben wird, beim Menschen u. bei der Maus an Hand der im Urin nachweisbaren Stoffwechsel-Prodd. u. verglichen die Ausscheidungs-Prodd. bei normalen u. röntgenbestrahlten Mäusen (DL_{100}, Maus = 900 r). I wurde in Form von *^{35}S-Cysteaminsalicylat* (F. 103,5 bis 104°) u. *^{35}S-Cysteaminbenzoat* (F. 93—97°) verabreicht u. im Harn vorhandene I-Stoffwechsel-Prodd. nach verschiedenen Intervallen (8—24 Std.) auf einer Dowex-50-Kolonne getrennt (Elution mit 0,1 m Citratpuffer bei pH 2; 3,4; 4,3; 5,0 u. 6,5). Bei Menschen u. Maus wird I vorwiegend als *anorgan. Sulfat* u. *Taurin* abgeschieden. Daneben findet man im Urin I, *Cystamin* (**II**) u. beim Menschen noch mehrere unbekannte I-Stoffwechselprodukte. Die Ausscheidung der Radioaktivität ist beim röntgenbestrahlten Tier wesentlich geringer. In vivo nimmt die Schutz-Wrkg. gegen Röntgenstrahlen mit steigender Zeit (zwischen Verabreichung von I u. Aussetzen einer Bestrahlung) ab. Während der Periode der optimalen Schutz-Wrkg. sind I u. II an Proteine gebunden. Beim Menschen differieren die I-Stoffwechsel-Prodd. im Urin von denen, die unter Bedingungen einer Hypoxie erhalten werden. Die Radioaktivität findet sich bes. in dem pH 2-Eluat als anorgan. Sulfat. B. GÖRLICH. 4601 □

Experimenteller Beitrag zur Behandlung der lokal entzündlichen und allgemeinen Röntgenreaktion mit ACTH und Cortisonderivaten. Arthur Wiskemann. (Strahlentherapie **112.** 188—212. 1960. Hamburg-Eppendorf, Univ.-Hautklinik.) (Dt.)

Erythem u. Ulcus-Bldg. nach lokaler Röntgenbestrahlung (R) beim Meerschweinchen werden nach prophylakt. Gabe von *Depot-ACTH* deutlich gehemmt. Beim erst im Anschluß an die R injizierten ACTH muß die Dosis verzehnfacht werden, um die gleiche Wrkg. zu erzielen. Das Wachstum von YOSHIDA-Rattentumoren wird durch R u. ACTH-Gaben deutlich gehemmt. ACTH-Behandlung vor der R scheint die Strahlensensibilität der Tumoren herabzusetzen. 1%ig. *Hydrocortison*-Salbe 2 Std. vor der R aufgetragen, setzt den Erythemgrad herab. Nach der R entfällt dieser Effekt. *Prednisolon* (**I**)-Salbe ist sowohl vor als auch nach der R angewandt wirkungslos. Depot-ACTH u. I, nach einer Ganzbestrahlung gegeben, vermindern die Überlebensrate mit subletaler u. letaler Dosis ganzbestrahlter Mäuse u. Meerschweinchen. Nach abdominaler Teilbestrahlung von Meerschweinchen wird die Überlebensdauer verlängert, wenn ACTH nach u. I 24 Std. vor der R appliziert wurde. Prophylakt. Gaben von *Dexomethason* wirken lebensverkürzend. R. SAUERBREY. 4601 □

Entgiftung und Exkretion von radioaktivem Sr. 2. Mitt. Wirkung verschiedener organischer Säuren mit Chelatbildungsvermögen. Yosoji Ito, Susumu Tsurufuji,

Eiichi Murai, Sadahiko Ishibashi, Morizo Ishidate und Zenzo Tamura. (Chem. pharmac. Bull. [Tokyo] **6.** 92—93. Febr. 1958. Hongo, Tokyo, Univ. of Tokyo, Med. Fac., Pharm. Inst.) (Engl.) — 1. vgl. C. **1959.** 3219.

Tricarballylat, Citraconat, Tartrat, Lactat u. *Citrat* intraperitoneal verabreicht, verändern empfindlich die Verteilung von parenteral gegebenem ^{90}*Sr* bei der Ratte; die Ablagerung im Skelett wird gehemmt u. die vier ersten Verbb. erhöhen den ^{90}Sr-Geh. im Blutserum u. im weichen Gewebe. P. GREGORZEWSKI. 4601 □

Die Kinetik des reticuloendothelialen, phagocytischen Verhaltens des Kaninchens auf die intravenöse Applikation von kolloidalem ^{198}Au. O. M. Meredith jun. (Arch. Biochem. Biophysics **95.** 352—62. Nov. 1961. Los Angeles, Calif., Univ. of California, School of Med., Labor. of Nuclear Med. and Radiat. Biol., Dep. of Biophys. and Nuclear Med.) (Engl.)

Eine koll. ^{198}*Au*-Lsg. (8 μc/kg) wurde i.v. in die Ohrvene von ♀ holländ. Kaninchen injiziert. Die nachfolgende Injektion von Träger-Au (bis 4000 μg/kg) ergab eine Lokalisation von Au vor allem in der Leber. Die Lunge wies kaum Radioaktivität auf. Das Verhältnis des phagocytösen Materials (μg Au/kg Gewebe) zwischen Leber u. Milz variierte mit der applizierten Au-Menge, fiel aber im wesentlichen mit steigender Au-Applikation ab. Die Werte für die Blut-Clearance u. der ^{198}Au-Aufnahme durch die Leber gegen die applizierte Au-Menge graph. aufgetragen, ergab über einen gewissen Bereich eine konst. Phagocytose, die bei einer bestimmten Au-Menge dosisabhängig wurde. Es konnte gezeigt werden, daß die Phagocytose in vivo in der Leber in einem, bestimmten Bereich dem kinet. Modell der MICHAELIS-MENTEN-Beziehung entsprach wobei die Bldg. eines intermediären, die Rk.-Geschw. bestimmenden Komplexes (Adsorption von Teilchen an der Zelloberfläche) angenommen wurde. Der Bldg. dieses Komplexes folgte die irreversible Phagocytose. Die Milz spielte keine wesentliche Rolle bei der Reinigung des Blutes von koll. Gold. J. BOELTER. 4601 □

Weitere Untersuchungen zur biologischen Wirkung des Radons und seiner Folgeprodukte. Karl Aurand, Wolfgang Jacobi, Hermann Muth und Alfred Schraub. (Strahlentherapie **112.** 262—72. 1960. Frankfurt/M., Max-Planck-Inst. für Biophysik; Bad Gastein, Forschungsinst. Gastein der Österr. Akad. der Wiss.) (Dt.)

Vff. berichten über Unterss. zur Beurteilung der Größenordnung der natürlichen Radioaktivität von W. u. Luft in Bad Gastein u. die dadurch bedingte Strahlen-Einw. auf den Menschen. Sie liegt weit unter der höchstzulässigen Dosis.

R. SAUERBREY. 4601 □

Die Wirkung der von einer ringförmigen ^{210}Po-Quelle ausgesandten α-Partikel auf einzelne Nervenfasern des Frosches. R. M. Bergström, R. F. Blåfield und M. W. Brenner. (Suomalaisen Tiedeakatemian Toimituksia Ann. Acad. Sci. fennicae, Sarja A. V. **1961.** Nr. 82. 1—10. Helsinki, Univ. of Helsinki, Inst. of Physiol., Inst. of Physics.) (Engl.) — Vgl. Nature [London] **191.** [1961.] 1165.

Mit der beschriebenen Meth. wird gezeigt, daß geringe Strahlendosen die elektr. Aktivität motor. u. sensor. Froschnerven erhöhen. Bei höheren Dosen tritt gleichzeitig mit ultrastrukturellen Veränderungen (Beobachtung mittels Elektronenmikroskop) der Myelinscheide vollständige Inaktivierung ein. P. LOCH. 4601 □

Bronchographie mit Bariumjodol. B. K. Scharow. (Вестник Рентгенологии и Радиологии. [Nachr. Röntgenol. Radiol.] **36.** Nr. 1. 66—68. Jan./Febr. 1961. Tscheljabinsk, Traktorenfabrik, Med.-Sanit. Abt.) (Russ.)

Um die Zähigkeit des Jodolipols (I) zu erhöhen, fügt Vf. $BaSO_4$ zu (2—2,5 g/10 ml I). Die Aspirationsbronchographie mit *Bariumjodol* vereinfacht erheblich die Unters. u. ermöglicht kontrastreiche Röntgenogramme. F. DU MANS. 4601 □

Jodopyracet (Diodrast)-Transport durch das Kaninchenauge. Bernard Becker und Max Forbes. (Amer. J. Physiol. **200.** 461—64. März 1961. St. Louis, Mo., Washington Univ., School of Med., Dep. of Ophthalmol. u. Oskar Johnson Inst.) (Engl.)

In vitro sammelt sich *Diodrast* (I) im Ciliarkörper, in vivo wird das in den Glaskörper injizierte I hinter der Iris aus dem Auge hinaustransportiert. Es bestehen Analogien zur Ansammlung u. zum Transport in den Nierentubuli (ähnliche adsorptive Verdrängungs-Rkk. u. Stoffwechselhemmung). Bei zunehmenden Mengen I im Auge tritt Sättigung des sekretor. Syst. ein (Sekretor. Maximum ca. $1,2 \cdot 10^{-8}$ Mol/Min.).

K. ZINGRAF. 4601 □

Chemische Aspekte der Radiokontrastmittel. S. Archer. (Ann. New York Acad. Sci. **78.** 720—26. 2/7. 1959. Rensselaer, N.Y., Sterling-Winthrop Res. Inst.) (Engl.)

Übersicht. — 7 Literaturangaben. P. GREGORZEWSKI. 4601 □

Einige pharmakologische Aspekte der Radiokontrastmittel. James O. Hoppe. (Ann. New York Acad. Sci. **78.** 727—39. 2/7. 1959. Rensselaer, N.Y., Sterling-Winthrop Res. Inst., Pharmacol. Sect.) (Engl.)

Übersicht. — 26 Literaturangaben. P. GREGORZEWSKI. 4601

Der Pathologe und Toxikologe bei der Untersuchung der Sicherheit und Methoden der Entwicklung radiodiagnostischer Verbindungen. Frederick Coulston und James O. Hoppe. (Ann. New York Acad. Sci. **78.** 740—55. 2/7. 1959. Rensselaer, N.Y., Sterling-Winthrop Res. Inst., Exp. Pathol. and Toxicol. and Pharmacol. Sect.) (Engl.)

Nach allg. Betrachtungen über die Auffindung neuer radiodiagnost. Substanzen wird *Na-3.5-Diacetamido-2.4.6-trijodbenzoat* als neues Kontrastmittel für die Urologie vorgeschlagen. P. GREGORZEWSKI. 4601

Schwermetallchelate und Cs-Salze als Kontrastmittel. Robert Shapiro und Domenick Papa. (Ann. New York Acad. Sci. **78.** 756—63. 2/7. 1959. Bloomfield, N.J., Schering Corp.; New Haven, Conn., Hosp. of St. Raphael.) (Engl.)

Bericht über die Verw. von *CsCl* u. *Cs-Bitartrat* in der Broncho- u. Hysterosalpingographie an Hunden. P. GREGORZEWSKI. 4601

Chelate als mögliche Kontrastmittel. Martin Rubin und Giovanni Di Chiro. (Ann. New York Acad. Sci. **78.** 764—78. 2/7. 1959. Washington, D.C., Georgtown Univ.; Bethesda, Md., Nat. Inst. of Health, Public Health Serv.) (Engl.)

Übersicht über Verss. mit *Ca, Ni, Co, Cu, Hg, Cr* u. *Pb* u. deren *EDTA*-Komplexe zwecks Verw. als Kontrastmittel. — 13 Literaturangaben. P. GREGORZEWSKI. 4601

Eine neue Kategorie von Kontrastmitteln: Wasserlösliche polyvalente Chelate als Kontrastmittel. Robert M. Nalbandian, William T. Rice und Warren O. Nickel. (Ann. New York Acad. Sci. **78.** 779—92. 2/7. 1959. Detroit, Mich., Wayne State Univ. Coll. of Med., Dep. of Pathol. and Surgery; Detroit Receiving Hosp.; Dearborn, Mich., Dearborn Veterans Hosp.) (Engl.)

Es werden Erfahrungen mit einem neuen Kontrastmittel, *Na_2Bi-Diäthylentriaminpentaacetat* bei der Bronchographie mitgeteilt. P. GREGORZEWSKI. 4601

Gleichförmige kolloide Dispersion zur Hepatolienographie. S. F. Thomas, R. J. Dummel, J. A. Patterson, J. D. Madden und G. M. Dummel. (Ann. New York Acad. Sci. **78.** 793—98. 2/7. 1959. Palo Alto, Calif., Med. Res. Found.) (Engl.)

Es wird die Darst. koll. Kontrastmittel auf *Polystyrol*-Basis beschrieben. P. GREGORZEWSKI. 4601

Jopansäure. Walter M. Whitehouse. (Ann. New York Acad. Sci. **78.** 809—18. 2/7. 1959. Ann Arbor, Mich., Univ. Hosp.) (Engl.)

Übersicht über Verw. von *Jopansäure* (Telepaque) in der Cholecystographie. — 8 Literaturangaben. P. GREGORZEWSKI. 4601

Rose bengal und Jodopyracet als radiodiagnostische Mittel bei Leber- und Nierenerkrankungen. G. V. Taplin, O. M. Meredith jun., C. C. Winter und D. Johnson. (Ann. New York Acad. Sci. **78.** 872—93. 2/7. 1959. Los Angeles, Calif., Univ. of California, School of Med., Dep. of Med., Radiol. and Urol.; Nuclear Radiol. Div., Dep. and Labor. of Nuclear Med. and Rad. Biol.; Veterans Administration Center; Torrance, Calif., Los Angeles County Harbor General Hosp.) (Engl.)

Erfahrungen bei der Verw. als Kontrastmittel. P. GREGORZEWSKI. 4601

Untersuchung der physiologischen Reaktionen auf intraarterielle Verabreichung verschiedener Kontrastmittel. Robert A. Moe und Bradford N. Craver. (Ann. New York Acad. Sci. **78.** 894—903. 2/7. 1959. New Brunswick, N.J., Squibb Inst. for Med. Res.) (Engl.) P. GREGORZEWSKI. 4601

Hohe Konzentrationen von Diatrizoat und Methylglucamin. J. Stauffer Lehman. (Ann. New York Acad. Sci. **78.** 943—55. 2/7. 1959. Philadelphia, Pa., Hahnemann Med. Coll. and Hosp., Dep. of Radiol.) (Engl.)

Hohe Konzz. von *Na-Diatrizoate* u. *Methylglucamine* sind geeignete Kontrastmittel für die Angiocardiographie, suprasternale Thoraxaortographie, Coronararteriographie u. Herzventriculographie. P. GREGORZEWSKI. 4601

76%iges Na- und Methylglucamindiatrizoat, ein neues orales Kontrastmittel für den Gastrointestinaltrakt. Jerome H. Shapiro und Harold G. Jacobson. (Ann. New York Acad. Sci. **78.** 966—86. 2/7. 1959. New York, N.Y., Montefiore Hosp.; New York Univ. Coll of Med., Dep. of Radiol.) (Engl.)

Es handelt sich um Salze der *3.5-Diacetylamino-2.4.6-trijodbenzoesäure.* — 20 Photos. P. GREGORZEWSKI. 4601

Na-Diatrizoat. Frederick A. Lloyd und Thomas L. Cottrell. (Ann. New York Acad. Sci. **78.** 987—92. 2/7. 1959. Chicago, Ill., Northwestern Univ. Med. School; Hines, Ill., Veterans Administration Hosp.) (Engl.)

Erfahrungen an 7144 Fällen mit *Na-3.5-Diacetylamino-2.4.6-trijodbenzoat* bei der Urographie. P. GREGORZEWSKI. 4601 □

Na-Diprotrizoate. Majic S. Potsaid und Laurence L. Robbins. (Ann. New York Acad. Sci. **78.** 993—1008. 2/7. 1959. Boston, Mass., Massachusetts General Hosp., Dep. of Rad.) (Engl.)

Anw. von *Na-3.5-Dipropionylamino-2.4.6-trijodbenzoesäure* als Kontrastmittel .— 14 Bilder. P. GREGORZEWSKI. 4601 □

Thixokon, ein neues urethrographisches Kontrastmittel. David W. Goddard. (Ann. New York Acad. Sci. **78.** 1009—20. 2/7. 1959. Daytona Beach, Fla.) (Engl.)

Erfahrungen in 500 Fällen mit *Thixokon* (*Na-3-Acetamido-2.4.6-trijodbenzoat*). P. GREGORZEWSKI. 4601 □

Die Blut-Organ-Quotienten der Radioaktivität bei normalen und bleivergifteten Ratten nach der Injektion von ^{35}S-Methionin. E. D. Grishchenko. (Acta physiol. Acad. Sci. hung. **20.** 77—80. 1961. Moscow, Inst. for Labor. Hyg., Radiotox. Labor.; Occupational Dis. Acad. of Med. Sci.) (Engl.)

Der Radioaktivitätsquotient Blut/Organe kann offenbar als empfindlicher Test zur Prüfung des physiolog. Zustandes des Organs bzw. von Störungen der Stoffwechselaktivität angesehen werden: Bei normalen Ratten konnte nach intraperitonealer Injektion von 10 μc *^{35}S-Methionin* u. Best. einer Reihe derartiger Quotienten nach 1, 2, 3, 8 u. 16 Tagen für Niere, Leber, Milz, Lungen ein scharfes Maximum des Quotienten (370, 280, 190, 170) am 2. Tag konstatiert werden mit anschließend starkem Abfall u. Übergang zu konst. Werten zwischen dem 3. u. 8. Tag sowie anschließendem langsamem Abfall. Eine andere Organgruppe mit Hirn, Skelettmuskulatur u. Herz verhält sich anders u. zeigt langsamen Anstieg, wobei am 16. Tag die Werte der 1. Organgruppe überholt werden; ähnlich verläuft auch der Quotient der Radioaktivität Myosin B/Blut bei Herzen, nur daß zwischen dem 3. u. 8. Tag ein Plateau eingeschaltet ist. Völlig gegensätzlich ist das Verh. des Quotienten der 1. Organgruppe von mit 100—200 mg *Pb-Nitrat*/Tag 50 Tage lang behandelter Ratten, obwohl diese keine Zeichen einer Dysfunktion aufweisen, völlig normal aussehen u. einen normalen Ausfall aller Teste (außer Auftreten basophiler Granula in Erythrocyten) aufwiesen: Bei diesen Tieren war in der 1. Organgruppe kein Maximum mehr, sondern nur noch ein, unter Umständen durch eine Stufe mit kleiner Zacke am 3. Tag unterbrochener, rascher Abfall zu sehen; bes. hohe Ausgangswerte der Niere weisen auf eine Verwertungsunfähigkeit durch die Niere hin; in der 2. Organgruppe ist der allmähliche Anstieg des Quotienten (wenn auch verlangsamt) erhalten geblieben, zeigt aber zwischen dem 3. u. 8. Tag fast ein Plateau; der Myosin B/Blut-Quotient steigt etwas rascher als normal. U. TAUSENDFREUND. 4606 □

Über den Stoffwechsel von m-Hydroxyphenyläthanolamin beim Hund. G. Barac. (C. R. Séances Soc. Biol. Filiales **155.** 1598—1601. 1961. Liège, Univ., Labor. de Pathol. et de Thérapeut. gén.; Labor. de Rech. pour la Protection des Populations civiles.) (Franz.)

Vf. stellte fest, daß in Hunde i.v. injiziertes *m-Hydroxyphenyläthanolamin* (I) schnell aus dem Blutkreislauf verschwindet u. danach als *konjugiertes Deriv.* vorliegt; 30 Min. nach der I-Injektion finden sich noch ca. 10% der injizierten Dosis im zirkulierenden Blut. Die schnelle Inaktivierung von I erfolgt im wesentlichen nicht durch Einw. von Monoaminooxydase sondern eben durch Konjugation. — 24 Std. vor der I-Injektion verabfolgtes *Iproniazid* erhöht nur die hypertensive Wrkg. von I, ohne die Wrkg.-Dauer zu beeinflussen. H. KOCKERT. 4607 □

Die Wirkung intracarotider zentripetaler Injektion von Cholinesterasehemmstoffen auf das Kerngebiet des Nervus vestibularis. Herman Diamant und Edith Heilbronn. (Acta physiol. scand. **39.** 209—15. 1957. Stockholm, Karolinska Sjukhuset, Ear, Nose and Throat Dep.; Res. Inst. of Nat. Defence.) (Engl.)

Es wurde zu klären versucht, worin die Ursache der pharmakodynam. Wrkg. von *Tabun* (I), welches nach intracarotider zentripetaler Injektion ein Vestibularis-Syndrom hervorrufen kann, zu suchen ist. So zeigte sich zwar nach Injektion von 0,03 mg I/kg in 0,001%ig. Lsg. beim Meerschweinchen eine Beziehung zwischen dem Auftreten des Syndroms u. einer verminderten *Cholinesterase*-Aktivität im Kleinhirn u. der Pons-Medulla-Region bes. in der Seite, an der die Injektion vorgenommen worden war; es gab jedoch auch Fälle, in denen die Enzymaktivität gleichfalls herabgesetzt war, ohne daß es zur Auslösung des Syndroms kam. Eine eindeutige Festlegung, daß die emzymhemmende Wrkg. des Cholinesterasehemmstoffes die pharmakodynam. Wrkg. hervorruft, kann deshalb noch nicht getroffen werden; I kann auch eine spezif. pharmakodynam. Wrkg. für sich besitzen. Die Enzymaktivität wird nach dem Vers. rasch wiederhergestellt u. kehrt auch in vitro nach 24 Std. zur Norm zurück. U. TAUSENDFREUND. 4607 □

Wirkung tertiärer und quartärer Atropinsalze auf die durch einen Anticholinesterasestoff (Sarin) hervorgerufenen Veränderungen der absoluten Dunkelschwelle. L. S. Rubin und M. N. Goldberg. (J. appl. Physiol. **12.** 305—10. März 1958. Army Chem. Center, Md., Directorate of Med. Res., Psychol. Branch.) (Engl.)

Es konnte eine weitere Bestätigung dafür erbracht werden, daß die durch den Anticholinesterasestoff *Sarin* (*Isopropylmethylphosphonofluoridat*; **I**) bewirkte Veränderung der Schwellen-Rk. gegenüber Dunkelheit kein örtlich im Auge, sondern im Zentralnerven-Syst. vor sich gehender Prozeß ist. So konnte (wie bekannt) nach Inhalation von **I** (2,79 mg/m³ für 2 Min.) eine signifikante Anhebung der abs. Dunkelschwelle auch beobachtet werden, wenn beide Augen vor dem Einfl. der I-Dämpfe geschützt waren, u. es konnte dann weiterhin durch i.m. Injektion eines die Blut–Hirn-Schranke durchdringenden Atropin-Salzes (2 mg *Atropinsulfat*) die erhöhte Dunkelschwelle wieder gesenkt werden, während die i.m. Injektion von 2 mg des die Blut–Hirn-Schranke nicht durchdringenden, quartären *Atropinmethylnitrats* ohne Effekt blieb.

U. TAUSENDFREUND. 4607 □

Änderung der Zusammensetzung des Blutserums bei Ratten unter dem Einfluß unbedeutender Mengen DDT und HCH. Teofil Dąbrowski, Izabela Rozmarynowska und Stanisław Zawistowski. (Roczniki państwowego zakładu Hig. **11.** 567—69. 1960. Gdańsk, WSSE, Dział Hig. Żyw. i Żywn.; Akad. Med.) (Pol.)

Bei Ratten, die *DDT*-haltige Diät erhielten, wurde ein erhöhter K-Spiegel bei unverändertem Na-Spiegel im Serum festgestellt. *HCH*-haltige Diät verursachte eine Erniedrigung des K-Geh. u. eine Erhöhung des Na-Geh. im Blutserum. Der Bluteiweiß-Geh. wurde nicht verändert. F. URBAN. 4607 □

Konstitution und Wirkung von Insekticiden. 4. Mitt. **Über die insekticide Wirksamkeit einiger Addukte aus Hexa (hetero)-halocyclopentadienen und ungesättigten Verbindungen (Diengruppe).** Randolph Riemschneider. (Z. angew. Entomol. **48.** 301—06. Aug. 1961. Berlin-Dahlem, Freie Univ. Berlin.) (Dt.)

Vf. berichtet über die Darstellung u. insekticide Wrkg. einer Reihe von aus *Hexachlorcyclopentadien* (**V**) u. ungesätt. Verbb. entstandenen Substanzen. Die Toxizität wurde gegenüber *Drosophila melanogaster* u. *Musca domestica* im Petrischalenfilmtest bestimmt. Folgende Substanzen wurden getestet: *4.5.6.7.8.8-Hexachlor-3a.4.7.7a-tetrahydro-4.7-methanoinden* (**I**), $C_{10}H_6Cl_6$, F. >155°, insekticid (+); *4.5.6.7.8.8-Hexabrom-* (**II**), $C_{10}H_6Br_6$, F. >145, (+); *1.2.3.4.9.9-Hexachlor-Δ²-oktahydro-1.4-methanonaphthalin*, $C_{11}H_{10}Cl_6$, F. 78° (+); *6-Methyl-*, $C_{12}H_{12}Cl_6$, Kp.$_{0,5}$ 145—147° (+); *6-Äthyl-*, $C_{13}H_{14}Cl_6$, Kp.$_{0,8}$ 160—163°, (+); *1.2.3.4.9.9-Hexachlor-5.8-dioxo-Δ²·⁶-hexahydro-1.4-methanonaphthalin*, $C_{11}H_4Cl_6O_2$, F. 184°, unwirksam (—); *1.2.3.4.9.9-Tetrachlordifluor-*, $C_{11}H_4Cl_4F_2O_2$, F. 123—124, (—); *1.2.3.4.9.9-Hexachlor-7-methyl-*, $C_{12}H_6Cl_6O_2$, F. 171°, (—); *N.N-Dicarbomethoxy-5.6.7.8-tetrachlor-1.4-endomethylen-5.8-endodichlormethylen-2.3-diaza-Δ⁶-oktalin* (**IV**), $C_{14}H_{12}Cl_6N_2O_4$, F. 147°, (—); *N.N-Dicarbäthoxy-* (**III**), $C_{16}H_{16}Cl_6N_2O_4$, F. 108° (—); *1.4.5.6-Tetrachlor-1.4-endodichlormethylen-2.3-dicarboxy-Δ⁵-cyclohexen*, $C_9H_4Cl_6O_4$, F. 232°, (—); *1.4.5.6-Tetrachlor-1.4-endodichlormethylen-2-vinyl-Δ⁵-cyclohexen* (**VI**), $C_9H_6Cl_6$, Kp.$_2$ 120—123°, (+); *1.4.5.6-Tetrachlor-1.4-endodichlormethylen-2-brommethyl-Δ⁵-cyclohexen*, $C_8H_5BrCl_6$, F. 76—78°, (+); *1.4.5.6-Tetrachlor-1.4-endodichlormethylen-2-hydroxymethyl-Δ⁵-cyclohexen*, $C_8H_6Cl_6O$, F. 155—165°, (—); *1.2.3.4.5.6-Hexachlor-1.4-endodichlormethylen-Δ⁵-cyclohexen*, $C_7H_2Cl_8$, F. 171—188°, (—); *1.4.5.6-Tetrachlor-2.3-dibrom-1.4-endodichlormethylen-Δ⁵-cyclohexen*, $C_7H_2Br_2Cl_6$, F. 205—207°, (—); *Bis-*[*2.3.4.5-tetrachlor-2.5-endodichlormethylen-Δ³-cyclohexenyl-(1)*], $C_{14}H_6Cl_{12}$, F. 236°, (—); *1.2.3.4.5.6.7.8.10.10.11.11-Dodekachlor-1.4;5.8-dimethano-Δ²·⁶-oktahydrofluoren*, $C_{15}H_6Cl_{12}$ F. >300° (Zers.), (—); *2.3.4.5.6.7.8.8-Oktachlor-Δ⁵-hexahydromethanoinden*, $C_{10}H_6Cl_8$, 5 verschiedene Isomere: Kp.$_1$ 165—175°, Kp.$_1$ 165—167°, Kp.$_1$ 172—175°, F. 102—104°, F. 93—100°, alle (+); Chlorierungs-Prodd. aus **I**: $C_{10}H_5Cl_9$, F. 119—121°, (+); $C_{10}H_4Cl_{10}$, F. >115°, (+); Chlorierungs- u. Bromierungs-Prodd. aus **II**: $C_{10}H_6Br_6Cl_2$, F. >110°, (—); $C_{10}H_6Br_8$, Öl, (—); $C_{10}H_5Br_9$, Öl, (—); *1.4.5.6-Tetrachlor-1.4-endodichlormethylen-2.3-dicarbomethoxy-Δ⁵-cyclohexen*, $C_{11}H_8Cl_6O_4$, F. 77°, (—); *-2.3-dicarbäthoxy-*, $C_{13}H_{12}Cl_6O_4$, F. 66°, (—); *-2.3-dicarbopropoxy-*, $C_{15}H_{16}Cl_6O_4$, Öl, (—); aus **III** durch NaOH-Einw. $C_{10}H_6Cl_6N_2$, F. 163°, (+); aus Cyclopentadien u. einem Gemisch von Tetra-, Penta- u. Hexachlorcyclopentadien: $C_{10}H_8Cl_4$-, $C_{10}H_7Cl_5$- u. $C_{10}H_6Cl_6$-Gemische, Wachs, (+); Chlorierungs-Prodd. vorst. Gemische, Öl, (+).

Versuche: *N.N-Dicarbomethoxy-5.6.7.8-tetrachlor-1.4-endomethylen-5.8-endodichlormethylen-2.3-diaza-Δ⁶-oktalin* (**IV**), $C_{14}H_{12}Cl_6N_2O_4$, F. 147°, u. *N.N-Dicarboäthoxy-* (**III**), $C_{16}H_{16}Cl_6N_2O_4$, F. 108°, entstehen beim 24std. Erhitzen von *Hexachlorcyclopentadien* (**V**) u. *Azo-bis-ameisensäureester* auf 120° im offenen Gefäß; aus **III** entsteht mit alkohol. NaOH bei 25—35° $C_{10}H_6Cl_6N_2$, F. 163°, aus diesem beim Kochen in Toluol $C_{10}H_6Cl_6$,

F. 164° (Konstit. vgl. C. **1959.** 12229, *1.7.8.9.10.10-Hexachlortetracyclo-*$[5.2.1.0^{2,6}.0^{3,5}]$*-decen-(8)*), *1.4.5.6-Tetrachlor-1.4-endodichlormethylen-2-vinyl-*Δ^5*-cyclohexen* (**VI**), $C_9H_6Cl_6$, $Kp._2$ 120—123°, u. *Bis-[2.3.4.5-tetrachlor-2.5-endodichlormethylen-*Δ^3*-cyclohexenyl-(1)]*, $C_{14}\cdot H_6Cl_{12}$, F. 236°, durch Einleiten von Butadien in **V**, erhitzen auf 165°, Rk.-Prod. filtrieren u. destillieren. **VI** addiert bei 30° bei UV-Bestrahlung 2 Cl unter Bldg. von $C_9H_6Cl_8$, $Kp._{0,2}$ 144—147°. *1.4.5.6-Tetrachlor-1.4-endodichlormethylen-2-brommethyl-*Δ^5*-cyclohexen*, $C_8H_5BrCl_6$, F. 76—78°, aus Allylbromid u. **V** bei 120—125° 24 Std. im Rohr, umkrist. aus Methanol. Ebenso entsteht $C_8H_5Cl_7$, F. $>$50°. *1.4.5.6-Tetrachlor-1.4-endodichlormethylen-2-hydroxymethyl-*Δ^5*-cyclohexen*, $C_8H_6Cl_6O$, F. 155—165°, aus Allylalkohol u. **V** bei 125° 24 Std. im Rohr, umkrist. aus Ligroin. *1.2.3.4.5.6-Hexachlor-1.4-endodichlormethylen-*Δ^5*-cyclohexen*, $C_7H_2Cl_8$, F. 171—188° u. *1.4.5.6-Tetrachlor-2.3-dibrom-*, $C_7H_2Br_2Cl_6$, F. 205—207°, durch 30 std. Erhitzen von *cis-Dihaloäthylen* mit **V** im Rohr auf 180°, umkrist. aus Methanol. Gemische aus Tetra-, Penta- u. Hexachlorcyclopentadien lassen sich aus Cyclopentadien u. alkal. Hypochlorit-Lsg. erhalten.
P. GREGORZEWSKI. 4607☐

Pharmakologische Untersuchungen über die Wirkung von Latschenöl. Giuliana Ghelardi Primavori. (Atti Soc. Toscana Sci. natur., Ser. B **67.** 6—23. 1960. Pisa, Univ., Ist. di Farmacol.) (Ital.)

Eine mit *Sorbitmonostearat* (**I**) als Lsg.-Vermittler hergestellte Lsg. von *Latschenöl* (**II**) konnte bei Kaninchen ohne tox. Wrkg. i.v. injiziert werden, erhöhte auch in hohen Dosen den Blutdruck nicht u. bewirkte bei der Ratte in verschiedenen Organen eine deutliche, konst. Verringerung von Desoxyribonucleinsäure u. bes. von Ribonucleinsäure; dafür schien jedoch in erster Linie **I** verantwortlich zu sein. Am isolierten Krötenherzen zeigte **II** eine Digitalis-ähnliche Wirkung. K. ZINGRAF. 4608☐

Marsdenia erecta R.Br., eine in den östlichen Mittelmeerländern heimische keimungshemmende Giftpflanze der Asclepiadaceen. Constantin Zerlentis. (Naturwissenschaften **49.** 21. 1. Jan.-H. 1962. Athen, Landwirtsch. Hochschule, Inst. für Angewandte u. Systemat. Botanik.) (Dt.)

Verfüttern von 8—12 g frischen Blättern des in den Mittelmeerländern heimischen Marsdeniastrauches *Marsdenia erecta R. Br.* (syn.: *Cionura erecta Gris.*, *Cynachum erectum L.*, *C. recurvum Forsk.*) führt bei Meerschweinchen in 3—7 Tagen zum Tode. Vorher tritt Appetitlosigkeit, vermehrte Speichel- u. Schweißsekretion, Muskelzittern, Hypathermie u. Tachycardie auf. — Die Pflanze übt auf andere keimungshemmende Wrkg. aus. P. LOCH. 4608☐

Rauschzustände nach Pilzgenuß. E. Gäumann. (Experientia [Basel] **15.** 363—64. 15/9. 1959. Zürich, Eidgenöss. Techn. Hochschule, Inst. für spezielle Botanik.) (Dt.)

Psilocybin (SANDOZ) führt zu Euphorie, Geschwätzigkeit, Lachen, Halluzinationen, farbigen Visionen, Pulszahlverminderung, Herabsetzung des Tonus; es wird angenommen, daß die Indianer Mexikos u. Zentralamerikas, bei welchen die Pilzgifte der Psilocybe-Arten im Mittelpunkt von Kulthandlungen gestanden haben, stärker auf die halluzinogenen Stoffe angesprochen haben, weil Vf. die auch im Selbstvers. erlebten Rauschzustände für zu gering hält, um eine derartige Mittelpunktsstellung zu rechtfertigen.
U. TAUSENDFREUND. 4608☐

Antikoagulans-Aktivität von Habuschlangen-Gift (Trimeresurus flavoviridis). 1. Mitt. **Antikoagulans-Aktivität des rohen Habu-Giftes.** Isao Tateno, Shigeto Suzuki, Osamu Kitamoto und Noriyasu Chiku. (Jap. J. exp. Med. **30.** 409—19. Dez. 1960. Univ. of Tokyo, Hospital of the Inst. for Infectious Diseases and Biolog. Products Labor.) (Jap.)

Das Gift der Habuschlange (*Trimeresurus flavoviridis*) hat Antikoagulans-Wrkg. gegenüber menschlichem Plasma. 1 mg getrocknetes Toxin verhindert Koagulation von 10 ml Blutplasma. Das Gift hemmt die Aktivität einiger Blutgerinnungskomponenten. Bes. stark ist die Wrkg. auf Thromboplastin aus Hirn, aber auch andere Koagulationsfaktoren aus Thromboplastinfreiem Blutplasma werden gehemmt.
U. MOTHES. 4609☐

Antikoagulans-Aktivität von Habuschlangen-Gift (Trimeresurus flavoviridis). 2. Mitt. **Wirkung von Rohgift auf die Blutgefäße und Fibrin-Partikel.** Isao Tateno, S. Suzuki, N. Chiku und O. Kitamoto. (Jap. J. exp. Med. **30.** 421—26. Dez. 1960. Univ. of Tokyo, Hospital of the Inst. for Infectious Diseases.) (Jap.) — 1. vgl. vorst. Referat.

Das Gift der Habuschlange (*Trimeresurus flavoviridis*) wirkt lyt. gegenüber kleinen Blutgefäßen u. Capillaren. 1 γ Rohgift ruft bei 11 Tage alten Küken bereits Capillarblutung hervor. Das Gift konkurriert mit dem Mechanismus der Blutgerinnung u. löst in höheren Konzz. die Fibrin-Partikeln. U. MOTHES. 4609☐

Die Antimalariawirksamkeit und der Stoffwechsel von Biguaniden. 1. Mitt. Stoffwechsel von Chlorguanid und Chlorguanidtriazin bei Rhesusaffen und beim Menschen. Carl C. Smith, J. Ihrig und R. Menne. (Amer. J. trop. Med. Hyg. **10.** 694—703. Sept. 1961. Cincinnati, Ohio, Christ Hosp. Inst. of Med. Res.) (Engl.)

Vff. geben Rhesusaffen (a) *Chlorguanid* (**I**, 20 mg/kg i.m., 10 i.v. bzw. 100 oral) bzw. gleiche i.v.-Dosen *Chlorguanidtriazin* (**II**, *1-p-Chlorphenyl-2.4-diamino-6.6-dimethyl-1.6-dihydro-1.3.5-triazin*) sowie in Kreuz-Verss. zuerst **I**, dann **II** u. umgekehrt u. bestimmen innerhalb von $^1/_2$—24 Std. die Geh. von **I**, **II** u. deren Stoffwechsel-Prodd. im Serum sowie die Ausscheidung vorst. Verbb. mit dem Harn. Bei Vers.-Personen (b) wird nach Applikation von **I** (300 oral) die **I**-Abgabe ermittelt. Es zeigt sich, daß **I** durch a u. b in **II** u. *N-p-Chlorphenylguanid* (**III**) umgewandelt wird, die mit dem Harn ausgeschieden werden. Die **I**, **II** u. **III**-Konzz. im Serum weisen 30 Min. nach **I**-Zufuhr ein Maximum auf, sinken dann ab, bleiben innerhalb der folgenden 2—3 Std. fast konst. oder steigen noch etwas an. Nach ca. 4 Std. wird ein stetiger, langsamer Rückgang der Stoffwechsel-Prodd. festgestellt. Der **II**-Geh. (nach i.m. **II**-Gaben) vermindert sich innerhalb von 8 Std. auf ca. $^1/_{10}$. **I**, **II** u. **III** verschwinden nach i.v. Zufuhr rascher aus dem Serum als nach i.m. oder oraler Applikation. a scheiden 60—80% des injizierten **I** als p-Chloranilin-haltige Stoffwechsel-Prodd. aus, von denen ca. $^1/_3$ aus **II** bestehen. Bei b beträgt die ausgeschiedene Menge an umgesetzten Verbb. 56—66%; davon sind 60% **I**, 30% **II** u. der Rest **III**. Aus den Ergebnissen wird geschlossen, daß die im Vgl. mit **II** stärkere Wirksamkeit von **I** gegen Malaria zum größten Teil auf die Antimalariaaktivität von **I** per se zurückzuführen ist. P. Fahrnlaender. 4610□

Sulfonamide mit protrahierter antibakterieller Wirksamkeit. 2. Mitt. **Alkoxy- und Alkylmercapto-4-sulfanilamidopyrimidine.** Z. Buděšínský, V. Bydžovský, J. Kopecký, A. Šváb und J. Vavřina. (Českoslov. Farmac. **10.** 241—47. Juni 1961. Praha, Výzkum. ústav pro farm. and biochem.) (Tschech.) — 1. vgl. Českoslov. Farmac. **10.** [1961.] 14—20.) (Tschech.)

Neue *Alkoxy-* u. *Alkylmercapto-4-sulfanilamidopyrimidine* wurden teils über entsprechende 4-Chlorpyrimidine in die Pyrimidyl-4-trimethylammoniumchloride übergeführt, teils mit Hilfe der gewöhnlichen Sulfanilierung von 4-Aminopyrimidinen synthetisiert. Sämtliche Stoffe wurden an mit *Streptococcus pyogenes* infizierten Mäusen geprüft. Die höchste relative chemotherapeut. Aktivität (r.c.A.), vgl. 1. Mitt., zeigten das *2-Methylmercapto-5-methoxy-* u. das *2.5.6-Trimethoxy-4-sulfanilamidopyrimidin* (v.c.A.: 0,24 bzw. 0,32).

Versuche: *4-Chlor-5-methoxypyrimidin* (**I**), $C_5H_5ClN_2O$, F. 71° aus 4-Hydroxy-5-methoxypyrimidin u. $POCl_3$, Reinigung durch Sublimation im Vakuum (100°/1″); 69% (Ausbeute). — *2-Methyl-4-hydroxy-5-methoxypyrimidin* (**II**), $C_6H_8N_2O_2$, F. 215°, aus Na-Äthylat, Ameisensäureäthylester u. Methoxyessigsäuremethylester in Bzl. während 1 Std., nach 2 Tagen Zugabe von Acetamidin; 29,5%. — *2-Methyl-4-chlor-5-methoxypyrimidin*, $C_6H_7ClN_2O$, F. 99°, aus **II** u. $POCl_3$ mit einigen Tropfen Dimethylanilin, aus W. umkrist., 53,7%. — *2-Methylmercapto-4-hydroxy-5-methoxypyrimidin* (**III**), $C_6H_8N_2O_2S$, F. 198°, aus dem Na-Enolat des Formylmethoxyessigsäureäthylesters mit Methylisothioharnstoffsulfat; 19,4%. — *2-Methylmercapto-4-chlor-5-methoxypyrimidin* (**IV**), $C_6H_7ClN_2OS$, F. 82°, aus **III** u. $POCl_3$, 60%. — *2-Methylmercapto-5-methoxypyrimidin* (**V**), $C_6H_8N_2OS$, F. 69°, aus **IV** durch 4std. Red. mit Zn-Staub in W./Methanol/Ammoniak (200 : 40 : 4); 63,4%. — *2-Methylmercapto-5-hydroxypyrimidin* (**VI**), $C_5H_6 \cdot N_2OS$, F. 177°, aus **V** durch Erhitzen in 25%ig. NH_3. — *2-Methylmercapto-4-amino-5-methoxypyrimidin*, $C_6H_9N_3OS$, F. 136°, aus **VI** in methanol. NH_3 im Autoklaven für 5 Std. bei 95°; 78,5%. — *2.4-Dihydroxy-5-methoxypyrimidin* (**VIII**), $C_5H_6N_2O_3$, F. 337° (Zers.), aus **III** durch Erhitzen zum Sd. mit 0,5 n H_2SO_4; 78,8%. — *2.4-Dichlor-5-methoxypyrimidin* (**IX**), $C_5H_6ClN_3O$ aus **VIII** in methanol. NH_3; 66,8%. — *2.5-Dimethoxy-4-aminopyrimidin* (**X**), $C_6H_9N_3O_2$, F. 181°, aus **IX** durch Erhitzen mit Na-Methylat; 55,8%. — *2-Methylmercapto-4-amino-5-methoxypyrimidin* (**XI**), $C_6H_9N_3OS$, F. 107°, aus 2-Methylmercapto-4-chlor-6-aminopyrimidin mit Na-Methylat; 82,4%. — *2-Methylmercapto-4-amino-6-äthoxypyrimidin* (**XII**), $C_7H_{11}N_3OS$, F. 96°, Kp.$_{0,35}$ 128—130°, Darst. analog **XI**; 48,6%. — *2-Methylmercapto-4-amino-6-isopropoxypyrimidin* (**XIII**), $C_8H_{13}N_3OS$, Kp. 123—126°, Darst. analog **XI**, *Pikrat*, $C_{14}H_{16}N_6O_8S$, F. 178° (Zers.). — *2.6-Dimethylmercapto-4-aminopyrimidin* (**XIV**), $C_6H_9N_3S_2$, F. 105°, aus 2-Methylmercapto-4-amino-6-chlorpyrimidin mit Na-thiomethylat in CH_3OH; 82,8%. — *2-Methylmercapto-4.6-dichlorpyrimidin* (**XV**), $C_5H_4Cl_2N_2S$, F. 40°, aus 2-Methylmercapto-4.6-dihydroxypyrimidin mit $POCl_3$. — *2-Methylmercapto-4-chlor-6-methoxypyrimidin* (**XVI**), $C_6H_7ClN_2OS$, F. 39°, aus **XV** mit Na-Methylat. — *2.4.6-Trichlor-5-methoxypyrimidin* (**XVII**), $C_5H_3 \cdot Cl_3N_2O$, F. 68°, aus 5-Methoxybarbitursäure, $POCl_3$ u. Dimethylanilin im Einschmelz-

rohr; 52%. — *2.5.6-Trimethoxy-4-chlorpyrimidin* (**XVIII**), $C_7H_9ClN_2O_3$, F. 73°, aus **XVII** mit Na-Methylat; 81,8%. — *2-Methylmercapto-5-aminopyrimidin* (**XIX**), $C_5H_7N_3S$, F. 105°, aus 2-Methylmercapto-5-aminopyrimidin-4-carbonsäure durch Decarboxylierung bei 200—210°; 36,6%. — *4-Sulfanilamido-5-methoxypyrimidin* (**XX**), $C_{11}H_{12}$·N_4O_3S, F. 242°, 0,01 Mol **I** wird in 0,02—0,03 Mol 10%ig. benzol. Trimethylamin-Lsg. 2—7 Tage stehengelassen, das quart. Salz abgesaugt u. nach dem Trocknen in die geschmolzene Mischung von 0,03 Mol Na-Sulfanilamid u. 0,08 m Acetamid bei 100—110° eingetragen, 5—30 Min. lang auf dieser Temp. gehalten u. nach dem Abkühlen auf 50° in W. gelöst. Aus dem durch Ansäuern mit CH_3COOH anfallenden Gemisch von **XX** u. Sulfanilamid wird letzteres mit W. digeriert u. das rohe Haupt-Prod. aus 50% A. umkrist.; 28%. — *2-Methyl-4-sulfanilamido-5-methoxypyrimidin*, $C_{12}H_{14}N_4O_3S$, F. 214°, Darst. analog **XX**; 20,8%. — *2.5-Dimethoxy-4-sulfanilamidopyrimidin* (**XXI**), $C_{12}H_{14}N_4O_4S$, F. 264°, aus **X** u. p-Acetamidobenzolsulfochlorid in Pyridin; 24,8%. — *2.5.6-Trimethoxy-4-sulfanilamidopyrimidin*, $C_{13}H_{16}N_4O_5S$, F. 203°, analog **XX** aus **XVIII**; 21,2%. — *2-Methylmercapto-4-sulfanilamido-5-methoxypyrimidin*, $C_{12}H_{14}N_4O_3S_2$, F. 221°, analog **XX** aus **IV**; 40%. — *2-Methylmercapto-4-sulfanilamido-6-methylpyrimidin*, $C_{12}H_{14}N_4O_2S$, F. 212°, analog **XX**, 48,2%. — *2-Methylmercapto-4-sulfanilamido-6-methoxypyrimidin*, $C_{12}H_{14}N_4O_3S$, F. 176°, analog **XX** oder **XXI** aus **XVI**, 15,5% bzw. 71,8%. — *2-Methylmercapto-4-sulfanilamido-6-äthoxypyrimidin*, $C_{13}H_{16}N_4O_3S_2$, F. 164°, analog **XXI** aus **XII**; 70,6%. — *2-Methylmercapto-4-sulfanilamido-6-isopropoxypyrimidin*, $C_{14}H_{18}H_4O_3S$, F. 126°, analog **XXI** aus **XIII**; 67,9%. — *2.6-Dimethylmercapto-4-sulfanilamidopyrimidin*, $C_{12}H_{14}N_4O_2S_3$, F. 171°, analog **XXI** aus **XIV**; 82,3%. — *2-Methylmercapto-5-sulfanilamidopyrimidin*, $C_{11}H_{12}N_4O_2S_2$, F. 177°, analog **XXI** aus **XIX**; 48%.
H.-W. WACHE. 4610☐

Untersuchungen über die rectale Resorption von Penicillin und Streptomycin aus verschiedenen Suppositoriengrundmassen. Luis Vargas C. und Arturo Izquierdo B. (Arch. Pharmaz. Ber. dtsch. pharmaz. Ges. **294/66.** 153—63. Sept. 1961. Concepcion/Chile, Univ., Pharm. Fak., Lehrstuhl f. galen. Pharm.) (Dt.)

Es wurden Suppositorien aus *Oleum Cacao* (A), *Suppositorienmasse Imhausen H* (B) sowie *Lanettewachs* (C) mit den Wirkstoffen *Penicillin G-Na* (**I**), *Penicillin V* (**II**, *p-Phenoxymethylpencillin*) u. *Dihydrostreptomycinsulfat* (**III**) hergestellt. **I** erwies sich in Zäpfchen aus B am haltbarsten. **II** war in jedem Falle haltbarer als **I**. **III** war in B haltbarer als in A. Die Zäpfchen wurden Hunden in Pentobarbitolnarkose eingeführt, Blut aus der Vena femoralis entnommen u. die Blut-Konz. der Antibiotica chem. u. mikrobiolog. bestimmt. Die höchste Konz. der Wirkstoffe im Blut wurde 30 Min. nach Applikation gefunden. **II** wies eine erheblich geringere Blut-Konz. als **I** auf, wahrscheinlich infolge geringerer Wasserlöslichkeit. Zusatz von *Na-Laurylsulfat* erhöhte die Abgabebereitschaft der Antibiotica ins Blut. J. BOELTER. 4611☐

Die Wirkung von Chloramphenicol auf die Erythropoese. Parvin Saidi, Ralph O. Wallerstein und Paul M. Aggeler. (J. Lab. clin. Med. **57.** 247—56. Febr. 1961. San Francisco, Calif., Children's Hosp.; Univ. of California Med. Serv., San Francisco General Hosp.) (Engl.)

Bei Verabfolgung von *Chloramphenicol* (**I**) an Patienten mit Infektionen (40—85 mg/kg über 4—27 Tage), mit Anämien (52—60 mg/kg über 3—7 Tage bei zusätzlicher Eisentherapie oder bei zusätzlichen Vitamin-B_{12}-Gaben) u. an gesunde Kontrollpersonen (44—71 mg/kg über 7 Tage) stellten Vff. zahlreiche Vakuolen in dem Cytoplasma u. den Kernen der primitiven Erythroblasten fest. Ähnliche Vakuolen konnten gelegentlich in Granulocyten u. Megakaryocyten u., zahlreicher, in Plasmazellen gefunden werden. Die älteren Erythroblasten u. Normoblasten waren bedeutend vermindert. Im Blut ist die Zahl der Erythrocyten, der Leukocyten u. der Blutplättchen häufig verringert. Die Unterss. an dem unterschiedlichen Krankengut lassen erkennen, daß die Knochenmarkveränderungen von der Dosis u. von der Dauer der **I**-Therapie abhängig sind u. unter gegebenen Voraussetzungen sogar zur aplast. Anämie führen können, daß die auftretenden hämatolog. Veränderungen nicht allein durch individuelle Faktoren erklärt werden, obwohl durch fehlende Veränderungen an gesunden Personen die Abhängigkeit von der Person gezeigt wird u. daß anäm. Patienten mit akt. Knochenmark nur eine teilweise Empfindlichkeit gegenüber den knochenmarksverändernden Einflüssen des **I** besitzen. **I** scheint an den Proerythroblasten anzugreifen, da hier die größte Zahl der Vakuolen zu finden ist. Die Knochenmark- u. Blutwerte normalisieren sich nach Absetzen des **I**.
CH. FOLESKY. 4611☐

Erfahrungen bei der Anwendung von Bicillin-3 in der therapeutischen Klinik. Ed. Kalnynsch und Ju. Anschelewitsch. (Известия Академии Наук Латвийской ССР [Nachr. Akad. Wiss. LettSSR] **1960.** Nr. 4. 183—84.) (Russ.)

Beobachtungen an 60 Patienten mit Herd- u. lobärer Pneumonie, chron. Bronchitiden u. Bronchiektasien, Angina follicularis u. Rheumocarditiden ergaben, das *Bicillin-3* (I; enthält je 200000 E. des K-Salzes u. des Novocainsalzes von Penicillin u. 200000 E. Bicillin) eine gute therapeut. Wrkg. hat. I wurde 1—2mal in 6—7 Tagen in der Dosis von 60000 E. i.m. injiziert. Von Nebenwrkg. wurde einmal eine Eosinophilie u. einmal ein allerg. Hautausschlag festgestellt. I ist demnach in allen Fällen anwendbar, in welchen auch Penicillin indiziert ist. E. RENTZ. 4611□

Durch Hemicholinium hervorgerufene Transmissionsinsuffizienz sympathischer Nerven. V. Chang und M. J. Rand. (Brit. J. Pharmacol. Chemotherapy **15.** 588 bis 600. Dez. 1960. Sydney, N.S.W., Australia, Univ. of Sydney, Dep. of Pharmacol.) (Engl.)

Hemicholinium (*α.α'-Bis-[methyläthanolamino]-4.4'-bis-acetophenondibromid*; I) ruft am sympath. innervierten isolierten Meerschweinchen-Vas deferens., isolierten Kaninchenuterus, isolierten Kaninchencolon, durchströmten Kaninchenohr, isolierten Katzenvorhof u. am Musculus erector pili des Katzenschwanzes (in Dosen von 20—50 μg, am Vorhof u. Schwanz auch von 500 μg/ml) eine Rk.-Insuffizienz gegenüber Nervenreizung hervor. Die blockierende Wrkg. von I auf die Rk. gegenüber postganglionärer sympath. Reizung ähnelt seiner blockierenden Wrkg. gegen die am isolierten Kaninchenvorhof mit Vagusnerv, an der isolierten Kaninchenvagina mit Beckennerv u. am isolierten Meerschweinchenzwerchfell mit Phrenicus beobachteten Reizung cholinerg. Nerven. Die durch I bewirkte Transmissionsinsuffizienz an sympath. u. cholinerg. Nerven kann durch *Cholinchlorid* (0,4—1 mg/ml) rückgängig gemacht werden. Es wird angenommen, daß der Blockierungsmechanismus von I an den sympath. Nervenendigungen, falls es sich dabei um eine cholinerg. Übertragung handelt, durch Hemmung der *Acetylcholin*-Synth. erklärbar ist. U. TAUSENDFREUND. 4620□

Species-Unterschiede bei der Wirkung von Monoaminoxydase-Hemmern. H. Gösche. (Arch. int. Pharmacodynam. Thérap. **133.** 245—53. 1/10. 1961. Basel, F. Hoffman-La Roche u. Co.) (Dt.)

Die Dosis eines Monoaminooxydase-Hemmers (I), die eine 50%ig. Erhöhung (DE_{50}) des Geh. an 5-Hydroxytryptamin im Gehirn hervorruft, ist je nach Tierart verschieden. Das gegenseitige Verhältnis DE_{50} verschiedener Präpp. zeigt ebenfalls starke Species-Abhängigkeit. Aus der Wirksamkeit eines I bei einer Tierart dürfen daher keine Schlüsse über das Ausmaß der Wrkg. bei einer anderen Species gezogen werden. P. GREGORZEWSKI. 4620□

Sympathicomimetische Wirkung von ε-Aminocapronsäure. Armando O. Ramos, Loring F. Chapman, Alexandre P. Corrado und Virgílio A. Fortes. (Arch. Int. Pharmacodynam. Thérap. **132.** 274—78. 1/7. 1961. Ribeirao Preto, Brazil, Fac.of Med., Dep. of Pharmacol.) (Engl.)

ε-Aminocapronsäure wirkt sympathicomimet. u. führt (bei Hund, Katze u. Kaninchen) in Dosen von 120 mg/kg zu Blutdruckanstieg, Kontraktion der Nickhaut, Mydriasis, Duodenalerschlaffung, Herzstimulierung. 2—5 mg *Chlorpromazin*/kg vermindern die Wrkg. bzw. löschen sie aus. Vorherige Verabreichung von 2 mg *Hexamethioniumbromid*/kg hat keinen Einfluß. U. TAUSENDFXEUND. 4620□

Tremor bei Katzen: die Wirkung der Verabreichung von Arzneimitteln in die Hirnventrikel. F. R. Domer und W. Feldberg. (Brit. J. Pharmacol. Chemotherapy **15.** 578—87. Dez. 1960. London, Nat. Inst. for Med. Res.) (Engl.)

Der bei Katzen durch intraperitoneale Injektion von 30 mg *Na-Pentobarbiton*/kg oder durch i.m. Injektion von 25 mg *Chlorpromazin*/kg hervorgerufene Tremor kann durch Injektion von 2,5—5 μg *Adrenalin* (I) oder *Noradrenalin* (II; beide als Bitartrat) in die Hirnventrikel behoben werden. Durch intraventrikuläre Injektionen von *Ephedrinsulfat, Amphetaminsulfat, Isoprenalin* (III)-*sulfat* oder *Phenylephrinhydrochlorid* in Dosen bis zu 500 μg konnte keine Beeinflussung des Tremors erzielt werden; auch durch Antiparkinsonmittel wie *Atropinsulfat, Hyoscinhydrochlorid, Diäthazinhydrochlorid* (*Diparcol*) *Benzhexol* (*Artane*) u. *Trihexiphenidyl* hatten bei intraventrikulärer Injektion bis zu 500 μg keine Wirkung. Intraventrikuläre Injektionen von 0,5 mg *Chloralose* (IV), 20—30 mg *Urethan*, 0,5 g $CaCl_2$, 0,5 mg $MgCl_2$ hatte unterschiedlich andauernde Hemmungen des Tremors zur Folge. Bei einer Perfusion von I oder II von einem lateralen Ventrikel durch den Aquaeductus waren zur Hemmung des Barbiturat-Tremors weniger als 1 μg erforderlich; dabei war I wenigstens 4mal so wirksam wie II; auch Perfusion mit höheren Konzz. von III hatte Erfolg (bis 500 μg); die anderen sympathicomimet. Amine u. die Antiparkinsonmittel waren jedoch auch dabei wirkungslos. Der Tremor konnte bei dem Perfusions-Verf. auch durch 2 μg IV oder 20 μg $CaCl_2$ gehemmt werden. Intraventriculäre Injektionen von 250—500 μg *5-Hydroxytryptamin* führen selbst zu einem Tremor. — Wenn derart geringe Mengen artifiziell zugeführter Substanzen (I u. II) auf Strukturen, in denen sie normalerweise bereits zu finden sind, einen Einfl. ausüben, dann läßt das an die Möglichkeit denken, daß dieser pharmakolog. Effekt nur eine physiolog. Funktion nachahmt, wobei daran gedacht wird, daß möglicherweise die Freisetzung des Hirnstamm-II-Geh. bei der Kontrolle von Tremor u. Zittern beteiligt ist. Die für die Antitremor-Wrkg. ausschlaggebende Struktur der wirksamen sympathicomimet. Amine scheint der Brenzcatechinamin-Ring zu sein, da nur **I**, **II** u. **III** eine Wirksamkeit besitzen. U. TAUSENDFREUND. 4620□

Wirkung von Reserpin auf die Nebenniere der Maus. P. Chirvan-Nia und P. Delost. (C.R. Séances Soc. Biol. Filiales **155.** 1516—19. 1961. Clermont-Ferrand, Fac. des Sci., Labor. de Physiol.) (Franz.)

Vff. stellten fest, daß *Reserpin* [Dosis: 1 (mg/kg/Tag) 7 Tage lang bzw. 0,25 8 Tage lang bzw. 0,50 mg/kg/2 Tage 15 Tage lang, subcutan] bei der ♀ Maus (Swiss-Stamm) eine vollständige Atrophie der Zone X der Nebennieren sowie eine Verminderung des Gewebe-Vol. des Nebennierenmarks u. der Rinde verursacht. Chron. Fasten hat ähnliche Folgen. H. KOCKERT. 4620□

Psychose- und halluzinationserzeugende Eigenschaften hoher Dosen von Benactyzin. M. Vojtěchovský, V. Vítek, K. Ryšánek und H. Bultasová. (Experientia [Basel] **14.** 422—23. 15/11. 1958. Prague, Inst. for Human Nutr.; Inst. for Postgraduate Med. Training, Chair of Int. Med.) (Engl.)

Bei 7 Normalpersonen lösten 50—200 mg *Benactyzin* experimentelle Psychosen aus u. setzten gleichzeitig den Geh. von 5 Hydroxyindolessigsäure im Harn herab. K. ZINGRAF. 4620□

„Bindung" eines synthetischen Polypeptides (Hypertensin) an Heparin und Freisetzung des Peptides durch Compound 48/80 in vitro. R. Jacques, K. Küttner, H. J. Bein. (Experientia [Basel] **16.** 147. 15/4. 1960. Basel, CIBA AG.) (Dt.)

Durch Amberlite IR 120 (H^+) aus Handels-Heparin gewonnene *Heparinsäure* (**I**) verhielt sich gegenüber *Histamin* (**II**) etwa so wie Na-Heparinat in essigsaurem Milieu. Aus dieser Bindung konnte **II** durch Compound 48/80 freigesetzt werden. Bei der Dialyse von 4 mg *Hypertensin* (**III**) in 6 ml W. gegen 194 ml W. gingen bei 20° in 3 Std. 0,5 mg **III** ins Außendialysat, aus einem Gemisch von 4 mg **III** u. 7 mg **I** weniger als 0,001 mg **III**. Zusatz von 4 mg Compound 48/80 zu diesem Gemisch erhöhte den Durchschnitt von **III** auf 0,24 mg. W. WILLENBERG. 4626□

Pharmakologische Prüfung der hypnotischen Wirkung eines neuen Derivats von Chloralhydrat: Chlorhexadol. George A. Condouris und Desmond D. Bonnycastle. (Amer. J. med. Sci. **242.** Nr. 5. 574—78. Nov. 1961. Jersey City, N.J., Seton Hall Coll. of Med. and Dentistry, Dep. of Pharmacol.) (Engl.)

Bei Patienten, deren Schlaf durch den Reiz einer gefüllten Blase gestört wurde, war die Schlafdauer unter Einw. von 1600 mg *2-Methyl-2-hydroxy-4-[2'.2'.2'-trichlor-1'-hydroxyäthoxy]-pentan* (*Chlorhexodol, LORA*, WALLACE LABOR., CRANBURY, N.J.; **I**) oder 50 mg *Secobarbital*, nicht aber nach Gabe von 800 mg **I**, um $1^1/_2$ Std. länger als nach Verabreichung eines Leerpräparates. K. ZINGRAF. 4627□

Vergleichende Bewertung der anästhesierenden Wirkung von Novocain und Lignocain. A. Sch. Ssimonischwili. (Сообщения Академии Наук Грузинской ССР [Mitt. Akad. Wiss. GrusinSSR.] **23.** 627—29. Nov. 1959. Tbilissi, Med. Inst.) (Russ.)

Mittels der sensor. Chronaximetrie wird an Patienten die taktile u. Schmerzempfindlichkeit unter dem Einfl. von *Novocain* (**I**) u. *Lignocain* (**II**; Diäthylaminoaceto-2.6-xylididhydrochlorid) geprüft. Nach der Injektion von **I** (10 mm³ der 0,25%ig. Lsg. intracutan u. subcutan) tritt die Anästhesie nach 5 Min. ein u. dauert 20—25 Minuten. Nachher kommt es zu einer gewissen Hyperästhesie der Haut. Wird der gleiche Vers. mit **II** durchgeführt, so tritt die Anästhesie sofort ein u. dauert 30—85, im Mittel 54 Minuten. Es wurden ferner 20 Kinder in Lokalanästhesie mit **II** operiert, wobei Puls, Temp. u. Atmung sich wie bei der **I**-Anästhesie verhielten. E. RENTZ. 4627□

Analgetische Eigenschaften von 4-Äthoxycarbonyl-1-[2-hydroxy-3-phenoxypropyl]-4-phenylpiperidin (B. D. H. 200) und einiger verwandter Verbindungen. Camillo Bianchi und Alan David. (J. Pharmacy Pharmacol. **12.** 449—59. Aug. 1960. Godalming, Surrey, British Druy House, Ltd.) (Engl.)

Einundzwanzig 3-Aryloxy- oder 3-Alkyloxy-2-hydroxy-n-propyl-Derivv. von Norpethidine wurden subcutan im Mäuse-Vers. auf ihre analget. Wrkg. untersucht. *4-Äthoxycarbonyl-1-[2-hydroxy-3-phenoxypropyl]-4-phenylpiperidin* (**I**) ist 3mal so wirksam wie Morphin u. zehnmal so wirksam wie Penthidin, die therapeut. Eigg. sind besser als die der genannten Vgl.-Substanzen. Die Dauer der Analgesie ist der vom Morphin u. Penthidin ähnlich u. führt weniger zur Verstopfung als Penthidin. Der

I-Wrkg. auf Atmung u. Kreislauf wirkt Nalorphin entgegen. Folgende Substanzen wurden untersucht: 4-Äthoxycarbonyl-4-phenylpiperidine: *N-Methyl-*, *N-[3-Phenoxy-2-hydroxypropyl]-*, *N-[3-(o-Toloxy)-2-hydroxypropyl]-*, *N-[3-(m-Toloxy)-2-hydroxypropyl]-*, *N-[3-(p-Toloxy)-2-hydroxypropyl]-*, *N-[3-(o-Methoxyphenoxy)-2-hydroxypropyl]-*, *N-[3-(o-Chlorphenoxy)-2-hydroxypropyl]-*, *N-[3-(m-Chlorphenoxy)-2-hydroxypropyl]-*, *N-[3-(p-Chlorphenoxy)-2-hydroxypropyl]-*, *N-[3-(o-Fluorphenoxy)-2-hydroxypropyl]-*, *N-[3-(o-propenoxyphenoxy)-2-hydroxypropyl]-*, *N-[3-Phenoxy-2-acetoxypropyl]-*, *N-[3-(o-Toloxy)-2-carbäthoxypropyl]-*, *N-[3-(p-Äthoxycarbonylphenoxy)-2-hydroxypropyl]-*, *N-[3-Δ^3-Dehydropiperidino-2-hydroxypropyl]-*, *N-[3-Morpholino-2-hydroxypropyl]-*, *N-[2.3-Dihydroxypropyl]-*, *N-[3-Äthoxy-2-hydroxypropyl]-*, *N-[3-tert.-Butoxy-2-hydroxypropyl]-*, *N-[3-Butoxy-2-hydroxypropyl]-*, *N-[3-Diphenylmethoxy-2-hydroxypropyl]-*, *N-[3-o-Toloxy-2-methyl-2-hydroxypropyl]-*. P. GREGORZEWSKI. 4627 □

Analgetisch wirkende Antipyretica als Antagonisten von Bradykinin. H. O. J. Collier und Patricia G. Shorley. (Brit. J. Pharmacol. Chemotherapy **15**. 601—10. Dez. 1960. Hounslow, Middlesex, Parke Davis & Co., Dep. of Pharmacol. Res.) (Engl.)

Es wurden die Wrkg. von *Acetylsalicylsäure* (als Ca-Acetylsalicylat; **I**), *Phenylbutazon* (**II**) u. *Amidopyrin* (**III**) (sowie anderen; vgl. unten) auf 4 verschiedene biolog. Rkk. gegenüber *Bradykinin* (**IV**) untersucht. Bei einer dieser Rkk., der Bronchokonstriktion beim Meerschweinchen, bewiesen diese Substanzen Zeichen eines pharmakolog. Antagonismus gegenüber **IV**; dabei unterdrückten nichttox. Dosen die Rk. auf **IV**; durch größere Dosen von **IV** konnte die Rk.-Fähigkeit gegenüber **IV** wiederhergestellt werden; danach kam durch eine Erhöhung von **I**, **II** oder **III** im gleichen Dosisverhältnis wie vorher eine erneute antagonist. Wrkg. zustande; diese wirksamen u. höhere Dosen der Antagonisten hemmten jedoch nicht die Rk. gegenüber anderen Bronchokonstriktoren [*Histamin* (**V**), *5-Hydroxytryptamin*, *Acetylcholin*]. Bei einer anderen **IV**-Wrkg., der Kontraktion des Meerschweinchenileum in vitro, verminderten **II** u. **III** zwar die Wrkg. von **IV**, es wurde aber gleichfalls auch die Wrkg. von **V** beeinträchtigt; in zwei weiteren biolog. Syst., den Hautcapillaren des Meerschweinchens in vivo u. dem Rattenduodenum in vitro, konnten auch große Dosen von **I**, **II** oder **III** die **IV**-Wrkg. nicht hemmen; die auf **V** zustande kommenden Rkk. konnten durch *Mepyramin* (**VI**) spezif. antagonist. beeinflußt werden. Von den gesamten untersuchten Stoffen hatte eine starke antagonist. Wrkg. gegenüber **IV**: **I**, **II**, **III** u. *Phenazon*; eine mittlere Wirksamkeit wiesen auf: *Paracetamol*, *Cinchophen*, *Na-Salicylat u. Acetanilid*; schwach wirksam waren: *Phenacetin*, *Salicylamid* u. *4-Hydroxyisophthalsäure*; *Hydrocortison* entfaltet eine unspezif. Wrkg., u. *Cortison*, *Aldosteron*, *Amodiachin* u. *Morphin* waren unwirksam. Die bei sensibilisierten Meerschweinchen durch Antigeninjektion hervorgerufene bronchospast. Rk. konnte durch Vorbehandlung mit **VI** vermindert werden, blieb jedoch unbeeinflußt durch **I**, *Lysergsäurediäthylamid* oder *Atropin*. — Die bronchokonstriktor. Wrkg. des **IV**-ähnlichen Nonapeptids H·L·Arg·L·Pro·Pro·L·Phe·L·Ser·L·Pro·L·Phe·L·Arg·OH (vgl. BOISSONNAS u. Mitarbeiter, Experientia. [Basel] **16**. [1960.] 326) wird ebenfalls von **I** (2 mg/kg i. v.) gehemmt, u. zwar in gleichem Ausmaß wie eine gleichwirksame **IV**-Dosis; nach **I** zeigen das Nonapeptid u. auch nahezu reines **IV** leicht bronchodilator. Wirkung. U. TAUSENDFREUND. 4627 □

Anticonvulsive Eigenschaften von 2-Methyl-3-p-bromphenyl-3 H-chinazolon-(4)-hydrochlorid. Camillo Bianchi und Alan David. (J. Pharmacy Pharmacol. **12**. 501—05. Aug. 1960. Godalinnig, Surrey, British Drug Houses, Ltd.) (Engl.)

Vff. untersuchten 25 2-Alkyl-3-aryl-3 H-chinazolon-(4)-Derivv., 8 2-Aryl-3-alkyl-3 H-chinazolon-(4)-Derivv. u. 6 2-Alkyl-3-aryl-3 H-thiochinazolon-(4)-Derivv. auf ihre orale anticonvulsive Wirksamkeit gegenüber Leptazol-induzierten Krämpfen im Mäuseversuch. *2-Methyl-3-p-bromphenyl-3H-chinazolon-(4)-hydrochlorid* (**I**) ist die aktivste Substanz, sie ist 14mal so wirksam wie Troxidone gegen Leptazol (L) u. 8mal so wirksam gegen elektroschockinduzierte Krämpfe (E.K.), $^1/_4$ so akt. wie Phenytoin gegen L u. $^1/_{12}$ so wirksam gegen E.K., gegen L wirkt es ähnlich wie Primidone, ist aber nur $^1/_3$ so wirksam gegen E.K. Folgende Verbb. wurden untersucht: 2-Methyl-3H-chinazolone-(4): *3-o-Tolyl-*, *3-o-Anisyl-*, *3-p-Anisyl-*, *3-o-Phenetyl-*, *3-m-Phenetyl-*, *3-p-Phenetyl-*, *3-o-Chlorphenyl-*, *3-m-Chlorphenyl-*, *3-p-Chlorphenyl-*, *3-o-Bromphenyl-*, *3-m-Bromphenyl-*, *3-p-Bromphenyl-*, *3-p-Jodphenyl-*, *3-p-Fluorphenyl-*, *3-[2.4-Dichlorphenyl]-*, *3-[2.5-Dichlorphenyl]-*, *3-[2.3-Xylyl]-*, *3-[2.4-Xylyl]-*, *3-[2.5-Xylyl]-*, *3-[2.6-Xylyl]-*, *3-[3.4-Xylyl]-*, *3-[3.5-Xylyl]-*, *3-[3.4.5-Trimethoxyphenyl]-*, *3-[4-Brom-2.3-dimethylphenyl]-*; 2-Äthyl-3H-chinazolone-(4): *3-Phenyl-*, *3-o-Chlorphenyl-*, *3-p-Bromphenyl-*, *2-Propyl-3-p-bromphenyl-3H-chinazolon-(4)*; 3-Methyl-3H-chinazolone-(4): *2-Phenyl-*, *2-o-Tolyl-*, *2-p-Chlorphenyl-*, *2-o-Bromphenyl-*, *2-p-Bromphenyl-*, *2-Phenyl-3-äthyl-3H-chinazolon-(4)*, *2-Phenyl-3-[β.γ-dihydroxypropyl]-3H-chinazolon-(4)*, *2-p-Bromphenyl-3-äthyl-3H-china-*

zolon-(4); 2-Methyl-3H-thiochinazolone-(4): *3-o-Tolyl-*, *3-p-Chlorphenyl-*, *2-o-Bromphenyl-*, *3-p-Bromphenyl-*, *3-p-Fluorphenyl-*; *2-Äthyl-3-p-Bromphenyl-3H-thiochinazolon-(4)*. P. Gregorzewski. 4628□

Ein nicht diuretisch wirkendes Benzothiadiazin mit antihypertensiven Eigenschaften. Alan A. Rubin, Franklin E. Roth und Martin M. Winbury. (Nature [London] **192.** 176—77. 14/10. 1961. Bloomfield, N.J., Schering Corp., Biol. Res. Div., Dep. of Pharmacol.) (Engl.)

2,0—10,0 mg *3-Methyl-7-chlor-1.2.4-benzothiadiazin-1.1-dioxid* (I)/kg i. v. injiziert, bewirkte bei normotensiven anästhesierten Katzen u. Hunden einen unmittelbaren u. längeren Blutdruckabfall, während *Benzothiadiazin*-Diuretika in Dosen bis zu 40,0 mg/kg den Blutdruck kaum oder nicht veränderten. Die orale Applikation von 5,0—20,0 mg I/kg an hypertensive Hunde (Goldblattsche Nieren-Präpp.) u. Ratten (akt Desoxycorticosteronacetat oder metacorticoide Hypertension) führte zu einem allmählichen Abfall des Blutdruckes, der nach Absetzen von I wieder auf den vorherigen Wert anstieg. Die Hypotension durch I konnte nicht durch vorherige Applikation von *Atropin*, *Phentolamin*, *Hexamethonium*, *Chlorpheniramin*, *Reserpin* oder durch Transektion des Rückenmarkes verhindert werden. Direkte Injektion von I in die Schenkel-, Nieren- oder Coronararterien bewirkte einen unmittelbaren u. längeren Anstieg des Blutflusses durch jedes Vascularbett. Es wird eine direkte periphere, vasculäre Relaxation durch I angenommen, was durch in vitro-Verss. mit Aortenstreifen von Ratten u. Kaninchen bestätigt werden konnte. J. Boelter. 4630□

Zur Frage der qualitativen Unterschiede von Herzglykosiden. A. Kovaříková. (Českoslov. Farmac. **10.** 234—36. Juni 1961. Praha, Výzk. úst. přírodn. léč.) (Tschech.)

Convallatoxin (I) u. *g-Strophantin* (II) weisen an Meerschweinchen prakt. dieselbe DL auf. In derselben Zeit wurden ektop. bedingte Rhythmusstörungen bei kontinuierlicher Infusion beobachtet. Adenosin setzt die DL beider Stoffe um den gleichen %-Wert herab, aber der Adenosinblock ändert sich u. geht in einem heterotropen Rhythmus nach 36% DL I u. nach 60% DL II über. Vor dem Vers. verabreichte Cocarboxylase erhöht die DL von I um 23% u. die Dosis, die den Adenosinblock in den heterotropen Rhythmus verwandelt, um 53%. Die Verss. zeigen, daß es zwischen I u. II qual. Unterschiede gibt. H.-W. Wache. 4630□

Spartein bei Störungen der Reizbildung und Reizleitung am Herzmuskel. R. Dreller. (Dtsch. Gesundheitswes. **15.** 1267—69. 16/6. 1960. Halle-Dölau, Bezirkskrankenhaus, Inn. Abt.) (Dt.)

Sparteinsulfat (Weiss & Co., Döbeln) fand bei Patienten mit Vorhofflimmern Verwendung. Bei der Mehrzahl der 30 Fälle kam es zu Übergang auf Vorhofflattern mit verminderter Kammerfrequenz, bei 3 wurde regulärer Sinusrhythmus erzielt; ebenso wurden 3 Vorhofkammerblockierungen regularisiert; länger bestehende Rechts- oder Linksschenkelblockierung wurden nicht beeinflußt; ebenso nicht totale Blockierungen u. Sinustachycardien bei Myocardinfarkt. Keine Wrkg. auf Blutdruck oder Diurese. Am günstigsten reagieren gehäufte bzw. gekoppelte Extrasystolen. Bei bestimmten Dekompensationsformen ist Kombination mit Digitoxin günstiger, I wirkt hierbei digitoxinsparend. U. Tausendfreund. 4630□

Hustenstillende Wirkung von l-Propoxyphen bei der durch Citronensäure ausgelösten Hustenreaktion. B. Calesnick und James C. Munch. (Amer. J. med. Sci. **242.** Nr. 5. 560—64. Nov. 1961. Philadelphia, Pa., Hahnemann Med. Coll., Labor. of Human Pharmacol.) (Engl.)

Im doppelten Blind-Vers. bei 70 Gesunden, bei denen durch Inhalation von Citronensäure Hustenreiz ausgelöst wurde, besaßen 100 mg *l-Propionsäure-1.2-diphenyl-3-methyl-4-dimethylaminobutyl-(2)-esternaphthalin-2-sulfonat*, *Monohydrat* (*l-Propoxyphen*) eine ebenso starke hustenstillende Wrkg. wie 15 mg Codeinsulfat. K. Zingraf. 4650□

F. Pharmazeutische Chemie. Desinfektion

Ein Beitrag zur Arzneimittelresistenz. Josef Riehl. (Dtsch. Apotheker-Ztg. **101.** 1353—56. 19/10. 1961. Würzburg, Univ., Inst. für Pharmaz. u. Lebensmittelchem.) (Dt.)

Vortrag. — 10 Literaturangaben. H. Franzen. 4750□

Diskussionsbeitrag zu den Vorschlägen zum DAB 7 betreffend den Artikel Benzoesäure. G. Frenzel. (Pharmazie **16.** 34. Jan. 1961. Berlin-Adlershof, Berlin-Chemie, TKO.) (Dt.)

Vf. lehnt die von Börngen, Gebler u. Hausschild (Pharmazie **15.** [1960.] 17) zum Nachw. u. zur Best. der *Chlorbenzoesäure* in Benzoesäure für das DAB 7 vorgeschlagene Meth. ab u. befürwortet eine gleichfalls vorgeschlagene Meth. von BORNKESSEL, KNY u. RICHTER (Pharmazie **15.** [1960.] 20). Für die Nachprüfung der letzteren wurde Isoamylalkohol verwendet. W. SCHMOLLACK. 4750□

Ein Zwischenstufenmikroverdampfer. E. G. C. Clarke und A. E. Hawkins. (J. Pharmacy Pharmacol. **12.** 509—11. Aug. 1960. London, Roy. Vet. Coll., Dep. of Physiol.) (Engl.)

Vff. beschreiben einen neuen App. zum Eindampfen kleinster Lsg.-Mengen, in der ersten Stufe von 1 ml auf 0,05 ml u. in der zweiten Stufe von 0,05 ml auf wenige Mikroliter. P. GREGORZEWSKI. 4758□

Die bakteriostatische Wirkung von Campherspiritus bei der Herstellung von Gelatinekapseln. Jan Pasich und Stanisława Kochaniewicz. (Acta polon. pharmac. **17.** 323—25. 1960. Poznań, Pozn. Zakł. Farm., Labor. badawcze.) (Pol.)

Campherspiritus (0,05 g Campher in 0,2 g 70%ig. A. auf 100 g Gelatine) wirkt 4mal stärker bakteriostat. als p-Chlor-m-kresol in der gleichen Konzentration. Campher erhöht außerdem die Steifheit der Gelatine. F. URBAN. 4766□

Das Auftreten von Kaffeesäure in einigen Heilpflanzen. Bolesław Broda, Wacław Jaroniewski und Lucjan Świątek. (Acta polon. pharmac. **17.** 301—06. 1960. Łódź, Akad. Med., Zakł. Botan. farmac.) (Pol.)

Aus dem wss. Extrakt verschiedener Pflanzen wurde nach Hydrolyse der Gerbstoffe mit 25%ig. KOH *Kaffeesäure* (**I**) isoliert. Gefunden wurden in *Herba Hyperici* 0,1, in *Folium Juglandis* 0,1, in *Herba Euphrasiae* 0,6 u. in *Herba Veronicae spicatae* 0,3% **I**. **I** ist in höheren Konzz. (> 25 mg) in vitro gegen den Erreger des Schweinerotlaufs wirksam. Das Keimen von Lolchsamen (*Agrostemma githago L.*) wird durch **I** gehemmt. F. URBAN. 4782□

Beitrag zur Bewertung von in der Tschechoslowakei angebautem Lavendel und Möglichkeiten zur Verbesserung seiner Qualität. Věra Košova und Miloš Chládek. (Acta polon. pharmac. **17.** 307—18. 1960. Brno, Univ., Pharmaz. Abt., Pohorelice, Wiss. Inst. ČzSANR.) (Pol.)

Im mitteleuropäischen Klima ist *Lavandula officinalis* Chaix ex Vill. die einzige Lavendelgattung, die einen guten Ertrag u. einen hohen Geh. an äther. Ölen liefert. Der höchste Öl-Geh. in den Blüten (2,58%) tritt kurz vor der Vollblüte (80% der Blüte) auf. Der Geh. des Öles an Linalolacetat erreicht maximal 42,6%. Beim Trocknen der Blüten steigt ihr Öl-Geh. um > 50%. F. URBAN. 4782□

Morphologische und biologische Untersuchungen über Mentha Requieni Benth. Cecilia Provvedi Becatti. (Riv. ital. Essenze, Profumi, Piante officin., Olii veget., Saponi **43.** 360—62. Aug. 1961.) (Ital.)

Es werden Ökologie, Morphologie u. Biologie der vornehmlich auf Korsika u. Sardinien anzutreffenden Minze *Mentha Requieni Benth.* beschrieben. — 18 Literaturangaben. H. P. FIEDLER. 4782□

Beitrag zur Kenntnis der offizinellen Aloearten und besonders ihre physikalisch-chemische Untersuchung. Marc Durand. (Trav. Lab. Matière méd. Pharmac. galénique Fac. Pharmac. Paris **43.** 1—149. 1958, herausgeg. 1959. Paris.) (Franz.)

Übersicht. — 140 Literaturangaben. F. THOMAS. 4782□

Über Depside der Birnblätter. H. Friedrich. (Planta med. [Stuttgart] **6.** 440—43. Dez. 1958. Gatersleben, DAW Berlin, Inst. für Kulturpflanzenforsch.) (Dt.)

Übersicht. — 12 Literaturangaben. P. GREGORZEWSKI. 4782□

Bemerkungen zur Publikation von Géza Ligeti „Zur Vererbung des Glykosidgehaltes von Digitalis lanata". Péter Tétényi. (Acta pharmac. hung. **29.** 275—76. Dez. 1959. Budapest, Gyógynövénykut. Int.) (Ung.) — Vgl. C. **1960.** 3308.

Krit. Bemerkungen u. neue Vorschläge zur Benennung von Chemovarietäten. N. SEILER. 4782□

Über das Vorkommen von Solasodinglykosiden in Solanum nigrum L. und ihre industrielle Verwertung. K. Schreiber. (Planta med. [Stuttgart] **6.** 435—39. Dez. 1958. Mülhausen, Dtsch. Akad. der Landwirtschaftswiss., Biol. Zentralanst., Forsch.-Stelle für Kartoffelkäferbekämpfung.) (Dt.)

Bei der Überprüfung von ca. 200 verschiedenen Varietäten, Formen u. Herkünften von *Solanum nigrum* L. [(Sect. *Morella* (Dun.) Bitt., *Solanaceae*] wurde festgestellt, daß in den Blättern, Stengeln u. unreifen Früchten dieser Pflanzen als Hauptalkaloide die Solasodinglykoside *Solasonin* u. *Solamargin* in sehr unterschiedlicher Menge vorkommen. Die präparative Auftrennung des Alkaloidgemisches erfolgte nach einer fraktionierten Cholesterinfällung mit Hilfe chromatograph. Methoden. P. GREGORZEWSKI. 4782□

Herkunft und Alkaloidzusammensetzung von Veratrum album L. W. Poethke und W. Kerstan. (Planta med. [Stuttgart] **6.** 430—34. Dez. 1958, Jena, Inst. für Pharm. u. Lebensmittelchem.) (Dt.)

Übersicht. — 14 Literaturangaben. P. GREGORZEWSKI. 4782□

Hyoscyamin-Epoxydierung bei einer Artkreuzung von Datura. A. Romeike. (Planta med. [Stuttgart] **6.** 426—27. Dez. 1958. Gatersleben, DAW zu Berlin, Inst. für Kulturpflanzenforsch.)

Bei der Kreuzung aus *Datura ferox L.* (**I**) u. *Datura stramonium L.* entstehen in der F_1-Generation Bastarde, die von **I** die Fähigkeit zur Epoxydierung des *Hyoscyamins* geerbt haben. P. GREGORZEWSKI. 4782□

Identifizierung der bei der Isolierung von Nebenalkaloiden aus dem Benzolextrakt des „Sak" erhaltenen Verbindung mit dem Schmelzpunkt 188°. Stanisław Biniecki, Maria Moll und Jadwiga Strzelecka. (Acta polon. pharmac. **17.** 253—56. 1960. Warszawa, Akad. Med., Zakł. Technol. Chem. Środków leczn.) (Pol.)

„Sak", ein Nebenprod. der Morphinextraktion aus Mohnkapseln, wird mit NaOH auf pH 10 alkalisiert u. dann mit Bzl. extrahiert. Der Rückstand der Nebenalkaloide, der beim Lösen mit heißem A. zurückbleibt (F. 190°), wird nochmals mit heißem A. umkristallisiert. Der neu erhaltene Rückstand hat einen F. von 180—181° u. zeigt Alkaloidreaktionen. Im Filtrat krist. beim Kühlen eine Substanz **I**, $C_{21}H_{21}NO_7$, F. 188°, aus, die nach papierchromatograph. Unters. unter Anwendung des Lsgm.-Gemisches n-Butanol–Ameisensäure–W. einheitlich ist (R_F 0,59), aber mit Narcotin (R_F 0,75) oder Narcein (R_F 0,70) nicht ident. ist. Der **I**-Methyläther (F. 174°), erhalten durch Umsetzung mit Diazomethan, gibt mit Narcotin keine F.-Erniedrigung. **I** ist somit *Narcotolin* (Pikrat, F. 145—147°). F. URBAN. 4782□

Die Alkaloide der Immergrünpflanzen: Vinca und Catharanthus (Apocynaceen). Marcelle Gabbai. (Trav. Lab. Matière méd. Pharmac. galénique Fac. Pharmac. Paris **43.** 1—127. 1958, herausgeg. 1959. Paris.) (Franz.)

Übersicht. — 64 Literaturangaben. F. THOMAS. 4782□

Untersuchungen der Wurzelalkaloide von Rauwolfia vomitoria Afz. (Apocynaceen). Jacques Poisson. (Trav. Lab. Matière méd. Pharmac. galénique Fac. Pharmac. Paris **44.** 1—116. 1959, herausg. 1960.) (Franz.)

Übersicht. — 132 Literaturangaben. F. THOMAS. 4782□

Zur Gattung Rauwolfia. 5. Mitt. Rauwolfia longeacuminata von Wild. und Th. Dur. und R. obscura K. Schumann. G. Dillemann, R. Paris und P. Chaumelle. (Ann. pharmac. franç. **16.** 504—10. Juli/Aug. 1958. Paris, Fac. de Pharmacie, Labor. de Matière méd.) (Franz.) — 4. vgl. Ann. pharmac. franç. **16.** [1958.] 225.

Die Wurzeln von *Rauwolfia longeacuminata* u. *R. obscura* zeigen nur geringe histolog. Unterschiede; der Geh. an *Reserpin* sowie Anzahl, Lage u. Fluorescenz der *Alkaloide* in den Ionopherogrammen zeigten große Ähnlichkeit. F. HELLER. 4782

Stabilitätsprüfung von Solutio arsenicalis. Angéla Szepesy. (Acta pharmac. hung. **29.** 255—60. Dez. 1959. Budapest, Orvostud. Egyetem Gyógyszer. Int.) (Ung.)

In *Solutio arsenicalis* Ph. Hg. V können sich Aspergillusarten vermehren. Der Schimmelbefall kann durch *Merphen* (1 : 50000) verhindert werden. In diesem Fall verändern sich weder pH noch As_2O_3-Gehalt. Eine schnellere Herst.-Meth. für ein stabiles Prod. wird vorgeschlagen. N. SEILER. 4790□

Isolierung und pharmakologische Untersuchung des in pyramidonhaltigen Injektionslösungen entstehenden farbigen Zersetzungsproduktes. Livia Dömökné, Kiss Vigh, Lajosné Szabolcs und Gábor Vastagh. (Acta pharmac. hung. **29.** 249—54. Dez. 1959. Budapest, Orsz. Közegészség. Int. Kém. és Biol. Oszt.) (Ung.)

Aus pyramidonhaltigen Injektions-Lsgg. (23,5 Liter) wurden die während der Lagerung entstehenden farbigen Zers.-Prodd. durch Ausschütteln der alkalisierten Lsg. mit Chlf. u. Chromatographie an Al_2O_3 isoliert (1,2 g). Sie hatten die 3fache Toxizität des Pyramidons (bei der Maus). N. SEILER. 4790□

Der Einfluß einiger Stabilisatoren auf die Beständigkeit von Vitamin C im Fruchtsaft von Hippophaë rhamnoides L. während der Lagerung. Józef Kołodziejski, Stanisław Gill und Irena Łuczkiewicz. (Acta polon. pharmac. **17.** 293—300. 1960. Gdańsk, Akad. Med., Kat. Farmakogn.) (Pol.)

Bei der Sterilisierung des Fruchtsaftes von Sanddorn (*Hippophaë rhamnoides L.*) durch ½std. Kochen in vollgefüllten Flaschen gehen nur geringe Mengen (ca. 1%) des Vitamin C (**I**) verloren. In Ggw. von Oxalsäure gehen 2%, in Ggw. von Citronensäure bis 8% **I** verloren. Die natürliche Acidität des Saftes ist somit für die Erhaltung des **I**-Geh. am günstigsten. In Sirupform mit 50% Saccharose zersetzt sich 30% **I** beim Sterilisieren. Beim Aufbewahren des sterilisierten Saftes ist der **I**-Verlust im 1. Monat am höchsten. Nach 10 Monaten ist der I-Verlust im reinen Saft 22, im I-angereicherten 18 u. in citronensäurehaltigem Saft 19%. Im Zuckersirup zersetzt sich in der gleichen Zeit bis 50% I. F. URBAN. 4790□

Eine mathematische Interpretation der Kinetik von Stabilitätsuntersuchungen bei erhöhter Temperatur, angewendet auf feste Zubereitungsformen. Stuart P. Eriksen, John F. Pauls und Joseph V. Swintosky. (J. Amer. pharmac. Assoc., sci. Edit. **47.** 697—700. Okt. 1958. Philadelphia, Pa., Smith, Kline and French Labor., Res. and Dev. Div.) (Engl.)

Zur Vorhersage der Lagerfähigkeit von Arzneizubereitungen mittels der ARRHENIUSschen Gleichung werden die entsprechenden Unterss. bei erhöhter Temp. durchgeführt. Die schnelle Einstellung des Temp.-Gleichgewichtes ist häufig schwierig zu erreichen, so daß hier eine Fehlerquelle zu suchen ist. Vff. geben eine neue Berechnungs-Meth. an, die die effektive Lagerzeit bei erhöhter Temp. zu bestimmen gestattet. Das berechnete „*Gleichgewicht-Temp.-Zeit-Äquivalent*" gestattet die Korrektur der Lager- oder der Prüfzeiten, so daß der Fehler zu vernachlässigen ist. S. ERBE. 4790□

Neue Arzneimittel. Anonym. (Chemist and Druggist **168.** 386—87. 5/10. 1957.) (Engl.)

Bocasan (KNOX, England): Puder mit 69,7% Na-Perborat, 29,8% Na-Hydrogentartrat. Gegen Stomatitis. — *EF-Cortelan* (GLAXO; England): Ampullen mit 100 mg Hydrocortisonhemisuccinat-Na. Corticosteroid. — *Neomin* (GLAXO, England): Tabletten u. Tropfen mit Neomycinsulfat. Antibioticum. — *Prodermide* (KERFOOT, England): Salbe mit 5 (%) Lebertran, 2 Glycerin, 1 Glykokoll; Lsg. von 18 (%) Ammoniumlaurylsulfat, 1 Glykokoll. Dermaticum. — *Antepar* (BURROUGHS WELLCOME, England): Tabletten mit 500 mg Piperazin als Phosphat. Anthelminthicum. — *Nembudeine* (ABBOTT, England): Tabletten mit 15 (mg) Codeinsulfat, 210 Acetylsalicylsäure, 150 Phenacetin, 30 Coffein, 15 Pentobarbiton-Na. Analgeticum. — *Cordex forte* (UPIOHN, Englang): Tabletten mit 1,5 (mg) Hydrocortison, 300 Acetylsalicylsäure. Antirheumaticum. — *Plesmet* (COATES & COOPER, England): Tabletten mit 50 (mg) Fe-Aminoacetosulfat, 1 Thiaminhydrochlorid. Antianämicum. — *Trophenium* (DUNCAN, FLOCKHART, England): Ampullen mit 250 mg Phenacylhomatropinchlorid. Antihypertonicum. — *Pectobalm* (CROOKES, England): Salbe mit 3 (%) Guajacol, 2 Eucalyptol, 1 Menthol, 4 Campher, 10 Squalen, 0,1 Thymol, 2 Terpentinöl, 1 Guajacolnicotinat. Antitussicum. — *Adreson-Augentropfen* (ORGANON, Holland): Suspension von 1% Cortisonacetat. Ophthalmicum. — *Adrycin-Augentropfen* (ORGANON, Holland): Suspension von 1% Cortisonacetat, 0,5% Neomycinsulfat. Ophthalmicum. — *Hydro-Adreson-Augensalbe* (ORGANON, Holland): Salbe mit 2,5% Hydrocortison. Ophthalmicum. — *Hydro-Adrycin-Augensalbe* (ORGANON, Holland): Salbe mit 2,5% Hydrocortison, 0,5% Neomycinsulfat. Ophthalmicum. — *Durabolin* (ORGANON, Holland): Ampullen mit 25 mg 19-Norandrostenolonphenylpropionat. Anabolicum. K. GERECKE. 4800□

Neue Arzneimittel. Anonym. (Chemist and Druggist **168.** 490—91. 2/11. 1957.) (Engl.)

Dimagel (LEWIS, England): Tabletten mit 500 mg Di-Mg-Al-Trisilicat. Antacidum. — *Cobadex* (BRITISH DRUG HOUSES, England): Salbe mit 1% Hydrocortison. Dermaticum. — *Sethadil* (SMITH KLINE & FRENCH, England): Tabletten mit 500 mg Sulfaäthylthiadiazol. Chemotherapeuticum. — *Codelcortone-TBA* (MERCK SHARP & DOHME, USA): Ampullen mit 20 mg Prednisolonbutylacetat. Antirheumaticum. — *Otosporin* (BURROUGHS WELLCOME, England): Lsg. von 5 (mg) Neomycinsulfat, 10000 Einheiten, 5 Hydrocortison. Otalgicum. K. GERECKE. 4800□

Neue Arzneimittel. Anonym. (Chemist and Druggist **168.** 620—21. 7/12. 1957.) (Engl.)

Streptotriad (MAY & BAKER, England): Tabletten mit 65 (mg) Streptomycin als Sulfat, 100 Sulfathiazol, 100 Sulfadiazin, 65 Sulfamerazin. Antibioticum, Chemotherapeuticum. — *Nilevar* (SEARLE, England): Ampullen mit 25 mg u. Tabletten mit 10 mg Norethandrolon. Anabolicum. — *Trinuride* (BENGUE, England): Tabletten mit 200 (mg) Phenyläthylacetylharnstoff, 40 Diphenylhydantoin, 15 Phenobarbiton. Antiepilepticum. — *Protamyl* (MAY & BAKER, England): Tabletten mit 12,5 (mg) Promethazinhydrochlorid, 50 Amylobarbiton. Gegen Psychoneurosen. — *Tropenal* (VITAMINS, England): Tabletten mit 5 (mg) Thiaminhydrochlorid, 5 Riboflavin, 2 Pyridoxinhydrochlorid, 15 Nicotinamid, 50 Ascorbinsäure, 16 Phenobarbiton. Sedativum. — *Predasin* (GLAXO, England): Tabletten mit 0,5 (mg) Prednisolon als Acetat, 300 Acetylsalicylsäure. Antirheumaticum. — *Welldorm* (SMITH & NEPHEW, England): Tabletten mit Chloralhydrat-Phenazon-Komplex. Hypnoticum. K. GERECKE. 4800□

Darstellung von p-Aminobenzoesäurediäthylaminoäthylesterhydrochlorid (Novocain) durch Umesterung. Stanisław Biniecki, Leszek Rylski und Barbara Chodkowska. (Acta polon. pharmac. **17.** 249—52. 1960. Warszawa, Akad. Med., Zakł. Technol. Chem. Środków leczn.) (Pol.)

Die Umesterung von p-Aminobenzoesäureäthylester mit Diäthylaminoäthanol wird modifiziert: Die Dest. während der Umesterung wird bei normalem Druck u. mit Bzl. durchgeführt. Die Reinigung des *Novocains* (I) über das Sulfat wird ausgelassen. Die Überführung des Hydrochlorids in die freie Base erfolgt mit 25% ig. NH_4OH unter Eiskühlung. Die freie Base krist. aus. Sie wird nicht mit Bzl. extrahiert. Die Reinigung des Prod. wird sehr erschwert, wenn $>$10 mg metall. Na/10 g Ester als Katalysator verwendet werden. Die Ausbeute an I (F. 153,5—155°) beträgt 64%. F. URBAN. 4806□

Einwirkung ultravioletter Strahlung auf Reserpin. Sixten Ljungberg. (J. Pharmac. Belgique [N.S.] **14** (**41**). 115—25. März/April 1959.) (Franz.)

Ident. mit der C. **1959.** 8643 referierten Arbeit. P. GOLINSKE. 4806□

Eine Bemerkung zur Lichtempfindlichkeit von Phenothiazinderivaten. Louis J. Ravin, Lloyd Kennon und Joseph V. Swintosky. (J. Amer. pharmac. Assoc., sci. Edit. **47.** 760. Okt. 1958. Philadelphia, Pa., Smith, Kline and French Labor., Res. and Dev. Div.) (Engl.)

3 ml 5% ig. wss. *Chlorpromazin·HCl* (I)-Lsg. bzw. *Prochlorperazinäthandisulfonat* (II)-Lsg. wurden in ein WARBURG-Gefäß gegeben. Nach Einbringen von 0,2 ml 10% ig. KOH in den Zentralbecher wurde bei 25° u. künstlicher Beleuchtung die O_2-Aufnahme der I- bzw. der II-Lsg. untersucht. Nach einer Induktionsperiode von ca. 6 Min. steigt die O_2-Aufnahme linear mit der Zeit an. Bei Abschalten der Lichtquelle wird keine O_2-Aufnahme mehr registriert. Bei Wiedereinschalten der Lichtquelle schreitet die O_2-Aufnahme linear fort. Die I-Lsg. nimmt mehr O_2 auf als die II-Lösung. Die O_2-Aufnahme u. Färbung der Lsgg. ist abhängig vom pH, dem Lichtspektrum u. seiner Intensität, dem O_2-Druck, der I- bzw. II-Konz., dem Lsgm. u. der Ggw. gewisser Zusatzstoffe. S. ERBE. 4806□

Untersuchung der Hemmwirkung verschiedener Metallionen auf das Wachstum von Achorion quinckeanum, Penicillium glaucum und Aspergillus niger. R. Brun und A. Maggiora. (Parfumerie, Cosmét., Savons **4.** 274—76. Juli 1961. Genève, Clin. univ. Dermatol.) (Franz.)

Inhaltlich ident. mit der C. **1962.** 4633 referierten Arbeit. H. P. FIEDLER. 4832□

Eine weitere Möglichkeit der Anwendung des Deryng-Apparates. Bogusław Kamiński. (Acta polon. pharmac. **17.** 321—22. 1960. Warszawa, Inst. Leków, Zakł. Leków galen.) (Pol.)

Mit dem DERYNG-App. [1951] zur Best. von äther. Ölen in Pflanzen lassen sich geringe Mengen (0,1%) Zimtöl, das als Corrigens in Tranemulsionen verwendet wird, mit guter Genauigkeit bestimmen. F. URBAN. 4880□

Eine Bemerkung zur Anwendung des Brookfield RVF-Viscosimeters bei Dickungsmitteldispersionen. J. O. Runikis, Nathan A. Hall und L. Wait Rising. (J. Amer. pharmac. Assoc., sci. Edit. **47.** 758—59. Okt. 1958. Seattle, D.C., Univ. of Washington, Coll. of Pharmacy.) (Engl.)

Vff. empfehlen zur Berechnung der Viscosität eine „n-Wert-Meth.“, bei der der Verlauf der gesamten Fließkurve im Meßbereich in Betracht gezogen wird. Der berechnete n-Wert kann zum Vgl. von Fließkurven u. zur Erkennung von ausgedehnt viscosen, pseudoviscosen u. NEWTONschen Stoffen herangezogen werden. Die Meth. hat keine theoret. Signifikanz, sie kann nur für echt viscose u. pseudoviscose Syst. eingesetzt werden. Einzelheiten im Original. S. ERBE. 4880□

Qualitätsprüfung des für analytische Zwecke verwendeten metallischen Eisens. József Laszlovzky. (Acta pharmac. hung. **29.** 272—74. Dez. 1959. Budapest, Eötvös Loránd Tud. egyetem Szervetlen és Anal. Int.) (Ung.)

Metall. Eisen ist (mit Ausnahme von Elektrolyteisen) zur genauen Einstellung von $KMnO_4$-Maß-Lsgg. ungeeignet. Allg. Gesichtspunkte zur Qualitätsprüfung von Fe für analyt. Zwecke werden angegeben. N. SEILER. 4880□

Komplexometrische Bestimmung von Zink in einigen Rezepturmischungen. Janusz Terpiłowski und Roman Mańczyk. (Acta polon. pharmac. **17.** 267—76. 1960. Wrocław, Akad. Med., Kat. Chem. nieorgan.) (Pol.)

Die komplexometr. Zn^{2+}-Titration kann ohne Entfernung der Begleitstoffe, z. B. der Salbengrundlage, mit Eriochromschwarz bei pH 10 oder mit Xylenolorange (I) bei pH 5 erfolgen. Zur Maskierung von Cu^{2+} wird bei pH 10 KCN, bei pH 5 KSCN verwendet. In Ggw. von Talk oder Alaun ist die Best. von Zn^{2+} möglich, wenn Al^{3+} mit Triäthanolamin maskiert wird u. wenn Mg^{2+} durch Zugabe eines Maleinatpuffers (pH 6,8) ausgeschaltet wird. Auch NH_4F ist zur Maskierung von Al^{3+} bei der Titration in Ggw. von I geeignet. Bi^{3+} kann vor der Titration hydrolyt. abgetrennt werden, doch ist auch die Titration von Bi^{3+} bei pH 1—3 u. von Zn^{2+} bei pH 5 nebeneinander möglich. F. Urban. 4880☐

Bestimmung von Salicylamid, p-Aminobenzoesäure, Phenacetin und Coffein in Rezepturgemischen mit einer spektrophotometrischen Methode. Włodzimierz Żyżyński. (Acta polon. pharmac. **17.** 277—86. 1960. Warszawa, Inst. Leków, Zakł. Chem. analit.) (Pol.)

Während die Absorptionsmaxima alkohol. Lsgg. von Salicylamid (I), p-Aminobenzoesäure (II), Coffein (III) u. Phenacetin (IV) sehr eng beieinander liegen, verschieben sie sich in wss.-alkal. Lsg. so unterschiedlich, daß diese Verbb. ohne Trennung spektrophotometr. bestimmt werden können. Die Extinktionen werden bei Gemischen von I u. II bei 265 u. 326, bei I u. III bei 272 u. 326 u. bei I, III u. IV bei 272, 326 u. 244 mμ gemessen. F. Urban. 4880☐

Über die Verwendung des Bromchlors in der Analyse. Neues Verfahren zur Bestimmung von 5-Methyl-5-[$\Delta^{1,2}$-cyclohexenyl]-N-methylbarbitursäure (Evipan, Hexobarbitural). Kálmán Burger, Elemér Schulek und László Ladányi. (Acta pharmac. hung. **29.** 241—45. Dez. 1959. Budapest, Eötvös Loránd Tud. egyetem, Szervetlen és Anal. Kém. Int.) (Ung.) — Vgl. C. **1960.** 13793.

Das Verf. beruht auf der raschen Addition von BrCl an die Doppelbindung des Cyclohexenylringes von Evipan (I) bzw. Evipan-Na (II), wobei jedoch Cl gegen OH durch Hydrolyse ausgetauscht wird. 1 ml 0,1 n BrCl entspricht 11,81 mg I bzw. 12,91 mg II. N. Seiler. 4880☐

Elektrophorese von Alkaloiden. R. Paris und G. Faugeras. (Trav. Lab. Matière méd. Pharmac. galénique Fac. Pharmac. Paris **44.** 15—21. 1959, herausgeg. 1960. Paris, Fac. de Pharm., Labor. de Matière méd.) (Franz.)

Inhaltlich ident. mit der C. **1961.** 5890 referierten Arbeit. F. Thomas. 4880☐

Eine papierchromatographische Untersuchung an unter verschiedenen Bedingungen isolierten Alkaloidgemischen. Kamilla Bergane und Arnold Nordal. (Medd. norsk. farmac. Selsk. **20.** 70—77. Mai 1958. Oslo, Univ., Inst. of Pharmacy.) (Engl.)

Zur Trennung von *Sedamin* (I), dem Hauptalkaloid aus *Sedum acre*, u. *Sedridin* (II), einem Nebenalkaloid, eignet sich bei der papierchromatograph. Meth. als Fließmittel bes. Butanol–Essigsäure–W. (4:1:5) oder wassergesätt. Butanol. Nicht zu erklären ist das öfter beobachtete „Verschwinden" von II während der Chromatographie, vor allem nach längerer Vorsättigung. I kommt in allen untersuchten standortlich verschiedenen Drogen vor. Zur Identifizierung von II ist eine spezielle Extraktions-Meth. (vgl. Beyerman u. Muller, Recueil Trav. chim. Pays-Bas **74.** [1955.] 1568) nötig. Nicotin konnte in den Extrakten nicht nachgewiesen werden. Verschiedene nicht identifizierte Flecke waren auf den Chromatogrammen aller untersuchten Proben vorhanden. S. Erbe. 4880

Zur Gehaltsbestimmung von Folia belladonnae. U. Bogs und M. Teichert. (Planta med. [Stuttgart] **6.** 444—47. Dez. 1958. Halle, Pharm. Inst.) (Dt.)

Vff. schlagen die Vorschrift der USP XIV mit kleinen Abänderungen für ein neues Arzneibuch vor. P. Gregorzewski. 4880☐

Zur biologischen Standardisierung von Mutterkornpräparaten. Hans-H. Wellhöner. (Planta med. [Stuttgart] **6.** 420—23. Dez. 1958. Leipzig, Karl-Marx-Univ., Pharmakol. Inst.) (Dt.)

Übersicht. — 15 Literaturangaben. P. Gregorzewski. 4880☐

Über die Brauchbarkeit der Feiglschen Tüpfelreaktion für ephedrinhaltige Arzneimittelpräparate. Ottóne Szücs. (Acta pharmac. hung. **29.** 246—48. Dez. 1959. Budapest, Orvostud. Egyetem Gyógyszer. Int.) (Ung.)

Die Brauchbarkeit der Tüpfel-Rk. für *Ephedrin* (I) nach Feigl u. Silva (J. Amer. pharmac. Assoc., sci. Edit. **47.** [1958.] 460) wird an zahlreichen Arzneimittel-Präpp. erprobt. Die direkte Anwendung der Meth. (ohne Abtrennung der Begleitstoffe) ist nur bei wenigen Präpp. möglich. Viele Substanzen geben eine positive Rk., ohne daß sie I enthalten. N. Seiler. 4880☐

Biologische Methode zur Bestimmung des Gerbstoffgehaltes von Drogen. Géza Buzás. (Acta pharmac. hung. **29.** 261—66. Dez. 1959. Szeged, Orvostud. Egyetem Gyógynövény-és Drogismereti-Int.) (Ung.)

Das Verf. beruht auf der Beobachtung der Trübung von Rinderhämoglobin-Lsg. (gewonnen durch Hämolyse mit 0,4%ig. NaCl-Lsg.) durch eine Konz.-Reihe des wss. Drogenextraktes, wobei ein Parallel-Vers. mit Gerbsäure-Lsg. ausgeführt wird. Empfindlichkeit: 0,0021 g/10 ml. Das Verf. eignet sich zur Wert-Best. von gallotannin- u. catechinhaltigen Drogen, nicht für solche, die äther. Öle u. Saponine enthalten. N. Seiler. 4880☐

Biologische Wertbestimmung von progesteronhaltigen Präparaten. Lajos Szabó. (Acta pharmac. hung. **29.** 267—71. Dez. 1959. Budapest, Orsz. Közegészség. Int.) (Ung.)

Progesteron (I) stimuliert auch ohne Vorbehandlung mit Östron das Uteruswachstum infantiler Mäuse, wobei zwischen dem log der applizierten Dosis (0,5—2,0 mg I im Laufe von 5 Tagen) u. der Gew.-Zunahme der Uteri ein linearer Zusammenhang besteht. N. SEILER. 4880□

May & Baker Ltd., England (Erfinder: Raymond Frederick Collins, Michael Davis und Julius Nicholson Ashley), **Herstellung von Aminophenolderivaten** der allg. Formel **I** (R = Alkyl-, Aryl- oder Aralkylrest; R_1 u. R_2 = H, Alkyl- oder Hydroxyalkylrest; R_3 = H, CH_3 oder CH_3O; X = S, SO oder SO_2; n = 3—9), dad. gek., daß man Verbb. der Formel **II** (M = Alkalimetall) mit Verbb. Q—$(CH_2)_n$XR (Q = Estergruppe), Verbb. der Formel **III** mit Verbb. M—X—R, Verbb. der Formel **IV** mit einem Ester umsetzt oder Verbb. der Formel **V** in p-Stellung nitriert u. reduziert. —

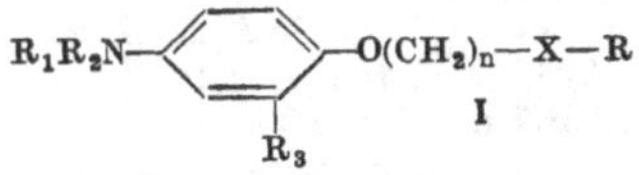
I

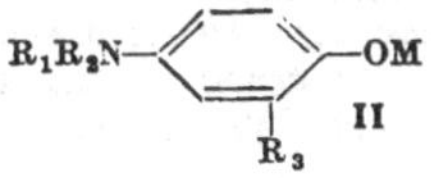
II

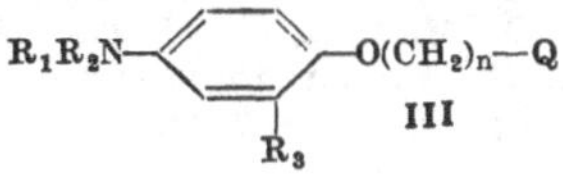
III

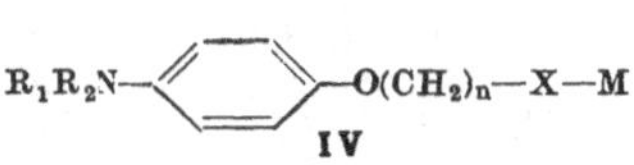
IV

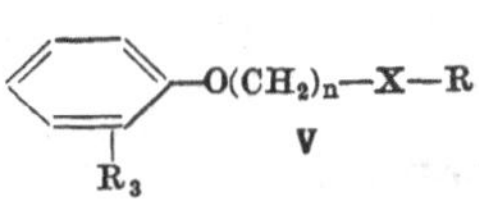
V

1-[p-Aminophenoxy]-5-phenylmercaptopentan, F. 63°, aus 1-Brom-5-[p-nitrophenoxy]-pentan u. Thiophenol über 1-[p-Nitrophenoxy]-5-phenylmercaptopentan (F. 67°). — *1-[p-Nitro-,* F. 33—34°, u. *1-[p-Aminophenoxy]-5-benzylmercapto-* (*Methansulfonat,* F. 147—149°), *1-[p-Nitrophenoxy]-5-[p-nitrophenylmercapto]-,* F. 83—84°, u. *1-[p-Aminophenoxy]-5-[p-aminophenylmercapto]-pentan* [*Dihydrochlorid,* F. 220—230° (Zers.)], oxydiert zu *Phenyl-5-[p-nitro-,* F. 80—81°, u. *-[p-aminophenoxy]-,* F. 70—71°, *Benzyl-5-[p-nitro-,* F. 97—98°, u. *-[p-aminophenoxy]-pentylsulfoxid,* F. 89 bis 90°, bzw. zu *Phenyl-5-[p-nitro-,* F. 85—86°, u. *-[p-aminophenoxy]-,* F. 93—95°, *Benzyl-5-[p-nitro-,* F. 120—121°, u. *-[p-aminophenoxy]-,* F. 101—102°, *[p-Nitrophenyl]-5-[p-nitrophenoxy]-,* F. 129—130°, u. *[p-Aminophenyl]-5-[p-aminophenoxy]-pentylsulfon,* F. 136—138°. — *[p-Acetamidophenyl]-5-[p-nitro-,* F. 112—113°, u. *-[p-aminophenoxy]-pentylsulfon,* F. 126—128°, aus p-Acetamidobenzolsulfinsäure. — *1-Brom-5-[2'-methoxy-4'-nitrophenoxy]-pentan* (**VI**), F. 75—76°, u. *1-[2'-Methoxy-4'-nitro-,* F. 49—51°, u. *-4'-aminophenoxy]-5-methylmercaptopentan,* F. 71—72°, aus 2-Methoxy-4-nitrophenol-K u. 1.5-Dibrompentan. — *1-[2'-Methoxy-4'-nitro-,* F. 67—69°, u. *-4'-aminophenoxy]-5-[p-chlorphenylmercapto]-pentan,* F. 44—46°. — *Phenyl-5-[2'-methoxy-4'-nitro-,* F. 122 bis 124°, u. *-4'-aminophenoxy]-pentylsulfon,* F. 89—90°. — *1-[2'-Methoxy-4'-nitro-,* F. 87—89°, u. *-4'-aminophenoxy]-3-phenylmercaptopropan,* F. 57—58°, aus 1-Brom-3-phenylmercaptopropan. — *1-[2'-Methoxy-4'-(2''-chloräthoxycarbonamido)-phenoxy]-5-phenylmercapto-,* F. 45—47°, u. *1-[2'-Methoxy-4'-(2''-hydroxyäthylamino)-phenoxy]-5-phenylmercaptopentan* (*Hydrobromid,* F. 113—115°), aus Chlorameisensäure-2'-chloräthylester. — *1-[2'-Methoxy-4'-dimethylaminophenoxy]-5-phenylmercaptopentan* [*Hydrobromid,* F. 96—98°; *Jodmethylat,* F. 142—145° (Zers.)]. — *1-[2'-Methoxy-4'-aminophenoxy]-5-methylmercaptopentan,* F. 53°, aus **VI** u. Thioharnstoff über 5-[2'-Methoxy-4'-nitrophenoxy]-pentanthiol (F. 84—86°). — *Therapeutica.* (**F. P. 1 216 951** vom 28/8. 1958, ausg. 29/4. 1960. E. Prior. 3/9. 1957.) S. BÖTTCHER. 4807

May & Baker Ltd., England (Erfinder: Raymond Frederick Collins, Michael Davis und Julius Nicholson Ashley), **Herstellung von Aminophenolen** der allg. Formel **I** (R = Alkyl-, Aryl- oder Aralkylrest; R_1 u. R_2 = H, Alkyl- oder Hydroxyalkylrest; R_3 = H, CH_3 oder CH_3O; Y = CO, CH(OH) oder CH(O-Acyl); n = 1—9] wie in F. P. 1 216 951; vgl. vorst. Referat. — *1-[p-Nitro-* (**II**), F. 102°, u. *1-[p-Aminophenoxy]-5-benzoylpentan,* F. 61—63°, aus 1-Brom-4-[p-nitrophenoxy]-butan u. Benzoylessigsäureäthylester über 2-[4'-(p-Nitrophenoxy)-butyl]-2-benzoylessigsäureäthylester. — Analog

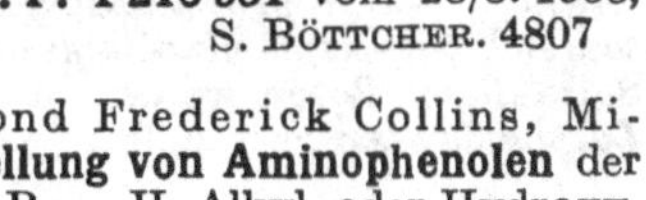
I

1-[p-Nitro-, F. 120—122°, u. *1-[p-Aminophenoxy]-4-benzoylbutan,* F. 112—114°. — *1-[p-Nitro-,* F. 72—74°, u. *1-[p-Aminophenoxy]-6-phenyl-6-hydroxyhexan,* F. 86—88°, aus **II** durch Red. mit Al-Isopropylat. — *1-[p-Methoxyphenoxy]-5-benzoylpentan,* F. 42° (daraus mit HBr u. Phenol 1-Brom-5-benzoylpentan, F. 37,5—38,5°, Kp.$_{14}$ 190—200°, das mit p-Nitrophenol-Na u. 2-Äthoxyäthanol zu **II** umgesetzt wird), aus 1-Brom-

4-[p-methoxyphenoxy]-butan über 2-[4'-(p-Methoxyphenoxy)-butyl]-2-benzoylessigsäureäthylester (F. 38—40°). — *1-[2'-Methoxy-4'-nitrophenoxy]-2-oxopropan*, F. 116—118°, u. *1-[2'-Methoxy-4'-aminophenoxy]-2-hydroxypropan*, F. 124—125°, aus 2-Methoxy-4-nitrophenol-Na. — *[2'-Methoxy-4'-nitrophenoxy]-benzoylmethan*, F. 122—123°, u. *1-[2'-Methoxy-4'-aminophenoxy]-2-phenyl-2-hydroxyäthan*, F. 96—97°. — *1-[2'-Methoxy-4'-nitro-*, F. 85—86°, u. *-4'-aminophenoxy]-6-benzoylhexan* (**V**), F. 85—87°, aus 1-Brom-6-benzoylhexan ($Kp._{0,03}$ 140—150°). — *1-[2'-Methoxy-4'-nitro-* (**III**), F. 90—91°, u. *-4'-aminophenoxy]-4-benzoylbutan* (**IV**), F. 102—104°. — Durch Red. von **V** mit RANEY-Ni *1-[2'-Methoxy-4'-aminophenoxy]-7-phenyl-7-hydroxyheptan*, F. 108—110°, analog *-5-phenyl-5-hydroxypentan*, F. 104—105°, daraus *-7-phenyl-7-acetoxyheptan*, F. 36—37°. — *1-[2'-Methoxy-4'-nitrophenoxy]-5-phenyl-5-hydroxypentan*, F. 76—77°, *-5-acetoxypentan*, F. 114—115°, u. *1-[2'-Methoxy-4'-aminophenoxy]-5-phenyl-5-acetoxypentan*, F. 67—68°. — **III** auch aus 4-Benzoyl-1-methansulfonyloxybutan (F. 58—60°) u. 2-Methoxy-4-nitrophenol-K; **IV** aus 2-Methoxy-4-acetamidophenol u. 1-Brom-4-benzoylbutan über 1-[2'-Methoxy-4'-acetamidophenoxy]-4-benzoylbutan (F. 133—135°). — *1-[2'-Methoxy-4'-dimethylaminophenoxy]-4-benzoylbutan*, F. 82—84°, *Jodmethylat*, F. 160—163°. — *1-[2'-Methoxy-4'-(2''-chloräthoxycarbonylamino)-phenoxy]-*, F. 95—97°, u. *1-[2'-Methoxy-4'-(2''-hydroxyäthylamino)-phenoxy]-4-benzoylbutan*, F. 77—79°. — *Therapeutica*. (**F. P. 1 216 953** vom 29/8. 1958, ausg. 29/4. 1960. E. Prior. 26/9. 1957 u. 24/6. 1958.)

S. BÖTTCHER. 4807

Abbott Laboratories, North Chicago, übert. von: John L. Schmidt, Highland Park, Marjorie B. Moore und Maynette R. Vernsten und Morris Freifelder, Waukegan, Ill., V.St.A., **Monoalkylaminoalkyl-3-alkoxy-4-aminobenzoate.** Hergestellt werden niedrigmol. Alkylaminoalkylester von Benzoesäuren, die am Benzolkern sowohl eine NH_2- als auch eine niedrigmol. Alkoxygruppe enthalten.

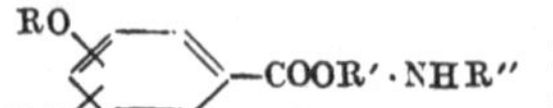
I

Sie besitzen die allg. Formel **I**: Hierin sind R u. R'' niedrigmol. Alkylgruppen u. R' eine 2wertige niedrigmol. KW-Stoffgruppe. Als Ausgangs-Prodd. dienen Monoalkylaminoalkanole, in die zunächst am N-Atom eine hydrolysierbare Gruppe (**II**) eingeführt wird. Das Rk.-Prod. wird dann acyliert, z. B. mit C_6H_5Cl u. weiterhin katalyt. red., wobei **II** von N-Atom der NH_2-Gruppe abgespalten u. durch H ersetzt wird. Beispiele für **II**: Benzyl-, Benzhydryl-, α- u. β-Naphthylmethyl- oder Kernsubstituierte Carbobenzoxygruppen, wie p-Bromcarbobenzoxy- oder Carballyloxyreste. — Es werden folgende **I** hergestellt: *[3-Amino-4-n-butoxybenzoesäure]-2'-n-propylaminoäthylester·HCl*, F. 141—142°; *[3-Amino-4-butoxybenzoesäure]-2'-äthylaminoäthylester·HCl*, F. 128—129°; *[3-Amino-4-n-butoxybenzoesäure]-2'-methylaminoäthylester·HCl*, F. 204°; *[3-Amino-4-butoxybenzoesäure]-2'-isopropylaminoäthylester·HCl*, F. 143—144°; *[3-Amino-4-n-butoxybenzoesäure]-2'-n-butylaminoäthylester·HCl*, F. 140—141°; *[3-Amino-4-n-butoxybenzoesäure]-2'-cyclohexylaminoäthylester·2 HCl*, F. 211—212,5°, Zers.; *[3-Amino-4-n-butoxybenzoesäure]-3'-methylaminopropylester·HCl*, F. 156—158°; *[3-Amino-4-n-butoxybenzoesäure]-3'-cyclohexylaminopropylester·2 HCl*, F. 216°, Zers.; *[3-Amino-4-n-butoxybenzoesäure]-1'-methylaminopropyl-(2)-ester·HCl*, F. 138—140°; *[3-Amino-4-n-butoxybenzoesäure]-1'-n-propylaminopropyl-(2)-ester·2 HCl*, F. 145—146°; *[3-Amino-4-n-butoxybenzoesäure]-2'-n-propylaminobutylester·2 HCl*, F. 206—208°, Zers.; *[3-Amino-4-äthoxybenzoesäure]-2'-n-propylaminoäthylester·HCl*, F. 152,5°; *[3-Amino-4-äthoxybenzoesäure]-2'-n-butylaminoäthylester·HCl*, F. 136—137°; *[3-Amino-4-n-propoxybenzoesäure]-2'-äthylaminoäthylester·HCl*, F. 124—125°; *[3-Amino-4-n-propoxybenzoesäure]-2'-n-propylaminoäthylester·HCl*, F. 140,5—142°; *[3-Amino-4-äthoxybenzoesäure]-2'-tert.-octylaminoäthylester]·2 HCl*, F. 144—146°, Zersetzung. — Die ungiftigen Salze dieser Basen werden in Form von Injektions-Lsgg., Ölen u. Emulsionen für die *Lokalanästhesie* verwendet. (**A. P. 2 828 328** vom 21/3. 1955, ausg. 25/3. 1958.)

A. KALIX. 4807

Abbott Laboratories, North Chicago, übert. von: Morris Freifelder, Waukegan, Ill., V.St.A., **Monoalkylaminoalkyl-alkoxyaminobenzoate.** Hergest. werden niedrigmol. Alkylaminoalkylester von Benzoesäuren, die am Kern eine NH_2- u. eine niedrigmol. Alkoxygruppe enthalten. Sie besitzen die allg. Formel **I**. In dieser sind

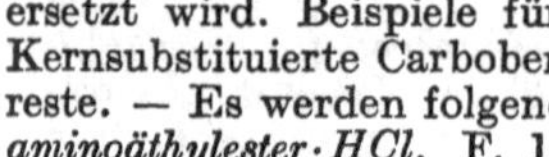
I

R u. R'' niedrigmol. Alkylgruppen u. R' ein 2wertiger niedrigmol. KW-Stoff-Rest. Als Ausgangs-Prodd. dienen Monoalkylaminoalkanole, in die zunächst eine hydrolysierbare Gruppe (**II**) am N-Atom eingeführt wird. Dann wird acyliert, z. B. mit C_6H_5Cl u. das Rk.-Prod. katalyt. red., z. B. mit Pd u. H_2 unter Druck. Hierbei wird **II** vom N-Atom der NH_2-Gruppe abgespalten u. durch H ersetzt, u. es entstehen monosubstituierte Alkylaminoalkylester von Benzoesäure. Beispiele für **II**:

Benzyl-, Benzhydryl-, α- u. β-Naphthylmethyl-, Halogencarbobenzoxy- oder Carballyloxygruppen. — Es werden folgende I hergestellt: *[4-Methoxybenzoesäure]-2'-n-propylaminoäthylester·HCl*, F. 148,5°; *[3-Amino-4-butoxybenzoesäure]-2'-n-propylaminoäthylester·HCl*, F. 141—142°; *[3-Amino-4-n-butoxybenzoesäure]-2'-cyclohexylaminoäthylester·HCl*, F. 211—212,5°; *[3-Amino-4-butoxybenzoesäure]-1'-methylaminopropyl-(2)-ester·HCl*, F. 138—140°; *[3-Amino-4-n-butoxybenzoesäure]-3'-methylamino-1'-propylester·HCl*, F. 156—158°; *[3-Amino-4-n-butoxybenzoesäure]-3'-cyclohexylaminopropylester·2 HCl*, F. 216°, Zers.; *[4-Aminobenzoesäure]-1'-methylaminopropyl-(2)-ester·2 HCl·½ H_2O*, F. 206 bis 208°; *[4-Aminobenzoesäure]-2'-n-butylaminoäthylester·HCl*, F. 140—141°; *[3-Amino-4-n-butoxybenzoesäure]-2'-äthylaminoäthylester·HCl*, F. 128—129°; *[3-Amino-4-n-butoxybenzoesäure]-2'-isopropylaminoäthylester·HCl*, F. 143—144°; *[3-Amino-4-n-butoxybenzoesäure]-2'-n-butylaminoäthylester·HCl*, F. 140—141°; *[3-Amino-4-butoxybenzoesäure]-2'-n-propylaminobutylester·2 HCl*, F. 206—208°, Zers.; *[3-Amino-4-n-butoxybenzoesäure]-1'-n-propylaminopropyl-(2)-ester·2 HCl*, F. 145—146°; *[3-Amino-4-n-butoxybenzoesäure]-2'-isobutylaminoäthylester·HCl*, F. 95—97°. — Die ungiftigen Salze dieser Verbb. werden für die *Lokalanästhesie* verwendet. (**A. P. 2 828 329** vom 7/3. 1955, ausg. 25/3. 1958.) A. KALIX. 4807

Abbott Laboratories, North Chicago, übert. von: Willard C. Braaten und Allen G. Debus, Waukagen, und Gregory A. Bauer, North Chicago, Ill., V.St.A., **Veresterung von Dicarbonsäuren mit tert. Aminoalkoholen.** Dicarbonsäuren (I) oder ihre Anhydride können durch Erhitzen mit tert. Aminoalkoholen (II) unter Rückflußkühlung innerhalb von 6—24 Std. mit 70—90% Ausbeute ohne Anwendung von Katalysatoren verestert werden, ohne daß innere Salz-Bldg. zwischen der COOH-Gruppe von I u. der NH_2-Gruppe von II eintritt. Es wird dabei mit möglichst wenig Lsgm. gearbeitet u. dazu ein solches gewählt, das zusammen mit dem entstehenden W. durch azeotrope Dest. entfernt werden kann, z. B. Bzl., Toluol, Xylol u. Amylacetat. Im allg. werden I u. II in stöchiometr. Mengen angewandt, doch kann II auch im Überschuß vorhanden sein. Beispiele für I, Phthal-, Malein-, Glutar- u. Bernsteinsäure, Beispiele für II: Dimethyl- oder Diäthylaminoäthanol u. -propanol, Piperidino-, Pyrrolidino-, Piperazino- u. Morpholinoalkanole. Verw. der Rk.-Prodd. als Zwischen-Prodd. zur Herst. von Pharmazeutica. (**A. P. 2 858 329** vom 30/11. 1955, ausg. 28/10. 1958.) A. KALIX. 4807

Merck & Co., Inc., Rahway, N.J., V.St.A., **Herstellung von Disulfamylanilinverbindungen,** dad. gek., daß man ein 5-X-2.4-Dichlor- oder Dibromnitrobenzol (X = Halogen, Alkyl-, Alkoxy- oder Nitrogruppe) mit NaS_2 (aus $Na_2S + S$) zum 5-X-2.4-Dimercaptonitrobenzoldi-Na-Salz umsetzt, dieses mit Cl_2 in saurem Medium zu 5-X-Nitrobenzol-2.4-disulfonylchlorid oxydiert, mit NH_3 oder Aminen zu 5-X-2.4-Disulfamylnitrobenzol umsetzt u. die Nitrogruppe reduziert. — *5-Chlor-2.4-disulfamylanilin*, F. 251—252°, aus 2.4.5-Trichlornitrobenzol über 2.4-Dimercapto-5-chlornitrobenzoldi-Na-Salz, 5-Chlornitrobenzol-2.4-disulfonylchlorid u. 5-Chlor-2.4-disulfamylnitrobenzol. — *5-Propoxy-2.4-disulfamylanilin*, aus 2.4-Dichlor-5-nitrophenol u. Propyljodid über 2.4-Dichlor-5-propoxynitrobenzol u. 5-Propoxy-2.4-disulfamylnitrobenzol. — *5-Methyl-2.4-di-N-methylsulfamylanilin*, aus 2.4-Dibrom-5-methylnitrobenzol über 5-Methylnitrobenzol-2.4-disulfonylchlorid u. 5-Methyl-2.4-di-N-methylsulfamylnitrobenzol. — *5-Nitro-*, F. 260—262°, u. *5-Amino-2.4-disulfamylanilin*, F. 245—246° (Zers.), aus 2.4-Dichlor-1.5-dinitrobenzol über 2.4-Disulfamyl-1.5-dinitrobenzol. — *Therapeutica*. (**Oe. P. 206 430** vom 7/11. 1958, ausg. 25/11. 1959. A. Prior. 7/11. 1957.) S. BÖTTCHER. 4807

Merck & Co., Inc., Rahway, N.J., V.St.A., **Herstellung von Disulfamylanilinverbindungen** dad. gek., daß man ein Halogen, Alkyl- oder/u. Alkoxygruppen enthaltendes Nitrobenzol mit Alkalisulfiten zu Alkalisulfonaten umsetzt, diese mit Chlorsulfonsäure in die Disulfonylchloride überführt, aus diesen mit NH_3 oder Aminen Disulfamylnitrobenzole herstellt u. die Nitrogruppe reduziert. — *5-Chlor-2.4-disulfamylanilin*, F. 251 bis 252°, aus 2.4.5-Trichlor- oder 3.4-Dichlornitrobenzol u. Na_2SO_3 über Di-Na-5-Chlornitrobenzol-2.4-disulfonat u. 5-Chlor-2.4-disulfamylnitrobenzol. — *5-Äthoxy-2.4-disulfamylanilin*, aus 2-Chlor-5-äthoxynitrobenzol über K-5-Äthoxynitrobenzol-2-sulfonat u. 5-Äthoxy-2.4-disulfamylnitrobenzol. — *5-Methyl-2.4-di-N-methylsulfamylanilin*, aus 2.4-Dibrom-5-methylnitrobenzol über Di-Na-5-Methylnitrobenzol-2.4-disulfonat u. 5-Methyl-2.4-di-N-methylsulfamylnitrobenzol. — *5-Nitro-*, F. 260—262°, u. *5-Amino-2.4-disulfamylanilin*, F. 245—246° (Zers.), aus 2.4-Dichlor-1.5-dinitrobenzol über 5-Nitro-2.4-disulfamylnitrobenzol. — *Therapeutica*. (**Oe. P. 206 431** vom 7/11. 1958, ausg. 25/11. 1959. A. Prior. 7/11. 1957.) S. BÖTTCHER. 4807

Sterling Drug, Inc., New York, N.Y., übert. von: Chester J. Cavallito, Decatur, Ill., V.St.A., **Herstellung von quaternären Ammoniumsalzen von (tert.-**

Amino)-Alkylamino-p-benzochinonen. Ein p-Benzochinon (I) wird mit 1 oder 2 Mol-Äquivalenten eines prim. oder sek. N-[(tert.-amino)-alkyl]-amins in schwach oxydierendem Milieu umgesetzt, wobei ein 2-Mono- bzw. ein 2.5-Di-[N-(tert.-Amino)-alkylamino]-**I** entsteht. Bei Verw. von Tetrahalogen-**I** als Ausgangs-Prod. ist kein Oxydationsmittel nötig. Die Rk.-Prodd. besitzen die allg. Formeln **II** oder **III**. Hierin ist Z ein H-Atom,

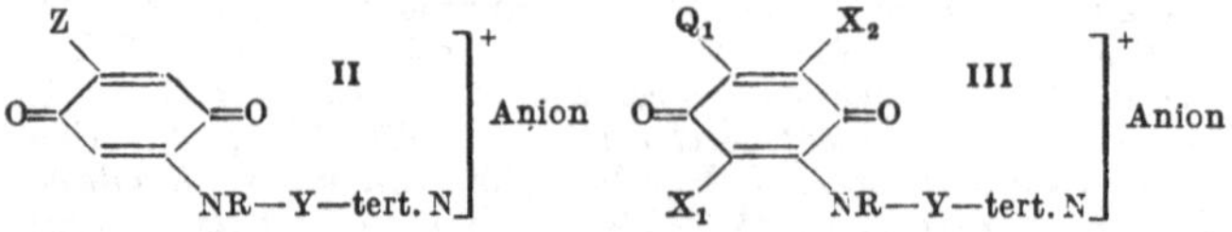

oder eine niedrigmol. Alkylaminogruppe, X_1 u. X_2 sind H, Cl oder Br-Atome, R ein H-Atom oder eine CH_3-Gruppe, Y eine niedrigmol. Alkylengruppe u. Q_1 ist ein Iminoalkylrest. Beispiele: Aus **I** u. N.N-Diäthyltrimethylendiamin erhält man in Dioxan unter Eiskühlung u. Einleiten von O_2 nach 20 Std. 2.5-Bis-[3-diäthylaminopropylamino]-**I**, rote Kristalle, F. 122—124°, Dihydrochlorid, F. 250—251°, als quart. Salze hiervon wurden hergestellt: das Bis-benzylochlorid, orangerote Kristalle, F. 191—195°, das Bis-brommethylat, orangefarbiges Pulver, F. 225°, das Bis-jodäthylat, F. 231—235°, das Bis-brompropylat, F. 223—225°, das Bis-brombutylat, F. 209—212°, das Bis-bromäthylat, F. 240—241°, das Bis-allylobromid, F. 222°, das Bis-methallylochlorid, F. 198—200°, das Bis-[p-chlorbenzylochlorid], F. 204—205°, Zers., das Bis-[o-chlorbenzylochlorid], F. 117—140°, das Bis-[o-methoxybenzylochlorid], F. 182 bis 184°, das Bis-[p-nitrobenzylochlorid], F. 195—197,5° u. das Bis-[m-nitrobenzylochlorid], F. 190—203°; 2-[2-Dimethylaminoäthylamino]-**I**, orangefarbene Kristalle, F. 119°; 2.5-Bis-[2-diäthylaminoäthylamino]-**I**, F. 134—135°, als quart. Salze hiervon: das Bis-benzylochlorid, F. ca. 165—180°, das Bis-allylobromid, F. 233—234° u. das Bis-[p-methylmercaptobenzylobromid]; 2.5-Bis-[2-morpholinyl-(4)-äthylamino]-**I**, orangefarbene Kristalle, F. 189—190°, als quart. Salze hiervon: das Bis-brommethylat, F. 231—234°, Zers., u. das Bromäthylat; 2.5-Bis-[β-thiamorpholinyl-(4)-äthylamino]-**I**, orangefarbenes Pulver; 2-[3-Dimethylaminopropylamino]-**I**, F. 159—160°; 2-[2-Diäthylaminoäthylamino]-5-[3-dimethylaminopropylamino]-**I**; 2-[2-Piperidyl-(1)-propylamino]-**I**, rote Kristalle, F. 200—201°, Zers., Brommethylat, F. 255°; 2-[3-Pyrrolidyl-(1)-propylamino]-**I**-brommethylat, F. 239—240°; 2.5-Bis-[3-Pyrrolidyl-(1)-propylamino]-**I**, F. 155—156°, 2-[N-3-Piperidyl-(3)-propyl-N-methylamino]-**I**, rote Blättchen F. 160—161°; 2-[N-3-Piperidyl-(1)-propyl-N-methylamino]-5-[3-dimethylaminopropylamino]-**I** sowie das Bis-[p-fluorbenzylobromid]; 2.5-Bis-[3-dimethylaminopropylamino]-**I**, rote Kristalle, F. 125 bis 126°, Bis-benzylochlorid hiervon: F. ca. 205—225°, Bis-brommethylat-F. 234—240°; 2.5-Bis-[3-di-n-propylaminopropylamino]-**I**, rote Kristalle, F. 65—66°, Bis-brommethylat-F. 202—204°; 2.5-Bis-[3-piperidyl-(1)-propylamino]-**I**, orangerote Kristalle, F 179 bis 181°, Bis-brommethylat-F. 253°, Zers., Bis-benzylochlorid-F. 175—200°; 2.5-Bis-[N-3-piperidyl-(1)-propyl-N-methylamino]-**I**, rote Kristalle, F. 117—118°, Bis-brommethylat-F. 245—250°, Zers.; 2.5-Bis-[3-morpholinyl-(4)-propylamino]-**I**, orangerote Kristalle, F. 200°, Bis-brommethylat-F. 248°, Zers.; 2-[4-Diäthylaminobutylamino]-**I**, F. 123—125°, Brommethylat-F. 146—148°; 2-[4-Diäthylaminobutylamino]-5-methylamino-**I**, gelbe Kristalle, F. 103—106°; 2-[4-Diäthylaminobutylamino]-5-dimethylamino-**I**; 2.5-Bis-[4-diäthylaminobutylamino]-**I**, F. 105—106°, Brommethylat-F. 229 bis 230°; 2.5-Bis-[5-diäthylaminoamylamino]-**I**, F. 94—98°, Bis-brommethylat, rote Kristalle, F. 112—113°; 2.5-Bis-[5-piperidyl-(1)-amylamino]-**I**, Bis-brommethylat-F. 264 bis 270° (Zers.); 2-[5-Diäthylaminoamylamino]-**I**, F. 84—86°, Brommethylat-F. ca. 113°; 2-[5-Piperidyl-(1)-amylamino]-**I**, F. 176—177°; 2.5-Bis-[3-diäthylaminopropylamino]-3.6-dichlor-**I**, bronzefarbene Nadeln, F. 136—137°; 2.5-Bis-[3-piperidyl-(1)-propylamino]-3.6-dibrom-**I**; 2.5-Bis-[2-piperidyl-(1)-äthylamino]-**I**, F. 158—159°. Strukturformeln aller Verbb. im Original. Die **I** werden *therapeut.* als Mittel mit starker *Curare-Wrkg.* verwendet. (**A. P. 2 844 585** vom 21/12. 1955, ausg. 22/7. 1958.) A. Kalix. 4807

Takeda Pharmaceutical Industries Ltd., Japan, **Herstellung von Kainsäure (K)** und ihren Derivv. der allg. Formel **I**, worin R_1 = Isopropyl-, Isopropyliden-,

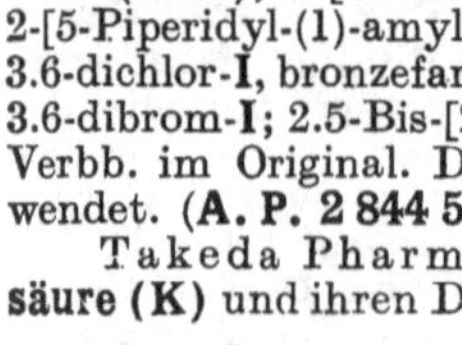

Isopropenyl- oder Acetylrest, R_2 u. R_3 = H oder Methylgruppe, R_4 = H oder Acetylrest, dad. gek., daß man die mol. Energie der entsprechenden D-Form anregt. — 1 (g) β-N-Acetyl-**K** werden in 10 W. mit 6 $Ba(OH)_2$ 6 Std. auf 200° erhitzt. Man wäscht mit W., filtriert, wäscht nochmals u. suspendiert das Ba-Salz in W., wo man es mit verd. H_2SO_4 zersetzt: α-**K**, F. 251° (Zers.); $[\alpha]_D^{20}$ −15° (c = 1; W.); Ausbeute 84%. — *α-Dihydro-***K**, F. 272° (Zers.), $[\alpha]_D^{31}$ −38° (c = 1; W.), aus der α-Form oder β-N-Acetyldihydro-**K** oder dem Monomethylester der β-N-Acetyldihydro-**K**. — *α-N-Acetyl-***K***-Methylesterlacton*, $C_{13}H_{19}NO_5$, Kp.$_3$ 210°, $[\alpha]_D^{19}$ +12,7° (c = 1; A.), aus der β-Verbindung. — *α-Iso-***K***-Dimethylester*, Kp. 149°;

$[\alpha]_D^{19}$ 30,2° (c = 0,993; Methanol). — *α-allo-K*, F. 237° (Zers.), α_D + 8°, aus β-Allo-**K**. — *α-allo-2-Carboxy-3-carboxymethyl-4-acetylpyrrolidin*, F. 205° (Zers.), $[\alpha]_D^{29}$ —19,2° (1%; W.), aus der β-Form [F. 213° (Zers.); $[\alpha]_D^{32}$ —23,5° (1%; W.)], die aus β-2-Carboxy-3-carboxymethyl-4-acetylpyrrolidin (**II**) hergestellt wurde. — *β-N-Acetyl-***K**, F. 199 bis 201°, $[\alpha_D^{22}$ + 54,5° (1%; W.), aus N-Acetyl-**K**-Anhydrid. — *β-***K**, F. 244° (Zers.); $[\alpha]_D^{25}$ + 45° (1%; W.). — *β-***K***-Dimethylester*, Kp. 140—143°; $[\alpha]_D$ + 33,6° (1%; A.). — *β-Dihydro-***K**, F. 230° (Zers.); $[\alpha]_D$ + 25° (1%; W.). — **II**, F. 192° (Zers.); $[\alpha]_D$ + 62° (1%; W.). — *β-N-Acetyl-***K***-2-Monomethylester*, F. 183—184°; $[\alpha]_D^{21}$ + 50,4° (1,01%; W.). — *β-***K***-Lacton*, F. 243° (Zers.); $[\alpha]_D^{24}$ + 58° (1%; W.). — *2-Carboxy-3-carboxymethyl-4-isopropylidenpyrrolidindimethylester*, Kp. 129°, $[\alpha]_D^{18}$ + 22° (1%; A.). — *β-N-Acetyl-***K***-Lacton*, F. 233°; $[\alpha]_D^{20}$ + 124° (1%; W.). — *β-N-Acetyl-***K***-Methylesterlacton*, F. 137°; $[\alpha]_D^{20}$ + 102° (1%; A.). — *Therapeutica.* (**F. P. 1 167 574** vom 29/3. 1956, ausg. 26/11. 1958. Jap. Prior. 31/3. u. 13/8. 1955.) S. BÖTTCHER. 4807

Norgan, Frankreich (Erfinder: Kurt Binovic), **Herstellung von Estern von Aminoalkoholen mit aromatischen Hydroxysäuren,** dad. gek., daß man entsprechende Aminoalkohole in Chlf. oder Bzl. bei —5 bis + 5° mit $SOCl_2$ umsetzt u. die Chloramine in alkohol. Medium mit der Säure oder ihrem Na-Salz erhitzt. — *1-Pyrrolidino-3-phenylpropyl-(2)-*, *1-[Bis-(n-propyl)-amino]-pentyl-(2)-*, *1-Diäthylamino-3-phenylpropyl-(2)-* u. *1-Piperidino-3-phenylpropyl-(2)-benzilat*, aus 1-Pyrrolidino-3-phenylpropanol-(2), 1-[Bis-(n-propyl)-amino]-pentanol-(2), 1-Diäthylamino- bzw. 1-Piperidino-3-phenylpropanol-(2) über 1-Pyrrolidino-2-chlor-3-phenylpropan ($Kp._1$ 120—122°), 1-[Bis-(n-propyl)-amino]-2-chlorpentan ($Kp._{13}$ 97—98°), 1-Diäthylamino- bzw. 1-Piperidino-2-chlor-3-phenylpropan ($Kp._1$ 124—125°) durch deren Rk. mit Benzilsäure bzw. Na-Benzilat. — *Therapeutica.* (**F. P. 1 214 827** vom 26/4. 1957, ausg. 12/4. 1960.) S. BÖTTCHER. 4807

Ciba Soc. An., Schweiz, **Herstellung von o-Aminoalkyloximen von heterocyclischen Aldehyden und Ketonen,** dad. gek., daß man die Aldehyde u. Ketone, auch in Form ihrer Salze, mit O-Alkylhydroxylaminen umsetzt, die im Alkylrest durch eine Amino- oder Ammoniumgruppe substituiert sind, oder daß man Aldoxime u. Ketoxime mit ebenso substituierten Estern umsetzt u. ggf. die Prodd. quaterniert. — 10,7 (g) Pyridin-2-aldehyd u. 10,4 β-Dimethylaminoäthoxyamin (**I**) werden in A. unter N_2 8 Std. gekocht. Bei Fraktionierung erhält man *O-[β-Dimethylaminoäthyl]-pyridin-2-aldoxim*, $Kp._{0,02}$ 82—83°. *Hydrochlorid*, F. 147—148°. *O-[β-Trimethylammoniumäthyl]-N-methylpyridinium-2-aldoximdijodid*, F. 196—197,5°. **I**, $Kp._{13}$ 48—50°, wird aus Acetonoxim u. β-Chloräthyldimethylaminhydrochlorid über O-[β-Dimethylaminoäthyl]-acetonoxim ($Kp._{12}$ 52—57°) hergestellt. Dihydrochlorid, F. 175° (Zers.). — *O-[β-Diäthylaminoäthyl]-pyridin-2-aldoxim*, $Kp._{0,08}$ 88—92° (*Hydrochlorid*, F. 156—157°), u. *O-[β-(Diäthylmethylammonium)-äthyl]-N-methylpyridinium-2-aldoximdijodid*, F. 173 bis 174°, aus β-Diäthylaminoäthoxyamin ($Kp._{13}$ 69—72°; Dihydrochlorid, F. 118—119°). — *O-[β-Dimethyl-*, $Kp._{0,02}$ 89—90° (*Hydrochlorid*, F. 109—110°), u. *O-[β-Diäthylaminoäthyl]-pyridin-3-aldoxim*, $Kp._{0,02}$ 93—94° (*Hydrochlorid*, F. 107—108,5°), *O-[β-Trimethyl-*, F. 228—229° (Zers.), u. *O-[β-(Diäthylmethylammonium)-äthyl]-N-methylpyridinium-3-aldoximdijodid*, F. 195—197°, aus Pyridin-(3)-aldehyd. — *O-[β-Dimethylaminoäthyl]-*, $Kp._{0,02}$ 82—84° (*Hydrochlorid*, F. 129—130°), u. *O-[β-Diäthylaminoäthyl]-pyridin-4-aldoxim*, $Kp._{0,03}$ 99—101° (*Hydrochlorid*, F. 136—137°), *O-[β-Trimethyl-* u. *O-[β-(Diäthylmethylammonium)-äthyl]-N-methylpyridinium-4-aldoximdijodid*, F. 162°, aus Pyridin-(4)-aldehyd. — *O.O'-Bis-[β-dimethylaminoäthyl)-pyridin-2.6-dialdoxim*, $Kp._{0,06}$ 190 bis 200° (*Dihydrochlorid*, F. 217—218° (Zers.)], u. *O.O'-Bis-[β-trimethylammoniumäthyl]-N-methylpyridinium-2.6-dialdoximdijodid*, F. 215—216°, aus Pyridin-2.6-dialdehyd. — *O-[β-Diäthylaminoäthyl]-chinolin-2-aldoxim*, $Kp._{0,03}$ 133° (*Hydrochlorid*, F. 195—196°), u. *O-[β-(Diäthylmethylammonium)-äthyl]-chinolin-2-aldoximjodid*, F. 144—145°, aus Chinolin-2-aldehyd. — *O-[β-Dimethylaminoäthyl]-5-nitrofuran-2-aldoxim*, $Kp._1$ 120 bis 125° (*Hydrochlorid*, F. 171—172°; *Methojodid*, F. 175—177°), aus 5-Nitrofuran-2-aldehyd. — *O-[β-Dimethylaminoäthyl]-N-methylindol-2-aldoxim*, $Kp._{0,02}$ 140°, F. 39—40° (*Hydrochlorid*, F. 183—184°; *Methojodid*, F. 232—234°), aus N-Methylindol-2-aldehyd ($Kp._{0,02}$ 90 bis 95°; F. 83—85°). — *4.7-Phenanthrolin-5.6-chinon-O-[β-piperidinoäthyl]-monoxim*, F. 195°, aus 4.7-Phenanthrolin-5.6-chinon u. β-Piperidinoäthoxyamin (Dihydrochlorid, F. 172—173°). — *O-[β-Piperidinoäthyl]-pyridin-2-aldoxim*, $Kp._{0,15}$ 110—111° (*Hydrochlorid*, F. 157—158°; *Dimethojodid*, F. 213—214°; *Monomethojodid*, F. 118—120°), aus Pyridin-2-aldoxim u. β-Piperidinoäthylchlorid. — *O-[β-Morpholinoäthyl]-pyridin-3-aldoxim*, $Kp._{0,15}$ 141—143° (*Hydrochlorid*, F. 163—165°; *Dimethojodid*, F. 219—220°), aus β-Morpholinoäthylchlorid. — *O-[γ-Diäthylaminopropyl]-pyridin-2-aldoxim*, $Kp._{0,15}$ 134° (*Hydrochlorid*, F. 111—112°; *Dimethojodid*, F. 176—178°), aus γ-Diäthylaminopropylchlorid. — *O-[β-Diäthylaminoäthyl]-pyridin-2-*, $Kp._{0,03}$ 100° (*Hydrochlorid*, F. 130 bis 131°), *-3-*, $Kp._{0,05}$ 118—120° (*Dimethojodid*, F. 161—162° (Zers.)], u. *-4-acetoxim*,

$Kp._{0,07}$ 106—108° (*Dimethojodid*, F. 170—172° (Zers.)], aus 2-Acetylpyridin, Pyridin-3- bzw. -4-acetoxim. — *O-[β-Diäthylaminoäthyl]-thiophen-2-acetoxim*, $Kp._{0,25}$ 117° (*Hydrochlorid*, F. 111—114°), aus Thiophen-2-acetoxim. — *O-[β-Hydroxyäthyl]-*, F. 48—50°, $Kp._{0,2}$ 104—105°, u. *O-[β-Chloräthyl]-pyridin-2-aldoxim*, $Kp._{0,15}$ 73—75°, aus Pyridin-2-aldoxim u. Äthylenchlorhydrin. — *O-[β-Diäthylaminoäthyl]-1-phenyl-2.3-dimethyl-5-oxo-2.5-dihydropyrazol-4-aldoximhydrochlorid*, F. 180—181° (*Methojodid*, F. 199 bis 199,5°), aus 1-Phenyl-2.3-dimethyl-5-oxo-2.5-dihydropyrazol-4-aldehyd. — *Therapeutica*. **(F. P. 1 217 007** vom 6/11. 1958, ausg. 29/4. 1960. Schwz. Prior. 11/11. 1957 u. 29/8. 1958.)
S. BÖTTCHER. 4807

Dr. A. Wander Soc. An., Schweiz, **Herstellung von Thioxanthenderivaten** der allg. Formel I (R_1 = H, Alkyl- oder Alkoxyrest; R_2 = γ-Cycloaminopropylrest), dad. gek., daß man entsprechende Thioxanthen-Derivv. in Bzl., Toluol, Dioxan oder Anisol in Ggw. einer Alkyl- oder Aryl–Alkali-Verb. mit einem γ-Cycloaminopropylhalogenid oder -arylsulfonat oder Trimethylenchloridbromid umsetzt u. im letzteren Fall anschließend aminiert. — *9-[γ-Pyrrolidinopropyl]-*, $Kp._{0,07}$ 170—173° (*saures Tartrat*, F. 175—176°), *9-[γ-Piperidinopropyl]-*, $Kp._{0,08}$ 174—176° (*saures Tartrat*, F. 147—148°), *9-[γ-Morpholinopropyl]-*, $Kp._{0,008}$ 182 bis 185° (*Hydrochlorid*, F. 188—193°), *9-[N-Methylpiperidyl-3')-methyl]-*, $Kp._{0,07}$ 171 bis 175° (*Hydrochlorid*, F. 211—213°), *9-[γ-Pyrrolidinopropyl]-2-methyl-*, $Kp._{0,07}$ 175—180° (*saures Tartrat*, F. 155—156°), *9-[γ-Morpholinopropyl]-2-methyl-*, $Kp._{0,07}$ 192—196° (*Hydrochlorid*, F. 208—214° (Zers.)], *9-[γ-Piperidinopropyl]-2-methyl-*, $Kp._{0,07}$ 180 bis 185° (*Hydrochlorid*, F. 217—220°), *9-[γ-Morpholinopropyl]-2-methoxy-*, $Kp._{0,07}$ 200 bis 206° (*Hydrochlorid*, F. 195—197°), *9-[γ-Piperidinopropyl]-2-methoxy-*, $Kp._{0,07}$ 198—205° (*Hydrochlorid*, F. 178—180°), u. *9-[γ-(N'-Methylpiperazino)-propyl]-thioxanthen*, $Kp._{0,07}$ 200—208° (*Dihydrochlorid*, F. 218—235° (Zers.)], aus Thioxanthen-, 2-Methyl- bzw. 2-Methoxythioxanthen-Na u. γ-Chlorpyrrolidino-, -piperidino-, -morpholinopropan, N-Methyl-3-[chlormethyl]-piperidin bzw. N-Methyl-N'-[γ-chlorpropyl]-piperazin. — *Therapeutica*. **(F. P. 1 209 059** vom 31/10. 1957, ausg. 29/2. 1960. Schwz. Prior. 6/11. 1956.)
S. BÖTTCHER. 4807

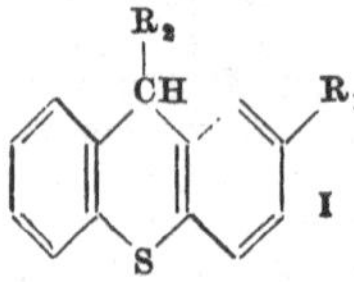

Nopco Chemical Co., V.St.A., **Herstellung von Vitamin A-Säure und -Alkohol,** dad. gek., daß man Vitamin-A-Aldehyd bei pH 10,5—11,5 mit 5 Mol Ag_2O 2 Std. rührt. **(F. P. 1 225 299** vom 22/5. 1959, ausg. 30/6. 1960.) S. BÖTTCHER. 4807

Nopco Chemical Co., V.St.A., **Herstellung von quaternären Vitamin-A-Verbindungen,** die Vitamin-A-Aktivität besitzen, ein Absorptionsmaximum im UV-Bereich bei 3250 Å (Extinktions-Koeff. ca. 1000) haben, für Amine charakterist. Absorptionsbanden im IR-Bereich haben, das chromophore Syst. von Vitamin A besitzen, Hexamethylentetraminreste enthalten u. bei der Behandlung mit Al-Isopropoxyd in *Vitamin-A-Aldehyd* übergehen, z. B. das *Methojodid*. F. 152,5—153°, *Methyl-p-toluolsulfonat*, dad. gek., daß man eine Vitamin-A-Amino-Verb. (aus I u. Hexamethylentetramin in Ggw. eines BF_3-Komplexes) mit den genannten Eigg. bei 0—15° mit Methyl-, Äthyljodid, Methylbromid, Benzylchlorid, Dimethylsulfat oder Methyl-p-toluolsulfonat umsetzt. **(F. P. 1 225 300** vom 22/5. 1959, ausg. 30/6. 1960.)
S. BÖTTCHER. 4809

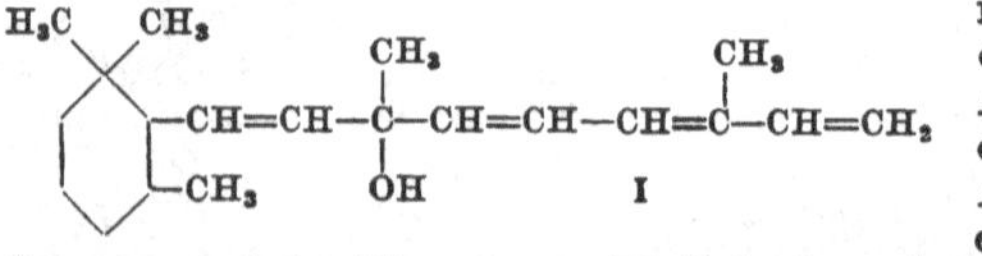

Takeda Pharmaceutical Industries Ltd., Japan, **Herstellung von Vitamin-B_1-Derivaten** der allg. Formel I (R_1 = CH_3 oder C_2H_5; R_2 = Tetrahydrofuryl- oder -pyranolrest; R_3 = H oder Acylrest), dad. gek., daß man Verbb. der allg. Formel II mit Verbb. $R_2(CH_2)_n$—S—SO_3M, R_2—$(CH_2)_n$—S—SO—R, $R_2(CH_2)_n$S—SO_2—R, $R_2(CH_2)_n$·S—S—CN, $R_2(CH_2)_n$—S—X oder $R_2(CH_2)_n$—SH (R = Alkylrest oder = R_2; X = Halogen; M = Alkali- oder Erdalkalimetall) umsetzt. *Tetrahydrofurfurylthiamindisulfid*,

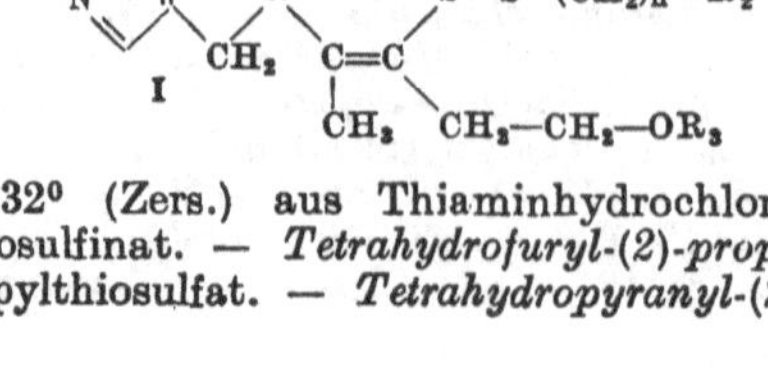

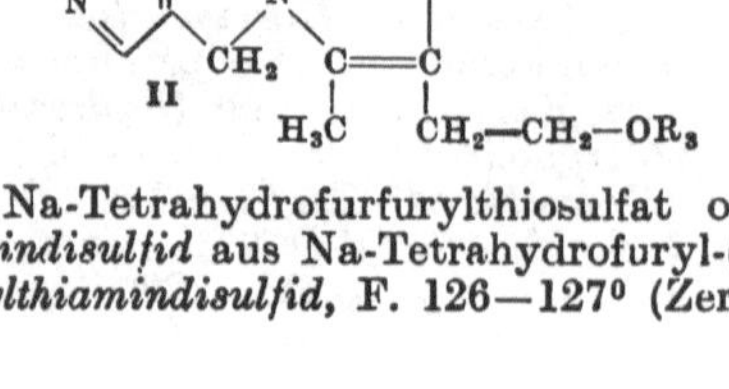

F. 132° (Zers.) aus Thiaminhydrochlorid u. Na-Tetrahydrofurfurylthiosulfat oder -thiosulfinat. — *Tetrahydrofuryl-(2)-propylthiamindisulfid* aus Na-Tetrahydrofuryl-(2)-propylthiosulfat. — *Tetrahydropyranyl-(2)-methylthiamindisulfid*, F. 126—127° (Zers.), aus Na-Tetrahydropyranyl-(2)-methylthiosulfat. (**F. P. 1 209 565** vom 14/8. 1958, ausg. 2/3. 1960. Jap. Prior. 16/8. 1957.) S. BÖTTCHER. 4809

Soc. An. Chérifienne d'Études et de Recherches Scientifiques (S.A. C.E.R.), Marokko (Erfinder: Bernard Gauthier), **Herstellung neuer Salze der Ascorbinsäure,** dad. gek., daß man die Säure in wss. Lsg. mit Glykokoll bzw. Sarkosin erwärmt. — *Glykokollsalz,* F. 148—149°. Sarkosinsalz, F. 171—172°; [α] + 21,09° (W.). (**F. P. 1 223 224** vom 27/6. 1956, ausg. 15/6. 1960.) S. BÖTTCHER. 4809

E. Merck Akt.-Ges. (Erfinder: Karl-Heinz Bork und Klaus Brückner), Darmstadt, **Fluorierte 16-Methylsteroide.** Man setzt z. B. 16α-Methylpregnenolonacetat in Chlf. mit Phthalomonopersäure um → *5α.6α-Oxido-16α-methylpregnan-3β-ol-20-on-3-acetat,* F. 163—165°, das sich mit BF_3-Ätherat in Ae. spalten läßt → *6β-Fluor-16α-methylpregnan-3β.5α-diol-20-on-3-acetat* (**Ia**), F. 249—251°; *freier Alkohol,* F. 266 bis 268°, welcher sich mit CrO_3 in Ggw. von H_2SO_4 u. in Aceton als Lsgm. oxydieren läßt → *6β-Fluor-16α-methylpregnan-5α-ol-3.20-dion* (I), F. 277—279°; durch Dehydratisierung mit HCl in Eisessig erhält man unter gleichzeitiger Isomerisierung des 6β-ständigen Substituenten → *6α-Fluor-16α-methylprogesteron* (**II**), F. 143—145°; $[\alpha]_D^{24}$ 160°. — Analog: *5α.6α-Oxido-16α-methylpregnan-3β-ol-20-on,* F. 197—198°. — Alternativ läßt sich **I** mit methanol. KOH dehydratisieren → *6β-Fluor-Δ^4-pregnen-3.20-dion,* F. 163 bis 164°; $[\alpha]_D^{25}$ 62,5°, das sodann zu **II** isomerisiert werden kann. — Analog: *5α.6α-Oxido-16β-methylpregnan-3β-ol-20-on-3-acetat,* F. 166—167°. — *6β-Fluor-16β-methylpregnan-3β.5α-diol-20-on-3-acetat,* F. 206—207°. *Freier Alkohol,* F. 234—236°. — *6β-Fluor-16β-methylpregnan-5α-ol-3.20-dion,* F. 231—233°. — *6α-Fluor-16β-methyl-Δ^4-pregnen-3.20-dion,* F. 152—154°; $[\alpha]_D^{24}$ 21°. — *5α.6α-Oxido-16β-methylpregnan-3β-ol-20-on,* F. 175 bis 177°. — *6β-Fluor-16β-methylpregnan-3β.5α-diol-20-on,* F. 234—236°. — *6β-Fluor-16β-methyl-Δ^4-pregnen-3.20-dion,* F. 175—178°. — **Ia** läßt sich mit $LiAlH_4$ in Ae. red. → *6β-Fluor-16α-methylpregnan-3β.5α.20-triol,* F. 215—217°. — *Heilmittel* sowie Zwischenprodd. zu deren Herstellung. (**D. A. S. 1 094 258** Kl. 12o vom 17/2. 1959, ausg. 8/12. 1960.) U. SIEVERS. 4809

Ciba Ltd., Basel, Schweiz, **14α-Hydroxysteroide der Pregnanreihe** erhält man durch Bebrütung der entsprechenden 14-Desoxysteroide mit einer Kultur eines Mikroorganismus der Arten *Curvularia* oder *Pleospora* unter üblichen submersen u. aeroben Bedingungen. — Man bebrütet z. B. 3.20-Dioxo-9α-fluor-11β.17α.21-trihydroxy-$\Delta^{1.4}$-pregnadien mit *Pleospora gaeumanni* → *3.20-Dioxo-9α-fluor-11β.14α.17α.21-tetrahydroxy-$\Delta^{1.4}$-pregnadien.* — Analog: *3.11.20-Trioxo-9α-fluor-14α-hydroxy-Δ^4-pregnen.* — *Heilmittel* sowie Zwischenprodd. zu deren Herstellung. (**E. P. 850 368** vom 1/10. 1956, ausg. 5/10. 1960. Schwz. Prior. 30/9. 1955.) U. SIEVERS. 4807

G. D. Searle & Co., Chicago, übert. von: Willard M. Hoehn, Wilmette, Ill., V.St.A., **1-Alkoxy-4-methyl-$\Delta^{1.3.5,10}$-östratrien-16-one.** Man setzt z. B. 1-Methoxy-4-methyl-$\Delta^{1.3.5,10}$-östratrien-17-on mit Benzaldehyd in Ggw. von methanol. Na-Methylat u. in A. als Lsgm. um → *16-Benzyliden-1-methoxy-4-methyl-$\Delta^{1.3.5,10}$-östratrien-17-on,* welches sich mit $NaBH_4$ in Isopropanol reduzieren läßt → *16-Benzyliden-1-methoxy-4-methyl-$\Delta^{1.3.5,10}$-östratrien-17β-ol* (I), F. 193—195°; $[\alpha]_D$ 137,4°; daraus durch Acetylierung mit Acetanhydrid in Pyridin → I-*17-Acetat,* das sich durch Ozonolyse u. reduktive Aufarbeitung des Ozonides überführen läßt → *17β-Acetoxy-1-methoxy-4-methyl-$\Delta^{1.3.5,10}$-östratrien-16-on,* F. 193—195°. — *Heilmittel.* (**A. P. 2 957 011** vom 9/11. 1959, ausg. 18/10. 1960.) U. SIEVERS. 4809

Chas. Pfizer & Co., Inc., Brooklyn, N.Y., V.St.A., **Herstellung von Penicillin-Oleandomycinsalzen** durch Rk. von Penicillin mit Oleandomycin in einem Lsgm., wie W., Äthylacetat, CCl_4, Chlf., A., Aceton u. dgl. beo 0—30°, bes. 20°. — Man erhält diese Säureadditionssalze z. B. durch Zufügen einer Äthylacetat-Lsg. von 24,9 g Oleandomycin-Chlf.-Addukt zu einer Äthylacetat-Lsg. von 12 g Penicillin-G in 30 ml W. u. Ansäuern mit 30 ml 1n H_2SO_4 bei 20° → Penicillin-G-Oleandomycinsalz ($C_{16}H_{18}N_2O_4S \cdot C_{35}H_{63}NO_{12}$); schmilzt zu einem dünnen Sirup, langsame Zers. bei 140—150°. — Bes. *wirksam gegen pathogene Mikroorganismen.* (**Ind. P. 61 739** vom 20/8. 1956, ausg. 8/8. 1958.) H. NEBELSIEK. 4811

Magyar Állam (Erfinder: Michael Bodánszky, Vladimir Senkariuk, Michael Szelka und Frau des Georg Losonczi), Budapest, Ungarn, **Reinigung von Hydroxytetracyclin** aus einer sauren oder bas. wss. Lsg. erfolgt durch Extraktion mittels eines mit W. nicht mischbaren organ. Lsgm., wobei die Verunreinigungen in die organ. Phase gelangen. Aus der wss. Phase krist. amphoteres Hydroxytetracyclindihydrat. Als Lsgm. kommen bes. CCl_4, Chlf. oder hochmol. Alkohole in Betracht. (**Ung. P. 143 909** vom 18/11. 1955, ausg. 15/1. 1958.) G. KÖNIG. 4811

Chas. Pfizer & Co., Inc., Brooklyn, N.Y., V.St.A., **Herstellung von Calciumdihydroxytetracyclin.** Man löst z. B. 2 g Hydroxytetracyclinhydrochlorid u. 0,48 g $CaCl_2$ in

250 ml W., stellt den pH-Wert mit 10%ig. NaOH-Lsg. auf 5,5 ein u. läßt auskristallisieren bei normaler Temperatur. — Verw. dieses Ca-Dihydroxytetracyclins durch Suspendierung in W. unter Zusatz von Ca-Alginat u. einem üblichen Netzmittel als *therapeut. Mittel*. (**Ind.PP. 61 781** vom 25/7. 1956, ausg. 25/9. 1958 u. **61 780** vom 25/7. 1956, ausg. 20/9. 1958.) H. Nebelsiek. 4811

Rhein-Chemie G. m. b. H., Mannheim (Erfinder: **Rudolf Kern**, Neustadt a. d. Weinstraße), *Konservieren von tierischen und pflanzlichen Geweben durch Gefriertrocknung*. (**Schwz. P. 356 869** vom 7/4. 1956, ausg. 31/10. 1961. — C. **1959**. 16731 [F. P. 1 149 505].)

Irving L. Ochs, Annapolis, und **Preston L. Veltman**, Severna Park, Md., V.St.A., *Essigsäure enthaltende wässerige Gele*. (**Can. P. 551 438** vom 21/5. 1951, ausg. 14/1. 1958. A. Prior. 24/5. 1950. — C. **1955**. 4884 [F. P. 1 043 022].)

E. Merck Akt.-Ges., Darmstadt (Erfinder: **Arthur Lüttringhaus**, Freiburg, und **Karl Hägele**, Hilzingen), *6.8-Dihydroxy-n-octansäure-(1)*. (**Schwz. P. 356 120** vom 14/8. 1957, ausg. 29/9. 1961. D. Prior. 13/10. 1956. — C. **1959**. 7895 [D. A. S. 1 046 016].)

Mallinckrodt Chemical Works, V.St.A. (Erfinder: **Hugh C. Bertsch** und **John F. Lemp**), *Ferrofumarat*. (**F. P. 1 175 193** vom 15/5. 1957, ausg. 20/3. 1959. A. Prior. 18/5. 1956. — C. **1959**. 14824 [A. P. 2 848 366] u. C. **1961**. 936 [D. A. S. 1 087 126].)

Oklahoma Agricultural & Mechanical College, Stillwater, Okla., übert. von: **Sidney D. Upham**, Pearl River, N.Y., V.St.A., *Aminoessigsäurederivate*. (**Can. P. 551 347** vom 7/5. 1954, ausg. 7/1. 1958. A. Prior. 27/7. 1953. — C. **1960**. 4283 [E. P. 752 692].)

Farbenfabriken Bayer Akt.-Ges., Deutschland, *1-Aryl-3-aminopropanol-(1)-Derivate*. (**F. P. 1 223 225** vom 25/6. 1956, ausg. 15/6. 1960. D. Prior. 5/7. 1955. — C. **1961**. 4452 [D. A. S. 1 051 281].)

Farbenfabriken Bayer Akt.-Ges., Deutschland, *Alkyleniminochinone*. (**F. P. 1 223 218** vom 27/1. 1956, ausg. 15/6. 1960. D. Prior. 3/2. 1955. — C. **1959**. 8647 [D. B. P. 955 597].)

Mizzy, Inc., New York, übert. von: **Julian R. Reasenberg**, Brooklyn, N.Y., V.St.A., *Herstellung von Benzoesäure-β-[N-propylamino]-β.β-dimethyläthylester*. (**Can. P. 551 337** vom 26/10. 1954, ausg. 7/1. 1958. A. Prior. 30/10. 1953. — C. **1958**. 3398 [A. P. 2 767 207].)

Carter Products, Inc., New York (Erfinder: **Frank Milan Berger**, Princeton, und **Bernard John Ludwig**, North Brunswick, N.J.), V.St.A., *2-Methyl-2-sek.-butylpropandiol-(1.3)-dicarbamat*. (**Schwz. P. 354 770** vom 29/11. 1956, ausg. 31/7. 1961. A. Prior. 29/11. 1955. — C. **1959**. 2898 [D. A. S. 1 041 490].)

Carter Products, Inc. (Erfinder: **Frank Milan Berger** und **Bernard John Ludwig**), *Herstellung von N-monosubstituierten Propandioldicarbamaten*. (**Aust. P. 229 290** vom 23/4. 1958, ausg. 4/8. 1960. A. Prior. 24/4. 1957 u. 18/4. 1958. — C. **1961**. 11425 [D. A. S. 1 068 242].)

Eli Lilly & Co., übert. von: **Albert Pohland**, Indianapolis, Ind., V.St.A., *Herstellung von Arylcarbamaten von Arylaminoalkoholen*. (**Can. P. 552 001** vom 14/2. 1955, ausg. 21/1. 1958. A. Prior. 5/3. 1954. — C. **1957**. 9461 [D. A. S. 1 005 507].)

Farbwerke Hoechst Akt.-Ges., vormals Meister Lucius & Brüning, übert. von: **Hans Wagner, Walter Aumüller**, Frankfurt/M., **Heinrich Ruschig**, Bad Soden, und **Gerhard Korger**, Frankfurt/M., *Sulfonylharnstoffe*. (**A. P. 2 975 212** vom 1/5. 1957, ausg. 14/3. 1961. D. Prior. 26/5. 1956. — C. **1959**. 5572 [D. A. S. 1 028 114].)

Farbwerke Hoechst Akt.-Ges., vormals Meister Lucius & Brüning, Frankfurt/M., übert. von: **Heinrich Ruschig**, Bad Soden, **Walter Aumüller, Gerhard Korger, Hans Wagner** und **Josef Scholz**, Frankfurt/M., **Alfred Bander**, Hofheim/Taunus, *Sulfonylharnstoffe*. (**A. P. 2 976 317** vom 31/7. 1956, ausg. 21/3. 1961. D. Prior. 19/10. 1955. — C. **1959**. 563 [D.A.S. 1024 074].)

Farbenfabriken Bayer Akt.-Ges., Deutschland, *Dienchinon-bis-[guanylhydrazon]*. (**F. P. 1 223 219** vom 24/2. 1956, ausg. 15/6. 1960. D. Prior. 4/3. 1955. — C. **1959**. 10010 [D. B. P. 963 513].)

Cassella Farbwerke Mainkur Akt.-Ges. (Erfinder: **Werner Zerweck** und **Wilhelm Kunze**), Frankfurt/M. Fechenheim, *Herstellung von Dihydrazinoverbindungen*. (**Can. P. 551 546** vom 25/9. 1953, ausg. 14/1. 1958. D. Prior. 30/9. 1952. — C. **1959**. 15776 [F. P. 68 962].)

Sterling Drug, Inc., New York, übert. von: **Raymond O. Clinton**, North Greenbush, und **Stanley C. Laskowski**, Menands, N.Y., V.St.A., *Quartäre Ammoniumsalze von 2-[tert.-Aminoalkoxy]-benzoesäurealkylestern*. (**Can. P. 551 744** vom 8/8. 1952, ausg. 14/1. 1958. A. Prior. 5/9. 1951. — C. **1955**. 7730 [A. P. 2 642 434].)

American Cyanamid Co., New York, N.Y., V.St.A., *Herstellung N-substituierter Anilide*. (**Holl. P. 97 730** vom 24/12. 1957, ausg. 17/4. 1961. A. Prior. 27/12. 1956. — C. **1961**. 8035 [Oe. P. 202 561].)

Ciba Akt.-Ges., Basel, Schweiz (Erfinder: **Antony C. Shabica**, Livingston, N.J., V.St.A.), *Herstellung von Diaminen*. (**Schwz. P. 353 370** Kl. 12q vom 5/10. 1956, ausg. 31/5. 1961. A. Prior. 10/10. 1955. — C. **1959**. 15445 [D. A. S. 1 038 051].)

Dr. Karl Thomae G. m. b. H., Biberach/Riss, *Aminoalkyläther sekundärer Cycloalkylphenylcarbinole* (**Holl. P. 97 800** vom 14/4. 1955, ausg. 17/4. 1961. D. Prior. 14/4. 1954. — C. **1959**. 13575 [D. B. P. 955 595].)

J. R. Geigy Akt.-Ges., Basel (Erfinder: **Walter Schindler**, Riehen, und **Franz Häfliger**, Basel), Schweiz, *Herstellung von N-Aminoalkyliminodibenzylderivaten*. (**Can. P. 551 955** vom 21/9. 1955, ausg. 21/1. 1958. Schwz. Prior. 22/9. 1954. — C. **1959**. 2229 [Oe. P. 190 520].)

F. Hoffmann-La Roche & Co. Akt.-Ges. (Erfinder: **Wilhelm Wenner**), *Herstellung basischer Äther von Hydroxyanthrachinonen*. (**Aust. P. 229 619** vom 6/2. 1958, ausg. 25/8. 1960. A. Prior. 14/2. 1957. — C. **1960**. 12433 [Oe. P. 202 141].)

Badische Anilin- & Soda-Fabrik Akt.-Ges., Ludwigshafen/Rh., *Herstellung von N-[α-Hydroxy-β.β.β-trichloräthyl]-pyrrolidon-(2)*. (**Holl. P. 97 735** vom 12/2. 1958, ausg. 17/4. 1961. D. Prior. 13/2. 1957. — C. **1960**. 16521 [D. A. S. 1 078 576].)

Farbwerke Hoechst Akt.-Ges., vormals Meister Lucius & Brüning, Frankfurt/M.-Höchst (Erfinder: **Gustav Ehrhart**, Bad Soden/Taunus, und **Heinrich Leditschke**, Frankfurt/M.), *Herstellung von Indolylverbindungen*. (**Can. P. 552 276** vom 2/1. 1953, ausg. 28/1. 1958. D. Prior. 5/1. 1952. — C. **1955**. 7499 [D. B. P. 929 065].)

Soc. des Usines Chimiques Rhône-Poulenc (Erfinder: **Robert Michel Jacob** und **Jean Clément Louis Fouche**), Paris, Frankreich, *Indolderivate*. (**Schwz. P. 353 361** vom 11/12. 1956, ausg. 31/5.1961. F. Prior. 16/12. 1955. 18/2., 3/7. u. 5/7. 1956. — C. **1961**. 17230 [D. P. [DDR] 16 675].)

Mead Johnson & Co., Evansville, Ind., V.St.A., *1-[1-Methylpyrrolidyl-(3)-methyl]-3-phenylindane.* (**E. P. 824 713** vom 30/8. 1957, ausg. 2/12. 1959. A. Prior. 5/12. 1956. — C. **1962.** 5768 [Aust. P. 220 601].)

J. R. Geigy Akt.-Ges., Basel, Schweiz, *1.2-Diaryl-3.5-dioxopyrazolidinderivate.* (**Holl. P. 97 708** vom 2/8. 1957, ausg. 17/4. 1961. Schwz. Prior. 3/8. 1956. — C. **1960.** 8272 [Oe. P. 199 180].)

Soc. An. Recherches et Techniques Appliquées, Casablanca, Marokko, *Therapeutisch aktive Derivate von Quercetin.* (**Holl. P. 98 209** vom 28/8. 1956, ausg. 15/6. 1961. F. Prior. 29/8. 1955. — C. **1960.** 13457 [F. P. 1 171 310].)

American Cyanamid Co. (Erfinder: **Guido Eros Bonvicino, Robert Hardy jun.** und **Samuel Kushner**), *Dimethylaminopropylidenxanthene.* (**Aust. P. 228 265** vom 24/12. 1957, ausg. 9/6. 1960. A. Prior. 28/12. 1956. — C. **1960.** 12435 [Oe. P. 202 143].)

Allen & Hanburys Ltd., England, *Heterocyclische bis-quaternäre Verbindungen.* (**F. P. 1 223 441** vom 15/1. 1959, ausg. 16/6. 1960. E. Prior. 16/1. 1958. — C. **1961.** 6599 [E. P. 839 505].)

Aktiebolaget Bofors, Schweden (Erfinder: **Bo Thuresson af Ekenstam, Börje Per Harald Egnér** und **Bror Gösta Pettersson**), *N-Alkylpiperidin- und -pyrrolidincarbonsäureamide.* (**F. P. 1 225 619** vom 18/2. 1957, ausg. 1/7. 1960. Schwed. Prior. 22/2. 1956. — C. **1961.** 9129 [Oe. P. 197 380].)

Aktiebolaget Bofors, Schweden (Erfinder: **Bo Thuresson af Ekenstam, Börje Per Harald Egnér** und **Bror Gösta Petersson**), *Piperidin- und Pyrrolidincarbonsäureamide.* (**F. P. 1 225 620** vom 18/2. 1957, ausg. 1/7. 1960. Schwed. Prior. 22/2. 1956. — C. **1960.** 3635 [Jap. A. S. 628/1958].)

Aktiebolaget Bofors, Schweden (Erfinder: **Bo Thuresson af Ekenstam, Börje Per Harald Egnér** und **Bror Gösta Pettersson**), *Piperidin- und Pyrrolidincarbonsäureamide.* (**F. P. 1 225 621** vom 18/2. 1957, ausg. 1/7. 1960. Schwed. Prior. 22/2. 1956. — C. **1961.** 9129 [Oe. P. 197 373].)

Farbwerke Hoechst Akt.-Ges., vormals Meister Lucius & Brüning, Deutschland, *2-Phenyl-2-pyridyl-4-dialkylaminobuttersäurealkylester.* (**F. P. 1 228 801** vom 2/5. 1955, ausg. 2/9. 1960. D. Prior. 3/5. 1954. — C. **1958.** 4873 [A. P. 2 774 767].)

Farbwerke Hoechst Akt.-Ges., vormals Meister Lucius & Brüning, Deutschland, *Tertiäre Aminoketone.* (**F. P. 1 228 802** vom 2/5. 1955, ausg. 2/9. 1960. D. Prior. 3/5. 1954. — C. **1958.** 4873 [A. P. 2 774 768].)

Ciba Ltd., Basel (Erfinder: **Karl Hoffmann**, Binningen, und **Eugen Tagmann**, Basel), Schweiz, *Herstellung von Dioxopiperidinen.* (**Can. P. 551 229** vom 3/7. 1951, ausg. 7/1. 1958. Schwz. Prior. 7/7. 1950 u. 22/6. 1951. — C. **1956.** 5364 [E. P. 715 755].)

Dr. Karl Thomae G. m. b. H., Biberach/Riss, *Herstellung von bis-quaternären 3.5-Äthylenpiperidinverbindungen.* (**Belg. P. 554 694** vom 2/2. 1957, ausg. 29/1. 1960. D. Prior. 6/2. 1956. — C. **1960.** 575 [Oe. P. 197 389].)

F. Hoffmann-La Roche Ltd., Montreal, Quebec, Canada, übert. von: **Herman H. Fox**, Passaic, N.J., V.St.A., *Herstellung von Isonicotinsäurederivaten.* (**Can. P. 551 652** vom 26/2. 1953, ausg. 14/1. 1958. A. Prior. 7/3. 1952. — C. **1959.** 13261 [Holl. P. 80 972].)

Allen & Hanburys Ltd. (Erfinder: **Henry O. J. Collier, Michael D. Potter** und **Edwin P. Taylor**), London, England, *Herstellung von Chinolin- und Isochinolinderivaten.* (**Can. P. 551 503** vom 25/1. 1954, ausg. 14/1. 1958. E. Prior. 20/2. 1953. — C. **1956.** 13499 [E. P. 738 997].)

American Cyanamid Co., V.St.A. (Erfinder: **Joe Haller Clark** und **William Edgar Taft**), *3-Aminopyridazine.* (**F. P. 1 224 019** vom 3/7. 1957, ausg. 21/6. 1960. A. Prior. 9/7. 1956. — C. **1960.** 16183 [E. P. 836 150].)

Ciba Ltd., Basel, Schweiz, *3-[p-Aminobenzolsulfonamido]-pyridazine.* (**Holl. P. 97 759** vom 17/7. 1958, ausg. 17/4. 1961. Schwz. Prior. 18/7. 1957 u. 29/4. 1958. — C. **1961.** 14021 [D. A. S. 1 079 064].)

Merck & Co., Inc., Rahway, N.J., übert. von: **James M. Sprague**, Drexel Hill, Pa., V.St.A., *Diazinverbindungen.* (**Can. P. 551 329** vom 14/11. 1947, ausg. 7/1. 1958. A. Prior. 2/8. 1939. — C. **1960.** 4607 [Oe. P. 198 271].)

Abbott Laboratories, V.St.A. (Erfinder: **Arthur Walter Weston**), *Piperazine.* (**F. P. 1 220 008** vom 10/11. 1955, ausg. 20/5. 1960. A. Prior. 12/11. 1954. — C. **1960.** 3636 [E. P. 789 704].)

Farmaceutici Italia Soc. An., Italien (Erfinder: **Bruno Camerino** und **Tullio La Noce**), *Herstellung von 5-Hydroxy-7-methyl-symm.-triazolo-[3.4:a]-pyrimidinen.* (**F. P. 1 220 810** vom 24/10. 1956, ausg. 27/5. 1960. It. Prior. 26/10. 1955. — C. **1960.** 10324 [Oe. P. 197 824].)

Farbenfabriken Bayer Akt.-Ges., Deutschland (Erfinder: **Ulrich Hörlein, Klaus Heinz Risse** und **Wolfgang Wirth**), *Acylphenthiazine.* (**F. P. 1 223 229** vom 29/8. 1956, ausg. 15/6. 1960. D. Prior. 7/9. 1955, 5/5. u. 12/6. 1956. — C. **1960.** 2623 [Oe. P. 197 385].)

Aktiebolaget Astra, Apotekarnes Kemiska Fabriker (Erfinder: **Johan R. Dahlbom**), Södertälje, Schweden, *Herstellung basisch substituierter Phenthiazin-10-carbonsäureester.* (**Can. P. 552 175** vom 8/7. 1952, ausg. 28/1. 1958. Schwed. Prior. 13/7. 1951. — C. **1955.** 1566 [E. P. 708 896].)

Ciba Ltd., Basel (Erfinder: **Robert Neher**, Binningen), Schweiz, *Herstellung von Triarylaminotriazinen.* (**Can. P. 551 230** vom 4/10. 1954, ausg. 7/1. 1958. Schwz. Prior. 14/10. 1953 u. 7/9. 1954. — C. **1958.** 209 [E. P. 754 071].)

Ciba Akt.-Ges., Basel, Schweiz (Erfinder: **Paul Reuben Ulshafer**, Summit, N.J., V.St.A.), *Herstellung von Deserpidinsäure, ihren Estern und Salzen.* (**Schwz. PP. 341 502** u. **341 503** vom 28/10. 1955, ausg. 30/11. 1959. A. Prior. 10/11. u. 26/11. 1954. Zusätze zu Schwz. P. 338 837; C. 1962. 2471. — C. **1959.** 13887 [F. P. 1 161 373].)

Cilag Ltd., Schaffhausen (Erfinder: **Henry Martin** und **Emil Schäppi**, Zürich), Schweiz, *Trennung und Aufarbeitung von Lysergsäure- und Isolysergsäurederivaten.* (**Can. P. 552 232** vom 3/12. 1955, ausg. 28/1. 1958. Schwz. Prior. 7/12. 1954. — C. **1959.** 1221 [Oe. P. 193 081].)

Eli Lilly & Co., übert. von: **Richard P. Pioch**, Indianapolis, Ind., V.St.A., *Herstellung von Lysergsäureamiden.* (**Can. P. 551 666** vom 24/2. 1955, ausg. 14/1. 1958. — C. **1959.** 3582 [E. P. 765 042].)

Miroslav Semonský, Prag, und **Antonín Černý**, Sedlčánky, Tschechoslowakei, *Substituierte d-Isolysergsäure- und -Lysergsäureamide aus den gleichen l-Isolysergsäure- und l-Lysergsäureamiden.* (**Schwz. P. 355 456** vom 20/5. 1957, ausg. 31/8. 1961. Tschech. Prior. 22/5. 1956. — C. **1961.** 8397 [D. A. S. 1 092 923].)

C. H. Boehringer Sohn, Ingelheim/Rh., *Spasmolytisch wirkende quaternäre Tropeine.* (**Belg. P. 536 170** vom 2/3. 1955, ausg. 2/1. 1959. D. Prior. 3/3. 1954. — C. **1958.** 5755 [D. A. S. 1 010 069].)

National Research Development Corp., London (Erfinder: **Arthur E. James**, Darlington, County of Durham, und **Colin R. Ricketts**, Birmingham), England, *Herstellung von Dextransulfat.* (**Can. P. 551 689** vom 18/8. 1952, ausg. 14/1. 1958. E. Prior. 30/8. 1951 u. 13/2. 1952. — C. **1956.** 509 [Belg. P. 513 852].)

N. V. Philips' Gloeilampenfabrieken, Eindhoven (Erfinder: **Jan Brug, Cornelis Albertus de Bock** und **Hendrik Durk Moed,** Weesp), Holland, *Herstellung von baktericiden Verbindungen.* (**D. A. S. 1 114 824** Kl. 12q vom 17/11. 1955, ausg. 12/10. 1961. Holl. Prior. 19/11. 1954. — C. **1959.** 15772 [Holl. P. 88 272].)

Upjohn Co., Kalamazoo, Mich., V.St.A., *Herstellung von Steroiden.* (**E. P. 863 777** vom 2/8. 1957, ausg. 29/3. 1961. A. Prior. 10/9. u. 23/11. 1956 u. 17/5. 1957. — C. **1960.** 4934 [D. A. S. 1 058 990].)

Upjohn Co., Kalamazoo, Mich., V.St.A., *Herstellung von Steroiden.* (**E. P. 863 778** vom 2/8. 1957, ausg. 29/3. 1961. A. Prior. 10/9. u. 23/11. 1956. — C. **1960.** 4934 [D. A. S. 1 048 914].)

Upjohn Co., Kalamazoo, Mich., V.St.A., *Herstellung von Steroiden.* (**E. P. 863 710** vom 15/10. 1957, ausg. 22/3. 1961. A. Prior. 29/11. 1956 u. 6/3. 1957. — C. **1960.** 2971 [D. A. S. 1 058 991].)

Upjohn Co., Kalamazoo, Mich., V.St.A., *Herstellung von Steroiden.* (**E. P. 863 779** vom 2/8. 1957, ausg. 29/3. 1961. A. Prior. 10/9. u. 23/11. 1956. — C. **1959.** 12943 [D. A. S. 1 048 274].)

Upjohn Co., Kalamazoo, Mich., V.St.A., *Herstellung von Steroiden.* (**E. P. 863 780** vom 13/8. 1957, ausg. 29/3. 1961. A. Prior. 10/9. u. 23/11. 1956. — C. **1960.** 3986 [D. A. S. 1 060 394].)

Upjohn Co., Kalamazoo, Mich., V.St.A., *Herstellung von Steroiden.* (**E. P. 863 781** vom 23/8. 1957, ausg. 29/3. 1961. A. Prior. 10/9. u. 23/11. 1956 u. 6/3. 1957. — C. **1960.** 1264 [D. A. S. 1 048 915].)

Upjohn Co., Kalamazoo, Mich., V.St.A., *Herstellung von Steroiden.* (**E. P. 863 782** vom 23/8. 1957, ausg. 29/3. 1961. A. Prior. 10/9. u. 23/11. 1956 u. 6/3. 1957. — C. **1961.** 4934 [D. A. S. 1 063 165].)

Upjohn Co., Kalamazoo, Mich., V.St.A., *Herstellung von Steroiden.* (**E. P. 864 381** vom 13/8. 1957, ausg. 6/4. 1961. A. Prior. 10/9., 23/11. 1956 u. 17/5. 1957. — C. **1960.** 4934 [D. A. S. 1 056 605].)

Upjohn Co., Kalamazoo, Mich., V.St.A., *Herstellung von Steroiden.* (**E. P. 865 316** vom 15/1. 1958, ausg. 12/4. 1961. A. Prior. 14/2. 1957. — C. **1960.** 7610 [A. P. 2 873 286].)

Upjohn Co., Kalamazoo, Mich., V.St.A., *Herstellung von Steroiden.* (**E. P. 865 673** vom 6/11. 1957, ausg. 19/4. 1961. A. Prior. 10/12. 1956. — C. **1959.** 12635 [A. P. 2 838 534].)

Merck & Co., Inc., Rahway, N.J., V.St.A., *Herstellung von Steroiden.* (**E. P. 867 786** vom 31/12. 1957, ausg. 10/5. 1961. A. Prior. 2/1. 1957. — C. **1961.** 12935 [D. A. S. 1 076 128].)

Merck & Co., Inc., Rahway, N.J., V.St.A., *Herstellung von Steroiden.* (**E. P. 867 787** vom 31/12. 1957, ausg. 10/5. 1961. A. Prior. 2/1. 1957. — C. **1960.** 5909 [A. P. 2 866 799].)

Ciba Ltd., Basel, Schweiz, *Herstellung von Steroiden.* (**E. P. 866 362** vom 27/1. 1958, ausg. 26/4. 1961. Schwz. Prior. 25/1. u. 19/12. 1957. — C. **1961.** 4099 [D. A. S. 1 080 551].)

Farmaceutici Italia Soc. An., Mailand, Italien, *Herstellung von Steroiden.* (**E. P. 864 612** vom 27/3. 1957, ausg. 6/4. 1961. It. Prior. 4/5. 1956. — C. **1960.** 1264 [D. A. S. 1 046 615].)

Chas. Pfizer & Co., Inc., Brooklyn, N.Y., V.St.A., *Gewinnung von Steroiden aus Gärungsgemischen.* (**E. P. 864 094** vom 29/10. 1957, ausg. 29/3. 1961. A. Prior. 17/12. 1956. — C. **1960.** 17546 [D. A. S. 1 084 719].)

G. D. Searle & Co., Chicago, Ill., V.St.A., *Herstellung von 9α-Halogensteroiden.* (**E. P. 868 897** vom 11/5. 1959, ausg. 25/5. 1961. A. Prior. 19/5. 1958. — C. **1961.** 3412 [A. P. 2 892 851].)

Olin Mathieson Chemical Corp., New York, N.Y., übert. von: **Josef E. Herz** und **Josef Fried,** New Brunswick, N.J., V.St.A., *Herstellung von 21-Fluor-9-halogensteroiden der Pregnanreihe.* (**A. P. 2 973 356** vom 16/5. 1956, ausg. 28/2. 1961. — C. **1960.** 11397 [D. A. S. 1 070 177].)

Farbwerke Hoechst Akt.-Ges., vormals Meister Lucius & Brüning, Frankfurt/M., *Herstellung von Lactonen der Steroidreihe.* (**E. P. 865 915** vom 26/7. 1957, ausg. 26/4. 1961. D. Prior. 26/7. 1956. — C. **1959.** 7895 [D. A. S. 1 027 665].)

Ciba Ltd., Basel, Schweiz, *Herstellung von 18-Nor- und D-Homosteroiden.* (**E. P. 867 208** vom 9/7. 1957, ausg. 3/5. 1961. Schwz. Prior. 13/7. 1956. — C. **1960.** 5255 [D. A. S. 1 054 087].)

Organon Laboratories Ltd., London, England, *Herstellung von Verbindungen der Pregnanreihe.* (**E. P. 865 751** vom 29/9. 1959, ausg. 19/4. 1961. Holl. Prior. 10/10. 1958. — C. **1961.** 11899 [Holl. P. 95 517].)

G. D. Searle & Co., Chicago, Ill., V.St.A., *Herstellung von 5α-Pregnan-3.20-dion.* (**E. P. 867 984** vom 2/11. 1959, ausg. 10/5. 1961. A. Prior. 3/11. 1958. — C. **1961.** 4097 [A. P. 2 919 285].)

Chas. Pfizer & Co., Inc., Brooklyn, N.Y., V.St.A., *Herstellung von Corticosteroiden.* (**E. P. 869 090** vom 15/5. 1958, ausg. 31/5. 1961. A. Prior. 7/6. 1957. — C. **1961.** 2374 [A. P. 2 920 999].)

G. Analyse. Laboratorium

Schmelzpunktschwankungen von Verbindungen mit Sterangerüst als Funktion der Anheizungsgeschwindigkeit. István Gyenes und Andrásné László. (Magyar Kémiai Folyóirat [Ung. Z. Chem.] **67.** 360—64. Aug. 1961. Budapest, Köbányai Gyógyszerárugyár.) (Ung.)

Die F.-Best. durch Capillar-Meth. oder KOFLERsche Meth. können nicht verglichen werden. Der F. ändert sich mit der Anheiz-Geschw. (AG) wesentlich. Zur Aufnahme der F.–AG-Kurve können beide Meth. verwendet werden, wobei die AG zwischen 1 u. 5°/Min. variiert wird. Bei den unter Zers. schmelzenden Substanzen bestimmt man den mit einem Eutektikumbildner (z. B. Phenacetin, Benzanilid, Salophen, Dicyandiamid, Nicotinsäure) anfallenden Anfangsschmelzpunkt. Bei den Ergebnissen sind außer Meth., App. u. F. auch der Mittelwert der F.-Intervalle, Anzahl der Messungen u. mittlere Abweichungen, ferner die Bad- bzw. Objekttisch-Temp. anzugeben. F.–AG-Kurven von Östronpalmitat, Testosteronpropionat usw. (18 Kurven) sind angegeben. P. TOLNAY. 5018

Linsen-Massenspektrometer-Lecksucher. D. Cossutta und W. Steckelmacher. (J. sci. Instruments **37.** 404—10. Nov. 1960. Crawley, Sussex, Edwards High Vacuum Ltd., Manor, Royal.) (Engl.)

Vff. beschreiben einen Lecksucher auf der Basis eines Massenspektrometers, unter Verw. einer axial-symm. magnet. Linse. Als Prüfgase dienen H_2 oder He. Die maximale Empfindlichkeit liegt etwa bei $5 \cdot 10^{-10}$ Torr·Liter/s, entsprechend einer Ionenstromänderung von etwa $3 \cdot 10^{-13}$ A (für H_2). Der Ionenstrom ist 100mal höher als er bei anderen Massenspektrometern beobachtet wird. G. GÜNZLER. 5052 □

Ein System zur Einführung fester Proben in ein Massenspektrometer. H. E. Lumpkin und G. R. Taylor. (Analytic. Chem. 33. 476—77. März 1961. Baytown, Tex., Humble Oil and Refining Co., Res. and Dev. Div.) (Engl.)

Proben mit hohen FF. gelangen von der Einführungs-App. aus, die auf ca. 500° erhitzt werden kann, nach Verdampfen im Vakuum in den Massenspektrographen. Durch eine Dichtung aus geschmolzenem Ga sowie einen ungefetteten Kugelschliff (beide von außen durch Magneten betätigt) wird eine reine Überführung der Probe garantiert. Maße u. Bedienungsanleitung sind angegeben. Meßwerte über die Massenspektren von Terephthalaldehyd, Terephthalaldehydsäure u. Terephthalsäure werden mitgeteilt.

G. SINGER. 5052□

Eine einfache Methode zur Zeichnung theoretischer Kurven von Beweglichkeiten bei der Netz-Ionophorese als Funktion des pH-Wertes. Edward Soczewinski und Andrzej Waksmundzki. (J. Chromatograph. [Amsterdam] 5. 170—73. Febr. 1961. Lublin, Polen, Med. Acad.; M. Curie-Skłodowska Univ., Dep. of Phys. Chem.) (Engl.)

Es wird eine graph. Meth. beschrieben, die eine Voraussage der Trennmöglichkeit organ. Säuren u. Basen in Abhängigkeit vom pH-Wert bei der Papierionophorese ermöglicht. Sie basiert auf der Abhängigkeit der Ionenbeweglichkeiten u_A bzw. u_B vom pK-Wert der Säure bzw. Base. Umgekehrt kann aus ermittelten Gesamtbeweglichkeiten der pK-Wert unbekannter Verbb. bestimmt werden. M. FINKE. 5062□

Ein Probenzulauf für kontinuierliche Papierelektrophorese. A. J. Woiwod und R. Knight. (Lab. Pract. 7. 420. Juli 1958. Beckenham, Kent, Wellcome Res. Labor.) (Engl.)

Es wird eine Vorr. zur dosierten kontinuierlichen Zugabe der Probe-Lsg. zur Elektrophorese-App. beschrieben. Die zu dosierende Lsg. wird aus einem Vorratsgefäß durch elektrolyt. erzeugtes Gas über eine Capillare in die App. geleitet, wobei die Strömungs-Geschw. durch Einstellung des Elektrolysestromes geregelt werden kann.

E. MOISAR. 5062□

Anwendung der elektrographischen Probenahme in der Ringofen-Papierchromatographie. Vorl. Mitt. András Biró. (Magyar Kémiai Folyóirat [Ung. Z. Chem.] 66. 285—86. Juli 1960. Zzeged, Tud. Egyet. Szervetlen és Anal. Kém. Intézet.) (Ung.)

Beschreibung eines einfachen, tragbaren elektrograph. Probenahme-App. zur Unters. von Metallen u. Legg. mit Hilfe der Ringofenpapierchromatographie.

G. HALMI. 5062□

Beitrag zur quantitativen Auswertung von Papierchromatogrammen. A. R. Neurath und F. Frič. (Chem. Zvesti 13. 247—53. 1959. Bratislava, Odd. rastlinnej biol. Biol. ústavu Slov. akad. vied.) (Tschech.)

Für genaue quant. Auswertung von Papierchromatogrammen wird das Photographieren des entwickelten Chromatogramms mit einem beigelegten Graukeil u. Anwendung von Interferenzfiltern vorgeschlagen. Die Meth. schließt den Struktur-Einfl. des Papiers aus, eliminiert das Bleichen von instabilen Entw.-Farben sowie die Diffusion des Farbfleckes u. liefert ein haltbares, lagerfähiges Dokument. — Zahlenangaben der Beleuchtung, Exposition u. Auswertungsfaktoren. J. TŮMOVÁ. 5062□

Voraussagen von Röntgenfluorescenzintensitäten und Interelementeffekten. Betty J. Mitchell. (Analytic. Chem. 33. 917—21. Juni 1961. Niagara Falls, N.Y., Union Carbide Metals Co., Div. of Union Carbide Corp., Technol. Dep., Res. and Dev. Analyt. Labor.) (Engl.)

Vf. beschreibt ein Verf. zur genauen Vorausbest. der Röntgenfluorescenzintensitäten (RFI) von Elementen, bei dem nur die Messung der RFI der Elemente in wenigen als Schlüsselmatrizen dienenden Materialien erforderlich ist. Die Änderung der RFI mit der Atomnummer der Matrix ist allg. umgekehrt proportional der Änderung des Massenabsorptionskoeffizienten. Die graph. Darst. der Beziehung zwischen RFI u. Matrix ergibt kontinuierliche Kurven, mit deren Hilfe die Best. unbekannter RFI für verschiedene Matrizen u. Konzz. möglich ist. Teilweise auftretende Diskontinuitäten im Kurvenverlauf werden durch die enge Nachbarschaft von Emissionslinien u. Absorptionskanten erklärt. Vollständige Diagramme der RFI von Mo u. Fe in Matrizen mit Atomnummern zwischen 20 u. 90 werden aufgestellt. J. KRAETSCH. 5063□

Röntgenfluorescenzintensität von Elementen, die durch Eindampfen von Lösungen auf dünne Filme aufgebracht werden. E. L. Gunn. (Analytic. Chem. 33. 921—27. Juni 1961. Baytown, Tex., Humble Oil Refining Co.) (Engl.)

Vf. untersuchte die Röntgenfluorescenzstrahlung der Elemente Fe, Cu, Ti, Ca, Sr, u. Mo, die aus wss. Lsgg. als dünne Filme von $FeCl_3$, $Fe_2(C_2O_4)_3$, $Cu(CH_3COO)_2$, $Ti(C_2O_4)_2$-

$Ca(HCOO)_2$, $Sr(CH_3COO)_2$ u. $(NH_2)_2MoO_4$ durch Verdampfen der Lsgg. auf einem polymeren Diaphragma abgeschieden wurden. Lineare Beziehungen zwischen Intensität u. Konz. bestanden bis zu 100 γ Nd./2 cm² für Fe, Ti u. Cu, bis zu 400 γ für Ca, bis zu 2000 γ für Sr u. bis zu 20000 γ für Mo. Die Nachw.-Empfindlichkeit für Fe ist im linearen Teil der Kurve 60 (c.p.s./γ) bei $FeCl_3$ bzw. 50 bei $Fe_2(C_2O_4)_3$ u. für Cu 63. Die Empfindlichkeit für Ti u. Sr beträgt ca. 1/10, für Ca 1/100 u. für Mo 1/40 des Betrages für Fe. Weiterhin werden die an gleichen Filmen vorgenommenen Emissions- u. Absorptionsmessungen miteinander verglichen. Die Anwendung dieser Meth. zur Best. von Metallen, wie z. B. Ni, V oder Fe, in ppm-Mengen in gecrackten Ölen unter Verw. eines inneren Standards wird beschrieben. J. KRAETSCH. 5063 □

Komplexometrische Analyse. 1. Mitt. Theorie und Anwendung. J. A. R. Genge. (Lab. Pract. 9. 301—03. Mai 1960. London, Battersea Coll. of Technol.) (Engl.)

Kurze Behandlung des Chelateffektes, der Komplexbildner, bes. Äthylendiamintetraessigsäure, der Stabilität der Chelate, der Endpunkts-Best., bes. der Indicatoren, der Maskierung u. der Anwendungsmöglichkeiten. U. SKURNIA. 5066 □

Komplexometrische Analyse. 2. Mitt. Direkte und indirekte Titrationen. J. A. R. Genge. (Lab. Pract. 9. 592—94. Aug. 1960. Battersea Coll. of Technol.) (Engl.) — 1. vgl. vorst. Referat.

Vf. beschreibt die verschiedenen Meth. der komplexometr. Titrationen (direkte Titration, Rück- u. Verdrängungstitration) an den Beispielen zur Best. von Zn, Bi, Ni, Al u. Ba. P. SCHARNER. 5066 □

Die EDTA-Titration: Anwendungsmöglichkeiten. 3. Mitt. H. Flaschka, A. J. Barnard jun., W. C. Broad und J. T. Baker. (Chemist-Analyst 47. 52—56. Juni 1958. Dep. of Chem., Univ. of North Carolina, Chapel Hill, N. C., J. T. Baker Chem. Co., Phillipsburg, N.J.) (Engl.) — 2. vgl. C. **1962.** 8001; 4. vgl. C. **1962.** 5408.

Übersicht über Verwendbarkeit der EDTA-Titration zur Best. von Hf, In, Fe(III), La, Lanthaniden, Pb, Mg, Mn(II), Hg(II), Mo(VI), Ni, Pd(II) u. Pu(III). — Zahlreiche Literaturangaben. W. MUCKE. 5066

Methode zur quantitativen Bestimmung des Kristallwassers in einigen Kristallhydraten nach ihren Absorptionsspektren im nahen Infrarotgebiet (0,8—2,5 μ). D. Ss. Gorbenko-Germanow, R. A. Senkowa und T. L. Bolotina. (Журнал Аналитической Химии [J. analyt. Chem.] **13.** 590—94. Sept./Okt. 1958.) (Russ.)

Vff. berichten über die Anwendung der IR-Spektroskopie zur Kristallwasser-Best. in Salzen. Die Best. geschieht an Hand der Bande bei 5130 cm⁻¹, die jedoch in den Spektren einiger der untersuchten Hydrate um 100—200 cm⁻¹ verschoben u. gelegentlich auch aufgespalten auftritt. Die Proben werden mit geglühtem u. gepulvertem KCl bei 220—230 kg/cm² zu Tabletten von 12 mm ∅, 0,55 ± 0,01 mm Dicke u. 117 mg Gew. gepreßt. Zur Eichung wird wegen der hohen Stabilität des Hydrats $Eu_2(SO_4)_3 \cdot 8\,H_2O$ herangezogen. Die Absorptionsstärke wird aus der Messung an drei Punkten (Punkt der höchsten Absorption, Punkte der größten Durchlässigkeit an beiden Seiten der Bande) rechner. an Hand einer Geradengleichung ermittelt. Durch eine Reihe von Parallel-Verss. werden die folgenden Wasser-Geh. einiger hydratisierter Salze ermittelt u. damit deren angegebene Zus. bestätigt: $KEu(SO_4)_2 \cdot H_2O$ (4,6% H_2O), $KEu(SO_4)_2 \cdot 2\,H_2O$ (7,4%), $K_3Eu(SO_4)_3 \cdot H_2O$ (2,8%); $Nd_2(SO_4)_3 \cdot 5\,H_2O$ (12,4%), $Nd(CH_3COO)_3 \cdot H_2O$ (5,3%); $CaSO_4 \cdot 2\text{-}H_2O$ (19,0%). Die Meth. erlaubt die Best. des Kristallwasser-Geh. von Substanzmengen, die einer zuverlässigen Gew.-Analyse nicht mehr zugänglich sind.

H.-J. OSTMANN. 5074 □

Eine Methode zur Wasserstoff-Bestimmung in Gasgemischen. J. R. Young und N. R. Whetten. (Rev. sci. Instruments **31.** 1112—14. Okt. 1960. Schenectady, N.Y., Gen. Elektr. Res. Labor.) (Engl.)

Die selektive Diffusion von H_2 durch ein Pd-Rohr wird zur qual. u. quant. Best. von H_2 in Gasgemischen benutzt. In Verbindung mit der Hochvakuumtechnik ist es möglich, 1 Teil H_2 in 10^{10}—10^{14} Teilen eines anderen Gases bzw. Gasgemisches zu bestimmen. W. LUCHSINGER. 5086 □

a) Elemente und anorganische Verbindungen

Bestimmung von aktivem Sauerstoff in geladenen metallkeramischen Nickelelektroden. I. Ss. Musstafin und N. Ss. Frumina. (Заводская Лаборатория [Betriebs-Lab.] **26.** 410—12. 1960. Saratow, Tschernyschewsky-Univ.) (Russ.)

Die akt. Masse enthält Ni-Oxide u. metall. Ni. Die Oxide werden durch Einw. auf Cr(III)-Salze im alkal. Medium bei Siedetemp. (30—40 Min.) erfaßt. Das entstandene

Chromat wird nach Ansäuern jodometr. oder durch Titration mit Mohrschem Salz bestimmt (Indicator Phenylanthranilsäure). S. Eckert. G 239☐

Über die volumetrische Bestimmung von Fluorid mit Thoriumnitrat. D. Patnaik, I. B. Mishra und K. K. Tripathy. (Current Sci. **28.** 328. Aug. 1959. Cuttack, Utkal Univ., Ravenshaw Coll., Dep. of Chem.) (Engl.) — Vgl. Willard u. Winter, Ind. Engng. Chem., analyt. Edit. **5.** [1933.] 7.

Die Endpunkts-Best. bei der Titration von F^- mit $Th(NO_3)_4$ ist infolge der Absorption von Indicator am Nd. nicht sehr genau. Zu ihrer Verbesserung führt man eine Grobtitration durch, filtriert dann bei einer 2. Titration 2—3 ml vor Erreichung des Endpunktes den Nd. ab, wäscht den Nd. mit wenig $CH_2ClCOOH/CH_2ClCOONa$-Lsg. von pH 2,9—3,4 (Wasch-Fl. wird dem Filtrat zugegeben), versetzt das Filtrat mit dem Indicator u. titriert bis zu dem jetzt scharf erkennbaren Endpunkt. H. Pluskal. G 246☐

Phasenanalyse von Stäuben der Bleiindustrie auf Selenverbindungen. N. A. Filippowa, L. A. Martynowa, Je. W. Ssawina und R. D. Kulitschichina. (Заводская Лаборатория [Betriebs-Lab.] **26.** 401—10. 1960. Wiss. Forsch.-Inst. für Buntmetalle.) (Russ.)

Se findet sich in Pb-Stäuben elementar, als SeO_2, als Pb-, Zn- u. Hg-Selenit u. -Selenid. Die Metalle wurden volumetr. mit Trilon gegen Eriochromschwarz T bestimmt. Pb wurde vorher als Sulfat abgetrennt, die Titration des Zn erfolgte sofort nach Auflösung des Staubes in HCl oder HNO_3 beim entsprechenden pH-Wert; zur Erfassung des Hg, das keine Färbung mit Eriochromschwarz T gibt, wurden der Lsg. Mg-Ionen zugesetzt, in diesem Falle tritt der Umschlag von Weinrot nach Blau erst dann ein, wenn die Summe der Ionen gebunden ist. Größere Mengen Se wurden nach Abscheidung mit N_2H_4 jodometr., kleine Mengen nephelometr. durch die Färbung des elementaren Se erfaßt. Folgende selektive Lsg.-Mittel wurden gefunden: CH_3OH für SeO_2; 0,5 m Essigsäure für $ZnSeO_3$; 0,5m NaCl für $HgSeO_3$; 0,5m Citronensäure für $PbSeO_3$; 1,5m Na_2SO_3 für Se; 0,1n KBr in 0,1n H_2SO_4 für ZnSe; 7n HNO_3 für PbSe. Alle Selenite lösen sich in 0,25m Trilon-Lsg.; $PbSeO_3$ u. $ZnSeO_3$ können nicht getrennt werden. Trennungsgang: 2 g Einwaage, 30 Min. mit 100 ml 0,25m Trilon-Lsg. (pH 8,5) kochen. Es lösen sich die Selenite u. SeO_2. Den Rückstand 30 Min. mit 100 ml 1,5m Na_2SO_3-Lsg. kochen, gelöst ist Se. Das Unlösliche 1 Std. mit 50 ml 7n HNO_3 kochen. In Lsg. gehen ZnSe u. PbSe, zurück bleibt HgSe. Eine 2. Einwaage wird 30 Min. mit 50 ml wasserfreiem CH_3OH u. 3 g wasserfreiem Na_2SO_4 gerührt, das Filtrat enthält SeO_2 als $SeO(OCH_3)_2$. — Tabelle mit Löslichkeitsangaben der genannten Verbb. in verschiedenen Reagentien. S. Eckert. G 254☐

Die Erkennung von Phosphaten auf Chromatogrammen. H. Rosenberg. (J. Chromatogr. [Amsterdam] **2.** 487—89. Sept. 1959. Canberra, Australian Nat. Univ., John Curtin School of Med. Res., Dep. of Biochem.) (Engl.)

Vf. beschreibt eine neue Meth. zum papierchromatograph. Nachw. von PO_4^{3-}-Verbb., deren bes. Vorzüge ihre Schnelligkeit, der farblose Untergrund u. die hohe Empfindlichkeit sind. Die entwickelten Chromatogramme werden trocken in ein Reagens (I) aus 3 ml 5%ig. $(NH_4)_2MoO_4$-Lsg., 7 ml 5n HCl u. 90 ml Aceton getaucht. In Fällen schwer hydrolysierbarer Ester ist zu erhitzen. Nach erneuter Trocknung wird mit einer weiteren Lsg. befeuchtet, die aus 20 ml eines Reagenses (hergestellt durch 10 Min. langes Kochen von 2 g V_2O_5 in 20 ml konz. HCl, Verdünnen mit 6n HCl auf 27 ml u. Auffüllen auf 400 ml mit H_2O) u. 80 ml Aceton besteht u. unmittelbar vor Gebrauch mit 250 mg Zn-Pulver geschüttelt wurde. Die Haltbarkeit von I beträgt ca. 8 Tage. Auf weißem Grund sind zu finden: PO_4^{3-} blau, $P_2O_7^{4-}$ purpur, *Kreatinphosphat* blau, *Äthanolaminphosphat* blaugrün, *Adenosintriphosphat* u. *-diphosphat* schwach blau. Adenosinmonophosphat u. Glycerinphosphat sind nicht anfärbbar. Die Erfassungsgrenze für anorgan. PO_4^{3-} liegt bei 0,02 μg/ml. F. M. Friedrich-Anderseck. G 264☐

Bestimmung der Alkalimetalloxide in Wolframsäure mittels des Flammenphotometers. Rudolf Hamerník. (Hutnické Listy **14.** 142—44. Febr. 1959. Rožnov, Vývoj. a materiál. labor. n. p. Tesla-Rožnov.) (Tschech.)

Unters. der Bedingungen u. Ausarbeitung der Arbeitsvorschrift unter Benutzung des Flammenphotometers Zeiss Modell III, Acetylenflamme, Filter 589 für Na u. 770 mμ für K. - Arbeitsvorschrift: 2g WO_3 werden mit einer Genauigkeit von $\pm$0,01g abgewogen u. in einem Siedekolben in 80 ml W. u. 5—7 Tropfen HCl unter Rückfluß 2 Std. gekocht. WO_3 wird abfiltriert, mit HCl-angesäuertem W. ausgewaschen, das Filtrat auf 100ml aufgefüllt u. photometriert. Der Na- u. K-Geh. wird mit Hilfe von Eichkurven u. Standardproben ermittelt. Fehler $\pm$0,002% K_2O u. Na_2O. J. Tůmová. G 275☐

Bestimmung von Calcium durch Extraktion mit Methylisobutylketon. Hidehiro Gotō und Emiko Sudō. (Japan Analyst **10.** 171—74. 1961. Tohoku Univ., Res. Inst. for Iran, Steel and Other Metals.) (Jap.; Auszug: Engl.)

Die Best. des Ca erfolgt durch Extraktion des Ca-Oxinats mit Methylisobutylketon u. anschließende flammenphotometr. Best. im Extrakt bei 554 mμ oder 622 mμ unter einem H_2-Druck von 2,0 u. einem O_2-Druck von 25,0 lb/in^2. Ba u. Na, die die flammenphotometr. Best. des Ca in wss. Lsg. stören, zeigen unter diesen Bedingungen keinen Einfluß. Auch P kann in größerer Menge als in wss. Lsg. anwesend sein, ohne die Best. zu stören. Bei Anwendung dieser Meth. auf die Best. des Ca in Fe u. Stahl konnte Ca bis zu einer Konz. von 0,001% ermittelt werden. Diese Meth. ist 10mal so empfindlich wie die flammenphotometr. Best. in wss. Lösung. U. SKURNIA. G 283 □

Isolierung von radioaktivem Calcium aus Glimmer zur Isotopenanalyse. W. I. Baranow und Ju-Wei Tschen. (Журнал Аналитической Химии [J. analyt. Chem.] **15.** 163—65. März/April 1960. Moskau, Vernadsky-Inst. für Geochem. u. anal. Chem. der Akad. der Wiss. der UdSSR.) (Russ.)

Die quant. Best. von radioakt. Ca in Lepidolithen u. Muskoviten ist durch Aufschluß des Gesteins mit $H_4P_2O_7$ u. Abtrennung von nicht gelöstem SiO_2 möglich. Die erhaltene Lsg. wird durch den Kationenaustauscher Kationit KU 2 geschickt, wodurch sämtliche Anionen entfernt werden. Durch Elution mit NH_3 wird Al, durch Elution mit 0,4nHCl K entfernt. Mit 1n HCl werden Ca, Fe u. Mn aus der Säule gewaschen. Die Abtrennung von Fe u. Mn erfolgt mit NH_3. Anschließende Oxalatfällung führt zu Ca-Ndd., die zur massenspektrometr. Ca-Best. verwendet werden können. Es werden über 90% des eingesetzten Ca wiedergefunden. E. HEISE. G 283 □

Eine schnelle und genaue halbmikroanalytische, gravimetrische Methode zur Bestimmung von Quecksilber neben Kupfer. Virgil Armeanu, Niculae Caplescu und Georgeta Mihail. (Bul. Inst. politehn. [Bucureşti] **20.** Nr. 2. 93—96. April/Juni 1958. Bucarest, Inst. Polytechn., Labor. de Chim. Générale.) (Franz.)

Die angegebene gravimetr. Best.-Meth. von *Hg* neben *Cu* beruht auf der Bldg. eines unlösl. rotvioletten, kristallinen Komplexes von [Cu(o-phen$_2$)]·(HgJ_4), wobei (o-phen) o-Phenylendiamine (I) bedeutet. Der Komplex bildet sich bei Zugabe einer Lsg. der Verb. von Cu mit I [Cu-(o-phen)$_2$] (II) zu einer Lsg., die Hg als $(HgJ_4)^{2-}$ enthält. Zunächst wird zu einer Lsg., die Cu u. Hg enthält KJ zugefügt. Nach der Gleichung: $CuSO_4 + HgCl_2 + 6\,KJ \rightarrow CuJ + K_2(HgJ_4) + K_2SO_4 + 2\,KCl + {}^1/_2\,J_2$ tritt Rk. ein. Der Nd. von CuJ wird abfiltriert, freies J_2 mit $S_2O_3^{2}$-Lsg. zerstört u. durch Zugabe von II Hg gefällt. Das Verf. ist schnell durchzuführen u. genau. Der Fehler beträgt $\pm 0{,}06\%$. *Arbeitsvorschrift*: 50—100 ml einer neutralen Lsg. von Cu oder Hg (jeweils 10—50 mg) werden tropfenweise mit 10%ig. KJ-Lsg. bis zur Gelbfärbung der Lsg. u. Wiederauflösen des roten Nd. versetzt u. filtriert. Der CuJ-Nd. wird 2—3mal mit W. gewaschen, das Filtrat zunächst tropfenweise mit 10%ig. $Na_2S_2O_3$-Lsg. bis zur Farblosigkeit versetzt, dann unter ständigem Rühren tropfenweise bis zur Bldg. eines rotvioletten Nd. eine Lsg. von II zugefügt. II entsteht aus 5—10 ml einer 2%ig. $CuSO_4$-Lsg. bei Zusatz einer 2%ig. alkohol. I-Lsg. bis zur Farblosigkeit u. anschließend einer 3%ig. H_2SO_4 bis zur Gelbfärbung u. Auflösung des Niederschlages. Nach einigen Min. wird filtriert, 3—4mal mit verd. Lsg. von I u. 3—4mal mit 3—4 ml W. nachgewaschen u. bei 105° bis zur Gew.-Konstanz getrocknet. H. FRIES. G 290 □

Nachweis von Gallium in den Produkten der Aluminiumerzeugung. W. K. Kusnetzowa und N. A. Tananajew. (Журнал Аналитической Химии [J. analyt. Chem.] **15.** 240—41. März/April 1960.) (Russ.)

In Anwesenheit von Al wird der pH-Wert, bei welchem Titanhydroxid koaguliert, in den Bereich der Koagulation von Galliumhydroxid (I) verschoben (pH 3). Dadurch ist eine Mitfällung von I möglich, die es gestattet, Ga auch in Ggw. von großen Mengen Al nachzuweisen. Der Nachw. erfol t durch Lösen des I-Nd. in Alkalien u. Farbentw. durch Alizarin in Ammoniumoxalatpuffer von pH 8—10. Durch Zugabe von Ae. bilden sich in Ggw. von Ga rote Flocken in der Grenzschicht W.-Äther. Es können noch 10^{-6} g Ga/ml nachgewiesen werden. E. HEISE. G 295 □

Die Isolierung der Seltenerdmetalle aus Mineralien. F. W. Saikowski und W. Ss. Baschmakowa. (Журнал Аналитической Химии [J. analyt. Chem.] **15.** 166—69. März/April 1960.) (Russ.)

Die Seltenerdmetalle (I) der Ce- u. Y-Gruppe können bei pH 6 (HCl) durch Mitfällung von Ca mittels Acetondioxalsäure gefällt werden. Zur quant. I-Abscheidung ist Nachfällung erforderlich. Th kann von I durch Fällung mit Na-p-Aminosalicylat abgetrennt werden. Zur Best. von I in Mineralien nach dieser Meth. ist Aufschluß mit HF erforderlich. Die erhaltenen Fluoride von I u. Th werden wie beschrieben weiterverarbeitet. Die Fehlergrenze beträgt $\mp 10\%$. E. HEISE. G 303 □

Bestimmung von zwei- und dreiwertigem Titan in metallisches und zweiwertiges Eisen enthaltenden Schlacken. L. I. Wesselago. (Журнал Аналитической Химии

[J. analyt. Chem.] **13.** 562—66. Sept./Okt. 1958. Moskau, Baikow-Inst. für Metallurg. der Akad. der Wiss. der UdSSR.) (Russ.)

Vf. beschreibt Unterss. über die Stabilität von Ti(II) u. Ti(III) in verschiedenen, zur Analyse von Fe-haltigen Schlacken verwendeten sauren Medien u. zeigt, daß bei der Zers. solcher Schlacken mit H_3PO_4 (unter Erwärmen in CO_2-Atmosphäre) Ti(II) zu Ti(III) oxydiert wird, Ti(III) jedoch beständig ist. Beim Auflösen in einem HF–H_2SO_4-Gemisch in Ggw. von überschüssigem $Fe(NH_4)(SO_4)_2$ (**I**) bildet sich eine der Summe an vorhandenem Ti(II) u. Ti(III) äquivalente Menge Fe(II). Die Anaylse solcher Schlacken wird demgemäß folgendermaßen ausgeführt (eingehende Arbeitsvorschrift im Original): 0,2—0,5 g Substanz werden in H_3PO_4 (1,7) unter Erwärmen u. CO_2-Durchleiten gelöst u. nach Abkühlen u. H_2SO_4-Zusatz mit 0,05n **I**-Lsg. gegen NH_4SCN titriert (Summe aus vorhandenem u. durch Oxydation aus Ti(II) entstandenem Ti(III). Zur Best. der Redoxsumme von Ti(II) u. Ti(III) wird aus einer separaten Einwaage von 0,2—0,5 g zunächst das metall. Fe durch Kochen mit $CuSO_4$-Lsg. (unter CO_2) entfernt u. durch Titration mit 0,01n NH_4-Vanadat-Lsg. gegen Ba-Diphenylaminsulfonat bestimmt. Das entstandene metall. Cu wird durch Behandlung des Rückstandes mit salzsaurer $FeCl_3$-Lsg. entfernt u. der hierbei verbleibende Rückstand in einer Pt-Schale mit überschüssigem **I**, HF u. H_2SO_4 unter CO_2 durch 20—30 Min. langes Erhitzen völlig gelöst; nach Abkühlen u. Zusatz von H_3BO_3 (zur Bindung von F^-) wird das entstandene Fe(II) manganometr. bestimmt. Zur Korrektur wird noch die in der Probe vorhandene Fe(II)-Menge (nach Entfernen des metall. Fe, Zers. der Einwaage durch H_2SO_4/HF u. Oxydation von noch vorhandenem Ti(III) mit $KMnO_4$) durch Titration mit NH_4-Vanadat ermittelt. Ein Reagentienblindwert muß ebenfalls berücksichtigt werden. Die Genauigkeit des Verf. beträgt bei 10—60% Ti 0,5—1%, bei 1—5% Ti ca. 6%. H.-J. OSTMANN. G 321□

Bestimmung und Komplexbildung des Zirkoniums mit Oxalaten. S. R. Mohanty, D. Singh und J. Gopala Krishna Murty. (Current Sci. **24.** 229. Juli 1955. Banaras Hindu Univ., Electro-Chem. Labor.) (Engl.)

Zr bildet mit $C_2O_4^{2-}$ einen Nd. von $Zr(C_2O_4)_2$ u. 3 lösl. Komplexe mit 4, 6 u. 8 $C_2O_4^{2-}$-Ionen/Zr. Die potentiometr. Best. von Zr kann mit Hilfe der Kette Hg/Hg_2Cl_2, gesätt. KCl || gesätt. KCl || $Zr(NO_3)_4$/Pt durchgeführt werden. Man mißt die Spannungsänderung der Zelle nach Zugabe der $C_2O_4^{2-}$-Lsg. gegen einen 2 V-Akkumulator.

H. PLUSKAL. G 322□

Photometrische Bestimmung von Thorium in Gesteinen mit Arsenazo III. Ss. B. Ssawwin und W. W. Bagrejew. (Заводская Лаборатория [Betriebs-Lab.] **26.** 412—15. 1960. Inst. für Geochem. u. analyt. Chem. der Akad. der Wiss. der UdSSR.) (Russ.)

Th bildet in 0,01—10n salzsaurer Lsg. (auch in Anwesenheit von SO_4^{2-}, PO_4^{3-} u. $H_2C_2O_4$) mit Arsenazo III sehr beständige innerkomplexe Verbb. (Absorptionsmaximum bei 665 mμ). Außer Th geben Zr, U(IV), die Seltenerdmetalle, Fe(III), Pb u. Be mit Arsenazo III Färbungen. Zum Unterschied zu den hydrolysierbaren vierwertigen Kationen reagieren die letzten nur in schwach sauren Lsgg.; Zr wird mit Oxalsäure maskiert, am besten im 2,5—3n salzsauren Medium u. bei einer Konz. an $H_2C_2O_4 \cdot 2\,H_2O$ von 1,6%. Für 25 ml Lsg. sind 6 ml HCl (1,19), 10 ml 4%ig. $H_2C_2O_4 \cdot 2\,H_2O$ in HCl 1 : 1 u. 0,5 ml 0,1%ig. wss. Reagens-Lsg. erforderlich; der Th-Geh. soll 1—25 μg betragen. Der Best.-Fehler liegt $<$ 3—5%, wen das Verhältnis von Th zu anderen Elementen folgende Werte nicht übersteigt: für Zr 1 : 200; UO_2^{2+} 1 : 6; SE (Ce-Gruppe) 1 : 50; SE (Y-Gruppe) 1 : 100; Ti 1 : 10; Cr^{3+} 1 : 200; Ni 1 : 500; Fe^{2+}, Pb, Co, Ca, Al u. die Mehrheit der anderen Elemente 1 : 1000—5000. Eine evtl. Färbung der Lsg. durch Fe läßt sich mit Ascorbinsäure beseitigen. Empfindlichkeit der Rk. 0,01—0,02 μg/ml Th. Einwaage 0,05—0,5 g. Durch 2maliges Abrauchen u. anschließendes Aufkochen mit HF u. Filtrieren erfolgt gleichzeitig die Zers. des Gesteins u. die Entfernung der Hauptmenge der Beimischungen. Die F-Ionen beseitigt man durch Abrauchen mit $HClO_4$–HCl. Der Rückstand wird mit HCl aufgenommen, entsprechend verd. u. zum Colorimetrieren vorbereitet.

S. ECKERT. G 324□

Die photometrische Bestimmung des Thoriums in Monaziten mit dem Reagens Arsenazo II. W. I. Kusnetzow und Ss. B. Ssawwin. (Журнал Аналитической Химии [J. analyt. Chem.] **15.** 175—79. März/April 1960. Moskau, Vernadsky-Inst. für Geochem. u. analyt. Chem. der Akad. der Wiss. der UdSSR.) (Russ.) — Vgl. C. **1961.** 11069.

Eine Meth. zur Best. von Th in Monazit mit Biphenyl-4.4'-diarsonsäure-3.3'-bis-[⟨azo-2⟩-1.8-dihydroxynaphthalin-3.6-disulfonsäure] (Arsenazo II) wird beschrieben. Durch Unters. des pH-Einfl. auf die Maskierung von Th durch Anionen (Sulfat u. Phosphat) u. auf die Selektivität von **I** gegenüber Th wurde festgestellt, daß in 0,2n HCl weder Zr, Ti, Mo, V, W, Seltenerdmetalle noch Sulfat u. Phosphat die Th-Best. stören.

Jedoch ist bei großem Überschuß von Al, U u. Fe 0,6n HCl zu empfehlen. Die Genauigkeit der Best. beträgt 3—5%, Dauer 20—30 Minuten. Der Monanzit muß hierbei mit $K_2S_2O_7$ in HCl aufgeschlossen werden. E. HEISE. G 324□

Eine Methode zur Bestimmung von Absolutmengen an Ionium ($^{230}_{90}$Th). K. B. Saborenko und N. W. Filippowa. (Журнал Аналитической Химии [J. analyt. Chem.] **15.** 203—06. März/April 1960. Moskau, Lomonossow-Univ.) (Russ.)

Die elektrolyt. Abscheidung von Ionium ($^{230}_{90}$Th) (I) in radiochem. reiner Form kann zur Best. von I benutzt werden. Die Elektrolyse wird bei pH 3,4 in einem Ammoniumsulfat-Medium unter Zusatz geringer Mengen A. durchgeführt. Der Elektrolyt enthält außerdem Cersalze. Dauer der Elektrolyse 30 Min., Temp. 70—80°, Klemmenspannung 3—4 V, Stromdichte 180—220 mA/cm². Die Elektroden bestehen aus Pt, nichtrostendem Stahl oder vergoldetem Cu. In den Ausgangs-Lsgg. enthaltene Isotope von Ce, Bi oder Po werden unter diesen Bedingungen nicht auf der Kathode abgeschieden. Die quant. I-Best. erfolgt durch Vgl. der α-Strahlung der Kathode mit einem I-Standard-Präparat. Die Vorbehandlung von Erzen zur I-Best. wird ausführlich beschrieben.

E. HEISE. G 324□

Spektrophotometrische Untersuchungen über die zur chemischen Analyse verwendeten Organometallkomplexe. 4. Mitt. Reaktion zwischen Flavonoiden und Germanium. Takuji Kanno. (Sci. Rep. Res. Inst. Tôhoku Univ., Sect. A **11.** 145 bis 151. April 1959.) (Engl.) — C. **1959.** 7576. F. VIER. G 326□

Spektrophotometrische Untersuchungen über die zur chemischen Analyse verwendeten Organometallkomplexe. 5. Mitt. Reaktionen der organischen Reagentien mit Germanium. Takuji Kanno. (Nippon Kagaku Zassi [J. chem. Soc. Japan, pure Chem. Sect.] **80.** 757—60. Juli 1959. Sendai Tôhoku-Daigaku, Senkô-Seiren-Kenkyûzyo.) (Jap.; Auszug: Engl.) — **4.** vgl. vorst. Referat.

Cyanidinchlorid, das als Funktionalgruppen keine zueinander o-ständige Carbonyl- u. Hydroxygruppe, sondern nur ein Paar zueinander o-ständige Hydroxygruppen trägt, reagiert mit *Ge* nicht in sauren, sondern nur in neutralen Lsgg., während *Naringenin* (*5.7.4'-Trihydroxyflavanon*) weder in sauren noch in neutralen Lsgg. mit Ge reagiert. Diese Ergebnisse liefern einen weiteren Beweis für die Annahme des Vf., daß Ge in stark sauren Lsgg. über die zueinander in o-Stellung stehende Hydroxy- u. Carbonylgruppe u. in neutralen Lsgg. über die beiden o-ständigen Hydroxygruppen der Flavonoide Komplexe bildet. *Tiron*, *AlizarinS* u. *Hämatoxylin* (I), die ebenfalls die zueinander o-ständigen Hydroxygruppen tragen, reagieren mit Ge nur in neutralen Lsgg. (die Rk. mit I in neutralen Lsgg. konnte nicht deutlich festgestellt werden), während *Hämatein* u. *4'-Hydroxyphenylfluoron*, die neben den zueinander o-ständigen Hydroxygruppen auch die in o-Stellung stehende Hydroxy- u. Carbonylgruppe tragen, sowohl in neutralen als auch in sauren Lsgg. mit Ge reagieren können. E. MAEKAWA. G 326□

Gravimetrische Halbmikrobestimmung des Vanadins mit β-Hydroxynaphthaläthylamin und β-Hydroxynaphthylaldoxim. Ss. I. Gussew, W. I. Kumow und Je. W. Ssokolowa. (Журнал Аналитической Химии [J. analyt. Chem.] **15.** 180—83. März/April 1960. Perm, Med. Inst.) (Russ.)

Eine gravimetr. Halbmikro-Best. von V(IV) ist mit β-Hydroxynaphthaläthylamin (I) u. β-Hydroxynaphthaldoxim (II) möglich. Das mol. Verhältnis von V(IV) zu I bzw. II beträgt 1 : 2. Die Ndd. besitzen die Zus. $(C_2H_5{-}N{=}CH{\cdot}C_{10}H_6O)_2VO$ bzw. $(HON{=}CH{\cdot}C_{10}H_6O)_2VO$. Bei Zugabe von Ascorbinsäure kann die V(IV)-Best. auch in Ggw. von Fe durchgeführt werden. Die Meth. ermöglicht die V-Best. in Ferrovanadin. Pb u. Cu stören die Best. mit I, Ni u. Cu die Best. mit II. Es können noch 1 mg V mit einem Fehler von 2% bestimmt werden. Die Umrechnungsfaktoren sind 0,10995 bzw 0,11598. E. HEISE. G 330□

Spektrochemische Bestimmung von Tantal in Zirkonium. Ss. W. Jelinsson, K. I. Petrow und A. T. Resowa. (Журнал Аналитической Химии [J. analyt. Chem.] **13.** 576—79. Sept./Okt. 1958.) (Russ.)

Da die photometr. Ta-Best. mit Pyrogallolcarbonsäure durch Ti gestört wird u. die direkte spektralanalyt. Ta-Best. nicht genügend empfindlich ist ($1 \cdot 10^{-2}$% erfaßbar), entwickeln Vff. ein Verf. zur spektrochem. Best. kleiner Ta-Mengen (<0,01%) in Zr, bei dem Ta in Form seines Fluorokomplexes aus 2—4m H_2SO_4 mit Cyclohexanon (I) extrahiert wird. Bei einem Vol.-Verhältnis von 1 : 1 zwischen wss. u. organ. Phase wird Ta durch 3maliges Ausschütteln quant. in die organ. Phase übergeführt. I wird anschließend als bei 90° sd. azeotropes Gemisch bis auf 2—3 ml verdampft. Ta wird dann nach Zusatz von Mo als innerem Standard (15 μg/ml) unter Anwendung von Kohleelektroden mit 3—3,5 mm ∅ (Abstand 2 mm) u. Funkenanregung an Hand des Linienpaares Ta 2685,1/Mo 2688,0 bestimmt; der Meßbereich liegt zwischen 3 u. 100 μg Ta/ml. Mit-

extrahierte H_2SO_4 (Verss. an Lsgg. mit 5—40%) beeinflußt das Resultat nicht, verringert jedoch die Empfindlichkeit etwas; auch die Ggw. von Konzz. <30 μg Zr/ml ist ohne Einfluß. Die Meth. wird zur Analyse von Zr mit 0,035—0,26% Ta angewandt u. erlaubt die Best. von $1 \cdot 10^{-3}$% Ta in Zr mit einem mittleren Fehler von 20%.
H.-J. OSTMANN. G 332□

Photometrische Chrom-Bestimmung unter 0,10% Chrom. Fritz Auerbach. (Giessereitechnik 7. 149. Mai 1961.) (Dt.)

Zur photometr. Best. von *Cr*, bes. in Temperguß, wird vorgeschlagen, Cr mit Diphenylcarbazid anzufärben. Vorher müssen die Cr-Ionen im alkal. Medium mit $KMnO_4$ zu CrO_4-Ionen oxydiert werden. Die genaue Analysengang wird beschrieben.
F. VIER. G 335□

EDTA-Titration von Zink in Messing und Bronze und von Kobalt in Gegenwart von Kupfer. E. Körös und Z. Remport-Horvath. (Chemist-Analyst **46.** 91—92. Dez. 1957. Budapest, Eötvös-Univ., Inst. of Inorg. and analyt. Chem.) (Engl.)

Best. von Zn in Cu-Lsgg. (A): Die Probe-Lsg. wird nach Zusatz von 1—5 g KJ oder KSCN u. hinreichend Ascorbinsäure (AS) auf 80—100 ml verd. u. mit 6—8 Tropfen Xylenolorange (0,1%ig. alkohol. Lsg.) versetzt. Dann wird 20%ig. Urotropin-Lsg. bis zum Farbumschlag nach Rotviolett dazugegeben u. die Lsg. gegen 0,05 m Äthylendiamintetraessigsäure-Lsg. bis zum Farbwechsel nach Gelb titriert. — Best. von Zn u. Cu in Messing: Eine Lsg. von 0,1 g Messing in 20%ig. HNO_3 wird nach Vertreibung der Stickstoffoxide auf 100 ml aufgefüllt. In einem Teil wird Zn nach A bestimmt. Cu wird ohne AS jodometr. bestimmt. — Best. von Zn in Bronze: Die Probe wird in HNO_3 gelöst, Sn als Metazinnsäure u. Pb als Sulfat abgeschieden u. dann nach A verfahren. — Best. von Co u. Cu: Co wird in einem Anteil der verd. salpetersauren Lsg. nach Zusatz von KJ, AS u. Urotropin gegen EDTA-Lsg. titriert (Farbwechsel rotviolett—gelb). Cu wird jodometr. bestimmt.
W. BETCKE. G 355□

Bedingungen zur Abscheidung von Nickel mit Dimethylglyoxim in Gegenwart von Kobalt. M. W. Korotun. (Украинский Химический Журнал [Ukrain. chem. J.] **26.** 377—80. 1960. Tschernowzy, Univ.) (Russ.)

Vf. untersucht die Einw. von Co bei der Fällung von [Dimethylglyoximato]-Nickel (I) aus schwach essigsauren u. aus ammoniakal. Lsgg. unter Verw. eines Oxydationsmittels [$(NH_4)_2S_2O_8$]. Verss. zeigten, daß nach der Oxydation des Co(II) zu Co(III) in schwach sauren u. ammoniakal. Lsgg. das Ni bei Zusatz von Dimethylglyoxim zuerst gefällt wird. Zweckmäßig ist es, das Ni bei pH 5 zu fällen. Zur vollständigen Fällung genügt ein 5—10facher Überschuß an Dimethylglyoxim. Bei der Fällung von I nach der Oxydation des Co wird der Nd. durch Kobalthydroxid verunreinigt u. muß umgefällt werden.
E. STEINBERG. G 356□

Potentiometrische Bestimmung von Silber durch Titration mit Reinecke-Salz. I. L. Bagbanly und M. M. Mamedkulijewa. (Доклады Академии Наук Азербайджанской ССР [Ber. Akad. Wiss. AserbaidshanSSR] **17.** 35—39. 1961.) (Russ.)

Vff. entwickeln eine neues potentiometr. Best.-Verf. für Ag, das auf der Fällungs-Rk. mit REINECKE-Salz aus saurer oder ammoniakal. Lsg. unter Bldg. von $Ag[Cr(CNS)_4 \cdot (NH_3)_2]$ bzw. $[Ag(NH_3)_2][Cr(CNS)_4(NH_3)_2]$ beruht. Die potentiometr. Titration wird mit einer REINECKE-Salz-Lsg. bestimmten Titers durchgeführt. Als Indicatorelektrode wird ein Ag-Draht (Länge 3 cm, Durchmesser 1 mm), als Vgl.-Elektrode eine gesätt. Kalomelelektrode verwendet. Die Anwesenheit großer Mengen von Al, Ni u. Zn stört die Ag-Best. nicht, ein hoher Fe-Geh. führt zu ungenauen Ag-Werten. Störendes Cu wird durch eine gesätt. $Na_4P_2O_7$-Lsg. als Komplex gebunden.
H.-P. PIETSCH. G 359□

Bestimmung der Legierungselemente in binären und ternären Legierungen durch Röntgenfluorescenzspektroskopie. 1. Mitt. **Die Aufstellung von Eichkurven für die Röntgenfluorescenzanalyse von Zinn–Blei-, Blei–Antimon-, Antimon–Zinn und Zinn–Blei–Antimon-Legierungen.** Kichinosuke Hirokawa. (Nippon Kinzoku Gakkai-Si [J. Japan Inst. Metals] **24.** 559—62. 1960.) (Jap.; Auszug: Engl.)

Die Eichkurven für die Best. von Sn, Sb u. Pb in Sn–Pb-, Pb–Sb-, Sb–Sn- u. Sn–Sb–Pb-Legg. werden aufgenommen. Die im Falle von Sn–Sb- u. Sn–Sb–Pb-Legg. angewandte Untergrundsubtraktions-Meth. erwies sich für eine schnelle Analyse als geeigneter als die Integrationsmethode.
U. SKURNIA. 5282□

Bestimmung der Legierungselemente in binären und ternären Legierungen durch Röntgenfluorescenzspektroskopie. 2. Mitt. **Die Anwendung einer Berechnungsmethode auf die Röntgenfluorescenzanalyse von Zinn–Blei-, Blei–Antimon-, Antimon-Zinn-**

und Zinn–Antimon–Blei-Legierungen; Analyse praktischer Proben. Kichinosuke Hirokawa. (Nippon Kinzoku Gakkai-Si [J. Japan Inst. Metals] **24.** 562—64. 1960.) (Jap.; Auszug: Engl.) — 1. vgl. vorst. Referat.

Vf. wendet die von BRISSEY u. BEATHIE (vgl. Analytic. Chem. **26.** [1954.] 980), SHERMAN u. Mitarbeitern vorgeschlagene Berechnungs-Meth. auf die Best. von Sn, Sb u. Pb in den angeführten bin. u. tern. Legg. an. Zum Beispiel wird die Best.-Gleichung von Sn u. Pb in Sn–Pb-Legg. zu $1{,}853 = W_{Sn}/W_{Pb}\ (I_{Sn}/I_{Sn-Pb}{}^{-1})$, $W_{Sn} + W_{Sb} = 100$ erhalten. Diese Meth. u. die Meth. der Aufstellung von Eichkurven werden zur Analyse von Proben angewendet. U. SKURNIA. 5282 □

b) Organische Verbindungen.

Zur direkten Titration organischer Verbindungen mit Chrom(II)-sulfat. H. Jucker. (Analytica chim. Acta [Amsterdam] **16.** 210—13. März 1957. Basel, Ciba A.G., Analyt. Labor.) (Dt.)

Zahlreiche organ. Verbb. lassen sich direkt elektrometr. gegen Cr^{2+}-Lsg. titrieren Schon geringe Unterschiede im Redoxpotential erlauben die Best. verschiedener Verbb. nebeneinander. Zur Best. werden 50—500 mg Substanz in W. oder einem geeigneten Lsgm. (Dimethylformamid, Eisessig, Pyridin) gelöst, die Lsg. wird ggf. gepuffert, mit 1n H_2SO_4 auf 50 ml verd. u. unter Luftausschluß gegen 0,1n $CrSO_4$-Lsg. (aus $K_2Cr_2O_7$ durch Red. mit HCl/Zn) titriert. Für folgende Verbb. sind Lsgm., Redoxpotentiale u. Fehler bei der $CrSO_4$-Titration tabellar. aufgeführt: *p-Chinon, Anthrachinon-2-sulfonsäure, Anthrachinon-2.7-disulfonsäure, p-Nitrosophenol, o-* u. *p-Nitrosodimethylanilin* (nebeneinander), *1-* u. *3-Nitroso-2-naphthol* (nebeneinander), *o-* u. *p-Nitrophenol* (nebeneinander), *m-Dinitrophenol, Pikrinsäure, Trinitrotoluol, 2-* u. *4-(Diazobenzol-4-sulfonsäure)-α-naphthol-3.6-disulfonsäure* (nebeneinander), ein *Tetrazen* u. *Aminoazobenzol.* W. BETCKE. 5363 □

Eine schnelle Bestimmung des Oxydationswertes nichtflüchtiger organischer Verbindungen durch die Jodsäurespaltungsmethode. Shigeru Ohashi. (Bull. chem. Soc. Japan **28.** 171—76. April 1955. Kanazawa, Univ., Fac. of Sci. Dep. of Chem.) (Engl.)

Vf. definiert den Oxydationswert einer Verb. als die Zahl O_2-Atome, die nötig sind, um ein Mol. der Verb. vollständig zu oxydieren. Der Oxydationswert kann schnell erhalten werden, indem man die Menge *Jod* bestimmt, die bei der Rk. der organ. Verb. mit KJO_3 in starker H_3PO_4 (D. 1,7) frei wird. Der Oxydationsvorgang gehorcht der Gleichung (3), die aus Gleichung (1) u. (2) abgeleitet ist: $C_kH_mO_n + (2\,k + m/2-n)\cdot O = kCO_2 + m/2\,H_2O$ (1); $2\,HJO_3 = H_2O + J_2 + 5\,O$ (2); $5\,C_kH_mO_n + 2\,(2\,k + m/2-n)\,HJO_3 = 5\,k\,CO_2 + (2\,k + 3\,m-n)\,H_2O + (2\,k + m/2-n)\,J_2$ (3). Die App. u. das Verf. werden beschrieben. Die Vers.-Bedingungen u. Ergebnisse sind in Tabellen zusammengefaßt. Die Vers.-Dauer beträgt ca. 20—30 Min., die Einwaage liegt zwischen 10 u. 80 mg. Folgende Verbb. wurden untersucht: *Oxalsäure, Na-Oxalat, Weinsäure, Na-Tartrat, Citronensäure, Na-Citrat, Bernsteinsäure, Arabinose, Glucose, Galaktose, Dulcit, Saccharose, Trehalose.* H.-J. PETROWITZ. 5364

Die Anwendung der Gaschromatographie zur Bestimmung von Retentionsdaten und Aktivitätskoeffizienten einiger Alkane, Alkylnitrate, Nitroalkane und Alkohole an selektiven stationären Phasen. S. Evered und F. H. Pollard. (J. Chromatogr. [Amsterdam] **4.** 451—57. Dez. 1960. Bristol, Great Britain, Univ., Dep. of Phys. and Inorgan. Chem.) (Engl.)

Die Retentionsdaten von n-Pentan bis n-Nonan, Äthylnitrat, n-Propyl- bis n-Octylnitrat, Nitromethan, Nitroäthan, 1-Nitropropan, 1-Nitrobutan u. Methanol bis n-Hexanol wurden an Squalan, Dinonylphthalat u. Diglycerin bestimmt. Aus gaschromatograph. Daten konnten die Lsg.-Wärmen der Nitroalkane u. Alkylnitrate berechnet werden. Die relativen Trennwirksamkeiten der fl. Phasen Squalan u. Dinonylphthalat sowie die Polaritäten einiger der Verbb. u. der fl. Phasen u. der Einfl. des Trägermaterials werden diskutiert. W. LEIPNITZ. G 500 □

Tüpfeltest für Nitromethan, Monochlor(brom)essigsäure, Dimethylsulfat, Jodmethan und Methylschwefelsäure. Fritz Feigl und David Goldstein. (Analytic. Chem. **29.** 1522—23. Okt. 1957. Rio de Janeiro, Brazil, Minist. da Agricult., Labor. da Prod. Mineral.) (Engl.)

Die semichinoide Verb., die 1.2-Naphthochinon-4-sulfonsäure (I) mit Nitromethan in Ggw. von NaOH unter Abspaltung von Na_2SO_4 bildet u. die sich in alkal. Lsg. mit blauer Farbe löst, wird für einen Tüpfeltest auf CH_3NO_2 benutzt. Dieselbe Rk. kann zur Identifizierung von *Monochlor(brom)essigsäure, Dimethylsulfat, Jodmethan* u. *Methylschwefelsäure* dienen, da diese Verbb. sich in Ggw. von $NaNO_2$ unter Bldg. von CH_3NO_2

zersetzen. — *Nitromethan*: 1 Tropfen (Tr.) der alkohol. Probe-Lsg. wird mit 1 Tr. 0,5% ig. wss. I-Lsg. (Na-Salz) u. einigen mg CaO geschüttelt. Blaufärbung. Erfassungsgrenze (EG.) 0,6 μg. — *Monochloressigsäure*: 1 Tr. Lsg. wird mit überschüssigem CaO u. einigen mg $NaNO_2$ 2—3 Min. lang in heißem W. erwärmt. Auf Zusatz von 1—2 Tr. I-Lsg. blaue Farbe. EG. 5 bzw. 10 μg Monobromessigsäure. — *Dimethylsulfat* oder *Jodmethan*: 1 Tr. der alkohol. Probe-Lsg. wird mit 1 Tr. I-Lsg. u. einigen mg $NaNO_2$ 5 Min. lang auf 60° erwärmt u. dann mit einigen mg CaO versetzt. EG. 50 bzw. 80 μg. — *Methylschwefelsäure*: EG. 100 μg. Da die Rk. für CH_3NO_2 spezif. ist, kann zwischen *Methyl-* u. *Äthylschwefelsäure* unterschieden werden. W. Betcke. G 510□

Gaschromatographische Reinheitsbestimmung der Malonester. K. Dorfner. (J. Chromatogr. [Amsterdam] **4.** 502—03. Dez. 1960. Ludwigshafen/Rh., B.A.S.F., Ammoniaklabor.) (Dt.)

Der zu Malonester-Synth. verwendete Monomethylmalonester ist immer durch Dimethylmalonester u. Malonester verunreinigt. Eine gaschromatograph. Reinheits-Best. ist möglich bei Verw. von Celite 535 oder 545 (Manville) u. Silikonfett (Silicone DC Hochvakuumfett, Wacker Chemie G. m. b. H.). W. Leipnitz. G 820□

Eine hydrolytische Methode zur Bestimmung einiger Organophosphorsäurefluoride und Pyroesterverbindungen. Leland K. Beach und Samuel Sass. (Analytic. Chem. **33.** 901—06. Juni 1961. Linden, N.J., Esso Res. and Engng. Co., Special Projects Unit.; Army Chem. Center, Md., Chem. Res. and Dev. Labor., Chem. Res. Div.) (Engl.)

Vff. beschreiben eine Meth. für die volumetr. Makro-Best. der *Phosphon-* (I), *Fluorphosphon-* (II) u. *Pyrophosphonsäureester* (III). Das Verf. besteht aus der Titration der freien Säure u. der quant. Hydrolyse der zu bestimmenden Verbindung. Eine Probe (0,13 bis 0,18 g) wird in eine Glasampulle eingewogen, diese in einen Erlenmeyer-Kolben, der 15 ml W. u. 4—5 Tropfen Indicator (0,05% Methylrot u. 0,1% Thymolphthalein in Methanol) enthält, gegeben u. zerstoßen, der Inhalt gemischt u. während des Rührens gegen 0,1n NaOH bis zum Umschlag nach Gelb titriert. Der Verbrauch entspricht der Konz. an freier Säure. Zu je 0,01 g der Probe werden anschließend 2 ml bzw. soviel 0,1n NaOH zugesetzt, bis die Farbe der Lsg. nach Blau umgeschlagen ist u. nach 2, maximal 5 Min. wird gegen 0,1n HCl über Gelb nach Gelb mit dem ersten bleibenden Rosaton rücktitriert, um aus dem Verbrauch an NaOH ein Maß für die Reinheit der Verb. zu erhalten. Zur Trennung von II- u. III-Gemischen beschreiben Vff. eine säulenchromatograph. Meth. an Silicagel. Zuerst wird II mit Isopropyläther, dann werden III u. durch Hydrolyse entstandene Säuren mit W. eluiert. Zur Best. von II wird das Eluat (130 bis 140 ml) mit 25 ml W., 5—8 Tropfen Methylrot-Lsg. u. 1 Tropfen 0,1n NaOH bzw., wenn die gelbe Farbe der äther. Lsg. nicht verschwindet, mit mehr Tropfen NaOH bis zur Entfärbung der äther. Schicht geschüttelt; danach wird mit 2 ml 0,1n NaOH je 0,01 g Probe versetzt u. nach 2 Min. kräftigen Schüttelns gegen 0,1n HCl zurücktitriert, bis die gelbe Farbe in den Ae. zurückkehrt. Der II-Geh. entspricht der so bestimmten Menge NaOH, vermindert um die ursprünglich — also ohne Alkalisierung — bestimmte Menge NaOH. Die Verteilung von II u. III zwischen Isopropyläther u. 3,6% ig. wss. NaCl-Lsg. wird bestimmt, indem 0,05—0,08 g Probe in 200 ml Isopropyläther gelöst, mit 50 ml 3,6% ig. wss. NaCl-Lsg. 2 Min. geschüttelt u. die wss. Lsg. mit 5 Tropfen Methylrot-Lsg. wie oben titriert wird. In Tabellen geben Vff. die Hydrolysezeiten in Min. für 1% ig. bzw. 99% ig. Spaltung bei pH 1, 3, 5—6, 9,5 u. 11,5 ≙ 0,01n NaOH für *Methylphosphonsäureisopropylesterfluorid* (IV, GB), *Methylphosphonsäureisopropylesterchlorid* (X), *Methyldifluorphosphinoxyd* (VII), *Anhydrid von Methylphosphonsäurefluorid* u. *Methylphosphonsäuremonoisopropylester*, *Methylphosphonsäurefluoridanhydrid*, *Methyldichlorphosphinoxyd*, *Methylphosphonsäuremonoisopropylesteranhydrid* (V), *Methylphosphonsäurefluorid* (VI), *Methylphosphonsäurediisopropylester* (IX), *Methylphosphonsäuremonoisopropylester* (VIII) u. *Methylphosphonsäureanhydrid*, ferner den Einfl. von freien Säuren auf die hydrolyt. Titration von IV u. V, den Einfl. von VI, VII, VIII u. IX als Verunreinigungen auf die Genauigkeit der hydrolyt. Best. von IV bzw. den Einfl. von VIII u. X auf V u. von Methylphosphonsäureäthylester auf die von *Methylphosphonsäureäthylesteranhydrid* (XI) an. Die Verteilungs-Koeff. von IV u. V wurden bestimmt in Chlf. + W., Ae. + W., Isopropyläther + W., Isooctan + W. u. Isopropyläther + 3,6% ig. wss. NaCl-Lösung. Bestimmt u. auf Reinheit geprüft wurden nach der hydrolyt. u. der Makroperoxid-Meth. (vgl. C. **1960.** 12796) IV, V, *Phosphorsäurediisopropylesterfluorid*, *Tetraisopropylpyrophosphat*, *Tetra-n-butylpyrophosphat*, *Äthylphosphonsäureisopropylesterfluorid*, XI, *Methylphosphonsäurepinacolylesterfluorid* u. *Methylphosphonsäurecyclohexylesterfluorid*. Ggf. wird die Hydrolyse in wss.-alkohol. Lsg. ausgeführt. Eine Best. von IV u. V in bekannter Zus. gelingt durch hydrolyt. Titration u. Verteilung zwischen 3,6% ig. NaCl-Lsg. u. Isopropyläther in guter Übereinstimmung mit chromatograph. Trennung.

Das Verf. ist allg. anwendbar für die quant. Best. von in **IV** enthaltenen Pyrodiestern. Die Ergebnisse werden diskutiert. Vff. berechnen für die angegebene Meth. einen mittleren quadrat. Fehler von 0,25. J. WEINER. G 980 □

Kontrolle der Herstellung von Organosiliciumverbindungen. Ss. W. Sjawzillo, Je. A. Bondarewskaja, A. P. Kreschkow, B. M. Lusskina, A. P. Terentjew, W. T. Schemjatenkowa und L. M. Schtifman. (Химия и Практическое Применение Кремнеорганических Соединений, Труды Конференции, Ленинград 1958 [Chem. prakt. Anwend. siliciumorgan. Verb., Konferenzber., Leningrad **1958**.] Nr. 3. 20—26.) (Russ.)

In dem Rk.-Gemisch zur Darst. von Äthyläthoxysilanen wurden Äthylchlorid, Tetraäthoxysilan u. Toluol bestimmt. Außer Äthylchlorid werden die beiden anderen Komponenten durch Best. des Brechungsindex charakterisiert, Genauigkeit ± 1%. Die Komponenten bei der Darst. von Phenyläthoxysilanen nach $(C_2H_5O)_4Si + n\,C_6H_5MgCl \rightarrow (C_6H_5)_nSi(OC_2H_5)_{4-n} + n\,C_2H_5OMgCl$ durch Best. des Brechungsindex. Äthylbromid u. Ae. stören bis 3% nicht. Genauigkeit bis ± 1%. Den Umfang der ablaufenden GRIGNARD-Rk. bestimmt man durch Umsetzung des Rest-Mg mit H_2SO_4. Methylchlorsilane aus der ROCHOW-Synth. bestimmt man durch fraktionierte Destillation. Die Fraktionen (nicht mehr als zwei Substanzen) werden durch ihre Dichte charakterisiert u. das hydrolyt. abgespaltene Halogen titriert. Auch die Analyse des Rückstandes der Si–Cu-Schmelze auf C, Cl, Si, Fe, Cu, SiC ist beschrieben. Dauer ca. 2½—3 Stunden. In Siliconölen oder -lacken wird Si durch Abrauchen mit 25%ig. Oleum–HNO_3 bestimmt. Zur Best. von Alkyl- u. Arylgruppen wird die Substanz mit festem KOH zersetzt. $O{-}\overset{|}{\underset{|}{Si}}{-}R + KOH = {-}O{-}\overset{|}{\underset{|}{Si}}{-}OK + RH$. Halogen, welches in den organ. Si-Verbb. an C gebunden ist, wird mit Na in fl. NH_3 abgespalten u. argentometr. titriert; Spuren von H_2O mit CaH_2 bestimmt. Damit kann 0,001% H_2O erfaßt werden. EBERHARD FISCHER. G 980 □

Bestimmung der Reinheit von Organosiliciumverbindungen durch die thermographische Methode. W. I. Jelinek und W. D. Matwejew. (Химия и Практическое Применение Кремнеорганических Соединений, Труды Конференции, Ленинград 1958 [Chem. prakt. Anwend. siliciumorgan. Verb., Konferenzber., Leningrad **1958**.] Nr. 3. 31—36. Moskau, chem.-technol. Mendelejew-Inst.) (Russ.)

Die Probe (<0,5 ml) wird in einem in einem Metallblock befindlichen Röhrchen zum Sieden erhitzt. Die Temp. wird mit einem Thermoelement gemessen u. gegen die Zeit aufgetragen. Ein zur Zeitachse paralleler Kurvenast zeigt eine saubere Substanz an. Bei azeotropen Gemischen wird noch eine Kurve bei vermindertem Druck (oder Überdruck) aufgenommen. In dem Falle ergibt sich eine stetig steigende Kurve. Nichtflüchtige Substanzen zeigen sich an der Verschiebung des Parallelastes mit der Temperatur.
EBERHARD FISCHER. G 980 □

Bestimmung von C_{10}-Alkylbenzolen. S. H. Hastings und D. E. Nicholsen. (Analytic. Chem. **32**. 1533. Okt. 1960. Baytown, Texas, Humble Oil and Refining Co.) (Engl.) — Vgl. C. **1962**. 3926.

Vff. untersuchten die IR-Absorptionsspektren von *sek. Butylbenzol*, *Hemimellitol*, *p-Cymol* u. *Indan* in CS_2-Lösung. Die charakterist. Banden zur Identifizierung der Substanzen liegen bei 13,21 oder 13,18; 13,04; 12,28 u. 13,33 μ in der obigen Reihenfolge.
C. GOTTFRIED. G 1010

Bestimmung von isomeren Cymolen. D. E. Nicholson. (Analytic. Chem. **32**. 1533. Okt. 1960. Baytown, Texas, Humble Oil and Refining Co.) (Engl.)

Aus den IR-Absorptionsspektren von m-, p- u. o-Cymol in CS_2-Lsg. ergab sich, daß sich zur Unterscheidung bzw. zur Charakterisierung der 3 Isomeren in der obigen Reihenfolge die Banden bei 12,78; 12,28 u. 13,21 μ eignen. C. GOTTFRIED. G 1010

Über die Trennung von Phenol-Derivaten an Ionenaustauscherharzen. G. Krampitz und W. Albersmeyer. (Experientia [Basel] **15**. 375. 15/10. 1959. Bonn, Univ., Inst. für Anatomie u. Physiol. der Haustiere.) (Dt.)

Gemische, die 10—15 mg je Phenol-Deriv. enthalten können u. einen pH von 3—3,4 besitzen sollen, werden durch Elution mit Na-Citratpuffer (pH 3,42) getrennt. Die Säulen sind mit Dowex 50—X4 gefüllt, die Durchsatzrate von 15 ml/h läßt sich bei entsprechender Körnung des Harzes auf 30 ml/Std. erhöhen. Die Einzelkomponenten sind im Eluat mit diazotiertem Nitranilin bzw. IR-spektroskop. nachweisbar.
F.-M. FRIEDRICH-ANDERSECK. G 1060 □

o-Phthalsäuredi-(3.3.5-trimethylcyclohexyl)-ester als stationäre Phase für die Gaschromatographie von Phenolderivaten. Werner Sassenberg und Karl Wrabetz. (Z. analyt. Chem. **184**. 423—27. 1961. Leverkusen, Farbenfabrik Bayer AG, Org.-analyt. Labor.) (Dt.)

Die Gaschromatographie von Phenol-Derivv. mit dem Phthalsäureester der bei ca. 55° schm. Form des 3.3.5-Trimethylcyclohexanols-(1) (I) als stationärer Phase wird beschrieben. Die Darst. des Esters erfolgt durch Verestern von Phthalsäureanydrid mit I in Toluol in Ggw. von p-Toluolsulfonsäure. Zur Reinigung gibt man das Rk.-Gemisch 2—3mal über ca. 1 m lange Al_2O_3-Säulen (evtl. verd. mit Toluol). Das Lsgm. wird auf dem Dampfbad u. anschließend bei 100° im Trockenschrank entfernt. Man erhält $C_{26}H_{38}O_4$, F. 53,0°, als zähe, farblose Fl., die zu einer weißen kristallinen Masse erstarrt. Als Säulenfüllmaterial wird Chromosorb-R (geglüht, unbehandelt, 80/100 mesh) mit HCl behandelt. Nach dem Waschen u. Trocknen wird es mit 30 g des Phthalsäureesters in Chlf. auf 100 g Chromosorb beladen. Nach dem Trocknen werden die Anteile $>$0,18 mm u. $<$ 0,125 mm durch Sieben abgetrennt. Das verwendete Gerät war selbstgebaut u. mit einer GOW-MAC-Wärmeleitzelle versehen. Bei 131,7° (Chlorbenzoldampf), einem Brückenstrom von 250 mA, H_2 als Trägergas, einem Vordruck von 0,9—1,2 atü, einem Enddruck von ca. 760 Torr u. einer Strömungs-Geschw. von 250 ml/Min. wurde ein Gemisch von 3.4-, 3.5-, 2.3-, 2.4-, 2.5-, 2.6-Dimethylphenol, o-Äthylphenol, m-, p-, o-Kresol u. Phenol getrennt. R. KRÄMER. G 1060□

Ergänzungswerte für die papierchromatographische Trennung und Identifizierung von Phenolderivaten und verwandten Verbindungen mit biochemischem Interesse unter Verwendung eines „Bezugssystems". L. Reio. (J. Chromatogr. [Amsterdam] **4.** 458 bis 476. Dez. 1960. Stockholm, Univ., Dep. of Metabol. Res., Wenner-Gren Inst.) (Engl.)

Vf. beschreibt in Ergänzung früherer Arbeiten (vgl. J. Chromatogr. [Amsterdam] **1.** [1958.] 338) die R_F-Werte von ca. 300 Verbb. in sechs verschiedenen Laufmitteln sowie die Charakterisierung der Substanzen durch 11 verschiedene Sprühreagenzien. Folgende Substanzklassen wurden untersucht: ein-, zwei- u. dreiwertige Phenole, Naphthole u. Hydroxychinoline; aromat. u. heterocycl. Carbonsäuren, Aminosäuren u. biolog. wichtige Amine; Indol-Derivv. u. verschiedene andere Stoffwechselprodukte. Gearbeitet wurde auf WHATMAN Nr. 1-Papier in den Syst.: Methyläthylketon (I)–Aceton–Ameisensäure (II)–W., I-Diäthylamin–W., Methylisobutylketon–II–W., Chlf.–Methanol–II–W., Bzl.–I–II–W., u. Bzl.–II–Wasser. Die Sichtbarmachung der Flecken erfolgte mit folgenden Sprühreagentien: diazotierte Sulfanilsäure, diazotiertes 4-Benzylamino-2.5-dimethoxyanilin bzw. o-Dianisidin, p-Nitrobenzoldiazoniumfluoroborat, 2.6-Dibromchinon-4-chlorimid, 2.4-Dinitrophenylhydrazin, $FeCl_3$, Phosphormolybdänsäure, $KMnO_4$ u. Bromphenolblau; außerdem in einigen Fällen noch mit Ninhydrin, EHRLICH's Reagens, p-Dimethylaminozimtaldehyd bzw. -benzaldehyd u. DRAGENDORFF's Reagens. — 15 Tabellen. M. FINKE. G 1060□

Quantitative Schnellbestimmung von Hydrochinon. Charles B. Jordan. (Analytic. Chem. **29.** 1097—98. Juli 1957. Aberdeen, Md., Coating & Chem. Labor., Proving Ground.) (Engl.)

Hydrochinon (I) läßt sich direkt gegen Fe(III)-Lsg. titrieren, wobei 3 Mole I mit 2 Molen $FeCl_3$ reagieren. Intermediär bildet sich ein grüner Komplex. Der pH-Wert der Probe-Lsg. (0,02—1 g I) wird mit HCl oder NaOH auf 3,8—5 eingestellt u. bei gelbem Untergrund gegen eine 4%ig. wss. $FeCl_3 \cdot 6\,H_2O$-Lsg. titriert. Der Endpunkt ist erreicht, wenn die bei jeder $FeCl_3$-Zugabe auftretende u. sofort wieder verschwindende grüne Färbung ausbleibt. Der Fehler liegt zwischen 1 u. 3%. W. BETCKE. G 1190□

Die polarometrische Titration des Natriumsalzes der Hydrochinonmonosulfonsäure mit Jod. Jaroslav Šimek. (Chem. Průmysl **11** (**36**). 82—83. Febr. 1961. Praha, České vysoké učení techn., Elektrotechn. fak.) (Tschech.)

Bei jodometr. Best. des Na-Salzes der Hydrochinonmonosulfonsäure wurde der Äquivalenzpunkt durch polarimetr. Messung unter Verw. der KOLTHOFF-Pt-Elektrode bestimmt. Bei dieser Meth. beträgt für $4 \cdot 10^{-4}$m Konz. der negative Fehler $\leqq$3,5%. J. SCHNEIDER. G 1190□

Die Verwendung der Gaschromatographie zur Bestimmung von Picolinen und deren Oxydationsprodukten. Vlastimil Rezl und Vojtěch Štajgr. (Chem. Průmysl **11** (**36**). 413—15. Aug. 1961. Ostrava, Výzkumný ústav pro koksochemii.) (Tschech.)

Es wurden die Bedingungen zur schnellen analyt. Best. von Picolinen u. von deren Oxydations-Prodd. mit Luft + NH_3 zu Nicotin- u. Isonicotinsäure durch Gas–Fl.-Chromatographie untersucht. Als stationäre Phase wurden Diglycerin oder Polyäthylenglykoladipat verwendet. J. SCHNEIDER. G 3231□

c) Bestandteile von Pflanzen und Tieren.

Verbesserte Schnellmethode für die Kollagenfärbung. Milan Konečny. (Mikroskopie [Wien] **15.** 229—30. Dez. 1960. Brno, Univ., Med. Fac., Inst. exp. Pathol., Dep. nucl. Med.) (Engl.)

Es wird eine einfache Schnell-Meth. für die Kollagenfärbung beschrieben, bei der als Fixiermittel sich solche, die $HgCl_2$ enthalten, am besten eignen. Die vom Vf. hergestellten Färbe-Lsgg. bestehen aus: A) 0,1 g Kernechtrot, 5,0 g $Al_2(SO_4)_3$, mit dest. W. auf 100,0 ml aufgefüllt; B) 0,1 g (wasserlösl.) Anilinblau, 0,2 g Orange G, 0,5g Phosphorwolframsäure, 1,0 ml Eisessig, mit dest. W. auf 100,0 ml aufgefüllt. Ausführung: 1. Hydratation der 5—7 μ dünnen, entparaffinierten Schnitte, 2. Färben während 5 Min. in der Färbe-Lsg. A, 3. Spülen mit Leitungswaser, 4. Einw. 1%ig. Eisessigs während ca. 30 Sek., 5. Färben während 2 Min. in der Färbe-Lsg. B, 6. Spülen mit dest. W., 7. kurz in 96%ig. A. eintauchen u. 8. Trocknen in Xylol klären u. in Canadabalsam oder Polystyrol einbetten. A. Leibbrandt. 5662□

Die colorimetrische Bestimmung von „Kelthane"-Rückständen. J. T. Hughes. (Analyst **86.** 756—57. Nov. 1961. Littlehampton, Sussex, Glashouse Crops Res. Inst.) (Engl.)

Kelthane (*1.1'-[Bis-p-chlorphenyl]-2.2.2-trichloräthanol*, **I**) wird durch kochendes, NH_3-haltiges Pyridin zersetzt. Diese Zers. ist die Grundlage eines Verf. zur colorimetr. Best. von **I** u. seinem Zers.-Prod. *Dichlorbenzophenon* (**II**) in Rückständen von Pflanzenextrakten. Best. von **I** durch Chlf.-Dest.: Das Pflanzenmaterial wird mit Leichtpetroleum extrahiert, das Extrakt eingeengt u. das restliche Lsgm. im Luftstrom vertrieben. Der Rückstand wird mit 5 ml Pyridin, das 1 Vol.-% Ammoniak enthält, versetzt. Nach 10 Min. langem Kochen am Rückfluß wird das Pyridin abdestilliert. Das Destillat wird auf 5 ml aufgefüllt, mit 0,5 ml 20%ig. NaOH-Lsg. versetzt u. 2½ Min. lang in einem kochenden Wasserbad geschüttelt. Der **I**-Geh. wird durch Messung der Absorption bei 530 mμ bestimmt. Best. von **II** durch Nitrierung: Der Dest.-Rückstand wird im Luftstrom bei 50—60° eingetrocknet u. dann mit 4 ml konz. H_2SO_4/HNO_3 (1 : 1) 1 Std. lang im kochenden Wasserbad erhitzt. Die Mischung wird unter Kühlung auf 25 ml verd. u. dann mit einem abgemessenen Vol. Bzl. ausgeschüttelt. Die Benzolschicht wird 2mal mit je 5 ml 5%ig. NaOH-Lsg. ausgeschüttelt u. mit Na_2SO_4 getrocknet. Ein abgemessenes Vol. der Benzol-Lsg. wird mit einem gleichen Vol. einer 7,5%ig. Lsg. von Na-Methylat in Methanol behandelt. Der **II**-Geh. wird durch Messung der Absorption bei 538 mμ bestimmt. W. Betcke. 5666□

d) Medizinische und toxikologische Analyse

Die Bestimmung von Mangan in biologischem Material durch Aktivierungsanalyse und eine Bemerkung über das γ-Spektrum von Blut. H. J. M. Bowen. (J. nuclear Energy **3.** 18—24. Aug. 1956. Harwell, Berks., AERE.) (Engl.)

In biolog. Material läßt sich *Mn* in mμg-Mengen mit Hilfe der Neutronenaktivierungsanalyse bestimmen. Die Probe wird zusammen mit einigen mμg *Mn* in einer Polyäthylenhülse 2½ Std. lang mit therm. Neutronen (10^{12} n/cm²/s) bestrahlt u. dann nach Zusatz von 50 mg Mn-Träger in heißer rauchender HNO_3 gelöst. Mn wird mit $NaClO_3$ als MnO_2 gefällt, der Nd. in säurehaltigem H_2O_2 gelöst u. dieses verkocht. Dann wird mit Na_2CO_3 gefällt u. der Nd. in verd. HCl gelöst. Durch Zusatz von Fe(III) bei pH 7 wird PO_4^{3-} entfernt. Die CO_3^{2-}-Fällung wird wiederholt, der Nd. in 2n HNO_3 gelöst u. Mn mit gesätt. $NaBrO_3$-Lsg. als MnO_2 gefällt u. gewogen. Die ^{56}Mn-Konz. wird mit Hilfe eines Geiger-Zählrohres bestimmt. Es wurden Best. von Mn in Kaninchen-, Meerschweinchen-, Ratten- u. menschlichem Blut durchgeführt. Der Mn-Geh. des menschlichen Blutes beträgt 2,4 μg/100 ml. Das γ-Spektrum von bestrahltem Blut zeigt neben hohen ^{24}Na- u. ^{38}Cl-Energiespitzen einen niedrigen ^{56}Mn-Peak, der die Best. von Mn ohne vorangehende chem. Trennung erlaubt. W. Betcke. 5727□

Zwei Modifikationen der Methode von E. J. Conway und Nolan zur Mikrobestimmung von Alkohol im Blut. H. Boiteau. (Ann. Méd. légale Criminol., Police sci. Toxicol. **39.** 449—54. Sept./Okt. 1959. Alger, Labor. de Physiol.) (Franz.)

Die Mikrodiffusion des A. nach Conway u. Nolan (Biochem. J. Prof. of Biochem. Soc. **1948.** 42) wird beibehalten, die Best. des nicht zersetzten $Cr_2O_7^{2-}$ aber entweder durch Titration mit einer Lsg. von Mohrschem Salz unter Verw. von *Diphenylamin-p-sulfonsäure* als Indicator oder durch spektrophotometr. Messung bei 349 mμ unter Benutzung einer Eichkurve durchgeführt. Die Fehlergrenze der ersten Meth. liegt bei 1%, die der zweiten bei ca. 2%. Sie ist wegen ihrer Einfachheit für Reihen-Unterss. geeignet. K. Bohle. 5762□

Papierchromatographische und spektralphotometrische Identifizierung barbitursäurefreier Sedativa, insbesondere von Meprobamat. Ernst Vidic. (Arch. Toxikol. **17.** 373—86. 1959. Berlin, FU, Inst. für gerichtl. u. soziale Med.) (Dt.)

Von Schlafmittelgemischen in äther. Lsg. aus Barbitalen, Ureiden, Carbamaten, Pyridin- u. Piperidin-Derivv. werden die Barbitale durch 3maliges Ausschütteln mit 2%ig. Soda-Lsg. abgetrennt. Die barbitursäurefreien Sedativa werden papierchromatograph. (mobile Phase: Leichtbenzin mit 3—7,5% Butanol) aufgetrennt. Die Sichtbarmachung erfolgt bes. bei *Meprobamat* (I) u. den Ureiden durch Überführen in die Chloramine u. Umsetzung der Rk.-Prodd. mit Benzidin u. KJ in verd. Essigsäure. Außerdem wurden die Chlf.- u. wss.-alkal. Lsgg. der Schlafmittel spektrophotometr. untersucht. I liefert bei der Wasserdampf-Dest. u. beim Kochen in saurer Lsg. ein Umwandlungs-Prod., das in Chlf. u. alkal. Puffer-Lsg. im UV Absorptionsmaxima zeigt. I gibt außerdem eine charakterist. Farb-Rk. mit *p-Dimethylaminobenzaldehyd,* die sich zur quant. Best. eignet. P. Gregorzewski. 5764☐

William Thomas Elwell and Donald Francis Wood, The analysis of titanium, zirconium and their alloys. London: Imperial Chemical Industries; Wiley. 1961. (XI + 198 S. m. Abb., Tab. u. Diagr.) 53 s.

Jaroslav Heyrovský a Jaroslav Kůta, Základy polarografie. Praha: Nakladatelství Československé akademie věd. 1961. (384 S.) Kčs 42,—.

H. Angewandte Chemie

I. Allgemeine chemische Technologie

Das Fließen von Öl–Wasser-Gemischen gleicher Dichte in horizontalen Rohrleitungen. M. E. Charles, G. W. Govier und G. W. Hodgson. (Canad. J. chem. Engng. **39.** 27—36. Febr. 1961. Edmonton, Alberta, Univ. of Alberta.) (Engl.)

Im Labor. wird das Fließen von Gemischen aus verschiedenen, mit CCl_4 auf gleiche Dichte gebrachten Mineralölen u. W. in waagerechten Leitungen beobachtet. Fließbilder werden in Abhängigkeit von der Geschw. u. den Druckgradienten untersucht. Die Fließbilder sind für alle Öle ähnlich u. weisen je nach dem Öl/W.-Verhältnis charakterist. Formen auf. Der Druckgradient für eine gegebene Geschw. eines reinen Öls wird durch Zusatz von W. auf ein Minimum red., falls das Öl nicht turbulent strömt. M. Hagedorn. 5800☐

Neuer Stahl für Überhitzerrohre. M. Caubo und L. Gottignies. (Rev. Métallurgie **58.** 637—54. Aug. 1961.) (Franz.)

Als Werkstoff für Überhitzerrohre wird ein Stahl mit 0,08—0,12(%) *C*, 0,2—0,4 *Si*, 0,9—1,2 *Mn*, 9—10 *Cr*, 1,8—2,2 *Mo*, 0,4—0,5 *Nb*, 0,25—0,35 *V*, 1,8—2,0 *Co* für Betriebs-Temp. bis 600° mit hoher Oxydationsbeständigkeit vorgeschlagen. Der Stahl besitzt bei 10000-Std.-Prüfzeit bei 575° u. bei 600° eine doppelt so hohe Dauerstandfestigkeit wie ein Stahl mit 9 Cr u. 1 Mo. Seine Schmiedbarkeit ist gut u. die Herst. von Rohren bereitet keine Schwierigkeiten. Auch läßt sich der Stahl gut biegen u. schweißen. — 14 Literaturangaben. H. Hochstein. 5804☐

Eine Untersuchung über einen Ofen mit innerer Verdampfung. 1. Mitt. Allgemeine Merkmale. Yasusi Tanasawa, Nobuki Nagai und Masahiko Umehara. (Trans. Japan Soc. mechan. Engr. **27.** 213—20. Febr. 1961.) (Jap.; Auszug: Engl.)

Beschreibung eines Ofens, in dem der zerstäubte Brennstoff an der Außenseite eines zylindr. Rohres verbrennt. Die Verbrennungskennwerte werden berechnet. W. Wesly. 5812☐

Eine Untersuchung über einen Ofen mit innerer Verdampfung. 2. Mitt. Der Verlauf der intermittierenden Explosionen. Yasusi Tanasawa, Nobuki Nagai und Masahiko Umehara. (Trans. Japan Soc. mechan. Engr. **27.** 221—30. Febr. 1961.) (Jap.; Auszug: Engl.) — 1. vgl. vorst. Referat.

Bei allmählicher Abnahme der Brennstoffströmungs-Geschw. schlägt die Flamme in das Innere des zylindr. Rohres u. verursacht mit „Stoßen" bezeichnete Explosionen. In der Nähe des Injektors, an der Grenze zwischen Zerstäubungsluft u. Brennstofftropfen, bildet sich ein brennbares Gemisch; jedoch ist die Geschw. des Gemisches zu hoch, um die Flamme bestehen zu lassen; es kommt zur Explosion. Nach $^1/_{50}$—$^1/_5$ Sek. schlägt die Flamme in den Ofen zurück, wenn die Gas-Geschw. unter die Ausbreitungs-Geschw. der Flamme fällt. Die Konz. fällt mit dem vom Injektor kommenden frischen Gemisch innerhalb der Entflammbarkeitsgrenze, worauf die nächste Explosion erfolgt. W. Wesly. 5812☐

Druckverlust und Wärmeübergang in laminar durchströmten Ringspalten mit beliebig geformtem Kern. H. Ullrich. (Chemie-Ing.-Techn. **33.** 606—08. Sept. 1961. Mainz-Gustavsburg, Maschinenfabrik Augsburg-Nürnberg.) (Dt.)

Die Rentabilität eines Wärmeaustauschers hängt von der erforderlichen Heizfläche u. den Druckverlusten ab. Druckverlust u. Wärmeübergang bei laminar durchströmten

Ringspalten mit beliebigem Kern werden theoret. untersucht. Das Geschw.-Feld u. der Druckabfall lassen sich berechnen. Bei Ringspalten mit exzentr. Kern wird die Wärme überwiegend an den Umfangsteilen mit größerer Spaltbreite übertragen. Aus den für ebene Spalte gewonnenen Ergebnissen kann man die Wärmeübertragung auch bei Ringspalten mit techn. ausreichender Genauigkeit abschätzen.
W. HEGENBERG. 5814□

Mit Dornen besetzte Rohre in Kreuzstromaustauschern. John L. Lockard und James H. Weber. (Ind. Engng. Chem. **52.** 925—28. Nov. 1960. Lincoln, Nebr., Univ., Dep. of Chem. Engng.) (Engl.)

Messungen in einem mit Dornen besetzten Rohr (A) zeigen, daß der Wärmeübergang mit dem im glatten Rohr (B) vergleichbar ist. In gewissen Fällen, wo die Größe des Wärmeübergangs bei gegebener Stoffübergangsrate von Interesse ist, ist A gegenüber B vorzuziehen. Der Druckabfall durch Reibungsverluste ist bei A 2—4mal so hoch wie bei B. — 16 Literaturangaben. J. MARTINS. 5814□

Näherungslösung für die Wärmeleitung durch inhomogene Medien. Chi Tien. (Canad. J. chem. Engng. **39.** 42—44. Febr. 1961. Windsor, Ont., Assumption Univ. of Windsor, Dep. of Chem. Engng.) (Engl.)

Bei der mathemat. Behandlung der Wärmeleitung (WL) durch ein homogenes (A) u. ein inhomogenes Medium (B) ist eine gewisse Analogie zwischen beiden festzustellen. Damit ist es möglich, die WL durch B in Ausdrücken der mathemat. Lösung für A angenähert zu berechnen. M. HAGEDORN. 5816□

Probleme der technischen Entwicklung der Gastrennung. K. Potužák. (Paliva **39.** 83—85. März 1959.) (Tschech.)

Übersicht über neuere Probleme u. ihre techn. Lösung. R. K. MÜLLER. 5828□

Einwirkungen der Oberflächenbehandlung auf die elektrostatische Trennung von Mineralien geringer Leitfähigkeit. I. A. Kakovsky und V. I. Revnivtzev. (Int. Mineral Processing Congr., London **1960.** 774—86. Swerdlowsk, Res. Inst. Uralmekhanobr.) (Engl.)

Für die Abhängigkeit der Leitfähigkeit der Mineralien von der Feuchtigkeit der umgebenden Luft wird eine Gleichung abgeleitet. Der bestimmende Faktor der Gesamtleitfähigkeit von dielektr. Mineralien ist die durch das absorbierte W. bestimmte Oberflächenleitfähigkeit. Mineralpaare lassen sich danach nach den Leitfähigkeiten in feuchter u. trockener Luft einteilen u. demgemäß trocken oder nach Befeuchtung elektr. trennen. Die theoret. Grundlagen, die der Behandlung von Mineralien mit Reagentien vor der Flotation ähneln, werden aufgeführt u. prakt. erläutert. W. WESLY. 5828□

Über die Deutung des Kontaktwinkels. J. Leja und G. W. Poling. (Int. Mineral Processing Congr., London **1960.** 324—41. 4 Tafeln. Alberta, Univ., Dep. of Mining and Metallurgy.) (Engl.)

Unterss. über die Anheftung von Luftblasen an flache Festkörper zeigen, daß ohne Gravitation u. kinet. Energie fast die halbe Grenzschichtenergie des Syst. für die Verformung der Luft–Fl.-Grenzschicht aufgewendet wird; der Kontaktwinkel ist ein Maß für deren Verformung, die ihrerseits das Ergebnis des Zusammenwirkens der Festkörperform u. der kinet. u. Gravitations-Einfl. ist. Es wird gezeigt, daß Kontaktwinkel an größeren Blasen nicht ohne eine Korrektur nach der Größe des Gravitationseffektes in der YOUNGschen Gleichung für die Beziehung zwischen Verformungsgrad u. freier Grenzschichtenergie verwendet werden können. W. WESLY. 5828□

Der elektrische Staubwiderstand im Elektrofilter. Horst-Günter Eishold. (Arch. Eisenhüttenwes. **32.** 221—24. April 1961. Frankfurt/M.) (Dt.)

Der Einfl. des Staubwiderstandes auf die elektr. Gasreinigung wird erörtert, u. es werden Angaben über die elektr. Eigg. des Staubes sowie über die Merkmale des Staubwiderstandes gemacht. Ein Staubwiderstandsmeßgerät wird beschrieben u. Meßergebnisse für einige metallurg. Stäube mitgeteilt. H. HOCHSTEIN. 5850□

Die adsorptive Reinigung der Luft bei Niederdruck-Luftzerlegungsanlagen. Werner Klaus und Helmut Stephan. (Mitt. Inst. Chem.- u. Kälteausrüst. VVB Chem.- u. Klimaanlagen **1.** 141—48. 1961.) (Dt.)

Die Kennwerte mehrerer SiO_2-Gele zur CO_2- u. C_2H_2-Adsorption aus der Luft in Luftzerlegungsanlagen werden ermittelt. W. WESLY. 5850□

Ein Spritz-Mischer und Absetzer. T. R. Johnston, C. W. Robinson und N. Epstein. (Canad. J. chem. Engng. **39.** 1—8. Febr. 1961. Vancouver, B.C., Univ. of Brit. Columbia, Dep. of Chem. Engng.) (Engl.)

Vff. beschreiben eine App. für die kontinuierliche Fl.–Fl.-Extraktion nach dem Gegenstromprinzip. In die von unten nach oben strömende leichte Phase (LP) wird in Strömungsrichtung die schwere Phase (SP) unter Druck eingespritzt. Nach dem Auf-

stieg parallel zur LP fällt die SP, wie im Springbrunnen in Tropfen aufgelöst, im Gegenstrom zur LP zurück u. setzt sich unterhalb der LP ab. Rühren, Mischen u. getrennte Absetzkammern fallen fort. Die Konstruktionseinzelheiten werden im Labor. bei der Unters. des Syst. Toluol/W gewonnen, am Syst. Benzoesäure in Toluol/W. nachgeprüft u. zu einem Entwurf für eine techn. Extraktionsanlage verwertet.
M. HAGEDORN. 5862□

Hold-up in Flüssig-Flüssig-Extraktionskolonnen. A. I. Johnson und E. A. L. Lavergne. (Canad. J. chem. Engng. **39.** 37–41. Febr. 1961 Toronto, Ont., Univ. of Toronto, Dep. of Chem Engng.) (Engl.)
Unter „Hold-up" ist der von der dispergierten Phase gestellte Anteil an der Gesamt-Fl. in einer Füll- oder Sprühkolonne zu verstehen. Vff. behandeln das Fließen der dispersen Phase im Gegenstrom durch die kontinuierliche Phase mathematisch. Es wird eine Gleichung für die Beziehung des „Hold-up" zur Fließ-Geschw. der beiden Phasen abgeleitet. M. HAGEDORN. 5862□

Stoffübergang an flüssigen und festen sphärischen Körpern bei niedrigen Reynoldsschen Zahlen. C. W. Bowman, D. M. Ward, A. I. Johnson und O. Trass. (Canad. J. chem. Engng. **39.** 9–13. Febr. 1961. Toronto, Ont., Univ., Dep. of Chem. Engng.) (Engl.)
Mathemat. Analyse des Einfl. der inneren Zirkulation beim Fl.–Fl.-Austausch auf den Stoffübergang von fl. sphär. Teilchen mit Re < 1. M. HAGEDORN. 5864□

Trennung des „fast idealen" Gemisches 2-Methyl-butanol-1 und 3-Methylbutanol-1 durch selektive physikalische Trennverfahren. G. Kortüm und E. Faltusz. (Chemie-Ing.-Techn. **33.** 599–605. Sept. 1961. Tübingen, Univ., Inst. für physikal. Chem.) (Dt.)
Beschreibung einer neuentwickelten Labor.-Kolonne für kontinuierliche Dest., die eine Reihe neukonstruierter Teile für die laufende Kontrolle enthält u. mit der sich das „fast ideale" Gemisch der isomeren Amylalkohole mit einem mittleren Trennfaktor von $\alpha = 1{,}078$ durch extraktive Rektifikation trennen läßt. 2.3-Dichlor- bzw. 2.3-Dibrompropanol-1 haben sich als geeignete Zusatzstoffe für diese Trennung bewährt. Durch gaschromatograph. Meth. ist es möglich, geeignete Zusatzstoffe für die extraktive Rektifikation zu ermitteln. — 21 Literaturangaben. W. HEGENBERG. 5864□

Hochdruckmeßinstrument. Donald H. Newhall und Leonard H. Abbot. (Instruments and Control Systems **34.** 232–33. Febr. 1961. Harwood Engng Co., Inc.) (Engl.)
Vff. beschreiben ein neues Meßinstrument („bulk-modulus-cell"-Hochdruckfeder) In einen dickwandigen Block (Zelle) wird eine hohle Sonde eingeführt, in deren Boden ein Stift befestigt ist. Stift u. Sonde sind nach außen geführt, so daß außen die Relativbewegung von Stift gegen Sonde gemessen werden kann. Der Meßbereich u. die Genauigkeit dieses Instruments werden mit den Eigg. der Bourdon-Feder u. des Manganin-Drahtes (Widerstandsänderung unter Druck) verglichen u. festgelegt, in welchem Bereich u. für welche Anforderungen die Verw. des neuen Meßinstrumentes vorteilhaft ist.
M. RABES. 5886□

Schwebekörper-Durchflußmesser. H. Wagenbreth. (Chemie-Ing.-Techn. **33.** 609–12. Sept. 1961. Duisburg, Firma Ludwig Krohne.) (Dt.)
Für die Kalibrierung der Schwebekörperdurchflußmesser werden in zunehmendem Maße rechner. Verff. verwendet, die auf der Durchflußgleichung u. den Ähnlichkeitsgesetzen beruhen. Die hydrodynam. Grundgleichungen werden abgeleitet, verschiedene Begriffe u. Bezeichnungen einheitlich dargestellt. Mit Hilfe von Kennzahlen lassen sich alle prakt. vorkommenden Berechnungen durchführen. W. HEGENBERG. 5886□

Die Wirbelschicht-Pyrolyse von niederen Kohlenwasserstoffen mit Quarzmehl. F. Fürst und M. G. Kher. (Chem. Techn. **13.** 481–82. Juli/Aug. 1961. Dresden, TU, Inst. für Organ.-techn. Chem.) (Dt.)
Durch autotherme, partielle Oxydation bei niederen Drücken wird ein sehr reines Äthylen aus Äthan gewonnen. Die Verw. anfallender Mengen niederer KW-Stoffe aus Hydrierprozessen zur Darst. von Äthylen wurde durch Pyrolyse-Rkk. in einem Quarzrohrreaktor möglich. In einem Wirbelschichtbett aus Quarzmehl vom Korngrößebereich 0,08–0,23 mm wird das Rohgas, bestehend aus 80% Propan neben Propylen, bei Temp. von 700–900° u. einer Verweilzeit von 0,5 Sek. zersetzt. Die Schichthöhe des Wirbelbettes beeinflußt die Zus. der Spalt-Prodd. sehr stark. Rasche qual. u. quant. Unterss. des Endprodd. erfolgen gaschromatographisch. Die aus diesem Modell errechneten Dimensionen einer halbtechn. Vers.-Anlage weisen Vorteile gegenüber anderen Verf. auf. W.-D. HEUSSNER. 5904□

Dow Chemical Co., übert. von: Frank M. Brower, Midland, Mich., V.St.A., **Sulfonierter Ölschiefer.** Ölschiefer (I) wird mit Oleum, $ClSO_3H$ oder SO_3, ggf. in Ggw. eines Verdünnungsmittels (Methylenchlorid) bei 20—40° behandelt. bis der S-Geh. mindestens 1, bes. 2—8%, beträgt. Die entstandene I-Sulfonsäure wird mit Alkali- oder Erdalkali-Verbb. in die entsprechenden *Salze* übergeführt. Die im I enthaltenen Carbonate werden vor der Sulfonierung durch Behandeln mit Säuren, bes. HCl, entfernt; die entstandenen Salze werden aus dem I mit W. ausgewaschen. Colorado-I besteht z. B. aus 79,2(%) C, 10,55 H, 2,6 N, 1,2 S u. als Rest O. — *Verw.* als *Ionenaustauscher*, bes. wegen der größeren Beständigkeit als sulfonierte Kohle. (**A. P. 2 858 333** vom 20/7. 1956, ausg. 28/10. 1958. G. Krauss. 5827

United Kingdom Atomic Energy Authority, England, **Herstellung von Kohlenstoff für Kernbrennstoffhüllen.** Mineralöle mit einem Kp. zwischen 210 u. 380° werden unter Druck bei 500—900° carbonisiert, wobei das Öl an einem erhitzten C-Stab mit bestimmter Geschw. entlang geführt wird, so daß sich auf diesem ein C-Überzug bestimmter Dicke je nach den Arbeitsbedingungen abscheidet. — Vorrichtung. (**F. P. 1 195 625** vom 5/5. 1958, ausg. 18/11. 1959.) W. Wittholz. 5895

Power-Gas Corp. Ltd., Stockton-on-Tees (Erfinder: Alan Scott Taylor, Billingham), England, **Herstellung von Katalysatoren** mit einem Geh. von 0,1—2% freiem CaO u. mindestens 1,5% Fe_2O_3 u./oder Ni, dad. gek., daß eine Mischung, die als akt. Bestandteile calcinierten kaust. Magnesit mit einem Geh. von mindestens 84% MgO u. höchstens 0,5% Fe_2O_3, CaO oder beim Erhitzen CaO ergebende Verbb., Fe_2O_3 oder beim Erhitzen Fe_2O_3 ergebende Verbb. u./oder NiO oder beim Erhitzen NiO ergebende Verbb. enthält, bei ca. 1500° getrennt wird. (**D. A. S. 1 110 807** Kl. 26a vom 11/12. 1959, ausg. 13/7. 1961. E. Prior. 12/12. 1958.) E. Kahles. 5905

Gebrüder Sulzer Akt.-Ges., Winterthur, Schweiz, *Gasreinigungsverfahren.* (**Schwz. P. 347 507** vom 22/2. 1957, ausg. 31/8. 1960. — **C. 1959.** 13905 [D. A. S. 1 047 810].)

Wilhelm Fux, Wien, Österreich, *Reinigen von Abgasen.* (**Schwz. P. 345 765** vom 11/11. 1955, ausg. 31/5. 1960. Oe. Prior. 19/11. 1954 u. 9/9. 1955. — **C. 1959.** 2249 [F. P. 1 140 424].)

Friedrich Baumann, Leuna, Kr. Merseburg, *Entfernung von Kohlensäure und Schwefelwasserstoff aus Gasen.* (**A. P. 2 889 197** vom 17/5. 1955, ausg. 2/6. 1959. — **C. 1957.** 3702 [D. P. [DDR] 10 598].)

Holger Lueder, Winterthur, Schweiz, *Entfernen kleinster, in einem Gas suspendierter Teilchen.* (**Schwz. P. 344 991** vom 13/12. 1955, ausg. 29/4. 1960. — **C. 1961.** 4122 [E. P. 803 543].)

Sterling Drug, Inc. (Erfinder: **Frederick John Zimmermann**), *Destillationsverfahren und -vorrichtung.* (**Aust. P. 213 400** vom 11/1. 1956, ausg. 20/3. 1958. A. Prior. 24/1. 1955. — **C. 1959.** 1236 [F. P. 1 147 465].)

Carl Jung (Erfinder: **Carl Jung**), Rüdesheim/Rh., *Destillation eines Mehrstoffgemisches.* (**Schwz. P. 335 047** vom 22/1. 1955, ausg. 14/2. 1959. — **C. 1960.** 5931 [Aust. P. 212 740].)

Inventa Akt.-Ges. für Forschung und Patentverwertung, Luzern (Erfinder: **Johann Giesen** und **Fritz Müller**, Chur), Schweiz, *Herstellung von konzentrierten Lösungen.* (**Schwz. P. 350 958** vom 18/10. 1956, ausg. 15/2. 1961. — **C. 1961.** 3770 [E. P. 821 124].)

Carlos Schneider, Gandia bei Valencia, Spanien (Erfinder: **Friedrich Steinbacher**, München, und **Carlos Schneider**, Valencia, Spanien), *Kontinuierliches Konzentrieren von Lösungen durch Gefrieren.* (**Schwz. P. 347 819** vom 18/10. 1956, ausg. 15/9. 1960. — **C. 1959.** 4927 [D. A. S. 1 000 013].)

Klöckner Bergbau Victor-Ickern Akt.-Ges., Castrop-Rauxel, *Hydraulische Flüssigkeit.* (**E. P. 822 793** vom 7/2. 1958, ausg. 28/10. 1959. D. Prior. 7/3. 1957. — **C. 1959.** 7586 [D. A. S. 1 035 300].)

United Kingdom Atomic Energy Authority (Erfinder: **Piyatilleke Perera Guneratne**), *Kernreaktorbrennstoffelement.* (**Aust. P. 223 657** vom 14/3. 1958, ausg. 24/9. 1959. E. Prior. 15/3. 1957. — **C. 1960.** 6274 [D. A. S. 1 068 392].)

United States Atomic Energy Commission (Erfinder: **Henry Ward Alter, John K. Davidson, Richard S. Miller** und **Jack L. Mewherter**), *Kernreaktorbrennstoffelement.* (**Aust. P. 223 664** vom 1/4. 1958, ausg. 24/9. 1959. A. Prior. 4/6. 1957. — **C. 1960.** 4955 [A. P. 2 868 707].)

United Kingdom Atomic Energy Authority, London, England (Erfinder: **F. Butler** und **J. Tatlock**), *Kernbrennstoffelement.* (**Belg. P. 559 120** vom 10/7. 1957, ausg. 8/4. 1960. E. Prior. 12/7. 1956. — **C. 1959.** 9007 [D. A. S. 1 030 475].)

United States Atomic Energy Commission, Washington, D.C., V.St.A. (Erfinder: **W. E. Abbott** und **R. Balent**), *Kernbrennstoffelement.* (**Belg. P. 559 844** vom 5/8. 1957, ausg. 22/4. 1960. A. Prior. 6/8. 1956. — **C. 1959.** 8274 [D. A. S. 1 041 180].)

United States Atomic Energy Commission, Washington, D.C., V.St.A., *Kernbrennstoffelement.* (**Belg. P. 559 845** vom 5/8. 1957, ausg. 22/4. 1960. **E. P. 847 847** vom 19/7. 1957, ausg. 14/9. 1960. Beide A. Prior. 6/8. 1956. — **C. 1959.** 6913 [D. A. S. 1 037 609].)

Rensselaer Polytechnic Institute, Troy, N.Y., V.St.A. (Erfinder: **P. Harteck** und **S. Dondes**), *Kernbrennstoffelement.* (**Belg. P. 560 063** vom 14/8. 1957, ausg. 22/4. 1960. A. Prior. 26/10. 1956. — **C. 1959.** 16442 [D. A. S. 1 057 701].)

Metallwerk Plansee G. m. b. H., Reutte, Österreich, *Kernbrennstoffelement.* (**Belg. PP. 562 944** u. **562 945** [Zusatz-Pat.] vom 4/9. 1957, ausg. 3/6. 1960. Beide Oe. Prior. 11/12. 1956. — **C. 1959. 6914** [D. A. S. 1 040 711].)

United Kingdom Atomic Energy Authority, London, England (Erfinder: **Piyatilleke Perera Guneratne**), *Kernbrennstoffelement.* (**Belg. P. 565 732** vom 14/3. 1958, ausg. 29/7. 1960. E. Prior. 15/3. 1957. **E. P. 844 211** vom 15/3. 1957, ausg. 10/8. 1960. — **C. 1960.** 6274 [D. A. S. 1 068 392].)

North American Aviation, Inc., Los Angeles, Calif., V.St.A. (Erfinder: **L. Silverman, R. A. Sallach** und **R. L. Seitz**), *Kernbrennstoffelement.* (**Belg. P. 565 931** vom 21/3. 1958, ausg. 29/7. 1960. **E. P. 841 740** vom 27/2. 1958, ausg. 20/7. 1960. Beide A. Prior. 29/4. 1957. — C. **1960.** 17567 [D. A. S. 1 077 340].)

United States Atomic Energy Commission, Washington, D.C., V.St.A. (Erfinder: **H. W. Alter, J. K. Davidson, R. S. Miller** und **J. L. Mewherter**), *Kernbrennstoffelement.* (**Belg. P. 567 113** vom 25/4. 1958, ausg. 12/8. 1960. A. Prior. 4/6. 1957. — C. **1959.** 11028 [D. A. S. 1 049 013].)

Deutsche Gold- und Silber-Scheideanstalt vormals Roessler, Frankfurt/M., *Kernbrennstoffelement.* (**E. P. 840 609** vom 27/8. 1958, ausg. 6/7. 1960. D. Prior. 29/8. 1957. — C. **1959.** 8672 [D. A. S. 1 037 606].)

United States Atomic Energy Commission, Washington, D.C., V.St.A., *Kernbrennstoffelement.* (**E. P. 840 753** vom 30/8. 1957, ausg. 13/7. 1960. A. Prior. 28/9. 1956. — C. **1959.** 6914 [D. A. S. 1 040 712].)

Rolls-Royce Ltd., Derby, England (Erfinder: **John Shaw Hollings**), *Kernbrennstoffelement.* (**E. PP. 842 329** u. **842 330** vom 8/12. 1955, ausg. 27/7. 1960. — C. **1959.** 6914 [D. A. S. 1 041 178].)

British Thompson-Houston Co. Ltd., London, England (Erfinder: **Peter Raymond Joseph French**), *Kernbrennstoffelement.* (**E. P. 844 605** vom 16/9. 1955, ausg. 17/8. 1960. — C. **1959.** 9693 [D. A. S. 1 041 174].)

United Kingdom Atomic Energy Authority, London, England (Erfinder: **Richard Valentine Moore** und **August Roumph**), *Kernbrennstoffelement.* (**E. PP. 847 124** u. **847 125** vom 24/6. 1957, ausg. 7/9. 1960. — C. **1961.** 3771 [D. A. S. 1 079 751].)

United Kingdom Atomic Energy Authority, London, England (Erfinder: **William Bateman Hall**), *Kernbrennstoffelement.* (**E. P. 849 484** vom 24/10. 1957, ausg. 28/9. 1960. — C. **1960.** 4309 [D. A. S. 1 066 291].)

Commissariat à l'Énergie Atomique, Paris, Frankreich, *Kernbrennstoffelement.* (**F. P. 1 200 408** vom 5/6. 1958, ausg. 21/12. 1959. — C. **1961.** 3771 [D. A. S. 1 082 991].)

Wissenschaftlich-Technisches Büro für Reaktorbau, Deutschland, *Kernbrennstoffelement.* (**F. P. 1 225 153** vom 2/3. 1959, ausg. 29/6. 1960. — C. **1961.** 3109 [D. A. S. 1 077 801].)

Deutsche Gold- und Silber-Scheideanstalt vormals Roessler, Frankfurt/M., *Kernbrennstoffelement.* (**F. P. 1 234 524** vom 1/9. 1959, ausg. 18/10. 1960. D. Prior. 3/9. 1958. — C. **1960.** 250 [D. A. S. 1 062 835].)

Deutsche Babcock & Wilcox-Dampfkessel-Werke Akt.-Ges., Oberhausen, *Kernbrennstoffelement.* (**Oe. P. 210 969** vom 16/7. 1959, ausg. 10/9. 1960. D. Prior. 20/9. 1958. — C. **1959.** 14217 [D. A. S. 1 051 424].)

Gebrüder Sulzer Akt.-Ges., Winterthur, Schweiz, *Kernbrennstoffelement.* (**Oe. P. 211 441** vom 15/4. 1958, ausg. 10/10. 1960. Schwz. Prior. 28/5. 1957. — C. **1960.** 16889 [D. A. S. 1 080 236].)

United Kingdom Atomic Energy Authority, London, England, *Kernbrennstoffelement.* (**Schwed. P. 162 657** vom 28/8. 1956, ausg. 25/3. 1958. — C. **1959.** 9007 [D. A. S. 1 030 475].)

Siemens-Schuckertwerke Akt.-Ges., Berlin und Erlangen (Erfinder: **Werner Oldekop**, Nürnberg), *Kernbrennstoffelement.* (**Schwz. P. 347 582** vom 11/4. 1957, ausg. 31/8. 1960. D. Prior. 19/4. 1956. — C. **1958.** 6357 [D. A. S. 1 010 660].)

Escher Wyss Akt.-Ges., Zürich (Erfinder: **Walter Winkler**, Winterthur, Schweiz, und **Manfred Diederichs**, Eggenstein bei Karlsruhe), *Kernbrennstoffelement.* (**Schwz. P. 348 476** vom 31/5. 1957, ausg. 14/10. 1960. **E. P. 845 804** vom 16/5. 1958, ausg. 24/8. 1960. Schwz. Prior. 31/5. 1957. — C. **1959.** 9693 [D. A. S. 1 041 177].)

Deutsche Gold- und Silber-Scheideanstalt vormals Roessler, Frankfurt/M. (Erfinder: **Günther Schneider**, Frankfurt/M., und **Walter Blomeyer**, Hanau), *Kernbrennstoffelement.* (**Schwz. P. 351 346** vom 25/4. 1957, ausg. 28/2. 1961. D. Prior. 2/5. 1956. — C. **1959.** 16880 [Oe. P. 198 391].)

Gebrüder Sulzer Akt.-Ges., Winterthur, Schweiz, *Kernbrennstoffelement.* (**Schwz. P. 351 347** vom 12/9. 1957, ausg. 28/2. 1961. **E. P. 838 838** vom 12/9. 1958, ausg. 22/6. 1960. Schwz. Prior. 12/9. 1957. — C. **1960.** 8984 [D. A. S. 1 068 821].)

Deutsche Gold- und Silber-Scheideanstalt vormals Roessler (Erfinder: **Alfred Boettcher**), Frankfurt/M., *Kernbrennstoffelement.* (**Schwz. P. 351 682** vom 8/5. 1957, ausg. 15/3. 1961. D. Prior. 19/7. 1956. — C. **1959.** 8672 [D. A. S. 1 042 773].)

Commissariat à l'Énergie Atomique, Paris (Erfinder: **Marc Salesse**, Gif-sur-Yvette, und **Jacques Stohr**, Bures-sur-Yvette), Frankreich, *Kernbrennstoffelement.* (**Schwz. P. 352 747** vom 12/1. 1959, ausg. 28/4. 1961. F. Prior. 15/1. 1958. — C. **1960.** 601 [D. A. S. 1 062 351].)

Gebrüder Sulzer Akt.-Ges., Winterthur, Schweiz, *Kernbrennstoffelement.* (**Schwz. P. 353 092** vom 1/11. 1957, ausg. 15/3. 1961. **F. P. 1 211 585** vom 22/8. 1958, ausg. 17/3. 1960. **E. P. 859 395** vom 8/9. 1958, ausg. 25/1. 1961. Beide Schwz. Prior. 1/11. 1957. — C. **1960.** 11772 [Oe. P. 206 076].)

United Kingdom Atomic Energy Authority, London, England (Erfinder: **R. S. Challender** und **H. C. Knights**), *Manipulation von Kernbrennstoffelementen.* (**Belg. P. 560 240** vom 22/8. 1957, ausg. 22/4. 1960. E. Prior. 22/8. 1956. — C. **1959.** 8274 [D. A. S. 1 042 777].)

Carborundum Co., V.St.A., *Kernbrennstoff-Wiedergewinnung.* (**F. P. 1 196 066** vom 30/12. 1957, ausg. 20/11. 1959. — C. **1959.** 10029 [D. A. S. 1 047 959].)

United States Atomic Energy Commission (Erfinder: **William E. Roake**), *Herstellung von Urandioxid hoher Dichte.* (**Aust. P. 229 968** vom 24/9. 1958, ausg. 15/9. 1960. A. Prior. 28/10. 1957. — C. **1960.** 600 [D. A. S. 1 059 420].)

Pechiney Comp. de Produits Chimiques et Électrométallurgiques (Erfinder: **Séraphin Lacroix**), *Wirbelschichtverfahren für Gase und pulverförmige Stoffe.* (**Aust. P. 228 052** vom 9/10. 1957, ausg. 2/6. 1960. F. Prior. 11/10. 1956. — C. **1960.** 12801 [D. A. S. 1 070 147].)

Esso Research and Engineering Co., Elizabeth, N.J., V.St.A., *Herstellung von Katalysatoren.* (**D. A. S. 1 114 789** vom 3/10. 1956, ausg. 12/10. 1961. — C. **1960.** 4310 [Aust. P. 212 693].)

Oxy-Catalyst, Inc., V.St.A. (Erfinder: **Ralph Wesley Baldwin**), *Herstellung eines Katalysators.* (**F. P. 1 197 614** vom 8/10. 1955, ausg. 2/12. 1959. A. Prior. 18/10. 1954. — C. **1960.** 2988 [E. P. 798 234].)

VEB Leuna-Werke „Walter Ulbricht", Deutschland, *Herstellung hochaktiver Mischkatalysatoren aus Carbonaten und Hydroxiden.* (**F. P. 1 198 112** vom 28/5. 1958, ausg. 4/12. 1959. Oe. Prior. 11/11. 1957. — C. **1960.** 4309 [D. A. S. 1 054 968].)

Stone & Webster Engineering Corp., Boston, übert. von: **Hermann C. Schutt**, Framingham Center, Mass., V.St.A., *Herstellung von Äthylenoxid.* (**A. P. 2 954 281** vom 27/9. 1954, ausg. 27/9. 1960. — C. **1959.** 4927 [E. P. 768 836].)

II. Betriebsschutz. Feuerschutz

Explosion in einer Anlage zur Sauerstoffverdampfung. G. T. Wright. (Chem. Engng. Progr. **57.** Nr. 4. 45—48. April 1961. Hamilton, Ontario, Dominion Foundries and Steel Ltd.) (Engl.)

Die Explosion eines O_2-Verdampfers ist wahrscheinlich durch Anreicherung von KW-Stoffen, vermutlich C_2H_2, u. Erwärmung ausgelöst worden. Eine Reihe neuer Sicherheitsmaßnahmen, darunter Einbau von Temp.-Schreibern mit Alarmanlage, zusätzlichen Verdampfern, stärkeren Pumpen, Al_2O_3- u. SiO_2-Trocknern, N_2-Spülströmen usw. wird beschrieben. W. WESLY. 5936□

Explosion in einer Sauerstoffabrik. L. G. Matthews. (Chem. Engng. Progr. **57.** Nr. 4. 48—49. April 1961. Linde Co.) (Engl.)

Eine Explosion in einer O_2-Fabrik ist wahrscheinlich infolge zu hoher KW-Stoff-Konz. im Hauptkondensator verursacht worden; sie betrug ca. 30 (mg/kg) Gesamt-KW-Stoffe mit $< 0{,}2$ C_2H_2. W. WESLY. 5936□

III. Elektrotechnik

Einige Daten über das Lagerverhalten konventioneller Trockenzellen Type J. C. Drotschmann. (Batterien [Utrecht] **15.** 250—52. Dez. 1961. Eindhoven, TH, Abt. Elektrochemie.) (Dt., Engl.)

Verschiedene Monozellen wurden bis zu 9 Monaten bei 38° in wasserdampfgesätt. Atmosphäre gelagert. Die Veränderungen des akt. O-Geh in den Depolarisationsmassen u. die der elektr. Eigg. wurden in regelmäßigen Zeitabständen untersucht. Der akt. O-Geh. (ausgedrückt als MnO_2-Geh.) nahm im Laufe der Lagerzeit um 1,2—3,8 g ab. Je stärker der Verlust an akt. O war, desto mehr verminderte sich auch die elektr. Kapazität u. die EMK der Zellen. C. DROTSCHMANN. 5970□

Eine halbautomatische Apparatur für die Lebensdauerprüfung von Bleiakkumulatoren. K. B. Oldham. (Batterien [Utrecht] **15.** 252—58. Dez. 1961. Newcastle upon Tyne, Kings Coll.) (Dt., Engl.)

An Hand von graph. dargestellten Messungen wird nachgewiesen, daß die elektr. Belastung einer Automobilbatterie im Fahrbetrieb stark abweicht von den Belastungen, welche durch die Batterie-Prüfnormen vorgeschrieben werden. Eine halbautomat. Prüf-App. wird beschrieben, welche eine dem prakt. Fahrbetrieb besser angepaßte Schnellprüfung der Batterien im Labor. möglich macht. C. DROTSCHMANN. 5970□

Calcinieren von Rohstoffen für technischen Kohlenstoff. F. M. Kessler und V. Večeříková. (Práce Ústavu Výzkum Využití Paliv, Řada A **12.** 154—70. 1959.) (Tschech.)

Auf Grund der H-Best., des spezif. Gew. u. der Feinstruktur (Röntgenanalyse) werden die optimalen Bedingungen für die Herst. von techn. C (Elektrodenkohle) untersucht. Sie betragen für Petrolkoks 1200° Glüh-Temp., 5—10 Std. Glühdauer, für Pechkoks 1300°, 20 Std., für Pechhalbkoks 1200°, 10 Std., für Hüttenkoks 1300°, 10 Std., für Thermoanthrazit mindestens 1300°. R. K. MÜLLER. 5992□

Feststellung der Porosität der Anodenmasse und des Kokses. František Valeška und Ferdinand M. Kessler. (Práce Ústavu Výzkum Využití Paliv, Řada A **10.** 241—50. 1959.) (Tschech.)

Besser als das Verhältnis zwischen dem scheinbaren u. dem tatsächlichen spezif. Gew. eignet sich die Porengröße u. ihre Verteilung zur Definition der Makrostruktur von Koks u. daraus hergestellten SÖDERBERG-Elektroden. Der Vgl. dieser Größen mit der Festigkeit wird an 10 Proben durchgeführt. R. K. MÜLLER. 5992□

Minnesota Mining & Mfg. Co., St. Paul, Minn., V.St.A., **Halbleiter** bestehen aus 37,6—38,5(%) *In*, Rest *Te* mit bis 0,1 Verunreinigungen u. werden 14—18 Std. bei 540—560° gealtert. Sie besitzen einen extrem hohen elektr. Widerstand. (**E. P. 841 595** vom 11/12. 1957, ausg. 20/7. 1960. A. Prior. 19/12. 1956.) C. GÖTZE. 5953

International Business Machines Corp., New York, N.Y., V.St.A., **Herstellung von Zinkarsenid,** das als *Halbleiter* verwendet wird. Man bereitet aus vorgereinigtem Zn u. $As_2O_3 \rightarrow Zn_3As_2$ (**I**) u. erhitzt dieses zwecks weiterer Reinigung in einem Graphittiegel unter Druck auf ca. 1000°. Ein Teil des **I** schmilzt dabei u. nimmt die Verunreinigungen auf. Diesen Teil trennt man ab u. erhält so 99—100% reines **I**. — Zeichnungen. (**E. P. 850 171** vom 5/2. 1957, ausg. 28/9. 1960. A. Prior. 8/2. 1956.) H. NEBELSIEK. 5953

Siemens & Halske Akt.-Ges., Berlin und München (Erfinder: Walter Heywang, Karlsruhe), **Halbleiteranordnung,** z. B. *spannungsabhängiger Widerstand* oder *Transistor,* aus gesintertem, körnigem SiC, bei der die Körner mindestens an ihren Berührungsstellen eine Oberflächenzone aufweisen, deren Leitungstyp sich von dem des störstellenleitenden Grundmaterials der Körner unterscheidet. Die Oberflächenzonen der Körner sind eigenleitend oder haben mindestens im Vgl. zum Innern der Körner eine stark verminderte Störstellenleitfähigkeit. (**D. A. S. 1 112 777** Kl. 21c vom 9/3. 1954, ausg. 17/8. 1961.) H. KESSEL. 5953

Libbey-Owens-Ford Glass Co. (Erfinder: Charles Mermyn Browne), Toledo, Ohio, V.St.A., **Glasscheibe mit durchsichtiger leitender Oberfläche.** Zur Stromzuführung dient ein leitendes Klebstoffband, z. B. ein 25—40 μ dickes Cu-Band mit einem Ag-Pulver enthaltenden Siliconharz als Klebstoff. (**D. A. S. 1 103 419** Kl. 21c vom 26/8. 1957, ausg. 30/3. 1961. **E. P. 818 741** vom 12/8. 1957, ausg. 19/8. 1959. Beide A. Prior. 27/8. 1956.) H. KESSEL. 5953

Siemens & Halske Akt.-Ges., Berlin und München (Erfinder: Heinrich Kniepkamp, München), **Spannungsabhängiger Widerstand** aus einem gesinterten körnigen halbleitenden Material, bes. SiC. Die zwischen den Körnern der Grundmasse verbleibenden Räume enthalten als Füllstoffe titanatfreie halbleitende Verbb. mit gelenkter Valenz, bes. von Spinell- oder Perowskitstruktur, z. B. das Syst. ($NiO + Li_2O$) oder $ZnO \cdot Fe_2O_3$. (**D. A. S. 1 112 778** Kl. 21c vom 6/4. 1954, ausg. 17/8. 1961.) H. KESSEL. 5955

Aktiebolaget Kanthal (Erfinder: Nils Gustav Schrewelius), Hallstahammar, Schweden, **Widerstandskörper** aus einer isolierenden feuerfesten Unterlage u. einer leitenden Schicht aus einem oder mehreren Siliciden der Übergangselemente der Gruppen IV u. VI des Period. Systems. Die leitende Schicht ist im Flammspritz-Verf. aufgebracht, besteht aus den Siliciden von Mo u./oder W u. ist beiderseits mit einer gasundurchlässigen Schutzhaut aus einer isolierenden, bei 1100—1700° schm. kieselsäurereichen Masse, z. B. Glas oder Email, überzogen. (**D. A. S. 1 100 772** Kl. 21c vom 31/1. 1958, ausg. 2/3. 1961. Schwed. Prior. 5/2. 1957.) H. KESSEL. 5955

Westinghouse Electric Corp., East Pittsburgh (Erfinder: Daniel W. Lewis, Pittsburgh), Pa., V.St.A., **Isoliermaterial** besteht aus mit einem organ., thixotrop wirkenden Füllstoff gefüllten Organopolysiloxanen, die die Hydrolyse- u. Kondens.-Prodd. von Silanen der Zus. I (R = einwertiger KW-Stoffrest, X = einwertige hydrolysierbare Gruppe, n = 1—2) oder von Gemischen mit Silanen der Zus. $R_n—Si—X_{4-n}$) sind, allein oder im Gemisch mit polymerisationsfähigen, die Gruppe >C=C< enthaltenden organ. Verbb., die unter der Wrkg. von akt. Strahlen oder Wärme polymerisierbar u. härtbar sind. (**D. A. S. 1 113 484** Kl. 21c vom 5/10. 1956, ausg. 7/9. 1961. A. Prior. 20/10. 1955.) H. KESSEL. 5957

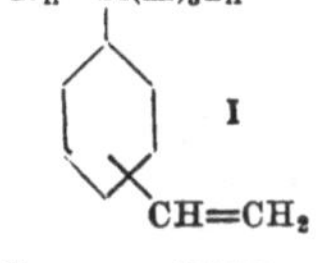

I

Westinghouse Electric Corp., East Pittsburgh (Erfinder: Daniel W. Lewis, Pittsburgh), Pa., V.St.A., **Isoliermaterial** besteht aus härtbaren Si-organ. Harz-Zus., die durch Hydrolyse, Kondens. bzw. Cokondens. oder Polymerisation bzw. Copolymerisation von Monomeren der Zus. I entstehen, worin R ein gesätt. KW-Stoff-Rest, X eine hydrolysierbare Gruppe u. Y ein olefin. Rest ist. (**D. A. S. 1100740** Kl. 21c vom 18/6. 1955, ausg. 2/3. 1961. A. Prior. 21/6. 1954.) H. KESSEL. 5957

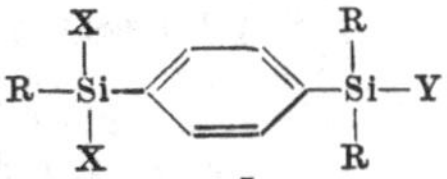

I

General Electric Co. (Erfinder: Charles Darwin Richardson und Algerd F. Zavist), Schenectady, N.Y., V.St.A., **Glimmerpapierisolation.** Als Imprägnier- u. Überzugsmittel dient eine Mischung aus einem sauren Polyester mit freien Carboxylgruppen, wie er durch Rk. eines Gemisches von Glycerin u. einer aliphat. Dicarbonsäure mit 5—10 C-Atomen erhalten wird, u. einem komplexen Epoxydharz, das ein Polyäther-Deriv. einer organ. Polyoxy-Verb. mit Epoxygruppen enthält. (**D. B. P. 974 705** Kl. 21c vom 30/10. 1952, ausg. 6/4. 1961. Anmeldung bekanntgemacht 15/9. 1955. A. Prior. 31/10. 1951.) H. KESSEL. 5957

Allis-Chalmers Mfg. Co., West Allis, Wis. (Erfinder: Earl Carl Rossman, Wauwatosa, Wis., und Russell Charles Frank, El Segundo, Calif.), V.St.A., **Isolierband aus Siliconkautschuk** ist so ausgehärtet, daß es beiderseits eine nicht klebende Oberfläche hat, die Spannungsdehnungskurve des Bandes bei normaler Temp. von 0—100% Dehnung gleichförmig schräg ansteigt u. das Band nicht reißt, wenn es um 100% gestreckt u. dann auf 200° erwärmt wird. Es besteht z. B. aus einem Organopolysiloxan, das ein durchschnittliches Verhältnis von 1,9—2,0 organ. Resten je Si-Atom aufweist, wobei mindestens 50 Mol-% der Siloxaneinheiten Dimethylsiloxaneinheiten sind u. der Rest der Einheiten die Zus. RR'SiO hat, worin R ein KW-Stoff mit höchstens 4 C-Atomen u. R' ein Phenylrest ist. (**D. A. S. 1 107 747** Kl. 21c vom 27/2. 1957, ausg. 31/5. 1961. A. Prior. 29/2. 1956.) H. KESSEL. 5957

Westinghouse Electric Corp., East Pittsburgh (Erfinder: Walter J. Adamik, Trafford), Pa., V.St.A., **Kautschukelastisches, elektrisch isolierendes Siliconband.** Zur Herst. wird auf ein mit einem Bindemittel versehenes schräggewebtes Glasfasergewebe ein Organopolysiloxan aufgebracht. Nach dessen Aushärtung wird das durch den Bindemittelüberzug gebildete Gerüst durch eine auf das Band wirkende Zugkraft aufgebrochen. (**D. A. S. 1 113 725** Kl. 21c vom 6/6. 1956, ausg. 14/9. 1961. A. Prior. 23/6. 1955. **A. P. 2 816 348** vom 23/6. 1955, ausg. 17/12. 1957.) H. KESSEL. 5957

Westinghouse Electric Corp., East Pittsburgh (Erfinder: Dow A. Rogers jun., Pittsburgh), Pa., V.St.A., **Isolierende Vergußmasse** enthält ein warmhärtbares Polyesterharzgemisch aus 35—65 (Gew.-%) einer ungesätt. Verb. mit mindestens 3 Si-Atomen u. mindestens einer Gruppe der Zus. I, worin Y ein einwertiger olefin. KW-Stoff-Rest u. X ein einwertiger Oxyalkyl- oder Oxyarylrest ist, ferner 65—34 eines ungesätt. Polyesters, einen Polymerisationskatalysator, einen Inhibitor u. einen anorgan. Füllstoff, z. B. Glimmer. (**D. A. S. 1 107 742** Kl. 21c vom 8/3. 1956, ausg. 31/5. 1961. A. Prior. 17/3. 1955.) H. KESSEL. 5957

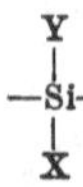
I

Westinghouse Electric Corp., East Pittsburgh (Erfinder: Dean C. Westervelt, Pitcairn, Charles H. Vondracek, Pittsburgh, und Charles F. Hofmann, Monroeville), Pa., V.St.A., **Isolierende Überzugsmasse** enthält 90—20 (Gew.-Teile) einer wss. Mischung aus 10—40 Al-Phosphat u. 10—40 Phosphorsäure, sowie 10—80 eines festen anorgan. feinverteilten Füllstoffes, z. B. eines Oxids, Hydroxids oder Silicats von Ca, Ba, Mg, Cd, Al, Zn, Pb oder Ti. (**D. A. S. 1 109 230** Kl. 21c vom 18/3. 1959, ausg. 22/6. 1961. A. Prior. 16/5. 1958.) H. KESSEL. 5957

Emile Daniel Oliver Bernier, Calcutta, Indien, **Mastixharze,** die bes. als *Schutzschicht für Isolatoren* verwendet werden, bestehend aus 20—40 (Gew.-%) eines Isobutylenpolymerisats oder -mischpolymerisats, 20—60 eines Plastifizierungsmittels, bes. eines Kondens.-Prod. einer paraffin. Erdölfraktion der sog. *Kendex*-Reihe, 10 bis 35 eines chlorierten Paraffinwachses u. 10—50 Füllstoffe, einem Gemisch aus Faser- u. Nichtfaserstoffen. — Ein Spray eines solchen Mastixharzes besteht z. B. aus 11 eines Mischpolymerisats aus Isobutylen–Styrol, 30 Testbenzin, 17 Xylol, 11 chloriertes Paraffinwachs, 11 Plastifiziermittel, 8 Asbest, 3 Füllstoffe (Talkum), 6 Füllstoffe (Asbestfaser), 2 Sb_2O_3, 0,2 Bentonit + Alkohol. (**Ind. P. 60 920** vom 27/6. 1957, ausg. 17/3. 1959.) H. NEBELSIEK. 5957

Maria Steiner und Gerhard Steiner (Erfinder: Reinhard Tandler), München, **Isolierkörper** mit eingelagerten dünnen elektr. leitenden Schichten. Zur Herst. werden in einem porösen Isolierkörper (z. B. einem Rutilzementkörper) durch Fällungs-Rkk. nach Art der LIESEGANGschen Ringe Schichten erzeugt (z. B. durch Tränken mit NH_4Cl, $CuCl_2$ oder $FeCl_2$ u. Fällen mit $AgNO_3$- oder Ferrocyanid-Lsg.) u. diese dann z. B. durch Red. oder therm. Zers. in leitende Schichten umgewandelt. (**D. A. S. 1 103 420** Kl. 21c vom 18/12. 1953, ausg. 30/3. 1961.) H. KESSEL. 5957

Westinghouse Electric Corp., East Pittsburgh (Erfinder: Robert F. Sterling, Pittsburgh), Pa., V.St.A., **Isolierkörper** aus einer warmgehärteten Kunstharzpreßmasse aus 30—97 (Gew.-%) eines warmhärtenden Dicyandiamid–Aldehyd-Harzes u. 70—3 anorgan. Füllstoff. Mindestens 3 des Füllstoffes, z. B. eines anorgan. Silicats, haben einen Teilchen-Ø $<5\mu$. (**D. A. S. 1 105 933** Kl. 21c vom 11/9. 1956, ausg. 4/5. 1961. A. Prior. 12/9. 1955.) H. KESSEL. 5957

Saxonburg Ceramics, V.St.A., **Keramischer Isolator,** der sich gut mit elektr. Leitern verbindet, z. B. bei der Herst. *elektr. Heizkörper.* Eine Masse aus 20—30(%) Kaolin, 20—30 SiO_2, 30—40 Zr-Silicat u. einem Flußmittel (0,6—0,9 Na_2O, 2,4—3,2 CaO u. 4,8—5,6 B_2O_3) wird geformt u. gebrannt. Anschließend wird der Körper mit dem Leiter verbunden u. bei erhöhter Temp. (1000—1100°) erneut gebrannt, wobei sich das Prod. ausdehnt u. eine glasige Konsistenz annimmt. (**F. P. 1 201 008** vom 30/7. 1958, ausg. 28/12. 1959.) O. KAYSER. 5957

Westinghouse Electric Corp., East Pittsburgh (Erfinder: Dow A. Rogers jun. und Newton C. Foster, Pittsburgh), Pa., V.St.A., **Isolierrohr.** Zur Herst. wird ein biegsamer Werkstoff, z. B. ein Glasfasergewebe, mit einem ungesätt. Polyesterharz getränkt. Nach teilweiser Warmhärtung wird eine einen Polymerisationskatalysator enthaltende, fl. polymerisierbare monomere Verb. mit der Gruppierung $\rangle C=C\langle$, die mit dem Tränkharz mischbar ist, aufgetragen. (**D. A. S. 1 105 932** Kl. 21c vom 30/11. 1955, ausg. 4/5. 1961. A. Prior. 6/12. 1954.) H. KESSEL. 5957

Amalgamated Wireless (Australasia) Ltd. (Erfinder: Albert Edward Newman), **Herstellung von Magnetkörpern,** bes. Magnetkernen, -gehäusen, -tiegeln

u. dgl., in Form feiner Teilchen. Man vermischt z. B. Carbonyleisenpulverteilchen in Mengen von 89—91,5% mit 6—8% eines styrolmodifizierten, ungesätt. Polyesterharzes, 0,1—0,2% Benzoylperoxydat als Katalysator u. 2—3% Siliconöl oder -fett, füllt das Gemisch in eine Form u. verpreßt es bei ca. 150°. — Zum Beispiel verpreßt man ein Gemisch aus 8000 g Magneteisenpulver, 240 g Siliconöl, 660 g Polyesterharz u. 10 g Katalysator. (**Aust. P. 226 097** vom 26/2. 1957, ausg. 28/1. 1960.) H. NEBELSIEK. 5959

Neosid Pemetzrieder G. m. b. H. (Erfinder: Igor Miller), Halver/Westf., **Magnetkern,** aus einem ferromagnetischen Pulver mit Hilfe eines organischen härtbaren Binders gepreßt. Bei der Herst. werden die Pulvermasse u. das Preßwerkzeug soweit erwärmt, daß die Masse noch gut schüttfähig ist, beim Pressen aber durch die Reibungswärme eine Temp. annimmt, bei der sie plast. ist. (**D. A. S. 1 106 437** Kl. 21g vom 15/3. 1954, ausg. 10/5. 1961.) H. KESSEL. 5959

N. V. Philips' Gloeilampenfabrieken, Eindhoven, Holland, **Permanentmagnet für Elektromotoren,** bestehend aus einem cylinderförmigen Magnetkörper aus magnet. Material der Formel $MO_6Fe_2O_3$, wobei M eines oder mehrere der Metalle Ba, Sr oder Pb bedeutet. In den Zylinder schiebt man eine Metallachse u. eine Muffe aus gesintertem keram. Material so ein, daß zwischen Magnet u. Muffe einerseits u. zwischen Muffe u. Achse andererseits je 0,3 mm Raum bleiben, der mit Äthoxydzement gefüllt wird. (**It. P. 516 897** vom 21/7. 1954. Holl. Prior. 24/7. 1953.) K. KOEBKE. 5959

General Electric Co. (Erfinder: Leon Thaddeus Piekarski), **Magnetostriktive Vanadinferrite,** bestehend aus 40—60 (Mol-%) bes. 40—55, Fe_2O_3, 0,1—1 V_2O_5, <18 ZnO u. Rest NiO. (**Aust. P. 227 589** vom 1/5. 1958, ausg. 28/4. 1960. A. Prior. 7/5. 1957.) C. LÜTTGEN. 5959

Metropolitan-Vickers Electrical Co. Ltd., London (Erfinder: Fred Ashworth, Sale, Cheshire, und Alfred John Knowles, Flixton, Manchester), England, **Herstellung einer magnetisierbaren Aufzeichnungsschicht für Signalspeichervorrichtungen** auf einem aus nicht magnetisierbarem Werkstoff bestehenden Grundkörper durch Plattieren mit ferromagnet. Stoff aus der Gasphase, dad. gek., daß eine *Ni-Fe*-Leg., z. B. aus 83% Ni u. 17% Fe, aufgedampft wird. Der Grundkörper kann aus *Cu* oder *Bronze* bestehen. (**D. A. S. 1 111 477** Kl. 48b vom 25/2. 1958, ausg. 20/7. 1961. E. Prior. 27/2. 1957.) F. VIER. 5959

British Dielectric Research Ltd. (Erfinder: Ronald Frederick Cook und Roger West), **Herstellung von piezoelektrischen keramischen Körpern.** Ein Gemisch aus 0,5—9 (Gew.-%) $CaTiO_3$ enthaltendem $BaTiO_3$ u. höchstens 1 CoO, bezogen auf $BaTiO_3$ + $CaTiO_3$, wird bei z. B. 1100° geglüht, gemahlen u. verformt. — Zus. eines beispielsweisen Prod.: 62,50 (Gew.-%) BaO, 2,06 CaO, 35,44 TiO_2, 0,50 CoO. (**Aust. P. 223 734** vom 27/3. 1958, ausg. 24/9. 1959. E. Prior. 2/4. 1957.) K. DEMMLER. 5961

Godeas Marcello Samer, Sevilla, Spanien, **Elektrischer Stromsammler.** Der Elektrolyt besteht aus einer wss. Lsg. von K_2CO_3, die Anoden aus C u. MnO_2 u. Teer als Bindemittel, die Kathoden aus Fe oder Stahl. Beide Elektroden haben poröse Oberflächen. (**It. P. 517 313** vom 30/7. 1952. Span. Prior. 16/8. 1951.) K. KOEBKE. 5971

Vittorio Chiodoni, Rom, Italien, **Bleiakkumulator.** Man verwendet als Elektrolyt eine Lsg., die pro Liter enthält: 8,2 (g) $Al_2(SO_4)_3$, 2,750 $CuSO_4$, 0,367 $CoSO_4$, 4,825 $(NH_4)_2SO_4$, 0,10 Fuchsin, 0,8 dest. W., 0,260 H_2SO_4 (66° Bé). Die Lsg. bewirkt eine erhöhte Ladekapazität u. Haltbarkeit. (**It. P. 517 635** vom 21/5. 1951.) K. KOEBKE. 5971

A/B Tudor, Stockholm, Schweden (Erfinder: E. G. Sundberg und K. G. Söderberg), **Bleiakkumulatorenzelle,** dad. gek., daß eine oder mehrere oberflächenakt. organ. Perfluor-Verbb. in der Akkumulatorensäure gelöst sind, z. B. $C_5F_{11}\cdot COO\cdot C_2H_4SO_3K$ oder $CF_3\cdot C_6H_{10}SO_3K$. — Vgl. auch D. A. S. 1 017 673; C. **1958.** 9029. (**Schwed. P. 165 504** vom 11/8. 1955, ausg. 2/12. 1958.) K. H. KÄHLER. 5971

Amal Kumar Ghosh, Naihati, Indien, **Messen des Säurestandes in Sammelbatterien.** Man schraubt in die Zellenöffnung ein unten u. oben offenes Glasrohr, das mit seinem unteren Ende etwa zur Hälfte in die Säure taucht. Auf diese Weise steht der Säurespiegel sowohl in der Zelle als auch in dem Glasrohr gleich hoch. In das Innere des Glasrohrs führt man nun einen nach oben unten frei beweglichen, zylindr. geformten Schwimmer ein, der mit seinem unten breiteren, geschlossenen Sockel auf der Säure schwimmt. Dieser Schwimmer ist mit einer Markierung versehen, so daß man — ohne die Zelle direkt zu öffnen — den jeweiligen Säurestand ablesen kann. — Zeichnung. (**Ind. P. 60 639** vom 28/5. 1957, ausg. 4/12. 1958.) H. NEBELSIEK. 5971

Comp. des Lampes, Frankreich (Erfinder: Charles James Scott und Kenneth Stuart Guy Pertwee), **Silber-Legierungen** mit 0,04—1,9 (%) Si u. 0,02 bis 1,8 *Li* werden verwendet, um durch Verdampfung im Vakuum eine reflektierende Schicht auf der Innenfläche von Glühlampen zu erzeugen. (**F. P. 1 208 096** vom 5/12. 1958, ausg. 22/2. 1960. A. Prior. 5/12. 1957.) C. GÖTZE. 5973

Siemens & Halske Akt.-Ges., Berlin und München (Erfinder: Helmut Hasenmaier, Heidenheim/Brenz), **Aluminiumfolie mit durch Ätzung vergrößerter Oberfläche** als Elektroden für Elektrolytkondensatoren. Größtmögliche Oberflächenvergrößerung wird durch Ätzen von Al-Folien mit einer Rekristallisationstextur (0 0 1) [1 0 0] erzielt. (**D. A. S. 1 110 492** Kl. 48d vom 20/9. 1956, ausg. 6/7. 1961.) G. BAUR. 5983

Siemens & Halske Akt.-Ges., Berlin und München (Erfinder: Wilhelm Kaiser und Rolf Lässiger, München), **Mikrowellenbauelement** aus einem schmalen Streifen- u. einem breiten Flächenleiter auf einander gegenüberliegenden Seiten eines Trägers aus Polystyrol oder Polytetrafluoräthylen. Zur Herst. der Leiterschichten wird Pb, Sn, Cd, In oder eine Leg. davon in äußerst dünner Schicht u. darüber Ag aufgedampft. (**D. A. S. 1 105 014** Kl. 21c vom 11/11. 1957, ausg. 20/4. 1961.) H. KESSEL. 5983

Siemens-Electrogeräte Akt.-Ges., Berlin und München (Erfinder: Erich Schmettow, Ottobrunn, und Ferdinand Keim, München), **Gedruckte Schaltung.** Bei der Herst. nach dem Siebdruck-Verf. dient als Kleber für das Metallpapier ein mit einem Härter aushärtbares Kunstharz, mit dessen Harzkomponente zunächst das Leitungsbild gedruckt wird, worauf der Härter getrennt davon aufgebracht wird. (**D. A. S. 1 107 743** Kl. 21c vom 10/9. 1959, ausg. 31/5. 1961.) H. KESSEL. 5983

Minnesota Mining & Mfg. Co., St. Paul, Minn., V.St.A., **Gedruckte Schaltungen.** Bei der Herst. dient als Bindemittel für das auf eine isolierende Unterlage (z. B. ein halogenhaltiges Polymerisat) aufzubringende leitende Pulver eine Lsg. eines normalerweise festen Mischpolymerisats des Trifluorchloräthylens mit einem anderen halogenierten Olefin in einem O-haltigen organ. Lösungsmittel. (**D. A. S. 1 105 013** Kl. 21c vom 23/2. 1955, ausg. 20/4. 1961. A. Prior. 5/3. 1954.) H. KESSEL. 5983

Siemens & Halske Akt.-Ges., Berlin und München (Erfinder: Erich Assmann, München), **Gedruckte Schaltungen.** Bei der Herst. mit Hilfe einer photograph. empfindlichen Schicht liegt zwischen dieser u. der Metallfäche eine ätzfähige, reflexionsvermindernde Schicht, die z. B. durch Rk. der Metallfläche mit H_2S oder K_2S gewonnen wird. (**D. A. S. 1 109 226** Kl. 21c vom 17/12. 1958, ausg. 22/6. 1961.) H. KESSEL. 5983

Siemens & Halske Akt.-Ges., Berlin und München (Erfinder: Heinz Grüß, Berlin), **Gedruckte Schaltungen.** Als Bindemittel für die mittels einer Matrize aufzudruckenden Metallteilchen dient ein warmhärtbarer Lack. Die zu entfernenden Schichtteile werden mit einem Lsgm. abgelöst. (**D. A. S. 1 112 770** Kl. 21c vom 8/3. 1957, ausg. 17/8. 1961.) H. KESSEL. 5983

E. I. du Pont de Nemours & Co., Wilmington, Del., V.St.A., **Elektrolyse bei höheren Temperaturen,** bes. Elektrolyse geschmolzener Salze, erfolgt in solchen Zellen, bei denen die durch die Zellenwand hindurchführenden Arme der Kathode beweglich in die Zellenwand gelagert sind, was dadurch erfolgt, daß zwischen den Kathodenarmen u. der Zellenwand ein flexibler Metallabschluß angebracht wird, der die zu Deformationen der Zellenwand Veranlassung gebenden mechan. Spannungen, die durch die unterschiedliche Ausdehnung von Zellenwand u. Kathode hervorgerufen werden, aufnimmt. — 2 Zeichnungen. (**E. P. 833 861** vom 30/5. 1958, ausg. 4/5. 1960. A. Prior. 22/7. 1957.) K. WOLK. 5993

Pechiney Comp. de Produits Chimiques et Électrométallurgiques (Erfinder: Paul Morel und Georges Yelnik), **Herstellung einer Kohleanode für elektrolytische Verfahren** durch Vermischen von C-Staub mit 17—23 Gew.-% Pech u. Verformen der so hergestellten Paste zu Einzelelementen, die zum Schluß zu Blöcken zusammengefaßt sind, u. auf ca. 150° erhitzt werden. — Anwendung als SÖDERBERG-Anoden. — Zeichnungen. (**Aust. P. 226 030** vom 17/6. 1958, ausg. 21/1. 1960. F. Prior. 18/6. 1957.) H. NEBELSIEK. 5993

Philco Corp., Philadelphia, Pa., V.St.A., *Ätzmittel für Halbleiter.* (**E. P. 851 482** vom 23/1. 1957, ausg. 19/10. 1960. A. Prior. 23/1. 1956. — C. **1960.** 1970 [A. P. 2 849 296].)

Comp. Générale de Télégraphie sans Fil (Erfinder: **René Clement**), *Herstellen von keramischem dielektrischem Material.* (**Aust. P. 229 626** vom 13/5. 1958, ausg. 25/8. 1960. F. Prior. 17/5. 1957. — C. **1961.** 4841 [E. P. 823 636].)

General Electric Co., Schenectady (Erfinder: **Joseph Edward Petley**, Troy), N.Y., V.St.A., *Kondensatortränkmittel.* (**D. A. S. 1 106 821** Kl. 21c vom 18/6. 1955, ausg. 18/5. 1961. A. Prior. 24/6. 1954. **A. P. 2 922 938** vom 24/6. 1954, ausg. 26/1. 1960. — C. **1958.** 11045 [E. P. 780 622].)

Dow Corning Corp. (Erfinder: **Harold A. Clark**), *Siloxanverbindungen.* (**Aust. P. 228 127** vom 9/8. 1957, ausg. 2/6. 1960. A. Prior. 29/11. 1956. — C. **1961.** 3111 [A. P. 2 915 497].)

N. V. de Bataafsche Petroleum Mij., Holland, übert. von: **Heinz Niebergall** und **Battelle-Institut**, *Herstellung von Phosphor, Silicium und Kohlenstoff enthaltenden Polymeren.* (**F. P. 1 200 877** vom 14/5. 1958, ausg. 24/12. 1959. D. Prior. 14/5. 1957. — C. **1961.** 2058 [D. A. S. 1 084 027].)

Centre National de la Recherche Scientifique, Paris, übert. von: **Charles Louis Guillaud**, Bellevue, **André Pierrot** und **Yves Charles Lescroel**, Conflans-Sainte-Honorine, Frankreich, *Ferromagnetisches keramisches Material*. (**A. P. 2 977 311** vom 31/1. 1956, ausg. 28/3. 1961. F. Prior. 3/2. 1955. — C. **1959.** 9009 [E. P. 795 269].)

Lignes Télégraphiques et Téléphoniques, Paris, übert. von: **André Pierrot, Yves C. E. Lescroel** und **Bogdan Grabowski**, Conflans-Sainte-Honorine, Frankreich, *Herstellung ferromagnetischer Stoffe mit rechteckiger Hysteresisschleife*. (**A. P. 2 970 112** vom 10/4. 1956, ausg. 31/1. 1961. F. Prior. 3/5. 1955. — C. **1958.** 10470 [F. P. 1 125 577].)

Pertrix-Union G. m. b. H., Ellwangen (Erfinder: **Hans-Georg Büttner**), *Trockenzelle*. (**Schwz. P. 355 823** vom 23/9. 1957, ausg. 15/9. 1961. D. Prior. 27/11. 1956. — C. **1958.** 13875 [D. A. S. 1 026 810].)

Pertrix-Union G. m. b. H., Ellwangen, *Trockenzelle mit Luftdepolarisation*. (**E. P. 848 981** vom 23/9. 1957, ausg. 21/9. 1960. D. Prior. 27/11. 1956. — C. **1958.** 13875 [D. A. S. 1 026 810].)

British Thomson-Houston Co. Ltd., England, *Leuchtstoff*. (**F. P. 1 199 960** vom 18/7. 1958, ausg. 17/12. 1959. E. Prior. 19/7. 1957. — C. **1961.** 8792 [E. P. 824 886].)

General Electric Co., Schenectady, N.Y. (Erfinder: **William Carlson Martyny**, Lyndhurst, Ohio), V.St.A., *Leuchtstoff für Glaslampenhüllen*. (**Schwz. P. 353 831** vom 2/12. 1957, ausg. 15/6. 1961. A. Prior. 3/12. 1956. — C. **1960.** 10014 [D. A. S. 1 066 089].)

Patent-Treuhand-Gesellschaft für elektrische Glühlampen m. b. H., München (Erfinder: **Georg Kressin**, Berlin), *Leuchtstoffgemisch*. (**D. B. P. 975 254** Kl. 22f vom 22/5. 1952, ausg. 19/10. 1961. Anmeldung bekanntgemacht 24/3. 1955. — C. **1956.** 14459 [F. P. 1 080 799].)

N. V. Philips' Gloeilampenfabrieken, Holland, *Strahlenquelle mit Leuchtschicht*. (**F. P. 1 178 640** vom 2/7. 1957, ausg. 13/5. 1959. Holl. Prior. 4/7. 1956. — C. **1960.** 2305 [Oe. P. 201 179].)

N. V. Philips' Gloeilampenfabrieken, Holland, *Herstellung eines Silicats mit ultravioletter Luminescenz*. (**F. P. 1 178 422** vom 1/10. 1956, ausg. 11/5. 1959. Holl. Prior. 3/10. 1955. — C. **1959.** 252 [Oe. P. 196 528].)

N. V. Philips' Gloeilampenfabrieken (Erfinder: **Age Hylke Hoekstra, Hendrik Anne Klasens** und **Anna Petronella Maria Cox**), Eindhoven, Holland, *Herstellung eines Silicates für Gasentladungsröhren*. (**Schwz. P. 352 077** vom 21/12. 1955, ausg. 30/3. 1961. Holl. Prior. 23/12. 1954. — C. **1960.** 604 [Aust. P. 206 507].)

N. V. Philips' Gloeilampenfabrieken (Erfinder: **Eric Stanley Hall**), *Glühkathode*. (**Aust. P. 228 151** vom 17/9. 1958, ausg. 2/6. 1960. E. Prior. 20/9. 1957. — C. **1960.** 5605 [D. A. S. 1 063 717].)

Comp. Générale de Télégraphie sans Fil, übert. von: **Harry Huber** und **N'guyen Thien-Chi**, Paris, Frankreich, *Halter für mit Oxyd überzogene Kathoden*. (**A. P. 2 924 874** vom 14/6. 1955, ausg. 16/2. 1960. F. Prior. 18/6. 1954. — C. **1959.** 11372 [E. P. 789 826].)

IV. Wasser. Abwasser

Elektrophoretische Untersuchung der bei der Kalk–Soda-Wasserenthärtung gebildeten Schlammteilchen. A. P. Black und Russell F. Christmas. (J. Amer. Water Works Assoc. **53.** 737—47. Juni 1961. Gainersville, Fla., Univ. of Florida, Dep. of Chem.) (Engl.)

Die Unters. erstreckt sich auf eine Messung der elektrophoret. Beweglichkeit von $CaCO_3$ u. $Mg(OH)_2$. Das elektrokinet. Potential von $Mg(OH)_2$ ist über den gesamten, bei der Wasserenthärtung in Betracht kommenden pH-Bereich positiv, das von $CaCO_3$ ist bei Anwesenheit von Mg negativ, wird jedoch bei steigendem Mg/Ca-Verhältnis positiv. Auch bei einem Mg-Zusatz (als $MgCl_2$) im Anschluß an die Wasserenthärtung wird das negative elektrokinet. Potential positiv. Ein ähnlicher Effekt wird auch durch andere mehrwertige Ionen hervorgerufen. Die Wrkg. mehrerer anion. u. kation. Koagulationsbeschleuniger wird beschrieben. Nichtion. Sedimentationshilfen haben keinen Einfluß. — 14 Literaturangaben. R. F. Haar. 6024 □

Nitrat als Stickstoffquelle im BSB-Verdünnungswasser. Peter E. Gaffney und Robert S. Ingols. (Water Sewage Works **108.** 91—95. März 1961. Atlanta, Ga., Georgia Inst. of Technol.) (Engl.)

Der Ersatz von NH_3-N im BSB-Verdünnungswasser durch äquivalente Mengen $NaNO_3$-N zeigte im BSB_5-Vers. gleiche Ergebnisse, verbesserte aber im BSB_{20}-Test die Resultate durch Vermeidung der Nitrifikation. Die Verss. wurden mit Abwasser sowie mit Glutaminsäure (**I**), Stärke, Glucose (**II**), Ameisensäure, Essigsäure u. der Kombination **I** + **II** durchgeführt. Bei $NaNO_3$-Verdünnungswasser wurde mit nicht N-haltigen Verbb. eine Verlängerung der Verzögerungsphase (lag period) beobachtet. Die Ergebnisse werden ausführlich diskutiert. W. Schönborn. 6044 □

Die Bedeutung von Radioaktivitätsmessungen. Conrad P. Straub. (J. Amer. Water Works Assoc. **53.** 704—13. Juni 1961. Cincinnati, Ohio, R.A., Taft San. Engng. Center.) (Engl.)

Vf. gibt eine Aufstellung der Ergebnisse von Radioaktivitätsmessungen in Nd.-Wasser u. dem Oberflächenwasser amerikan. Ströme für den Zeitraum 1958/60. Danach beträgt die höchste, seit 1959 gemessene Aktivität im suspendierten Feststoffanteil 40 $\mu\mu c$/Liter, die höchste Aktivität gelöster Stoffe während des gleichen Zeitraums 128 $\mu\mu c$/Liter. Durch eine Klärung der Wässer durch Koagulation u. Filtration des suspendierten Feststoffanteils könnten 48—67% der Aktivität beseitigt werden. R. F. Haar. 6054 □

Forschungsgesellschaft der Wabag Wasserreinigungsbau m. b. H., Deutschland, **Reinigen und Desinfizieren von Wasser** durch Behandlung mit O_3, wobei in eine Gaskammer, bes. am unteren Teil, ein aus O_3 u. Luft bestehendes Gasgemisch unter Druck eingeführt u. am Kopf der Kammer zu reinigendes W. feinst zerstäubt wird. Vorteilhaft ist die Kammer mit Füllkörpern beschickt. — Vorrichtung. (**F. P. 1 196 744** vom 9/6. 1958, ausg. 25/11. 1959. D. Prior. 8/7. 1957.) W. WITTHOLZ. 6025

V. Anorganische Industrie

Abhängigkeit des Carbonisierungsprozesses ammoniakalischer Laugen im Gasliftapparat von der Ammoniakkonzentration und dem Carbonisierungsgrad. 3. Mitt. über die Carbonisierung von Ammoniaklaugen im Gasliftapparat. G. N. Gassjuk, A. G. Bolschakow und A. W. Kortnew. (Журнал Прикладной Химии [J. angew. Chem.] **32.** 1863—65. Aug. 1959.) (Russ.) — 2. vgl. C. **1961.** 6635.

Bei einem Gasdurchsatz V ($m^3/m^2 \cdot h$) u. einem Fl.-Durchsatz L ($m^3/m^2 \cdot h$) u. der Temp. t^0 ist der Gesamtabsorptions-Koeff. im Gaslift-App. bei 20% Belastung $K_{ges}\,a = 241\,V^{0,33}\,L^{0,18} \exp(0{,}0168\,N + 0{,}0288\,t - 0{,}014\,R - 2{,}09)$ (kg/$m^3 \cdot$h at) (N = NH_3-Konz. der Lauge, R = Carbonisierungsgrad). Wenn nur V bekannt ist, dann ist $K_{ges}\,a = 160\,V^{0,488} \exp(0{,}0168\,N + 0{,}0288\,t - 0{,}014\,R - 2{,}09)$, wenn nur L bekannt ist, ist $K_{ges}\,a = 75\,L^{0,93} \exp(0{,}0168\,N + 0{,}0288\,t - 0{,}014\,R - 2{,}09)$. R ergibt sich aus $K_{ges}\,a = C \exp(-0{,}014\,R)$ (C = von hydrodynam. Faktoren, Temp. u. Anfangs-N abhängige Konst.) u. aus der Intensität der Verarbeitung $U = D \exp(-0{,}0125\,R)$ (D = Konst. wie C, aber auch von der CO_2-Konz. abhängig). R. K. MÜLLER. H 243 □

Die Aufbereitung von Salzsäure- und Chloridabfällen. Drei neue Lösungen. J. Remond. (Rev. Produits Chim. **64.** 371—74. Aug. 1961.) (Franz.)

Zur Aufbereitung von HCl- u. Chloridabfällen werden 3 Verff. empfohlen: Rückgewinnung von Cl_2 aus HCl durch Elektrolyse, Rückgewinnung von Cl_2 aus HCl durch Oxydation mit HNO_3 $< 80^0$ u. Gewinnung von HCl aus Chloriden ($MgCl_2$, $FeCl_2$) durch therm. Zers. mit Wasserdampf bei 500 oder 900°. W. WESLY. H 247 □

Ruß aus Flammen von Oxydationsmitteln in Kohlenwasserstoffen. G. Bryant Bachman und Herbert I. Berman. (Ind. Engng. Chem., int. Edit. **52.** 621—24. Juli 1960. Lafayette, Ind., Purdue Univ., Dep. of Chem.) (Engl.)

In einem Labor.-Gerät (Abb.) werden zur Erzeugung von Ruß verschiedene *KW-Stoffe* [*Erdgas, Methan* (I), *Propan* (II), *Äthylen* (III)] mit *Luft* bzw. *Cl_2* verbrannt. Wenn der O_2 im Innern der Flamme ist, heißt diese innenoxydierend (endoxidant); ist er außen, heißt die Flamme außenoxydierend (exoxidant). Die innenoxydierende O_2-Flamme in **III** ist röter u. liefert mehr C u. H_2 als die entsprechende außenoxydierende Flamme. Bei Verbrennung mit Cl_2 bildet sich mehr C, wenn das Mol-Verhältnis Cl_2 : KW-Stoff steigt. **I** liefert mehr C als **II** u. **III**. O_2 drückt die C-Bldg. in innenoxydierenden Cl_2–KW-Stoff-Flammen sowie den Cl-Geh. des C zurück. C aus KW-Stoffen, NH_3 u. Cl_2 enthält N u. C. NH_3 vermindert die C-Erzeugung. Durch mehrere Lsgm. u. Reagentien u. Wärme wird Cl nur teilweise aus dem C beseitigt. W. WESLY. H 260 □

Auswahl eines Parameters zur Regulierung der Wärmeverhältnisse der Destillationsanlage einer Sodafabrik. G. A. Tkatsch. (Химическая Промышленность [Chem. Ind.] **1960.** 122—27. März.) (Russ.)

Bei der Dest.-Anlage einer Sodafabrik hängt der NH_3-Geh. des aus dem Kondensator austretenden u. in den Wärmeaustauscher eintretenden Dampf-Gas-Gemisches (DGG) von dessen Temp. t ab. Bei einem DGG-Durchsatz von 117—125 m^3/h ist $[NH_3] = 406{,}07 - 4{,}71\,t$ (Gew.-%). Als Parameter für die Wärmebedingungen der Dest. wählt man zweckmäßig die Fl.-Temp. des Wärmeaustauschers oder die Temp. des in diesen eintretenden DGG, die mit der in die Dest. eingeführten Dampfmenge regelmäßig ansteigt. R. K. MÜLLER. H 274 □

Eine Untersuchung der Hochdruckauslaugung von Chalkopyrit, Chalkocit und Covellin. I. H. Warren. (Austral. J. appl. Sci. **9.** 36—51. März 1958. Melbourne, C.S.I.R.O., Div. of Ind. Chem.) (Engl.)

Die Kupfersulfidmineralien *Chalkopyrit, Chalkocit* u. *Covellin* wurden in einem besonderen Hochdruckreaktor unter wechselnden Bedingungen mit H_2SO_4 ausgelaugt. Es wurde der Einfl. der Temp., des O_2-Partialdrucks, des pH u. der Oberfläche der Proben auf die Geschw. der Cu-Herauslösung bzw. auf die Oxydations-Geschw. des S untersucht. Die Ergebnisse sind graph. dargestellt. — Im Verlauf des Auslaugeprozesses konnten zwei Stufen unterschieden werden, deren erste durch eine Rk. mit hoher Aktivierungsenergie kontrolliert wird. W. BETCKE. H 358 □

Die Synthese des Smaragds. Hermann Espig. (Dtsch. Goldschmiede-Ztg. **59.** 660—63. Okt. 1960.) (Dt.)
Inhaltlich ident. mit der C. **1962.** 7285 referierten Arbeit. M. WINIKER. 6152□

Luca Barnocchi, Foligno, Perugia, Italien, **Herstellung von schwerem Wasser** nach It. P. 518 551, dad. gek., daß man die Abkühlung bei erhöhtem Druck vornimmt, bei Beginn der Kristallisation die Abkühlung unterbricht, den Überdruck wegnimmt u. das Eis abschöpft. (**It. P. 526 100** vom 3/12. 1954. **Zusatz zu It. P. 518 551; C. 1962. 4678.**) K. KOEBKE. H 240

Elchemie G. m. b. H., Österreich, **Herstellung von H_2O_2-Additionsverbindungen.** Wasserfreie Salze, wie Na_2CO_3, Na-Pyrophosphat oder Mg-Silicat, werden in Wirbelschicht mit einer zerstäubten, stark konz. H_2O_2-Lsg. in Berührung gebracht, wobei die zur Erzeugung der Wirbelschicht eingeblasene Luft gleichzeitig die überschüssige Rk.-Wärme entfernt, so daß Überhitzung vermieden wird. (**F. P. 1 198 317** vom 26/6. 1958, ausg. 7/12. 1959. Oe. Prior. 4/7. 1957.) W. WITTHOLZ. H 241

Scholven-Chemie Akt.-Ges. (Erfinder: Werner Kniese), Gelsenkirchen-Buer, **Gewinnung von synthesereinem Stickstoff.** Aus den Abgasen der Kontaktöfen einer CLAUS-Anlage wird der Elementar-S mittels fl. S abgeschieden u. das so erhaltene Gas (an Stelle der üblichen Nachverbrennung) einer reinigenden Nachbehandlung, wobei eine Wasserwäsche, Laugenwäsche u. eine Absorption mittels Aktivkohle hintereinandergeschaltet werden, unterworfen. (**D. A. S. 1 068 230** Kl. 12i vom 21/12. 1956, ausg. 5/11. 1959.) E. MIESSGANG. H 243

Pintsch Bamag Akt.-Ges., Berlin (Erfinder: Rolf Uffelmann, Gießen), **Gewinnung von Schwefel** aus Waschlaugen, mit denen H_2S aus Gasgemischen ausgewaschen worden ist, wobei aus der Lauge durch Oxydation mit Luft S u. Verunreinigungen ausgefällt werden u. diese Suspension weiterverarbeitet wird. Aus der erhaltenen Suspension wird S mittels CS_2 unter W. herausgelöst u. aus der erhaltenen Lsg. durch Dest. reiner S in fl. Form abgetrennt. — Verfahrensschema. (**D. A. S. 1 074 018** Kl. 12i vom 13/12. 1956, ausg. 28/1. 1960.) E. MIESSGANG. H 253

Pintsch Bamag Akt.-Ges., Berlin (Erfinder: Karl Uffelmann, Gießen), **Gewinnung von Schwefel.** In weiterer Ausgestaltung des Verf. nach D. A. S. 1 074 018 wird an Stelle von CS_2 ein als Lsgm. (I) für S bekanntes, fl., in W. unlösl. I, bzw. Gemische solcher I, bzw. eine Mischung einer I mit einem Verdünnungsmittel eingesetzt. (**D. A. S. 1 080 985** Kl. 12i vom 2/4. 1957, ausg. 5/5. 1960. **Zusatz zu D. A. S. 1 074 018; vgl. vorst. Referat.**) E. MIESSGANG. H 253

Territoire de Madagascar, représenté par le Haut-Commissaire de la République Française, Chef du Territoire à Madagascar, Madagascar, **Reinigen von Naturgraphit.** Zur Abscheidung der im Graphit enthaltenen Verunreinigungen, wie Silicate, Kieselsäure u. verschiedene Oxide, wird dieser mit NH_4-Bifluorid in Ggw. von H_2SO_4 behandelt, deren Menge ca. 10% über der für die Zers. der Silicate theoret. erforderlichen Menge liegt. Anschließend wird mit 5%ig. Soda-Lsg., u. dann mit 5%ig. HCl behandelt, wobei der Graphit nach jeder Behandlung mit warmem W. gewaschen wird. (**F. P. 1 196 518** vom 12/5. 1958, ausg. 24/11. 1959.) W. WITTHOLZ. H 260

Amerigo Arioli, Rom, Italien, **Gewinnung von Diatomeenerde** aus Kieselgur, dad. gek., daß man diese auf 120—160° erhitzt, vermahlt, mit W. aufschlämmt, 4—10 Min. absetzen läßt, filtriert u. das Filtrat in einem Gefäß aus neutralem Glas langsam eindampft. (**It. P. 523 378** vom 6/12. 1954.) K. KOEBKE. H 261

United Kingdom Atomic Energy Authority, England, **Reinigen von Metallsalz-Lösungen,** die als Verunreinigungen Metallionen mit niedrigerem Elektrodenpotential enthalten als das zu reinigende Metallsalz, durch Behandeln mit dem entsprechenden Metallamalgam. — Man rührt eine LiOH-Lsg., welche ca. 6,1% NaOH, u. ganz geringe Mengen Cr, Ni u. Fe enthält, mit einem Drittel ihres Vol. Li-Amalgam. Nach einer Behandlung von 8 Min. ist der NaOH-Geh. auf 0,03% gesunken, während Cr, Ni, Fe prakt. entfernt sind. Einer direkten Einw. des Amalgams auf die Lsg. kann man durch Elektrolyse derselben entgegenwirken, wobei das Amalgam als Kathode dient. (**F. P. 1 195 141** vom 28/4. 1958, ausg. 16/11. 1959.) W. WITTHOLZ. H 273

Louis Jardin, Tunesien, **Gewinnung von Tonerde und Trinatrium- oder Trikaliumphosphat.** Al–Fe-haltige Mineralphosphate werden mit Alkalilauge (NaOH oder KOH) in solcher Menge, die lediglich zur Bindung des in dem Mineral enthaltenen P_2O_5 ausreicht, erhitzt, bis das W. verdampft ist u. anschließend bei 950° calciniert. Das Prod. wird mit W. ausgelaugt, die Lsg. filtriert u. mit einer wss., Al-Oxidhydrat-Keime

enthaltenden Lsg. versetzt, u. der aus Tonerde bestehende Nd. wird von der Alkaliphosphat-Lsg. abgetrennt. Man kann auch das Ausgangsmaterial unter Druck (5—8 at) mit überhitztem Wasserdampf ca. 3 Std. behandeln, u. dann in gleicher Weise wie das calcinierte Prod. aufarbeiten. Man kann auch das calcinierte Prod. ohne Extraktion des Al als *Düngemittel* verwenden. (**F. P. 1 198 093** vom 10/4. 1958, ausg. 4/12. 1959.)
W. WITTHOLZ. H 294

Imperial Chemical Industries Ltd. (Erfinder: Heinrich Nöth), **Herstellung von Natrium-Aluminiumhydrid.** In einer 1. Stufe wird durch Rk. von bereits erzeugtem $NaAlH_4$ in Ggw. eines inerten Lsgm., z. B. Tetrahydrofuran, mit einem Al-Halogenid, bes. $AlCl_3$, AlH_3 u. in einer 2. Stufe durch Umsetzung von AlH_3 mit feinteiligem NaH $NaAlH_4$ hergestellt, wobei am Rückfluß bei Temp. bis zu 100° gearbeitet wird. (**Aust. P. 223 523** vom 12/12. 1957, ausg. 17/9. 1959. E. Prior. 21/12. 1956.)
K. DEMMLER. H 294

Ciba Ltd., Basel, Schweiz, **Trennung von Niob und Tantal** aus den Gemischen ihrer Pentachloride. Die z. B. bei der Behandlung von Erzen, Schlacken usw. mit Cl_2 anfallenden Gemische werden mit einem Halogenid, das mit den Pentachloriden Doppelsalze, z. B. Alkali- u. Erdalkalihalogenide, bildet, umgesetzt, u. diese z. B. durch Dest. getrennt. — Man erhitzt 27 (Teile) $NbCl_5$, 21 $TaCl_5$ mit 3,75 KF $2^1/_2$ Std. unter Rückfluß u. dest. bis 300°. Das Destillat enthält den größten Teil des Nb, der Rückstand hauptsächlich Ta als Doppelsalz. (**Ind. P. 62 216** vom 6/11. 1957, ausg. 12/1. 1959.)
C. LÜTTGEN. H 331

United States Atomic Energy Commission, übert. von: Glenn W. Stahl, Richland, Wash., V.St.A., **Abtrennen von Plutoniumverbindungen** von Verbb. der Spaltprodd., einschließlich der Verbb. der Zr u. Nb. Man fällt mit Bi-Phosphat sowohl die Spaltprodd. wie auch Pu aus der wss. sauren Lsg. aus u. wäscht den Nd. mit einer wss. Lsg. einer komplexen F-Verb. der Formel H_xMF_y, in der H für H, NH_4, ein Metall- oder Metalloid-Ion steht, M ein Metallatom bedeutet u. F Fluor darstellt, während x u. y ganze Zahlen bedeuten. Dabei gehen die Begleitstoffe in Lsg., während Pu auf dem Trägerstoff zurückbleibt u. in üblicher Weise anschließend von dem Bi-Phosphat abgetrennt wird. (**A. P. 2 886 408** vom 4/6. 1945, ausg. 12/5. 1959.)
H. NEBELSIEK. H 343

Industrial Distributors (1946) Ltd., Südafrikanische Union, **Behandlung von Diamanten des Typs IIb.** Diese werden der Einw. von γ-Strahlen, Neutronen, Elektronen, Positronen, Protonen oder α-Teilchen unterworfen, wodurch die Anzahl der Donatoren-Zentren im Kristallgefüge im Verhältnis zu den Acceptoren-Zentren vermehrt wird, so daß eine erhebliche Verminderung der Absorption des äußersten Rot im sichtbaren Spektrum erzielt wird. Man kann auch die Zahl der Donatoren-Zentren derart vergrößern, daß die Acceptoren-Zentren ausgeschaltet werden. Man erhält dann *Isolatoren.* (**F. P. 1 195 862** vom 25/5. 1958, ausg. 19/11. 1959. Südafrikan. Prior. 5/6. 1957.)
W. WITTHOLZ. 6149

Kestner Evaporator & Engineering Co. Ltd. (Erfinder: **George Henry Black**), *Herstellung von Schwefeldioxid.* (**Aust. P. 225 862** vom 15/5. 1958, ausg. 10/12. 1959. E. Prior. 2/7. 1957. — C. **1961.** 9164 [E. P. 831 570].)

Sterling Drug, Inc., New York, N.Y. (Erfinder: **Eugene Wilhelm Schoeffel,** Rothschild, Wis.), V.St.A., *Herstellung von Schwefelsäure.* (**D. A. S. 1 069 592** Kl. 12i vom 10/6. 1955, ausg. 26/11. 1959. — C. **1958.** 2540 [E. P. 779 506].)

Columbian Carbon Co., V.St.A. (Erfinder: **Rayford Fowler**), *Agglomerieren von Ruß.* (**F. P. 1 198 793** vom 10/2. 1958, ausg. 9/12. 1959. A. Prior. 12/2. 1957. — C. **1961.** 12961 [E. P. 839 918].)

Texaco Development Corp., V.St.A. (Erfinder: **du Bois Eastman**), *Herstellung von Kohlenoxid–Wasserstoffgas-Gemischen und Ruß.* (**F. P. 1 172 621** vom 18/2. 1957, ausg. 12/2. 1959. A. Prior. 2/3. 1956. — C. **1961.** 12225 [A. P. 2 914 418].)

N. V. de Bataafsche Petroleum Mij., Den Haag, Holland, *Entfernen von Ruß aus Suspensionen.* (**E. P. 846 219** vom 25/8. 1958, ausg. 31/8. 1960. Holl. Prior. 26/8. 1957. — C. **1960.** 7640 [Oe. P. 204 667].)

Siemens-Schuckertwerke Akt.-Ges., Berlin und Erlangen, *Herstellung von extrem reinem Silicium für elektronische Zwecke.* (**Oe. P. 212 279** vom 29/7. 1959, ausg. 12/12. 1960. D. Prior. 26/11. 1958. — C. **1961.** 14054 [D. A. S. 1 100 606].)

Titan Co. A/S, Fredrikstad, Norwegen, *Herstellung von Titantetrachlorid.* (**Norw. P. 92 999** vom 6/2. 1957, ausg. 8/12. 1958. — C. **1960.** 6958 [D. A. S. 1 067 794].)

Horizons Titanium Corp., V.St.A. (Erfinder: **Menahem Merlub-Sobel, Milton Jack Arnoff** und **Jack Leon Sorkin**), *Schmelzflußelektrolyt für die Herstellung von V, Nb, Ta, Zr, Hf, Mo und W.* (**F. P. 1 160 147** vom 6/11. 1956, ausg. 8/7. 1958. A. Prior. 8/11. 1955. — C. **1961.** 4488 [A. P. 2 870 073].)

VI. Silicatchemie. Baustoffe

Zur Abhängigkeit der Fischschuppenbildung von der Emailschichtdicke. A. Petzold. (Sprechsaal Keram., Glas, Email **94.** 445—47. 20/9. 1961.) (Dt.)

Durch Verss. werden die bisherigen Anschauungen u. Beobachtungen ergänzt, daß die Fischschuppenanfälligkeit mit der Emailschichtdicke abnimmt. Bei verschiedenen Emallier-Verss. konnte eine etwa lineare Abhängigkeit zwischen Emaildicke u. Anzahl der Fischschuppen im genannten Sinne festgestellt werden. Beim Fischschuppentest besteht ebenso eine lineare Beziehung zwischen der Schichtdicke u. der Zeit bis zum ersten Auftreten der Fischschuppen. N. PETERS. 6212□

Überlegungen und Versuche zur Herstellung eines hellen Blechgrundes. Wilhelm Heller. (Sprechsaal Keram., Glas, Email **94.** 468. 20/9. 1961. Dillenburg.) (Dt.)

Zwecks Erreichens eines helleren Farbtons wurde durch Verw. von Fluoriden, MoO_2 u. Sb_2O_3 ein genügend heller Blechgrund entwickelt. Die bisher unzureichende Brennbeständigkeit dieses Blechgrundes wurde durch ein Zusatzemail, das CaF_2, Kryolith, H_3BO_3 u. Sb_2O_3 enthält, verbessert. N. PETERS. 6212□

Über den Wärmeaufwand des Zementofens. A. Plüss. (Zement-Kalk-Gips **14** (**50**). 297—305. Juli 1961. Holderbank, Schweiz.) (Dt.)

Vf. untersucht die von EIGEN (vgl. C. **1961.** 18833.) aufgestellten Gleichungen über den Wärmeaufwand beim Drehrohr- u. Schachtofen, wobei die Gleichungen für den Schachtofen $x = m(H - 201 + 0{,}38\ \Delta t)$ u. für den Drehrohrofen $x =$ „G" $+ m V$ sich nur auf eine spezielle Interpretation der Wärmebilanzgleichung stützen. Obige Formeln ergeben Widersprüche zwischen Systemgrenz-Temp. u. Ofenlängen, da sie die Öfen thermodynam. nicht zu beschreiben vermögen. Auch die Berechnung der Wandverluste von Öfen finden keine Lösung. Die von EIGEN verfaßten Schaubilder zeigen beim Herausgreifen verschiedener Betriebspunkte des Ofens u. Überprüfen der auftretenden Temp., Gas-Geschw. u. Wärmeübergangszahlen Abweichungen von den ursprünglichen Voraussetzungen, da eine unzulässige Anwendung der Wärmebilanzgleichungen ohne funktionelle Beziehungen erfolgt. Beziehungen zwischen Stör- u. Regelgrößen werden in Form eines Schemas zeichner. dargestellt. — 13 Literaturangaben. H. SCHUMANN. 6222□

Zur Frage der Eindringtiefe von periodischen Temperaturschwankungen in das Futterinnere bei Drehöfen. G. Weislehner. (Zement-Kalk-Gips **14** (**50**). 293—97. Juli 1961. Gmunden, Oberösterreich.) (Dt.)

Zwei prakt. Beispiele zeigen, daß feuerseitig bedingte Temp.-Schwankungen im Normalbetrieb eines Drehrohrofens sich nur in einer Tiefe von 15 mm bei Schamottesteinen u. 20 mm bei Magnesitfutter bemerkbar machen. Eine Beeinflussung der Schwankungen von außen ist nicht möglich. H. SCHUMANN. 6222□

Folgerungen aus den Stabilitätsmessungen an Drehofenmänteln. H. Hilber. (Zement-Kalk-Gips **14** (**50**). 339—46. Aug. 1961. Wien.) (Dt.) — Vgl. C. **1961.** 15164.

Stabilitätsmessungen zeigen, daß Verstärkungsringe mit ausreichender Eigensteifigkeit erst höchste Ofenmantelstabilität bringen. Bes. wirksam sind fest montierte Laufringe. Vf. regt an, eine Höchstgrenze für Ofenmanteldeformationen festzulegen. H. SCHUMANN. 6222□

Die Ettringit-Phasen im Hochofenzement. H. H. Smolczyk. (Zement-Kalk-Gips **14** (**50**). 277—84. Juli 1961. Rheinhausen, Forsch.-Inst. für Hochofenschlacke.) (Dt.)

Die hexagonalen „Ettringit-Phasen" bilden sich Mischreihen, deren Endglieder fast alle einen ähnlichen Gitterbau besitzen. Strenggenommen gilt der Name „Ettringit" nur für das Mineral, so daß für die im Zementstein gefundene Mischreihe der Name „AFt-Phase" (AFt) vorgeschlagen wird als Zusammenfassung aus (Tricalcium)-Aluminat-Ferrit·tri (Sulfat-Hydroxid)·(Hydrat)-Phase. Für das Endglied der AFt ergibt die Indizierung des Röntgendiagramms die Gitter-Konst. $a = b = 11{,}23$ Å u. $c = 22{,}02$ Å. Aus Dünnschliffaufnahmen des Zementsteines sulfatbeständiger Hüttenzemente ist zu entnehmen, daß die AFt sehr feinkrist. u. in statist. Verteilung vorliegt. Glieder der AFt bilden sich in allen Zementen, wenn ihnen Gips oder Anhydrit als Abbinderegler zugesetzt wird. Nach 7—28 Tagen nähert sich die Menge der AFt asymptot. einem oberen Grenzwert. Der Zement bleibt sulfatbeständig, da das vorhandene CaO nicht ausreicht, das gesamte Al_2O_3 in die AFt zu überführen. Durch Verw. einer akt. Hüttensandkomponente muß der C_3A-Anteil auf ein Mindestmaß beschränkt werden. Eine gute kalkbindende Wrkg. der hydraul. Schlacke muß vorhanden sein. — 39 Literaturangaben. H. SCHUMANN. 6222□

Calciumcarbid im Zement. G. Mall. (Zement-Kalk-Gips **14** (**50**). 254—57. Juni 1961. Karlsruhe.) (Dt.)

Beim Brennen von Zementklinkern im Schachtofen kann sich durch örtliche Überhitzung bei ca. 1600° CaC_2 bilden. In Drehrohröfen sind diese Erscheinungen nicht möglich, weil das stöchiometr. Verhältnis von CaO u. C infolge anderer Brennstoffzufuhr nicht gegeben ist. Das gebildete CaC_2 wird vermahlen u. beim Anmachen des Zementes zersetzt. Das entstehende Acetylen erzeugt in feinsandreichen Betonmischungen Poren u. kann zu empfindlichen Schäden führen. H. SCHUMANN. 6222□

Experimentelle Untersuchungen von Strahlenschutzmaterial. Ken'ichi Hashimoto, Toshio Kuroshawa und Motoshi Kaneko. (Rep. Government chem. ind. Res. Inst., Tokyo **55**. 155—64. Mai 1960.) (Jap., Auszug: Engl.)

Unterss. an Betonmassen aus Portland- oder tonerdereichem Zement mit Baryt oder Magnetit als schwere Zuschlagstoffe zum Abschirmen von γ-Strahlen u. mit Zusätzen von Bor-Verbb. zum Abfangen der Neutronen haben gezeigt, daß Baryt wirksamer ist als Magnesit. Ein als „Krilium" bezeichnetes Material verhinderte in der Betonmasse das Absinken der Zuschlagstoffe während des Abbindens der Zemente. F. REINHART. 6224□

Das Mahlen von Branntkalk. H. Börner. (Zement-Kalk-Gips **14** (**50**). 237—53. Juni 1961. Goslar.) (Dt.)

Untersucht wird die Mahlbarkeit des Branntkalkes nach den Meth. von BOND (Kugelmühle) u. von ZEISEL (Kugelringmühle). Verss. an verschiedenen Mahlaggregaten lassen auf das anzuwendende Mahlverf. u. erreichbare Leistungsoptimum schließen. Betriebsmahlungen mit einer Wälzmühle kommen dem ZEISEL-Test sehr nahe. Je weicher das Mahlgut u. je länger der Mahlweg ist, desto größere Abweichungen ergeben sich vom BOND-Test. Der Verteilungs-Koeff. n der Körnungslinie zeigt, daß der ZEISEL-Test sich infolge der Übereinstimmung der Kornverteilung von Zementmühle u. Prüfgerät für die Zementpraxis eignet. Die BOND-Kurve bildet für einen Mahlvorgang in der Rohrmühle die untere Begrenzung der Vers.-Ergebnisse, der ZEISEL-Test stellt die untere Grenze der Mahl-Verss. in Wälzmühlen dar. Brenngrad u. Mahlung spielen hierbei eine erhebliche Rolle. Die Überlegenheit der Wälzmühle im Arbeitsaufwand wird durch Prüfmeth. u. Praxis bestätigt. Für gute Mahlbarkeit ist eine gewisse Rk.-Trägheit der Teilchen Voraussetzung. In der Wirtschaftlichkeit stehen Wälzmühlen für die Mahlung von Mittel- u. Weichbrand an der Spitze, für Hartbrand sind Rohrmühlen besser geeignet. Aus der Arbeit ergeben sich wertvolle Hinweise für die Konstruktion. H. SCHUMANN. 6226□

Der Traß als hydraulischer Zusatzstoff. I. Wessely. (Zement-Kalk-Gips **14** (**50**). 284—93. Juli 1961. Budapest.) (Dt.)

Vf. gibt eine Übersicht über Herkunft u. chem. Zus. bes. des ungar. Trasses. Untersucht wird speziell die „bindefähige" bzw. „lösl." Kieselsäure. Zwischen dem Anteil lösl. Kieselsäure u. den Festigkeiten besteht keine direkte Proportionalität. Für die Gütebeurteilung der Puzzolane muß das in 20%ig. KOH lösl. Al_2O_3 mit berücksichtigt werden. Das Hydratwasser ist maßgebend, aber nur bei Schichten, die frei von Atmosphärilien sind. Festgestellt wird, daß ohne Bedenken eine Trocknung des Trasses bei einer Temp. über 90° möglich ist, wobei sogar eine Zunahme der Bindefähigkeit eintritt. Für das Mischungsverhältnis wird der Begriff „Kalkkapazität" (K) eingeführt, der die Menge Kalkhydrat angibt, die der Traß chem. zu binden vermag. Außer von der lösl. Kieselsäure hängt K von der Aluminat-Menge u. der chem. Gesamtaffinität ab. Als Erhärtungsbeschleuniger eignet sich Portlandzement. Beim Erstarrungsvorgang steigt die Temp. an. Zusatz von 10% Traß zum Zementmörtel setzt zwar die Anfangsfestigkeit nach 7 Tagen herab, steigert aber die Endfestigkeiten. Für die Fabrikation von Portlandzement werden an Stelle des Mergels Andesittuffe mit Erfolg eingesetzt. H. SCHUMANN. 6226□

Über die Verbesserung von Steinholz-Erzeugnissen. N. B. Djabaroff und W. S. Slatanoff. (Zement-Kalk-Gips **14** (**50**). 260—61. Juni 1961. Sofia.) (Dt.)

Die Behandlung von Steinholzerzeugnissen mit Rauchgas bzw. CO_2 unter Verw. von Schaumstoffen beschleunigt den Erhärtungsprozeß. Die Festigkeiten steigern sich bis zum 4,5fachen Wert des normal gelagerten Probekörpers. Die Wasser- u. Vol.-Beständigkeit nimmt zu. Gebrannte Magnesia mit erhöhtem Geh. an CaO ist hierbei verwendbar. Die Herst. erfolgt u. a. aus MgO, CaO, $MgCl_2$-Lauge, Sägemehl u. Quarzsand. Der Mischung wird vor dem Gießen geschlagener Schaum zugesetzt. H. SCHUMANN. 6228□

Summarische Alkalibestimmung bei der Zementanalyse mittels Ionenaustauscher. St. Pucher. (Zement-Kalk-Gips **14** (**50**). 346—48. Aug. 1961. Vils/Österreich.) (Dt.)

Die Meth. beruht auf der komplexen Bindung von Fe, Al, Ca u. Mg an einem Ionenaustauscher u. anschließender Überführung der Alkalisalze mittels Austauscher in Hydroxide, die mit Säure titriert werden. Hierbei werden Sulfat- u. Phosphationen quant. vom Austauscher aufgenommen. Die Meth. eignet sich zur Best. des Alkali-Geh. im Zement u. Klinker, wenn berücksichtigt wird, daß der relative Fehler mindestens 0,4% beträgt. H. SCHUMANN. 6252□

Über eine einfache Methode zur Bestimmung der Ausdehnungskoeffizienten von Emails. G. Strobel. (Sprechsaal Keram., Glas, Email **94.** 452—54. 20/9. 1961.) (Dt.) Eine schnell auszuführende, billige u. betriebssichere Prüf-Meth. zur Best. des Ausdehnungs-Koeff. (AK) von Emails beruht darauf, daß aus Emailfäden Doppelfäden hergestellt werden u. aus der bei unterschiedlichem Ausdehnungs-Verh. des verwendeten Emails auftretenden Krümmung der Doppelfäden angenähert die Differenz des AK der Emails errechnet wird. Bei Berücksichtigung verschiedener Punkte ist diese Prüf-Meth. mit gutem Erfolg auch auf Emailpuder u. Granalien sowie auf Rohstoffmischungen ausdehnbar. N. PETERS. 6260□

Industrial Development Co. (Establishment), Vaduz, Liechtenstein (Erfinder: Félix Maillard, Paris, Frankreich), **Herstellung von Betongußteilen,** die nach dem Herausnehmen aus der Form sofort gebrauchsfähig sind. Nach Auspressen des überschüssigen W. durch mechan. Druck u. mit komprimierter Luft wird Wasserdampf von 120—180° durch die Betonmasse während 1—2 Std. gepreßt, bis der Beton erhärtet ist. (**D. A. S. 1 114 136** Kl. 80b vom 1/7. 1957, ausg. 21/9. 1961. F. Prior. 10/7. 1956.) G. FRIKELL. 6225

Fritz Homann Akt.-Ges., Holzfaserplattenwerke, Dissen/Teutoburger Wald (Erfinder: Klaus Diether Wilke, Herzberg/Harz), **Herstellung dünner Leichtbauplatten.** Im Defibrator hergestellte Holzwirrfasern werden mit $MgSO_4$ u. MgO, die als Bindemittel dienen u. einem Schäumer, wie Alkali-Alkylnaphthalinsulfonat (I) zu einer feuchtkrümeligen Masse vermischt, unter Zusatz eines Stabilisators, wie Harnstoff-Formaldehydharz (II), aufgeschäumt, geformt u. bei Temp. bis zu 160° getrocknet. Evtl. können anorgan. oder organ. synthet. Fasern zugemischt werden. — Zum Beispiel werden gemischt 65 (Gew.-Teile) $MgSO_4 \cdot 7\ H_2O$, 72,5 W, 25 Defibratorstoff, 100 MgO, 1 I u. 4 II. (**D. A. S. 1 117 026** Kl. 80b vom 12/5. 1959, ausg. 9/11. 1961.) G. FRIKELL. 6229

Imperial Chemical Industries Ltd., London, England (Erfinder: Kenneth Gerrard Cunningham und Andrew Jamieson Baillie), **Kalk-Gips-Trockenmörtel,** der nach dem Anmachen mit W. sofort verwendbar ist, aus 1 (Teil) $CaSO_4 \cdot \frac{1}{2}\ H_2O$, 0,25—1 $Ca(OH)_2$-Pulver u. 0,2—1% vom Gesamt-Gew. feingepulverten *Cellulose-alkyl-*, *-hydroxyalkyl-* oder *-alkylhydroxyalkylester*, der in 2%ig. wss. Lsg. bei 15° eine Viscosität von mindestens 2000 cP hat. Die Zus. ist z. B. 50 (Teile) $Ca(OH)_2$, 50 $CaSO_4 \cdot \frac{1}{2}\ H_2O$ mit Abbindeverzögerer u. 0,3 Methylcellulose einer Viscosität von 4000 cP in 2%ig. wss. Lsg. bei 15°. (**E. P. 859 414** vom 5/9. 1958, ausg. 25/1. 1961.) G. FRIKELL. 6227

Fritz Homann Akt.-Ges., Dissen/Teutoburger Wald (Erfinder: Klaus-Dieter Wilke, Herzberg/Harz), **Herstellung von Leichtbauformkörpern,** Faserstoffmasse, wie Defibratorstoff, evtl. unter Zusatz von organ.-synthet. Faser, wird mit Sorelzementmörtel unter Zusatz eines Stabilisators zu einem ziehenden Teig mechan. geschäumt, mit wenig Schaum- oder Treibmittel, z. B. Alkali-Alkylnaphthalinsulfonat, zusätzlich porös gemacht, kontinuierlich zu großflächigen dünnen Körpern geformt u. bei über 100° getrocknet. (**D. A. S. 1 117 467** Kl. 80b vom 27/2. 1958, ausg. 16/11. 1961.) G. FRIKELL. 6229

Walter Schneebeli, Uster, Zürich, Schweiz, **Mehrschichtiger, isolierender Decken- und Wandbelag** aus einer Mörtelmasse u. Blähvermiculit. Die Grundbelagmasse enthält zusätzlich 5—10 (%) Traß, 15—30 Celluloseglykolat u. 5—10 Teepol. Die Deckbelagmasse enthält zusätzlich 10—20 Sulfitcellulose u. 1—5 Fungistatica. (**Oe. P. 207 305** vom 8/6. 1956, ausg. 25/1. 1960. Schwz. Prior. 26/1. 1956.) O. KAYSER. 6229

Strabag Bau-Akt.-Ges., Köln (Erfinder: Josef Oberbach, Bad Godesberg), **Verhindern des Entmischens von rieselfähigen Baustoffbestandteilen beim Transportieren und Umschütten.** Den rieselfähigen körnigen Zuschlagstoffgemischen werden geringe Mengen von Adhäsionsmitteln, wie wss. Leim-Lsgg., Öl, Öl.-W.-Emulsion, Bitumen oder Zementaufschlämmung, zugesetzt. Heiße Korngemische werden mit Öl, oder in der Hitze plast. u. klebrig werdenden Stoffen, wie Kunstharzmehl, Pech- oder Naturasphaltpulver, versetzt. (**D. A. S. 1 117 025** Kl. 80b vom 9/12. 1958, ausg. 9/11. 1961.) G. FRIKELL. 6229

Pneumatiques et Caoutchouc Manufacturé Kléber-Colombes (Soc. An.), Frankreich, **Verzieren von Kunststoff-Folien,** bes. mit Marmorimitationen. Man bringt auf die Kunststoff-Folien oder -platten, z. B. aus Polyvinylpolymerisat, verschieden gefärbte Kunststoffkörner gleicher Art unter Wärme u. Druck auf u. kalandriert gleichzeitig die verzierten Folien auf Gewebebahnen. — *Fußbodenbeläge.* (**F. P. 1 196 080** vom 7/5. 1958, ausg. 20/11. 1959.) W. WITTHOLZ. 6229

Manufacture de Rueil Soc. An., Frankreich (Erfinder: Jacques Caubet), **Einschleifmittel für Werkstücke** aus 60 (Teilen) Borcarbid, 30 sehr feinem MoS_2, 2 Stearinsäure u. 8 sublimiertem S, suspendiert in 5 Petroleum. (**F. P. 1 199 139** vom 14/6. 1958, ausg. 11/12. 1959.) W. WITTHOLZ 6239

Dynamit Akt.-Ges. vormals Alfred Nobel & Co. (Erfinder: **Wolfgang Jensch**), Troisdorf, *Oberflächlich aufgerauhte weichmacherhaltige Polyvinylbutyralfolien.* (**Jap. A. S. 10 640/1959** vom 30/8. 1957, ausg. 10/12. 1959. D. Prior. 28/2. 1957. — C. **1959.** 10700 [D. A. S. 1 042 890].)

Harshaw Chemical Co., V.St.A. (Erfinder: **William Collins Morris** und **Adolph Otto Tesar**), *Keramikpigmente.* (**F. P. 1 197 669** vom 3/7. 1957, ausg. 2/12. 1959. A. Prior. 5/7. 1956. — C. **1959.** 6261 [D. A. S. 1 044 702].)

Edmond Hustinx, Holland, *Herstellung härtbarer Massen.* (**F. P. 1 171 166** vom 12/4. 1957, ausg. 22/1. 1959. Holl. Prior. 16/4. 1956. — C. **1960.** 1979 [Holl. P. 91 047].)

VII. Agrikulturchemie. Schädlingsbekämpfung

Mischdünger auf Grundlage der Salpetersäurezersetzung von Phosphaten. Ss. I. Wolfkowitsch, F. G. Margoliss und N. N. Poljakow. (Химическая Промышленность [Chem. Ind.] **1960.** 34—41. Jan./Febr.) (Russ.)

Von den 6 Verff., die für die Weiterverarbeitung der mit HNO_3 aufgeschlossenen Phosphate bekannt sind, werden die Verff. zur Herst. von Nitrophoska unter (**A**) Ausfrieren von $Ca(NO_3)_2$, (**B**) Behandlung mit HNO_3 u. CO_2 u. (**C**) mit Zusatz von $(NH_4)_2SO_4$ näher untersucht u. die erhaltenen Prodd. auf ihre Dünge-Wrkg. geprüft. Das nach **A** erhaltene Prod. enthält 45—55% Nährstoffe, 85—99% des P_2O_5 in assimilierbarer, 21—55% in wasserlösl. Form; das nach **B** erhaltene Prod. hat 35—37% Nährstoffe, hat gute physikal. Eigg. u. verliert bei Lagerung bei Temp. $\leqq 30^0$ seine Streufähigkeit nicht; das Verf. **C** bietet in apparativer Hinsicht Vorteile. Für die verschiedenen Verff. werden geeignete Werkstoffe für die App. empfohlen. Das bei Verf. **A** als Neben-Prod. gewonnene $Ca(NO_3)_2$ ist bes. für saure Böden ein wertvolles Düngemittel. Das Prod. aus Verf. **B** eignet sich nur bei Feinmahlung für die Grunddüngung. — 37 Literaturhinweise.

R. K. MÜLLER. 6290 □

Untersuchungen über Hydrolyse, Ammonisierung und Granulierung von Calciummetaphosphat in einer Versuchsanlage. R. D. Young, F. G. Heil und A. B. Phillips. (J. agric. Food Chem. **9.** 4—9. Jan./Febr. 1961. Wilson Dam, Ala., Tennessee Valley Authority.) (Engl.)

In einer Vers.-Anlage wird gepulvertes $Ca(PO_3)_2$ durch Aufschlämmen mit heißem W. hydrolysiert, anschließend ammonisiert u. mit anderen Düngemitteln granuliert. Je (Gew.-Teil) P_2O_5 in $Ca(PO_3)_2$ werden 3,3 NH_3 absorbiert. W. WESLY. 6290 □

Beiträge zur Kenntnis der Eigenschaften von Naßbodenlößen. Tibor Ungar. (Építőanyag [Baumaterial] **13.** 304—08. Aug. 1961.) (Ung.)

Die Unters. der chem. u. physikal. Eigg. u. der Kornverteilung ergab, daß Naßbodenlöß vorwiegend aus Feinerde besteht. Der bedeutende $CaCO_3$-Geh. (8—32%) ist wegen der feinen Verteilung unschädlich. Die Naßbodenlöße sind stärker gebunden u. dichter als die trockenen Löße. J. PLANK. 6304

Über die Aktivität der Saccharase im Boden. A. A. Nisowa. (Микробиология [Mikrobiologie] **30.** 105—09. Jan./Febr. 1961. Puschkin, Leningrader landwirtsch. Inst.) (Russ.; Auszug: Engl.)

In den schweren lehmigen Rasen–Podsol-Böden verschiedener Landstriche ändert sich die *Saccharase* (**I**)-Aktivität im Laufe der Vegetationsperiode. Bei Pflanzenbewuchs ist die **I**-Aktivität höher als ohne diesen. Bei den Hauptbodentypen des europäischen Teils der UdSSR nimmt die **I**-Aktivität mit der Bodentiefe ab u. entspricht der Verteilung des Humus im Bodenprofil. K. SATTLER. 6304 □

Zinküberschuß in Ackerböden. Ch. H. Henkens. (Landbouwkund. Tijdschr. **73.** 917—26. Groningen, Inst. voor Bodemvruchtbaarheid.) (Holl.)

Das an einigen Stellen in den Niederlanden beobachtete schlechte Wachstum von Gras, Hafer u. Rüben wird auf den Zn-Geh. des Bodens zurückgeführt, der von Zn-Fabriken stammt. Längs der mit Schlacke aus Zn-Fabriken versehenen Fahrradwege zeigt sich die Erscheinung ebenfalls. Kräftige $CaCO_3$-Gaben vermindern den Zn-Geh. der Pflanzen, wodurch die Flecken auf den Blättern verschwinden. Jedoch wird durch $CaCO_3$ der Zn-Geh. des Bodens (in 2,5%ig. Essigsäure lösl.) nicht vermindert. Große Mengen $CaCO_3$ können Mn-Mangel verursachen. Fe-Chelate vermindern den Zn-Geh.

der Pflanzen nicht. Der durch Zn-Überschuß bewirkte Fe-Mangel gibt sich zuerst in den ältesten Blättern zu erkennen. W. WESLY. 6304☐

Reaktionen einiger Leguminosen auf das Phosphorangebot im ersten Vegetationsstadium. Helena Birecka und Mieczysław Włodkowski. (Roczniki Nauk rolniczych, Ser. A **81**. 511—43. 1960. SGGW, Zakł. Fizjol. Roślin.) (Pol.)

Die Verss. wurden mit Erbsen u. Lupinen auf Sand in Gefäßkulturen durchgeführt. Während der Blütezeitpunkt durch *P*-Mangel im Boden im ersten Vegetationsstadium nicht verschoben wird, zeigt sich ein negativer Einfl. des P-Mangels auf den späteren Pflanzenertrag. Auf P-Düngung vor der Saat sprechen Erbsen u. blaue Lupinen am stärksten, gelbe u. weiße Lupinen nur schwach an. Parallel mit dieser Rk. auf P geht der P-Geh. der Protein-Lipoid-Fraktion der Pflanzen. Die Aktivität von Rhizobium-Bakterien wird bei P-Mangel beeinträchtigt, wie aus dem niedrigen N-Geh. der Pflanzenmasse ersichtlich ist. 20 Tage nach der P-Düngung verwischen sich die Unterschiede in der Pflanzenmasse zwischen Vers.- u. Kontrollexemplaren. Es setzt eine intensive Synth. von organ. P-Verbb. ein. Die Rhizobium-Aktivität steigt, doch wird bei Erbsen u. blauen Lupinen die Differenz im N-Geh. der Pflanzenmasse nicht mehr ausgeglichen. F. URBAN. 6304☐

Zur Steigerung des Ertrags verwendete organische Substanzen und Calciumphosphate. N. R. Dhar. (An. Edafol. Fisiol. vegetal **18**. 417—62. Juni 1959.) (Span.)

Vortrag. Zusammenfassender Überblick über den Einfl. von organ. Stoffen u. Ca-Phosphaten auf die N-Bindung der Böden. R. K. MÜLLER. 6304☐

Bestimmung des Düngewertes von Magnesiumthermophosphat. 1. Mitt. F. Majewski, W. Majewska und Z. Janiszewska. (Roczniki Nauk rolniczych, Ser. A **81**. 483—510. 1960. SGGW, Zakł. Uprawy i Nawoż. Roli.) (Pol.)

Die Unterss. wurden mit Bohnen u. Mohn auf Podsol- (PB) u. Torfboden (TB) durchgeführt. Auf beiden Böden wurde ein positiver Effekt der P-Düngung mit *Mg-Thermophosphat*, *Glühphosphat* u. *Superphosphat* festgestellt. Quant. Unterschiede im Pflanzenertrag u. in der Verwertung des angebotenen P wurden durch Boden-Eigg. verursacht. So wurde eine stärkere Differenzierung der Ergebnisse beim Kalken beobachtet. Die Verwertung des P war ohne Rücksicht auf die Höhe der Gaben bei allen Düngemitteln gleich schlecht (13,7—16,1%) u. wurde durch Kalken auf PB verbessert u. auf TB verschlechtert. Die Vermahlung des Thermophosphats war ohne Einfl. auf das Ergebnis. — 31 Literaturangaben. F. URBAN. 6304☐

Bestimmung des Düngewertes von Magnesiumthermophosphat. 2. Mitt. F. Majewski, W. Majewska und Z. Janiszewska. (Roczniki Nauk rolniczych, Ser. A **82**. 119—44. 1960.) (Pol.) — 1. vgl. vorst. Referat.

Mg-Thermophosphat zeigte in Gefäß-Verss. mit Mohn, Bohnen, Senf u. Roggen die gleiche Dünge-Wrkg. wie *Glühphosphat* u. *Superphosphat*. Gleichzeitige Gaben von Kalk bewirken eine beträchtliche Steigerung der Erträge. F. URBAN. 6304☐

Die Bedeutung der Mikronährstoffe auf dem Grünland. K. Nehring und W. Borchmann. (Dtsch. Landwirtsch. **12**. 538—41. Nov. 1961. Rostock, Univ., Inst. für Agrikulturchemie u. Bodenkunde.) (Dt.)

Vff. konnten nachweisen, daß das im Raum Mecklenburg geerntete Wiesenheu über einen z. T. sehr geringen Geh. an verschiedenen für die tier. Ernährung essentiellen Mikronährstoffen (Mn, Cu, Co) verfügt. Als Hauptursache ist der niedrige Geh. verschiedener Grünlandböden an pflanzenverfügbaren Mikronährstoffen anzusehen. Zur Abhilfe wird eine bevorzugte Düngung der Grünlandflächen mit *Thomasphosphat* (das pflanzenverfügbare Mikronährstoffe enthält) empfohlen. M. WINIKER. 6304☐

Der Einfluß der NPK-Düngung zu Silomais auf die Qualität und den Nährstoffgehalt der Maissilage. F. Lüddecke. (Dtsch. Landwirtsch. **12**. 169—71. April 1961. Rostock, Inst. für Landw. Vers.- u. Unters.-Wesen der Dt. Akad. der Landwirtschaftswiss. zu Berlin.) (Dt.)

Umfassende Verss. ergaben, daß die Forderung nach einer guten mineral. Düngung, die im Interesse einer Ertragssteigerung erhoben wird, mit der Qualität u. dem Nährstoff-Geh. der aus dem Silomais erzeugten Silage durchaus in Einklang gebracht werden kann. M. WINIKER. 6304☐

Der Einfluß der Calcium- und Magnesiumversorgung auf die Nektarerzeugung von Rotklee und Löwenmaul. R. W. Shuel. (Canad. J. Plant Sci. **41**. 50—58. Jan. 1961. Guelph, Ontario, Agric. Coll.) (Engl.)

Faktorielle Sandwasserkultur-Verss. wurden angelegt mit 3 Ca- u. 3 Mg-Steigerungen. Die Nähr-Lsgg. enthielten an Ca u. Mg in ppm: Bei Rotklee 40—120—360 u. 18,3—55—165; bei Löwenmaul in einem ersten Vers. 40—120—270 u. 18,3—55—135, in einem zweiten Vers. 30—90—270 u. 15—45—135. N-, P- u. K-Geh. der Nähr-Lsg.

blieben gleich. Der Ausgleich unterschiedlicher Konzz. erfolgte bei einem Schwanken des osmot. Drucks innerhalb von 12—13% durch Na, derjenige unterschiedlicher SO_4- u. Cl-Geh. durch Verw. von Nitraten oder Chloriden des Ca u. Mg. Die pH-Werte wurden konst. gehalten. Die Nektarproduktion je Gew.-Einheit Blütenstand lag für Rotklee beim Vers. mit 120 Ca u. 165 Mg doppelt so hoch wie beim Vers. mit 40 Ca u. 18,3 Mg. Die Nektarproduktion korrelierte nicht mit dem vegetativen Wachstum. Im ersten Löwenmaul-Vers. ergaben 360 Ca u. 165 Mg den besten Pflanzenwuchs u. Nektarertrag; im zweiten Vers. lieferten 40 Ca u. 165 Mg den meisten Nektar. Zwischen Geh. der Sprosse von Rotklee u. Löwenmaul an Ca, Mg, N, P oder K u. Nektarproduktion bestand keine Beziehung. WILFRIED WERNER. 6304□

Die Verwendung von Gaswaschwasser als Stickstoffdünger. W. W. Law. (J. Proc. Inst. Sewage Purificat. **1959.** 192—97.) (Engl.)

Allg. Ausführungen. H. ECKSTEIN. 6304□

Die Anwendung von Stickstoffdüngern zu Sommergerste. F. V. Widdowson, A. Penny und R. J. B. Williams. (J. agric. Sci. **56.** 39—47. Febr. 1961. Harpenden, Herts., Rothamsted Exp. Stat., Chem. Dep.) (Engl.)

In den Jahren 1957—59 wurden 15 Feld-Verss. mit N (0,3, 0,6 u. 0,9 cwt. N/acre) zu Sommergerste durchgeführt. An allen Standorten wurden Ertragssteigerungen durch N erzielt, wobei das Optimum etwa bei 0,6 cwt./acre lag. Höhere Gaben begünstigten das Lagern. Eine Drilldüngung von 0,3 u. 0,6 cwt. N als $(NH_4)_2SO_4$ (I) erbrachte höhere Durchschnittserträge als eine äquivalente Breitwurfdüngung. Ein Eindrillen von 0,9 cwt. N mit der Saat wirkte depressiv auf die Jugend-Entw. der Pflanzen u. den Ertrag. Die höchsten Erträge wurden erhalten durch eine kombinierte Drill- (als **I**) u. Kopfdüngung (als *Kalkammonsalpeter*) von jeweils 0,3 cwt. N/acre. N-Düngung erhöhte in allen Verss. den Anteil kleiner Körner. Der bei „ohne N" vorliegende mittlere N-Geh. der Körner von 1,70% wurde durch die niedrigste N-Gabe kaum beeinflußt, durch die mittlere N-Gabe auf durchschnittlich 1,93 u. die höchste Düngung auf 2,11% erhöht. WILFRIED WERNER. 6304□

Die Wirkung von Düngemitteln auf den Mineralstoffgehalt von Perlhirsenstroh (Pennisetum typhoideum Rich.). H. C. Shah und B. V. Mehta. (Indian J. agric. Sci. **30.** 115—28. Juni 1960. Anand, Gujarat, Inst. of Agric.) (Engl.)

In 2jährigen Feld-Verss. auf einem sandigen Lehmboden wurde der Einfl. gesteigerter N-Gaben (0—40 lbs. N/acre) in Form von NH_4Cl (**I**), $(NH_4)_2SO_4$ (**II**), *Ammonsulfatsalpeter*, NH_4NO_3, *Harnstoff*, *Erdnußkuchen* u. *Stallmist*, jeweils ohne bzw. mit *P*-Düngung (40 lbs. P_2O_5/acre als Superphosphat), auf den Geh. von Perlhirsenstroh, eines wichtigen Futtermittels, an P, Cl, Ca, Mg, K, Na u. Rohprotein untersucht. — N-Düngung erhöhte den Geh. an Rohprotein, P, Cl, Mg u. K in Halmen u. Blättern u. erniedrigte den Ca-Gehalt. P-Düngung erhöhte den Rohprotein-, Cl, Ca- u. K-Geh. u. senkte den Ca- u. Mg-Gehalt. Im allg. erbrachte **I** höhere Rohprotein-, P-, Cl- u. Mg-Geh. als **II**. Im Monsun war der N- u. P-Geh. des Strohes höher als im Sommer, der Geh. an Cl, Mg u. K war niedriger. WILFRIED WERNER. 6304□

Ertrag und Stickstoffaufnahme von Futtersaaten unter dem Einfluß einer Stickstoffdüngung. E. A. Grant und C. S. Brown. (Canad. J. Plant Sci. **41.** 176—87. Jan. 1961. Fredericton, New Brunswick, Canada, Dep. of Agric.) (Engl.)

Reine Timothee- u. Trespensaaten mit *N*-Gaben von 0—400 lbs./acre wurden im Vgl. zu Gras–Rotklee- u. Gras–Luzerne-Mischungen mit 0 u. 100 lbs. N/acre in 2jährigen Feld-Verss. geprüft. Vers.-Standorte waren ein Lehm (pH 6) u. ein sandiger Lehm (pH 5,5). Im 1. Jahr stiegen die Erträge der Grassaaten nur bis zur N-Gabe von 100 lbs./acre, im 2. Jahr trat eine positive Nach-Wrkg. der N-Düngung auf. Die N-Geh. erhöhten sich im 1. Jahr mit der N-Gabe. Die N-Ausnutzung lag ingesamt bei 40—65%. Die Leguminosenmischungen erbrachten ohne N gleiche Erträge im 1. Jahr u. höhere Erträge im 2. gegenüber Gras mit 100 lbs. N/acre. Die N-Gabe wirkte nur im 1. Schnitt positiv. Die Leguminosen-Entw. u. N-Fixierung wurde durch N beeinträchtigt. Die N-Fixierung betrug 60 lbs. N/acre im 1. u. 200 im 2. Jahr. WILFRIED WERNER. 6304□

Bewertung von in trockenem Zustand eingepflügtem und von auf feuchtem Boden ausgestreutem Ammoniumsulfat zu Reis. Fathi Amer. (Plant and Soil [The Hague] **13.** 47—54. Aug. 1960. Alexandria, Univ., Dep. of Soils.) (Engl.)

Menge u. Ausbringungsweise von $(NH_4)_2SO_4$ wurden in ihrer Wrkg. auf N-Geh. u. Ertrag von Reiskorn geprüft. Die Gaben entsprachen 0, 10, 20, 30 u. 40 kg N pro Feddan (4200 m^2). Sie wurden entweder trocken vor Bewässern u. Auspflanzen untergepflügt (**a**) oder zur Hälfte beim Bestocken u. beim Schossen auf den feuchten Boden ausgestreut (**b**). Sowohl bei **a** als bei **b** erhöhte N den Kornertrag. Die N-Ausnutzung nahm mit steigenden Gaben ab. **a** ergab in allen Fällen höhere Erträge als **b**. Der durchschnittliche N-Geh.

der Körner betrug 1,19% u. wurde nicht signifikant durch Art u. Menge der Düngung beeinflußt. Die Ertragsbeeinflussung bei **a** u. **b** wurde in Form zweier MITSCHERLICH-Kurven dargestellt. Die Wrkg. von **b** war geringer (0,545) als die von **a**. Bei **a** fanden sich 84,1 u. 52,8% der N-Gaben von 10 u. 40 kg in den Körnern wieder, bei **b** dagegen nur 49,4 u. 38,2%. G. JAGNOW. 6304□

Die Wirkungen von Düngern auf die Weideleistung. 1. Mitt. **Die Wirkung von Stickstoff, Phosphat und Kali auf den Ertrag.** J. W. S. Reith und R. H. E. Inkson (unter Mitarbeit von A. B. Stewart, W. Holmes, D. S. Maclusky, D. Reid, R. G. Heddle, D. Clouston und G. J. F. Copeman). (J. agric. Sci. **56.** 17—29. Febr. 1961. Aberdeen, Macaulay Inst. for Soil Res.; Kirkhill, Ayr, Hannah Dairy Res. Inst.; Edinburgh, East Scotl. Coll. of Agric.; Aberdeen, North Scotl. Coll. of Agric.) (Engl.)

In 3jährigen Weidedüngungs-Verss. an 6 Standorten wurde in faktorieller Anlage die Wrkg. u. Wechsel-Wrkg. von N, P u. K auf den Ertrag bei 5 Schnitten/Jahr untersucht. Hohe N-Gaben verringerten den Trockensubstanz-Geh. des frischen Weidefutters, brachten aber erhebliche Mehrerträge. Im Mittel wurde der Ertrag durch die höchste N-Gabe etwa verdoppelt. Zwischen N- u. K-Düngung bestand eine starke Wechselwirkung. Der Mehrertrag durch N war um so höher, je höher das K-Niveau war (bes. bei der höchsten N-Gabe im 2. u. 3. Jahr). Umgekehrt war die Wrkg. hoher K-Gaben bei gleichzeitig hohem N-Niveau am höchsten. Eine einmalige K-Gabe hatte die gleiche Wrkg. wie eine Unterteilung in 5 kleine Gaben. P-Düngung war auf den Testweiden ohne Wirkung. WILFRIED WERNER. 6304□

Ascorbinsäure-, Carotin-, Riboflavin- und Thiamingehalt im Rübenblatt in Beziehung zur Stickstoffdüngung. E. V. Miller, T. J. Army und H. F. Krackenberger. (Proc. Soil Sci. Soc. America **20.** 379—82. Juli 1956. North Carolina Agric. Exp. Stat., Dep. of Agronomy.) (Engl.)

In Feld-Verss. auf verschiedenen Bodenarten mit $NaNO_3$ u. NH_4NO_3 als N-Düngemittel wurde der Einfl. der Düngung auf den Geh. des Rübenblattes an *Ascorbinsäure* (**I**), *Carotin* (**II**), *Riboflavin* (**III**) u. *Thiamin* (**IV**) untersucht. Bei **I** war der Witterungs-Einfl. größer als die Düngerwirkung. Die gegenseitige Schatten-Wrkg. der Pflanzen war von geringerem Einfl. auf den Geh. an **I**. Der **II**-Geh. war bei Düngung mit NH_4NO_3 größer als bei Düngung mit $NaNO_3$. **III** nimmt während der Reife ab. Der **IV**-Geh. nimmt bei mehrfach wiederholter N-Gabe nicht ab. D. MUNSCHE. 6304□

Das Ansprechen von heißluftgetrocknetem Tabak auf Kaliumnitrat und andere Kalium- und Stickstoffquellen. C. B. McCants. (Tobacco Sci. **4.** 223—28. 1960. Raleigh, N.C., North Carolina Agricult. Exp. Stat., Dep. of Soils.) (Engl.)

Der K-Geh. der Blätter steigt mit zunehmender K-Düngung an. Die Erträge steigen nur bis zu K_2O-Gaben von 50 lbs./acre. Tabak erfordert für Höchsterträge geringe Cl^--Mengen; KNO_3 ist als einzige Düngerkomponente deshalb nicht geeignet. NO_3 bringt höhere Erträge als NH_4. NH_4 bringt bei mit leichtflüchtigen Entseuchungsmitteln behandelten Böden geringere Erträge als bei nicht behandelten. Unterschiede im Nicotin-Geh. waren bei den verschiedenen Behandlungen kaum vorhanden. W. HILLER. 6304□

Mikrobielle Zersetzung und Stickstoffverwertbarkeit von aufgeschlossenem Sägemehl, Bagasse und Kaffeesatz. W. B. Bollen und K. C. Lu. (J. agric. Food Chem. **9.** 9—15. Jan./Febr. 1961. Corvallis, Oreg., Oregon Agricult. Exp. Stat., Bacteriology Dep.) (Engl.)

Unterss. über das von FARBER u. HIND (Forest Products J. **9.** [1959] 340) beschriebene Verf. der Verwertung von Sägemehl (Behandlung mit Säure, Zusatz von Pflanzennährstoffen, Erwärmung, Aufbereitung) als Bodenverbesserungsmittel (*Fersolin*) zeigen, daß aufgeschlossenes Sägemehl weniger zersetzlich als rohes Sägemehl ist. Die sehr zersetzliche Bagasse gibt ein sehr widerstandsfähiges Produkt. Aufgeschlossener Kaffesatz zeigt eine Abnahme der Zersetzbarkeit, ist aber weniger widerstandsfähig als Bagasse u. Sägemehl in aufgeschlossenem Zustand. Die gewonnene Widerstandsfähigkeit ist für die zunehmende Beständigkeit im Boden ebenso erwünscht wie der abnehmende Stickstoffbedarf. Alle aufgeschlossenen Prodd. liefern mehr N als die Mikroorganismen zur Zers. brauchen. W. WESLY. 6304□

Wirkung organischer Bodenverbesserung auf die Rhizoctonia-Krankheit von Schnittbohnen. C. B. Davey und G. C. Papavizas. (Agronomy J. **51.** 493—96. Aug. 1959. Beltsville, Md., A.R.S., Crops Res. Div.) (Engl.)

Bodenverbesserungen mit verschiedenen Pflanzenrückständen (grün und getrocknet) beeinflussen die Infektion von Bohnen mit Rhizoctonia. Die Infektionsrate wird schnell niedriger, jedoch hält die Wrkg. nicht lange vor. W. HIRTE. 6304□

Eine Methode zur Diagnose des Zustandes der Schwefelernährung der Weide. W. Dijkshoorn, J. E. M. Lampe und P. F. J. van Burg. (Plant and Soil [The Hague] **13.** 227—41. Nov. 1960. Wageningen, Inst. for Biol. and Chem. Res. on Field Crops and Herbage; Groningen, Inst. for Soil Fertility.) (Engl.)

Das mittlere Atomverhältnis von N:S in der Proteinsubstanz des Raygrases betrug 0,027. In den durchgeführten Düngungs-Verss. war bei Zunahme des N-Geh. in der Pflanzensubstanz eine Abnahme des totalen S-Geh. u. eine Zunahme des organ. S-Geh., in einigen Fällen jedoch nur bis zu mittleren N-Düngungsstufen, festzustellen. Die Düngungsansprüche an S steigen mit zunehmender N-Düngung. S-Überschuß bei der Düngung ruft Erhöhung des anorgan. S-Geh. in der Pflanzensubstanz hervor. S-Mangel ist vorhanden im Boden, wenn in der Pflanzensubstanz der totale S-Geh. niedriger als 0,027·KJELDAHL-N ist, kein anorgan. S oder S in niedrigeren Geh. als 0,01 Mol pro kg Trockensubstanz vorhanden ist. Chlorose der Blätter deutet ebenfalls auf S-Mangel hin.

W. HILLER. 6320□

Frühdiagnose von Mineralstoffmangel mit Hilfe der Pflanzenanalyse. H. Broeshart und J. Ch. van Schouwenburg. (Netherl. J. agric. Sci. **9.** 108—17. Mai 1961. Wageningen, Agric. State Univ., Lab. of Soils and Fertilizers; Groningen, Inst. for Soil Fertility.) (Engl.)

Bei konst. Temperatur, Luftfeuchtigkeit u. Belichtung wurde der Einfl. des Entw.-Zustandes auf den Mineralstoff-Geh. von Hafer untersucht. Im Unters.-Zeitraum (4—29 Tage nach der Keimung) waren die Veränderungen im Geh. der Pflanzen an Na, Ca u. Mg sehr gering, der K-Geh. fiel mit dem Alter leicht, der N- u. P-Geh. stark ab. In Sandkalk-Verss. mit abfallenden N- P-, K- u. Mg-Gaben wurde die Eignung junger Haferpflanzen (18 u. 25 Tage alt) als Indicator für Mineralstoffmangel im Substrat getestet. Die Befunde zeigen, daß sich Mangel an einem Nährstoff deutlich im Mineralstoff-Geh. der jungen Pflanzen widerspiegelt. Die Pflanzenanalyse ist demnach zur Diagnose von Mineralstoffmangel geeignet, vorausgesetzt, daß die chem. Zus. normal ernährter Pflanzen bekannt ist. Große Unterschiede im Mineralstoff-Geh. der Pflanzen im Feld sind nach Vff. in erster Linie auf Unterschiede im Nährstoff-Geh. des Bodens zurückzuführen.

WILFRIED WERNER. 6320□

Beitrag zur dielektrischen Restwasserbestimmung in borsäurehaltigem Kalkammonsalpeter sowie in kristallisiertem und geprilltem Harnstoff. J. Sverak. (Z. analyt. Chem. **184.** 349—52. 1961. Linz/Donau, Österr. Stickstoffwerke AG., Haupt-Labor.) (Dt.)

Im Gegensatz zu den Meth. mit Trocknung oder Xylol-Dest. erlaubt die dielektr. Best.-Meth., Restwasser auch in borsäurehaltigem Kalkammonsalpeter ohne Störung durch Borsäure zu ermitteln. Die Best. des Restwasser-Geh. nach der dielektr. Meth. ist auch in krist. u. geprilltem techn. Harnstoff möglich; die erhaltenen Werte stimmen mit den nach der KARL-FISCHER-Titration erhaltenen gut überein. Das Best.-Verf. benötigt nur techn. Benzol. Der Zeitaufwand für eine Best. beträgt ca. 5—7 Minuten.

P. KURZMANN. 6322□

Die Titration von Ammoniumsalzen mit alkoholischer Natronlauge. Schnellverfahren zur Düngemittelanalyse. Wolfgang Leithe. (Z. analyt. Chem. **184.** 342 bis 349. 1961. Linz/Donau, Österr. Stickstoffwerke AG., Haupt-Labor.) (Dt.)

Es werden gut reproduzierbare Schnell-Verff. zur Analyse von NH_4-Salzen bes. in Handelsdüngemitteln (NH_4NO_3, Kalkammonsalpeter, NH_4Cl, Kalkammoniak, $(NH_4)_2 \cdot SO_4$, Ammonsulfatsalpeter, Ammonisierlauge der Mischdünger-Herst.) beschrieben, die auf der direkten Titration von NH_4-Salzen in wss.-alkohol. Lsg. mit alkohol. NaOH beruhen. Bei der Titration von $(NH_4)_2CO_3$-Lsgg. wird das darin im Gleichgewicht enthaltene Carbamat nicht erfaßt u. ist daher als Differenz gegenüber der Gesamt-Kohlensäure bestimmbar. Die Titrationen wurden mit Thymolphthalein als Indicator visuell durchgeführt, lassen sich aber auch mit potentiometr. u. konduktometr. Endpunktsanzeige ausführen. NH_4-Phosphate lassen sich nicht mit alkohol. NaOH titrieren.

P. KURZMANN. 6322□

Eine Methode zur Pilzisolierung von Mikrostandorten des Bodens. D. Parkinson und S. T. Williams. (Plant and Soil [The Hague] **13.** 347—55. Jan. 1961. Liverpool, Univ., Hartley Botanical Labor.) (Engl.)

Es wird ein App. zur wiederholten schnellen, sterilen Auswaschung von Bodenproben über einer Serie von Sieben abnehmender Maschenweite beschrieben. Bei dem sandigen Vers.-Boden genügten 25—30 Waschungen, um die Pilzsporen größtenteils zu entfernen. Auch nach 45 Waschungen ließen sich noch ein kleiner Anteil von Pilzsporen u. Mycelstücken im Waschwasser mkr., ebenso Bakterien mit Gußplatten nachweisen. Bei den Mycelstücken war schon nach 16, bei den Sporen nach 20 Waschungen ein

Minimum erreicht. Von einem Gartenboden wurden die nach den Waschungen zurückbleibenden akt. Mycelien mittels Bodenplatten nach WARCUP (Nature [London] **175.** [1958.] 953) bestimmt. Sonst dominierende, stark sporenbildende Arten von Penicillium, Aspergillus u. Trichoderma viride wurden viel seltener als Hyphen isoliert. Fusarium-Arten zeigten einen hohen Hyphenanteil. Einzelne Arten, wie Cylindrocarpon radicicola, wurden vorzugsweise auf 1—2 mm großen organ. Fragmenten gefunden.

G. JAGNOW. 6324□

Eine Bemerkung über die Reinigung von Holzkohle, die zur Entfernung organischer Färbungen in Bodenextrakten vor Phosphatbestimmungen dient. M. H. Bertheux. (Chem. and Ind. **1957.** 1183—84. 31/8. Achimota, Accra, Univ. Coll. of Ghana.) (Engl.)

Trotz Reinigung der Holzkohle (I) nach YUEN u. POLLARD (vgl. C. **1950/54.** 4967 S) werden beim Entfärben an die mit H_2SO_4 angesäuerten Bodenextrakte noch Spuren von Phosphat abgegeben. Der P-Geh. in 0,12 g I beträgt 0,0002 mg nach folgender Behandlung; 150 g I werden in einem 2-Liter-Becherglas mit 1½ Liter konz. HCl 3 Std. lang gekocht, mit W. auf das doppelte Vol. gebracht, filtriert u. mit heißem W. bis zur Säurefreiheit gewaschen. Nach Wiederholung der HCl-Behandlung wäscht man bis zur Cl-Freiheit. Dann kocht man I mit 150 ml Na_2SO_4–H_2SO_4-Lsg. (70 g Na_2SO_4 + 15 ml konz. H_2SO_4 pro Liter W.) + 1350 ml W., filtriert u. wäscht. Nach Wiederholung wäscht man bis zur SO_4^{2-}-Freiheit. Die Trocknung erfolgt bei 105°. R. JUNGE. 6324□

Über die Extrahierbarkeit des Phosphors nach der Bodenuntersuchungsmethode mit saurem Ammoniumacetat. Osmo Mäkitie. (Acta Agric. scand. **10.** 237—45. 1960. Helsinki, Agric. Res. Centre, Inst. of Soil Sci.) (Engl.)

Wiederholte Extraktionen saurer Böden mit NH_4-Acetat-Lsg. (0,5 n Essigsäure + 0,5 n NH_4-Acetat, pH 4,65) ergaben, daß dieses Lsgm. nur geringe, jedoch in den aufeinanderfolgenden Extraktionen relativ konst. P-Mengen löst. Die mittels dieser Lsg. in der ersten Extraktion gelöste P-Menge ist ein brauchbares Kriterium für den leichtlösl. anorgan. P des Bodens u. stellt einen gleichbleibenden Anteil des mit stärkeren Säuren lösl. P dar. Die nach den jeweiligen Meth. erhaltenen Werte sind also vergleichbar. Die Lsg. erfaßt auch schon einen Teil des an Fe u. Al gebundenen P. — Die bei wiederholter Extraktion erhaltene P-Kurve gibt ein Bild von der P-Fixierungskapazität des Bodens, die in den sauren Böden wesentlich auf deren Fe- u. Al-Geh. beruht.

WILFRIED WERNER. 6324□

Grundsätze und Probleme der chemischen Bestimmung des Vorrates an verfügbarem Mangan im Boden. A. Finck. (Plant and Soil [The Hague] **13.** 39—46. Aug. 1960. Kiel, Univ., Inst. für Bodenkunde.) (Engl.)

Möglichkeiten zur Abschätzung des pflanzenverfügbaren Mn, wie Extraktion u. direkte Analyse oder Best. einzelner (pH, C/N-Verhältnis) bzw. mehrerer eng mit dem verfügbaren Mn korrelierter u. leicht bestimmbarer Faktoren (Mn-Reserve, pH, Redoxpotential, Geh. an organ. Substanz) werden erörtert, ebenso wie die Wahl eines geeigneten Standards zur Bewertung der Best.-Meth., wie Pflanzenertrag, Mn-Geh. von Pflanzen u. Auftreten von Mangelsymptomen. — 31 Literaturangaben. G. JAGNOW. 6324□

Schnellverfahren zur Bestimmung von potentiell verwertbarem Bodenstickstoff unter Treibhausbedingungen. E. R. Purvis und Micah W. M. Leo. (J. agric. Food Chem. **9.** 15—17. Jan./Febr. 1961. New Brunswick, N.J., Rutgers Univ., Soils Dep.) (Engl.)

Man versetzt eine lufttrockene Bodenprobe mit H_2SO_4, dampft zur Trockne, nimmt mit W. u. 1 Tropfen Na_3PO_4-Lsg. auf, filtriert durch NH_3-frei gewaschenes Papier, wäscht mit NaCl-Lsg., versetzt das Filtrat mit NESZLERS Reagens u. bestimmt das NH_3 colorimetr. bei 420 mμ. W. WESLY. 6324□

Untersuchung von Barban, 4-Chlor-2-butinyl-N-(3-chlorphenyl)-carbamat. Karl J. Bombaugh und Willard C. Bull. (J. agric. Food Chem. **9.** 386—90. Sept./Okt. 1961. Merriam, Kans., Spencer Chem. Co., Res. and Dev. Div.) (Engl.)

Zur Best. von *Barban* (I) trennt man es von Verunreinigungen durch Adsorptionseluierung in einer Al_2O_3-Säule mit passenden Lsgm. u. ermittelt die UV-Absorption im Eluat bei 277,5 mμ. Die Eluierungs-Lsg. ist ein Gemisch aus 1 Vol. Aethylendichlorid u. 2 Vol. n-Hexan. Die Genauigkeit des Verf. beträgt $\pm$0,45%, die Rückgewinnung von I 98,9%. W. WESLY. 6328□

Untersuchungen über Abnahme und Rückstände von 4-Chlor-2-butinyl-N-(3-chlorphenyl)-carbamat. Joseph R. Riden und T. R. Hopkins. (J. agric. Food Chem. **9.** 47—49. Jan./Febr. 1961. Kansas City, Mo., Spencer Chem. Co.) (Engl.)

Das zur Bekämpfung von Wildhafer dienende Herbicid (*Barban*) vermindert sich rasch auf Weizen, Gerste, Flachs, Erbsen u. Zuckerrüben; die Rest-Geh. betragen $<$ 0,01 ppm. Zur Best. der Verb. dient die Färbung mit 3-Chloranilin; das Verf. ist eine

Abwandlung der von BRATTON u. Mitarbeitern (J. biol. Chemistry. **128.** [1939.] 537) empfohlenen Arbeitsweise u. entspricht dem von ECKERT (J. biol. Chemistry **148.** [1943.] 197) angegebenen Verfahren. W. WESLY. 6328 □

Ein colorimetrisches Verfahren zur Bestimmung von Co-Ral in tierischen Geweben. H. V. Claborn, M. C. Ivey und H. D. Mann. (J. econ. Entomol. **53.** 263—65. April 1960.) (Engl.)

Das zur Bekämpfung von Maden dienende *Co-Ral* (**I**, *3-Chlor-4-methylumbelliferon-thiophosphorsäurediäthylester*) wird bestimmt, indem man die Probe in verd. Na_2CO_3-Lsg. erhitzt, um den Lactonring des Umbelliferonrestes zu öffnen; darauf versetzt man das entstandene Phenol-Prod. mit 4-Aminoantipyrin, Na_2CO_3- u. $K_3Fe(CN)_6$-Lsg. u. ermittelt die Stärke der entstehenden Rotfärbung bei 495 mμ. Die Empfindlichkeit des Verf. beträgt 0,1 mg/kg **I** in einer 50 g-Probe. W. WESLY. 6328 □

Chromatographische Trennung der aktiven Bestandteile natürlicher Pyrethrine und ihre Kennzeichnung. Shen Chin Chang. (J. agric. Food Chem. **9.** 390—94. Sept./Okt. 1961. Urbana, Ill., Univ., Dep. of Entomology.) (Engl.)

Die Bestandteile von Pyrethrum-Extrakten werden unter Verw. einer *Celite*-Säule [*Cyclohexan* (**I**) als mobile, *Acetonitril* (**II**) als stationäre Phase **I** gesätt. mit **II** als Entw.-Lsgm.], einer *Holzkohle*- oder *SiO_2*-Säule [*Skelly B* (**III**) als mobile, *Nitromethan* (**IV**) als stationäre Phase, **III** gesätt. mit **IV** als Entw.-Lsgm.] chromatograph. fraktioniert. Die UV- u. IR-Spektren der gereinigten Cinerine u. Pyrethrine sind wiedergegeben. Die physikal. Eigg. u. die colorimetr. u. biolog. Prüfungen zu ihrem Nachw. werden aufgeführt. — 29 Schrifttumhinweise. W. WESLY. 6328 □

Über Wirkung und biologische Prüfung von Repellentien. S. Lust. (Parfümerie u. Kosmet. **41.** 304—06. Aug. 1960. Darmstadt, E. Merck Akt.-Ges., Biolog. Stat.) (Dt.)

Vf. erörtert die Wrkg. der insektenabwehrenden Repellentien u. beschreibt 2 Meth. zur Best. der Repellent-Wrkg. (RD-Wert), von denen die eine zur Best. der Wrkg. gegen Musca, die andere gegen Aedes mit folgenden Wirkstoffen durchgeführt wurde: *Butoxypropylenglykol*, *Bernsteinsäure-di-n-butylester*, *2-Äthylhexandiol-(1.3)*, *Dimethylphthalat*, *m-Toluylsäurediäthylamid* u. *Repellent 790 Merck*. Die Vgl.-Werte zeigen die spezif. Wirksamkeit der meisten Repellentien gegen einzelne Insektenarten. Dagegen besitzt Repellent 790 Merck, das (ohne chem. definiert zu werden) näher beschrieben wird, eine hohe Wrkg.-Breite gegen eine größere Anzahl von Insekten. H. SONTAG. 6328 □

Soc. de Produits Chimiques et Engrais d'Auby, Paris, Frankreich, **Herstellung von Düngemitteln** durch Neutralisation von *Rohphosphaten mit NH_3*, dad. gek., daß man wasserfreies fl. NH_3 in die Phosphat-Lsg. injiziert. Das Gemisch erwärmt sich nicht u. es entstehen keine unlösl. Phosphate. — Vorrichtung. (**It. P. 516 259** vom 5/5. 1954. F. Prior. 22/4. 1954.) K. KOEBKE. 6283

Geigy Chemical Corp., New York, N.Y., übert. von: Harry Kroll und Martin Knell, Warwick, R.I., V.St.A., **Synthese von Hydroxyäthylpolycarboxymethylpolyaminen.** Hergestellt werden Verbb. der allg. Formel $HO-CH_2-CH_2\cdot(HO-R-CH_2)N\cdot CH_2\cdot CH_2\cdot N(CH_2COOH)CH_2\cdot CH_2\cdot N(CH_2\cdot COOH)_2$, wasserlösl. Salze dieser Säuren mit einwertigen Kationen sowie wasserlösl. Chelate der freien Säuren u. obengenannten Salze u. wasserlösl. Säureadditions-Prodd. der freien Säuren. Hierbei ist R = —CO— oder —CH_2—. — Beispiel für die Herst.: Zunächst werden unter Rückflußkühlung bei 30—150° 44 (g) Äthylenoxid in 103 g Diäthylentriamin eingeleitet. Vom Rk.-Prod. (Monohydroxyäthyl-Deriv. von Diäthylentriamin) werden 147 (g) in 368 50%ig. NaOH gelöst u. unter Rückflußkühlung auf 126° erhitzt, dann werden innerhalb von 3 Std. 342 70%ig. Glykolnitril zugetropft, anschließend noch W. bis zur Auffüllung auf 500 cm³ zugegeben, 1500 (g) konz. HCl zugesetzt, abgekühlt u. der NaCl-Nd. abfiltriert. Nach Einengung des Filtrats auf $^1/_5$ seines Vol. wird nochmals filtriert u. das Filtrat mit Eis abgekühlt. Der entstehende Nd. ist das Trihydrochlorid von N-Hydroxyäthyl-N.N'.-N''.N''-tetrakis-[carboxymethyl]-diäthylentriamin. Die freie Verb. gewinnt man daraus durch Neutralisierung einer 25—30%ig. wss. Lsg. mit festem Na-Acetat, Zugabe von 80—90% Methanol u. Abkühlung. In analoger Weise wird N.N-Bis-[hydroxyäthyl]-N'.N''.N'''-tris-[carboxymethyl]-diäthylentriamin hergestellt. Die Alkalisalze der freien Säuren gewinnt man durch Anwendung von stöchiometr. Mengen von Alkalihydroxiden in der 2. Rk.-Stufe der Synth., NH_4-, Alkylamin- u. Alkanolaminsalze erhält man durch Zugabe der berechneten Menge der freien Base zur freien Säure in wss. Lösung. Die Verbb. dienen zur Herst. von Schwermetallkomplexen (**I**), die bei pH-Werten von 9—12 beständig sind, bes. mit Fe^{2+}, Fe^{3+}, Cu, Mn, Co, Ni, Zn usw., u. die **I** werden als *Zusatz* *zu Düngemitteln* zur Einführung von Spurenelementen in kalkhaltige Böden verwendet. (**A. P. 2 831 885** vom 13/8. 1954, ausg. 22/4. 1958.) A. Kalix. 6293

Norddeutsche Affinerie (Erfinder: Werner Perkow), Hamburg, **Mittel zur Beseitigung und Verhütung von unerwünschtem Pflanzenwuchs,** enthaltend als Wirkstoff N-Phenyl-5-pyrazolone oder deren Salze oder Substitutions-Prodd., die am Pyrazolonring einfach oder mehrfach chlorsubstituiert sind. — Beispiele: *N-Phenyl-3-methyl-4-chlorpyrazolon-(5)*, F. 180°; *N-Phenyl-3-methyl-4.4-dichlorpyrazolon-(5)*, F. 60 bis 62°; *N-(4-Chlorphenyl)-3-methyl-4-chlorpyrazolon-(5)*, F. 184°; *N-(4-Chlorphenyl)-3-methyl-4.4-dichlorpyrazolon-(5)*, F. 48—50°; *N-(2.5-Dichlorphenyl)-3-methyl-4.4-dichlorpyrazolon-(5)*; *N-(2.4-Dichlorphenyl)-3-methyl-4-chlorpyrazolon-(5)*; *N-(4-Nitrophenyl)-3-methyl-4.4-dichlorpyrazolon-(5)*, F. 116°; *N-(2-Chlor-4-nitrophenyl)-3-methyl-4.4-dichlorpyrazolon-(5)*; *N-(4-Chlor-2-nitrophenyl)-3-methyl-4-chlorpyrazolon-(5)*; *N-Phenyl-2.3-dimethyl-4-chlorpyrazolon-(5)-hydrochlorid*, F. 140°; *N-Phenyl-2.3-dimethyl-4-chlorpyrazolon-(5)*, F. 130. (**D. A. S. 1 112 855** Kl. 45 l vom 3/2. 1960, ausg. 17/8. 1961.) H. Nebelsiek. 6313

Fisons Pest Control Ltd., England, **Herstellung von Polychlorbenzylestern,** dad. gek., daß man ein entsprechendes Benzylhalogenid oder den Alkohol mit Carbonsäuren, ihren Halogeniden oder Alkalisalzen umsetzt. — *2.3.6-Trichlorbenzylacetat*, F. 57 bis 58°, *-[2'.4'-dichlorphenoxy]-acetat*, F. 126—127°, *-[2'-methyl-4'-chlorphenoxy]-acetat*, F. 95—96°, *-α.α-dichlorpropionat*, F. 64—65°, *-lactat*, F. 83—84°, *-p-nitrobenzoat*, F. 86 bis 87°, *-trichloracetat*, F. 71—72°, *2.6-Dichlorbenzyl-* u. *2.3.5.6-Tetrachlorbenzylacetat*, aus 2.3.6-Trichlorbenzylbromid u. K-Acetat, Na-2.4-Dichlorphenoxyacetat, K-2-Methyl-4-chlorphenoxyacetat, Na-α.α-Dichlorpropionat, K-Lactat, K-p-Nitrobenzoat, Trichloressigsäure, 2.6-Dichlor- bzw. 2.3.5.6-Tetrachlorbenzylbromid. — *Herbicide*. (**F. P. 1213193** vom 19/11. 1958, ausg. 29/3. 1960. E. Prior. 23/11. 1957.) S. Böttcher. 6313

Soc. des Usines Chimiques Rhône-Poulenc, Paris (Erfinder: René Joseph Edouard Magimel-Pelonnier, Bordeaux, und Léon Michel Bernard Etcheverry, St. Etienne de Baigorry), Frankreich, **Schützen von Pflanzen** gegen klimat. Einfl., wie Frost, Trockenheit, Dürre, gegen Krankheiten u. Wachstumsstörungen. Die Pflanzen werden mit rein organ. Polymeren, deren Molgew. zwischen 5000 u. 20000 liegt u. die in organ. Fll. gelöst oder suspendiert sind, behandelt. Als Polymere werden genannt: Polyäthylene, Polyisobutylene, Polymerisations-Prodd. u. Mischpolymerisations-Prodd. von Olefinen, Polyvinylderivv., z. B. Polyvinylchlorid, Cellulose-Derivv., bes. Celluloseacetat, Celluloseacetobutyrat, Äthyl- u. Benzylcellulose. (**Oe. P. 212 628** vom 3/2. 1959, ausg. 27/12. 1960. F. Prior. 4/2. 1958.) W. Wittholz. 6313

Allied Chemical Corp., übert. von: Emary J. Carlson, Summit, N.J., V.St.A., **Fungicide Mittel,** enthaltend einen Chlorkohlenstoff der Formel C_9Cl_8, F. 132—133°, der in CCl_4 u. Diäthyläther lösl. ist, kombiniert mit KBr. Dazu vermischt man 0,1 g C_9Cl_8 mit 2 g KBr, vermahlt das Gemisch u. pelletisiert es. Anwendung in Form von Sprays oder wss. Dispersionen oder Emulsionen mit 0,02—1 Gew.-% Wirkstoff. (**A. P. 2 906 662** vom 6/5. 1958, ausg. 29/9. 1959.) H. Nebelsiek. 6313

Dow Chemical Co. (Erfinder: Herman Orville Senkbeil und Harry Francis Brust), Midland, Mich., V.St.A., **Chlorphenoxyalkylester der α.α.β-Trichlorpropionsäure,** verwendbar als *Herbicide, Parasiticide, Insekticide* u. als Mittel zum *Sterilisieren* von *Erdböden*, erhält man durch an sich übliches Verestern von α.α.β-Trichlorpropionsäure (I) mit einem niedermol. Chlorphenoxyalkanol, zweckmäßig in Ggw. einer Säure oder eines Kationenaustauscherharzes in der Säureform, bes. bei ca. 75—180°. — So erhält man durch 42std. Erhitzen eines Gemisches aus 127 g 2-(2.4.5-Trichlorphenoxy)-äthanol, 88,75 g I u. 300 cm³ Äthylendichlorid auf 92—125° unter azeotroper Abdest. des Rk.-Wassers u. anschließende Vakuum-Dest. *α.α.β-Trichlorpropionsäure-2-(2.4.5-trichlorphenoxy)-äthylester* (**II**) vom F. 101—102°. Analog erhält man die folgenden Ester der **I**: *2-(2.4.5-Trichlorphenoxy)-propyl-*, F. 76—78°; *3-(2.4.5-Trichlorphenoxy)-propyl-*, viscose Fl., $Kp._1$ 190—195°, n_D^{25} 1,5473; *2-(3.4-Dichlorphenoxy)-äthyl-*, viscose Fl.; *2-(3.4-Dichlorphenoxy)-propyl-*; *1-(3.4-Dichlorphenoxy)-2-propyl-*, viscose Fl., VZ. 390, berechnet 380. (**D. A. S. 1 116 681** Kl. 12 q vom 10/12. 1957, ausg. 9/11. 1961.) A. Mohr. 6313

N. V. Philips' Gloeilampenfabrieken, Holland, **Herstellung von Thiadiazolen** der allg. Formel **I** (X = Halogen; R_1 = Phenyl- oder R_2S-Gruppe; R_2 = Alkyl-, Cycloalkyl-, Aryl-, Aralkyl-, Alkoxy- oder Allylrest), dad. gek., daß man 5-Amino-1.2.4-thiadiazole über die Diazonium-Verb. durch Sandmayer-Rk. in die 5-Chlor-Verb. überführt oder daß man Perchlormethylmercaptan (**II**) mit einem R_2-Isothiouroniumsalz umsetzt. — 5-Chlor-1.2.4-thiadiazole: *3-Phenylmercapto-*, F. 58°, aus Phenylisothio-

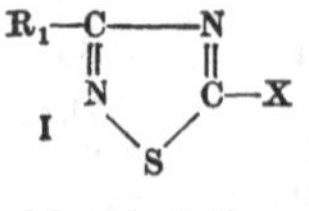
I

uroniumchlorid u. II in W. u. CH_2Cl_2 unter Zusatz von Alkali. — *3-[n-Octylmercapto]-*, Kp.$_8$ 145—146°, *3-Allylmercapto-*, Kp.$_{15}$ 115—117°, *3-[4'-Chlorbenzylmercapto]-*, F. 52°, *3-[4'-Nitrobenzylmercapto]-*, F. 97°, *3-Benzylmercapto-*, F. 49°, u. *3-Phenyl-*, F. 42—50°, aus n-Octyl-, Allyl-, 4-Nitrobenzylisothiouroniumbromid bzw. 4-Chlorbenzylisothiouroniumchlorid, 3-Benzylmercapto- bzw. 3-Phenyl-5-amino-1.2.4-thiadiazol. — Weitere Verbb. **I**, worin $X = Cl$, $R_1 = R_2S$- u. R_2 folgende Bedeutung hat: *Isopropyl-*, Kp.$_{14}$ 110—112°. — *sek.-Butyl-*, Kp.$_{14}$ 126—128°. — *Isobutyl-*, Kp.$_{14}$ 122—124°. — *n-Amyl-*, Kp.$_{0,7}$ 102—104°. — *n-Hexyl-*, Kp.$_{0,02}$ 110—112°. — *n-Dodecyl-*, Kp.$_{0,05}$ 180—183°. — *Äthoxyäthyl-*, Kp.$_{12}$ 152—154°. — *4-Chlorphenyl-*, F. 50°. — *p-Tolyl-*, F. 35°. — *Phenoxyäthyl-*, F. 59°. — *Nematodenbekämpfungsmittel.* (**F. P. 1 220 276** vom 12/2. 1959, ausg. 24/5. 1960. Holl. Prior. 13/2. 1958.)
S. BÖTTCHER. 6313

J. R. Geigy Akt.-Ges., Basel, Schweiz, **Bekämpfung von Stubenfliegen** durch Verw. von saugfähigem, braun- bis blaustichig rotgefärbtem Material, z. B. Karton, Filz usw., das nach dem Befeuchten dunklere Farbe annimmt u. mit durch Kontakt auf die Fliegen wirkenden Fraßgiften imprägniert ist, z. B. mit folgenden Pyrazolyl-(5)-dimethylcarbamaten: *3-Methyl-* u./oder *1-Dimethylcarbamoyl-3-methyl-* bzw. ein anderes in 1-Stellung substituiertes 3-Methyl-. Zweckmäßig werden auf den Träger schwarze Flecken in Form u. Größe von Fliegen-Schattenrissen aufgedruckt. (**F. P. 1 218 013** vom 23/12. 1958, ausg. 6/5. 1960. **Oe. P. 213 139** vom 23/12. 1958, ausg. 25/1. 1961. Beide Schwz. Prior. 24/12. 1957.)
W. WITTHOLZ. 6313

Quimicamp Ltda., Spanien, **Insekticide Aerosole.** Man preßt Pyrethrumpulver, Piperonylbutoxid, DDT, γ-HCH, Terpineol, KNO_3, arab. Gummi u. W. zu Formkörpern, die eine Höhlung aufweisen. In diese Höhlung wird dann ein entsprechender Preßling eines Insekticids, wie HCH, Heptachlor u. dgl., ggf. im Gemisch miteinander, eingebracht. Durch Zünden der Masse werden die Wirkstoffe als dichtes Aerosol vernebelt. (**F. P. 1 197 301** vom 18/6. 1958, ausg. 30/11. 1959. Span. Prior. 10/5. 1958.)
W. WITTHOLZ. 6313

Visco Products Co., Houston, übert. von: Willard H. Kirkpatrick, Sugar Land, und Virgil L. Seale, Houston, Tex., V.St.A., **Öl-in-Wasser-Emulsionen zur Schädlingsbekämpfung,** bestehend aus Öl, W., einem Wirkstoff, z. B. dem γ-Isomeren des Benzolhexachlorids, Dieldrin, Chlordane u. dgl., u. einem Emulgiermittel (**I**). **I** besteht aus einem oxyäthylierten-oxypropylierten Glycerin, das von oxypropyliertem Glycerin mit 60—70 (Gew.-Teilen) 1.2-Propylenoxid auf 1 Glycerin abgeleitet ist. Dieses oxyäthyliert man dann mit 0,5—0,7 Äthylenoxid auf 1 oxypropyliertes Glycerin. Beispiel für das bes. verwendete **I**: Trihydroxypolyoxyäthylen-polyoxypropylenäther des Glycerins, der eine oxyäthylierte Oxypropylenkette enthält u. eine endständige OH-Gruppe am Ende jeder Oxyäthylenkette besitzt. Durch den Zusatz dieses Emulgiermittels ist die Öl-in-W.-Emulsion bes. stabil. (**A. P. 2 875 128** vom 7/12. 1953, ausg. 24/2. 1959.)
H. NEBELSIEK. 6313

Eastman Kodak Co., Rochester, N.Y., übert. von: Richard L. McConnell, Kingsport, Tenn., V.St.A., **O.O-Dialkylalkylmercaptoalkylthiophosphate** erhält man durch Rk. eines Trialkylphosphits (Alkyl mit 1—4 C-Atomen) mit einem cycl. Polysulfid mit 2—8 C- u. 2—4 S-Atomen bei 0—175°. — Aus 0,8 Mol Triäthylphosphit u. 0,2 Mol Äthylendisulfid nach 12 Std. unter Rückfluß → Mischung aus $(C_2H_5O)_2P(=O)\cdot SCH_2CH_2SC_2H_5$ u. $(C_2H_5O)_2P(=S)OCH_2CH_2SC_2H_5$, Kp.$_{0,7}$ 115—120°. — Trimethylendisulfid → $(C_2H_5O)_2P(=O)SCH_2CH_2CH_2SC_2H_5 + (C_2H_5)_2P(=S)OCH_2CH_2CH_2SC_2H_5$. — 1.2.4.6-Tetrathiepan + Tripropylphosphit → $(C_3H_7O)_2P(=O)SCH_2SCH_2SCH_2SC_3H_7 + (C_3H_7O)_2P(=S)OCH_2SCH_2SCH_2SC_3H_7$. — Tributylphosphit + 1.2.5.7-Tetrathionan → $(C_4H_9O)_2P(=O)SCH_2CH_2SCH_2SCH_2CH_2SC_4H_9 + (C_4H_9O)_2P(=S)OCH_2CH_2SCH_2SCH_2\cdot CH_2SC_4H_9$. — *Insekticide.* (**A. P. 2 865 950** vom 8/10. 1956, ausg. 23/12. 1958.)
G. KRAUSS. 6313

Magyar Állam (Erfinder: Georg Matolcsy und Alexius Eck), Budapest, Ungarn, **Herstellung von O.O-Dialkyldithiophosphatodialkylsuccinaten.** In einem Maleinsäureester suspendiertes P_2S_5 wird mit einem Alkohol, z. B. Methylalkohol, bei 5—65° umgesetzt. — P_2S_5 wird bei 30° in Maleinsäurediäthylester suspendiert, anschließend wird Methanol zugesetzt u. die Temp. auf 50° gehalten. Sobald die spontane Wärme-Entw. nachläßt, wird die Mischung auf 65° erwärmt. Man erhält *O.O-Dimethyldithiophosphatodiäthylsuccinat*, n_D^{20} 1,4962. — *Insekticid.* (**Ung. P. 145 883** vom 23/6. 1954, ausg. 15/1. 1958.)
G. KÖNIG. 6313

Süddeutsche Kalkstickstoff-Werke Akt.-Ges., Trostberg, *Weißer Kalkstickstoff.* (**Norw. P. 92 741** vom 29/11. 1955, ausg. 3/11. 1958. — C. **1960.** 622 [Schwz. P. 336 807].)

Soc. des Usines Chimiques Rhône-Poulenc, Seine, Frankreich, *Phytohormone.* (**F. P. 1 186 520** vom 18/11. 1957, ausg. 26/8. 1959. — C. **1961.** 14805 [D. A. S. 1 107 445].)

UCLAF, Frankreich (Erfinder: **Jean Racine**), *Herstellung von wasserlöslichen, Gibberellsäure enthaltenden Tabletten.* (**F. P. 1 194 490** vom 30/1. 1958, ausg. 10/11. 1959. — C. **1961.** 2417 [D. A. S. 1 079 657].)

Boots Pure Drug Co. Ltd., England, *Herbicide.* (**F. P. 1 184 025** vom 7/10. 1957, ausg. 16/7. 1959. E. Prior. 11/10. 1956. — C. **1960.** 3355 [D. A. S. 1 064 286].)

Boots Pure Drug Co. Ltd., England, *Herbicide.* (**F. P. 1 182 841** vom 17/9. 1957, ausg. 30/6. 1959. E. Prior. 18/9. 1956. — C. **1960.** 11444 [D. A. S. 1 071 411].)

Farbenfabriken Bayer Akt.-Ges., Deutschland (Erfinder: **Ferdinand Münz, Ludwig Eue** und **Detlef Delfs**), *Unkrautbekämpfungsmittel.* (**F. P. 1 188 858** vom 20/12. 1957, ausg. 25/9. 1959. D. Prior. 21/12. 1956. — C. **1958.** 13618 [D. A. S. 1 032 595].)

Chipman Chemical Co., Inc., V.St.A. (Erfinder: **Vernon L. Hall, Frank J. Seibert, Irvin W. Bales** und **Linden E. Harris**), *Herbicide Mischung.* (**F. P. 1 182 220** vom 23/5. 1956, ausg. 23/6. 1959. A. Prior. 23/5. 1955. — C. **1958.** 13886 [D. A. S. 1 026 124].)

Imperial Chemical Industries Ltd., England, *Pflanzenbehandlungsmittel.* (**F. P. 1 186 922** vom 4/4. 1957, ausg. 3/9. 1959. E. Prior. 4/4. 1956. — C. **1959.** 9023 [D. A. S. 1 048 070].)

American Chemical Paint Co., V.St.A. (Erfinder: **John Russel Bishop**), *Herstellung von α.β.β'-Trichlorisobuttersäure.* (**F. P. 1 188 756** vom 17/12. 1957, ausg. 25/9. 1959. A. Prior. 18/12. 1956. — C. **1959.** 11709 [D. A. S. 1 050 753].)

Allied Chemical Corp., V.St.A., übert. von: **Allied Chemical & Dye Corp.** (Erfinder: **Everett Eddy Gilvert**), *Fungicid.* (**F. P. 1 185 986** vom 13/11. 1957, ausg. 11/8. 1959. A. Prior. 13/11. 1956. — C. **1960.** 276 [D. A. S. 1 056 415].)

Badische Anilin- & Soda-Fabrik Akt.-Ges., Deutschland, *Fungicide.* (**F. P. 1 188 542** vom 21/8. 1957, ausg. 23/9. 1959. D. Prior. 25/8. 1956. — C. **1958.** 12516 [D. A. S. 1 024 743].)

American Cyanamid Co., V.St.A., *Fungicide Mischung.* (**F. P. 1 182 709** vom 13/9. 1957, ausg. 29/6. 1959. A. Prior. 28/1. 1957. — C. **1960.** 11444 [E. P. 812 492].)

United States Rubber Co., V.St.A. (Erfinder: **Charles William Gates** und **Harry Dale Glenn**), *Fungicid.* (**F. P. 1 188 939** vom 23/12. 1957, ausg. 28/9. 1959. A. Prior. 28/1. 1957. — C. **1960.** 13498 [E. P. 819 779].)

Farbenfabriken Bayer Akt.-Ges., Deutschland (Erfinder: **Klaus Sasse, Richard Wegler** und **Ferdinand Grewe**), *N-Thiocarbonsäureester cyclischer Dicarbonsäureimide.* (**F. P. 1 181 374** vom 21/8. 1957, ausg. 15/6. 1959. D. Prior. 23/8. 1956. — C. **1960.** 16568 [D. A. S. 1 067 023].)

Farbenfabriken Bayer Akt.-Ges., Deutschland (Erfinder: **Ernst Schegk** und **Gerhard Schrader**), *Phosphonsäureester.* (**F. P. 1 181 375** vom 21/8. 1957, ausg. 15/6. 1959. D. Prior. 23/8. 1956 u. 18/6. 1957. — C. **1959.** 7931 [D. A. S. 1 044 812] u. C. **1960.** 17253 [D. A. S. 1 078 124].)

Badische Anilin- & Soda-Fabrik Akt.-Ges., Deutschland, *Synergisten für insekticide Chlorkohlenwasserstoffe.* (**F. P. 1 182 721** vom 13/9. 1957, ausg. 29/6. 1959. D. Prior. 20/9. 1956. — C. **1959.** 2945 [D. A. S. 1 038 827].)

Farbwerke Hoechst Akt.-Ges., vormals Meister Lucius & Brüning, Deutschland, *Schädlingsbekämpfungsmittel.* (**F. P. 1 183 594** vom 30/9. 1957, ausg. 9/7. 1959. — C. **1961.** 3129 [A. P. 2 915 429].)

Ruhrchemie Akt.-Ges., Deutschland (Erfinder: **Walter Rottig** und **Theodor Lüssling**), *Insekticid.* (**F. P. 1 182 356** vom 11/7. 1957, ausg. 24/6. 1959. D. Prior. 14/7. 1956. — C. **1959.** 7931 [D. A. S. 1 047 522].)

Ruhrchemie Akt.-Ges., Deutschland (Erfinder: **Walter Rottig** und **Theodor Lüssling**), *Schädlingsbekämpfungsmittel.* (**F. P. 1 184 438** vom 16/10. 1957, ausg. 21/7. 1959. D. Prior. 31/10. 1956. — C. **1959.** 271 [D. A. S. 1 029 612].)

J. R. Geigy Soc. An., Schweiz, *Dispergierbare Schädlingsbekämpfungsmittel.* (**F. P. 1 187 152** vom 9/11. 1957, ausg. 8/9. 1959. Schwz. Prior. 12/11. 1956. — C. **1961.** 2077 [E. P. 822 869].)

Sandoz Soc. An., Schweiz, *Insekticide.* (**F. P. 1 188 218** vom 10/12. 1957, ausg. 21/9. 1959. Schwz. Prior. 12/12. 1956. — C. **1960.** 5295 [D. A. S. 1 058 051].)

Olin Mathieson Chemical Corp., V.St.A. (Erfinder: **Thomas A. Haney**), *Reinigung von Pyrethrum-Extrakten.* (**F. P. 1 182 040** vom 5/9. 1957, ausg. 22/6. 1959. A. Prior. 6/9. 1956. — C. **1960.** 11446 [A. P. 2 867 649].)

VIII. Metallurgie. Korrosion

Nickellagerstätten im Gebiete des Quill-Baches und White-Flusses in Yukon. Finley A. Campbell. (Canad. Mining metallurg. Bull. **53.** 953—59. Dez. 1960. Edmonton, Univ. of Alberta, Dep. of Geol.) (Engl.)

Beschreibung der geolog., mineralog. u. chem. Eigg. eines *sulfid. Ni–Cu*-Vorkommens. W. WESLY. 6354 □

Anwendung der Chloridextraktion beim technischen Produkt von Dsheskasgan. A. K. Loschakowa und B. N. Lebedew. (Известия Академии Наук Казахской ССР, Серия Металлургии, Обогащения и Огнеупоров [Nachr. Akad. Wiss. KasachSSR, Ser. Metallurgie, Erzaufbereit. feuerfeste Mater.] **1960.** Nr. 2. 17—19.) (Russ.; Auszug: Kasach.) — Vgl. C. **1960.** 15197.

Die Unterss. zeigen die Zweckmäßigkeit der Anwendung einer Chloridextraktion von *Pb, Zn* u. *Cu* aus den Erzen von Dsheskasgan nach der von Vff. früher beschriebenen Meth. (Известия Академии Наук Казахской ССР, Серия Горного Дела, Металлургии и Огнеупоров [Nachr. Akad. Wiss. Kasach. SSR, Erzaufbereit., Metallurgie, feuerfeste Mater.] **1957.** Nr. 4. 73). S. BARYSCHNIKOW. 6360

Die Bedeutung der mikroskopischen Untersuchung während der Aufbereitung des „Brunswick-Erzes". George Aletan. (Canad. Mining metallurg. Bull. **53.** 945—52. Dez. 1960. Halifax, N. S., Nova Scotia Techn. Coll.) (Engl.)

Die mineralog., physikal. u. chem. Eigg. des aus zahlreichen Mineralien zusammengesetzten „Brunswick Erzes" werden beschrieben. Mkr. Unterss. vermögen die mit der Aufbereitung verknüpften Fragen aufzuhellen u., zusammen mit der chem. Analyse, metallurg. Verbesserungen zu erzielen. — 12 Literaturangaben. W. WESLY. 6360 □

Aufbereitung von mageren Manganerzen unter besonderer Berücksichtigung von Untersuchungen in einer halbtechnischen Anlage über die Magnetisierungs-Reduktion eisenhaltiger Manganerze bei niedriger Temperatur. G. V. Subramanya und P. I. A. Narayanan. (Int. Mineral Processing Congr., London **1960.** 918—35. Jamshedpur, Nat. Metallurgy Labor.) (Engl.)

Übersicht über die Mn-Erz-Vork. in Indien, ihre Einteilung in 4 Gruppen (abhängig von der Gangart u. deren Bindung), die Eigg. der (mageren) Mn-Erze u. ihre Verarbeitung in einem Schacht- u. einem Drehofen. — 34 Schrifttumshinweise. W. WESLY. 6360 □

Technische Gesichtspunkte der Uranerz-Aufbereitung in Australien. Anonym. (Int. Mineral Processing Congr., London **1960.** 864—82.) (Engl.)

Übersicht über die austral. U-Lagerstätten, Aufbereitungs- u. chem. Verff. zur Gewinnung von U-Konzentraten. — 16 Literaturangaben. W. WESLY. 6360 □

Neue Entwicklungen in der chemischen Behandlung von Uranerzen in Frankreich. R. Bodu. (Int. Mineral Processing Congr., London **1960.** 884—94. Energie atom.) (Engl.) — Vgl. C. **1961.** 16237.

Im allg. werden U-Erze in Frankreich chem. aufbereitet u. danach mit Ionenaustauschern behandelt. Beschreibung der Meth. der Ca-Voranreicherung. W. WESLY. 6360 □

Entwicklung des Autoklaven-Soda-Verfahrens zur Aufbereitung von Wolfram-Konzentraten. N. N. Maslenitsky und P. M. Perlov. (Int. Mineral Processing Congr., London **1960.** 838—54. Inst. Mekhanobr, Labor. of Hydrometallurgy and Chem. Res.) (Engl.)

Durch Auslaugen magerer *Scheelit*-Erze mit Na_2CO_3-Lsg. bei 225° erhält man Ausbeuten von 94—99%. W u. Mo werden mittels des Sulfid-Verf. mit 98—99% Mo-Ausbeute getrennt.. W. WESLY. 6360 □

Verwendung und Wiedergewinnung von Tetrabromäthan (TBE) in der Mineralaufbereitung. A. Baniel und A. Mitzmager. (Int. Mineral Processing Congr., London **1960.** 610—19. Haifa, Israel Mining Ind., Min. Dressing Dep.) (Engl.)

Beschreibung der Verw. von Tetrabromäthan als Schwerfl. in der Mineral-, bes. in der Schwimm-Sink-Aufbereitung u. seiner Rückgewinnung (Waschen mit W. oder Lsgm.) W. WESLY. 6360 □

Untersuchung des oxydativ-sulfatisierenden Röstens von Sulfiderzen in der unberuhigten Wirbelschicht am Modell eines periodisch wirkenden Ofens. W. W. Petschkowski und Ss. A. Amirowa. (Журнал Прикладной Химии [J. angew. Chem.] **32.** 1484—88. 1959. Perm, Gorki-Univ.) (Russ.)

Es wurde die Sulfatisierung von Co beim Rösten von Flotationskies [36 (%) *Fe*, 38,5 *S*, 0,7 *Co*] in einem Labor.-Ofen untersucht. Die Oxydations-Geschw. der Sulfide u. der Grad des Ausbrennens von S erhöhen sich bei steigender Temp., Vergrößerung der Körnung u. Intensität des Mischens u. sinken bei Vergrößerung der Konz. von SO_2 in der Gasphase. H. TREUMANN. 6378 □

Ringbildung im Rotationsofen beim Sintern von Magnesit. Miloš B. Knežević. (Гласник Хемиског Друштва Београд [Ber. chem. Ges. Belgrad] **23/24.** 219—22. 1958/59. Kraljevo, Magnohrom.) (Serbo-kroat.; Auszug: Engl.)

Es wurden 2 Sorten von Sintermagnesit mit 58,3 (%) SiO_2, 3,1 Fe_2O_3, 11,0 Al_2O_3, 27,6 CaO (**a**) bzw. 32,4 SiO_2, 2,8 Fe_2O_3, 8,5 Al_2O_3, 56,3 CaO (**b**) untersucht. Bei **a** kam es zur Ring-Bldg., bei **b** blieb sie aus; selbst ein bereits vorhandener Ring fällt wieder ab. Der Grund für die Ring-Bldg. liegt in einem plötzlichen Temp.-Anstieg im Material u. der dabei entstehenden größeren Menge einer hochviscosen Phase. Die Ring-Bldg. kann durch Vergrößerung der Heizfläche vermieden werden, da dadurch der Temp.-Sprung kleiner wird. H. CNOBLOCH. 6378 □

Zur Frage der hydrometallurgischen Verarbeitung von natriumhaltigen Stein-Schlackenschmelzen. W. D. Ssolowjewa, I. R. Polywjanny und A. L. Zeft. (Известия Академии Наук Казахской ССР, Серия Металлургии, Обогащения и Огнеупоров [Nachr. Akad. Wiss. KasachSSR, Ser. Metallurgie, Erzaufbereit. feuerfeste Mater.] **1960.** Nr. 2. 20—28.) (Russ.; Auszug: Kasach.) — Vgl. C. **1961.** 10861.

Es wird gezeigt, daß die hydrometallurg. Verarbeitung der Na-Stein- u. Schlackenschmelze aus der Sulfatschmelze von Pb-Konzentraten (Auslaugen mit W., Carbonisierung, nachfolgendes Auslaugen mit $FeCl_3$-Lsg.) ein komplexes Ausbringen von *Na, Sb, As, Cu, Fe, Pb, Ge* u. *S* gewährleistet. Beim 2std. Auslaugen mit W. von 80° gehen in die Lsg. bis 87% Na_2S, 93—97% Sb u. As u. >99% Ge über. Durch die Carbonisierung werden 91—93% des Na_2S in $NaHCO_3$ umgewandelt, das As u. Sb prakt. vollständig gefällt. Die 2std. Auflösung des Kuchens bei 40° mit $FeCl_3$ ermöglicht (bei einem Verhältnis Feststoff/Fl. = 1/5) das kollektive Ausbringen von 99% Cu u. Zn bzw. 85—97% Pb u. Fe in die Lsg. u. die Ausscheidung von S in elementarer Form.
S. BARYSCHNIKOW. 6380

Beitrag der Vakuumtechnik zur Metallurgie. D. A. Degras. (Rev. Métallurgie **57.** 805—13. Sept. 1960. Comp. Gén. de Radiologie.) (Franz.)

Die Bedeutung der Vakuumbehandlung schmelzfl. Metalle in der Metallurgie wird erörtert, u. es wird hierbei bes. auf die Absorption von Gasen in den Metallen u. ihre Entfernung während der Vakuumbehandlung hingewiesen. Ein Überblick über die bekannten, verschiedenen Arbeitsweisen der Entgasung u. des Schmelzens unter Vakuum- sowie über die hierbei verwendete Ausrüstung wird gegeben. — 13 Literaturangaben.
H. HOCHSTEIN. 6380□

Neue Möglichkeiten in der Metallurgie durch Reaktionen, die durch Einblasen pulverförmiger Stoffe in flüssige Metalle hervorgerufen werden. Marc Allard. (Rev. Métallurgie **57.** 985—89. Nov. 1960. IRSID.) (Franz.) — Vgl. C. **1961.** 994.

Beim Frischen von schmelzfl. Metallen, bes. von Roheisen zu Stahl, bedient man sich der Wrkg. von Rkk. zwischen Metall u. solchen Schlacken, die im Verlauf des Frischvorgangs gebildet oder — wie beim PERRIN-Verf. — vorher vorbereitet werden. Der Ablauf dieser Rkk. ist um so schneller, je größer die Berührungsflächen zwischen den reagierenden Stoffen sind. Die rasche Frischwrkg. des PERRIN-Verf. ist ein Beispiel für die so erreichbaren Beschleunigungen. Es wird eine Übersicht über weitere Verff. mit Anwendungsbeispielen gegeben, bei denen in die Metallschmelzen pulverförmige Stoffe eingeblasen werden, die zu einer schnellen Rk. mit den Metallen bestimmt sind.
H. HOCHSTEIN. 6380□

Kritische Untersuchung verschiedener Einlaufsysteme für Sandformen. Charles Tricklé. (Giesserei **47.** 519—26. 22/9. 1960. Mulhouse.) (Dt.)

Vf. gibt zunächst einen Überblick über die sich mit Fragen der Gießzeit-Best. u. der mathemat. Betrachtung von Einlauf-Syst. befassenden Literatur u. zeigt dann in der Praxis gemachte Fehler auf. K. HILLINGER. 6382□

Forschungen über Kokillenanstriche. Lubomír Šmrha und Slavoj Kuběna. (Hutnické Listy **14.** 361—68. April 1959. Ostrawa, Výzkumný ústav VŽKG.) (Tschech.)

Auf der Grundlage von Steinkohlenteerpech (SP) hergestellte Lacke für Kokillenanstriche entsprechen den Anforderungen nicht, weil SP nur wenig flüchtige Bestandteile enthält, so daß beim Gießen zu wenig Gase entwickelt werden u. die Gießhaut nicht abgetrieben wird. Unterss. zeigen die Eignung von Kokillenlacken auf *Erdöl*-Grundlage (*Propanasphalt*), *Benzol-* u. *Phenolresolharzen.* Beim Gießen von Stahl mit hoher Gießgeschw. haben sich anorgan. Anstriche auf Grund ihrer Isoliereigg. bewährt; zudem verdecken sie kleine Schäden der Kokillenoberfläche u. schützen die Kokille beim Gießen. W. WESLY. 6382□

Anreicherung von Magnetiterzen mit magnetischen Trockenabscheidern des Mörtsell-Sala-Typs. P. G. Kihlstedt und B. Sköld. (Int. Mineral Processing Congr., London **1960.** 690—704. 2 Tafeln. Stockholm, Royal Inst. of Technol., Inst. of Min. Process.) (Engl.)

Beschreibung von Bau, Arbeitsweise, Anwendung u. Ausbringen eines magnet. Trockenabscheiders mit Dauermagneten u. Erörterung des Einfl. von Korngröße, mkr. Struktur u. Feuchtigkeit *schwed. Magnetiterze* auf die Trennung. W. WESLY. 6390□

Magnetischer Naßabscheider für schwach magnetische Erze. 1. Mitt. **Beschreibung und Theorie.** 2. Mitt. **Anwendung auf einige kanadische Mineralaufbereitungsprobleme.** G. H. Jones und W. D. Stone. (Int. Mineral Processing Congr., London **1960.** 716—43. 2 Tafeln. Cornwall, School of Metalliferrous Min., Dep. of Mechan. and Electr. Engng.; Ottawa, Mines Branch, Min. Process Div.) (Engl.)

Beschreibung eines magnet. Naßabscheiders mit 10—15 3stufigen Arbeitsgängen je Min. u. seiner Leistung, die weniger als eine abgeleitete Gleichung über das Verhältnis von Anziehungskraft zur Ausscheidungskraft angibt, beträgt. Diese Abweichungen werden zu erklären versucht. W. WESLY. 6390□

Der Forrer-Abscheider: Ein neues Gerät zur Naßabscheidung schwach paramagnetischer Stoffe. J. de Robert und L. Casnabet. (Int. Mineral Processing Congr.,

London **1960.** 744—54. 2 Tafeln. Maizières-les-Metz, Inst. de Rech. de la Sidérurgie, Serv. Minérai Coke et Fonte, Stat. d'Essais.) (Engl.)

Beschreibung eines Gerätes zur Abscheidung schwach paramagnet. Stoffe in W., wobei der große Feldwirkungsgrad in einem „magnet. Korridor" die paramagnet. Teilchen zurückhält u. die diamagnet. Teilchen durch einen seitlichen Wasserstrom oder eine Zentrifuge ausgeschieden werden. Die Leistung des Gerätes kommt der von Trockenscheidern nahe. W. WESLY. 6390□

Die Eisengewinnungsverfahren in ihrer gegenwärtigen Entwicklung. W. H. Dennis. (Mining Mag. **105.** 13—18. Juli 1961.) (Engl.)

Übersicht über die Verff. zur Fe-Gewinnung durch Red. der Fe-Oxide: Drehröstofen-Verff., Schwammeisen, Elektroschmelze. W. WESLY. 6390□

Einfluß des Oxydationszustandes des Eisens eines Sinters auf sein Verhalten im Hochofen. F. Pesche. (Rev. Métallurgie **57.** 771—73. Sept. 1960. Longwy, Soc. des Hauts Fourneaux de la Chiers.) (Franz.)

Aus mehrmonatigen Betriebsergebnissen eines Hochofens mit einem aus 60% Roherz u. 40% Sinter (70% Lothringer Feinerz u. 30% Gichtstaub) bestehenden Möller wird eine Beziehung zwischen dem Gew. des Tageseinsatzes u. dem Oxydationsgrad des Fe im Sinter festgestellt, wonach mit der Steigerung des Oxydationsgrades um 1%, z. B. von 80 auf 81%, das Gew. des Einsatzes von 100 auf 200 kg steigt. Die Ergebnisse scheinen die Theorie zu bestätigen, wonach Fe, das im Fe-haltigen Zustand in verschiedene chem. Zus. oxydiert wird, schwieriger zu reduzieren ist als das Fe, das wenig oder nicht gebunden im ferrit. Zustand oxydiert wird. Letzteres wird prakt. bei mäßiger Temp. durch indirekte Red. red., während das andere zu seiner Red. hohe Temp. erfordert, die nur die direkte Red. zulassen, wodurch eine schlechte Kohleausnutzung im Hochofen bedingt ist. H. HOCHSTEIN. 6390□

Untersuchung eines Heißwind-Kupolofens vom Typ Philipon. Die Windtemperatur und die Beschaffenheit der Metalleinsätze. Jean-Claude Margerie und Eugène Tallec. (Fonderie **1960.** 325—42. Aug. Centre techn. des Ind. de la Fonderie.) (Franz.)

Es werden Angaben über die Konstruktion der *Philipon*-Heißwindkupolöfen u. deren Betriebsweise gemacht. Der Einfl. der Wind-Temp. (350—650°) auf die Gußeisen-Temp., die Aufkohlung, die Verluste an Si u. Mn sowie auf die Entschwefelung werden durch Verss. bestimmt u. die Auswirkung des Schrottsatzes auf die Temp. u. chem. Zus. des Gußeisens wird ermittelt. Die Struktur u. die mechan. Eigg. (Zugfestigkeit u. Härte) werden besprochen u. Angaben über die in Abhängigkeit von der Abschrecktemp. erreichbare Einhärtetiefe gemacht. H. HOCHSTEIN. 6402□

Einige Erfahrungen über das Schmelzen von Stahlschrott im Kupolofen. J. Gaertman. (Metalen **15.** 418—26. 31/12. 1960. Vaassen, N.V. Industrie.) (Holl.)

Der C-Geh. von *Gußeisen*, das nicht genügend überhitzt werden kann, sollte $>2{,}9\%$ betragen. Eine Stahlfüllung kohlt im sauren Kaltluft-Kupolofen nicht über 2,7—2,9% auf; damit ist eine Grenze für die Menge des Stahlschrott-Zusatzes gesetzt; sie beträgt im allg. ca. 70%. Der Gußeisenschwund steigt in dem Maße, wie der Stahlschrottanteil der kalten Charge steigt. Die mechan. Eigg. werden anfangs verbessert, gehen dann aber infolge ungünstiger Graphitausscheidung zurück. Eine Impfung wirkt bei Stahlanteilen $>25\%$ günstig. W. WESLY. 6402□

Untersuchung des Herstellungsprozesses von Gußeisen aus Pyritabbränden beim Cyclonrösten des schwefelhaltigen Rohstoffs. W. W. Kondakow, D. I. Ryshonkow und L. N. Ssidelkowski. (Химическая Промышленность [Chem. Ind.] **1959.** 685—88. Dez. Moskau, Stahlinst. u. Energet. Inst.) (Russ.)

Im Cyclonofen wird das Röstgut bis ca. 1450° erhitzt, wobei als Abbrand eine Schmelze mit ca. 50% Fe u. 0,3—1,5% S erhalten wird. Bei einem Abbrand mit 39,06 (%) Fe, 32,6 SiO_2 u. 5,2 CaO + MgO werden an der Wand eines Graphittiegels bei Zuschlag von CaO + MgO bis 43,1% (RO/SiO_2 = 1,6) bei 1520° in 20 Min. 95—98% red. Fe erhalten. Bei Einführung von Kohlestaub im N_2-Strom muß die Schicht hoch genug sein, damit der Kohlestaub die Rk.-Temp. erreicht. Der C-Geh. des Fe nimmt mit der Erhitzungsdauer (bei 1470—1480°) zu u. erreicht nach 20 Min. 3—3,5%. Der Si-Geh. steigt mit der Temp. (1430° 0,06%, 1600° 1,16%). Der S-Geh. beträgt bei 40 Min. langer Erhitzungsdauer 0,03—0,06%. R. K. MÜLLER. 6402□

Anisotropie und mechanische Eigenschaften des Gußeisens. J. S. Abcouwer. (Kohászati Lapok [Ung. Z. Hüttenwes.] **94.** Nr. 11. Öntöde **12.** 241—49. Nov. 1961. Amsterdam.) (Ung.)

Vf. gibt Prinzipien zur Neubearbeitung der holländ. Gußeisennorm. Er stellt fest, daß Gefüge u. die Festigkeit des Gußeisens therm. von dem vollkommenen Ablauf der Abkühlung abhängen. Es werden die Gleichungen des Wärmestromes, der ein- u. mehrdimensionalen Wärmeübergabe, u. der Abkühlungskurven behandelt. Aus diesen können viele bekannte Gesetze abgeleitet werden. Auch die Wrkg. der Wandstärke kann durch die Abkühlungskurven besser erklärt werden. L. ZOMBORY. 6402

Untersuchung der Graphitausscheidung in Fe-C-Gußlegierungen durch kalorimetrische Messungen. A. Wittmoser und J. Schade. (Mém. sci. Rev. Métallurgie **58.** 611—14. Aug. 1961. Gelsenkirchen.) (Franz.)

Die Graphitausscheidung wird mittels eines Wasserkalorimeters nach OELSEN u. Mitarbeitern an Proben aus weißem Gußeisen, Grauguß mit lamellarem Graphit u. Gußeisen mit koll. Graphit mit verschiedenen chem. Zus. untersucht. Aus den hierbei erhaltenen Kalorimeter-Kurven werden die Schmelzwärmen der Phase fest–fl. sowie die Umwandlungswärmen während der Perlit-Bldg. abgeleitet. Ferner werden die Schmelzwärmen des Austenits (2% C), des Zementits u. des Graphits nach zwei voneinander unabhängigen Meth. geschätzt. Hierdurch wird die Bldg. des Kugelgraphits aus der festen Phase, dem α-Mischkristall, nachgewiesen. H. HOCHSTEIN. 6402□

Der Calciumeinfluß auf die Form der Graphiteinschlüsse in Fe–C–Si-Legierungen. A. W. Tschornowol, Ju. M. Taran und T. O. Pantschina. (Доповіді Академії Наук Української РСР [Ber. Akad. Wiss. UkrainSSR] **1961.** Nr. 7. 911—14. Dnepropetrowsk, Inst. für Giessereiwesen der Akad. der Wiss. der UkrainSSR, Metallurg. Inst.) (Ukrain.; Auszug: Engl.)

In Verss. mit Fe–C–Si-Legg., die mit 2,5 bzw. 5,0% *Ca* bei 1560° modifiziert wurden, wird festgestellt, daß durch das Ca die Bldg. von Kugelgraphit nur bei großer Abkühlungs-Geschw. gefördert wird. Das metall. Ca ist demnach nicht geeignet, als Modifikator zur Erzielung eines Gußeisens mit Kugelgraphit zu dienen. O. LEBTAG. 6402□

Herstellung von Gußeisen mit hohen Güteeigenschaften durch Einführung von Stickstoff mittels Calciumcyanamid. Nicolas Volianik. (Fonderie **1960.** 307—24. Aug. Centre techn. des Ind. de la Fonderie.) (Franz.)

Die chem. Zus., das Gefüge einschließlich der Zahl der eutekt. Zellen, die Zugfestigkeit, Bruchdehnung, Schlagzähigkeit u. der Elastizitätsmodul von unter- bis übereutekt., teils hoch P- u. Si-haltigen Gußeisensorten nach einer Schmelzenbehandlung mit $CaCN_2$ werden ermittelt u. die hierbei beobachteten Verbesserungen der mechan. Eigg. durch die N-Aufnahme der Gußeisensorten erklärt. Hierbei wird der Einfl. des erhöhten N-Geh. auf die Strukturausbildung der verschiedenen Gußeisensorten metallograph. nachgewiesen. Die günstigste Zusatzmenge von $CaCN_2$ zu den Schmelzen wird bestimmt. Es wird eine Sprödigkeitsabnahme des Gußeisens mit hohem Si-Geh. durch die Schmelzenbehandlung mit $CaCN_2$ beobachtet. Eine Hypothese über die Wrkg. von N auf Gußeisen wird entwickelt. — 13 Literaturangaben. H. HOCHSTEIN. 6404□

Über den Einfluß von Silicium, Aluminium, Nickel, Kupfer und Phosphor auf die Form der Einschlüsse von Temperkohle. K. P. Bunin und A. K. Repin. (Литейное Производство [Giesserei-Betr.] **1959.** Nr. 4. 24—30. April.) (Russ.)

Der Unters. des Einfl. von Si, Al, Ni, Cu u. P auf die Temperkohleausbildung wurden folgende Gußeisen-Legg. unterworfen: mit 1. 3,10—3,23 (%) C, 0,45—2,04 Si; 2. 3,00 bis 3,20 C, 0,86—0,91 Si, 0,003—0,96 Al; 3. 3,03—3,20 C, 0,86—0,92 Si, 0,002—3,12 Ni; 4. 3,05—3,20 C, 0,86—0,88 Si, 0,005—0,41 Cu; 5. 3,20 C, 0,86 Si, 0,005 S, 0,003—0,77 P. Von allen Gußeisen-Legg. wurde der Einfl. des jeweiligen Leg.-Elementes auf die Graphitisierungs-Geschw. beim Tempern bei 1000° festgestellt. Hierbei zeigt sich, daß mit steigendem Si-Geh. die Graphitisierungs-Geschw. stark zunimmt u. die Zahl der Graphiteinschlüsse erhöht wird. Die Erhöhung des Si-Geh. erhöht die Versetzbarkeit der Mischkristalle u. führt zu einem Wachsen des Selbstdiffusions-Koeff. der Leerstellen. Infolgedessen beschleunigt die Anreicherung des Austenits an Si die Evakuierung der Atome der Grundmasse in dieser Phase von der Graphitisierungsfront. Eine Beschleunigung der Atomevakuierung der Grundmasse an den Korngrenzen bei Erhöhung des Si-Geh. ist unbekannt. Ähnlich wie Si, jedoch wesentlich stärker, wirkt Al. Schon bei 0,05 Al verläuft die Atomevakuierung der Grundmasse merklich schneller im Austenit als im Zementit. Bes. groß ist die Wrkg. von Al auf die Grenzevakuierung der Atome der Grundmasse. Al verteilt sich zwischen den Phasen des Kokillen-Gußeisenstückes ähnlich wie Si. Ni wirkt auf die Graphitisierungs-Geschw. wesentlich schwächer als Si u. Al. Bei einer Erhöhung des Ni-Geh. auf 1,05% wird die Graphitisierungs-Geschw. nur unwesentlich erhöht, wobei die Anzahl der Graphiteinschlüsse fast nicht verändert wird. Bei 3,12 Ni wird die Graphitisierung stark beschleunigt; die Zahl der Graphitisierungszentren nimmt stark zu. Die Zwischenphasen-Verteilung des Ni im weißen Gußeisen hängt von den Kristallisationsbedingungen ab. Cu beeinflußt wie Ni nur in geringem Maße die Graphitisierungs-Geschw. u. die Zahl der Graphitzentren. Einen geringen Einfl. zeigt Cu auch auf die die relative Evakuierungs-Geschw. der Grundmasse-Atome

im Austenit u. Zementit. Die Geschw. der Graphitzunahme beim Tempern wird in erster Linie durch die Geschw. der Entfernung der Atome der Grundmasse von der Graphitisierungsfront durch irgendeinen beliebigen Vorgang bestimmt. Die Form der Graphiteinschlüsse hängt vom Gleichmäßigkeitsgrad der Atomentfernung der Grundmasse ab. Bei gleichmäßiger Entfernung bilden sich kugelförmige Graphiteinschlüsse. Die Leg. des Gußeisens mit Ni führt zu keiner Formveränderung der Graphiteinschlüsse. Ein Tempern bei 1000° führte bei Cu-haltigem Gußeisen zur Kugelgraphitbildung. Bei einer Erhöhung des P-Geh. wird die Struktur des weißerstarrten Gußeisens merklich verändert. Der carbid. Bestandteil verliert den ledeburit. Aufbau u. von 0,25 P an erhält das Gußeisen die Struktur eines groben Konglomerats von Carbid u. Austenit. Der P-Zusatz führt auch zu einer wesentlichen Veränderung der sich bei 1000° bildenden Temperkohleform. Bei 0,01 P erscheinen neben kugelförmigem Graphit sich verzweigende Graphiteinschlüsse, deren Zahl u. Verästelungen mit zunehmendem P-Geh. bis 0,25% wächst. In Proben mit merklichen Mengen Phosphideutektikum (0,25 P) tritt der Graphitisierungsprozeß bei 1000° schon in Ggw. einer fl. Phase auf. Bei 1000° wird mit zunehmendem P-Geh. die Graphitisierungs-Geschw. erhöht, während sie bei 900° erniedrigt u. die Zahl der Graphiteinschlüsse verringert wird. — 20 Schrifttumsstellen.
H. HOCHSTEIN. 6404

Das Duplexverfahren Thomaskonverter–Elektroofen. M. Brocard. (Rev. Métallurgie **57.** 775—82. Sept. 1960. Aciéries de Pompey.) (Franz.)

Das Prinzip des *Duplex*-Verf. THOMAS-Konverter–Elektroofen u. die hierbei erforderliche Arbeitsweise werden behandelt u. die beiden Phasen der Stahl-Herst. im Konverter u. anschließend im Elektroofen im einzelnen erörtert. Der Einfl. des *Duplex*-Verf. auf die Stahl-Eigg. (schnelle Entkohlung, Kornfeinheit, große Durchhärtbarkeit) wird herausgestellt, u. es werden Angaben über die Wirtschaftlichkeit einer solchen Stahl-Herst. gemacht. — Diskussion. H. HOCHSTEIN. 6408 □

Einfluß der Verteilung und der Beschaffenheit kleiner Schlackeneinschlüsse auf die Festigkeit von Stahlformguß. Bernhard Matuschka. (Rev. Métallurgie **57.** 999—1001. Nov. 1960. Wien.) (Franz.)

Die Herst. von Qualitäts-Stahlformguß im Hochfrequenzofen hat den Nachteil, daß die Ofenauskleidung aus Feldspat zur Bldg. von Sandstellen im Stahlformguß führt. Schlackenzeilen häufen sich an den prim. Korngrenzen an u. beeinträchtigen die Eigg. des Stahles, bes. die Dehnung. Dieser Fehler kann durch eine Ofenauskleidung aus Quarz vermieden werden. H. HOCHSTEIN. 6408 □

Kritische Betrachtung über die Ursachen der Nadelstichporosität bei Stahlguß. Hans Hickisch. (Giesserei **48.** 713—20. 30/11. 1961. Ludwigshafen-Oggersheim.) (Dt.)

Zwischen BESSEMER-Stählen u. bas. Elektrostählen werden hinsichtlich ihrer Neigung zur Poren-Bldg. Vgl. angestellt. Die Druckverteilung in den Grenzschichten des Formstoffes während des Gießvorganges wird besprochen u. der Einfl. der Gasdurchlässigkeit des Formsandes auf die Höhe des Dampfdruckes in den Formstoffschichten ermittelt. Die physikal. Voraussetzungen für das Eindringen von Dampf aus den Grenzschichten des Formstoffes in den fl. Stahl werden mitgeteilt. Der Einfl. der Wanddicke auf die Konz. des H im Gußstück wird bestimmt, u. es werden Maßnahmen zur Verhütung von Nadelstichporen in Stahlgußstücken mitgeteilt. Die beiden Zustandsgrößen Gasdurchlässigkeit u. Gießtemp. sind die Best.-Größen für das Auftreten von Überdrücken im Formstoff. Durch entsprechende Regelung dieser beiden Zustandsgrößen kann der Eintritt von H in den Stahl vermindert werden. H. HOCHSTEIN. 6408 □

Feinkornstahl 20MoCr5, der hochbeanspruchbare Stahl für Direkthärtung aus dem Einsatz. K. Schlegel und P. Uhlig. (Fertigungstechn. u. Betr. **10.** 417—20. Juli 1960. Karl-Marx-Stadt, Zentralinst. für Fertigungstechn. u. Ingenieurschule für Werkstofftechn. u. Materialprüfung.) (Dt.)

Feinkornstahl *20MoCr5* mit 0,17—0,22 (%) *C*, 0,25—0,45 *Si*, 0,50—0,80 *Mn*, $\lesseqgtr$0,03 *P*, $\leqq$0,03 *S*, 0,25—0,50 *Cr*, 0,45—0,55 *Mo*, ein Direkthärte-Einsatzstahl für hohe Beanspruchung, kann in vielen Fällen die Stähle *16MnCr5, 15CrNi6, 18CrNi8* u. *K13NiCr14* bei vereinfachter Wärmebehandlung ersetzen. W. WESLY. 6408 □

Verminderung des Sauerstoffgehaltes einer überfrischten Stahlschmelze durch eine Kalkschlacke. Klaus Schneider. (Neue Hütte **5.** 441—46. Aug. 1960. Hennigsdorf.) (Dt.)

Der im Stahl vorhandene O beeinflußt die mechan. u. magnet. Eigg. des Stahles. Die Abhängigkeit des O-Geh. einer Stahlschmelze am Ende des Frischens wird von der Schlacken-Zus., dem *C*-Geh., dem *Mn*-Geh., vom *P*-Geh. u. von der Temp. dargestellt. Sinkt der O-Geh. des Bades nach dem O_2-Blasen beim Erschmelzen von Transformatorenstahl während der Auskochzeit etwas, so kann der O-Geh. des Stahles durch Aufgabe von *Kalk* auf das blank abgeschlackte C- u. Mn-arme Stahlbad im Zeitraum der Kalkverflüssigung bei den vorliegenden Verhältnissen um ca. 30% vermindert werden. Während des Lösens des Kalkes steigt der Fe-Geh. der Schlacke wieder an, so daß unter der fl. Kalkschlacke keine wesentliche O-Verminderung mehr stattfindet. Die desoxydierende Wrkg. der fl. Kalkschlacke kann bedeutend verbessert werden, wenn der Fe-Geh. der neuen Schlacke auf Werte $<2\%$ verringert wird. Die aus den Verss. bestimmte *FeO*-Verteilung zwischen Schlacke u. Bad wurde mit Literaturangaben für Verteilungs-Konst. verglichen. — 33 Literaturangaben. H. HOCHSTEIN. 6410□

Das Sigma-Phasen-Problem in nichtrostenden Stählen. John F. Eckel. (Bull. Virginia Polytechn. Inst. **53.** Nr. 8. 1—15. Juni 1960.) (Engl.)

Die σ-Phase kann sich in mehreren handelsüblichen nichtrostenden ferrit. oder austenit. Stählen bilden. Ihre Bldg. wird von einer Elektronen-Leerstellen-Konz. in den 3d-Schalen der Übergangselemente begleitet. Die Neigung der nichtrostenden Stähle zur σ-Phasen-Bldg. hängt in starkem Umfang von der Zus. ab. Die σ-Phase wird in den meisten austenit. Stählen u. nur bei einem langen Halten bei Temp. zwischen 1050°F u. 1700°F langsam gebildet. Schweißauftragungen mit geringen Geh. an δ-Ferrit neigen bes. stark zu dieser σ-Bldg. infolge der Konz. von solchen Elementen im Ferrit, die die Bldg. der σ-Phase induzieren, sowie infolge der Ähnlichkeit des raumzentrierten kub. Gitters mit der Kristallstruktur der σ-Phase. Zur Vermeidung ihres Auftretens in Schweißauftragungen muß die Zus. überwacht werden. Es wird die Verw. von rein austenit. Auftragungen empfohlen, die frei von niedrig schm., die Warmriß-Bldg. verursachenden Bestandteilen sind. Angaben darüber, wie die σ-Phase die mechan. Eigg. bei Betriebs-Temp. während ihrer Bldg. beeinflußt, liegen nicht vor. Die Versprödung ist bei Raum-Temp. bes. stark, jedoch sind die Kerbschlagwerte nicht so gering, daß die austenit. nichtrostenden Stähle von der Verw. bei hohen Temp. ausgeschlossen werden müßten. Die Kenntnisse über die Abhängigkeit der Warmtemp.-Eigg. vom Anteil an σ-Phase, ihrer Verteilung u. von der Geschw.-Bldg. sind lückenhaft. Auch bestehen Meinungsverschiedenheiten zwischen den Forschern über die Ausdehnung der σ-Phase im Fe–Cr–Ni-Zustandsdiagramm. — 32 Literaturangaben. H. HOCHSTEIN. 6410□

Ökonomische, austenitische, rostfreie Stähle auf Basis der Cr–Mn–Ni–N-Legierung. Karel Hýbek, Jan Šolc und Marcela Zezulová. (Hutnické Listy **14.** 287—97. April 1959. Praha, Vyzkumný ústav hutnictvi železa.) (Tschech.)

Unterss. eines neu entwickelten, rostfreien Stahles, dessen betriebstechn. Herst. beschrieben wird, mit 0,08—0,09 (%) *C*, 7,47—9,53 *Mn*, 0,34—0,52 *Si*, 17,75—18,40 *Cr*, 3,97—5,35 *Ni*, 0,20—0,35 *N*, 0,008—0,014 *S*, 0,020—0,029 *P* ergeben ein austenit. Gefüge bei Raum-Temp. bis ca. 1230°. Die Abwesenheit von Ferrit im Bereich der Verformungs-Temp. übt einen günstigen Einfl. auf die Verformung u. die Oberflächenbeschaffenheit der Bleche aus. Der Stahl hat eine gute plast. Verformbarkeit u. ist so korrosionsfest, daß er Stahl mit 18 (%) Cr u. 9 Ni zu ersetzen vermag.
W. WESLY. 6410□

Untersuchung einiger Erscheinungen bei der Carbidausscheidung in austenitischen Cr–Ni-Stählen. J. Philibert, G. Henry, M. Robert und J. Plateau. (Mém. sci. Rev. Métallurgie **58.** 557—73. Aug. 1961. Saint-Germain-en-Laye, Inst. de Rech. de la Sidérurgie.) (Franz.)

Untersucht wird die Entw. der Zus. des *Cr-Carbids* vom Typ $M_{23}C_6$ in Abhängigkeit von der Wärmebehandlung u. der Zus. der Leg.-Grundmasse in austenit. Legg. mit 0,02—0,13 (%) C, 0,06—1,55 Si, 0,14—1,25 Mn, 11,3—23,3 Cr, 9,5—79,9 Ni, bes. in einem austenit. Stahl mit 0,09 C, 0,48 Si, 0,94 Mn, 18,3 Cr u. 9,5 Ni. In dem letztgenannten Stahl nimmt mit zunehmender Anlaßdauer bei 750° der Cr-Geh. des Carbides zu u. der Fe-Geh. derselben verringert sich. Bei den austenit. Cr–Ni-Legg. mit verschiedenen Zus. existiert eine lineare Beziehung zwischen den Konz.-Verhältnissen von Cr u. Fe der hier entstehenden Carbide u. der Grundlegierung. Die gleichzeitig mit den Carbidausscheidungen auftretenden u. mit ihnen verbundenen Heterogenitäten werden in einer austenit. Stahl-Leg. mit 0,33—0,34 C, 0,04—0,09 Si, 1,50—1,80 Mn, 35,7—36,3 Ni u. 11,0—11,8 Ni analysiert. Die bei dieser Leg. mittels der Thermomagnetometrie nach CHEVENARD erzielten Ergebnisse werden mitgeteilt. Nach verschiedenen Anlaßbehandlungen erhaltene Gefüge werden elektronenmkr. untersucht. In Fällen, in denen das Gefüge nicht zu fein ist, ermöglicht die Anwendung der Mikrosonde eine Analyse der Zonen aus der Grundmasse in der Umgebung der Ausscheidungen; es werden in bestimmten Ausscheidungsstadien Cr-Abnahmen u. Ni-Anreicherungen dieser Zonen festgestellt, durch welche die beobachtete Erniedrigung des CURIE-Punktes erklärt wird.
H. HOCHSTEIN. 6410□

Erzeugungserfahrungen mit den aus Stahl von hohem Mangangehalt gegossenen Bestandteilen. Zoltán Nagy. (Kohászati Lapok [Ung. Z. Hüttenwes.] **94.** Nr. 11. Öntöde **12.** 250—58. Nov. 1961. Diósgyör, Lenin-Werke.) (Ung.)

Besprechung der allg. Bedingungen der Stahlerzeugung, der Formstoffe, der Form- u. Gießtechnologie, der App. u. der Warmbehandlung u. Materialprüfung. L. ZOMBORY. 6410

Elektrothermische Verarbeitung von Vanadiumschlacken. Sándor Pallagi. (Kohászati Lapok [Ung. Z. Hüttenwes.] **94.** 512—14. Nov. 1961. Apc, Fémtermia Untern.) (Ung.)

Mit einem neuen elektrotherm. Verf., gelang im Betriebsmaßstab die Verarbeitung der 7—14% V enthaltenden Schlacken auf *Ferrovanadin.* L. ZOMBORY. 6418

Metallverluste bei der Herstellung von kupferhaltigen Legierungen. Károly Maréchal. (Kohászati Lapok [Ung. Z. Hüttenwes.] **94.** Nr. 11. Öntöde **12.** 259—61. Nov. 1961.) (Ung.)

Vf. behandelt die die Verluste hervorrufenden üblichen Ursachen u. stellt fest, daß der Metallverlust zur Zeit 7,5% beträgt. Es wird bewiesen, daß der Materialverlust auf ca. 4,5% vermindert werden kann. L. ZOMBORY. 6432

Mikrostruktur der übersättigten α-Phase in Kupfer–Silicium-Legierungen. G. A. Dreyer und D. H. Polonis. (J. Inst. Metals **90.** Nr. 2. 63—64. Okt. 1961. Seattle, Wash., Univ. of Washington.) (Engl.)

Cu-Legg. mit 4,9% *Si* wurden aus dem α-Gebiet bei 760° sowie aus dem $(\alpha + \gamma)$-Gebiet bei 325—450° abgeschreckt. Die Ergebnisse zeigen, daß die übersättigte α-Phase stark metastabil ist, so daß schon das übliche mechan. Polieren genügt, eine Umwandlung der α-Phase an der Oberfläche durchzuführen. F. VIER. 6432□

Röntgenographische Untersuchung von plastisch verformten Kovarlegierungen. Alexander Spirkov. (Hutnické Listy **14.** 316—19. April 1959. Praha, Výzkumný ústav pro vakuovou elektrotechn.) (Tschech.) — Vgl. C. **1960.** 7440.

Die quant. Phasenanalyse wird zur Erforschung von plast. verformten *Kovar*-Legg. angewendet, gibt Aufschluß über den Störungsmechanismus u. bildet einen Maßstab für deren Beständigkeit. Aus den Unterss. folgt: Das Sinken des Störungsfaktors der α-Phase beruht darauf, daß nur ein Teil der Verformungsenergie den Gitterstörungen zuzuschreiben ist, der übrige Teil der Energie dient zur Bldg. weiterer α-Phase. Die Schwankungen der Faktoren B_α u. B_γ lassen sich auf Grund der Existenz einer oberen u. unteren Grenze der Kristallgröße deuten. Mit steigender Red. steigt der Geh. an α-Phase. Eine *Kovar*-Leg. ist um so stabiler, je geringer der Anstieg der Menge α-Phase bei gegebener Verformung ist. W. WESLY. 6434□

Die gemeinsame Einwirkung von Titan und Bor auf die Eigenschaften der an der Oberfläche des Aluminiums gebildeten Oxidschicht und auf die Kristallisation des Aluminiums. András Domony und Tibor Laár. (Kohászati Lapok [Ung. Z. Hüttenwes.] **94.** 505—07. Nov. 1961. Budapest, Forsch.-Inst. NE-Metalle.) (Ung.)

In Verss. konnte nachgewiesen werden, daß die Wrkg. von gleichzeitig anwesendem Ti u. B davon abhängt, welches Leg.-Element in freiem Zustand das Übergewicht hat. Als kornverfeinernde Substanz erwies sich Ti verläßlicher. L. ZOMBORY. 6446

Einige Beobachtungen über das Zerreißen von Gießstrahlen bei einer Aluminiumlegierung. Gundolf Brandauer und Erich Scheil. (Giesserei **48.** 720—22. 30/11. 1961. Stuttgart, Mahle K.G. u. MPI für Metallforsch.) (Dt.)

Bei Verss. zur Messung der Oberflächenspannung einer fl. Al-Leg. mit Hilfe schwingender Strahlen rissen die Strahlen ab. Es wurde daher eine Vorr. zur Feststellung der Abreißstellen entwickelt; jedoch war es nicht möglich, die verschiedenen Einflußfaktoren auf das Abreißen zu untersuchen. H. HOCHSTEIN. 6446□

Alterungscharakteristiken von Aluminium-Legierungen. Elektronendurchstrahluntersuchungen von Aluminium–Magnesium–Silicium-Legierungen. G. Thomas. (J. Inst. Metals **90.** Nr. 2. 57—63. Okt. 1961. Berkeley, Calif., Univ. of California.) (Engl.)

Kalt gewalzte Folien von 100 μ Dicke einer *Al*-Leg. mit 0,97% *Mg* u. 0,61% *Si* wurden nach Lösungsbehandlung bei 550°, Abschrecken mit W. u. Altern bei 71, 149, 204, 220, 260 u. 316° u. Elektropolieren durch Elektronendurchstrahlung untersucht. Die Konz. der Leerstellen betrug ca. $3 \cdot 10^{-6}$, die Loop-Dichte ca. $10^{14}/cm^3$. Die Zonen, die zuerst beim Altern sich bildeten, traten als Nadeln auf mit ⟨1 0 0⟩-Wachstumsrichtungen; ihre Dichte betrug ca. $2-5 \cdot 10^{15}/cm^3$. Bei weiterem Altern gingen die Nadeln in Stäbe u. die Stäbe in Tafeln über, wobei die Stäbe eine Übergangsform zu Gleichgewichtsplättchen von Mg_2Si darstellen. Es wird angenommen, daß dieser Wechsel auf die Diffusion von Leerstellengruppen MgSi zurückzuführen ist, der die diffusionslose Bldg. von Mg_2Si folgt. — 23 Literaturangaben. F. VIER. 6446□

Einige Aspekte der Dispersionshärtung im System: Uran–Uranoxid. W. Arbiter und G. Stern. (Planseeber. Pulvermetallurgie **9.** 113—21. April 1961. White Plains, N.Y., Nucl. Dev. Corp. of America.) (Engl.)

Durch Dispersionshärtung von U (mit feinverteilten UO_2-Teilchen) entsteht ein Werkstoff mit guter Eindringhärte, Warmbiegefestigkeit u. einem günstigen Verformungs-Verh. bei $\alpha-\beta$-Wärmecyclus. Für solche Werkstoffe ist auch eine hohe Warmzugfestigkeit u. ein gutes Kriechverh. zu erwarten. Bestrahlungs-Verss. erlauben die Weiterentw. als Werkstoff mit einem kleinen Abbrand, da dieser bei 500° nicht größer als 0,3% — entsprechend der heutigen Grenze für unlegiertes U — ist. H. FAHLENBRACH. 6448□

Eine Notiz zum vakuumgesinterten feinkörnigen Titancarbid. D. Moskowitz und M. Humenik jun. (Planseeber. Pulvermetallurgie **9.** 60—64. April 1961. Dearborn, Mich., Ford Motor Comp.) (Engl.)

Säurebehandeltes feinstes Titancarbidpulver mit hohem Geh. an gebundenem C ergibt bei relativ niedrigen Sinter-Temp. von 1250—1500° schon eine hohe Sinterdichte. Dabei führten Messungen des elektr. Widerstandes nach Extrapolation auf ein Poren-Vol. = 0 auf einen Dichtewert, der um einige % kleiner ist als bisher angenommen wurde. Der Grund wird in der mehrfachen Säurebehandlung der Pulver gesucht, wodurch durch Abtragen der Oberflächenoxide der Geh. an gebundenem C erhöht u. der elektr. Widerstand erniedrigt wird. H. FAHLENBRACH. 6476□

Ein neuer Test zur Bestimmung des Widerstandes gegenüber thermischer Wechselbeanspruchung bei Verbindungen auf TiB_2-Grundlage. A. Blum und J. H. Wieliczko. (Planseeber. Pulvermetallurgie **9.** 77—79. April 1961. Pittsburgh, Pa., Borolite Corp.) (Engl.)

Der neue Test besteht in einer induktiven Erhitzung, wobei sich bei auftretenden Materialfehlern, z. B. Rissen, Fluß-Konzz. an den Ecken bemerkbar machen u. auch lokale Erhitzungen an diesen Fehlerstellen leichter sichtbar werden. Die Prüfungen werden an Prüflingen gleicher Gestalt, aber verschiedener chem. Zus. durchgeführt. Die Abschreckerwärmungscyclen können gegenüber den früheren Meth. schneller durchgeführt werden. — Prüfbeispiele werden erläutert. H. FAHLENBRACH. 6480□

Verbesserungen bei Feuerfestigkeitsprüfungen mit kugeligen Probekörpern. R. Zoja. (Metallurgia ital. **52.** 911—12. Dez. 1960. Mailand, Politecnico.) (Ital.)

Durch Erhöhung des Durchmessers der Probekugeln von 20 auf 25 mm sowie (bei Verw. eines TAMMANN-Ofens mit 165 mm Durchmesser) auf 40 mm, ließen sich die Prüfbedingungen verbessern u. die Streuung der erhaltenen Werte herabsetzen. Die mit den neuen Proben an Mg-reichen Hochofenschlacken gefundenen Ergebnisse werden erörtert. A. SANDER. 6480□

Gedanken über die Extrapolation bei Zeitstandversuchen. Gerhard Krüger. (Neue Hütte **5.** 481—87. Aug. 1960. Magdeburg, Deutsches Amt für Material- u. Warenprüfung.) (Dt.)

Die Streuungen der Ergebnisse von Zeitstand-Verss. in Abhängigkeit von der zulässigen Toleranz der Belastung u. der Vers.-Temp. sowie von der Ungleichmäßigkeit des metall. Werkstoffes werden erörtert u. zwischen der Streuung der Vers.-Ergebnisse, der zulässigen Streuung des Extrapolationsmittelwertes u. den Vers.-Zeiten einerseits u. der erforderlichen Zahl der Verss. bzw. der Gesamt-Vers.-Zeit andererseits wurde eine Beziehung gefunden. Die geradlinige Extrapolation im σ/log t-Diagramm wird als besser beurteilt. H. HOCHSTEIN. 6480□

Wechselbeziehungen in den Kriechwerten der Metalle nach der quantenmäßigen Theorie der Reaktionsgeschwindigkeiten. P. Brozzo. (Metallurgia ital. **52.** 865—82. Dez. 1960. Genua, Soc. Ansaldo, Labor. Ric. e Controlli.) (Ital.)

Anwendung der für die Theorie der Rk.-Geschw. gebrauchten quantenmäßigen Ausdrucksweise auf den Kriechvorgang der Metalle führt zu einer „Hauptkriechkurve", welche die Beziehung der Aktivierungsenergie zur bestehenden Spannung ausdrückt. Mit Hilfe der vom Vf. gefundenen Parameter, die mit denen früherer Autoren verglichen werden, lassen sich Vorhersagen auf das Verh. eines Werkstoffs unter dem Einfl. von Spannung, Verformung, Zeit u. Temp. machen. Notwendig ist hierfür ein genügend stabiles Gefüge der Metallprobe. Nach Vf. eignet sich die Meth. auch für Legg. mit begrenzten Strukturänderungen. — 35 Literaturhinweise. A. SANDER. 6480□

Beobachtungen beim Kriechen und Bruch von stabilen und unstabilen Mischkristallen von Nickel–Zinn-Legierungen. P. W. Davies und J. P. Dennison. (J. Inst. Metals **90.** Nr. 2. 53—56. Okt. 1961. Swansea, Univ. Coll.) (Engl.)

Das Kriech- u. Bruch-Verh. von reinem *Ni* u. einer Reihe von *Ni–Sn*-Legg. wurden bei 400, 500 u. 600° untersucht. Alle Legg. lagen im α-Mischkristallgebiet, aber mit

5,7% Sn war die Löslichkeitsgrenze bei 600° überschritten. Bei sehr kleinen *Sn*-Zusätzen wurde eine Verbesserung der Kriechfestigkeit beobachtet. Eine weitere Verbesserung trat ein, wenn die Grenze des α-Mischkristallgebiets erreicht oder überschritten wurde. Nur in letzterem Fall trat eine beachtliche Abnahme der Kriechdehnbarkeit auf. F. VIER. 6480 □

Der Schlagversuch mit Lamellen-Grauguß. D. Fortino. (Metallurgia ital. **52.** 925—37. Dez. 1960. Turin, FIAT, Labor. Ric. e Controlli.) (Ital.)

Bericht über Ergebnisse von Schlagfestigkeitsprüfungen zur Best. der beeinflussenden Parameter. Bes. deutlich zeigte sich hierbei der Einfl. der Korngröße, des metall. Gitters, der Graphitmenge u. -modifikation auf die Festigkeit des Gußeisens. Die obige Prüfung wird daher als Ergänzung der Proben auf Zugfestigkeit u. BRINELL-Härte empfohlen. — 33 Mikrogefügeaufnahmen. A. SANDER. 6480 □

Die Zugeigenschaften einiger technischer Werkstoffe mit mäßigen Beanspruchungen. Robert F. Steidel jun. und Cyril E. Makerov. (ASTM Bull. Nr. **247.** 57—64. Juli 1960. U. S. Atomic Energy Comm.) (Engl.)

Angaben über Zugfestigkeit u. plast. Verformbarkeit bei Zimmer-Temp. von Kaltwalzstahl, 6 *Al*-Legg., 6 *Ti*-Legg., *U* u. *Pb* bei Beanspruchungen bis ca. 80″ je ″ u. Sekunde. W. WESLY. 6480 □

Das Qualitätsproblem schwerer Stahlschmiedestücke. Paul Bastien. (Rev. Métallurgie **57.** 815—26. Sept. 1960. Soc. des Forges et Ateliers du Creusot.) (Franz.)

Es wurden Unterss. der Ungleichmäßigkeiten u. der Materialunterbrechungen schwerer Stahlblöcke angestellt u. hierbei wird bes. die Sprödbruchneigung des Stahles beobachtet. Die Fehler im Kern großer Stahlmassen werden durch Ultraschall aufgedeckt. Es wird jedoch für notwendig erachtet, eine systemat. Lichtbildreihe von Ultraschall-Unterss. mit den Ergebnissen von Zerstörungsprüfungen an zurückgewiesenen Stücken in Beziehung zu setzen. — 21 Literaturangaben. H. HOCHSTEIN. 6480 □

Beziehung zwischen Umfang und Lage geometrischer Fehler und Ergebnisse von Ultraschallprüfungen. M. Ferrero und P. Ravizza. (Metallurgia ital. **52.** 913—24. Dez. 1960. Aosta, Soc. Cogne, Labor. Studi e Controlli.) (Ital.)

An Stahlknüppelschliffen mit künstlich angebrachten Fehlern wurde die Veränderung der Beziehung Echolot/Bodenlot experimentell durch Ändern folgender Parameter: Abstand des Fehlers von der Oberfläche der Probe, Umfang des Fehlers, Größe u. Oberflächenbearbeitung der Probe, App.-Typ des Ultraschallgeräts, nachgeprüft. Die Ergebnisse werden an zahlreichen Diagrammen näher erörtert. — Diskussion.
A. SANDER. 6480 □

Gegeneinander gehaltene optische und elektronenmikroskopische Mikrographien von Strukturformen von Stählen. Claude Beauvais. (Métaux **35.** 290—99. Juli/Aug. 1960.) (Franz.)

Von 8 unlegierten oder legierten handelsüblichen Stählen werden typ. Gefügeausbildungen (Ferrit + Perlit, Martensit + Troostit, Martensit, Sorbit, unterer Bainit, Austenit u. Martensit sowie Carbide + Ferrit) in mkr. Aufnahmen einerseits u. in nach der Elektronenmikroskopie hergestellten Aufnahmen der gleichen Stahlstelle andererseits einander gegenübergestellt. H. HOCHSTEIN. 6482 □

Beitrag zur Morphologie der nichtmetallischen Einschlüsse in Hüttenerzeugnissen. Einschlüsse in Eisen-Molybdän. R. Zoja und A. Masi. (Metallurgia ital. **52.** 855—64 Dez. 1960. Mailand, Politecnico, Ist. di Chim. Fisica Elettrochim. e Metallurg., Aosta, Soc. Naz. Cogne, Centro Studi.) (Ital.)

Frühere morpholog. Unterss. metall. Einschlüsse wurden an zahlreichen Fe-Mo-Proben fortgeführt. Die erhaltenen Einschlüsse im Fe–Mo wichen in ihren Eigg. merklich von den im Fe–Cr u. Fe–V auftretenden Einschlüssen ab. Ergebnisse der Unterss. werden an Hand von Tabellen u. Mikrogefügeaufnahmen näher erörtert. A. SANDER. 6482 □

Kohlenstoff-Tragfolien und -Repliken für die Elektronenmikroskopie und Diffraktographie. Miroslav Rozsíval. (Hutnické Listy **14.** 307—09. April 1959. Praha, Ústav techn. fys. ČSAV.)

Die C-Folien u. -Abdrucke eignen sich zur Anwendung in der Elektronenmikroskopie u. Diffraktometrie. W. WESLY. 6482 □

Die Methoden der metallographischen Untersuchung der Struktur von Uran. B. Přenosil und J. Vobořil. (Hutnické Listy **14.** 309—15. April 1959. Praha, SVUMT.)

Beschreibung des elektrolyt. Polierens u. Ätzens von *U*, der geeignetsten Strombedingungen u. Elektrolyte, der Bedeutung des Kontrastunterschiedes der einzelnen Körner beim Ätzen u. des Einfl. der Wärmebehandlung auf das Ätzen.
W. WESLY. 6482 □

Röntgenkammer für hohe Temperaturen. Zdeněk Jiskra und Bernard Fleischer. (Hutnické Listy **14.** 280—87. April 1959. Praha, Výzkumný ústav hutnictví železa MHD.) (Tschech.)

Eine Röntgenkammer für hohe (1400°), mittels Thermoelement gemessene Temp. zur Unters. von Phasenänderungen u. Gefügen wird beschrieben. Man erhitzt die Probe in 2 Widerstandsöfen, zwischen denen sich ein Beugungsspalt befindet. Das ganze Syst. wird evakuiert, um eine Oxydation zu verhüten. Mit 60—120 Min. Belichtung werden bei 20—1200° Aufnahmen von *Pt*, *Ag* u. *Stählen* gemacht. W. WESLY. 6484□

Röntgenstrahlenmikroanalyse. 1. Mitt. **Anwendung auf Ausscheidungen in Lagerstählen.** Roland Kiessling und Sven Baeckström. (Jernkontorets Ann. **145.** 255—60. 1961. Swed. Inst. Metals Res.) (Engl.)

Die Ausscheidungen in wärmebehandelten Cr-Stählen mit 0,98 (%) C, 1,52 Cr, 0,33 Si, 0,32 Mn, 0,022 P u. 0,017 S wurden röntgenograph. untersucht. Die Ausscheidungen werden nach Ätzen in Alkalipikrat dunkel u. bestehen in der Hauptsache aus kleinen Zementkörnern $< 1\ \mu^2$. In den Ausscheidungen treten auch größere Carbidteilchen auf, die in Walzrichtung gestreckt sind u. beim Ätzen mit Alkalipikrat nicht dunkel werden mit einer Größe von $5 \cdot 50\ \mu^2$. Daneben wurden graue MnS-Teilchen in einer Größenordnung von $2 \cdot 40\ \mu^2$ beobachtet. Die elektronenopt. Analyse ergab für die dunklen Ausscheidungen 2,0—7,0 Cr, ∼85 Fe, 0,3—0,5 Mn, für die größeren Carbidteilchen 29—34 Cr, 50—56 Fe nicht bestimmbares Mn. Die Sulfidteilchen enthielten 40 Mn u. ∼5 Fe. Die Analysen zeigen, daß die groberen Carbidteilchen nicht einer Verb. $(Fe, Cr)_3C$ entsprechen, sondern der Verb. $(Cr, Fe)_7C_3$ zuzuschreiben sind.
F. VIER. 6484□

Röntgenstrahlenmikroanalyse. 2. Mitt. **Untersuchung der Ausscheidung in Aluminium-Zink-Magnesium-Legierungen.** Roland Kiessling und Nils Ståhl. (Jernkontorets Ann. **145.** 261—69. 1961.) (Engl.) — 1. vgl. vorst. Referat.

Untersucht wurden Al-Guß-Lsgg. mit 5 (%) *Zn* u. 1,2 *Mg* ohne u. mit einem Zusatz von 0,17 *Cr*. Während an ähnlichen Knetlegg. früher festgestellt wurde, daß Cr die Kornseigerung während der Erstarrung herabsetzt, wurde an den untersuchten Guß-Legg. eine Verstärkung der Kornseigerung von Zn u. Mg festgestellt. Obwohl *Fe* nur als Verunreinigung in Spuren von 0,3% in der Leg. vorhanden war, wurden in einer grauen Korngrenzenphase 22 Fe festgestellt. Ebenso enthält diese Phase *Si* in beachtlicher Menge. Daraus läßt sich auf einen erheblichen Einfl. dieser Verunreinigungen auf das elektrochem. Potential u. das Korrosions-Verh. schließen. F. VIER. 6484□

Mit dem Warmwalzen von Blechen aus unberuhigtem Stahl auftretende Gefügeerscheinungen. U. Berruti, S. Michelucci und G. Odone. (Rev. Métallurgie **57.** 1019—31. Nov. 1960. Genua, Cornigliano SPA.) (Franz.)

Auf Grund von Walzverss. an Blechen aus unberuhigtem Stahl mit Endtemp. zwischen 835 u. 880° wird nachgewiesen, daß ein Halten der Bleche bei einer genügend hohen Temp. nach einer Verformung eine Rekristallisation hervorbringt, die von der Stärke der Verformung abhängt. Das Fehlen der groben Körner wird durch eine niedrige Wickeltemp. bedingt. Ein nachträgliches Glühen ist nachteilig; doch beseitigt eine Normalglühung die Kalthärtung durch eine Phasenumwandlung. H. HOCHSTEIN. 6490□

Strangguß in der Drahtverarbeitung. F. Leitner und R. Rossegger. (Draht-Welt **46.** 876—79. Nov. 1960. Wartberg i. Mürztal.) (Dt.)

Es wird dargelegt, daß einwandfrei vergossener Strangguß bei C- u. leicht- bis mittellegierten Stählen in der drahtverarbeitenden Industrie hinsichtlich Güte u. Verarbeitbarkeit dem Blockguß gleichgesetzt werden kann. Die Herst. derartiger Stranggußknüppel ist auf Grund des hohen Ausbringens gegenüber Blockguß (95% zu 82%) bes. wirtschaftlich. H. HOCHSTEIN. 6490□

Adiabatische Verformung beim schlagartigen Strangpressen. J. F. Wallace. (J. Inst. Metals **90.** Nr. 2. 38—41. Okt. 1961. Sheffield, Univ.) (Engl.)

Die bei der plast. Verformung der Metalle geleistete Arbeit wird in Wärme umgewandelt außer einem kleinen Teil, der als Mikro- oder Makro-Eigenspannung zurückbleibt. Bei sehr hohen Belastungs-Geschw. treten adiabat. Bedingungen in den Einzelelementen des verformten Werkstoffes auf. Der Einfl. der Strangpreß-Geschw. auf die Strangpreßcharakteristiken wurde an Al mit einer Reinheit von 99,7% untersucht durch Messungen des Wärme-Geh. des Strangpressens. Danach verläuft der gesamte Vorgang adiabatisch. Der Verformungsdruck bei hohen Geschw. ist geringer als bei niedrigen Geschwindigkeiten. F. VIER. 6490□

Spanabhebende Formung von austenitischen CrNi-Stählen. E. Praceus und E. Franzke. (Fertigungstechn. u. Betr. **10.** 408—13. Juli 1960. Berlin, VEB Bergmann-Borsig.) (Dt.)

Übersicht über die Eigg. u. Verh. von austenit. Cr–Ni-Stählen. W. WESLY. 6490□

Die Herstellung von Feinkorn-Aluminiumblech durch fortlaufendes Anlassen mittels Induktionserwärmung. Robert V. Lackner. (Mod. Metals **16.** Nr. 8. 62—64. Sept. 1960. Pittsburgh, Pa., Penn Induction Corp.) (Engl.)

Gerollte *Al-* (u. *Messing*)-Bleche (bis 48″ breit) erhalten durch Induktionserwärmung (Bewegung durch ein Kraftlinienfeld) ein Korn, dessen Größe nur $^1/_3$—$^1/_5$ des in herkömmlichen Glühöfen erhaltenen Wertes beträgt. W. WESLY. 6492□

Neue und laufende Entwicklungen des elektrischen Lichtbogenschweißens. W. A. Wrate. (Product. Engr. **39.** 646—55. Nov. 1960. Gateshead, Quasi-Arc, Ltd.) (Engl.)

Fortschrittsbericht. W. WESLY. 6506□

Betriebserfahrungen mit der Strahlenentzunderung von Drähten und Stangen. Erich Bickel. (Draht-Welt **46.** 873—76. Nov. 1960. Zürich, ETH.) (Dt.)

Berichtet wird über die Weiterentw. der Drahtentzunderung u. hierbei wird bes. die Quer- u. Längsbestrahlung behandelt. Die techn. Erfahrungen mit der Strahlenentzunderung von Draht- u. Stangenmaterial werden mitgeteilt, u. es werden Angaben über Schmiermittelträger, Werkzeugverschleiß, Schmiermittel sowie über die Oberflächengüte des strahlentzunderten gezogenen Materials gemacht.
H. HOCHSTEIN. 6510□

Versuche zwecks galvanischer Herstellung eines korrosionsbeständigen Titanüberzuges. Pál Csokán und Ferenc Simon. (Magyar Kémikusok Lapja [Z. Ver. ung. Chemiker] **15.** 442—45. Okt. 1960. Fémipari Kutató Intézet.) (Ung.)

Vff. beschreiben eine neuartige Meth. in niedrig-schmelzenden Salzschmelzen, in einem Gemisch von $KHSO_4 + NH_4HSO_4 + TiSO_4$, Ti-Überzüge herzustellen.
G. HALMI. 6516□

Grundverhalten passiver Legierungen. Herbert H. Uhlig. (Werkstoffe u. Korrosion **12.** 413—16. Juli 1961. Cambridge, Mass., Massachusetts Inst. of Technol.) (Dt.)

Unter Berücksichtigung bereits veröffentlichter Unterss. wird ein Überblick über den Mechanismus der Passivierung durch Legieren oder durch Zufügen von Leg.-Bestandteilen geringer Überspannung gegeben. An Hand des *Cu-Ni*-Leg.-Syst., dessen krit. Zus. bei 30—40% Ni liegt, werden die Charakteristika erörtert, die die Passivität einer Leg. herbeiführen. Schließlich werden Passivlegg. von Mehrfachphasen, z. B. *Stähle* mit hohem C-Geh., behandelt. — 19 Literaturangaben. F. VIER. 6538□

Untersuchung der Korrosionsfestigkeit einer Reihe von Metallen gegenüber den Produkten einer unvollständigen Oxydation von Naturgas. Ss. F. Gudkow und A. P. Ssidorow. (Химическая Промышленность [Chem. Ind.] **1959.** 705—06. Dez.) (Russ.)

Die Korrosionsverluste (KV, $g/m^2 \cdot h$) von 3 *legierten Stählen*, einem *C-Stahl*, *Al* u. *Cu* werden an 5 Punkten verschiedener Temp. in Gasen der unvollständigen Oxydation von Naturgas untersucht. Die legierten Stähle mit 18 (%) Cr, 9 Ni, Ti bzw. 23 Cr, 18 Ni u. 25 Cr + Ti zeigen geringe KV. Der C-Stahl ist in feuchtem Gas nicht zu verwenden u. führt zu Verunreinigungen der HCHO-Lsg., die bes. gereinigt werden muß. Al weist geringe KV auf u. eignet sich bes. für Behälter für das Fertiggas. Cu wird stark angegriffen, bes. in der Kälte. Am besten geeignet ist der Stahl mit 23 Cr + 18 Ni.
R. K. MÜLLER. 6538□

Elektroden-Potential und Korrosions-Verhalten einiger Boride des Molybdäns und des Zirkoniums. W. Beck. (Planseeber. Pulvermetallurgie **9.** 96—108. April 1961. Yonkers, New York, Amer. Electro Metal Corp.) (Engl.)

Bei der sehr geringen Korrosion von *MoB* in 0,1n KCl-Lsg. wird der Gew.-Verlust u. der Geh. an *Borsäure* ermittelt. Die Korrosion nimmt mit der Zeit zu. Der Prozeß hängt mit der elektrolyt. Zers. vom MoB zusammen u. wird durch die Bldg. von Lokalelementen anod. u. kathod. Bereiche beschleunigt. Dabei dringt das Mo an die Oberfläche u. bildet ein niedriges Oxid. Die Zunahme der Mo-Oberflächenschicht mit der Zeit führt zu einer fortschreitenden Abnahme der Korrosion. Das bei tiefen Temp. beständige *α-MoB* ist weniger korrosionsfest als *β-MoB*. Die Korrosion von ZrB_2 ist wesentlich kleiner als die von MoB. Das Potential von ZrB_2 wird in 0,1n KCl-Lsg. vorwiegend von Zr, das von ZrB_{12} vorwiegend von B bestimmt. Die Einlagerungs-Verbb. von Mo u. Zr mit B haben intermetall. Charakter. H. FAHLENBRACH. 6538□

Die Auflösung des Bleis in organischen Säuren. M. Laćan, T. Marković und A. Ćubranić. (Werkstoffe u. Korrosion **12.** 425—26. Juli 1961. Zagreb, Technolog. Fak. Inst. für physikal. Chem.) (Dt.) — Vgl. C. **1959.** 3966.

Untersucht wurde das Inlösunggehen von Pb in *Citronensäure* u. in *Oxalsäure* in Abhängigkeit vom pH-Wert. Dabei wurden ähnliche Abhängigkeiten gefunden wie bei den bereits untersuchten anorgan. Säuren HCl, HNO_3 u. $HClO_4$. Im Vgl. mit CH_3COOH führt Behandlung mit CCl_3COOH zu erheblicher Beschleunigung der Auflösung.
F. VIER. 6538□

Über die Verbesserung des Korrosionsverhaltens von Werkstoffen auf Kupferbasis durch geringe Legierungszusätze. Hans Joachim Wallbaum. (Werkstoffe u. Korrosion **12.** 417—22. Juli 1961. Osnabrück, Osnabrücker Kupfer- und Drahtwerk.) (Dt.)

Durch den Zusatz kleiner Mengen von *Al* oder *Be* kann die O-Aufnahme von Cu bei 800° erheblich herabgesetzt werden. Der Zusatz von *Mg* in Mengen von 0,19—0,89% hemmt die Oxydation einer *Cu–Ni*-Leg. (62/38) bei 500° merklich. Die Entzinkung von Messing kann durch kleinste Zusätze von *As*, *Sb* oder *P* von weniger als 0,12 prakt. unterbunden werden. — 14 Literaturangaben. F. VIER. 6538□

Der Einfluß von Wasserstoffsuperoxid auf die Korrosion von Messing. J. D. Talati, M. N. Desai und A. M. Trivedi. (Werkstoffe u. Korrosion **12.** 422—24. Juli 1961. Ahmedabad, Indien, M. G. Science Inst.) (Dt.)

Verss. zeigen, daß H_2O_2 die Korrosion von Messing verstärkt u. die Entzinkung verringert. Bei α-Messing beruht die Entzinkung in erster Linie auf der Wiederablagerung von Cu, die Entzinkung ist also ein elektrochem. Vorgang. Bei α/β-Messing dagegen tritt die Entzinkung durch Auslaugen auf, H_2O_2 steigert zunächst den Angriff auf die Zn-reiche Phase. F. VIER. 6538□

Die Biokorrosion von unterirdischen Leitungsrohren. W. A. Pritula. (Газовая Промышленность [Gas-Ind.] **6.** Nr. 8. 46—50. 1961.) (Russ.)

Vf. bespricht an Hand der Literatur die die Korrosion der in der Erde verlegten Leitungsrohre verursachenden Bakterien, deren O_2-Bedarf, die im Boden durch die Bakterien einer Red. oder Oxydation unterworfenen Verbb., die Endprodd. dieser Einw., das pH-Optimum der Bakterientätigkeit u. die Temp.-Grenzen, innerhalb welcher diese Bakterien lebensfähig sind. O. LEBTAG. 6538□

Zur Frage der Korrosion der Apparatur der Arsen–Soda-Schwefelreinigungsanlagen. I. A. Lewin und N. P. Kowalenko. (Химическая Промышленность [Chem. Ind.] **1960.** 74—76. Jan./Febr.) (Russ.) — Vgl. C. **1957.** 4523.

Als C-armer Stahl für die Korrosions-Unterss. wird ein Stahl mit 0,03 (%) C, 0,23 Mn, 0,016 S, 0,015 P u. Spuren Si verwendet, als Ausgangs-Lsg. eine solche von $Na_2 \cdot HAsSO_3$ (I). Bei Zunahme des Verhältnisses S/As in der I-Lsg. durch Einführung von H_2S nimmt die Korrosions-Geschw. (KG) zunächst zu, bei S/As = 1,4—2 nur wenig, dann wieder stark von S/As = 2,2—2,3 an. Bei gleichem S/As nimmt die KG mit dem Gesamt-As-Geh. zu u. bei Erhöhung des Verhältnisses Na/As von 1,5 auf 2 ab. Bei einer I-Lsg. mit 14,6 g As_2O_3/Liter u. S/As = 2,5 ist die KG ca. 2 g/m²·h. Man kann die KG bei der S-Reinigung mit As_2O_3–Na_2CO_3-Anlagen wesentlich verringern, wenn man die Konz. des Rest-As_2O_3 in den Wäschern erhöht u. die bes. korrosionsgefährdeten Teile der App. durch Asbovinylüberzug oder Verw. von Bimetall (C-Stahl — rostfreier Stahl) schützt. Korrodierend scheint ein aus I durch Erhöhung des S-Geh. entstandenes Salz zu wirken. R. K. MÜLLER. 6538□

Methode zur Bestimmung der Austauschstromdichte. Benno Röschenbleck. (Werkstoffe u. Korrosion **12.** 427—29. Juli 1961. Schwäbisch Gmünd.) (Dt.)

Da bei vielen Metallen schon bei kleinen anod. Stromdichten Konz.-Polarisation vorliegt, kann die Austauschstromdichte durch Extrapolation nicht gewonnen werden. Es wird gezeigt, daß die Austauschstromdichte aus der Steigung der Stromdichte-Potentialkurve im Ruhepotential berechnet werden kann. Die Richtigkeit des Verf. wird am Beispiel *Ag* überprüft. Die gefundenen Werte stehen mit den durch Messungen des Austausches mit radioakt. Lsgg. gewonnenen anderer Vff. in Übereinstimmung. F. VIER. 6540□

Instituto Nacional de Industria (Erfinder: Angel Vian Ortuño, Conrado Iriarte Fernández und Angel Romero Gonzalez), Madrid, Spanien, **Rösten von Arsen und Blei enthaltenden Pyriterzen.** Zur Entfernung des labilen S werden die Erze in einer ersten Wirbelschicht auf eine erhöhte Temp. unter 700° gebracht. In einer weiteren Wirbelschicht werden As u. Pb mit nichtoxydierenden Gasen bei 700—1100° ausgetrieben, worauf der Rückstand in einer oder zwei aufeinanderfolgenden Stufen in der Wirbelschicht geröstet wird. Zur Austreibung des As u. Pb können katalyt. wirkende Zusätze von *Mn*- u. *Mg*-Verbb. benutzt werden. Eine Vorr. zur Durchführung des Verf. wird beschrieben. — Abbildungen. (**D. A. S. 1 114 513** Kl. 18a vom 21/4. 1958, ausg. 5/10. 1961. Span. Prior. 23/4. 1957.) HANS HOFFMANN. 6379

Hermann Schenck und Werner Wenzel, Aachen, **Reduzieren von feinkörnigem Eisenerz mit feinkörniger Kohle im Elektroofen.** Der für die Erz-Red. erforderliche Heizstrom wird durch eine schaumartige Emulsion geleitet, die aus geschmolzenem Erz, fl. Schlacke u. dem Red.-Mittel besteht. Schlackenbildner, wie Al_2O_3 oder SiO_2 können dem Erz zugesetzt werden, welches zweckmäßig unter Verw. der bei der Red. anfallenden CO-haltigen Abgase eingeschmolzen wird. (**D. A. S. 1 109 725** Kl. 18a vom 7/6. 1958, ausg. 29/6. 1961.) HANS HOFFMANN. 6391

Joseph Wohlgemuth, Bozen, Italien, **Herstellung von Werkzeugstahl,** dad. gek., daß man fl. Stahl einer Vakuumbehandlung unterwirft. (**It. P. 522 568** vom 9/12. 1954.) K. KOEBKE. 6409

Hoesch Werke Akt.-Ges., Dortmund, und Schmiedag Akt.-Ges., Hagen (Erfinder: Hubert Hoff, Paul Werthebach, Dortmund, Gerhard Labisch und Heinz Habig, Olpe), **Stahl für Mahlkörper.** Verwendet wird ein Stahl mit 0,7 bis 1,1 (%) *C*, 0,8—2,0 *Cr*, 0,8—1,5 *Mn*, 0,2—0,6 *Mo*, 0,3—1,0 *Si*, bis 0,04 *P*, bis 0,03 *S*, Rest *Fe* als Werkstoff für Mahlkörper zum Zerkleinern von Erzen, Gesteinen, Kohle, Schlacken u. Zementen. Zweckmäßig besteht der zu verwendende Stahl aus 0,9—1,1 C, 1,6—1,9 Cr, 1,0—1,2 Mn, 0,45—0,55 Mo, 0,6—0,8 Si, bis 0,025 P, bis 0,025 S, Rest Fe. Die Stähle besitzen eine bes. große Widerstandsfähigkeit gegen die an den Mahlkörpern beim Zermalmen von Mineralien auftretende u. zur Bldg. von Silicaten u. dgl. führende Reiboxydation. (**D. A. S. 1 113 950** Kl. 18d vom 6/8. 1958, ausg. 21/9. 1961.) H. HOCHSTEIN. 6411

Phoenix-Rheinrohr Akt.-Ges. Vereinigte Hütten- und Röhrenwerke, Düsseldorf (Erfinder: Franz Nehl, Mülheim/Ruhr), **Verwendung von Cu–Mn–V-Stählen für geschweißte Gegenstände.** Verwendet werden beruhigte Stähle mit ca. 0,10—0,25 (%) *C*, 0,20—0,60 *Si*, 0,50—2,00 *Mn*, 0,4, bes. 0,5—2, *Cu*, 0,10—0,4 *V*, Rest techn. *Fe*, in denen die Anteile an Cu, Mn u. V so aufeinander abgestimmt sind, daß die Summe der Geh. an Cu, Mn u. des dreifachen Geh. an V mindestens 2,3% beträgt, u. die Streckgrenze nach dem Warmverformen oder Normalisieren ohne beschleunigte Abkühlung ca. 50 kg/mm^2 u. mehr beträgt, als Werkstoff für geschweißte Gegenstände, die nach dem Schmelzschweißen bei der beschleunigten Abkühlung der Schweißzone keine Aufhärtung u. dementsprechend keine Anlaßbehandlung erfahren. Bes. werden Stähle verwendet, denen bei Cu-Geh. über 0,6% *Ni* etwa in Höhe des Cu-Geh:, mindestens aber 80%, bes. 80—90%, des Cu-Geh., zulegiert ist. (**D. A. S. 1 114 517** Kl. 18d vom 2/3. 1955, ausg. 5/10. 1961.) H. HOCHSTEIN. 6411

Phoenix-Rheinrohr Akt.-Ges. Vereinigte Hütten- und Röhrenwerke, Düsseldorf (Erfinder: Ernst Goebel und Heinz Höfges, Duisburg), **Herstellung von beruhigtem, Si- und/oder Al-haltigem Siemens-Martin-Stahl** durch Mischen eines windgefrischten Vormetalls mit in üblicher Weise hergestelltem SIEMENS-MARTIN-Stahl, dad. gek., daß als zu mischende Metalle ein nicht oder nur unvollkommen beruhigter SIEMENS-MARTIN-Stahl u. ein Windfrischstahl Verw. finden, der im Anschluß an das Frischen u. außerhalb des Konverters unter reduzierend wirkender Schlacke mit *Si* u./oder *Al* legiert u. entschwefelt worden ist. Bes. ist der Windfrischstahl ein THOMAS-Stahl, bei dessen Erblasen Mittel verwendet werden, die auf einen niedrigen P- u. N-Geh. im Stahl hinwirken. (**D. B. P. 975 124** Kl. 18b vom 12/3. 1949, ausg. 24/8. 1961. Anmeldung bekanntgemacht 1/3. 1951.) H. HOCHSTEIN. 6411

Union Carbide Corp., New York (Erfinder: Joseph Harrison Brennan, Niagara Falls), N.Y., V.St.A., **Gleichzeitige Gewinnung einer Ferrochromlegierung und einer chromreichen Schlacke** aus Chromerzen durch Red. mit einer *Fe–Cr–Si*-Leg., dad. gek., daß die beiden Rk.-Partner in Abwesenheit von Flußmitteln geschmolzen werden u. die anfallende vom Ferrochrom getrennte neutrale Cr-haltige Schlacke, in der ein Cr/Fe-Verhältnis von wenigstens 4 eingehalten wird, in an sich bekannter Weise durch ein C-haltiges Red.-Mittel in Ggw. von SiO_2 in eine Fe–Cr–Si-Leg. übergeführt wird, die dann wieder zur Gewinnung von neuem Ferrochrom verwendet wird. — Abbildungen. (**D. A. S. 1 110 674** Kl. 18b vom 1/12. 1958, ausg. 13/7. 1961. A. Prior. 2/12. 1957.) H. HOCHSTEIN. 6419

Ermanno Colombini, Turin, Italien, **Kupferlegierung** mit hoher Widerstandskraft gegen mechan. u. therm. Beanspruchung, bestehend aus 50—98 (%) *Cu*, 0—27 *Ni*, 0,2—16 *Sn*, 0—6 *Fe*, 0—50 *Pb*, 0—10 *Mo*, 0—9 *Si*, 0—5 *Cr*, 0,1—15 *Zn*. — Zum Beispiel: 71,5 Cu, 5 Ni, 8 Sn, 1 Fe, 10 Pb, 0,2 Mo, 2,1 Si, 0,2 Cr, 2 Zn. (**It. P. 523 984** vom 1/12. 1954.) K. KOEBKE. 6433

Soc. Finanziaria Siderurgica „Finsider" p. A., Genua, Italien, **Reduktion von pulverförmigen Metalloxiden durch reduzierende Gase,** wobei die gebildeten Metallpulver durch kombinierte Anwendung von Schwer- u. Zentrifugalkraft abgetrennt werden, dad. gek., daß man das Pulver in mehreren Stationen mit dem im Gegenstrom laufenden Gas behandelt. — Vorr.; Zeichnung. (**It. P. 524 426** vom 18/8. 1954.) K. KOEBKE. 6475

Deutsche Edelstahlwerke Akt.-Ges., Krefeld (Erfinder: Franz Skaupy, Berlin), **Herstellung von im wesentlichen aus Fe bestehenden Sinterkörpern** mit Ausnahme von Lagern unter Verw. einer Mischung aus C-haltigem Fe-Pulver u. Pulver aus reinem Fe, dad. gek., daß Fe-Pulver mit einem zur Härtung ausreichenden C-Geh. in Mischung mit reinem Fe-Pulver, z. B. Carbonyl-Fe, gepreßt u. bei einer Temp. gesintert wird, bei der noch keine Abwanderung des C aus den härtbaren Bestandteilen in die weichen Fe-Teilchen stattfindet, u. daß der Formkörper dann abgeschreckt wird. (**D. B. P. 975 125** Kl. 18b vom 16/7. 1939, ausg. 24/8. 1961. Anmeldung bekanntgemacht 13/8. 1953.) H. HOCHSTEIN. 6475

Gustav F. Gerdts K. G. (Erfinder: Hans-Martin Pape), Bremen, **Aus zwei Schichten unterschiedlicher Wärmedehnung bestehendes Bimetall** für Thermostaten in Dampfanlagen u. dgl., bes. für Kondensatableiter, wobei das Bimetall vom angreifenden Medium, z. B. Dampf oder Kondensat, umgeben ist u. wobei der Einzelwerkstoff der einen Bimetallkomponente ein *autenit.* u. der Einzelwerkstoff der anderen Bimetallkomponente ein *ferrit. Stahl* ist, dad. gek., daß die beiden Komponenten nichtrostende Stähle sind u. daß die beiden Bimetallkomponenten durch Punktschweißung, Rollnahtschweißung oder Auftragsschweißung zu dem Bimetallkörper vereinigt sind. Bes. besteht die eine Komponente aus dem austenit. Stahl mit 18 (%) *Cr* u. 8 *Ni* u. die andere Komponente aus dem ferrit. Stahl mit ca. 13 Cr.—Abbildungen. (**D. A. S. 1 109 726** Kl. 18d vom 23/7. 1953, ausg. 29/6. 1961.) H. HOCHSTEIN. 6479

Westinghouse Electric Corp. (Erfinder: Karl Foster und Paul A. Albert), Pittsburgh, Pa., V.St.A., **Herstellung magnetisierbarer Bleche mit Würfeltextur aus Fe-Si-Legierungen** mit ca. 2—5%, bes. 2,75—3,5 (%), *Si* sowie ggf. einem oder mehreren der Elemente *Ni* in Mengen von ca. 0,1—1, bes. 0,2—0,4, *Mo* ca. 0,1—1, bes. 0,3—0,5, *Cr* ca. 0,1—0,4, *Mn* ca. 0,1—0,4, Rest *Fe*, dad. gek., daß ein Block aus der Fe-Si-Leg. heiß zu einem Blech oder Band gewalzt wird, daß das Blech oder Band in mindestens zwei Schritten mit einem Verformungsgrad von je mindestens 30% u. nicht mehr als 80% kalt weiter verformt wird, wobei zwischen jedem Kaltwalzschritt eine Zwischenglühung bei einer Temp. von 975—1100° in einer Atmosphäre aus trockenem H_2 für eine solche Zeitdauer vorgenommen wird, daß prim. Rekristallisation hervorgerufen wird u. daß nach dem letzten Kaltwalzschritt eine Schlußglühung des Bleches oder Bandes für ca. ½ bis mehr als 20 Std., bes. ca. 2—16 Std., bei 1000—1350°, bes. 1100—1350°, in einer Atmosphäre von trockenem H_2 mit einem Taupunkt von —40° oder tiefer oder im Vakuum bei einem Druck von 10^{-3} mm Hg oder weniger vorgenommen wird, wobei Temp. u. Zeitdauer der Schlußglühung so bemessen werden, daß im wesentlichen vollständiges sek. Kornwachstum hervorgerufen wird. Die so behandelten Bleche oder Bänder mit der Würfeltextur (100)[001] besitzen verbesserte magnet. Eigg. u. eignen sich zum Bau von elektr. App. vieler Typen.—Abbildungen. (**D. A. S. 1 111 225** Kl. 18c vom 22/1. 1959, ausg. 20/7. 1961. A. Prior. 20/3. 1958.) H. HOCHSTEIN. 6493

Phoenix-Rheinrohr Akt.-Ges. Vereinigte Hütten- und Röhrenwerke (Erfinder: Hermann Josef Schiffler, Walter Hirsch und Josef Wingerath), Düsseldorf, **Verschweißen von dickwandigen Bauteilen aus ferritischem, umwandlungsfreiem Stahl.** Die Schweißkanten der bes. aus Cr-Stahl mit über 12% Cr bestehenden Bauteile werden mit Schweißzusatzwerkstoff aus *austenit. Cr-Ni-* oder *Cr-Ni-Mn-Stahl* in dünnen Strichraupen beraupt u. anschließend nach evtl. Spannungsfreiglühen zusammengeschweißt. Die austenit. Fugenfüllung kann mit einem dem ferrit. artgleichen Schweißwerkstoff bedeckt werden. — Abbildungen. (**D. A. S. 1 111 483** Kl. 49h vom 20/12. 1956, ausg. 20/7. 1961.) HANS HOFFMANN. 6507

Gebr. Böhler & Co. Akt.-Ges., Wien, Österreich (Erfinder: Helmut Krainer, Essen), **Entzundern und spanloses Warmverformen von Blöcken, Stranggußerzeugnissen oder Halbzeug aus Eisen oder Stahl in einem Arbeitsgang.** Das Gut wird in ein Bad von geschmolzenem Glas eingebracht, in diesem bis zur vollständigen Lsg. der Zunderschicht belassen u. dann entzundert u. vorgewärmt, unmittelbar aus dem Bad der spanlosen Warmverformung zugeführt. Beim Verarbeiten in einer Strangpresse wird als Schmiermittel eine Aufschwemmung eines festen Stoffes mit Schichtgitterstruktur (*Graphit*, MoS_2) in einem glasfreien Trägerstoff verwendet. (**D. A. S. 1 107 478** Kl. 48d vom 25/8. 1955, ausg. 25/5. 1961. Oe. Prior. 2/9. 1954.) G. BAUR. 6513

Winn & Coales Ltd., Beckenham, Kent, und Frank Bertie Coales, London, England (Erfinder: Frank Bertie Coales), **Isolierende Zwischenlage zwischen ungleichartigen Metallen** zur Verhütung von Korrosionen infolge elektrolyt. Vorgänge besteht aus einem Gewebe aus *Baumwolle, Glasfilz, synthet.* Faser, *Asbest* als Trägermaterial, das mit einer weichbleibenden Mischung aus *Petrolatum, Lanolin* oder oxydiertem u. durch Petrolatum erweichtem *Bitumen* oder einer dem Petrolatum ähnlichen Substanz (55—65%), einem inerten Füllstoff (12—17%), einem nur wenig lösl. *Metall-*

chromat(17—23% $BaCrO_4$) u. ggf. einem Zusatzwirkstoff zur Verleihung verbesserter therm. Eigg. (*Wachs*, teilweise *dehydrierte Kieselsäure*, *Aluminiumstearat*) imprägniert u. bedeckt ist. Beispiel für eine Mischung: 61(%) Petrolatum, 15 Schieferpuder, 20 $BaCrO_4$, 4 dehydrierte SiO_2. (**D. A. S. 1 112 870** Kl. 48d vom 11/10. 1954, ausg. 17/8. 1961. E. Prior. 26/10. 1953, 19/2. u. 13/9. 1954.) H. BAUR. 6529

Erminio De Pretto, Mailand, Italien, **Phosphatierung von Eisen und Eisenlegierungen.** Man setzt den bekannten Mitteln zur Phosphor-Chlor-Oxalatbehandlung $KClO_3$ u. ein Salz einer *Polyphosphorsäure* vom pH <7 zu. — 5,5 (%) P in Form von Phosphaten, 14—20 $NaClO_3$, 14—20 $KClO_3$, 29—35 Oxalsäure, 18—24 polyphosphorsaures Salz mit einem pH-Wert <7, 0,8—1,2 Fe. (**It. P. 524 167** vom 13/11. 1954.) K. KOEBKE. 6533

Metallgesellschaft Akt.-Ges., Frankfurt/M. (Erfinder: Harold Israel Roosenbloom, Pittsburgh, Pa., V.St.A.), **Erzeugung von Schutzüberzügen auf Metallen,** die auch bei hohen Temp. oxydationsbeständig sind. Verwendet werden Lsgg., die neben einem wasserlösl. anhydr. *Phosphat*, bes. Alkaliphosphat, einem für Phosphatierungs-Lsgg. bekanntem *Oxydationsmittel* sowie ggf. *Zn* u./oder *Erdalkaliionen* noch wenigstens eine Verb. von *Ca*, *Zn*, *Co*, *Mg*, *Cd*, *Fe*, *Al*, *Ba*, *Sr*, *Mn*, *Cr* oder *Ni* (als Chloride, Nitrate, Sulfate, Acetate, Oxide, Carbonate oder Hydroxide) enthalten u. bei Temp. von 15—50° u. einem pH-Wert zwischen 3 u. 8 angewandt werden. Beispiel: eine 1,75%ig. wss. Lsg. aus 49,2 (%) *Natriummetaphosphatglas* (mit einem Verhältnis von Na_2O zu P_2O_5 = 1,1 : 1), 34,7 $CaCl_2 \cdot 6\,H_2O$ (78%ig.), 6,6 $NaNO_2$, 9,5 $NaHSO_4 \cdot H_2O$ mit einem pH-Wert von 4,5. (**D. B. P. 974 853** Kl. 48d vom 29/9. 1950, ausg. 18/5. 1961. Anmeldung bekanntgemacht 29/3. 1951. A. Prior. 23/11. 1945.) H. BAUR. 6533

Lubrizol Corp., Wickliffe, übert. von: George R. Norman, Cleveland, Ohio, V.St.A., **Phosphorverbindungen** der allg. Formel (RO)(R'O)·P(=O)OH (R u. R' = gleiche oder verschiedene organ. Gruppen, wie Alkyl-, halogenierte Alkyl- oder Arylgruppen) erhält man aus den entsprechenden Phosphiten u. SO_3 bei 20—75°, ggf. in Ggw. eines Lösungsmittels. — 0,78 (Mol) Di-n-octylphosphit werden bei —20° mit einer Mischung von SO_2 u. O_2 4 Std. behandelt. Nachdem 0,78 SO_3 eingeleitet wurden, wird in Diisopropyläther aufgenommen u. mit W. gewaschen. Man entfernt Diisopropyläther u. erhält bei 25 mm Hg u. 110° *Di-n-octylphosphorsäureester*. — Es werden ferner hergestellt: *Di-n-decyl-*; *Di-n-hexyl-*; *Di-n-amyl-*; *Di-2-äthylhexyl-*; *Di-(5-chlor-n-amyl)-*; *Dicyclohexyl-* u. *Diphenylphosphorsäureester*. — *Rostverhütungsmittel*. (**A. P. 2 952 699** vom 23/12. 1955, ausg. 13/9. 1960.) G. KÖNIG. 6539

British Industrial Plastics Ltd., London, England, *Herstellung von Gußformen*. (**Schwed. P. 165 371** vom 10/3. 1955, ausg. 18/11. 1958. — C. **1958**. 7888 [E. P. 760 245].)

National Smelting Co. Ltd., London, England, *Gewinnung von Zink*. (**It. P. 515 566** vom 31/3. 1954. A. Prior. 3/7. u. 14/8. 1953. Zusatz zu It. P. 468 544; C. 1962. 1026. — C. **1957**. 1291 [D. B. P. 941 391].)

Rohm & Haas Co., Philadelphia (Erfinder: **George Willoughby Bodamer**, Cheltenham), Pa., V.St.A., *Elektrolytische Gewinnung von Magnesiumhydroxid aus Meerwasser*. (**D. B. P. 975 165** Kl. 12m vom 25/4. 1953, ausg. 14/9. 1961. Anmeldung bekanntgemacht 14/6. 1956. A. Prior. 25/4. 1952. — C. **1956**. 9855 [E. P. 738 520].)

Montecatini Soc. Gen. per l'Industria Mineraria e Chimica, Mailand, Italien, *Herstellung von Titanschwamm*. (**It. P. 524 889** vom 12/8. 1954. — C. **1959**. 10391 [E. P. 790 868].)

Deutsche Edelstahlwerke Akt.-Ges., Krefeld (Erfinder: **Fritz Frehn**, Dortmund), *Herstellung von dichten Sinterkörpern*. (**D. B. P. 975 195** Kl. 18b vom 22/11. 1951, ausg. 28/9. 1961. Anmeldung bekanntgemacht 13/11. 1952. — C. **1955**. 10617 [F. P. 1 066 634].)

Deutsche Edelstahlwerke Akt.-Ges., Krefeld, *Chromieren von Eisen*. (**Norw. P. 92 768** vom 1/6. 1956, ausg. 3/11. 1958. — C. **1959**. 287 [F. P. 1 149 817].)

Janik Dirats, *Zusatzmittel für Ätzbäder zum Ätzen von Druckplatten*. (**Aust. P. 229 971** vom 23/10. 1958, ausg. 15/9. 1960. A. Prior. 27/2. 1958. — C. **1961**. 8826 [D. A. S. 1 096 370].)

Deutsche Edelstahlwerke Akt.-Ges., Krefeld, *Gaschromierte Gegenstände*. (**Norw. P. 92 767** vom 1/6. 1956, ausg. 3/11. 1958. — C. **1960**. 4348 [Oe. P. 194 420].)

Ss. W. Basilewitsch u. a., Methoden der experimentellen Untersuchung des Hochofenprozesses. Moskau: Metallurgisdat. 1960. (256 S.) 97 Kop. [Russ.]

Ju. A. Geller, Die Werkzeugstähle. 2. überarb. Ausgabe. Moskau: Metallurgisdat. 1961. (510 S.) 1 Rbl. 84 Kop. [Russ.]

Je. G. Konowalow, Theorie und Praxis der neuen Metallbearbeitungsverfahren. Minsk: Verl. der Akad. der Wiss. der BelorussSSR. 1961. (297 S.) 1 Rbl. 15 Kop. [Russ.]

IX. Organische Industrie

Kontinuierliche katalytische Oxydation von Cyclohexan mit Druckluft. M. Ss. Furman, A. M. Goldman, W. M. Olewski und W. R. Rutschinski. (Химическая Промышленность [Chem. Ind.] **1960**. 265—72. Juni.) (Russ.)

In gereinigtem *Cyclohexan* (I) wird Co-Stearat (3 g/100 Liter I) gelöst u. die Lsg. auf 130—140° erhitzt. Bei Oxydation mit vorgeheizter Luft (12 Nm^3/h) unter 18—24 at werden in 2—4 Std. 3,5 (%) Cyclohexanon, 3,9 Cyclohexanol, 3,2 organ. Säuren (zu 80% Adipinsäure), geringe Mengen n-Octan, Bzl. u. andere Verunreinigungen des I u. der Oxydations-Prodd. u. restliches I erhalten. Nach Auswaschen der organ. Säuren mit W. wird aus der wss. Phase Adipinsäure krist., die organ. Phase mit 14%ig. NaOH neutralisiert, dest. u. I zurückgeführt. Je Cyclus werden 12% I oxydiert, W. oder Bzl. setzen die Ausbeuten herab. Anlagen für die kontinuierliche Oxydation u. die Aufarbeitung der Prodd. werden beschrieben. — 19 Literaturhinweise. R. K. MÜLLER. 6582□

Oxydation von Cyclohexanol und Cyclohexanon mit Salpetersäure unter Druck. Oxydation von Cyclohexanol mit Salpetersäure unter Druck ohne Katalysator. I. Ja. Lubjanitzki, R. W. Minati und M. Ss. Furman. (Химическая Промышленность [Chem. Ind.] **1960.** 453—58. Sept.) (Russ.) — Vgl. vorst. Referat.

Cyclohexanol (I) mit ≦1% Wasser-Geh. wird mit 60%ig. HNO_3 (HNO_3 : I = 6 : 1) bei verschiedenen Drucken (p) in 2 Stufen mit 55° in der 1. Stufe, 100° in der 2.Stufe oxydiert. Die Ausbeute an Adipinsäure (II) ist bei p = 1—10 at von p prakt. unabhängig, 0,83—0,85 Mol II/Mol I, bei 15 at etwas geringer (0,80). Die Ausbeute an Bernsteinsäure nimmt nit p linear zu (0,006 → 0,030 Mol/Mol I); die Ausbeute an Glutarsäure, Oxalsäure u. CO_2 zeigt ein Minimum bei p = 10 at, ähnlich die Bldg. von NO u. NO_2. Als Mechanismus der Bldg. von Dicarbonsäure wird der Weg über ein kompliziertes Hydroxyepoxydiol angenommen; die auf dieser Grundlage berechneten Zahlen stimmen mit den hier gefundenen u. solchen der Literatur befriedigend überein. Das Verf. ohne Katalysator unter Druck erscheint nur wegen der leichten Regeneration von NO u. NO_2 zweckmäßig. R. K. MÜLLER. 6582□

Oxydation von Cyclohexanol und Cyclohexanon mit Salpetersäure unter Druck. Oxydation von Cyclohexanol mit Salpetersäure unter Druck in Gegenwart eines Katalysators. I. Ja. Lubjanitzki, R. W. Minati und M. Ss. Furman (unter Mitarbeit von G. I. Kosstylew und Je. I. Ischtschenko). (Химическая Промышленность [Chem. Ind.] **1960.** 529—33. Okt./Nov.) (Russ.) — Vgl. vorst. Referat.

Bei der Oxydation von Cyclohexanol (I) mit HNO_3 werden die optimalen Bedingungen für die Rk. bei Drucken bis 15 at u. in Ggw. eines Cu^{2+}-NH_4VO_3-Katalysators (Lsg. von Cu oder CuO + NH_4VO_3 in HNO_3) ermittelt. Die Ergebnisse sind: Cu^{2+} : NH_4VO_3 = 1 : 1 Mol, Katalysator-Konz. 0,01—0,03 Mol/Liter HNO_3, Druck 4 at, HNO_3 : I = 6 : 1 Mol, 2 Stufen, zuerst bei 55°, dann bei 90—100°. Unter diesen Bedingungen sind die Ausbeuten an Adipinsäure 0,96 (Mol/Mol I), Glutarsäure 0,02, Bernsteinsäure ca. 0,005, CO_2 0,09. Der HNO_3-Verbrauch entspricht der Stöchiometrie. Die Wrkg. des Katalysators wird auf die Beschleunigung der Bldg. des Zwischenprod. 6.6-Nitrohydroxyiminohexansäure zurückgeführt. R. K. MÜLLER. 6582□

Oxydation von Cyclohexanol und Cyclohexanon mit Salpetersäure unter Druck. Oxydation von Cyclohexanon und dessen Gemischen mit Cyclohexanol durch Salpetersäure unter Druck ohne Katalysator. I. Ja. Lubjanitzki, G. I. Kosstylew und M. Ss. Furman. (Химическая Промышленность [Chem. Ind.] **1960.** 533—37. Okt./Nov.) (Russ.) — Vgl. vorst. Referat.

Bei der nichtkatalyt. Oxydation von Cyclohexanon (I) mit HNO_3 bei 1—10 at wird die Höchstausbeute an Adipinsäure (II) mit 0,75 (Mol/Mol I) bei 2 at erreicht. Die Ausbeuten an CO_2 u. Glutarsäure (III) sind prakt. konst. (0,085 bzw. 0,087), die an Bernsteinsäure (IV) u. Oxalsäure (V) nehmen linear mit dem Druck zu: bei 1 at 0,035 bzw. 0,07, bei 10 at 0,10 bzw. 0,15. Diese Ausbeuten werden bei 80° mit 60%ig. HNO_3 (HNO_2:I = 6 : 1 Mol) erhalten. Führt man die Oxydation von I bei gewöhnlichem Druck u. 75° in Ggw. von 0,5—4,0% Harnstoff durch, dann nimmt die Ausbeute an II zu, die an **III**, **IV** u. **V** ab. Bei der Oxydation von I-*Cyclohexanol* (**VI**)-Gemischen nimmt mit steigender **VI**-Konz. die Ausbeute an **II** ab, die an **III**, **IV**, **V** u. CO_2 zu. Zwischenprodd. bei der Oxydation von I u. **VI** sind verschieden: bei der Oxydation von I liegt ein Radikal-, bei der Oxydation von **VI** ein Ionen-Mol.-Mechanismus vor. R. K. MÜLLER. 6582□

Isopentangewinnung in der Isobutankolonne. M. A. Regelman, A. L. Chalif und B. Ch. Chussainow. (Газовая Промышленность [Gas-Ind.] **6.** Nr. 3. 45—47. 1961.) (Russ.)

Vff. untersuchten die technol. Bedingungen für die Gewinnung von *Isopentan* (I) aus Gas-Bzn. in einer gewöhnlichen Gasfraktionier-App. mit Isobutankolonne. Das Gas-Bzn. enthielt 2,6—8,3% n-Butan, 23,2—28,8% I u. bis zu 72,2% Pentan + höhere KW-Stoffe. Der I-Geh. in der I-Fraktion erreicht 69—72%. Die Kolonne für die I-Gewinnung muß 100—120 Sieb- oder Spaltböden aufweisen. O. LEBTAG. H 510□

Einstufige Methode zur Gewinnung von Isopren aus Isopentan und Isopentan-Isoamylengemischen. I. L. Fridstein, F. I. Podolskaja, N. I. Bondarenko,

G. I. Wainstein und Je. I. Tschetschik. (Химическая Промышленность [Chem. Ind.] **1960.** 89—95. März.) (Russ.)

Die katalyt. Umwandlung von *Isopentan* (**I**) u. I–*Isoamylen* (**II**)-Gemischen in *Isopren* (**III**) wird in einstufiger Arbeitsweise untersucht. **II** ist ein Gemisch von 3-Methylbuten-(1) (II_{31}), 2-Methylbuten-(1) (II_{21}) u. 2-Methylbuten-(2) (II_{22}) im Verhältnis 1:5:10. Im gleichen Verhältnis entstehen II_{31}, II_{21} u. II_{22} auch neben 10 **III** aus **I** bei der Dehydrierung, wobei die **III**-Ausbeute bei steigender Temp. (550—600°), Verdünnung mit N_2 (1:1—1:7) u. Verweilzeit (1—4 Sek.) zunimmt. Bei den **I**-**II**-Gemischen erhöht eine Zunahme der **II**-Konz. um 10% (20—30—40%), bei 550—650° die **III**-Ausbeute um ca. 1,7—2,4%. Bei 25% **II**, 575°, Verdünnung mit N_2 1:4, Durchsatz 1350—1100 Liter/Liter·h ist die Ausbeute an C_5-Diolefinen 14,5—14,0% (auf Durchsatz) bzw. 67—70% (auf Umsatz). CH_4 wirkt als Verdünnungsmittel etwa wie N_2, Bzl. schlechter, H_2-Zusatz zu N_2 setzt die **III**-Ausbeute herab. Bei zunehmender Kontaktdauer nimmt die Verkokung zu. R. K. MÜLLER. H 520 □

Gewinnung von Butyraldehyden und Butylalkoholen nach der Methode der Oxosynthese. D. M. Rudkowski, A. G. Trifel und K. A. Alexejewa. (Химическая Промышленность [Chem. Ind.] **1959.** 652—58. Dez. Allunions-Forsch.Inst. für Erdölchem.) (Russ.)

Zwecks Auflösung der als Katalysator der Synth. von *Butyraldehyden* u. *Butylalkoholen* verwendeten Co-Carbonyle wird das Lsgm. (Toluol oder Rk.-Prodd.) mit CO + H_2 bei 150—300 at u. 180° über Bimsstein mit Nd. von Co oder CoO geleitet. Die Lsg. wird zusammen mit CO + H_2 u. einer gelösten C_3H_8—C_3H_6-Fraktion in einen Reaktor eingeführt. Aus C_3H_6, CO u. H_2 entsteht Isobutyraldehyd u. durch Hydrierung Isobutanol. Im einzelnen wird der Einfl. von Druck, Temp., Fl.-Durchsatz, Gas-Zus. u. a. untersucht. CO hemmt die Carbonylierung: bei 290 at führt Verminderung von CO : H_2 von 2 auf 0,18 zur Erhöhung der Geschw.-Konst. von 1,3 auf 5,6. Zur Erhaltung des Co-Carbonylkomplexes genügt bei —11° ein CO-Partialdruck von 10 at (150° 45, 180 115 at). Die Aktivierungsenergie beträgt ca. 15700 cal/Mol, der Temp.-Koeff. der Rk.-Geschw. 1,65. R. K. MÜLLER. H 560 □

Pennsalt Chemicals Corp., V.St.A. (Erfinder: Charles Edward Inmann, Robert Edward Oesterling und Edward Albert Tyczkowski), **Herstellung von perchlorierten aromatischen Verbindungen,** dad. gek., daß Aromaten in Ggw. eines FRIEDEL-CRAFTS-Katalysators bei 0—80°, bes. 0—15°, in einem Dialkyläther, aliphat. KW-Stoff oder einem Überschuß der aromat. Verb. mit Perchlorylfluorid ($FClO_3$; **I**) umgesetzt werden. — 133 (Teile) $AlCl_3$ in 2600 Bzl. werden bei 40° langsam mit gasförmigem **I** versetzt. Es wird *Perchlorylbenzol*, F. — 3°; Kp. 232°; $D._4^{30}$ 1,185; n_D^{20} 1,5236, erhalten. — Perchlorylbenzole: *2.4-Dimethyl-*, *2.5-Dimethyl-*, F. 27—28°, $Kp._2$ 78°, *4-Fluor-*, $Kp._{0,25}$ 53°, n_D^{20} 1,5051, *3-Nitro-*, F. 49—50°, *4-Hydroxy-*, *4-Amino-*, *3-Acetamido-*, F. 136—137°, aus m- bzw. p-Xylol, Fluorbenzol, Phenol, 3-Aminoperchlorylbenzol. — In die perchlorylierten Verbb. können durch Chlorierung, Bromierung, Jodierung, Nitrierung, Hydrolyse, Diazotierung, SANDMEYER-Rk. usw. beliebige andere Substituenten eingeführt werden. — 3-Aminoperchlorylbenzol wird diazotiert u. das Perchlorylbenzol-3-diazoniumchlorid mit β-Naphthol gekuppelt unter Bldg. von *3-[β-Naphthalinazo]-perchlorylbenzol*, F. 200—201°. — In 4-Fluorperchlorylbenzol wird F durch Behandeln mit CH_3ONa bzw. Thiophenol ersetzt unter Bldg. von *4-Methoxy-*, n_D^{28} 1,5307, bzw. *4-Mercaptophenylperchlorylbenzol*, n_D^{26} 1,5778. — Weitere Perchlorylbenzole: *4-Chlor-*. — *4-Methyl-*. — *3.4-Dichlor-*. — *3-Amino-4-methyl-*. — *3-Amino-4-methyl-6-nitro-*. — *2.3.5-Trichlor-4-fluor-*. — *2.3.5.6-Tetrachlor-4-hydroxy-*. — *3-Sulfo-*. — *2-Methoxy-*. — *2-Chlor-*. — *2-Chlor-5-nitro-*. — *4-Methylmercapto-*. — *4-Nitro-3-[p-nitrophenyl]-*. — *2-Chlor-5-amino-*. — *2-Chlor-3-nitro-5-amino-*. — *2-Methyl-*. — *2-Methyl-3.5.6-trichlor-*. —*2-Methyl-3.4.5-trichlor-*. — *Pentachlor-*. — *2.5-Dibrom-*. — *2.5-Dimethyl-3-cyan-*. — *2.5-Difluor-*. — *2.5-Difluor-3.4-dichlor-*. — *2.5-Difluor-3.4-dichlor-*. — *3.4-Diäthyl-*. — *3.4-Dichlor-5-hydroxy-*. — *3.4-Dichlor-5-phenyl-*. — *3.4-Dibrom-*. — *2.5-Dichlor-3.4-dibrom-*. — *2.4-Dimethyl-*. — *2.4-Di-[chlormethyl]-*. — *2.5-Dimethyl-4-chlor-*. — *2.4.5-Trimethyl-*. — *2.4.5-Trimethyl-3-nitro-*. — *3.4.5-Trichlor-*. — *2-Jod-3.4.5-trichlor-*. — *2.5-Dichlor-3-fluor-*. — *2.4.5.6-Tetrachlor-3-fluor-*. — *2.4.6-Trimethyl-*. — *2.4.6-Trimethyl-3-jod-*. — *2.3.5.6-Tetramethyl-*. — *2.3.5.6-Tetramethyl-4-amino-*. — *2-Chlor-5-fluor-*. — *2-Nitro-3-acetamido-*. — *2.5-Diamino-3-Chlor-*. — *4-Chlormethyl-*. — *2.5-Dinitro-7-perchlorylnaphthalin*. — *3.3'-Di-[perchloryl]-diphenyl*. — *3.3'-Di-[perchloryl]-azo-*, *-azoxy-* u. *-hydrazobenzol*. (**F. P. 1 212 271** vom 27/9. 1958, ausg. 23/3. 1960. A. Prior. 27/9. 1957.) S. BÖTTCHER. 6565

Detrex Chemical Industries, Inc., übert. von: Charles E. Kircher jun., Detroit, und Robert J. Jones, Dearborn, Mich., V.St.A., **Enthalogenieren von**

Halogenkohlenwasserstoffen erfolgt bei 200—800° in Ggw. von Aktivkohle, die mit verd. HCl oder H_2SO_4 behandelt u. anschließend mit W. gewaschen wurde, um Fe_2O_3 zu entfernen, dessen Menge <0,2% betragen soll. — Aus Acetylentetrachlorid in Ggw. von Aktivkohle, die 4 Std. bei 80° mit 0,1n HCl behandelt, dann mit W. gewaschen u. getrocknet wurde, bei 225° → *Trichloräthylen*; die Katalysator-Wrkg. war nach 700 Std. unverändert. Ferner können enthalogeniert werden: Acetylentetrabromid, -fluorid, Äthylendichlorid, Äthylbromid, Vinylbromid, Vinylidenchlorid, Acetondibromid u. Cyclohexylchlorid. (**A. P. 2 912 470** vom 4/1. 1956, ausg. 10/11. 1959.) G. KRAUSS. 6599

Metal & Thermit Corp., V.St.A. (Erfinder: Hugh Edwin Ramsden), **Herstellung organischer Verbindungen aus magnesiumorganischen Komplexen,** dad. gek., daß Vinyl-, Aryl- oder heterocycl. Mg-Chloride in Ggw. einer heterocycl. O-Verb. mit CO_2, CS_2, COS oder Kohlensäure-Derivv. umgesetzt werden. — Aus Mg-Spänen, C_2H_5Br u. Chlorbenzol/Tetrahydrofuran (1 :3) wird *Phenyl-MgCl* hergestellt. Dieses wird mit CO_2 in Ae. behandelt unter Bldg. von *Benzoesäure.* — *p-Tolylsäure,* aus p-Tolyl-MgCl; analog die entsprechenden Säuren aus Xenyl-, Terphenyl-, Naphthyl-, Anthracyl-, Chlorphenyl-, Phenanthryl-, Xylyl-, 2-, 3-, 4-, 5-, 6-, 7- oder 8-Phenylnaphthyl-, Anisyl-, Phenetyl-, Pyrenyl-, Cadalenyl-, Perylenyl-, Acenaphtenyl-, Chrysenyl-, Picenyl-, Chlortolyl- u. Tetralyl-MgCl. — Aus Vinyl-MgCl wird *Acrylsäure* erhalten; analog die ungesätt. Säuren aus 1-Chlorpropen-(1), 2-Chlorpropen-(1), 3-Chlorpenten-(2), 1- oder 2-Chlorpenten-(1), α- oder β-Chlorstyrol, 1-Chlorisobuten-(1), 2-Methyl-3-chlorbuten-(2), α-Chlorvinylcyclohexan, Chlorcyclohexan, 1-Chlorbutadien-(1.3), p-Methoxy-α-chlorstyrol. — *p-Phenylendimagnesiumchlorid,* aus p-Dichlorbenzol, daraus *p-Chlorbenzoesäure.* — *p-Chlorphenyl-MgCl,* daraus *p-Carboxyphenyl-MgCl.* — *m-Chlorphenyl-Mg,* aus m-Dichlorbenzol, daraus *m-Chlorbenzoesäure*; analog werden 1.2.4-, 1.2.3-, 1.3.5-Trichlor-, 1.2.3.4-, 1.2.4.5-, 1.2.3.5-Tetrachlor-, Pentachlor- u. Hexachlorbenzol verwendet. — *Benzophenon* u. andere symm. Ketone können durch Behandeln von 2 Mol Phenyl- bzw. Aryl-MgCl mit CO_2 ohne Lsgm. erhalten werden. — *Thienyl-(2)-carbonsäureäthylester,* aus Thienyl-MgCl (dieses aus 2-Chlorthiophen). — *Pyridyldithiocarbonsäure,* aus α-Pyridyl-MgCl (dieses aus 2-Chlorpyridin) u. CS_2. — *Bis-[chinolyl-(2)-keton],* aus Chinolyl-(2)-MgCl (dieses aus 2-Chlorchinolin). — *Chinolyl-(6)-chinolyl-(8)-keton,* aus Chinolyl-(6)- bzw. -(8)-MgCl (dieses aus 6- bzw. 8-Chlorchinolin). — *Benzoxazolyl-(2)-carbonsäureäthylester* aus Benzoxazolyl-(2)-MgCl (dieses aus 2-Chlorbenzoxazol). — *Benzthiazol-2-carbonsäureäthylester,* aus Benzthiazolyl-(2)-MgCl (dieses aus 2-Chlorbenzthiazol). — *2-Methylbenzthiazolyl-(5)-MgCl,* aus 2-Methyl-5-chlorbenzthiazol. — *6-Chlor-2-methoxyacridyl-(9)-carbonsäuremethylester,* aus 6-Chlor-2-methoxyacridyl-(9)-MgCl (dieses aus 6.9-Dichlor-2-methoxyacridin). — *Chlorpyrimidylcarbonsäure* aus 4.6-Dichlorpyrimidin. — Dithiofurancarbonsäure, aus 2-Chlorfuran. — *2.5-Thienylendimagnesiumchlorid,* aus 2.5-Dichlorthiophen. — *5-Chloräthylthenoat* aus 2-Chlorthiophenyl-(5)-MgCl. — *Dithiobenzoesäure* u. *Dithioacrylsäure.* (**F. P. 1 179 228** vom 21/2. 1956, ausg. 21/5. 1959. A. Prior. 21/2. u. 28/11. 1955.) S. BÖTTCHER. H 460

Dow Chemical Co., übert. von: Roger Floyd Monroe und Donald Edward Rapp, Midland, Mich., V.St.A., **Stabilisieren von flüssigen oder dampfförmigen, chlorierten, aliphatischen Kohlenwasserstoffen,** die als Lsgm. dienen, bes. gegen Verfärbung, erfolgt durch Zusatz von 500—5000 Teilen eines Azins der allg. Tormel R=N—N=R (R = Alkyliden mit insgesamt 4—10 C-Atomen) je 1000000 Teile Chloralkan. Es werden stabilisiert: Methylchloroform, CCl_4, Dichlor-, Trichlor-, Perchloräthylen, CH_2Cl_2 mit Acetyl-, Propionaldehyd-, Butyraldehydazin. (**A. P. 2 906 783** vom 6/2. 1958, ausg. 29/9. 1959.) G. KRAUSS. H 500

Detrex Chemical Industries, Inc., übert. von: Wilbur H. Petering und John R. Berger, Detroit, Mich., V.St.A., **Reines Acetylentetrachlorid** (I) wird aus rohem I, das aus C_2H_2 u. Cl_2 gewonnen wurde u. als Verunreinigungen $COCl_2$, Cl_2, HCl, Fe, $FeCl_3$ enthält, erhalten. I wird zuerst mit W. bei 20°, dann mit einer wss. Lsg. eines wasserlösl. Alklisalzes mit pH 7—12 (Carbonate, Bicarbonate, Pyrophosphate, Polyphosphate, Orthophosphate u. Borate), mit W. gewaschen, getrocknet u. ggf. destilliert Aus reinem I wird durch katalyt. Spaltung reines *Trichloräthylen* u. reine *HCl* erhalten. Zum Waschen wird bes. 10-, 2- oder 0,5%ig. wss. Na_2CO_3 verwendet. — *Lösungsmittel.* — Fließbild, Zeichnung. (**A. P. 2 907 797** vom 19/4. 1955, ausg. 6/10. 1959.) G. KRAUSS. H 510

Badische Anilin- & Soda-Fabrik Akt.-Ges., Ludwigshafen/Rh. (Erfinder: Adolf Steinhofer, Ludwigshafen/Rh., Ernst Bartholomé, Heidelberg, Otto Frey und Helmut Nonnenmacher, Ludwigshafen/Rh.), **Gasförmige Olefine, besonders Äthylen und Propylen** werden durch Spalten von Ölen, bes. Mineralölen, Schieferölen, Teeren, ihren Fraktionen oder Umwandlungs-Prodd., ggf. in Ggw. von

Wasserdampf u./oder CO_2 erhalten. Die Ausgangsstoffe werden in einen Dest.-Rückstand u. ein Destillat zerlegt. Der Rückstand wird in der 1. Stufe bei 630—800, bes. 680—760°, in einer Wirbelschicht aus körnigen Feststoffen, deren äußere Schalen aus dem bei der Spaltung entstehenden Koks gebildet werden, u. das Destillat in der 2. Stufe bei 720 bis 900, bes. 750—870°, jedoch bei einer um mindestens 20, bes. 40—50°, höheren Temp. als in der 1. Stufe, an temperaturbeständigen nicht oxydierbaren u./oder C-haltigen Stoffen gespalten. — Zur Aufrechterhaltung der Temp. wird O_2 oder dieses enthaltendes Gas in die Wirbelschicht der 1. u./oder in den Spaltraum der 2. Stufe eingeführt. Es kann auch der in der 1. Stufe gebildete Ölkoks als Heizmittel für die Spaltung in der 2. Stufe verwendet werden. Um die Höhe der Wirbelschicht aufrecht zu erhalten wird fortlaufend ein Teil der Feststoffe abgezogen, desgleichen zur Aufrechterhaltung einer bestimmten Korngrößenverteilung, wobei jedoch frischer Feststoff wieder zugeführt werden muß. — Aus 1000 kg eines vorderasiat. Rohöles wird nach der Dest. u. Spaltung 234 (kg) *Äthylen*, 145 *Propylen*, 67 ungesätt. KW-Stoffe mit 4 C-Atomen, 140 leichtsd. Aromaten mit Kp.-Endpunkt 220° u. ca. 45 Ölkoks u. Destillatheizöl neben CO u. H_2 erhalten.— Vorr., Zeichnungen. (**D. A. S. 1 066 576** Kl. 12o vom 2/8. 1956, ausg. 8/10. 1959.)
G. Krauss. H 520

F. Hoffmann-La Roche & Co. Akt.-Ges., Basel (Erfinder: Herbert Lindlar, Reinach, Marc Montavon, Basel, Schweiz, und Gabriel Saucy, Nutley, N.J., V.St.A.), **Herstellung von Acetylenverbindungen**, dad. gek., daß ein 1.1.3.3-Tetraalkoxy-2-methylpropan (1.1.3.3-Tetraäthoxy-2-methylpropan, $Kp._{10}$ 93°, n_D^{20} 1,4132, oder die entsprechende Tetraisopropoxy-Verb.) mit der mol. Menge W. in Ggw. einer Säure, bes. einer katalyt. Menge H_2SO_4 oder p-Toluolsulfonsäure, vorzugsweise bei erhöhter Temp. (70—80°), partiell hydrolysiert, das erhaltene 1-Alkoxy-2-methylpropan-(1)-al-(3) [1-Äthoxy-2-methylpropan-(1)-al-(3), $Kp._{14}$ 78—81°, n_D^{22} 1,4738, UV-Maximum 242 mμ; oder 1-Isopropoxy-2-methylpropen-(1)-al-(3)] mittels einer metallorgan. Rk. mit C_2H_2 (Na-Acetylid in fl. NH_3) kondensiert u. die entstandene Metall-Verb. zum 1-Alkoxy-2-methyl-3-hydroxypenten-(1)-in-(4) [1-Äthoxy-2-methyl-3-hydroxypenten-(1)-in-(4), $Kp._{0,05}$ 63°, n_D^{20} 1,4784; 1-Isopropoxy-2-methyl-3-hydroxypenten-(1)-in-(4), gelbes Öl, n_D^{20} 1,4750] hydrolysiert wird, worauf dieses ggf. mit einem Acetalisierungsmittel in Ggw. eines sauren Mittels (mit Orthoameisensäuretriäthylester in Ggw. von A., H_3PO_4 u. einer Spur p-Toluolsulfonsäure) zu 1.1-Dialkoxy-2-methylpenten-(2)-in-(4) [1.1-Diäthoxy-2-methylpenten-(2)-in-(4), $Kp._{0,1}$ 45—46°, n_D^{20} 1,4520 bis 1,4540, UV-Maximum 225 mμ, E_1^1 825, H_{akt} 0,95] oder zu 1.1-Alkylendioxy-2-methylpenten-(2)-in-(4) [1.1-Äthylendioxy-2-methylpenten-(2)-in-(4), Fl., n_D^{20} 1,4895 bis 1,4900, UV-Maximum 225 mμ, E_1^1 990—1015] acetalisiert wird. *Zwischenprodd.* zur Herst. von Carotinoiden, Farbstoffen in der Lebensmittelindustrie. (**D. A. S. 1 112 730** Kl. 12o vom 22/12. 1958, ausg. 17/8. 1961. Schwz. Prior. 13/2. 1958.)
W. Gräger. H 530

Esso Research and Engineering Co., Del., übert. von: Harold W. Scheeline, Elizabeth, und William E. Catterall, Roselle, N.J., V.St.A., **Reinigen von rohem Amylalkohol** von begleitenden C_{10}-KW-Stoffen u. anderen Verunreinigungen erfolgt mittels fraktionierter Dest. unter Einleiten von Wasserdampf an einer unterhalb der Einleitungsstelle des rohen Amylalkoholstromes gelegenen Stelle der Dest.-Kolonne u. Aufrechterhalten eines Rückflusses mit 30—40 Mol-% W., wobei C_{10}-KW-Stoffe mit W. u. etwas Amylalkohol als Kopf-Prod. übergehen, die nach Kondens. u. Schichtung z. T. als Rückfluß auf die Kolonne gelangen. Der Großteil des Amylalkohols u. die höhermol. Verunreinigungen werden am Boden der Dest.-Kolonne abgezogen u. der Dest. in einer 2. Kolonne unterworfen, wobei *Amylalkohol* als Kopf-Prod. abgeleitet wird. Die höhermol. Verunreinigungen werden als Boden-Prod. abgezogen. — Skizze. (**A. P. 2 874 096** vom 26/1. 1954, ausg. 17/2. 1959.) G. König. H 560

Dow Chemical Co., übert. von: William R. Nummy und Giffin D. Jones, Midland, Mich., V.St.A., **2-Mercaptoäthyläther von Diolen** werden durch Anlagern von H_2S an Vinyläther eines Diols der allg. Formel $H_2C{=}CHO\ (C_nH_{2n}O)_m{-}X$ (X = H, Vinyl; n = 2—4; m = 1—4) bei —20 bis +50° unter Bestrahlung mit Licht von der Wellenlänge 3000—4000 Å in Ggw. von 0,1—5, bes. 0,1—1%, eines Sensibilisierungsmittels, wie Anthracen, Fluoren, Polyvinylbenzol u. Perchlormonovinylbenzol (Divinylbenzol, toluol, -xylol, Trivinylbenzol, Trichlor-, Tetrachlor- u. Pentachlorstyrol), ggf. unter Druck, bes. 100—600 lbs./sq.in. oder höher erhalten. — Aus 10 g Diäthylenglykoldivinyläther, 0,1 g 2.5-Dichlorstyrol zuerst unter Durchleiten von N_2, dann von 10 cm^3 H_2S bei —70°, anschließend Selbsterwärmung auf Raum-Temp. u. Bestrahlung mit Licht einer „S-4-Lampe" im Abstand von 4½ Zoll → *2.2'-Dihydroxy-bis-[äthylenoxy]-diäthanthiol*, Ausbeute 85%. Weitere Ausgangsstoffe sind: Mono- u. Divinyläther von 1.2-Propylen-, 1.2- oder 2.3-Butylenglykol, 1.3-Propan- oder 1.4-Butandiol oder Polyglykolen. — (**A. P. 2 873 239** vom 23/4. 1956, ausg. 10/2. 1959.) G. Krauss. H 570

National Lead Co., New York, N.Y., übert. von: Charles A. Russell, Fair Heaven, N.J., V.St.A., **Herstellung von Aminoalkylacyltitanaten.** Tetraalkyltitanate mit 2—20 C-Atomen in der Alkylgruppe (=R) werden mit Carbonsäuren, die in ihrer Alkylgruppe R′ 2—20 C-Atome enthalten, zu Alkoxytitanacylaten (I) der allg. Formel $(RO)_{4-n} \cdot Ti(C+OR')_n$ umgesetzt, in der n = 0,2—2,0 ist. Die Säuren können gesätt. oder ungesätt., aliphat. oder aromat. sein. Die I werden dann mit β-Aminoalkoholen (II) der allg. Formel $HO-CH(R'')-CH_2-NR'''R''''$ umgesetzt. Hierbei ist R″ ein H-Atom oder eine aliphat. KW-Stoffgruppe mit 1—5 C-Atomen, R‴ u. R⁗ sind H-Atome, aliphat. KW-Stoffreste mit 1—20 C-Atomen u. Aminoalkoholgruppen mit 2—9 C-Atomen. Die Rk. wird in einem Gemisch von 1 Mol I + 1—3 Mol II unter leichter Erwärmung durchgeführt. Polymerisierte Rk.-Prod. erhält man durch Verw. von polymeren Alkyltitanaten als Ausgangsprodukte. — Beispiel: 57 (Teile) Stearinsäure werden unter mäßiger Erwärmung zunächst mit 56,8 Isopropyltitanat, u. das Rk.-Prod. dann mit 29,8 Triäthanolamin umgesetzt. Das Rk.-Prod. ist wachsartig, lösl. in den meisten organ. Fl. u. in Wasser. Die Endprodd. zeichnen sich vor allen anderen organ. Ti-Verbb. durch Hydrolysenfestigkeit aus. (**A.P. 2 845 445** vom 16/5. 1955, ausg. 29/7. 1958.) A. Kalix. H 590

Union Carbide Corp., New York, N.Y., V.St.A. (Erfinder: Helmut William Schulz und Roland Voorhees), **Sauerstoffhaltige organische Verbindungen, besonders Aldehyde und Alkohole.** Ein auf 140—250, bes. 150—220°, vorerhitzter Strom aus H_2 u. CO im Verhältnis 1—3:1 u. 0,05—5, bes. 0,1—1,5 Teilen eines Katalysators je 100 Teile Olefin wird mit einem auf die gleiche Temp. vorerhitzten Olefin, ungesätt. Carbonsäureester oder Alkenol mit höchstens 5 C-Atomen in einem Rk.-Rohr mit äußerer Kühlung, bei dem das Verhältnis von Länge zu Durchmesser 2000:1 beträgt, bei der gleichen Temp. u. 200—1000, bes. 270—400 at u. einer solchen linearen Geschw. gemischt, daß die Verweilzeit im Rk.-Gefäß höchstens 10, bes. 1—5 Min. beträgt. Im Rk.-Rohr kann als Lsgm. ein Glykol, Äther, Ester, KW-Stoff, Mineralöl, Bzl. oder Toluol vorhanden sein. Höchstens 50 (%) der fl. Prodd. werden in den Kreislauf zurückgeführt. — Aus Propylen, CO u. H_2 in Ggw. von Co-Acetat bei 203° → 76 *Butyraldehyd*, 4,2 *Butanol*, 12,6 Propan u. 7,1 andere fl. Produkte. — Äthylen → 81,4 *Propionaldehyd*, 12 Äthan, 0,8 *Propylformiat* u. 5,8 Aldole u. Acetale. — Crotonsäureäthylester → *Äthyl-4-formylbutyrat* u. *δ-Valerolacton*. Ferner können carbonyliert werden: Acrylsäureäthylester, Sorbinsäureäthylester, Crotonsäureallylester, Propene u. Butene. — Vorr., Zeichnung. (**E. P. 815 566** vom 28/11. 1957, ausg. 24/6. 1959. A. Prior. 30/11. 1956.) G. Krauss. H 650

Manufactures de Produits Chimiques du Nord, Établissements Kuhlmann, Frankreich (Erfinder: H. Lemke), **Herstellung von Carbonylverbindungen** durch Oxosynth., dad. gek., daß man ein Co-Carbonyle enthaltendes Rk.-Gemisch bei 40—160° u. 10—150 at in Ggw. von Li, Na, K, Be, Mg, Ca, Sr, Ba, Zn oder Cd, ihren Oxiden oder Salzen mit CO_2, H_2 u. W. behandelt. Die wss. Phase bei 20—50° u. 1—50 at mit Mineralsäuren behandelt u. die flüchtigen Co-Carbonyle mit Trägergasen wie N_2, CO, H_2 oder CO_2, entfernt. (**F. P. 1 223 381** vom 17/12. 1958, ausg. 16/6. 1960.) S. Böttcher. H 660

Food Machinery & Chemical Corp., V.St.A. (Erfinder: John A. Pianfetti und David J. Porter), **Herstellung von polychloriertem Acetaldehyd,** bes. *Chloral*, dad. gek., daß Acetaldehyd oder seine Polymeren im geschlossenen Gefäß bei 20—85° chloriert werden, wobei die Cl_2-Zuführung so bemessen wird, daß 0,07—0,5 Gew.-% Cl_2 im Überschuß vorhanden sind. HCl u. unumgesetztes Cl_2 werden entfernt u. Chloral kondensiert. — Schema der Anlage. (**F. P. 1 210 493** vom 1/12. 1958, ausg. 9/3. 1960.) S. Böttcher. H 670

General Aniline & Film Corp., New York, N.Y., übert. von: John W. Copenhaver, Short Hills, N.J., V.St.A., **Polyacetale und -ketale** oder die entsprechenden S-Analoga, werden bei der Behandlung von Monoacetalen u. -ketalen oder den S-Analoga mit einem sauer wirkenden Katalysator nach Friedel-Crafts, bes. BF_3 oder dessen Komplex-Verbb., ggf. in Ggw. eines wasserfreien Lsgm. (CH_3Cl) erhalten. Die Rk.-Temp. wird so hoch gehalten, daß während der Rk. freiwerdende Alkanole bzw. Alkanthiole als azeotrope Gemische abdest. werden können. — Dimethylacetal u. $BF_3O \cdot (C_2H_5)_2$ werden gekocht u. CH_3OH/Dimethylacetal-Azeotrop abdestilliert. Borfluorätherat wird mit Äthanolamin neutralisiert; die fortschreitende Dest. ergibt *1.1.3-Trimethoxybutan*, $Kp._{20}$ 57—62°, $Kp._{760}$ 152—154°, $D._4^{25}$ 0,9163; n_D^{25} 1,4010. — Es werden ferner hergestellt: Diäthylmercaptal → *1.1.3-Trimercaptoäthylbutan*, $Kp._{17}$ 159°, n_D^{25} 1,5210; Diäthylbutyral → *1.1.3-Triäthoxy-2-äthylhexan*, $Kp._4$ 94°, n_D^{25} 1,4272. Mit

2.4-Dinitrophenylhydrazin wird *2-Äthyl-2-hexanal-2.4-dinitrophenylhydrazon*, F. 123°, erhalten. — *Zwischenprodukte*. (**A. P. 2 912 468** vom 24/12. 1956, ausg. 10/11. 1959.) G. KÖNIG. H 690

Soc. des Usines Chimiques Rhône-Poulenc, Paris, Frankreich (Erfinder: Hugh E. Ramsden, Scotch Plains, Edith H. Miller, Milltown, und Ambrose J. Gibbons, South River, N.J., V.St.A.), **Herstellung von 2-Methylhepten-(2)-on-(6)**, dad. gek., daß Aceton (I) oder Diacetonalkohol, 1-Chlor-3-methylbuten-(2) (II) u. NaOH oder KOH (bes. in Form von Flocken) als alkal. Kondens.-Mittel (III) miteinander umgesetzt werden, wobei für jedes (Mol) II ungefähr 1—5, bes. 3, I u. $^1/_4$—3, bes. 2, III verwendet werden, indem deren Gemisch ½—8 Std. lang bei ca. 0—80° gerührt u. gebildetes 2-Methylhepten-(2)-on-(6) isoliert wird. Bei hohen Temp. u. langen Verf.-Zeiten entstehen Nebenprodd., die die Ausbeute vermindern. Das Verf. wird daher bei 60 bis 80° in ½—1½ Std. u. bes. bei 10—30° in 1—4 Std. durchgeführt. Bei Verw. von KOH werden 40—50% u. mit NaOH 20—30% Ausbeute erzielt. Zum Beispiel wird mit KOH bei einer Rk.-Zeit von 1 Std. bei 20° ein Prod. erhalten, das fraktioniert dest. zwei Methylheptanonfraktionen ergibt mit $Kp._{11}$ 60—70°, n_D^{25} 1,4360 u. $Kp._7$ 66—70°, n_D^{25} 1,4378, Ausbeute zusammen 43%. — *Zwischenprodukt*. (**D. A. S. 1 112 731** Kl. 12o vom 30/12. 1958, ausg. 17/8. 1961. A. Prior. 3/1. 1958.) W. GRÄGER. H 710

Unilever N. V., England (Erfinder: Johannes Donatus von Mikush-Buchberg), **Herstellung von β-Diketonen** der allg. Formel $RCH_2CO \cdot CHR_1 \cdot R_2 \cdot CH_2R_2$ (R, R_1, R_2 = acycl. KW-Stoff-Reste mit 1—21 C-Atomen), dad. gek., daß eine aliphat. Carbonsäure $R \cdot CH_2COOH$ u./oder ihr Anhydrid in Ggw. von Boroxiden unter vermindertem Druck auf 150—220° erhitzt wird, wobei ein Teil der Säure oder des Anhydrids durch ein Monoketon $RCH_2 \cdot CO \cdot CH_2R_1$ ersetzt sein kann. — *7-Butyltridecadion-(6.8)*, $Kp._{10,5}$ 175—178°, $D.^{25}$ 0,8825 u. 1,4480. — *4-Methylheptadion-(3.5)*, $Kp._{10}$ 92°. — *9-Hexylheptadecadion-(8.10)*, $Kp._1$ 173—180°. — *19-[Hexadecen-(7)-yl]-heptatriacontadien-(9.28)-dion-(18.20)*. — *19-Hexadecylheptatriacontadion-(18.20)*. — *19-[Hexadecadien-(7.10')-yl]-heptatriacontatetraen-(6.9.28.31)-dion-(18.20)*. — Ausgangsstoffe sind: Capronsäure, Propionsäureanhydrid, Caprylsäureanhydrid, Ölsäure, Stearinsäureanhydrid bzw. Linolensäureanhydrid. (**F. P. 1 216 288** vom 30/8. 1958, ausg. 25/4. 1960. E. Prior. 30/8. 1957.) S. BÖTTCHER. H 720

Union Carbide Corp., vormals Union Carbide & Carbon Corp., New York, N.Y., V.St.A. (Erfinder: Russell Clyde Lemon und William Francis Goldsmith), **Reine, alkoholfreie Acryl- und Methacrylsäureester**, die durch Verestern der Säuren mit prim. oder sek. Alkoholen mit Kp. >115° u. bes. 4—20 C-Atomen (Alkanole, Cycloalkanole, Alkoxy-, Alkoxyalkoxy-, Aralkanole, Aryloxy- u. Aralkoxyalkanole) erhalten werden u. noch Alkohol enthalten, werden dadurch gewonnen, daß das Gemisch mit Borsäure auf 100—200° erhitzt, das entstandene W., ggf. durch Zusatz eines Schleppmittels (Diisopropyläther, Bzl., Toluol, Chlf.), entfernt u. anschließend der Acrylsäureester abdest. wird. Der als Rückstand gewonnene Borsäureester wird hydrolysiert, der Alkohol azeotrop abdest. u. die Borsäure in den Kreislauf zurückgeführt. In dem Estergemisch vor der Behandlung vorhandene freie Säure wird durch Waschen mit wss. Alkali vorher entfernt. — Aus 5 Mol Acrylsäure u. 5,5 Mol Tridecanol in Ggw. von 7 g H_2SO_4 u. 724 g Diisopropyläther als Schleppmittel für W. u. 7 g Methylenblau als Polymerisationsverzögerer bei 95° → *Acrylsäuretridecylester*, der vorher mit 16 g Borsäure behandelt wurde; 93% (Ausbeute). — 2-Äthylbutanol → *Acrylsäure-2-äthylbutylester*. — Äthylenglykolmonophenyläther → *Acrylsäureäthylenglykolmonophenylätherester*, 78%. — *Methacrylsäure-2-äthylhexylester*. — *Methacrylsäuredecylester*; *-tridecylester*. — *Acrylsäurediäthylenglykolmonobutylätherester*. — Vorr., Zeichnung. (**E. P. 812 498** vom 13/2. 1957, ausg. 29/4. 1959. A. Prior. 16/2. 1956.) G. KRAUSS. H 810

Ethyl Corp., V.St.A. (Erfinder: David Otto de Pree, William Richard Eller und Rex Dewayne Closson), **Herstellung von Organometallverbindungen.** Metallsalze organ. Carbonsäuren mit mindestens einem α-ständigen H-Atom, bes. Na-Acetat, werden bei normalem Druck mit Metallamiden, z. B. $NaNH_2$, oder ihren niederen Alkyl-Derivv. bei mindestens 40° über dem F., aber unterhalb des Zers.-Punktes des Rk.-Gemisches liegenden Temp., bes. <250°, verschmolzen. Die erhaltenen, in α-Stellung metallisierten Carbonsäuremetallsalze werden mit 1,75—2,5 Mol eines Alkyl- oder Aralkylhalogenids bei >60° kondensiert. — *α-Na-Essigsäure, Na-Salz* (I), aus 7,8 (Teilen) $NaNH_2$ u. 40 Na-Acetat durch 40 Min. langes Erhitzen unter N_2 auf 173 bis 240°; Ausbeute 99%, bezogen auf $NaNH_2$. — Analog: *K-Salz*, aus $NaNH_2$ u. K-Acetat. — *Zn-Salz*, aus Zn-Acetat. — *α-Li-Essigsäure, Na-Salz*, aus $LiNH_2$. — *α-Ba-Essigsäure, Cersalz*, aus $Ba(NH_2)_2$ u. Ceracetat. — *α-Zn-Essigsäure, Pb-Salz*, aus $Zn(NH_2)_2$ u. Pb-Acetat. — *Caprinsäure*, F. 27°, aus I durch 6std. Kochen mit n-Octylbromid (II) im Mol-Verhältnis 1 : 1 in Nonan. *Anilid*, F. 61,5—62,5°. *Amid*, F. 97,2—98,4°. *n-Octyl-*

ester, aus 10,4 I durch Erhitzen mit 38,6 II in Nonan auf 150°. — *α-Phenylpropionsäurebenzylester*, Kp. 310—340°, aus 1 Mol I u. 3,3 Mol Benzylchlorid (III) durch Verrühren bei 60°. — Analog: *Heptansäureamylester*, aus I u. Amylbromid in Xylol. — *Penten-(4)-säureallylester*, aus I u. Allylchlorid. — Propionsäurebenzylester: *β-Butyl-β-phenyl-*, aus α-Na-Capronsäure (Na-Salz) u. **III**. — *β.β-Diphenyl-*, aus α-Na-Phenylessigsäure (Na-Salz) u. **III** in Toluol. — *Malonsäure, Di-Na-Salz*, aus **I** durch Erhitzen in Ggw. von CO_2 auf 185—225°, ggf. unter Drücken bis zu 105 at. *Di-Li-Salz*, aus α-Li-Essigsäure (Li-Salz) u. CO_2. *Na-Ca-Salz*, aus α-Ca-Essigsäure (Na-Salz) u. CO_2. (**F. P. 1 185 570** vom 30/10. 1957, ausg. 3/8. 1959. A. Prior. 30/10. 1956.) EBERHARD RIEDEL. H 820

Imperial Chemical Industries Ltd., England, **Herstellung von α-Äthoxymethylennitroessigsäureestern**, z. B. *-benzylester*, F. 72—75°, u. *-n-butylester*, dad. gek., daß Orthoameisensäuretriäthylester in Ggw. von Essigsäureanhydrid mit Nitroessigsäurebenzyl- bzw. -n-butylester umgesetzt wird. (**F. P. 1 220 575** vom 16/4. 1959, ausg. 25/5. 1960. E. Prior. 30/4. 1958 u. 20/2. 1959.) S. BÖTTCHER. H 850

Badische Anilin- & Soda-Fabrik Akt.-Ges. (Erfinder: Hans Weidinger und Heinz Eilingsfeld), Ludwigshafen/Rh., **Herstellung von N.N.N'.N'-tetrasubstituierten Thioharnstoffen** der allg. Formel $(R_1)(R_2)N-C(=S)-N(R_3)(R_4)$, in der R_1 u. R_3 einen aliphat., R_2 u. R_4 einen aliphat. oder cycloaliphat. Rest bedeuten, einer der Reste R_1, R_2, R_3 oder R_4 außerdem für einen aromat. Rest stehen kann u. worin R_1 u. R_2 sowie R_3 u. R_4 gemeinsam Glieder eines heterocycl. Ringes sein können, dad. gek., daß N.N.N'.N'-tetrasubstituierte Chlorameisensäureamidinchloride der allg. Formel **A**, in der die Reste R_1, R_2, R_3 u. R_4 die oben angegebene Bedeutung haben, mit

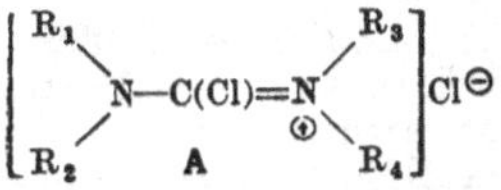
A

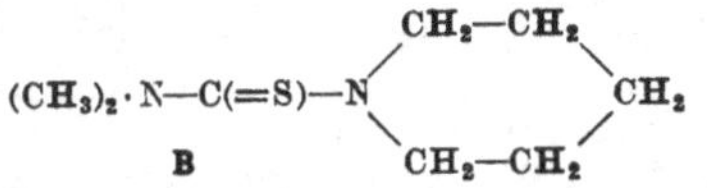
B

$(CH_3)_2$—N—C(=S)—N$(CH_3)(C_6H_5)$
C

Sulfiden oder Hydrogensulfiden von Alkali- oder Erdalkalimetallen umgesetzt werden. Das Rk.-Medium besteht aus W. oder aus einer wss. oder alkal. Lsg. des Hydrogensulfids. Rk.-Temp. 0—100°. — N.N.N'.N'-Tetramethylchlorameisensäureamidinchlorid wird bei 30—40° in eine wss. Lsg. von NaHS eingetragen. Das Rk.-Prod. scheidet sich bei Normaltemp. krist. ab. Es wird $(CH_3)_2N\cdot C(=S)-N(CH_3)_2$, F. 78°, erhalten. — Es werden ferner hergestellt: **B**, Kp.$_{0,8}$ 99°, farblose Flüssigkeit. — **C**, F. 79°, Kristalle. — **D**, F. 50—51°, Kristalle. — *Zwischenprodd.* für die Herst. von Farbstoffen, Herbicide. (**D. A. S. 1 119 843** Kl. 12o vom 7/9. 1960, ausg. 21/12. 1961.) G. KÖNIG. H 880

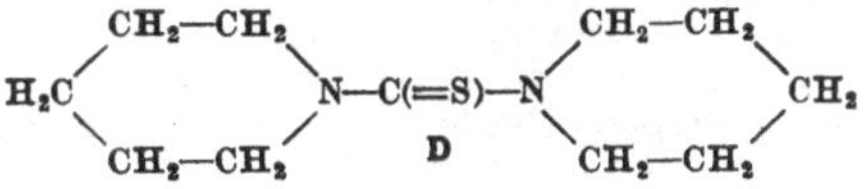
D

Dow Chemical Co., übert. von: Vernon Deane Floria, Midland, Mich., V.St.A., **2-Chloräthylthiocyanat**, Kp.$_{10-12}$ 96° bzw. Kp.$_{0,8}$ 50—53°, wird durch Erhitzen von $^1/_4$—3 Mol NH_4- oder Alkalithiocyanat mit 1 Mol Bis-[2-chloräthyl]-sulfat auf 80—130° in Abwesenheit oder Ggw. eines Lsgm., wie W., Alkohole, Bzl., Xylol, o-Dichlorbenzol, Nitrobenzol, CCl_4, Chloräthyläther, bes. A. u. Toluol, u. bes. in Ggw. eines säurebindenden Mittels, wie Alkali- oder Erdalkalihydroxiden, -carbonaten, Bicarbonaten, erhalten; beste genannte Ausbeute 73%. (**A. P. 2 939 875** vom 10/3. 1958, ausg. 7/6. 1960.) G. KRAUSS. H 890

Rohm & Haas Co., Philadelphia (Erfinder: Edward Broderick, Perkasie), Pa., V.St.A., **Herstellung hochmolekularer sekundärer Amine.** Verbb. der allg. Formel I (R_1 = Alkylrest mit 9—15 C-Atomen; R_2 = H oder CH_3; R_3, R_4 u. R_5 = Alkylreste) werden in 4 Rk.-Stufen erhalten: Zunächst wird Bzl. mit einem Rest von 9—15 C-Atomen alkyliert, z. B. mit trimerem

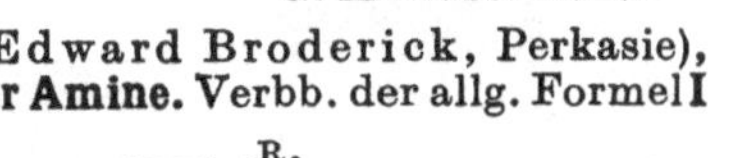
I

Propylen oder Nonen. Das Rk.-Prod. wird nach bekannten Verff. chlormethyliert, z. B. mit Chlormethyläther + $ZnCl_2$. Das Rk.-Prod. (z. B. Nonylbenzylchlorid) wird mit einem Alkylamin in Ggw. eines Alkohols, z. B. Isopropanol, zu einem Amin umgesetzt. Die Rk.-Prodd. sind ölige, bernsteinfarbene Fll., unlösl. in W., lösl. in Kerosin, leichten u. schweren Mineralölen u. aromat. KW-Stoffen. — Beispiele: *Nonylbenzyl-tert.-octylamin*, Kp.$_5$ 175—200°; *Nonylbenzyl-tert.-dodecylamin*, Kp.$_5$ 201—203°; *Dodecylbenzyl-tert.-octylamin*, Kp.$_5$ 200—210°; *Dodecylbenzyl-tert.-dodecylamin*, Kp.$_5$ 190°; *Pentadecylbenzyl-tert.-octylamin*, Kp. 216—228°; ferner Rk.-Prodd. aus techn. Amingemischen mit 18—24 C-Atomen. Die Lsgg. der I werden für *hydrometallurg.* Zwecke verwendet, z. B. für *Flotations-Verff.*, zur *Abtrennung von Metallionen* u. *Säuren* aus wss. Lsgg., bes. aus Proteinhydrolysaten u. Mineralölen. Durch NH_3, NaOH u. Na_2CO_3 können sie wieder regeneriert werden. (**D. A. S. 1 109 182** Kl. 12q vom 24/12. 1957, ausg. 22/6. 1961. A. Prior. 7/1. 1957.) A. KALIX. H 910

Magyar Állam (Erfinder: Ladislaus Vargha und Ludwig Toldy), Budapest, Ungarn, **β-Hydroxyäthylamine** oder deren Salze der allg. Formel $HOCH_2-CH_2-CH_2-N(Z)-R-N(Z)-CH_2-CH_2OH$ (I), werden bei der Rk. von ringförmigen Acetalen der Zuckeralkohole der Formel A—R—A (II) mit Aminoalkoholen der Formel $HN(Z)-CH_2-CH_2-OH$ (III), bei 60—240° ggf. unter autogenem Druck erhalten. Die erhaltenen Salze geben nach bekannten Meth. die freien Amine, die in die gewünschten Salze übergeführt werden können. — 4 g 1.6-Ditosyl-2.3;4.5-dimethylen-D-mannit u. 10 g β-Hydroxyäthylamin werden 8 Std. auf 150° erhitzt. Nach dem Abkühlen wird das Rk.-Prod. in 40 cm³ W. gelöst, zu der Lsg. 15 g Kristallwasser enthaltendes $Ba(OH)_2$ zugesetzt, auf dem Wasserbad erwärmt, im Vakuum β-Hydroxyäthylamin verdampft, der Rückstand mit Isopropylalkohol extrahiert u. nach dem Abdampfen des Isopropylalkohols 2 g rohes *1.6-Bis-[β-hydroxyäthylamino]-1.6-didesoxy-2.3;4.5-dimethylen-D-mannit* ($C_{12}H_{24}N_2O_6$), F. des Oxalats unter Zers. 190°. Es werden ferner hergestellt: *1.6-Bis-[β-hydroxyäthylamino]-1.6-didesoxy-2.3;4.5-dibenzyliden-D-mannit*, F. des Oxalats unter Zers. 212—214°; *1.6-Bis-[hydroxyäthyl]-amino-1.6-didesoxy-2.3;4.5-dibenzyliden-D-mannit*, F. des Pikrats unter Zers. 148—158°; *1.6-Bis-[hydroxyäthylmethylamino]-1.6-didesoxy-2.3;4.5-dibenzyliden-D-mannit*, F. des Pikrats unter Zers. 190—193°; *1.6-Bis-[β-hydroxyäthyl]-amino-1.6-didesoxy-2.3;4.5-dibenzylidendulcit*, F. des Oxalats 215—218°. In den Formeln bedeuten: Z = H, einen KW-Stoff-Rest oder die Gruppe $-CH_2-CH_2OH$; R = Zuckeralkoholrest, dessen OH-Gruppen teilweise oder ganz in acetalartigem Ringschluß vorliegen; A = reaktionsfähige Substituenten, die mit III I ergeben. (**Ung. P. 143 900** vom 17/11. 1955, ausg. 15/1. 1958.) G. KÖNIG. H 920

Farbwerke Hoechst Akt.-Ges., vormals Meister Lucius & Brüning (Erfinder: Walter Ried, Frankfurt/M., und Bernhard Schleimer, Paderborn), **Peptide** werden durch Rk. von Aminosäurehydraziden, deren NH_2-Gruppe zweckmäßig geschützt ist, mit 1.3-Diketo-Verbb., Behandeln des entstandenen Pyrazol-Deriv. mit Aminosäureestern, Abtrennen des durch Aminolyse gebildeten substituierten Pyrazols u. ggf. Abspaltung des die NH_2-Gruppen schützenden Restes u./oder der Estergruppe erhalten. Die Rk. verläuft z. B. nach nebenst. Formel. Zum Beispiel wird

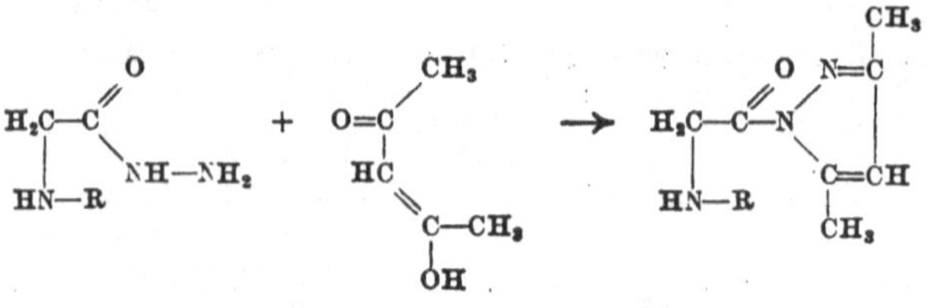

eine Lsg. von 16 g N-[p-Toluolsulfonyl]-glycinhydrazid in 50 ml A. nach Zusatz von 7 g Acetylaceton (I) 3 Std. gekocht u. beim Abkühlen ausgefallenes 1-[N-(p-Toluolsulfonyl)-glycyl]-3.5-dimethylpyrazol (II), F. 112 bis 113°; 16 g Ausbeute (ein-

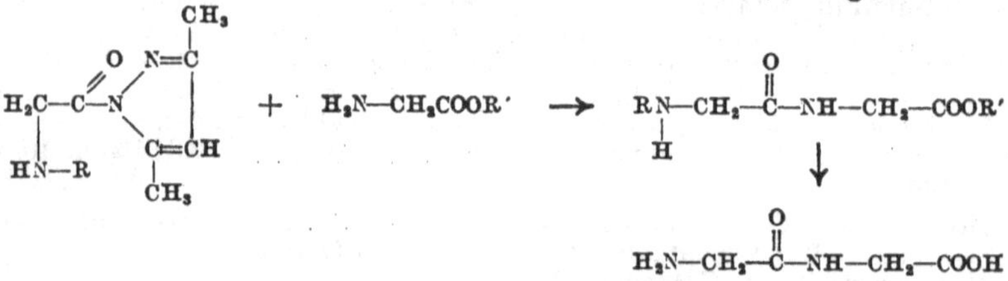

schließlich des aus dem Filtrat isolierten Anteils), isoliert. Durch 1std. Erhitzen von 6,1 g II mit 2,5 g dl-Alaninäthylester (III) auf dem Wasserbad bis zur Bldg. eines dickfl. Öls, Entfernen von überschüssigem III durch Vakuum-Dest. u. Dest. des Rückstandes im Wasserdampfstrom zwecks Entfernen des bei der Aminolyse gebildeten 3.5-Dimethylpyrazols u. Kristallisation des Rückstandes aus Ae.-Lsg. durch Anreiben mit W. entstehen 5,3 g N-[p-Toluolsulfonyl]-glycyl-dl-alaninäthylester (IV), F. 57°. Durch 1std. Kochen von 8,7 g IV mit 30 ml abs. A. u. überschüssigem $N_2H_4 \cdot H_2O$ u. Stehenlassen entsteht krist. N-[p-Toluolsulfonyl]-glycyl-dl-alaninhydrazid (V), F. 167 bis 168°. Werden 3,1 g V mit 1,5 g I u. 15 ml abs. A. 3 Std. auf dem Wasserbad gekocht u. die Rk.-Lsg. mit W. angerieben, so werden 2,6 g [1-(N-p-Toluolsulfonyl)-glycyl-dl-alanyl]-3.5-dimethylpyrazol (VI), F. 143,5—144,5°, erhalten. 3,8 g VI geben bei der Rk. mit 1,8 g dl-Valinäthylester auf dem Wasserbad *N-[p-Toluolsulfonyl]-glycyl-dl-alanyl-dl-valinäthylester*, F. 133,5—135°. — Analog liefert die Rk. von N-[p-Toluolsulfonyl]-

dl-alaninhydrazid mit I 1-[N-p-Toluolsulfonyl-(dl-alanyl)]-3.5-dimethylpyrazol, F. 144,5 bis 145,5°, u. dieser bei der Rk. mit dl-Alaninäthylester krist. *N-[p-Toluolsulfonyl]-dl-alanyl-dl-alaninäthylester.* (**D. A. S. 1 073 500** Kl. 12q vom 16/7. 1958, ausg. 21/1. 1960.) A. MOHR. H 950

American Cyanamid Co., V.St.A. (Erfinder: Sheldon A. Buckler und Vernon Paul Wystrach), **Herstellung von Bis-[1-alkyl-1-carboxy-1-hydroxy-methyl]-phosphinsäuren,** dad. gek., daß eine α-Ketoalkansäure mit 3—7 C-Atomen in Ggw. eines sauren Katalysators mit Phosphin umgesetzt u. das Additions-Prod. bei ca. 55° mit HNO_3 oder $KMnO_4$ oxydiert oder daß eine α-Ketoalkansäure mit 3—19 C-Atomen mit H_3PO_2 umgesetzt wird. — *Bis-[1-methyl-1-carboxy-1-hydroxymethyl]-phosphinsäure,* F. 148—149° (*Tri-Na-Salz,* F. 120—128°; danach wieder fest bis ca. 300°; *Tri-K-Salz, Tri-Li-Salz; Komplexe* mit Fe^{3+}, Cu^{2+}, Ni^{2+}, Th^{4+} u. $[UO_2]^{2+}$), *Bis-[1-äthyl-*, F. 153—154°, u. *-[1-heptadecyl-1-carboxy-1-hydroxymethyl]-phosphinsäure,* aus Brenztrauben-, α-Ketobutter- bzw. α-Ketononadecansäure. — Auf Grund ihrer Fähigkeit zur *Komplex-Bldg.* werden die Prodd. zum *Abtrennen* von *Metallionen* aus ihren Lsgg. verwendet. — Vgl. A. P. 2 845 454; C. **1959.** 12056. (**F. P. 1 224 043** vom 27/6. 1958, ausg. 21/6. 1960. A. Prior. 27/6. 1957.) S. BÖTTCHER. H 980

Monsanta Chemical Co., St. Louis, Mo., V.St.A., **Alkylieren von aromatischen und hydroaromatischen Kohlenwasserstoffen.** Ein Olefin u. ein aromat. oder hydroaromat. KW-Stoff werden in Ggw. eines FRIEDEL-CRAFTS-Katalysators, wie $AlCl_3$, sowie von entweder 50 Gew.-% Aktivton oder 0,6 Mol Nitro-KW-Stoff zur Rk. gebracht. (**E. P. 813 214** vom 14/1. 1957, ausg. 13/5. 1959. A. Prior. 13/1. u. 23/1. 1956.) E. KAHLES. H 1010

Dow Chemical Co. (Erfinder: John C. Vander Weele), Midland, Mich., V.St.A., **Beständige und leicht rieselfähige Mischkristalle aus 2.3.4.6-Tetrachlorphenol und Pentachlorphenol** werden durch Behandeln von geschmolzenem Phenol (I) mit Cl_2-Gas, bis das Rk.-Gemisch 70—82,5 Gew.-% 2.3.4.6-Tetrachlorphenol (**II**) u. 30 bis 17,5 Gew.-% Pentachlorphenol (**III**) enthält, Erstarren des Gemisches u. Zerkleinern erhalten. Man kann auch ein geschmolzenes Gemisch aus 70—82,5 Gew.-% **II** u. 30 bis 17,5 Gew.-% **III** erstarren lassen u. danach zerkleinern. — Zum Beispiel werden 1558 kg **I** bei 60—70° geschmolzen, Cl_2 durchgeleitet, bis ein im wesentlichen aus Dichlorphenol u. Trichlorphenol bestehendes Gemisch erhalten wird, dann wird die Cl_2-Zufuhr unterbrochen, 13,7 kg wasserfreies $AlCl_3$ als Katalysator zugegeben, bei 75—85° weiterchloriert, bis das Chlorierungsgemisch neben Spuren von $AlCl_3$ u. restlichem gelöstem HCl aus einem Gemisch von 82,5 ± 1 Gew.-% **II** u. 17,5 ± 1 Gew.-% **III** besteht (durch IR-Analyse bestimmt), restliches HCl mit Luft ausgeblasen u. das Prod. in einer gekühlten Flockentrommel in feste Flocken umgewandelt wird, die noch nach 2wöchiger Lagerung bei Raum-Temp. rieselfähig bleiben. (**D. A. S. 1 102 173** Kl. 12q vom 4/2. 1958, ausg. 16/3. 1961.) A. MOHR. H 1060

Allied Chemical Corp., New York, übert. von: William D. Griffin, Morris Township, und Zalik Oser, Morristown, N.J., V.St.A., **Dimethylarylcarbinole** werden bei der Behandlung von Aryldimethylmethinhydroperoxiden der allg. Formel $ArC(CH_3)_2O_2H$ (**I**) in Ggw. von festem Trialkaliphosphat zwischen ca. 50° u. dem Kp. des Rk.-Gemisches bei normalem Druck, bis mindestens 10 Gew.-% an Carbinol gebildet sind, erhalten. Die Rk. kann in Ggw. von O_2 ausgeführt werden. Das Filtrat kann mit MnO_2 als Katalysator bei mäßig erhöhter Temp. weiterbehandelt werden; dadurch werden erhöhte Ausbeuten erhalten. — Cumolhydroperoxid wird bei 100° mit K_3PO_4 behandelt. Nach 5 Std. werden 25,3 Gew.-% *Dimethylphenylcarbinol* u. geringe Menge *Acetophenon* erhalten. — m-Diisopropylbenzolmonohydroperoxid → *Dimethyl-m-isopropylphenylcarbinol* u. *m-Isopropylacetophenon.* — p-Diisopropylbenzolhydroperoxid → *p-Isopropylphenyldimethylcarbinol.* In **I** bedeutet Ar Phenyl oder C_1—C_3-Alkylphenyl. Vorteilhaft führt man die Rk. in einem Medium aus, welches aus dem Ausgangs-KW-Stoff, z. B. Cumol, u. dem daraus herzustellenden Carbinol, z. B. Dimethylphenylcarbinol, besteht. (**A. P. 2 881 220** vom 14/11. 1956, ausg. 7/4. 1959.) G. KÖNIG. H 1070

Eastman Kodak Co., Rochester, N.Y., übert. von: John R. Caldwell und William R. Kingdon, Kingsport, Tenn., V.St.A., **Herstellung von p.p'-Sulfonyldibenzoesäurederivaten.** Ein Ester oder Säurechlorid von p.p'-Sulfonyldibenzoesäure (**I**) wird bei Temp. zwischen 80 u. 200° mit einem Überschuß eines Hydroxyalkyl- oder Hydroxyalkoxyalkylamins erhitzt u. die Lsg. abgekühlt, wobei ein Rk.-Prod. der allg. Formel **II** ausfällt. Hierbei ist ROH ein Hydroxyalkyl- oder Hydroxyalkoxyalkylrest mit 18—26 C-Atomen, wobei R gerad- oder verzweigtkettig sein kann. Als Rk.-Komponente können z. B. verwendet werden: Monoäthanol-, γ-Hydroxypropyl-, 5-Hydroxyamyl-, α.α-Dimethyl-β-hydroxyäthyl-

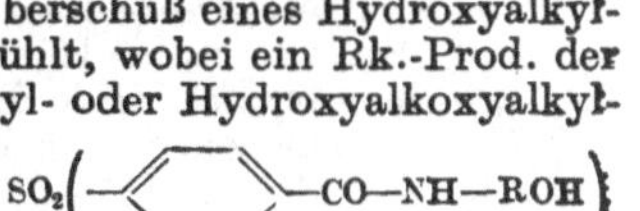

II

β-Hydroxyäthoxypropyl- u. Hydroxymethoxypropylamin. Der bei Verw. von I-Estern entstehende Alkohol wird abdest. ul die End-Prodd. aus heißem CH_3OH, Isopropylalkohol, Dioxan oder W. umkristallisiert. — Beispiele: I-*Monoäthanolamid*, F. 207—208°; I-*N.N'-Bis-[γ-hydroxypropyl]-amid*, F. 188—188,5°, I-*N.N'-Bis-[5-hydroxyamyl]-amid*, F. 185°; I-*β-Hydroxyäthoxypropylamid*, F. 135°; I-*α.α-Dimethyl-β-hydroxyäthylamid*, F. 260—261°. Die Verbb. werden als Zwischenprodd. zur Herst. von gemischten Polyesteramiden verwendet, wozu sie mit Carbon- u. α.β-ungesätt. Dicarbonsäuren oder ihren Anhydriden oder mit Diisocyanaten umgesetzt werden. (**A. P. 2 828 339** vom 27/10. 1953, ausg. 25/3. 1958.) A. KALIX. H 1090

Dow Chemical Co., Midland, Mich., übert. von: Albert L. Rocklin, Walnut Creek, Calif., V.St.A., **Halogen-o-chinone** der allg. Formel I (X = Cl, Br) werden durch Oxydation eines Halogenphenols der allg. Formel II mit verd. oder konz. HNO_3 bei — 20 bis + 120°, bes. 0—100°, in Ggw. eines Lsgm. (Alkane, Nitro-, Halogen-, Halogennitroalkane, Bzl., Alkyl-, Halogen-, Nitro-, Alkylhalogen-, Alkylnitro-, Halogennitro-, Alkylhalogennitrobenzole u. deren Gemischen mit Kp. höchstens 200°) erhalten. — Aus 100 g Pentachlorphenol in 200 cm^3 CH_2Cl_2 u. 40 cm^3 68%ig. HNO_3 bei 41° → 72 g *o-Chloranil*; 78% (Ausbeute). — Pentabromphenol → *o-Bromanil*; 60%. — 2-Chlor-3.4.5.6-tetrabromphenol → *3-Chlor-4.5.6-tribrombenzochinon*; 60%. — 2.6-Dibrom-3.4.5-trichlorphenol → *3-Brom-4.5.6-trichlorbenzochinon*. — *Zwischenprodukte*. (**A. P. 2 920 082** vom 26/5. 1958, ausg. 5/1. 1960.) G. KRAUSS. H 1190

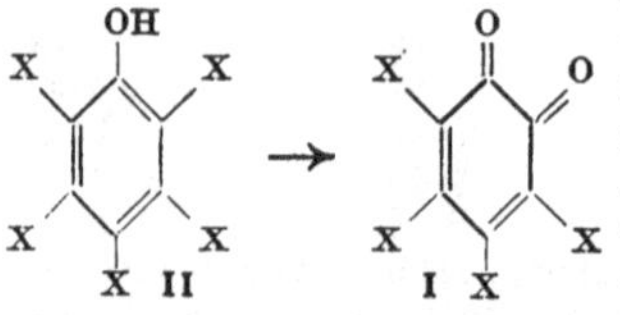

Roland Yves Mauvernay, Frankreich, **Herstellung von Cd-, Co-, Mn-, Ni- und Zn-Benzoat,** dad. gek., daß Na-Benzoat in A. bei 30° mit den Chloriden oder Sulfaten der Metalle umgesetzt wird. (**F. P. 1 210 497** vom 28/11. 1958, ausg. 9/3. 1960.) S. BÖTTCHER. H 1210

Roland Yves Mauvernay, Frankreich, **Herstellung von Mg-Benzoat,** dad. gek., daß Benzoesäure in A. bei 90° mit $MgCO_3$ umgesetzt u. A. abgedampft wird. (**F. P. 1 210 498** vom 28/11. 1958, ausg. 9/3. 1960.) S. BÖTTCHER. H 1210

California Research Corp., San Francisco, übert. von: Bruce W. Hotten, Orinda, Calif., V.St.A., **Herstellen von Terephthalsäuremonoestern.** Ein Diester von Terephthalsäure wird in mindestens der gleichen Menge eines aromat. Lsgm. oder eines Alkohols gelöst, eine alkohol. Lsg. eines Hydroxids oder Oxids von Metallen der I. oder II. Gruppe des Period. Syst. zugesetzt, das Gemisch auf mindestens 50° erhitzt u. auf diese Weise das Metallsalz des Monoesters als Nd. erhalten. Aus seiner wss. Lsg. wird mit H_2SO_4 die freie Monoestersäure erhalten. — Beispiel: *Terephthalsäuremonomethylester*. (**A. P. 2 808 428** vom 28/6. 1954, ausg. 1/10. 1957.) L. STADELMANN. H 1220

Monsanto Chemical Co. (Erfinder: Lloyd Blair Barkley), **Carboxylierung von aromatischen Hydroxyverbindungen.** Bei 120—200° wird CO_2 mit einem Alkalisalz der aromat. Hydroxy-Verb. umgesetzt, wobei unter wasserfreien Bedingungen, d. h. in einem aliphat. Alkohol mit 5—20 C-Atomen, gearbeitet wird. — Zum Beispiel wird zu einer Lsg. aus 30 (Teilen) NaOH, gelöst in 200 CH_3OH u. 140 Isooctylalkohol, 200 Phenol gegeben u. erhitzt, um W. u. CH_3OH abzutreiben, so daß eine wasserfreie Lsg. von Na-Phenolat u. Phenol in Isooctylalkohol erhalten wird. Nach dem Erhitzen auf ca. 140° wird mit N_2 u. anschließend mit CO_2 gespült u. das Rk.-Gemisch einige Zeit auf ca. 150° gehalten. Nach dem Abkühlen auf 80° u. Abtreiben des restlichen CO_2 werden 300 W. u. so viel H_2SO_4 zugefügt, daß der pH-Wert auf 5,5 eingestellt wird. Von den dabei erhaltenen zwei Phasen wird die obere aus Phenol u. Alkohol zu neuem Ansatz verwendet, während die untere, die gelöstes Na-Salicylat enthält, mit H_2SO_4 bis zum pH 2 versetzt wird, so daß *Salicylsäure* ausfällt. — Analog wird *6-Methylsalicylsäure, 2-Methyl-5-isopropylsalicylsäure, 3-Methyl-6-isopropylsalicylsäure* erhalten. (**Aust. P. 226 705** vom 1/8. 1957, ausg. 3/3. 1960.) H. NEBELSIEK. H 1250

Armour & Co., V.St.A., **Herstellung organischer Carbamate,** dad. gek., daß ein Amin oder eine Ammonium-Verb. mit einer Verb. $R_1—C(X)(R_2)—W—X$ oder der Formel I umgesetzt wird (R_1 = aromat. Rest; R_2 = H oder Alkylrest; W = aliphat. Rest mit ≧4 C-Atomen; X = H, —OR_3 oder —OCO·B; R_3 = H oder Alkylrest; B = Cl oder —OR_3). — Zu 0,3 (Mol) Styrolglykol in Bzl. gibt man unter Rühren bei 30° 0,3 $COCl_2$ in Bzl., rührt 1 Std. u. setzt 48 g Diäthylanilin in Bzl. hinzu; nach 1std. Rühren gibt man W. zu, fügt zu der Benzolschicht 30%ig. NH_4OH u. erhält *2-Hydroxy-2-phenyläthylcarbamat* (II), F. 111—112°. — II u. *2-Hydroxy-1-phenyläthylcarbamat*, F. 92—97°, aus Styrolcarbonat (F. 55—56°, $Kp._{3,5}$ 157°, hergestellt aus Styrolglykol u. Propencarbonat). — Weitere Carbamate: *1-Phenyläthyl-*, F. 73,5—75°, aus Phenylmethyl-

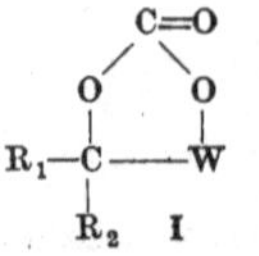

carbinol. — *2-Acetoxy-2-phenyläthyl-*, F. 107—109°, aus **II** u. Acetylchlorid. — *2-Hydroxy-2-phenyläthylmorpholin-4-carboxylat*, $Kp._{75\,10^{-6}}$ 165°, aus Morpholin. — *2-Hydroxy-2-phenyläthyl-N-methyl-*, F. 85,5—87,5°, aus Methylamin. — *2-Hydroxy-2-phenyläthyl-N.N-dimethyl-*, $Kp._{150\,10^{-6}}$ 130°, aus Dimethylamin. — *2-Hydroxy-2-phenyläthyl-N-amino-* F. 156—159°, aus $N_2H_4 \cdot H_2O$. — *1-Phenyläthyl-1.2-di-*, F. 166—167°, aus $COCl_2$, **II** u. Diäthylanilin. — *2-Phenyläthyl-*, F. 91—91,5°, aus β-Phenyläthylalkohol. — *2-Hydroxy-2-phenylpropyl-*, Kp. 160—167°, aus 2-Phenylpropylencarbonat. — *2-Hydroxy-2.2-diphenyläthyl-*, F. 169—170°, aus 1.1-Diphenyläthylencarbonat. — *N.N-Dimethyl-2 2-diphenyl-2-hydroxyäthyl-*, F. 127—129°, aus Dimethylamin bzw. 1.1-Diphenyläthandiol-(1.2). (**F. P. 1 217 257** vom 5/12. 1958, ausg. 3/5. 1960.) S. BÖTTCHER. H 1280

H. Lundbeck & Co. Kemisk Pharmaceutisk Laboratorium A/S, Kopenhagen, Dänemark, **Herstellung von α.β-Bis-aminopropionylaniliden** der allg. Formel **I**, wobei R_1 = H oder Alkylgruppe mit <4 C-Atomen, Phenyl, Propionyl oder $-COOR_4$ (R_4 = Alkylgruppe mit <4 C-Atomen oder H); R_2 u. R_3 = Alkylgruppen mit <4 C-Atomen oder H, dad. gek., daß eine Verb. der allg. Formel **II**, wobei R_1 die oben angegebene Bedeutung hat, mit einem Amin der Formel

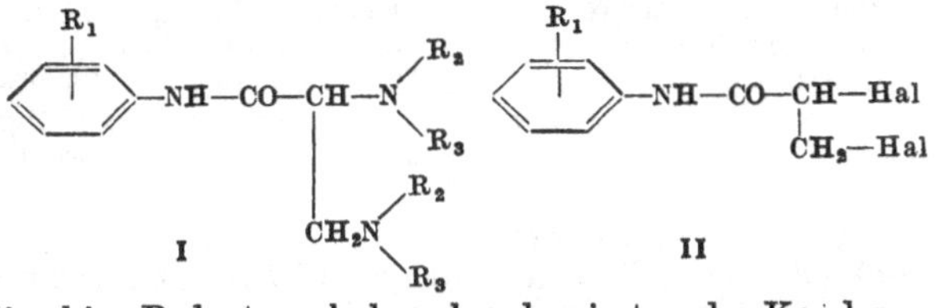

I II

$HN\langle^{R_2}_{R_3}$, in der R_2 u. R_3 auch die obige Bedeutung haben, kondensiert u. das Kondens.-Prod. in ein Säureadditions-Prod. übergeführt wird. — 2-[α.β-Dibrompropionylamido]-toluol wird mit Diäthylamin umgesetzt. *α.β-Bis-diäthylaminopropionyl-o-toluidid*, F. 42—43°. — Weitere 10 Beispiele. (**Dän. P. 85 553** vom 16/5. 1955, ausg. 25/8. 1958.) K. H. KÄHLER. H 1310

Shell Development Co., New York, N.Y., übert. von: Robert W. Martin, Lafayette, Calif., V.St.A., **Herstellung von Mannichbasen von aromatischen Polyketonen.** Aus einem Rk.-Gemisch, bestehend aus einem aromat. Polyketon (**I**), CH_2O u. NH_3 oder einem prim. oder sek. Amin, werden in einem organ. Lsgm. bei Temp. zwischen 50 u. 150° Verbb. der allg. Formel **II** erhalten. Hierbei ist R_1 eine niedrigmol. Alkylgruppe, oder jedes Paar von R_1-Substituenten am gleichen N-Atom bildet einen Morpholinrest, R_2 ist ein H- oder Halogenatom, eine Methyl- oder Methoxygruppe, CH_2O u. das betreffende Amin werden in einem mol. Überschuß

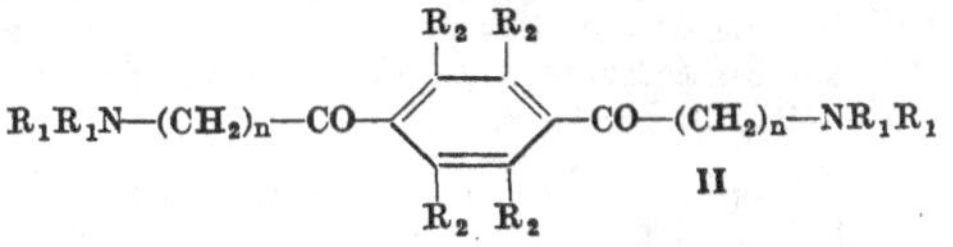

II

von 10—20% verwendet. — Beispiele für **I**: 1.2-, 1.3- u. 1.4-Diacetylbenzol, 1.2-, 1.3- u. 1.4-Dipropionylbenzol, 1.3-Diacetyl-2.4-dimethyl-, -2.4.6-trimethyl- u. -2.4.5.6-tetramethylbenzol, 1.3-Diisobutyryl-2.4.6-trimethylbenzol, 1.3- u. 1.5-Diacetyläthylbenzol, 2.2'- u. 4.4'-Diacetyldiphenyl, 4.4'-Diacetyldiphenylmethan, 1.3-Diacetyl-2.4.5-trimethoxybenzol, 9.10-Diacetylphenanthren, 3.9-Diacetylperylen, 1.3.5-Triacetylbenzol u. 1.3.5-Triacetyl-2.4.6-trimethylbenzol; Beispiele für Amine: Methyl-, Stearyl-, Allyl-, Cyclohexyl-, Benzyl-, Äthanol-, β-Chloräthyl-, β-Phenyläthyl- u. 3.4-Methylendioxybenzylamin sowie entsprechende Diamine, ferner Methylanilin, Piperidin, Morpholin u. Isochinolin. Besonders beansprucht werden: 1.4-Bis-[β-dimethylaminopropionyl]-, 1.4-Bis-[β-diäthylaminopropionyl]- u. 1.4-Bis-[β-morpholinopropionyl]-benzol; ferner: 1.4-Bis-[β-dimethylaminopropionyl]- u. 1.4-Bis-[β-morpholinopropionyl]-2.3.5.6-tetrachlorbenzol. — Verw. als *Weichermacher für halogenhaltige Polymerisate* u. als *Antioxydationsmittel* für organ. Produkte. (**A. P. 2 840 558** vom 30/6. 1954, ausg. 24/6. 1958.) A. KALIX. H 1340

E. I. du Pont de Nemours & Co. (Erfinder: Fred Wayne Hoover), Wilmington, Del., V.St.A., **o-Divinylbenzole** werden durch Rk. von Divinylacetylen (**I**) mit Acetylenen der allg. Formel R—C≡C—R' (R u. R' = H, Alkyl, Aryl mit je höchstens 10 C-Atomen, Cycloalkyl mit höchstens 7 C-Atomen) bei —80 bis + 100°, bes. —20 bis + 15°, in Ggw. eines Lsgm. (Toluol, Xylol, Cyclohexan, Dekalin) u. von 0,1—100%, bes. 1—85%, eines Katalysators, der aus einer metallorgan. Verb. bzw. einem Metallhydrid der Metalle der 1.—3. Gruppe u. einer Übergangsmetall-Verb. (bes. Halogenide) eines Metalls der 4.—8. Gruppe des Period. Syst. besteht, erhalten. — Aus 20 g **I** in 260 cm³ Toluol unter N_2 u. Einleiten von C_2H_2 (das mit W., H_2SO_4, bas. Pyrogallol, H_2SO_4 u. wasserfreiem $CaSO_4$ gewaschen wurde) bei —25 bis —20° in Ggw. von 5 cm³ Triisobutyl-Al u. 1,5 cm³ $TiCl_4$ → *o-Divinylbenzol*, $Kp._{4,5}$ 59—60°; 30% (Ausbeute). —

Methylacetylen → Trimethylbenzole, Kp.$_2$ 32°, u. *Dimethyl-o-divinylbenzole*, Kp.$_{0,2}$ 50 bis 51°; 28%. Ferner kann mit I umgesetzt werden: Monophenyl-, Diphenyl-, Cyclohexylacetylen, Hexin-(2) u. -(3). — Als Katalysatoren sind noch geeignet: Hydride von Li, Na, K, Ca, Sr, Mg, Zn, B u. Al, Butyl-Li, Diäthyl-Zn, Dibutyl-Mg, Triäthyl- u. Triamyl-Al, Trimethyl-B; $TiCl_3$, TiF_4, $TiCl_2$, $ZrCl_2$, $ZrCl_3$, $ZrBr_2$, $FeCl_3$, $VOCl_5$, VCl_3, $MoCl_6$, $MoCl_5$, $CoCl_2$, $NiCl_2$ u. Ti-Isopropylat. — Die Verbb. lassen sich *polymerisieren* u. bes. *mischpolymerisieren* mit Styrol, Carbonsäureallyl- u. -methallylestern, ungesätt. Äthern u. Ketonen mit der Gruppe $H_2C{=}C{<}$ u. Butadienen. (**D. A. S. 1 116 213** Kl. 12o vom 8/6. 1959, ausg. 2/11. 1961. A. Prior. 9/6. 1958.) G. Krauss. H 1410

Council of Scientific & Industrial Research, Neu Delhi (Erfinder: Sardar Mahboob, Cherkupalli Chenna Reddy und Syed Hussain Zabear, Hyderabad), Indien, **Gewinnung von Alkyleugenol** (I) durch Alkylieren der Öle der Gewürznelke oder der Blätter des Zimtstrauches. — Zum Beispiel werden 4,46 kg Zimtblattöl, gelöst in 17,46 Liter einer 7,62%ig. NaOH-Lsg., mit 2,225 Liter Bzl. extrahiert. Nach dem Abtrennen der wss. Phase wird dieser 3,482 kg Diäthylsulfat in der Weise zugefügt, daß die Temp. des Rk.-Gemisches nicht über 30—40° steigt. Anschließend wird 3—8 Std. lang gekocht u. aus der abgetrennten öligen Schicht durch Dest. 3,7 kg I, Kp.$_{6,5}$ 122—140°, erhalten. (**Ind. P. 63 719** vom 10/4. 1958, ausg. 17/3. 1959.)

H. Nebelsiek. H 1460

Dow Chemical Co., übert. von: James E. Huff und Rodney D. Moss, Midland, Mich., V.St.A., **α-Äthylzimtsäure und deren Salze** werden durch Oxydation von 1 Mol 3-Benzylidenpentanon-(2) mit wenigstens 4 Mol eines wss. Alkalihypochlorits (NaOCl) bei pH 12 u. 80—100°, bes. 95—98°, u. bes. in Ggw. eines Emulgiermittels („Nacconol NRSF" = Na-Alkylarylsulfonat) erhalten; Ausbeute 95—100%; *Na-Salz*. — *Zwischenprod.* zur Herst. von *5-Äthyldihydro-6-phenyl-(2H)-1.3-thiazin-2.4(3H)-dion*. (**A. P. 2 861 102** vom 30/8. 1956, ausg. 18/11. 1958.) G. Krauss. H 1610

Imperial Chemical Industries Ltd., England, **Herstellung von tert.-Alkylcyclopentadienen,** dad. gek., daß ein Cyclopentadienyl-Mg- oder -Zn-Halogenid in Ae. u./oder Tetrahydrofuran mit einem tert.-Alkylhalogenid umgesetzt wird. — *tert.-Butyl-*, Kp.$_{28}$ 45°, *tert.-Amyl-*, Kp.$_5$ 51°, [*1.1.3.3-Tetramethylbutyl*]-, Kp.$_{0,1}$ 35°, [*1-Methyl-1-äthylpropyl*]-, Kp.$_4$ 38°, [*1.1-Dimethylbutyl*]-, Kp.$_{0,5}$ 25°, u. [*1-Methyl-1-äthylamyl*]-*cyclopentadien*, Kp.$_{0,5}$ 40°, aus Cyclopentadien-MgBr u. tert.-Butyl-, tert.-Amylchlorid, 2-Chlor-2.4.4-trimethylpentan, 3-Chlor-3-methylpentan. 2-Chlor-3-methylpentan bzw. 3-Chlor-3-methylheptan. (**F. P. 1 220 536** vom 13/4. 1959, ausg. 25/5. 1960. E. Prior. 25/4. 1958 u. 18/3. 1959.) S. Böttcher. H 1810

Soc. des Usines Chimiques Rhône-Poulenc, Frankreich (Erfinder: André Fournet, René Achard und Pierre Lafont), **Herstellung von Cyclododecanon und -dodecanol** (I) (*Oxim*, F. 131—131,5°; I-*Phenylurethan*, F. 126,5 bis 128°), dad. gek., daß Cyclododecan in Ggw. von Co-Octoat in Cyclohexan bei 90—150° oxydiert wird. (**F.P. 1 241 775** vom 31/7. 1959, ausg. 28/12. 1960.) S. Böttcher. H 1960

F. Hoffmann-La Roche & Co. Akt.-Ges., Basel (Erfinder: Otto Isler, Marc Montavon, Rudolf Rüegg, Basel, Gabriel Saucy, Neuewelt, und Paul Zeller, Neuallschwil), Schweiz, **In 8-Stellung substituierte 2.6-Dimethyloctatrien-(2.4.6)-ale-(1)** der allg. Formel $R-C(H)_n-CH{=}C(CH_3)CH{=}CH-CH{=}C(CH_3)-CHO$ (n = 1 oder 2 je nach der Bindigkeit von R; R'O = OH oder verestertes OH u. R = Rest der nachst. allg. Formeln **I—VI**) werden durch Acetalisierung eines Aldehyds

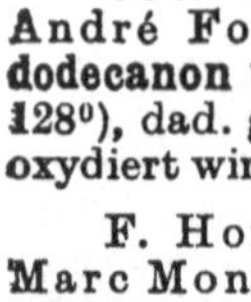
I
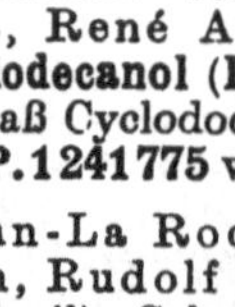
II
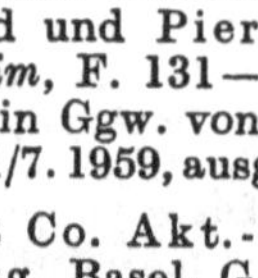
III
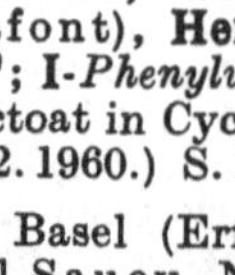
IV
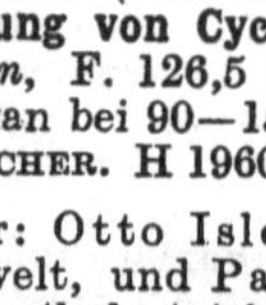
V

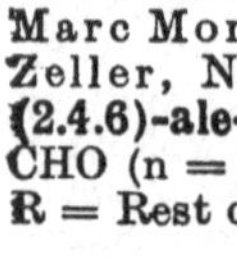
VI

der allg. Formel $R-C(H)_n-CH{=}C(CH_3)-CH{=}CH-CHO$, der dann mit einem Propenyläther in Ggw. eines sauren Kondens.-Mittels (BF_3-Ätherat, $ZnCl_2$, $TiCl_4$, $FeCl_3$, $SnCl_4$) umgesetzt wird, erhalten; das entstandene 3-Äther-1-acetal wird anschließend unter Alkoholabspaltung in Ggw. von wasserlösl. organ. oder anorgan. Säuren (Essig-, Propion-, Oxalsäure, H_2SO_4, H_3PO_4) oder sauren Salzen ($ZnCl_2$, $NaHSO_4$) hydrolysiert. — Aus 6-(2'.6'.6'-Trimethyl-4'-acetoxycyclohexyliden)-4-methylhexadien-(2.4)-al-(1) in Orthoameisensäuretriäthylester v. abs. A. in Ggw. von H_3PO_4 u. p-Toluolsulfonsäure bei Raum-Temp., nach 24 Std. Zusatz von Pyridin u. wss. $NaHCO_3$ →

Acetal; daraus in Bzl. mit Propenyläthyläther in Ggw. von 10% $ZnCl_2$ in Essigester bei 30°, Entfernen des Bzl., Zusatz von Eisessig, W. u. Na-Acetat, Erhitzen auf 95° unter CO_2, Eingießen in W. u. Extraktion mit Ae. → *8-[2'.6'.6'-Trimethyl-4-acetoxy-cyclohexyliden]-2.6-dimethyloctatrien-(2.4.6)-al-(1)*, gelbes, zähes Harz, wird durch Chromatographieren über Al_2O_3 gereinigt. — 6-[2'.6'.6'-Trimethyl-4'-oxocyclohexyliden]-4-methylhexadien-(2.4)-al-(1) → Acetal → *8-[2'.6'.6'-Trimethyl-4'-oxocyclohexyliden]-2.6-dimethyloctatrien-(2.4.6)-al-(1)*, gelbes, zähfl. Öl, wird wie vorst. gereinigt. — 6-[2'.6'.6'-Trimethyl-4'-oxocyclohexen-(2')-yliden]-4-methylhexadien-(2.4)-al-(1) → Acetal → *8-[2'.6'.6'-Trimethyl-4'-oxocyclohexen-(2')-yliden]-2.6-dimethyloctatrien-(2.4.6)-al-(1)*, F. 141—144°. — 6-[2'.6'.6'-Trimethyl-4'-acetoxycyclohexen-(1)-yl]-4-methylhexadien-(2.4)-al-(1) → *8-[2'.6'.6'-Trimethyl-4'-acetoxycyclohexen-(1)-yl]-2.6-dimethyloctatrien-(2.4.6)-al-(1)*, gelbes Harz. — 6-[2'.6'.6'-Trimethyl-4'-acetoxycyclohexen-(1)-yliden]-4-methylhexadien-(2.4)-al → *8-[2'.6'.6'-Trimethyl-4'-acetoxycyclohexen-(2')-yliden]-2.6-dimethyloctatrien-(2.4.6)-al*. — Die Ausgangsstoffe erhält man nach E. P. 802 567; C. **1962.** 3303. — *Antioxydationsmittel. Zwischenprodd.* zur Herst. von *Carotinen*, bes. *Zeaxanthin, Rhodoxanthin, Kryptoxanthin* u. *Astaxanthin*, bes. durch Kondens. mit Acetylen, Wasserabspaltung unter Allylumlagerung, teilweiser Hydrierung u. Isomerisierung. (**Schwz. P. 333 917** vom 6/7. 1955, ausg. 31/12. 1958. **E. P. 802 568** vom 6/7. 1956, ausg. 8/10. 1958. Schwz. Prior. 6/7. 1955.) G. KRAUSS. H 1990

Laboratoires Albert Rolland, Frankreich, **Herstellung von β-Cyclopentylacrylsäure,** F. 47°, $Kp._{12}$ 126°, dad. gek., daß Cyclopentylformaldehyd in Pyridin mit einer Spur Piperidin bei 60—95° mit Malonsäure kondensiert wird. (**F. P. 1 209 858** vom 29/6. 1956, ausg. 4/3. 1960.) S. BÖTTCHER. H 2010

F. Hoffmann-La Roche & Cie. Soc. An., Schweiz (Erfinder: Moses Wolf Goldberg und Sidney Teitel), **Herstellung bis-quaternärer N.N'-Bis-[cyclohexylalkyl]-diamine,** dad. gek., daß ein tert. Cyclohexylalkylamin mit einem α.ω-Dihalogenalkan umgesetzt oder ein [Cyclohexylalkylen]-methylketon bzw. ein Cyclohexylalkylenaldehyd einer reduzierenden Kondens. mit einem α.ω-Diaminoalkan unterworfen, das Bis-sek.-diamin alkyliert u. quaterniert wird. — Aus β-Jonon u. Methylamin wird durch Hydrierung mit RANEY-Ni *1-Methyl-3-[2.6.6-trimethylcyclohexen-(1)-yl-(1)-propyl]-methylamin*, $Kp._5$ 117—119°, hergestellt, das mit HCHO zu *[1-Methyl-3-(2.6.6-trimethylcyclohexen-(1)-yl-(1))-propyl]-dimethylamin* (I), $Kp._2$ 97—99° (*Oxalat*, F. 189—190°; *Hydrochlorid*, F. 69—71°), umgesetzt wird. Mit 1.3-Dibrompropan entsteht *N.N'-Bis-[1-methyl-3-(2.6.6-trimethylcyclohexen-(1)-yl-(1))-propyl]-N.N'-dimethylpropan-1.3-diamin* (*Bis-methobromiddihydrat*, F. 195—196°). Analog das *Butan-1.4-diamin* (*Bis-methobromidhemihydrat*, F. 231—233° [Zers.]), aus 1.4-Dibrombutan. — *Pentan-1.5-diamin* (*Bis-methobromid·6 H_2O*, F. 233—235° [Zers.]), aus 1.5-Dibrompentan. — *Hexan-1.6-diamin* (*Bis-methobromid·1 H_2O*, F. 245—246° [Zers.]), aus 1.6-Dibromhexan. — *Heptan-1.7-diamin* (*Bis-methobromid·2 H_2O*, F. 218—219°), aus 1.7-Dibromheptan. — *N.N'-Bis-[2-methyl-4-(2.6.6-trimethylcyclohexen-(1)-yl-(1))-butyl]-N.N'-dimethylhexan-1.6-diamin* (*Bis-methobromid·2 H_2O*, F. 225—226° [Zers.]), aus 4-[2.6.6-Trimethylcyclohexen-(1)-yl-(1)]-2-methylbuten-(2)-al-(1) über N-[2-Methyl-4-(2.6.6-trimethylcyclohexen-(1)-yl-(1))-butyl]-dimethylamin ($Kp._4$ 100°). — *N.N'-Bis-[1-methyl-3-(2.6.6-trimethylcyclohexen-(1)-yl-(1))-propyl]-N.N'-dimethyläthylendiamin* (*Bis-methobromid·1 H_2O*, F. 157—158° [Zers.]), aus 1.2-Dibromäthan. — *Decan-1.10-diamin* (*Bis-methobromid·6 H_2O*, F. 190—192°), aus 1.10-Dibromdecan. — *[1-Methyl-3-(2.6.6-trimethylcyclohexyl)-propyl]-dimethylamin* (II; *Hydrochlorid*, F. 125—127°) u. *N.N'-Bis-[1-methyl-3-(2.6.6-trimethylcyclohexyl)-propyl]-N.N'-dimethylpropan-1.3-diamin* (*Bis-methobromid*, F. 214 bis 216° [Zers.]), durch Hydrierung von I. — II auch aus 1-Methyl-3-[2.6.6-trimethylcyclohexyl]-propylamin. — *N.N'-Bis-[1-methyl-3-(2.6.6-trimethylcyclohexyl)-propyl]-N.N'-dimethylpentan-1.5-diamin* (*Bis-methobromid*, F. 253—255° [Zers.]) u. *-hexan-1.6-diamin*, $Kp._{0,4}$ 230—240°, n_D^{26} 1,4833 (*Dihydrochlorid*, F. 183—185°; *Bis-methobromid*, F. 265—266°; *Bis-[methyl-p-toluolsulfonat]*, F. 191—193°; *Bis-methylnitrat*, F. 287—288° [Zers.]; *Bis-äthobromid*, F. 196—198°), aus cis-Tetrahydrojonon über N.N'-Bis-[1-methyl-3-(2.6.6-trimethylcyclohexyl)-propyl]-1.6-hexandiamin ($Kp._{0,02}$ 192 bis 202°; Dihydrochlorid, F. 197—199°). — *N.N'-Bis-[1-methyl-3-(2.6.6-trimethylcyclohexyl)-propyl]-N.N'-dimethyloctan-1.8-diamin* (*Bis-methobromid*, F. 216—217° [Zers.]) u. *Decan-1.10-diamin* (*Bis-methobromid*, F. 197—199°). — *N-[2-Methyl-4-(2.6.6-trimethylcyclohexyl)-butyl]-dimethylaminhydrochlorid*, F. 159—160°, aus N-[2-Methyl-4-(2.6.6-trimethylcyclohexen-(1)-yl-(1))-butyl]-dimethylamin ($Kp._{0,4}$ 100°; Hydrochlorid, F. 150 bis 151°). — *N.N'-Bis-[2-methyl-4-(2.6.6-trimethylcyclohexyl)-butyl]-N.N'-dimethylhexan-1.6-diamin-bis-methobromid*, F. 235—237° (Zers.). (**F. P. 1 216 972** vom 11/10. 1958, ausg. 29/4. 1960. A. Prior. 17/4. u. 8/5. 1958.) S. BÖTTCHER. H 2110

Dow Chemical Co., übert. von: Andrew J. Dietzler, Midland, Mich., V.St.A., **4.4'-Alkyliden-bis-[2-tert.-butylphenole]** der allg. Formel I (R u. R' = Alkyl mit 1—12 bzw. 1—9 C-Atomen) werden durch Rk. von 2-tert.-Butylphenol mit einem gesätt. aliphat. Keton mit 3—21 C-Atomen bei 20—60° in Ggw. von HCl oder HBr oder deren Gemischen u. einer ionisierbaren S-Verb., wie H_2S, Mercaptane, Thiophenole, organ. Thiosäuren, bes. 0,003—0,2 g S je Mol Keton, bei normalem oder erhöhtem Druck, bes. 5—30 lbs./sq.in., erhalten. — Aus 2,84 Mol 2-tert.-Butylphenol u. 0,71 Mol Aceton unter Einleiten von 9,6 g H_2S bei 20°, Durchleiten von trocknem HCl bei 22—23°, Erwärmen auf 60°, Zusatz von Chlorbenzol u. W. → 219 g *4.4'-Isopropyliden-bis-[2-tert.-butylphenol]*, F. 114,2—114,6° (PAe.). — Methyldodecylketon → *4.4'-[1-Methyldodecyliden]-bis-[2-tert.-butylphenol]*. — 2-Butanon → *4.4'-sek.-Butyliden-bis-[2-tert.-butylphenol]*. — 10-Nonadecanon → *4.4'-(1-Nonyldecyliden)-bis-[2-tert.-butylphenol]*. — Als Ketone sind noch geeignet: Methyläthyl-, Methyl-n-propyl-, Methylisopropyl-, Diäthyl-, Methyl-n-butyl-, Äthyl-n-propyl-, Methylisobutyl-, Äthylisopropyl-, Methyl-tert.-butyl-, Methyl-n-amyl-, Dipropyl-, Diisobutyl-, Methylneopentyl-, Äthyldodecyl-, n-Butyldodecylketon u. Hexamethylaceton. — *Antioxydationsmittel* u. *Stabilisierungsmittel* gegen *Verfärbung* von *Kunststoffen*, bes. *Polyäthylen* u. *Polystyrol* in Ggw. von Licht, Wärme u. Luft; *Zwischenprodd.* zur Herst. von *Phenol-Formaldehyd-Harzen*. (**A. P. 2 917 550** vom 4/5. 1956, ausg. 15/12. 1959.) G. Krauss. H 2260

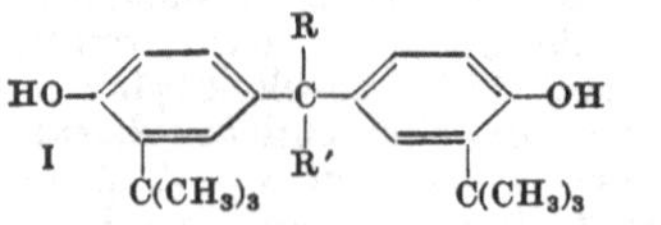
I

Jacques Servier, Frankreich, **Herstellung von Trihalogenmethylmethandisalicylsäurediestern,** bes. **Trichlormethylmethandisalicylsäuredimethylester,** dad. gek., daß Salicylsäuremethylester mit Chloral oder seinen Derivv. (Chloralhemiacetal) in Ggw. von H_2SO_4 umgesetzt wird. (**F. P. 1 216 660** vom 9/2. 1959, ausg. 27/4. 1960.) S. Böttcher. H 2450

Soc. d'Études de Recherches et d'Applications Scientifiques et Médicales (E.R.A.S.M.E.), Frankreich, **Herstellung von Arylalkylaminen,** bes. *β.β-Diphenylpropyläthylamin*, Kp.$_{2,5}$ 140°; n_D^{20} 1,5753 (*Hydrochlorid*, F. 190°), dad. gek., daß Diphenylacetonitril in fl. NH_3 bei —60 bis —50° mit $NaNH_2$ u. bei 50° mit Propylbromid zu *Diphenylvaleronitril*, Kp. 125—127°; n_D^{23} 1,5623, umgesetzt u. dieses an Raney-Ni bei 140—145° u. 150 at hydriert wird. (**F. P. 1 209 836** vom 28/7. 1954, ausg. 3/3. 1960.) S. Böttcher. H 2510

Soc. des Usines Chimiques Rhône-Poulenc, Frankreich (Erfinder: Alain Horeau und Abraham Becker), **Herstellung von 1-Carboxy-3-phenylindenderivaten,** dad. gek., daß 1.1-Diphenyläthylen (auch substituiert) mit einer α-Ketocarbonsäure umgesetzt wird. — Zu 500 (cm³) konz. H_2SO_4 werden 22 g Brenztraubensäure (I) u. 120 Bzl. gegeben, 2½ Std. lang gerührt, 8 Std. stehengelassen, auf Eis gegossen u. *1-Methyl-3-phenylinden-1-carbonsäure*, F. 124°, erhalten, die auch aus I u. Diphenyläthylen erhalten wird. (**F. P. 1 220 073** vom 29/12. 1958, ausg. 23/5. 1960.) S. Böttcher. H 2650

Koppers Co., Inc., übert. von: Gerd Leston, Verona, und Thomas E. Robbins jun., Pittsburgh, Pa., V.St.A., **Reinigung von rohem 2-Vinylnaphthalin** (I) erfolgt durch Behandlung in W. mit 1—4% eines *Emulgiermittels* bei wenigstens 50°, bes. 66°, u. Abkühlen des Gemisches auf 45°, bes. +25 bis —80°; reines I wird dann abfiltriert. — 37,5 (Teile) 70%ig. I, F. 45—52°, werden in 150 dest. W. u. 1,5 Na-Oleat unter Rühren auf 70° erhitzt u. auf 35°, bes. unter Durchleiten von Luft, abgekühlt; I wird dann abfiltriert, F. 52—57°; nach 5maliger Wiederholung des Verf. steigt der F. auf 64°. Als Emulgiermittel sind noch geeignet: Alkylarylsulfonate, wie „Nacconol NRSF", „Dreft" (= Na-Laurylsulfat), „Victawet 58B" (= $[Octyl\text{-}2]_8[P_3O_{10}]_2Na_6$), „Antaron R-275" (= Alkylnaphthalinsulfonat), „Aerosol OT" (= Na-Dioctylsulfosuccinat); $R-N(CH_3)_3Cl$ (R = KW-Stoffrest mit 12—18 C-Atomen), „Rosinate 214" bzw. „Dresinate 731" (= K- bzw. Na-Salz von Harzsäuren), Stearamidopropyldimethyl-β-hydroxyäthylammoniumchlorid, „Armour Re-Nu" (= Gemisch aus 70% K-Salz von Harzsäuren u. 30% K-Salz eines Gemisches aus 50% Öl- u. 50% Linolsäure). I kann anschließend noch aus Hexan, A., CH_3OH, PAe. oder KW-Stoffen mit 3—7 C-Atomen, ggf. in Ggw. von Aktivkohle, umkrist. werden, dann F. 65—65,8°. — Fließbild, Zeichnungen. (**A. P. 2 884 471** vom 2/7. 1954, ausg. 28/4. 1959.) G. Krauss. H 2700

British Petroleum Co. Ltd., London, England (Erfinder: **Alfred Champagnat** und **Charles Vernet**, Paris, Frankreich), *Trennung von Kohlenwasserstoffen mittels Harnstoff*. (**Can. P. 551 194** vom 14/5. 1953, ausg. 7/1. 1958. F. Prior. 24/5. 1952. — **C. 1957.** 3122 [E. P. 745 546].)

Badische Anilin- & Soda-Fabrik Akt.-Ges., Deutschland, *Spalten von flüssigen Kohlenwasserstoffen*. (**F. P. 1 150 223** vom 25/5. 1956, ausg. 9/1. 1958. D. Prior. 2/6. 1955. — **C. 1959.** 12379 [D. A. S. 1 029 363].)

Sicedison S. p. A., Italien, *Stabilisierung von Trichloräthylen.* (**F. P. 1 223 679** vom 18/2. 1959, ausg. 20/6. 1960. It. Prior. 13/6. 1958. — C. **1961.** 6312 [D. A. S. 1 084 713].)

Distillers Co. Ltd., England (Erfinder: **Frederick James Bellringer**), *Stabilisieren von Chloropren.* (**F. P. 1 175 231** vom 16/5. 1957, ausg. 23/3. 1959. E. Prior. 2/6. 1956. — C. **1961.** 5610 [Belg. P. 558 027].)

Hydrocarbon Research, Inc., New York, N.Y., übert. von: **Helmut R. Pichler** und **Michael C. Chervenak**, Trenton, N.J., V.St.A., *Herstellung von Acetylen.* (**Can. PP. 551 978** vom 5/2. 1954, ausg. 21/1. 1958. A. Prior. 10/2. 1953 u. **551 979** vom 18/2. 1954, ausg. 21/1. 1958. A. Prior. 16/4. 1953. — C. **1959.** 4624 [F. P. 1 153 055].)

Union Carbide Corp., New York, N.Y. (Erfinder: **Howard Russell Guest**, Charleston, und **Harry Adams Stansbury jun.**, South Charleston, W.Va.), V.St.A., *1.1.3-Tris-[2-halogenalkoxy]-alkane aus 1.2-Alkylenhalogenhydrinen und α.β-ungesättigten, aliphatischen Aldehyden.* (**D. A. S. 1 051 269** Kl. 12o vom 9/3. 1954, ausg. 26/2. 1959. A. Prior. 11/3. 1953. — C. **1959.** 14878 [A. P. 2 802 879].)

Lepage, Urbain & Cie., übert. von: **Victor Dossin**, Paris, Frankreich, *Äthylalkohol.* (**A. P. 2 968 598** vom 21/11. 1955, ausg. 17/1. 1961. F. Prior. 29/12. 1954. — C. **1957.** 2613 [F. P. 1 116 645].)

Ruhrchemie Akt.-Ges., Oberhausen, übert. von: **Karl Büchner**, Oberhausen-Sterkrade, und **Otto Roelen**, Oberhausen-Holten, *Dialkohole.* (**A. P. 2 975 218** vom 4/9. 1957, ausg. 14/3. 1961. — C. **1959.** 6956 [D. A. S. 1 033 159].)

Inventa Akt.-Ges. für Forschung und Patentverwertung, Schweiz, *Herstellung von Glykolen aus verdünnter Zuckerlösung.* (**F. P. 1 187 061** vom 25/9. 1957, ausg. 7/9. 1959. Schwz. Prior. 19/10. 1956. — C. **1961.** 9592 [E. P. 842 743].)

Dow Chemical Co., Midland, Mich., V.St.A., *Äther mehrwertiger Alkohole.* (**E. P. 831 900** vom 7/8. 1957, ausg. 6/4. 1960. A. Prior. 24/12. 1956. — C. **1960.** 8345 [D. A. S. 1 064 938].)

Udic Soc. An., Lausanne, Schweiz, *Mehrwertige Alkoholmischungen aus Zucker.* (**E. P. 838 766** vom 2/7. 1958, ausg. 22/6. 1960. Schwz. Prior. 2/7. 1957. — C. **1960.** 12503 [D. A. S. 1 066 567].)

Ciba Akt.-Ges., Basel, Schweiz, *Ester von Polyalkylenglykolmonoalkyläthern.* (**E. P. 865 420** vom 4/7. 1957, ausg. 19/4. 1961. Schwz. Prior. 4/7. 1956. — C. **1961.** 13354 [F. P. 1 180 067].)

Imperial Chemical Industries Ltd. (Erfinder: **Reginald Edwin Goddard** und **John Alexander Coles**), London, England, *Aldehyde, Alkohole aus Olefinen.* (**E. P. 836 989** vom 22/8. 1955, ausg. 9/6. 1960. — C. **1959.** 8329 [D. A. S. 1 025 858].)

Union Carbide Corp., New York, N.Y. (Erfinder: **Robert Preston Bowditch** und **Helmut William Schulz**, Charleston, W.Va.), V.St.A., *Sauerstoffhaltige organische Verbindungen, besonders Aldehyde.* (**D. A. S. 1 065 829** Kl. 12o vom 5/10. 1954, ausg. 24/9. 1959. A. Prior. 7/10. 1953. — C. **1960.** 13843 [A. P. 2 817 669 u. E. P. 768 848].)

Bergbau Akt.-Ges. Neue Hoffnung (Erfinder: **Heinz Gertges, Hans Olaf Heinze** und **Werner Brocke**), Oberhausen/Rhld., *Herstellung von Formaldehyd durch Oxydation von Methan.* (**D. A. S. 1 050 752** Kl. 12o vom 13/11. 1956, ausg. 19/2. 1959. — C. **1961.** 7748 [Oe. P. 202 557].)

Badische Anilin- & Soda-Fabrik Akt.-Ges., Ludwigshafen/Rh., *Propargylaldehyddiacetale aus dem entsprechenden Aldehyd oder Halbacetal und Alkoholen.* (**E. P. 807 247** vom 3/12. 1956, ausg. 14/1. 1959. D. Prior. 13/12. 1955. — C. **1959.** 7293 [D. A. S. 1 035 644].)

Bozel-Maletra Soc. Industrielle de Produits Chimiques, Paris (Erfinder: **Jean-Claude Bondiou**, Gentilly, und **Bernard Joseph Petrusseau**, Paris), Frankreich, *Nichthygroskopische, kristalline Glyoxalpolyhydrate aus mindestens 30%igen wässerigen Glyoxallösungen.* (**Schwz. P. 341 807** vom 30/5. 1956, ausg. 15/12. 1959. F. Prior. 10/6. 1955. — C. **1959.** 1269 [F. P. 1 129 073].)

Consortium für elektrochemische Industrie G. m. b. H. (Erfinder: **Jürgen Smidt** und **Reinhard Jira**), *Herstellung von Aldehyden und Ketonen durch Oxydation von ungesättigten Kohlenwasserstoffen.* (**Aust. P. 229 220** vom 26/6. 1958, ausg. 4/8. 1960. D. Prior. 28/6. 1957. — C. **1961.** 3811 [D. A. S. 1 080 994].)

Farbwerke Hoechst Akt.-Ges., vormals Meister Lucius & Brüning, Frankfurt/M., *Polyfluorchlorcarbonsäuren.* (**E. P. 865 722** vom 17/10. 1957, ausg. 19/4. 1961. D. Prior. 17/10. 1956. — C. **1959.** 291 [D. A. S. 1 026 298].)

Mij. voor Kolenbewerking Stamicarbon N. V., Heerlen (Erfinder: **Dirk W. Van Krevelen**, Geleen, und **Arthur L. De Gelder**, Stein), Holland, *Herstellung substituierter Carbonamide aus Oximen.* (**Can. P. 552 005** vom 10/4. 1952, ausg. 21/1. 1958. Holl. Prior. 13/4. 1951. — C. **1954.** 3332 [Oe. P. 177 139].)

Imperial Chemical Industries Ltd., England, *Gewinnung von Essigsäure.* (**F. P. 1 228 430** vom 3/4. 1959, ausg. 29/8. 1960. E. Prior. 3/4. 1958. — C. **1961.** 13355 [E. P. 850 960].)

Union Carbide Corp., V.St.A. (Erfinder: **Richard Leroy Roberts** und **John Wendell Lynn**), *Alkylcyanid.* (**F. P. 1 218 736** vom 20/2. 1959, ausg. 12/5. 1960. A. Prior. 7/3. 1958. — C. **1961.** 14459 [E. P. 841 468].)

Chemische Werke Hüls Akt.-Ges., Deutschland, *Azelainsäure.* (**F. P. 1 223 090** vom 30/4. 1959, ausg. 15/6. 1960. D. Prior. 2/9. 1958. — C. **1960.** 15572 [D. A. S. 1 073 471].)

Henkel & Cie. G. m. b. H. (Erfinder: **Werner Stein** und **Horst Hennig**), Düsseldorf, *Sebacinsaure Alkalisalze.* (**Schwz. P. 356 118** vom 16/8. 1956, ausg. 29/9. 1961. D. Prior. 13/9. 1955. — C. **1960.** 17279 [Jap. A. S. 5964/1958].)

Ruhrchemie Akt.-Ges., Oberhausen, *Herstellung von Heptadecandicarbonsäure-(1.17).* (**Holl. P. 98 212** vom 26/9. 1956, ausg. 15/6. 1961. — C. **1961.** 13716 [F. P. 1 189 133].)

Celanese Corp. of America, New York, N.Y., V.St.A., *Epoxyester.* (**E. P. 868 890** vom 2/12. 1957, ausg. 25/5. 1961. A. Prior. 6/12. 1956. — C. **1961.** 1373 [A. P. 2 903 465].)

Union Carbide Corp., New York, N.Y. (Erfinder: **Frederick Charles Frostick jun.** und **Benjamin Phillips**, Charleston, W.Va.), V.St.A., *3.4-Epoxy-2-hydroxyalkansäureallylester durch Epoxidieren von 2-Hydroxyalkensäureallylestern.* (**D. A. S. 1 067 804** Kl. 12o vom 13/9. 1956, ausg. 29/10. 1959. A. Prior. 16/9. 1955. — C. **1959.** 12383 [F. P. 1 156 649] u. C. **1960.** 15220 [Belg. P. 550 751].)

Koninklijke Industrieele Mij. voorheen Noury & van der Lande N. V., Holland, *Gluconsäuremonohydrat.* (**E. P. 867 183** vom 23/8. 1957, ausg. 3/5. 1961. Holl. Prior. 17/9. 1956. — C. **1960.** 10405 [D. A. S. 1 069 610].)

Gyógyszeripari Kutató Intézet, Budapest, Ungarn (Erfinder: **Lajos Toldy** und **Laszlo Vargha**), *β-Halogenäthylamin-Derivate.* (**E. P. 813 868** vom 9/1. 1957, ausg. 27/5. 1959. — C. **1960.** 12504 [F. P. 1 174 408].)

International Minerals & Chemical Corp., V.St.A. (Erfinder: **Harold L. Fike**), *Gewinnung von Glutaminsäure.* (**F. P. 1 173 212** vom 29/1. 1957, ausg. 23/2. 1959. A. Prior. 28/2. 1956. — C. **1958.** 8759 [A. P. 2 796 434].)

Aschaffenburger Zellstoffwerke Akt.-Ges., Redenfelden (Erfinder: **Paul Rambacher**, Rosenheim), *Cysteinhydrochlorid*. (**Schwz. P. 355 157** vom 17/8. 1956, ausg. 15/8. 1961. D. Prior. 29/11. 1955. — C. **1958.** 11952 [D. A. S. 1 024 518].)

Dow Corning Corp., übert. von: **Leslie J. Tyler**, Midland, Mich., V.St.A., *Herstellung wasserlöslicher siliciumorganischer Verbindungen*. (**Can. P. 551 250** vom 9/3. 1954, ausg. 7/1. 1958. A. Prior. 8/5. 1953. — C. **1957.** 10065 [D. A. S. 1 000 816].)

Dow Corning Silicones Ltd., Toronto, Ontario, Canada, übert. von: **Leo H. Sommer**, State College, Pa., V.St.A., *Bis-triorganosilyl-substituierte Oxime*. (**Can. P. 551 922** vom 17/9. 1952, ausg. 21/1. 1958. A. Prior. 13/12. 1951. — C. **1955.** 925 [E. P. 709 690].)

Dow Corning Silicones Ltd., Toronto, Ontario, Canada, übert. von: **Leo H. Sommer**, State College, Pa., V.St.A., *Bis-triorganosilylamine*. (**Can. P. 551 923** vom 17/9. 1952, ausg. 21/1. 1958. A. Prior. 13/12. 1951. — C. **1954.** 3333 [A. P. 2 634 283].)

Metal & Thermit Corp., New York, N.Y., übert. von: **Hugh E. Ramsden**, Metuchen, und **Carl R. Gloskey**, Avenel, N.J., V.St.A., *Herstellung von Alkyl- und Arylzinnverbindungen*. (**Can. P. 551 333** vom 16/11. 1953, ausg. 7/1. 1958. A. Prior. 20/11. 1952. — C. **1955.** 1839 [A. P. 2 675 399].)

British Petroleum Co. Ltd., London, England (Erfinder: **Peter Desmond Holmes** und **Roy Turner**), *Umwandlung von Kohlenwasserstoffen*. (**F. P. 1 180 868** vom 6/8. 1957, ausg. 10/6. 1959. E. Prior. 15/8. 1956. **E. P. 867 990** vom 15/8. 1956, ausg. 10/5. 1961. — C. **1961.** 18505 [Belg. P. 560 052].)

Hercules Powder Co., übert. von: **Herman I. Enos jun.**, Wilmington, Del., V.St.A., *Herstellung von m- und p-Diisopropylbenzol*. (**Can. P. 551 303** vom 12/3. 1954, ausg. 7/1. 1958. A. Prior. 29/6. 1953. — C. **1957.** 12305 [A. P. 2 744 150].)

Hercules Powder Co., übert. von: **Milton A. Taves**, Wilmington, Del., V.St.A., *Herstellung aromatischer Monocarbonsäuren aus Alkylbenzolen*. (**Can. P. 551 305** vom 30/11. 1954, ausg. 7/1. 1958. A. Prior. 7/5. 1954. — C. **1959.** 7295 [A. P. 2 813 119].)

Hercules Powder Co., übert. von: **Milton A. Taves**, Wilmington, Del., V.St.A., *Herstellung aromatischer Carbonsäuren aus Alkylbenzolen*. (**Can. P. 551 306** vom 17/12. 1954, ausg. 7/1. 1958. A. Prior. 18/5. 1954. — C. **1957.** 1046 [A. P. 2 727 921].)

Chemische Werke Witten G. m. b. H., Witten/Ruhr (Erfinder: **Ewald Katzschmann**, Dortmund-Kruckel), *Terephthalsäuremono-[β-hydroxyäthyl]-ester*. (**D. P. [DDR] 19 870** Kl. 12o vom 3/9. 1957, ausg. 23/9. 1960 [Ausschließungspatent]. D. Prior. [Bundesrepublik Deutschland] 21/11. 1956. — C. **1961.** 13003 [A. P. 2 937 197].)

California Research Corp., Wilmington, Del., übert. von: **Louis L. Ferstanding**, El Cerrito, Calif., V.St.A., *5-[tert.-Butyl]-isophthalodinitril*. (**Can. P. 551 530** vom 25/5. 1954, ausg. 14/1. 1958. A. Prior. 1/6. 1953. — C. **1956.** 5132 [A. P. 2 706 735].)

E. I. du Pont de Nemours & Co., übert. von: **Hardin K. Porter**, Wilmington, Del., V.St.A., *Trennung von 4- und 5-Nitroanthranilsäure*. (**Can. P. 552 243** vom 19/2. 1955, ausg. 28/1. 1958. A. Prior. 25/5. 1954. — C. **1956.** 8214 [A. P. 2 714 612].)

Gelsenkirchener Bergwerks-Akt.-Ges. und **Heinrich Koppers G. m. b. H.** (Erfinder: **Heinz Berge**), *Herstellung von Naphthalin in Warmpreßgutqualität*. (**Aust. P. 225 417** vom 6/8. 1957, ausg. 10/12. 1959. — C. **1957.** 10881 [D. A. S. 1 005 050].)

Distillers Co. Ltd., Edinburgh, Schottland (Erfinder: **Alfred F. Millidge**, Coulsdon, und **William Webster**, Epsom, Surrey, England), *Herstellung von Epoxiden*. (**Can. P. 552 252** vom 18/10. 1951, ausg. 28/1. 1958. E. Prior. 26/10. 1950. — C. **1954.** 8668 [D. B. P. 896 941].)

E. I. du Pont de Nemours & Co., Wilmington, Del., übert. von: **Arthur O. Rogers**, Lewiston, N.Y., V.St.A., *Herstellung von 5-[3-Cyanpropyl]-hydantoin*. (**Can. P. 552 240** vom 13/3. 1953, ausg. 28/1. 1958. A. Prior. 27/6. 1952. — C. **1955.** 5184 [A. P. 2 688 023].)

Ciba Soc. An., Basel, Schweiz, *α.β-Di-[benzoxazolyl-(2)]-äthylene*. (**Norw. P. 92 412** vom 8/6. 1956, ausg. 8/9. 1958. — C. **1959.** 11733 [Oe. P. 195 923].)

Distillers Co. Ltd., Edinburgh, England, *Herstellung von Dehydracetsäure aus Diketen*. (**Holl. P. 98 268** vom 6/9. 1957, ausg. 15/6. 1961. E. Prior. 14/9. 1956. — C. **1961.** 13722 [F. P. 1 182 559].)

Mid-Century Corp., New York, N.Y., V.St.A. (Erfinder: **Alfred Saffer** und **Robert Samuel Barker**), *Herstellung heterocyclischer Carbonsäuren*. (**Jap. A. S. 9868/1959** vom 30/3. 1956, ausg. 7/11. 1959. A. Prior. 22/3. 1955. — C. **1961.** 15567 [E. P. 824 293].)

Aktiebolaget Bofors, Schweden (Erfinder: **Bo Thuresson af Ekenstam** und **Bror Gösta Pettersson**), *Herstellung von N-Alkylpiperidin-α-carbonsäureaniliden*. (**F. P. 1 200 870** vom 6/5. 1958, ausg. 24/12. 1959. Schwed. Prior. 15/5. 1957. — C. **1961.** 14103 [Oe. P. 204 554].)

American Cyanamid Co., New York, N.Y., übert. von: **James K. Dixon**, Riverside, **John F. Bruesch**, Stamford, Conn., und **Alexander A. Miller**, Madison, Wis., V.St.A., *Isomere Polychlorpyrazine*. (**Can. P. 551 512** vom 21/10. 1955, ausg. 14/1. 1958. A. Prior. 8/5. 1948. — C. **1951.** II. 1966 [A. P. 2 524 431].)

Montecatini Soc. Gen. per l'Industria Mineraria e Chimica, übert. von: **Robert Hügel** und **Adolfo Pasetti**, Mailand, Italien, *Herstellung von Trichlorcyanursäure*. (**A. P. 2 975 178** vom 28/1. 1958, ausg. 14/3. 1961. It. Prior. 5/2. 1957. — C. **1959.** 10729 [D. A. S. 1 050 341].)

Bergwerksgesellschaft Hibernia Akt.-Ges., Stickstoffwerk Wanne-Eickel, übert. von: **Josef Disteldorf**, Wanne-Eickel, *Herstellung von Melamin*. (**A. P. 2 972 614** vom 26/8. 1958, ausg. 21/2. 1961. — C. **1958.** 267 [F. P. 1 083 791].)

Union Carbide Corp., New York, N.Y. (Erfinder: **William Morton Lanham**, Charleston, W.Va.), V.St.A., *Polymerisierbare ungesättigte Acyloxyhalogenalkoxyphosphor- bzw. -phosphonsäureester aus ungesättigten Carbonsäureepoxyestern*. (**D. A. S. 1 050 760** Kl. 12o vom 5/8. 1954, ausg. 19/2. 1959. A. Prior. 6/8. 1953. — C. **1961.** 20100 [E. P. 769 027 u. A. P. 2 791 574].)

Schenectady Varnish Co., Inc., Schenectady, N.Y., V.St.A. (Erfinder: **Clinton Braidwood** und **Robert W. Hamre**), *Reinigen von Terpenpolymeren*. (**E. P. 840 445** vom 2/9. 1957, ausg. 6/7. 1960. — C. **1959.** 7636 [A. P. 2 814 610].)

Oxirane Ltd., London (Erfinder: **Arnold John Lowe** und **Donald Butler**, Manchester), England, *Herstellung von Polyoxyäthylenglykolen oder deren Monoäther*. (**D. A. S. 1 117 097** Kl. 12o vom 7/4. 1952, ausg. 16/11. 1961. E. Prior. 9/4. 1951. — C. **1956.** 7086 [E. P. 736 991].)

X. Färberei. Organische Farbstoffe

Die Geschichte der oberflächenaktiven Substanzen und ihre Beziehung zur Entwicklung der Färberei. G. Koudela. (Z. ges. Textilind. **59.** 409—11. 5/6. 983—85. 5/12. 1957. Bad. Anilin- & Soda-Fabrik Akt.-Ges.)
Allg. Überblick. H. GRIMM. 7006□

Färberei. F. V. Davis und C. B. Stevens. (Rev. Textile Progr. **8.** 322—42. 1956.)
Zusammenfassende Übersicht an Hand der Literatur. — 261 Literaturhinweise.
P. ECKERT. 7020□

Neueste Fortschritte bei Färbe- und Ausrüstungsverfahren. B. C. M. Dorset. (Textile Manufacturer **87.** 419—24. Okt. 1961.) (Engl.) — Vgl. C. **1961.** 8479. u. 13007.
Es wird eine neue Konstruktion einer Haspelkufe zum Färben von Acetatgeweben beschrieben, die Knitterbldg. u. atmosphär. Oxydation empfindlicher Farbstoffe vermeidet u. die Aufrechterhaltung einer hohen Temp. der Färbeflotte gestattet. Als neues antistat. Mittel für synthet. Fasern wird ihre Behandlung mit bestimmten neuen Amidophosphorsäureestern in Alkohol- oder Bzl.-Lsg. bei 40—60° u. nachfolgender Trocknung bei 110° empfohlen. Zum Färben von Triacetat in Schwarz u. Marineblau werden 2 Meth. unter Verw. von 4.4′-Diamino-2-acetylaminomethoxyazobenzol als Base beschrieben. Einzelheiten über einen neuen Typ einer Kompressionsschrumpfmaschine werden angegeben. Kurz hingewiesen wird auf neue faserbildende Polyester, die Fasern mit einem um 100° höheren F. liefern. Es werden Divinylsulfonderivv. angeführt, mit denen Baumwollgewebe vernetzt u. dadurch knitter- u. schrumpffest u. „wash-and-wear“-ausgerüstet werden können u. die nicht giftig sind. Nach neuesten Forschungsergebnissen können Nachteile beim Färben von Polyesterfasern mit unlösl. Azofarbstoffen vermieden werden, wenn nur eine diazotierbare Komponente angewendet wird, die dann mit sich selbst gekuppelt wird. Das Verf. wird im einzelnen erörtert. L. JENTGEN. 7020□

Neue Erkenntnisse auf dem Gebiet der Kontinuefärberei mit substantiven Farbstoffen. Neufang, Jankowsky, Nakzynski, Wagner, Brockes und Molzer. (Z. ges. Textilind. **59.** 412—16. 5/6. 1957. Farbenfabriken, Anwendungstechn. Abt.)
Es wurde untersucht, inwieweit die Substantivität von Farbstoffen beim Klotzen von der Tauchzeit, der Temp. u. der Konz. abhängig ist. Die Substantivität der Direktfarbstoffe in Kombination ist keine additive Eig. u. läßt sich nicht nach der Mischungsregel errechnen. Ein Verf. zur Erprobung der Kombinierbarkeit von Direktfarbstoffen wird angegeben. Tritt dabei eine Nuanceänderung ein, so können die Farbstoffe in der gewünschten Farbtiefe nicht kombiniert werden. H. GRIMM. 7020□

Neue Angaben über den Einfluß einer Seifenbehandlung auf das Färben mit thioindigoiden Farbstoffen. L. M. Golomb und M. G. Romanowa. (Текстильная Промышленность [Textil-Ind.] **20.** Nr. 1. 56—58. Jan. 1960.) (Russ.) — Vgl. C. **1959.** 10066.
Die thioindigoiden Farbstoffe zeigen in ihren Spektrogrammen nach einer Behandlung mit Seife verschiedenes Verhalten. Ein Teil bleibt von der Seifenbehandlung unbeeinflußt, was darauf zurückgeführt wird, daß der Farbstoff in der cis-Form gebunden wird. Bei anderen Farbstoffen wurde eine Verschiebung des Absorptionsmaximums um 4 mμ ins langwellige Gebiet beobachtet. Diese werden in ihrer trans-Form von der Faser aufgenommen. J. v. SCHROEDER. 7020□

Eine Suspensionsmethode zum Färben von Baumwoll- und Viscosegewebe. K. M. Schosstko. (Текстильная Промышленность [Textil-Ind.] **20.** Nr. 1. 50—52. Jan. 1960.) (Russ.)
Bei Zusatz von $BaCl_2$ oder $MgCl_2$ zum Färbebad mit sauren Farbstoffen entstehen unlösl. Verbb., die von Baumwolle oder Viscose adsorbiert werden. Beim nachfolgenden Kochen wird das Ba- oder Mg-Salz hydrolysiert, der Farbstoff von der Faser gebunden. Hierbei ist es wichtig, daß der Zusatz der Salze bei 40—45° erfolgt. Das Kochen erfordert 10—15 Minuten. J. v. SCHROEDER. 7020□

Textildruck. A. Howarth. (Rev. Textile Progr. **8.** 353—70. 1956.) — Vgl. C. **1957.** 10070.
Zusammenfassende Übersicht an Hand der Literatur. — 110 Literaturhinweise.
P. ECKERT. 7022□

Die Verwendung von Ammoniumcarboxymethylcellulose beim Textildruck. A. Ss. Stepanow und A. G. Barinowa. (Текстильная Промышленность [Textil-Ind.] **20.** Nr. 9. 47—49. Sept. 1960.) (Russ.)
Als *Bindemittel beim Pigmentdruck* wird Ammoniumcarboxymethylcellulose (**I**) vorgeschlagen, die sich in der Kälte aus Natriumcarboxymethylcellulose u. Kupfersulfat leicht herstellen läßt. Die Druckfarbe unter Verw. von 400—550 g **I** je 1 kg Verdickungs-

mittel hat den Vorteil sehr hoher Viscosität, guter Beständigkeit u. schnellerer Trocknung. Als Emulsionsverdickungsmittel verwendet man Kautschuk- u. Polymethylmethacrylatlatices, als Lsgm. White-Spirit u. als Benetzungsmittel OP-10. Verss. mit sowjet. u. ausländ. (Hoechst) Pigmenten zeigten gute Wasch-, Schweiß- u. Reibechtheit (4 Punkte nach dem 5-Punkte-Syst.). T. Lukanoff. 7022 □

Imperial Chemical Industries Ltd., London, England (Erfinder: Harry Rose Hadfield und Wladyslaw Mieczyslaw Sokol), **Nachbehandlung von Färbungen** auf Fasern auf Basis von Polyacrylonitril mit anion. Farbstoffen. Zwecks Verbesserung der Waschechtheit behandelt man die in üblicher Weise gefärbte Ware bei erhöhter Temp. mit einer neutralen bis sauren Lsg. eines Gerbmittels, z. B. 30 Min. lang bei 95° mit einer Lsg., die in 4000 (Teilen) W. 4 Ameisensäure (85%ig) u. 1 sulfoniertes, geschwefeltes Phenol enthält. Weitere geeignete Gerbmittel sind z. B. Gerbsäure, CrF_3, $Al_2(SO_4)_3$ u. sulfoniertes Polystyrol. (**E. P. 835 649** vom 21/2. 1958, ausg. 25/5. 1960.) F. Böhm. 7021

Ciba Soc. An., Basel, Schweiz, **Färben und Bedrucken von Fasermaterial aus Polyäthylenterephthalat.** Man verwendet Dispersionsfarbstoffe der Formel A—N=N—B [A = Benzolrest mit einer NO_2-Gruppe in o-Stellung zur Azogruppe u. ggf. substituiert durch Halogenatome, Alkyl-, niedermol. Alkoxy-, Halogenalkyl- (bes. CF_3-) oder Cyanalkylgruppen; B = 5-Hydroxypyrazolrest, der an der Stelle 4 an die Azogruppe gebunden ist, u. in 3-Stellung eine Alkylgruppe mit höchstens 4 C-Atomen oder eine Carboxyalkylgruppe mit höchstens 4 C-Atomen im Alkylrest u. am N einen Benzolrest als Substituenten aufweisen kann]. Ein geeigneter *Farbstoff* besitzt z. B. die Formel I.

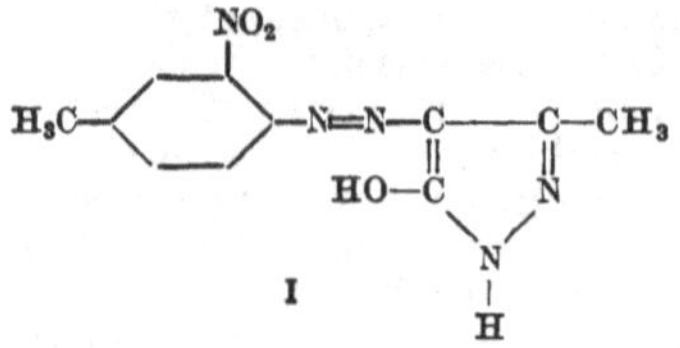

I

(**Belg. P. 564 621** vom 7/2. 1958, ausg. 15/7. 1960. **E. P. 867 535** vom 1/1. 1958, ausg. 10/5. 1961. Beide Schwz. Prior. 8/2. u. 26/11. 1957.) F. Böhm. 7021

Farbwerke Hoechst Akt.-Ges., vormals Meister Lucius & Brüning, Deutschland, **Erzeugung von unlöslichen roten Azofarbstoffen auf aromatischen Polyesterprodukten,** bes. auf Polyäthylenglykolterephthalat, durch Behandlung mit Arylamiden der 2-Hydroxynaphthoesäure-(3) u. mit prim. aromat. Aminen (Toluidin, Anisidin, Nitroanilin) bei anschließender Diazotierung u. Kupplung. — Die Polyester-Prodd. werden z. B. gleichzeitig oder nacheinander mit 4-Aminoazobenzol u. 1-[2'-Hydroxynaphthoyl-(3)-amino]-2-methoxybenzol oder 1-[2'-Hydroxynaphthoyl-(3)-amino]-2-methylbenzol behandelt, wonach diazotiert u. gekuppelt wird. (**F. P. 1 218 186** vom 3/3. 1959, ausg. 9/5. 1960. D. Prior. 4/3. 1958.) M. F. Müller. 7021

Farbwerke Hoechst Akt.-Ges., vormals Meister Lucius & Brüning (Erfinder: Kurt Schimmelpfennig, Frankfurt/M., Wilhelm Happe, Schwalbach, und Erich Schöller, Bad Soden), **Herstellung echter Färbungen und Drucke auf Fasern und Folien aus aromatischen Polyestern,** bes. Polyäthylenterephthalaten. Man behandelt die Gebilde bei 110—200° u. einem pH-Wert von 4—7,5 mit wss. Lsgg. von Salzen sulfoessigsäuregruppenhaltiger Azofarbstoffe, z. B. des Na-Salzes des Farbstoffes 3-Aminophenylsulfonessigsäure → 1-[2'.3'-Hydroxynaphthoylamino]-2-methoxybenzol. (**D. A. S. 1 109 138** Kl. 8m vom 6/10. 1959, ausg. 22/6. 1961.) F. Böhm. 7021

Farbwerke Hoechst Akt.-Ges., vormals Meister Lucius & Brüning, Frankfurt/M., **Erzeugung wasserunlöslicher Azofarbstoffe auf Textilien aus linearen aromatischen Polyestern.** Man bringt auf die Textilien Arylamide von aromat. oder heterocycl. o-Hydroxycarbonsäuren oder von Acylessigsäuren auf, die im Mol. eine diazotierbare Aminogruppe enthalten. Dann wird bei erhöhter Temp. diazotiert u. gekuppelt. Ein geeigneter Ausgangsstoff ist z. B. 1-[2'.3'-Hydroxynaphthoylamino]-3-aminobenzol. (**Holl. P. 97 754** vom 20/6. 1958, ausg. 17/4. 1961. D. Prior. 25/6. 1957.) F. Böhm. 7021

Farbenfabriken Bayer Akt.-Ges., Leverkusen (Erfinder: M. Coenen, O. Weissel und H. Schnell), **Färben von Gebilden aus hochmolekularen Polycarbonaten.** Folien, Fäden u. dgl. aus Polycarbonaten, die z. B. aus Dimonohydroxyarylalkanen, wie 4.4'-Dihydroxydiphenylmethan, u. Kohlensäurediestern erhalten worden sind, können mit üblichen Dispersionsfarbstoffen in sd. Bad innerhalb 30 bis 60 Min. in Ggw. von Carriern, wie o- u. p-Phenylphenol, oder auch bei höheren Temp., bes. 120—130°, unter Druck gefärbt werden. (**Belg. P. 566 953** vom 19/4. 1958, ausg. 12/8. 1960. D. Prior. 20/4. 1957.) F. Böhm. 7021

Imperial Chemical Industries Ltd., London, England, **Färben und Drucken von cellulosehaltigen Textilmaterialien** unter Verw. einer wss. Farblsg., die sowohl ein säurebindendes Mittel als auch einen wasserlösl. Aminoazofarbstoff enthält, der in der

I

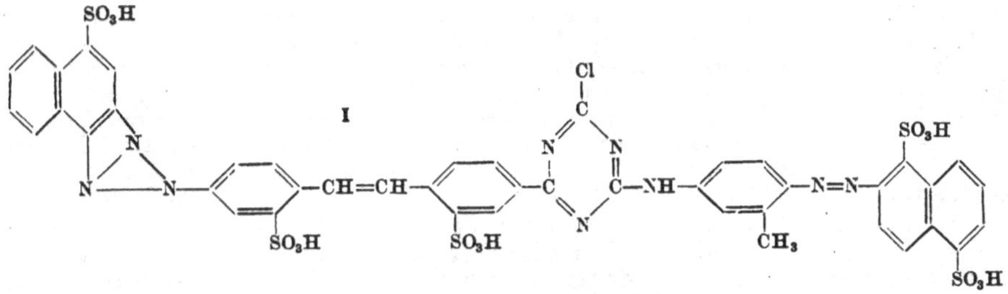

Aminogruppe durch einen Monohalogen-symm.-triazinrest substituiert ist u. der, wenn aus einem neutralen Bad aufgefärbt wird, eine geringere Affinität zu Cellulose als das Chrysophenin G hat. Das aufgefärbte Textilmaterial wird mindestens 5 Min. lang in einer sd. verd. wss. Lsg. einer Seife oder eines Waschmittels gewaschen. Die erhaltenen Färbungen sind licht-, naß- u. reibecht. Der Farbstofflsg. können die üblichen Farbflottenzusätze, z. B. NaCl, Na_2SO_4, Na-Alginat, wasserlösl. Celluloseälkyläther, zugesetzt werden. — 100 Teile eines gebleichten Baumwollgewebes werden bei Raum-Temp. mit einer Lsg. geklotzt, welche 0,5% des roten Farbstoffs enthält, der durch Kupplung von diazotiertem 2-Methoxy-4-[3′-amino-4′-sulfoanilino]-6-chlortriazin mit 1-[4′-Sulfophenyl]-3-carboxypyrazolon-(5) erhalten wird. Außerdem enthält die Klotzlsg. 1% $NaHCO_3$ u. 0,2% eines hochsulfonierten Öls. Nach dem Abpressen auf 200 Gew.-Teile wird das Gewebe bei 110° getrocknet, mit W. u. heißer Seifenlsg. gewaschen, gespült u. getrocknet. Das Gewebe ist hellrot wasch- u. lichtecht gefärbt. — Gebleichte Baumwolle wird mit einer Lsg., welche 1 (%) $NaHCO_3$, 2 Na_2SO_4, 0,2 hochsulfoniertes Öl u. 0,5 eines Farbstoffs **I** enthält, geklotzt. Dabei entsteht eine waschechte gelbe Färbung. — Vgl. D. A. S. 1 052 945; C. **1959.** 11736. (**Oe. P. 203 992** vom 18/4. 1957, ausg. 25/6. 1959. E. Prior. 18/4. 1956.) M. F. Müller. 7023

Sandoz Ltd., übert. von: Robert Christian Keller, Basel, Schweiz, **Egalisier- und Abziehmittel** für alle Farbstoffe sind Verbb. mit dem Kation der Formel $\{R-N[X][(CH_2CH_2O)_mH]-(CH_2)_3-N[Y][(CH_2CH_2O)_nH]-(CH_2CH_2O)_pH\}^{2+}$, worin R = aliphat. KW-Stoff-Rest mit 8—22 C-Atomen; $m, n, p = 0-200$; $m + n + p = 10-200$; X, Y = H, niedermol. Alkylrest oder niedermol. Phenylalkylrest. Bevorzugt werden Verbb., bei welchen X u. Y nicht beide H darstellen u. $m + n + p = 25-35$ oder 150—200. Sie sind ebenfalls gute *Dispergiermittel* in der Pigmentfärberei u. werden erhalten durch Äthoxylierung u. ggf. nachfolgende Alkylierung von Diaminen der Formel $R-NH-(CH_2)_3-NH_2$. (**A. P. 2 967 755** vom 30/1. 1958, ausg. 10/1. 1961. Schwz. Prior. 5/2. 1957.) F. Böhm. 7027

Sandoz Akt.-Ges., Basel (Erfinder: Willy Forter, Neuallschwil, und Fritz Kehrer, Basel), Schweiz, **Gemische aus wasserunlöslichen Diazofarbstoffen.** 1 (Mol) der Tetrazoverb. eines Diamins der allg. Formel **I** (X = H, Halogen, Methyl, Äthyl, Methoxy oder Äthoxy) wird mit einem Gemisch aus 1 bis 1,9 2-Hydroxynaphthalin-3-carbonsäureamid u. 0,1 bis 1 1-Aryl-5-hydroxypyrazol oder 1-Aryl-5-aminopyrazol gekuppelt. Die Kupplung kann auch zunächst einseitig erfolgen. — 24,4 (Teile) *3.3′-Dimethoxy-4.4′-diaminodiphenyl*

I

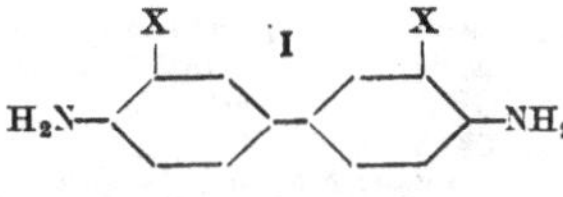

(**II**) ⇄ 47,34 *2-Hydroxynaphthalin-3-carbonsäurephenylamid* + 3,48 *1-Phenyl-3-methylpyrazolon-(5)*. Der Farbstoff eignet sich für den Textildruck, zum Färben von Papiermasse oder Viscose in der Masse in marineblauen Tönen von sehr hoher Deckkraft u. sehr guter Echtheit. Der gekupferte Farbstoff eignet sich gut zum Spinnfärben. 1 **II** ⇄ 1 *2-Hydroxynaphthalin-3-carbonsäureamid* + 1 *1-Phenyl-3-methylpyrazolon-(5)*. Färbung auf Viscose schwarz. (**Schwz. P. 353 109** vom 8/2. 1957, ausg. 15/5. 1961. **F. P. 1 202 148** vom 6/2. 1958, ausg. 7/1. 1960. **E. P. 841 734** vom 5/2. 1958, ausg. 20/7. 1960. Beide Schwz. Prior. 8/2. u. 13/12. 1957. **A. P. 2 941 858** vom 30/1. 1958, ausg. 21/6. 1960. Schwz. Prior. 8/2. 1957.) F. Rath. 7055

Badische Anilin- & Soda-Fabrik Akt.-Ges. (Erfinder: Anton Vilsmeier), Ludwigshafen/Rh., **Küpenfarbstoffe der 4-Aminoanthrachinon-2.1(N)-1′.2′(N)-benzolacridonreihe,** die auch aus warmer Küpe in gut sodakochechten, klaren, grünen Tönen färben, erhält man durch Rk. von 4-Aminoanthrachinon-2.1(N)-1′.2′(N)-benzolacridon (**I**) oder dessen Derivv. mit Trihalogenbenzolen. — Durch 8—10std. Erhitzen von 69 (Gew.-Teilen) 1.3.5-Trichlorbenzol (**II**) mit 13,6 **I** in Ggw.

von 5,2 K_2CO_3 u. 0,3 CuCl unter Rückflußkühlung zum Sieden erhält man einen Farbstoff, dunkles Pulver, in 90%ig. H_2SO_4 braunstichigorange lösl., färbt Baumwolle aus rotvioletter Küpe leuchtendgrün. Weitere Farbstoffe mit ähnlichen färber. u. Echtheitseigg. können erhalten werden aus: 4-Aminoanthrachinonnaphthalinacridon u. **II**; **I** u. 1.2.3- oder 1.2.4-Trichlorbenzol oder dem techn., aus einem Gemisch der drei möglichen Isomeren bestehenden Trichlorbenzol; 3'.5'-Dichlor-**I** u. **II** oder 1.3.5-Tribrombenzol; 4'.5'-Dichlor-, 4'- oder 5'-Chlor- oder 4'-Trifluor-**I** u. **II**. (**D. A. S. 1 112 800** Kl. 22b vom 18/6. 1959, ausg. 17/8. 1961.) O. ROICK. 7059

Farbenfabriken Bayer Akt.-Ges. (Erfinder: Georg Rösch, Leverkusen, Helmut Klappert und Karl-Heinz Gehringer, Köln), **Wasserlösliche Farbstoffe der Porphinreihe**, aus denen in Substanz oder auf der Faser eine Wärmebehandlung ggf. in Ggw. von Alkalien, wieder wasserunlösl. Farbstoffe erhalten werden können, so daß auf Textilien, bes. aus Cellulose (**I**) oder regenerierter **I**, sehr echte Färbungen u. Drucke erzeugt werden können, erhält man durch Rk. von wasserunlösl. Tetraazaporphinen, die aromat. Reste mit vorzugsweise über Brückenglieder gebundenen tert. Aminogruppen enthalten, mit ω-Halogen-N-methylimiden (**Ia**) von Dicarbonsäuren, z. B. ω-Chlor- oder -Brommethylphthalsäure, -glutarsäure- oder -succinimid oder ω-Chlor- oder -Brommethylmalein- oder -adipinsäureimid, in Ggw. von organ. Säuren. — So löst man z. B. 22 (Gew.-Teile) Tetrakis-[ω-N-methyl-N-hydroxymethylaminomethyl]-Cu-phthalocyanin [erhältlich durch 5std. Verrühren von Tetra-(ω-aminomethyl)-Cu-phthalocyanin in ca. 90%ig. Ameisensäure (**II**) bei 80—90° mit 30%ig. Formaldehyd-Lsg.] in 100 **II**, rührt 24 Std. bei normaler Temp. zusammen mit 21 ω-Chlormethyl- oder der äquivalenten Menge ω-Brommethylphthalimid, rührt die blaue Lsg. in 500 Vol.-Teile Ae. oder Aceton ein, saugt ab u. wäscht mit Ae. oder Aceton. Man erhält nach dem Trocknen 27,5 eines blauen Farbstoffs (**III**). Erhitzt man 10 **III** in 200 W. 30 Min. lang oder bei Zugabe von 1 NaOH, K_2CO_3, K-Acetat oder $KHCO_3$ nur wenige Min. lang zum Sieden, so wird ein blauer unlösl. Farbstoff erhalten. Wird mit einer Lsg. von 15 **III** in 1000 W. ein Baumwollgewebe imprägniert u. dieses nach dem Abquetschen auf dem Foulard u. Trocknen 30 Min. lang in 1000 W., das 10 Natronlauge (38° Bé) enthält, gekocht, so wird das Gewebe kochecht türkisblau gefärbt. Auch eine mit **III** hergestellte Druckpaste gibt auf der Faser durch Dämpfen im Mather Platt klare blaue Drucke. In ähnlicher Weise können mit den **Ia** z. B. umgesetzt werden: Tetrakis- oder Oktakis-[ω-N-dimethylaminomethyl]-, Tetrakis- oder Hexakis-[ω-N-dimethylaminomethyl]-tetraphenyl-Cu-phthalocyanin, das Tetrasulfonamid aus 1 (Mol) Cu-Phthalocyanin-3.3'.3''.3'''-tetrasulfochlorid u. 4 1-[N-Dimethylamino]-3-[N-methylamino]-propan, das nach D. R. P. 696 590; C. **1941**. I. 456 erhältliche B_2-Tetraaza-Cu- oder -Co-phthalocyanin, das metallfreie, aus Pyridin-2.3-dicarbonsäuredinitril erhältliche B_2-Tetraazaphthalocyanin, die aus 3 Chinolinsäure u. 1 Phthalsäure oder 4.5-Dimethylphthalsäure oder 4-Phenylphthalsäure erhältlichen B_2-Triaza-Cu-phthalocyanine, die aus 3 1-Amino-3-imino-4(7)-azaisoindolenin u. 1 2-Amino-5-imino-3.4-dimethylpyrrolenin erhältliche Verbindung. (**Oe. P. 209 459** vom 1/12. 1958, ausg. 10/6. 1960. **Schwz. P. 353 829** vom 13/11. 1958, ausg. 15/6. 1961. **F. P. 1 223 352** vom 2/12. 1958, ausg. 16/6. 1960. Alle D. Prior. 2/12. 1957. **D. A. SS. 1 114 265** Kl. 22e vom 2/12. 1957, ausg. 28/9. 1961 u. **1 114 964** Kl. 22e vom 2/12. 1957, ausg. 12/10. 1961.)

O. ROICK. 7073

Farbwerke Hoechst Akt.-Ges., vormals Meister Lucius & Brüning, Frankfurt/M., *Bedrucken von Textilmaterial aus Celluloseacetatfasern oder aus hydrophoben synthetischen Fasern.* (**E. P. 858 054** vom 18/2. 1957, ausg. 4/1. 1961. D. Prior. 16./2. u. 28./4. 1956. — C. **1960**. 13530 [Holl. P. 93 000].)

Dow Chemical Co., V.St.A. (Erfinder: **Albert Sherman Messer** und **George William Stanton**), *Einheitlich färbbare Fasermischungen.* (**F. P. 1 204 373** vom 24/3. 1958, ausg. 26/1. 1960. A. Prior. 9/5. 1957. — C. **1961**. 5972 [E. P. 830 634].)

Dow Chemical Co., V.St.A. (Erfinder: **George William Stanton** und **Albert Sherman Messer**), *Einheitlich färbbare Textilfasergemische.* (**F. P. 1 210 830** vom 28/7. 1958, ausg. 10/3. 1960. A. Prior. 29/7. 1957. — C. **1961**. 11902 [E. P. 829 075].)

Badische Anilin- & Soda-Fabrik Akt.-Ges., Ludwigshafen/Rh. (Erfinder: **Julius Eisele**, Ludwigshafen/Rh., **Wilhelm Federkiel**, Frankenthal, **Günter Lange, Günter Krehbiel** und **Hans Walther Stein**, Ludwigshafen/Rh., *Herstellung gefärbter Textilmaterialien und Filme aus Cellulose.* (**E. P. 858 184** vom 12/12. 1958, ausg. 11/1. 1961. D. Prior. 14/12. 1957. — C. **1959**. 16169 [D. A. S. 1 056 580].)

Badische Anilin- & Soda-Fabrik Akt.-Ges., Deutschland (Erfinder: **Willy Braun, Julius Eisele, Wilhelm Federkiel** und **Hermann Weissauer**), *Färben und Bedrucken von Gebilden aus Cellulosefasermaterial.* (**F. P. 1 211 910** vom 22/12. 1958, ausg. 18/3. 1960. D. Prior. 8/1. 1958. — C. **1960**. 14525 [D. A. S. 1 069 564].)

Ciba Soc. An., Schweiz, *Färben von hydroxylgruppenhaltigen Faserstoffmaterialien.* (**F. P. 1 204 473** vom 2/4. 1958, ausg. 26/1. 1960. Schwz. Prior. 3/4. 1957 u. 11/3. 1958. — C. **1961**. 15573 [Belg. P. 566 417].)

Ciba Soc. An., Schweiz, *Herstellung echter Färbungen auf Hydroxylgruppen enthaltendem Textilmaterial.* (**F. P. 1 210 142** vom 3/9. 1958, ausg. 7/3. 1960. Schwz. Prior. 4/9. 1957. — C. **1961**. 8480 [D. A. S. 1 091 980].)

Farbwerke Hoechst Akt.-Ges., vormals Meister Lucius & Brüning, Deutschland, *Fixieren von Pigmenten auf Fasermaterial oder Flächengebilde.* (**F. P. 1 219 529** vom 27/3. 1959, ausg. 18/5. 1960. D. Prior. 27/3. 1958. — C. **1961**. 9603 [D. A. S. 1 092 880].)

Farbwerke Hoechst Akt.-Ges., vormals Meister Lucius & Brüning, Deutschland, *Färben von Textilmaterial aus aromatischen Polyester- oder Triacetylcellulosefasern*. (F. P. 72 493 vom 20/11. 1957, ausg. 14/4. 1960. D. Prior. 20/11. 1956. Zusatz zu F. P. 1 125 851; C. 1959. 8418. — C. 1959. 13642 [D. A. S. 1 044 759].)

Farbwerke Hoechst Akt.-Ges., vormals Meister Lucius & Brüning, Deutschland, *Herstellung echter Schwarzfärbungen auf Textilmaterial oder Folien aus hochschmelzende lineare sechsgliedrige Carbocyclen enthaltenden Polyestern*. (F. P. 1 203 513 vom 15/1. 1958, ausg. 19/1. 1960. D. Prior. 15/1. 1957. — C. 1960. 15581 [D. A. S. 1 079 587].)

Imperial Chemical Industries Ltd., England (Erfinder: **Frederick Richard Alsberg** und **Arthur Hutchinson Wyld**), *Reservedruckverfahren*. (F. P. 1 205 398 vom 10/4. 1958, ausg. 2/2. 1960. E. Prior. 10/4. 1957 u. 12/3. 1958. — C. 1960. 17286 [A. P. 2 895 785].)

Badische Anilin- & Soda-Fabrik Akt.-Ges., Deutschland (Erfinder: **Julius Eisele, Wilhelm Federkiel, Johannes Dehnert, Otto Trauth** und **Hans Weidinger**), *Färben und Bedrucken von Gebilden aus nativer beziehungsweise regenerierter Cellulose*. (F. P. 1 213 670 vom 29/9. 1958, ausg. 4/4. 1960. D. Prior. 12/10. 1957. — C. 1960. 15581 [D. A. S. 1 067 404].)

Badische Anilin- & Soda-Fabrik Akt.-Ges., Deutschland (Erfinder: **Hans Wirth, Adolf Blum, Erich Pochert** und **Gustav Bernardy**), *Bedrucken von Textilien*. (F. P. 1 211 436 vom 15/7. 1958, ausg. 16/3. 1960. D. Prior. 31/7. 1957. — C. 1961. 10756 [E. P. 829 936].)

Badische Anilin- & Soda-Fabrik Akt.-Ges., Deutschland (Erfinder: **Hans Wirth** und **Heinz Weiler**), *Bedrucken von Textilgut mit Küpenfarbstoffen oder Azofarbstoffen*. (F. P. 1 208 001 vom 27/11. 1958, ausg. 19/2. 1960. D. Prior. 28/11. 1957. — C. 1961. 5973 [D. A. S. 1 085 132].)

Badische Anilin- & Soda-Fabrik Akt.-Ges., Deutschland (Erfinder: **Johannes Conrad, Alfons Janson, Heinz Weiler, Adolf Blum** und **Wilhelm Kueppers**), *Bedrucken von Textilgut mit Küpen und/oder Schwefelfarbstoffen*. (F. P. 1 211 591 vom 25/8. 1958, ausg. 17/3. 1960. D. Prior. 29/7. 1958. — C. 1960. 10417 [D. A. S. 1 071 042].)

Ciba Soc. An., Schweiz, *Färben und Bedrucken von im wesentlichen aus Polyacrylonitril bestehenden Fasern*. (F. P. 1 214 552 vom 21/1. 1959, ausg. 11/4. 1960. Schwz. Prior. 6/2. 1958. — C. 1960. 15913 [D. A. S. 1 076 078].)

Badische Anilin- & Soda-Fabrik Akt.-Ges., Deutschland (Erfinder: **Willy Braun, Ernst Hartwig, Julius Eisele** und **Wilhelm Federkiel**), *Färben und Bedrucken von Fasern und Flächengebilden aus hochpolymeren Polyestern*. (F. P. 1 213 657 vom 25/9. 1958, ausg. 4/4. 1960. D. Prior. 28/9. 1957. — C. 1960. 15582 [D. A. S. 1 080 063].)

J. R. Geigy Akt.-Ges., übert. von: **André Pugin**, Basel, Schweiz, *Herstellung von 3.3-Dichlorisoindolinon*. (A. P. 2 973 369 vom 24/10. 1958, ausg. 28/2. 1961. Schwz. Prior. 10/12. 1957. — C. 1961. 3821 [D. A. S. 1 090 213].)

Ciba Ltd., Basel, Schweiz, *Herstellung von Lösungen von Azofarbstoffen*. (E. P. 862 565 vom 5/3. 1957, ausg. 15/3. 1961. Schwz. Prior. 5/3. 1956. — C. 1960. 15915 [D. A. S. 1 082 223].)

Sandoz Soc. An., Basel, Schweiz, *Dispersionsfarbstoffe*. (F. P. 1 216 235 vom 18/7. 1957, ausg. 22/4. 1960. Schwz. Prior. 18/7., 7/9. 1956, 17/5. u. 7/6. 1957. — C. 1961. 9986 [D. A. S. 1 061 927].)

XIa. Farben. Anstriche. Lacke. Naturharze

Basisches Bleisilicochromat als antikorrosives Pigment. R. P. Bates und R. L. Whitney. (Off. Digest. Federat. Soc. Paint Technol. **33.** 27—39. Jan. 1961. New York, N.Y., Nat. Lead. Co.) (Engl.)

Bas. Bleisilicochromat (I), ein Kernpigment mit SiO_2-Kern u. Pb-Chromathülle, entwickelt als Pigment in Metallgrundlacken u. Deckfarben bei Bewitterung in verschiedener Atmosphäre korrosionsschützende Eigenschaften. Infolge günstiger Abkreidefestigkeit u. Farbtonbeständigkeit eignet sich I nicht nur für Grund- u. Zwischenanstriche, sondern auch für Deckfarben. B. SCHEIFELE. 7092□

Die Gebrauchseigenschaften von Wollastonit in Leinöl-Außenanstrichfarben. Willard F. Roemelt. (Off. Digest. Federat. Soc. Paint Technol. **33.** 95—119. Jan. 1961. Cambridge, Mass., Cabot Corp.) (Engl.)

Bewitterungs-Verss. mit weißen u. bunten Leinöl-Fassadenfarben, die als Füllstoff Wollastonit (Ca-silicat), Mg-silicat u. trockengemahlenes Ca-Carbonat enthielten, ergaben, daß Leinölfarben mit Anatas-TiO_2 u. reakt. ZnO bzw. Pb-haltigem ZnO sowie mit Anatas-TiO_2, Ti–Ca-Pigment u. ZnO gleiche Außenbeständigkeit erwarten lassen bei Verw. von nadelförmigen Wollastonit u. nadelförmigem Mg-Silicat als Füllstoffe. In bunten Anstrichfarben geben Wollastonit u. Ca-Carbonat gleiche Haltbarkeit u. Farbtonbeständigkeit. B. SCHEIFELE. 7096□

Anwendung von Trimethylolpropan in Alkydharzen. George H. Wiech. (Off. Digest. Federat. Soc. Paint Technol. **33.** 120—34. Jan. 1961. New York, N.Y., Celanese Chem. Co., Prod. Dev. Dep.) (Engl.)

Trimethylolpropan verbessert im Vgl. zu Glycerin die physikal. u. chem. Eigg. der Alkydharze, wie Alkali- u. Wasserbeständigkeit, Filmhärte u. Schlagfestigkeit, sowie Farbtonbeständigkeit beim Einbrennen u. bei Filmalterung. B. SCHEIFELE. 7096□

Vernetzung von Celluloseacetatbutyrat mit butyliertem Harnstoff-Formaldehyd-Harz. Martin Salo und Oliver W. Kaul. (Off. Digest. Federat. Paint Varnish Product Clubs **31.** 1162—80. Sept. 1959. Eastman Kodak Comp.) (Engl.)

Butyliertes Harnstoff-Formaldehyd-Harz verursacht als Modifikator von Celluloseacetatbutyrat-Lacken ein Unlöslichwerden des Anstrichs, was auf eine Vernetzungs-Rk. zwischen dem Harz u. den OH-Gruppen des Celluloseesters zurückzuführen ist.
S. NEUE. 7096□

Polyester für Oberflächenanstriche. John G. Weinmann. (Chem. in Canada **12**. Nr. 11. 43—47. Nov. 1960. White Plains, N.Y., Reichhold Chem., Inc.) (Engl.)
Allg. Überblick über Lackrohstoffe. Es werden u. a. besprochen: Katalysator- u. Beschleuniger-Konz.; Filmdicke; Monomeren-Geh.; Zugabe von Lösern, Pigmenten u. Füllern; Anstrich an senkrechten Flächen; Fragen der Grundierung (Isoliergründe) u. des Lackauftrags; Anwendungsgebiete sind der Anstrich von Holz, Beton u. Metallen.
M. HAGEDORN. 7106□

Polyester für Oberflächenanstriche. John G. Weinmann. (Off. Digest. Federat. Soc. Paint Technol. **33**. Nr. 438. 842—54. Juli 1961.) (Engl.) — Vgl. vorst. Referat.
K. WEKUA. 7106□

Thixotrope Korrosionsschutz-Anstrichmittel. K. A. van Oeteren. (Seifen-Öle-Fette-Wachse **87**. 308. 24/5. 1961.) (Dt.)
Vf. gibt einen allg. Überblick über die an Anstrichmittel in bezug auf Verarbeitung zu stellenden Forderungen u. bespricht die Herst. bzw. Eigg. von thixotropen Anstrichmitteln.
H.-G. MOSLÉ. 7106□

Verteilungschromatographische Studien über die Harzsäurezusammensetzung von nordeuropäischem Kiefern- und Fichtenharz, finnischer Tallöl-Harzsäure und katalytisch modifizierter Harzsäuren. Henrik H. Bruun und Stein Gåsland. (Acta Acad. Aboensis, Math. Physica **22**. Nr. 1. 1—211. 1960. Åbo, Akademi, Inst. för träkemi.) (Schwed.; Auszug: Engl.)
Eine wirksame verteilungschromatograph. Trennung von *Harzsäure* (**I**)-Gemischen wurde mit 1 Gew.-Teil Kieselsäure u. 0,7 Vol.-Teilen eines Gemisches gleicher Teile 2-Aminopyridin u. Furfurylalkohol als stationäre Phase u. Isooctan als Eluierungsmittel bei einer Elutions-Geschw. von 5 cm^3/Std.·cm^2 erzielt. Die Identifizierung u. Best. der **I** erfolgte durch Fällung als Cyclohexylamin- u. Di-n-amylamin-Salz u. mittels der UV- u. IR-Spektren. Bei der Elution ergab sich folgende Reihenfolge: *Tetrahydroabietinsäure, Dihydroabietinsäure, Palustrinsäure* (**II**), *Pimarsäure* (**III**) u. *Isopimarsäure* (**IV**), *Kryptopimarsäure* (**V**), *l-Abietinsäure* (**VI**), *Laevopimarsäure* (**VII**), *Neoabietinsäure* (**VIII**) u. *Dehydroabietinsäure* (**IX**). Die Trennung von **III**—**VII** war unvollständig, bes. bei höherem Geh. an **VI**. Im **I**-Gemisch aus nordeurop. Kiefern bzw. Fichten wurden 14 bzw. 21% **II**, $<$ 5% **III** u. **IV**, 11 bzw. 4,5% **VI**, 38 bzw. 39% **VII**, 18 bzw. 10% **VIII** u. 5% **IX** gefunden. Finn. Tallöl-**I** enthält bis 5% hydrierte **I**, 14—15% **II**, $<$ 5% **III** u. **IV**, 41—58% **VI**, $<$ 1% **VIII** u. 27—39% dehydrierte **I**. 2,5—3std. Erhitzen von Tallöl-**I** auf 300° führte zu einer Verminderung des Geh. an konjugierten Dien-**I** von 50 auf 20% u. eine Erhöhung des Geh. an dehydrierter **I** auf 53—64%. 8std. Erhitzen mit 1% Se auf ca. 285° verursachte ein Absinken der Dien-**I** auf 3—8% u. ein Ansteigen der dehydrierten **I** auf 73—82%. Druckhydrierung mit RANEY-Ni bei Temp. bis 238 bzw. 311° führte zu einem Verschwinden der Dien-**I** u. einem starken Ansteigen der Tetra- u. Dihydrosäuren, während der Geh. an dehydrierten **I** prakt. konst. blieb. Bei 311° trat eine beträchtliche Decarboxylierung ein.
S. BECKMANN. 7140□

Nachweis von Nitrocellulose. H. F. Vollmann. (J. Oil Colour Chemists' Assoc. **44**. 308—10. Mai 1961. Bucks, Slough, Vollmann Brothers Limited, Trading Estate.) (Engl.)
Nitrocellulose wird in Anstrichfarben gewöhnlich durch den Diphenylamin-Test nachgewiesen, der jedoch durch einige Harze gestört wird. Außerdem wirkt sich eine Änderung des Verhältnisses der Reagentien ungünstig aus. Die Ergebnisse von Experimenten mit verschiedenen Harzen zeigen diese beiden Effekte. Ein befriedigender Nachw. von Nitrocellulose wird mit dem GRIESSschen Reagens erreicht, wofür ein geeignetes Verf. vorgeschlagen wird.
K. WEKUA. 7158□

Bestimmung von Methacrylatharzen in Lackansätzen. M. H. Swann und G. G. Esposito. (Off. Digest. Federat. Soc. Paint Technol. **33**. 62—64. Jan. 1961. Aberdeen Proving Ground Md., U.S. Army Ordnance Coatmy & Chem. Labor.) (Engl.)
Methacrylsäureester können aus vielen Lacken quant. abgetrennt werden durch Verseifung der anderen Harz- u. Weichmacher-Komponenten mit nachfolgender Säurebehandlung.
B. SCHEIFELE. 7158□

Laborversuche über die Eigenschaften von Anstrichfilmen. D. M. MacDonald. (Off. Digest Federat. Soc. Paint Technol. **33**. 7—26. Jan. 1961. Dartmouth, N.S. (Canada), Dep. of Nat. Defence, Defence Res. Board, Naval Res. Establishment.) (Engl.)

Die Eigg. verschiedener Typen von Anstrichfarben wurden geprüft: Elektroosmose, Wasserdampf- u. H_2-Durchlässigkeit, Zugfestigkeit u. Dehnung. Die H_2-Durchlässigkeit wurde mit einem Gerät ermittelt, das keinen Druckgradienten beiderseits des Films erfordert. Ein Farbfilm läßt soviel O_2 u. W. durch, daß die Korrosion mit der gleichen Geschw. erfolgt wie bei ungestrichenem Stahl. — 18 Literaturzitate.

B. SCHEIFELE. 7158□

Farbwerke Hoechst Akt.-Ges., vormals Meister Lucius & Brüning, Frankfurt/M. (Erfinder: Theodor Jacobs, Wiesbaden), **Mit Zinkweiß pigmentierte wässerige Dispersions-Anstrichfarben.** Die Anstrichfarben sind dad. gek., daß sie ein prakt. nicht wasserlösl. sek. Erdalkaliphosphat, bes. sek. Ca-Phosphat, in einer Menge von ca. 5—10%, bezogen auf die zinkweißhaltige Pigmentmischung, enthalten. Durch den Zusatz wird die Stabilität der pigmentierten Syst. erhöht. (**D. A. S. 1 113 531** Kl. 22g vom 13/8. 1958, ausg. 7/9. 1961.) P. KRUG. 7097

Nopco Chemical Co., Harrison, übert. von: Joseph Cunder, East Orange, und Francis J. Licata, West Caldwell, N.J., V.St.A., **Mattierungsmittel für Lacke und Anstrichmittel,** bestehend aus einem Gemisch aus Al-Seife (I) mit 1—10 (%) polyacrylsaurem Al. — Eine 5%ig. Na-Seifen-Lsg., hergestellt durch Verseifen eines Fettsäuregemisches aus 85 Stearinsäure u. 15 C_{16}-, C_{20}- u. C_{22}-gesätt. Fettsäuren, wird mit einer 15%ig. wss. Lsg. von Na-Polyacrylat, Viscosität bei 25°, 50000—100000 cP, vermischt, auf 95° erhitzt, worauf man eine 65° heiße, 20%ig. $Al_2(SO_3)_3$-Lsg. langsam zugibt, den Nd. abtrennt, auswäscht, trocknet u. zerkleinert. Das Mittel wird hauptsächlich Nitrocelluloselacken in einer Menge von 1—25 zugesetzt. (**A. P. 2887 457** vom 6/12. 1955, ausg. 19/5. 1959.) C. LÜTTGEN. 7097

Rohm & Haas Co., V.St.A. (Erfinder: Richard Edward Harren und Victor Runowicz), **Pigmenthaltige Wasserfarben** auf Basis von wss. Dispersionen von wasserunlösl. synthet. Polymeren mit einem Zusatz eines Verdickungsmittels, welches gebildet wird aus den Anionen eines in W. lösl. Salzes einer sauren Polymer-Verb. mit einem Molgew. von 350—35000, die mehrere COOH-, SO_3H- oder $H \cdot SO_4$-Gruppen enthält, u. den Kationen eines mehrwertigen Metalles, z. B. Ca, Mg, Ba, Sr, Cd, Hg, Cu, Zn, Cr u. Al. Die Polyanionen werden aus Verbb. der Zus. **I, II** u. **III** erhalten, wobei Ar = Bzl.- oder Naphthalinring ist; R^1 = ein KW-Stoff-Substituent mit 8—18 C-Atomen; R^2 = H oder Alkylrest mit 1—18 C-Atomen; R^3 u. R^4 wie R^2; A = Alkylenrest mit 2—4 C-Atomen, bes. Äthylenrest; Y = $-SO_3M$, $-COOM$ oder $OCO-R^6-(COOM)_z$, worin M = NH_4- oder Alkali, R^6 = Alkyl- oder Arylgruppe mit 1—7 C-Atomen; m = 0 oder 1—20; n = 0 oder 1—20; x = 2—6 oder mehr, y = 3—5. Als Salz sind z. B. genannt: Ein Ligninsulfonat, ein Salz eines Mischpolymerisats aus Maleinsäureanhydrid u. Diisobutylen (Kation Ca oder Al), ein Polysulfonat eines Kondens.-Prod. von Formaldehyd u. Naphthol, welches mindestens 5 Naphthalinringe an Methylenbrücken gebunden enthält. — Eine Wasserfarbe enthält z. B. 18 (kg) einer wss. Lsg. des Na-Salzes eines Mischpolymerisats aus Diisobutylen u. Maleinsäureanhydrid (Viscosität: 2000—4500), 2 eines Antischaummittels, z. B. ein Wachs-KW-Stoff „Balab 588", 5 wss. 28%ig. NH_3-Lsg., 6 tert. Octylphenoxypolyäthoxyäthanolmethyläther, 75 W., 225 Rutil, 225 $CaCO_3$, 30 Äthylenglykol, 10 Butoxyäthoxyäthylacetat u. 1 Phenyl-Hg-Acetat. — 16 weitere Beispiele. (**F. P. 1 198 616** vom 29/1. 1958, ausg. 8/12. 1959. A. Prior. 4/2. 1957.) M. F. MÜLLER. 7107

I $R^1R^2R^3R^4Ar[O(AO)_mC_2H_4Y]_y$

II 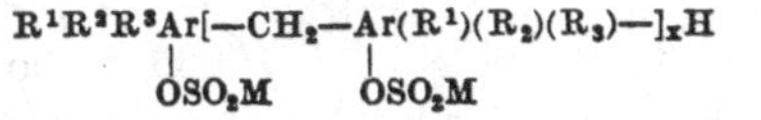

III 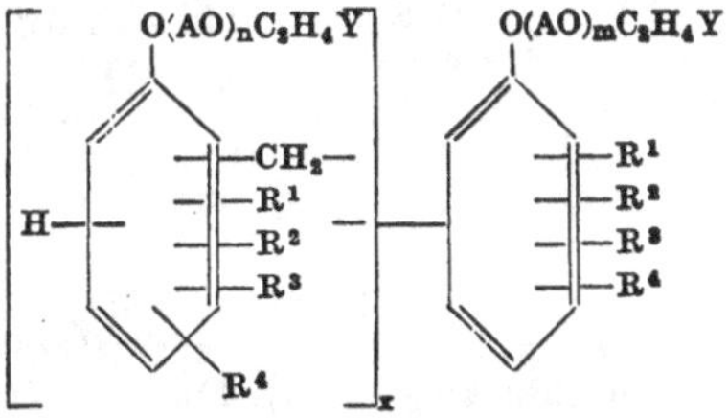

E. I. du Pont de Nemours & Co. (Erfinder: Henry Weaver Godshalk), **Überzugsmittel** mit gleichmäßiger Pigmentverteilung erhält man durch Mischen eines Polymethylmethacrylats (I) als vorherrschendes filmbildendes Material mit einem fl. Lsgm. u. einem Plastifizierungsmittel dafür, einem Pigment, sowie 0,1—10%, bezogen auf das Gesamtgewicht der nichtfl. Bestandteile, eines Celluloseesters, wie Cellulosenitrat, -propionat, -butyrat, -acetatbutyrat, -acetatpropionat oder deren Mischungen, wobei die relative Viscosität des I 1,117—1,196 betragen soll. (**Aust. P. 222 549** vom 22/10. 1957, ausg. 30/7. 1959.) O. ROICK. 7107

Esso Research and Engineering Co., Elizabeth, N.J., V.St.A., **Glänzende Überzüge aus Butadien-Styrol-Mischpolymeren** werden durch Härten mit energiereichen ionisierenden (β-, γ-) Strahlen erhalten. Man verwendet bes. durch Blasen oxydierte Mischpolymere aus 75—85 (Teilen) 1.3-Butadien u. 25—15 Styrol u. bestrahlt mit einer Dosis von $1 \cdot 10^7 - 1 \cdot 10^9$ r bei 50—300°, bes. 25—60 °F, ggf. in inerter Atmosphäre. — Mengenbeispiele, Tabellen. (**E. P. 811 903** vom 14/3. 1957, ausg. 15/4. 1959. A. Prior. 28/3. 1956.) E. WEISS. 7107

Harold Newby, London, England, **Filmbildende wässrige Dispersion aus Styrol-Butadien-Mischpolymerisaten** mit einem Geh. von 70—99 (%) Styrol (I) u. 30—1 Butadien (II), gek. durch einen Zusatz von 1—10, bezogen auf das Polymerisat, eines flüchtigen Lsgm. u. von einem Emulgator. — Man mischt 100 (Teile) einer 50% ig. Dispersion eines Mischpolymerisats aus 85 I u. 15 II, K-Wert ca. 76,5, mit 10 eines Gemisches aus 80 Tetrahydronaphthalin, 10 NH_4-Stearat u. 10 eines Kondens.-Prod. aus 1 (Mol) Ölsäure u. 7 Äthylenoxyd. Das Prod. gibt, auf Tapeten aufgestrichen, einen transparenten, nagelharten, leichtglänzenden Film, der wasserfest u. für Wasserdampf undurchlässig ist. (**E. P. 794 837** vom 19/7. 1955, ausg. 14/5. 1958.) C. LÜTTGEN. 7107

Benjamin Foster Co., Montgomery, Pa. (Erfinder: Wayne P. Ellis, Springfield, Leo I. Smith, Camden, und Irvin J. Steltz, Camden, Pa.), V.St.A., **Material für Schutzüberzüge auf wärmeisolierendem Material** aus 20—40% Polyisobutylen, 20—60% eines Plastiziermittels in Form eines Erdöldestillationsrückstand-Kondens.-Prod. u. 10—35% eines chlorierten Paraffins als feuerhemmender Stoff. Das Plastiziermittel ist ein Kondens.-Prod. der Kendexserie mit JZ $\leq$ 40, einem Erweichungspunkt von 110—200° F (Ring u. Ball), einem Durchschnitts-Molgew. von wenigstens 1900, u. wenigstens 40 C-Atomen pro Doppelbindung, frei von Asphalten u. in 88° Bé-Naphtha völlig lösl. (Herst. s. A. P. 2 337 336). — So ein Überzugsmaterial besteht z. B. aus 11 (Gew.-%) Isobutylen-Styrol-Mischpolymerisat, 11 Chlorowax 70, 30 Mineralspiritus, 17 Xylol, 11 Kendex 1430 (Erweichungspunkt 120—140°), 8 Asbestine, 3 Glimmertalkum, 6 Asbestfaser, 2 Sb_2O_3, $^1/_2$ Benton 18 (Al-Silicat) u. $^1/_2$ denaturierter A.; die Mischung wird aufgespachtelt oder gespritzt. (**Jap. A. S. 10 932/1959** vom 4/2. 1957, ausg. 24/12. 1959.) M. PANKOW. 7107

Monsanto Chemical Co., St. Louis, Mo., übert. von: Earl C. Chapin und Raymond L. Longley jun., Springfield, Mass., V.St.A., **Harze zur Herstellung von Anstrichmitteln** erhält man durch Hydrieren von Mischpolymerisaten aus Methacrolein (I) u. Styrol (II), α-Methylstyrol, o-, m-, p-Methylstyrol oder α-Methyl-p-methylstyrol. — Man gibt eine Lsg. von 100 (Teilen) Mischpolymerisat aus 50% I u. 50 II, Molgew. < 10000, in 900 Tetrahydrofuran (III) rasch zu einer Lsg. von 120 $AlLiH_4$ in 500 III, gibt 280 Ae. zu u. kocht 16 Std. lang unter Rückfluß. Nun gibt man 10% ig. H_2SO_4 zu, bis sich die während der Rk. gebildeten Salze gelöst haben, dekandiert die organ. Lsg. von der wss. Phase u. dest. den Ae. u. das III durch Erhitzen bis auf 190° unter Vakuum von 1 mm Hg ab. Der Rückstand besteht aus einem klaren spröden Harz, das in organ. Lsgm. lösl. ist u. dessen Aldehydgruppen zu Alkoholgruppen red. sind. (**A. P. 2 893 979** vom 14/11. 1955, ausg. 7/7. 1959.) C. LÜTTGEN. 7107

Minnesota Mining & Mfg. Co., St. Paul, Minn., übert. von: Irving Green, Roselle, N.J., V.St.A., **Herstellung nichtwässriger Dispersionen von festem Polytrifluorchloräthylen** (I). Man mahlt das I in einer Kugelmühle 24—250 Std. lang zu einem feinen Pulver, gibt Aceton (II), ein Keton mit einem Kp., der über dem Kp. von II liegt, bes. Diisobutylketon (III), u. einen aromat. KW-Stoff, bes. Xylol (IV) im Verhältnis 0,5—9 : 1 : 2—6 zu, mahlt die Mischung nochmals $^1/_4$—25 Std. lang, läßt absetzen u. gießt die sich über der Dispersion absetzende klare Fl. ab, bis die Konz. der Festbestandteile in der Dispersion 30—55% beträgt, z. B. 34 (Teile) I, 395,5 IV, 86,8 III u. 218,7 II. — *Anstrich-* u. *Imprägniermittel.* (**A. P. 2 876 206** vom 24/3. 1955, ausg. 3/3. 1959.) C. LÜTTGEN. 7107

La Commerciale de Matériel, Seine-et-Oise, Frankreich (Erfinder: Marcel Herzberg), **Antikorrosionsanstrich für feuchte Metalloberflächen,** welcher eine bituminöse Substanz u. ein Salz eines Amins $R_1NH(CH_2)_nNR_2R_3$ (R_1 = aliphat. Kette mit 10—20 C-Atomen; R_2 u. R_3 = aliphat. Kette mit 15—25 C-Atomen; n = 2—6) enthält, z. B. 50 (%) Pech, 20 Anthracenöl u. 30 Lösungsbenzin, versetzt mit 10 g je Liter Diamindioleat. (**F. P. 1 196 144** vom 16/5. 1958, ausg. 20/11. 1959.) T. OPPERMANN. 7107

Farbenfabriken Bayer Akt.-Ges., Deutschland (Erfinder: Erich Zankl, Winfried Kruckenberg und Heinrich Meckbach), **Gegen Algen und Muscheln beständige Unterwasseranstriche,** welche ein chloriertes Dihydroxydiphenyl (z. B.

Tetrachlordihydroxydiphenyl) u. bzw. oder ein Metallsalz dieser Dihydroxydiphenylverbb., bes. kombiniert mit ZnO oder einem anderen Metalloxyd, enthalten. (**F. P. 1 201 367** vom 21/8. 1958, ausg. 30/12. 1959. D. Prior. 21/8. 1957.) T. OPPERMANN. 7107

—, Physique des peintures vernis et pigments. Tome I. Paris. Dunod. 1961. (VIII + 411 S. m. 186 Abb.) 68 NF.

XIb. Plaste (Kunstharze. Plastische Massen)

Beständigkeit von Kunststoffen gegen Äthylenoxid. Marshall Dick und Charles E. Feazel. (Mod. Plastics **38.** Nr. 3. 148. 150. 226. 233. Nov. 1960. Fort Detrick, Frederick, Md., U.S. Army Chem. Corps Engng. Command.) (Engl.)

Folien aus folgenden Kunststoffen wurden auf ihre Durchlässigkeit gegen Äthylenoxid (**I**) untersucht: Cellophan, Polyvinylalkohol, Polyester-polyäthylenterephthalat, verschiedene Vinyl- u. Vinylidenkunststoffe, Polyäthylen, Äthylencellulose, Celluloseacetat u. Kautschuk-Hydrochlorid. Auf Grund seiner genügenden Undurchlässigkeit für **I**, Transparenz, Flexibilität, Lagerfähigkeit u. seines geringen Preises wurde Polyäthylen als Verpackungsmaterial für Desinfektionsmittel auf der Basis von **I** gewählt. H. SONTAG. 7170□

Spritzgießen des FEP-Fluorkohlenwasserstoffharzes. H. A. Larsen, G. R. DeHoff und N. W. Todd. (Mod. Plastics **36.** Nr. 12. 89. 92—94. 96. Aug. 1959. Delaware, E.I. du Pont de Nemours and Co., Polychem. Dep.) (Engl.)

Vff. untersuchten die Beziehungen zwischen dem rheolog. Verh. der Schmelze des FEP-Harzes, eines perfluorierten Mischpolymers aus Tetrafluoräthylen u. Hexafluorpropylen, u. Temp. in Massezylinder u. Form, Kolbendruck u. Kolben-Geschw. u. Spritz- u. Abkühl-Geschw. beim Verspritzen der Masse. Auf Grund der Ergebnisse werden die optimalen Spritzbedingungen für dieses Harz bestimmt. H. SONTAG. 7172□

Analyse des Spritzprozesses von Polyäthylen. R. B. Staub. (Rev. Plasticós **11.** 234—42. Juli/Aug. 1960.) (Span.) — Vgl. C. **1960.** 14880. B. SCHEIFELE. 7172□

Geblasene Polyäthylenfolien von hoher Klarheit. Joseph Pilaro und Richard Kremer. (Mod. Plastics **37.** Nr. 10. 115—18. 206. Juni 1960.) (Engl.)

Die von Verff. entwickelte Meth. zur Verbesserung der opt. Eigg. von geblasenen Polyäthylenfolien ist durch die Anbringung einer röhrenförmigen Aufheizkammer, über deren Konstruktion u. Anbringung genaue Angaben gemacht werden, gekennzeichnet. Der Einfl. dieses Zusatzgerätes auf die physikal. u. opt. Eigg. von Harzen verschiedener FF. u. Dichten wurden systemat. untersucht. H. SONTAG. 7172□

Molybdändisulfid als verschleißfestigkeitserhöhender Zusatz zu Nylon. Thomas E. Powers. (Mod. Plastics **37.** Nr. 10. 148—54. Juni 1960. Reading Pa., The Polymer Corp., Molding Resins Div.) (Engl.)

Die modifizierende Wrkg. des Zusatzes von MoS_2 zu Nylon beruht auf seiner Schmier-Wrkg. u. seiner höheren Kristallinität. Infolgedessen verbessert sein Zusatz die mechan. u. elektr. Eigg. von Nylonspritzlingen, wie durch einen Vgl. dieser Eigg. von mit MoS_2 modifizierten u. nichtmodifizierten Nylonspritzlingen ersichtlich gemacht wird, u. ermöglicht eine glattere Durchführung des Spritzvorgangs (rascherer Arbeitstakt, weniger Ausschuß, geringerer Gleitmittelbedarf). Vf. erörtert bes. ausführlich die durch den Zusatz an MoS_2 erzielten Verbesserungen hinsichtlich Verschleißfestigkeit, Form- u. Hitzebeständigkeit von Spritzlingen. H. SONTAG. 7176□

Polyester aus Epoxiden und Anhydriden. R. F. Fischer. (Ind. Engng. Chem., int. Edit. **52.** 321—23. April 1960. Emeryville, Calif.; Shell Dev. Co.) (Engl.) — Vgl. C. **1962.** 148. M. HAGEDORN. 7176□

Epoxidharzsysteme auf der Basis von epoxydiertem Sojabohnenöl und HET-Anhydrid. C. S. Ilardo und B. O. Schoepfle. (Ind. Engng. Chem., int. Edit. **52.** 323—24. April 1960. Niagara Falls, N.Y.; Hooker Chem. Corp.) (Engl.)

Um die Epoxidharze zu verbilligen, werden als Komponenten epoxidiertes Sojaöl (**I**) u. Hexachlor-endomethylentetrahydrophthalsäureanhydrid (HET) vorgeschlagen. **I** mit 3,6 Äquivalenten (theoret. 4,6) Epoxidsauerstoff hat ein mittleres Molgew. von 1000, eine Epoxidzahl von ca. 260 u. einen Epoxid-Geh. von ca. 6%. HET bringt eine Verbesserung der Wärmeformbeständigkeit (W) von 45° auf 63° bei 100 Teilen HET auf 100 Teile Harz. Kleinere Mengen führen zu spröden u. stark schrumpfenden Harzen; dieser Fehler läßt sich durch Zusatz von Bisphenol A (**III**) verhindern. Bei einem 1—2-molaren Verhältnis von **III** zu **I** u. 100 Teilen HET (auf 100 Teile Harz) wird die W von 63° auf 91° verbessert. M. HAGEDORN. 7176□

Epoxidharze aus Resorcinacetonkondensationsprodukten. C. L. Segal und J. B. Rust. (Ind. Engng. Chem., int. Edit. **52.** 324—25. April 1960. Culver City, Calif., Hughes Aircraft Co.) (Engl.)

Resorcin–Aceton-Kondensate (I) werden durch Umsetzung der Komponenten unter HCl-Zusatz hergestellt. Vier Typen von I (Resorcin/Aceton im Verhältnis 1 : 2 bis 1 : 18) werden mit einem Überschuß von Epichlorhydrin in Ggw. von NaOH umgesetzt. Die so hergestellten Harze haben FF. von 130—180°, sind schmelzbar u. lösl. in Ketonen u. Aromaten; können mit Aminen u. Säureanhydriden zu unschmelzbaren Endprodd. gehärtet werden. Sie sind nur teilweise epoxydiert; ihr Epoxidäquivalent liegt unter dem theoret. Wert u. es sind noch OH-Gruppen im Harz vorhanden.

M. Hagedorn. 7176□

Ein Epoxidharz aus Phenolphthalein. Elizabeth S. Lo. (Ind. Engng. Chem., int. Edit. **52.** 319—21. April 1960. New-Brunswick, N.J., Permacel.) (Engl.)

Ein neues Epoxidharz (I) wird aus Phenolphthalein (II) u. Epichlorhydrin durch Kochen der beiden Komponenten in Isopropanol-Lsg. unter Rückfluß u. Rühren u. unter Zugabe von NaOH u. etwas W. hergestellt. Seine vermutliche Konstit. wird ausführlich besprochen. I kann in üblicher Weise mit Säureanhydriden oder Aminen gehärtet werden. Variationen sind möglich durch Verw. von Gemischen aus II u. anderen Phenolen. Tabelle über die Wärmeformbeständigkeit u. Lsgm.-Resistenz von I; ein Beispiel für einen Lackfilm aus I. M. Hagedorn. 7176□

Probleme bei vorgemischten Preßlingen. 1. Mitt. R. B. White und R. S. Jackson. (Mod. Plastics **36.** Nr. 7. 117—20. 122. 124—25. 128. März 1959. Cleveland, Ohio, Plastic Corp.) (Engl.)

Am Beispiel des Verh. glasfaserverstärkter Polyester, die in vorgemischtem Zustand zur Verarbeitung gelangten, werden die Ursachen für Schwankungen in den Festigkeits-Eigg. u. Lunker-Bldg. in den Preßlingen untersucht u. Maßnahmen zur Verhütung dieser Fehler erörtert. H. Sontag. 7204□

Schichtstoffe zur Herstellung von Rohren. Pierre de Vinzelle. (Ind. Plast. mod. **12.** Nr. 1. 49—50. Jan./Febr. 1960.) (Franz.)

Behandelt werden die verschiedenen Herst.-Weisen von Rohren aus glasfaserverstärkten Kunstharzen (Polyester). B. Scheifele. 7204□

Tüpfelanalyse für Kunststoffe. Fritz Feigl und Vinzenz Anger. (Mod. Plastics **37.** Nr. 9. 151. 191. 194—95. Mai 1960. Rio de Janeiro, Ministerio di Agric., Labor. da Producão Mineral.) (Engl.)

Unter Angabe genauer Analysenvorschriften werden für folgende Kunststoffe tüpfelanalyt. Identifizierungs-Meth. angegeben: HCHO-enthaltende Kunststoffe, Melamin-, Styrol- u. Epoxidharze. Ferner wird eine Rk. zur Unterscheidung zwischen chloriertem Kautschuk u. Chloropren beschrieben. H. Sontag. 7210□

Die Bestimmung von Methylolgruppen in Phenolharzen. B. P. Jerschow und A. Ss. Mossina. (Журнал Аналитической Химии [J. analyt. Chem.] **15.** 243—44. März/April 1960. Moskau, Forsch.- u. Projekt.-Inst. für Plaste.) (Russ.; Auszug: Engl.)

Die Best. freier Methylolgruppen (I) in Phenolharzen erfolgt durch Rk. von I mit freiem Phenol (II). Nach Abdestillieren des II-Überschusses erfolgt Best. des noch vorhandenen II nach bes. Methoden. Aus der Differenz ergibt sich der II-Verbrauch u. damit die Anzahl von I. Die Rk. erfolgt in 1n Säure. Es werden Analysenwerte für die Anzahl der I in o-Hydroxybenzylalkohol (Saligenin) angegeben. Genauigkeit 0,2%.

E. Heise. 7210□

Gasdurchlässigkeit von Kunststoffolien. W. E. Brown und W. J. Sauber. (Mod. Plastics **36.** Nr. 12. 107. 110. 112—14. 116. Aug. 1959. Dow Chem. Co., Plastics Techn. Serv.) (Engl.)

Beschreibung von Konstruktion u. Handhabung eines für die prakt. Betriebskontrolle geeigneten Prüfgerätes zur Best. der Gasdurchlässigkeit von Kunststofffolien. Zusammenstellung der auf diese Weise bestimmten Gasdurchlässigkeitswerte (in cm^3/m^2-24 Std.-1 atm.) der wichtigsten Verpackungsfolien. H. Sontag. 7210□

Bestimmung des Durchschnittsvolumens von Schaumstoffzellen. R. H. Harding. (Mod. Plastics **37.** Nr. 10. 156—60. 212. Juni 1960. Union Carbide Chemicals Co., Res. Dep.) (Engl.)

Die Meth. wird in einem von Remington u. Pariser zur Best. des Geh. an offenen Zellen in Schaumkunststoffen entwickelten Prüfgerät, das nach dem Prinzip der Gasverdrängung arbeitet, durchgeführt. Auf Grund mathemat. Überlegungen wird eine Formel abgeleitet, die es ermöglicht, aus den nach der Gasverdrängungs-Meth. bestimmten Werten das Durchschnitts-Vol. der geschlossenen Zellen der untersuchten Proben zu ermitteln. Ein Vgl. dieser Werte mit den durch die wesentlich zeitraubendere Meth. der mkr. Zählung bestimmten ergab eine für die Belange der Praxis ausreichende Übereinstimmung. H. SONTAG. 7210□

Optische Messung zur Qualitätskontrolle. Joseph D. Portello. (Mod. Plastics **38.** Nr. 3. 124—26. 223—24. Nov. 1960.) (Engl.)

Vf. beschreibt einen als opt. Vergleichsinstrument zur Qualitätskontrolle während des Gießvorganges geeigneten Projektor. H. SONTAG. 7210□

United States Rubber Co., New York, N.Y., übert. von: Isadore Nicholson, Passaic, N.J., und Louis H. Howland, Watertown, Conn., V.St.A., **Emulsionspolymerisation von (substituierten) Monoolefinen** erfolgt in Ggw. von Metallborhydriden wie Na-, K-, Ca-, Sr-, Ba-, Mg-, Th-, Hg-, Au- oder Pb-Borhydrid. Als Ausgangsstoffe sind in den Mengenbeispielen bes. Styrol u./oder Butadien-(1.3) sowie Styrol u. Methylmethacrylat genannt. Polymerisationsregler sind Mercaptane, Emulgiermittel sind Alkylsulfonate, -sulfate, Fettsäureester u. dergleichen. Arbeits-Temp. 50°. Latices für viele Anwendungen. (**A. P. 2963459** vom 18/11. 1957, ausg. 6/12. 1960. **E. P. 835674** vom 30/9. 1958, ausg. 25/5. 1960. A. Prior. 18/11. 1957.) H. SCHINDLER. 7173

Union Carbide Corp., New York, N.Y., V.St.A. (Erfinder: Stephen Gates), **Olefinpolymerisation** nach dem ZIEGLER-Verf. erfolgt bei 125—250°, bes. 130—190°, in Ggw. aliphat. u./oder aromat. KW-Stoffe als Verdünnungsmittel unter Durchleiten von O_2, bes. von Luft. Die Menge soll 50—20000 ppm, bezogen auf das Olefin-Vol., betragen. Beschleunigung der Polymerisation u. Erhöhung der Ausbeute. (**E. P. 843160** vom 28/11. 1958, ausg. 4/8. 1960. A. Prior. 2/12. 1957.) H. SCHINDLER. 7173

Imperial Chemical Industries Ltd., England, **Polymerisationskatalysator,** für die *Äthylenpolymerisation.* Man behandelt eine Si-Verb. $HSi\equiv$, deren Restvalenzen mit —R, $Si\equiv$, —OR oder $—OSi\equiv$ (R = Alkyl, Cycloalkyl, Aryl, Aralkyl) besetzt sind, mit der Verb. eines Übergangsmetalls der Gruppen 4—6 des Period. Syst., bes. mit $TiCl_4$. — Man gibt je 0,04 Mol $HSi(C_2H_5)_3$ u. $TiCl_4$ in 300 cm³ PAe. (Kp. 120°) in einen 1400 cm³-Autoklaven, entfernt O_2, drückt 55 at Äthylen von 24° auf u. hält 15 Std. bei 130°. — Oder man erhitzt 1,5 g $[H(CH_3)SiO]_n$ u. 2,7 cm³ VCl_4 in 100 cm³ PAe. mit Äthylen 14 Std. bei 96 at u. 130°. (**F. P. 1191886** vom 24/2. 1958, ausg. 22/10. 1959. E. Prior. 27/2. 1957.) M. PANKOW. 7173

Phillips Petroleum Co., Del., übert. von: Edward L. Czenkusch und Lawrence V. Wilson, Bartlesville, Okla., V.St.A., **Gewinnen von katalysatorfreien Olefinpolymeren,** die nach dem Niederdruck-Verf. erhalten wurden, durch Zusatz einer NaOH- oder KOH-Lsg. nach dem Abtrennen der festen Bestandteile aus dem gelösten Rohpolymeren. Die die Katalysatorreste (I) enthaltende alkal. Suspension wird mit Toluol oder Xylol versetzt u. mechan. in Katalysator u. Restpolymere zerlegt. Alle Lsgm. werden dem Prozeß wieder zugeführt. Nähere Beschreibung (Zeichnung) des Verf. u. der Apparatur. (**A. P. 2954368** vom 19/11. 1956, ausg. 27/9. 1960. **E. P. 843027** vom 24/10. 1957, ausg. 4/8. 1960. A. Prior. 19/11. 1956.) H. SCHINDLER. 7173

Goodrich-Gulf Chemical, Inc., Pittsburgh, Pa., übert. von: Samuel E. Horne, Akron, Ohio, V.St.A., **Entfernen von Katalysatorrückständen aus Olefinpolymeren** durch Mischen des Rk.-Prod. mit 1—10 Vol.-% Methanol, A., Propanol oder Isopropanol unter O_2-freien Bedingungen u. Trennen des Polymeren, des überschüssigen Alkohols, des Rk.-Prod. dieses Alkohols mit dem Katalysator u. des Lsgm., in dessen Ggw. die Polymerisation stattfand. In den Beispielen sind als Ausgangsstoffe Isopren, Butadien-(1.3), Äthylen u. Gemische von Propylen, Hexen-(1) u. Styrol genannt. Als Katalysatoren wurden Rk.-Gemische von $TiCl_4$ u. Tri-n-octyl-Al in Heptan oder $TiCl_4$ u. Triisobutyl-Al in Bzl. angewendet. Der Zusatz der Alkohole erfolgt bes. bei 0—5°, u. zwar im Vol.-Verhältnis von z. B. Bzl. : Methanol = 2 : 1 bis 6 : 1. Die Polymerisate sind prakt. farblos u. aschefrei. (**A. P. 2962488** vom 27/12. 1955, ausg. 29/11. 1960. **E. P. 851015** vom 20/12. 1956, ausg. 12/10. 1960. A. Prior. 27/12. 1955.) H. SCHINDLER. 7173

Union Carbide Corp., New York, N.Y., V.St.A., **Entfernen metallhaltiger Katalysatorrückstände aus Polyolefinen (I),** die in Ggw. von Al-Trialkyl u. Halogeniden der Gruppe IV B, V B u. VI B des Period. Syst. hergestellt wurden. Man behandelt **I** in einem organ. Verdünnungsmittel, z. B. C_7H_{16}, mit einem Alkohol, bes. Isopropanol oder Diäthylenglykolmonobutyläther, wodurch die Katalysatorreste in wasserlösl. Verbb. übergeführt werden, u. entfernt diese durch Zugabe von Wasser. (**Ind. P. 62186** vom 4/11. 1957, ausg. 6/9. 1958.) C. LÜTTGEN. 7173

Farbwerke Hoechst Akt-Ges., vormals Meister Lucius & Brüning Frankfurt/M. (Erfinder: Otto Fuchs, Hofheim, und Helmut Kappenberger, Frankfurt/M.), **Stabilisieren von Polyolefinen** gegen therm. Oxydation durch Zusatz von geradkettigen oder verzweigten Mercaptanen (I) u. bes. organ. Verbb. u. kurzfristiges Erhitzen der Masse auf 120° nach D. A. S. 1 025 139, dad. gek., daß man als I Mercaptoalkylphosphonsäureester (II) der allg. Formel $HS-R-P(O)(OR_1)(OR_2)$ verwendet, in der R einen gesätt. verzweigten oder unverzweigten Alkylrest, der durch O unterbrochen sein kann, u. R_1 u. R_2 unter sich gleiche oder verschieden gesätt. verzweigte oder unverzweigte Alkylreste oder aromat. oder gesätt. hydroaromat. Reste, die evtl. mit C_1-C_4-Alkylgruppen substituiert sein können, bedeuten, z. B. 2-Mercaptoäthylphosphonsäurediäthylester. Die II können auch ohne die bas. organ. Verbb. für sich allein zugesetzt werden. (**D. A. S. 1 041 243** Kl. 39b vom 3/3. 1956, ausg. 16/10. 1958. **Zusatz zu D. A. S. 1 025 139; C. 1959. 3660.**) C. LÜTTGEN. 7173

Union Carbide Corp., New York, N.Y., V.St.A., **Vermindern der korrodierenden Wirkung von festen Polyolefinen,** z. B. Polyäthylen, Polypropylen, Poly-4-methyl-1-penten, dad. gek., daß man sie bei einem Druck von ca. 1 mm Hg auf 300° erhitzt, um die flüchtigen Anteile abzutreiben. Vorteilhaft leitet man gleichzeitig ein inertes Gas durch die Masse. (**Ind. P. 62 116** vom 28/10. 1957, ausg. 27/9. 1958.) C. LÜTTGEN. 7173

Esso Research and Engineering Co., Elizabeth, N.J., V.St.A. (Erfinder: Charles Anschel Cohen und Clifford Wesley Muessig), **Propylenpolymere mi 12—24 C-Atomen** erhält man durch Dimerisieren von Propylenpolymeren mit 6—12 C-Atomen, die keine Olefine mit $<$ 6 C-Atomen enthalten, bei 0—100° in Ggw. eines BF_3-Ätherats u. freiem BF_3. — Aus C_9-Polypropylen (Kp. 130—135°, erhalten aus Propylen in Ggw. von H_3PO_4 auf Kieselgur bei 300 lbs./sq.in.) in Ggw. von BF_3-Ätherat (enthält 45% BF_3) unter Einleiten von BF_3 bei 60—70° → *C_{18}-Polypropylen,* Kp. 275 bis 295°; (Ausbeute 68,5%). — C_{12}-Polypropylen → *C_{24}-Polypropylen,* Kp. 340—370°; 86,5 %. — Zwischenprodd. zur Herst. von Netzmitteln; Alkylierungsmittel für Aromaten u. Phenole; Zusatzmittel zu Schmierölen u. Harzen; Weichmacher. (**E. P. 804 070** vom 17/5. 1957, ausg. 5/11. 1958.) G. KRAUSS. 7173

Distillers Co. Ltd., Edinburgh, England (Erfinder: Alaric Jeffrey Raum und Donald Alexander Fraser), **Polymerisation von konjugierten Alkenen** zu 1.4-Additionsprodukten. Man verwendet einen durch Vermischen von braunem metastabilem $TiCl_3$ mit einer reduzierenden Komponente, bes. Aluminiumtrialkyl oder Dialkylaluminiumhalogenid, hergestellten Katalysator, dessen Aktivität durch Erhitzen auf 50—100° noch erhöht werden kann, u. polymerisiert bes. in Abwesenheit von O_2, CO_2 oder H_2O in einem inerten Lösungsmittel. Als konjugierte Alkene werden aliphat. oder cycloaliphat. KW-Stoffe verwendet, die auch zusammen mit monoolefin. Verbb., z. B. Äthylen, Propylen, Butenen, Styrol oder polyolefin., nichtkonjugierten KW-Stoffen mischpolymerisiert werden können. — Beispiel: Herst. von *1.4-Polybutadien.* (**E. P. 858 581** vom 18/10. 1956, ausg. 11/1. 1961.) L. STADELMANN. 7173

Imperial Chemical Industries Ltd., London, England (Erfinder: Dennis Aubrey Lewis und Percy Arthur Small), **(Misch-)Polymerisation ungesättigter Verbindungen** erfolgt bei 0—100°, bes. unter Ausschluß von Luft u. Feuchtigkeit, in Ggw. von metallorgan. Verbb. folgender allg. Formeln: LiR_1, NaR_1, MgR_1R_2, $AlR_1R_2R_3$, $AlR_1R_2X_1$ oder $AlR_1X_1X_2$, worin R_1, R_2 u. R_3 gleiche oder verschiedene Alkyl- oder Cycloalkylgruppen, X_1 u./oder X_2 Halogen, H oder Alkoholatgruppen bedeuten. In den Beispielen sind Li-Butyl, $Al(C_2H_5)_3$, $Al(C_2H_5)_2Cl$, Mg-Di-tert.-butyl, $Mg(C_2H_5)_2$, MgBr-tert.-Butyl, Na-Amyl, Al-Triisobutyl genannt. Als Monomere werden in 29 Mengenbeispielen Methylmethacrylat, Acrylnitril, Cyclohexylmethacrylat, Äthylmethacrylat, Methylisopropenylketon, n-Butylmethacrylat, Methylacrylat, n-Propylmethacrylat, Isopropylmethacrylat, Isobutylmethacrylat u. Methyl-α-chloracrylat in inerten KW-Stoffen bei nicht $>$ 50° polymerisiert. (**E. P. 843 611** vom 12/6. 1957, ausg. 4/8. 1960.) H. SCHINDLER. 7173

American Cyanamid Co., New York, N.Y., übert. von: Walter H. Schuller, Kendall, Fla., V.St.A., **Herstellung cyanäthylierter Polymerisate** durch Rk. von Acrylnitril mit einem Mischpolymerisat aus $>$ 55% eines substituierten aromat. Monovinyl-KW-Stoffes u. 0—45% einer aliphat. ungesätt. Verb. in Bzl. bei —45 bis +75°, bes. 10—50°, u. in Ggw. eines Alkalisalzes einer organ. Säure, deren pK_a-Wert bei 15—75 liegt, oder Tetramethyl- oder Tetraäthanol- oder Benzyltrimethyl- oder Benzyltriäthylammoniumhydroxyd. In den Beispielen wird von einem Styrol-Acrylnitril- oder einem o-, m- u. p-Methylstyrol(Acrylnitril)-Mischpolymerisat ausgegangen, das in Ggw. von Na- oder K-tert.-Butyalkoholat mit Acrylnitril mischpolymerisiert u. nach Abzentrifugieren als trocknes Prod. erhalten wird. Durch Cyanäthylierung wird die Löslichkeit erhöht u. der Erweichungspunkt erniedrigt. (**A. P. 2 941 990** vom 15/7. 1957, ausg. 21/6. 1960.) H. SCHINDLER. 7173

Farbwerke Hoechst Akt.-Ges., vormals Meister Lucius & Brüning, Deutschland, **Chlorieren von Niederdruckpolyäthylenen** in indifferenten Lsgm., bes. aliphat. Halogen-KW-Stoffen mit 1—5 C-Atomen oder aromat. Halogen-KW-Stoffen. Man kann das Polyäthylen auch vorchlorieren u. dann in den genannten Lsgm. fertigchlorieren. — Man gibt 300 (Teile) Niederdruckpolyäthylen in 2500 W., das 2 g Fettalkoholsulfonat enthält, u. chloriert mit 130 Cl_2/Std. im UV-Licht bei 60°, bis das Polyäthylen 18% Cl enthält, löst 150 des trockenen chlorierten Polymeren in 1000 Tetrachloräthan u. chloriert mit 130 Cl_2/Std. im UV-Licht zu einem Polymeren mit 36,5% Cl. Das Prod. kann mit Peroxyd, S, Amin oder Schwermetallen gehärtet werden. (**F. P. 1 197 001** vom 9/12. 1957, ausg. 27/11. 1959. D. Prior. 8/12. 1956.) M. PANKOW. 7173

Soc. des Usines Chimiques Rhône-Poulenc (Erfinder: Henry Marie Normant), Paris, Frankreich, **Herstellung von in α-Stellung olefinisch ungesättigten Ketonen** der allg. Formel (R)(R')C=C(R'')—CO—R''', in der R, R', R'' u. R''' aliphat. oder cycloaliphat. Reste oder Aryl- oder Aralkylreste bedeuten, wobei diese Reste ggf. durch Atome oder Reste, die unter den Herst.-Bedingungen inert bleiben, substituiert sind, oder worin R, R' u. R'' H-Atome darstellen, dad. gek., daß man ein Vinyl-Mg-Deriv. der Formel (R)(R')C=C(R'')—MgX, in der X Cl oder Br bedeutet (Mg-Derivv. von 1-Brompropen, 2-Brompropen oder α-Methyl-β-bromstyrol), mit einem Carbonsäureanhydrid der Formel R'''—CO—O—CO—R''' (Anhydride der Essig-, Butter-, Heptan-, Croton- oder Benzoesäure) in Ggw. von Tetrahydrofuran, Tetrahydropyran oder deren Homologen umsetzt. Man erhält so das Penten-(2)-on-(3), $Kp._{760}$ 123°, $D._4^{20}$ 0,857; $CH_3(CH_2)_2CO—C(CH_3)=CH_2$, $Kp._{20}$ 42°, $D._4^{20}$ 0,852; $CH_3(CH_2)_5\cdot CO—CH=CH—CH_3$, $Kp._{18}$ 112°, $D._4^{20}$ 0,835; $CH_3CO—CH=C(CH_3)(C_6H_5)$, $Kp._{12}$ 130°, $D._4^{20}$ 0,997; $C_6H_5CO—CH=C(CH_3)(C_6H_5)$, $Kp._1$ 170°, $D._4^{20}$ 1,087; $CH_3—CH=CH—CO—CH=CH—CH_3$, $Kp._{25}$ 72—74°. — Geeignet zur *Herst. von Polymerisaten.* (**D. A. S. 1 109 670** Kl. 12o vom 15/7. 1958, ausg. 29/6. 1961. F. Prior. 30/10. 1957.) W. GRÄGER. 7173

Badische Anilin- & Soda-Fabrik Akt.-Ges., Ludwigshafen/Rh. (Erfinder: Horst Erich Knobloch, Ludwigshafen/Rh., Ferdinand Meyer, Ziegelhausen a. N., und Fritz Stastny, Ludwigshafen/Rh.), **Herstellung von expandierbaren körnigen Massen aus thermoplastischen Kunststoffen** mit einer Korngröße von 0,2—4 mm. Man gibt W., das ein Dispergiermittel enthält, unter gleichmäßiger, nicht zu schneller Bewegung mit einer Lsg. des thermoplast. Kunststoffes in einem mit W. kaum mischbaren Lsgm. mit niedrigem Kp. u. einer kleinen Menge eines in W. höchstens wenig lösl. Treibmittels zusammen, entfernt das Lsgm. aus der bewegten Mischung u. trennt die expandierbaren Körner ab. — In eine gleichmäßig mit 150—170 U/min. bewegte 0,1%ig. Lsg. von Polyvinylpyrrolidon (Emulgator) in 1600 (Teilen) W. gießt man 400 einer 42%ig. Lsg. von Chlorpolystyrol (I) in CH_2Cl_2, die außerdem 10n-Hexan als späteres Treibmittel enthält. In 1—2 Min. haben sich Kügelchen gebildet. Man leitet zur völligen Entfernung des Lsgm. ca. 4 Std. N_2 durch die Lsg. u. filtriert die Körner ab. Die Körner blähen sich in sd. W. auf u. verkleben in einer nicht gasdichten Form bei 115° unter weiterem Auftreiben miteinander. I erhält man, wenn man in eine Lsg. von 75 Polystyrol in 280 CH_2Cl_2 unter Kühlen in 10 Std. 50 Cl_2 leitet, HCl mit N_2 austreibt u. die Lsg. mit trocknem NH_3 auf pH 8 stellt. (**F. P. 1 239 521** vom 15/10. 1959, ausg. 7/12. 1960. **Oe. P. 213 063** vom 24/9. 1959, ausg. 25/1. 1961. Beide D. Prior. 15/10. 1958.) M. PANKOW. 7173

Minnesota Mining & Mfg. Co., St. Louis, Mo., übert. von: William S. Barnhart, Cranford, N.J., V.St.A., **Herstellung von porösen Polytrifluorchloräthylen-Formkörpern** durch Vermischen von 25—50 (%) eines festen Polytrifluorchloräthylens (I) mit 50—75 eines Gemisches aus 30—80 eines wachsartigen I (F. 75—125°) u. 20—70 eines fl. I (Kp. 300—450°), Verformen dieses Gemisches bei 212—330° u. 500—2500 lbs./sq.in., worauf das wachsartige u. fl. I mit Aceton, $CH_3COC_2H_5$ oder Cyclohexanon extrahiert wird. — Filter u. Separatoren in Akkumulatoren. Vgl. A. P. 2 820 772; C. **1959.** 2628. (**A. P. 2 915 483** vom 30/12. 1953, ausg. 1/12. 1959.) O. SCHÖN. 7173

Imperial Chemical Industries Ltd. (Erfinder: Kenneth Barry Jarrett und Arthur Alan Williams), **Thermoplastische, verformbare Massen** von großer Härte u. Schlagfestigkeit u. mit hohem F., bestehend aus einem Gemisch von 3—35(%) eines kautschukartigen Butadien-1.3-Polymerisats oder Mischpolymerisats, 10—25 Polyvinylchlorid u. 50—80 Polymethylmethacrylat, F. $\geqq$ 75°. (**Aust. P. 227 910** vom 30/12. 1958, ausg. 19/5. 1960. E. Prior. 3/1. 1958.) C. LÜTTGEN. 7173

Farbenfabriken Bayer Akt.-Ges., Leverkusen (Erfinder: Helmuth Kritzler, Köln, und Kuno Wagner, Leverkusen), **Polymerisation von wasserfreiem monomerem Formaldehyd** unter Verw. von Carbodiimiden u./oder deren Substitutions-Prodd. (Nitro-, Halogen-Derivv., Ester, Äther) als Katalysatoren. Vorteilhaft ist die Verw. von solchen Carbodiimiden, die mindestens ein N-Atom mit einem sek. oder tert. aliphat., cycloaliphat. oder araliphat. C-Atom aufweisen, wie Methyl-tert.-butylcarbodiimid. — Monomerer CH_2O wird in Mischung mit reinem trocknem N_2 bei -20^0 in 1000 Vol.-Teile abs. Toluol, das 0,0618 Gew.-Teile Dicyclohexylcarbodiimid enthält, unter Rühren 4 Std. geleitet. Nach Abfiltrieren wird das Polymere mit CH_3OH u. Aceton gewaschen. (**F. P. 1 248 324** vom 13/2. 1960, ausg. 3/3. 1961. **Oe. P. 215 670** vom 10/2. 1960, ausg. 12/6. 1961. Beide D. Prior. 14/2. 1959.) M. PANKOW. 7177

Deutsche Shell Akt.-Ges. (Erfinder: Carl Zerbe), Hamburg, **Herstellung von Kunstharzen vom Typ der Phenol-Formaldehydharze,** dad. gek., daß man an Stelle von Phenol oder als Streckmittel für Phenol mit Formaldehyd kondensationsfähige Gemische verwendet, die bei der Duosolextraktion von Toprückständen von Erdöl anfallen. Die erzeugten Harze weisen dieselben mechan. Eigg. auf wie reine Phenolharze. — Z. B. fügt man zu einem Gemisch von 50 g Phenol u. 50 g eines Duosolextraktes (erhalten durch Extraktion des Toprückstandes von Kuwait-Rohöl) unter Rühren langsam 80 cm^3 CH_2O (30%ig) u. 9 cm^3 H_2SO_4 (90%ig) zu, läßt die Temp. nicht $> 95^0$ steigen u. rührt noch ca. $^3/_4$ Std. bei dieser Temperatur. Ausbeute 95% der Theorie. (**D. A. S. 1 111 388** Kl. 39c vom 22/5. 1956, ausg. 20/7. 1961.) K. SARRE. 7177

Siemens-Schuckertwerke Akt.-Ges., Berlin und Erlangen (Erfinder: Gerlinde Bürklin und Erich Kasten, Erlangen), **Elastifizieren von Phenolharzen** durch Zusetzen von Oxydations-Prodd. niedermol. Polyäthylene (5—20 Gew.-%), ggf. zusätzlich von Nitrilkautschuk. (**D. A. S. 1 115 011** Kl. 39b vom 28/4. 1960, ausg. 12/10. 1961.) F. KOCH. 7177

Dow Chemical Co., Midland (Erfinder: Henno Keskkûla, Midland, und Arthur Aetna Pettis, Saginaw), Mich., V.St.A., **Thermoplastische Formmasse** aus *Polycarbonaten* (I) u. *Polymerisaten alkenylaromat. Verbb.* (II), wobei auf 1 (Gew.-Teil) I 0,05—20 II treffen. Als II kommen in Frage: Mischpolymerisate aus 70% Styrol + 30% Acrylsäurenitril; aus 40% Styrol + 30% Vinylcyanid + 30% α-Methylstyrol; Polystyrol, das mit Kautschuk modifiziert ist. Das Vermischen erfolgt im Kaplastometer bei 227^0 u. mit N_2-Druck (102 g/cm^2) bis zur Homogenität. Die Prodd. zeigen verbesserte Schmelzviscositäten. (**D. A. S. 1 109 884** Kl. 39b vom 20/5. 1959, ausg. 29/6. 1961. A. Prior. 21/5. 1958.) F. KOCH. 7177

Union Carbide Corp. (Erfinder: Charles Wesley McGary jun. und Charles Theo Patrick jun.), **Herstellung fester Harze** durch Erhitzen von Bis-[2.3-epoxycyclopentyl]-äther (I) mit einem Polycarbonsäureanhydrid (II) u. einem Polyol (III) in einer Menge von 0,33—4,0 Carboxyäquivalenzen des II u. 0,16—3,0 OH-Äquivalenzen des III für jede Epoxyäquivalenz des I. — 2,76 (g) I, 2,45 Maleinsäureanhydrid u. 0,31 Äthylenglykol werden bei 40—50° homogenisiert u. 2 Std. auf 160° erhitzt. Schwach gelbes, zähes Harz mit einer „Barcol"-Härte von 17. — *Anstrichmittel, Klebstoffe, Gieß-* u. *Preßmassen.* — Vgl. Oe. P. 204 783; C. **1960. 9046.** (**Aust. P. 229 030** vom 12/12. 1957, ausg. 28/7. 1960. A. Prior. 20/12. 1956.) C. LÜTTGEN. 7177

Farbenfabriken Bayer Akt.-Ges., Leverkusen (Erfinder: Karl Heller, Joachim Nentwig und Hermann Schnell, Krefeld), **Herstellung thermoplastischer, hochmolekularer Polyoxymethylene** durch Verätherung der Hydroxylendgruppen von Polyoxymethylenen, mit einer inneren Viscosität von mindestens 1 (an $0{,}5^0/_0$ig. p-Chlorphenol-Lsgg. bei 60° gemessen), unter Vermeidung eines Abbaus. Man veräthert z. B. mit Orthocarbonsäureestern in Ggw. saurer Katalysatoren, mit Äthern, Dimethylsulfit, -sulfat, Tetraäthylsilicat, Tetrabutyltitanat. Die Prodd. sind therm. beständiger; man kann sie aus dem Schmelzfluß zu *Filmen, Spritzgußkörpern, Blaskörpern* formen. — Man erhitzt 20 g Polyoxymethylen (innere Viscosität 1,6) unter N_2 in 200 ml Dimethylsulfit 5 Std. unter Rückfluß, saugt das Prod. ab, wäscht mit Aceton u. W. u. trocknet. (**F. P. 1 238 071** vom 15/10. 1959, ausg. 30/11. 1960. **Oe. P. 214 650** vom 20/10. 1959, ausg. 25/4. 1961. Beide D. Prior. 25/11. 1958.) M. PANKOW. 7177

Farbenfabriken Bayer Akt.-Ges., Leverkusen (Erfinder: Karl-Heinz Heller, Krefeld), **Herstellung hochmolekularer Polyoxymethylene von bestimmtem Polymerisationsgrad.** Man baut Polyoxymethylendiäther oder -diester höheren Polymerisationsgrades durch Einwirkung von Säuren in Ggw. von Verätherungsmitteln (Carbonsäureorthoester, Tetraäthylsilicat, Dimethylsulfit, Säuren vom LEWIS-Typ) ab. Man kann so thermoplast., therm. stabile, schmelzbare Prodd. herstellen. — 20 g hochmol. Polyoxymethylendiäthylätherpulver werden in 200 ml abs. Bzl. mit 20 ml o-Ameisensäureäthylester u. 50 mg BF_3-Tetrahydrofuran-Additions-Prod. 24 Std. bei Raum-Temp. geschüttelt: Zunehmende Grünfärbung der Mischung. Man filtriert u. wäscht den Rückstand: Farbloser Polyoxymethylendiäther. (**Oe. P. 214 146** vom 29/3. 1960, ausg. 27/3. 1961. D. Prior. 25/4. 1959.) M. PANKOW. 7177

Shell Oil Co., Del., V.St.A., übert. von: Pieter Bruin und Johannes J. Zonsveld, Amsterdam, Holland, **Härten von Polyepoxyden mit benachbarten Epoxygruppen** (I) erfolgt mit 10—80 Gew.-% (bezogen auf I) eines Anhydrids einer mehrbas. Säure zusammen mit 0,05—15 Gew.-%, bezogen auf I, eines Amids; z. B. Harnstoff, Form-, Acet-, Propion-, n-Butyr-, Phthalsäure-, Salicyl-, Naphth-, Adipinsäure-, Benzoesäure-, Benzolsulfonsäure- oder Toluolsulfonsäureamid. (**A. P. 2 955 101** vom 8/10. 1956, ausg. 4/10. 1960. Holl. Prior. 11/10. 1955.) F. KOCH. 7177

Swift & Co., Chicago, Ill., V.St.A., **Härten von Polyepoxyde enthaltenden Massen.** Zum Beispiel in Form von Folien vorliegende Gemische aus Polyepoxiden (epoxydiertes Leinöl) u. bes. 50—99%, ggf. plastifizierten, Polymeren (Polyvinyl-, Polyvinylidenchlorid u. Cellulosenitrat) werden energiereich bestrahlt (β-u. Röntgenstrahlen; bis zu ca. 50 M rep.) (**E. P. 861 971** vom 29/8. 1957, ausg. 1/3. 1961. A. Prior. 31/8. 1956.) G. TEWES. 7177

Whiffen & Sons Ltd., London, England (Erfinder: Christopher Stanley Argyle, Eric Vero, Harold Webber und Ronald Arthur Reed), **Treibmittel für Epoxyharzmassen** sind Salze (I) des Nitroharnstoffs mit einer wenigstens eine NH-Gruppe aufweisenden bas. organ. N-Verb. (substituierte Hydrazine, Amine oder Amide, wie Morpholin, Piperidin oder Hydroxyäthylendiamin) oder mit NH_3, bes. in einer Menge von 1—10%. Die I können in der Masse auch in situ gebildet werden. — Herst. von *Schaumstoffen*. (**E. P. 838 064** vom 10/3. 1956, ausg. 22/6. 1960.) G. TEWES. 7177

Heyden Newport Chemical Corp., Del., übert. von: William M. Kraft, Verona, N.J., V.St.A., **Herstellen von Pentaerythritreaktionsprodukten,** dad. gek., daß man Pentaerythrit (I), teilweise verestert, mit 1 Mol einer Monocarbonsäure mit 6—18 C-Atomen je 1 Mol I erhitzt u. den I-Ester in Ggw. eines Katalysators (kernsulfoniertes Polystyrol-Kationenaustauscherharz) im H_2-Strom entwässert. — Man mischt 146 (g) I u. 362 Sojabohnenölfettsäuren mit 10 eines Kationenaustauscherharzes, gelöst in 30 ml Xylol. Das Harz ist ein kernsulfoniertes Mischpolymerisat aus Styrol u. Divinylbenzol u. befindet sich im H_2-Strom. Die Mischung wird auf 220° erhitzt, bis 35,8 W. aus der Rk.-Zone entfernt u. in einem Kondensator gesammelt sind. Man filtriert die Rk.-Mischung, um die Harzteilchen auszuscheiden. Der so hergestellte I-Äther wird mit 118 Phthalsäureanhydrid gemischt u. die Mischung so lange auf 220° erhitzt, bis ein Alkydharz erhalten wird, dessen SZ. < 10 ist. Anwendungen: Hilfsmittel beim Herstellen von verbesserten trocknenden Ölen, Lackindustrie, Folien. (**A. P. 2 945 830** vom 13/9. 1955, ausg. 19/7. 1960.) W. SCHLITT. 7177

Farbenfabriken Bayer Akt.-Ges., Deutschland (Erfinder: Hans Willi von Brachel und Hans Holtschmidt), **Herstellung und Verwendung von Polyglykolätherthioäthern.** Herst. durch Rk. von Polyglykoläthern $HO(CH_2CH_2O)_m \cdot R \cdot O(CH_2 \cdot CH_2O)_nH$ mit Glykolthioäthern $HO(CHR^1CHR^2 \cdot S \cdot CHR^3 \cdot CHR^4 \cdot O)_pH$ (R = Alkylen-, Cycloalkylen- oder Arylengruppe; R^1, R^2, R^3 u. R^4 = H, Alkyl-, Cycloalkyl- oder Arylrest; m u. n = ganze Zahlen von 6 bis ca. 200; p = ganze Zahl von 1 bis ca. 200). Die erhaltenen Kondens.-Prodd. kann man mit Polyisocyanaten reagieren lassen, wobei kautschukartige, auch poröse Massen für *Folien* u. *Überzüge* entstehen. Die Polyglykolätherthioäther kann man als *Staubbinder* bei chem. Düngemitteln verwenden. — 1480 (g) Oktaäthylenglykol, 2440 Thiodiglykol u. je 15 Maleinsäureanhydrid u. H_3PO_4 erhitzt man in N_2 auf 180° u. weiter bei 12 mm, bis OH-Zahl + SZ. = 40; Molgew. des Rk.-Prod. 2800, 100 des Prod. werden mit 35 Toluoldiisocyanat, 1 Dimethylbenzylamin, 1 W., 2 50%ig. wss. Lsg. von oxäthyliertem Hydroxydiphenyl u. 1 50%ig. wss. Lsg. von Na-Ricinoleat versetzt: *Schaumkörper*. (**F. P. 1 201 171** vom 7/8. 1958, ausg. 29/12. 1959. D. Prior. 9/8. 1957.) M. PANKOW. 7177

E. I. du Pont de Nemours & Co., Wilmington, Del. (Erfinder: Leonard Edward Amborski, Buffalo, N.Y.), V.St.A., **Verschweißen von in beiden Richtungen gereckten und danach formfest gemachten Kunststoffgebilden aus Polyterephthalsäureestern,** dad. gek., daß man auf mindestens eine der Verschweißungsstellen Benzylalkohol oder ein Benzylalkohol–Ae.-Gemisch aufträgt u. die Stellen darauf zwischen 140° u. einer unter der Formfestmachungs-Temp. der gereckten Kunststoffgebilde liegenden Temp. in an sich bekannter Weise unter Druck verschweißt. (**D. A. S. 1 082 732** Kl. 39a vom 10/4. 1956, ausg. 2/6. 1960. A. Prior. 8/7. 1955.) H. NATHER. 7177

Farbenfabriken Bayer Akt.-Ges., Deutschland (Erfinder: Erich Eimers und Leonhard Goerden), **Herstellung von beim Brennen selbst verlöschenden**

Kunststoffen. Man mischpolymerisiert halogenisierte ungesätt. Polyester u. mischpolymerisierbare Vinyl-Verbb. zusammen mit organ., in den Polyesterharzen lösl. Verbb. des 3- oder 5wertigen Sb, z. B. dem Rk.-Prod. von Triäthylantimonit mit Phthalsäureanhydrid, von Triallylantimonit mit Maleinsäureanhydrid, Sb-Triacetat, Triäthylsulfantimonit, den Komplexsalzen von Sb_2O_3 mit Hydroxycarbonsäuren u. deren Estern, Toluylstibonsäure, Polyhalogenphenylstibonsäuren, $(C_6H_5)_3SbO$. — Man polymerisiert z. B. 70 (Teile) des Maleinsäure–Tetrachlorphthalsäure–Äthylenglykol-Polyesterharzes, 30 Styrol, 2% Benzoylperoxyd u. 6% Tributylantimonit. (**F. P. 1 196 645** vom 5/6. 1958, ausg. 25/11. 1959. D. Prior. 28/6. u. 17/10. 1957.) M. PANKOW. 7177

E. I. du Pont de Nemours & Co., Wilmington, Del., V.St.A., **Urethangruppen aufweisende Kunstharze** erhält man durch Rk. von wiederkehrende Estergruppierungen aufweisenden Polymeren (Molgew. < 5000; aus Glykolen u./oder Aminoalkoholen, Diaminen, Aminosäuren, Hydroxycarbonsäuren u. Dicarbonsäuren; Polyesteramide) mit bes. 3—7% eines organ. Polyisocyanats (Hexamethylendiisocyanat), z. B. bei 75—300°. Die Prodd. dienen, ggf. nach Zusatz von Weichmachern, zur Herst. von Fäden, Filmen, zur elektr. Isolation, als Zwischenschicht für Sicherheitsglas u. als Überzugsmasse. (**Oe. P. 209 566** vom 30/12. 1953, ausg. 10/6. 1960. A. Prior. 2/7. 1940.) G. TEWES. 7177

Imperial Chemical Industries Ltd., London, England (Erfinder: Harold France und Arnold Lister), **Herstellung von polymeren organischen Isocyanaten,** bes. der *trimeren Form* (*polymeren Isocyanuraten*). Man behandelt organ. Polyisocyanate mit einem bas. Katalysator, wie Oxyden, Hydroxyden, Carbonaten, Alkoholaten oder Phenolaten von Alkali- oder Erdalkalimetallen, den Salzen von enolisierbaren Alkalimetall-Verbb. u. den metall. Salzen schwacher aliphat. oder alicycl. Carbonsäuren (Pb-2-Äthylhexoat). — Die Rk.-Prodd. eignen sich als *Klebemittel*, als *Härtungsmittel* für Harze, isocyanatmodifizierte Polyester oder Polyäther u. bei der Herst. von elast. *Schaumstoffen.* — 155 (Gew.-Teile) 2.4- u. 2.6-Toluylendiisocyanat u. 0,775 $NaOCH_3$ erhitzt man in Abwesenheit von Feuchtigkeit rasch auf 120°, worauf nach einiger Zeit Rk. einsetzt u. danach die Temp. noch ca. 1 Std. bei 120° gehalten wird: F. 150—160°, Zers. bei 195°. — 22 Beispiele. (**F. P. 1 190 065** vom 16/11. 1957, ausg. 9/10. 1959. **Belg. P. 562 424** vom 16/11. 1957, ausg. 3/6. 1960. Beide E. Prior. 16/11. 1956 u. 1/11. 1957.) M. PANKOW. 7181

Union Carbide Corp., New York, N.Y. (Erfinder: Fritz Hostettler und Eugene Floyd Cox, Charleston, W.Va.), V.St.A., **Beschleunigungsmittel beim Isocyanat-Polymerisationsverfahren** (Rk. von Verbb. mit akt. H-Atomen u. Isocyanaten bzw. Isothiocyanaten) sind tert. Amine (Triäthylendiamin, N.N.N'.N'-Tetramethyl-1.3-butylendiamin u. Triäthylamin) in Kombination mit Organo-As-, Sb- u. Bi-Verbb., z. B. Trialkyl-, Triarylarsine, Trivinylarsin u. deren analoge Sb- u. Bi-Verbb. sowie die ggf. durch O- oder Halogen substituierten Organo-As-, -Sb- u. -Bi-Verbindungen. Bes. werden Schaumstoffe auf Grundlage von Poly(glykol)estern, Polyäthern, Polyesteramiden u. organ. Polyisocyanaten (Toluylendiisocyanat) nach üblichen Verff. hergestellt. — An Stelle dieser As-, Sb- u. Bi-Verbb. werden vorgeschlagen: Organ. Pb-Verbb. (Dioctyl-Pb-dichlorid), Ti-, Sn-, Sb- u. Bi-Halogenide ($TiCl_4$, $SnCl_2$ u. $SbCl_3$), Chelate des Ti u. Cu (Cu-Acetylacetonat), Polystannate u. Hg-Salze. (**F. PP. 1 243 115** u. **1 243 116** vom 8/12. 1959, ausg. 11/1. 1961. **D. A. S. 1 120 131** Kl. 39b vom 2/12. 1959, ausg. 21/12. 1961. Alle A. Prior. 8/12. 1958.) G. TEWES. 7181

Imperial Chemical Industries Ltd., England, **Herstellung von Polyurethanen** durch Rk. von wenigstens einem organ. Diisocyanat mit einem mit 0,3 bis 0,6 Äquivalent (pro Mol Öl) Mono- oder Dicarbonsäure teilverestertem Ricinusöl von einer SZ. < 8 mg KOH/g. — Man erhitzt 113 (Teile) Ölsäure mit 935 Ricinusöl unter CO_2-Durchleitung in 45 Min. auf 200—205° u. hält die Temp. bis zur SZ. 7,8 mg KOH/g. 100 dieses Teilesters hält man mit 17,1 2.4-Toluylendiisocyanat in einem zu $^1/_3$ gefüllten Behälter bei 380 mm. Das Aufkochen läßt in 20 Min. nach, u. man entspannt in 1 Std., worauf man 74 Std. bei 100° hält: Elast. Masse, die sich zur Herst. von *Druckwalzen* oder zur *Einbettung elektr. Teile* in eine stoßdämpfende Masse eignet. (**F. P. 1 194 187** vom 3/4. 1958, ausg. 6/11. 1959. E. Prior. 3/4. 1957 u. 24/3. 1958.) M. PANKOW. 7181

Imperial Chemical Industries Ltd. (Erfinder: John Frederick Chapman und Reginald Hurd), London, England, **Flammabweisende vernetzte Polyurethane** (I) erhält man nach Isocyanat-Polyadditions-Verf. aus Polyoxy-Verbb. (Polyester, Polyesteramide u. Polyäther) u. aus Gemischen von di- u. höherwertigen Isocyanaten u. fl. Flammschutzmitteln (Tri-β-chloräthylphosphat, Dibrompropanol, Tri-n-butylphosphat, Tribromäthylphosphat, Hexachlorbenzol u. Bromoform). — Neben der Bldg. flammabweisender Eigg. haben die I den Vorteil bes. Lagerfähigkeit. — Herst. von *Schaumstoffen.* (**E. P. 857 876** vom 2/6. 1958, ausg. 4/1. 1961.) G. TEWES. 7181

Dunlop Rubber Co. Ltd. (Erfinder: Wilfrid Cooper, Ronald Horace Shrimpton und Peter Ford), London, England, **Weichmacher in elastomeren Polyurethanen** (aus harzartigen Polyoxy-Verbb., wie Polyester, Polyamide, Polyesteramide u. Polyäther u. Polyisocyanat bzw. Polyisothiocyanat) sind bes. 5—20% an fl. Mischpolymerisaten aus Diolefinen (ggf. substituierte Butadiene) u. ungesätt. Ketonen (Alkylvinylketone mit 1—4 C-Atomen im Alkylrest), z. B. der Viscosität 10—100 P/70°. Vernetzungsmittel (Glykole, 3wertige Alkohole u. Diamine) werden mitverwendet. Die Massen werden in Formen unter Druck bes. bei 110° ausgehärtet. — Herst. *abrieb-* u. *zugfester Formkörper.* (**E. P. 859 812** vom 8/9. 1956, ausg. 25/1. 1961.) G. TEWES. 7181

Imperial Chemical Industries Ltd., England, **Polyätherurethan-Schaumstoffe** erhält man durch Rk. von OH-Gruppen aufweisenden Polyäthern (I; Polypropylenglykol) in Ggw. eines wenigstens eine Methyl- oder Äthylgruppe aufweisenden tert. Amins (II) mit überschüssigem (2—10 Mol) Polyisocyanat (Toluylendiisocyanat) u. folgende Rk. des Vorpolymerisats mit Wasser. Die II sind z. B. Triäthylamin, N.N-Dimethylbenzylamin u. N-Methylmorpholin, bes. in einer Menge von 0,01—5%, bezogen auf I. (**F. P. 1 245 481** vom 22/1. 1960, ausg. 1/2. 1961. E. Prior. 23/1. u. 18/12. 1959.) G. TEWES. 7181

Farbenfabriken Bayer Akt.-Ges., Leverkusen (Erfinder: Rudolf Merten, Köln, Günter Hauptmann und Wolfram Neumann, Leverkusen), **Herstellung von Urethangruppen enthaltenden Schaumstoffen.** Man läßt Polyäther mit vorwiegend sek. OH-Gruppen, Polyisocyanate u. W. in Ggw. nichtbas. Metallsalze oder nichtbas. Organometall-Verbb. miteinander reagieren. — 100 (Gew.-Teile) verzweigter Polypropylenglykoläther (aus Propylenoxyd u. Glycerin; OH-Zahl 54,6), 35 Toluylendiisocyanat (2.4- u. 2.6-Isomere im Verhältnis 65 : 35), 0,8 Vol.-Teile verzweigtes Siliconöl als Stabilisator, 1 Urotropin, 0,1 Endoäthylenpiperazin, 2,8 W. u. 0,5 Vol.-Teile einer Mischung von 3,52 Mn(III)-Acetylacetonat, 40,5 N-Dimethylbenzylamin u. 10 Bzl. werden verrührt u. geben in ca. 1 Min. einen weichen, elast. schnell abbindenden Schaum. (**Oe. P. 215 674** vom 10/11. 1959, ausg. 12/6. 1961. D. Prior. 12/11. 1958.) M. PANKOW. 7181

United States Rubber Co., New York, N.Y., V.St.A. (Erfinder: Mitchell Borr und Kenneth Erskine MacPhee, Guelph, Ontario, Canada), **Starre Polyurethanschaumstoffe** werden hergestellt durch Rk. eines verzweigten, aus einem sauren Polyester aus Dicarbonsäuren (Adipin- u. Phthalsäure) u. wenigstens 3wertigen Alkoholen (Trimethylolalkane) mit Glykolen (Äthylenglykol) erhaltenen Polykondensats von einheitlichem Molgew. u. einheitlicher Viscosität sowie der SZ. 0—30, mit organ. Polyisocyanaten (Toluylendiisocyanat) u. W., ggf. über ein Vorpolymerisat. Katalysatoren (tert. Amine) u. Netzmittel (äthoxyliertes Ricinusöl) werden mitverwendet. (**F. P. 1 229 276** vom 2/7. 1959, ausg. 6/9. 1960. **E. P. 858 994** vom 22/5. 1959, ausg. 18/1. 1961. **D.A.S. 1 123 105** Kl. 39b vom 18/6. 1959, ausg. 1/2. 1962. Alle A. Prior. 10/7. 1958.) G. TEWES. 7181

Farbenfabriken Bayer Akt.-Ges., Deutschland (Erfinder: Rudolf Merten, Günter Hauptmann und Wolfram Neumann), **Beschleunigungsmittel bei der Herstellung von Polyurethanschaumstoffen** auf Grundlage der Rk. von sek. OH-Gruppen aufweisenden Polyäthern (Polypropylenglykol), Polyisocyanaten u. W. in Ggw. von tert. Aminen u. ggf. oxyalkylierten, linearen oder verzweigten Organopolysiloxanen. Als solche kommen in Frage nichtbas. anorgan. oder organ. Metall-Verbb., bes. des Be, Mg, Cu, Zn, Cd, Hg, Ti, Zr, Sn, Hf, Th, V, Sb, Cr, Mo, W, U, Mn, Fe, Co u. Ni, z. B. $FeCl_2$, $FeCl_3$, $SnCl_2$, $ZnCl_2$, $CdCl_2$, $HgCl_2$, $Fe(CO)_5$, $Ni(CO)_4$, Chelate (des Acetylacetons, Benzoylacetons, Trifluoracetylacetons, Salicylaldehyds u. Cyclopentanon-2-carbonsäureäthylesters), Komplexe mit bes. Iminen, Verbb. mit Glykolen u. Glykolsäure, Aminoalkoholen, Alkoholate u. Phenolate u. Organometall-Verbb., wie des Sn. (**F. P. 1 240 863** vom 12/11. 1959, ausg. 16/12. 1960. D. Prior. 12/11. 1958.) G. TEWES. 7181

Dunlop Rubber Co. Ltd. (Erfinder: Roland William Pearson), London, England, **Treibmittel bei der Herstellung von Polyurethanschaumstoffen** sind N-freie, mehrbas. Carbonsäuren (Adipin-, Kork-, Sebacin-, Fumar-, Malein-, Citronen-, Aconit-Phthal- u. Mellitsäure), die der Rk.-Masse aus harzartigen Polyoxy-Verbb. (Polyester, Polyesteramide u. Polyäther) u. überschüssigem Polyisocyanat vor dem Gelieren der Masse zugegeben werden. W., Diamine, Aminoalkohole u. Glykole sowie übliche Katalysatoren (tert. Amine) sind mit zu verwenden. (**E. P. 861 858** vom 19/10. 1956, ausg. 1/3. 1961.) G. TEWES. 7181

Farbwerke Hoechst Akt.-Ges., vormals Meister Lucius & Brüning, Deutschland, **Herstellung mehrwertiger Urethane,** dad. gek., daß man Chlorameisensäureester von Verbb. mit mindestens 3 OH-Gruppen bei 30—60° mit NH_3, prim. oder sek. Aminen umsetzt. — *Pentaerythrittetra-[N-dimethylurethan]*, F. 128,5°, aus Pentaerythrit (I), Dimethylanilinhydrochlorid u. $COCl_2$ u. Rk. des Esters mit Dimethylamin in Benzol. — I-*Triurethan*, F. 237°. — *Trimethyloläthantriurethan*, F. 55°, aus 1.1.1-Trimethyloläthantrichlorformiat. — *Trimethylolpropantri-[N-dimethylurethan]*, Kp. 238 bis 245°, aus 1.1.1-Trimethylolpropantrichlorformiat. — *Sorbitmono-[N-dimethylurethan]*, aus Sorbitdichlorformiat. — *Sorbiturethan* u. Sorbitdiurethan, aus Mannit, daneben *Mannitmonourethan*. — Verwendet werden ferner Polyvinylalkohole bzw. deren Butyracetale, Acetylcellulose, Cellulose, Glycerinchlorformiat u. als N-Verb. Äthylenimin, N-Methylstearinamin, Dibutylamin, Cyclohexylamin u. N-Methylanilin. — Die Urethane werden zu *Kunststoffen* verarbeitet. (**F. P. 1 214 891** vom 16/8. 1958, ausg. 12/4. 1960. D. Prior. 16/8. 1957.) S. BÖTTCHER. 7181

Dunlop Rubber Co. Ltd. (Erfinder: Walter Cecil Davey, Wilfrid Cooper und Roland William Pearson), London, England, **Harnstoffgruppierungen aufweisende elastische Schaumstoffe** erhält man durch Rk. von fl. Mischpolymerisaten (I) aus konjugierten Diolefinen u. ungesätt. aliphat. Carbonsäuren mit bis zu 6 C-Atomen, organ. Polyisocyanaten u. Vernetzern (W., mehrbas. Carbonsäuren, Glykole, Diamine u. Aminoalkohole). — 25 (Teile) eines fl. I aus 90 Butadien u. 10 Methacrylsäure mit der Viscosität 50 P/70° u. 2,4 2.4-Toluylendiisocyanat (II) werden 15 Min. auf 70° erhitzt u. die Masse nach Zugabe von weiteren 2,5 II durch 0,25 W. in Ggw. von 0,05 Pyridin verschäumt. (**E. P. 863 466** vom 16/10. 1956, ausg. 22/3. 1961.) G. TEWES. 7181

A/B Statens Skogsindustrier, Stockholm, Schweden (Erfinder: E. H. B. Nyström, R. E. Pettersson und C. A. R. Davegårdh), **Herstellung von Harnstoffharzen.** Die Kondens. von Harnstoff oder -Derivv. mit HCHO wird bei neutralem pH eingeleitet, dann bei pH 8—10 fortgesetzt u. bei pH 3—6 beendet. (**Schwed. P. 165 531** vom 25/1. 1956, ausg. 2/12. 1958.) K. H. KÄHLER. 7181

Comp. Industrielle de Matière d'Aviation (C. I. M. A.) Soc. An., Frankreich, **Erhöhung der Biegebeständigkeit von Polyamidfolien (I).** Die durch Osmose von Weichmachern in einem Glycerin- oder (Poly-) Glykolbad plastifizierten I werden ein- oder zweiseitig mit einem Lack aus einer ggf. durch z. B. Dioctylphthalat plastifizierten Masse aus Epoxyharz u. einem polyamidähnlichen Kondensat aus dimeren Fettsäuren u. Polyaminen überzogen. — Herst. von *Membranen* u. *Verpackungsfolien*. (**F. P. 1 246 822** vom 12/10. 1959, ausg. 13/2. 1961.) G. TEWES. 7181

Farbenfabriken Bayer Akt.-Ges., Leverkusen (Erfinder: Wilhelm Hechelhammer, Ernst Reichold und Rolf Kahl, Krefeld), **Herstellung von Formkörpern aus kristallisierenden Kunststoffen.** Schmelzen der Kunststoffe werden mit geringen Mengen (0,0001—0,1 Gew.-%) keimbildender Stoffe (Al-, Pb-Pulver, Elektrolyt-Cu, MgO, ZnO, Al_2O_3, $BaSO_4$, $CaCO_3$, Na_2CO_3, Graphit, MoS_2, CoS, FeS, WS_2, Scheelit, Alkalihalogenide, hochdisperses SiO_2, Anthracen, Chrysen, Coronen, Polytetrafluoräthylen, Mg-, Ca-, Zn-Salze höherer Fettsäuren) vermischt u. abgekühlt. — 100 (Gew.-Teile) Caprolactam werden zusammen mit 0,01 Graphit polykondensiert, das Polyamid wird im Spritzguß zu Körpern einheitlicher Struktur verarbeitet. — 100 Polyamidgranulat werden mit 0,001 MoS_2 vermischt u. in der Schneckenpresse verformt. (**Oe. P. 214 139** vom 8/8. 1958, ausg. 27/3. 1961. It. Prior. 22/8. 1957. D. Prior. 22/10. 1957.) M. PANKOW. 7181

Monsanto Chemical Co. (Erfinder: Edward Hugo Mottus, Ross Melvin Hedrick und John Mann Butler), V.St.A., **Herstellung eines gegen Oxydation stabilen Poly-ε-caprolactams,** das keine endständigen prim. Aminogruppe aufweist. Man polymerisiert ε-Caprolactam (I) in Ggw. von Alkali- oder Erdalkalimetallkatalysatoren u. in Ggw. einer ein tert. N-Atom enthaltenden Verb. mit wenigstens 2 CO-, CS-, SO_2- oder NO-Gruppen am tert. N-Atom, aber keiner endständigen NH_2-Gruppe. Solche Verbb. sind N-substituierte Imide, wie N-Acetylpyrrolidon-(2), N-Phenylsuccinimid, N.N'.N''-Trimethylisocyanursäure, Äthylendisuccinimid, N.N-Diacetylmethylamin, Sulfamide, wie N-Acetyl-N-äthyl-p-toluolsulfamid, N.N-Di-[p-toluolsulfonyl]-anilid, Nitrosamide, wie N-Nitrosopyrrolidon-(2), N-Nitroso-N-methylbenzolsulfamid, ferner Thio-Verbb., wie 1-Acetylthiohydantoin, N-Thiobenzoylpyrrolidon-(2). Man verwendet die Verbb. in Mengen von 0,01—20, bes. 0,1—1 Mol-% des I u. arbeitet $<190°$. Man kann auch Isocyanate oder Ketene, Säurechloride oder -anhydride zu I geben u. erhält so z. B. N-Carbamyl- oder N-Carbonyl-ε-caprolactame, die sehr wirksame Stabilisatoren sind. — Man erhitzt 113 (g) I, 0,58 N.N-Diacetylmethylamin u. 0,1 NaH 2 Std. auf 160° unter N_2, oder man verschmilzt bei 100° unter N_2 113 I, 0,405 Äthylisocyanat u. 0,1 NaH u. hält dann 12 Std. bei 160°. (**F. P. 1 194 451** vom 27/11. 1957, ausg. 10/11. 1959. A. Prior. 13/12. 1956. **Jap. A. S. 10 938/1959** vom 29/11. 1957, ausg. 24/12. 1959. A. Prior. 3/12. 1956 [So Orig.? Die Red.].) M. PANKOW. 7181

British Nylon Spinners Ltd. (Erfinder: John Anthony Carter und Anton Walter Freud), **Kontinuierliche Herstellung hochmolekularer, synthetischer,**

linearer Polymerisate, die mit Pigmenten (I) gefärbt sind, durch kontinuierliche Polymerisation, dad. gek., daß in einem beliebigen Zeitpunkt des Verf. eine fl. Dispersion des **I**, bes. TiO_2 in W. oder Caprolactam (**II**), zugesetzt wird, wobei dieser Zusatz durch die Menge des in den Rk.-Behälter fließenden Monomeren gesteuert wird. Das Verf. wird an Hand der Polymerisation von **II** erläutert. (**Aust. P. 227 146** vom 19/3. 1958, ausg. 31/3. 1960.) C. LÜTTGEN. 7181

Chemstrand Corp., V.St.A. (Erfinder: Paul Reed Cox jun.), **Lösungsmittel für Polypyrrolidone (I).** Zu D. A. S. 1 103 018; C. **1961.** 18526 ist nachzutragen, daß die allg. zum Lösen von linearen Polyamiden angewendete Phytinsäure u. deren Alkalimetall-, Mg-, Ca- u. Sr-Salze bes. zum Lösen der **I** geeignet sind. — Herst. von *Fäden, Folien* u. *Überzügen.* (**F. P. 1 244 472** vom 23/9. 1959, ausg. 23/1. 1961. A. Prior. 25/9. 1958.) G. TEWES. 7181

Delaware Research & Development Corp., Wilmington, Del., V.St.A., **Herstellung eines homogenen Gemisches aus einem Polysiloxan und einem thermoplastischen Vinylpolymerisat.** Man dispergiert ein Polysiloxan (**I**) mit einem Durchschnitts-Molgew. >150000, das keine polymerisierbaren organ. Gruppen enthält, in einem Vinylmonomeren (**II**) u. polymerisiert letzteres in Ggw. von 0,01—0,5 Gew.-% eines bifunktionellen Vernetzungsmittels bis zu einem scheinbaren Molgew. >5000000. Die fl. Dispersion von **I** in **II** kann man zu einem *Überzug* verarbeiten, als *Gießharz* verwenden oder zur Durchführung einer Emulsionspolymerisation in W. emulgieren. Eine solche Emulsion besteht bes. aus 95—70 (Gew.-Teilen) Styrol, 5—30 Phenylmethylpolysiloxan, 0,1—0,5 1.3-Butadien, 0,1 K_2SO_5, 0,5 Na_3PO_4, 2 Na-Laurylsulfat u. 200 Wasser. — Die erhaltenen Prodd. besitzen gute *dielektr. Eigg.* u. sind permanent hydrophob. (**Holl. P. 97 974** vom 23/3. 1957, ausg. 15/5. 1961.) F. BÖHM. 7189

Celanese Corp. of America, New York, N.Y., übert. von: Oliver H. Axtell, Scotch Plains, und Charles M. Clarke, Springfield, N.J., V.St.A., **Kontinuierliche Trioxanpolymerisation** in der Dampfphase bei — 20 bis + 50° in einer näher beschriebenen Vorr., deren Wände durch Wasserkühlung auf dieser Temp. gehalten werden. Der Katalysator, z. B. BF_3, wird dampfförmig eingeführt. Das entstandene Polyoxymethylen wird kontinuierlich abgezogen, wobei das Neutralisieren des Katalysators gleich am Ausfluß erfolgt, z. B. mit n-Tributylamin. Das Polymerisat hat ein hohes Molgew. u. ist für Form-Prodd. u. Extrusion geeignet. — Zeichnung. (**A. P. 2 951 059** vom 24/3. 1958, ausg. 30/8. 1960.) H. SCHINDLER. 7199

Badische Anilin- & Soda-Fabrik Akt.-Ges., Ludwigshafen/Rh. (Erfinder: Harry Distler, Ludwigshafen/Rh., und Horst Gölz, Schwetzingen), **Polysulfonate** werden auf dem Wege der Kondens organ. Dihydroxy-Verbb. mit Disulfonsäurehalogeniden in wss. alkal. Medium hergestellt, indem man organ. Dihydroxy-Verbb. in einem Gemisch aus W. u. einer indifferenten organ. Fl., ggf. unter Zusatz von quatern. Ammonium-Verbb., mit Disulfonsäurehalogeniden unter Zugabe eines alkal. reagierenden Stoffes bei einem pH-Wert von 8—11 polykondensiert. — Zu einem Gemisch aus 700 (Teilen) W., 500 Methylenchlorid, 125 4.4'-Dihydroxydiphenylsulfon u. 1 Triäthylbenzylammoniumchlorid als Rk.-Beschleuniger läßt man während 2 Std. bei Raum-Temp. eine Lsg. von 120 Propan-1.3-disulfochlorid in 250 Methylenchlorid unter kräftigem Rühren zutropfen. Das pH wird mittels zutropfender NaOH auf 9—10 gehalten. Nach 10 Std. langem Rühren u. Abdampfen des Methylenchlorids sowie Verdünnen mit 3000—5000 W. erhält man ein farbloses körniges Pulver, F. 237—245°. — Die Kondensate dienen zur *Herst.* von *Formkörpern, Filmen, Folien, Fasern,* sie sind gieß- u. spritzfähig. (**D. A. S. 1 108 916** Kl. 39c vom 19/9. 1959, ausg. 15/6. 1961.) A. DANDL. 7199

American Cyanamid Co., New York, N.Y., übert. von: Stephen J. Groszos, Cincinnati, Ohio, und Stanley F. Stafiej, Stamford, Conn., V.St.A., **Härtbare Mischungen** aus Vinylcarbazolen, anorgan. Peroxyden, substituierten Borazolen (hergestellt gemäß A. P. 2 892 869; C. **1960.** 16263), Cellulosenitrat u. Aminoplasten ergeben Formkörper, die gegen Hitze u. Oxydation bes. beständig sind. (**A. P. 2 952 645** vom 25/3. 1957, ausg. 13/9. 1960.) F. KOCH. 7199

Midwest Rubber Reclaiming Co., East St. Louis, Ill. (Erfinder: Ree Vilmale Beau Meyer, Frontenac, Miss.), V.St.A., **Klebrige, elastische Masse zum Einlegen zwischen Eisenbahnschwellen und Unterlage,** bestehend aus 1—70 (Gew.-%) Asphalt (F. 51—88°), 3—35 Polyisobutylen oder einem Mischpolymerisat aus Olefinen, 1—15 Wachs (F. >76°), 4—25 Weichmacher u. 10—40 Füllstoff. (**D. A. S. 1 112 289** Kl. 39b vom 10/11. 1959, ausg. 3/8. 1961. A. Prior. 10/11. 1958.) F. KOCH. 7199

Polymer Corp. (Erfinder: William John Davis), V.St.A., **Herstellung von formtreuen Polyamidkörpern.** Gemische aus feinteiligen linearen Polyamiden

(I; Polycaprolactam u. Polyhexamethylenadipamid; hergestellt durch Abkühlen oder Fällen der Lsgg.) u. bes. 40—75% der Masse an feinpulvrigen nichtgleitenden Füllstoffen, wie $CaCO_3$, Gips, Ruß, Zirkonerde, Zement u. Talkum, denen auch gleitende Stoffe, wie MoS_2, Graphit u. Polytetrafluoräthylen, zugegeben sein können, werden bei normaler Temp. unter hohem Druck (700 kg/cm²) verpreßt u. die Formlinge in inerter Atmosphäre (Vakuum oder CO_2) auf Temp. über dem F. der I erhitzt. — Herst. von *Lagern.* (**F. P. 1 232 069** vom 5/8. 1959, ausg. 5/10. 1960. A. Prior. 5/8. 1958.)
G. TEWES. 7205

Patrician Plastic Corp., Long Island City (Erfinder: Edward Gerson, Great Neck, und Paul Fastenau Bruins, Douglaston), N.Y., V.St.A., **Herstellen von Gegenständen aus einer aus ungesättigten Kunstharzen und Perlessenz bestehenden Kunststoffmischung,** die zuerst im Schleudergußverfahren in die Form eines Rohres gebracht, dann aufgeschnitten u. zu einer ebenen Platte geformt wird, dad. gek., daß eine zunächst bis zum weichen Zustand u. danach bis zur Verfestigung polymerisierbare Mischung aus einem ungesätt., irreversibel härtbaren Polyesterkunstharz, einem eine Vinylgruppe enthaltenden Monomer u. Perlessenz in eine offene rotierende Trommel eingebracht u. nach Beendigung des Schleudervorganges die Verformung zu der ebenen Platte vorgenommen wird, solange sich das Rohr noch in einem weichen Zustand befindet, u. die Herst. der Formstücke erfolgt, bevor der chem. Vernetzungsvorgang des Materials abgeschlossen ist. (**D. A. S. 1 083 537** Kl. 39a vom 3/7. 1957, ausg. 15/6. 1960.)
H. NATHER. 7205

General Motors Corp., Detroit, Mich. (Erfinder: Elwood Franklin Riesing, Dayton, Ohio), V.St.A., **Herstellen geformter Kunststoffteile** durch Spritzguß, dad. gek., daß eine Mischung aus thermoplast. Kunststoff u. körnigen, makroskop. Teilchen von Polytetrafluoräthylen bei einer Temp. verarbeitet wird, die hoch genug ist, den Kunststoff plast. zu machen, aber unterhalb des F. des Polytetrafluoräthylens liegt. Als Kunststoffe können verwendet werden: Superpolyamid, Polystyrol, Methylmethacrylat, Cellulosebutyrat, Cellulosenitrat. (**D. A. S. 1 078 319** Kl. 39a vom 17/5. 1956, ausg. 24/3. 1960. A. Prior. 18/5. 1955.) H. NATHER. 7205

Union Carbide Corp., New York, N.Y., übert. von: Leo J. Novak und James G. McCallum, Dayton, Ohio, V.St.A., **Schnellhärtende metallhaltige Kunstharzmassen** enthalten Bindemittel, z. B. aus Styrol u. Benzoylperoxyd, Polyester, Phenol–Aldehyd-Harze u. bes. Epoxyharze, u. kurzzeitig zuvor durch Metall (Ni, Fe, Cu, Cr u. Mo)-Alkyle u. bes. -carbonyle metallisierte Fasern (aus Glas oder Polyamiden), ggf. neben üblichen Härtern. Das Aushärten, z. B. durch elektr. Induktion, erfolgt schneller als bei Zusatz von Metallpulvern. — 9 Abbildungen. (**A. P. 2 956 039** vom 19/6. 1956, ausg. 11/10. 1960.) G. TEWES. 7205

Farbenfabriken Bayer Akt.-Ges., Leverkusen (Erfinder: Kurt Bodenbrenner, Köln, und Richard Wegler, Leverkusen), **Hochmolekulare, Oxacyclobutanringe enthaltende Massen,** die z. B. nach D. A. S. 1 021 858; C. **1958.** 12835, erhalten worden sind, werden mit mehrbas. Säuren u./oder deren Derivv., z. B. Hexahydrophthalsäureanhydrid, Phthalsäureanhydrid, Maleinsäureanhydrid, zu Formteilen gehärtet. (**D. A. S. 1 112 830** Kl. 39b vom 14/12. 1956, ausg. 17/8. 1961.)
F. KOCH. 7205

J. M. Huber Corp., übert. von: Ross Van Volkenburgh, Borger, Tex., V.St.A., **Mit Ton gefüllte Massen aus Polyvinylchlorid** verfärben sich beim Erhitzen nicht, wenn sie einen Zusatz von 0,5—2% Harnstoff, bezogen auf den Ton, erhalten. (**A. P. 2 890 190** vom 14/6. 1955, ausg. 9/6. 1959.) C. LÜTTGEN. 7205

E. I. du Pont de Nemours & Co., übert. von: Miles Charles Kumnick und John Frank Lontz, Wilmington, Del., V.St.A., **Verfahren zum Mischen von Polytetrafluoräthylen mit anorganischen Füllstoffen,** dad. gek., daß man eine Dispersion aus Füllstoff (**II**) u. Polytetrafluoräthylen (**I**) herstellt u. das **I** auf den **II** durch Koagulationsmittel niederschlägt. — Man suspendiert 54 (Teile) „Fiberfax“, eine mineral. Faser aus einem Tonerde–Kieselsäure-Gemisch, in 7500 W., gibt 470 einer wss. Dispersion zu, die 81 **I** u. 1 „Triton X-100“, einen p-Octylphenolpolyglykoläther, enthält, u. koaguliert das **I** auf den **II** durch Zugabe von 425 1%ig. $Al_2(SO_4)_3$-Lösung. Nach kräftigem Rühren wird 1,6 Na-Laurylsulfat zugegeben, das Gemisch mit der doppelten Menge W. red., durch ein Maschensieb, ähnlich den bei der Papier-Herst. verwendeten Sieben, filtriert u. getrocknet. (**A. P. 2 891 921** vom 22/9. 1955, ausg. 23/6. 1959.)
C. LÜTTGEN. 7205

Unifilm Corp., Sommerville, N.J., V.St.A., **Korkhaltige Schaumkörper** erhält man durch Rk. eines zerkleinerten Kork, auch Rinde enthaltenden Gemisches aus Polyepoxyden (Glycidylpolyäther u. Diepoxyd des Diäthylenglykol-bis-hydroxydicyclopentadienyläthers) u. hierfür gebräuchlichen Härtern (Polyamine u. bas. Polyamide di- u. trimerer Fettsäuren, Pheno- u. Aminoplaste u. fl. Thioplaste), ggf. beim Erwärmen. Andere Füllmittel, wie Baumwolle, Kunstseide, Steinwolle u. Glasfasern, können mitverwendet werden. (**E. P. 857 886** vom 16/10. 1958, ausg. 4/1. 1961. A. Prior. 21/10. 1957.) G. TEWES. 7205

Imperial Chemical Industries Ltd. (Erfinder: Eric Gee und Arthur Lowe), London, England, **Verbund-Schaumstoffe** erhält man durch die Kombination von Lagen aus Polyesterurethan- u. Polyätherurethanschaumstoffen, die entweder durch Vereinigen, z. B. Verbinden durch schäumfähige Klebstoffe, von vorgebildeten Schaumkörpern oder Aufschäumen der polyurethanbildenden Masse auf eine Unterlage aus Schaumstoff hergestellt werden. — *Polster.* (**E. P. 863 224** vom 23/7. 1958, ausg. 22/3. 1961.) G. TEWES. 7205

B. F. Goodrich Co., New York, N.Y., übert. von: Robert J. Wilhelm, Elyria, und Charles A. Waugaman, Avon Lake, Ohio, V.St.A., **Herstellung eines mit Vinylharzen beschichteten, wasserdurchlässigen Textilstoffes,** der für Polsterzwecke, Wandbelag usw. geeignet ist; man setzt der Paste aus z. B. Polyvinylchlorid gasabspaltende Stoffe, z. B. N.N'-Dimethyl-N.N'-dinitrosoterephthalamid, zu u. bewirkt die Schaumstoff-Bldg. während des Beschichtens des Gewebes. — 3 verschiedene Vorrichtungen. (**A. P. 2 894 855** vom 19/4. 1956, ausg. 14/7. 1959.) M. BÖTTCHER. 7205

Manufactures de Produits Chimiques du Nord (Établissements Kuhlmann), Seine, Frankreich (Erfinder: D. James), **Imprägnieren von Trägermaterial mit Polyestern.** Man läßt die ungesätt., styrolhaltigen Polyester teilweise in ein Gel übergehen u. imprägniert damit das Trägermaterial. (**F. P. 70 609** vom 23/7. 1956, ausg. 5/6. 1959. **Zusatz zu F. P. 1 139 042; C. 1958. 9922.**) M. PANKOW. 7205

Union Carbide Corp., New York, N.Y., V.St.A., **Kaschieren von Polyäthylenfolien mit Papier, Metall- oder Cellophanfilmen durch Heißsiegeln.** Um die schädliche Wrkg. von O_2 auf die erhitzte Polyäthylenfolie zu verhüten, wird das Erhitzen u. Aufpressen des Kaschiermittels in einer N_2-Atmosphäre vorgenommen. (**Ind. P. 61 219** vom 24/7. 1957, ausg. 17/2. 1959.) C. LÜTTGEN. 7205

United Biscuit Co. of America, Chicago, übert. von: Robert O. Ragan, Oak Park, und Robert F. Trant, Chicago, Ill., V.St.A., **Nichtanklebende Heißsiegel-Haftschicht auf Schichtfolien.** Das Material besteht aus einer dünnen, weichen Al-Folie, auf der mit Hilfe einer Harzklebschicht eine Papierfolie aus Sulfitzellstoff geklebt ist, die eine Schicht aus heißsiegelfähigem krist. Wachs trägt. Mit Hilfe einer Walze, in die ein Netzwerk eingraviert ist u. die mit einer nicht klebenden Masse, bes. aus 48% trocknendem Öl, 50% Ti-Pigment u. 2% Co-Katalysator zur Trockenbeschleunigung bzw. aus 58,2% TiO_2, 7,3% Nitrocellulose u. 34,5% eines flüchtigen Lsgm. ähnliche wie Druckfarbe eingewalzt wird, druckt man diese nicht haftende, das Ankleben verhindernde Masse auf die Heißsiegelschicht derart auf, daß sie rasterpunktförmig mit kleinen Erhebungen aus dieser Masse bedeckt ist. Bei der Heißsiegelverklebung schmilzt die das Ankleben verhindernde Masse mit der Klebmasse zusammen. (**A. P. 2 915 413** vom 13/6. 1955, ausg. 1/12. 1959.) E. FUCHS. 7205

National Lead Co., New York, N.Y., V.St.A., **Pigmentierte Aminoplastharze** erhält man mit TiO_2 (als Rutil) u. einem Al-Hydroxysilicat, das aus einer $Al_2(SO_4)_3$-Lsg. mit einer Na-Silicat-Lsg. ausgefällt wird. Das Harz wird zur *Papier-, Schichtstoff-* (mit Glasfasern, Gewebe, Holz) *Herst.* verwendet. Die Prodd. sind bes. beständig gegen Verfärbung. (**E. P. 859 729** vom 2/1. 1959, ausg. 25/1. 1961. A. Prior. 15/1. 1958.) F. KOCH. 7205

B. B. Chemical Co., Boston, Mass., V.St.A. (Erfinder: Alexander Heinrich Walter, Hälsingborg, Schweden), **Verkleben von Gegenständen mit starren, unregelmäßigen Oberflächen.** Man verklebt z. B. eine Decke mit einer schalldämpfenden Platte oder einen Absatz mit einem Schuhschaft mittels einer bekannten federnd zusammendrückbaren Klebefolie, z. B. aus Polyurethanschwamm mit auf beiden einander gegenüberliegenden Oberflächen aufgebrachten Klebschichten, die aus einem von Lsgm. freien, durch Lsgm. aktivierbaren, nicht selbstklebenden Klebstoff, wie Polychloropren, bestehen. Hierbei werden die mit einem Lsgm. versehenen Schichten der Klebfolie zwischen die zu verklebenden Folien gelegt u. die Materialien zusammengepreßt. (**D. A. S. 1 103 487** Kl. 22i vom 21/9. 1959, ausg. 30/3. 1960. Schwed. Prior. 23/9. 1958.) E. FUCHS. 7205

Dunlop Rubber Co. Ltd., London, England, **Verbinden von Äthylenpolymeren mit Elastomeren.** Man erhitzt Polyäthylen mit dem Elastomeren in Ggw. von Dicumylperoxyd unter Druck. Man stellt z. B. eine 3 mm starke Schicht aus 100 (Teilen) Kautschuk, 60 Ruß u. 3,5 Dicumylperoxyd her u. vulkanisiert diese zusammen mit einer Polyäthylenschicht unter Druck ca. 20 Min. bei 53°. Die beiden Platten werden dabei eng verbunden. (**Ind. P. 63 021** vom 3/2. 1958, ausg. 26/12. 1959. E. Prior. 9/3. 1957.) H. NEBELSIEK. 7205

Edgar A. Lauring, International Falls, Minn., V.St.A., **Feuerwiderstandsfähige Faserplatte**, dad. gek., daß die Faserschicht einen filmbildenden, gleiche Mengen Kohlehydrat (Stärke) u. ein Latexpolymerisat (Vinyl-, Acrylnitril-, Butadien–Styrol-Verbb.) enthaltenden unverbrennlichen Überzug u. darüber einen äußeren Überzug aus Latexpolymerisat u. Harnstoff–CH_2O-Harz besitzt, wobei der äußere Überzug mindestens die 4fache Latexmenge des inneren Überzugs enthält. Die Platte ist bes. wie folgt aufgebaut: Faserplatte, Masse aus Stärke, Harnstoff, $NH_4H_2PO_4$ u. Latex, darüber eine Masse aus Stärke, Harnstoffharz u. Latex, darüber Masse aus Harnstoff–CH_2O–Harz u. Latex. Herst. von schalldichten, abwaschbaren Wandplatten. — Mengenbeispiele, Zeichnung. (**A. P. 2 813 046** vom 1/8. 1955, ausg. 12/11. 1957.) G. VOGEL. 7205

Reichhold Chemie Akt.-Ges. (Erfinder: Hans Weisbart, Gunter Eckoldt und Bruno Skomrock), Hamburg, **Herstellung von Dekorationsplatten.** Auf einen Hilfsträger (I), z. B. eine polierte u. mit Trennmittel versehene Stahlplatte, bringt man eine Schicht (II) einer Mischung (III) aus einem Polyester von $\alpha.\beta$-ungesätt. Dicarbonsäuren u. fl. ungesätt. Verbb. mit der Gruppe $CH_2{=}C{<}$, bes. Styrol, polymerisiert mindestens bei Raum-Temp. unter Luftzutritt u. bringt die II vor ihrer vollständigen Aushärtung, z. B. mit einer auch mit der III beschichteten Hartfaserplatte zusammen, so daß die II aufeinanderliegen, worauf man bei geringem Druck bei Raum- oder mäßig erhöhter Temp. aushärtet u. den I entfernt. — Mengenbeispiel. (**Schwz. P. 336 191** vom 8/7. 1955, ausg. 31/3. 1959. D. Prior. 16/7. 1954.) E. WEISS. 7205

Terrazzite Ltd., London, England (Erfinder: John Milligan), **Terrazoähnliche Fußbodenauflagen** werden hergestellt aus 1—3 Teile gepulvertem Füllstoff (Magnesit, Schiefer, Staub, Baryt, Sand) u. 1—4 Teilen feinem Polystyrol, mit der Korngröße unter $^1/_4''$ Maschen. Das Aushärten erfolgt mit einem organ. Peroxyd. (**E. P. 855 007** vom 28/11. 1955, ausg. 23/11. 1960.) F. KOCH. 7205

Congoleum-Nairn, Inc., Kearny, N.J., übert. von: Alfred S. Cummin, Glens Falls, N.Y., V.St.A., **Erhöhung der Härte von harzhaltigen, elastischen Schichtkörpern (I),** *bes. von Fußbodenbelägen*, dad. gek., daß man die I einer bestimmten Dicke, welche als Binder 20—50 (%) eines oxydierten u. polymerisierten trocknenden Öles u. 80—50 eines Füllstoffes (II) oder 15—85 eines Kautschuks u. 85—15 II enthalten, mit γ-Strahlen bestrahlt. (**A. P. 2 945 795** vom 6/5. 1955, ausg. 19/7. 1960.) M. BÖTTCHER. 7205

Deutsche Advance Produktion G. m. b. H., Köln/Rh., *Herstellung von schwefelhaltigen Organozinnverbindungen.* (**E. P. 867 070** vom 18/2. 1960, ausg. 3/5. 1961. D. Prior. 12/3. 1959. — C. **1960.** 9739 [D. A. S. 1 073 496].)

B. F. Goodrich Co., New York, N.Y., V.St.A., *Herstellung von Polymeren.* (**E. P. 849 669** vom 19/12. 1956, ausg. 28/9. 1960. A. Prior. 27/12. 1955. — C. **1961.** 9619 [Jap. A. S. 2340/1959].)

Esso Research and Engineering Co., Del., übert. von: **John L. Ernst**, Westfield, N.J., und **Augustus Bailey Small**, Baton Rouge, La., V.St.A., *Polymerisation ungesättigter Kohlenwasserstoffe.* (**A. P. 2 931 791** vom 23/5. 1955, ausg. 5/4. 1960. — C. **1959.** 12067 [D. A. S. 1 046 885].)

Union Chimique Belge Soc. An., Brüssel, Belgien, *Polymerisation von Butadien.* (**E. P. 832 457** vom 3/6. 1958, ausg. 13/4. 1960. Belg. Prior. 6/6. 1957. — C. **1961.** 13377 [D. A. S. 1 101 765].)

Imperial Chemical Industries Ltd. (Erfinder: **Robert Gilmour Jamieson Telfer**), *Entfernen metallhaltiger Katalysatorrückstände aus festen Olefinpolymerisaten.* (**Aust. P. 229 855** vom 2/4. 1958, ausg. 8/9. 1960. E. Prior. 18/4. u. 31/5. 1957. — C. **1960.** 8699 [Oe. P. 205 229].)

Farbwerke Hoechst Akt.-Ges., vormals Meister Lucius & Brüning, Frankfurt/M., übert. von: **Helmut Klug**, Gersthofen/Augsburg, *Gemischtes Chlorierungsprodukt aus Niederdruckpolyäthylen und Kohlenwasserstoffen.* (**A. P. 2 959 562** vom 15/10. 1956, ausg. 8/11. 1960. D. Prior. 18/10. 1955. — C. **1959.** 6970 [Oe. P. 198 945].)

Deutsche Gold- und Silber-Scheideanstalt vormals Roessler, Frankfurt/M., *Herstellung von Formaldehydpolymeren.* (**E. P. 836 288** vom 13/2. 1958, ausg. 1/6. 1960. D. Prior. 23/2. 1957. — C. **1961.** 6700 [Oe. P. 207 565].)

Deutsche Gold- und Silber-Scheideanstalt vormals Roessler, Frankfurt/M., *Polymerisation von ungesättigten Polyestern.* (**E. P. 833 584** vom 19/8. 1957, ausg. 27/4. 1960. D. Prior. 18/8. 1956. — C. **1958.** 10215 [D. A. S. 1 020 183].)

Solvay & Cie., Brüssel, Belgien, *Vernetzung ungesättigter Polyester.* (**F.P. 1 199 888** vom 15/7. 1958, ausg. 16/12. 1959. Belg. Prior. 24/8. 1957. **Belg. P. 560 287** vom 24/8. 1957, ausg. 22/4. 1960. — C. **1961.** 14117 [D. A. S. 1 100 280].)

Leicester, Lovell & Co. Ltd., England, *Härtungsmittel für Epoxydharze.* (**F. P. 1 195 937** vom 16/5. 1958, ausg. 20/11. 1959. E. Prior. 17/5. 1957. — C. **1961.** 7421 [D. A. S. 1 091 745].)

Vereinigte Glanzstoff-Fabriken Akt.-Ges., Wuppertal-Elberfeld (Erfinder: **Heinz Indest**, Erlenbach/M., **Heinz Massat** und **Helmut Stoehr**, Obernburg/M.), *Herstellung von Polyamiden.* (**Schwz. P. 355 614** vom 27/6. 1956, ausg. 31/8. 1961. D. Prior. 23/7. 1955. — C. **1959.** 4644 [Oe. P. 198 520 u. F. P. 1 151 708].)

American Viscose Corp., V.St.A. (Erfinder: **Marshall R. Howard**), *Formmischungen auf Aminoaldehydbasis.* (**F. P. 1 188 632** vom 22/11. 1957, ausg. 24/9. 1959. A. Prior. 23/11. 1956. — C. **1961.** 3170 [Belg. P. 562 502].)

Eva Hugová, Vladimír Zvonař und **Otakar Buchta**, Tschechoslowakei, *Herstellung von Polyesterharzlaminaten.* (**F. P. 1 181 368** vom 21/8. 1957, ausg. 15/6. 1959. Tschech. Prior. 22/8. 1956. — C. **1960.** 15241 [D. A. S. 1 071 334].)

Union Carbide Corp., New York, N.Y., V.St.A., *Wasserundurchlässiger Schichtstoff.* (**E. P. 805 389** vom 27/3. 1957, ausg. 3/12. 1958. A. Prior. 4/4. 1956. — C. **1960.** 6680 [D. A. S. 1 067 772].)

Georges Champetier, Les Macropolyméres et leurs applications. Paris: Centre de documentation universitäre. 1960. (227 S. m. Abb.) 4°. 13,50 NF.

Phillip Morgan, ed., Plastics progress: papers and discussions at the International Plastics Convention. 1961, London. London: Iliffe. 1962. (XI + 181 S. m. Abb., Tab. u. Diagr.) 65 s.

XII. Kautschuk

Wechselwirkung zwischen Ruß und Schwefel, Mercaptobenzthiazol und Tetramethylthiuramdisulfid bei der Vulkanisation. G. A. Blokh und Ch. L. Melamed. (Rubber Chem. Technol. **34.** 588—99. April/Juni 1961. Izvest. Vysshikh. Ucheb. Zavedenii Tekhnol. Legkoi Prom. **1959.** Nr. 2. 28—38.) (Engl.)

Die Wechselwrkg. zwischen Lampen- u. Kanalruß u. mit ^{35}S markiertem Mercaptobenzthiazol u. Tetramethylthiuramdisulfid wurde untersucht. Die Befunde über die Wechselwrkg. von akt. Zentren des Rußes mit Kautschuk bzw. mit S, Beschleunigern u. Alterungsschutzmitteln sind eine starke Stütze für die Annahme, daß das Phänomen der Kautschukverstärkung durch akt. Füllstoffe während der Vulkanisation nicht allein physikal. gedeutet werden kann. Die große Bedeutung der chem. Rkk. zwischen akt. Gruppen des Rußes u. den Mischungszuschlägen wird aufgezeigt. — 18 Literaturangaben. R. SCHÄFF. 7228□

Analyse des Verschnittanteils von natürlichem u. synthetischem Kautschuk durch Infrarotspektroskopie. 2. Mitt. Pyrolyse-Methode. T. Tanaka und H. Higashi. (J. Soc. Rubber Ind., Japan **33.** 518—22. 1960.) (Jap.; Auszug: Engl. S. 570.) — 1. vgl. C. **1958.** 13372.

An dem Material wurde eine Pyrolyse (therm. Zers.) bei 520° während der Dauer von 5 Min. durchgeführt. Vor der eigentlichen Pyrolyse ist es zweckmäßig, die Probe mit Aceton oder einem anderen Lsgm. zu behandeln. Sehr genaue Resultate hat der Vf. mit dieser Analysen-Meth. nicht erzielt. N. PETERS. 7248□

Nachweis von Beschleunigern und Antioxydantien durch Chromatographie auf teilweise acetyliertem Papier. 3. Mitt. Nachweis von organischen Beschleunigern im vulkanisierten Kautschuk. S. Murakami und J. Tsurugi. (J. Soc. Rubber Ind., Japan **34.** 253—64. 1961. Osaka, Univ., Dep. of Applied Chem.) (Jap.; Auszug: Engl.) — 2. vgl. C. **1961.** 12293.

Die Unters. der die Vulkanisierung von Kautschuk beschleunigenden, mit Aceton extrahierten Stoffen mittels Verteilungschromatographie auf acetyliertem Papier ergibt die Ggw. des Zn-Salzes von 2-Mercaptobenzthiazol (**I**) neben 2.2'-Dibenzthiazoldisulfid u. **I**, wenn Beschleuniger vom Thiazoltyp verwendet werden. Bei Verw. von Sulfenamidbeschleunigern werden Amine gefunden. Thiurambeschleuniger führen zu Zn-Dimethyldithiocarbamat, Tetramethylthiuramdi- u. -monosulfid. Beschleuniger, wie Hexamethylentetramin, Diphenylguanidin u. Diphenylthioharnstoff werden entsprechend nachgewiesen. W. WESLY. 7248□

Nachweis von Beschleunigern und Antioxydantien durch Chromatographie auf teilweise acetyliertem Papier. 4. Mitt. Verteilungschromatographie verschiedener und gemischter, oxydationshemmender Stoffe auf acetyliertem Papier. S. Murakami, I. Yamamoto und J. Tsurugi. (J. Soc. Rubber Ind., Japan **34.** 264—66. 1961.) (Jap.; Auszug: Engl. S. 266.) — 3. vgl. vorst. Referat.

Eine Reihe reiner u. gemischter, handelsüblicher, oxydationshemmender Stoffe werden nachgewiesen, die R_F-Werte u. Fleckenfärbungen angegeben. W. WESLY. 7248□

Nachweis von Beschleunigern und Antioxydantien durch Chromatographie auf teilweise acetyliertem Papier. 5. Mitt. Nachweis von oxydationshemmenden Stoffen in vulkanisiertem Kautschuk. S. Murakami, I. Yamamoto und J. Tsurugi. (J. Soc. Rubber Ind., Japan **34.** 354—57. 1961.) (Jap.; Auszug: Engl.) — 4. vgl. vorst. Referat.

Entsprechend der vorhergehenden Mitt. werden oxydationshemmende Stoffe im Acetonextrakt von vulkanisiertem Kautschuk durch Chromatographie auf teilweise acetyliertem Papier nachgewiesen. Die R_F-Werte sind etwas geringer als die gereinigter Proben; jedoch gestatten Form u. Farbe der Flecken den Nachweis. Da aus einer gealterten, 2.6-Di-tert.-butyl-p-kresol enthaltenden Probe kein Fleck erhalten wurde, muß die Verb. eine Zers. erlitten haben. W. WESLY. 7248□

XIII. Ätherische Öle. Parfümerie. Kosmetik

Molekülstruktur und Geruch. M. Guillot. (Ion [Madrid] **19.** 72—75. Febr. 1959. Paris.) (Span.) — C. **1959.** 4985. R. K. MÜLLER. 7260□

Das ätherische Öl von Tagetes erecta. M. L. Sharma, M. C. Nigam, K. L. Handa und I. C. Chopra. (Perfum. essent. Oil Rec. **52.** 561—62. Sept. 1961. Jammu, Indien, Reg. Res. Lab.) (Engl.)

Alle Teile der Composite *Tagetes erecta* enthalten ein stark riechendes äther. Öl. Die Blüten dieser Pflanze werden in Indien außer für dekorative Zwecke auch noch medizin. genutzt. Vff. unterwarfen frische, blühende Pflanzen der Wasser-Dest. u. erhielten 0,01% eines schwach gelben, stark süß riechenden äther. Öles, was 0,06% Ausbeute, bezogen auf das Trocken-Gew., entspricht. Das äther. Öl besaß die folgenden physikal.-chem. Eigg.: $D._{20}^{20}$ 0,8730; n_D^{20} 1,491; α_D + 8,7; SZ. 0,11; VZ. 39,81; VZ. nach der Acetylierung 87,76; Carbonyle durch Oximierung (berechnet als $C_{10}H_{16}O$) 9,63%. Die Unters. mit Hilfe destillativer, chromatograph. u. chem. Verff. ergab das Vorhandensein folgender Komponenten: 32 (%) d-Limonen, 25,6 Ocimen, 12,7 *l*-Linalylacetat, 9,8 *l*-Linalool, 6,2 Tageton u. 2,4 n-Nonylaldehyd. G. LOSSNER. 7262□

Chemische Untersuchung des ätherischen Öles der Pflanze Cythocline lyrata (Cass). S. S. Nigam und R. M. Purohit. (Perfum. essent. Oil Rec. **52.** 555—57. Sept. 1961. Saugor, Univ. of Saugar, Dep. of Chem.) (Engl.)

Wasser-Dest. der Blätter, weichen Stengel u. Blüten von *Cythocline lyrata*, einer in Indien heim. Staude aus der Familie der Korbblütler, ergab 0,6% eines fahlgelben beweglichen Öles mit folgenden Konst.: $D.^{28}$ 0,9659; α + 5° 15′ (in Chlf.); n_D^{28} 1,4910; SZ. 15,0; VZ. 183,6; VZ. nach der Acetylierung 251,93; Phenol-Geh. 12%. Die Phenole wurden wie üblich alkal. extrahiert u. nach entsprechender Aufarbeitung bei 10 mm fraktioniert. Dabei konnten 4,4% *Carvacrol* sowie 7,3% eines neuen, *Cythokeol* genannten Ketophenols, $C_{24}H_{40}O_4$, nachgewiesen werden. Letzteres besitzt 2 Methoxygruppen u. folgende Eigg.: $Kp._{10}$ 178—180°; $D.^{27}$ 1,0044; n^{27} 1,4980; Oxim, F. 108—109°. Im nicht phenol. Anteil wurden 15 (%) Cymol, 7,8 d-Campher, 8,5 Citral sowie 50 eines neuen Sesquiterpenalkohols *Cythoclol* (I), $C_{15}H_{26}O$, einschließlich seines Essigsäureesters, ermittelt. I ist folgendermaßen charakterisiert: $Kp._{10}$ 130—132°; $D.^{27}$ 0,9611; n^{27} 1,4950; $\alpha \pm 0$ (in Chlf.). G. LOSSNER. 7262□

Untersuchungen über die Konstitution von „Cythoclol“: Ein neuer Sesquiterpenalkohol, der aus dem ätherischen Öl von Cythocline lyrata (Cass) isoliert wurde. S. S. Nigam und R. M. Purohit. (Perfum. essent. Oil Rec. **52.** 558—60. Sept. 1961. Saugor M.P., Univ. of Saugar, Dep. of Chem.) (Engl.)

50% des Gesamtöles bestehen aus *Cythoclol*, das wiederum annähernd zur Hälfte mit Essigsäure verestert ist. Der Alkohol hat folgende Konst.: $Kp._{10}$ 130—132°; $D.^{27}$ 0,9611; n_D^{27} 1,4950; $\alpha \pm 0°$ (in Chlf.); Mol.-Refr. 67,3. Die vorgenommenen Rkk. ergaben, daß es sich um einen Alkohol mit Cadalinstruktur handelt. Das Cadalingerüst trägt 2 Methylgruppen u. eine Doppelbindung, die einer Methylgruppe benachbart sein muß. 3 isomere Formen werden diskutiert. Bei der Umsetzung mit Benzoylchlorid entstand ein in schwach gelben Nadeln (A.) kristallisierendes Benzoat, F. 114—115°. G. LOSSNER. 7262□

Die Terpene. 6. Mitt. P. B. Wolfgang Teuber. (Riechstoffe u. Aromen **8.** 102—04. April. 140—41. Mai 1958.) (Dt.) — 5. vgl. C. **1961.** 16680.

Überblick über die tetracycl. Triterpen-Derivv. mit Angabe der C-Gerüste wichtiger Vertreter. H. SPOHN. 7262□

Die Ultraviolett-Absorptionsspektren des Eugenols und verwandter Verbindungen sowie ihrer cis- und trans-Formen. S. Mahboob und A. Bhramaramba. (Perfum. essent. Oil Rec. **52.** 563—68. Sept. 1961. Hyderabad-9, India, Reg. Res. Lab.) (Engl.)

Bei der Synth. des 1-Äthoxy-2-hydroxy-Δ^4-propenylbenzols (I) aus Äthyleugenol oder aus trans-Äthylisoeugenol entstand stets die trans-Form von I. Bei der Dest. wurden geringe Mengen des krist. rohen I in die fl. cis-Form konvertiert; letzteres konnte mit kaltem Leichtpetroleum (Kp. 40—60°) herausgewaschen werden. Durch Einw. verschiedener Reagentien u. selbst beim längeren Stehen geht die cis-Form wieder in die trans-Form über. cis- u. trans-Form von I zeigen Absorptionsmaxima bei 259—260 mμ, die cis-Form hat jedoch einen niedrigeren molaren Absorptionsindex als die trans-Form. Die Messungen wurden an den äthylalkohol. Lsgg. vorgenommen. Die Absorptionsmaxima der betreffenden Verbb. sind tabellar. angegeben. G. LOSSNER. 7262□

Kaltgepreßtes Öl von Florida-Murcotts. J. W. Kesterson und R. Hendrickson. (Amer. Perfumer **75.** Nr. 11. 35—37. Nov. 1960. Citrus Experiment Stat.) (Engl.)

Vff. gewannen das Öl durch Kaltpressen der in jüngster Zeit in Florida angebauten Orangenart Murcott. Die physikal. chem. Kennzahlen des Öls u. seine IR-Kurven werden angegeben, wobei eine starke Ähnlichkeit mit Mandarinenöl festgestellt wird. H. SONTAG. 7262□

Die Fraktionierung und Entterpenierung von Duftölen durch die Molekulardestillation. Oreste Pimazzoni. (Riv. ital. Essenze, Profumi, Piante officin., Olii veget., Saponi **42.** 548—52. Nov. 1960. Milano, Stud. Tecnol. ind. Impianti chim.) (Ital.)

Übersicht über die Bedeutung der Mol.-Dest. (höhere Ausbeute) zur Fraktionierung u. Entterpenierung von Duftölen u. deren Apparatur. Auf Spezial-App. (mit Pumpenanlage, Meß- u. Kontrollgeräten) für Labor.- u. Industriebedarf (von 10—500 kg Leistung) wird hingewiesen. G. PLATZER. 7276□

Vanillin, ein Aromastoff besonderer Art. P. W. Sherwood. (Perfum. essent. Oil Rec. **52.** 577—78. Sept. 1961.) (Engl.)

Kurze Abhandlung über die Verw. in der Parfümerie, die Eigg. u. die Produktion des natürlichen u. synthet. *Vanillins.* G. LOSSNER. 7276□

Kamillenblüten. George Meer jun. und William A. Meer. (Amer. Perfumer **75.** Nr. 11. 38—40. Nov. 1960. Meer Corp.) (Engl.)

Die zum Einsatz in Pharmazie u. Kosmetik geeigneten Kamillenarten *Matricaria chamomilla* u. *Anthemis nobilis* werden botan. gek. u. der heutige Stand der Kenntnisse über Azulene beschrieben. H. SONTAG. 7284□

Der Einfluß des Waschens auf die Benetzbarkeit der Haut. H. E. Kleine-Natrop. (Fette, Seifen, Anstrichmittel **62.** 839—40. Sept. 1960. Dresden, Medizin. Akad., Klinik u. Poliklinik für Hautkrankheiten.) (Dt.)

Inhaltlich ident. mit der C. **1962.** 4014 referierten Arbeit. H. SONTAG. 7284□

Faktoren, die die Gerbwirkung von Dihydroxyaceton auf die Haut beeinflussen. Nelson Kanas, John Buchter und Fred J. Bandelin. (Amer. Perfumer **75.** Nr. 11. 33—34. Nov. 1960. Strong Cobb Arner Inc.) (Engl.)

Die experimentellen Unterss. der Vff. führten zu folgenden Ergebnissen: die durch Rk. von *Dihydroxyaceton* (**I**) mit dem Keratin der Humanhaut verursachte, individuell verschieden stark ausgeprägte Braunfärbung läßt sich durch wiederholtes Auftragen u. durch Erhöhung der Konz. der Lsgg. verstärken. Schweiß ruft infolge seines Geh. an Aminosäuren u. anderer N-Verbb. diese Rk. ebenfalls hervor. In **I**-Präpp. verstärkt die Ggw. von Alkoholen, bes. von Isopropylalkohol, u. von oberflächenakt. Stoffen die Farbreaktion. Mit steigendem pH-Wert der Präpp. nimmt die Stärke der Braunfärbung ab u. tritt bei Anwendung von Präpp. mit einem pH-Wert über 8 nicht mehr auf. Für die Praxis ergibt sich aus diesen Erkenntnissen die Folgerung, **I** in sauer reagierenden, emulgierten Trägern zu verwenden. H. SONTAG. 7284□

Aromakosmetische Wirkung von Rosmarinessenz. G. L. Variati und P. Rovesti. (Riv. ital. Essenze, Profumi, Piante officin., Olii veget., Saponi **42.** 556—57. Nov. 1960.) (Ital.)

Durch Verss. wurde festgestellt, daß der wss. Extrakt aus Rosmarinblättern (in einem Verhältnis 1:3 mit W.) eine ausgezeichnete renormalisierende Wrkg. auf fette Haut schon nach einigen Behandlungen aufweist. Die durch Wasserdampf-Dest. in Italien gewonnene Rosmarinessenz ($D.^{20}$ 0,903, n_D^{20} 1,4709, VZ. 6,13, Löslichkeit in 90%ig. A. 1:1) zeigt bei einer Verw. von 1 u. 9% Oleylalkohol eine deutlichere renormalisierende Wrkg. von Talgabsonderungen auf fetter Haut als der wss. Extrakt. G. PLATZER. 7284□

Die Placenta in der Kosmetik. Adriano Fayaud und Silvio Rivera. (Riv. ital. Essenze, Profumi, Piante officin., Olii veget., Saponi **42.** 558—60. Nov. 1960.) (Ital.)

Übersicht über Hormone, fl. Extrakt nach FILATOW (E) u. Lysat (L; in W. lösl. strohgelbe Schuppen) der Placenta, über perkutane Absorption u. Angaben zur Verw. von E u. L der Placenta von Mensch u. Tier, über Anwendungsdosis von E u. L (30 bis 50 g/kg Präp.) u. Unverträglichkeit von L gegenüber Mineralfetten, die eine perkutane Absorption verlangsamen bzw. geradezu inhibieren. G. PLATZER. 7284□

Fungicide Alkylolamide. Helmut Hoffmann. (Seifen-Öle-Fette-Wachse **87.** 397—402. 21/6. 423—25. 5/7. 1961. Steinau, Kreis Schlüchtern.) (Dt.)

Das *Undecylensäuremonoäthanolamid*, eine schwach elfenbeinfarbene, wachsartig kristalline Substanz, F. ca. 60°, DL_{50} (Ratte oder Maus) subkutan 2—4, oral 4 g/kg Körper-Gew., erweist sich bei guter Hautverträglichkeit als fungicid u. bakteriostat. u. wird nicht nur zur Therapie u. Prophylaxe von Fußpilzerkrankungen, sondern auch zur Herst. verschiedener kosmet. Präpp. empfohlen. H. P. FIEDLER. 7284□

Vinylmischpolymer auf kosmetischem Gebiet. Paul Weitz. (Amer. Perfumer **75.** Nr. 11. 44—48. Nov. 1960. National Starch and Chemical Corp.) (Engl.)

Das unter der Bezeichnung Resyn 28—1310 auf dem Markt befindliche Prod. ist gek. durch seinen Geh. an polaren Gruppen u. wird erhalten durch Mischpolymerisation von Vinylacetat mit einer der folgenden, reaktionsfähigen Säuren (Geh. der Mischpolymerkomponenten unter 20%): Acrylsäure, Acrylamid, Maleinsäure bzw. deren Anhydrid, Fumarsäure, Crotonsäure u. Itaconsäure. Es ist lösl. in W. u. Lsgm., besitzt erhöhte Haftfestigkeit an polaren Oberflächen u. seine Carboxylgruppen sind zu weiteren Rkk. fähig: so führt die Neutralisation der Carboxylgruppen durch Umsetzung mit Hydroxyaminogruppen [Vertreter: 2-Amino-2-methylpropandiol-(1.3)] zu Harzen, deren Filme im Vgl. zu den unmodifizierten carboxylhaltigen Mischpolymeren erhöhte Wasserlöslichkeit u. Feuchtigkeitsempfindlichkeit aufweisen, wobei sich diese Eigg. durch den Grad der Neutralisation kontrollieren lassen. In der Kosmetik finden diese Mischpolymere wegen ihrer guten Haftung am Haar, ihrer Glanzgebung, ihrer kontrollierbaren Haarkräuselung u. Wasserempfindlichkeit u. ihrer Dispergierfähigkeit in Alkali Einsatz in Haarsprays. H. SONTAG. 7284□

Zulässige Farbmittel; einige, bei der Revision von Rezepten auftretende Farb- und Farbmittelprobleme. William H. Peacock. (Amer. Perfumer **75.** Nr. 11. 25—32. Nov. 1960.) (Engl.)

In den letzten 5 Jahren sind in den USA eine Anzahl bis dahin zugelassener Farbmittel von der FOOD UND DRUG ADMINISTRATION als unzulässig erklärt worden. An Hand eines Farbtonorientierungskreises wird die Möglichkeit der geometr. Ermittlung jedes beliebigen Farbtons durch geeignetes Mischen von aus 7 zulässigen Farbmitteln ausgewählten Komponenten dargelegt u. werden die physikal. Eigg. der Farben aus ihrer Lage im Farbkreis abgeleitet; dabei wird ausführlich auf die Erzielung verschiedener Orangetöne aus zulässigen Gelb- u. Rotfarbstoffen statt aus bisher gebräuchlichen, nicht mehr zugelassenen Orangefarbstoffen eingegangen. Die Spektralkurven von Lsgg. verschiedener Farbstoffe u. ihrer Ersatzmischungen werden verglichen. Der Vf. gibt anwendungstechn. Hinweise zur Durchführung von Farbtonprüfungen in der Praxis. H. SONTAG. 7284□

Die Gaschromatographie von Lösungs- und Verdünnungsmitteln in Riechstoffen, kosmetischen, pharmazeutischen und verwandten Produkten. T. Storto und A. Di Prima. (Riv. ital. Essenze, Profumi, Piante officin., Olii veget., Saponi **42.** 537—47. Nov. 1960. Roma, Labor. chim. centr. delle Dogane e I.I.) (Ital.)

Die mit Hilfe der Gaschromatographie erreichten Ergebnisse bei der Analyse von einigen in Riechstoffen, kosmet., pharmazeut. u. verwandten Prodd. als Lsgm. u. Verdünnungsmittel (bes. C_1—C_5-Alkohole) benutzten Substanzen bestätigen die Brauchbarkeit der Chromatographie zur Identifizierung u. quant. Auswertung der einzelnen Komponenten u. zu fiskal. Zwecken (Fabrikationssteuern). Verwendet wurde ein Fraktometer (PERKIN-ELMER) mit einer mit Carbowax 1500 gefüllten 2 m-Säule u. He als Trägergas bei einer Arbeits-Temp. von 100° unter Anwendung von 5—10 μl Probe. G. PLATZER. 7292□

Dr. Vogt & Co. Chemische Fabrik, Köln, **Haut- und Haarpflegemittel sowie Lippen-, Augenbrauen- und Augenschattenstifte.** Sie enthalten auf chem. Wege, bes. durch Red. von gelösten Ag-Salzen mit Fe(II)-Salzen in Ggw. von H_2SO_4 oder H_3PO_4 hergestellte, blättchenförmige Ag-Kristalle, die bes. einen Durchmesser von 2—10 μ u. eine Dicke $<0{,}1\ \mu$ aufweisen. (**D. A. S. 1 120 636** Kl. 30h vom 4/5. 1960, ausg. 82/12. 1961.) E. PETERSEN. 7285

F. Hoffmann-La Roche & Co. Akt.-Ges., Basel, Schweiz, *Herstellung von alicyclischen Ketonen.* (Holl. P. **98 264** vom 14/8. 1957, ausg. 15/6. 1961. Schwz. Prior. 14/8. 1956. — C. **1960.** 12525 [D. A. S. 1 045 395].)

Council of Scientific & Industrial Research, Neu Delhi, Indien, *Gewinnung von costanolidhaltigem Öl.* (E. P. **866 809** vom 4/3. 1958, ausg. 3/5. 1961. Ind. Prior. 9/3. 1957. — C. **1960.** 7363 [D. A. S. 1 065 966].)

XIV. Zucker. Kohlenhydrate. Stärke

Versuche mit steigenden Mengen Stickstoffdünger. 2. Mitt. **Stickstoffdüngung für Zuckerrüben.** Carl Larson. (Kungl. Lantbrukshögskolan Statens Lantbruksförsök, Statens Jordbruksförsök, Medd. Nr. **113.** 1—30. 1960.) (Schwed.) — 1. vgl. C. **1957.** 1780.

Zusammenfassender Bericht über langjährige Düngungs-Verss. mit meist 16%ig. Chilesalpeter (I) zu Zuckerrüben in Südschweden. Eine stufenweise Erhöhung der N-Gaben bis 800—1000 kg I/ha ergab eine mit fortschreitender Erhöhung geringer werdende Ertragssteigerung. Höhere N-Gaben waren ohne Wirkung. Mit der Erhöhung der N-Gaben sank der Zucker-Geh. der Rüben. Eine Steigerung des Zuckerertrages wurde nur mit N-Gaben bis 600–700 kg I/ha erzielt. Die Wrkg. der I-Düngung sank mit steigendem Humus-Geh. des Bodens u. mit vermehrter Düngung mit Stallmist. Phosphat-Geh. u. pH des Bodens waren ohne Einfl. auf die Wrkg. der I-Düngung. Die Ergebnisse zeigten gewisse Unterschiede in den verschiedenen Landschaften u. in verschiedenen Jahren. S. BECKMANN. 7406□

Zuckerrüben-Sortenvergleichs-Großversuche im Jahre 1960. Teréz Kiss und Sándorné Iványi. (Cukoripar [Zuckerind., Budapest] **14.** 223–27. Aug. 1961.) (Ung.)

Der Wurzelertrag hängt mit der vereinigten Wrkg. der Düngermenge, Zeitpunkt der Aussaat u. Ernte u. der Menge des Nd. zusammen. Die polyploiden Sorten wiesen einen niedrigeren Keimungsgrad auf, ihre Pflanzenbestände näherten sich nach dem Vereinzeln den der Diploiden an, litten unter der Cercospora-Infektion weniger u. brachten einen höheren Ertrag als die Diploiden. J. PLANK. 7406

Mikrobiologische Untersuchungen im Betriebsjahr 1960–61. 1. Mitt. István Tóth Zsiga. (Cukoripar [Zuckerind., Budapest] **14.** 236–44. Aug. 1961., Budapest, Zuckerind. Forsch.-Inst.) (Ung.)

Im Betrieb erwies sich zur Desinfektion der Diffusionssäfte Formaldehyd besser als NaOCl, da das W. in mehreren Betrieben alkal. ist; aber bei pH < 6 ist die Chlorlauge das beste Mittel. Bei starker Infektion (Keimzahl $> 10^6$) gelang es, durch stoßweise Zugabe von Formaldehyd neben Chlorieren die Infektion zu hemmen. J. PLANK. 7412

Ein Laboratoriumsvakuumkocher zur Untersuchung einiger Phasen der Zuckerkristallisation. Toshio Moritsugu und Harry S. Iwata. (Rep. Hawaiian Sugar Technologists **1960.** 131–35.) (Engl.) — Vgl. C. **1960.** 4377.

Ein gläserner, 8,5 Liter fassender Vers.-App. mit Metallrührer u. elektron. Temp.-Regulierung wird beschrieben u. damit erzielte Vers.-Ergebnisse wiedergegeben. W. WILLENBERG. 7416□

Untersuchungen über Saccharosekristalle. Harold E. C. Powers. (Rep. Hawaiian Sugar Technologists **1960.** 135–43. London, Tate u. Lyle, Ltd., Thames Refinery.) (Engl.)

Die Verhältnisse bei der Kristallisation von Saccharose-Lsgg. bei einer Übersättigung wurden untersucht u. verschiedene dabei auftretende Kristallisationsformen wiedergegeben. In graph. Darst. wird die Abhängigkeit der Kristallisationszeit von der relativen Feuchtigkeit aufgezeigt. Auf Verhältnisse in der Praxis wird Bezug genommen. W. WILLENBERG. 7416□

Untersuchungen über Chelatbildung mit dialysierten Zuckercouleur-Produkten aus den Zuckerrohrendmelassen. 1. Mitt. **Komplexbildung mit Kupfer.** W. W. Binkley. (Int. Sugar J. **63.** 239–40. Aug. 1961. New York, N.Y., Sugar Trade Labor.) (Engl.)

Die dialysierten Melasse-Zuckercouleur-Prodd. sind imstande, Cu-Ionen in Chelate überzuführen. Ihre Fähigkeit, Metallkomplexe zu bilden war größer als die von KW-Stoff-Derivv., die keinen N tragen, aber geringer als die von 1-N-methylamino-1-deoxy-D-glucit. Die Fähigkeit der Melasse-Polymeren, diese Komplexe zu bilden, ist der Stellung ihrer Hydroxylgruppen u. gewissen strukturellen Merkmalen ihres N-Bestandteils zuzuschreiben. R. WALCKER. 7418□

Bestimmung der Reaktivität von Branntkalk. G. Radermacher. (Zucker **13.** 64–67. 1/2. 1960. Wülfrath.) (Dt.) — C. **1961.** 8439. M. SCHULZ. 7470□

Der innere Feuchtigkeitsgehalt von Kristallen von raffiniertem Zucker. K. Onna und C. C. Ju. (Rep. Hawaiian Sugar Technologists **1960.** 123–26.) (Engl.)

In 2 Zuckerqualitäten wurden mit einer Hochvakuum-Meth. der innere Feuchtigkeits-Geh. zu 0,047 bzw. 0,157% = 78 bzw. 97% der Gesamtfeuchtigkeit bestimmt. W. WILLENBERG. 7488□

Quantitative Bestimmung von Kationen im Zuckerkristall durch Ionenaustausch. G. Akatsuka, K. Onna und C. C. Ju. (Rep. Hawaiian Sugar Technologists **1960.** 127–30.) (Engl.)

In der Asche von Kristallzucker wurde SiO_2 gravimetr. bestimmt u. das Filtrat der Chloride auf eine Säule von Dowex 50 (H^+) gegeben. Durch Elution mit 0,1, 0,5 u. 1,5 n HCl wurden K + Na, Mg + Ca u. Fe + Al voneinander getrennt u. die einzelnen Metalle durch Titration der Chloride mit $AgNO_3$ bzw. (bei Al u. Fe) spektralphotometr. bestimmt. W. WILLENBERG. 7488□

Beitrag zur Karameluntersuchung. R. Truhaut, R. Castagnou, S. Larcebau und V. Lassalle-Saint-Jean. (Ann. Falsificat. Expertise chim. **54.** 299–307. Juni **1961.** Paris et Bordeaux, Fac. de Pharm., Labor. de Toxicol.) (Franz.)

Unterss. mehrerer Karamelproben verschiedener Herkunft zeigen: Das stets saure pH ist keine Funktion der Aschenalkalität. Der klass. Trockenextrakt gibt im Vgl. zu seinem wirklichen Wert zu hohe Zahlen. Zur Best. des Färbevermögens wird die Verw.

eines selbsttätigen Gerätes empfohlen. Saccharose, Glucose u. Laevulose werden chromatograph. nach dem von DEDONDER (C. **1953.** 4745) vorgeschlagenen Verf. bestimmt. Die Zucker-Best. auf Grund ihrer reduzierenden Eig. ist ungenau. Die Klärung mit Pb-Acetat ist nicht zu empfehlen, wohl aber die mit PATEIN-Reagens ($Hg(NO_3)_2$ u. Zn mit anschließender Alkalisierung). Die wichtigsten Eigg. der untersuchten Karamelproben werden angegeben. W. WESLY. 7488□

XV. Gärungsindustrie

Schaumzerstörung mittels Cyclonentschäumer. K. R. Dietrich. (Branntweinwirtschaft **101.** 90—92. 25/2. 1961. Berlin.) (Dt.)

Um bei der Massenzüchtung von Mikroorganismen die Bldg. von Schaum, der durch das Belüften u. Rühren der Nährfl. entsteht, zu verhindern, wurde ein Cyclonentschäumer entwickelt, dessen Prinzip der Schaumvernichtung darin besteht, die schaumhaltige Fl. zentrifugalen Kräften u. Schubspannungen auszusetzen. Die Konstruktion wird an Hand einer Schemazeichnung beschrieben. W. KREIPE. 7500□

Nährstoffaufnahme der Hefe. 2. Mitt. **Maltotriose-Aufnahme und Verwertung der Maltotriose durch Hefe.** G. Harris und C. C. Thompson. (J. Inst. Brewing **66.** ([N. S.] **57**). 293—97. Juli/Aug. 1960. Nutfield, Surrey, Brewing Ind. Res. Found.) (Engl.) — 1. vgl. C. **1962.** 7359.

Es wurde die Aufnahme von *Maltotriose* (I) durch *Sacch. cerevisiae* u. *Sacch. carlsbergensis* untersucht, u. zwar in Abhängigkeit vom pH-Wert u. der Zus. des Mediums; dem Medium wurden α-Methylglucosid, Maltose, Cellobiose, α-Phenylglucosid u. α-Phenylgalactosid zugesetzt. Die untersuchten Hefen verwerten I bei pH-Werten zwischen 5 u. 7. Bei pH 8,5 dringt I noch in die Zelle ein. Durch Verw. von ^{14}C-markierter I konnte eine Anreicherung in der Zelle in Abhängigkeit vom Medium festgestellt werden. — 18 Literaturangaben. K.-U. RIEDEL. 7506□

Isolierung großer polygalakturonaseaktiver Schimmelstämme. László Nyeste. (Budapesti Müszaki Egyetem mezögazdasági kem. technol. Tanszékének Közleményei [Commun. Inst. agric. chem. Technol. Polytechn. Univ., Budapest] **1961.** 51—58. Sept.) (Ung.)

Vf. versuchte, aus Aspergillus-, Penicillium-, Rhizopus- u. Botrytis cinerea-Stämmen einen Stamm mit hoher Polygalakturonase-Aktivität zu isolieren. Laut Adaptions-Verss. kann auf pektrinhaltigem Nährboden die Polygalakturonaseproduktion erhöht werden. In diesem Fall erzeugen 85,2% der Aspergillusstämme durch Biosynth. pektinzersetzende Enzyme. Je ein Stamm der Aspergillus niger u. Botrytis cinerea eignet sich zur Herst. eines industriellen Enzympräparates. K. GÄRTNER. 7508

Untersuchung von Schimmelproteasen. 5. Mitt. **Reinigung der Schimmelprotease durch Aussalzen, Fraktionieren und Adsorption.** Aurél Puskás und Zsuzsa Elödi. (Budapesti Müszaki Egyetem mezögazdasági kem. technol. Tanszékének Közleményei [Commun. Inst. agric. chem. Technol. Polytechn. Univ., Budapest] **1961.** 58—61. Sept.) (Ung.)

Das Aussalz-Verf. mit $(NH_4)_2SO_4$ ist zur Reinigung der aus kleiiger Zucht hergestellten Enzymextrakte nicht geeignet, weil sich mit der Sättigung auch die Begleitproteine ausscheiden. Erfolgreicher ist das Ausfällen mit Aceton nach der Dialyse, der größte Teil der Enzymaktivität fällt bei 50—70%ig. Acetonsättigung aus. In dieser Weise ist eine 5—20fache Reinigung erreichbar. Mit dem TISELIUSschen Ca-Phosphatgel konnte eine 10—20fache Reinigung erzielt werden. K. GÄRTNER. 7508

Vanilleschoten und Vanillin in der Spirituosenherstellung. G. Hartmann. (Alkohol-Ind. **72.** 447—50. 1/9. 1959.) (Dt.)

Inhaltlich ident. mit der C. **1962.** 3659. referierten Arbeit. W. KREIPE. 7536□

Die Symbiose Tibi. Eduard Stadelmann. (Bull. Soc. fribourg. Sci. natur. **47.** 16—19. 1957, herausgeg. 1958.) (Dt.)

Der Tibi, erstmals von LUTZ 1899 beschrieben, ist eine in gallertartigen Krümeln auftretende Symbiose von *Betabacterium vermiforme* u. der Hefe *Saccharomyces pastorianus*. Er eignet sich wie der bekannte Teepilz zur Herst. eines erfrischenden alkoholarmen Getränkes, das innerhalb von 24 Std. durch Abbau von zerschnittene Trockenfeigen enthaltenden 5%ig. Zucker-Lsgg. gebildet wird. W. KNÖBEL. 7536□

Der mikrobiologische Faktor bei der Gerstenkeimung. P. H. Blum, B. L. Frederickson und G. Panos. (Amer. Brewer **93.** Nr. 1. 38—40. 43. Dez. 1960. Chigaco, Ill., Albert Schwill & Co.) (Engl.)

Gerstenkörner vor dem Keimen mit 1000 ppm $Ca(OCl)_2$ (I) oder 100 ppm $HgCl_2$ (II) behandelt, zeigten eine sehr starke Verringerung der mit Hilfe des BREWING INDUSTRY

RESEARCH FOUNDATION (BIRF)-Tests ermittelten Wasserempfindlichkeit. I oder II dem Weichwasser einer 1 std. Vorweiche zugesetzt, verhinderten eine Schädigung der Körner u. verbesserten die Keimung. Eine gleich günstige Wrkg. hatte die Führung der keimenden Gerste bei niedrigen Temp., 2 Tage bei 13° u. anschließend 1 Tag bei 24°. Diese Unterss. bewiesen, daß die Hemmung des Mikroorganismenwachstums einen guten Keimverlauf selbst in Ggw. einer größeren Fl.-Menge ermöglicht. — 20 Literaturangaben.

W. KREIPE. 7540□

Untersuchung der Möglichkeit der Keimruheverkürzung der Gerste und der Verringerung ihrer Wasserempfindlichkeit. Jirí Mástovsky und Vladimír Karel. (Amer. Brewer **93.** Nr. 8. 30—34. Aug. 1960. Prag, Res. Inst. for Brewing and Malting.) (Engl.)

Inhaltlich ident. mit der C. **1961.** 15953 referierten Arbeit. K.-U. RIEDEL. 7540□

Untersuchungen über die Stickstoffverbindungen der Gerste und der Kältetrübungen von Bier. R. Lontie. (Petit J. Brasseur **68.** 23—24. 8/1. 1960. Louvain, Univ. de Louvain, Labor de Biochim.) (Franz.)

Kurze Zusammenfassung der Unterss. über die Extraktion von Proteinen (I) u. Polypeptiden (II) [Albuminen, Globulinen, Prolaminen (III) u. Glutelinen] aus Gerste, über die Aminosäuren-Zus. von Kältetrübungen des Bieres u. die Fraktionierung von I u. II der Gerste u. des Malzes (verschiedene elektrophoret. Meth.). Neue Unterss. zeigten, daß die Menge an III, lösl. in 60% ig. Isopropanol (IV), sich verminderte in Abhängigkeit von der Dauer der Vorbehandlung, während sich die III, die in IV unter Zusatz von Reduktionsmitteln lösl. sind, vermehrten. Die Rest-N-Verbb. waren in IV unter Zusatz von 0,3% Na-Borhydrid größtenteils löslich. Die Unterss. erbrachten wenigstens 3 III-Fraktionen: in W. lösl. III, in IV lösl. III u. in IV + Reduktoren lösl. III.

W. SCHÖNBORN. 7540□

Brennerei-Pilzmalze. B. Drews, H. Specht und W. Hoffmann. (Branntweinwirtschaft **100.** 210—11. 10/5. 1960. Berlin, Inst. für Gärungsgewerbe.) (Dt.)

Die Herst. von Pilzmalzen im Oberflächen-Verf. mit *Aspergillus oryzae* u. die auf Grund seines Enzym-Geh. gegebenen Verw.-Möglichkeiten als Verzuckerungsstoff im Brennereibetrieb werden kurz beschrieben. In einer Übersicht zusammengestellte Analysenwerte ermöglichen eine Bewertung von Brennerei-Pilzmalzen. Darin stellt der Dextrinierungswert einen Maßstab für die Aktivität der α-Amylase, der α-Glucosidasewert für die der α-Glucosidase dar. Bei der Pilzmalz-Herst. können, bedingt durch hohe Feuchtigkeit in der Brutkammer, *Mucorineen* aufkommen, die wenig α-Amylase u. teilweise nur geringe Mengen α-Glucosidase bilden, was ggf. eine Abnahme des Dextrinierungswertes zur Folge hat. Unter normalen Züchtungsbedingungen ist jedoch der Einfl. irgendwelcher Infektionen auf die Pilzmalzqualität gering. W. KREIPE. 7540□

Versuche zur Erhöhung der Hopfenernte im Institut National Belge du Houblon. Fr. Hoed, J. Hoed und A. Speleers. (Petit J. Brasseur **68.** 20—22. 8/1. 1960.) (Franz.)

Eine im Gewächshaus gezogene Hopfenpflanze (Hybride 5/69-F2) zeigte im 1. Jahr ein Wachstum, das dem von Freilandpflanzen desselben Stammes vergleichbar war; die Hopfenernte war jedoch geringer, der Humulon (I)-Geh. erhöht. Im 2. Jahr zeigte das Wachstum der Gewächshauspflanze üppige Vegetation mit 3 maliger Hopfenernte. Die 1. u. 2. Ernte war gering. Die 3. Ernte betrug etwa das 4 fache von Freilandpflanzen bei einem um 10% höheren I-Geh. u. gleichem Geh. an β-Fraktion. Das verstärkte Wachstum wird auf die gleichbleibende erhöhte Temp. zurückgeführt.

W. SCHÖNBORN. 7540□

Erfahrungen mit der Verpackung von Hopfenextrakt. Jaromír Bednář und Miroslav Vančura. (Kvasný Průmysl **5.** 257—59. Nov. 1959. Praha, Výzk. úst. pivov. a slad.) (Tschech.)

Beschreibung u. Erfahrungen mit einer neuen 500 ml-Verpackung für Hopfenextrakt in unbedruckten, in der kochenden Stammwürze lösl. Eco-Papierdosen.

E. ROTTER. 7540□

Hopfenkrankheiten und der Brauer. J. R. Coley-Smith. (J. Inst. Brewing **67.** ([N.S.] **58**). 231—35. Mai/Juni 1961. Ashford, Kent, Wyl Coll., Dep. of Hop Res.) (Engl.)

Von den in England auftretenden Krankheiten des Hopfens wie Verticillium-Welke (I), Mehltau (II), Kräusel- (III) u. Blattfleckenkrankheit (IV) werden die Symptome beschrieben u. Maßnahmen zu ihrer Bekämpfung erörtert. I u. II werden durch pilzliche Erreger (*Verticillium albo-atrum* u. *Pseudoperonospora humuli*), III u. IV dagegen durch Viren hervorgerufen. Die früher angebaute u. von den Brauern bevorzugte Sorte „Fuggle" ist nur gegen II einigermaßen resistent, gegen alle anderen Krankheiten sehr empfänglich. Sie wird immer mehr durch Neuzuchten im Anbau verdrängt, die gegen I tolerant u.

gegen **II** weitgehend resistent sind. Nach besseren Bekämpfungsmaßnahmen gegen **III** u. **IV**, bei denen die Art u. Weise der Infektion fast noch unbekannt sind, wird noch gesucht. Das Fungicid *Captan* konnte wegen seines nachteiligen Einfl. auf das Bier nicht zur Bekämpfung von **I** u. **II** herangezogen werden. S. ZAAKE. 7540 □

Über die Fabrikation von Bieren. M. L. Tanon. (Bull. Acad. nat. Méd. **144** ([3] **124**). 643—44. 1960.) (Franz.)

Bericht über Änderung von gesetzlichen Vorschriften für die Bierherstellung: Behandlung von W., Hopfen u. Trester; Ultraschallanwendung, CO_2-Sättigung, SO_2-Geh. u. Reinigungs- u. Desinfektionsmethoden. F. RADLER. 7550 □

Herstellung eiweißstabiler Biere. J. de Clerck. (Brauwelt, Ausg. B. **100.** 1121—24. 15/19. Juli 1960. Univ. Louvain, Belgien.) (Dt.)

Zur Herst. stabiler Biere wird vom Vf. empfohlen: Verw. von gut gelöstem Malz, Vermeidung von extremen Brau-Verff., Kochen der Würze unter Belüftung, Temp. von 0° während der Lagerung, scharfe Filtration, sorgfältige Ausschaltung des O_2 beim Abfüllen u. Sicherung der Keimfreiheit des Bieres oder spezielle Behandlungs-Meth., wie z. B. Zusatz von Ascorbinsäure u. proteolyt. Enzymen zum Bier im Tank oder Behandlung des Bieres mit einem adsorbierenden Silicat (Bentonit, Montmorillonit) vor der Filtration. K.-U. RIEDEL. 7550 □

Ein neuer Weg zur Herstellung eiweißstabiler Biere? Hans-Joachim Lampe. (Brauwelt, Ausg. B **100.** 1125—26. 15/19. Juli 1960. Colditz, Sachsen.) (Dt.)

Zahlreiche Vers.-Sude wurden nach dem Verf. von SCHILD mit Würzebelüftung durchgeführt u. ergaben unterschiedliche Ergebnisse. Nachteile waren Geschmack u. Schaumhaltigkeit; vorteilhaft waren günstige pH- u. rH-Werte, schnellere u. höhere Vergärung. Es werden Vorschläge zur Überarbeitung u. Überprüfung des Verf. gemacht. K.-U. RIEDEL. 7550 □

Stellungnahme zu H. J. Lampe's Artikel „Ein neuer Weg zur Herstellung eiweißstabiler Biere?" E. Schild. (Brauwelt, Ausg. B **100.** 1127—28. 15/19. Juli 1960. Weihenstephan, TH München, Inst. für chem.-techn. Anal.) (Dt.) — Vgl. vorst. Referat.

Diskussion der Ergebnisse, die von LAMPE bei der Durchführung des Vers. zur Herst. eiweißstabiler Biere erhalten wurden. K.-U. RIEDEL. 7550 □

Versuche zur Kältestabilisierung des Bieres mit Nylonpulver. Ch. Weymar. (Mschr. Brauerei **13.** 41—42. April 1960. Beil. zu: Brauerei. Berlin, Schloßbrauerei AG.) (Dt.)

Durch Ausschüttelung von 1 Liter Bier mit 0,1 g Nylonpulver (Nylasint) wurden die Kältetrübungen beträchtlich verringert. Die stabilisierende Wrkg. beruhte auf Adsorption von Gerbstoffen. Dagegen wurden keine N-Verbb. (Proteine) adsorbiert, aber geringe Mengen an Farbstoffen. Es wird von der Anwendung von Nylonpulver eine Verbesserung der Kältestabilität u. des Geschmackes von Bier erwartet. W. SCHÖNBORN. 7550 □

Alkoholfreie und alkoholarme Biere. František Hlaváček und Gaston Klazar. (Kvasný Průmysl **7.** 152—55. Juli 1961. Praha–Braník, Pokuoni, pivovar.) (Tschech.)

Aus Unterss. über die Herst. von A.-freien u. -armen Bieren folgt, daß das Verf. am geeignetsten ist, bei dem man die Haupt- oder Nachgärung in einer bestimmten Phase unterbricht, so daß im Bier der gewünschte, niedrige A.-Geh. erzielt werden kann. Den besten Anklang fand ein Bier aus 4° Würze mit 0,35—0,40 Gew.-% Alkohol. W. WESLY. 7550 □

Biertrebersilage. R. Schreiber. (Brauwelt, Ausg. B **101.** 471—76. 21/23. März 1961. Gießen, Univ., Agrikulturchem. Inst.) (Dt.)

Die techn. Durchführung der Biertrebersilage, Eigg. u. Einsatz der Treber in der Tierernährung werden beschrieben. F. SEEMANN. 7550 □

Die Gärungen in der Industrie. Eduardo Cadenas Bergua. (Ion [Madrid] **17.** 371—74. Juli 1957. Madrid, Inst. Españ. de Fisiol. y Bioquím.) (Span.)

Übersicht über die techn. Gärungs-Verff. u. ihre Arbeitsweise. — 28 Literaturangaben. R. K. MÜLLER. 7578 □

Über Abfälle der Gärungsindustrien und Anwendung der Gärungsmethode auf andere Abfälle als Abwässer. H. Lundin. (XVII. int. Kongr. reine angew. Chem. München **2.** 293—313. 1960. Stockholm, Sweden, Royal Inst. of Technol., Div. of Food Chem.) (Engl.)

Übersicht über Abfälle der Antibiotica- u. Hefe-Industrie, Produktion von Proteinen u. Fetten durch Vergärung von Abfällen, die Kohlenhydrate enthalten, u. über die Verw. von Keratinabfällen. — 68 Literaturangaben. P. GOLINSKE. 7578 □

Kritische Prüfung der Methoden zur Untersuchung von Hopfen. Verzele. (Petit J. Brasseur **69.** 119—22. 17/2. 1961. Gand, Univ.) (Franz.)

Unter den Hopfenbestandteilen befindet sich die mit Ae. extrahierbare α- (neben wenig β-) *Bittersäure*. Eine krit. Prüfung der Meth. zu ihrer Best. führt zur Empfehlung des polarimetr. Verf.: Man extrahiert die Hopfenprobe, die man auf akt. Kohle schichtet, mit SO_2 enthaltendem Ae. u. mißt die Drehung in einem Polarimeter. Durch Multiplikation der gefundenen Drehung mit 2,4 ergibt sich der Geh. an *α-Bittersäure*.
W. WESLY. 7598□

Zur Problematik der Bitterstoffbestimmung in Hopfen und Bier. Edgar Mikschik. (Brauwissenschaft **14.** 272—78. Mai/Juni 1961. Wien, Brauerei Schwechat.) (Dt.) — Vgl. C. **1960.** 6691 u. 15932; C. **1962.** 4757.

Die verschiedenen Meth. der Hopfenbitterstoff-Best. werden krit. erörtert u. eine neue Bitterwertformel vorgeschlagen, die im Gegensatz zu der von WÖLLMER auch für gealterten Hopfen zutreffen soll. Auf Grund der verschiedenen Konstit. des Co-, Ad- u. Humulons versucht Vf., den Rk.-Ablauf der Jodoform-Meth. zu erklären. — 39 Literaturangaben. S. ZAAKE. 7598□

Proteinelektrophorese. 3. Mitt. Die Papierelektrophorese im braubiologisch-chemischen Laboratorium. H. R. Stocker. (Schweiz. Brauerei-Rdsch. **70.** 211—14. Sept. 1959.) (Dt.) — 2. vgl. C. **1960.** 13873.

Vf. beschreibt die qual. u. quant. Proteinelektrophorese u. ihre Anwendung im Brauerei-Betriebslaboratorium. F. SEEMANN. 7600□

Direkte quantitative Bestimmung der Polypeptide im Bier. Jaroslav Hummel. (Kvasný Průmysl **7.** 145—52. Juni 1961. Praha, VÚPS.) (Tschech.)

Die Polypeptide (I) im Bier können polarograph. bestimmt werden, wobei die zu untersuchenden Proben dieselbe Grädigkeit wie die Vgl.-Proben haben müssen. Die quant. Veränderungen der I bei der Aussalzung mit $(NH_4)_2SO_4$, der Einw. von Kieselgur u. Sorptionserden u. der Filtration werden verfolgt. Zur Best. der koll. Stabilisierung dient die BRDIČKA-Rk. [1939]. Die Senkung der katalyt. Welle wird in mg% Cystin im Vgl. mit der nichtstabilisierten Probe bewertet. Zur Stabilisierung dienen: a) Tannin, Proteolyt u. b) Sorptionsmittel. Die gleiche Erhöhung der Kältestabilisierung erreicht man, wenn die I in der BRDIČKA-Rk. bei a) um 25,5, bei b) um 28,7% vermindert werden. Kieselgur Hyflo Super Cel hat eine niedrige Adsorptionsfähigkeit. W. WESLY. 7600□

Beitrag zur Schnellbestimmung von Saccharose in Most und Wein. L. Telegdy Kovats und D. Torley. (Ann. Falsificat, Expertise chim. **54.** 236—38. Mai 1961. Budapest, Univ. Techn., Inst. de Chim. de la Nutrition.) (Franz.)

Man schüttelt die Probe mit akt. Kohle, versetzt das Filtrat mit Diazo-Uracil u. alkal. Borax-Lsg., schüttelt, versetzt mit $MgSO_4$-Lsg. u. bestimmt nach 2—5 Min. die Stärke der entstandenen Grünblaufärbung. Die Ggw. von Glucose u. Fructose stört nicht. — 12 Literaturangaben. W. WESLY. 7606□

Mitteilung zur Untersuchung der Weinbehandlung mit Kaliumhexacyanoferrat(II). Extraktion von Blausäure aus gewöhnlichem Wein. R. Mestres. (Ann. Falsificat. Expertise chim. **54.** 284—98. Juni 1961. Montpellier, Fac. de Pharm.) (Franz.)

Nicht mit $K_4Fe(CN)_6$ behandelte Weine können freie HCN oder CN-Derivv., die aus den A. erzeugenden Hefen stammen oder erzeugt werden, enthalten, wie eine Reihe von Rkk. beweist. Am besten eignet sich dazu die EPSTEINsche Rk. in der von JAULMES u. MESTRES (Ann. Falsificat. Expertise chim. **53.** [1960.] 621) angegebenen Arbeitsweise.
W. WESLY. 7606□

Shionogi & Co. Ltd., Osaka, Japan, **Herstellung von *l*-Glutaminsäure auf biologischem Wege,** dad. gek., daß man *Microbacterium flavum var. glutamicum* (ATCC Nr. 13693) unter aeroben Bedingungen in einem üblichen Nährmedium züchtet u. die *l*-Glutaminsäure in bekannter Weise aus der Fermentations-Fl. abtrennt. — Beispiele, Tabelle. (**D. A. S. 1 111 583** Kl. 6b vom 18/11. 1959, ausg. 27/7. 1961. Jap. Prior. 20/11. 1958.) G. VOGEL. 7579

XVI. Nahrungs-, Genuß- und Futtermittel

Die Gefriertrocknung von Lebensmitteln. Juan Castillo Ojugas. (Farmac. nueva **25.** 5—12. Jan. 65—70. Febr. 117—28. März. 189—96. April 1960.) (Span.)

Zusammenfassender Überblick. — 57 Literaturangaben. M. WINIKER. 7636□

Neuere Entwicklungen des Schaumtrocknungsverfahrens. A. I. Morgan, R. P. Graham, L. F. Ginnette und G. S. Williams. (Food Technol. **15.** 37—39. Jan. 1961. Albany, Calif., U.S. Dep. of Agriculture, Western Research Labor., Agricult. Res. Serv.) (Engl.)

Tomatenpüree, Kartoffelpüree, Kaffee-Extrakt, Fruchtsäfte usw. werden mit einem Schaum-Stabilisator, wie Soja-Eiweiß, Glycerylmonostearat (ca. 1% der Trockenmasse der zu trocknenden Substanz), versetzt. Die Mischung wird zu Schaum geschlagen u. auf einem laufenden Band in 1 Std. bei 160°F auf 2% Feuchtigkeit getrocknet. Das Band kann durchlöchert sein (Krater-Verf.), so daß sich beim Durchblasen erwärmter Luft von unten Krater bilden, wobei in den ersten 3 Min. 80% W. entfernt werden.

K. SCHLEICH. 7636□

Einfluß der Zubereitungsart auf die Wirksamkeit von Schutzsprühungen mit Malathion, Methoxychlor und verstärktem Pyrethrum auf gelagerten Weizen. R. G. Strong, D. E. Sbur und R. G. Arndt. (J. econ. Entomol. **54.** 489—501. Juni 1961. Riverside, Calif., Univ. of California Citrus Exp. Stat.) (Engl.)

In Labor-Verss. mit Sitophilus oryzae L (**a**) u. Tribolium confusum Duv. (**b**) als Vers.-Tieren u. *Malathion* [**I**, 5 (ppm)], *Methoxychlor*, (**II**, 15) u. *Pyrethrum* (**III**, 1,5) + Piperonylbutoxid (15) schien **a** mehr für die Gift-Wrkg., **b** bes. gegen die Abschreck-Wrkg. empfindlich zu sein. Gegen **I** war **a** empfindlicher als **b**, mit ansteigender Temp. u. Feuchtigkeits-Geh. fiel die Sterblichkeit ab. Die Abschreck-Wrkg. war in erster Linie auf das Lsgm. *Tetrachloräthylen* zurückzuführen. Die **I**-Rückstände auf den Körnern gingen mit der Zeit zurück, bei gemahlenen Proben fand sich mehr **I** in der Kleie, nur wenig im Mehl. — **II** hatte nur eine geringe abtötende Wirkung. Die Abschreck-Wrkg. gegen **a** war ebenfalls gering, jedoch stark gegen **b**. **III** war unwirksam gegen **b**, einigermaßen wirksam gegen **a**, die Sterblichkeit fiel schnell ab, die Abschreck-Wrkg. war bei beiden Insekten gut. Die Rückstände wurden mit der Zeit geringer, Reinigungsmaßnahmen waren nicht sehr wirksam. Der meiste Rückstand befand sich in der Kleie, im Mehl mehr als erwartet. Die Unterschiede im Geruch u. Geschmack des aus dem behandelten Weizen gebackenen Brotes waren nur gering. — 29 Literaturangaben.

FRITZ MÜLLER/Ludwigshafen. 7664□

Anfeuchten des Getreides. H. Nuret und Cl. Willm. (Bull. anciens Élèves École franç. Meunerie **1961.** 141—55. Mai/Juni.) (Franz.)

Krit. Überblick über die diesbzgl. Literatur (220 Hinweise). G. HOFER. 7664□

Aminosäuren in Sojabohnenhülsen und Ölmehlfraktionen. J. J. Rackis, R. L. Anderson, H. A. Sasame, A. K. Smith und C. H. van Etten. (J. agric. Food Chem. **9.** 409—12. Sept./Okt. 1961. Peoria, Ill., North. Reg.-Res. Labor.) (Engl.)

Die Geh. an *Aminosäuren* (**I**) in Sojabohnenhülsen, in Sojabohnenmehl, Sojabohneneiweiß, Hypokotyl, (in dem mit Säure gefällten) Hypokotyleiweiß u. im Rückstand werden durch Ionenaustauschchromatographie ermittelt u. (Zahlentafeln) angegeben. Die Zus. der essentiellen **I** der Mehlfraktionen schwankt beträchtlich, so daß auch der biolog. Eiweißwert der Fraktionen verschieden ist. Die Hülsen enthalten ungewöhnlich viel *Glycin* u. *Hydroxypyrrolin* (**II**). Das hülsenfreie Mehl u. der Rückstand sind frei von **II**.

W. WESLY. 7684□

Gefriertrocknung von Äpfeln: Neuere Entwicklungen bei den Arbeitsmethoden. M. E. Lazar, E. O. Chapin und G. S. Smith. (Food Technol. **15.** 32—36. Jan. 1961. Albany, Calif., Western Utilization Research and Development Div.) (Engl.)

Bei der Gefriertrocknung werden Äpfel in geeigneter Weise geschält u. in Stücke geschnitten, mit einer SO_2-Lsg. behandelt, auf 50% des Anfangsgewichts getrocknet u. dann gefroren. Auf diese Weise kann genügend SO_2 (bis 400 ppm der Apfelschnitten) angewandt werden, um die Bräunung der Stücke zu verhindern; während des Trocknens verschwindet aber so viel SO_2, daß das Endprod. nicht mehr als 50 ppm SO_2 enthält.

K. SCHLEICH. 7688□

Die Auswirkungen von Belüftung auf die Ausbildung von Hautbräune bei kühlgelagerten Granny Smith-Äpfeln. E. G. Hall, K. J. Scott und T. J. Riley. (Commonwealth sci. ind. Res. Organizat., Australia, Divis. Food Preservat., Techn. Pap. Nr. **25.** 1—12. 1961. North Ryde, NSW., Dep. of Agricult., Div. of Food Preservat.) (Engl.)

Das Auftreten von Hautbräune bei kühlgelagerten (32°F) Granny Smith-Äpfeln konnte durch Belüftung mit gewöhnlicher u. 5% CO_2 enthaltender Luft vermindert werden.

W. WESLY. 7688□

Die Verwendung von Polyäthylenverpackungen zur Förderung der Konservierung von Früchten bei Temperaturen nahe der gewöhnlichen Temperatur. P. Marcellin. (Ind. Plast. mod. **13.** Nr. 6. 45—47. Juli 1961.) (Franz.)

Inhaltlich ident. mit der C. **1961.** 2820 referierten Arbeit. W. WESLY. 7688□

Cysteinderivate in reifen Zwiebelknollen. H. E. Renis und R. E. Henze. (Food Res. **23.** 345—50. Juli/Aug. 1958. Lafayette, Ind., Purdue Univ., Dep. of Biochem.) (Engl.)

Die R_F-Werte von 12 S-haltigen Aminosäuren werden mit 3 Lsgm.-Syst. verglichen. Papierchromatogramme von Zwiebeln- u. Knoblauchextrakten werden verglichen. Die

RF-Werte von 2 Bestandteilen aus Zwiebelextrakt werden mit 7 Lsgm.-Syst. ermittelt u. mit denen von *Desoxoalliin* (I, *S-Allylcystein*) u. *Dihydroalliin* (II, *S-Propylcysteinsulfoxid*) verglichen. Es ergibt sich, daß in reifen gelben Zwiebelknollen (Reinigung der Extrakte am Kationenaustauscherharz Amberlite IR-120 in der H^+-Form) I u. II, aber kein *Alliin* (*S-Allylcysteinsulfoxid*) u. kein *S-Propylcystein* vorhanden sind.

PH. FRESENIUS. 7690□

Veränderungen der Pektinstoffe in 4 Varietäten von Einmachgurken während der Gärung und des Weichwerdens. R. A. Lampi, W. B. Esselen, C. L. Thomson und E. E. Anderson. (Food Res. **23.** 351—63. Juli/Aug. 1958. Amherst, Mass., Mass. Agricult. Exp. Stat.) (Engl.)

Unterss. der Pektinstoffe u. pektolyt. Substanzen in eingelegten Gurken ergaben, daß pektolyt. Enzyme das Weichwerden von Pickles in Salzlaken verursachen, daß aber die Gurkenvarietäten auch bei hoher Enzymaktivität verschiedene Festigkeit besitzen. Die allg. Entw. des Weichwerdens wird begleitet von einer Umwandlung der säurelösl. Pektinstoffe (Protopektin) in versenlösl. (Pektinsäure). Es konnte nicht festgestellt werden, ob der Pektinabbau dabei noch weitergeht. PH. FRESENIUS. 7690□

Kombinierte Kunststoff-Folien als luftdichtes Verpackungsmaterial für Röstkaffee. M. Parducci. (Materie plast. **27.** 661—66. Juli 1961.) (Ital.)

Fertene u. *Montivel* (*Terephthalate* des *Polyäthylenglykols*) bilden Innen- u. Außenfolien eines plast. Verpackungsmaterials „Polivel 90", das bei einer Dicke von 92,5 μ vollständig durchsichtig u. für O_2 u. Wasserdampf undurchlässig ist.

J. LEHMBERG. 7720□

Die biologische Desinfektion. Hans Reuter. (Fleischwirtschaft **11.** 31—32. Jan. 1959. Ansbach.) (Dt.)

Orientierende Verss. ergaben, daß ein Ersatz der chem. Desinfektion in Fleisch verarbeitenden Betrieben durch eine biolog. Desinfektion (z. B. mit Hilfe von *Aureomycin*) im Bereich des Möglichen liegt. M. WINIKER. 7750□

Die Schnellkühlung von Fleisch, ihr Zweck und ihre Durchführung. H. G. Vandall und E. Christiansen. (Mod. Refrigerat. **62.** 979—80. Nov. 1083—84. Dez. 1959.) (Engl.)

Allg. Ausführungen. M. WINIKER. 7750□

Der Einfluß einer längeren Lagerung von Fischkonserven auf ihre Qualität. G. A. Beloussowa. (Рыбное Хозяйство [Fischerei-Wirtsch.] **36.** Nr. 6. 69—74. 1960.) (Russ.)

In Lagerungs-Verss. mit verschiedenen Fischkonserven stellte Vf. bei den einzelnen Fischarten in verschiedenen Präserven die Auswirkungen sehr langer Lagerung auf die organolept. Eigg., mikrobiolog. Veränderungen oder Korrosionserscheinungen des Verpackungsmaterials fest. Auf Grund der Vers.-Ergebnisse werden für Fischkonserven folgende maximale Lagerungszeiten vorgeschlagen: Hausen, Karpfen, Hering u. Kaulkopf (Knurrhahn) in Tomatentunke 24 (Monate), Dorsch in Tomatentunke 12, geräucherter Dorsch in Öl in lackierten Dosen 48 u. in unlackierten Dosen 8.

H.-D. BOCK. 7752□

Grundlagen für eine wirtschaftliche Beurteilung gefrorener Fische auf Grund ihres Nährwertes. G. Varela, A. Pujol und O. Moreiras. (An. Bromatol. [Madrid] **11.** 179—83. 1959. Madrid, Univ., Esc. de Bromatol.) (Span.)

Bei der Beurteilung der Gefrierfische in ihrer Rolle für die Ernährung in Spanien werden u. a. der Protein-Geh., die calor. Zus. u. der Verdaulichkeits-Koeff. zugrunde gelegt. R. K. MÜLLER. 7752□

Polyäthylen im Dienste des Milchtransportes in Skandinavien. F. A. Abadie-Maumert. (Ind. Plast. mod. **13.** 2—5. Jan./Febr. 1961.) (Franz.)

Erfahrungsbericht mit einer 900 m langen Milchleitung u. mit Milchkannen aus Polyäthylen. J. LEHMBERG. 7756□

Die Ausbeute bei der Gewinnung von Milchcasein. F. H. McDowall. (Austral. J. Dairy Technol. **16.** 143—45. Juli/Sept. 1961. Palmerston North, NZ. The Dairy Res. Inst.) (Engl.)

Infolge Abfließens der feinsten Partikel mit Molke u. Waschwasser treten bei der *Casein* (I)-Gewinnung Verluste bis zu 10% der theoret. möglichen Ausbeute an einem 85% I enthaltenden Prod. auf. Unabhängig davon ist die Ausbeute an I/100 kg der Ausgangsvollmilch bzw. pro kg Fett in dieser Milch von der Rasse, jahreszeitlichen Schwankungen des I-Geh. u. von dem Verhältnis I zu Fett; sie ist abhängig vom Fett-Geh. der Ausgangsvollmilch u. des gewonnenen Rahms, wovon wiederum die der I-Gewinnung mit dem Rahm verlorengehende Plasmamenge abhängt. Vf. gibt in 4 Tabellen eine Übersicht der theoret. I-Ausbeuten bei verschiedenem Fett-Geh. der Ausgangsmilch u. des gewonnenen Rahms. HANS THIELE. 7756□

Über den Verderb von Lebensmitteln unter dem Einfluß von Äthinolfarbstoff. O. A. Lasstkow. (Вопросы Питания [Fragen d. Ernähr.] **19.** Nr. 1. 89. Jan./Febr. 1960.) (Russ.)

Labor.-Verss. mit Äthinollack haben erwiesen, daß das Vorhandensein von Äthinollackdämpfen in der Luft in einer Konz. von 0,001—0,002 mg/Liter zum Verderb von Lebensmitteln führen kann. Dabei bleiben Geruch u. Geschmack von Lebensmitteln, die nur geringe Menge oder kein Fett enthalten, unverändert. Der stärkste Verderb unter der Einw. von Äthinoldämpfen erfolgt bei Lagerung von Butter u. Schweinefleisch. H. TREUMANN. 7758□

Qualitätsminderung der Oberfläche von Butter. E. G. Pont. (Austral. J. Dairy Technol. **16.** 146—51. Juli—Sept. 1961. Melbourne, C.S.I.R.O., Dairy Res. Sect.) (Engl.)

Eine Qualitätsminderung der Oberfläche größerer Buttermengen kann sich nach der Ausformung bes. bei ungenügender Durchmischung nachteilig auswirken, sie kann u. a. durch Wasserverlust in der Oberfläche (Verfärbung) bedingt werden. Vf. stellte fest, daß in $^1/_6$ mm dicken mit einer Spezial-App. gewonnenen Oberflächenschichten der W.-Geh. von 16 auf 4—6% abnehmen kann. Die Verdunstung ist abhängig vom Salz-Geh. des Butterwassers, der Verpackung, der Temp., der Luftbewegung, der relativen Luftfeuchtigkeit u. a. u. wird durch Metallfolien oder kunststoffbeschichtetes Papier weitgehend vermieden. Damit ergibt sich aber die Gefahr von Pilzwachstum. Weitere Beeinträchtigungen der Oberfläche werden durch Absorption von Fremdgerüchen sowie durch Fettoxydation bedingt, die durch Licht sowie gewisse im Papier enthaltene, die Oxydation induzierende Stoffe, wie Kupfer, Eisen u. H_2SO_4, begünstigt werden. Letztere können durch Behandlung des Papiers mit verd. HCl weitgehend entfernt werden. Es wird eine Meth. beschrieben, die eine Voraus-Best. der oxydationsinduzierenden Wrkg. des Verpackungspapiers erlaubt. Papierscheiben oder gefaltete Papierstücke werden hierzu bei 45° mit Butterfett in Kontakt gebracht; nach 3 Tagen wird die Zunahme des Peroxidwertes des Fettes bestimmt. Während sich bei 45° eine signifikante Abhängigkeit des Peroxidwertes vom Cu-Geh. ergab, sind die Verhältnisse bei 1° wesentlich komplizierter, bes. in der Kontaktzone zwischen Papier u. Butter können viele Faktoren eine Rolle spielen. Nach den erzielten Ergebnissen entspricht der für Neuseeland vorgeschriebene Cu-Höchst-Geh. für Butterverpackungspapier 3 mg lösl. Cu/kg in etwa den Erfordernissen der Praxis. HANS THIELE. 7758□

Technologische Studien zur Anwendung der Zentrifugalkraft bei der Verarbeitung der Käsemasse. Jan Cesul. (Prace Inst. Przemysłu mleczarskiego **7.** Nr. 2. 1—45. 1960. Warszawa, Inst. Przem. mlecz., Zakł. Technol.) (Pol.)

Käsemasse aus Voll- u. entrahmter Milch läßt sich durch Zentrifugieren entwässern, wenn die Gerinnzeit der Milch auf 30 Min. verkürzt wird u. wenn dabei die Milch bei 42° gehalten wird. Die zur Entwässerung auf ca. 55% W.-Geh. nötige Beschleunigung beträgt das 600 bis 800fache der Erdbeschleunigung. Die durch Zentrifugieren entwässerte Masse läßt sich normal zu Block- oder Rundkäse verarbeiten, der Geschmacks-Eigg. eines fetten Tilsiter mit 37—46% W. hat. Bei der kontinuierlichen Entwässerung durch Zentrifugieren u. Dekantieren der Molke wird die Herst.-Zeit für Käse um 20—50% verkürzt. — 53 Literaturangaben. F. URBAN. 7760□

Einfluß der Nitrate und Nitrite auf die Entwicklung von Bacterium coli. M. W. Fedorow und G. K. Alless. (Известия Тимирязевской Сельскохозяйственной Академии [Nachr. landwirtsch. Timirjasew-Akad.] **1960.** Nr. 6. 23—29.) (Russ.; Auszug: Engl.)

Kulturen von *Bact. coli Escherichia* wurden mit 0,01—0,05% Nitrat (I) bzw. 0,008 bis 0,04% Nitrit (II) versetzt. Während die größeren Gaben die Bakterien abtöteten, hemmten kleinere N-Gaben (0,03% I, 0,024% II) die Vermehrung nur in den ersten 6 Std., nach deren Ablauf allmählich Angleichung an die Kontrollen erfolgte. I u. II veränderten die Redox-Rkk. in den Bakterienzellen. Auch die Entw. von *Bact. lactis aerogenes* wurde durch I u. II gehemmt. Bei der Käsebereitung kann man diese Salze zugeben, sie hemmen das Aufblähen zu Beginn der Reifung. A. v. WILPERT. 7760□

Behandlung von Cheddar-Bruch während und nach Beendigung des Mahlens. J. Czulak. (Austral. J. Dairy Technol. **16.** 175. Juli/Sept. 1961. Melbourne, C.S.I.R.O., Dairy Res. Sect.) (Engl.)

Maschinelle Behandlung des Cheddar-Bruches nach dem Mahlen hat einen um 75% verminderten Fettverlust zur Folge. Das dürfte im wesentlichen auf schonendere Behandlung des Bruches allg., wie auch bes. auf das stark verkürzte Rühren des Bruches zurückzuführen sein. Hierdurch wird auch homogeneres Gefüge des Käses infolge verminderter Anreicherung von Fett auf der Oberfläche der Bruchpartikel bedingt. In diesem Zusammenhang erhebt sich die Frage, ob das Rühren zur Erzielung einer besseren Bruchkonsistenz nicht das Auftreten der talgigen Verfärbung begünstigt, u. man daher zweckmäßigerweise darauf verzichten sollte. In Australien erhält man ohne diese Behandlung durchaus gute Käsequalitäten. HANS THIELE. 7760 □

Cheddarkäse mit Rauchgeschmack. T. I. Hedrick, L. J. Bratzler und G. M. Trout. (Milk Products J. **52.** Nr. 11. 8—10. Nov. 1961. East Lansing, Mich., State Univ., Dep. of Food Sci.) (Engl.)

Im Gegensatz zu früher durch Zusatz von Konzentraten hergestelltem Käse mit Rauchgeschmack fand der von Vff. produzierte geräucherte Cheddarkäse gute Aufnahme bei dem Verbraucher. Hartholzsägemehlrauch verlieh dem in Stücken von ca. 5×5× 25 cm behandelten Käse einen angenehmen Geschmack. 5—6std. Räuchern ergab einen Rauchgeschmack mittlerer Intensität. Die Barrenform erwies sich des begrenzten Eindringens wegen als vorteilhaft. Längeres Räuchern hat zu starken Geschmack an der Oberfläche zur Folge. Die Rauchbehandlung bewirkt eine weitgehende Vernichtung der Oberflächenbesiedlung des frisch geschnittenen Käses. Luftdicht verpackt hält sich dieser Käse bei 40° F 6 Wochen, bei —15° F einige Monate. HANS THIELE. 7760 □

Über die Gärungsdisposition von in Kupfer- oder Stahlkesseln hergestellten Emmentalerkäsen. E. Flückiger und H. Zürcher. (Schweiz. Milchztg., wiss. Beilage **84.** 465—71. 29/7. 1958. Liebefeld-Bern, Eidg. Milchwirtschaftliche Versuchsanst.) (Dt.)

Bei der 1. Probenahme (nach Abschluß der Hauptreifung) wiesen alle in Stahlkesseln hergestellten Emmentalerkäse einen höheren Geh. an *Propion-* u. *Essigsäure* sowie einen niedrigeren Geh. an *Milchsäure* auf als Käse, die in Kupferkesseln hergestellt worden waren. Mit Ausnahme der nur schwach erhöhten Neigung zur Gas-Bldg. ergab sich kein Anhaltspunkt für eine verstärkte Tendenz zur Nachgärung bei den in Stahlkesseln hergestellten Käsen. V. FROBOESE. 7760

Die in Silagen gaschromatographisch bestimmten organischen Säuren. J. R. Lessard, R. A. Briggs und J. V. Scaletti. (Canad. J. Plant Sci. **41.** 507—15. Juli 1961. Kapuskaring, Ontario, Exp. Farm; Morris, Univ. of Minnesota, West Centr. School and Exp. Stat. u. Animal Husbandry Dep.) (Engl.)

Die in gereinigten, wss. Extrakten von Silagen enthaltenen organ. Säuren werden (mit Diazomethan) in ihre CH_3-Ester verwandelt u. gaschromatograph. durch Vgl. der Verweilzeit mit der reiner Ester bestimmt. Frische Luzerne enthält wenig *Milchsäure* (I), *Essigsäure* u. *Bernsteinsäure* (II). Ihre Menge steigt während der Gärung; jedoch nehmen die Geh. an **I** u. **II** später ab; der Geh. an *Buttersäure* steigt. Vor dem Silieren 8 Std. gedörrte Proben weisen geringere Mengen Säuren auf; jedoch nehmen die **I**- u. **II**-Geh. nicht während der Gärung ab. Stärkeres Dörren vermindert die Säure-Bldg. noch mehr. W. WESLY. 7782 □

Konserviertes Tierblut als Eiweißfutter in der Schweinemast. O. Siegl. (Dtsch. Landwirtsch. **11.** 497—99. Okt. 1960. Knau, Forschungsstelle für Tierhaltung der Dt. Akad. der Landwirtschaftswiss. zu Berlin.) (Dt.)

Auf Grund der Ergebnisse eigener Verss. empfiehlt Vf. die Verw. von mit H_2SO_4 konserviertem *Tierblut* als Eiweißergänzung in Futterrationen für Mastschweine. M. WINIKER. 7786 □

Analyse der im Kopfraum von Konservenbüchsen vorhandenen Gase mittels Gaschromatographie. D. C. Vosti, H. H. Hernandez und J. B. Strand. (Food Technol. **15.** 29—31. Jan. 1961. San Francisco, Calif., American Can Co., Res. and Dev. Dep.) (Engl.)

Für die schnelle u. restlose Entnahme der Gase aus Konservenbüchsen wird ein neues Verf. beschrieben. Zur Best. von CO_2, N_2, O_2 u. H_2 wird mit Ar als Trägergas zuerst CO_2 in Silicagel absorbiert. Nachher werden N_2, O_2 u. H_2 durch ein Mol.-Sieb aus synthet. Zeolith geleitet u. durch eine Kombination von 2 Wärmeleitfähigkeitszellen bestimmt. K. SCHLEICH. 7790 □

Die Bewertung der Mahlfähigkeit von Weizen. K. Feller. (Getreidemühle **5.** 290—92. Nov. 1961. Potsdam-Rehbrücke, Inst. für Ernährung.) (Dt.)

Die Bewertung der Mahlfähigkeit mittels der von SEIBEL u. ZWINGELBERG vorgeschlagenen Wertzahl (C. **1961.** 18911) wird einer krit. Betrachtung unterzogen. An Hand von Zahlenbeispielen wird dargelegt, daß die aus den Faktoren Mehlanfall, Leistungsbedarf, Schrotkleieanfall u. Stärke-Geh. der Kleie aufgebaute Formel einer strengen Kritik nicht standhält. M. W. ROTHE. 7796 □

Stabilitätsuntersuchungen von Getreideprodukten mittels der Sauerstoffbomben-Methode. J. F. Wintermantel und P. E. Ramstad. (Cereal Sci. today **6.** 186—88. Juli 1961. Minneapolis, Minn., General Mill, Inc., Prod. Control Dep.) (Engl.)

Zur Haltbarkeitsbeurteilung fetthaltiger Nahrungsmittel wird eine Meth. empfohlen, die auch auf Getreide u. dessen Mahl-Prodd. anwendbar ist. Eine 30 g-Probe wird in einem Druckgefäß bei 100° der Einw. von hohem Sauerstoffdruck unterworfen. Ein Schreiber registriert den Druckabfall bis zu einem niedrigen Wert, die Zeitdifferenz bis zu diesem Punkt gilt als Maß für die Stabilität. Mittels der Meth. wird nachgewiesen, daß gebleichte Mehle wesentlich empfindlicher sind als unbehandelte, Kakaozusätze zu Keksteigen antioxydativ wirken u. die Oberfläche von Fettmischungen die Oxydations-Geschw. stark beeinflußt. M. W. ROTHE. 7798□

Lipaseaktivität im Weizen. T. Widhe. (Getreide u. Mehl **11.** 107—08. Sept. 1961. Beil. zu: Mühle. Stockholm, Kooperativa Förbundet.) (Dt.)

Anomal hohe *Lipaseaktivität* (LA) kann einen seifigen Brotgeschmack verursachen. Um die LA in Mehlen aus Weizen unterschiedlichen Reifezustandes zu bestimmen, wurden die freien Fettsäuren ermittelt, die sich in Modellteigen nach verschiedenen Zeiten gebildet hatten. Es zeigte sich, daß die LA dem Geh. des Weizens an grünen Körnern proportional ist u. somit die LA zur Best. des Reifezustandes dienen könnte. R. RISTOW. 7798□

Neue Mikromethode zur Kleberbestimmung im Weizenkorn. N. P. Kosmina, W. N. Iljina und A. T. Naumowa. (Селекция и Семеноводство [Selekt. u. Samenzucht] **25.** Nr. 6. 60—63. Nov./Dez. 1960. Allunions Forschungsinst. für Getreide u. dessen Verarbeitungsprodd.) (Russ.)

Vorverss. ergaben, daß man bei sorgfältiger Arbeit auch in kleinen (50 mg) Mehlmengen den Kleber bestimmen kann. Man legt die Körner auf eine Plexiglasplatte (mit Vertiefungen), benetzt sie mit W., entfernt nach 2—5 Min. das Fruchthäutchen, zerreibt das Korn behutsam in einem kleinen Mörser, vermischt zu einem Teig, läßt 20 Min. bedeckt stehen u. wäscht die Stärke in 1 Min. aus, entfernt in 3—5 Min. die Häutchenreste u. den Keim, wonach man den Kleber als dünnen Film zwischen den Fingern erhält, dessen Trocken-Gew. im Trockenschrank bei 105° in 2½ Std. erhalten wird. Mittlere Körner einer Ähre geben gute Mittelwerte. — Nach 140 Min. langem Quellen erhält man 3 verschiedene Kleberarten. A. v. WILPERT. 7798□

Faktoren, die die Qualität von Kartoffelchips beeinflussen und Methoden zu deren Bestimmung. Ora Smith. (Amer. Potato J. **38.** 265—71. Aug. 1961. Ithaca, N.Y., Cornell Univ., Dep. of Vegetable Crops.) (Engl.)

Feuchte Witterung kurz vor der Kartoffelernte führt zu einer Neigung der Kartoffelchips, nachzudunkeln. Gleichzeitig verringert sich das spezif. Gew. der Kartoffeln. Die Anwendung von chelatbildenden Stoffen als Spray auf die Blätter der Kartoffelpflanzen verringert die Neigung zur Braunfärbung. SO_2-Behandlung der Kartoffeln vor der Einlagerung u. Lagerung bei 40° F führt zu einer Verbesserung der Farbe der Kartoffelchips. Die Farbe läßt sich mit einem eigens hierfür entwickelten „Farbprüfer" messen. Dieser besteht aus einem mit Glucoseoxydase präparierten Testpapier, mit dem der Geh. der Kartoffeln an Glucose gemessen wird, der seinerseits einen Rückschluß auf die Farbe zuläßt. E. LÜCK. 7802□

Die Bestimmung organischer Phosphorinsekticide in Gemüse. Eine allgemeine Methode für Insekticid-Rückstände. E. Q. Laws und D. J. Webley. (Analyst **86.** 249—55. April 1961. London, Dep. of Sci. and Ind. Res.) (Engl.)

Zur Best. von Rückständen von *organ. Phosphorinsekticiden* (I) auf Gemüse wurde ein Verf. entwickelt, das nach folgendem Prinzip arbeitet: Die zu untersuchende Probe wird zunächst mit Dichlormethan extrahiert. Sodann wird das Lsgm. verdampft u. der Rückstand mittels Leichtpetroleum bzw. W. mit 15% Methanol fraktioniert. In Leichtpetroleum sind lösl.: Chlorthion, Disyston, Diazinon, Fenchlorphos, Methylparathion, Phencapton, Phorate, S 1752, Gusathion u. Malathion. In 15% Methanol enthaltendem W. sind lösl.: Methyldemeton, Dimefox, Morphothion, Phosdrin, Phosphamidon, Rogor u. Trichlorphon. Die weitere Trennung erfolgt mittels Säulenchromatographie. Die Best. der einzelnen I kann auf verschiedene Weise (z. B. colorimetr.) erfolgen. FRITZ MÜLLER/Ludwigshafen. 7810□

Zur Keimzahlbestimmung der Anlieferungsmilch. Günther Blau. (Milchwissenschaft **15.** 178—82. April 1960. Kassel.) (Dt.)

945 Einzelmilchproben wurden zum Zeitpunkt der Ablieferung an die Molkerei mittels der mkr. Meth. von BREED auf ihren Keim-Geh. untersucht. Parallel hierzu wurde die Red.-Dauer der Proben mit *Methylenblau* (I) ermittelt. Eine geradlinige Beziehung zwischen dem Logarithmus der Keimzahl u. der Red.-Zeit bestand nur für den Red.-Dauerbereich von ½—11 Stunden. Die Red.-Dauer ist als Ausdruck für die Keimzahl nur dann brauchbar, wenn lediglich drei Güteklassen der Milch unterschieden werden. Es besteht ein Einfl. der Jahreszeit auf das Ergebnis der I-Probe. Als prakt. Grenze für die Anwendung der I-Probe als Ausdruck für die Keimzahl dürfte die Differenzierung von Milch mit über u. unter 1 Million Keime anzusehen sein. M. WINIKER. 7856□

Die bakteriologische Untersuchung pasteurisierter Milch mit einem TTC-haltigen Nährmedium. Jan Papavassiliou. (Milchwissenschaft 15. 183—86. April 1960. Athen, Univ., Inst. für Mikrobiologie.) (Dt.)

Auf Grund der Ergebnisse eigener Unterss. vertritt Vf. die Auffassung, daß das Ersetzen der bekannten Medien für coliforme Bakterien durch *Rubrognost-TTC-Nähr-Lsg.* nicht zu empfehlen ist, da nicht nur coliforme Bakterien positive Resultate liefern, sondern auch Stämme von Pseudomonas, Alcaligenes u. anderen. M. WINIKER. 7856☐

Präzisionsmilchdichtemesser. Entwurf und Anwendung. Lucette Martelli und P. Navellier. (Ann. Falsificat. Expertise chim. 54. 239—52. Mai 1961. Paris, Labor. Municipal.) (Franz.)

Zur Berechnung des Geh. von Milch an Trockensubstanz muß man die 4. Dezimale ihres spezif. Gew. kennen, die aber auf den handelsüblichen Milch-Dichtemessern nicht angegeben ist. Die Anwendung der hydrostat. u. pyknometr. Bezugs-Verff. auf Milch wird beschrieben. Die mit diesen Verff. gewonnenen Werte dienen zur Eichung eines Präzisionsdichtemessers (Abb.), der im einzelnen beschrieben wird u. dessen mit farbigen Ringen versehene Skala die Ablesung der 4. Dezimale gestattet. W. WESLY. 7856☐

Korrelationsbeziehungen zwischen einigen Hauptkomponenten und -werten der Milch. J. Groh, V. Kněž, O. Líkař und V. Wolfschütz. (Sborník českoslov. Akad. zemědělských Věd, živočišna Výroba 8 (31). 415—28. Mai 1958.) (Tschech.)

Das spezif. Gew., der Geh. an Gesamt-Trockensubstanz, der Geh. an fettfreier Trockensubstanz u. der Geh. an Fett wurden paarweise in Beziehung zum Eiweißwert gebracht u. Korrelations-Koeff. berechnet. Wenn die Ergebnisse auch nicht allg. gültig sind, so sollen sie doch als Grundlage zur Best. von Minimal-, Durchschnitts- u. Maximalwerten der Zus. der in den böhm. Ländern erzeugten Milch dienen. Die Anwendung eines geeigneten Rechenschiebers (Abb.), der Feststellung der Ergebnisse ohne Berechnungen erlaubt, wird empfohlen. E. ROTTER. 7856☐

Eine mikrobiologische Methode zur Bestimmung von Biotin in Milch und Milchprodukten. L. A. Kruglowa. (Известия Тимирязевской Сельскохозяйственной Академии [Nachr. landwirtsch. Timirjasew-Akad.] 1961. Nr. 2. 228—31.) (Russ.)

20—25 ml Milch werden nach Zugabe von 2—3 Tropfen konz. H_2SO_4 (pH 4,5—5,0) 20 Min. bei 0,5 at (Temp. nicht angegeben) sterilisiert. Nach Ergänzung mit W. auf 50 ml u. Filtrieren wird 1 ml Filtrat zu 100 ml mit W. ergänzt u. das pH mit 0,1n HCl auf 5,0—5,5 eingestellt. Milch-Prodd. sollen vorher einer Hydrolyse unterworfen werden, da ein Teil ihres Biotins (I) sich im gebundenen Zustand befindet. Die nephelometr. Best. von I im Präp. (Zunahme der Trübung einer wss. Suspension von Eudomyces magnusii infolge der aktivierenden Wrkg. des I auf das Wachstum der Hefe) erfolgt mit Hilfe eines Photoelektrocolorimeters. S. BARYSCHNIKOW. 7856

Nachweis von hydrierten Fetten in Butterfett durch Bestimmung der konjugierten cis-trans-Unsättigung. John C. Bartlet und Douglas G. Chapman. (J. agric. Food Chem. 9. 50—53. Jan./Febr. 1961. Ottawa, Food and Drug Directorate.) (Engl.)

Butter weist eine konjugierte, cis–trans- u. eine isolierte trans-Unsättigung, hydriertes Fett nur die letztere auf. Beide Syst. sind im 940—990 cm^{-1}-Bereich des Spektrums nachweisbar. Mittels der Differential-IR-Spektroskopie läßt sich die konjugierte u. isolierte Unsättigung in konst. Verhältnis in reiner Butter nachweisen. Der Zusatz von hydriertem Fett vermehrt die isolierten trans-Doppelbindungen (967 cm^{-1}), läßt aber die konjugierten Bindungen fast unverändert. Auf diese Weise kann man noch 7% hydriertes Fett nachweisen. W. WESLY. 7858☐

Mikrobiologische Prüfung auf Hygromycin B in Futtermitteln. W. W. Hilty. (J. Assoc. off. agric. Chemists 43. 213—23. Mai 1960. Indianapolis, Ind., Eli Lilly and Co., Analytic. Dep.) (Engl.)

Eine in mehreren Labor. ausgeführte Nachprüfung eines Verf. zur mikrobiolog. Best. von Hygromycin B (I) mittels Bacillus subtilis zeigt, daß die Ergebnisse im günstigsten Fall um ±20—25% schwanken. Immerhin gestattet das Verf. die Best. der Wirksamkeit von I enthaltenden Futtermitteln, wenn das damit beauftragte Labor. sich mit dem Verf. genügend vertraut gemacht hat. W. WESLY. 7868☐

Bestimmung von Oleandomycin in Viehfutter. R. C. Kersey. (J. Assoc. off. agric. Chemists 43. 211—13. Mai 1960. Brooklyn, N.Y., Chas. Pfizer Co., Inc., Biol. Control Labor.) (Engl.)

Eine in mehreren Labor. ausgeführte Nachprüfung des abgewandelten Verf. von RANDALL u. BURTON zur Best. von *Oleandomycin* (I; Anwendung eines Phosphat–$NaHCO_3$-Puffers mit pH 8; 90 Min. langes Erhitzen der Probe im Autoklaven auf 20 lbs. Druck; Aufzeichnung einer Eichkurve unter Verw. von Vgl.-Lsg., die I–Chlf.-Gemische, verd. mit CH_3OH u. Puffer-Lsg. enthalten) ergibt übereinstimmende Werte, so daß das Verf. empfohlen wird. W. WESLY. 7868☐

XVII. Fette. Seifen. Wasch- u. Reinigungsmittel. Wachse. Bohnermassen usw.

Sulfoveresterung von Fettalkoholen im Vakuum. L. I. Slominski und M. K. Jakubow. (Маслобойно-Жировая Промышленность [Öl- u. Fett-Ind.] **26.** Nr. 11. 22—25. Nov. 1960. Charkow, Polytechn. Lenin-Inst.) (Russ.)

Verff. zur Sulfoveresterung (SV) von natürlichen u. synthet. Fettalkoholen (I) im Vakuum ohne überschüssige H_2SO_4-Zugabe werden beschrieben. Die vorgeschlagene Meth. senkt den Verbrauch an H_2SO_4 bzw. Soda-Prodd., vermindert die Rolle der Neben-Rkk. u. demzufolge den Verlust an I. Verss. erwiesen, daß eine unter Verw. von $(CH_3 \cdot CO)_2O$ als Dehydratationsmittel bei niedriger Temp. (5—8°) durchgeführte SV die Bldg. von Prodd. mit erhöhter Sulfurierung begünstigt. S. BARYSCHNIKOW. 7884

Fett- und Ölneutralisierung auf wässerig-alkalischer Grundlage. N. A. Kaminski, [N Ss. Arutjunjan und A. I. Kalinin. (Маслобойно-Жировая Промышленность Öl.- u. Fett-Ind.] **26.** Nr. 12. 16—18. Dez. 1960. Saporoshje, Kombinat für Öle u. Fette.) (Russ.)

Beschreibung der Arbeitsweise einer Labor.-App. zur kontinuierlichen Ölneutralisierung im W.–Seife–Lauge-Medium, das die SZ. eines hydratisierten Sonnenblumenöls von 3,28 auf 1,60 zu erniedrigen ermöglichte. Zur Neutralisierung wurde eine 1,0% ig. wss. NaOH-Lsg. von 75—80° angewandt. Eine analog funktionierende (nicht beschriebene) Anlage, ermöglichte eine Produktion von 40 kg/h neutralisiertem Öl.

S. BARYSCHNIKOW. 7886

Aus der Erfahrung der Lagerung von ölreichen Sonnenblumensamen. D. K. Dyschlowoi, A. A. Lutzkaja und D. A. Kirillow. (Маслобойно-Жировая Промышленность [Öl- u. Fett-Ind.] **26.** Nr. 12. 33—34. Dez. 1960. Pawlograd, Ölwerk.) (Russ.)

Ölreiche, 8—14% W. enthaltende Sonnenblumensamen sollen vor der Lagerung gereinigt, bei 35—50° bis zu 7—9% Wasser-Geh. gleichmäßig getrocknet u. bis 20° abgekühlt werden. Samen mit $<$7% Wasser-Geh. sind von guter Lagerfähigkeit, verarbeiten sich aber schwieriger u. liefern Öle geringerer Qualität.

S. BARYSCHNIKOW. 7894

Über die chemische Zusammensetzung der Rückstände bei der Glanzraffination des Sonnenblumenöles. C. Ruckenstein. (Ind. Alimentară-Produse veget. **11.** 173—74. Juni 1960.) (Rum.)

Bei der Hochraffination von Sonnenblumenöl wird ein Rückstand mit 0,20 (%) W., 4,20 Unverseifbarem, 85,80 Fettsäuren (37,60 ungesätt., 48,20 gesätt.) u. 9,80 Glycerin erhalten, der auf Seifen verarbeitet werden kann. R. K. MÜLLER. 7894 □

Farbveränderung bei der Verseifung: Charakteristika verschiedener Fraktionen, wie sie sich bei der Oxydation von Ölsäure ergeben. M. Loury und G. Lechartier. (Rev. franç. Corps gras **8.** 571—79. Okt. 1961. Paris, Inst. des Corps Gras, Labor. Jean-Ripert.) (Franz.)

Verfärbungen, wie sie bei der Verseifung auch von gebleichten, farblosen, begleitstofffreien Fetten u. Ölen in der Seifenindustrie auftreten, beeinträchtigen die Qualität der Fertigprodukte. Da hierfür vor allem Oxydationsvorgänge verantwortlich zu machen sind, werden systemat. Verss. durchgeführt, um an Hand der Prüfung im Labor. prognost. Angaben über das Verh. eines Fettes machen zu können. Glaswolle bestimmter Art wird mit dem Öl getränkt u. in einem Glasrohr unter Durchleiten von Luft bei genormten Bedingungen der Autoxydation ausgesetzt; im aceton. Auszug der ölhaltigen Glaswolle werden bestimmt: Peroxid- u. Farbzahl (Jodfarbe) u. der Geh. an oxydierten Fettsäuren, es erfolgt ferner eine Fraktionierung der rohen Oxydationsprodukte. An Hand der graph. u. tabellar. mitgeteilten Ergebnisse wird ausgeführt, daß bei der Autoxydation von Olein — im flüchtigen Anteil treten Säuren u. Aldehyde auf — erythro- (F. 130—132°) u. threo-Dihydroxystearinsäure (F. 93—95°) gebildet werden. An Hand einer Tabelle wird der Einfl. der einzelnen Fraktionen der Oleinoxydation auf die Verfärbung der Seife dargestellt; diese Fraktionen enthalten polymere Prodd., die durch Dest. abtrennbar sind. K. TÄUFEL. 7894 □

Beziehung zwischen der freien Acidität und dem Geschmack von Speiseöl. Robert Feron und Marc Govignon. (Ann. Falsificat. Expertise chim. **54.** 308—14. Juni 1961. Asnières, Soc. Astra-Calve, Labor.) (Franz.)

Der Geschmack von Speiseöl u. -fett wird von dem Geh. an Butter- bis Stearinsäure sowie Öl- u. Linolsäure beeinflußt. Die untere, geschmacklich wahrnehmbare Konz. ist mit der Wasserölslichkeit der betreffenden Fettsäure verknüpft (unabhängig von derem Sättigungsgrad); sie wird (Zahlentafeln) für die einzelnen Säuren angegeben.

Es erscheint wünschenswert, andere Best.-Verff. zu gewinnen, um die Kenntnisse über unerwünschte Bestandteile von rohem Speiseöl, bes. Oxydations-Prodd., zu erweitern.
W. WESLY. 7900 □

Synthetische Polymermaterialien für die Verpackung von Fetten. W. Nowikow, Ss. Liberman und Je. Mirkin. (Мясная Индустрия СССР [Fleisch-Ind. UdSSR] **31.** Nr. 6. 15—17. 1960.) (Russ.)

Vff. erörtern die Durchlässigkeit von verschiedenen synthet. Polymermaterialien (I) für Licht, Wasserdämpfe u. O_2. Die I für die Verpackung der Fette sollen bes. fettbeständig u. physiolog. unschädlich sein: Polyamid, das Polyäthylen niedrigen Druckes, Polyester u. bes. das harte nichtplastifizierte Polyvinylchlorid haben sich in dieser Hinsicht als einwandfrei erwiesen. S. BARYSCHNIKOW. 7900

Synthetische Waschmittel in Stückform. Alwin Hiller. (Parfumerie, Cosmét., Savons **1.** 112—15. März. 146—49. April 1958.) (Franz.)

Vf. berichtet über Unterss., das Problem der synthet. Waschmittel in Stückform von der Seite des „Syndetträgers" bzw. Gerüstbildners aus zu lösen. Als solche haben sich vor allem Verbb. mit hohem N-Geh., z. T. in Peptidbindung, u. eine oder mehrere aliphat. Ketten, über OH-Gruppen ester- oder ätherartig miteinander verknüpft, in Kombination mit höhermol. Verbb. mit Lsgm.-Charakter, wie sie aus der Kunststoffchemie als Lsgm. u. Geliermittel bekannt sind, gut bewährt. Die Verarbeitung von Kombinationen für vollsynthet. Seifen [60—70% waschakt. Substanz (w.a.S.), 30—40% Syndetträger] u. von Seife–Syndet-Kombinationen (35—60% Seife, 25—50% w.a.S. u. 10—15% Syndetträger) u. die Eigg. der hergestellten Seifen werden besprochen.
H. SPOHN. 7912 □

Gewinnung des synthetischen Waschmittels Asolat-B aus natürlichen Aromaten, welche in einigen Erdölen Aserbaidshans enthalten sind, sowie Aussichten seiner technischen Gewinnung in Baku. 3. Mitt. M. A. Aschimow und M. N. Achmedow. (Доклады Академии Наук Азербайджанской ССР [Ber. Akad. Wiss. Aserbaidshan. SSR] **15.** 803—07. 1959. Forschungsinst. für Erdölchemie.) (Aserbaidshan.; Auszug: Russ.) — 2. vgl. Доклады Академии Наук Азербайджанской ССР [Ber. Akad. Wiss. Aserbaidshan SSR] **15.** [1959.] 673.

Man sulfuriert das Ausgangs-Prod. (die Erdölaromaten) mit SO_3, filtriert nach dem Absitzen durch Glaswattefilter, extrahiert bei 60—65°, wonach man das von den Sulfosäuren befreite Erdöl-Prod. erneut im Kreislauf-Verf. 2 Tage lang sulfuriert. Dann neutralisiert man die Sulfosäuren mit Alkali-Lsg., dampft bis zur erforderlichen Konz. des akt. Stoffes ein u. prüft das erhaltene *Asolat-B* auf Gelbfärbung von Baumwollgewebe. Asolat-B gab beim Waschen keine Gelbfärbung des Gewebes. Die Aromaten der Erdöl-, Gasoil- u. Solarfraktion ergaben befriedigende Fettersatzmittel. Man soll jedoch nicht in Stahl-, sondern Phaolit- bzw. Emaillegefäßen sulfurieren. Das Asolat enthält mehr akt. Stoff, je heller es ist. A. v. WILPERT. 7912 □

Synthetische oberflächenaktive Stoffe auf der Grundlage von Rohstoffen der Kokereien. B. M. Patz. (Химическая Промышленность [Chem. Ind.] **1960.** 109 bis 112. März.) (Russ.)

Die aus Teerfraktionen erhaltenen Alkylarylsulfonate stellen wertvolle oberflächenakt. Stoffe (OS) dar. Sie werden mit Monohydrat, Oleum oder Chlorsulfonsäure erhalten. Die Eigg. dieser OS hängen von ihrer Konstit. ab. Sie nehmen z. B. zu in der Reihe Methylbutylnaphthalin- $<$ Butylphenanthren- $<$ Butylacenaphthen- $<$ Butylnaphthalinsulfonat, ferner mit der Länge der Alkylgruppe (von C_4 bis C_{10}). Dadurch wird auch die Eignung der OS als Netz-, Emulgier- oder Waschmittel bestimmt. Zweckmäßig werden keine zu breiten Fraktionen, sondern z. B. solche mit einem Siedebereich von nur 10° Differenz zwischen Siedebeginn u. -ende, verwendet. Zahlreiche Beispiele aus der Literatur werden erörtert. — 7 Literaturhinweise. R. K. MÜLLER. 7912 □

Löslichkeit von Kohlenwasserstoffen und einigen katiogenen oberflächenaktiven Stoffen in wäßrigen Lösungen von synthetischen Waschmitteln. Je. Ss. Skriptschenko, K. I. Orlowa und G. A. Snamenskaja. (Маслобойно-Жировая Промышленность [Öl- u. Fett-Ind.] **26.** Nr. 12. 27—29. Dez. 1960. Moskau, Zweigstelle des Allunions-Forsch.-Inst. für Fette.) (Russ.)

Es wurden folgende homogene u. stabile Syst. hergestellt: wss. Olefinsulfat-Lsg. + Trichloräthylen (I); wss. Olefinsulfat-Lsg. + aus Sojafettsäuren dargestellte u. in I gelöste Diamine; wss. Alkylsulfonat-Lsg. + I; wss. Alkylsulfonat-Lsg. + Diamin-Lsg. in I. Diese Syst. aus oberflächenakt. anionogenem Oleinsulfat bzw. Alkylsulfonat u. kationogenem Fettsäurediamin stehen im Gleichgewicht, sind von theoret. Interesse u. können zur Entfernung von Öl- u. Fettflecken aus Fasern u. Textilien angewandt werden.
S. BARYSCHNIKOW. 7916

Rheologisch brauchbare Wachse aus Wollfett. A. H. Milburn und E. V. Truter. (J. appl. Chem. **10.** 226—28. Mai 1960. Leeds, Univ., Textile Chem. Labor.) (Engl.)

Für Putzmittel geeignete Wachse können durch Acylierung aliphat. Diamine mit Wollwachssäuren oder mit Wollfettstearinen hergestellt werden. Das Unverseifbare muß jedoch vor der Umsetzung aus den Säuren entfernt werden, weil sonst das Endprod. weich u. klebrig ist. Die rheolog. Eigg. der Äthylendiamide u. der Hexamethylendiamide von raffinierten Wollfettsäuren sind denjenigen von Bienenwachs weit überlegen.

F. ROSENDAHL. 7924□

Beiträge zur Analyse der Fette. Zur Bestimmung der Verseifungszahl. B. Baehler, G. Chams und E. Cherbuliez. (Pharmac. Acta Helvetiae **36.** 338—41. Mai 1961. Beil. zu: Schweiz. Apotheker-Ztg. Genève, Univ., Labor. de Chim. organ. et pharm.) (Franz.)

Da die bei der Fettverseifung entstehenden Hydrolyse-Prodd. sehr häufig gefärbt sind, bereitet die Best. der VZ. oft erhebliche Schwierigkeiten. Diese kann man dadurch umgehen, daß man bei der Best. der VZ. zunächst nur etwas mehr als die Hälfte der zur Verseifung erforderlichen KOH-Menge einsetzt, den unverseiften Anteil quant. mit Ae. extrahiert, den Ae. abdest. u. den Rückstand mit der restlichen der für die Verseifung vorgesehenen KOH-Menge verseift u. dann, wie üblich, mit HCl zurücktitriert. Diese fraktionierte Verseifung gibt zuverlässige VZ.-Werte. In ähnlicher Weise arbeitet ein Tüpfel-Verf., das neben der oben aufgeführten fraktionierten Titration ebenfalls ausführlich beschrieben wird.

H. P. FIEDLER. 7932□

Papierchromatographische Untersuchung der Fette. Miklós Jáky. (Élelmezési Ipar [Lebensmittelind.] **15.** 289—94. Okt. 1961. Budapest, Pflanzenöl-Forsch.-Inst.) (Ung.)

Es werden verschiedene Verff. zur quant. Best. der Fettsäuren C_{10}—C_{24} besprochen. Zur Auswertung der Chromatogramme eignen sich die photometr. Meth. von SEHER (vgl. Fette, Seifen, Anstrichmittel **61.** [1959.] 855) u. das Verf. mit radioakt. Ag von JÁKY u. KAFFKA (vgl. C. **1962.** 3305) am besten. Die neuesten Grund-Verff. zur Trennung der Mono-, Di- u. Triglyceride u. die Bedeutung der Fleckzahl werden erörtert.

K. GÄRTNER. 7932

Anwendung der differenzierenden thermischen Analyse bei der Untersuchung der Fette. 1. Mitt. Binäre Gemische von 1-Mono-, 1.3-Di- und Tristearinen. R. Perron, J. Petit und C. Paquot. (Rev. franç. Corps gras **8.** 559—71. Okt. 1961. Bellevue (Seine-et-Oise), Labor. de Lipochimie du C.N.R.S.) (Franz.)

Überblick über die Anwendung der therm. Analyse von Glyceriden, wie sie vor allem bei Unterss. über die Polymorphie dieser Verbb. herangezogen wird. Mit definierten Stearinen (1-Mono-, 1.3-Di-, Tristearin) werden mittels der im einzelnen beschriebenen App. u. Arbeitsweise die entsprechenden Messungen vorgenommen u. Diagramme der vorgenannten 3 Stearine einzeln wie in bin. Gemischen über ihr Verh. in Abhängigkeit von der Temp. angegeben. Es wird festgestellt, daß durch die Best. der Temp. bei den beim Erwärmen erfolgenden Zustandsänderungen Aussagen über verschiedene Eigg. der bin. Gemische möglich werden, bes. über die Existenz von Gleichgewichtszuständen der Gemische mit höherem Schmelzpunkt. — 32 Literaturangaben.

K. TÄUFEL. 7932□

Der Emulgator Me 18. J. Spiteri und J. Gastang. (Ann. Falsificat Expertise chim. **54.** Nr. 628. 169—76. April 1961.) (Franz.)

Der der Margarine zur Verhinderung des Spritzens zugesetzte (giftig wirkende) Emulgator Me 18 (*3-[7-Carboxyheptyl]-6-hexylcyclohexen-(4)-1.2-dicarbonsäure*, I) ist eine hellgelbe, leicht klebende, fettige Masse, schwer lösl. in A. bei 95°, unlösl. in PAe., lösl. in Ae., Aceton, Bzl. u. Cyclohexan, JZ. 63,3, VZ. 219,5 (Theorie 224). Die nach SPITERI [1954] ausgeführte Fettsäure-Chromatographie ergibt eine Säure mit dem R_F-Wert 0,95. Verstzt man die Seifen-Lsg. nach Extraktion des Fettalkohols mit $CaCl_2$-Lsg. so erhält man einen Nd., dessen Filtrat mit PAe. eine ungesätt. Säure gibt, die fast die Front des Lsgm. erreicht. Die aus den Ca-Salzen frei gemachten, mit Ae. extrahierten Fettsäuren liefern bei der Fraktionierung über die NH_4-Salze eine Fraktion A, die hauptsächlich aus ungesätt. Fettsäuren mit R_F-Werten nahe denen der Öl- u. Linolsäure besteht u. eine Fraktion B, in der sich I wiederfindet. Zum Nachw. von I in Margarine gibt man einige mg der Fettschicht aus einer bei 70° zentrifugierten Probe auf Filterpapier u. entwickelt mit PAe. durch aufsteigende Chromatographie, taucht das getrocknete Papier in eine Nilblau- u. eine alkal. Lsg. u. erhält einen blauen Fleck, der I anzeigt.

W. WESLY. 7934□

Eine p-Toluidinmethode zur Bestimmung der Konzentration von oberflächenaktiven Stoffen. K. D. Podschibjakina. (Текстильная Промышленность [Textil-Ind.] **21.** Nr. 3. 63—64. März 1961.) (Russ.)

Die von PARAMONOW (vgl. C. **1962.** 7006) vorgeschlagene Behandlung mit NaOH statt mit CCl_4 bei der *Sulfanol*-Best. wird abgelehnt. T. LUKANOFF. 7942☐

Stearinerie-Savonnerie de Clichy Cusinberche, Frankreich (Erfinder: Michel Démarcq), **Ester von polyhydroxylierten tertiären Aminen** mit hohem Monoester-Geh., hoher Kationenaktivität u. Wasserlöslichkeit werden erhalten, indem man Aminoalkohole, wie Triäthanol-, N-Methyldiäthanol-, N-Äthyldiäthanol-, Tripropanol-, Triisopropanol-, N.N.N'.N'-Tetraäthanoläthylendiamin, in Ggw. von Alkali- oder Erdalkalihydroxyden, -alkoholaten, -amiden, -carbonaten, -bicarbonaten, -acetaten oder -seifen bei 180—220° mit höheren Fettsäuren oder ihren Estern (Stearinsäure, Ölsäure, Laurinsäure, Methyloleat, Triäthanolamindioleat) umsetzt. (**F. P. 1 216 399** vom 21/11. 1958, ausg. 25/4. 1960.) S. BÖTTCHER. 7913

Hans Paul Kaufmann, Deutschland, *Extraktion von Lipoiden.* (**F. P. 1 170 215** vom 17/11. 1956, ausg. 12/1. 1959. — C. **1957.** 6621 [D. A. S. 1 000 225].)

Buss Akt.-Ges., Schweiz (Erfinder: **Ernst Gfeller**), *Selektive Hydrierung von ungesättigten pflanzlichen und tierischen Ölen und Fetten.* (**F. P. 1 196 225** vom 20/5. 1958, ausg. 23/11. 1959. Schwz. Prior. 28/5. 1957. — C. **1961.** 11184 [Belg. P. 567 973].)

Solvay & Cie., Belgien, *Entfärben von Ölen und Fetten.* (**F. P. 1 149 862** vom 23/5. 1956, ausg. 2/1. 1958. It. Prior. 24/5. 1955. — C. **1960.** 10796 [Belg. P. 548 002].)

Scottish Oils Ltd., England (Erfinder: **Daniel Stewart**), *Herstellung von konzentrierten wässerigen Lösungen von oberflächenaktiven Mitteln.* (**F. P. 1 169 914** vom 21/3. 1957, ausg. 7/1. 1959. E. Prior. 6/4. 1956. — C. **1960.** 7719 [E. P. 805 741].)

Farbwerke Hoechst Akt.-Ges., vormals Meister Lucius & Brüning, Frankfurt/M. (Erfinder: **Josef Kaupp, Guido von Rosenberg** und **Günther Koenig**, Gersthofen), *Öl-, fett- oder wachsartige Polycarbonsäureester.* (**Schwz. P. 356 119** vom 7/2. 1957, ausg. 29/9. 1961. D. Prior. 9/2. 1956 u. 23/1. 1957. — C. **1958.** 2306 [D. A. S. 1 011 872].)

XVIIIa. Holz. Cellulose. Zellstoff. Papier. Papierdruck. Celluloid. Linoleum

Sulfat-reduzierende Bakterien, ihre Produktion von Sulfid und ihre wirtschaftliche Bedeutung. Robert L. Starkey. (Tappi **44.** 493—96. Juli 1961. New Brunswick, N. J., State Univ., Abt. für Microbiologie des Ackerbaus.) (Engl.)

Sulfatreduzierende Bakterien sind in der Natur weit verbreitet, sie finden sich im Boden, in W. u. Abwasser. Sie sind anaerob u. reduzieren während ihres Stoffwechsels Sulfat zu Sulfid. Sie können gewisse organ. Säuren oxydieren, greifen aber Cellulose nicht an. Sie spalten aus Ammoniak u. manchen Aminosäuren N ab u. zerlegen auch N_2. Sie sind bei pH-Werten zwischen 5,5 u. 9,0 wirksam u. arbeiten bei niedrigen u. hohen Temp. (55°). Manche Kulturen pflanzen sich durch Sporen fort. Sie können sich zusammen mit anderen Bakterien entwickeln u. verursachen so das Fleckigwerden von Papierzellstoff durch FeS-Bldg. u. die Korrosion von Stahl in Rohrleitungen, Behältern u. Pumpen. In Gewässer abgelassene Zellstoffabfälle beschleunigen das Wachstum der Bakterien u. dadurch auch die H_2S-Entwicklung. Durch keimtötende Zusätze, Kontrolle des pH-Wertes, Belüftung u. Ausschluß der organ. Nährstoffe kann das Bakterienwachstum gehemmt werden. Ein wirksamer Korrosionsschutz ist sowohl durch Isolierung als auch durch kathod. Behandlung der Metalle möglich. F. LANG. 7950☐

Untersuchungen über die Rinden der Salicaceenfamilie. 4. Mitt. Vorläufige Abschätzung des Glucosidanteils in verschiedenen Rinden von Pappelarten. Irwin A. Pearl, Stephen F. Darling, Herman Dehaas, Ben A. Loving, Donald A. Scott, Roy H. Turley und Richard E. Werth. (Tappi **44.** 475—78. Juli 1961. Appleton, Wis., Inst. für Papierchemie.) (Engl.) — 2. vgl. C. **1961.** 7229.

Rinden von 6 Pappelarten, die für die Zellstoff- u. Papierindustrie wichtig sind, wurden mit heißem W. extrahiert, die wss. Auszüge wurden durch Behandlung mit bas. Pb-Acetat geklärt, dann bleifrei gemacht u. eingedampft. Die konz. Lsgg. wurden durch Gegenstromverteilungs-Meth., chromatograph. Unters. usw. auf glucosid u. phenol. Verbb. untersucht. In allen Rinden wurde *Salicin* gefunden, eine Rindenart enthielt kein *Salireposid*. Tremuloidin enthielten nur die Rinden von *p.tremuloides* u. *p.grandidentata*. Diese beiden Arten besaßen mengenmäßig den höchsten Extrakt-Geh. u. scheinen die einzigen zu sein, die sich für Glucosidisolierungs-Unters. in größerem Umfang eignen. Die papierchromatograph. Unters. ergab in allen Rinden die Anwesenheit vieler bis jetzt noch nicht bekannter Glucoside, manche scheinen in erheblichen Mengen vorhanden zu sein. Es wurden auch phenol. Verbb. in den Extrakten festgestellt. Die Anwesenheit dieser phenol. Verbb. läßt die Existenz von Glucosiden oder Glucosidestern mit Phenolen in den Heißwasserextrakten der Rinden möglich erscheinen. F. LANG. 7952☐

Untersuchungen über die Nitrierung von Eucalyptus rostrata. 3. Mitt. **Hydrolyse von nitriertem Holz.** Joseph A. Epstein und Menachem Lewin. (Tappi **43.** 630—34. Juli 1960. Jerusalem, Israel; Inst. for Fibres and Forest Products, Ministry of Commere and Industry.) (Engl.) — 1. vgl. C. **1959.** 986; 2. vgl. Tappi **42.** [1959.] 549.

Aus Holzmehl von *E. rostrata* u. aus der nach der Chlorit-Meth. daraus gewonnenen Holocellulose werden die nitrierten Prodd. hergestellt. Beide werden mit 5 n H_2SO_4 bei 50°, 74° u. 101° hydrolysiert. Das hydrolysierte Material wird durch Extrahieren mit Aceton u. Ausfällen des Extrakts mit W. u. a. in eine acetonlösl. (I) u. eine acetonunlösl. (II) Fraktion getrennt. I entspricht der α-Cellulose des Holzes, II dem vermuteten Cellulose/Hemicellulose-Komplex des Holzes. Bei längerer Hydrolyse nimmt I zu, II dagegen ab; die Geschw.-Konst. der Rk. ist erster Ordnung. Die Ergebnisse werden dahin gedeutet, daß zwischen Cellulose u. Hemicellulose, weniger zwischen Kohlenhydrat u. Lignin, eine Bindung besteht. Durch H_2SO_4 wird diese Bindung gelöst u. dadurch erst die nitrierte Cellulose acetonlöslich. Angaben über DP u. N-Geh. der nitrierten Produkte.
M. HAGEDORN. 7952□

Die Chemie von Reaktionsholz. 3. Mitt. **Die gemahlenen Holzlignine (MWL) aus Eukalyptus goniocalyx und Pinus radiata.** David E. Bland. (Holzforschung **15.** 102—06. Sept. 1961. Melbourne, Australien, C.S.I.R.O., Abt. für Waldwirtschaft.) (Engl.) — 2. vgl. C. **1959.** 10098.

Aus reaktionsholzhaltigen Teilen von Eukalyptus u. Kiefer wurden die MWL isoliert. Aus Zugholz von Eukalyptus konnte nur wenig MWL isoliert werden, sie konnten dann aus dem zur Reinigung verwendeten Lsgm. nicht mehr ausgefällt werden. Aus Kieferdruckholz konnte sehr viel MWL isoliert werden, mehr als die Hälfte davon war aber unlösl. u. eignete sich nicht zur Reinigung durch Ausfällung. Die mit Nitrobenzol erhältlichen Oxydations-Prodd. (Vanillin u. Syringaaldehyd) fallen aus allen MWL in etwa gleichen Ausbeuten an. Das MWL aus Kieferdruckholz lieferte bei der Oxydation eine größere Menge p-Hydroxybenzaldehyd, diese Verb. konnte aus normalem Holzlignin nicht isoliert werden, auch der unlösl. Rückstand der Kieferdruckholz-MWL enthielt keinen p-Hydroxybenzaldehyd. Nach diesen Ergebnissen befinden sich alle methoxylfreien aromat. Kerne, die Aldehyde bilden können, in den MWL-Fraktionen. Alle isolierten Lignine lieferten bei der Säure-Dest. Formaldehyd u. enthielten CO- u. p-Hydroxybenzylalkoholgruppen. Das IR-Spektrum wies auf COOH-Gruppen in allen isolierten Ligninen hin (Ausnahme: Druckholzlignin). Es ist folglich anzunehmen, daß Zugholzlignin nicht anomal ist, es ist nur enger mit der Polysaccharidstruktur verbunden. Druckholzlignine dagegen sind anomal, da der Methylierungsmechanismus während der Ablagerung gestört ist.
F. LANG. 7952□

Untersuchungen über die Mannane und Xylane in Weichholz. 2. Mitt. Alfred J. Morak und Kyle Ward jun. (Tappi **44.** 12—22. Jan. 1961. Appleton, Wis.; The Inst. of Paper Chemistry.) (Engl.) — 1. vgl. C. **1962.** 5515.

Aus *Picea excelsa*-Hackspänen u. aus dem ungebleichten Sulfitzellstoff u. dem ungebleichten Kraft-Sulfatzellstoff daraus werden die Holocellulosen nach dem Chlorit-Verf. von WISE u. a. hergestellt. Diese extrahiert man nacheinander mit KOH, KOH + K-Metaborat, NaOH. Dadurch werden die Hemicellulosen selektiv aus dem Zellstoff entfernt. Der größte Teil der Xylane wird als heterogenes Gemisch mit hohem Geh. an Glucose u. Mannose herausgelöst. Die Metaborat-Stufe entfernt ein Glucomannan (ca. 75% Mannan), das auch ohne Fraktionierung schon weitgehend rein ist; Xylan-Geh. ca. 1%. Der Extrakt der NaOH-Stufe ist ebenfalls arm an Xylan, enthält aber ein an Glucose reiches Glucomannan. Röntgenaufnahmen von den nicht fraktionierten Hemicellulosegemischen und Molgew.-Best. vervollständigen die Untersuchung.
M. HAGEDORN. 7952□

Zur Vergilbung von Zellstoff. 2. Mitt. H. Sihtola, B. Anthoni, Y. Hentola, I. Palenius und N.-E. Virkola. (Paperi ja Puu **40.** 579—84. 28/11. 1958. Oy Keskuslaboratorio-Centrallaboratorium AG.) (Engl.) — 1. vgl. C. **1959.** 4009.

Aufführung der Arbeiten über die Ursachen der Vergilbung (V) von Zellstoff unter dem Einfl. von Wärme, Licht u. der Alterung. In neuen Verss. werden Baumwollcellulose (I) u. daraus mit Perjodat hergestellte Oxycellulose (II) mit bei der Stoffbleiche üblichen Oxydations- u. Red.-Mitteln behandelt. Es zeigt sich, daß aldehyd. Carbonylendgruppen in I die V nicht beeinflussen u. daß die Wärmebehandlung von I u. II deren Cu-Zahl u. Carboxylgruppen-Geh. nicht wesentlich ändert. Dagegen wird der Carboxyl-Geh. der aus II durch Chloritoxydation gewonnenen „Dicarboxylcellulose“ durch Wärme-Einw. deutlich gesenkt. Die Viscosität von I u. bes. II fällt bei Hitzeanwendung erheblich.
M. HAGEDORN. 7954□

Oxydation von ICCA-Zellstoffen mit Bleitetraacetat. Richard W. Detrick. (Tappi **43.** 634—38. Juli 1960. Kaukana, Wis.; Thilmany Pulp and Paper Co.) (Engl.)

Zur Ausweitung des Befundes von STEINMANN u. WHITE werden die 8 Zellstoffe des INTERNATIONAL COMMITTEE FOR CELLULOSE ANALYSIS der Oxydation mit Bleitetraacetat (I) bei 50° unter drast. Bedingungen unterworfen. Die Mannoseeinheiten werden vorzugsweise entfernt, 45—72% der ursprünglichen Anzahl; dabei ist der Temp.-Einfl. von Bedeutung. Der Abbau der Xyloseeinheiten ist mit 27—43% kleiner, aber bedeutsam. Die chromatograph. Feststellung von Erythrose im Hydrolysat deutet auf 2.3-Glykoloxydation einer Hexoseeinheit hin. Der Polymerisationsgrad hat auf die Ausdehnung der Oxydation mit I wenig Einfluß. Der Einfl. der Zugänglichkeit (accessibility) des Zellstoffs tritt gegenüber dem des Geh. an Mannose zurück; das Verhältnis Zugänglichkeit/I-Verbrauch muß noch eingehender untersucht werden. Der Abbau der Zuckereinheiten ist keine reine Oxydation, sondern ist wohl mit einer beschränkten Hydrolyse oder einem Löslichwerden der Zuckereinheiten in dem zugänglichen amorphen Bereich des Zellstoffs verbunden. M. HAGEDORN. 7956□

Der Mechanismus des sauren Bisulfitaufschlusses. 1. Mitt. **Der Einfluß von Temperaturreihen und Hackschnitzelgröße auf die Aufschlußgeschwindigkeit.** W. J. Nolan. (Tappi **44.** 484—93. Juli 1961. Gainesville, Fla., Zellstoff- u. Papierlabor. der Univ. von Fla.) (Engl.)

Der Vf. kochte normale Hackschnitzel u. zerkleinerte Hackschnitzel mit Ammoniumbisulfit-Lsg. (5,2% Gesamt-SO_2, 1,2% geburdenes SO_2) u. mit schwefliger Säure nach 3 Temp.-Reihen (9 Std. bei 135°; 6 Std. bei 142°; 30 Min. bei 148°). Die Gesamt- u. sortierten Ausbeuten, Lignin-Geh. u. DP-Werte der Zellstoffe werden mitgeteilt. Es zeigte sich, daß keine Schwarzkochung eintrat, auch nicht bei den Kochungen die in 3 Min. auf 148° gebracht wurden. Die zerkleinerten Hackschnitzel waren immer schneller aufgeschlossen u. ergaben höhere sortierte Ausbeuten als die normalen Hackschnitzel. Bei Kochung von zerkleinerten Schnitzeln u. 30 Min. bei Maximal-Temp. wurde eine sortierte Ausbeute von 50,6% erhalten in einer Gesamtkochzeit von 120 Min., der Zellstoff hatte noch 8,2% Lignin u. einen DP-Wert von 1900. Normale Hackschnitzel konnten unter den gleichen Bedingungen nicht vollständig aufgeschlossen werden, die sortierte Ausbeute betrug weniger als 45%. Weitere Verss. befaßten sich mit dem Aufschluß von normalen u. zerkleinerten Hackschnitzeln, die 6 Std. bei Normaltemp. in der Kochflüssigkeit vorimprägniert worden waren. Es wurde 30 Min. bei 148° gekocht. Es zeigte sich, daß durch die Vorimprägnierung eine beträchtliche Abnahme der Rk.-Geschw. eintrat, weiter nimmt die sortierte Ausbeute ab u. der Celluloseabbau zu. Vorimprägnierung mit Ammoniumbisulfit-Lsg., die kein freies SO_2 enthielt, blieb ohne Wrkg. auf sortierte Ausbeute u. Rk.-Geschw., führte aber auch zu einem leichten Abbau der Cellulose. F. LANG. 7962□

Untersuchungen über den Mechanismus der Chlordioxidbleiche. R. A. Murphy, K. Kakehi und K. V. Sarkanen. (Tappi **44.** 465—67. Juli 1961. Syracuse, N.Y., Celluloseforsch. Inst., Staatsuniv. für Waldwirtschaft.) (Engl.)

Die partielle Umwandlung gewisser Ligninmodell-Verbb. zu Peroxiden durch die Wrkg. wss. ClO_2-Lsgg. kann als erwiesen angesehen werden. Die Vff. diskutieren den möglichen Mechanismus solcher Umwandlungs-Rkk. u. die Bedeutung der peroxid. Zwischenprodd. für die Bleiche u. Entlignifizierung von Holz u. Zellstoffen. F. LANG. 7964□

Entmethylierung von Lignin und Ligninmodellsubstanzen durch wässerige Chlorlösungen. 1. Mitt. **Nadelholzlignine.** K. V. Sarkanen und R. W. Strauss. (Tappi **44.** 459—64. Juli 1961. Syracuse, N.Y., Celluloseforsch.-Inst., Staatsuniv. für Waldwirtschaft.) (Engl.)

Die Eigentümlichkeiten der durch Cl_2 katalysierten Hydrolyse aromat. Methoxylgruppen wurde an verschiedenen Nadelholzligninen untersucht. Die Rk.-Geschw. ist allg. sehr groß, mit Ausnahme jener Fälle wo 2 Substituenten in o-Stellung vorhanden sind, die keine phenol. OH-Gruppen enthalten. Dieser reaktionshemmende Einfl. wird auch durch chlorsubstituierte Prodd. ausgeübt, die bei der Chlorierung als Nebenprod. anfallen. Die Entmethylierung der Nadelholzlignine konnte mit diesen Vorstellungen erklärt werden. Die Hydrolyse aromat. Ätherbindungen durch katalyt. Wrkg. von Chlor scheint eine allg. Rk. zu sein, die in beträchtlichem Umfang bei der Ligninentfernung im Verlauf der Bleiche von Zellstoffen stattfindet. Die Rk. ist wahrscheinlich der chlorkatalysierten Hydrolyse der glycosid. Bindungen der Cellulose u. verschiedener anderer Glycoside sehr ähnlich. F. LANG. 7966□

Die Reaktionsfähigkeit von Cellulose. 3. Mitt. **Die Nitrierung von Baumwolllinters, die abwechselnd bei verschiedenen Temperaturen mit Wasser befeuchtet und wieder getrocknet wurden, und die wahrscheinliche Verteilung der Nitratgruppen.** T. P. Yin und R. K. Brown. (Canad. J. Chem. **37.** 444—53. Febr. 1959. Edmonton, Canada, Univ. of Alberta, Fakultät für Chemie.) (Engl.)

Baumwollinters, die bei 0° oder 20° abwechselnd mit W. befeuchtet u. getrocknet wurden, zeigen bei der Nitrierung mit zunehmender Zahl der Befeuchtungs-Trocknungsvorgänge immer leichtere Nitrierbarkeit. Für Linters, die der gleichen Behandlung bei 50°, 75° oder 100° unterworfen wurden ergibt sich eine umgekehrte Abhängigkeit. Die Analyse der nach der Bleitetraacetat-Meth. erhaltenen Ergebnisse (Oxydation der Nitrate) zeigt, daß die Veränderungen der Rk.-Fähigkeit hauptsächlich auf die stärkere Beeinflußbarkeit der prim. OH-Gruppen zurückzuführen ist, deren Zugänglichkeit durch die Befeuchtungs-Trocknungsvorgänge stärker beeinflußt wird als die der sek. OH-Gruppen. F. LANG. 7970

Die Haftung von feuchten Papierbahnen an den in Papiermaschinen vorkommenden Oberflächen. J. Mardon. (APPITA — J. Austral. Pulp Paper Ind. **15.** 14—34. Juli 1961. Rumford, Maine, Oxford Paper Company.) (Engl.)

An einem beschriebenen Prüfgerät wurden Unterss. über die Haftfestigkeit von feuchten Papieren in Abhängigkeit von dem Abzugswinkel, dem Feuchtigkeits-Geh. sowie der Faserstoff-Zus. an verschiedenen Oberflächen von Metallen u. anderen Werkstoffen durchgeführt, die in einer Papiermaschine vorkommen. Die experimentellen Meßergebnisse wurden in Tabellen u. Kurven mit den Messungen der Praxis verglichen, um daraus die günstigsten Verhältnisse zum Betreiben von Papiermaschinen abzuleiten. H. MEYER. 7974 □

Irreversibles Unlöslichmachen von Casein mit Hilfe von Dialdehydstärke. F. B. Weakley, C. L. Mehltretter und C. E. Rist. (Tappi **44.** 456—59. Juli 1961. Peoria, Ill., Northern Regional Res. Labor.) (Engl.)

Die Vff. untersuchten die Einfl. von pH u. Konz. auf die Quervernetzung von Casein durch Dialdehydstärke (DAS), die in wss. Boraxdispersionen verwendet wurde. Durch Abänderung des Verhältnisses DAS:Casein wurden unlösl. Prodd. erhalten, die sich aber in ihrer Zus. voneinander unterscheiden. Als am günstigsten wurde gefunden 25 g DAS pro 100 g Casein. Die Stabilität der Viscosität von DAS-Caseindispersionen konnte durch geeignetes Zusammenmischen der Komponenten unter schwach sauren Bedingungen erreicht werden. Bei pH-Werten über 7 trat rasche Rk. u. Gel-Bldg. ein. Die Unterss. zeigen, vielversprechende Verw.-Möglichkeiten für DAS als unlöslichmachendes Agens für Casein. Bes. für das Streichen von Papieren mit Casein/Pigmentgemischen können diese Unterss. von Interesse sein. F. LANG. 7978 □

Kunststoffsuspensionen als Bindemittel in Clay-Streichfarben für Papiere. H. Yasuda und V. Stannett. (Tappi **44.** 96—101. Febr. 1961. Syracuse, N.Y., Coll. of Forestry.) (Engl.)

Die Eigg. von Clay-Streichfarben, die als Bindemittel 10—20% Kunststoffe (Styrol-Butadien-Latex, Acryl-Copolymere, Polyvinylacetat, Vinyl-Dibutylmaleat-Copolymere) enthielten, wurden mit Streichfarben verglichen, die Stärke u. Kunststoff (1:1) enthielten. Es wurden Rupffestigkeit, Lakierfähigkeit, Glanz, Steifigkeit, Glätte, Weiß-Geh. sowie Opazität geprüft. Polyvinylacetat zeigte ein zu geringes Bindevermögen. Da die untersuchten Kunststoffe thermoplast. Eigg. haben, wurden die Einfl. von Art u. Temp. der Trocknung, Druck u. Temp. beim Kalandrieren bei diesen Streichmassen genau untersucht u. mit dem Verh. der einzelnen Kunststoffe verglichen. Die Art Entwässerung u. die Temp. der Film-Bldg. hat einen beträchtlichen Einfl. auf die Haftfestigkeit dieser Streichfarben. H. MEYER. 7982 □

Untersuchungen über das naßfeste Papier. 12. Mitt. **Die Einflüsse des Ligningehalts und der morphologischen Faktoren auf die Wärmebehandlung von Papier.** Isamu Yoshino, Shozo Senda und Yoshiaki Sumikawa. (J. Soc. Textile Cellulose Ind., Japan [Sen-i Gakkaishi] **11.** 330—35. Juni 1955.) (Jap.; Auszug: Engl.) — 8. vgl. C. **1954.** 11331.

Im Rahmen der Feststellung, daß nur die Wärmebehandlung (WB) die Naßfestigkeit (NF) von Papier steigert u. sie annähernd auf die Höhe der harnstoff- u. melaminharzhaltigen Papiere bringt, werden der Einfl. des Lignins (I) u. der morpholog. Faktoren untersucht. Bei der WB wird die Ausbildung der NF durch I gestört, die der Trockenfestigkeit (TF) dagegen nicht; den möglichen Ursachen hierfür wird nachgegangen. Das Mahlen der Fasern begünstigt die Steigerung der TF, weniger die der NF, u. feinere Fasern sind den Auswirkungen der WB nicht zugänglicher. Papiere aus Baumwolle, Viscose-Reyon u. Holzzellstoff werden alle bei der WB naßfester, aber in deutlich verschiedener Weise; dafür werden Erklärungs-Verss. gegeben. Cellulosen von niederem DP sprechen auf die WB bei 130° weniger, bei 190° aber stärker an als Cellulosen von höherem DP. M. HAGEDORN. 7984□

Einreißfestigkeit kunststoffimprägnierter Papiere. Paul J. McLaughlin. (Tappi **44.** 338—43. Mai 1961. Philadelphia, Pa., Rohm & Hasa Co.) (Engl.)

Die Anfangs- sowie die normale Einreißfestigkeit von Papieren, die mit thermoplast. Kunststoffen imprägniert wurden, wird von deren Zus. empfindlich beeinflußt. Für einige einfach gebaute Kunststoffe wurde gefunden, daß mit Anstieg deren Härte auch die Reißfestigkeit der damit imprägnierten Papiere ansteigt, während die Einreißfestigkeit abnimmt. Es zeigte sich weiterhin, daß die Einreißfestigkeit bei gleichem Kunststoff-Geh. noch von der Durchführungsart der Prüfung abhängt. In fast allen Fällen wurden für eine bestimmte Arbeits-Geschw. maximale Festigkeitswerte ermittelt, die ihrerseits von der Zus., Art u. Härte der Kunststoffe u. den verwendeten Emulgatoren abhängen. Die Unters.-Ergebnisse können als Abhängigkeiten von der Festigkeit der Kunststoffe, von der Faser-zu-Faser Bindung sowie von der Haftfestigkeit der Kunststoffe an der Faser aufgefaßt werden. H. MEYER. 7984□

Skånska Ättikfabriken A/B, Perstorp, Schweden, *Harzartige Kondensationsprodukte.* (**Schwed. P. 165 580** vom 26/8. 1955, ausg. 2/12. 1958. — **C. 1960.** 5016 [E. P. 800 201].)

A/S Protan (Erfinder: **Harald Stokland**), Drammen, Norwegen, *Erzeugung eines glatten Überzuges auf Papier- oder Kartonbahnen.* (**Schwz. P. 340 702** vom 22/2. 1955, ausg. 15/10. 1959. Schwed. Prior. 23/2. 1954. — **C. 1958.** 3481 [E. P. 776 799].)

Unilever N. V., Rotterdam, Holland (Erfinder: **W. Schoppmeyer**), *Herstellung von fungicidem und bakterizidem Pergamentpapier.* (**Belg. P. 535 820** vom 17/2. 1955, ausg. 19/12. 1958. D. Prior. 18/2. 1954. — **C. 1957.** 12335 [F. P. 1 119 356].)

Dow Chemical Co., Midland, Mich., V.St.A. (Erfinder: **Clarence I. Moyle** und **Charles G. Humiston**), *Herstellung von gegen Mikroorganismen widerstandsfähigem Papier.* (**E. P. 794 406** vom 16/10. 1956, ausg. 7/5. 1958. — **C. 1958.** 6996 [A. P. 2 780 546].)

Montecatini Soc. Gen. per l'Industria Mineraria e Chimica (Erfinder: **Alberto Bonvicini**), Mailand, Italien, *Druckfarbe.* (**D. A. S. 1 106 781** Kl. 151 vom 3/4. 1958, ausg. 18/5. 1961. It. Prior. 10/4. 1957. — **C. 1961.** 5651 [Oe. P. 205 515].)

General Foods Corp., White Plains, N.Y., V.St.A., *Mehrschichtiges Verpackungsmaterial und seine Herstellung.* (**E. P. 805 975** vom 29/9. 1955, ausg. 17/12. 1958. A. Prior. 22/10. 1954. — **C. 1959.** 16195 [D. A. S. 1 049 695].)

Holztechnologie. Wissenschaftlich-technische Zeitschrift. 3. Jahrgang. Herausgeg. vom Institut für Holztechnologie und Faserbaustoffe, Dresden. Leipzig: Fachbuchverlag. 1962. Erscheint dreimal jährlich. Einzelpreis DM 8,—.

—, Industrial nitrocellulose. Revised edit. London: Imperial Chemical Industries. 1961. (VII + 126 S. m. Taf., Tab. u. Diagr.)

XVIIIb. Textilfasern

Chlorretention und reaktionsfähige Wasserstoffatome am Stickstoffharz. Wilhelm Vauck und Bodo Junghans. (Dtsch. Textiltechn. **11.** 369—71. Juli 1961. Dresden.) (Dt.)

Vff. bestimmten theoret. den Geh. an N-gebundenem, reaktionsfähigem H in folgenden, zur Textilveredlung verwendeten Kunstharzen: Dimethylolharnstoff, Trimethylolmelamin, Dimethyloläthylenharnstoff, Dimethyloldihydroxyäthylenharnstoff u. Dimethyloltriazon. Auf Grund empir. Erkenntnisse wird festgestellt, daß die Cl_2-Aufnahme durch mit diesen Harzen behandelte Fasern nicht nur durch den Geh. an akt. H im Vorkondensat, sondern außerdem durch bei der HCHO-Abspaltung während der Kondens. gebildeten akt. H verursacht wird. Vff. stellen folgende mathemat. Beziehung für die Cl_2-Aufnahme des behandelten Gewebes auf: $c_{Cl} = k\,(c_{Harz} + c_{Kond.}) + c_0$, worin c_{Cl} die Chloraufnahme, c_{Harz} die im Vorkondensat enthaltene Menge an akt. Harz, $c_{Kond.}$ die durch HCHO-Abspaltung während der Kondens. entstandene Menge an akt. H, c_0 die Cl_2-Aufnahme des unbehandelten Gewebes (in 1. Annäherung = 0) u. k einen von den Chlorierungsbedingungen bestimmten Faktor bedeuten. Experimentelle Unterss. der Cl_2-Aufnahme von mit den obigen Kunstharzen ausgerüsteter Baumwollpopeline führen zu Ergebnissen, deren graph. Darst. linearen Kurvenverlauf zeigen, woraus sich für die Praxis interessante Folgerungen ergeben. H. SONTAG. 8032□

Die geschichtliche Entwicklung der Kunstharzbehandlung von Textilprodukten auf Cellulose-Grundlage. P. C. A. van Krimpen. (De Tex **20.** 582—85. 591. Okt. 1961. Nymegen, Kunstzydespinnery Nyma, N. V., Res.-Afd.) (Holl.)

Übersicht über die geschichtliche Entw. der Behandlung von Cellulosegewebe u. Wirkwaren mit Kunstharzen. — 13 Schrifttumshinweise. W. WESLY. 8032□

Betrachtungen über das Bleichverfahren Ate Blanc NH-Hypochlorit. Hans Grassmäder. (Tinctoria [Milano] 58. 332. Aug. 1961.) (Ital.)

Bericht über prakt. Erfahrungen mit dem kontinuierlichen mechan. Bleichverf. *Ate Blanc NH-Hypochlorit* unter Verw. der in den USA entwickelten sog. *I-Box.* Auf techn.-wirtschaftliche Vorteile des Verf. wird hingewiesen. A. SANDER. 8032 □

Latex in der Textilindustrie. J. M. Mitchell. (Canad. Textile J. 78. Nr. 21. 53—60. 13/10. 1961.) (Engl.)

Der histor. Ablauf der Entw. der Latices seit der Entdeckung Amerikas wird gestreift u. Zahlenwerte über den Gesamtweltverbrauch von natürlichem u. synthet. Latex 1946 u. 1959 werden angegeben. Eingegangen wird auf die Herst. der synthet. Latices, die zumeist nach dem Emulsions-Verf. erfolgt. Als Beispiel wird die Herst. von Latex aus Butadien/Styrol beschrieben. Verschiedene Agglomerationstechniken werden erwähnt, von denen die Gefriertechnik die beliebteste ist. In zwei Tabellen werden verschiedene Gummilatextypen bzw. ihre Einsatzgebiete zusammengestellt. Ausführlich werden die Behandlung von Reyon- u. Nylonreifencord mit Latex sowie die Beschichtung von Teppichen mit Latex als Schaum oder Nichtschaum erörtert. L. JENTGEN. 8032 □

Die Verwendung von indischen Baumwollinters für die Herstellung von Cellulosederivaten für die Ausrüstung. R. L. Desai u. K. R. Kirtane. (Indian Textile J. 71. 613—16. Sept. 1961. Univ. of Baroda.) (Engl.)

Zusammenfassende Übersicht, in der folgendes behandelt wird: Das Rohmaterial, mechan. u. chem. Reinigung, Herst. der Alkalicellulose u. der Cellulose-Derivv. (Methyl-, Äthyl-, Carboxymethyl- u. Benzylcellulose). H.-A. WANNOW. 8032 □

Das Bleichen der Baumwolle. 2. Mitt. **Die praktische Durchführung des Vorreinigens und Bleichens der Baumwolle.** W. Grunwald. (Z. ges. Textilind. 63. 368—73. 673—79. Mai 1961. Ludwigshafen/Rh., Bad. Anilin- & Soda-Fabrik Akt.-Ges., Anwendungstechn. Abt.) — 1. vgl. C. **1962.** 700.

Die Durchführung des Vorreinigens u. Bleichens von Baumwollstückware u. -garn wird beschrieben. — Zahlreiche Rezeptbeispiele. G.-D. GOLLNISCH. 8044 □

Untersuchungen über die Faseracetylierung von Baumwolle. 3. Mitt. **Einige Eigenschaften acetylierter Baumwolle.** Waichiro Tsuji, Ryozo Kitamaru und Masazo Imai. (J. Soc. Textile Cellulose Ind., Japan [Sen-i Gakkaishi] **17.** 235—42. März 1961. Osaka-Fu, Japan, Kyoto Univ., Inst. für Chem. Res.) (Jap.; Auszug: Engl.) — 2. vgl. C. **1962.** 5149.

Zusammenfassende Mitt. über die chem. u. physikal. Eigg. acetylierter Baumwolle, wie Reißfestigkeit, Wasseraufnahme, Dichte, therm. u. elast. Eigg., Anfärbbarkeit, Entflammbarkeit, Schrumpfvermögen in kochendem W., Abrieb, Säure- u. Witterungsbeständigkeit sowie mkr. Struktur. — 8 Tabellen, 5 Figuren, 3 Fotos.

H. G. FRÖHLICH. 8044 □

Verwendung der Reaktionsprodukte aus Formamid und Formaldehyd zur Knitterfestausrüstung von Baumwollgeweben. Sidney L. Vail, J. G. Frick jun., Paul J. Murphy jun. und J. David Reid. (Amer. Dyestuff Reporter **50.** 437—40. 464. 12/6. 1961. New Orleans, La., Southern Regional Labor.) (Engl.

Auf entschlichtetes, gebleichtes weißes Gewebe aus Naturbaumwolle wurden verschiedene Mischungen aus HCHO u. $HCONH_2$ (Mischungsverhältnis 10:1, 2:1 u. 3:1) sowie aus HCHO u. CH_3CONH_2, $HCONHCH_3$ u. $HCON(CH_3)_2$ geklotzt. Die Unters. der ausgerüsteten Proben (Knittererholung, Zerreißfestigkeit, Geh. an N u. HCHO) ergaben, daß die Behandlung mit den Methylolformamide erzeugenden Mischungen eine gute, gegen Alkali u. Säuren relativ beständige Bügelfreiheit des Baumwollgewebes erzeugen, es aber anfällig gegen Schädigungen durch Hypochloritbleiche machen. Als Ursache der Knitterfestigkeit wird die Ausbildung von Vernetzungsbindungen sowohl vom HCHO- als auch vom HCHO–$HCONH_2$-Typ angenommen. $HCONH_2$ kann ferner in nichtvernetzender Weise als Celluloseamidomethyl gebunden sein. H. SONTAG. 8044 □

Das Bleichen von unbehandelten Textilien. Jean-Paul Thivent. (Ind. Textile **1961.** 765—69. Okt.) (Franz.)

Das beschriebene Verf. betrifft das Bleichen von rohen Flachs-, Jute- u. Baumwollfasern, die stark mit vegetabil. Überbleibseln behaftet sind. Es beruht auf der Verw. von Chloritbädern, die durch einen Aldehyd aktiviert sind. Die Materialien können ohne vorherige Behandlung in wenigen Std. hochgradig gebleicht werden, ohne daß sie an Gew. oder Festigkeit verlieren oder das Arbeitspersonal durch Entw. von ClO_2 belästigt wird. Der pH des Bades wird so gesteigert, daß die Imprägnierung des Materials in dem Augenblick beendet ist, in dem sich das ClO_2 zu entwickeln beginnt, d. h. ein pH von ca. 9,5, wobei der endliche pH nahe der Neutralisation liegt oder sehr schwach sauer ist. Bes. geht Vf. auf die prakt. Anwendung des Verf. für das Bleichen von Flachskreuzspulen u. eines Leinengewebes ein. L. JENTGEN. 8050□

Untersuchungen über Kaninhaar. 41. Mitt. Beziehung zwischen Beizgrad und Filzvermögen. Sakio Ikeda. (J. Soc. Textile Cellulose Ind., Japan [Sen-i Gakkaishi] **17.** 226—34. März 1961.) (Jap.; Auszug: Engl.) — 40. vgl. J. Soc. Textile Cellulose Ind., Japan [Sen-i-Gakkaishi] **17.** [1961.] 100.

Mit einer Lsg. aus 0,5—5,0% $NaNO_2$, 1—4% HNO_3 u. 0,5% $Hg(NO_3)_2$ während 15 Min. bei 20°, Flotte 1:50 gebeiztes Kaninhaar wird bei Temp. von 20, 40, 60 u. 80° bei pH 6,3 sowie pH 10 gefilzt. Parallel hierzu wurde rohes Kaninhaar durch Behandlung mit Harnstoff, LiBr u. $HSCH_2COONH_4$ modifiziert u. die Beziehung zwischen der relativen Dehnungsarbeit (Er) u. der Elastizität (Rs) ermittelt. Die erhaltenen Ergebnisse zeigen, daß bei Spaltung der Disulfidbindungen mit zunehmender Er Rs geringer wird, während bei unverändertem Cystin-Geh. mit zunehmendem Er Rs ebenfalls größer wird. In beiden Fällen (mit u. ohne Cystinspaltung) sind die Zusammenhänge zwischen Er u. Filzvermögen gleichartig. — 11 Figuren, 4 Tabellen, 40 Literaturzitate.

H. G. FRÖHLICH. 8066□

Einige Waschprobleme in der Chemiefaserindustrie. J. E. Grew und P. K. Williamson. (Chem. and Ind. **1958.** 78—83. 25/1.) (Engl.)

Die Naßspinn-Verff. zur Herst. von Vicosefasern werfen die meisten Waschprobleme auf. Alle diese Wäschen arbeiten nach dem Gegenstromprinzip, um Waschwasser zu sparen u. eine möglichst hohe Konz. des abfließenden Waschwassers an Gelöstem für die Wiedergewinnung zu erhalten. Es werden theoret. Betrachtungen über das Waschen von Viscosefasern in Form von Kabel oder Flocke u. Fäden angestellt u. Konstruktionen für Waschmaschinen erörtert. Eingeschlossen sind die weiteren Behandlungen der Fasern auf Waschmachinen, wie Entschwefeln, Bleichen, Seifen u. so weiter.

L. JENTGEN. 8074□

Die Chemie der polymeren Synthesefasern. J. Saunders. (Rev. Textile Progr. **8.** 69—90. 1956.) — Vgl. C. **1960.** 15953.

Zusammenfassende Übersicht an Hand der Literatur. — 173 Literaturhinweise.

P. ECKERT. 8080□

Untersuchungen über den Polyvinylglykolsäureäther. 5. Mitt. **Herstellung aus Polyvinylacetat durch gleichzeitige Verseifung und Verätherung.** Masao Hida. (J. Soc. Textile Cellulose Ind. Japan [Sen-i-Gakkaishi] **17.** 784—87. 1961. Yonezawa City, Japan, Yamagata Univ., Fac. of Engng.) (Jap.; Auszug: Engl.) — 3. u. 4. vgl. J. Soc. Textile Cellulose Ind., Japan [Sen-i-Gakkaishi] **17.** [1961.] 669 u. 675.

Die gleichzeitige Verseifung u. Verätherung von Polyvinylacetat (I) wird durchgeführt durch Zugabe von NaOH-Lsg. zur I-Lsg. in organ. Lsgm. u. anschließenden Zusatz von Na-Monochloracetat. Die optimalen Rk.-Bedingungen werden bestimmt. Die Ergebnisse entsprechen im Hinblick auf Rk.-Geschw. u. Verätherungsgrad denen der Carboxymethylierung von Polyvinylalkohol. G.-D. GOLLNISCH. 8080□

Untersuchungen über den Polyvinylglykolsäureäther. 6. Mitt. Eigenschaften von Polyvinylglykolsäureäther. Masao Hida. (J. Soc. Textile Cellulose Ind. Japan [Sen-i-Gakkaishi] **17.** 787—93. 1961. Yonezawa City, Japan, Yamagata Univ., Fac. of Engng.) (Jap.; Auszug: Engl.) — 5. vgl. vorst. Referat.

Bestimmt wurden die Löslichkeit in W. u. Säure-, Alkali- u. Salz-Lsgg. (alle ausgezeichnet) sowie in organ. Lsgm., ferner Viscosität, Hygroskopizität u. Schlichte- u. Entschlichte-Eigg. für Nylon, Acetat- u. Reyonfaser. Nach dem Schlichten kann längere Zeit auf höhere Temp. erhitzt werden; das Entschlichten gelingt in jedem Falle mit W. binnen kurzer Zeit bei Raumtemperatur. G.-D. GOLLNISCH. 8080□

Untersuchungen über Acrylfasern. 20. Mitt. **Der Einfluß des Gehaltes an Lösungsmitteln im Koagulationsbad auf die Faserbildung.** 21. Mitt. **Über das Spinnen in Bäder mit kritischer Badzusammensetzung.** Masao Takahashi und Masamoto Watanabe. (J. Soc. Textile Cellulose Ind., Japan [Sen-i-Gakkaishi] **17.** 243—52. März 1961.) (Jap.; Auszug: Engl.) — 17. vgl. C. **1961.** 13767; 18. u. 19. vgl. J. Soc. Textile Cellulose Ind., Japan [Sen-i-Gakkaishi] **17.** [1961.] 111.

Bei Zusatz steigender Mengen an Dimethylformamid bis zu 80% zum Fällbad beobachtet man, daß die Feinstruktur der nichtverstreckten Acrylfaser dichter wird u. somit auch die Dichte der verstreckten Faser zunimmt. Gleichzeitig wird auch die Querschnittsform der Faser beeinflußt. Runde Querschnitte werden immer dann gefunden, wenn das Verhältnis von Abzugs-Geschw./Spinn-Geschw. am kleinsten ist (krit. Bad-Zus.). — 11 Figuren, 6 Tabellen, 24 Literaturzitate. H. G. FRÖHLICH. 8080□

Analyse, Prüfung, Güte und Schädigung — chemische Prüfung. G. S. Egerton. (Rev. Textile Progr. **8.** 413—23. 1956.)

Zusammenfassende Übersicht an Hand der Literatur. — 66 Literaturhinweise.
P. Eckert. 8096 □

Untersuchung der mechanischen Eigenschaften von Textilfasern nach geringer, durch Zugbeanspruchung bedingter Deformierung. 3. Mitt. **Die Ermüdung von Viscosekräuselfasern bei der Verarbeitung nach dem Baumwollverfahren.** Kenji Higuchi, Katsuyoshi Kawada und Tsuneo Kanai. (J. Soc. Textile Cellulose Ind., Japan [Sen-i-Gakkaishi] **14.** 407—11. Juni 1958. Tokyo, Univ. of Agr. and Technol., Fac. of Textile Ind.) (Jap.; Auszug: Engl.) — Vgl. C. **1961.** 9251; C. **1960.** 7044.

Vff. bestimmten Reißfestigkeit, Dehnung u. Kräuselung von gekräuselten Viscosestapelfasern während der verschiedenen Stufen der Garnherstellung. Während dieses Verf. auf Reißfestigkeit u. Dehnung der Einzelfäden nur geringen Einfl. ausübte, nahm der Kräusel-Geh. dabei um 60% ab, u. zwar wurde die stärkste Ermüdung der Fasern durch das Klopfen zu Beginn der Garn-Herst. verursacht. H. Sontag. 8096 □

Die spektrale Ton-Verteilung von Fasern und Geweben beim Reiben. 1. Mitt. **Verbesserte Meßeinrichtung.** Walter J. Thorsen und Paul Veneklasen. (Textile Res. J. **31.** 804—09. Sept. 1961. Albany, Calif., U. S. Dep. of Agric., Western Utilisat. Res. and Dev. Div.) (Engl.)

Es wird eine verbesserte Meßeinrichtung zur Best. des Tonspektrums von Fasern oder Geweben beim Reibungsvorgang beschrieben u. 3 Tonverteilungskurven von typ. Geweben (Viscosereyon, Wollserge, Wollflanell) mitgeteilt. Aus den Tonverteilungskurven lassen sich wertvolle Hinweise auf die Qualität der Fasern bzw. Gewebe ablesen. — 4 Abb., 4 Figuren. H. G. Fröhlich. 8096 □

Identifizierung von Fasergemischen durch Infrarotspektroskopie. M. Kathryn Wharton und Florence H. Forziati. (Amer. Dyestuff Reporter **50.** 515—18. 10/7. 1961. Nat. Bur. of Standards, Textiles Section.) (Engl.)

Die zu untersuchenden Fasergemische werden auf 25—50 μ zerkleinert u. gerieben, u. das so aufbereitete Material wird in ein mit CCl_4 u. A. gefülltes Dichtentrennrohr eingebracht, in dem sich die Mischungskomponenten auf Grund ihrer unterschiedlichen Dichte in verschiedenen Schichten absetzen. Die einzelnen Schichten lassen sich durch Aufnahme ihrer IR-Kurven nach ihrer chem. Zugehörigkeit identifizieren. Zur Identifizierung von chem. zu gleichen Klassen gehörenden Fasern bedarf es zusätzlicher Unterss. nach bekannten Methoden. An prakt. Beispielen wird die Durchführung der Meth. erläutert. H. Sontag. 8100 □

Die quantitative Bestimmung und Untersuchung der Begleitstoffe in Pflanzenfasern. 1. Mitt. Erich Frieser. (Textil-Rdsch. [St. Gallen] **15.** 472—84. Sept. 1960. Wien, Techn. Untersuchungsanstalt der Bundesfinanzverwaltung.) (Dt.)

Vf. gibt einen Überblick über die Meth. der quant. Best. von Wachs- u. Fettkörpern in Baumwolle u. Flachs, von N-haltigen Stoffen u. von Pektin in Pflanzenfasern. In Tabellen werden die Angaben verschiedener Autoren u. eigene Ergebnisse mitgeteilt u. diskutiert. — 118 Literaturzitate. W. Wergin. 8102 □

Die quantitative Bestimmung und Untersuchung der Begleitstoffe in Pflanzenfasern. 1. Mitt. (2. Teil.) Erich Frieser. (Textil-Rdsch. [St. Gallen] **15.** 591—95. Nov. 1960.) (Dt.) — 1. vgl. vorst. Referat.

Nach kurzen Angaben über Definition des Lignins u. das Vork. in der Zellwand werden die verschiedenen Meth. der Lignin-Best. in Pflanzenfasern dargestellt. Die von mehreren Autoren erhaltenen Ligninwerte von Fasern wurden in Tabellen zusammengestellt. W. Wergin. 8102 □

Untersuchungen über die Messung und Prüfung von Rohseide. Sortierung unter Benutzung eines Lichtstrahls. Sigeru Yanagihara. (Bull. sericult. Exp. Stat. [Tokyo] **16.** 113—27. Aug. 1960. Tokyo, Japan, Sericultural Exp. Stat., Suginami-ku.) (Jap.; Auszug: Engl.)

Die Dicke von Rohseidenfäden wird gemessen, indem der laufende Faden period. in den auf eine Photozelle gerichteten Lichtstrahl gebracht wird. Die Amplitude des Impulsstroms in der Photozelle ist abhängig von der Fadendicke. Die Meth. ist brauchbar für trockene u. nasse Fäden. Sie kann zur Automatisierung benutzt werden.
G.-D. Gollnisch. 8110 □

Mercurimetrische Bestimmung von Schwefelverbindungen in Viscose. Mieczyslaw Wroński. (Z. analyt. Chem. **183.** 361—64. 1961. Łódź, Univ., Inst. für Chem. Technol.) (Dt.)

Vf. schlägt eine schnelle mercurimetr. Meth. zur Best. des Xanthogenat-, Sulfid- u. Trithiocarbonatschwefels in der Viscose vor. o-Hydroxymercuribenzoesäure wirkt in Ggw. von NaOH desulfurierend, der Schwefel wird als Sulfid abgespalten. Der Gesamt- u. Xanthogenatschwefel werden im alkal., der Sulfidschwefel dagegen wird im sauren Medium bestimmt. Aus den Ergebnissen kann der als Trithiocarbonat vorhandene Schwefel berechnet werden. H. J. SCHÖNHERR. 8112☐

Food Machinery & Chemical Corp. (Erfinder: Bernard Kestner Easton und Norbert Weinberg), **Schnellbleichverfahren von Cellulosetextilfasern** durch Imprägnieren der Fasern mit 80—125 Gew.-% einer alkal. H_2O_2-Bleich-Lsg. u. Erhitzen der imprägnierten Fasern im Autoklaven bei einem Druck von 30—80 lbs./sq.in., wobei z. B. eine 0,5—2,0%ig. H_2O_2-Lsg. verwendet u. die Zeit auf 3 Min. gesenkt wird gegenüber der Behandlungsdauer von 1 Std. bei Atmosphärendruck. (**Aust. P. 223 852** vom 10/1. 1958, ausg. 1/10. 1959. A. Prior. 14/2. 1957.) K. DEMMLER. 8027

Hickson & Welch Ltd. (Erfinder: Dannis Arthur William Adams und Asim Kumar Sarkar), **Optische Aufheller,** bestehend aus Verbb. der nebenst. Formel ($X = H$ oder eine nichtchromophore oder nichtauxochrome Gruppe, $n = 1—5$, $R_1 = H$ oder ein KW-Stoffrest, $R_2 = H$, ein KW-Stoff-, ein Hydroxyalkyl- oder Polyäthanoxidrest), werden hergestellt durch Oxydation eines der vorst. Formel entsprechenden o-Aminoazofarbstoffs, z. B. mittels NaClO, Cu-NH_4-Sulfat, Thionyl- oder Sulfurylchlorid, bei erhöhter Temp., z. B. 70—75°. — Beispiele: *2-[4''-Styryl-3''-sulfophenyl]-indazolo-[6'.7':4.5]-1.2.3-triazol,* λ_{max} 353 mμ; *2-[4''-(4'''-Methoxystyryl)-3''-sulfophenyl]-indazolo-[6'.7':4.5]-1.2.3-triazol,* λ_{max} 362 mμ; *2-[4''-Styryl-3''-sulfophenyl]-1'-methyl-indazolo-[6'.7':4.5]-1.2.3-triazol,* λ_{max} 353 mμ; *2-[4''-Styryl-3''-sulfophenyl]-3'-methyl-indazolo-[6'.7':4.5]-1.2.3-triazol,* λ_{max} 355 mμ; *2-[4''-Styryl-3''-sulfophenyl]-1'.3'-dimethyl-indazolo-[6'.7':4.5]-1.2.3-triazol,* λ_{max} 355 mμ; *2-[4''-(4'''-Chlorstyryl)-3''-sulfophenyl]-indazolo-[6'.7':4.5]-1.2.3-triazol,* λ_{max} 354 mμ; *2-[4''-(2'''-Chlorstyryl)-3''-sulfophenyl]-indazolo-[6'.7':4.5]-1.2.3-triazol,* λ_{max} 352 mμ. (**Aust. P. 223 983** vom 4/9. 1957, ausg. 8/10. 1959. E. Prior. 18/9. 1956.) K. DEMMLER. 8033

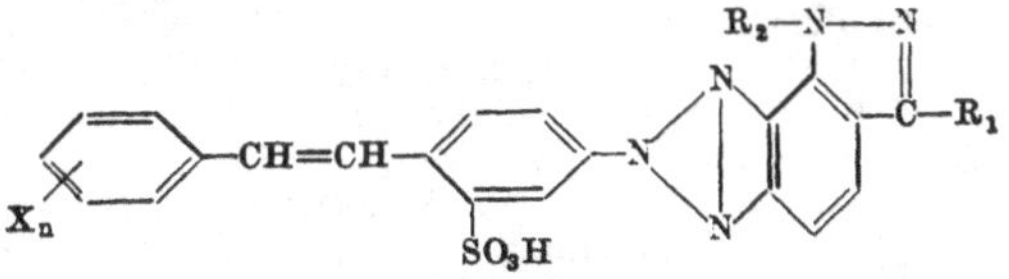

Badische Anilin- & Soda-Fabrik Akt.-Ges. (Erfinder: Guenter Lange und Oswald Schmidt), Ludwigshafen/Rh., **Aufhellungsmittel für Fasergut.** Zwecks Erzielung eines neutralen Weißtons verwendet man ein Gemisch aus 2 Verbb. der allg. Formel I ($R_{1-4} = H$ oder aliphat. oder aromat.-aliphat. Reste; A in der einen Verb. = aliphat. oder aromat.-aliphat. Rest u. in der anderen Verb. = aromat. Rest). — Bespiel: 70 (Teile) 4.6-Dimethyl-7-äthylaminocumarin, 30 4-Phenyl-6-methyl-7-äthylaminocumarin. (**Schwz. P. 349 950** vom 12/6. 1958, ausg. 31/12. 1960. **E. P. 840 605** vom 19/6. 1958, ausg. 6/7. 1960. Beide D. Prior. 22/6. 1957.) F. BÖHM. 8033

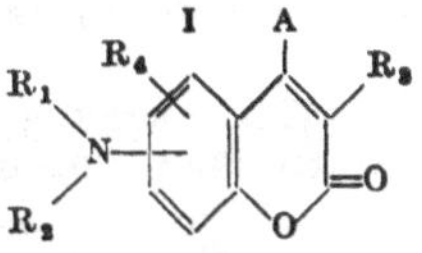

Imperial Chemical Industries Ltd. (Erfinder: Leonard Harrison Groves, John Alwyn Hall und James William Roberts), **Mittel zum Wasserabstoßendmachen bei Textilien,** enthaltend ein Methylolamid einer Fettsäure mit 14—22 C-Atomen, z. B. Methylolstearinsäureamid, Methylolmyristinsäureamid, in Form einer wss. Paste oder Dispersion, die ein anion. oberflächenakt. Mittel als Dispergiermittel in Mengen von bis zu 6 Gew.-% enthält. Dabei soll das Methylolamid $<4{,}0$, bes. <2 Gew.%, freie Fettsäuren enthalten. (**Aust. P. 226 728** vom 13/3. 1958, ausg. 3/3. 1960. E. Prior. 27/3. 1957.) H. NEBELSIEK. 8037

Rohm & Haas Co., V.St.A. (Erfinder: Peter La Roche de Benneville und Richard Oates Steele), **Knitterfestmachen und Verhinderung des Einlaufens von Cellulosegeweben,** z. B. aus Baumwolle oder regenerierter Cellulose, durch Imprägnieren mit einer wss. Lsg. von 2.6-Dioxaspiro-[3.3]-heptan (I) u. eines Katalysators (Perchlorate, Fluorsilicate oder -borate von Zn, Pb, Cu oder Mg, Al- oder Cu-Sulfat oder Oxalsäure). — Die Imprägnier-Lsg. enthält z. B. 20(%) I u. 1 Zn-Perchlorat oder Zn-Fluorborat. Ein bedrucktes Baumwollgewebe wird mit der wss. Lsg. getränkt u. 15 Min. lang bei 150° erhitzt. — Den gleichen Effekt erreicht man mit einer Lsg. von 20(%) I u. 3 Oxalsäure. (**F. P. 1 222 474** vom 14/10. 1958, ausg. 10/6. 1960. A. Prior. 14/10. 1957.) M. F. MÜLLER. 8045

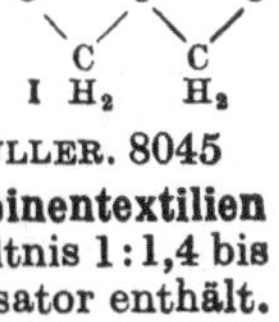

Tootal Broadhurst Lee Co. Ltd., England, **Imprägnieren von Leinentextilien** mit in der Wärme härtbaren Harzen aus Harnstoff u. CH_2O im mol. Verhältnis 1:1,4 bis 1:2,5 in Form eines schwach viscosen Prod., welches einen sauren Katalysator enthält.

Das Imprägnieren des Gewebes erfolgt in 2 Stufen, u. zwar unter Verw. einer wss. ammoniakal. Lsg. (D. 0,88). Das Gewebe wird nach der ersten Imprägnierung erhitzt, um das Harz zu bilden u. das Gewebe zum Quellen zu bringen. Im zweiten Imprägniergang wird das Gewebe mit derselben Harz-Lsg. imprägniert u. erhitzt, um das Harz zu bilden unter Vermeidung einer Quellung oder Kontraktion. Dabei werden 6—14% Harz von dem Gewebe aufgenommen. Das Erhitzen des Gewebes für die Harz-Bldg. erfolgt in einer Atmosphäre, die >50% überhitzten Wasserdampf enthält. Das Leinengewebe wird vor dem Imprägnieren gewaschen u. gebleicht, aber nicht mercerisiert. (**F. P. 1 214 826** vom 18/4. 1957, ausg. 12/4. 1960. E. Prior. 19/4. 1956.)
M. F. Müller. 8051

XIX. Brennstoffe. Erdöl. Mineralöle

Die Eigenschaften älterer Ostrauer Kohlen. Ferdinand M. Kessler und Vlastimil Holubář. (Práce Ústavu Výzkum Využiti Paliv, Řada A **10.** 203—39. 1959.) (Tschech.)

Auf Grund von mkr. u. physikal.-chem. Analysen werden Zus. u. Eigg. von Kohlen aus 4 Bergwerken verglichen u. mit ihrer Zugehörigkeit zu Meta- u. Orthotypen in Beziehung gesetzt. — 4 Tafeln. R. K. Müller. 8126□

Über die Kinetik der Reaktion von Gasen mit Kohlenstoff. W. Altschuler und I. Petrenko. (Газовая Промышленность [Gas-Ind.] **6.** Nr. 2. 48—49. 1961.) (Russ.)

Vff. kritisieren die Überbewertung des Einfl. einer Temp.-Veränderung bei der Best. der Aktivierungsenergie der Rk. zwischen Gasen u. festem C durch Tessner (vgl. C. **1960.** 11520). O. Lebtag. 8128□

Antwort auf die Notiz von W. Ss. Altschuler und J. G. Petrenko. P. Tessner. (Газовая Промышленность [Gas-Ind.] **6.** Nr.2. 49—50. 1961.) (Russ.)

Erwiderung auf die Kritik von Altschuler u. Petrenko (vgl. vorst. Ref.).
O. Lebtag. 8128□

Die Bewertung der Aufbereitbarkeit der Kohlen nach der Methode Henry-Reinhardt und Mayer. Vladimír Charvát. (Práce Ústavu Výzkum Využití Paliv, Řada A. **10.** 3—16. 1959.) (Tschech.)

Ein Vgl. der Beurteilung der Aufbereitungseignung von Kohlen nach der Kurve von Henry-Reinhardt u. nach derjenigen von Mayer (Glückauf **1950.** 498) spricht für letztere Meth., die einen genaueren Überblick über Ausbeute u. Asche-Geh. der einzelnen Fraktionen gibt; sie eignet sich auch für Gemische verschiedener Kohlen.
R. K. Müller. 8134□

Untersuchung der Aufbereitung von Kohle unter Berücksichtigung der petrographischen Zusammensetzung der Waschprodukte. Miloš Janata, František Dědek und Vlastimil Holubář. (Práce Ústavu Výzkum Využití Paliv, Řada A **12.** 21—41. 1959.) (Tschech.)

Verss. zur Trennung der Kohle in ihre petrograph. Bestandteile durch fraktionierte Zerkleinerung führen nur in einigen Fällen zu einer Anreicherung des Fusits (**I**) im Feingut. Besser gelingt die Abtrennung von **I** u. Durit durch Waschen mit schwerer Fl. (CCl_4 mit Zusatz von Xylol bzw. $CHBr_3$), die Ausbeuten sind aber gering. Auch Flotation liefert keine eindeutigen Ergebnisse. Am besten gelingt die Abtrennung von **I** (auf <1%) durch Kombination verschiedener Aufbereitungsverfahren.
R. K. Müller. 8134□

Die Flotation des Steinkohlenstaubes. Miloš Janata. (Práce Ústavu Výzkum Využití Paliv, Řada A **10.** 17—53. 1959.) (Tschech.) — Vgl. C. **1960.** 9078.

Die Flotations-Eigg. von 2 Sorten von Kohlenstaub (Flugstaub) u. 2 Trüben mit verschiedenem Asche- u. Wasser-Geh. u. verschiedener Korngrößenverteilung u. der Einfl. des pH, der Huminstoffe u. der Teeröle werden untersucht. R. K. Müller. 8134□

Einige Probleme der Flotation von Steinkohlen-Schlämmen und -Stauben. Milan Dočkal. (Práce Ústavu Výzkum Využití Paliv, Řada A. **12.** 56—70. 1959.) (Tschech.)

Unterss. an verschiedenen Kohlen des Ostrau-Karwiner Reviers in Form von Schlämmen u. Stauben führen zur Ausarbeitung von Flotations-Verff. in mehreren Kammern. Nur beim Kohlenstaub aus einer Grube ist eine Trennung in 75% Konzentrat mit 10% Asche u. Berge mit 60% Asche gelungen. R. K. Müller. 8134□

Verwendung von Flotationsmitteln heimischer Herkunft. Miloš Janata, František Dědek und Milan Dočkal. (Práce Ústavu Výzkum Využití Paliv, Řada A **12.** 42—55. 1959.) (Tschech.)

Unterss. über die Steinkohlenaufbereitung unter Verw. von Abfall- u. Neben-Prodd. der petrochem. Industrie u. der Gerbstoff-Herst. (Dubonol, Dubosol) zeigen, daß bei Kohlen von hohem Inkohlungsgrad unpolare Moll. am wirksamsten sind, z. B. niedrigviscoses Gasöl mit geringem Schäumerzusatz (86% Konzentrat mit ca. 12% Asche). Mit oxydiertem Petroleum werden bis zu 84% Konzentrat mit höchstens 11% Asche erhalten. R. K. MÜLLER. 8134□

Untersuchung von Steinkohlen vom Gesichtspunkt ihrer Verkokungseigenschaften. 2. Mitt. Bohumír Tejnický. (Práce Ústavu Výzkum Využití Paliv, Řada A 10. 91—113. 1959.) (Tschech.) — Vgl. C. 1960. 10111.

75 Kohlenproben des Ostrauer Reviers werden vergleichend auf ihr Verh. bei der Verkokung untersucht. — 9 Tafeln. R. K. MÜLLER. 8142□

Verwendung von böhmischen Kohlen für die Herstellung von Hüttenkoks. Ivan Lazarev. (Práce Ústavu Výzkum Využití Paliv, Rada A 12. 101—22. 1959.) (Tschech.)

Bei der Herst. von Hüttenkoks kann die bisher allein verwendete mähr. Kohle mit 25—30% böhm. Kohle gemischt verwendet werden, wenn bei deren Förderung u. Aufbereitung bestimmte Bedingungen eingehalten werden. R. K. MÜLLER. 8144□

Vergasung von Brennstoffstaub unter Druck. D. Ju. Gamburg. (Газовая Промышленность [Gas-Ind.] 6. Nr. 2. 13—19. 1961.) (Russ.) — Vgl. C. 1961. 710.

Krit. Übersicht an Hand der nichtsowjet. Literatur. — 18 Literaturangaben. O. LEBTAG. 8148□

Versuch einer Pyrolyse von Masut und Schieferteer. M. K. Pismen, W. G. Jermakow, Ju. I. Beljanin und T. Je. Jarosslaw. (Газовая Промышленность [Gas-Ind.] 6. Nr. 11. 18—22 1961.) (Russ)

Verss. über die Pyrolyse von Erdölmasut (I) u. Schieferteer (II) unter Anwendung von Sand als fester Wärmeträger in einer halbtechn. App. mit einem täglichen Durchsatz von 15 t ergaben, daß bei einer Pyrolyse-Temp. von 700° aus I in 47—57%ig. Ausbeute ein Gas erhalten wird, das 62—68% gesätt. KW-Stoffe u. 32—36% Olefine enthält. Nach Entfernung der Olefine wird ein Haushaltgas erhalten, das 32,7(%) H_2, 1,1 CO, 57,8 CH_4, 1,9 C_2H_4, 6,3 C_2H_6 u. 0,2 C_3H_6 enthält. Der Heizwert beträgt 7896 kcal/m^3. Von der potentiellen I-Wärme gehen 40% in die Olefine, 25% in das Haushaltgas, 5% in das Bzn. über. Die Ausbeute an Bzn. erreicht 5%. Bei der I-Pyrolyse gehen nur 50—70% des I-S in H_2S über, der aus dem Gas entfernt werden kann. H geht zu 83% in das Gas über. Die Zus. von I u. II, die Pyrolysebedingungen, die Zus. der Fraktionen des aus I u. II erhaltenen Bzn. werden eingehend beschrieben. O. LEBTAG. 8156□

Modelle für Beschleunigermischungen in handelsüblichen katalytischen Crackanlagen. E. Singer, D. B. Todd und V. P. Guinn. (Ind. Engng. Chem. 49. Nr. 1. 11—19. Jan. 1957. Emeryville, Calif., Shell Dev. Co.) (Engl.)

Zwei γ-Strahlen abgebende Isotope, ^{46}Sc u. ^{114}Ce, werden mit Erfolg in katalyt. Crackanlagen eingesetzt, da die Elemente auch bei hohen Temp. nicht vom Träger abdampfen. Die γ-Strahlen werden durch Kristallflimmern festgestellt, eine Meth., die 50mal deutlicher ist als der GEIGER-Zähler. Die Unterss. dienten dazu, festzustellen, in welcher Zeit die zu crackenden KW-Stoffe durch den Beschleuniger beeinflußt werden. Es wird festgestellt, daß die Beschleuniger in den Regeneratoren u. den Reaktoren eine gleichmäßige Mischung zeigten, daß aber Abweichungen von guten Mischungen in den Übergangsleitungen, den Stellen relativer Ruhe u. starker Strömung eintritt. Wenn der Beschleuniger mit Hilfe eines Becherwerkes einem dichten Bett zugeführt wird, wird beobachtet, daß keine innige Mischung eintritt, ebenso tritt eine schlechte Mischung ein, wenn der Beschleuniger durch ein Rohr in die Masse eingeführt wird. — 3 Literaturangaben. F. ROSENDAHL. 8196□

Untersuchung der Eigenschaften von Oxid-Metall-Katalysatoren für das Reformieren von Benzinen. 6. Mitt. **Reformieren der Fraktion Kp. 89,5—126° des Wolga-Ural-Erdöls an palladiniertem Aluminiumsilicat.** Ch. M. Minatschew, M. A. Rjaschtschenzewa und N. I. Schuikin. (Известия Академии Наук СССР, Отделение Химических Наук [Nachr. Akad. Wiss. UdSSR, Abt. chem. Wiss.] 1959. 1813—17. Okt. Zelinsky-Inst. für org. Chem. der Akad. der Wiss. der UdSSR.) — 5. vgl. C. 1960. 15337.

Bei 450° u. 10 at H_2-Druck wird eine Benzinfraktion, Kp. 89,5—126°, an Katalysatoren reformiert, die 0,5% Pd feinverteilt auf Al-Silicat von verschiedener spezif. Oberfläche (SO, m^2/g) enthalten. Das Verhältnis H_2–KW-Stoffe beträgt 5:1. Bei einem Katalysator mit SO = 320 u. 204 tritt anfangs starke Aromatisierung ein (31 bzw. 40% Aromaten), sie geht in 60 bzw. 56 Std. auf 13 bzw. 12,5% zurück. Bei Katalysatoren mit SO = 93 u. (geschwefelt) 320 ist die Anfangsaktivität schon gering (14 bzw. 27,5% Aromaten), die Aktivität geht in 4,5 bzw. 3 Std. um 89 bzw. 44% zurück. Alle Katalysatoren bewirken prakt. vollständige Entschwefelung. Bei der Aromatisierung entstehen auch Sechsring- u. Fünfringcyclane u. Alkane. R. K. MÜLLER. 8200□

Verarbeitung von schweren Erdölrückständen auf Synthesegas. W. P. Ssemenow, Ja. Ss. Kasarnowski, I. P. Kolodejew und W. A. Litwintschuk. (Газовая Промышленность [Gas-Ind.] **6.** Nr. 2. 41—48. 1961.) (Russ.)

Vff. beschreiben eingehend die App. u. die technolog. Durchführung der Konversion von Masut bei hoher Temp. u. vergleichen die experimentell ermittelten Werte für die Zus. der Konversions-Prodd. mit den berechneten Werten. O. LEBTAG. 8200□

Über die Wirkstoffe in legierten Motorenölen. Erich H. Kadmer. (Seifen-Öle-Fette-Wachse **53.** 89—92. 13/2., 113—15. 27/2., 139—41. 13/3., 166—68. 27/3., 192—94. 10/4., 250—53. 24/4., 282—84. 8/5., 308—10. 22/5., 348—50. 5/6. 1957.) (Dt.) — Vgl. C. **1957.** 6028.

Allg. Überblick unter besonderer Berücksichtigung der USA-Patentliteratur. G. BAUER. 8220□

Beitrag zur Bestimmung des pH und des Redox-Potentials von Steinkohlen. Hana Romováčková und Ferd. M. Kessler. (Práce Ústavu Výzkum Využití Paliv, Řada A **12.** 145—53. 1959.) (Tschech.)

Die Best. des pH u. des Redoxpotentials verschiedener Kohlen in 0,01n Na_2S- u. 0,01n u. 0,001n Na_2SO_3-Lsg. ergibt keine charakterist. u. reproduzierbaren Werte, die sich für eine Kennzeichnung ihrer Verarbeitungs-Eigg. eignen würden. R. K. MÜLLER. 8246□

Messung der Benetzungswärme der Kohle im Wasser. Jiří Medek und Libuše Dočkalová. (Práce Ústavu Výzkum Využití Paliv, Řada A **10.** 275—91. 1959.) (Tschech.) — Vgl. C. **1961.** 2144.

Ein neuer Calorimetertyp mit Thermistoranzeige der Temp. wird beschrieben, in dem die Benetzungswärme von Kohleproben bei 20° nach Entgasung in W. bei Hochvakuum (10^{-5} Torr) bei Temp. bis 80° (Braunkohlen) bzw. 95° (Steinkohlen) bestimmt wird. R. K. MÜLLER. 8246□

Bestimmung der Feuchtigkeit fester Brennstoffe mit Hilfe der Fischer-Methode. Vladimír Tymáň. (Práce Ústavu Výzkum Využití Paliv, Řada A **10.** 293—305. 1959.) (Tschech.)

Die Best. der Feuchtigkeit von Kohlen nach der Meth. von KARL FISCHER erweist sich beim Vgl. mit anderen Meth. als zuverlässigstes Verf. zur Erzielung richtiger Werte bei allen Kohlesorten. R. K. MÜLLER. 8246□

Die Bestimmung von Fe(II) in eisenhaltigen Aschen von pulverförmigen Brennstoffen und von Schlacken bei mit staubförmigen Brennstoffen betriebenen Kesseln. P. J. Jackson. (J. appl. Chem. **7.** 605—10. Nov. 1957. Leatherheat, Surrey, Centr. Electr. Authority, Res. Labor.) (Engl.)

Da die Meth. von WILSON infolge des geringen Geh. an Fe in den Proben nicht angewendet werden kann, wird diese etwas abgeändert. Proben von 0,1 g geben gute Ergebnisse. Bei einem Fe-Geh. von 1—4% wird die Menge des Vanadats auf 20 mg herabgesetzt, um ein langes Zurücktitrieren zu vermeiden. Zum Titrieren wird n/100 $FeSO_4$ verwendet, weil hier der Umschlag mit Diphenylamin sehr scharf ist. Standardisierung mit n/100 $K_2Cr_2O_7$ ergibt ±0,02 ml. Titrationen von mehrmals ca. 20 mg NH_4-Metavanadat (I) gibt einen durchschnittlichen Wert von 101,1. Die Unterss. wurden in einer Polyäthylenflasche von 60 ml durchgeführt. Ansatz: 100 mg Probe, 20 mg I, 5 ml 40%ig. H_2F_2, FeO gefunden: 2,36 nach 26 Std. u. 2,20 nach 95 Stunden. Differenz: ±30 µg FeO. Erörtert wird das Verhältnis von Fe(II) zum Gesamt-Fe u. C-Geh. der Asche. Der totale Fe-Geh. u. das Fe(II)/Fe(III)-Verhältnis steigt mit der Fall-Geschw. der Asche in der Luft. Das Verh. von Fe(II)- u. Fe(III)-Verbb. in magnet. Konzentraten wird untersucht. F. ROSENDAHL. 8246□

Anwendung von γ-Strahlen bei der Untersuchung des Gas-Kondensat-Gemisches. L. Ja. Richter und A. A. Richter. (Газовая Промышленность [Gas-Ind.] **6.** Nr. 9. 10—12. 1961.) (Russ.)

Für die Kontrolle des Kondensat-Geh. im Gas wird eine Vorr. empfohlen, die darauf beruht, daß die Intensität der γ-Strahlen von ^{60}Co von der Dichte des Mediums abhängig ist. In Verss. mit CH_4 ist die Empfindlichkeit der App. gegenüber einer Dichteänderung gleich 0,01 g/cm³. In Verss. mit CH_4 mit Kondensatbeimengungen hat sich die App. bewährt. Die Fehlergrenze beträgt ±0,5%. O. LEBTAG. 8250□

Gerät für die Prüfung der Geruchsstärke von odorierten Gasen. I. N. Babin und A. Je. Drabkin. (Газовая Промышленность [Gas-Ind.] **6.** Nr. 4. 30—31. 1961.) (Russ.)

Vff. beschreiben die Konstruktion u. Arbeitsweise einer tragbaren App. zur Best. der Geruchsstärke von odorierten Gasen. O. Lebtag. 8250□

Über die Analysen von Absorbens und instabilem Gasbenzin. I. A. Rochlina. (Газовая Промышленность [Gas-Ind.] **6.** Nr. **4.** 50—51. 1961.) (Russ.)

Vf. beschreibt die in einem Gasbenzinwerk angewandte Analyse des instabilen Gasbenzins u. des Absorbens, als welches der Brennstoff T-1 mit einem hohen Geh. der Fraktion bis 200° dient. O. Lebtag. 8254□

Bestimmung von Schwefelspuren in bleihaltigem Benzin durch eine modifizierte turbidimetrische Methode. R. W. Klipp. (Analytic. Chem. **33.** 1912—14. Dez. 1961. Whiting, Ind., American Oil Co., Res. and Dev. Dep.) (Engl.)

Die turbidimetr. ASTM-Verbrennungs-Meth. (Verbrennung der Probe, Absorption u. Oxydation des gebildeten SO_2 in 1,5%ig. H_2O_2, turbidimetr. Best. des SO_4^{2-} als $BaSO_4$) für S-Spuren im Petroleum-Prod. ergibt zu niedrige Ergebnisse, weil sich wasserunlösl. Sulfate während der Verbrennung im Verbrennungsraum niederschlagen. In dem vorgeschlagenen modifizierten Verf. löst man diese Ndd. durch Waschen mit HCl u. CH_3COONH_4. Die Wasch-Fl. wird mit der Absorptions-Fl. vereinigt. Zur Best. des SO_4^{2-} in der Absorptions-Fl. muß der Pb-Geh. ermittelt u. in der Eichkurve berücksichtigt werden. Bei einem S-Geh. von 30—350 ppm in Pb-haltigen Proben liegt der Fehler unter 5%. J. Peters. 8254□

Spektrophotometrische Bestimmung von Mangan in Benzin. E. D. Steinke, R. A. Jones und Manuel Brandt. (Analytic. Chem. **33.** 101—02. Jan. 1961. Detroit, Mich., Ethyl Corp., Res. Labor.) (Engl.)

Mn, das in Bzn. als Methylcyclopentadienylmangantricarbonyl (I) vorhanden ist, läßt sich nach Zers. des I mit Br_2 in CCl_4 mit H_3PO_4 extrahieren u. nach Oxydation mit Perjodat spektrophotometr. als MnO_4^- bestimmen. 5 ml Bzn. werden im Schütteltrichter zur Zers. des I tropfenweise mit einer Lsg. von 300 ml Br_2 in 700 ml CCl_4 bis zum Verbleiben der Br_2-Farbe u. zusätzlich mit 1 ml im Überschuß versetzt. Nach 2 Min. Rk.-Zeit werden 20 ml Isooctan (zur Verbesserung der Phasentrennung) zugesetzt. Dann wird 2mal je 10 Sek. lang mit je 25 ml 20%ig. H_3PO_4 u. 2mal mit W. ausgeschüttelt. Die dunkle wss. Lsg. wird mit 5 ml HNO_3 bis zur Klärung gekocht, nach dem Abkühlen mit 40 ml konz. HNO_3 versetzt u. mit W. auf 200 ml aufgefüllt. Nach Zusatz von 1 g KJO_4 wird die Lsg. ca. 5 Min. lang gekocht u. dann auf 250 ml aufgefüllt. Die Extinktion wird bei 525 mμ gemessen. W. Betcke. 8254□

Verbesserte gaschromatographische Analyse von Verdünnungen durch Brennstoffe und flüchtige Beimengungen. Roger S. Porter und Julian F. Johnson. (Analytic. Chem. **33.** 1129—30. Juli 1961.) (Engl.)

Die Best. der Verdünnung von Schmierölen durch Brennstoffe u. a. flüchtige Beimengungen kann gaschromatograph. erfolgen, wenn entweder ein innerer Standard oder das Rückspül-Verf. für die Öldämpfe verwendet wird. Herbert Müller. 8258□

Petrolite Corp., Wilmington, Del., übert. von: Verner L. Stromberg, Shrewsbury, Mo., V.St.A., **Cyclische Amidine** der Formeln I u. II oder deren Hydrierungs-Prodd. werden KW-Stoff-Destillaten, die unter dem Einfl. von Metall-Verbb., z. B. des Cu, zur Verharzung neigen, in katalyt. Mengen als *Oxydationsinhibitoren* zugegeben

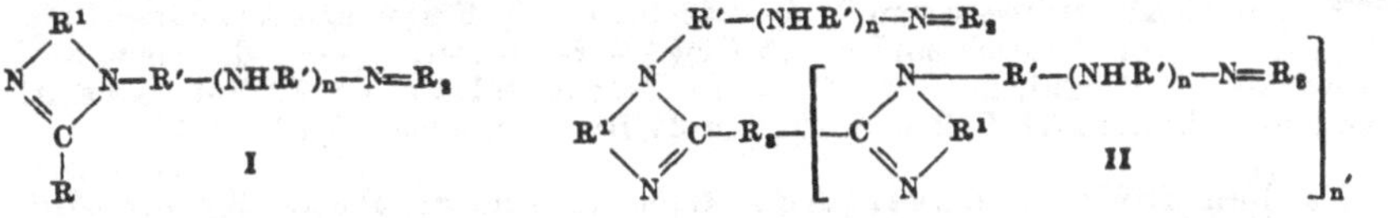

(R = carboxylgruppenfreier Rest einer Monocarbonsäure, R_1 u. R′ = C_2H_4, C_3H_6, $CH_2CH(CH_3)$, $CH(CH_3)CH(CH_3)$, R_2 = carbonylgruppenfreier Rest einer Carbonyl-Verb., n = Zahl nicht über 3, einschließlich 0, R_3 = carboxylgruppenfreier Rest einer Polycarbonsäure, n′ = ganze Zahl nicht höher als 3). (**A. P. 2 854 322** vom 30/12. 1954, ausg. 30/9. 1958.) A. Dandl. 8193

Union Carbide Corp., New York, N.Y. (Erfinder: Donald Curtis Overholt, Scott Depot, Grover Dean Roy, Dunbar, und Roy Robert Warren, St. Albans, W.Va.), V.St.A., **Raffinieren flüssiger Kohlehydrierungsprodukte,** dad. gek., daß den Prodd. ein Fällungsmittel u. als Koagulierungsmittel H_2SO_4 oder Aminosulfonsäure zugesetzt werden, daß die entstehende fl. Phase von der Schlammphase getrennt wird u. das Fällungsmittel aus der fl. Phase entfernt wird u. daß ggf. die Schlammphase mit einem fl. Extraktionsmittel extrahiert u. das Extraktionsmittel vom Extrakt entfernt wird. (**D. A. S. 1 110 796** Kl. 23b vom 10/8. 1960, ausg. 13/7. 1961. A. Prior. 10/8. 1959.) E. KAHLES. 8199

Phillips Petroleum Co., übert. von: Merritt V. De Lano jun., Bartlesville, Okla., V.St.A., **Alkylieren von Isobutan** in Ggw. von H_2F_2. Das Rk.-Gemisch wird in eine Säurephase u. eine KW-Stoff-Phase zerlegt. Die letztere wird fraktioniert u. als Überkopffraktion H_2F_2 u. Isobutan abgezogen, während in der Bodenfraktion das Alkylat, n-Butan u. organ. Fluorid verbleibt. Die Bodenfraktion wird mit entbutanisiertem Alkylat vereinigt u. erhitzt, wobei die organ. Fluor-Verbb. zersetzt werden. Dann wird die erhitzte Bodenfraktion zur Fraktionierzone zurückgeleitet. Die Bodenfraktion wird fraktioniert u. überkopf n-Butan abgezogen. Das Alkylat wird entbutanisiert u. wie oben angegeben mit der Bodenfraktion vereinigt. — Zeichnungen. (**A. P. 2 972 648** vom 8/9. 1958, ausg. 21/2. 1961.) E. KAHLES. 8201

Esso Research and Engineering Co., übert. von: Donald Schwartz, Baton Rouge, La., V.St.A., **Isomerisieren von Schwerbenzin.** Die Isomerisierung der paraffin. KW-Stoffe, die mindestens 4 C-Atome aufweisen, wird in Ggw. eines Katalysatorgemisches aus Fluorsulfonsäure u. einem tert. Alkohol in fl. Phase bei 32—80° F u. einem Druck bis 50 lbs./sq.in. durchgeführt. (**A. P. 2 956 095** vom 17/6. 1958, ausg. 11/10. 1960.) E. KAHLES. 8201

Universal Oil Products Co., Des Plaines, übert. von: George R. Donaldson, Barrington, und Frederick J. Riedl, Cicero, Ill., V.St.A., **Hydroisomerisieren von isomerisierbaren Kohlenwasserstoffen,** wie n-Hexan, 2-Methylpentan oder Methylcyclopentan. Der KW-Stoff wird bei 425—700° in Ggw. von H_2 über einen Pt-Halogen-Tonerde-Katalysator geleitet. Der Katalysator wird mit feuchter Luft u. anschließend bei 250—400° mit H_2 unter Hydroisomerisierungsbedingungen behandelt. — Zeichnung. (**A. P. 2 952 715** vom 29/12. 1958, ausg. 13/9. 1960.) E. KAHLES. 8201

Dow Chemical Co., übert. von: James L. Amos, Midland, und Frederick J. Soderquist, Essexville, Mich., V.St.A., **Katalytisch-thermische Behandlung von xylolhaltigen Kohlenwasserstoffgemischen.** Ein Dampfgemisch von mindestens 1 Gew.-Teil W.-Dampf je Gew.-Teil KW-Stoffe (Xylol, Gemische von isomeren Xylolen oder von Xylol mit Äthylbenzol) wird mit einem selbstregenerierenden Katalysator aus 30 (Gew.-%) Fe-Oxid, 30 ZnO, 9 $K_2Cr_2O_7$, 9 CuO, 9 K_2CO_3, 5,1 Graphit, 4 Methylcellulose u. 3,9 Al-Silicatzement bei 600—800° in Kontakt gebracht u. dabei dehydriert bzw. demethyliert. (**A. P. 2 963 518** vom 24/9. 1954, ausg. 6/12. 1960.) E. KAHLES. 8201

N. V. de Bataafsche Petroleum Mij. (Erfinder: Nicolaas Dost und Eduard Lelyveld), **Entfernen des in Polymerisatschlämmen enthaltenen Katalysators** bei der Niederdruckpolymerisation nach ZIEGLER. Es wird ein Alkali- oder Erdalkalihydroxid oder -carbonat u. Fullererde, die den Katalysator in der der Polymerisation dienenden Lsg. unlösl. machen, zugegeben u. das Polymerisat in der Wärme herausgelöst. (**Aust. P. 216 033** vom 30/10. 1956, ausg. 7/8. 1958. E. Prior. 1/11. 1955.) O. STEIL. 8201

A. R. Chandler, John N. Adams und Stanley Turner, übert. von: James W. Jean, Altadena, Calif., V.St.A., **Zusätze für Leichtbenzin und Dieselöle.** Trockener Harnstoff u. trockenes Alkalihydroxid, wie NaOH oder KOH, werden mit einem fl. Gemisch aus einem Alkohol mit 3—5 C-Atomen, einem Keton mit bis zu 6 C-Atomen u. einem Erdöldestillat vom Siedebeginn 210—355° F u. einem Siedeende von 240 bis 415° F u. einer API-Schwere von 27,5—42,5 bei 60/60° F u. einem Aromaten-Geh. über 50% gemischt. Im Gemisch sind 5—15 Gew.-% Harnstoff, $^1/_6$—$^1/_2$ des Gew. an Harnstoff an Alkalihydroxid, 25—75 Vol.-% an Erdöldestillat u. ca. 10 Vol.-% an Alkohol u. Ketone enthalten. (**A. P. 2 864 675** vom 24/10. 1955, ausg. 16/12. 1958.) E. KAHLES. 8201

Farbenfabriken Bayer Akt.-Ges. (Erfinder: Hans Haberland und Rudolf Stroh), Leverkusen, **Durch Alkyl- und/oder Cycloalkylgruppen N-trisubstituierte Borazane** erhält man durch Rk. von aliphat. oder cycloaliphat. tert. Aminen in Ggw. von Säuren oder in Form ihrer Salze mit Boranaten in wss. Lsg. in Ggw. von organ., inerten, mit W. nicht oder nur teilweise mischbaren Lösungsmitteln. Die Prodd. dienen als *abscheidungsverhindernde Zusatzstoffe für Vergasermotoren.* — Zu einer Lsg. von 26,4 (Gew.-Teilen) K-Boranat in 200 W. gibt man 55 Triäthylamin u. 200 Bzl. u. leitet bei 0—2° CO_2 ein. Nach Beendigung der H_2-Entw. (7—8 Std.) wird die Benzolschicht abgetrennt, die wss. Phase mit Bzl. nachgewaschen, das Lsgm. abdest. u. der Rückstand im Vakuum destilliert. Man erhält 49 *N-Triäthylborazan,* Kp.$_{12}$ 96—97°. Analog folgende *Borazane: N-Trimethyl,* F. 93—96°; *N-Tri-n-propyl,* Kp.$_{10}$ 116—118°; *N-Dimethylcyclohexyl,* F. 42—44°; *Dimethylstearyl,* F. 55—57°. (**D. A. S. 1 088 971** Kl. 12q vom 24/5. 1957, ausg. 15/9. 1960.) A. MOHR. 8205

Daimler-Benz Akt.-Ges., Stuttgart (Erfinder: Reinhold Kamps, Stuttgart, Max Eitel, Eßlingen, und Wilhelm Sibert, Stuttgart), **Aufbereitung flüssiger Kraftstoffe für die Verbrennung in Brennkraftmaschinen und Verbrennungsanlagen** durch Verschäumen des Kraftstoffes mit Luft mit Hilfe von schaumbildenden Stoffen, dad. gek., daß dem Kraftstoff entweder Kondens.-Prodd. des Äthylenoxids mit Fettalkoholen, Fettsäuren oder Phenolen oder Kondens.-Prodd. der Fettsäuren mit Aminoalkylsulfonsäuren zugesetzt werden. (**D. A. SS. 1 111 874** u. **1 111 875** Kl. 46a[6] vom 15/5. 1953, ausg. 27/7. 1961.) E. KAHLES. 8205

N. V. de Bataafsche Petroleum Mij., Den Haag, Holland (Erfinder: Walter Robert Moore, Birmingham, Mich., V.St.A.), **Treibstoff für Ottomotoren** mit einem Geh. von 0,0005—0,02 Gew.-% an einem N-alkylsubstituierten Alkylendiamin, dad. gek., daß er zusätzlich 0,005—0,05 Gew.-% eines aliphat. Diols enthält, wobei das Gew.-Verhältnis von Diol zu Alkylendiamin in dem Treibstoff zwischen 2:1 u. 40:1 liegt. (**D. A. S. 1 110 467** Kl. 46a[6] vom 22/2. 1960, ausg. 6/7. 1961. A. Prior. 24/2. 1959. **A. P. 2 961 309** vom 24/2. 1959, ausg. 22/11. 1960.) E. KAHLES. 8205

Olin Mathieson Chemical Corp., übert. von: Joseph. A. Neff, Niagara Falls, und Eduard I. Wandel, Buffalo, N.Y., V.St.A., **Flüssige alkylierte Pentaborane** erhält man durch Rk. von Pentaboran (I) mit einem 2—5 C-Atome aufweisenden monoolefin. KW-Stoff bei 0—100° in Ggw. von HCl, zweckmäßig 0,05—3 Mol, u. $AlCl_3$ bzw. $AlBr_3$, zweckmäßig 0,001—0,250 (Mol) pro 1 I. — 0,5 (Mol) HCl u. 0,154 Propylen werden in ein Gemisch von 0,180 Pentaboran-(9) u. 0,0022 $AlCl_3$ bei 56—65° während 37 Min. geleitet, worauf das Prod. bei 12—48° u. einem Druck von 200—16 Torr dest. wird. Das in eine Vorlage dest. u. das in einer Kältefalle von —78° verflüssigte Material enthält *Monopropylpentaboran* u. *Hexylpentaboran*. Der Dest.-Rückstand stellt *Hexyl-* u. *Nonylpentaborane* dar. — *Brennstoffe.* (**A. P. 2 977 388** vom 19/10. 1955, aus. 28/3. 1961.) J. MÜHLEISEN. 8211

Olin Mathieson Chemical Corp., übert. von: Harold G. Weiss, Duarte, Calif., V.St.A., **Alkylierte Diborane** erhält man durch Leiten eines Gasgemisches von Diboran (I) u. einem 2—5 C-Atome aufweisenden monoolefin. KW-Stoff über eine Kontaktmasse, die aus Mo-, W- oder Cr-Oxid auf Al_2O_3 besteht. Die Rk. erfolgt bes. mit Äthylen (II) bei 15—60°, wobei das Mol-Verhältnis von II : I 0,5 : 1 bis 5 : 1 beträgt, u. Diäthyldiboran u. höhere Äthyldiborane erhalten werden. — *Brennstoffe.* — Zeichnung. (**A. P. 2 977 390** vom 21/9. 1956, ausg. 28/3. 1961.) J. MÜHLEISEN. 8211

Olin Mathieson Chemical Corp., übert. von: Herbert Landesman, Covina, Calif., V.St.A., **Flüssige alkylierte Pentaborane** erhält man durch Rk. von 1 (Mol) Pentaboran-(9) (I) mit 0,5—4 eines niederen Alkylätherats von BF_3 bei 0—125° in Ggw. von 0,6—10 Mol $AlCl_3$, $AlBr_3$, $FeCl_3$ oder $FeBr_3$ als Alkylierungskatalysator pro 1 I. — In ein Glasrohr, das 4 g $AlCl_3$ u. 0,5 cm³ BF_3·Äthylätherat enthält, werden bei —78° 0,5 cm³ I einkondensiert, worauf nach Verschluß des Rohres 3 Std. auf 60° erhitzt wird. Die flüchtigen Fraktionen werden abgepumpt u. durch Kühlfallen fraktioniert, wobei diejenige von —10° *Monoäthylpentaboran-(9)* enthält. — *Brennstoffe.* (**A. P. 2 977 392** vom 29/7. 1957, ausg. 28/3. 1961.) J. MÜHLEISEN. 8211

Imperial Chemical Industries Ltd. (Erfinder: Harry Clough), **Schmieröl**, gek. durch den Zusatz von bis zu 10% festem, amorphem Polypropylen oder Polybuten-(1). (**Aust. P. 227 140** vom 7/1. 1958, ausg. 21/3. 1960. E. Prior. 9/1. 1957.) C. LÜTTGEN. 8221

Manufactures de Produits Chimiques du Nord (Établissements Kuhlmann), Paris, Frankreich, **Umwandlungsprodukte von Ricinusöl zur Verwendung als Schmieröl- und Getriebeflüssigkeitszusammensetzungen.** Zur Herst. synthet. Schmieröl-Prodd. aus Ricinusöl erhitzt man dieses allein, ohne Zusatz von Glykolen unter Vakuum auf höhere Temp. in Ggw. eines alkal. Katalysators (Alkalimetall, Alkalibase oder fettsaures Alkalisalz), bis der größere Teil des gebildeten Glycerins ausgeschieden ist. Anschließend wird das kalte Prod. mit einer Säure neutralisiert. (**E. P. 844 280** vom 30/9. 1958, ausg. 10/8. 1960. F. Prior. 2/10. 1957.) P. UNGER. 8221

Farbwerke Hoechst Akt.-Ges., vormals Meister Lucius & Brüning, Frankfurt/M., **Verbesserung von Schmierölen.** Ein Mineralschmieröl wird genügend lange (2 Min. bis 3 Std.) zwecks Polymerisation mit Äthylen unter Überdruck bei höherer Temp. in Ggw. eines Polymerisationsinitiators, wie Benzoylperoxid, Lauroylperoxid, Acetylperoxid, Diäthylperoxid, Di-tert.-butylperoxid, Cyclohexanonperoxid, Methyläthylketonperoxid, behandelt. Anschließend behandelt man die Rk.-Mischung mit wasserfreiem $AlCl_3$ 1—2 Std. bei 80—150°. (**E. P. 843 182** vom 4/10. 1956, ausg. 4/8. 1960. D. Prior. 5/10. 1955.) P. UNGER. 8221

Ethyl Corp., New York, N.Y., übert. von: Allen H. Filbey, Walled Lake, und Thomas H. Coffield, Birmingham, Mich., V.St.A., **Herstellung von Bis-[3.5-dialkylhydroxyphenyl]-methanen.** 2 Mol eines 2.4- oder 2.6-Dialkylphenols der allg. Formel I (R_1 = Alkylgruppe mit 3—8 C-Atomen; R_2 u. R_3 = H-Atome oder Alkylgruppen mit 1—8 C-Atomen, wobei entweder R_2 oder R_3 stets ein H-Atom ist) werden in Ggw. von Alkalihydroxid als Katalysator in einem einwertigen Alkohol mit 1—8 C-Atomen als Lsgm. mit 1 Mol eines Aldehyds mit 1—10 C-Atomen umgesetzt. Je nach dem als Ausgangs-Prod. verwendeten I erhält man End-Prodd., in denen sich die Methangruppe in o- oder p-Stellung zu den beiden OH-Gruppen befindet. Die Rk. wird durch Erwärmen der Komponenten in N_2-Atmosphäre mit A., Methyl-, Propyl-, Amyl- oder Nonylalkohol auf 20—100°, bes. 50—60°, durchgeführt, das Rk.-Prod. wird durch starkes Abkühlen oder Abdestillieren des Lsgm. erhalten. — Es werden folgende *Methan-Derivv.* hergestellt: *1.1-Bis-[3'.5'-di-tert.-butyl-4'-hydroxyphenyl]-*, $C_{29}H_{44}O_2$, F. 154—155°; *1.1-Bis-[3'-methyl-5'-tert.-butyl-4'-hydroxyphenyl]-*, $C_{23}H_{32}O_2$, F. 96,5—98,5°; *1.1-Bis-[3'.5'-di-tert.-butyl-4'-hydroxyphenyl]-phenyl-*, $C_{35}H_{48}O_2$, F. 161—163°; *1.1-Bis-[3'.5'-diisopropyl-4'-hydroxyphenyl]-*, schwach kristallines Öl; *1.1-Bis-[3'-methyl-5'-isopropyl-4'-hydroxyphenyl]-*; *1.1-Bis-[3'-isopropyl-5'-tert.-butyl-4'-hydroxyphenyl]-octyl-*; *1.1-Bis-[3'-äthyl-5'-isopropyl-4'-hydroxyphenyl]-methyl-*; *1.1-Bis-[3'-tert.-butyl-5'-methyl-2'-hydroxyphenyl]-*; *1.1-Bis-[3'-tert.-butyl-5'-äthyl-2'-hydroxyphenyl]-*; *1.1-Bis-[3'-isopropyl-5'-methyl-2'-hydroxyphenyl]-n-propyl-*, hellgelbes Öl; *1.1-Bis-[3'-(1''.1''.3''.3''-tetramethylbutyl)-5'-methyl-2'-hydroxyphenyl]-methyl-*; *1.1-Bis-[3'.5'-di-tert.-butyl-2'-hydroxyphenyl]-p-tolyl-*; *1.1-Bis-[3'-isopropyl-5'-tert.-butyl-2'-hydroxyphenyl]-tert.-butyl-*. — *Oxydationsverhindernde Zusätze zu Schmierölen.* (**A. P. 2 807 653** vom 23/9. 1955, ausg. 24/9. 1957.) A. KALIX. 8221

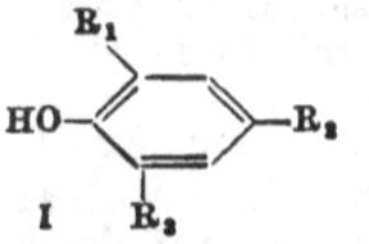

I

Esso Research and Engineering Co., übert. von: Fredrick L. Jonach, Kew Gardens, N.Y., V.St.A., **Stabilisieren von organischen, schwefelhaltigen, besonders als Schmierölzusatzmittel verwendbaren Verbindungen,** die H_2S abspalten, gegen Geruchsverschlechterung erfolgt durch 8—24std. Behandeln der Verbb. mit 0,5—50%, bes. 10—25%, PbO_2-Pulver bei 80—400° F; das PbO_2 kann anschließend abfiltriert werden. Die S-haltigen Ausgangsstoffe erhält man durch Rk. von Schmieröldestillaten, Paraffinen, Olefinen, Isobutylen, Acrolein, Decen, Dodecen, Ceten, Octadecen, Polymeren aus Äthylen, Propylen, Butylen, Isobutylen, Amylenen mit Molgew. 100—50000, Butadien, Isopren, Chloropren, Cyclopentadien, Terpenen, Mischpolymeren aus Mono- u. Diolefinen mit Molgew. 1000—30000, Acetylenen, Bzl., Naphthalin, Anthracen, Toluol, Xylol, Diphenyl, Alkylaromaten, pflanzlichen Ölen, Fetten, Harzen, Spermöl, Methylabietat, organ. Säuren, deren Estern, Lanolin, Degras u. Tallöl mit S u./oder P_2S_3, P_2S_5, P_4S_3 u. P_4S_7 bei 200—600° F, bes. 300—550° F. (**A. P. 2 861 063** vom 22/9. 1955, ausg. 18/11. 1958.) G. KRAUSS. 8221

Phillips Petroleum Co., Del., übert. von: William B. Whitney, Bartlesville, Okla., V.St.A., **Schmierölzusätze.** Entspricht dem A. P. 2934487; C. **1961.** 4217. (**A. P. 2 956 953** vom 17/12. 1954, ausg. 18/10. 1960.) F. KOCH. 8221

Continental Oil Co., Ponca City, Del., V.St.A. (Erfinder: Charles Richard Bergen und Warren Whitney Woods), **Herstellung seifenfreier Schmierfette.** Man fügt zu einer koll. Dispersion eines bas. anorgan. Stoffes einer Teilchengröße <5 μ in einem Öl ein schmierfettbildendes, gelierendes Mittel bei 20—180°. — Beispiel: Aus einer Lsg. von Ca-Hydrogensulfid in Methanol (200 Teile), 75 (Teilen) Weißöl u. 250 Polydodecylsulfonsäure in Naphtha wird durch Einleiten von CO_2 eine $CaCO_3$-Dispersion hergestellt u. das Lsgm. entfernt. 25,2 dieser Dispersion werden in 147 Weißöl gelöst u. 6 „Pluroxin E 231" (Ca-Salz von Polyoxyalkylendicarbonsäuren, Molgew. 231) in 32 Aceton u. 140 Bzl. zugegeben, hierauf die Lsgm. entfernt. Das erhaltene Schmierfett ist z. B. als Radlagerfett geeignet. (**E. P. 812 060** vom 20/6. 1955, ausg. 15/4. 1959.) E. DREWS. 8223

Imperial Chemical Industries Ltd. (Erfinder: Peter William Brett Semmens und James Denis Summers-Smith), **Schmiermittel,** bestehend aus einer Lsg. oder Dispersion von einer oder mehreren Polyphosphat-Verbb., deren Anion >8 P-Atome in im wesentlichen gerader Kette enthält, u. an eine quatern. Ammoniumgruppe gebunden ist, deren N-Atom zumindest an einen Rest mit wenigstens einem Alkylrest mit 6 oder mehr C-Atomen gebunden ist (Cetyl-, Tetradecyl- oder Stearylamidomethylpyridinium, Cetyltrimethyl-, Didecyldimethyl-, Dioctyldimethyl-, Laurylbenzyldimethyl- oder β-p-tert.-Octylphenoxyäthylbenzyldiäthylammonium) in einem Medium, wie Mineral- oder Ricinusöl, Polymethylphenylsiloxanen, Polyalkylenglykolen, fl. Paraffin, halogensubstituierten KW-Stoffen oder Vaseline. — Vgl. auch E. P. 797 295; C. **1959.** 16206. (**Aust. P. 209 587** vom 13/9. 1955, ausg. 22/8. 1957.) W. GRÄGER. 8223

Magyar Állam (Erfinder: Michael Bihari und Johann Pogány), Budapest, Ungarn, **Schmiermittel für Zahnräder,** besteht aus 71—86 (Gew.-%) eines Öles mit 20—25 ENGLER-Graden bei 50° u. einen <0° aufweisenden Ep., 6—15 Al-Oleat, 2—6 Isobutylenpolymerisat in 2—5% Lsg., Oppanol, 6—18 chloriertem Paraffin mit 35—52% Cl-Geh. u. einer D. von 1,10—1,45 u. 0,03—0,06 Pyridin. (**Ung. P. 143 829** vom 26/1. 1956, ausg. 30/11. 1957.) G. KÖNIG. 8223

„Shell" Research Ltd., London, England, **Schmiermittel** zum Walzen von Metallen, bestehend aus 60—98 (%) W. u. 40—2 einer Salzoxyalkylen-Verb., z. B. Polyoxyäthylenglykolmonolaurat, unter Zuschlag von 0,05—2 eines oberflächenakt. Mittels, wie einem Alkali- oder Erdalkalisalz einer Erdölsulfonsäure. Als korrosionsverhinderndes Mittel kann man noch bis zu 0,2 eines Alkalinitrits oder -phosphats zusetzen. (**Ind. P. 61 646** vom 5/9. 1957, ausg. 28/3. 1959. E. Prior. 7/9. 1956.) H. NEBELSIEK. 8223

Standard Oil Co., Chicago, Ill., übert. von: Stephen J. Zajac, Whiting, und Reuben A. Swenson, Hammond, Ind., V.St.A., **Hochtemperaturschmierfett.** Die Ölbasis ist ein Mineralöl, ein Diester aus Dicarbonsäuren u. aliphat. Alkoholen oder hochmol. Polyalkylenglykole mit Zusatz von 0,5—10 (%) fl. Silicone. Der Verdicker ist eine Seife von Alkali- oder Erdalkalimetallen u. hochmol. Fettsäuren. Zusatz 1—20. Weiterer Zusatz von 3—500 des Seifen-Geh. an freiem Alkali als Alkali- oder Erdalkalihydroxid oder -oxid. — Beispiel: Fett aus 7 Li-Hydroxystearat, 0,25—0,5 $LiOH-H_2O$, 1,5 Siliconöl, Rest Mineralöl. (**A. P. 2 911 369** vom 28/12. 1956, ausg. 3/11. 1959.) E. DREWS. 8223

Esso Research and Engineering Co., Del., V.St.A., übert. von: Lorne W. Sproule, Sarnia, James H. Norton, Corunna, und Warren C. Pattenden, Courtright, Ontario, Canada, **Oxydationsverhinderer für Schmierfette** auf Schmierölbasis, die mit Ca-Seifen verdickt sind, sind Gemische aus 15—80 (Gew.-%) Na_3PO_4 oder LiOH u. 1—25 Alkaliseifen von C_{12-30}-Fettsäuren, dispergiert in Mineralöl. (**A. P. 2 921 899** vom 12/8. 1954, ausg. 19/1. 1960.) E. DREWS. 8223

Rütgerswerke Akt.-Ges., Frankfurt/M., **Herstellung von Steinkohlenteerpechen,** die mindestens 38% Koksrückstände enthalten aus Teeren, Dest.-Prodd. von Teeren u. deren Gemischen, bes. Steinkohlenteerpechen, die man fortlaufend durch eine Heizzone leitet. Man erhitzt das Ausgangsmaterial in einem Röhrenofen auf 450 bis 525° u. entfernt das heiße Material unter Druck in ein Zers.-Gefäß. Es wird darin einer Nachbehandlung unterworfen u. dann daraus entfernt. (**E. P. 858 132** vom 16/10. 1957, ausg. 4/1. 1961. D. Prior. 23/10. 1956 u. 21/5. 1957.) P. UNGER. 8229

Koppers Co., Inc., Pittsburgh, Pa., V.St.A., **Verbesserung von Teeren und Pechen** zwecks Verbesserung ihrer Binde-Eigg. durch Erhitzen auf mindestens 700° F unter Druck. Anschließend kühlt man das Material unmittelbar ab, u. zwar auf eine niedrigere Temp. als sie beim Aufbessern vorkommt. — Zeichnungen. (**E. P. 828 116** vom 19/11. 1957, ausg. 17/2. 1960. A. Prior. 27/11. 1956.) P. UNGER. 8229

XX. Schieß- und Sprengstoffe. Zündmittel

Erfahrungen bei der Anwendung einer Millisekundenexplosion in der bergchemischen Industrie. A. N. Degtjarew und D. M. Kuschnarew. (Химическая Промышленность [Chem. Ind.] **1959.** 445—46. Juli/Aug. Staatl. Inst. für bergchem. Rohstoffe.) (Russ.)

Vff. beschreiben einen „Elektrodetonator" für den Abbau von Gesteinen, wobei in Abständen von der Größenordnung von Millisekunden nacheinander Explosionen ausgelöst werden. R. K. MÜLLER. 8292 □

Über die physikalische Thermostabilität der Kristalle einiger Sprengstoffe. K. K. Andrejew. (Научные Доклады Высшей Школы, Химия и Химическая Технология [Wiss. Hochschulber., Chem. chem. Technologie] **1959.** 244—47. Moskau, Chem.-Technol. Mendelejew-Inst.) (Russ.)

Bei der Verbrennung von Explosivstoffen (ES) dringen die gasförmigen Verbrennungs-Prodd. des Zündmittels u. des ES in das Pulver ein. Dessen Kristallteilchen werden rasch erhitzt; es bilden sich Risse aus u. erweitern sich rasch; die Gas-Bldg. kann rasch zunehmen. Auch Verbrennungs-Temp., Druck u. der F. spielen eine Rolle. Kristalle von TEN zeigen bei Temp.-Abfall von 70 auf 25° Risse u. bei Temp.-Abfall >30° Zerfall. Hexogen verhält sich ähnlich. Bei Trotyl u. Tetryl tritt kein Zerfall ein. Schießpulver ist gegen Temp.-Abfall viel weniger empfindlich. Charakterist. für die ES ist die Verbrennung in „parallelen Schichten", die durch Zunahme der Dichte allein nicht verhindert wird, sondern erst bei hinzutretender Zunahme der Zerreißfestigkeit, wie sie bei rauchlosen Pulvern erfolgt. R. K. MÜLLER. 8294 □

Über die Anwendung von Sprengstoffen in der Kaliindustrie. A. N. Andreitschew. (Химическая Промышленность [Chem. Ind.] **1959.** 418—19. Juli/Aug.) (Russ.)

Während in Steinsalzlagern mit der Möglichkeit eines Auftretens von CH_4 oder Kohlestaub zu rechnen ist u. daher Sicherheitssprengstoffe verwendet werden müssen, ist dies bei K-Salzlagerstätten im allg. nicht der Fall. Allerdings ist bei Carnallit häufig eine Herabsetzung der Sprengkraft u. der Ladung erwünscht. Sonst aber sind Nitro-Verbb. enthaltende Sprengstoffe geeignet, wie Donarit, Gelatinedonarit u. Chloratit III (Medsjankit), deren Zus. u. Eigg. in Tabellen mitgeteilt werden. R. K. MÜLLER. 8304□

Über die Explosionsgefährlichkeit der Dinitroverbindungen der Benzolreihe. I. F. Blinow. (Химическая Промышленность [Chem. Ind.] **1959.** 419—25. Juli/Aug.) (Russ.)

Von den untersuchten Verbb. *Dinitrobenzol* (**I**), *Dinitrotoluol* (**II**), *Dinitrophenol* (**III**), *Dinitrochlorbenzol* (**IV**), *Dinitranilin* (**V**) u. *Pikraminsäure* (**VI**) entzünden sich beim Erhitzen bis 360° nur **I** u. **IV** nicht, **VI** schon bei 210°. In Kontakt mit einer erhitzten Metallfläche verbrennen alle ohne Explosion. In Kontakt mit einer offenen Flamme im Glasrohr oder -becherglas entzündet sich **VI** rasch u. verbrennt schnell, **I, II** u. **III** zeigen geringere Entflammbarkeit, zünden nach 3—4 Min. u. verbrennen langsam unter Rauch-Entw.; die Verbrennungs-Geschw. (VG) nimmt mit steigender Temp. zu. Entflammbarkeit u. VG sind auf Papier erhöht. In dünner Schicht auf einem schlechten Wärmeleiter entzünden sich **I, II, III** u. **V**, auf einem guten Wärmeleiter **VI** u. **V**, nicht aber **I, II** u. **III. IV** entzündet sich auch auf einem schlechten Wärmeleiter nicht. In CO-Atmosphäre brennt nur **VI.** Mit Wasser-Geh. bis 20% können sich **III, II** u. **V** entzünden, nicht aber **VI.** Gegen Reibung sind alle Verbb. unempfindlich. Die Detonation wird nach verschiedenen Verff. geprüft. Die Explosionswärmen von **I, II, III, V** u. **VI** sind 650—750 kcal/kg, die Detonations-Geschw. von **I, III, IV, V** u. **VI** 2800—3100 m/s. Die Explosionsgefährlichkeit nimmt ab in der Reihe **I** > **III** > **IV** > **II** > **VI** > **V.** R. K. MÜLLER. 8304□

Aerojet-General Corp., Azusa, übert. von: Milton B. Frankel, Pasadena, Calif., V.St.A., **N.N'-Dinitrodicarbaminate** der Formel $R-O-CO-N(NO_2)-[-A-N(NO_2)-]_x-A'-N(NO_2)-C(O)-O-R'$ (**I**) werden bei der Einw. von HNO_3 auf Nitrocarbamate bei 0—15° u. vorteilhaft in Ggw. eines aliphat. Carbonsäureanhydrids erhalten. — In **I** bedeuten R u. R' Nitroalkylgruppen, A u. A' Alkylen oder Nitroalkylengruppen, x ist eine ganze Zahl von 0 bis einschließlich 5. — 100 cm³ 100% ig. HNO_3 werden mit Essigsäureanhydrid gemischt u. anschließend tropfenweise Methylen-bis-[trinitroäthyldicarbaminat] zugesetzt. Es wird $^1/_4$ Std. lang gerührt, die Temp. auf 40—45° gebracht u. auf Eis geschüttet. Es entsteht *Methylen-N.N'-dinitro-bis-[trinitroäthyldicarbaminat]*, $C_7H_8N_{10}O_{20}$, F. 95—96° (Chlf.). Es werden ferner hergestellt: *N.N'-Dinitro-3.3-dinitro-1.5-pentan-bis-[2.2.2-trinitroäthyl]-*, $C_{11}H_{12}N_{12}O_{24}$, F. 151—152° (CH_2Cl_2); *N.N'-Dinitro-3-nitraza-1.5-pentan-bis-[2.2.2-trinitroäthyl]-*, $C_{10}H_{12}N_{12}O_{22}$, F. 120—122° (Äthylendichlorid); *N.N'-Dinitro-3.3.5.7.7-pentanitro-5-aza-1.9-nonan-bis-[2.2.2-trinitroäthyl-]*, $C_{14}H_{16}N_{16}O_{30}$, F. 150—151° (Äthylendichlorid), *N.N'-Dinitro-3.6-nitraza-1.8-octan-bis-[2.2.2-trinitroäthyl]-*, $C_{12}H_{16}N_{14}O_{24}$, F. 127—128° (70% ig. HNO_3); *N.N'-Dinitro-2-nitraza-1.4-butan-bis-[2.2.2-trinitroäthyl]-*, $C_9H_{10}N_{12}O_{22}$, F. 113—114° (Äthylendichlorid); *N.N'-Dinitromethylen-bis-[2.2-dinitropropyl]-*; *N.N'-Dinitro-3.5.5-trinitro-3-aza-1.8-octan-bis-[2.2.2-trinitroäthyl]-* u. *N.N'-Dinitro-3.3-dinitro-1.5-pentan-bis-[3.3.3-trinitropropyldicarbaminat]*. Hochexplosive *Sprengstoffe.* (**A. P. 2 978 487** vom 5/11. 1954, ausg. 4/4. 1961.) G. KÖNIG. 8305

Standard Oil Co., Chicago, übert. von: Don R. Carmody, Coete, und Alex Zietz, Park Forest, Ill., V.St.A., **Raketentreibstoff.** Dieser besteht hauptsächlich aus N.N'.N''-Phosphortriamid der allg. Formel $(R_2N)_3P$, worin R KW-Stoff-Reste, wie aliphat. Reste mit 1—4 C-Atomen, cycl. Reste mit 3—4 C-Atomen sind. In die Brennkammer wird dieser Treibstoff getrennt vom Oxydationsmittel HNO_3, die nicht mehr als 10 Gew.-% Nichtsäure enthält, eingeleitet. — Zeichnung. (**A. P. 2 898 732** vom 29/1. 1952, ausg. 11/8. 1959.) E. KAHLES. 8311

Treibacher Chemische Werke Akt.-Ges., Österreich, **Verformung pyrophorischer Cer-Legierungen** durch Zusetzen von Metallen der I b- u. II b-Gruppen des Perioden-Syst. in einer Menge von 0,3—8%, bes. *Cu.* — Vgl. auch E. P. 813 063; C. **1961.** 358. (**F. P. 1 155 357** vom 2/8. 1956, ausg. 25/4. 1958.) W. HAUSWALD. 8315

A. G. Boström, Stockholm, **S. Y. Ek** und **L. M. A. Lindner**, Sundbyberg, Schweden, *Herstellung von Bleiazid.* (**Schwed. P. 162 430** vom 5/4. 1954, ausg. 4/3. 1958. — C. **1958.** 12862 [E. P. 782 715].)

Imperial Chemical Industries Ltd., London, England, *Herstellung von flüssigen, explosiven Salpetersäureestern.* (**Ind. P. 61 440** vom 13/8. 1957, ausg. 21/5. 1959. — C. **1960.** 3752 [E. P. 808 103].)

N. V. de Bataafsche Petroleum Mij., Den Haag, Holland, *Brennstoff für Strahlgetriebe.* (Schwed. P. 162 499 vom 26/3. 1955, ausg. 11/3. 1958. — C. 1960. 352 [Belg. P. 536 690].)

Dynamit Akt.-Ges. vormals Alfred Nobel & Co., Troisdorf, *Herstellung farbiger Leuchtsätze.* (Belg. P. 569 015 vom 30/6. 1958, ausg. 17/3. 1961. D. Prior. 17/7. 1957. — C. 1959. 6607 [D. A. S. 1 040 437].)

XXIV. Photographie

Energieübergang zwischen Kristallen und adsorbierten Farbstoffen. 2. Mitt. **Einfluß der Konzentration auf den Wirkungsgrad der Sensibilisierung.** R. C. Nelson. (J. opt. Soc. America **48.** 948—52. Dez. 1958. Columbus, Ohio, Ohio State Univ., Dep. of Phys.) (Engl.) — 1. vgl. C. **1960.** 17401.

Der Einfl. der Dichte der auf der Oberfläche von *CdS* adsorbierten Sensibilisator-Moll. auf die Sensibilisierung wurde für folgende Farbstoffe untersucht: *Malachitgrün* (**I**), *Pinacyanol* (**II**), *Eryrthosin* u. *3.3'-Diäthylthiacarbocyanin.* Es zeigt sich, daß die Sensibilisierung eine ausgesprochene Funktion der Sensibilisator-Konz. mit einem definierten Maximum ist. Bes. bei **I** u. **II** macht sich dieser Einfl. deutlich bemerkbar. Eine Deutung dieses Effektes erfolgt durch eine Betrachtung des Energieüberganges zwischen dem Farbstoff-Mol. u. dem CdS. Bei geringen Sensibilisator-Konzz. werden die Farbstoff-Moll. planar u. breitseitig auf der CdS-Oberfläche adsorbiert. Durch einfallende Photonen angeregte Moll. können ihre Anregungsenergie durch den direkten Übergang eines Elektrons oder durch Resonanzübergang nach Franck u. Teller an das CdS abgeben, wobei Photoleitung eintritt. Bei größeren Sensibilisator-Konzz. werden die Farbstoff-Moll. dagegen nicht mehr planar adsorbiert wodurch der Abstand zwischen dem π-Elektronen-Syst. der Farbstoff-Moll. u. dem CdS-Kristall vergrößert wird. Der Energieübergang zwischen Sensibilisator u. CdS wird dadurch erheblich erschwert. Die photoelektr. Eigg. der Sensibilisatoren sind danach stark von ihrer Struktur abhängig u. schon kleine Änderungen der Geometrie adsorbierter Farbstoff-Moll. haben einen starken Einfl. auf ihren Wirkungsgrad. G. M. Neumann. 8604 ☐

Die Spaltung des Pyridinkerns und ihre Bedeutung für die Methinfarbstoffsynthese. 1. Mitt. S. Creyf und L. Roosens. (Ind. chim. belge **23.** 855—64. Aug. 1958. Mortsel, N. V. Gevaert Photoproducten, Chem. Unters.-Labor.) (Holl.)

Übersicht über Entw. Theorie u. wirtschaftlich-techn. Bedeutung der Ringöffnungs-Meth. für die Synth. von Methinfarbstoffen. Näher behandelt werden die Rkk. nach Zincke u. nach König sowie hydrolyt., reduzierende, oxydierende, UV- u. Ultraschall-Meth. zur Aufspaltung des Pyridinkerns. In 8 Tabellen werden Ergebnisse eigener Verss. mitgeteilt. A. Sander. 8604 ☐

Die Spaltung des Pyridinkerns und ihre Bedeutung für die Synthese von Methinfarbstoffen. 2. Mitt. S. Creyf und L. Roosens. (Ind. chim. belge **23.** 967—82. Sept. 1958. Mortsal, N.V., Gevaert Photo-Producten.) — 1. vgl. vorst. Referat.

Vff. geben eine Übersicht über die Anwendung der Pyridin (**I**)-Spaltung zur Herst. von *Polymethinfarbstoffen.* Der 2. Teil behandelt die *Synth.* der *Pentamethindianilidofarbstoffe* (**II**), bes. nach der Br–CN-Methode. Im einzelnen werden hierbei der Einfl. von Art u. Konst. der Aminkomponente u. des **I**-Kerns auf die Synth. u. der meso- u. Kernsubstitution auf die Lichtabsorption der Farbstoffe sowie der Einfl. der Neben-Rkk. näher erörtert. Die Synth. über 2.4-Dinitrophenylpyridiniumchlorid + Amin, aus dem Umsetzungs-Prod. von BrCN + **I**-Base sowie andere Verff. werden gestreift. Nach Erörterung der nach den gleichen Verff. jedoch unter Kondens. mit *Glutacondialdehyd* erhaltenen **II** u. die Synth. von *Pentamethinoxonolen* u. *-hemioxonolen* sowie der *Tricarbocyanine* (Heptamethincyanine) wird abschließend auf die Bedeutung der **I**-Spaltung für die analyt. Chemie hingewiesen. — 4 Tabellen, 213 Literaturhinweise. A. Sander. 8604 ☐

Adox Fotowerke Dr. C. Schleussner G.m.b.H. (Erfinder: Hans Schleussner, Frankfurt/M., Carl-August Bodenstein und August Meissner, Neu-Isenburg), **Herstellung silberreicher Halogensilberemulsionen.** Die erstarrte u. zerkleinerte Emulsion wird vor u./oder nach dem Auswaschen durch Ausfrieren von einem Teil des in dem Gel enthaltenen W. befreit. Dasselbe wird dazu auf —1 bis —2° abgekühlt u. der größte Teil des sich ausscheidenden Eises mechan. entfernt. Die letzten noch anhaftenden Reste werden durch Waschwasser von normaler Temp. abgelöst. Das Gel nimmt dabei kein W. wieder auf. Die Art der vorhandenen Salze, ihre Konz. u. die angewandten Temp. verursachen hierbei keinerlei Abbau der Gelatine, wie er in manchen Fällen bei der Kältebehandlung elektrolythaltiger Gelatinegele eintritt. (**D. A. S. 1 103 760** Kl. 57b vom 9/4. 1959, ausg. 30/3. 1961.) A. Kalix. 8601

Farbwerke Hoechst Akt.-Ges., vormals Meister Lucius & Brüning (Erfinder: Johannes Heyna, Ludwig Berlin und Erich Schinzel), Frankfurt/M., **Härtung von Eiweißkörpern,** bes. von *photogr. Leim-* u. *Gelantineschichten* mit aromat., mindestens 2 Vinylsulfonylgruppen enthaltenden Verbb. bei pH 6—7. — Zu 1 Liter Halogensilbergelatineemulsion werden bei pH 6—7 0,8 g 1.3-Dimethyl-4.6-di-(vinylsulfonyl)-benzol gegeben u. photograph. Filme, Platten oder Papiere gegossen. Man erhält eine Emulsionsschicht mit F. 90—100°. Analog wirksam sind: *1.3-; 1-Methyl-2.4-; 1-Methyl-3.5-; 1.3-Dimethyl-4.6-* u. *1.3.5-Trimethyl-2.4-di-[vinylsulfonyl)-benzol; 1.3.5-Tri-(vinylsulfonyl)-benzol; 1-Methyl-2.4.6-tri-[vinylsulfonyl)-benzol; Benzol-1.3-disulfonsäure-di-(4′-vinylsulfonyl)-anilid; 1.3-Dimethylbenzol-4.6-disulfonsäure-di-(4′-vinylsulfonyl)-anilid; 1.3-Dimethylbenzol-4.6-disulfonsäuredi-(3′-vinylsulfonyl)-anilid.* (**D. A. S. 1 100 942** Kl. 39b vom 19/3. 1958, ausg. 2/3. 1961.) A. DANDL. 8603

N. N. Sweschnikow und N. Ss. Stokowskaja, **Herstellen symmetrischer Carbocyaninfarbstoffe,** wobei die unerwünschte Bldg. von Neocyaninen vermieden wird. Man kondensiert quart. N-haltige heterocycl. Basen mit in α- oder γ-Stellung zum

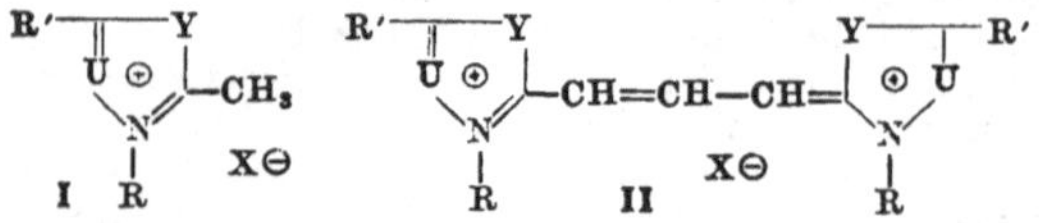

N-Atom befindlichen Methylgruppen (Formel I) in alkohol. Phase in Ggw. tert. aliphat. Amine, wie Triäthylamin, mit Alkoxymethylenmalonsäuredialkylestern R‴O—CH:C(CO·OR‴)$_2$, bei $\leq$100° zu Carbocyaninen der allg. Formel II. (U = CR″ oder N; Y = S, Se, C(CH$_3$)$_2$, CH=CH; R = ggf. substituierter KW-Stoffrest; R′ = H, CH$_3$, C$_6$H$_5$; R″ = H, CH$_3$, C$_6$H$_5$, oder R′ u. R″ zusammen = Benzogruppe; R‴ = KW-Stoffrest; X = Säurerest.] — Aus 3,05 (g) 2-Methylbenzthiazoljodäthylat u. 1,1 Äthoxymethylenmalonsäurediäthylester (III) erhält man in 12,5 ml A. in Ggw. von 0,7 ml Triäthylamin 89,4% *3.3′-Diäthylthiacarbocyaninjodid,* F. 269 bis 270° (A.). — Weitere Carbocyaninjodide: Aus III u. 2-Methylbenzthiazoljod-n-propylat oder -brom-n-hexylat oder -jod-β-hydroxyäthylat entstehen *3.3′-Di-n-propylthia-,* F. 284—285° (A.), bzw. *3.3′-Di-n-hexylthiacarbocyaninbromid,* F. 200—201° (A.), bzw. *3.3′-Di-β-hydroxyäthylthia-,* F. 255—256° (A.). — Aus III u. 2-Methyl-6.7-tetramethylenbenzthiazoläthylbenzolsulfonat bei anschließendem Lösen in 10%ig. KJ-Lsg. *3.3′-Diäthyl-6.7;6′.7′-bis-[tetramethylen]-thia-,* F. 283—284° (A.). — Aus III u. Lepidinjodäthylat *1.1′-Diäthyl-4.4′-chino-,* F. 255—256°. — *1.3.3.1′.3′.3′-Hexamethyl-5.5′-dimethoxyindo-,* F. 285—286°. — *3.3′-Diphenylthia-,* F. 275—276°. — *3.3′-Diäthyl-6.7;6′.7′-dibenzothia-,* F. 261—262°. — *3.3′-Diäthylselena-,* F. 266—267°. — *3.3′-Diäthyl-5.5-dimethyl-1.3.4-thiodiazolo-,* F. 241—242°. — *3.3′-Diäthylthiazolo-,* F. 219—220°. — *3.3′-Diäthyl-4.5;4′.5′-tetraphenylthiazolo-,* F. 255—256°. — *1.1′-Diäthyl-2.2′-chino-,* F. 292—293°. — *Photograph. Sensibilisatoren.* (**UdSSR. P. 117 172** vom 12/6. 1958.) B. PANKOW. 8605

Norbert Jean Marie Pierre François Chassende-Baroz, Malakoff, Frankreich, **Photographische Dosimetrie von γ-Strahlen.** Man erzeugt auf einer ersten lichtempfindlichen Schicht ein latentes Bild, welches für γ-Strahlen unempfindlich ist, bestrahlt eine zweite mit der ersten auf einem Blatt in einer Ebene angebrachte Schicht mit der zu messenden γ-Strahlung u. entwickelt beide Schichten gemeinsam, wobei die Schicht mit dem latenten Bild zur Kontrolle der Entw.-Dauer verwendet wird. — Zur Herst. der Kontrollschicht verwendet man eine Lsg. **A** von 1600 (g) W., 200 Gelatine (**I**), 500 NaCl, 1 HCl u. eine Lsg. **B** von 400 W., 100 AgNO$_3$, für die Meßschicht bei einem Bereich von 0—150 Röntgen eine Lsg. **A** von 200 AgNO$_3$, 3500 W., 230 20 (%) NH$_3$, 60 **I** u. eine Lsg. **B** von 150 KBr, 0,1 KJ, 700 W. u. für einen Bereich von 100—600 Röntgen eine Lsg. **A** von 200 AgNO$_3$, 4000 W., 40 **I**, 50 n/10 H$_2$SO$_4$ u. eine Lsg. **B** von 200 KBr u. 600 Wasser. (**It. P. 516 173** vom 29/4. 1954. F. Prior. 30/4. 1953 u. 6/4. 1954.) K. KOEBKE. 8605

Ilford Ltd., übert. von: George Frank Duffin und John David Kendall, Ilford, England, **Desensibilisatoren für Direktpositivschichten.** Lichtempfindliche Schichten aus reinem AgCl, die opt. oder chem. verschleiert worden sind, erhalten einen Zusatz von Verbb. der allg. Formel I. Hierbei ist D der Rest eines 5- oder 6gliedrigen Heterocyclus, R$_1$ ist eine Alkyl- oder Aralkylgruppe, R$_2$, R$_3$ u. R$_4$ sind = R$_1$ oder H-Atome oder Arylgruppen, benachbarte R können zusammen auch einen ankondensierten Benzolkern bilden; X ist ein Anion. Die Alkylgruppen enthalten vorzugsweise höchstens 4 C-Atome u. können OH-substituiert sein. Herst. durch Rkk. zwischen Verbb. der allg. Formel

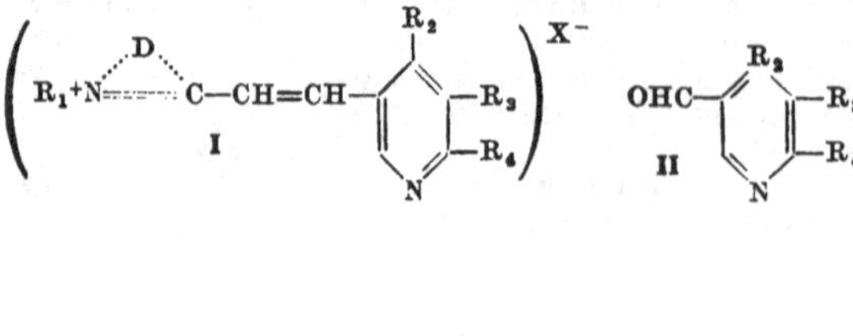

(R$_1$$^+$N=C—CH$_2$)X (mit D über N und C) mit Aldehyden der allg. Formel II in inerten Lsgm. in Ggw. von Basen wie Piperidin. — Beispiele: 2.2'-3''-Pyridylvinyl-3-äthylbenzthiazoliumjodid, $C_{16}H_{15}N_2SJ$, orangefarbene Nadeln, F. 241°; 1.3.3-Trimethyl-2.2'.3''-pyridylvinylindoleniniumjodid, orangefarbene Platten, F. 219°; 1-Äthyl-2.2'.3''-pyridylvinylchinoliniumjodid, orangefarbene Nadeln, F. 223°, Zers.; 1-Äthyl-4.2'.3''-pyridylvinylchinoliniumjodid, gelbe Kristalle, F. 217°, Zers.; 3-Methyl-2.2'.3''-pyridylvinylbenzothiazoliumjodid, blaßgelbe Kristalle, F. 212°, Zers.; 1-Methyl-3-methylthio-2'.3''.6-pyridylvinylpyridaziniumjodid, orangefarbene Kristalle, F. 230°, Zers.; 1-Methyl-2.2'.3''-Pyrdidylvinylpyridiniumjodid, blaßgelbe Nadeln, F. 191°; 1-Äthyl-2.2'.3''-Pyridylvinylpyridaziniumjodid, blaßgelbe Nadeln, F. 189°; 1.4-Dimethyl-2.2'.3''-Pyridylvinylthiazoliumjodid, blaßgelbe Kristalle, F. 181°; 1-Methyl-2.2'.3''-pyridylchinoliniumjodid, gelbgrüne rhomb. Kristalle, F. 192°; 3-Äthyl-2.2'.3''-pyridylvinylbenzthiazolium-p-toluolsulfonat, gelbe Nadeln, F. 207—210°; 3-Methyl-2.2'.3''-pyridylvinylbenzthiazolium-p-toluolsulfonat, blaßgelbe Nadeln, F. 198—201°; 3-Methyl-2.2'.3''-pyridylvinylbenzthiazoliummethylsulfat, gelbe Blättchen, F. 188—191°; 3-Methyl-2.2'.3''-pyridylvinylbenzthiazoliumchlorid, gelbe Nadeln, F. 165°; 3-Methyl-2.2'.3''-pyridylvinylbenzthiazoliumbromid, gelbe Nadeln, F. 219—221°; 3-Äthyl-5-methyl-2.2'.3''-pyridylvinylbenzthiazolium-p-toluolsulfonat, gelbe Nadeln, F. 216—218°; 3-Äthyl-5.6-dimethoxy-2.2'.3''-pyridylvinylbenzthiazolium-p-toluolsulfonat, orangefarbene Blättchen, F. 240°; 3-Äthyl-5-methyl-2.2'.3''-pyridylvinylbenzoselenazolium-p-toluolsulfonat, gelbe Kristalle, F. 210—211°; 3-Äthyl-2.2'.3''-pyridylvinylbenzoxazolium-p-toluolsulfonat, farblose Blättchen, F. 131°; 5-Chlor-3-äthyl-2.2'.3''-pyridylvinylbenzthiazolium-p-toluolsulfonat, gelbe Blättchen, F. 228—231°; 3-Äthyl-2.2'.3''-chinolylvinylbenzthiazolium-p-toluolsulfonat, blaßgelbe Nadeln, F. 254—256°; 3-Äthyl-6-methoxy-2.2'.3''-pyridylvinylbenzthiazolium-p-toluolsulfonat, gelbe Nadeln, F. 207—210°; 6-Chlor-3-äthyl-2.2'.3''-pyridylvinylbenzthiazolium-p-toluolsulfonat, gelbe Blättchen, F. 225—228°. Dosierung; 0,1—2,0 g auf 100 g AgCl. (**A. P. 2 965 485** vom 10/9. 1958, ausg. 20/12. 1960. E. Prior. 25/9. 1957.) A. KALIX. 8607

Kodak S. p. A., Mailand, Italien, **Halogensilberemulsionen für photographische Zwecke,** enthaltend als Mittel gegen Schleier-Bldg. eine Mol.-Verb. eines Hg-Salzes mit einem Benzothiazol, z. B. 2-Aminobenzothiazol/Mercurijodid-Dijodhydrat. (**It. P. 520 709** vom 9/11. 1953 A. Prior. 8/11. 1952.) K. KOEBKE. 8611

Ilford Ltd., Ilford, England (Erfinder: Wilfrid Hampden Dimsdale, Ronald Bernard Collins und Harold Owen Dickinson), **Lichtempfindliches Material für Röntgenaufnahmen.** Auf beiden Seiten eines durchsichtigen Films befindet sich je eine Gelatineschicht (I), die einen nahezu schwarzen Farbstoff oder ein Farbstoffgemisch enthält, das bei Anwendung des Ag-Farbbleich-Verf. zerstörbar ist. Über jeder I befindet sich eine Halogensilberschicht (II) mit ca. 100 mg Ag/dm^2 u. über jeder II wieder eine schwarzgefärbte I, so daß das Material bei gedämpftem Tageslicht gehandhabt u. verarbeitet werden kann. Man erhält damit nach dem Ag-Farbbleich-Verf. sehr kontrastreiche Röntgenbilder, da bei der Aufnahme die unteren I als Lichthofschutz, die oberen I als Streustrahlenblende gegenüber den aufgelegten Fluorescenzfolien wirken. Die I enthalten 7,4 mg Farbstoff (oder Gemisch) auf 1 dm^2. (**E. P. 799 835** vom 7/3. 1956, ausg. 13/8. 1958.) A. KALIX. 8611

Perutz Photowerke, München (Erfinder: Rudolf Schmidt, Gröbenzell/Obb.), **Stabilisatoren für Halogensilberemulsionen** bilden Verbb. aus den Elementen der 7. Hauptgruppe des Period. Syst. untereinander, bes. geeignet sind: KCl, JCl_3 u. JBr_5. Die Verbb. werden den Halogensilberemulsionen bei ihrer Herst. vor der Zugabe der $AgNO_3$-Lsg. oder unmittelbar vor ihrem Vergießen in Mengen von höchstens 1 g auf 1 kg $AgNO_3$ zugesetzt. (**D. A. S. 1 107 077** Kl. 57b vom 5/5. 1959, ausg. 18/5. 1961.) A. KALIX. 8611

Kalle Akt.-Ges. (Erfinder: Heinz Herrmann, Hans Behmenburg und Wilhelm Neugebauer), Wiesbaden, **Herstellung von lichtleitfähigen Schichten.** Eine wasserunlösl. lichtleitfähige Substanz, z. B. ZnO, wird in einer wss. Lsg. dispergiert, die ein wasserlösl. Salz aus einem wasserunlösl. Harz (I) mit sauren Gruppen u. einer flüchtigen Base (II) enthält. Nach dem Auftragen der Dispersion auf eine leitfähige Unterlage wird II durch Verdunsten entfernt. Beispiele für I: Maleinat- u. Phthalatharze, sowie Kolophonium-Derivv., Sandarak u. trocknende Öle; Beispiele für II: NH_3, NH_2–NH_2, Morpholin, Piperidin, Methyl-, Dimethyl-, Trimethyl-, Äthyl-, Diäthyl-, Propyl-, Isobutyl-, n-Butyl- u. Allylamin, sowie Äthylendiamin. Zur Entfernung der II muß das Material auf Temp. bis 130° erhitzt werden. (**D. A. S. 1 101 146** Kl. 57b vom 28/2. 1959, ausg. 2/3. 1961.) A. KALIX. 8611

Deutsche Akademie der Wissenschaften zu Berlin (Erfinder: Hennry Ortmann), Berlin, **Herstellung strukturfreier Leuchtschirme.** Luminescenzreines, beliebige Aktivatoren enthaltendes ZnS wird unter Zugabe von Alkali- oder Erdalkalichloriden im Hochvakuum bei Temp. zwischen 900 u. 1100° sublimiert u. auf einem Träger kondensiert, der eine Temp. von 400—600° hat. Gleichzeitig damit kann auch CdS in beliebigen Mengenanteilen sublimiert u. kondensiert werden. (**D. A. S. 1 105 278** Kl. 57b vom 14/4. 1959, ausg. 20/4. 1961.) A. Kalix. 8613

Kalle Akt.-Ges. (Erfinder: Martha Thomanek und Wilhelm Neugebauer), Wiesbaden, **Entfernung von Entwicklerpigment von unfixierten elektrophotographischen Schichten.** Die Schichtoberfläche wird mit einer Pulvermischung berieselt, die aus 2 (Teilen) von mit HCl gereinigtem u. geglühtem Kieselgur u. 1 einer verätherten Cellulose besteht, z. B. Methyl-, Äthyl-, Hydroxyäthyl- oder Benzylcellulose. (**D. A. S. 1 107 078** Kl. 57b vom 14/1. 1959, ausg. 18/5. 1961.) A. Kalix. 8619

Rudolf Pschenitschka, Saarbrücken, **Herstellung von Konturenphotos.** Man belichtet eine lichtempfindliche Oberfläche durch ein Negativ u. ein diesem Negativ entsprechendes, gleich großes Diapositiv, wobei das Negativ u. das Diapositiv in mehreren Richtungen oder kreisförmig gegeneinander einmal oder mehrere Male ein wenig verschoben werden. Hierbei kann ggf. das durch diese Verschiebung von Negativ u. Diapositiv entstehende Konturenbild elektron. oder photoelektr. registriert u. reproduziert werden. (**D. A. S. 1 106 174** Kl. 57b vom 22/11. 1960, ausg. 4/5. 1961.) E. Fuchs. 8625

Imperial Chemical Industries Ltd., London, England (Erfinder: George de Winter Anderson), **Farbenphotographisches Verfahren.** Ein kein Ag mehr enthaltendes Mehrfarbenbild, das in bekannter Weise durch farbige Entw. eines Farbkuppler enthaltenden Mehrschichtenmaterials erhalten wurde, wird mit einer Säure, bes. HCl, enthaltenden Lsg. eines prim. aromat. oder heterocycl. Hydrazins behandelt, wodurch eine Umwandlung des Azomethinfarbstoffbildes in ein Azofarbstoffbild erfolgt, das erheblich haltbarer ist. Als Hydrazine werden z. B. verwendet: Phenylhydrazin, Naphthylhydrazin, 2-Benzthiazylhydrazin, Naphthylhydrazin-4-sulfosäure, o-, m- u. p-Nitrophenylhydrazin,-Chlorphenyl- u. Diäthylaminophenylhydrazin, Phenylhydrazin-p-carbonsäure usw. — Man behandelt z. B. einen entwickelten u. entsilberten Farbfilm 15 Min. in einer Lsg. von 4 Teilen Phenylhydrazin-4-sulfonsäure u. 75 Teilen konz. wss. HCl in 1000 Teilen Wasser. Nach dem Waschen wird getrocknet. (**E. P. 847 136** vom 1/11. 1957, ausg. 7/9. 1960.) E. Fuchs. 8631

Ilford Ltd., Ilford, England (Erfinder: Stanley Frederick William Welford und Ronald Bernard Collins), **Farbenphotographisches Material.** Um bei farbphotograph. Materialien, die Farbkuppler für das Farb-Entw.-Verf. u. Sensibilisierungsfarbstoffe enthalten, einen Empfindlichkeitsrückgang durch den Farbkuppler zu verhüten, soll dieser unmittelbar beim Emulsionsauftrag an der Emulsionsauftrags-Vorr. nach inniger Vermischung mit der Emulsion zugegeben werden. Erstarrung u. Trocknung der Emulsion sollen möglichst schnell danach erfolgen. Das Verf. eignet sich auch für andere Emulsionszusätze, die einen Empfindlichkeitsrückgang bewirken, der z. B. auch durch Verdrängung des opt. Sensibilisators vom AgBr-Korn entsteht. (**E. P. 847 143** vom 18/11. 1957, ausg. 7/9. 1960. **A. P. 2 912 343** vom 10/11. 1958, ausg. 10/11. 1959. E. Prior. 18/11. 1957.) E. Fuchs. 8631

Redaktionsschluss: 30. März 1962

Herausgeber: Prof. Dr. Heinrich Bertsch, Berlin, u. Prof. Dr. Dr. h. c. Wilhelm Klemm, Münster. Chefredakteure und verantwortlich für den Inhalt: Dr. Eugen Klever, Berlin W 30, Geisbergstraße 39, Fernsprecher: 249541 u. Dr. Willi Barz, Berlin N 4, Schiffbauerdamm 19, Fernsprecher: 425571.

©

Verlag: Akademie-Verlag GmbH, Berlin W 8, Leipziger Str. 3—4 (Fernsprecher: 220441, Telex-Nr. 011773 Postscheckkonto Berlin 35021), und Verlag Chemie, GmbH, Weinheim/Bergstr. (Fernsprecher: Weinheim 3635 [Sammelnummer]; Fernschreiber: 0465516 chemieverl. wnh; Postscheckkonten: Frankfurt/M. 145314 u. Berlin [West] 7430). Bestellnummer: 1007/133. Das Chemische Zentralblatt erscheint wöchentlich. Preis des Jahrganges einschl. Autoren-, Patent-, Sach- u. Formelregister: DM 1200,—; einseitig bedruckte Ausgabe: DM 1350,—. Abgabe der Zeitschrift nur mit sämtlichen Registern. Abbestellungen nur bis spätestens 6 Wochen vor Ablauf des Kalenderjahres.

Satz u. Druck: VEB Leipziger Druckhaus, Leipzig, III/18/203. VI. 62.
Veröffentlicht unter der Lizenznummer ZLN 5002 des Ministeriums für Kultur, Hauptverwaltung Verlagswesen.
Printed in Germany.

FSC
www.fsc.org
MIX
Papier | Fördert
gute Waldnutzung
FSC® C083411

Kolibri 360 GmbH
Ferdinand-Jühlke-Straße 7
99095 Erfurt, Deutschland
produktsicherheit@kolibri360.de